励志人生必修课

口才三绝
会赞美　会幽默　会拒绝

陈　瑶　编著

中国出版集团
中译出版社

图书在版编目（CIP）数据

励志人生必修课．口才三绝：会赞美　会幽默　会拒绝 / 陈瑶编著 . -- 北京：中译出版社，2019.6
ISBN 978-7-5001-5990-2

Ⅰ．①励… Ⅱ．①陈… Ⅲ．①人生哲学—通俗读物
Ⅳ．① B821-49

中国版本图书馆 CIP 数据核字（2019）第 119524 号

励志人生必修课

口才三绝：会赞美　会幽默　会拒绝

出版发行：中译出版社
地　　址：北京市西城区车公庄大街甲 4 号物华大厦 6 层
电　　话：（010）68359376　68359303　68359101
邮　　编：100044
传　　真：（010）68357870
电子邮箱：book@ctph.com.cn
总 策 划：张高里
责任编辑：刘全银
封面设计：青蓝工作室
印　　刷：北京朝阳新艺印刷有限公司
经　　销：新华书店
规　　格：880 毫米 × 1230 毫米　1/32
印　　张：42
字　　数：770 千字
版　　次：2019 年 6 月第 1 版
印　　次：2019 年 6 月第 1 次

ISBN 978-7-5001-5990-2　　　　定价：208.60 元（全 7 册）

前　言

　　人有很多种，但归根结底只有两种：会说话的人和不会说话的人。如果你在社会上工作久了，或者你社交得多了，就会发现这个社会可以把人按是否会说话分成两种：一种是不善言谈的人，也就是不会说话的人，这种人通常也不善于社交，至多就会死干活，而且有时候甚至连干活都干不好；另外一种人是能言善辩之人，也就是所谓的会说话的人。

　　你总会发现，那些会说话善于社交的人，通常在工作中都能够活得比较轻松，而且比较自在，也容易获得领导的喜欢和提拔。相反，不会说话的人，总是活得闷闷不乐的，工作经常都做不好，也不懂得社交，害怕与人接触。最终，工作也许勉强能够完成，但完成得不是很好。得不到领导的喜欢，也不容易升职加薪。所以不会说话是很吃亏的。

　　当然，会说话的人也有很多种，但归纳起来不外乎三种：会赞美，会幽默，会拒绝。

　　可以说，不管做什么事，与什么人交往，只要掌握了这三种说话技巧，都能体现出自己的高情商。这样的人，不论在人脉，还是事业方面，永远都比那些自闭、寡言的人收获更多。许多时候，他们不需要和别人比拼技能、资历、学识，只要他们一开口，就占了先机，就赢了。

　　会赞美，会幽默，会拒绝，是说话的精髓，它可以让你在第一

1

时间就说对话，说好话，在最短的时间内引起对方的兴趣，并打动对方，使你在面对各种各样的人时，都能应对自如。

所以，从现在起，请张开你的嘴巴，练习好好说话吧。掌握了这三门说话本领，你就是赢家！

目　录

第一章
赞美有度："好话"不能张口就来

一个气球再漂亮、再鲜艳，吹得太小，不会好看；吹得太大，很容易爆炸。赞美就如吹气球，应点到为止，适度为佳。夸奖或赞美一个人时，有时候稍微夸张一点更能充分地表达自己的赞美之情，别人也会乐意接受。但如果过分夸张，赞美就脱离了实际情况，让人感觉到缺乏真诚。

高尔基曾经说过："过分地夸奖一个人，结果就会把人给毁了。"因为过分的夸奖，往往会使被赞美者不思进取，误以为自己已经是完美无缺了，从而停止前进的脚步。

赞美是好事，但非易事

美国钢铁大王卡内基，在 1921 年以一百万美元的超高年薪聘请夏布出任 CEO。许多记者问卡内基为什么是他。卡内基说："他最会赞美别人，这是他最值钱的本事。"卡内基为自己写的墓志铭是这样的："这里躺着一个人，他懂得如何让比他聪明的人更开心。"可见，赞美在社会交际中是多么重要，它是你混社会的金钥匙。

人都有获得尊重的需要，而赞美则会使人的这一需要得到极大的满足。正如心理学家所指出的：每个人都有渴求别人赞扬的心理期望，人被认定其价值时，总是喜不自胜。由此可知，你要想取悦客户，最有效的方法就是热情地赞扬他。

是的，每一个人都渴望得到别人的赞美，你如果能在工作中和生活中适时地运用赞美，学会欣赏，你的工作便会更加顺利，你的生活便会更加美好。无论在哪个领域，懂得赞美的人，肯定是优秀的人。

某公司销售员周强有一次去拜访一家商店的老板："先生，你好！""你是谁呀？""我是某某公司的周强。"老板一听说是某公司的，马上说："我不买产品，请你去别的地方推销吧。"周强说："今天我刚到贵地，有几件事想请教你这位远近出名的老板。""什么？远近出名的老板？""是啊，根据我调查的结果，大家都说这个问题最好请教你。""哦！大家都在说我啊！真不敢当，到底是什么问题呢？""实不相瞒，是……""站着谈不方便，请进来吧！"

就这样，周强轻而易举地取得了客户的信任和好感。有人不解，因为这商店的老板是没有任何人能说动的，就向周强请教秘籍。周强说："我没有任何秘籍，除了赞美。"

　　的确，赞美是混社会的一种必需的技能。要在最短的时间里找到对方可以被赞美的地方，这才是你混社会的本领。赞美的内容很多，只要你的赞美出自真诚，就能起到神奇的作用。

　　西汉时，渤海太守龚遂在任上的政绩非常突出，深受当地百姓爱戴，这件事不知不觉就传到了汉宣帝的耳中，这一天汉宣帝心血来潮，下了一道圣旨召龚遂进京面圣。

　　叩拜皇帝之后，宣帝当着满朝文武大臣的面问龚遂渤海郡是如何治理的（在这种情况下，很多人也许都会认为机会来了，忙不迭地大肆渲染自己的手段）。龚遂从容答道："启禀皇上，微臣才疏学浅，没有什么特别的才能，渤海郡之所以能治理得好，全都是因为皇恩浩荡，都是托陛下您的洪福啊！"

　　宣帝听了龚遂的赞颂，颇为受用，觉得他不居功自傲，是可塑之材，于是，当下给龚遂加官晋爵。

　　龚遂官场的成功，在于他运用了人际关系中"要懂得赞美别人"的技巧，没有把取得的成绩说成是自己的功劳，而归功于"皇恩浩荡"，皇帝在得到赞美的同时，必然会尽可能地去发现去挖掘龚遂的诸般好处，因为人与人之间的作用力是相互的。

　　赞美别人，仿佛用一支火把照亮别人的生活，也照亮自己的心田，有助于发扬被赞美者的美德和推动彼此友谊健康地发展，还可以消除人际间的龃龉和怨恨。赞美是一件好事，但绝不是一件易事。赞美别人时如不审时度势，不掌握一定的赞美技巧，即使你是真诚的，也会变好事为坏事。所以，开口前我们一定要掌握以下技巧。

赞美的话要适可而止

几乎每个人都喜欢美食，但即使是自己最爱吃的东西，吃得太多也会觉得腻。赞美也是如此。虽然人人都爱听好话，但是对他人赞美的话语并非就是多多益善。有时候，赞美的话说得过了头，反倒会弄巧成拙。

下面给大家讲一个日本超级保险推销员原一平刚开始运用赞美时，赞美过分的故事。

原一平到一位年轻的小公司老板那里去推销保险。进了办公室后，他便赞美年轻老板："您如此年轻，就做上了老板，真了不起呀，在我们日本是不太多见的。能请教一下，您是多少岁开始工作吗？"

"十七岁。"

"十七岁！天哪，太了不起了，这个年龄时，很多人还在父母面前撒娇呢。那您什么时候开始当老板呢？"

"两年前。"

"哇，才做了两年的老板就已经有如此气度，一般人还真培养不出来。对了，你怎么这么早就出来工作了呢？"

"因为家里只有我和妹妹，家里穷，为了能让妹妹上学，我就出来干活了。"

"你妹妹也很了不起呀，你们都很了不起呀。"

就这样一问一赞，最后赞到了那位年轻老板的七大姑八大姨，越赞越远了。最后，这位老板本来已经打算上原一平的保险的，结果也不买了。

后来，原一平才知道，原来那天自己的赞美没完没了，本来刚开始时，他听到几句赞美后，心里很舒服，可是原一平说得太多了，搞得他由原来的高兴变得不胜其烦了。

恰到好处、恰如其分的赞美，才是达到事半功倍的效果的关键，所以过多的赞美就适得其反了。在办公室里，常常有这样一群人，他们总是喜欢对着谁都是一阵吹擂，尤其喜欢向上司大献殷勤，以为这样就能够博得上司的好感，从而获得升迁。事实上，这可能一点作用也没有起到，说不定还起了反作用。

某公司有一个特别爱拍马屁的人，只要一看到他们部门经理就马上赞美一番。无论是经理的发型、领带、衣服、裤子、鞋子等等，从头到脚都被他夸奖了一番。他自以为这样就能给经理留下好印象，殊不知，经理每次都被他夸张的赞美弄得很烦，但有碍于其他同事在场不好发作。

有一次，公司的一个重要的方案交给这个人做，做完后他自我感觉良好。交上去就一直等待着被经理表扬。经理果然喊他到办公室一趟，他以为他终于要被表扬了，说不定还要被提拔，心情很放松。进入办公室，他还没等经理开口，又开始夸赞经理的办公室布置得如何好，经理这时脸色冷清地说："你嘴皮子的功夫倒是比你做方案的功夫好多了，看看你做的方案，出了这么多错！"

说赞美的话也有学问，并非是人人都能把赞美的话说到恰如其分。赞美也要适可而止，注意技巧，既能使对方欣然接受，不觉得赞美之言过火而心生烦躁，而且还要赢得对方对自己的好感，以达到其真正的赞美效果。赞美的语言是对别人言行举止或者身上的某个细节或者做事成效的一种表扬，要使用得当，恰到好处，也并非是越多越好，过分的语言，不切合实际的赞美，那就过犹不及了。

赞美其实是充满了无穷奥妙的一门学问，"赞美"的实质是能够抓住所赞美事物的实质。生活中的有些人经常会犯一些错误，就是见了什么都说好，信马由缰，天花乱坠，不懂装懂，本来的赞美之言，听起来倒像讽刺。作为一个赞美者，赞美不适度，反而会适得其反。因此，赞美别人一定要适可而止。赞美的尺度掌握得如何，往往直接影响赞美的效果。记住，恰如其分、点到为止的赞美才是真正的赞美。使用过多的华丽辞藻，过度的恭维，空洞的吹捧，只会使对方感到不舒服、不自在，甚至难受、肉麻、厌恶，其结果肯定是适得其及。

赞美用词要优雅得体

抓住一个人的独特之处进行委婉的赞美，最能赢取人心，调节气氛。这是有敏锐的观察、机智的应变能力才能达到的境界。

《红楼梦》中有这样的描述：史湘云、薛宝钗劝贾宝玉为官为宦，走仕途之路，贾宝玉大为反感，对着史湘云和袭人赞美黛玉道："林姑娘从来没有说过这些混账话！要是她说这些话，我早就和她生分了。"凑巧这时黛玉正好来到窗外，无意中听到这番话，使她不觉又惊又喜，又悲又叹。这之后，贾宝玉和林黛玉之间的爱情更加深厚了。

赞美别人，不单单是甜言蜜语，还要根据对方的文化修养、性格、心理需求、所处背景、语言习惯乃至职业特点、个人经历等不同因素，恰如其分地赞美对方。

张之洞任湖北总督时，适逢新春佳节抚军，谭继洵为了讨好张之洞，设宴招待他，不料，席间谭继洵与张之洞因长江的宽度争论不休。谭继洵说五里三，张之洞认为是七里三，两人各持己见，互不相让。眼见气氛紧张，席间谁也不敢出来相劝。

这时位列末座的江夏知县陈树屏说："水涨七里三，水落五里三，制台、中丞说得都对。"这句话给两人解了围，两人拊掌大笑，并赏陈树屏二十锭大银。

陈树屏巧妙且得体的言辞，既解了围，又使双方都有面子。这种赞赏就充分考虑了听者的心理和当时的情况。

人的素质有高低之分，年龄有长幼之别，因而特别的赞美比一般的赞美能收到更好的效果。老年人总希望别人不忘他当年的业绩与雄风，同其交谈时，可多称赞他引以为豪的过去；对年轻人，不妙语气稍微夸张地赞扬他的创造才能和开拓精神，并举出几点实例证明他的确能够前程似锦；对于经商的人，可称赞他头脑灵活，生财有道；对于有地位的干部，可称赞他为国为民，廉洁公正；对于知识分子，可称赞他知识渊博，宁静淡泊。当然这一切要依据事实，切不可流于虚情假意与浮夸。

在生活中，并不是人人都有好的口才，许多人的赞美往往"美"不起来。有的人说话不自在、不自然、不连贯，甚至面红耳赤，自己别扭，别人听了更别扭。还有的人因为不能恰当地运用赞美的语言，以致词不达意，反令被赞者极为尴尬。

一次，小刘的几位中学同学到自己家玩。刘妈妈对人非常热情，同这些当年的"小毛头"亲切地交谈起来。

听到大家都大学毕业了，工作也都不错，刘妈妈眼里流露出既高兴又羡慕的神色，摇着头叹息说："你看你们，是多好的孩子！一个个油光满面，到哪都讨人喜欢。俺那个崽，不会来事，三脚踹不出个屁来，到现在还没找到工作呢。"

一句话差点儿让大家背过气去，笑也不是，怒也不成。老太太本是好意，想夸奖他们一下，也许想说一句"春风满面"，但却用了一个"油光满面"，意思来了个一百八十度的大转弯。大家虽然都知道她老人家是一位文化不高的农村妇女，不知从哪里捡来一个连她自己也弄不懂的词语，但毕竟让人无言以对。

笨拙的讲话就像一架破烂不堪的录音机，使赞美这本该美妙动听的旋律变得刺耳难听，不能打动人，感染人，反而会损伤人的情绪，扭曲原意。

在一次管理层会议上，一位报告人登台了。会议主持人介绍说："这位就是吴女士，几年来她的销售培训工作做得非常出色，也算有点儿名气了。"

这末尾一句话显然是画蛇添足，让人怎么听都觉得不太舒服，什么叫也算有点儿名气呢？称赞的话如果用词不当，让对方听起来不像赞美，倒更像是贬低或侮辱。所以在表扬或称赞他人时一定要谨言慎行，注意措辞，尤其要把握好以下几条原则。

（1）列举对方身上的优点或成绩时，不要举那些无足轻重的内容，比如向客户介绍自己的销售员时说他"很和气"或"纪律观念强"之类与推销工作无关的事。

（2）赞美中不可暗含对方的缺点。比如一句口无遮拦的话："太好了，在屡次失败之后，你终于成功了一回！"

（3）不能以你曾经不相信对方能取得今日的成绩为由来称赞他。比如："真想不到你居然能做成这件事。"或是，"能取得这样的成绩，你恐怕自己都没想到吧！"

总之，称赞别人时在用词上要再三斟酌，千万不要胡言乱语。

赞美的话要说到点子上

赞美要有点专业精神，大而泛之的"真好啊""真美啊"之类的赞美，虽也属于赞美，但让人感到乏味与空洞，受到你赞美的人也激不起多少惬意。如果碰上多心或不够自信的人，说不定还会引起困惑或不安：会不会是故意这样说的呢？难道……

打个比方，别人要你看一篇他发表的文章。你看完后，只知道说"好啊好啊"的，很难取得赞美的效果。好在哪？视角独特？结构严谨？行文雅致？字字珠玑？这些话不说到，难道是因为在他的文章中找不到半点此类优点，才不得不空泛地说好？

我们在前面谈到的邹忌，他在赞美齐威王琴艺时，是这么说的："……大王运用的指法十分精湛纯熟，弹出来的个个音符都十分和谐动听，该深沉的深沉，该舒展的舒展，既灵活多变，又相互协调，就像一个国家明智的政令一样……"

邹忌的赞美恰到好处，让人听了不会觉得他在故意逢迎，而是真心的赞美。但要恰到好处，多少需要一点专业知识，也就是说要"懂行"。懂行的话，你就能抓住需要赞美的事和物的本质，不会说乏味肤浅的空话。许多人常犯外行的错误，见了什么都说好，见了谁都说高，有的是不懂装懂，有的是只知其一，不知其二，语言不到位，说不到点子上，切不中要害，缺乏力度。

当然，世上的行业多如牛毛，我们不可能成为一个全才或通才。很多事物我们都没有拥有足够的知识去品味。这需要我们在平时有空多学习，扩大知识面。同时，对于你不具备基本知识的事物，在主动赞美时就应该避开。而在别人请你鉴赏或评论时，也可以实实在在地说明自己不懂，然后以外行的眼光简单地赞美也无可厚非。

　　有一次，我和几个朋友去拜访一位作家，谈到他新发表的中篇小说，有的说："写得真感人！"还有的说："我恐怕一辈子也写不出这么优秀的小说出来了。"其中有一位朋友说得有点特色："常言道，文如其人。您的这个中篇，全文大开大合，显示了您为人的大气；行文洗练，和您做事干脆利落的风格一致；对小人物的细腻刻画中，又见您善良悲悯的人文情怀；写的虽是悲剧但没有过多地沉浸于伤感，而是将视角抬升到了产生悲剧的原因，说明您对社会有着深刻的思考。"夸文赞人，在行在理，独辟蹊径，巧妙地换了个新角度，令人耳目一新。他的赞美与众不同，技高一筹。

　　可见，见解深刻的赞美是多么与众不同。不仅能让人对你刮目相看，更重要的是：能让被赞美者产生真实的认同感，能让他产生与你积极沟通与交流的愿望。

赞美要真诚，避免夸大其词

不管是赞美，还是恭维，稍微有些脑子的人，都知道你说的是真话还是假话。不过，人人都爱听好听的，假话说到位也受听，这里就涉及一个度的问题。过分的真诚，过分的做作，都超出了这个度，这个度的掌握，在口气里，在语言中，在表情上。

一个穷困潦倒的年轻人到达巴黎，他拜访父亲的朋友，期望对方帮自己找一份工作。

对方问："你精通数学吗？"他不好意思地摇摇头。"历史、地理呢？"他又摇摇头。"法律呢？"他再次摇摇头。"那好吧，你先留个地址，有合适的工作我再找你。"

年轻人写下地址，道别后要走时却被父亲的朋友拉着："你的字写得很漂亮啊，这就是你的优点！"年轻人不解。对方接着说："能把字写得让人称赞，一般来说是擅长写文章！"年轻人受到赞美和鼓励后，非常兴奋。

后来，他果然写出了经典的作品。他就是家喻户晓的法国作家大仲马。可见，给予真心、真诚的赞美，对方都会开心地接受并从中获得力量。

好的赞美要真诚，并且发自内心。生活中，很多人赞美别人的时候，都唯唯诺诺，声如蚊蚋。这种态度不可取，如果你用这样的态度和语气来赞美别人，显示不出你的情商。观察那些优秀的销售人员，你会发现他们夸赞别人的时候，都大大方方，不做作。

要知道，当一个人心情好的时候，思维就会变得活跃，思考问题会倾向于积极的一面，这有助于推动和加速两个人的互动关系。所以，要学会大方、真诚地赞美别人。当然，赞美别人的方式很多种，但切忌浮夸、造作。即使你的赞美缺少华丽的语言，但是只要能流露出真情实感，也会让人感觉到你的真诚——没有人能够拒绝真诚。

如，你可以夸女生漂亮，但是不可以说"你是我这辈子见过最漂亮的女生"这样的话，否则显得太虚假，一般人非但不会相信，反而会给你印上"浮夸"的标签。

贾经理在 KTV 唱歌时，跑调跑得厉害，最后连他自己都唱不下去了。他摆摆手说："哎呀，不行了，献丑了。"谁知他手下的一个职员马上说："唱得很好呢，简直和某某歌星不相上下。"贾经理听了，不但没高兴，还很奇怪地看了他一眼，然后不冷不热地说："我还是有自知之明的。"弄得那个职员十分尴尬。

这个职员在赞美经理时就没有遵循真诚的原则。他的赞美之词明显是随口说出的，所以经理会觉得不舒服。虽然人们都喜欢听赞美的话，但并非任何赞美都会让对方高兴。没有根据、虚情假意地赞美别人，不仅会让人莫名其妙，还会让人觉得你心口不一。例如，如果你见到一位相貌平平的先生，却偏要说："你太帅了。"对方就会认为你在讽刺他。但如果你从他的服饰、谈吐、举止等方面来表示赞美，他就可能很高兴地接受，并对你产生好感。

赞美绝不是阿谀奉承、言不由衷、夸大其词，甚至心怀叵测地夸赞对方的缺点和错误，就是非常卑鄙的了。这样的"赞美"，都不是正确的社交手段，而是钩心斗角的阴谋伎俩。所以，对人对事的评价绝对不能脱离客观基础，措辞也应把握分寸。

具体来说，真诚地赞美别人，在说话时应把握好以下几个说话要点。

第一，赞美别人要发自内心。

真诚的赞美是对对方表露出来的优点的由衷赞美，所赞美的内容是确实存在的，不是虚假的。这样的赞美才能令人信服。如果你赞美别人时口是心非，不是发自内心的，对方就会觉得你言不由衷，或另有所图。

第二，不要把奉承误认为是赞美。

真诚赞美是无本的投资，阿谀奉承等于以伪币行贿。真诚的赞美是发现——发现对方的优点而赞美之，阿谀奉承是发明——发明一个优点而夸奖之。

第三，赞美别人时要有眼神交流。

赞美时眼睛要注视对方，流露出一种专心倾听对方讲话的表情，让对方意识到自己的重要，这样才能达到一种无声胜有声的效果。

第四，赞美要有见地。

赞美对方的容貌不如赞美对方的服饰、能力和品质。同样是赞美一个人，不同的表达方法取得的效果会大相径庭。例如，当你见到一位其貌不扬的女士，却偏要对她说："你真是一位超级美女。"对方很难认可你的这些虚伪之辞。但如果你着眼于赞美她的服饰、工作能力、谈吐、举止，她一定会高兴地接受。

第五，用语要讲究一些。

要尽量避免使用模棱两可的表述，如"还可以""凑合""挺好"等。含糊的赞扬往往比侮辱性的言辞还要糟糕，侮辱至少不会带有怜悯的味道。

此外，赞美别人的时候，不能老想着能从他身上得到什么好处，能让他帮着干什么事。这样的赞美目的性太强，很容易让人觉得不舒服，甚至产生被戏弄的感觉。真诚赞美别人的前提是欣赏别人，如果赞美掺杂了很多目的性，那就动机不单纯了，一旦被人识破，就会遭人鄙视和厌弃。

真诚一直是人际交往中最重要的品质，真诚的赞美更容易获得他人的青睐。真诚的赞美，就是话语要做到准确、精炼，并且慷慨。此外，赞美行为并非局限于语言，可以是一张庆祝的小字条，一个拥抱，或者一个信任的眼神。

别让赞美变阿谀奉承

在与人交往时，有些人总是竭力恭维、美言别人。他们认为既然人都是喜欢听好话的，那么，自己多说好话自然就能取得好效果。殊不知别人并不怎么买好话的账。这是什么原因呢？

赞美并不等于善言，赞美适度才是善言。如果错误地把赞美当作善言，不分对象、不分时机、不分尺度，在交际中总是千方百计、搜肠刮肚找出一大堆的好话、赞词，甚至把阿谀当作善言，那么常常会事与愿违。

那么，如何准确地把握赞美，使赞美恰如其分而不失度地成为真正的善言，取得事半功倍的效果呢？

1. 因人而异，使赞美具有针对性

赞美要根据不同人的年龄、性别、职业、社会地位、人生阅历和性格特征进行。对青年人应赞美他的创造才能和开拓精神；对老年人则要赞美他身体健康、富有经验；对教龄长的教师可赞美他桃李满天下，对新教师这种赞美则不适当。

2. 借题发挥，选择适当的话题

赞美本身不是目的，而是为自荐创造一种融洽的气氛。比如看到电视机、电冰箱先问问其性能如何；看到墙上的字画就谈谈对字画的欣赏知识，然后再借题发挥地赞美主人的工作能力和知识阅历，从而找到双方的共同语言。

3. 语意恳切，增强赞美的可信度

在赞美的同时，准确地说出自己的感受，或者有意识地说出一些具体细节，都能让人感到你的真诚，而不至于让对方以为是过分的溢美之词。如赞美别人的发式可问及是哪家理发店理的，或说明自己也很想理这样的发式。美国前总统罗斯福在赞扬英国前首相张伯伦时说："我真感谢你花在制造这辆汽车上的时间和精力，造得太棒了。"总统还注意到了张伯伦曾经费过心思的一个细节，特意把各种零件指给旁人看，这就大大增强了夸赞的诚意。

4. 注意场合，不使旁人难堪

在多人在场的情况下，赞美其中某一人必然会引起其他人的心理反应。假如我们无意中赞美了某职称晋升考试中成绩好的人，那么在场的其他参加考试但成绩较差的人就会感到受奚落、挖苦。

5. 适度得体，不要弄巧成拙

不合乎实际的赞美其实是一种讽刺，违心地迎合、奉承和讨好别人也有损自己的人格。适度得体的赞美应建立在理解他人、鼓励他人、满足他人的正常需要及为人际交往创造一种和谐友好气氛的基础之上。

在这个物价高企的社会，美丽的辞藻是为数不多的免费"物资"之一。你不用花钱，就可以拿赞美当礼物送给别人。而接受你礼物的人，会回馈你感激与友好。除此以外，你还将享受感激与友好带来的一切回报。

第二章
赞美有料：一句话要把人说得笑

　　为人处世时，不要以为一味地赞美就能赢得他人的心。因为陈词滥调或者不着边际的赞美只会惹人生厌，赞美的直接目的是让对方高兴，如果你不想让对方出现审美疲劳的话，赞美的话一定要有新意，切忌老调重弹。

　　喜新厌旧是人们普遍具有的心理，所以赞美他人时要尽可能有些新意。陈词滥调的赞美，会让人觉得索然无味，而新颖独特的赞美，则会令人回味无穷。

赞美要带着情商

心理学家威廉·杰姆斯说："人性最深层的需要就是渴望别人欣赏。"心理学研究发现，人性都有一个共同的弱点，即每一个人都喜欢别人的赞美。一句恰当的赞美犹如银盘上放的一个金苹果，使人陶醉。

当然，赞美人并不是一件容易的事，正如水能载舟亦能覆舟一样。适当的赞美之词，恰如人际关系的润滑剂，使你和他人关系融洽，心境美好；而肉麻的恭维话却让人觉得你不怀好意，从而对你心生轻蔑。

古时有一个说客，说服别人的功力堪称一流。他曾当众夸口道："小人虽不才，但极能奉承。平生有一志愿，要将一千顶高帽子戴给我遇到的一千个人，现在已送出了九百九十九顶，只剩下最后一顶了。"一长者听后摇头说道："我偏不信，你那最后一顶用什么方法也戴不到我的头上。"说客一听，忙拱手道："先生说得极是，不才走南闯北，见过的人不计其数，但像先生这样秉性刚直、不喜奉承的人，委实没有！"长者顿时手持胡须，扬扬自得地说："这你算说对了。"听了这话，那位说客哈哈大笑："恭喜先生，我这最后一顶高帽已经戴到先生头上了。"

这个故事生动地说明了，再刚正不阿的人，也无法拒绝一个说到他心坎上的赞美。

很多人都说自己并不喜欢听别人对自己的赞美，那只是他们不喜欢听到重复、老套、空洞的赞美。高情商的人赞美别人的时候，往往会让人听得"上瘾"。

那什么是高情商的赞美？来看两段对话。

有个女生买了一个包包。你可以这样说："哟，这个包包真漂亮，从哪里买的？我前段时间也看上这款了，记得很贵的，怎么也得四五千元。"

对方说："没有啦，也就一千多点。"

"不会吧，完全看不出来，你就骗我吧。"

这是通过物贵来赞美，当然，也可以通过"人贱"来赞美。

遇到一个锻炼身体的老人，你可以说："您老人家这腿脚，这身子骨，有五十五了吗？"

"哪有，早过了，今年七十八啦。"

"不会吧，看上去至少要年轻十岁啊。"

想必老人听了，心里乐开了花。

可以说，每个人身上都可以找到值得夸赞的地方，只要你的情商足够高，就会发现不同的赞美点。

在居民小区的早点铺子里，有两位顾客都想让老板给他添些稀饭。一位皱着眉头说："老板，太小气啦，只给这么一点，哪里吃得饱？"结果老板说："我们稀饭是要成本的，吃不饱再买一碗好啦。"无奈这位客人只好又添钱买了一碗稀饭。另一位客人则是笑着说："老板，你们煮的稀饭实在太好吃了，我一下子就吃完了。"结果，他拿到一大碗又香又甜的免费稀饭。

两个人两种说方式，得到两种不同的结果，可见会说话是多么重要。在我们的生活中，人人都需要赞美，赞美不一定要把人夸得心花怒放，许多时候，它是一种社交礼仪、素养、情商的体现。

比如，我们到菜市场买菜的时候，有的摊贩嘴很甜：

"这位帅哥，要来点什么，都便宜处理了。"

"这位美女，想买点什么，今天做特价。"

见到一位女士就是"美女"，对方听了，也会欣然接受：既然这么热情，谁家都是买，就买你家的吧。结果，嘴甜的商贩生意特别好。

　　所以说，人人都喜欢被赞美。但是，与矫揉造作、阿谀奉承这种拍马屁式的赞美不同，高情商地赞美别人，一定要表现出一种诚意，一种胸怀，一种发自内心的欣赏。

要善于寻找赞美的话题

人际关系顺畅是事业成功最关键的因素，而赞美别人是处世交际最关键的课程。如果你懂得如何赞美别人，再加上你的聪明、脚踏实地的精神，就等于事业成功了一半。从一定意义上讲，学会称赞他人是事业成功的阶梯，不会赞美，就会处处触礁。

一句称赞的话，犹如一泓清泉，透彻、晶莹、沁人心脾，流泻之处充满了温馨与滋润。它不仅在人与人之间吹散了冷漠的雾霾，而且让友谊得以加深，让工作一帆风顺，让交际更得人缘。

因而，无论是熟人，还是陌生人，只要你善于寻找，对他人身上可以加以赞美的地方进行赞美，就能够打开对方的话匣子，并使他愿意与你交谈。

小梁坐火车回家，对面坐了一位漂亮的姑娘，可是待人特别冷淡，对什么事都爱理不理的。车行七八个小时，他们之间很少讲话，车厢里沉闷得让人透不过气来。小梁正打算睡觉，一下子瞥见她手上戴着一只特别别致的手镯，就顺口说了句："你的手镯很少见，非常别致，市面上好像看不到。"

没想到她眼睛一亮，微笑着向小梁介绍这只镯子的来历。然后，她又给小梁讲她外婆的故事、她家乡的故事。小梁也打消了睡意，和她聊得津津有味，等到天亮火车到站的时候，他俩都为此趟旅程的相遇感到十分欣慰。

赞美是一种重要的交际手段，它能在瞬间沟通人与人之间的感情。任何人都希望被赞美，威廉·詹姆斯就说过："人性深处最大的欲望，莫过于受到外界的认可与赞扬。"

在赞扬过程中，双方的感情和友谊会在不知不觉中得到增进，而且会调动交往合作的积极性。因此，赞美是一件好事，但若不会称赞他人，说话口无遮拦，犯了忌讳，那么，好事也会变成坏事，这也正是"一句话把人说笑，一句话把人说跳"的差别。

刘经理和赵经理很要好，志趣相投，相互嬉笑怒骂无话不说，甚至对方的忌讳也是酒后茶余的谈资。

在一次宴会上，刘经理有点儿喝多了，为了表达对赵经理曲折经历和能力的敬佩，他举起酒杯说："我提议大家共同为赵经理的成功干杯！总结赵经理的曲折经历，我得出一个结论：凡是成大事的人，必须具备三证！"

刘经理提了提嗓门说道："第一是大学毕业证；第二是职称资格证；第三是离婚证！"

"离婚证"的话音刚落，众人哗然，原本是赞美之中的玩笑话，但此时此刻极不适合提及。赵经理硬撑着喝下了那杯苦涩的酒。这"三证"中的最后一证无疑是赵经理的忌讳，他不想让更多的人知道，也不想让人们议论，但刘经理与他太好、太熟、太没有界限了。

这个例子告诉我们，在称赞与自己关系很好的人时，如果是当着其他人的面，千万不要冒犯他的忌讳。毕竟每个人都有个人隐私，请尊重朋友的忌讳。

公式化的套语有时也会冲撞别人的忌讳。

一位小伙子到同学家去玩。见到同学的哥哥后就来了一句公式套语说："大哥你好，见到你真高兴！久闻你的大名，如雷贯耳，百闻不如一见！"

没料到对方的脸一下子变红了。原来，他同学的哥哥因偷窃刚被劳教改造出来，这个小伙子不明情况就"久闻大名"地恭维了一番，不料，揭了对方的伤疤。

赞美是一种走进心灵的语言艺术，要想达到一定的水平，不免要途经一些遍布暗礁的险滩，要想走上"赞美"的彼岸，就不可让赞美的语言信马由缰，而要在赞美之词中把握一种平衡，找准方向，然后才能步履轻松、稳健妥帖靠上"赞美"之岸，否则，将使你处处触礁，落得个赞美不成反遭其害的结局。

要建立良好的人际关系，恰当地赞美别人是必不可少的。事实上，每个人都希望自己能受到别人的赞美，并且得到人们的赏识，但是，由于人与人之间相互交谈的时间并不是很多，而且不善于赞美他人值得赞美的地方。这一点着实令人感到奇怪，其实，赞美他人是非常容易的事情，不需要你付出任何代价，而赞美别人后自己得到的报偿却是多方面的。

好名声来自人们的赞美，所以人人都喜欢被赞美。美国著名社会活动家曾推出一条原则"给人一个好名声"，让人们达到它，因为人们为了获得赞美而愿做出惊人的好成绩。只要你善于赞美他人值得赞美的地方，你的赞美是不会被拒绝的。

没有人不愿意听好话。上至高僧大德，豪门大贾，下至贩夫走卒，褪褓婴儿。此乃千古不移之公理。面对卖桃的小贩，你一句"老板你的桃怎么是烂的呀？"换来的一定是"你的才烂呢！"而那位嫌樱桃小的顾客小姐，在小贩"小才美呢，就像小姐您，小巧玲珑多好"之类的得体应对之后，高高兴兴买走了好几斤价格不菲的樱桃。

莎士比亚说："我们得到的赞扬就是我们的工薪。"从这个意义上说，每个人都是别人"工薪"的支付者。我们都应该把这笔"工薪"支付给应得到的人。我们常常听周围人发出一些牢骚，这正说明，人们需要"工薪"，而支付"工薪"的人又往往太吝惜。

赞美是最好的口德，人们喜欢戴高帽子，此即从赞美而来。据说，弥勒菩萨和释迦牟尼本乃同时修行，释迦牟尼因为多修了一些赞美的语言，因此早于弥勒菩萨三十劫成佛。

赞美他人与微笑迎人是天下最直接的布施。我们何乐不为？

　　美国一位学者这样提醒人们："努力去发现你能对别人加以夸奖的极小事情，寻找你与之交往人的优点——那些你能够赞美的地方，要形成一种每天至少五次真诚地赞美别人的习惯，这样，你与别人的关系将会变得更加和睦。"

赞美要有新意，忌老调重弹

　　为人处世时，不要以为一味地赞美就能赢得他人的心。因为陈词滥调或者不着边际的赞美只会惹人生厌，赞美的直接目的是让对方高兴，如果你不想让对方出现审美疲劳的话，赞美的话一定要有新意，切忌老调重弹。

　　有这么一个故事。

　　一位将军听说有人称赞他漂亮的胡须，非常高兴。因为之前，几乎所有人都会称赞他的英勇善战及富于谋略的军事才干。作为一个军人，不论在这方面怎样赞美他，他都很少会产生自豪感。而赞美他胡须的那个人，他的聪明之处在于，在他的赞美词中增加了新的条目，使他的赞美让人耳目一新。

　　由此可见，有新意的赞美是多么重要。

　　有新意的赞美之所以让人印象深刻，是因为它能反映赞美者较高的情商，以及他对被赞美者的深入了解，和独具匠心的观察。因此，在赞美别人的时候，要花一些心思，多添加一些新鲜的元素，这样会提升赞美的效果。

1. 配合一个小礼物进行赞美

　　一次，王经理过生日的时候，收到下属的一件礼物，是一条领带。这个礼物选得有品位，又不夸张。更有意思的是，下属还对王经理说了这样一句话："谢谢您一直以来的信任，希望您继续领着我、带着我，一起成长和进步。"

　　哪个领导会拒绝这样送来的"领带"呢？可以看得出来，这位下属不只是嘴上说说而已，私下他是用了心的。所以说，如此的赞美，自然难以让人拒绝。

2. 适当赞扬他人的缺点

赞扬缺点？那不是反讽，或是挖苦对方吗？当然不是，这要看你的情商与话术了。应用这种方式赞美他人的原理是：对于优秀的人来说，被他人赞扬是很常有的事，所以如果你仍然赞扬对方的优点，很难给对方造成深刻印象，这时，可以从他的缺点入手进行赞美。比如，一位身材很好的女生，皮肤稍黑，你再说她身材好，很难能给她留下深刻的印象，因为有太多的人说过她身材好。那你可以说："你的肤色看上去非常健康，一看你就经常运动。"

当然，赞扬他人的缺点也有相当的风险，操作起来难度较大，很容易让对方觉得你是在"讽刺"他，所以，使用这种方法一定要考虑双方的关系、说话的场合等。

3. 利用第三者进行赞美

如果你跟对方有不少的共同朋友，则非常适合使用这个方法。比如：

"小何曾跟我讲过，他觉得你做事很靠谱，很实在。"

"说实话，无论是长辈，还是我的一些朋友，当他们谈及你的时候，都对你赞赏有加。"

接着，你感受下面的两说法，哪种更好一点。

"你读书真的很用功。"

"张老师跟我说过，你读书真的很用心。"

这两者的区别：我们有时潜意识认为，眼前和我聊天的这个人，可能会因为利益而讨好我、说好话；而转述第三者的赞美就不一样了，让人感觉更加真实，不做作。

这里需要注意的是，你在赞美对方时提到的"第三者"最好是对方比较信赖或是看重的人。有时，我们说对方如何如何，对方不一定会相信，当你通过第三者之口赞美时，可信度更高。

26

4. 公开场合进行赞美

很多时候，在公开场合赞美，要比私下赞美更有说服力。比如，你和老王一起跟领导汇报工作，你说："李总，我们小组这次项目之所以能够顺利地完成，很大程度也是因为有老王的帮助。他给我们提供了非常详细的数据，讲解时也很耐心，真的很不错……"这时，老王定会向你投来感激的目光。公开赞美不仅表示出了你的诚意，也让其他人对他有更多积极的了解。你既表示出了自己真诚的品质，也提高了他在圈子内的名声，对方有什么理由不喜欢你呢？

5. 加一点善意的谎言

当一个人身上不具备某些优势时，适当的赞美也可以让其信心倍增。出于这样的善意，高情商的人在赞美别人的时候，也会点缀一点谎言。

鼎鼎大名的音乐家勃拉姆斯是个农民的儿子，因家境贫寒，从小没有接受过良好的教育，更别说系统的音乐训练了。因此勃拉姆斯很自卑，音乐变成了他遥不可及的梦想。

一次勃拉姆斯认识了音乐家舒曼，受到舒曼的邀请去做客。勃拉姆斯坐在钢琴前弹奏起自己以前创作的一首 C 大调钢琴鸣奏曲，弹奏得有些不顺畅，舒曼则在一旁认真地听。一曲结束后，舒曼热情地张开怀抱，高兴地对勃拉姆斯说："你真是个天才呀！年轻人，天才……"

勃拉姆斯有些惊讶地说："天才？您是在说我吗？"他简直不敢相信自己的耳朵，因为从来没有人这样的夸奖过他，从此，勃拉姆斯消除了自卑感，并拜舒曼为师学习音乐，改写了自己的一生。

其实，勃拉姆斯的演奏水平还没有那么高，但是舒曼却用善意的谎言为他坚定了信心，使勃拉姆斯变成了一个有激情、自信的人。所以，用善意的谎言赞美别人，可以推进对方，让他生出信心和勇气。

　　喜新厌旧是人们普遍具有的心理，所以赞美他人时要尽可能有些新意。陈词滥调的赞美，会让人觉得索然无味，而新颖独特的赞美，则会令人回味无穷。

根据对方的优点加以赞美

恰当地赞美别人，可以使对方获得极大的心理满足，在此基础上安慰对方、鼓励对方或是规劝对方、要求对方，都能够取得良好的效果。可以说，掌握了恰到好处赞美别人的技巧，是一个人交际能力趋于成熟的标志。那么，该怎样恰到好处地赞美别人呢？

有经验的人到别人家去做客、办事，总是一进门就夸奖人家的孩子。这一招常常为愉快做客和顺利办事开了个好头。因为孩子都是父母最得意的，赞美孩子，要比赞美他们本人更能讨得其欢心。这是因为人性中有一个共同的特点，那就是喜欢别人赞美自己最得意最看重的人和事。

只有赞美别人最看重的人和事才能收到最好的效果。俗话说："萝卜青菜，各有所爱。"人与人不同，看重的人和事自然也大相径庭，这就要求我们在赞美别人之前，首先做到"知彼"，了解对方的兴趣、爱好、性格、职业、经历等背景状况，抓住其最重视、最引以为豪的人和事，将其放到突出的位置加以赞美，这样才能够最大限度地满足对方的心理需要，从而达到自己的目的。

在行营里，一次，曾国藩用完晚饭后与几位幕僚闲谈，评论当今英雄。他说："彭玉麟、李鸿章都是大才，为我所不及。我可自许者，只是生平不好谀耳。"一个幕僚说："各有所长：彭公威猛，人不敢欺；李公精敏，人不能欺。"说到这里，他说不下去了。曾国藩问："你们认为我怎样？"众人皆低首沉思。忽然走出一个管抄写的后生来，插话道："曾帅仁德，人不忍欺。"众人听了齐拍手。曾国藩十分得意地说："不敢当，不敢当。"后生告退而去。曾国藩问："此是何人？"幕僚告诉他："此人是扬州人，入过学

（秀才），家贫，办事还谨慎。"曾国藩听完后就说："此人有大才，不可埋没。"不久，曾国藩升任两江总督，就派这位后生去扬州任盐运使。

在这个故事里，曾国藩的幕僚想赞美曾国藩，但苦于"威猛""精敏"之语都已让别人先说了，因而想不出赞美他的词句。而管抄写的后生从曾国藩说过的"生平不好谀耳"中推断出他特别看重"仁德"的性格特征，于是投其所好，在这一点上加以赞美，果然让曾国藩感到舒服，并由此得到了他的赏识。可见，只要赞美得恰到好处，其效果往往是出乎意料的。

人人都有自己的长处，即使最普通最平凡的人也有"闪光点"，关键在于你是否能够"沙里淘金""慧眼识珠"。有些人常常埋怨对方没有优点，不知该赞美什么，这正说明了其缺乏发掘闪光点的能力。其不足之处在于，赞美者总是以老眼光看人，而不懂得变换视角去发掘、体察这些闪光之处，并对此大做文章。一个赞美别人的人如果不能够做到这一点，就不足以说明他是一个善于赞美的高手。

春节期间，小王住在乡下的大伯带着五岁的小孙子健健到小王家住了两天。健健性格内向，见人不爱说话，时时刻刻跟在他爷爷身边。特别是和小王的女儿玲玲在一起时，玲玲显得聪明伶俐，健健显得呆头呆脑，弄得大伯很没面子，骂健健"三脚踢不出一个屁来"。这天晚饭过后，小王和大伯边聊天边看电视，突然听到客厅里传来玲玲的哭声。两人赶快跑出去看，这才搞明白，原来健健不小心从楼梯上跌了下来，膝盖摔破了，健健忍着没哭，倒把在一旁的玲玲吓哭了。大伯见健健惹了祸，上来就骂他没出息不争气，搞得健健也大哭起来。小王见状赶紧劝导大伯，一边劝一边扶起健健，帮他察看伤口。当看到伤口出现一片血红时，小王拍着健健的肩膀啧啧称赞，说："农村的孩子就是生得结实，经得起摔打，跌得这么重也不哭，连句疼也不喊。这孩子将来肯定有出息，到了社会上能闯荡。你再看我这城市里的女儿，一根毫毛没动，光吓就给吓哭了。"一席话说得大伯心里舒服了许多，赶紧心疼地搂过健健，又是上药又是安慰地忙起来。

在这个故事里，与乡下大伯相比，小王就是一个善于发掘闪光点的赞美高手，他借助一次跌跤事件对两个孩子重新做出评价，从"身体"和"意志"的角度对健健表示由衷的赞叹，使大伯透过表面现象看到了自己孙子的可贵之处，不但心里舒服了，更重要的是燃起了对孩子的希望。

真情需要赞美，而细微之中更容易显现真情，所以，有经验的人常常抓住某人在某方面的行为细节，巧妙赞美和感谢，这样很容易博得对方的好感。其实对方之所以在细节上投入那么多的心思与精力，一方面说明对方对此有特别的重视或偏爱，另一方面也说明对方渴望自己的努力能够得到别人的关注与赏识，能够得到应有的报偿与肯定。因此，我们在交际中应善于发现细微处的用意，不失时机地以赞美和感谢来回报对方的良苦用心，这不但会带给对方巨大的心理满足，而且会加深彼此之间情感和心灵的沟通。

1960年法国总统戴高乐访问美国，在一次尼克松为他举行的宴会上，尼克松夫人费了很大劲布置了一个美观的鲜花展台，在一张马蹄形的桌子中央，鲜艳夺目的热带鲜花衬托着一个精致的喷泉。精明的戴高乐一眼就看出这是主人为了欢迎他而精心设计制作的，不禁脱口称赞道："女主人为举行一次正式的宴会要花很多时间来进行这么漂亮、雅致的计划与布置。"尼克松夫人听了，十分高兴。事后，她说："大多数来访的大人物要么不注意，要么不屑为此向女主人道谢，而他总是想到和讲到别人。"可见，一句简单的赞美他人的话，会带来多么好的反响。

戴高乐身为国家元首，却能对他人的用意体察入微，这使他成

31

了一位格外受尊敬的人，也是他外交上获得成功的不可或缺的一面。面对尼克松夫人精心布置的鲜花展台，戴高乐没有像其他大人物那样视而不见，见而不睬，而是即刻领悟到了对方在此投入的精力，并及时地对这一片苦心表示了特别的肯定与感谢。戴高乐赞美的言语虽然简短，但是很明确，尼克松夫人被深深地感动了。

寓鼓励于赞美之中

不是任何赞美都会产生正面效应，任何事情都要有个"度"。对学生、下属、晚辈等表示赞美，如过分使用溢美之词则可能会助长对方骄傲、自满、浮躁的情绪，不利于对方学习、工作、做人等进一步的发展。如一位母亲赞美孩子："你是一个好孩子，你这种刻苦的精神让我很感动。"这种话就很有分寸，不会使孩子骄傲。但如果这位母亲说："你真是一个天才，在我看到的小孩中，没有一个人赶得上你的。"那就会使孩子骄傲，把孩子引入歧途。

这就要求我们在赞美这类人时应当把握好分寸，适可而止。少一些华丽的不切实际的溢美之词，多一些实实在在的引导、肯定和鼓励，既满足对方自我价值实现的心理，又令其感受到肩上的责任和期冀，从而更加努力上进。

丰子恺考入浙江第一师范大学后，李叔同教他图画课。在教写生课时，李叔同先给大家示范，画好后，把画贴在黑板上，多数学生都照着黑板上的示范画临摹起来，只有丰子恺和少数几个同学依照李叔同的做法直接从石膏上写生。李叔同注意到了丰子恺的颖悟。一次，李叔同以和气的口吻对丰子恺说："你的图画进步很快，我在南京和杭州两处教课，没有见过像你这样进步快速的学生。你以后，可以……"李叔同没有紧接着说下去，观察了一下丰子恺的反应。此时，丰子恺不只为老师的赞扬感到欢欣鼓舞，更意识到在老师没有说出的话当中包含着对他前程的殷切希望。于是，丰子恺说："谢谢！谢谢先生！我一定不辜负先生的期望！"李叔同对丰子恺的赞扬，激励他走上了艺术道路。丰子恺后来说："当晚李先生的几句话，确定了我的一生……这一晚，是我一生中的一个重要关口，因为从这晚起，我打定主意，专门学画，把一生奉献给艺术，几十年来一直没有变。"

将鼓励寓于赞美之中，一定要注意赞美须具体、深入、细致。

抽象的东西往往很难确定它的范围，难以给人留下深刻印象；而美的东西应该是看得见、摸得着的，感受得到的，像前面的母亲夸孩子刻苦，这很具体。如果要称赞某人是个好推销员，可以说："老王有一点非常难得，就是无论给他多少货，只要他肯接，就绝不会延期。"所谓深入、细致就是在赞美别人的时候，要挖掘对方不太显著的、处在萌芽状态的优点。因为这样更能发掘对方的潜质，增加对方的价值感，赞美所起的作用更大。

譬如说，有人送你一只花瓶，你说一句感谢话自然是必需的。但称谢的同时，再加以对花瓶的称赞，赠送者一定会更高兴。"这花瓶的式样很好，摆在我的书桌上是再合适不过了。"称赞中要隐喻对方的选择得当，他听了一定很高兴，说不定他下次还有另外一件东西送给你呢！

"好极了，这张唱片我早就想买了，想不到你送来了。"如果真是你渴望了许久的东西，你应该立即告诉送给你的人。

"对我来说这收音机再合适不过了，以后每天我们都可以有一个愉快的下午了。"直接把你打算如何使用这礼物说出来，是一个很好的赞美方法。

"我从来不曾有过这么漂亮的手帕。"把最大的尊荣给予赠送者，他一定会感到很高兴的。

感谢和称赞，是有密切的连带关系的。"承蒙你的帮助，我非常感谢。"这仅仅是感谢，如果再加上几句："要不是靠你的帮助，一定不会有这么好的结果。"加上了这样一句话，就显得完美多了。

嬉笑怒骂皆可赞美

在球场上，我们经常听到踢球或打球的小伙子们用粗俗的语言来赞美对方，大家不仅不觉得刺耳，反而觉得有一种十分朴实、真挚的情谊隐于其中，而受到夸奖者也不以粗话为不敬，相反，往往更加得意，十分快活，有时还会用粗话还击，将对方着实地再夸上一番。在一场足球赛中，一个小伙子截到球后，快速出击，左躲右闪，连过数人，飞起一脚攻破对方大门。只见胜方的队员们个个大喜，一个小伙子冲上去就给那位破门勇士一拳，大叫着："真是'牛'脚。"两人哈哈大笑。

看来，只要骂得得体，同样会有夸奖的效果。这大概正反映了男人们渴望挣脱枷锁、追求野性力量的一种心态吧！真实、嬉笑佯怒又何尝不是赞美之法呢？

赞美一个人，并不是做报告或谈工作，没必要十分严肃。赞美贵在自然，它是人际交往活动中在一定场景下的真情流露。僵硬、虚夸、做样的赞美，即使是出于真心实意，也会让人反感、提防，甚至将你归于阿谀小人之列了。所以，赞美的方式是多种多样，而且是千变万化的，在嬉笑怒骂间常可收到出奇的效果，从而增进你与朋友的友谊。

有位大学生，成绩总是第一，大家打心眼儿里佩服他，尊敬他。一次，他又考了第一名。在饭后的"侃大山"中，好几位同学都夸了他，却没有一位是用直接赞美的方式。一位同学故作心痛，手捂胸口，叹息道："既生我，何生你。"引得众人大笑。另一位作嬉皮笑脸状："今晚跟我去看录像吧，既然我赶不上你，把你拉下马也成。"而另一位同学则一副怒不可遏的样子："这日子没法过了！"惹得同学们一阵欢笑。那位成绩第一的同学也跟着大伙笑，并真诚地表示自己一定会尽全力帮助别人。他在同学们中的形象更好了。

嬉笑怒骂皆赞美是要讲究对象、场合和方式方法的。如果不顾及你与对方的关系、所处的环境而滥用此法，别人就会觉得你不庄重、不真诚、俗不可耐，不但不能收到赞美对方的效果，反而影响了自己的形象。

一般来说，嬉笑怒骂应用于非正式的场合，如在聊天、锻炼、娱乐中，在比较正式的场合，特别是大庭广众之下，切忌这些太随便的方式。

另外，嬉笑怒骂用于青年人中间，特别是同学、朋友间比较合适。对话人之间应彼此熟悉，关系较为亲密。一般的朋友或初次见面时，则不宜采用此法。在有上、下级关系或长、晚辈关系的人之间，更不宜用嬉笑怒骂的方式来赞扬对方。

嬉笑怒骂还不宜使用得过于频繁。因为这种正话反说、随随便便的赞美方式本身就有一定的冒犯他人的性质，如使用过滥，不仅会使赞美串了味，使对方误以为你是在挖苦他，而且你个人的形象也会因此受到极大的损害。

善于说祝贺的话

祝贺是人际交往中常用的一种交往形式，一般是指对社会生活中有喜庆意义的人或事表示良好的祝愿和热烈的庆贺。通过祝贺表示你对对方的理解、支持、关心、鼓励和祝愿，以抒发情怀，增进感情。

祝贺语从语言表达形式看可以分为祝词和贺词两大类。

祝词是指对尚未实现的活动、事件表示良好的祝愿和祝福之意。比如重大工程开工、某会议开幕、某展览会剪彩要致祝词；前辈、师长过生日要致祝寿词；参加酒宴要致祝词；等等。

贺词是指对于已经完成的事件、业绩表示庆贺的祝颂。比如毕业典礼上，校长对毕业生致贺词；婚礼上亲朋好友对新郎新娘致贺词；对同事、朋友取得重大成就或获得荣誉、奖励致贺词，等等。

祝贺要注意以下两点：

1. 祝贺要注意场合

一般说，祝贺总是针对喜庆意义的事，因此，不应说不吉利的话和使人伤心不快的话，应讲一些喜庆、吉祥、欢快的话，讲使人快慰和振奋的话。如言辞与情绪不合场合，就必定要碰壁。

鲁迅在散文《立论》中讲到这样一个故事：一户人家生了个男孩，合家高兴透顶。满月的时候，抱出来给人们看，自然是想得到一点好兆头，客人们众说纷纭。一个说："这孩子将来会发大财的。"一个说："这孩子是要做大官的。"他们都得到了主人的感谢。只有一个人说："这孩子将来是要死的。"虽然他说的是必然，但还是遭到大家一顿合力痛打。从讲话艺术的角度看，他不顾当时特定情景，讲了不合时宜的话，遭到大家的痛殴，这也是难免的。

2. 祝贺词要简洁，有概括性

祝贺词可以事先做些准备，但多数是针对现场实际，有感而发，讲完即止，切忌旁征博引，东拉西扯。语言要明快热情、简洁有力，才能产生强烈的感染力。

有些祝词、贺词要进行由此及彼的联想、因景生情的发挥，但必须紧扣中心，点到为止，给听众留下咀嚼回味的余地。比如：

某人主持婚礼。新郎是畜牧场技术人员，新娘是纺织厂女工。婚礼一开始，他上前致贺词：

"我今天接受爱神丘比特的委托，为新时代牛郎织女主持婚礼，十分荣幸。"

新郎新娘交换礼物。新郎为新娘戴上金戒指，新娘送给新郎英纳格手表。这时，主持人又上前致辞说：

"黄金虽然贵重，不及新郎新娘金子般的心；英纳格手表虽然走时准确，也不及新郎新娘心心相印永记心间。"

他的即兴婚礼贺词，得体而又热情，简洁而又明快，博得了一阵热烈的掌声。

每个人都有喜欢被别人恭维的心理，即使那些平时说讨厌恭维的人其实内心也是喜欢听恭维话的。最重要的是，你的恭维话要说得巧妙，不显山露水，不露丝毫痕迹，恰到好处，被恭维的人就会怡然自得了。

第三章
赞美有方：有技巧的表达更能俘获人心

　　恰到好处地赞美别人，让别人情不自禁地感到愉悦和鼓舞，从而对赞美者产生亲切感。彼此的心理距离因为赞美而缩短、靠近，从而达到赞美者的目的。善于赞美他人，往往会成为你为人处世的有力武器。

搔痒要搔到痒处

搔痒要搔到痒处，这是一个很浅显的道理。同样，赞美的话要说到对方心里。口才高手的赞美，高就高在能够发现平常人所未注意到的痒处，用语言作为搔痒的搔子，把别人搔得神清气爽、五体通泰。

人云亦云的赞美虽然也是赞美，但最多是聊胜于无的赞美而已。口才高手会努力去发现、挖掘别人所看不到的地方。你要是赞美袁隆平对水稻培育甚至对人类做出了多么大的贡献，虽然说的是事实，但他一定不会怎么在乎。因为这一块早就被众多高官、媒体以及千万张嘴赞过了，早就结了厚厚的茧子，你的这一下搔过去，铁定没有任何感觉。口才高手的赞美就会不同，会发掘他不为大众所知的一面来赞美，夸他摩托车技术好，赞他饭菜做得好。这样效果一定会好很多。爱因斯坦就这样说过，别人赞美他思维能力强，有创新精神，他一点都不激动，作为大科学家，他也听腻了这样的话，但如果赞美他的小提琴拉得不错，他一定会兴高采烈。巧的是，袁隆平也爱好拉小提琴，并且技术也不错，在公开场合有过即兴表演，或许从这个角度来赞美，会有不错的效果。

对任何一个人而言，最值得赞美的，不应是他身上早为众所周知的明显长处，而应是那蕴藏在他身上，既极为可贵又尚未引起重视的优点。正如安德烈·毛雷斯曾经说过的："当我谈论一个将军的胜利时，他并没有感谢我。但当一位女士提到他眼睛里的光彩时，他表露出无限的感激。"

于是，我们找到一把钥匙来打开他人的渴望赞美的隐秘之门。只要你留意他们最爱谈的话题便可。因为言为心声，他们心中最在意的，也是他们嘴里谈得最多的。你就在这些地方赞美他，一定能搔到他的痒处。

几句恰到好处的赞美，之所以起到金石为开的作用，皆因能找到各种不同的典型人物所偏爱的赞美。一个叫凯雷的人自己对赞美的妙处总结道："有一回，我得到机会对身居最高法院大法官的博罗试用赞美术。你知道，大法官总是铁面无私的一副面孔，其内心世界隐藏得很深，一般人想赞美他，恐怕马屁会拍到蹄上了呢。那时，博罗刚刚在西部某大学做完演讲。但我很明白，如果我对这位老先生说一些关于他的演讲的话，是不会讨好他的。因为演讲对他来说，已经是老调了，可以说犹如锦囊探物一般有把握。于是我对他说：'大法官，我真想不到一位主宰最高法庭的人，会这样富有人情味。'他立刻对我发出会心满意的微笑。"

"有不少人，他们喜欢听相反的话；更有许多人，喜欢别人把他们当作有理智的思想家。有一回，我与一个人讨论一件颇有争议的社会问题，我对他说：'因为你是这样的冷静、敏锐，因此我想知道，我们究竟应该站在什么立场？'他听了我的话，立刻现出满面春风的样子，并详细对我说了他对此事的立场态度。原来此人是愿意人家说他是敏锐、冷静的。"

吉斯菲尔告诉我们："几乎所有女人，都是很爱美的，这是她们最大的虚荣，并且常常希望别人赞美这一点。但是对那些有沉鱼落雁之容、闭月羞花之貌的倾国倾城的绝代佳人，那就要避免对她容貌的过分赞誉，因为她对这一点已有绝对的自信。如果你转而去称赞她的智慧、仁慈，如果她的智力恰巧不及他人，那么你的称赞，一定会令她芳心大悦、春风满面的。"毫无疑问，吉斯菲尔的话，能启发我们赞美的思路。

相对搔在长了厚茧的麻木处来说，搔到别人疼处就更加失败与倒霉透顶了。大李去老吴家拜访，见墙上挂着一幅照片，照片上是一个十七八岁的女孩。大李问："这是……"老吴回答："哦，我女儿。"大李一阵猛夸孩子长得漂亮乖巧，赞老吴命好，却没有得到老吴多少回应。后来，大李才在偶然之中，从别人口里得知老吴的女儿在几年前因为车祸离开了老吴。虽说不知者无罪，但大李要是警醒一点的话，或者会话水平高一点，是不至于发展到拼命夸赞，甚至说什么命好之类的话去伤害老吴的。

　　赵总今年四十岁，但看起来比较显老。一天，来了一名新员工，在办公室聊天，新员工说赵总显得年轻。赵总就让他猜猜他的年龄，新员工说："您最多五十。"赵总很失望地摇摇头，周围的老员工也忍不住在偷偷地笑。新员工连忙问："那我猜的与您的年龄相差多少呀？"赵总说："十岁。"新员工兴奋地说："您真显年轻，说您六十，我还真不信。"看看，又是一个蹩脚的"赞美大师"，老总长得太显老不是你的错，你眼拙猜错了十岁也就算了，无法更改了。为什么不在听说相差十岁时，把年纪往小十岁来说呢？"哎呀，您原来是四十岁，您看我真笨，猜得太离谱了！"管他到底是四十还是六十，反正就该往好的地方说。

　　由上面的两个例子可见，没有把握的事情，切不可随意贸然行事，放肆赞美。如果一定要赞美，不妨先尽量来点火力侦察，探探底、摸摸情况再做是否深入的定夺。

赞美要"有理有据"

英国著名哲学家培根说："即使是真诚的赞美，也必须恰如其分。"这里所说的恰如其分，是指赞美别人要具体、确切，避免空泛、含混。赞美是需要理由的，赞美越具体明确，就越能让人觉得真诚、贴切，其有效性就越高。相反，空泛、含混的赞美由于没有明确的赞美理由，经常让人觉得难以接受。

比较一下下面两个例子。

甲："你的论文非常有创新性，比如关于智能家居方面的问题，提得非常好，不但大多数人没想到，而且你竟然提出了改进意见。相信你对自己的文章也非常满意。"

乙："你的论文写得真是太棒了，我觉得非常好。"

甲乙两人虽然同时表达了赞美之情，但甲的赞美更实在，更容易让人接受。而乙的话却说得像是场面话，缺乏那么一点诚意。所以，在赞美别人时，不妨把话说得具体、清楚些。

要知道，当你夸一个人"真棒""真漂亮"时，他的内心深处就会立刻产生一种心理期待，想听听下文，以求证实："我棒在哪里？""我漂亮在哪里？"此时，你如果没有具体化的表述，就会让对方非常失望。所以，你就应该证明给他看。

王小姐是一个大型企业的总裁秘书，有三个客人都跟她说想要见她的领导。第一个客人对她说："王小姐，你的名字挺好的。"当时王小姐心里特想听听她的名字好在哪儿，结果，那位客人不再说了。王小姐感觉那个人不真诚。

第二个客人说："王小姐，你的衣服挺漂亮的。"王小姐立刻想听听她的衣服哪里漂亮，结果也没了下文，话还是没有说到位，让王小姐很失望。

第三个客人说："王小姐，你挺有个性的。"当王小姐想知道自己到底有什么样的个性时，那个客人接着说："你看，一般人都是把手表戴在左手腕上，而你的戴在右手腕上……"王小姐听后，感觉自己确实有点与众不同，很高兴，于是就让第三个客人见了她的领导，结果签了一个十万元的单子。这个十万元对于第三个客人来说，是很大的一笔生意。

上例中前两位客人由于赞美的话都是泛泛之词，只有第三位才把赞美的话具体化，最终签了大单。可见，赞美之词应当讲究具体才行。而像"你太漂亮了，你真棒，你真聪明"之类的赞美，比较笼统、空洞、缺乏热忱，有点像外交辞令，太程式化，会给人一种敷衍的感觉，有时甚至有拍马屁的嫌疑，会让人怀疑你的动机不纯，容易引起对方的反感与不满。

但是，如果你能详细地说出她哪里漂亮，她什么地方让你感觉很棒，她怎么聪明，那样，赞美的效果就会大不相同。因为具体化可视、可感觉，是真实存在的，对方自然就能由此感受到你的真诚、可信。因此，赞美只有具体化，才能深入人心，才能与对方内心深处的期望相吻合，从而促进你和对方的良好交流。

那么，我们如何观察才能发现对方具体的优点，并用恰当的语言表达出来呢？

1. 指出具体部位的亮点

我们可以从他人的相貌、服饰等方面寻找具体的闪光点，然后给予评价。

比如，当你赞美一位女士时说"你太漂亮了"，不如说"你的皮肤真白，你的眼睛很亮，你的身材真高挑，在美女群中很抢眼……"她的脑海里就会马上浮现出"白皙的皮肤，美丽的眼睛，苗条的身材……"这样，你的赞美之词就会让她难以忘怀。因为具体化的东西往往是可视、可感觉的，对方自然能够由此感受到我们的真诚、亲切与可信。

2. 和名人做某种比较

对于外表的赞美，倘若能结合名人来做比较，效果会更好。社会名人和明星往往是大家喜欢甚至崇拜的对象，他们的知名度也比较高。如果你想夸赞某人，若能指出他的整体或某个部位像哪一位名人或明星，自然就提高了他的形象。

3. 以事实为根据进行引申

用事实做根据，从而引申出对性格、品位、气质、才华等方面的赞美。比如：当你看到一位女士佩戴的珍珠项链，你可以这样赞美她："您真有品位，珍珠项链显得自然高贵，英国的戴安娜王妃就最喜欢珍珠首饰了。"

当你看到同事家挂在墙上的结婚照时，可以这样说："你应该多送你太太聘礼。"同事不解地问："为什么？"你若这样解释："因为你娶了一位电影明星啊。"他听到这样的夸赞后，心里一定美极了。

在人际交往中，要想使我们的赞美效果倍增，就要学会具体化赞美，即在赞美时具体而详细地说出对方值得赞美的地方。这样既能让对方感受到我们的真诚，又能让我们的赞美之词深入人心。

请教式的赞美

每个人都有"好为人师"的自大心理，所以，在许多时候以低姿态、有针对性地去请教他人，以自己的普通甚至低劣凸显对方在某方面的高明或优势中，可以起到赞美他人的作用。恰到好处地使用此种方式，既成功地赞美了别人，又能给人留下为人虚心好学的好印象。

有位朋友金文，他认识许多学术界的泰斗，并常常得到他们的指点。问及他们之间的相识，也是缘于赞美运用得法。因为有很多人也曾拜访过这些大师，但往往谈不了几句便无话可说，很快被"赶"了出来，而他竟成为大师们的座上客，其中自有奥秘。准备在学术领域有所建树的金文，自然也很仰慕这些大师，他得知拜访这些人不易，在每次拜访一位第一次见面的专家时，他先将这个人的专著或特长仔细研究一番，并写下自己的心得。见面之后，先赞扬其专著和其学术成果，并提出自己的想法。由于他谈的正是大师毕生致力于其中的领域，自然也就激起了大师的兴趣，并有了共同话题，谈话中，金文又提出自己不理解的地方，请求大师指点，在兴奋之际大师自然不吝赐教，于是金文既达到了结交的目的，又增长了许多见识，并解决了心中存在的疑惑，可谓一举多得。

此例中，金文就在有求于人时，巧妙地运用了请教式赞语。金文所请教的，正是对方引以为豪，并最感兴趣的，自然使对方高兴，使其心理得到满足，此时，金文的问题也就不成为问题了。当然，这个例子，只是生活中的一个方面，如果运用恰当，在生活的方方面面，都能行得通。

在现实生活中，人们常常因为这样那样的原因与别人产生矛盾，引起争吵和纠纷。对于人际关系中始料不及的纠纷，如果不及时解决，容易使双方积怨加深，妨碍彼此正常的工作、生活，甚至会给别人带来不良影响。因此，巧妙地赞美他人能调解纠纷，化干戈为玉帛，避免不必要的损失，让人际关系变得和谐融洽。

1. 维护双方形象

不对矛盾的双方进行批评指责，相反，分别赞美争执的双方，肯定他们各自的价值，使他们感到再争执下去只会损害自己的形象，因而自觉放弃争吵。

星期天，小陈一家包饺子，婆婆擀饺子皮，小陈夫妻俩包。不一会儿，儿子从外面跑进来："我也要包。"

婆婆说："大刚乖，去洗了手再来。"

儿子没挪窝，在一旁蹭来蹭去。妻子叫："蹭什么！还不去洗手，看，弄得一身面粉，我看你今天要挨揍。"

"哇……"五岁的大刚竟哭起来。

"孩子还小，懂什么？这么凶，别吓着他！"婆婆心疼孙子了。

"都五岁了还不懂事，管孩子自有我的道理。护着他是害他！"

"谁护着他了，五岁的孩子能懂个啥，不能好好说吗？动不动就吓他！"

小陈一看，自己再不发话，"火"有越烧越旺之势，便说："再说，今天这饺子可就要咸了哟！平日里，街邻、朋友都说我有福气，羡慕我有一个热情好客、通情达理的母亲，夸我有一位事业心强、心直口快的妻子，看你们这样，别人会笑话的。大刚还不快去让奶奶帮你洗洗手，叫奶奶不要生气了。"又转向妻子："你看你，标准的'美女形象'，嘴撅得都能挂十只桶了。生气可不利于美容呀！"妻子被他逗乐了。那边，母亲正在给孩子擦着身上的面粉，显然气也消了。

2. 唤起当事人的荣誉感

讲述吵架者可引以为豪的一面，唤起其内心的荣誉感，使其自觉放弃争吵。

在一辆公共汽车上，乘务员关车门时夹住了乘客，但自己还不认账，这时一青年打抱不平，对乘务员说："你是干什么吃的！不爱干，回家抱孩子去！"乘务员的"嘴"像刀子，两人吵了起来。这时，车上有位老工人挤了过去，拍拍青年的肩膀说："小丁，你当机修大王还不够，还想当个吵架大王吗？"青年说："师傅，我可不认识你呀！""我认识你，上次我去你们厂，你站在门口的光荣榜上欢迎我，那特大照片可神气呢！"小伙子一下红了脸。老工人说："以后可不要再吵架了，这不是解决问题的办法。"一场纠纷就这样平息了。

3. 恰当地"褒一方，贬一方"

人们在吵架的时候经常为了谁对谁错、谁好谁坏而争执不休。因此，劝架者应不对双方道德上的孰优孰劣做出判断，而是在二者个性、能力的差异上适当地"褒一方，贬一方"，使被褒的一方获得心里满足，并放弃争执，而又不伤害被贬的一方，使劝解成功。

小陈和小杨是某学校新来的年轻教师，小陈心细，考虑事情周到，小杨性情有些鲁莽，但业务能力较强。一次，两个年轻人发生了争执，小陈说不过小杨，感觉很委屈，跑到校长处诉苦。校长拍拍小陈的肩膀说："小陈啊，你脾气好，办事周到，这个大家都清楚，也都很欣赏，可是小杨天生是个暴脾气，牛脾气一上来什么都忘了，等脾气过去了就没事。你是一个细心人，懂得如何团结同事、搞好工作，你怎么能跟他那暴脾气一般见识呢？"一番话说得小陈脸红了起来。

4. 大事化小，小事化了

缩小争端本身的严重性，使一方或双方看淡争端，从而缓和情绪，平息风波。

一对新婚不久的夫妻因家庭小事闹矛盾，女方一气之下跑回娘家哭诉告状，说男方欺负她。哥哥听罢心想：妹妹结婚不久就遭妹夫欺负，日后还有好日子过？于是，气愤地扬言要去教训妹夫。这时，父亲对儿子说："教训他，别冲动！教训他就能解决问题吗？好了，你妹妹家里的小事，用不着你操心，还有我和你妈呢。你多管些自己的事去吧。"

待儿子息怒离开后，父亲又劝慰女儿说："别哭了，又不是什么大不了的事，都结婚出嫁了，还要小孩子脾气，多羞人。小夫妻哪有不吵架的，我当初和你妈就常吵闹呢。不过，夫妻吵架不记仇，夫妻吵架不过夜。你不要想得太多，日后凡事要大度些，不要像在娘家那样娇气任性。好，快点回你们小家去，不要让他到这里来找你回去，他是个不错的小伙子。家丑不可外扬，以后，丁点儿小矛盾不要动不动就往娘家跑。"

女儿点头止哭，像没事一样，回她的小家去了。

夫妻吵架本是平常的事，而当事人本身却认为事情很严重。因此，父亲在劝慰女儿的过程中，始终强调夫妻闹别扭只是"丁点儿"小事情，促使女儿把争端看得淡一点。女儿在冷静思考之后，认同了父亲的看法，思想疏通了，气也自然消了。

背后的赞美更有"杀伤力"

我们都知道，在背后说一个人的坏话是会传到当事人的耳朵里，但是却很少想过，在背后赞美一个人也会传到对方耳朵里。常常，我们为了讨好别人，朋友、同事或者上司，总是拼命地想尽办法说出些打动他们的话，但是很多时候却没看到什么效果。殊不知，在背后的赞美往往会有奇效。

有一家公司的经理，是一个很有才能的人，但是脾气比较古怪。由于经理对公司的经营有方，使得公司赢利丰厚。所以，经理难免心里飘飘然，希望多听到下属对自己的称赞和恭维。

刚开始，每当经理谈成一笔生意的时候，下属们都交口称赞，经理也很得意，心花怒放。可是时间久了，经理感觉这样的赞美太单一，也觉得这样的称赞缺乏诚意，有些索然无味了。就算有人当着他的面，把他夸上了天，他也显露不出一丝的满意。因此，当着经理的面，大家都不知道该赞美好呢，还是默不作声好。

有一次，经理又成功地谈成了一笔大生意，非常开心地和下属们开庆祝会。公司里新来的小彭一直都很景仰经理，这次更感觉经理是商业上的天才，因此，忍不住向身边的同事赞美起了经理，并表示能跟着这样的经理做事，真是受益匪浅，还说要以经理为榜样。

后来，经理从别人的口中听到了小彭对自己的夸赞，十分开心，他满意地对大家说："像小彭这样工作努力又谦虚的员工，才是我们公司要培养的目标啊。"

很快，小彭就受到了经理的重用，职场生涯也因此平步青云。

所以，如果你要赞美一个人时，背后说的效果往往比当面说的效果不知道要好多少。因为，当面夸赞一个人，别人也许会以为你是在讨好他，可能不会放在心上。而背后赞美一个人，往往让别人觉得你特别真诚，他也会打心底高兴，对你也会产生好感。换个角度想，如果有人告诉你，某某在背后说了你很多好话，你是不是也会特别高兴呢？所以，这样的方式对每个人都是受用的。

在日常生活中，如果我们想赞扬一个人，不便对他当面说出或没有机会向他说出时，可以在他的朋友或同事面前，适时地赞扬一番。

据国外心理学家调查，背后赞美的作用绝不比当面赞扬差。此外，若直接赞美的度不足会使对方感到不满足、不过瘾，甚至不服气，过了头又会变成恭维，而用背后赞美的方法则可避免这些问题。因此，有时不适合当面赞扬时，不妨通过第三者间接赞美，这样的效果可能会更好。

每个人都认为"天生我材必有用"，工作中的每一点成绩都能使自己有一种自豪感。所以，在工作中恰到好处地赞美合作者所付出的才智、汗水、努力和作用，会使对方感到自己在工作中的价值，获得心理上的满足，使合作双方的关系更融洽。

借第三者之口赞美

每个人都喜欢被赞美的感觉，所以很多人都利用这一点去赢得他人的好感，但是老是当面赞美别人，即便语言再动听，听多了也是会麻木的。其实有一种赞美别人的方式，那就是通过第三人之口去赞美一个人，这是你与那个人关系融洽的好方法。

比如，若当着面直接对对方说"你看来还那么年轻"之类的话，不免有点恭维、奉承之嫌。如果换个方法来说："你真是漂亮，难怪某某一直说你看上去总是那么年轻！"可想而知，对方必然会很高兴，而且没有阿谀之嫌。因为一般人的观念中，总认为"第三者"所说的话是比较公正的、实在的。因此，以"第三者"的口吻来赞美，更能得到对方的好感和信任。

1997年，金庸与日本文化名人池田大作展开一次对话，对话的内容后来辑录成书出版。在对话刚开始时，金庸显现了谦虚的态度，说："我虽然与会长（指池田）对话过的世界知名人士不是同一个水平，但我很高兴尽我所能与会长对话。"池田大作听罢赶紧说："您太谦虚了。您的谦虚让我深感先生的'大人之风'。在您的七十二年的人生中，这种'大人之风'是一以贯之的，您的每一个脚印都值得我们铭记和追念。"池田说着请金庸用茶，然后又接着说："正如大家所说'有中国人之处，必有金庸之作'，先生享有如此盛名，足见您当之无愧是中国文学的巨匠，是处于亚洲巅峰的文豪。而且您又是世界'繁荣与和平'的香港舆论界的旗手，正是名副其实的'笔的战士'。《左传》有云：'太上有立德，其次有立功，其次有立言，是之谓三不朽。'在我看来，只有先生您所构建过的众多精神之价值才是真正属于'不朽'的。"在这里池田大作主要采用了借用他人之口予以评价的赞美方式，无论是"有中国人之处，必有金庸之作"，还是"笔的战士""太上……三不朽"等，都是舆论界或经典著作中的言论，借助这些言论来赞美金庸，显然既不失公允，又能恰到好处地让对方满足。

在人际交往中，我们要善于借用他人的言论来赞美对方。这种方式，不仅让人觉得很自然，而且更能达到效果。一般说来，人受到不熟悉的第三者的赞美时比受到自己身边的人的夸奖更为兴奋。

假借别人之口来赞美他人，可以避免因直接赞美而导致的吹捧之嫌，还可以让对方感觉到他所拥有的赞美者为数众多，从而在心理上获得极大的满足。虽然每个人都爱听赞美的话语，但并非任何赞美之语均能使人感到愉悦。因此，在赞美一个人的时候，既要做到实事求是，又要运用一定的策略性手段。别出心裁的赞美，往往能产生神奇的效果，甚至会带来意外的收获。

回应赞美不只是说"谢谢"

在中国，做人谦虚一直是主流教育。中国人的性格成长环境，整体很内敛，如果太招摇可能会招到别人的白眼。所以在被赞美的时候，我们总是下意识地"解剖"自己的不足，或是"习惯性"地回夸。有的人这个时候甚至会表现很腼腆，或者很尴尬。

这种"下意识"反应，一般由下面两种原因造成。

"认知失调"是其中之一，美国社会心理学家——费斯汀格，在他的《认知失调论》中提到过，他人对自己的认知和我们的自我认知相冲突的时候，就会导致认知失调。什么是认知失调？简单来说，就是别人夸你，而你又觉得自己没必要被夸，这时，就可能认知失调。《认知失调论》中说："这种心理反应，会引起心理紧张，而当事人会"下意识"否定别人，来找寻心理平衡点。"这种反应的直观反馈就是，当事人开始"自我反思"。

"后天养成"则是另一种原因。一般来说，被夸奖人在听到别人的夸奖后，心里其实很得意："那是肯定的！"但是嘴上依然很谦虚。这种条件反射式的回应，多半是因为被夸奖者的家人、同事、和周围的人收到赞美会感到尴尬，然后这种尴尬彼此感染，形成了习惯。

那该如何回应他人的赞美呢？

商业心理学家 Mark Goldstone 说道："当有人赞美你的时候，他们在和你分享你的行为对他们的影响。他们并不是在问你是否同意。"我们都知道赞美别人是礼貌的行为，但是有时候我们会觉得这是客套，所以才需要客套回去。其实，接受别人的赞美，和赞美别人一样是礼仪问题。别人赞美了你，是对你的鼓励，你当然要以感谢来回应，这是很正常的表现方式。

所以，在被赞美时，不要感到难堪，也不要有过多的想法，要学会得体、大方地回应。

1. 回应因人而异

当对象是长辈，或者是领导的时候，要先表示感谢，然后可以说，要以对方为榜样，还要继续努力。同时，在说这些话的时候，一定要保持微笑。比如，微笑着说："您过奖了，我还有很多地方要向您学习请教呢。"

如果对象是朋友或同事，要先表示感谢，再大体赞同对方的夸奖，最后表示自己还有很多地方有待学习的方法来回应。比如，有人说："你是我们不可多得的技术能手。"对此，可以这样回应："谢谢夸奖，虽然领导比较认可我，但是，我做得还不够好，咱们一起努力。"

2. 适度表示谦虚

中国人讲究谦恭礼让，谦虚是一种传统美德，所以当别人在夸奖你的时候，你也应该谦虚地回应。比如：别人在夸你努力的时候，就可以回答："其实我这人有点笨，所以就勤快点，勤能补拙嘛。"

别人在夸你年轻有为时，就说："哪里哪里，我还有很多要学习的地方，都是朋友帮忙。"

别人在夸你聪明的时候，就可以说："没有没有，碰巧我那天看过一点。"

别人夸你人品好的时候，就可以说："人家对我也很好。"

或者，你也可以多用一些客套词，像愧不敢当、过奖了、谬赞了、承蒙夸奖（抬爱）、这是我分内的事等等。

3. 及时回赞对方

这里，有一个公式可以套用：感谢对方+夸奖对方。比如，当长辈阿姨们称赞你"漂亮大方"时，你也可以甜甜地对她们说："谢谢阿姨夸奖，不过阿姨保养得可真好，又优雅，又有气质。"阿姨们听完也会很开心，只是说几句的事情，可以让彼此都开心，何乐而不为呢？

别人夸你一句，你回夸一句，这才是社交。如果是比较要好的朋友称赞你的话，也不妨以开玩笑的方式回答他们。比如：

"我很佩服你的心胸。"

"哎呀，瞎说啥大实话呢。"

"低调，低调，为我保密哦。"

对于赞美，不应表得太得意，或是害羞、木讷，在感谢对方对你的评价的同时，要对自己有一个正确的估计，在此基础上，再结合巧妙的话术进行回应，这样，才能体现出你的高情商。

恭维的话要悠着点说

当一个人听到别人的恭维话时，心中总是非常高兴，脸上堆满笑容，嘴里连说："哪里，我没那么好！你真是很会说话！"即使事后冷静地回想，明知对方所讲的是恭维话，却还是没法抹去心中的那份喜悦。

1. 恭维要投其所好

要了解对方的嗜好、习性，乃至脾气和情感，抓住对方的心理弱点，选用对方真正感兴趣的事情进行恭维，使对方感到非常合乎心意，这样才能取得最好的效果。

袁世凯窃取了中华民国临时大总统的权力后，每天做着皇帝梦。有一天袁世凯还在睡午觉，一位侍婢正好端来参汤，准备供袁世凯醒后进补，却不慎将玉碗打翻在地。婢女自知大祸临头，吓得脸色苍白、浑身打战。因为，这只玉碗是袁世凯在朝鲜王宫获得的"心头肉"，过去连孝顺太后老佛爷也舍不得拿出来，现在化为碎片，自己必将遭受杀身之祸；正当侍婢惶惶唯思自尽之时，袁世凯醒了，他一看见玉碗被打得粉碎，气得脸色发紫，大吼道："今天俺非要你的命不可！"

侍婢连忙哭诉着："不是小人之过，有下情不敢上达。"

袁世凯骂道："快说快说，看你编的什么鬼话！"

侍婢道："小人端参汤进来，看见床上躺的不是大总统。"

"混账东西！床上不是俺，能是谁？"

侍婢下跪道："我说。床上……床上……床上躺着的是一条五爪大金龙！"

袁世凯一听，以为自己是真龙转世，要登上梦寐以求的皇帝宝座了，顿时，一股喜流从心中涌起，怒气全消了，情不自禁地拿出一沓钞票为婢女压惊。

婢女在生死存亡关头，通过一句恭维妙语，不仅免了杀身之罪，还获得了奖赏。

2. 恭维要逢迎其长

我们经常在一些个体商场遇到这样的情形：开始营业员同顾客在质量、样式或价格上争论得很厉害，但后来，营业员改变了战术，突然转而夸奖顾客在谈论商品方面的丰富知识经验，说："看起来先生是一个特别懂行的人，我真得好好请教请教！""即使你不买这件衣服，我的收获也很大！"说也奇怪，顾客被这么一夸奖，一恭维，反而心中不安，讨价还价的事也忘在了脑后。甚至还有些顾客，营业员一恭维他，他就感到不买下商品就对不住营业员似的。

3. 恭维要圆滑巧妙

最妙的恭维是不露痕迹，不让人看出你是别有用心"拍马屁"，既抬高了别人又不贬低自己。

南朝有个著名的书画家叫王僧虔，是晋代王羲之的四世族孙，他的行书、楷书继承祖法，造诣很深，一手隶书也写得如行云流水般飘逸。

当朝皇上齐高帝萧道成也是一个翰墨高手，而且自命不凡，不乐意听别人说自己的书法低于臣子，王僧虔因此很受拘束，不敢显露才能。

一天，齐高帝萧道成提出要和王僧虔比试书法高低。

于是，君臣二人都认真写完了一幅字。写毕，齐高帝萧道成傲然问王僧虔："你说，谁为第一，谁为第二？"

若一般臣子，当然立即回答说"陛下第一"或"臣不如也"。但王僧虔也不愿贬低自己，明明自己的书法高于皇帝，为什么要做违心的回答呢？但他不敢得罪皇帝，怎么办？王僧虔眼珠子一转，竟说出一句流传千古的绝妙答词："臣书，臣中第一；陛下书，帝中第一。"

他巧妙地把臣子与皇帝的书法比赛分为两组，即"臣组"和"帝组"，并对之加以评比，既给皇帝戴了一顶高帽子，说他的书法是"皇帝中的第一"，满足了皇帝的冠军欲，又维护了他自己的荣誉和品格，使皇帝更敬重他的风骨，觉得他不是那种专门拍马屁的家伙。

果真，齐高帝萧道成听了，哈哈大笑，也不再追问两人到底谁为第一了。

4. 恭维要因人而异

恭维应根据每个人的特点，用不同的方式，讲不同的恭维话。比如男士就不宜过多地恭维女士的相貌。对青年客户恭维他的创造才能和开拓精神，对老年客户恭维他的身体健康、富有经验就比较合适。对商人，如果你夸他道德高尚，学问出众，清廉自持，他一定无动于衷，不屑一顾；如果你说他才能出众，头脑聪明，手腕灵活，生财有道，脸泛红光，必定马上发财，他听了一定高兴。对官吏，你如果说他生财有道，日进斗金，他一定不高兴，你应该说他为国为民，一身清正，他听了才高兴。对于文人，你如果说他学有根底，笔上生花，思想正确，宁静淡泊，他听了一定高兴。

根据对方的职业，说恰当的恭维话，这样才显得你是一个会说话的人。生活中，我们许多人不善于恭维，常常弄巧成拙。

法国作家大仲马，一次到全国最大的书店了解售书情况。书店老板知道这个消息后，决定为著名的作家做件让他高兴的事，在所有的书架上，他只摆放大仲马的书。

当大仲马走进书店后见只有自己的书时，大吃一惊："别的书在哪里？"

"别的书？我们已经卖完了。"

显然，书店老板拍马屁拍到了马蹄上。

总之，你对人所说的恭维话，如果恰如其分，他一定十分高兴，对你产生好感。

人见人爱的赞美法

在生活中每个人都少不了要对他人进行赞美，因此，一定要掌握赞美他人的方法。只要你掌握了以下几个赞美的方法，赞美对你来说便不再是件难事。

1. 直言夸奖法

夸奖是赞美的同义词。直言表白自己对他人的羡慕，这是人们用得最多的方法。老朋友见面说："啊！你今天精神真好啊！"年轻的妻子边帮丈夫打领带边说："你今天看上去气色好多了。"一句平常的体贴话，一句发自内心的由衷赞美，会让人一天精神愉悦，信心倍增。

2. 肯定赞美法

人人都有渴望赞美的心理需求，在特定的场合更是如此。例如，在报上发表了文章，成功地完成了论文，苦心钻研多年的项目通过了鉴定等，对这些，人们都希望得到别人的肯定。这时，不失时机给予真诚的赞美会使被赞美者高兴万分。

大家都知道张海迪的故事，她曾应日本友人之邀，赴日本参加特意为她举行的演讲音乐会。在台上，她第一次用自学的日语做了自我介绍，并唱了几首她自己创作的歌。讲完之后，她是多么希望得到别人的赞许、鼓励和褒扬啊！这时，日本著名作家和翻译家秋山先生，上台来紧紧抱住她，说："讲得太好了，我们全都听懂了！"这简短的赞扬深深地打动了她，使她对自己有了一个清楚的认识，增强了自信心。

3. 意外赞美法

出乎意料的赞美，会令人惊喜。因为赞美的内容出乎对方意料，会大大引起对方的好感。卡耐基在《人性的弱点》一书中写了一个他曾经历过的故事。

一天，卡耐基去邮局寄挂号信，办事员服务质量很差，很不耐烦。当卡耐基把信件递给他称重时，说："真希望我也有你这样美丽的头发。"闻听此言，办事员惊讶地看了看卡耐基，接着脸上露出微笑，服务变得热情多了。

4. 反向赞美法

指责与挑剔，每个人都难以接受。把指责变成赞美是难以想象的，能真正做到更是不易。但世界著名企业家洛克菲勒做到了。

洛克菲勒是位很具吸引力的企业家，使许多有才能的人团结在他周围。一次，公司职员艾德华·贝佛处置工作失当，在南非做错一宗买卖，损失了一百万美元。洛克·菲勒知道后没有指责贝佛，他认为事情已经发生了，指责又有何用。于是找了些他可以称赞的事，恭贺贝佛幸而保全了他所投金额的60%。贝佛感动万分，从此更努力地为公司效力。

5. 目标赞美法

赞美别人时，为他树立一个目标，往往能让他坚定信念，为这一目标而奋斗。

足球教练文斯·伦巴迪是一位富有传奇色彩的人物。在训练队伍时，他发现一个叫杰里·克雷默的小伙子思维敏捷，球路较多，他非常看好这个小伙子。一天，他轻轻地拍了拍杰里·克雷默的肩膀说："有一天，你会成为国家足球队的最佳后卫。"克雷默后来真的成了足球队主力。他后来回忆说："伦巴迪鼓励我的那句话对我的一生产生了巨大影响。"

生活中，人们对那些喜欢说奉承话的人总是投以鄙夷的目光，其实，说奉承话无非是对他人的一种恭维，换句话说，也是对他人的一种赞美。在人与人关系之中，说奉承话自有其独特的"历史地位"。

说奉承话只是为了生存的一种手段，是为了达到目的的一种谋略，是搞好人际关系的一种技巧。

如果你有满腹经纶，而又怀才不遇，可是你又不肯或者不晓得如何说奉承话，那么，你可能就会永无出头之日，即便"伯乐"也难以发现你这匹千里马。

晋武帝登基时，测字摸到个"一"字，很不高兴，觉得有点太小了。侍中裴楷进言道："陛下，这个'一'摸得好，是大吉兆。因为天得一则清，地得一则宁，君王得一则天下忠。"说得晋武帝转忧为喜。而这个侍中裴楷也在新皇帝心里留下了好印象。

不管怎样，人总是喜欢别人奉承的。有时，即使明知对方讲的是奉承话，心中还是免不了会沾沾自喜。这是人性的弱点。换句话说，一个人受到别人的夸赞，绝不会觉得厌恶，除非对方说得太离谱了。

第四章
生活因幽默而精彩

　　生活离不开幽默，幽默又来源于生活。我们每个人既是幽默的分享者又是幽默的制造者；有时候你可能会为自己的一个"口误"或者一次"滑稽"而懊恼，没关系！因为你的"尴尬"在别人眼里或许已经成了一种幽默，会博得别人开心一笑，笑能解千愁嘛！这就是生活。

　　其实，生活中无处不孕育着幽默，只要我们稍稍留意，你就会有很多收获。

生活，就是博人一笑

幽默在生活中起着不容小觑的作用。工作时，上司可能因为你幽默风趣、头脑机敏睿智，而对你大加赞赏或提拔重用；爱情中，你所追求的异性可能因为你妙语连珠、诙谐幽默，而对你青睐有加；人际关系中，人们可能因为你大方得体的幽默口才而对你加倍称赞，从而树立起自己的威信。总之，无论在什么场合，幽默都会给你带来一次次惊喜、一份份意想不到的收获。

在实际生活中，我们知道，什么事都有一个"理"。"理"的存在为人们司空见惯，如果擅自改变事物的前后关系、因果关系、主次关系、大小关系，理就会走向歪道，有时歪得越远，谐趣越浓。

下面的例子是最好的说明。

一位乞丐常常得到一位好心青年的施舍。一天，乞丐对这个青年说："先生，我向你请教一个问题。两年前，你每次都给我十块钱，去年减为五块，现在只给我一块，这是为什么？"

青年回答："两年前我是一个单身汉，去年我结了婚，今年又添了小孩，为了家用，我只好节省自己的开支。"

乞丐严肃地说："你怎么可以拿我的钱去养活你的家人呢？"

乞丐喧宾夺主，对青年的责怪过于离谱、荒谬，令人们在吃惊之余，哑然失笑。

曾有一个叫沈保泉的大四学生，曾经在部里实习时，小伙子特别腼腆又不善言语，没等开口就先紧张了。"大家好！我叫沈保泉，沈阳的阳！保卫的卫！泉水的水！"呵呵！好嘛！经他嘴里这么一转，名字竟然成了"阳卫水"了。口误的搞笑！挺幽默！幽默是一种语言艺术。无论你是主观的故意还是无意，其结果都是令人开怀一笑，使人轻松愉快，这就是幽默的魅力，也是它的价值所在。

有位朋友曾给我讲过这样几件事。

一次我们在陵水县一家包子店吃饭，进来一位客人问店主包子是用什么馅做的："老板这是什么馅?"店主说："陵水县!"客人急了："我问你这是什么馅?""是陵水县呀!"女店主显然是很认真的。哦! 你说晕不晕?

办公室小林去考驾驶证，在交通警察的监考下正通过一段公路，突然，一只鸭子从路边蹿上来，交警急忙提醒："鸭! 鸭! 鸭!""压?"小林犹疑地看看交警，交警更急了指着车前的鸭子叫喊："鸭! 鸭! 鸭!"小林一踩油门压过去了。交警愤怒地喊到："你为什么要压死它?"小林委屈地问道："您! 您不是喊：压! 压! 压! 吗?"呵! 看来这可怜的鸭子只能由交警去赔了。

这天小林和一位朋友去吃饭，饭局快结束时，那位朋友起身说："我走先了!"小林听成"我交钱了!"还挺高兴的。可当他起身要离开时，服务员就挡住问："先生! 请问谁买单?"小林纳闷了："哎! 不是刚才我那位朋友说他交钱了吗?""没有呀! 刚才他说'我走先了!'普通话就是他先走了!"经服务员这么一解释小林好像有点明白了：唉! 掏钱吧!

生活中的幽默取之不尽，只要我们留意，幽默就在身边；只要我们稍稍留意，你就会快乐无比。所以说，生活离不开幽默，幽默又来源于生活。我们每个人既是幽默的分享者又是幽默的制造者；有时候你可能会为自己的一个"口误"或者一次"滑稽"而懊恼，没关系! 因为你的"尴尬"在别人眼里或许已经成了一种幽默，能博得别人开心一笑，笑能解千愁嘛! 这就是生活。

幽默是生活的调味品

有一次，有个英国人问某位法国总统说："请问总统先生，是不是你们法国女人，比其他国家的女人更迷人呢？"法国总统说："你说得没错！我们法国女人二十岁时，美如花；三十岁时，像一首情歌；四十岁时，就更完美了！"英国人又问："那四十岁以后呢？"法国总统机智地说："我们法国女人，不论她几岁，看起来都不会超过四十岁呢！"

许多人总误以为"幽默"不过是讲几个笑话，博君一笑罢了。然而真正的幽默能启发人心，富有智慧哲理，更是生活的"调味剂"。

我们要学会从生活中寻找快乐，学会幽默，学会大度，否则生活就成了一个"大一点的牢狱"。在现实中，空间与时间制约着快乐的发生，幽默则可以通过自身的特殊作用将现实中偶然的"快乐"变成必然，因此幽默便成了我们生活中不可缺少的一份调味剂。而我们要注意的则是这份调味剂的质量和我们用它来调剂生活大餐时的用量。

生活是一份大餐，而这份大餐是否美味就取决于我们每一个人在这道菜中对幽默这种调味剂的把握了。要把握好这个调味剂，需从下面几个方面入手：

1. 随机应变

幽默不是深思熟虑的产物，而是随机应变、自然而成的结晶。幽默往往与快捷、奇巧相连。

美国前总统里根在访问加拿大的时候，遭遇过一次突如其来的混乱。当时，里根正在讲台上演讲，忽然看到下面一阵骚动，有人还举出了反美的标语。虽然这种行为很快就被维持秩序的警察制止了，但是作为主人的加拿大总理皮埃尔·特鲁多还是感到非常尴尬。

看到皮埃尔·特鲁多脸上挂着不安的笑容，里根总统在讲台上笑着说："这样的情况在美国是时常发生的，我的演讲总是可以遇到这些老朋友，我想今天的这些人或许是特意从美国赶来的，为我的演讲助兴的。"

这一番随机应变的自嘲让现场本来紧张的气氛顿时变得轻松起来，皮埃尔·特鲁多的尴尬也立刻被化解。在大家雷鸣般的掌声中，里根的演讲继续了下去。

事事都求"自然成文"为好，幽默也是如此。有准备的幽默当然能应付一些场合，但难免有人工斧凿之嫌；临场发挥的幽默才是最精粹、最具有生命力的，也是最难把握的至高境界。

2. 偷换概念

"偷换概念"之所以能造成幽默效果，是因为幽默的思维主要不是实用型的、理智型的，而是情感型的。因此，对于一般性思维来说是破坏性的东西，对于幽默来说则可能是建设性的。请看下面这样一个家教老师和一个孩子的对话：

老师："今天我们来温习昨天教的减法。比如说，如果你哥哥有五个苹果，你从他那儿拿走三个，结果怎样？"

孩子："结果嘛，结果他肯定会揍我一顿。"

从数学科学的角度来看，孩子的这种回答是十分愚蠢的，因为老师问的"结果怎样"很明显是"苹果还剩下多少"的意思，属于数量关系的范畴，可是孩子却把它转移到未经哥哥允许拿走了他的苹果的生活逻辑关系上去。不过，恰恰是因为偷换了概念才使这段对话产生了一种幽默的效果。类似的例子在生活中很常见。我们来看这样一个例子。

小明："你说踢足球和打冰球比较，哪个门好守？"

小强："要我说哪个门也没有对方的门好守。"

常理上来说，小明问的"哪个门好守"应该是指在足球和冰球的比赛中，对守门员来说本方的球门哪个更容易守，而小强的回答一下子转移到比赛中本方球门和对方球门的比较上去了。又如：

"先生，打扰您一下，请问怎样走才能去医院？"

"这很容易，只要你闭上眼睛，横穿马路，八分钟以后，你准会到的。"

概念被偷换了以后道理上讲得通，显然这种"通"不是"常理"上的通，而是另一种角度上的通，但正是这种新角度的观察，显示了说话者的机智和幽默。

通常情况下，概念被偷换得越是离谱，所引起的预期的失落、意外的震惊就越强，概念之间的差距掩盖得越是隐秘，发现越是自然，可接受的程度也就越高。

3. 抓住荒谬

当你在与人分享笑的欢乐、尤其是在取笑自己的失误和弱点时，你同时也向人们证明，不必为生活琐事上的不如意而烦恼。幽默能够帮助你和周围的人卸下心头的负担，好好地享受生活。因为，幽默能帮助你及时抓住荒谬，引来笑声。

有一户人家，一贫如洗，一小偷夜入家门，主人虽然清楚，但很坦然，随便小偷去偷。小偷摸到了米缸，脱下身上衣服去包米，主人想这是明天的饭食，不能让他偷走，于是顺手把小偷的衣服拿了过来。小偷找不着衣服，惊醒了主人的妻子，妻子告诉丈夫有小偷。丈夫说："没有贼，睡吧！"小偷抢白道："没有贼，我的衣服怎么不见了？"

这则笑话中的小偷反客为主，斥问主人，令人好笑。

听一位列车员朋友说过这样一件事。

列车员看到一位老大娘的火车票说："大娘，这是从南京到上海的车票，可我们这趟车是到北京去的。"

老太太一脸严肃地看着列车员，问道："怎么，难道就连火车司机也没发现他开的方向不对吗？"

作为乘客，只能登上符合旅游方向的车，老太太以自我为中心，认为火车走错了方向，并要求司机转向，事理荒谬而可笑。

所以说，风趣幽默是我们生活大餐中不可或缺的一剂调味品，它能舒缓我们紧绷的神经，放松我们烦躁的心情，使我们的生活变得多彩多姿。

培养你的幽默细胞

幽默有时让人感到神秘。有人想学，却无法学会；有人没怎么学，却脱口而出。于是，有些不够幽默的人便认为：我不幽默，是因为我没有幽默细胞。幽默细胞是什么呢？毫无疑问，用高倍显微镜来进行物理观察，我们是无法看到一种叫"幽默"的细胞的。这也许能成为幽默非天生的一个论据。下面笔者用人文的视角来分析幽默的构成。

只要我们留心那些幽默感十足的人，就会发现他们的心理素质一般都优于常人，而良好的心理素质也不是天生的，需要后天的锻炼和培养。以幽默口才素质和需要来说，心理素质首先需要自信。一个常常为自己的职业、容貌、服饰、年龄等因素而惴惴不安、自惭形秽的人，如何在适当的场合进行优雅的表演？

安徒生很俭朴，经常戴个老式的帽子在街上行走。有个过路人嘲笑他："你脑袋上边的那个玩意儿是什么？能算是帽子吗？"安徒生干净利落地回敬："你帽子下边的那个玩意儿是什么？能算是脑袋吗？"没有高度的自信，恐怕安徒生早就在他人的取笑中发窘，或者勃然大怒，哪能灵光一现，做一个绝妙的反击？

其次，冷静也是幽默高手的一项心理特质。冷静，是使人们的智慧保持高效和再生的条件。因为只有在头脑冷静的情况下，人们才能迅速认准并抑制引起消极心理的有关因素，同时认准和激发引起积极心理的有关因素。英国首相威尔逊在一次群众大会上演讲时，反对者在下面鼓噪，其中一人高声大骂："狗屎、垃圾！"面对听众可能产生的误解和骚动，威尔逊首相沉稳地报以宽厚的微笑，非常严肃地举起双手表示赞同，说："这位先生说得好，我们一会儿就要讨论你特别感兴趣的脏乱问题了。"捣乱分子顿时哑口无言，听众则报以热烈的掌声。

再者，乐观是幽默高手具有的另一个重要素质。俄国著名寓言作家克雷洛夫早年生活穷困。他住的是租来的房子，房东要他在房契上写明，一旦失火，烧了房子，他就要赔偿15000卢布。克雷洛夫看了租约，不动声色地在15000后面加了一个零。房东高兴坏了："什么，150000卢布？""是啊！反正一样是赔不起。"克雷洛夫大笑。幽默感的内在构成，是悲感和乐感。悲感，是幽默者的现实感，就是对不协调的现实的正视。乐观，是幽默者对现实的超越感，是一种乐天感。没有幽默感的人不会积极地看待这个世界，不会乐观地看待自己的生活。当然乐观不是盲目的，而是有所依附，是一种透彻之后的豁达。乐观地看待你的生活，幽默自然而生。

良好的心理素质是幽默的根基，幽默的主干是广博的知识。幽默的思维经常是联想性与跳跃性很强，如果不具备广博的知识来支持，你的思维跳来跳去也就那么大的一块地方。因此，提高自己的幽默水准，需要不断地拓展知识门类和视野，提高对事物的认知能力。

有了根基与主干后，幽默要开花结果，还需要一些具体的枝枝叶叶。也就是说，究竟哪些话容易形成幽默，给人带来笑声呢？

首先，奇特的话使人开心而笑。幽默的最简单的表现方法就是令人惊奇地发笑。康德所讲的"从紧张的期待突然转化为虚无"，正是基于幽默的结构常常能造成使人出乎意外的奇因异果。例如，爸爸对儿子说："牛顿坐在苹果树下，忽然有一个苹果掉下，落在他的头上，于是，他发现了万有引力定律。牛顿是个科学家！""可是，爸爸，"儿子从书堆中站了起来，"如果牛顿也像我们这样整天放学了还坐在家里埋头看书，会有苹果掉在他头上吗？"本来爸爸是讲牛顿受苹果落地的启示，但儿子却冷不丁冒出一句含有不应该埋头读书的结论，真是出乎意外，超出常理。儿子的话在逻辑上是不合常理的，但这样的话新奇怪异，使人大大出乎意料，所以能引来别人的笑。相信故事中的爸爸在笑过之后，对于自己的教育方式会有所反思。

幽默就是要能想人之未想，才能出奇致笑。有人说："第一个把女人比喻成花的是智者，第二个把女人比喻成花的是傻瓜。"这句话似乎有点偏激，但新奇、异常的确是幽默构成的一个重要因素。

其次，巧妙的话使人会心而笑。运用幽默的核心是应该有使人赞叹不已的巧思妙想，从而产生令人欣赏的欢笑。俗话说："无巧不成书。"巧可以是客观事实上的巧合，但更多的是主观构思上的巧妙。巧是事物之间的某种联系，没有联系就谈不上巧。如果能在别人没有想到的方面发现或建立某种联系，并顺乎一定的情理，就不能不令人赏心悦目。

比如，某学生的英语读音老是不准，老师批评他说："你是怎么搞的，你怎么一点都没进步呢？我在你这个年纪时，已经读得相当准了。"学生回答："老师，我想原因一定是您的老师比我的老师读得好。"

再者，荒诞的话使人会心而笑。幽默的内容往往含有使人忍俊不禁的荒唐言行，从而使人情不自禁地发笑。俗话说："理不歪，笑不来。"荒谬的东西是人们认为明显不应该存在的东西，然而它居然展现在我们面前，不能不激起我们心灵的震荡，使我们发笑。张三的女儿周岁那天，有上门祝贺的朋友开玩笑说闺女长大了给他儿子做老婆，两家结成儿女亲家算了。指腹为亲在新时代当然已经只是一种玩笑而已，当不得半点真，张三答应下来无伤大雅，粗暴拒绝则有看不起对方之嫌。但张三居然巧妙地拒绝了，他说："不行不行，我女儿才一岁，你儿子就两岁了，整整大了一倍，将来我女儿二十岁，你儿子就四十岁了，我干吗要找个老女婿！"

风平浪静的水面，投进一块石头，就会一下子发出响声。常规思维的心理，被超常的信息搅扰，也会引起心波荡漾、心潮起伏、心花怒放。奇异、巧妙、荒谬就是这种超常的信息，就是幽默之所以致笑的要因，也是我们学会幽默应把握的要诀。

说来说去，幽默其实与人的气质培养类似，而幽默本身也是一种独特的性情气质。如果你知道一个人良好的气质该如何培养，也应该联想到一个人高超的幽默感是如何拥有的。

幽默是最理想的润滑剂，它能使僵滞的人际关系活跃起来。此外，幽默还是缓冲装置，可使一触即发的紧张局势顷刻间化为祥和；幽默又是一枚包裹了棉花团的针，带着温柔的嘲讽，却不伤人。

幽默表达贵在自然

随便一句普通的话也能使人感受到一股清新浓郁的幽默意味缓缓而来，幽默是一种心理体验，通过言行外化而引人发笑。我们不妨先看下面这个例子。

著名剧作家沙叶新曾任上海人民艺术剧院的院长。他的名片上面是这样写的："我，沙叶新：上海人民艺术剧院院长——暂时的；剧作家——长久的；某某主席、某某顾问、某某教授、某某理事——都是挂名的。"

沙先生不仅在社交场合很幽默，也将幽默的作风带回了家。沙先生的女儿在幽默的熏陶下，也颇为有趣。女儿在少年时就对"女大不中留"有过一番妙论："我认为'女大不中留'的意思就是……嗯……就是女儿大了，不在中国留学，要到外国去留学。"后来她果然去了美国留学。

幽默的心理体验是通过言行公之于众的，因此表达幽默有有声语言、书面语言、体态语言等手段。但不管用什么手段表达幽默，幽默的表达贵在自然，某些有做作痕迹的幽默虽然也能激起人们的兴趣，但给人留下的感觉绝不怎么好。人们会认为这些装模作样的幽默不过是在哗众取宠。因此，富有幽默感、秉持着幽默禀性对于每个人是多么重要。

有时候，我们看到一个很幽默的动作和表情，而随便一句普通的话也能使人感受到一股清新浓郁的幽默意味缓缓而来。

有一次，记者到冯巩家采访，冯巩夫妇并肩坐在长沙发上。夫人显得很文静，把说话的机会都让给了笑星。

主持人问冯巩的夫人叫什么，冯巩抢着说："她叫爱卉，换过来说就是'会爱'。"

"你儿子今天没在家，他长得像谁呀？"

"漂亮方面像我，聪明方面像她。"

笑星的应答灵活俏皮，逗人发笑。

幽默的自然性是和动作、姿态、表情的自然性融为一体的。在一次激烈的保卫战中，斯大林领导的苏联红军打退了敌人最后一次猖狂进攻。通信兵前来报告："敌人正在撤退！"

斯大林马上不假思索地纠正道："不，敌人正在逃跑！"

从斯大林那威严的表情和斩钉截铁地口吻中可以知道，他没有也无心幽默，但这两句话中关键词语的换置却传达出了丰富的幽默。

一个民族如果没有幽默感，可以说是一个没有文明、没有机智、没有活力的民族。在我国，勇敢坚强、吃苦耐劳的陕北人在生活中不乏幽默感，在他们创作的陕北民歌中亦洋溢着幽默情趣，如信天游、秧歌曲、山曲、酒曲、小调、劳动号子和酸曲等等。

陕北革命民歌中对敌人以嘲弄口吻表达鄙视情感，令闻者捧腹大笑。例如："打开甘谷驿，冲进洋教堂，洋和尚一见害了怕，跪在地上叫'干大'。"（《打甘谷驿》）。从动作和语言上对"洋和尚"（即教士）做滑稽描写，不乏嘲弄性幽默。又如："运输队长蒋介石，工作热情又积极，一天到晚做生意，给咱们送来了好武器。"（《运输队长蒋介石》）把蒋介石称作"运输队长"，"热情""积极"送来好武器，这是多么辛辣的嘲弄性幽默。

陕北民歌中，尤其是酒曲中，夫妻、情人和朋友间常以二人对歌形式一唱一和，相互逗趣，贬损，显露幽默情趣。例如："说你邋遢呀你真邋遢，头上的金丝乱如麻，娃他妈。""乱如麻呀你怕啥，你给妹妹买梳子，妹妹能梳它，娃他大……"（《夫妻逗趣》）不管是逗趣，还是贬损之词都不乏诙谐幽默情趣，双方都会笑而对答，不会耿耿于怀。

陕北民歌，对人物或事态做荒诞性夸饰，常含讽刺意味，叫人忍俊不禁，倍感幽默。例如："奴妈妈卖奴没商量，说了个秃女婿好尿床。头一夜冲倒一堵墙，第二夜推走一圈羊。"（《秃子尿床》）又如"掌柜打烂瓮，上下都能用，下边安茅坑，上边套烟洞……"（《长工苦》）前者讽刺秃女婿尿床来势凶猛，后者讽刺掌柜蛮横刁钻，调侃中尽现幽默意趣。

陕北民歌中借甲指乙，不直接点明，这种影射手法在写人状物的唱词中隐含幽默情趣。例如："走一条河又一条河，上游游来一对鹅，公鹅展翅飞过河，母鹅在后面叫哥哥，梁生哥。走一条沟又一条沟，后沟里出来一群牛，往常公牛追母牛，今日母牛戏公牛。走一个村又一个村，村口井上绞水声，只见井绳缠辘轳，哪有个辘轳缠井绳。"（《梁山伯与祝英台》）祝英台不挑明自己与梁山伯的关系而以公鹅、母鹅，公牛、母牛和井绳与辘轳间的关系比喻，暗示，有影射性幽默的艺术趣味。

陕北民歌中还有些小调专门是唱给孩子听的，如《蚂蚱蚱病死》中的情景："……蚂蚱得病突然死，萤火虫虫来照灯，跳蚤是个好脚程，请下蝼蛄看坟茔，请来粪爬牛来挖墓，请来苍蝇来念经，知了哭得眼圈圈红，一会儿埋在坟墓中。"请出一群小昆虫当演员，表演了一场陕北葬俗剧，极富童趣性幽默。

陕北民歌中有些酒曲或山曲可开启智慧，一人以急问检测另一人的急答能力，若对答失误，或无言以对都会引发旁人失笑，有智慧性幽默之艺术效果。例如："什么花开吹军号，什么花开舞大刀，什么花开红似火，什么花开节节高？""牵牛花开吹军号，扁豆花开舞大刀，石榴花开红似火，芝麻花开节节高。"（《什么花开节节高》）对答中肯，有急智，自然显示出智趣性幽默的好口才。

用幽默使爱情保鲜

锡尼·史密斯说过："婚姻就好像一把剪刀，两片刀锋不可分离，虽然作用的方向相反，但是对介入其中的东西，总是联合起来对付。"

这就是说，组成家庭的力是一种合力。当一个家庭由于爱而将要产生时，这种合力强大到足以把任何介入其中的阻力剪断。但是以后呢？妻子埋怨丈夫感情迟钝、好吃懒做；丈夫埋怨妻子只顾打扮自己，并且毫不知足，一点也不体谅做男人的苦处。这正如一则幽默小品文中的一只豪猪所被指责的那样，"你老是伤害你所爱的人。"

有的夫妻却懂得怎样去保护自己的幸福，维持婚姻中的爱情。他们以幽默来代替粗鲁无礼的语言，解决日常生活中的分歧。虽然他们也相互挑剔，也会产生纷争，但是经过由幽默产生的情感冲击之后，一切纷争都显得微不足道了。

富兰克林说："婚前要张大眼睛，婚后半闭眼睛就可以了"。婚后睁大眼睛的人，多半会抱怨自己婚前瞎了眼睛。

所以，任何一个成了家的人，不要轻易否定自己的眼力。应当试着用幽默去保护自己的家庭。如果没有根本性的、重大的分歧，幽默能使家庭生活始终处于最佳状态。

在我们周围，我们经常可以看到一些聪明的夫妇是怎样以开玩笑的方式来表达爱情的。

比如，男的说："我夫人从来不懂得钱是什么，她以为任何商品都是打五折的东西。"

女的说："所以我才会嫁给你，你的聪明也是打过折扣的。"

有一位先生对人说："我太太和我闹矛盾，她想要一件新的毛皮大衣，而我想要一部新车子。最后我们都妥协了，买一件毛皮大衣，然后把它收到车库里。"

有人当着吉姆妻子的面问吉姆："你们家里谁是一家之主？"

吉姆板着脸说："珍妮掌管孩子、狗和鹦鹉，而我为金鱼制定法律。"

那人又问吉姆："你公司里的那位秘书长得怎么样？"

吉姆仍然板着脸说："珍妮倒不在乎我的秘书长得怎么样，只要他是个男的。"

"听你的太太说，当年你刚娶她时，答应给她月亮的。"

"别提啦！"吉姆忍不住笑起来，"我是答应给她月亮的，因为那儿连一家百货公司也没有！"

试想一下，如果吉姆不能以幽默来回答这些问题，或者换上一个毫无幽默感的人来回答，结果会怎么样呢？

用幽默化解家庭"战争"

家庭之中夫妻磕磕碰碰很正常，不论是伟人还是普通人莫不如此，怨怒之中如果即兴来一两句幽默，往往会使紧张的形势急转而下。人们常说"夫妻没有隔夜的仇"，更多的时候都是这种豁达的幽默消除了隔阂。在我们现代家庭生活中，夫妻间因各样的矛盾，闹点小摩擦，吵几句嘴，发生一点小误会是难以避免的。如果我们动辄打骂，经常争吵，不但于事无补，弄不好还会扩大矛盾，增加隔阂，伤害感情。假如夫妻双方能运用一点幽默，效果恐怕就会截然不同。

遗憾的是，我们中国的大多数家庭几乎是与幽默无缘。他们化解家庭矛盾的方式，只是单一地用说好话、赔礼道歉或生闷气、找人说合，或让时光慢慢冲淡。这样古老而又落后的方法应该改变一下了。

男女朝夕相处，难免会有一些小矛盾，始终举案齐眉、相敬如宾的毕竟是少数。小吵小闹有时反会拉近夫妻间的距离，同时也能使内心的不满得以宣泄，如果再佐之以幽默、机智的调侃，无疑使夫妻双方得到一次心灵的净化，保证了家庭生活的正常运行，请看下面这几对夫妻的幽默故事。

驾车外出途中，一对夫妻吵了一架，谁都不愿意先开口说话。最后丈夫指着远处农庄中的一头驴说："你和它有亲属关系吗？"妻子答道："有的，夫妻关系。"

妻子："每次我唱歌的时候，你为什么总要到阳台上去？"

丈夫："我是想让大家都知道，不是我在打你。"

结婚多年，丈夫却时时需要提醒才能记起某些特殊的日子。在结婚三十五周年纪念日早上，坐在桌前吃早餐的妻子暗示："亲爱的，你意识到我们每天坐的这两把椅子已经用了三十五年了吗？"丈夫放下报纸盯着妻子想了一会儿说："哦，你想换一把椅子吗？"

妻子临睡前的絮絮叨叨总是令亨利十分不快。一天夜里，妻子又絮叨了一阵后，吻别亨利后又说："家里的窗门都关上了吗？"亨利回答："亲爱的，除了你的话匣子外，该关的都关了。"

以上几则故事中的夫妻幽默均恰到好处地表达了自己怨而不怒的情绪。有丈夫对妻子缺点的讽刺，也有妻子对丈夫多疑的抗议，但其幽默的答辩均不至于使对方恼羞成怒。如妻子用夫妻关系回敬丈夫也是一头驴，丈夫用巧言指责妻子絮叨，这些幽默的话语听上去自然天成，又诙谐有趣。这些矛盾同样有可能发生在我们每一个家庭之中，有时却往往因为两三句出言不逊的气话而使矛盾激化。

有这样一对夫妻，在一次争吵中，两人互相指责对方的缺点，夸耀自己能干，争论得无休无止。妻子的女高音越叫越高，丈夫听得不耐烦了，说："好，我承认，你比我强。"妻子得意地笑了，说："哪一点？"丈夫说："你的爱人比我的爱人强。"一句恰到好处的幽默，缓和了夫妻之间的紧张气氛，化解了彼此的矛盾，使对方转怒为喜，破涕为笑。

许多夫妻都有过类似的经历，无谓的争吵随时都会发生，一旦发生又会因愤怒而很快失去理智，直至闹得不可开交，甚至拳脚相加。在日常生活中，我们常看到这种情景，在公共场合彬彬有礼的谦谦男子或温柔女士，在家人面前同样也会为一些小事而大动肝火，有时即使是恩爱夫妻也不可避免，双方似乎都失去了理智，哪壶不开偏提哪壶，专揭对方的痛处短处解气，唇枪舌剑，互不相让；及至冷静下来，才发觉争吵的内容原是那样愚蠢、无聊。殊不知忍一时风平浪静，退一步海阔天空，多用幽默少动气不是一样也可占尽心理上的优势吗？

　　有对年轻夫妻经常吵得不可开交。太太唠叨不休，骂丈夫是一个好吃懒做、没有出息的老公，说自己是鲜花插在牛粪上。一会儿丈夫从楼梯上走下来，诙谐地向老婆说道："尊敬的夫人，牛粪到了！"丈夫的自我解嘲，使太太破涕为笑，也结束了一场战争。

　　夫妻生活在一起，虽有许多乐趣、幸福，但也有许多难过和辛酸。愿天下的有情人，愿世间的夫妻们都能用幽默的"消火栓"，化解生活中的硝烟与战火。

"曲解"何妨"故意"

某人在一次宴席上问鲁迅："先生，您为什么鼻子塌？"

鲁迅笑着回答他说："碰壁碰的。"

这句话里，既有对社会现实的不满，又有对自己生活坎坷经历的嘲讽，这样丰富的具有社会意义的内容与"塌鼻梁"这样一个具有丑的因素的自然生理特征结合在一起，便产生了无法言喻的幽默感。

在一次野外夏令营活动中，一位姑娘想把一只癞蛤蟆赶出营地，以免她的猫去咬它。她不断地向它跺脚，癞蛤蟆就接连向后跳。这时，旁边有人大声说："小姐，你就是抓住它，它也永远不会变成白马王子的。"小姐跺脚，意味着要赶走癞蛤蟆，但大家都知道童话中青蛙变王子的故事，所以也可以荒诞地用来意味她想抓住它，好使它变成英俊的白马王子。这一曲误的理解，确实挺有意思。

运用这种方式开玩笑，可以令生活其乐无穷。

一个人低头看地，可能是在寻找东西，也可能是头疼难忍；一个人抬头望天，可能是鼻子出血，也可能是在数星星。当我们看到事物不同的表现形式时，要调查清楚，了解其实质。如果想当然，按既定经验判断，就会导致错误；当然，如果故意别解和误解，就产生了幽默，令生活倍增快乐。

一列新兵正在操练，排长大声叫着："向右转！向左转！齐步走！……"

一个新兵实在忍不住了，向排长问道："你这样打不定主意，将来怎么能带兵打仗？"

明显，这个新兵是在故意别解，才会产生如此有意思的局面，排长不但没有责怪新兵，还忍不住笑出声来。

曾有一位女教师在课堂里提问："'不自由，毋宁死！'这句话是谁说的？"

有人用不熟练的英语回答："1775年，巴特里克·亨利说的。"

"对，同学们，刚才回答的是日本学生，你们生长在美国却不知道。"

这时，从教室后面传来喊叫："把日本人干掉！"

女教师气得满脸通红，大声喝问："谁？这话是谁说的？"

沉默了一会儿，教室的一角有人答道："1945年，杜鲁门总统说的。"

如此饶有风趣的回答，这位女教师还会"气得满脸通红"吗？

一位来自新加坡的老太太在游武夷山时，不小心被蒺藜划破了裙子，顿时游兴大减，中途欲返。这时导游小姐走近老人，微笑着说："这是武夷山对您有情啊！它想拽住您，不让您匆匆地离去，好请您多看几眼。"

短短的几句话，就像和煦的春风，把老人心中的不快吹得无影无踪了。

在日常生活中，一本正经地从事实出发，从常理出发，从科学出发，是找不到幽默感觉的，如果以一种轻松调侃的态度，将毫不沾边的东西捏在一起，在这种因果关系的错误与情感和逻辑的矛盾中，才可产生幽默。因此，我们常常能看到一些人，用这种"故意曲解"的方式来消除烦恼，去掉难堪，表达着乐观与博大。

巧用幽默表达不满

如果你在餐厅点了一杯啤酒，却赫然发现啤酒中有一只苍蝇，你会怎么办？在你回答之前，让我们看看别人是怎么办的。英国人会以绅士的态度吩咐侍者："请换一杯啤酒，谢谢！"西班牙人不去喝它，留下钞票后不声不响地离开餐厅。日本人令侍者去叫餐厅经理来训斥一番："你们就是这样做生意的吗？"沙特阿拉伯人则会把侍者叫来，把啤酒递给他，然后说："我请你喝杯啤酒。"德国人会拍下照片，并将苍蝇委托权威机构做细菌化验，以决定是否将餐馆主人告上法庭。美国人则会向侍者说："以后请将啤酒和苍蝇分别放置，由喜欢苍蝇的客人自行将苍蝇放进啤酒里，你觉得怎么样？"美国人的这种处理方式既幽默，又能达到让人接受的目的。

一位顾客在某餐馆就餐。他发现服务员送来的一盘鸡居然缺了两只大腿。他马上问道："上帝！这只鸡连腿也没有，怎么能跑到这儿来呢？"

一位车技不高的小伙子，骑单车时见前边有个过马路的人，连声喊道："别动！别动！"

那人站住了，但还是被骑车的小伙子撞倒了。

小伙子扶起不幸的人，连连道歉。那人却幽默地说："原来你刚才叫我别动是为了瞄准呀！"

幽默并不是回避、无视生活中出现的矛盾，而是以幽默的方式展示一种温和的批评。设身处地地想想，在餐厅点的啤酒里有苍蝇，要的鸡缺鸡腿，走路无辜被骑车人撞倒，你还有心思开玩笑吗？

这修养，不知要多少年的火候才能修炼出来。由于有了幽默、洒脱的态度，生活中许多尖锐的矛盾，并不需要大动干戈就能得到解决。

星期一早上，晓娟又迟到了。她的经理问她："晓娟，星期天晚上有空吗?"

"当然有，经理!"晓娟以为经理约她吃饭，高兴地回答。

"那就请你早点睡觉，省得每个星期一早上上班迟到!"

晓娟听了脸立刻就红了，从那以后她就再也没有迟到过了。

迟到虽然影响工作，但是毕竟不是不可原谅的错误，如果经理当时直接批评晓娟，虽然短期内可以改善晓娟迟到的情况，但并不见得会让她心服口服。换了一种幽默的方法，结果就不一样了。幽默是一种可以表达不满的有力武器，但是这种武器不至于会让人满身伤痕，幽默的语言是一种运用幽默感来增进你与他人关系的艺术，要我们学会以善意的微笑代替抱怨，使生活变得更有意义。有这样一则小幽默：在饭店，一位喜欢挑剔的女人点了一份煎鸡蛋。她对女侍者说："蛋白要全熟，但蛋黄要全生，必须还能流动。不要用太多的油去煎，盐要少放，加点胡椒。还有，一定要是一个乡下快活的母鸡生的新鲜蛋。"

"请问，"女侍者温柔地说，"那母鸡的名字叫阿珍，可合您心意?"在这则小幽默中，女侍者就是使用的幽默提醒的技巧。面对爱挑剔的女顾客，女侍者没有直接表达对对方所提苛刻要求的不满，却是按照对方的思路，提出一个更为荒唐可笑的问题以提醒对方：你的要求不要太过分了。

调侃让话题更有趣

学会调侃，不仅可以营造愉悦的社交氛围，把严肃的谈话变得活泼轻松，使枯燥的话题富有情趣，也增加了彼此之间的亲和力和认同感，从而一扫精神上的羁束紧张，减轻了生活的压力，有益于身心健康。

调侃并非无聊的戏谑、矫情的卖弄，不是刻意地制造一些令人生厌的庸俗笑料，它有别具一格的语言特色，它能让诙谐、幽默、妙趣横生的话题更有趣味。高明的调侃并不容易，需要常识，需要涵养，需要语言功底，需要独到的见解和有创意的思维，需要广博的阅历和丰厚的生活积淀。

在生活中，如能换一种心态，调侃一下生活，生活就会变得很快乐，每天都能呼吸到新鲜的空气。会调侃的人还懂得如何给生活添加作料，受到不公平待遇也能泰然处之，即使心情郁闷，也能通过开玩笑的方式给别人传达某种信息。

在网络上，有人这样去调侃。

漂亮点吧，太惹眼，不漂亮吧，拿不出手；学问高了，没人敢娶，学问低了，没人要；活泼点吧，说招蜂引蝶，矜持点吧，说装腔作势；会打扮，说是妖精，不会打扮，说没女人味；自己挣钱吧，男人望而却步，男人养吧，说傍大款；生孩子，怕被老板炒鱿鱼，不生孩子，怕被老公炒鱿鱼。唉，这年月做女人真难，所以要对男人下手狠点。

帅点吧，太抢手，不帅吧，拿不出手；活泼点吧，说你太油，不出声，内向点吧，说你太闷；穿西装吧，说你太严肃，穿随便一点吧，说你乡巴佬；会挣钱吧，怕你包二奶，不挣钱吧，又怕孩子断奶；结婚吧，怕自己后悔，不结婚吧，怕她后悔；要个孩子吧，怕没钱养，不要孩子吧，怕老了没人养。这年头做女人难，做男人更难。男人，就要对自己好一点！

这是一种快乐的调侃，虽然没有太多深刻的含义，但调侃终归是调侃，有点道理，有点情趣，能博人一笑就行了，因为生活需要这样的快乐。

在人际交往中，如果能调侃一下自己和别人，不但能增加谈话当趣味，还能获得一份好心情，我们看这个例子。

在小区活动室玩牌的老张好久都没出现了。今天来，牌友老刘就问："老张啊，怎么这几天都没看见你啊？"

老张装出一本正经的样子说："别提了，我被'双规'了！"

老刘吓了一跳，忙问："啊？贪污了？不会吧！"

老张这才嘿嘿笑道："哈哈，我儿子、儿媳妇找我谈话喽，宣布我必须在规定时间、规定地点接送小孙子上幼儿园。"

说到这里，众人才恍然大悟，气氛一下子变得轻松融洽。

调侃不仅能增加谈话的趣味，还能避开一些敏感的话题和一些不能正面回答的问题。在调侃中，你转移了别人对某个问题的关注，让紧张的气氛变得轻松。

我们再看这个例子。

冬冬在路上邂逅多年未见的女同学，对方激动得手舞足蹈，这一情景被冬冬的女朋友看在眼里，心里很不是滋味。事后，女朋友就问冬冬那个女同学是他以前的恋人吗，冬冬一脸无辜地解释说："老婆大人，小的冤枉啊！我素来都有惧内的优良传统，从来都是你指东我不敢往西，哪敢做出有违圣旨的事啊？再说我这种一不高、二不帅、外加一个空口袋的人，她怎么会看上我呢？也就你看我一个人孤苦伶仃怪可怜的，出于人道主义收留我，我感恩戴德还来不及呢！"

　　冬冬的调侃让女朋友笑开了怀，使劲捶了他一拳说："哼，叫你贫嘴！疼不疼?"

　　冬冬就接着说："痛并快乐着。这就叫执子之耳，与子偕老!"

　　面对女友的怀疑，冬冬用诙谐的语言调侃自己，成功转移了话题，还博得了女友的欢心，两人关系更加亲密和谐。所以说，严肃的事轻松表达，伤心的事玩笑表达，别人也会从你的调侃中感受到你深深的智慧。

　　此外，"篡改"一些脍炙人口的经典语句，让人乍听起来感觉熟悉但是细听才发现意思不同，也会起到很好的调侃效果。一些经典名句、俗语、歌词、广告，等等，是这种借鉴式调侃的最佳原料，比如：

　　钱不是问题，问题是没有钱；

　　钻石恒久远，一颗就破产；

　　水能载舟，亦能煮粥；

　　一山不能容二虎，除非一公和一母；

　　这个世界本没有路，走的人多了，有路也没有用了；

　　丑媳妇迟早见上帝；

　　洛阳亲友如相问，一手好牌愣没胡；

　　众里寻他千百度，蓦然回首，那人却在，结婚登记处；

　　喝八宝粥，吃八宝饭，品八宝茶，睡八宝山；

　　思想有多远，你就给我滚多远。

　　适当调侃能增强谈话的趣味，能巧妙转移话题。但调侃也不能过度，否则也会引发别人的怀疑，以为你不尊重他，在嘲笑他。因此，调侃要看时间、地点、对象，说话要分轻重，这样调侃才能为你的口才增添光彩。

第五章
幽默让工作更顺利

　　世界卫生组织称工作压力是"世界范围的流行病"，过度的工作压力会引起焦虑、沮丧、易怒等不良情绪，造成各种生理上的疾病，如心血管疾病、头痛，或造成工作事故等。

　　对于工作压力，我们一方面要尽量避免；另一方面要学会自我调节。从现在起，学会用幽默缓解工作压力，学会用幽默自我安慰，使身心得到放松，重新以饱满的热情和积极的心态投入工作。

用幽默叩开职场的门

幽默的形成需要一种品质，即开朗乐观的人格。需要智慧，没有机智的幽默是盲人说瞎话，和尚念佛经，整个世界将黯然失色。机智的幽默，嬉笑怒骂，皆成文章，令幽默鞭辟入里，浑然天成。

时下，随着我国市场经济体制的建立，"自谋生路"的就业方式给求职者带来挑战。甚至在过去被称为"天之骄子"的大学生想找一份好工作也不容易。当然，要谋到一个称心如意的职位，首先还要靠自身素质，但是其他因素也将对求职者的前途造成很大影响。比如在面试过程中，运用幽默技巧就有助于取得成功。

请看下面这个例子。

一位刚毕业的大学生在应聘一个工作职位时，要接受一项测验。当他做到其中一题——"cryogenics"是什么意思时，他停下来苦思。最后，这位大学生写下了他的答案："这个字的意思是我最好到别处去工作。"结果，他取得了成功。

富有创意的思想加上幽默的力量，往往能使应聘者被认可。创造力，加上幽默力量的推动，能帮助我们更有弹性地去处理事情。其实创造力能激发一个人在他生活和事业各方面的成就。我们可以运用富有创意的方式来达到某种目的，用它来寻求答案，有时要凭借幻想来发现，在大脑里设想："如果我这样做的话，会怎么样？"

在美国，也有求职者利用幽默机智取得成功的故事。

美国中央情报局需要一个高级特工，前来应聘者需要经受一系列的考验。经过层层筛选，最后剩下了两男一女三名人选。马上就要进行最终考验以确定谁将获得这个高级职位。

主考官将第一名男子带到一扇铁门前，交给他一把枪，说道：

"我们必须确信你能在任何情形下服从命令。你的妻子就坐在里面，进去用这把枪杀死她。"这名男子满脸惊恐地问道："你不会是当真的吧？我怎么能杀自己的妻子啊！"于是他落选了。

接着是第二位男子，主考官交给了他同样的任务之后，他先是一惊，不过还是接过枪进了门。

五分钟过去了，没有一点动静，然后门开了，这名男子满脸泪水地走了出来，对主考官说："我想下手，但无法扣动扳机。"自然，他也落选了。

最后轮到那位女子。当她被告知里面坐着她丈夫，她必须杀死他时，这位女子毫不犹豫地接过了枪，走进门去。门还没关严，就传来了枪声。

连续十三声枪响之后，又传来了尖叫声和椅子的碰撞声。几分钟后，一切又归于平静。

门开了，女子走了出来，擦了擦额上的汗水，生气地对考官说道："你们这些家伙，竟然不告诉我枪里装的都是空弹，害得我只好用椅子把他砸死了。"最终该女子入选。

这个故事说明无论参加何种面试，只要勇敢镇静，诙谐风趣，巧妙地、适时地、适当地转换话题，并且妙语连珠，谈吐不凡，便可取到立竿见影的效果。

上司面前，别一笑而过

要消除与上司的距离感首先一定要把工作干好了，甚至做得十全十美，不要让上司感觉你是个没用的人，其次你可以用点小恩小惠，买点下午茶孝敬上司。大多上司都是有文化之人，要是想拉近语言间的距离，你在语言的技巧上要下些功夫，一般说来，幽默语言的效果应该不错。

职员："经理，您实在是爱好工作的人！"

经理："我正在玩味这句话的含意。"

职员："因为您一直都紧紧地盯着我们，看我们是不是正在工作。"

职员通过开经理的玩笑，拉进了同经理之间的距离，何况经理也是一个幽默的人。与上司开玩笑还要注意把握好时机。最好时刻留意能够和上司面对面谈些风流俏皮话的时机，比如两人并列在一起方便或洗手时更加机不可失。同时，那种时候也是你们日后能够说悄悄话，当上司心腹的大好时机。另外，幽默地"冒犯"上司也是拉近双方距离的好办法。

美国总统柯立芝就曾因为自己的沉默和严谨而被人用幽默的方式"冒犯"过。有一次他去华盛顿国家剧院观看戏剧演出。当看了一半的时候，他就有些瞌睡了。演员马克停下歌唱，走到前面，朝总统喊道："喂，总统先生。是不是到了您睡觉的时间了？"总统睁开眼睛，四下里望望，意识到这话是冲着自己来的。他站起来，微笑着说："不。因为我知道今天要来看您的演出，所以一夜没睡好，请继续唱下去。"

这幽默的对话，表现了演员的直言不讳和幽默，也表现了柯立芝总统所具有的幽默感。演员根本没有开罪总统，相反，倒成了总统的好朋友。由此可见：以下犯上的幽默使用得适时适度，往往能够拉近与上司的距离，赢得上司的理解和信任。在使用这种以下犯上幽默技巧时，利用贬谪，再以下一阶段的奉承做鲜明的呼应，即可使其效果倍增。

"经理，你对酒家那个女孩太过分了吧！真是太过分了！让那种女孩子眼泪汪汪的，真是男人的奇耻大辱啊！不过，您也实在厉害呀！经理。"

这表面上虽是一句贬谪的话语，但实际上却是赞赏的好话："经理实在是个高手呀！"这就是明贬暗褒的奉承话。

比尔在一家大公司工作，他常常在工作时间去理发店。一天，比尔正在理发，碰巧遇见了公司经理。他想躲，可经理就坐在他的邻座上，而且已经认出了他。

"好啊，比尔，你竟然在工作时间来理发，这是违反公司规定的。"

"是的，先生，我是在理发。"他镇定自若地承认："可是你知道，我的头发是在工作时间长的呀。"

经理一听，勃然大怒："不完全是，有些是在你自己的时间里长的。"

"是的，先生，您说得完全正确。"比尔答道："可我并没有把头发全部剃掉呀！"

不论其行为正确与否，单就这幽默的对答就体现出员工的信心与机智，他相信，与自己的老板开个玩笑是在当时情况下最好的处理方式，姑且不论老板听完一席话之后是否欣赏他的聪慧与口才进而提拔他，有幽默感的人都能化怒为趣。

幽默确实可以帮助我们拉进与上司的距离。不过生活中任何事情都不是绝对的，与上司之距离的远近也同样如此，这种距离不可太远也不可太近。如果一个人不认认真真地做好本职工作，成天围着上司转，说好话、空话，刻意拉近关系；或整天坐在那里等着上司安排工作，像个提线木偶一样，上司拽一下，你才动一动，无形中疏远了上司，都是不可取的。

幽默会增加你的亲和力

上司与下属的关系，首先是一种领导与被领导的关系，但是除此之外，双方还应该建立友好合作的关系。作为一个下属，在恰当的时间、场合，和上司开一个富有幽默情趣的玩笑，在搞好同上司的关系方面，可以收到非常好的效果。

不过，俗话说：伴君如伴虎。在个人关系上还需要主动与上司保持合适的距离，距离太远了不好，距离太近了也可能会很糟。

其实，让老板笑口常开不仅仅是找到工作之后的事情，在找工作的过程中，求职者就可以运用幽默的力量逗得老板开口大笑。

找到一份称心如意的工作，是求职者最大的心愿，但求职不易，有时我们在苛刻挑剔的雇主面前一筹莫展。这时，何不借助幽默的魅力让面试你的老板笑一笑，这对你取得面试的成功必然会有助益。

一个人在外面找工作，他来到麦当劳。老板问他会做什么，他说我什么都不会，不过我会唱歌。老板说你就唱一首试试，于是他就开始唱了："更多选择更多欢笑就在麦当劳……"老板一听就乐了，接着问了他一些对麦当劳有什么了解之类的问题，最后，他被顺利录用了。

上面的例子中，求职者在面试中借助了幽默的力量，他首先就以唱歌的方式说出了麦当劳的广告语，表明了自己对麦当劳是很关注的，也有一定的了解。他在博得老板一笑的同时，获得了老板的好感。

工作太累的时候，人的工作效率难免会下降，这时候如果被老板看见了，怀疑你偷懒，你该怎么办呢？

有一个建筑工人在工地里搬运东西，因为太累了，动作有些迟缓。工头以批评的口吻对他说："你做事慢，走路慢，脑子转得也慢，真想不通你究竟做什么快？"工人想了想说："我累得快！"工头被他逗笑了。

工人以幽默的口气为自己的行为辩解，老板即使会批评他，也会比较随和，责罚也会比较轻。假如你对装疯卖傻的演技颇有心得，不妨也在对您颇有微词的老板面前，以若无其事的态度告诉他下面的小笑话，且看他的反应又如何呢。

"幸好我已经娶老婆了。"当然，你的老板无法了解你这一句话的意思，必定会一副茫茫然的样子，莫名其妙地看着你！就在这时候，你可以不声不响像自言自语地对自己说："所以我现在才习惯别人对我的唠叨……"

如果你能够微笑着说的话，你的老板也必会露出会心一笑！而就在你表现出沉着的大家风范，且老板又似乎对你放松敌意时，就正好有机会使他改变对你以往的错误印象。

让你的老板笑口常开，你的工作就能进行得更加顺利。

同事相处，要以幽默开道

你一天中大半的时间都在和同事相处，与同事处得怎么样，关系到你的工作效率和人际关系的和睦。如果同事之间关系融洽，能使人心情愉快，有利于工作的顺利进行；同事之间关系紧张，经常互相拆台，发生矛盾，就会影响正常的工作。

而幽默就能帮助你在工作上与同事建立融洽的关系。你与同事分享快乐，就能使自己成为一个被大家喜欢和信赖的人，在这样的氛围里，你的工作效率会大大提高。甚至当你和同事发生摩擦时，幽默也能发挥"调节"作用。

我们看这个例子。

张铭是某公司的部门经理。作为经理，他常常思考的问题是："我这部门里的人真正喜欢我吗？"

事实上，他是一个很受欢迎的经理，为什么呢？因为他在与同事的相处中，经常会使用幽默。看了下面这个小事，你就明白了：

一次，张铭在去开一项业务会议回来后，发现他属下的职员们聚在办公桌旁，哼唱着韩德尔的神曲《弥赛亚》中的一段大合唱。由于张铭的出现使得大家匆忙奔回到自己的位置，开始一本正经地工作。

张铭没有生气，也没有大声指责员工，只是说："我想你们并不精于此道，还需要在下班的时候再练练啊！"

张铭带有幽默式的批评，下属们都以微笑来接受张铭含蓄的批评。他以开玩笑的方式责备员工的偷懒，既让员工开心一笑，也督促他们以后不可以再这样做了。

其实，这个世界上没有谁是十全十美的，同事身上有这样或那样的毛病，这是很正常的，因为你本身或许也有着很多毛病。在公司里，你不能对自己的同事有太高的期望，因为大家毕竟都是凡人；如果你在同事身上看到阳光的一面，那在他身上或许也存在了阴暗的一面。如果你两眼只盯着同事的阴暗面，同事的优点就会你忽略。所以，对人要宽容一些，要学会用幽默的态度去处理同事关系。

我们再看这个例子。

某公司有一个叫张东的销售员，他年轻时候长过很多青春痘，满脸都是疤痕。一日，某个职员神秘地对另一个职员说："嘿，看张图片——你猜是谁？"

众人都挤过来看，那图片看上去就像一张橘子皮。这时其中的一个人喊："你拿张东的照片干吗？"

大家笑得肚子疼，就这样，"橘子皮先生"就成了张东公开的绰号。张东本人感到十分委屈，也很恼火。总经理看不下去了，就对大家说："我知道大家最近都说张东是'橘子皮'。但就算真像也不能这么说啊，太不照顾同事的情绪了。我宣布，你们以后再说起他的长相时只可以说：张东，咳咳！他长得很提神。"

经理说完，同事们都被逗乐了，也同时认识到了自己的错误。从那之后，再也没有人说张东"橘子皮先生"了，而是和他开善意的玩笑。

其实，真正具有幽默感的人能看到同事的优点，而不是紧盯同事的错误和缺点。因此，应该敞开胸怀，去了解、接受同事的小错误，增进彼此的工作关系。

幽默是最好的润滑剂

同事是自己工作上的伙伴，与同事相处得如何，直接关系到能否把工作做好。同事之间关系融洽，能使人们心情愉快，有利于工作的顺利进行；同事之间关系紧张，经常互相拆台，发生矛盾，就会影响正常的工作，阻碍事业的发展。

幽默的力量能帮助你在工作上与同事建立融洽的关系。与同事分享快乐，你就能成为一个被同事喜欢和信赖的人，他们会愿意帮助你实现工作目标。甚至当你和同事的志趣并不相同时，快乐和笑的分享也能令同事感受到心灵的默契。

首先要建立办公室里好人缘。

幽默是一种最生动的语言表达手法，与幽默的人相处，谈话是一件非常有趣的事。在工作中遇到难题，如果这时以幽默调节，事情就能很快得以解决。如果你需要幽默力量来改善同事们的工作态度，你可以利用幽默的妙语来表明你的观点。

陈鹏在一个会计部门任职员。有一次发薪水的时候，他竟然收到了一个空的薪水袋。他没有气得暴跳如雷，也没有破口大骂。他只是去问发薪部门的人说："怎么回事？难道说我的薪水扣除，竟然达到了一整个月的薪水了吗？"当然，陈鹏得到了补发的薪水。

陈鹏对同事偶犯的错误持一种宽容的态度，而不把它看成一件了不得的事情，批评谩骂同事的愚蠢。他以自己的幽默与同事分享了轻松愉快的处理结果。这也正是不为所动、泰然处之的幽默所要收取到的效果。

我们如果不能领略到别人的幽默对自己的裨益，也就不太可能以自己的幽默来激励别人。为了表现我们重视别人所带来的好处，应该时时保持乐观的态度，同别人一起欢乐。

一位男士对即将结婚的女同事打趣地说："你真是舍近求远。公司里有我这样的人才，你竟然没发现！"她的女同事开心地笑了。

对上面这位男士的玩笑，女同事没有说他轻浮，反而感激他的友谊和欣赏。笑的热流流淌在两性之间，总是使人觉得弥足珍贵。当同事期望太多、要求太多之时，我们还是可以用幽默表达我们不同的意见。

有一位电影明星向著名导演希区柯克唠叨摄影机的角度问题。她一次又一次地告诉他，务必从她"最好的一边"来拍摄。"抱歉，做不到，"希区柯克说，"我们没法拍你最好的一边，因为你正把它压在椅子上。"

使用幽默语言的人，大都有温文尔雅的语气、亲切温和的处事态度。这样的幽默才使人感到轻松自然。

如果你已经利用幽默力量来帮助你取得成功，你也就能对挫折一笑置之，坦然开同事的玩笑，并且关心他们，更重要的是以轻松的心情面对自己，而以严肃的态度面对自己的新角色。

其次要看到同事的优点。

过去人们常说仆人眼中无伟人，同样，在同事眼里也无完人。你的同事身上是有这样或那样的毛病，这很正常，就像在你自己身上也有这样或那样的毛病一样；在现代职场上，你不能对自己的同事有太高的期望，因为大家毕竟都是凡人；如果你在同事身上看到阳光的一面，那在他身上必然会有阴暗的一面。相反，如果你不幸地看到了同事身上的阴暗面，那也并不代表他们没有阳光的一面。所以，你对人要宽容一些，要学会接受期待与现实之间的落差。

不过，还是有很多人只是看到同事身上的小缺点，而对同事的优点视而不见。下面这种抓住同事的缺点进行讽刺挖苦的做法就要不得。

　　张经理中年谢顶，在一次重要酒会上，他所宴请的客户方的一个小伙子在敬酒时不小心洒了一点啤酒在张经理头上，张经理望着惊慌的小伙子，用手拍了拍对方的肩膀说："小老弟，用啤酒治疗谢顶的方子我实验过很多次了，没有书上说的那么有效，不过我还是要谢谢你的提醒。"

　　全场顿时爆发出了笑声，人们紧绷的心弦松下来了，张经理也因他的大度和幽默而颇得客户方的赞许。张经理用他的幽默，巧妙地处理了宴会中的杂音，完成了既定的目标。

　　通常，这种难看到同事优点的人在工作上不会十分顺利。在职场上做一个对同事宽宏大量的人，即使同事的身上有这样或那样的缺点和毛病，毕竟这些缺点和毛病，并不会对公司的利益和你个人的发展构成威胁。如果你善于体谅和宽容的话，那么，你就会看到同事身上的优点比缺点多得多，你也就能与同事更好地相处，你的工作就会轻松得多；然而，现实中同事之间总有许多矛盾发生，这多是一些人宽于律己、严以待人造成的。

　　宽容的好处还在于它会使别人喜欢接近你，从而使你在以后的竞争中得到更多的支持。公司是一个讲究团队合作精神的地方，你必须有全局意识。如果你遇事不够宽容，那给人的感觉就是你是一个目光短浅和心胸狭窄的人。这种只看重眼前利益的人在现代职场上不会有什么作为。

　　最后一点，要委婉表达对同事的意见。

　　在工作中，同事之间容易发生争执，有时搞得不欢而散甚至使双方结下芥蒂。发生了冲突或争吵之后，无论怎样妥善地处理，总会在心理、感情上蒙上一层阴影，为日后的相处带来障碍，最好的办法还是尽量避免它。我们可以委婉表达对同事的意见，运用幽默的力量避免与同事"交火"。

　　有一家公司的餐饮部，伙食很差，收费却很贵，职员们经常抱怨吃得不好，甚至还骂餐厅负责人。有一回，一位职员买了一份菜后叫起来。他用手指捏着一条鱼的尾巴，从盘中提起来，向餐厅负责人喊道："喂，你过来问问这条鱼吧，它的肉上哪儿去啦?!"

当我们对同事所做的事情有不同意见时，我们可以用开玩笑的方式轻松、坦诚地进行表达，这样既能使同事认识到他们的错误，而又不至于伤害同事之间的感情。中国人常用这么一句话来排解争吵者之间的过激情绪：有话好好说，这是很有道理的。据心理学家分析，措辞过于激烈武断是同事之间发生争吵的重要原因之一，因此，我们在对同事的某些做法不满时，要善于克制自己，委婉地表达自己的意见。

你对同事说："唉！我看得出你知道办好事情的秘诀。而且你也知道如何守秘不宣。"

你的同事对你说："谢谢你把你的一点想法告诉我。我很感激——尤其是当你的业绩如此低落之时。"

如果你面对的是一位不合作的同事，首先要冷静，不要让自己也成为一个不能合作的人。宽容忍让可能会令你一时觉得委屈，但这不仅表现你的修养，也能使对方在你的冷静态度下平静下来。心胸开阔是非常重要的。任何人都会出现失误和过错，对别人无意间造成的过错应充分谅解，不必计较无关大局的小事情。同事之间有了不同的看法，最好以商量的口气提出自己的意见和建议，语言得体是十分重要的。应该尽量避免用"你从来也不怎么样……""你总是弄不好……""你根本不懂"这类绝对否定别人的措辞。而对同事的错误采用幽默的方式来指出，不但具有幽默的意境，而且会在气氛和谐中收到事半功倍之效。

幽默的语言能使同事在笑声中思考，而嘲笑却使人感到含有恶意，这是很伤人的。真诚、坦白地说明自己的想法和要求，让同事觉得你是希望得到合作而不是在挑他的毛病。同时，要学会聆听，耐心、留神听同事的意见，从中发现合理的部分并及时给予赞扬或表示同意。这不仅能使同事产生积极的心态，也给自己带来思考的机会。如果双方个性修养、思想水平及文化修养都比较高的话，做到这些并非难事。

幽默让你赢得下属的尊敬

先进的管理理念并不提倡领导者以高姿态面对下属。如果领导者与下属建立一种互相信任、互相尊重的伙伴关系，双方产生矛盾的机会就比较小，即使产生矛盾也比较容易解决。这样，作为一个领导者，你会发现很多事即使不亲力亲为，也能做好工作，因为你不是一个人在作战，所以你不会很辛苦。领导者要平等地对待下属，克服因权力、地位的不同造成的偏见，对员工关心爱护、幽默和蔼，与下属打成一片，缩短与下属心理和情感上的距离，这样可以产生更强的亲和力，更容易获得下属的尊敬与认同。

第二次世界大战胜利前夕的一次主攻战役期间，美国将领艾森豪威尔在莱茵河畔散步，这时有一个神情沮丧的士兵迎面走来。士兵见到将军，一时紧张得不知所措。艾森豪威尔笑容可掬地问他：

"你的感觉怎样，孩子？"

士兵直言相告："将军，我特别紧张。"

"哦，"艾森豪威尔说，"那我们可是一对了，我也同样如此。"

几句话便使那个士兵放松下来，很自然地同将军聊起天来。

将军的幽默构筑了将士间亲密无间、融洽轻松的气氛。有这样的领导在前，属下将士谁不愿赴汤蹈火，拼死疆场呢！

富有幽默感并且善于运用的人，他的工作将是一帆风顺的。有一位大校到某连蹲点，一名士兵见他长得又胖又矮，便冒冒失失地说：

"首长，你又胖又矮，我们这些士兵谁不能同你比个高低？"

这话带有一点挖苦意味，可大校笑呵呵地说：

"你们这些小鬼还要同我比高低，我不怕，但必须是躺着比!"

这位大校的机智与幽默在士兵中留下了可亲可敬的印象，为以后工作的开展奠定了良好的基础。

面对个别桀骜不驯的下属，领导者不能强行使其就范，宽厚豁达的胸怀及幽默自信的态度才能使之服从。

20世纪50年代初，杜鲁门总统会见麦克阿瑟将军。麦克阿瑟自恃战功赫赫，在他面前表现得很傲慢。会见中，麦克阿瑟拿出烟斗，装上烟丝，把烟头叼在嘴里，取出火柴，当他准备点燃火柴时，才停下来，转过头看看总统，问道：

"我抽烟，你不介意吧?"

显然，这不是真心征求意见，但如果阻止他，就显得粗鲁。

杜鲁门看了一眼麦克阿瑟将军，说：

"抽吧，将军，别人喷到我脸上的烟雾，要比喷在任何一个美国人脸上的都多。"

这句话软中带硬，委婉地指出了麦克阿瑟的无礼，难堪的应该是麦克阿瑟了。

作为领导，当你运用幽默力量去管理下属时，你会发现不仅更容易将责任托付给人，而且能更自由地发挥下属创意的进取精神。幽默力量能改善你的将来——因为你的属下或同事会认同你，感谢你坦诚相待的品格，以及分享笑声、轻松面对自己的能力。

美国前总统柯立芝有一位漂亮的女秘书，人虽长得不错，但工作中却常粗心出错。一天早晨，柯立芝看见秘书走进办公室，便对她说："今天你穿的这身衣服真漂亮，正适合你这样年轻漂亮的小姐。"

这几句话出自柯立芝口中，简直让秘书受宠若惊。柯立芝接着说："但也不要骄傲，我相信你的公文处理也能和你一样漂亮的。"果然从那天起，女秘书在公文上很少出错了。

　　后来，一位朋友知道了这件事，就问柯立芝："这个方法很妙，你是怎么想出来的？"柯立芝得意扬扬地说："这很简单，你看见过理发师给人刮胡子吗？要先给人涂肥皂水，为什么呀，就是为了刮起来使人不痛。"对下属进行人性化的管理，你将会受益无穷。

回击敌意时，不妨幽他一默

　　做人要力避树敌，但一个有才能的人是避免不了有或多或少的反对者。正所谓"木秀于林，风必摧之"。如何面对反对者充满敌意的进攻？有一次，温斯顿·丘吉尔的政治对手阿斯特夫人对他说："温斯顿，如果你是我丈夫，我会把毒药放进你的咖啡里。"

　　丘吉尔哈哈一笑之后，严肃而又认真地盯着对方的眼睛说："夫人，如果我是你的丈夫，我就会毫不犹豫地把那杯咖啡喝下去。"

　　阿斯特夫人的进攻是如此咄咄逼人，丘吉尔若不回击未免显出自己的软弱，而回击不慎却可能导致一场毫无水准的"泼妇骂街"。丘吉尔毕竟是丘吉尔，一记顺水推舟的幽默重拳，打得飞扬跋扈的阿斯特夫人满地找牙却无从回手！

　　民主党候选人约翰·亚当斯在竞选美国总统时，遭到共和党诬蔑，说他曾派其竞选伙伴平克尼将军到英国去挑选四个美女做情妇，两个给平克尼，两个留给自己。约翰·亚当斯听后哈哈大笑，马上回击："假如这是真的，那平克尼将军肯定是瞒着我，全都独吞了！"

　　约翰·亚当斯最后当选，成为美国历史上的第二任总统。亚当斯的胜利当然不应全归功于幽默，但却不能否认幽默魅力的功用。几乎人人都有遭受冷箭伤害、谣言中伤的经历。放冷箭、造谣言的成本极低，杀伤力却极大。加上"好事不出门，坏事传千里"的传播学原理，一旦处理不当，便会对被诋毁者造成极为不利的局面。试想一下，如果亚当斯听到攻击之后气急败坏，暴跳如雷，脸红脖粗，或辱骂共和党的卑鄙中伤，或对天发誓："若有此等丑闻，天打雷劈！"这样抓狂，不仅有失一个总统候选人的风度与理智，也有可能陷入无聊无趣又无休止的辩论泥潭之中——何况真理是越辩越明还是越描越"黑"都有待商榷。

在冷箭的包围中、谣言的旋涡里，如何从容脱身，实在是一门大学问。置身此类局面下的人，不妨运用幽默的武器，以四两拨千斤的姿态，或许可以潇洒地把对方打个四脚朝天。

值得注意的是，幽默的用心是爱，而不是恨。林语堂先生说过："幽默之同情，这是幽默与嘲讽之所以不同，而尤其是我热心提倡幽默而不很热心提倡嘲讽之缘故。幽默绝不是板起面孔来专门挑剔人家，专门说俏皮、奚落、挖苦、刻薄人家的话。并且我敢说幽默是厌恶此种刻薄讽刺的架子。"

有一次，诗人马雅可夫斯基在大会上演讲，他的演讲尖锐、幽默、锋芒毕露、妙趣横生。忽然有人喊道："您讲的笑话我不懂!""您莫非是长颈鹿!"马雅可夫斯基感叹道，"只有长颈鹿才可能星期一浸湿的脚，到星期六才能感觉到呢!"

"我应当提醒你，马雅可夫斯基同志，"一个矮肥子挤到主席台上嚷道，"拿破仑有一句名言：'从伟大到可笑，只有一步之差'!""不错，从伟大到可笑，只有一步之差。"马雅可夫斯基边说边用手指着自己和那个人。

马雅可夫斯基接着开始回答台下递上来的条子上的问题：

"马雅可夫斯基，您今天晚上得了多少钱?""这与您有何相干?您反正是分文不掏的，我还不打算与任何人分哪!"

"您的诗太骇人听闻了，这些诗是短命的，明天就会完蛋，您本人也会被忘却，您不会成为不朽的人。""请您过一千年再来，到那时我们再谈吧!"

"你说应当把沾满'尘土'的传统和习惯从自己身上洗掉，那么您既然需要洗脸，这就是说，您也是肮脏的了。""那么您不洗脸，您就自以为是干净的吗?"

"马雅可夫斯基，您为什么手上戴戒指? 这对您很不合适。""照您说，我不应该戴在手上，而应该戴在鼻子上喽!"

"马雅可夫斯基，您的诗不能使人沸腾，不能使人燃烧，不能感染人。""我的诗不是大海，不是火炉，不是鼠疫。"

马雅可夫斯基在别人的攻击与诋毁之下，丝毫不乱阵脚，举起幽默的宝剑将那些来自四面八方的冷箭干净利落地斩断。

这就是幽默的力量。它能让一个人面对谩骂、诋毁与侮辱时，毫发不损地保全自己。

我们什么时候看到过富有幽默感的人在交流或论辩中被动过?即使是身处完全不讲理的险恶境地，他们也能以自己高超的幽默腾挪闪打，游刃有余。

幽默让你变得平易近人

幽默感是衡量一个领导人是否具有活泼、弹性心智的重要标志。有幽默感的人通常不会把自己看得太重要，而且比较能做出好的决策。

有一次，美国 329 家大公司的行政主管参加了一项幽默意见的调查。由一家业务咨询公司的总裁霍奇先生主持此项调查，发现：97%的主管人员相信：幽默在商业界具有相当的价值；60%的人相信：幽默感能决定一个人事业成功的程度。各行业人士都对幽默的力量给予很高的证价，工商业界高阶层的负责人更是借助幽默力量来改变他们在职员心目中的形象，改善大家对整个公司的看法。每一阶层的领导人和经理人在建立与下级的良好关系上，也都转向幽默力量求助。他们都希望下属把他们看成有亲和力的上级。下面是一个下属对他的老板的看法。

"我的老板，也就是报纸发行人，是世界上最伟大的幽默家之一，"杰米说，"至少以他经常说笑话而言，他是当之无愧。例如他在办公室里设了一个建议箱，多半从里面得到些笑话来讲。但是他太喜欢自己的笑话了，常常花很多时间去编撰。"

"他常常去开这个箱子，然后滔滔不绝地说了起来。'这个建议箱真不错，是用上好的松木做的。你可以从洞里看出是多节的松木，你可以看到洞里风光。但是底部没有洞，你看不到地板风光。'"

从中我们可以看出杰米的老板是多么渴望在下属心中树立起他幽默、平易近人的形象。其实，不管那位老板的做法能不能取得大的成效，只要他心中有一种和员工亲近、交流的想法，相信他一定能与员工达到良好的沟通，建立一种和谐的关系。同上面那位老板相比，下面这个故事中主管的做法更为高明。

在公司管理层会议上，动画部的策划部、制作部和市场部的几个主管之间硝烟弥漫：市场部认为策划部创意不足，导致业务拓展困难；策划部认为制作部执行走样，导致脚本与样片不一致；制作部认为策划部不考虑执行成本与难度，一味追求高大上……

三个部门混战一场，难分难解。

突然，制作部主管向市场部主管发难："你怎么那么得意，是不是因为终于升为了市场部主管？"制作部的技术派牛人，从来就是这副嚣张的做派，但很难奈何他们。甚至老板也得让他三分。毕竟，这年头，技术高手很难找，在哪儿都可以找到一碗好饭。

市场部主管不想得罪他："是啊，我得意是因为我当了主管经理，终于实现年轻时的梦想，可以和主管夫人同床共枕。"

剑拔弩张的局面一下子就缓和下来了，众人发出一片善意的笑声，连制作部的经理也没忍住发笑。主持会议的老总眼光略带欣赏地望着市场部主管。

《芝加哥论坛报》工商专栏的作家那葛伯，也曾经访问了很多家大公司的主管人员，而后整理出几位高级经理人员的意见，发现愈来愈多高阶层的领导人，希望他们在同事和大家眼中的形象更人性化一些。这些领导人鼓舞我们一同笑。不过有的时候，老板的讲话方式不妥也会使部下很不愉快。这就是造成彼此对立的一个原因。因此，老板不应当仅仅看到部下的工作情况和成绩，还应当了解他们内心的烦恼。老板讲话时要极为慎重，注意不要伤害部下的感情。

其次，幽默能避免招来下属敌意。

曾经有一位年轻女子，因不接受领导批评，竟赌气开着一辆汽车，向金水桥撞去，好些无辜的生命死于车轮底下。这就是人们记忆犹新的发生在天安门广场的一桩特大犯罪案。这幕悲剧发生的导火线就是领导的批评言辞不当。

作为一个领导，一个上级，批评下属的时候要讲究方法，这样才能避免招来下属的敌意。不过，要想把批评下属的话说得恰到好处也需要一些技巧。幽默是人际关系的润滑剂，可以促进人际关系的和谐，如果把这种幽默技巧用在批评犯了错误的下属身上，也能收到良好的效果。

经理问女秘书："你相信人会死而复生吗？"

"当然相信。"

"这就对了，"经理笑着说，"昨天上午你请假去参加外祖母的葬礼，中午时分，她却到这里来看望你！"

经理运用幽默技巧，既达到了批评女秘书使她认识到自己错误的目的，又避免招来女秘书的敌意。相反，如果一位上级尖刻地批评一个工作做得不好的下属，就会造成了失败的局面。那位下属会失去他的自信心，而同事也会失去他的信任，得不到他的合作。

有一位督导对手下的职员说："我需要这份进展报告的五份复印本，马上就要！"

这位职员按下复印机的按钮，立时，二十五份复印本就复印了出来。

"我不要二十五份。"督导大声说。

于是这位职员笑着说："对不起，但是你已经要到了那么多！"

然后他俩爆出一阵笑声，笑那复印机不听话。这位职员以轻松的反应来纾解紧张的气氛，并且使得上司接纳了她在严肃与趣味之间巧取的平衡。

古人云："人非圣贤，孰能无过？"如果下属在工作中犯了错误，上级领导不给以适当的批评，只会令下属在错误的道路上越走越远。可见，批评在工作中是非常必要的。但是，如果领导的批评言辞不当，不注意批评的技巧和方法，往往会导致一些意想不到的事情发生。因此，要想得到良好的批评效果，又不至于招来下属的敌意，就需要掌握一些诸如幽默批评之类的批评技巧和方法。

最后，幽默能让你对下属的管理充满人性化。

有人说做职员容易做管理者难，管得轻了效果也不佳，管得重了有反效果，看来要做一个好的管理者确实不太容易。在此我们给管理者们提供一个对员工进行人性化管理的方法，那就是幽默的管理方法。

身处高位的企事业负责人，在人们的心目中往往有一种高不可及的印象，而有远见的高层人士往往希望运用幽默力量来改变他们在公众之中的形象，改善大家对他所领导公司的看法。而这种形象的树立，就是建立在高层领导人借助幽默对下属进行人性化管理的基础之上的。

有家公司为了教导主管们做人性化的管理，特别为主管们安排了有关"沟通"的教育训练课程。上了一个星期课之后，有位主管在责备老是严重迟到的一个部属时，挖空心思，想在骂他的时候又能保住他的面子。他把这个部属找来，面带笑容地对他说：

"我知道你迟到绝对不是你的错，全怪闹钟不好。所以，我打算定制一个人性化的闹钟给你。"这个主管对部属挤了挤眼睛，故作神秘地说，"你想不想听听它是怎么人性化的？"

下属点点头。

"它先闹铃，你醒不过来，它就鸣笛，再不醒，它就敲锣，再不醒，就发出爆炸声，然后对你喷水。如果这些都叫不醒你，它就会自动打电话给我帮你请假。"

上级在对下属进行管理中，批评与责备有时是必须的，不可缺少的。然而，事实上，一贯的指责和批评很难使自己的下属俯首称臣，也难以取得好的管理效果。鉴于此，如果在管理中采用夹带着浓厚幽默语气的人性化批评，通过满面的笑容来进行管理，那就冲淡了批评与责备的意味，在说者无意、听者有心的情况下，保全了对方的自尊，也达到了管理的目的。

　　有一位叫 K 的年轻人，他所在公司的经理对下属非常严厉，公司员工都叫他"雷公"。有一天 K 从外面回来，看到经理位子是空的，以为他不在，就对同事说："'雷公'不在吗?"说完发现屏风另一边，经理正与客户谈生意。经理听到了他的话，K 坐立不安，以为大祸临头。客户走后，经理来到了 K 身边，K 惊恐地向经理道歉。没想到经理微笑道："我们的雷公并不一定夏天才会响的。"

　　K 听了这句话，比平常挨骂效果好上百倍。经理也通过幽默改变了在员工心中的形象。K 的经理改变以前严厉的管理风格，尝试使用带有幽默感的人性化管理方法并取得了良好的效果。

第六章
幽默让人际更和谐

　　一个具有幽默感的人，能时时发掘事情有趣的一面，并欣赏生活中轻松的一面，建立起自己独特的风格和幽默的生活态度。这样的人，容易令人想去接近；这样的人，使接近他的人也感受到轻松愉悦；这样的人，更能增添人生的光彩，更能丰富我们生活的这个社会，使生活更具魅力，更富艺术。

懂幽默，不尴尬

有一位身材矮小的男教师走上讲台时，学生们有的面带嘲讽，有的交头接耳暗中取笑。

这位老师扫视了一下大家，然后风趣地说："上帝对我说：'当今人们没有计划，在身高上盲目发展，这将有严重后果。我警告无效，你先去人间做个示范吧。'"

学生们哄然一笑，然后鸦雀无声。很显然，他们都为老师的幽默智慧所折服，忘记了他身材的缺陷。

幽默是社交之中的润滑剂，能使难解的麻纱顺畅解开，还能使激化的矛盾变得缓和，从而避免出现令人难堪的场面，化解双方的对立情绪，使问题更好地解决。

有一位女歌手举办个人演唱会，事前举办方做了大量的宣传，但到了演出的那天晚上，到场的观众不到一半。女歌手没有面露失望的情绪，她镇定地走向观众，拿起话筒，面带微笑地说道："我发现这个城市的经济发展迅速，大家手里都很有钱，今天到场的观众朋友每人都买了两三张票。"全场爆发出了热烈的掌声。第二天的许多媒体娱乐版的报道，也纷纷为这位歌手的豁达和幽默叫好，为原本陷入尴尬的女歌手树立了良好的形象。

这位歌手在演唱会上，面对过低的上座率，心里没有遗憾与痛楚是不可能的。心里不舒服，但又必须战胜这种不舒服，以阳光的姿态去把最好的自己献给买票进场的观众，怎么办？唯有借助幽默。幽默是有文化的表现，是痛苦和欢乐交叉点上的产物。一个人不经历痛苦、辛酸，便不懂得幽默。而假如他没有充足的自信和希望，也不会幽默，他的痛苦与辛酸也就白费了。

　　无独有偶。一位著名的歌手参加一个大型的露天晚会。她在走上舞台时，不慎踢到台阶突然摔倒。面对这种情况，如果什么也不说就起来，就会给全场观众留下不好的印象，但她急中生智，说道："看来这个舞台不是一般人能来的，门槛真高呀！"大家都笑了，她更是保持了自己的风度，巧妙地借幽默摆脱了尴尬。

　　在总统竞选大会上，西奥多·罗斯福演说完后，到回答听众提问的时间了，由他身边的一个主持人帮他念观众递上来的条子。在回答了几个选民们关心的问题后，照本宣科的职业习惯让主持人将一张条子上写的两个字原原本本地地大声念出："笨蛋！"

　　主持人的话刚落，连他自己也傻眼了，台下的反对派开始大声起哄。

　　"亲爱的同胞们！"罗斯福镇静地说："我经常收到人们忘记署名的信，但现在我生平第一次接到一封只有署名，但没有内容的信！"

　　罗斯福明知是反对派在搞鬼，用这种无聊的方式谩骂自己。但他并不正面去斥责这种行为，而是用幽默的手段，轻巧地将"笨蛋"的帽子还给了对手，从容地化解了尴尬，控制住局势。

　　人是情感动物，都有着一方自己的情感天地，可是这块天地没有"篱笆"，经常有外物闯入，恣意践踏，让情感受到伤害，自尊受到打击。特别是人的薄弱环节，如缺点、毛病、难堪等，经常受到别人的侵害、笑话。面薄的人内心就会受到很大的打击，对生活失去信心，但有的人却能应付自如。面对对方的诘难，自己吹着喇叭，自己擂鼓，把自己夸耀一通，巧妙地渡过难关。这有时不免有些滑稽，因为现实情况与其所吹嘘的反差太强烈，明眼人一下就能看穿，但是，幽默似乎就在其间产生了。

　　萨马林陪着斯图帕科夫大公去围猎，闲谈之中萨马林吹嘘自己说："我小时候也练过骑马射箭。"

　　大公要他射几箭看看，萨马林再三推辞不肯射，可大公非要看看他射箭的本事。实在没法，萨马林只好张弓搭箭。

他瞄准一只麋鹿，第一箭没有射中，便说："罗曼诺夫亲王就是这样射的。"

他再射第二箭，又没有射中，说："骠骑兵将军也是这样射的。"

第三箭，他射中了，他自豪地说："瞧瞧，这才是我萨马林的箭法。"

萨马林本不善射箭，无意中吹嘘了一下，不料却被大公抓住把柄，非要看他出丑不可。好在萨马林急中生智，把射失的箭都推到别人身上，仿佛自己失手是为了做个示范似的，终于射中一箭，才揽到自己身上，并不失时机地再次夸耀一番。靠幽默的帮助，他总算没有当场出洋相。而斯图帕科夫大公也一定知道这家伙在吹牛，但有这么有趣的幽默垫底，谁会去计较那些无伤大雅的事情呢，开怀一笑多好。

威尔逊是英国的前首相。有一天，威尔逊在一个广场上举行公开演说。当时广场上聚集了数千人，突然从听众中扔来一个鸡蛋，正好打中他的脸，安全人员马上下去搜寻闹事者，结果发现扔鸡蛋的是一个小孩。威尔逊得知之后，先是指示属下放走小孩，同时叫助手记录下小孩的名字、家里的电话与地址。

台下听众猜想威尔逊可能要处罚小孩子，开始骚动起来。这时威尔逊对大家说："我的人生哲学是要在对方的错误中，去发现我的责任。方才那位小朋友用鸡蛋打我，这种行为是很不礼貌的。虽然他的行为不对，但是身为一国首相，我有责任为国家储备人才。那位小朋友从下面那么远的地方，能够将鸡蛋扔得这么准，证明他可能是一个很好的人才，所以我要将他的名字记下来，以便让体育大臣注意栽培他，将来也许能成为棒球选手，为国效力。"威尔逊的一席话，把听众都说乐了，演说的气氛顿时变得轻松融洽。

谁都喜欢能给人欢乐的人

马克·吐温曾经说："让我们努力生活，多给别人一些欢乐。这样，我们死的时候，连殡仪馆的人都会感到惋惜。"马克·吐温的话既有幽默感，又富有哲理。

法国作家小仲马有个朋友的剧本上演了，朋友邀小仲马同去观看。小仲马坐在最前面，总是回头数："一个，两个，三个……"

"你在干什么？"朋友问。

"我在替你数打瞌睡的人。"小仲马风趣地说。

后来，小仲马的《茶花女》公演了。他便邀朋友同来看自己剧本的上演。这次，那个朋友也回过头来找打瞌睡的人，好不容易终于也找到一个，说："今晚也有人打瞌睡呀！"

小仲马看了看打瞌睡的人，说："你不认识这个人吗？他是上一次看你的戏睡着的，至今还没醒呢！"

小仲马与朋友之间的幽默是建立在一种真诚的友谊的基础之上的，丢掉虚假的客套更能增进朋友之间的友谊。可见，交朋友要以诚为本。朋友之间要以诚相待，互相关心，互相尊重，互相帮助，互相理解。爱人者人恒爱之；敬人者人恒敬之。关心别人，才会得到别人的关心；尊重别人，才会得到别人的尊重；帮助别人，才会得到别人的帮助；理解别人，才能得到别人的理解。

在家庭生活中，男人常常会因为自己的妻子为赶时髦去购买时装而产生烦恼，免不了一番发泄，但这往往会伤害夫妻情感。如果你是一个有修养的男子，面对这种窘境，即使是批评，也应采取一种幽默的方式，既消弭矛盾，又不伤感情，并给生活增添一份情趣。

妻子："今年春天，不知又流行些什么时装？"

丈夫："和往常一样，只有两种，一种是你不满意的，另一种是我买不起的。"

这位丈夫的幽默，一般通情达理的妻子均能接受，两个人此时都会为之一笑。

谁不喜欢富有幽默感的人呢？即便是没有幽默感的人，对于幽默的人大概也是欣赏与喜欢的吧。因为任何人的内心都喜欢阳光与欢乐，而具有幽默感的人，他们身上散发着阳光与欢乐的气息。

人们已经厌倦了腥风血雨，已经厌倦了指桑骂槐，已经厌倦了人与人之间的指责与谩骂。现代生活中的幽默，也就是与人为善，它追求的是人与人之间的和谐以及人的发展与完善。麦克阿瑟将军，他在为儿子所写的祈祷文中，除了求神赐他儿子"在软弱时能自强不屈；在畏惧时能勇敢面对自己；在诚实的失败中能够坚忍不拔；在胜利时又能谦逊温和"之外，还祈求了一样特殊的礼物——赐给他儿子以"充分的幽默感"。可见，幽默是人生多么值得拥有与追求的馈赠。

西方人对于幽默非常重视，但或许由于文化上的差异，幽默在我国并不太受到人们的重视。据南开大学社会学系的一项调查显示，我们的家庭成员在情感交流中，有六成的妻子认为丈夫少有幽默的情调，七成的丈夫认为妻子缺乏幽默感，而认为父母毫无幽默细胞的子女接近有九成！这一数据显然应该引起我们的重视和警觉。

每逢时代踏进新阶段时，幽默便会兴旺起来。它对于生活中古旧的一切、虚妄的一切，宣告了它们末日的来临。我们正在迎接这一时代！

见面寒暄要乐着点儿

寒暄是人们在见面时说的话，虽然没有实际意义，但它却很重要。它的主要用途，是在人际交往中打破僵局，缩短人际距离，向交谈对象表达自己的敬意，或是借以向对方表示乐于与之多结交之意。所以说，在与他人见面之时，若能选用适当的寒暄语，往往会为双方进一步的交谈，做好良好的铺垫。

但有些性急的人不喜欢寒暄。他们觉得寒暄都是无聊的废话，他们不喜欢寒暄，也不屑于寒暄。而过于一般的寒暄，诸如"今天天气不错"之类的话，常常使人觉得乏味。为增添寒暄乐趣，维护良好的人际关系，可以在寒暄的时候打破常规，注入幽默元素。

我们看这个例子。

连续下了几天的大雨，某公司同事们见了面，一个人说："这天怎么老是下雨呀？"一位老实的同事按常规作答："是呀，已经六天了。"一位喜欢加班的同事说："嘿，龙王爷也想多捞点奖金，竟然连日加班。"另一位关注市政的同事说："天堂的房管所忘了修房，所以老是漏水。"还有一位喜爱文学的同事更加幽默："嘘！小声点，千万别打扰了玉皇大帝读长篇悲剧。"

很多有幽默感的老年人很喜欢晚辈和他们开一些善意的玩笑。所以，当你刚出门就遇见老年邻居时，你就可以幽默地和他们寒暄一番，这样很容易就能和他们搞好关系，一般情况下，他们还会逢人就夸你会说话。

再看这个例子。

一个大热天，小王赶早趁天气凉爽去公司上班。她刚出家门，

121

就看见邻居刘大妈大清早就在树荫下锻炼身体。她走过去神秘地对刘大妈说："大妈，这么早练功，不穿棉袄，小心着凉啊。"小王的话逗得老太太哈哈大笑，并说道："你这个鬼丫头！再不走你上班可要迟到了，现在都九点多了。"

小王一听赶紧看看表，才八点半。看到刘大妈在那里得意地笑才知道自己上当了。以后，每逢刘大妈看见小王都非常高兴，还主动和她打招呼，逢人就夸小王聪明伶俐，还张罗着给她介绍对象呢。

此外，新近发生的大事件会成为人们寒暄的话题，因为大事件是大家都关注的，人们可以从中找到共同的语言，可以避免在寒暄中话不投机而导致尴尬。下面就是一个利用大事件在寒暄中制造幽默的例子。

前些年因为厄尔尼诺现象的影响，气候反常，快到夏天的时候人们还穿着毛衣。很多熟人见面后的第一句话就是："气候太反常了，都过了农历四月了，天还这么冷。"

可是，有一个幽默的汽车司机却别出心裁，他见到同事李师傅的时候就说："李师傅，这不又快立秋了，毛衣又穿上了。"他见到邻居张大爷的时候也会故意幽默地问："张大爷，您老也没有经历过这么长的冬天吧，到这时候了还这么冷。"恰好张大爷也是一个幽默的人，他笑着答道："是啊，大概老天爷最近心情不太好，老是板着一副冷面孔。"

每个时期都会发生一些吸引公众注意、为公众关心的事件，你可以利用它在寒暄中制造幽默的话题。

幽默是活跃气氛的法宝

幽默是活跃谈话气氛的法宝，它能博得众人的欢笑。人们在捧腹大笑之际，超脱了习惯、规则的界限，享受不受束缚的"自由"和解除规律的"轻松"，接下来的沟通自然会轻松愉快。很多时候，那些相敬如宾的夫妻未必就没有矛盾，而平日吵吵闹闹的恋人可能会更亲热。社交也是如此，若彼此谈得开心，开句玩笑，互相攻击几句，打一拳，拍两下，反倒显得亲密无间、无拘无束。

有这么一个故事。

一对很久未见的年轻男女，在街头偶然相遇。他们曾经是恋人，后来因为各种原因分了手。他们决定去一家咖啡厅里坐坐。

在等待咖啡端上来的时间，也许是要说的话太多却不知从何说起，两人相对无言，显得很尴尬。过了一会儿，男的问："你搅拌咖啡的时候用右手还是左手？"

女的答："右手。"

男的说："哦，你好厉害哦，不怕烫，像我都用汤匙的。"

一句玩笑，场面顿时活跃起来了。他们开始谈现在、过去，以及过去的过去……

看了这个故事，我们明白：当气氛陷入呆滞时，恰当地使用幽默，会活跃尴尬的气氛，并让交谈变得轻松愉快。

和朋友久别重逢后不免寒暄一番，你完全可以借此幽默一把。例如见到一个戴了帽子的朋友，你可以用羡慕的口气对他说："老兄你真的是帽子向前，不比往年啊。"轻松幽默的高帽子立马使整个气氛变得异常活跃，友情会加深一层。

在相声里，悬念是相声大师的"包袱"。交谈中有意制造悬念，会使人更加关注你的一举一动。当大家精力集中、全神贯注时，你抖开"包袱"，让人们发觉这是一场虚惊，大家都会付之一笑，报以掌声。

同时，幽默还可以缓解电影的凝重气氛，我们看再看这个例子。

《赤壁》的票房过亿，在文戏的拍摄中，吴宇森用了好莱坞最经典的一招：幽默。在两场激烈、血腥、节奏紧凑的武戏中，漫长的文戏如果过于平淡，很容易让人失去再看下去的兴趣，尤其是在上半部长 140 分钟，除去 50 分钟的武戏，90 分钟都是文戏的情况下，因此活跃一下气氛是很必要的。

在这些幽默手法中，虽然也有因为情节和台词的不合理引致的发笑，但是大多数的笑场还是因为吴宇森的故意为之。像是周瑜和诸葛亮动不动就有一副看别人被欺负而幸灾乐祸的表情。周瑜去拜访刘备，在帐内见到张飞在写字。张飞一头雾水，还没搞清楚状况，就怒目圆睁，以高分贝大吼："混账！干什么啊你！"周瑜被吼得皱起了眉头，转头一看，诸葛亮早就已经把耳朵给捂上了。

而在片中出现了不止一次地"我需要冷静"和"这个阵法已经过时了"的台词，除了恰到好处地让人会心一笑外，想必也会成为下一季的办公室流行语。

此外，不知道是不是受《指环王》的影响。周瑜在上半部小试身手，中了一箭了之后，猛地把箭拔出来（血喷溅出来），冲向骑在马上射箭的将领，然后一个鹞子翻身就到了他的背后，轻轻松松地就把箭插到了他的颈后。

吴宇森导演在如此凝重的电影题材中巧用幽默，使得凝重、平淡的气氛变得活跃起来，不但赢得了观众，还赢得了过亿的票房。

幽默是友谊黏合剂

一位画家大病新愈，消息传到作家朋友那里。作家连忙邮了一件礼品给画家，以示关心与祝福。画家打开裹了一层又一层纸的礼品，最终露出礼品的真面目：一块普通平凡的石头。在这块石头上，刻着一行字："听到您身体康复的消息，我心头的石头终于落了下来！"画家哈哈大笑，将这块普通平凡的石头视若珍宝。

幽默，其实就是增进友谊的强力黏合剂。

一般情况下，两个要好的朋友善意地捉弄对方的方式较为常见。比如朋友弄了个不伦不类的发型，你可以说："妙哉，此头誉满全球，对外出口，实行三包，欢迎订购。"下面是一段朋友间的幽默对话。

一个男人对一个刚刚相遇的朋友说："我结婚了。"

"那我得祝贺你终于找到了爱的归宿。"

"可是又离婚了。"

"那我就更要祝贺你了，你又重新拥有了一片森林。"

朋友间往往无话不谈，因此能够产生幽默的话题也很多。朋友错把黄鹤楼说成在湖南，你可说："不，在越南！"朋友之间的逸乐交谈，有时候会用说大话的方式进行，这种方式也能产生很好的幽默效果。

有两位朋友闲着没事互吹自己的祖先。

一个说："我的家世可以远溯到英格兰的约翰国王。"

"抱歉，"另一个表示歉意说，"我的家谱在大洪水中因来不及搬上诺亚方舟而被冲走了。

说完之后，两朋友拊掌大笑。

人世间，从来都是锦上添花的多，雪中送炭的少。殊不知锦上的花已经够多了，多你送的不多，少你送的不少；而雪中送炭却是如此宝贵，哪怕一丁点儿也够人温暖一时，铭记一生。

雪中送炭并非一定要以物质的形式，有时一句安慰的话，甚至一个鼓励的眼神，就可以让人身处寒冬却温暖无比。

我们以安慰病人为例。生病的人最需要安慰，安慰病人也确实有些讲究。说些善意的祝愿："好好休息吧，你不久一定会康复的！"或直接询问病人的详细病状和调治方法，都不能算真正的安慰。那么，怎样才能给病人很好的安慰呢？

某人因工作劳累生了病，卧床不起，他的朋友说："你多么幸运啊，唯愿我也生点病，好让我也能安静地躺在床上休息几天。"类似这种幽默的语言安慰病人的方法，往往会取得良好的效果。

有人去探望一年中因旧病频频复发而第五次住院的老朋友，以自己战胜病魔的经过，作风趣的现身说法：

"这家监狱（医院）我非常熟悉，因我曾经是这里的'老犯人'，被'关押'在此总共十二个月，对这里的各种'监规'了如指掌。我'沉着应战'，毫不气馁。有时，我自己提着输液瓶上厕所，被病友称作是'苏三起解'；有时三五天不吃饭，被医生称作为'绝食抗议'；有时接连几天睡不着觉，就干脆在床上'静坐示威'。三百多个日日夜夜，我就这样'七斗八斗'斗过来了。如今我不是已经'刑满释放'了嘛！你尽管是'五进宫'，只要像我这样'不断斗争'，就一定会大获全胜！"

这番话说得老朋友和同室病人都乐了，大家的心情也都轻松起来，老朋友的病也似乎感觉轻了几分。看来，探病时的交谈十分需要幽默，因为被病魔缠身的人格外需要欢快的笑声。

有天早晨，海斯因屋顶漏的水滴在他脸上而急忙下床，踩到地上才发现地毯全浸在水里。房东叫他赶紧去租一台抽水机。海斯冲下楼，准备开车，车子的四个轮胎不知怎的全都没气了。他再跑回楼上打电话，竟遭雷击，差点一命呜呼。等他醒来，再度下楼，车子竟被人偷走了。他知道车子轮胎没气、汽油不够跑不远，就和朋友一起找，总算找到了。傍晚，他穿好礼服准备出门赴宴，木门因浸水膨胀而卡牢，只好大呼小叫，直到有人赶来将门踢开才得以脱困，当他坐进车子，开了不足三里竟遭遇了车祸，于是被人送进医院。

海斯的朋友赶去医院看望他。在听了海斯极度生气的牢骚后，朋友才明白海斯不幸的来龙去脉。朋友笑着说："看来似乎是上帝想在今天整死你，但是却一再失手。你真幸运！"

短短一句话，说得海斯极度兴奋、得意而自豪！

另外，对待朋友的失误，如果用幽默处理是非，也往往会获得更好的效果。如果你用尖刻的指责去对待事情处理不好的朋友，就可能引起更坏的局面。那位朋友会失去信心，而你会失去对他的信任，也就得不到他的更好合作。反过来，如果你用幽默的语言化解问题，反而可以打开相互了解的渠道。

所以，当对方处理事情出了问题，你就对他笑笑吧。这样，不仅会让你以轻松的心态解决问题，而且能让朋友之间更加和谐相处。

幽默多一点，朋友多一些

俗话说：在家靠父母，出门靠朋友。能够多交一些朋友，常与朋友交谈，聊天，就会心胸开阔，信息灵通，心情开朗；也能取人之长，补己之短。遇到烦恼的事情，朋友可以安慰你；遇到什么难题，朋友可以帮你出主意；有什么苦衷，也可以向朋友倾诉一番；遇到什么喜事和值得高兴的事，可以和朋友说说，分享快乐。

时下城市公交车比以往更拥挤了，人们来去匆匆，互相挤压时一般都无话可说。假设有这么一个人他突然耐不住寂寞了，他说道："喂，各位，大家都吸一口气，缩小些体积，我挤得受不了啦，快成照片了！"大家肯定会一起笑起来。陌生人之间就会变得亲近起来，交流便由此开始了。

当然要找到志同道合的朋友并不是一件容易的事情。交友难，其实难就难在交友的方法上，幽默交友不失为一种有效的方法。陌生的朋友见面，如果幽默一点，气氛将变得活跃，交流会更顺畅。

著名国画大师张大千与著名京剧艺术大师梅兰芳神交已久，相互敬慕。在一次张大千举行的送行宴会上，张大千向梅兰芳敬酒，出其不意地说："梅先生，您是君子，我是小人，我先敬您一杯！"众人先是一愣，梅兰芳也不解其意，忙问："此语做何解释？"张大千朗声答道："您是君子——动口；我是小人——动手！"张大千机智幽默，一语双关，引来满堂喝彩，梅兰芳更是乐不可支，把酒一饮而尽。

大多数人都有广交朋友的心，苦的是没有行之有效的方法，如果我们能像张大千一样，注意感受生活，勤于思考，有一天我们也会变得和他一样幽默风趣，到那时候，对我们来说世界就不再是陌生的了，因为陌生人也会乐意成为我们的朋友。

两辆轿车在狭窄的小巷中相遇。车停了下来，两位司机谁也不准备给对方让道。

对峙了一会儿，其中一个拿出一本厚厚的小说看了起来，另一个见了，探出头来高声喊道："喂，老兄，看完后借我看看啊！"

逗得看书的司机哈哈大笑，主动倒车让路。另一个司机则在车开过了小巷之后主动与看书的司机交换了名片，并真的向他借书看。两人的家离得本就不远，后来两人就成了很好的朋友。

上面故事中向人借书看的那位司机真是将幽默的交友艺术发挥到了极致，因为本来用幽默的话语将矛盾的热度降低到零点，把车开出小巷之后就已经达到了目的，他却没有就此停止，而是通过进一步的幽默将两人发展成朋友关系。所以，当我们与陌生人发生冲突的时候，如果能幽默一点，大度一点，矛盾应该可以化解，敌意也能变成友谊。

朋友间的幽默，方式很多，只要"幽"得开心，"默"得可乐就可以了。

用幽默巧妙化解对方怒气

现实生活中，常常可以看到，双方争论激烈、剑拔弩张、僵持不下，在这个时候，一句幽默的玩笑，往往能化解对方的怒气，化干戈为玉帛。

在一次演讲会上，当一个议员上台演讲时，另一个议员感觉对方占用了太长的时间，然后他走近对方轻声说："先生，你占用的时间太长了，这是不礼貌的，你能不能快点……"还未等他把话说完，那个议员便用非常严肃的口气对他说："无礼的家伙，你最好赶快出去。"另一个议员很生气，便自顾自地继续演讲。

另一个议员自觉受到了侮辱，他怒火中烧，急于教训、惩治侮辱他的人，却没有想到很好的办法。于是，他就像一个小孩子一样跑到主席那里去申诉，这个议员找的就是省议会主席柯立芝（后来当了美国总统）。

议员在柯立芝面前诉说自己的委屈，并请求柯立芝给他做主："柯立芝先生，你刚才已经听到了那个无礼的家伙是如何侮辱我的，我的自尊心受到了严重的伤害，你要为我主持公道啊。"

柯立芝幽默地说："会的，我刚才已经翻看了相关的法律条文，在当时的情况下你不必出去。你看上去很可爱！"

该议员听了以后，嘿嘿地笑了，心里的怒气也没了。他也觉得自己的行为有些不当，过了几天，他向另一位议员表示了歉意，并得到了对方的原谅。

柯立芝的回答，显然幽默而又机智，不但使这位议员消除了怒气，还使得那个议员意识到了自身的错误，化解了两个议员的矛盾，避免了无意义的争吵。

　　由此可见，聪明人往往不会使自己陷入别人的争吵旋涡中去。他们能以幽默的语言，打破僵局，化解他人的怒气。从而使争吵双方化干戈为玉帛。

　　再看这个例子。

　　在一个商场里面，一位女顾客愤怒地对售货员说："幸好我没有指望在你这里找到优质的服务，也没打算在你身上发现礼貌，因为你根本不是一个合格的售货员。"

　　售货员反击道："没有你这么挑剔的顾客，不想买就别浪费我的时间。"

　　这时，一个老大爷走过来，了解事情经过后，他幽默地对售货员说："小姐，这里卖'吵架'吗?"售货员一听便笑了。那位女顾客对老大爷说："对不起，打扰您买东西了。"说罢转身离开了。

　　人在这个社会上生活，总要与别人打交道，产生一些摩擦和矛盾是正常的事情。但不管怎么样说，都不要针锋相对。一不小心，就会把气氛搞得很紧张，把小事变成大事。如果能在言语中多一些幽默的成分，就能调和谈话气氛，化解争吵，化解彼此的怒气。

给批评披一件幽默的外衣

整天嘻嘻哈哈厮混在一起的朋友，是"昵友"（按西晋苏浚的分类法，符合"甘言如饴，游戏征逐"）。一个有智慧、幽默的人，不应该追求或满足于成为他人的"昵友"，而应该在朋友有错误时指出来，做朋友的"畏友"（即"道义相抵，过失相规"）。然而，有很多人不愿意成为"畏友"，究其原因是害怕因批评而引起对方的不快，进而引起彼此关系的裂痕。这种担心不无道理。但你若坐视朋友错下去，等朋友陷得难以拔足时醒悟，估计你们的友谊也就走到了尽头。

因此，该指出来的还是要指出来，该批评的还是要批评。只是，其方式不妨柔和一些、含蓄一些、有趣一些——这些正是"幽默"的拿手好戏。

中成药与西药口服制剂，因为味苦，大多裹上了一层糖衣，以利于患者口服。现代生活中的幽默也同样可以起着包裹"良言"的糖衣效用。人们用幽默来表达嘲讽、批评的意味就是生活的一种艺术，是人际关系和谐的需要。

对方错了，我们就应让对方改正，但是如果方法过激，可能会让对方脸上挂不住，恼羞成怒的人会更加坚持自己的错误，于事无补。所以，聪明的人会选择幽默的语言提醒对方，给对方留下面子。这是因为，笑是最能解嘲的东西，在哈哈大笑中，顽固的人也会变得可爱。

某青年拿着乐曲手稿去见名作曲家罗西尼，并当场演奏。罗西尼边听边脱帽。青年问："是不是屋内太热了？"罗西尼说："不，我有一个见到熟人就脱帽的习惯，在你的曲子里，我碰到的熟人太多了，不得不频频脱帽！"

青年的脸红了，因为罗西尼用幽默的方式委婉地道出了抄袭别人作品的事实。

运用这种表达方式，既可以用委婉含蓄的话烘托暗示，巧用逻辑概念，对谈判对手进行批评、反驳，又可以保证双方的关系不至于因批评、反驳而马上变得紧张起来。

我们批评别人，一般是出于让对方改善的动机。不论批评的对象是亲朋、同事、下属还是陌生人，我们都应注意不刺伤对方的自尊心，这样便不可能遭人记恨。如果刺伤了对方的自尊心，即使对方是个豁达的人，也难免会影响与其日后的关系。

用幽默的口吻去批评，就会最大限度地减轻批评的负面效应。运用幽默的语言可以把说话者的本意隐含起来，话中有话，意在言外。

某大学生毕业时从学术网站上照抄了一篇毕业论文以蒙混过关。他把论文交给自己的导师。导师翻了翻论文，然后微笑着说："不错，我认为可以发表在学术网上。"大学生脸红了。导师又说："还是再修改修改再说吧。"该大学生又羞愧又感激地回去了，终于认真地写出了自己的论文。

运用幽默的愿望并不是成人的专利，孩子们对幽默力量的运用，有时也能收到很好的效果。

有个酒鬼，贪恋杯中之物，酒醉之后常常误事。妻子多次劝他，他怎么也听不进去。一天，这个人的儿子对他说了几句，使得他的心灵受到了极大的震动，决心以后再不喝酒。

原来，他的儿子说："爸爸，我送给你一个指南针。"

"孩子，你留着玩吧，我用不着它。"

"你从酒吧里出来时，不是常常迷路吗？"

还有一则幽默，说的是某年轻夫妇虐待其老父老母，甚至每天给老父老母吃一些用破碗装的残菜剩羹。

年轻夫妇的五岁儿子，每次在爷爷吃饭时总是对他们说："小心啊！别把碗摔坏了。"这句话重复了很多次后，年轻夫妇终于好奇地问儿子：

"你为什么那么关心那些破碗？"

"因为，我要留着将来给你们吃饭用。"儿子说。

儿子的一句话，让年轻夫妇幡然醒悟。

以圆滑的技巧表达批评，幽默是个不错的选择，既能指出对方的错误，又能最大限度地保全对方自尊。

第七章
硬气说 "不"：别让面子害了你

　　拒绝，使我们学会驾驭自己的情感；拒绝，也使一颗多情的心变得多思，变得成熟。你不要滥用友情，也不要向朋友要求他们不想给的东西。过犹不及皆是害，和别人打交道尤其如此。只要你能够做到适中和节制，你就能得到他人的青睐与尊重。能做到有理有节是很宝贵的，这将使你永远受益无穷。

不做软弱可欺的人

人们是怎样对待你的？你是不是三番五次地被人利用和欺负？你是否觉得别人总占你的便宜或者不尊重你的人格？人们在制定计划的时候不征求你的意见，是否觉得你会百依百顺？你是否发现自己常常在扮演违心的角色，而仅仅因为在你的生活中人人都希望你如此？

美国心理学家戴尔以他接触到的生动的事实回答了这个问题："我从诉讼人和朋友们那儿最常听到的悲叹所反映的就是这些问题，他们从各种各样的角度感到自己是受害者，我的反应总是同样的：'是你自己教给别人这样对待你的。'"

许多人以为斩钉截铁地说话意味着令人不快或者蓄意冒犯。其实不然。它意味着大胆而自信地表明你的权利，或者声明你不容侵害的立场。

托尼在和售货员打交道时总是缺乏胆量。由于害怕售货员不高兴，他常常买回自己不想要的东西。他正在努力使自己变得更果断一些。一次，去商店买鞋，看到一双自己喜爱的鞋，他就告诉售货员自己要买下它。但是，正当售货员把鞋装进鞋盒的时候，托尼注意到其中一只的鞋面上有道擦痕。他抑制住自己当即萌生的不去计较的念头，说道："请给我换一双，这只鞋上有擦痕。"

售货员回答道："行，先生，这就给您换一双。"

这个时刻，对于托尼一生来说是一个转折点，他开始锻炼自己果断行事。新的处世方法的报偿远远超过了买到一双没有擦痕的鞋子。他的上司，他的妻子，以及孩子和朋友们都感觉到，他变成了一个新的托尼——不再是一味应承了。从此，托尼不仅更经常地得到己所欲求的东西，而且还获得了不可估量的尊敬。

你可以运用下面的策略告诉别人如何尊重你。

1. 尽可能地使用行动而不是用言辞抗争。如果在家里有什么人逃避自己的责任，而你通常的反映就是抱怨几句，然后自己去做，那么下一次你就一定要用行动来表示反抗。如果应当是你的儿子去倒垃圾而他经常"忘记"，那你就提醒他一次；如果他置之不理，就给他一个期限；如果他仍然藐视这一期限，那你就不动声色地把垃圾倒在他的床头。一次这样的教训，要比千言万语更能让他明白你所说的"职责"是什么意思。重要的是，当你试图这样做时，不必过多地考虑后果如何。

2. 斩钉截铁地表明你的态度。即使在可能会有些唐突的场所，也必须毫无顾忌地对服务员、售货员、陌生人说话，对蛮横无理的人要以牙还牙。你必须在一段时间内克服自己的胆怯和习惯心理，坚持一下，你就会发现，事情本该如此！注意，吵架时你就该大点声！当然，"君子动口不动手"，你只不过为了锻炼锻炼自己，跟他们没仇。

3. 不再说那些引别人来欺负你的话。"我是无所谓的""你们决定好了""我没有这个本事"等等，这类"谦恭"的推托之辞就像为其他人利用你的弱点开了许可证。当卖菜人让你看秤时，如果你告诉他你对这事一窍不通，那你就等于告诉他"多扣点秤"。

4. 对盛气凌人者毫不退让。当你碰到好随意插嘴的、强词夺理的、爱吹毛求疵的、令人厌烦的、多管闲事的、让你难堪的欺人者时，要勇敢地指明他们的行为不合理之处，并要板起面孔对他们说"你刚刚打断了我的话""你的歪理是根本行不通的""以你的逻辑推敲，地球就不是圆的了"等。这种策略是非常有效的教育方式，它告诉别人，你对他们不合情理的行为感到厌恶。你表现得越平静，对那些试探你的人越是直言不讳，你处于软弱可欺地位上的时间就越少。

5. 告诉人们，你有权支配自己的时间和行为。你自己想做的事尽管去做，不要怕别人冷嘲热讽，实在忍无可忍时，你尽可能平静地回击："这关你什么事？"

6. 敢于说"不"。干脆地表明自己的否定态度，会使人立刻对你刮目相看。事实上，与那种遮遮掩掩、隐瞒自己真实感受和想法的态度相比，人们更尊重那种毫不含糊的回绝。同时，你也会从这种爽直的回答中，感到自信又回到自己的心中。欲言又止、支支吾吾的态度，只会给别人造成"误解"你意思的机会或空子。

7. 不要为人所动，不要经常怀疑自己或感到内疚。如果别人对你的抗争行为表示出不满或因而生气时，你不要为之所动，立即后悔。一般来说，你过去教会了他怎样欺负你，此时他的情绪你还未必适应，你最需要的是站稳脚跟，静观后效。

该说"不"时就说"不"

人在社会，要想混得好，很多时候要敢于说"不"，善于说"不"。比如，若别人有求于你，而你出于各种原因却无法予以满足，又不好直说"不行""办不到"，生怕因此伤害对方的自尊心；或对方提出一些看法，而你不同意，既不想讲违心之言，又不愿直接反驳对方；或你看不惯对方的言行，既想透露内心的真情，又不愿表达得太直露，以免刺激对方。这时候，就要学会巧妙委婉地拒绝，根据不同的情况说"不"。

过去有一个男孩爱上了一个女生。某天，这个女孩下班后，男孩在单位外等她。男孩心里盘算着请女孩吃一顿最好的火锅。可是正当他约这个女孩的时候，女孩的妈妈突然出现了。于是便三个人一起去吃饭。女孩的妈妈选择了最贵的餐馆，点了很贵也很多的菜。吃不完还打电话让她们家的亲戚都来吃。可怜的这个男生，就一直在一旁数着他的钱，盘算着够不够。不过万幸的是，这个餐厅可以刷卡，他刷尽了他所有的钱。

后来，女孩的妈妈还是不允许女孩和这个男孩来往了。

在这个故事中，这个男孩子为什么要硬着头皮跟着去吃那么昂贵的一顿饭呢？后来这个女孩的妈妈为什么不允许他们交往呢？可见，有些时候死要面子，不会拒绝，不一定就能办成事情。

我们都曾经历过这类事件，因为我们都希望自己能够拥有良好的人际关系。其实并不是接受所有人的所有要求，就能够拥有很好的人际关系，学会拒绝，也是我们处理好人际关系的一种重要技能，也就是说，我们要学会说"不"。

当然，我们必须努力去做一个绝不说"不"的人，可是，当遇到别人不合理的请求时，我们是否也要委曲求全答应对方呢？这个时候，你千万不要因为不能说"不"而轻易地答应任何事情，而应该视自己能力所及的范围，尽可能不要明明做不到却不说，结果既造成了对方的困扰，又失去了别人对你的信任。

三十岁出头就当上了二十世纪福克斯电影公司董事长的雪莉·茜，是好莱坞第一位主持一家大制片公司的女士。为什么她有如此能耐呢？主要原因是，她言出必践，办事果断，经常是在握手言谈之间就拍板定案了。

好莱坞经理人欧文·保罗·拉札谈到雪莉时，认为与她一起工作过的人，都非常敬佩她。欧文表示，每当她请雪莉看一个电影脚本时，她总是马上就看，很快就给答复。不过好莱坞有很多人，其他人若不喜欢的话，根本就不回话，而让你傻等。但是雪莉看了给她送去的脚本，都会有一个明确的回答，即使是她说"不"的时候，也还是把你当成朋友来对待。这么多年以来，好莱坞作家最喜欢的人就是她。

由此看来，拒绝别人不是一件什么罪大恶极的事情，也不要把说"不"当成是要与人决裂。是否把"不"说出口，应该是在衡量了自己的能力之后，做出明确回应。虽然说"不"难免会让对方生气，但与其答应了对方却做不到，还不如表明自己拒绝的原因，相信对方也会体谅你的立场。

不过，当你拒绝对方的请求时，切记不要咬牙切齿，绷着一张脸，而应该带着友善的表情来说"不"，才不会伤了彼此的和气。

在这个社会上混，该说"不"时就要说"不"，不要做不讲话的鹦鹉。一味地沉默只会让他人忽视你的努力，甚至忽视你的存在。做一个有声音的人，让他人感受到你的存在价值。不会说"不"的人，只会让他人觉得你是一个逆来顺受的人。

你是不是三番五次地被人利用和欺侮？你是否觉得别人总是占

你的便宜或者不尊重你的人格？人们在制定计划时是否不征求你的意见，而会觉得你千依百顺？你是否发现自己常常在扮演违心的角色，而仅仅因为在你的生活中人人都希望你如此。如果这样的话，你的生活和工作就需要改进了，就需要拒绝和说"不"字。

当然真正鼓足勇气说这件事情的时候，当你认识到自己的需要并表达出来时，你会发现你原来所顾虑的事情一件都没有发生，而你的生活却发生变化，同事们和朋友们都开始尊重你，开始意识到你的存在。

据某报载，某办公室有六位职员，水房离办公室较远。开始时大家谁也不愿意去打水，因为打完后也许自己只能喝到一杯水，其他的水都被分光了。为了保证大家都喝到水，制定了规章制度，每三个人为一小组，每天早晨、中午打水。

甲组中的三个人，只有向云比较老实勤劳，每次其他两个人躲得远远的，只有向云打水。这一天，大家中午没见到开水，其中乙组的一位同事对向云说："向云，开水呢？打开水去呀。"向云当即反驳道："我们三个人呢，你指使我干吗？"那位同事当时有些脸红，此时甲组的另外两位连忙说："唉哟，不好意思，忘了，我马上去！"

从此，大家打水自觉多了。向云并没有觉得自己以前帮得太多了而不去做了，他仍然和同事一起去打水。

向云利用其他同事的愤怒维护了自己的权益和平等地位，大家在一个办公室，具有同样的义务，不好去指使另外的人，只好采用拒绝的方式而仍然去打水，说明他不计前嫌，利用宽容获得了别人的好感。

有人说，如果你想真正了解一个人，就请注意他拒绝别人时的样子，这是一个人的全部。"不"不仅体现了一个人的性情，也诠释了一个人做人的标准，在该说"不"的时大胆地把"不"说出口，是一种境界。

含混不清的拒绝要不得

很多人在拒绝别人的时候怕得罪别人而影响彼此的感情，总是喜欢含糊其词。听得懂的人自然还好，能够明白这是对方拒绝的说辞；没听懂的人，自然就会会错意，然后默默地等待着你的帮助。等到某天，见交代你这么久的事还未办妥，便又来，说起："你上次帮我办的事，怎么这么久都还没办好呢？"这时你才错愕地回答他："我什么时候说过帮你的忙？"然后，这时把话说开，对方才领悟过来，你觉得自己很无辜，对方更多的却是埋怨，从此，两人关系便开始越走越远。

虽然拒绝别人真的很为难，但是你要记住，滥用你的委婉，不明确地拒绝别人，只会给大家造成不必要的误会，让双方都受到损害。

小王和小张是一起长大的好朋友。但是小王从小就勤奋好学，所以一直念书念到了研究生毕业，工作后也是一帆风顺，现在已经是一家知名企业的部门经理。而小张呢，从小就调皮捣蛋，所以高中毕业便出去打工了。但是小张这人一直不长进，虽然在社会上混了那么多年，却也没混出个什么名堂。最近听说小王在某家大公司当经理，便想去谋个好职位。

小张找到小王说："小王，看在我们俩这么多年交情的分儿上，这个忙你可得帮我啊。"

小王其实很为难，因为他们公司有规定，学历至少是本科以上，但是鉴于好朋友，他又不好直接推脱，只好回答："这个事有点不好办。首先，你的学历不符合规定，难度比较大，何况招人的名额有限。不过，我会尽力争取，当然你不要抱太大希望。"

　　小张听小王这么说，只觉得可能是有点难，但是小王尽力的话，应该没问题，就没有多想，回家安安心心地等着上班。可是等了两个星期，也没有收到任何通知上班的邮件或者电话，小张再次找到小王：

　　"你上次说帮我的忙，怎么还没消息呢？"

　　小王很为难地说："哥儿们，不是我不帮你，是真的不行啊，你也知道你的学历不符合我们公司的要求的，我实在无能为力啊。"

　　小张一听，生气地说道："你帮不了就帮不了啊，直接给句痛快话呀！浪费了大半天工夫，早干吗去啦？"

　　就这样，小张和小王闹掰了，二十几年的交情也因此没了。

　　上述所讲到的结果当然我们每个人都不希望遇见。因此就需要我们在拒绝的时候，不要因为过于照顾对方的颜面，而把话说得模棱两可。大多数人都不好意思说出拒绝别人的话。然而很多时候对方提出的某些要求很过分，不是我们力所能及的。这就出现了如何拒绝他人的问题，因为硬撑着导致的结果更糟。

　　拒绝的时候态度一定要坚决。何谓坚决？就是明明白白地告诉对方，这件事自己无法做到，让他另请高明。

　　"对不起，我真的帮不上忙"和"这问题恐怕很难解决"相比，后者显然会给被拒绝者带来更大的想象空间。当我们试图用一种很婉转的态度拒绝别人时，通常不会收到太好的效果。因为模棱两可、暧昧不清的拒绝，并不会让对方丧失希望，正所谓希望越大，失望越大。与其让对方抱着不切实际的幻想空等，不如在最初便狠心拒绝，或许会帮助他找到更好的解决方法。

　　我们心里要明白，无论是坚决说"不"，还是委婉说"不"，最终要达到的目的都是相同的，即让对方知道自己的表态是决定性的，没有妥协的余地。这种表态方法的差别仅限于语气上的软硬，而在话语的指向上需要准确无误。

　　总之，你的言语必须确实明白地表达出你自己的想法。很多事情虽一时能敷衍过去，但总有一天，当对方明白你以前所有的话都是托词时，就会对你产生很坏的印象。所以，与其如此，不如干脆一点儿，坦白一点儿，毫不含糊地讲"不"。

向领导说"不"，要拒而不绝

你已经忙得焦头烂额了，上司又给你分配了新的任务；明知道是不能完成的任务，上司还非要你完成；三天内不可能完成的计划书，上司却偏偏只给你三天时间……在工作中，你是否也会遇到一些上司不合理的要求？

一天，公司经理指着一沓至少有三四十页的稿纸对刚到公司不久的秘书小刘说："小刘，请你今晚把这一沓文件全部给我打一份出来。"小刘听到这话，看看讲稿，面露难色说："这么多，能打得完吗？""打不完吗？那就请你另觅轻松的去处吧！"恰巧经理正在气头上，于是小刘被"炒了鱿鱼"。

与小刘相同的是，小赵也曾遇到过上司这样的要求，但是小赵的拒绝方式不同，却得到和小刘不同的结果。

"小赵，你今晚务必把这一沓报告整理好。"主任指着厚厚一摞报告对秘书小赵说。

小赵看着厚厚一摞报告，心里非常为难。于是，他用充满内疚的眼神走到主任面前说：

"主任，对不起。恐怕没有时间，我还有其他的重要文件需要处理，还有一些你明天早上需要用的演讲稿我都必须把它整理出来。所以，真的不好意思。"

主任听了，笑了笑说："没关系的，这个也不急着用，你慢慢整理吧！等你整理好了，再把它拿给我好了。"

小赵没有直接拒绝主任说今天晚上完不成，而是让主任知道他的苦衷和难处，暗示自己当天晚上没有把握把报告整理出来。这就是很好的拒绝办法。

　　小刘的被"炒"实在令人惋惜。然而，像小刘这样生硬、直接地拒绝上司的要求，给上司的感觉是她在对抗，不服从上司安排，完全不把上司的威信当回事，被"炒"也就难免了。如果小刘当时积极地立即拿过那一堆稿子坐到计算机前马上开始打，过一两个小时后，把打好的一部分交给经理看，再委婉地表示自己的困难，那么经理肯定会很满意她的表现。这样不但维护了上司的威信，也会使他意识到自己要求的不合理，从而会延长时限，最后也不至于解雇下属了。

　　在工作中，当上司提出了一些明显不合理的请求时，这就需要我们认真考虑，自己能否胜任，是否有能力去完成。把自己的能力与事情的难易程度以及客观条件是否具备结合起来考虑，如果认为自己不能接受，就要选择适合的方法加以拒绝。跟上司说"不"，确实不是一件简单的事，要会巧妙地运用各种技巧回避锋芒，避免与上司直接对抗。那么，怎样才能让上司听到了你的"不"以后而不会生气呢？

1. 理由一定要充足

　　首先，应先谢谢上司对你的信任和看重，并表示很乐意为他效劳，再含蓄地说明自己爱莫能助的困难。比如，"现在我手里跟的项目，全部都要月底才能完成。其他人对这几个项目都不熟，若是现在让我去接新的项目，这些项目可能会出问题。"这样，充足的理由、诚恳的态度一定能获得上司的理解。

2. 不可一味地拒绝

　　尽管你拒绝的理由冠冕堂皇，但是上司也许仍坚持非你不行。这时，你便不能一味地拒绝，否则，上司可能会以为你只是在推托，从而怀疑你的工作干劲和能力致失去对你的信任，在以后的工作中，也会有意无意地使你与机会失之交臂。

3. 提出周全的方法

如果上司仍然坚持让你去完成这项工作，这时，你要仔细考虑，千万不可因上司没有答应你的要求而怒气冲天，拂袖而去。你可以坐下来与上司共商计策，或者说："既然这样，那么过一天，等我手头的工作告一段落，就开始做，您看怎么样？"你也可以向上司推荐一位能力相当的人，同时表示自己一定会去给他出点子，提建议。这样，你就能进一步赢得上司的理解和信任，也会为你以后的工作、生活铺开一条平坦的大道。

总的来说，拒绝上司意味着可能会得罪上司。人际交往尚且如此，若在工作上遇到类似事件，则可能造成更大麻烦。尤其对年轻的职场新人来说，这是一个很让人头疼的问题。如果拒绝不当，可能令上司误会你是在逃避责任，或对自己能力的不确定。如果他今后不再安排什么任务给你，千万别沾沾自喜，以为自己走运了，因为公司永远不需要做不了大事的员工。长期以存在感超低的状态持续下去，不久就会被列入"留校察看"的行列。

因此，不管你拒绝的是公事还是私事，都需要很大的勇气。虽然，对上司说"不"不是令上司非常愉快的事情，但是如果能够掌握对上司说"不"的技巧，并在实践中有区别地加以应用，一定会"拒而不绝"，让上司在你的诚恳中理解你的不便之处，这样就不至于影响你的工作开展。

硬气说"不"，朋友也要打假

有人说，人的信任和信用卡是一样的，不断消费，定期还款，银行给你的额度就会不断增加，这个是信任积累。反之，只消费不还款，信用终将破产。

人因为关系走得近会产生信任，产生交情，但也会因为走得近，让彼此没有了畅快呼吸的空间。许多时候，给我们带来无法言说的伤害的人，往往是与自己走得最近的人。不管是面子、利益，还是感情，因为距离靠得近，它们随时都可能被划伤。

比如，和陌生人做生意，价格该怎么谈就怎么谈，因为缺少感情，可以不顾面子去谈，和你走得最近的朋友做生意，却不可以：要么成交，要么绝交！

陈华有个老相识，代理了一家化妆品公司的产品，做了三个多月，也没什么销量。为了完成任务，他在朋友圈中搞起了"摊派"：张三要定五百的任务，赵七条件好点，要买我一千的货。碍于交情与面子，有的朋友买了，有的以各种理由拒绝。事后，买了他的产品的，他说都是"亲"，都是"哥儿们"，没有买的，都"不够意思"，都是"假朋友"。他以为自己找到了生财的门路，没想到，这是在断自己的后路。半年后，所有人都"不够意思"，就他自己"够意思"。

朋友们都抱怨：你把自己当谁啊？是你绑架友情，执意透支友情在前，为什么一定要把错误归咎于别人呢？

每个人身边都或许有这样的人，他们一边喊着哥儿们义气，一边秀着高情商，却在不断透支友情。在他们眼中，朋友没了价值就是对他"不够意思"，在逼空友情的同时，还要让自己站在道德的制高点。这种做法，只会赤裸裸地伤害别人。

小张是一家公司的职员，大家对他的一致评价是"脑子很灵光，情商是硬伤"。一次，他的一位朋友做生意赚了点钱，整天琢磨着换一辆很拉风的车，同时在朋友圈转让正在使用的车，标价十二万。小张有意买下朋友的车，说："看在咱们这么多年交情的面上，把你的车十万块转给我吧。"

"说实话，卖十二万，问的人还不少呢。你要是有诚意，就再加点。"大家朋友一场，双方做出了一些让步。

小张说："先给你三万，其余的我两年付清。就这么定了。"

朋友有些不乐意："我也是缺钱才急着卖车，这时间也太长了点!"

小张说："那就一年。"

最后，经过软磨硬泡，就这么成交了。

其实，这位朋友的车标价十二万，全款一次付清，有购买意向的人也很多。他之所以卖给了小张，是因为他实在不知怎么拒绝对方。他怕因为这笔交易而影响到双方的关系，所以，就让自己吃些亏。从这件事可以看出，小张很精明，脸皮也厚，但情商确实让人着急了点。

生意，和谁都是做，之所以和朋友做，往往是念于交情。再者，我多牺牲一点，付出一点，也不是不可接受，问题是，你要考虑朋友的代价。

人际交往有一个重要准则：保持平衡。即使真朋友，真性情，好到不分你我，也要恪守这个准则。否则，不论在友情，还是在财富方面，如果太过透支对方，迟早会逼走对方。

当然，一味索取固然不妥，但付出时也要适可而止。有人把面子看得很重，碍于面子，经常让付出成为一种负担。朋友结婚，别人随两千礼金，硬着头皮也要跟两千；别人五千，即使超出自己的承受范围，也要捍卫所谓的颜面。

　　要知道，人们不会因为你的"透支"而给予你额外的赞美，反倒会觉得你这个人很虚伪。财力、精力或能力有限的情况下，要学会选择性地付出，不是说每个朋友、每件事我都要"照顾"到，也不是每个要求都要满足。今天我与你应酬，明天我和他应酬，今天参加这个活动，明天出席那个庆典，所有人都要照顾到，办不到！非要打肿脸装胖子，把自己搞得人不人鬼不鬼，何苦呢？

　　我不与你应酬，我会告诉你，因为我有更重要的事要办，我负担家庭的责任，负担公司的责任，希望你理解。不能说你是个人物，就让我去牺牲整个家庭，牺牲我的事业。如果你理解，日后咱们还有应酬机会，如果不理解，那请便。

　　所以，当你承受不起时，要学会对透支你的人与行为说"不"，不要把自己累个半死。尤其在上下左右不能兼顾的时候，离你最近的人，却让你最不舒服，那你一定要学会选择，学会放弃。

　　不管是什么，人与人交往，不要太过偏离"等价交换"原则。为朋友过度付出，对自己是一种消耗，也是一种负担。如果这种消耗与负担得不到朋友的理解，那这样的朋友多数是假朋友。

第八章
委婉说"不":让说拒绝变得"好意思"

在拒绝别人时,我们往往会感到很棘手,因此不知道该如何开口谢绝、拒绝,明明知道一些事情自己办不成,可又怕伤害了同事、朋友之间的友谊,怎样开口拒绝,才不会伤害对方呢?这就需要一个策略,要掌握一定的技巧,使自己能轻松愉快地说出"不"字,也能使对方高高兴兴地接受"不"字。

借"别人的意思"来拒绝

很多时候，拒绝的话总是让人难于启齿，甚至还要绞尽脑汁去想一些拐弯抹角的拒绝方式，既能把"不"字直接说出口，还能切断所有后路，让对方无法采取别的方式再来麻烦你。有时候，拒绝别人你可以不用这么费神，关键是你要懂得借用"别人的意思"。

某造纸厂的销售人员去一所大学销售纸张，销售人员找到他熟悉的这所大学的总务处长，恳求他订货。总务处长彬彬有礼地说："实在对不起，我们学校已同一家国营造纸厂签订了长期购买合同，学校规定再不向其他任何单位购买纸张了，我也是按照规定办事。"

这就是借"别人的意思"来拒绝。这个事件中，虽然是总处长说出的那些话，但是这拒绝却不是总务处长的意思，而是"学校"，学校的规定，谁也无法违反，事情就这么简单。所以，借"别人的意思"来拒绝就是这么容易的。

以别人的身份表示拒绝，这种方法看似推卸责任，却很容易被人理解：既然爱莫能助，也就不便勉强。

一位和善的主妇说，巧妙拒绝的艺术使他一次又一次免受了推销人员的打扰。每当销售人员找上门来，她便彬彬有礼但态度坚决地说："我丈夫不让我在家门口买任何东西。"这样，推销人员会因为被拒绝的并不仅仅是自己一个人而心理上得到了一点平衡，减少了被拒绝的不快。

人处在一个大的社会背景中，互相制约的因素很多，为什么不选择一个盾牌来挡一挡呢？比如说：有人求你办事，假如你是领导成员之一，你可以说，我们单位是集体决定这些事情的，像刚才的事，需要大家讨论才能决定。不过，这件事恐怕很难通过，最好还是别抱什么希望，如果你实在要坚持的话，待大家讨论后再说，我个人说了不算数。比如，某单位一位职工找到车间主任要求调换工种，车间主任心里明白调不了，但他没有直接回答，而是说："这个问题涉及好几个人，我个人决定不了。我把你的要求反映上去，让厂部讨论一下，过几天再答复你，好吗？"这就是巧借他人来表达你的拒绝，而且完全不会得罪于人，并不是我不帮你的忙，而是我决定不了。对方听到这样的说法，自然也就只有知难而退了。

借"别人的意思"来表示拒绝的好处有：

容易被人理解和接受；

让对方觉得你很诚恳，自然不会再刁难你；

表现出一种对决策的无权控制，从而全身而退。

我们在生活或者工作中，有时候会遇到朋友向我们提出一些我们无法做到的要求，但又不能直接拒绝，这时，我们就可以借别人的话来回绝朋友的要求。

张林在一家商场的电器部工作。一天，他的好朋友来买空调。把店里陈放的样品全部看完后，还觉得不满意，要求张林领他到仓库里去看看。张林面对好朋友，一时不知道该如何说"不"。忽然他灵机一动，笑着说："前几天经理刚宣布过，不准任何顾客进仓库，我要带你进去了，我就可能被责罚。"

张林借他人之口拒绝了朋友的要求，尽管朋友心中不大高兴，但毕竟比直接听到"不行"的回答要舒服些，也减少了几分不快。

巧嘴让人顺利接受"不"

不愿意听到别人的反对与拒绝，这是人之常情。口才高手们总结出一些让别人高兴地、顺利地、心悦诚服地接受"不"的技巧。

日本明治时代的大文豪岛崎藤村被一个陌生人委托写某本书的序文，几经思考后，他写下了这封拒绝的回函。

"关于阁下来函所照会之事，在我目前的健康状况下，实在无法办到，这就好像是要违背一个知心朋友的期盼一样，我感到十分懊恼。但在完全不知道作者的情况下，想写一篇有关作者的序文，实在不可能办到，同时这也令人十分担心，因为我个人曾经出版《家》这本书，而委托已故的中泽临川君为我写篇序文，可是最后却发现，序文和书中的内容不适合，所以特别地委托他，反而变成一种困扰。"

在这里，藤村最重要的是要告诉对方"我的拒绝对你较有利"，也就是积极传达给对方自己"不"的意志的一种方法。而这样的说辞，又不会伤害到委托者想要实现目的的动机。

通常，当我们被对方说"不"而感到不悦的理由之一，是因为想引诱对方说出"好"而达到目的的愿望在半途中被阻碍，因而陷入欲求不满的状况。所以既不损害对方，又可以达到目的说"不"的最好方法，就是当对方委托你做一件事时，当"达到动机"被拒绝后，反而认为更有利的是另一种"达到动机"，而只要满足这一种"动机"就可以了。

藤村可以说是十分了解人的这种微妙心理，所以暗地里让对方觉得"被我这样拒绝，绝对不会阻碍你目的的实现"。我们在拒绝他人时，也可以用这样的方法，让对方觉得说"不"，是为了让对方有好处，这不仅不会损害到对方的感情，而且还可以让对方顺利地接受你所说的"不"。

战国时期韩宣王有一位名叫缪留的谏臣。有一次韩宣王想要重用两个人，询问缪留的意见，缪留说："魏国曾经重用过这两个人，结果丧失了一部分的国土；楚国用过这两个人，也发生过类似的情形。"

接着，缪留下了"不重用这两个人比较好"的结论。其实，就算他不给出答案，宣王听了他的话也会这么想。这是《韩非子》里相当著名的故事。

这种说"不"的方法，之所以这么具有说服力，主要是因为这两个人有过去失败的经历，但缪留在发表意见时，并没有马上下结论。他首先对具体的事实做客观的描述，然后再以所谓的归纳法，判断出这两个人可能迟早会把国家出卖的结论。说服的奥秘就在此。相反，如果宣王要他发表意见时，缪留一开口就说"这两个人迟早会把我国卖掉"，等等，结果会怎样呢？可能任何人都会认为："他的论断过于极端，似乎怀恨他们，有公报私仇的嫌疑。"从而形成不易让大家接受"不"的心理，即使他在最后列举了许多具体事实，也可能无法造出类似前面所说的情况来。

所以，我们在必须向别人说出他们不容易接受的"不"时，千万不要先否定性地给出结论，要运用在提议阶段所否定的论点，即"否定就是提议"的方式，不说出"不"，只列举"是"时可能会产生的种种负面影响，如此一来，对方还没听到你的结论，自然就已接受你所说的"不"的道理了。

我们曾听说过可以负载几万吨水压的堤防，却因为蚂蚁般的小洞而崩溃的例子。最初只是很少水量流出而已，但却因为不断地在侧壁剧烈地倾注，最后如怒涛般地破堤而出。

这种方法可以适用于说"不"的技巧里，也就是说，要对不可能全部接受的顽固对方说"不"时，要反复地进行"部分刺激"，最终让对方全盘接受"不"的意思。

例如，朋友向你推荐一名大学毕业生，希望在你管辖的部门谋求一个职位时，想在不伤害感情的情形下加以拒绝，这时可以针对年轻人注重个人发展和待遇方面，寻找出一种否定的理由，反复地说："我们这里也有不少大学生，他们都很有才华……""这里的福利待遇都很一般……""在这里干，实在太委屈你了……"等，相信那位大学生听了这些话后，心里就会产生"在这里干没什么前途"的想法，再也不做纠缠，客气地向你告辞。

说得好不如说得巧。真正的好口才，讲究的是"巧"，能因人而言，因事而言，当言则言言无不尽，当止则止片言不语。他们以独特的眼光去审视世界，以特有的智慧去指挥嘴巴。

不要等被逼无奈再说"不"

生活中的你，是不是常常有这样的经历：明明想对别人说"不"，却硬生生地把这个"不"字吞到肚子里去了，而违心地从嘴里蹦出来个"是"字？可是后来又越想越不对劲，心里说着"我其实当时应该拒绝他的""这个忙我根本就帮不了""我自己的事情都没有做完，怎么办"……于是你开始自责不已，悔不当初，最后一边为应承下来的事儿忙得焦头烂额，一边为自己的不懂得拒绝而深深懊恼。

不懂得拒绝的人，无论是面对上司的命令、顾客的要求、同事的请托以及工作中的任何突发状况，似乎都只能默默承受。因为他们觉得，如果自己说"不"，可能会面临一连串的麻烦：上司的不满、顾客的投诉、同事的怀恨在心……于是，为了维护自己的人脉，为了提升自己在同事间的口碑，为了让自己在工作上少一些阻碍，许多人在面对各式各样的请托和要求时，选择了接受，让自己陷入了如此难堪的局面。

只是，这样做正确吗？不妨看看以下案例再做判断。

张涛和李辉大学毕业后同时进入一家通信公司实习。这家公司可以说是全球无线通信行业的霸主，几乎在世界各地都有它的制造厂。能够进入这家公司，是莘莘学子的梦想，因此张涛和李辉两人都十分重视这次实习机会。因为按照惯例，这家公司会从每一批实习的人员之中选择最优秀的一位留下来。

在进入这家公司之前，张涛便做足了准备。他觉得想要留在这家公司，上司的推荐和同事的口碑应该十分重要。因此，在进入这家公司之后，他为了笼络人心，对所有同事都有求必应，诸如帮同事跑腿，帮经理助理打印……虽然常常因此把自己的工作做得不够好，但是他每次得到同事的赞美都觉得这样也值了。大家见这小伙子那么热心，便也逐渐不客气了：甲让他帮自己带早餐，乙请他帮忙接孩子……哪怕这些是与工作毫不相干的事情，张涛全都接受，毫无怨言。

而李辉却截然相反，有人请他帮忙的时候，他似乎总以自己的事情还没做完为借口推托，渐渐地，请他帮忙的人越来越少。因此，大家对张涛的评价越来越高。

三个月的实习时间很快结束了，转眼就到了宣布最终结果的时候。看着被叫进经理办公室的李辉，张涛暗自欣喜："谁教你不注意人际关系，只顾着埋头做事。能留下来的人一定是我。"

半个小时后，李辉从经理办公室走出来，带着平静的表情开始收拾自己桌上的东西。张涛正准备上前安慰他一下，却猛然发现情况似乎有些不对劲。原来，李辉在收拾完自己的东西之后，并没有离开，而是把这些东西放在另一张配有电脑的办公桌上，而那张桌子，正是为留下来的那个人所准备的。

就在张涛愣神的时候，有人拍了拍他的肩膀，示意他到经理办公室去一趟。怀着惴惴不安的心情，他来到经理办公室。

"张涛，这三个月来，你的表现大家都看在眼里。你很热心，使同事们对你的口碑很好。说实话，站在朋友的立场，我很想留你下来。可是，站在公司的角度考虑，我们需要的是能在工作上做出成绩的人。在这段时间里，我很遗憾地看到你的主要精力并没有放在本职工作上。所以，我只能祝福你在新的公司一切顺利……"

生活中的你，是否有也过这样的经历：对于他人的要求，有时出于面子，有时为了不得罪人，不好意思拒绝，而只好勉强自己，违背自己的意愿，做了不是自己分内的事，还因此耽搁了自己应该做的事。

其实，很多人都有过这样的经历。实际上，拒绝别人并不代表你对他不友善，也不代表你冷酷无情，没有人情味。不管对谁，只要你不想做或者违反原则，就有权利说不。否则，你的生活和工作会因此压力重重，这样会累坏自己的。

总之，要懂得在适当的时候说"不"，拒绝别人不一定是件坏事。如果你没有时间，没有能力帮助别人，那么拒绝别人的请求是你正确的选择。否则，问题拖下去只会越来越难解决。很多时候，正是因为你不懂得说"不"，才让自己陷入"被逼无奈"的窘境当中。更重要的是，这种草率的决定还会打乱自己的计划和安排，使自己的工作与生活陷入被动。长此以往，你将无法享受给予和付出所带来的真正快乐，正常的人际交往与互动都会沦为一种负累。

笼络人心对职场人士来说固然重要，但这并不代表我们在任何时候都不能拒绝。其实，根据实际情况，适当地对周遭的人说"不"，将更有助于自己顺利地完成本职工作，正如李辉那样，善于分辨什么是自己应该做的，拒绝那些对自己不利的干扰，这才是真正懂得工作的人所应具备的正确态度！喜剧大师卓别林曾经说过这样一句话："学会说'不'吧！那样，你的生活将会美好得多。"

不做职场的"便利贴"

工作中，我们管好自己的那一亩三分地就够辛苦了，如果办公室的同事再把他们手头上的活儿强加到我们身上，估计我们最后应该会累得跟田地里的牲口一样，非大喘气不可。

然而行走职场，总会有同事找我们帮忙的时候，偶尔帮个一两次其实也算不上什么劳心劳力的大事儿，但要是次数过于频繁，我们就得想方设法给自己减减压了。看过台湾偶像剧《命中注定我爱你》的朋友们应该知道什么叫作"便利贴女孩"，剧中的陈欣怡就是这么一个随叫随到、有求必应、点头说好的职场老好人。

在同事们的眼中，她就像一张随手可撕的便利贴，虽然功能小小，但却不可或缺。她为人处世十分善良，总是任办公室的同事们予取予求，大家也总是习惯找她帮忙，但是事后却把她抛诸脑后，完全不记得自己曾经受助于她。

像陈欣怡这样好心的"职场便利贴"，之所以自身的存在感如此薄弱，完全是因为她把别人的事儿太当自己的事儿。她在工作上的配合度极高，对待他人的要求也永远无法拒绝，经常揽下同事们不愿意去做的琐碎活儿。大家想想，这么好用的便利贴，不用白不用，要是换成你当她的同事，你会不会指使她去干原本属于自己的工作呢？

根据能量守恒定律，一件事儿要是有人从中得利，自然就有人从中失利。当办公室的同事从"职场便利贴"那收获到轻松、闲适和快乐时，"职场便利贴"们必然也会因为整日忙于他人手上的活儿，而耽误自己的工作效率。

如果"职场便利贴"们没有按时完成自己的工作任务，必然会遭到公司老板的严厉批评，最后沦为加薪升职都无望的职场小人物，而那些曾经得到过他们无私帮助的同事们也并不会好心地站出来，为他们说上几句公道话。

因此，在压力重重的职场上讨生活，我们一定不能把人家的事太当自己的事。对于那些于人有利于己有害的事儿，我们务必要学会拒绝，万万不可缺心眼儿地通通揽到自个儿的身上。

"办公室经常有同事找我帮忙，有的事儿我也不想去干，可我实在是不会拒绝，这到底是为什么呢？"从事人力资源行业多年，我经常会被人问及这种问题，很多人在表达自己疑惑的时候，尽管言谈之间充满了无奈和无助，但或多或少都会觉得自己是一个善良的人，因为善良，所以才不忍心对别人的要求说"不"。

然而，每次我给出的回答都会让他们这种自以为是的"善良"土崩瓦解。

心理学家威廉·詹姆斯曾说："人类最深处的需要，就是感觉被他人欣赏。"其实，人人都喜欢被人赞赏，这原本是一件无可厚非之事，但是对那些"职场便利贴"们来说，这种心理需求显然要比普通人来得更为猛烈一点。

他们通常都缺乏自信和安全感，与人交往总是信奉多一事不如少一事的原则，不愿意和别人发生争执和冲突，内心极为渴望得到他人的肯定和赞扬。所以，他们无法拒绝同事的要求，压根就不是出于纯粹的"与人为善"的目的，而是害怕自己在同事心目中的印象从此一落千丈，又或是不想和同事矛盾重重，以免破坏自己心驰神往的和平稳定的生活。

在跟我诉苦的人当中，同事盛婉婷算是比较容易开窍的一个，她听完我这一番抽丝剥茧的分析之后，也确实认真反省了一下自己。最后我告诉她，以后要是再有同事频繁地找她帮忙，自己一定要学会拒绝，实在拒绝不了，也不要把别人的事太当自己的事，不妨学学人家网友建议的那招"答应时要爽快，行动时要缓慢"，干活儿要是不麻利，同事下回也不找你。

　　拒绝别人其实并非一件难事，只要掌握好了技巧，我们既不会揽别人的活儿上身，也不会轻易地得罪别人。那究竟有什么样的技巧呢？打个比方，当同事三番五次请求我们帮助时，我们要是实在不愿意应承下来，完全可以真诚地告诉他们自己拒绝的理由、苦衷和难处，最后再适时地表达一下自己没能帮上忙的歉疚之情。

　　每一个人都有同理心，只要我们的态度诚恳，言辞有礼，同事们最后肯定也不会真正地往心里去。毕竟谁也没有义务去帮谁，世界上没有无缘无故的爱，人家愿意把你的事当作自己的事儿那是给你几分情面，如果人家不愿意去做，你也无权对别人说三道四。

把"不对"统统改成"对"

许多人都有喜欢说"不"的习惯,不管别人说什么,他们都会先说"不""不对""不是的",但他们接下来的话并不是推翻别人,只是做一些补充而已。这些人只是习惯了说"不",即使赞成别人,也会以"不"开道。

谁喜欢被否定啊?

曾经,有位记者采访过一个学识特别渊博的教授,发现他有个很好的习惯,不管对方说了多么幼稚、业余的话,他一定会很诚恳地说"对",然后认真地指出对方说得靠谱的地方,然后延展开去,讲他的看法。

高情商的聪明人都习惯先肯定对方,再讲自己的意见,这样沟通氛围也会好很多。即使是拒绝对方,也不会讲"不"。

两个打工的老乡,找到城里工作的刘某,诉说打工之艰难,一再说住不起店,租房又没有合适的,言外之意是要借宿。

刘某听后马上暗示说:"是啊,城里比不了咱们乡下,住房可紧了。就拿我来说吧,这么两间耳朵眼儿大的房子,住着三代人。我那上高中的儿子,没办法晚上只得睡沙发。你们大老远地来看我,不该留你们在我家好好地住上几天吗?可是做不到啊!"

两位老乡听后,就非常知趣地走开了。

高情商的人拒绝他人,很少会用否定性的词。现实生活中,到处是这样的例子。再如,有一档节目叫《我是歌手》,其中有个歌手叫李健,不光歌唱得好,而且也很会说话。在节目中,歌手张杰曾提起自己九年前向李健邀歌,结果被婉拒的事。接下来,两人有一段对话:

李健："张杰的声音变高了啊。"

张杰："嗯，是变高了。"

李健："我以前要是给你写就委屈你了。但我觉得你声音还会更高，所以我再等等。"

这段拒绝人的对话，简直可以作为典范。

先是赞美了张杰的高音，又补充说明了对方在音乐领域的进步。既抬高了别人，又明确表达了自己拒绝的意思，这就叫作"会说话"。情商高的人，在说话的时候，很少使用否定性的词。即使是拒绝对方，也不会直接说"不可以"，而是用一种婉转的方式表达自己的意见，让人觉得很舒服。

心理学家调查发现：在交流中不使用否定性的词语，会比使用否定性的词语效果更好。比如"我觉得不行"这句话，可以换一种说法，"我觉得再考虑一下比较好"。因为使用否定词语会让人产生一种命令或批评的感觉，虽然明确地表达了自身观点，但更不易于让人接受。

第九章
温情说"不"：事要拒，情要留

    对于一些难以应答的请求，如果言辞生硬，直接回绝别人，往往造成不好的结果。在拒绝的时候，一定要照顾到对方的感受，一定要有人情味，不要让对方感到难堪，这样，既可以传达自己的态度，也可使对方知难而退。这种不伤和气的拒绝方式，既可以达到拒绝的目的，又不违反自己为人处世的原则，同时还能体现出自己的高情商。

拒绝别人也要人情味十足

在人际交往中，我们常常会遇到一些难以答应的请求。但是，言辞生硬，直接回绝别人，往往造成不好的结果。而这时最好的方式就是委婉表达自己拒绝的意思，让对方知难而退，这样既不伤朋友间的和气，也不违反自己为人处世的原则。

罗斯福当海军助理部长时，有一天一位好友来访。谈话间朋友问及海军在加勒比海某岛建立基地的事。

"我只要你告诉我，"他的朋友说，"我所听到的有关基地的传闻是否确有其事。"

这位朋友要打听的事在当时是不便公开的，但是好朋友相求，如何拒绝是好呢？

罗斯福望了望周围，然后压低嗓子向朋友问道："你能对不便外传的事情保密吗？"

"能。"好友急切地回答。

"那么，"罗斯福微笑着说，"我也能。"

这位朋友明白了罗斯福的意思，之后便不再打听了。

后来，罗斯福的这位朋友仍然和他交往着，感情并没有减淡，因为那人很清楚罗斯福做事一向是很有原则的。

在上面的故事中，罗斯福采用的是委婉含蓄的拒绝。在朋友面前既坚持了不能泄密的原则立场，又没有使朋友陷入难堪，体现了高超的语言运用能力。相反，如果罗斯福表情严肃、义正词严地加以拒绝，其结果必然是两人之间的友情出现裂痕甚至危机。拒绝对方，也要给对方留足面子。当我们用委婉的方式来表示拒绝，就不会使对方难堪了。

我们对别人说"不"，是维护自己权益的行为。但是在维护自己权益的同时，也应当尽量照顾到对方的感受。虽然拒绝要态度明确，但仍需通过各种语言的艺术，不要让对方感到难堪。

汉光武帝刘秀的姐姐——湖阳公主的丈夫死后，她看中了朝中品貌兼优的宋弘。有一次，刘秀招来宋弘，以言相探："俗话说，人地位权利高了，就要改换自己结交的朋友；人富贵了，也可以改换自己的妻子，这是人之常情吗?"宋弘回答说："我只听说'患难之交不可忘，糟糠之妻不下堂'。这句话的意思是：无论人是在生活贫困、地位低下还是富贵、地位高的时候，都不能把朋友忘记，最初的结发妻子也不能让她离开身边。"

宋弘自然深知刘秀问话的言外之意，但他进退两难。应允吧，违背了自己的人品，也对不起贫贱相扶的妻子；含糊其词吧，还会招来麻烦，毕竟是一国之君；直言相告吧，也不得体，又有冒犯龙颜之患，所以他也引用古语来"表态"，委婉而又直截了当地表明了自己的态度与立场，也是一个良好的拒绝他人的办法。

说"不"固然不太容易，但说话高手们总会让自己的拒绝明确而合理。不但能够在委婉的语言中让对方免于难堪，给对方一个台阶下，同时也明确地表达出自己的意思，对方知难而退从而达到拒绝他人的目的。

真心说"不"，倒出你的苦衷

不管是在生活还是职场中，我们常常都会遇到这样的问题：一位朋友或者同事突然开口，让你帮个忙。问题就在于，这个事情对你来说，已经有些超出个人能力范围。答应下来，自己忙上忙下，还不一定能够圆满完成；如果直接拒绝，面子上又实在磨不开，毕竟大家都相熟已久了。但是，应该怎么说，才能既不得罪人，又能达到拒绝的目的呢？

有人会直接对他说："不行，真的不行！"如果你真这么说了，当然拒绝的目的是肯定达到了，但是你可能因此失去一位朋友，甚至还会影响到你在这个圈子的口碑。有人会推托说："我能力不够，其实某某更适合。"那你有没有想过：当朋友或同事把你的这番话说给某某听时，他会做何反应？有人会不好意思地说："我真的忙不过来。"这个理由还算不错，可是只能用一次，第二次再用时，朋友或同事一定会用疑惑的眼光来看你。

那么，到底应该怎样说出那个重要的"不"字来呢？

1. 不妨先倾听一下，再说"不"

在工作中，往往每个人都会遇到这种情况，当你的朋友或同事向你提出要求时，他们心中通常也会有某些困扰或担忧，担心你会不会马上拒绝，担心你会不会给他脸色看。因此，在你决定拒绝之前，首先要注意倾听他的诉说，最好的办法是，请对方把自己的处境与需要，讲得更明了一些，自己才知道如何帮他。接着向他表示你了解他的难处，若是你易地而处，也一定会如此。

"倾听"能让对方产生自己被尊重的感觉，在你婉转地表明拒绝他人的立场时，也要避免伤害他人，还要避免让人觉得你只是在应付他而已。如果你的拒绝是因为自己有一定工作负荷或者压力，倾听可以让你清楚地界定对方的要求是不是你分内的工作，而且是否在自己的能力范围内。或许你仔细听了他的请求后，会发现协助它有助于提升自己的工作能力与经验。这时候，你在兼顾自己工作的原则下，牺牲一点自己的休闲时间来帮助对方，对自己的发展也是绝对有帮助的。

"倾听"还有一个好处是，虽然你拒绝了他，但你可以针对他的情况，建议如何取得适当的支援。若是能提出更好的办法或替代方案，对方一样会感激你。甚至在你的指引下找到更适当的方法，这样也会事半功倍。

2. 温和但又要坚定地说"不"

当你仔细倾听，明白朋友或同事的要求后，并认为自己确实无能为力，只能拒绝的时候，说"不"的态度即要温和又要坚定。好比同样是药丸，外面是一层糖衣的药，就会比较让人容易入口。同样地，委婉表达拒绝，也比生硬地说"不"让人更容易接受。

例如，当你同事的要求是不合公司或部门的有关规定时，你就要委婉地表达自己的工作权限，并暗示他如果自己帮了这个忙，就超出了自己的工作范围，违反了公司的有关规定。拿自己工作时是已经排满而爱莫能助的前提下，要让他清楚自己工作的先后顺序，并暗示他如果帮他这个忙，就会耽误自己手头上的工作，会产生一些不必要的麻烦，也会给公司的利益带来一定的冲突。

一般来说，同事听你这么说，一定会知难而退，而再去想其他办法。

3. 说明拒绝的理由

拒绝在某种意义上，其实就是一种辩论。别人会想尽办法试图说服你接受，而我们则必须利用各种理由"反击"，向他说明自己不能接受的原因。如果我们要让对方心服口服，就必须说出一个值得信服的理由。当然，选择权在我们手上，即使没有理由，我们也可以选择拒绝对方；只是这样的结果，一定会让对方感到极度不悦，毕竟遭受毫无理由的拒绝，任谁都不会开心的。

4. 不要过多地解释

有些拒绝者为了抚慰对方"受伤的心灵"，往往在拒绝之后，说出一大堆安慰的话，或为自己的拒绝说出一连串冠冕堂皇的理由。其实，这些都是画蛇添足，因为太多理由，反而让别人觉得你是在借故搪塞。所以，拒绝的理由只要说清楚就行了，不要解释过度。

在说"不"的过程中，除了技巧，更需要有发自内心的耐心与关怀。若只是随随便便地敷衍了事，对方其实都看得到。这样的话，有时更让人觉得你是一个不诚恳的人，对你的人际关系伤害更大。

总之，只要你真心地说"不"，对方一定也会了解你的苦衷，而且你也能成功达到拒绝别人的目的。

学会幽默地说"不"

我们都知道，幽默是可以化解尴尬的场面，幽默可以赢得陌生人的好感，幽默可以拉近陌生人之间的距离……幽默的语言总是有着神奇的作用，而在拒绝别人的时候，幽默也可以获得良好的效果。

现实生活中拒绝是一件令人遗憾的事，但却又是无法回避的事。有时候自己的至亲好友，从不开口求人，偶尔万不得已，求你一次，不幸遭到拒绝，轻则失望，重则大发雷霆。有的患难之友，曾经在你困难时鼎力相助；如今有求于你，你心有余而力不足，但他不相信，指责你忘恩负义。有的恳求虽然合理，但迫于客观条件的限制，一拖再拖，始终无法得到解决。无论哪一种情况，拒绝别人都是一件难于启齿的事。一怕生硬的语言伤害打击到对方的心灵，二来又怕不恰当的拒绝破坏两人原本的关系。那么是否有一种两全其美的方法，既不会伤害别人的面子，还可以巧妙地拒绝呢？回答是肯定的。纵观中外历史，许多名人、伟人都善于使用特别的"语言武器"，很机智地拒绝对方，这种特别的"语言武器"就是"幽默"。

美国有一位女士读过《围城》后，便给钱锺书先生打电话说，希望能够见一见钱锺书先生。但钱锺书先生向来淡泊名利，不爱慕虚荣，于是他就在电话中这样说道："假如你吃了一个鸡蛋觉得不错的话，那你又何必要见那个下蛋的母鸡呢！"在此，钱先生以其特有的幽默和机智，运用新颖、别致而又生动、形象的比喻，拒绝了那位美国女士的请求。钱锺书先生的这番话不仅维护了美国女士的自尊，还使自己避免了不必要的麻烦。

用幽默的语言拒绝对方提出自己难以接受的要求，不仅坚持了自己的原则，还能够保全别人的面子。这种幽默的语言，既不答应对方的不合理的要求，还避免了使对方尴尬，同时还可以营造一种轻松愉快的气氛，并且还可以显示出被提要求一方具有豁达大度的处世风格。

生活中，拒绝一个人是需要勇气的。因为拒绝就意味着将对方拒之门外，拒绝了对方的一片"好意"，有时会让对方很难堪。这时，我们要根据不同的场合和对象进行考虑，选择恰当的方法婉转地拒绝，不能因为自己的拒绝而伤害对方的情感。

拒绝不仅是一门艺术，更是一门学问，还可以很好地体现一个人的综合素养。当别人对你有所希求而你办不到，不得已要拒绝的时候，要学会幽默地拒绝他人。所谓婉言拒绝就是用温和曲折的语言，把拒绝的本意表达出来。同直接拒绝相比而言，幽默的拒绝更容易被接受。因为幽默的拒绝方式在很大程度上顾全了被拒绝者的颜面。

洛克·菲勒是一个富翁，他一生至少赚了十亿美元。但他深知，过多的财富会给他的子孙带来很多的麻烦，所以洛克·菲勒将高达七亿五千万美元的金钱都捐出去了。

然而，他总是会在捐钱之前，首先搞清款项的用途，从不随便捐。

有一天，在洛克·菲勒下班的时候，在回家的途中被一个懒人拦住。那个拦路人向他诉说自己的不幸，然后恭维地说："洛克菲勒先生，我是从二十里以外步行到这里找您的，在路上碰到的每个人都说，你是纽约最慷慨的大人物。"

洛克·菲勒知道这个拦路人的目的就是向他讨钱。但他并不喜欢这种捐款方式，但又不愿意使对方感到难堪。怎么办呢？洛克·菲勒想了一下，便对这个懒人说："请问，待会儿您是不是还要按照原路回去？"懒人点了点头。

洛克·菲勒就对懒人说："那就好办了，请您帮我一个忙，告诉刚刚碰到的每个人：他们听到的都是谣传。"

　　面对别人无理的要求，你想拒绝，但又不能用明确的语言来拒绝，这样会令人难堪。这时，你可以运用幽默委婉的语言拒绝，不仅表达了自己的拒绝意图，还会使对方乐于接受。

　　幽默地拒绝别人是一种艺术。在拒绝别人的时候，我们可以引用一些名人名言、俗语或谚语的方式来作答，来表明自己的意思，或佐证自己的观点。这种拒绝的方式好处是很明显的，既增加了说话的权威性与可信度，还省去了许多解释和说明，更能增添口语的生动性与感染力。

　　幽默的拒绝技巧体现了一个人灵活交际的能力，它有助于处理好人与人之间的关系，运用得好，可以达到文雅得体、幽然含蓄、弦外有音、余味无穷的奇妙境地。所以，在拒绝别人的时候，我们不妨试着用些诙谐、幽默的语言委婉地拒绝对方，更容易被人接受和理解，还能帮助自己免去很多麻烦。

拒绝有礼，才不失面子

在实际生活、工作中，人们时常会遇到别人向自己提出要求，有的提要求的人是你不喜欢的，有些人又恰恰提出了你难以接受的要求，处于这种尴尬的情况之中，你将如何处理？我认为，遇到以上情况，我们没必要"有求必应"，而必须"拒绝"。

拒绝也是一门艺术，所以我们不但要学会拒绝，而且还要学会掌握这门艺术。因为，在人们生活交往上过于生硬的回绝显得不近人情，婉言谢绝则是显得彬彬有礼且不失面子。总之，从总体上讲，拒绝并没有什么固定的模式或套路，至于如何拒绝才能得到最佳效果，那只能因事、因人、因地、因时而异了。

清代名人郑板桥任潍县县令时，曾查处了一个叫李卿的恶霸。

李卿的父亲李君是刑部天官，听说儿子被捕，急忙赶回潍县为儿子求情。他知道郑板桥正直无私，直接求情不会见效，于是便以访友的名义来到郑板桥家里。郑板桥知其来意，心里也在想怎样巧拒说情，于是一场舌战巧妙展开了。

李君四处一望，见旁边的几案上放着文房四宝，他眼珠一转有了主意："郑兄，你我题诗绘画以助雅兴如何？"

"好哇。"

李君拿起笔在纸上画出一片尖尖竹笋，上面飞着一只乌鸦。

目睹此景，郑板桥不搭话，挥毫画出一丛细长的兰草，中间还有一只蜜蜂。

李君对郑板桥说："郑兄，我这画可有名堂，这叫'竹笋似枪，乌鸦真敢尖上立？'"

郑板桥微微一笑："李大人，我这也有讲究，这叫'兰叶如剑，黄蜂偏向刃中行'！"

李君碰了一个钉子，换了一个方式，他提笔在纸上写道："燮乃才子。"

郑板桥一看，人家夸自己呢，于是提笔写道："卿本佳人。"

李君一看心中一喜，连忙套近乎："我这'燮'字可是郑兄大名，这个'卿'字……"

"当然是贵公子的宝号啦！"郑板桥回答。

李君以为自己的"软招"奏效了，心里别提有多高兴了，当即直言相托："既然我子是佳人，那么请郑兄手下留……"

"李大人，你怎么'糊涂'了？"郑板桥打断李君的话，"唐代李延寿不是说过吗……'卿本佳人，奈何做贼'呀！"

李君这才明白郑板桥的婉拒之意，不禁面红过耳，他知道多说无益，只好拱手作别了。

即以其人之道，还治其人之身。

不是不好意思直接说情吗？那就以"托物言志"这种打哑谜式的方式对话——针对李君以势压人的暗示，郑板桥还以颜色，将违法必究的道理借助"一丛细长的兰草和其间的一只蜜蜂"这样的画，以及"兰叶如剑，黄蜂偏向刃中行"这样的话表达出来，对方自然心知肚明；最后，既然古人说过"卿本佳人，奈何做贼"的话，那就不是我郑板桥不接受你李君的说情，而是古人在拒绝你。

19世纪，狄斯雷利一度出任英国首相。当时，有个野心勃勃的军官一再请求狄斯雷利加封他为男爵。狄斯雷利知道此人才能超群，也很想跟他搞好关系，无奈此人不够加封条件，狄斯雷利无法满足他的要求。

一天，狄斯雷利把军官请到办公室里，与他单独谈话："亲爱的朋友，很抱歉我不能给你男爵的封号，但我可以给你一件更好的东西。"说到这里，狄斯雷利压低了声音："我会告诉所有人，我曾多次请你接受男爵的封号，但都被你拒绝了。"

狄斯雷利说话算数，他真的将这个消息散布了出去。众人都称赞军官谦虚无私、淡泊名利，对他的礼遇和尊敬远超过任何一位男爵。军官由衷感激狄斯雷利，后来成了他最忠实的伙伴和军事后盾。

狄斯雷利没有给对方一个冷冰冰的回答——"不"，更没有讥笑和嘲讽对方，他传递给对方的是"友情"：让对方明白，自己的要求虽未被满足，但长远利益（声誉）得到了首相的维护——这是比升职更好的东西。狄斯雷利善于使用特别的"语言武器"，他在拒绝对方不当要求的同时，给足对方面子，这就是狄斯雷利巧言说"不"的高明之处。

拒绝他人不容易，因为每个人都有自尊心，每个人都不希望别人不愉快。但不拒绝也不行，因为自己没办法帮忙。以下是可资借鉴的、比较委婉而不失面子的拒绝方法。

1. 学会轻轻地摇头

有些公关专家说，如果需要拒绝别人的请求时在听完别人的陈述和请求之后，轻轻摇头，会令别人易于接受。

轻轻地摇头表示的是委婉拒绝的意思。轻轻地摇头，程度一定不要太剧烈，否则令人不易于接受。在摇头之后一般要阐述拒绝的理由，可以使别人理解而不至于怨恨你。

2. 冷淡也是一种有效的拒绝方法

很多时候直言拒绝对方的请求可能会令对方难堪，但如果表示对对方所谈话题不感兴趣可能会免去不必要的麻烦。例如，当某人请你帮他介绍一位你很熟识的企业家认识（有功利性企图时），你可以说："我与他纯粹是私交，不涉及他的事业。"当有人向你诉说股市风云如何看好，企图向你借钱时，你可以说："我对股市没有兴趣，也不太懂。"这样既能使对方明白你拒绝他的意思，又可以不用直言拒绝。

3. 说些扫兴的话表示拒绝

如果你讨厌说话的对方，又不想得罪他，你可以说一些比较扫兴的话。比如说含有"反正""但是"等这样词语的话，或在对方说话时不表示兴趣，仅仅以"嗯，是吗？"作回答，或在对方极有兴趣地问你问题时回答："也许吧！""可能吧！"这都是一些暗示，会令对方感觉出你对他的反感而退避三舍，便不会提什么要求了。

4. 委婉打断谈话，阻止对方提要求

当人们兴致勃勃地提出某些话题时，如果经常被打断，会大大丧失谈兴，如果被打断的次数太多，可能会主动结束谈话。因此，如果不想让对方提出自己的要求，不妨试一下采取这种方法，以求不让对方提出自己的要求。

打断对方时要注意方法，可以装作没听清楚，不断问对方："什么？再说一遍。""对不起？""打断一下。"也可以在对方说话的间隙插入另一话题，使谈话"跑题"。

拒绝是一门学问，应该体现出个人品德和修养，使别人在你的拒绝中，一样能感觉到你是真诚的、善意的、可信的。在拒绝的过程中，如果还想和对方保持良好关系，就要采取换位的思想、同情的语调来处理。

不做习惯说"是"的人

人际交往中，每个人都会碰到一些别人不合理的要求，或是自己不愿意接受的事情，直截了当地拒绝别人，会觉得太伤颜面，不拒绝又委屈了自己。所以，如何巧妙地拒绝别人，如何巧妙地说"不"便成了一门艺术。

很多人为了息事宁人，自己强忍着，宁愿当个"烂好人"。还有的人从来不拒人于半里之外，他们觉得说"不"难免伤感情。但是，不敢说"不"的人，他们的目标是被别人来喜欢和爱，但代价却是牺牲自我。

周五晚上，好友梅梅又在电话里向好友抱怨，说女儿的芭蕾课要考试，答应周六陪她去舞蹈学院排练一上午，下午要陪小姑子挑选婚纱，晚上同事给老公搞生日派对，她满口答应去帮厨……唉，成天为别人的事忙碌，多累，多不情愿，多烦啊……恨不能有孙悟空的本领，来个分身术！

"谁让你逞强，应下一大堆事儿？"好友抢白了她一句。

"没办法呀，既然别人开了口，我怎么好意思拒绝呢？"

好友太了解她了，梅梅正是那种有求必应的热心人，只要别人开了口，她总碍于面子，怕惹别人不高兴，心里再不情愿也要硬撑着答应下来。"不"字从她嘴里蹦出来，似乎比登九重天还难，到头来，往往搞得自己心力交瘁，疲惫不堪……

梅梅在办公室也是如此，担心自己不承担所有交代下来的工作，就会惹上司不高兴，于是有求必应，从来不去考虑自己的承受能力，结果分内的工作都给耽误了。拒绝别人最让她头疼，在婚姻中也不例外，"不管老公想干什么，我都会让步，还是少惹他不开心的好，他的工作压力已经够大了，就让我当天底下最不开心的那个人吧。"梅梅挺有献身精神地说道。

在生活中，面对明知不可为的事情，要相信自己的判断，要勇敢地说"不"。为了一时的面子而勉强行事，是最不明智的行为。俗话说："死要面子活受罪。"如果拿不出勇气来拒绝别人，最后受委屈、吃亏的只能是自己。

说"不"固然代表"拒绝"，但也代表"选择"，一个人通过不断的选择来形成自我，界定自己。因此，当你说"不"的时候，就等于说"是"。你"是"一个不想成为什么样子的人。勇敢说"不"，这并不一定会给你带来麻烦，反而是替你减轻压力。如果你想活得自在一点，原则一点，就请勇敢地站出来说"不"。记住，你不必为拒绝不正确的事情而内疚，因为那是你的权利，也是你走向成熟必上的一课。

当然在你勇敢地说"不"的时候，你不能硬邦邦地回绝别人，给人造成颜面上的难堪和心里的不快，而要懂得把握拒绝的艺术，那么在说"不"的时候，你要注意哪些呢？

1. 确定别人对你的要求是否合理，不要看别人是否觉得合理。如果你犹豫或推脱，或者你觉得为难或被迫，或者你觉得紧张压迫，那可能意味着这个要求是不合理的。

2. 在完全弄明白别人对你的要求之前，不会让自己说"是"还是"不"。

3. 说"不"时要清晰肯定。简单地说出"不"是很重要的，不要让它成为一个充满着借口和辩解的复杂表述，你不想这么做只是因为你不想做，这就够了。你在拒绝的时候，只要简单明了地解释一下你的感受就行了。直接的解释是一种果断的自信，间接的误导或借口是一种优柔寡断，将来会给你留下更多的麻烦。

4. 在拒绝的时候不说"对不起，但是……"说"对不起"会动摇你的立场，别人可能会利用你的负疚感。当你认真地估计了形势，决定拒绝的时候，你用不着觉得抱歉。

5. 在业务来往中，如果对方给你提出超规范要求，如果直接说"不"，断然回绝。结果，往往是你处在有理有利的地位，反而把双方关系搞僵了，从而导致其他工作不能顺利开展，影响极大。这时候，你就要把未出口的"不"改成"我尽力""我考虑一下再给你电话"等，然后将话题岔开，对方会感到你很给他面子，比较容易接受。事后，如对方再仔细考虑的话，也就会觉得自己的要求"是不是太过分了"，于是他会自觉放弃，事情就会迎刃而解。

一个人如果不懂得保护自己、尊重自己和自己的需求，别人也不会对你这样做。在需要拒绝的时候，要敢于拒绝任何人、任何事，只有这样你的生活才会过得洒脱自尊。

事可以拒，但情要留下

"拒绝"一词，词典上注释极简单，就是"不接受"的意思。如果从社会人生的角度上挖掘，这个词又有较丰富的内涵。君子可以拒绝小人的险恶，小人也可以拒绝君子的美德。

拒绝，生活中并不鲜见。作为正直男子，你可以拒绝歪风邪气的侵蚀；作为貌美女郎，你可以拒绝来自社会的种种盲目追求；作为一方百姓，又可以拒绝贫穷与愚昧的蔓延，从而挺身走出苦难的误区。你要有充分的自由热情关怀尽善尽美的事物，绝不要糟蹋了你自己的高雅趣味。

拒绝不等同于六亲不认式的无情无义，也不等同于失去理智后的一意孤行。在特定条件下，拒绝是人格与个性完美的结合，它既是人类个性的一种体现，又是人格精神锻造下所产生出来的一种意志力量。

明确直言的拒绝，有时自己感到过意不去，也令对方感到尴尬。这就需要采用一些巧妙委婉的拒绝方式，既表达了自己的愿望，又将对方失望与不快的情绪控制在最小范围内，不影响彼此之间的人际关系。

唐宪宗元和年间，大将李光颜屡立战功，有个叫韩弘的将领非常嫉妒他。为了争名夺功，韩弘设一计，他不惜花费数百万钱财，派人物色了一些美貌女子，并教会她们歌舞演奏等多种技艺。他将这些美女特地送给李光颜，希望李从此沉湎于女色而懈怠军务。李光颜当众对送美女的使者说："您的主公怜惜光颜离家很久，赠送美貌女子给我，实在是大恩大德，然而光颜受国家恩深，与逆贼不共戴天，更何况数万将士，皆远离妻子儿女，为国尽力死战，我怎么能独自以女色为乐呢?"一席拒绝之辞攻破韩弘的诡计，既令使者叹服，又使部属拥戴。

有人说：平生最怕拒绝别人。这似乎让我们看到人性的温柔与纯善。但在现实生活中，不拒绝未必为善事，学会拒绝也未必不是好事。

懂得拒绝非常重要，其中最重要的拒绝是拒绝为本人做某事或拒绝为他人做某事。有些活动并不太重要，徒耗宝贵的时间。而更坏的事情是只忙于一些鸡毛蒜皮的事，这比什么都不干还要糟糕。要真正做到小心谨慎，只是莫管他人闲事还不够，你还得防止别人来管你的闲事。不要对别人有太强的归属感，否则会弄得你自己都不属于你自己了。

有时，我们不得不狠下心来拒绝别人，正如我们所遇到的别人对我们的拒绝一样，因为在是与否之间，我们不能优柔寡断，我们更不能左右逢源。其实，能平和地接受拒绝是一种洒脱、一种大度、一种成熟与豁达。它更需要勇气与磨砺，它也许是一种痛彻心扉的难忘经历，更是一种丰富多彩的人生成长。

应该在有的事情面前勇敢地说不。我们不能因为害怕拒绝而忘记去叩门，生活就是这样，往往一念之差，就会失之交臂而抱憾终身！如果对方是非分的祈求，请不要迁就，也不能凑合，你要拿出勇气来拒绝——轻轻地说声"对不起"，我无意去伤害一颗渴望的心灵，但也不能因此而失去自我。

学会拒绝也是一门学问，当别人有求于你而你又无能为力时，不要急于把"不"说出口，不要使对方感到你丝毫没有帮助他解决困难的诚意。

"身在曹营心在汉"这一成语，恐怕基本上家喻户晓。凡是长篇历史小说《三国演义》的读者，无不为关公的"义"而啧啧赞叹。栖身曹营的关公，他的非凡之处便在于拒绝，并且是毫不犹豫地挂印封金，护送皇嫂，过五关斩六将，千里走单骑，完成他流芳百世的人格精神塑造。

拒绝，可以包括正反两个方面，一是拒绝苦心，一是拒绝诱惑。并不是所有的拒绝都能得到社会承认，都能成为人类文明的千古绝唱。当别人向你提出不合理的要求时，不要简单地拒绝他，而应该让他明白他的要求是多么荒唐，从而自愿放弃它。一位业绩卓著的家装设计师声称，对于用户的不合实际的设想，他从不直截了当地说"不行"，而是竭力引导他们同意他希望他们做的事情。

生活中，不可能不拒绝别人，如果每次拒绝都带来隔阂，带来仇视敌意，那最后必将成为孤家寡人，所以，学会婉转拒绝是人生的必修课。学会拒绝，也许你的人生会锦上添花；学会拒绝，也许你的事业能披金挂银。

励志人生必修课

成功三宝
好心态　好性格　好习惯

启　文◎编著

中国出版集团
中译出版社

图书在版编目（CIP）数据

励志人生必修课．成功三宝：好心态　好性格　好习惯 / 启文编著．-- 北京：中译出版社，2019.6
　ISBN 978-7-5001-5990-2

　Ⅰ．①励… Ⅱ．①启… Ⅲ．①人生哲学—通俗读物 Ⅳ．① B821-49

中国版本图书馆 CIP 数据核字（2019）第 119519 号

励志人生必修课

成功三宝：好心态　好性格　好习惯

出版发行：中译出版社
地　　址：北京市西城区车公庄大街甲 4 号物华大厦 6 层
电　　话：（010）68359376　68359303　68359101
邮　　编：100044
传　　真：（010）68357870
电子邮箱：book@ctph.com.cn
总 策 划：张高里
责任编辑：刘全银
封面设计：青蓝工作室
印　　刷：北京朝阳新艺印刷有限公司
经　　销：新华书店
规　　格：880 毫米 ×1230 毫米　1/32
印　　张：42
字　　数：770 千字
版　　次：2019 年 6 月第 1 版
印　　次：2019 年 6 月第 1 次

ISBN 978-7-5001-5990-2　　　　定价：208.60 元（全 7 册）

中 译 出 版 社

前　言

　　幸福是什么？有人说是事业有成，有人说是做自己喜欢的工作，有人说是家庭和睦，有人说是身体健康……可见，幸福与否，并没有一个统一标准。

　　事实上，没有人能说清楚有多少钱、有多大权才算是得到了幸福，也没有人能说清楚有多少亲人、有多少儿女、有多少朋友才算是得到了幸福……幸福是一种纯粹的个人感受。人生在世，不如意十之八九，生活本身就是多味胡豆，酸甜苦辣尽有，幸福与否主要看你如何感受。就像在沙漠里发现了半瓶水，说"太好了，还有半瓶水"的人感受到的是幸福，说"真糟糕，只剩下半瓶了"的人感受到的是烦恼。而要感受幸福，首先得有一种健康向上的心态。

　　有了好心态，你还需要有一个好的性格。性格是表现在每个人的态度与行为方面的较为稳定的心理特征，是个性的重要组成部分。它不仅影响着一个人的婚姻家庭、生活状况，同时也影响着一个人的人际交往、职业升迁、事业发展等。性格随着阅历、教育、成功或失败的经历在进行自我丰富、改变。而作为载体的人，只能够在性格的支配下，亦步亦趋蹒跚而行。而人，往往是因为性格上的特点，收获命运之神的恩宠或者惩戒。

　　"大多数人想改造这个世界，却极少有人想改造自己。"伟大睿智的列夫·托尔斯泰如是说。一场巨大的成功，有时会得益于性格深处的一次微小嬗变，这种嬗变就源于优良性格的培养和拙劣性格的扬弃。翻阅那些成功人士的奋斗经历不难发现：成功的过程，恰恰是一个克服自身性格缺陷的过程。亚历山大、拿破仑因身材矮小而一度自卑，可最终他们战胜自己，在政治上获得辉煌成就；苏格拉底、伏尔泰曾经为失败自暴自弃，可后来他们走出低谷，在学术领域大放光芒；希区柯克和卡夫卡经常要和怯懦焦虑的性格特点做斗争，最后他们都找到了最适合自己的方向，摘取了电影和文学艺术殿堂上的桂冠。

改变性格，改变命运。性格虽然从小伴随着你，但也具有可塑性，并不是"江山易改，本性难移"，只要你正确认识到性格弱点对自己的危害，并用心去改变，你一定会成功的。

有了好心态、好性格，还需要养成好习惯。习惯是一个人思想与行为的真正领导者。习惯让我们减少思考的时间，简化了行动的步骤，让我们更有效率；也会让我们封闭，保守，自以为是，墨守成规。在我们的身上，好习惯与坏习惯并存，而获得成功的可能性就取决于好习惯的多少。

人生仿佛就是一场好习惯与坏习惯的对决。好习惯可以经由刻意练习而养成，古希腊哲学家亚里士多德认为：总以某种固定方式行事，人便能养成习惯。

愿你早日成为人生考场的"三好学生"——好心态、好性格、好习惯，愿你左手成功，右手幸福。

目　录

第一章
借力好心态，跳出人生"三苦"

　　人啊，得不到时痛苦，得到了也痛苦，得到后失去了还是痛苦。痛苦，痛苦，痛苦，从降生时的哭泣开始，到死亡时别人的眼泪结束。人生，难道真的注定是一首由痛苦音符组成的咏叹调吗？

活在当下，享受当下

从前有位财主，他对自己地窖里珍藏的酒非常自豪——窖里保留着一坛只有他才知道有多珍贵，而且他准备只在某种高级场合才能喝的陈酒。

县太爷登门拜访，财主提醒自己："这坛酒不能仅仅为一个县长启封。"

知府大人来看他，他自忖道："不，不能开启那坛酒。他不懂这种酒的价值，酒香也不应该飘进他的鼻孔。"

钦差大臣来访，和他同进晚餐，但他想："让区区一个饮差喝这种酒那可是过分奢侈了。"

甚至在他亲侄子结婚那天，他还对自己说："不行，接待这种客人，不能拿出这坛酒。"

一年又一年，财主死了。

下葬那天，珍藏的陈酒坛和其他酒坛一起被搬了出来，左邻右舍的农民把所有的酒统统喝光了。谁也不知道这坛陈年老酒的久远历史。

对他们来说，所有倒进酒杯里的仅仅是酒而已。

与之相对应，一位外国记者曾讲过这样一个故事：

这位记者曾采访过钢琴大师鲁宾斯坦，临别时大师送给他一盒上等雪茄。这位记者表示要好好地珍藏这一礼物。钢琴大师告诉他："为什么要珍藏？不要这样，你一定要享用它们，这种雪茄如同人生一样，都是不能保存的，你要尽量去享受它们。不能享受人生，人就没有快乐。"

这正如古诗所云：

劝君莫惜金缕衣，劝君惜取少年时。

花开堪折直须折，莫待无花空折枝。

一个人登山为了什么？是为了登顶，还是为了享受登顶过程中的美景？

在人生道路上可没有绝对的顶峰，在不停地攀登过程中，要学会欣赏一路的景色，那才能使自己的人生显出瑰丽。人生应该有两个目标：第一是得到所想要的东西，尽力去争取；第二是享受你现在所拥有的。然而只有最聪明的人才能做到这两点。一般人总是朝着第一个目标迈进，他们根本不懂得享受。

我有一个朋友，在北京打拼十多年，已经迈入了千万级富豪之列。他有豪宅，有名车，有娇妻，有爱子。这样的人生，应该是幸福美满的。他却很少开心。商战博杀让他神经衰弱，失眠与多梦折磨了他数年，怎么治疗也不见好转。心理医生建议他每年给自己放半个月假，外出度假放松自己。但依然不见效。有一次，我一家三口与他一家三口结伴去云南度假，刚一下飞机，就见到他急忙打开手机，给自己的公司总经理打电话，谈论公司的各种问题。其实，公司的总经理是他很信得过的人，公司的财务总监是他弟弟，他外出根本不用操多少心。

到了泸沽湖，在如诗如画的山水面前，也不见他怎么亲近山水。他是身在度假，心却在公司，不是与我探讨他生意上的事情，就是打电话给北京的公司。毫无疑问，这样的度假，根本无法得到身心上的放松，甚至可能会比不度假还让人累。因此，他的神经衰弱、失眠多梦的问题，丝毫没有好转。

人生的道路上如果只有攀登，而没有驻足去欣赏、享受攀登所带来的美景，那还有什么意义？事业是没有终点的，享受却可以随时开始。

大多数人都认为，所谓享受，那可是有钱人的特权。其实不然，听骤雨敲窗，看云舒云卷，赏花开花落……这些，都与金钱无关。就像我上面提到的那位富豪朋友，他有钱，却没有心思去欣赏与享受。会享受人生的人，不在于拥有多少财富，不在于住房的大小，薪水的多少，职位的高低，而在于你是否有这份悠然之心。

生活永远不是完美的。对于我们普通大众来说，或许在养家糊口中不得不忙碌奔波。但在忙碌奔波时，我们依然可以找到快乐。不管你的现状如何、目标如何，都别忘了人生的第二个目标：享受你现在所拥有的。没有必要总是给享受去预设很多前提条件，人生本身就是由每一个"当下"或"现在"所组成，享受现在就能成就一生。

不少人的心绪往往在过去和未来之间摆荡，不是对过去耿耿于怀，就是对将来忧心忡忡，浑然不知"当下"的滋味，结果是对过去的包袱无法丢弃，而未来的重担又把自己压得喘不过气来，不得不在过去和未来之间游移。

现在，就是我生命中最美好的时光！这其实就是佛陀当年所说的"活在当下"。东西方在文化上有一定的差异，却对"珍惜现在，享受现在"有着一致的看法。

每天，当我们结束工作时，就应当把成为以往的事情忘记，因为过去的光阴不能再追回来。虽然我们难保一天所做不会有错误或蠢事，但是事情已经过去，一味地追悔，只能贻误明天的辉煌，而成为下一个令人追悔的蠢事。今天就握在我们手中，这是一个新日子，它好像人生日记本里的空白一页，任由我们去写。我们所要做的就是燃起生命的热情，激发心中的希望，倾注全力去做好每一件事，去享受每一个今天。

最好的沉思就是留意生活，想哭就哭，想笑就笑，闲时晒晒太阳，忙时泡个热水澡。多与他人分享快乐，少关注自己的烦恼；多留意最简单的日常活动，少预想未来会怎么不着调，更不必留恋过去。快乐地活在当下就是最高级别的沉思。

活在当下，享受当下。如果说生命是一条奔腾不息的河流，那么每天都是一朵跳跃的浪花。我们要与浪花起舞，享受生命中难得的每一天。

放慢脚步，让灵魂跟上

在墨西哥，有学者要到高山顶上印加人的城市去，他们雇了一群印加挑夫运送行李。

在途中，这群挑夫突然坐下来不走了，学者火急火燎地催促他们也没有效果，并且一坐就是几小时。

后来，他们的首领才说出挑夫不走的理由。因为他们觉得人要是走得太快了，就会把灵魂丢在后面，他们走了一段时间，现在需要等等灵魂。

首领说："每当我们急行了三天，就一定要停下来，等等灵魂。"

人走得太快，要是不停下来等一等的话，就会丢失灵魂！这话真是让人听了如醍醐灌顶。我们为了更好地生活，为了更大限度地实现自身价值，努力地奔跑，甚至玩命地拼搏。人生很短暂啊，要抓紧时间莫虚度啊……结果，我们一个个都成了与时间赛跑、与命运决斗的机器。

什么才是尽头呢？家财万贯？官拜正部……如果不知道停歇的话，永远没有尽头。《菜根谭》里有这样一句话："忧勤是美德，太苦则无以适性怡情。"这句话其实和那个墨西哥土著所谓的"灵魂丢失"有异曲同工之妙。这句话的大意是说，尽心尽力去做是一种很好的美德，但是过于辛苦地投入，就会让自己失去愉快的心情和爽朗的精神。灵魂也好，愉快的心情和爽朗的精神也罢，都是人的幸福之本。没有灵魂，人不过是行尸走肉而已；没有愉快的心情和爽朗的精神，还有什么人生的乐趣呢？

年轻时，是人生最应该努力奋斗的时候，努力奋斗是一项优秀的品质，但努力也应该讲个时机，有个限度。不少年轻人都难免有为别人而活的感慨：为公司、为社会、为父母、为老婆、为孩子、为朋友，甚至为邻居——有些是你的义务，有些是你的责任，正值壮年的你在很多事情中忙得团团转，很难腾出时间与精力去做自己真正想做的事。感觉上好像每个人都想侵占一点你的时间，只有你自己一点时间也没有。

唯一的解决之道就是与自己定个约会，就像你与恋人或好友订下约会一样。除非有意外事故，否则你要谨守约定。和自己订约会的方法其实很简单：在日历上画出几个不让任何人打扰的空白日子。一周一次或一个月一次都可以，而且时间长短不限，就算只是几小时也可以，重点在于要为自己留下一点空白，这段空白的时光对你的心灵有平衡与滋养的作用。其次是当别人要跟你约定时间时，绝对不能将这段神圣的时光牺牲了。你要特别珍惜这样的时光，甚至将它看得比任何时光都重要。别担心，你绝不会因此而变成一个自私的人，相反，当你再度感到生命属于自己的时候，你会感到无尽的欢乐，也能更轻易地满足别人的需要。

好了，让我们读一首英国作家威廉·亨利·戴维斯的小诗，以此来体会什么是享受悠闲的欢乐，如何享受悠闲的快乐！

这不叫什么生活，
总是忙忙碌碌，
没有停一停，看一看的时间。
没有时间站在树荫下，
像小羊那样尽情瞻望。
没有时间看到，
在走过树林时，
松鼠把壳果往草丛里搬。

没有时间看到，
在大好阳光下，
流水像夜空群星般点点闪闪。
没有时间注意到少女的流盼，
观赏她双足起舞蹁跹。
没有时间等待她眉间的柔情，
展开成唇边的微笑。

如珍惜空气般珍惜幸福

一匹可敬的老马失去了老伴，身边只有唯一的儿子和自己在一起生活。老马十分疼爱儿子，把它带到一片草地上去抚养，那里有流水，有花卉，还有诱人的绿荫。总之，那里具有幸福生活所需的一切。

但小马驹根本不把这种幸福的生活放在眼里，每天吃着嫩绿的三叶草却抱怨口味单一，在鲜花遍地的原野上毫无目的地东奔西跑，没有必要地沐浴洗澡，没感到疲劳就呼呼大睡。

这匹又懒又胖的小马驹对这样的生活逐渐厌烦了，对这片美丽的草地也产生了反感。它找到父亲，对它说："近来我的身体不舒服。这片草地不卫生，伤害了我；这些三叶草没有香味；这里的水中带泥沙；我们在这里呼吸的空气刺激了我的肺。一句话，除非我们离开这儿，不然我就要死了。"

"我亲爱的儿子，既然这有关你的生命，"它的父亲答道，"那我们就马上离开这儿。"它们说完就行动——父子俩立刻出发去寻找一个新的家。

小马驹听说出去旅行，高兴得嘶叫起来，而老马却不那么快乐，只是安详地走着，在前面领路。它让它的孩子爬上陡峭而荒芜的高山，那山上没有牧草，就连可以充饥的东西也没有。

天快黑了，仍然没有牧草，父子俩只好空着肚子躺下睡觉。第二天，它们几乎饿得筋疲力尽了，只吃到了一些长得不高而且带刺的灌木丛，但它们心里已十分满意。现在小马驹不再奔跑了。又过了两天，它几乎迈了前腿就拖不动后腿了。

老马心想，现在给它的教训已经足够了，就趁黑把儿子偷偷带回原来的草地。小马驹一发现嫩草，就急忙地去吃。

"啊！这是多么绝妙的美味啊！多么好的绿草呀！"小马驹高兴得跳了起来，"哪儿来的这么甜这么嫩的东西？父亲，我们不要再往前去找了，也别回老家去了——让我们永远留在这个可爱的地方吧，我们就在这里安家吧，哪个地方能跟这里相比呀！"

小马驹这样说，而它的父亲也答应了它的请求。天亮了，小马驹突然认出了这个地方原来就是几天前它离开的那片草地。它垂下了眼睛，非常羞愧。

老马温和地对小马驹说："我亲爱的孩子，要记住这句格言：幸福其实就在你的眼前。"

熟悉的地方没风景，仆人的眼里没伟人。太多的美好与幸福，往往令沉浸在其中的人们觉察不到，而等到失去后再察觉原来的幸福而徒生遗憾与后悔，这种双重的伤害真是来得不值！

一个心情非常糟糕的人去看心理医生。医生问他："你觉得有什么地方不对劲？"

"两个月前我在美国的远房亲戚去世，留给我 5 万美元遗产，上个月我无意中买了几张彩票，中了 10 多万的奖。"

"那你为何而伤心？"医生循循善诱。

"这个月已经是 28 号了，可我还没有得到一毛钱意外之财！"病人愤愤不平。

这个人真是可悲又可笑，不为自己得到意外之财而高兴，却为自己没有得到意外之财而忧心。类似于这种身在福中不知福的人还真不少。

曾经在报上看过一幅名为"福在哪里"的漫画：画上画着一个大大的"福"字，一个人站在"福"字的"口"中向外张望，嘴里问："福在哪里?"福在哪里呢? 他真是身在福中不知福啊。

　　为什么一定要等到所爱的人离去，才会想起他的美好? 为什么一定要父母驾鹤西行，才会想起他们的恩情? 静下心来，好好珍惜那些如空气般环绕在你周围的幸福吧!

断舍离：给生活做减法

你是否经常有"很累"的感觉？你是否想过究竟是什么让我们如此劳累与疲惫？

如果仅仅只是劳累与疲惫还不算最糟糕，最糟糕的是：我们甚至还对今后的日子产生恐惧甚至绝望，觉得只有永远像一个战士般冲杀，才不会落在人后。社会达尔文主义是现代人信奉的原则，此时却被无限放大到生活中。欲望的都市里到处都充斥着痛苦的灵魂，在许多昏暗的酒吧里唱着空虚寂寞，喝得要死要活；有人在放纵，有人在毁灭。生活越来越繁复，而心情越来越烦闷；人与人走得越来越近，而心灵却隔得越来越远；楼越来越高，人情味越来越薄；娱乐越来越多，快乐却越来越少……

在生活变得越来越复杂，超出你的想象和理解的时候，你是否怀念过从前不名一文但依然快乐的时光？没有电视机也没有其他的便利，穿的衣服也好，家具也好，都是家人按照最古老最朴素的方式制造，让人好安心。在一个偏远、宁静的小村庄，那里的人对于一朵鲜花的赞赏，比一件名贵的珠宝要多。一次夕阳下的散步，比参加一场盛大的晚宴更有价值。他们宁可在一棵歪脖子老树下打牌下棋，也不愿去参加一场奖金丰厚的棋牌竞技。他们重视的是简单生活中的快乐，不会远离阳光、新鲜空气与笑声……感谢简单，他们因此而拥有幸福与快乐。

那些简单生活的日子似乎一去不返了，但真的就没有其他可能了吗？

近年来，在西方发达国家兴起一种叫"简单生活圈"的活动。

这种在草根人士中盛行的活动，强调的是简化自己的生活，提倡完全抛弃物欲。但是在我们的欲望之上，我们会自我设限，而且这种设限并非来自外力，而是自己心甘情愿——你了解到其中的深意，并能真正地享受你现在所拥有的一切。简单生活，使自己有更多空闲的时间、金钱与能量，你可以有更多机会与自己及家人相处。

许多人都会因自己跟不上邻居的生活水平，平日忙忙碌碌于单调乏味的工作，最后变得心情沮丧，而且持续着这样的恶性循环，最后生活中只有压力、疯狂的消费与被浪费的时间而已。大多数人都会陷入这种无止境的需求、渴望与物欲当中。似乎许多人都相信多就是好——更多的东西、更多的事情、更多的经验等等。但是生命的真相真的仅止于此吗？

在某些时候，我们会忙到没有时间享受生活，似乎一分一秒都在计算之中，都被排在计划之中。我们经常由一个活动赶到下一个活动，对手边正在做的事毫无兴趣，反而对"下一场"是什么充满期待。

除此之外，大多数人都会想要更大的房子、更好的车子、更多的衣服与更多的东西。无论我们已经拥有多少，总是感觉永远不够。我们对物欲的需求已然是个无底洞。

简单生活圈这个有趣的概念，并不去刻意强调限制富人的财富，而是在鼓励大多数人认清生活真相。有一些收入微薄的人，他们也主张简单生活圈的概念，同时认为自己所得已足够自己所需。这同样是想得开，放得下，绝对令人佩服。

有时候简化生活代表着你会选择住一间便宜的小公寓，而不是拼命挣扎着要买一间大房子。这样的决定让你的生活轻松自在，因为你有能力负担便宜的租金。另外一种简化的例子是吃得简单、穿得简单、生活得简单，而且互相交换旧衣物。总之，所有的重点都在让生活更自在、更简单。

几年前，希明将在豪华商务区的办公室搬到了另一个地方，这个简化的策略带来许多好处。首先，这间办公室比原先那间要便宜很多，减少了一些财务上的压力。另外，新办公室离家很近，他不需要花时间长途跋涉才能到办公室，以前需要 60 分钟的车程，现在只要步行 5 分钟就行了。希明一年几乎要工作 50 周，现在这个简化的策略，使他无形中一年省下了 200 多个小时。当然，以前的办公室看起来气派一些，但是真的值得他那样的付出吗？回头看看，还真不值得呢！他说："再给我一次机会，我还是会做同样的决定，毕竟我的客户都开车，而那里停车位很紧张。"

简单生活圈不是单一的决定，也不是自甘贫贱。你可以开一部昂贵的车子，但仍然可以使生活简化。你可以享受、拥有、渴望好东西，但仍然能过着一种简单的生活方式。关键是诚实地面对自己，看看生命中对自己真正重要的是什么？如果你想要的是多一点时间、多一点能量、多一点心灵的平静，建议你多花一点时间来想一想简单生活圈的概念。

当人在物质上的要求减少时，精神上的收获会增加。爱默生曾说："快乐本身并非依财富而来，而是在于情绪的表现。"当我们腾出心灵的空间，从各个角度去体验人生，当我们开始了解到自以为必需的东西其实很多是可以不要的时候，就可以发现：我们现在拥有的东西已足够让人快乐了。

少攀比，幸福没有标准

托尔斯泰说："幸福的家庭都是相似的，不幸的家庭各有各的不幸。"其实，岂止"不幸的家庭各有各的不幸"，幸福的家庭也同样各有各的幸福。这是因为：幸福是没有标准、无法类比的，真正的幸福更不可能是全然相同的。

现实生活中的人就像夜幕下的星星一样，都在按照自己的轨迹不停地运动。然而，对于许多人来说，他们虽然生活着，却无法找到自己的坐标系，因为他们总是参照别人的标准活着。时常有人赞叹："瞧，那家伙有一辆宝马跑车，多漂亮！"继而想："要是我能拥有一辆那样的跑车有多好！那时我该有多幸福！"住豪华别墅，开高级轿车，穿名牌时装，吃山珍海味……在许多人的心目中，这才是幸福生活的标准。

确实，许多人是把上述的这些当成了幸福的标准，并努力追求达到这个标准。然而，当他们达到这个标准，进而享受自己所认为的幸福的时候，却发现自己的标准大有问题。

在我国西部的一个大山中，有两个年龄相仿的男子：石蛋和柱子。石蛋在二十二岁时结婚，很快就有一对儿女。大山中本来就清贫，成家后有了负担的石蛋，尽管日出而作、日落而息，但日子始终过得捉襟见肘。柱子见昔日快乐的单身汉石蛋过着这样的日子，不胜唏嘘。他决定终身不娶，并且远离家乡，在外面潜心做生意。最后，柱子如愿以偿，成了一名富翁。

20多年过去了，当年的年轻人都已经成了霜染双鬓的中年人。经商在外的柱子思念家乡，就衣锦还乡了。一路上，他意气风发，感觉非常良好，心里一直想着如何炫耀自己的成功与幸福。回家以后，柱子经常走东家、串西家，在乡亲们的赞美声中感觉自己是多么幸福的一个人。直到有一天再次经过石蛋的家门，他才明白自己的幸福在石蛋面前是多么的渺小。

这是一个阳光明媚的午后，柱子依旧在村子里踱步。当他走过石蛋的家门时，听见一阵笑声——是石蛋夫妇俩在笑。好奇的柱子从门缝往里瞧：石蛋的大女儿腆着肚子回娘家，二十岁的小儿子满院抓鸡杀，鸡飞狗跳中把头上的帽子掉进了院子里的小水塘中。石蛋夫妇坐在藤椅中，一脸的幸福。

柱子忽然怀疑起自己来：我有什么？我除了钱就是钱。没有天伦之乐，没有亲情呵护……

看来，20多年的岁月洗礼，并没有让柱子对幸福的理解有半点长进。无论是20年前还是20年后，他都仅仅根据眼里所见到的表面现象来评判幸福。殊不知，幸福更主要是一种个人的感觉。你觉得幸福，你就幸福。不要去和别人攀比，因为每一个人对于幸福的理解都不同。拿柱子来说，他一直觉得自己做一个单身富豪很幸福，那就享受这样的幸福就行了，犯不着再去和别人比这比那。

家家都有本难念的经，每个人都会有不尽如人意的时候，也有不尽如人意的地方。对此，有的人苦恼不已，更有的人盲目羡慕别人。这两种人有一个共同的特点，那就是不懂得应该如何珍惜自己所拥有的。

不幸的人总对得不到的念念不忘

德国悲观主义哲学家叔本华曾说过一句并不悲观的话："我们很少去想已经有了的东西，但却念念不忘得不到的东西。"这句话足以发人深省。

我们当中大多数人似乎都是这样，依循既有的模式活着。

年轻时，希望考上好学校，找到好工作，再结婚生子、买车子、买房子……然后等一切都达到了，又期待有更高的职位，更豪华的房子……满脑子都想着赚更多的钱、过更好的生活，添加更多的行头。

而有些人每天所面临最大的困扰，居然是该穿哪一件衣服外出。一早起来，就烦心："我到底该穿哪一件衣服呢？黄的、红的、紫的？穿圆领、V字领……"总觉得满满当当的衣柜里似乎永远都欠缺着那么一件"刚好可以"搭配的衣服。

其实，你已经拥有那么多了，而你的心却不在已经拥有的东西上。你的心一直在找寻那些没有的。结果，你越是去想自己所欠缺的，就越发沮丧，而越沮丧就越会去想欠缺的——于是你变得不满，总是抱怨，而没有尽头。

表面上，你是在追求幸福，但其实是在找不幸。追寻幸福最大的障碍，即是期望过大的幸福。

亚伯拉罕·林肯曾说过一个非常动人的故事。有个铁匠把一根长长的铁条插进炭火中烧得通红，然后放在铁砧上敲打，希望把它打成一把锋利的剑。但打成之后，他觉得很不满意，又把剑送进炭火中烧得透红，取出后再打扁一点，希望它能做种花的工具，但结果亦不如意。就这样，他反复把铁条打造成各种工具，却全都失败了。最后，他从炭火中拿出火红的铁条，茫茫然不知如何处理。在无计可施的情形下，他把铁条插入水桶中，在一阵嘶嘶声响后说：

"唉！起码我也能用根铁条弄出嘶嘶的声音。"

如果我们都有故事中铁匠的心胸，能适当调整自己的期望值，还有什么失败和挫折能够伤害我们呢？

安徒生有一则名为《老头子总是不会错》的童话故事。

有一对清贫的老夫妇，有一天他们想把家中唯一值点钱的一匹马拉到市场上去换点更有用的东西。老头牵着马去赶集了，他先与人换得一头母牛，又用母牛去换了一只羊，再用羊换来一只肥鹅，又把鹅换成了母鸡，最后用母鸡换了别人的一口袋烂苹果。

在每次交换中，他都想着要给老伴一个惊喜。

当他扛着一大袋子烂苹果来到一家小酒店歇息时，遇上两个英国人。闲聊中他谈了自己赶集的经过，两个英国人听后哈哈大笑，说他回去准得挨老婆子一顿揍。老头子坚称绝对不会，英国人就用一袋金币打赌，于是，两个英国人和老人一起回到老头的家中。老太婆见老头子回来了，非常高兴，她兴奋地听着老头子讲赶集的经过。每听老头子讲到用一种东西换了另一种东西时，她都充满了对老头的钦佩。

她嘴里不时地说着："哦，我们有牛奶喝了！"

"羊奶也同样好喝。"

"哦，鹅毛多漂亮！"

"哦，我们有鸡蛋吃了！"

最后听到老头子背回一袋有点腐烂的苹果时，她同样不愠不恼，大声说："那我们今晚就可以吃到苹果馅饼了！"

结果，英国人输掉了一袋金币。

从这个故事中我们可以领悟到：不要为失去的一匹马而惋惜或埋怨生活，既然有一袋烂苹果，就做一些苹果馅饼好了。适时调整、降低自己的期望值，生活就会妙趣横生、和美幸福。

学习遗忘

上天赐给我们很多宝贵的礼物，其中之一即是"遗忘"。只是我们过度强调"记忆"的好处，却反而忽略了"遗忘"的功能与必要性。

例如：失恋了，总不能一直沉溺在忧郁与消沉的情境里，必须尽快遗忘。股票失利，损失了不少金钱，当然心情苦闷提不起精神，此时，也只有尝试着去遗忘。期待已久的职位升迁，人事令发布后竟然不是你！情绪之低落可想而知。解决之道无它，只有勉强让自己遗忘。

可见，"遗忘"在生活中有多么重要！然而想要遗忘，却不是想象中那么容易。遗忘是需要时间的，只不过，如果你连"想要遗忘"的意愿都没有，那么，时间再长也无济于事。

一般人往往很容易遗忘欢乐的时光，但对于哀愁的经历却经常忆起，这是对遗忘哀愁的一种抗拒。换言之，人们习惯于淡忘生命中美好的一切，但对于痛苦的记忆，却总是铭记在心。为什么呢？难道我们真的如此笨拙？

不，当然不是。关键在于我们的"执着"。我们很少静下心来检查自己"已有的"或"曾经拥有的"，而总是"看到"或"想到"自己"失去的"或"没有的"。这，当然注定了难以遗忘。

的确，我们这一代的人，好像个个都太精明了。无论是待人或处事，很少检讨自己的缺点，总是记得"对方的不是"以及"自己的欲求"。其实到头来，还是很少如愿，因为，每个人的心态正彼此相克。

　　反之，如果这个社会中的每个人，都能够试图将对方的不是及自己的欲求尽量遗忘，多多检讨自己并改善自己，那么，彼此之间将会产生良性的互补作用，这才是我们所乐意见到的。

　　相信每一个人都希望重新见到过去那种不那么功利的社会，这必须大家都肯放下身段，一齐来学习"遗忘"，遗忘那些带给我们不愉快的人和事物。

像李叔同那样享受"苦难"

　　李叔同（1880—1942），也就是后来的弘一法师。年轻人可能不知此人是谁，但你若是会唱那首脍炙人口的《送别》，"长亭外，古道边，芳草碧连天……"便可知这首大名鼎鼎的《送别》就是李叔同先生的杰作。李叔同是一个传奇，他集诗、词、书画、金石、音乐、戏剧、文学、哲学于一身，是这些领域里的佼佼者。

　　李叔同在 38 岁那年，从风光八面的文化名流转而皈依佛门，成为弘一法师。从世俗的富贵绚丽归于脱俗的清贫平淡，弘一法师没有丝毫"吃苦"的流露。夏丏尊先生在一篇题为《生活的艺术》的散文中，记载了他与弘一法师（李叔同）的一段交往，文章不长，内涵却意味深长。现摘录如下：

　　新近因了某种因缘，和方外友弘一和尚（在家时姓李，字叔同）聚居了好几日。和尚未出家时，曾是国内艺术界的先辈，披剃以后，专心念佛，见人也但劝念佛，不消说，艺术上的话是不谈起了的。可是我在这几日的观察中，却深深地受到了艺术的刺激。

　　他这次从温州来宁波，原预备到了南京再往安徽九华山去的。因为江浙开战，交通有阻，就在宁波暂止，挂褡于七塔寺。我得知就去望他。云水堂中住着四五十个游方僧。铺有两层，是统舱式的，他住在下层，见了我笑容招呼，和我在廊下板凳上坐了，说："到宁波三日了。前两日是住在某某旅馆（小旅馆）里的。"

　　"那家旅馆不十分清爽罢。"我说。

　　"很好！臭虫也不多，不过两三只。主人待我非常客气呢！"

　　他又和我说了些轮船统舱中茶房怎样待他和善，在此地挂褡怎样舒服等等的话。

我惘然了。继而邀他明日同往白马湖去小住几日，他初说再看机会，及我坚请，他也就欣然答应。行李很是简单，铺盖竟是用破的席子包的。到了白马湖后，在春社里替他打扫了房间，他将席珍重地铺在床上，摊开了被，再把衣服卷了几件作枕，拿出黑而且破得不堪的毛巾走到湖边洗面去。

"这手巾太破了，替你换一条好吗？"我忍不住了。

"哪里！还好用的，和新的也差不多。"他把那破手巾郑重地张开来给我看，表示还不十分破旧。

他是过午不食了的。第二日未到午，我送了饭和两碗素菜去（他坚说只要一碗的，我勉强再加了一碗），在旁坐了陪他。碗里所有的原只是些莱菔白菜之类，可是在他却几乎是要变色而作的盛馔，满怀喜悦地把饭划入口里，郑重地用筷夹起一块莱菔来的那种了不得的神情，我见了几乎要下欢喜惭愧之泪了！

第二日，有另一位朋友送了四样菜来斋他，我也同席。其中有一碗咸得非常的，我说："这太咸了！"

"好的！咸的也有咸的滋味，也好的！"

在他，世间竟没有不好的东西，一切都好，小旅馆好，统舱好，挂褡好，破的席子好，破旧的手巾好，白菜好，莱菔好，咸苦的蔬菜好，走路好，什么都有味，什么都了不得。

这是何等的风光啊！宗教上的话且不说，琐屑的日常生活到此境界，不是所谓生活的艺术化了吗？人家说他在受苦，我却要说他是享乐。当见他吃白菜时那种愉悦的光景，我想：莱菔白菜的全滋味、真滋味，怕要算他才能如实尝得的了。对于一切事物，不为因袭的成见所缚，都还他一个本来面目，如实观照领略，这才是真解脱，真享乐。

也许，要凡人如你我等完全做到"跳出三界外，不在五行中"不太现实，如李叔同般皈依佛门我们更难以学习，但他对于世俗中所谓的"苦"的达观与享受，却是非常值得我们学习的。

第二章
培养自得其乐的能力

在谈到人生哲学时，有位智者说过一段这样的话："人生如同美国的西部牛仔片。在嘈杂的酒吧里，恶徒坐着喝酒，流氓拼命打架，而弹琴的人就在这个混乱险恶的处境中照弹不误。你得学会这琴师的本事，不管酒吧里发生了什么事，你都要继续弹你的曲子。"

在混乱的环境中，保持自己悠然自得的心境，是很多人所无法做到的。我们生活的旋律，太容易被外界的影响所扰乱。人只有对外界的干扰迟钝一些，才能够找到通往灵魂自由之路。

决定快乐的钥匙在你手中

有一个人一直管不好自己的钥匙，经常不是弄丢了，就是忘了带，要不就是反锁在门里。后来他想老是撬开门也不是个办法，所以配钥匙时便多配了一把，放在隔壁邻居家。他以为这下可以无忧无虑了。没想到有一天他又忘了带钥匙，恰好隔壁的人也都出去办事了，于是他又吃了闭门羹。后来，他干脆又在另一边邻居那里也放了钥匙。当他在外边存放的钥匙越多，他对自己的钥匙也就管理得越松懈，为保险起见，他干脆在所有可以拜托的邻居家都存放了钥匙，但最后就变成——有时候，他的家所有的人都进得去，却只有他进不去，因为所有的人手中都有他家的钥匙。

他家的那扇门锁住的，其实就只有他自己而已。

以上这个故事，很耐人寻味。在现实生活中放弃自己的权利，让别人来决定自己生活的人实在不少。他们把自己求学、择业、婚姻……所有的问题统统托付给他人，失去了自我追求、自我信仰，也就失去了自由，最后变成了一个毫无价值的人。人生最大的损失，莫过于失掉了自我的乐趣。

另外还有一个故事。有一位年轻的画家把自己的一幅佳作送到画廊里展出，他别出心裁地放了一支笔，并附言："观赏者如果认为这画有欠佳之处，请在画上做上记号。"结果画面上标满了记号，几乎没有一处不被指责。这位画家的心情很糟糕。他找到了他的老师，把自己的遭遇告诉老师。老师叫他画了张同样的画拿去展示，不过这次附言与上次不同，请每位观赏者将他们最为欣赏的妙笔都标上记号。结果，当画家再取回画时，看到画面又被涂满了记号，原先被指责的地方，都换上了赞美的标记。

年轻的画家这次并没有狂喜。因为他明白了一个道理：自己的情绪不应该由别人来操纵。

专栏作家哈理斯和朋友在报摊上买报纸，朋友礼貌地对报贩说了声谢谢，但报贩却冷口冷眼，没发一言。

"这家伙态度很差，是不是？"他们继续前行时，哈理斯问道。"他每天晚上都是这样的。"朋友说。"那么你为什么还是对他那么客气？"哈理斯再问。朋友答："为什么我要让他决定我的行为？"

每个人心中都有把"快乐的钥匙"，但我们却常在不知不觉中把它交给别人掌管。

一位女士抱怨道："我活得很不快乐，因为先生常出差不在家。"她把快乐的钥匙放在先生手里。

一位妈妈说："我的孩子不听话，让我很生气！"她把钥匙交在孩子手中。

男人可能说："上司不赏识我，所以我情绪低落。"这把快乐的钥匙又被塞在老板手里。

婆婆说："我的媳妇不孝顺，我真命苦！"

这些人都做了相同的决定，就是让别人来控制自己的心情。

当我们容许别人掌控我们的情绪时，我们便觉得自己是受害者，于是抱怨与愤怒成为我们唯一的选择。我们开始怪罪他人，并且传达一个信息："我这样痛苦，都是你造成的，你要为我的痛苦负责！"

这样的人使别人不喜欢接近，甚至望而生畏。

一个成熟的人能够握住自己快乐的钥匙，他不期望别人使他快乐，反而能将自己的快乐与幸福带给周围的人。

我们身处的地方，不论是环境、人、事、物，都很容易影响我们的情绪，可是千万别忘了，决定快乐的钥匙，只在你自己手中！

26

快乐的态度是生存之本

有一天，一个朋友慌慌张张地跑来对美国作家爱默生说："预言家说，世界末日就在今晚！"

爱默生望着他，平静地回答："不管世界变成如何，我依旧照自己的方式过日子。"

爱默生的回答十分耐人寻味，他面对动荡不羁的人生采取的是一种"随便"的态度，并从中获得了快乐。

爱默生的生活态度，说明在世上想要享受真正的生活，一定不要在乎那些自己所无法掌控的坏消息。就算哪天世界末日真的会降临到你的身上，你也无须担心。世界末日你根本无法阻止，并且只会来一次。而现在世界末日也还没来，不是吗？

就像某位哲人所说的："我们不需要恐惧死亡，因为事实上我们永远不会碰到它。只要我们还在这儿，它就不会发生，当它发生时，我们就不在这儿了，所以恐惧死亡是没有意义的。"

有天下午，周艳正在弹钢琴，7岁的儿子走了进来。他听了一会说："妈，你弹得不怎么动听！"

不错，是不怎么动听，甚至任何认真学琴的人听到她的演奏都会挑出不少错误，不过周艳并不在乎。多年来，周艳一直就这样不断地弹着，她弹得很高兴。

周艳也曾热衷于不动听的歌唱和不耐看的绘画，从前还自得其乐于蹩脚的缝纫。周艳在这些方面的能力不强，但她不以为耻，因为她不是为他人而活着，她认为自己有一两样东西做得不错就足够了。

生活中的我们常常很在意自己在别人的眼里究竟是一个什么样的形象。因此，为了给他人留下一个比较好的印象，我们总是事事都要争取做得最好，时时都要显得比别人高明。在这种心理的驱使下，人们往往把自己推上了一个永不停歇的痛苦循环。

事实上，人生活在这个世界上，并不是一定要压倒他人，也不是为了他人而活着。人活在世界上，所追求的应当是自我价值的实现以及对自我的珍惜。不过值得注意的是，一个人是否能实现自我，并不在于他比他人优秀多少，而在于他在精神上能否得到幸福和满足。只要你能够得到他人所没有的幸福，那么即使表现得不出众也没有什么。

人的一生，如同在江河中泅渡。身边有时是惊涛拍岸卷起千堆雪，有时是长沟流月去无声……一味地强渡抢渡，最容易陷入举步维艰、事倍功半的境地。而如果你懂得了"随"字诀，对于人生的各种变故与动荡就不会那么手足无措，大可以在轻松写意中化解各种矛盾。

所谓"随"，不是跟随，而是顺其自然，不躁进、不强求、不过度、不怨恨。《道德经》中"人之生也柔弱，其死也坚强；草木之生也柔脆，其死也枯槁"，一语道破了顺其自然的根本理由——为了生存。有机的生命体从来都是柔性的，只有在死亡之后才变得坚硬。而坚硬的东西通常都易受损、易碎、易灭失。所谓"柔弱者，生之途；坚强者，死之途"，因此，生存之本是顺其自然，为人处世，亦是如此。

所谓"随"，不是随便，不是随波逐流，而且还是一种有智慧的勇敢。它是怀着坚定的信念，顺天道、识大体、持正念、择正行，在顺应中努力，在屈中求伸。要修成糊涂真功，先得学会"随"字心法。心境放随和了，身段就柔和了。能进则进，当止就止，于不经意间收获丰赡的人生。

老子曾经赞美水说：上善若水。他认为水有七种美德（七善），其中有两种分别为"事善能""动善时"。前者的意思是：处事像水一样随物成形，善于发挥才能。后者的意思是：行动像水一样涧溢随时，顺应天时。由此可见，道家的无为，实质上是指遵循事物的自然趋势而为，即凡事要"顺天之时，随地之性，因人之心"，而不要违反"天时、地性、人心"，凭主观愿望和想象行事。

随便一点，随和一些，水自漂流云自闲，花自零落树自眠。世间热闹纷扰，你抽身而出，不为利急，不为名躁，不激动，不冲动，进退有据，左右逢源。这样貌似糊涂的人生，何尝不是一种幸福人生？

"春有百花秋有月，夏有凉风冬有雪；若无闲事挂心头，便是人间好时节。"这首诗出自无门慧开禅师。大自然非人力所能为，却一年四季各应其时，各有其美。与自然之美，生命之美相比，其他种种不过是闲事罢了。

勇敢说"不"，不再委屈自己

一个虔诚的信徒向大师请示开悟。大师叫他先建一座庙，信徒马上照办。庙盖好了，大师不满意，叫他拆掉重新盖。信徒照办了。大师仍不满意，叫他再拆掉重盖，信徒毫无怨言地照办了。如此反反复复，信徒盖好了第20座庙，大师又要他拆掉，信徒忍不住说："你自己去拆吧！大师！"

"现在你终于开悟了。"大师说。

有一位伟人曾经这样说："在超越某种限度之后，宽容便不再是美德。"

一点都没错。有些时候，之所以常把日子过得一团糟，就是因为我们容忍了太多次的"好"，而不懂得说一声"不"。

太忙于做好人，以至于找不出时间去做好事，这就是问题所在。这种人生也就是不完美的人生。

曾听朋友讲过这样一个故事。

他刚参加工作不久，姑妈来到北京看他。他陪着姑妈在天安门转了转，就到了吃饭的时间。

他身上只有200元钱，这已是他所能拿出招待对他很好的姑妈的全部现钱。他很想找个小餐馆随便吃一点，可姑妈却偏偏相中了一家很体面的餐厅。他没办法，只得随她走了进去。

俩人坐下来后，姑妈开始点菜，当她征询他意见时，他只能含混地说："随便，随便。"此时，他的心中七上八下，放在衣袋中的手紧紧抓着那仅有的200元钱。这钱显然是不够的，怎么办？

可是姑妈一点也没在意他的不安，她不住口地夸着这儿可口的饭菜，可怜的他却什么味道都没吃出来。

最后的时刻终于来了，彬彬有礼的侍者拿来了账单，径直向他走来，他张开嘴，却什么也没说出来。

姑妈温和地笑了，她拿过账单，把钱给了侍者，然后盯着他说："孩子，我知道你的感觉，我一直在等你说不，可你为什么不说呢？要知道，有些时候一定要勇敢坚决地把这个字说出来，这才是最好的选择。"

何必像一头绵羊一样，处处迎合与迁就他人呢？多做一些利人之事固然是一种美德，但一味地迎合他人，而使自己委曲求全，未免也太自虐了些。明明内心不愿意，却为了顾及形象或面子死撑着，别人倒是高兴了，那你自己呢？

很多时候，适当的拒绝是一种理性，处处说"是"的人，最容易让"是"与愿违。因为你没有足够的精力与能力去让"是"兑现。

适当的拒绝还是一种呵护，处处说"是"的人，容易把自己生活交给别人去支配。生活主动权的丧失，意味着乐趣的丧失。

适当的拒绝更是一种力量，处处说"是"的人，其"是"并不显得珍贵。因为有"不"的存在，"是"才体现出它的价值。

在你不愿意说"是"时，请遵循内心的指引，勇敢地说出"不"字。

为自己制造欢喜

当坎坷和挫折接踵而来，一次次落在你的肩头时，你是否觉得自己是这个世界上最不幸的人？当你的生活屡遭磨难，你是否觉得忧愁总多于欢喜？其实，欢喜只是一份心情，一种感受，就看你如何去寻找。

实际上，那些唱着歌昂首阔步走路的人，那些怀着许多新的渴望去尝试生活的人，又有几个不负担着沉重的压力？只不过他们将自己的眼泪和悲伤掩藏起来，将欢喜的一面展现给别人，让人觉得他们生活无忧无虑，是世界上最快乐的人，而自己也从这种快乐中真正获得了一份心灵的轻松。

每次在街上游逛，途经一条条长长的街，那些卖瓜果、冷饮、蔬菜的小贩，有的大声地吆喝着；有的就靠在小树旁独自小憩；有的捧着一本书有滋有味地读着，全然没有阴郁和叹息。他们一定生活得比我们艰难和沉重。如果遇到坏天气，或许他们没有一分钱的收入；如果有什么意外，他们必须独自去承担。但是，即使住在低矮的、高价租来的房屋中，依然有喷香的佳肴经他们手变换出来，依然有快乐的歌声在小屋中飘荡——那就是对贫苦生活无言的抗争啊！即便是这样，苦中作乐、朝不保夕的生活，也给了他们一些别人所没有的东西，那就是劳作的欢欣。

当外界种种困厄侵袭你薄薄的心襟，当你悲天悯人时，为什么不让自己给自己制造一份欢喜？

你可以看看云，望望山，散散步，写几首小诗，听一支激昂的歌，把忧伤留给过去。假如从这里所得到的快乐远不能使你摆脱生活的沉重，不妨在心里默默祈祷，并坚信你就是这个世界上最快乐的人。天长日久，一旦在心中形成了一个磁场，并逐渐强化它，尽心尽力去做好每件事，让自己从平凡的生活中得到丝丝欢喜，你真的就可以成为这个世界上最快乐的人。

自认为欢喜，并自得其乐，也是对平淡、无聊，甚至不如意的生活的一种积极抗争。一个人如果一味地沉湎于忧愁的心境，总觉得自己生活得比别人差，处处不顺心，怨天尤人，又怎么能够让自己的生活呈现五彩缤纷，又怎么去获得生活中的乐趣呢？尽管外界可以剥夺许多诱惑你的东西，让你身处逆境，让你免不了心绪沉闷，但是，如果你仍能积极地去创造生活乐趣，去体悟生活中的欢喜，还有什么能阻拦你前进的步伐呢？

客居异乡，每每觉得无聊苦闷时，就常常独自一人上街去看那些平凡的人世。忙忙碌碌的人群，新奇鲜艳的商品，绿树成荫的小道，嬉戏玩闹的孩童，随处可见的小贩。渐渐参透：每个生活在世上的人其实都不容易，但是也没有一个人就此止步不前——因为生活中的欢喜是要自己去寻找的。

人在顺境之中，可以乐观、愉快地生活；人在逆境中，也能乐观、愉快地生活吗？有的人能做到，有的人就不能。

宋代有位高僧，法号叫靓禅师。一次，靓禅师去施主家做佛事，路过一小溪，因前夜天降暴雨，溪水顿涨，加之靓禅师身体胖重，因而陷于溪流之中。他的徒弟连拖带拽，将其拽到岸上。靓禅师坐在乱石间，垂头如雨中鹤。不一会儿，他忽然大笑，指溪作诗曰：

春天一夜雨滂沱，添得溪流意气多；

刚把山僧推倒却，不知到海后如何？

靓禅师在如此倒霉、尴尬的情况下，尚能开怀吟诗，真是糊涂到家了。但这种糊涂，又何尝不是一种超脱、一种自由、一种大欢喜？

要想在逆境中达观、愉快，除了让自己钝化对外界的负面感知之外，一个重要的方法就是换一个角度，站在另一个立场去看待自己所遇到的不幸，设法从中得到快乐。靓禅师陷于溪流之中，一般人认为他应该垂头丧气，自认倒霉而恨恨不已。而靓禅师偏不这样，而是以一种藐视的态度与溪水对话，并在对话的过程中，宽释了心怀，得到了乐趣，变烦恼为大笑，这是何等宽广的胸怀啊！

你能像靓禅师那样乐观地对待生活吗？如果不能，你就试着转变一下观念，记住：

你改变不了环境，但你可以改变自己；

你改变不了事实，但你可以改变态度；

你改变不了过去，但你可以改变现在；

你不能控制他人，但你可以掌握自己；

你不能预知明天，但你可以把握今天；

你不能样样顺利，但你可以事事尽心；

你不能左右天气，但你可以改变心情；

你不能选择容貌，但你可以展现笑容；

你不能决定生死，但你可以提高生命质量。

开心的一万个理由

从前的人们碰到一起，打招呼时喜欢说：吃了吗？

后来改成了：你好！

如今，在相当一部分人口中，又变成了：开心点儿！

由物质到精神，关心的内容发生了本质的变化。

然而，开心的理由呢？在对一些女士的调查中，所得到的回答各不相同。

一位老太太，已老到走路不能自如的境地，还坚持在景山公园的台阶上，一级一级地往上蹭。她脸上阳光灿烂：这是我每天最开心的事呀。

一个女孩，整天在办公室忙碌，无非打印个文件，收收发发，很琐碎，往身后一看什么都留不下。可一到休息日，她就实在闲得忧郁，因而总唠叨说：只有工作才能使我开心。

一个操劳了一辈子的母亲，不穿金，不戴银，不吃补品，每日辛劳不辍，笑呵呵回答儿女们的是：全家平平安安比什么都让我开心。

一个下岗女工：能给我一份工作，我可就开心死了。

一个小保姆：主人家信任我，不见外，我就觉得开心。

一个小女生：哎呀呀，星期天早上能让我睡够了，最开心！

生活就是世界上最难的一道题，复杂得永远解不清。可是生活又简单得只要有一颗透明的水滴、一首诗、一支歌、一朵小花、一片绿叶、一只小动物……就能让我们开心得如神仙般而飘飘然起来。

人心是自然界最深不可测的欲海，然而，也是最容易满足的乖孩子，一句宽心的话，一张温暖的笑颜，一个会心的眼神，一声真诚的问候，一个善良的祝福……就能成为一根棒棒糖，一颗开心果，能一直香甜到我们心里，使我们回到开心的童年，像小鸟一样叽叽喳喳地唱不够。

流行歌曲中有唱："一千个伤心的理由……"如果你真的有一千个伤心的理由，请别忘了你还有一万个开心的理由。

享受独处的生活优雅

当我们学会了优雅地生活时，就会有一种甜蜜、温柔的感受穿透全身，整个人都会轻松起来。在紧张、压抑的时候，享受一下必要的独处时光，是优雅生活的必要选择，如果长期没有独处去反省自己并自我充实，人可能会变得很烦躁。

很多人之所以在压力下还能够保持优雅的态度，那都要归功于他们能够经常很小心地护卫他们的自由和独处时间。请你学一下他们，从现在起，每天想尽办法抽出 15 分钟时间作为独处的开始，你会发现，15 分钟的效果相当惊人。我们都需要一个独处的地方让自己完全放松。你可以找个让你觉得舒服的地方，甚至可以选择浴室、阳台，或是附近的公园、图书馆。好好度过你的独处时间，只有你发现了真实的自我，才能体会到自己真正活着。

独处，会让我们暂时卸除在与人接触时所戴的面具，让我们的心情恢复恬静自然。在事务繁忙、交通拥塞、交际频繁的现代社会，想偶尔拥有完全独处的机会，真有点如同钻石般难得。

独处是将自己暂时与外界不重要的、肤浅的事物隔离，为的是寻觅内在的力量。这种内在的心灵力量将可以使我们重新精力充沛，品格提升。一个人如果只是孤寂地隐退，而未发掘内在的力量，那么他的生活便不会达到最完善的境界。

每个时代的圣哲与天才，都能从孤寂中获得极丰富的灵感，每个人也都可以从短暂的孤寂中有所收获。不过，我们不必刻意为了争取独处的时刻，而让自己的行为显得怪僻偏颇。

其实，想要享受独处的时光，平时不妨独自在寂静的小道散一会儿步，或早晨早起一小时，独自欣赏破晓天明的绚丽景观，或在公园小椅上闲坐片刻，或骑车在郊区慢慢地兜风。生活再怎么忙碌，片刻的悠闲时光总是会有的，何不用这片刻的悠闲，给我们的心情放个假？

独处会让我们停下来好好分析自己的烦愁，然后想出办法加以驱除。

独处不是孤寂。假使你害怕孤寂，那么一定要小心检讨自己，因为那代表你的心灵出了毛病。

记住，要设法让思绪纷乱的自己停下来，腾出时间走进心灵深处，与真实的自己共处反省，也许你会产生一种惊喜，因为你碰到了一个好处又上进的知心朋友，那就是你自己！

一笑而过的大智慧

俄国著名作家契诃夫在小说《小公务员之死》中，写了一个小公务员坐在某个将军的后排看戏，不慎打了一个喷嚏。打喷嚏本来就是人的正常生理反应，穷人打喷嚏，富人也打喷嚏，罪犯打，警察也打，并没有什么特别的。这个小公务员起先没觉得有什么不妥，但当他看到坐在他前面第一排座椅上的那个小老头是三品文官布里扎洛夫将军，他有些慌了。将军正用手套使劲擦他的秃头和脖子，嘴里还嘟哝着什么。

小公务员认为自己的喷嚏可能溅着将军了，然后就开始不停地如祥林嫂絮叨那般不停地道歉。将军在看戏时被他搅得烦躁不已。幕间休息时，他还在锲而不舍地道歉，将军回答他："哎，够了！我已经忘了，您怎么老提它呢！"

小公务员却不依不饶，散戏后又登门道歉，搞得将军莫名其妙，终于在大怒之下将他赶出了大门。小公务员误认为将军还不宽恕自己，最终在惊吓与懊丧中郁郁身亡。

一个喷嚏搞得自己终日惶恐，最终丢了性命，这或许是文学的虚构，不过，在现实生活中，类似为了一丁儿小事惴惴不安的人还真不少见。

有人无意间说错了一句话，伤害了朋友，为了不影响两人之间的友谊，他开始向朋友不停地解释。

有人付出了大量的心血，却没有得到应有的认可，便开始不停地解释，希望人们认可自己的付出。

人的一生中有许多事情需要为自己解释，尽管这些解释看似非常必要，尽管人们在听你解释时会不住点头，尽管你为自己的解释花去了大量的精力，但最后换来的又能是什么？是人们的同情，还是人们真正的理解？有时解释可以消除云雾，但有时解释不但是多余的，反而会增加烦恼。我们何必为了自己做错的一件小事，或是与别人发生了小的误会而去苦苦纠缠和解释！时间能做出最好的解释，事实会做出最公正的回答。

一次，有一位学者去访问原美国海军陆战队的将军——史密德里·柏特勒少将。这位少将是所有统率过美国海军陆战队的人里最多姿多彩、最会摆派头的将军。学者对少将的处事作风作了尖锐的批评，并将批评文章刊登在报纸上。但少将却是一副满不在乎的样子。少将说："我了解，买了那份报纸的人大概有一半不会看到那篇文章；看到的人里面，又有一半会把它只当做一件小事情来看；而在真正注意到这篇文章的人里面，又有一半在几个星期之后就会把这件事情全部忘记。一般人根本就不会想到你我，或是关心批评我们的什么话，他们大部分时间里会想到他们自己，无论是早饭前，还是早饭后，还是一直到午夜时分。他们对自己的小问题的关心程度，要比你或我遇到的大消息更关心一千倍。所以我们还有必要解释吗？"

这位将军的态度非常值得我们学习。我们虽然不能阻止别人对自己做出不公正的批评，但我们却可以做出一件更重要的事：可以决定自己是否受到那些不公正批评的干扰。当然，不为无谓的争执付出更多时间的解释，并不是说拒绝接受一切批评，我们只是不要去理会那些不公正的批评罢了。

美国一家公司的总裁在被人问及是否对别人的批评很敏感的时候回答说："是的，我早年对这种事情非常敏感。我当时急于要使公司里的每一个人都认为我非常完美，要是他们不这么想，我就会很忧虑。只要哪一个人对我有些怨言，我就会想方设法去取悦他。可是我所做的讨好他们的事情，总会使另外一些人生气。然后等我想要弥补这个人的时候，又会惹恼了其他一些人。最后我发现，我越想去讨好别人以避免别人对我的批评，就越会使批评我的人增加。所以，最后我对自己说：只要你在工作就一定会受到别人的批评，所以还是趁早不去考虑这些为好。这一点对我大有帮助。从那以后，我就决定尽我最大能力去做我该做的事情，而不去关注如何改变别人的看法。"

一个教授对他学生发表演讲时表示，他所学到的最重要的一课是一个曾在钢铁厂里做事的德国老人教给他的。那个德国老人跟其他的一些工人发生了争执，结果被那些工人丢到河里。当他走进我的办公室时，老人浑身都是泥和水。我问他对那些把他丢进河里的人说了什么？他却回答说：我只是笑一笑。

教授先生说，后来他就把这个德国老人的话当作他的座右铭：只是笑一笑。

一笑而过，其实是一种大智慧。用这种智慧指导自己的人，比一味辩解的人更能得到他人的谅解、理解与敬重。

用幽默刺破现实的气球

俄国著名语言寓言作家克雷洛夫早年生活穷困。他住的是租来的房子，房东要他在房契上写明，一旦失火，烧了房子，他就要赔偿15000卢布。克雷洛夫看了租约，不动声色地在15000后面加了一个零。房东高兴坏了："什么，150000卢布？""是啊！反正一样是赔不起。"克雷洛夫大笑。

在现实生活中，我们有时候难免会遭遇到不公正的待遇，但很多人却不能用这种幽默的态度去对待委屈，以至于让自己的情绪陷入低谷，或是做得更过分，去报复社会和他人。这些都不可取，折磨自己没必要，折磨他人反过来再被他人所折磨，那种做法是不是有点傻。如果我们学会幽默，就会在所谓的委屈之外发现令人无比快乐的东西。由痛苦到快乐，一定要具备某种超越精神。只有超越了现实，才能俯视现实，就像对待困难要采取乐观的态度一样。乐观不仅可以解脱你所受到的不公正待遇，还可以帮助解救那些深陷困扰的其他人。

要是火柴在你的衣袋里燃起来了，那你应当高兴，而且感谢上苍：多亏你的衣袋不是火药库。

要是有穷亲戚上别墅来找你借钱，那你不要脸色发白，而要喜气洋洋地叫道："挺好，幸亏来的不是劫匪！"

要是你的手指头扎了一根刺，那你应当高兴："挺好，多亏这根刺不是扎在眼睛里！"

你该高兴，因为你不是拉长途马车的马，不是细菌，不是毛毛虫，不是猪，不是驴，不是熊，不是臭虫……你要高兴，因为眼下你没有坐在被告席上，也没有看见债主在你面前，更没有躺在病床上没钱开刀。

如果你不是住在边远的地方，那你一想到命运总算没有把你送到边远的地方去，你岂不觉得幸福？

要是你有一颗牙痛起来，那你就该高兴：幸亏不是满口的牙都痛起来。

没有幽默感的人不会积极地看待这个世界，不会乐观地看待自己的生活。当然乐观也不是盲目的，而是有所依附，是一种彻悟之后的豁达。乐观地看待生活，幽默自然而生。

生活难免沉重，人生总有痛苦；上帝真的是很忙，现在世界上人口增长了那么多，他肯定无法背我们走过每一个痛苦的沼泽。当我们独自在沼泽里挣扎、悲哀与无望时，我们要勇敢地自我解脱，就像用一根针，刺破现实残酷的魔咒，刺破心头鼓鼓的气球。

有了幽默，我们将可以自我解脱。

第三章
试试换个角度看问题

同样一件事，你观察的角度不同，看法也会不同，由此而带来的心情也会不同。当无法改变环境时，不妨改变一下自己看问题的角度，便会拥有另一番风景。我们若看到一个破碗，可以想："这个碗很漂亮，可惜破了一个洞。"但你可以反过来想："这个碗虽然破了，但还好，只有一个洞。"

事物的本身没有悲乐，而感受事物的心灵却有悲观和乐观之分，悲者，乐者，全在于你体会的角度。

积极心态具有改变人生的力量

一场大雨后，一只蜘蛛艰难地向墙上那张支离破碎的网爬去。

由于墙壁潮湿，每当它爬到一定的高度就会掉下来。它一次次地向上爬，一次次地又掉下来……

第一个人看到了，他叹了一口气，自言自语："我的一生不正如这只蜘蛛吗？忙忙碌碌却无所得。"于是，他日渐消沉。

第二个人看到了，他说："这只蜘蛛真愚蠢，为什么不从旁边干燥的地方绕一下爬上去？我以后可不能像它那样愚蠢。"于是，他变得聪明起来。

第三个人看到了，他说："真想不到这只小小的动物，居然有如此顽强的斗志，我以后要学习它屡败屡战的精神。"于是，他变得坚强起来。

同样一个场景，在不同的人眼里有不同的解读，不同的解读又造就了不同的结果。到底是什么导致了人们眼中的差异和心态不同。

有人说是"习惯决定人生"，这话算是有见地。一个人一生的成败往往取决于行动，而行动在很大程度上是受到习惯的支配，因此，说"习惯决定人生"是站得住脚的。但是，有必要继续追问一下：习惯又是从何而来的呢？

也许有人会回答：自己养成的呗。当然是自己养成的。就像种庄稼的一样，我们千万不要忽略了种植庄稼的土壤。习惯的养成，也与心态的土壤有莫大的关系，什么样的心态，产生什么样的习惯。年轻人要想养成良好的习惯，必须先平整好自己的心态之土，让自己的心态土壤充满乐观的养分，并沐浴在温暖的阳光之下。

在我们每一个人身上，都随身携带着一件看不见的东西，它的一面写着"积极心态"，另一面写着"消极心态"。心理学家与社会学家一致认为：在人的本性中，有一种倾向——我们把自己想象成什么样子，就真的会成为什么样子。

一个积极心态者常能心存光明远景，即使身陷困境，也能以愉悦和创造性的态度走出困境，迎向光明。积极的心态能使一个懦夫成为英雄，从心志柔弱变为意志坚强。一个拥有积极心态的人并不否认消极因素的存在，他只不过是学会了不让自己沉溺其中。

积极心态还具有改变人生的力量。当你面对难题时，如果你期待能拨云见日，并能乐观以待，事情最后终将如你所愿，因为好运总是站在积极思想者的一边。具有积极心态的人心中常能存有光明的远景，即使身陷困境，也能以愉悦、创造性的态度走出困境，迎向光明。积极心态人人皆可拥有，但有些人在实行时会发生困难。这是因为某些奇怪的心理障碍会导致问题的出现。一个人若是不断地怀疑、质问，那是因为他自己不想让积极思想发生作用。他们不想成功，事实上他们害怕成功，因为活在自怜的情绪中安慰自己，总是比较容易的。我们的大脑必须被训练成能自动积极思考的模式。

积极心态只有在相信它的情况下才会发生作用，并且产生奇迹，而且你必须将信心与思考过程结合起来。有些人怀疑积极心态无效，可他们不知道，原因之一便是他们的信心不够，所以出现怀疑和犹豫，不停地给它泼冷水的结果。因为他们不敢完全相信一旦你对它有信心，便会产生惊人效果。

乐观者总能从危难中看到机会

有一对双胞胎，外表酷似，禀性却迥然不同。

若一个觉得太热，另一个会觉得太冷。若一个说音乐很好听，另一个则会说像鬼哭狼嚎。

一个是极端的乐观主义者，而另一个则是不可救药的悲观主义者。

为了试探双胞胎儿子们的反应，父亲在他们生日那天，在悲观儿子的房间里堆满了各种新奇的玩具及电子游戏机，而在乐观儿子的房间里则堆满了马粪。

晚上，父亲走过悲观儿子的房间，发现他正坐在一大堆新玩具中间伤心地哭泣。

"儿子啊，你为什么哭呢？"父亲问道。

"因为我的朋友们都会妒忌我，我还要读那么多的使用说明才能够玩。另外，这些玩具总是要不停地换电池，而且最后全都会坏掉的！"

走过乐观儿子的房间，父亲发现他正在马粪堆里快活地手舞足蹈。

"咦，你高兴什么呢？"父亲问道。

这位乐观的儿子答道："我能不高兴吗？附近肯定有一匹小马！"

人活在世上总会遇到各种各样的事情，或忧或喜。但最重要的是当个人的生理需要与客观事物发生矛盾冲突而产生种种恶劣情绪时，如果能通过自己的认知活动，及时调整好自己的情绪，对自己的身心健康乃至处理好各种事情是大有裨益的。

有一个国王想从两个儿子中选择一个作为王位继承人，就给了他们每人一枚金币，让他们骑马到远处的一个小镇上，随便购买一件东西。而在这之前，国王命人偷偷地把他们的衣兜剪了一个洞。中午，兄弟俩回来了，大儿子闷闷不乐，小儿子却兴高采烈。国王先问大儿子发生了什么事，大儿子沮丧地说："金币丢了！"国王又问小儿子为什么兴高采烈，小儿子说他用那枚金币买到了一笔无形的财富，足以让他受益一辈子，这个财富就是一个很好的教训：在把贵重的东西放进衣袋之前，要先检查一下衣兜有没有洞。

同样是丢失了金币，悲观者用它换来了烦恼，乐观者却用它买来了教训。乐观者与悲观者的差别是很有趣的：乐观者在每次危难中都看到了机会，而悲观者在每个机会中都看到了危难。

苏联作家巴乌斯托夫斯基讲述过，在某处的海岛上，渔夫们在一块巨大的圆花岗石上刻上了一行题词——纪念所有死在海上和将要死在海上的人们。这题词使巴乌斯托夫斯基感到忧伤。而另一位作家却认为这是一行非常雄壮的题词，他是这样理解那句题词的：纪念那些征服了海和即将征服海的人。

悲观者的眼光总是专注在不可能做到的事情上，到最后他们只看到了什么是没有可能的。乐观者所想的都是可能做到的事情，由于把注意力集中在可能做到的事情上，所以往往能够心想事成。

每个人都是上帝咬过一口的苹果

杰克·韦尔奇，一个全球企业界大名鼎鼎的人物。出生于 1935 年的韦尔奇，外貌非常平凡，使人很难把他与杰出的企业家联系在一起，他看起来更像一位普通的汽车司机。韦尔奇曾是美国通用电气公司（GE）的董事长兼 CEO。在短短 20 年间（2001 年退休），这位商界传奇人物使 GE 的市场资本增长 30 多倍，达到了 4500 亿美元，排名从世界第十提升到第一。韦尔奇曾被誉为"最受尊敬的 CEO""全球第一 CEO""美国当代最成功的企业家"。

韦尔奇在其自传《杰克·韦尔奇如是说》中，透露了他从小口吃的秘密。他是这样写的——

我从小就得了口吃症，而且似乎根除不掉，有时候我的口吃会引来不少笑话。在大学的星期五，天主教徒是不准吃肉的，所以我经常点一份烤面包夹金枪鱼。而由于我的口吃，女服务员准会给我端来双份而不是一份三明治，因为她听我说的是两份金枪鱼三明治。我的母亲总是为我的口吃找一些完美的理由，她会对我说："这是因为你太聪明了，没有任何一个人的舌头可以跟得上你这样聪明的脑袋瓜。"

事实上这么多年来我从未对自己的口吃有过丝毫的忧虑。我充分相信母亲对我说的话：我的大脑比我的嘴转得快。

在我们的生活中，经常可以见到有人因为口吃或其他小的缺陷而自卑。其实，有点小缺陷并没有什么，有一句名言说得好：世界上每个人都是被上帝咬过一口的苹果，都是有缺陷的，只是有的人缺陷特别大，因为上帝特别喜欢他的芬芳！

有点阿Q是吗？阿Q就阿Q，只要别把这种自我安慰发展到自我炫耀与自恋的地步就行。韦尔奇因为相信母亲的"阿Q"精神，并没有怎么把自己的缺陷放在心上，也没有影响自己的自信。后来，当他取得了辉煌的成就后，全美广播公司新闻总裁迈克尔甚至用无限羡慕的口吻说："韦尔奇真棒，我恨不得自己也口吃！"

生活的压力太大，自我安慰一把又何妨？朋友小段便是一个"精神胜利法"的高手。都是大小差不多、学历不相上下的人，人家是几室几厅，小段只有陋室一间。有人为小段伤感，小段则说：我是懒人，房子一多，天天打扫起来岂不累人？买不起高档的时装，小段说：还是穿不起眼的便装好，出门不怕弄脏，小偷也绝不会将手指塞进我的口袋里。

偶过美食街，想尝尝鲜，踏进餐馆，一看价钱，吓得掉头就跑。刚要叹气，忽又想起，生猛海鲜卫生很难保，自己的肠胃不太好，还是吃碗面条最牢靠。

外出回家，寒风中候了多时，不见公共汽车来，刚想"打的"，一摸口袋很惭愧。牙一咬，干脆走路好了，并告慰自己，现在抓住时机锻炼，将来老了拐杖可免。

偶尔学一学狐狸吃不到葡萄就说葡萄酸的思维方法，化不愉快为愉快，何乐而不为？也许会有人笑太"阿Q"的思考方式不怎么样，但阿Q也好，狐狸也罢，能给自己一个好心情最好。

能感知疼痛是一种幸运

一个中年人忽然偏瘫住院了，这让他的家人和朋友都焦虑而着急。

病人脸色很好，心脏、脉搏都正常，但就是左半边身子包括左腿和左胳膊没有了知觉，一动也不能动不说，用拳头擂，用手掐都没有一丁点儿的感觉。

病人很忧郁，有个父亲带着小孩去探望他，小孩在病房里大声喧哗，于是，小孩的父亲伸手去拧小孩的脸，顿时，小孩疼得尖叫起来。

病人叹了口气说："我真羡慕孩子们啊！"

有人问："羡慕小孩们的天真无邪？"

病人摇了摇头。

有人问："羡慕小孩子们的无忧无虑？"

病人又摇了摇头。

又有人问："是羡慕孩子们如花的年龄？"

病人还是摇了摇头。长吁了一声，病人两眼涌满了泪花说："我只是羡慕小孩子们那么的敏感疼痛啊！"

大家一听，都愣了。

这世界上，有羡慕金钱的、羡慕美酒的、羡慕鲜花的，有那么多值得羡慕的东西而不去羡慕，怎么会有人来羡慕疼痛呢？病人见大家不解，便叹口气解释说："我这种偏瘫病，治来治去，不过就是为了能让自己重新站起来。如今我这半边身体形如枯木，用拳擂没有知觉，用针刺没有一丝反应，如果它能感觉到疼痛，那么我就康复有望了。"是啊，不知疼痛的漠然更让人感觉到沮丧和可怕，它就像一根不能再绿的枯木，像熄灭了心灵上的最后希望。

如果一棵枯树在遭遇斧锯时还能流出疼痛的汁液，一个失去知觉的人还能感觉到些微的疼痛，那么这种疼痛的感觉就是一种幸运，就是一缕希望和一丝福音。

生命最惧怕麻木，但有时不得不庆幸疼痛。心灵也是，麻木就意味着死亡，而疼痛则象征着生命。从这个角度来看待疼痛，我们难道不应该为之而庆幸吗？

事物的利弊要从两面看

英国绅士与法国女人同乘一个包厢。漂亮妩媚的法国女人想引诱这个英俊的英国人，她脱衣躺下后就抱怨身上发冷。

绅士把自己的被子给了她，她还是不停地说冷。

"我还能怎么帮助你呢？"绅士沮丧地问道。

"我小时候，妈妈总是用自己的身体给我取暖。"

"小姐，这我就爱莫能助了，我总不能跳下火车去找你的妈妈过来吧？"

这个男人是多么的不解风情啊。可想而知，做他的恋人或妻子，一定享受不到什么浪漫的感觉。但是，要是仔细想想，这种不解风情在这个时候又是多么的可爱！

理想的男人，当然是懂得些浪漫与风情好些。一个不解风情的木头男人，常常得不到女孩的垂青。不光是男人，其实对于女人来说，解不解风情的道理也是一样的。世间万物都是这样，有一得必有一失，有一失必有一得。

一名文学系的学生对写小说非常着迷，立志要成为一位优秀的小说家。一次，他苦心撰写了一篇小说，请作家皮普批评。因为作家皮普正患眼疾，他便将作品读给皮普听，读到最后一个字时他停顿下来。

看作家双目微闭，神态悠然，似乎仍沉浸在他刚才朗读的小说所描绘的情境当中。他轻咳一声，皮普问："结束了吗？"听口气似乎意犹未尽，渴望下文。

这一问，煽起了无比激情，他立刻灵感喷发，马上回答说：

"没有啊，下部分更精彩。"他以自己都难以置信的构思叙述下去。将小说的情节一步步延展，自觉语不能罢。

到达一个段落，皮普又似乎难以割舍地问："结束了吗?"

小说一定勾魂摄魄，叫人欲罢不能！他更兴奋，更激昂，更富于创作激情。他不可遏止地一而再，再而三地接续、接续……最后，电话铃声骤然响起，才打断了他的思绪。

电话找皮普有急事。皮普匆匆准备出门。"那么，没读完的小说呢?"他问作家。

皮普莞尔："其实你的小说早该收笔，在我第一次询问你是否结束的时候，就应该结束。何必画蛇添足、狗尾续貂。该停则止，看来，你还是没能把握住情节脉络，尤其是缺少决断。"

决断是当作家的根本，否则绵延逶迤，拖泥带水，如何打动读者？别说打动，像如此烦冗拖沓，岂不让读者心生厌恶？

他听了作家的评论之后，沮丧不已。他认为自己过于受外界左右，难以把握文学的内涵，恐怕不是当作家的料。于是就不再痴迷于小说。

又过了一段时间，他遇到另一位作家米歇尔。当他羞愧地谈及往事时，米歇尔惊呼："你的反应如此迅捷，思维如此敏锐，编造故事的能力如此强盛，这些正是成为作家的天赋啊！假如正确运用，作品一定会脱颖而出。"

他听了作家米歇尔的话后，恍然大悟。他不仅发现了自己有作家的潜质，更重要的是：他发现了事物原来都有两面性。

后来，如愿成为专业作家的他，经常谈到这段往事。他说："每当我遇到麻烦事时，我总会从中找到有利的一面。这种习惯使我的生活充满阳光。"

错过是人生独特的风景

如果你总是生活在记忆中的昨天，那么你今天绝不会快乐。

人生在世，大抵都会错过些什么。一些人、事、职业、婚姻、机遇等等，都可能与我们擦肩而过。因而，当我们进入垂垂暮年，回首往事，总会发现自己有一些未了的心愿，留下了这样或那样的遗憾。或许正因为如此，宋代大文豪苏东坡面对人的悲欢离合和月的阴晴圆缺，也曾无可奈何地慨叹过"此事古难全"。

也正是因为如此，人生才显得匆匆而又匆匆。

然而，错过也是人生一道独特的风景，一种缺憾的美丽。

《红楼梦》中的贾宝玉，与林黛玉失之交臂，错过了，而后和薛宝钗同结连理。于是便有了读者对"宝姐姐"恨得咬牙切齿，骂她是个阴险狡猾的伪君子、女小人，尽管她同样也是封建制度受害者。其实，如果说"阴险狡猾"应该非曹雪芹莫属。试想，如果曹雪芹让贾宝玉和林黛玉结婚生子，让竹影婆娑的潇湘馆中挂满了尿布片子，让小两口一同经历抄家等变故，然后，老两口过着茅椽蓬牖、瓦灶绳床、举家食粥的生活，让病恹恹的林黛玉一直活到90多岁，满口牙掉光，脸皱得像只核桃，婆婆妈妈唠唠叨叨，似乎没有了遗憾。但这样的《红楼梦》你喜欢吗？宝黛爱情还会让我们荡气回肠吗？所以，从一定意义上说，正因为有了缺憾，才成就了《红楼梦》，成就了曹雪芹，成就了艺术之美。

但生活毕竟是生活，不是艺术。因而，我们不能因为缺憾的美丽而去人为地错过，人为地制造出缺憾，去追求人生缺憾的美丽。因为这毕竟是一种虚幻的心灵上的感受，而我们却永远生活在现实之中。

有一个人，年轻时与一少女相恋多年。那少女活泼、开朗，能歌善舞，是个人见人爱的"黑牡丹"。可由于阴差阳错，他们分手了，"黑牡丹"远嫁他乡，而那位朋友也早已为人夫、为人父。只是那位朋友觉得自己过得极其"不幸"，他觉得妻子这也不顺眼，那也不遂心，长相不佳吃相不佳睡相不佳，总之妻子没有一样称他的心如他的意，与罗曼蒂克的"黑牡丹"简直不能同日而语。他的妻子常为此而黯然神伤，后来，索性放开他，准许他去异乡看望他的梦中情人"黑牡丹"。那个人如遇大赦般地去了，在三天两夜的火车上，他设计了种种重逢的浪漫，于是，他满怀憧憬，心跳过速地敲开了"黑牡丹"的家门。

开门的是一个腰围大于臀围的黑胖妇人，一见面她就兴趣盎然地对他大讲泡酸菜的经验，因为当时她正在泡酸菜，屋子洋溢着一股酸菜的味道。

这就是令他魂牵梦绕、朝思暮想的"黑牡丹"！

回家后，遂觉得妻子几"相"俱佳，妻子也破涕为笑，从此两人过得和和美美。

所以，既然人生注定了要错过，那就让它错过好了，我们尽可以享受这美丽。可我们不能因此而忽视我们眼前的美丽。这才是一种积极的心态。否则，你错过了太阳，还会错过月亮。

到那时我们就大错而特错了！

松开绑住自己的八只手

有一位年轻人去找心理学教授，他对大学毕业之后何去何从感到彷徨。他向教授倾诉诸多的烦恼：没有考上研究生，不知道自己未来的发展；女朋友将去一个人才云集的大公司，很可能会移情别恋……

教授让他把烦恼一个个写在纸上，判断其是否真实，一并将结果也记在旁边。

经过实际分析，年轻人发现其实自己真正的困扰很少，他看看自己那张困扰记录，不禁说："无病呻吟！"教授注视着这一切，微微对他点头。于是，教授说："你曾看过章鱼吧？"年轻人茫然地点点头。

"有一只章鱼，在大海中，本来可以自由自在地游动，寻找食物，欣赏海底世界的景致，享受生命的丰富情趣。但它却找了个珊瑚礁，然后动弹不得，呐喊着说自己陷入绝境，你觉得如何？"教授是在用故事的方式引导他思考。他沉默了一下说："您是说我像那只章鱼？"年轻人自己接着又说："真的很像。"

于是，教授提醒他："当你陷入坏心情的习惯性反应时，记住你就好比那只章鱼，要松开绑住自己的八只手，让它们自由游动。绑住章鱼的是自己的手臂，而不是珊瑚礁的枝丫。"

人心很容易被种种烦恼和物欲所捆绑。那都是自己把自己关进去的，是自投罗网的结果，就像蚕作茧自缚。大多数人的坏心情，都是因为自己想不开，放不下，一味地固执而造成的。坏心情犹如人心灵中的垃圾，它是一种无形的烦恼，由怨、恨、恼、烦等组成。清洁工每天把街道上的垃圾带走，街道便变得宽敞、干净。假如你也每天清洗一下内心的垃圾，那么你的心灵便会变得愉悦快乐了。

人的心好比房子，里面若是装满了坏心情，自然没有好心情的立足之地。现在开始，请赶走自己心中的坏心情，以迎接好心情的入驻。

第四章
完美是戕害心灵的毒药

　　不管对人还是对事，都高标准、严要求，力争尽善尽美；即便做得非常出色，仍然不能满意……这样的人，就是所谓的完美主义者。

　　一个女孩这样描述她那完美型性格的丈夫："我丈夫对我做的每一件事都要纠正，我想：就算是我死了他也会要求我活过来再死一次——因为在他眼里我从来没有哪件事是第一次就做对了。"

　　这个女孩的话虽然说得很幽默，但让人听了却笑不出声。事实上，完美型性格的人不仅让身边的人难受，同时也让自己备受煎熬。

这个世界从来没有完美过

完美只是一种理想，人非圣贤，谁能是十全十美的完美之身。追求完美只能是得不偿失，只有坦然面对并接受自己的缺点，专心经营自己的长处才能获得成功。

美国著名的歌唱家卡丝·黛利有一副美丽的歌喉，但美中不足的是她却长着一口特别显眼的龅牙，这使她在成名之前非常自卑。后来，在一次全国性的歌唱比赛中，她听从一位好心评委的劝告，比赛时不再考虑她的牙齿问题，而是全身心地投入演出。结果，这次比赛她凭自己的实力征服了听众和评委，终于脱颖而出。从此，卡丝·黛利就走上了歌坛。

梦中的情人也许会很完美，现实中的爱人却多少有些缺陷或者缺点；广告中的商品也许会很完美，真正用起来却往往不尽人意。完美只存在于虚幻当中，而不完美却是一种真实。追求完美是一种十分饱的心态，在这种心态下的人会因为追求完美而劳累，会因为追求不到完美而伤心。

古人云：甘瓜苦蒂，物不全美。又云：金无足赤，人无完人。聪明的人，追求美好的事物，同时也能容忍美好事物中的些许不足。西施的耳朵比较小，王昭君的脚背肥厚了些，貂禅有点体味，杨玉环略胖了些，赵飞燕又瘦了点……俄国哲学家、作家车尔尼雪夫斯基有一句名言："既然太阳上也有黑子，人世间的事情就更不可能没有缺陷。"

这个世界从来就没有完美过，冰川、洪水、战争、瘟疫、酷暑、严冬……在不完美的世界追求完美，是对世界的不认可不宽容，是对他人的不认可不宽容，同时也是对自己的不认可不宽容。这样的人最终会成为孤独的人，生活在孤寂和焦灼之中。生活的目的在于发现美、创造美、享受美，而不该盯着不完美、不理想的事物苦苦折磨自己。

事事追求完美是一件痛苦的事，它就像是毒害我们心灵的毒药。因为这个世界本来就不是完美的，过去不是、现在不是、将来也不是，它本来就是以缺陷的形式呈现给我们的。我们如果事事追求完美，那无疑是自讨苦吃。所以哲人说："完美本是毒。"

从前，一位老和尚想从两个弟子中选一个做衣钵传人。

一天，老和尚对两个徒弟说："你们出去给我拣一片最完美的叶子。"两个弟子遵命而去。不久，大徒弟回来了，递给师傅一片树叶说："这片树叶虽然并不完美，但它是我看到的最完整的叶子。"二徒弟在外面转了半天，最终却空手而归，他对师傅说："我看到了很多很多的树叶，但总也挑不出一片最完美的……"自然，老和尚把衣钵传给了大徒弟。

"拣一片最完美的树叶"，人们的初衷总是最美好的，但如果不切实际地一味找下去，一心只想十全十美，最终往往是两手空空。直到有一天，我们才会明白：为了寻找一片最完美的树叶，而失去了许多机会是多么的得不偿失。

世间许多悲剧，正是因为一些人热衷于追求虚无缥缈的完美，而忘却了任何一种正常的选择都可以走向完美，完美不是一种既定的现象，而是一种日臻完善的执着追求过程。

拣一片最美的树叶，需要拥有一份理智，一份思索，一份对自身实力的审视和把握。

但提倡我们超越缺憾，并且在缺憾的人生中追求完美。缺憾可以当作我们追求的某种动力，如果我们能这样看，就不会为种种所谓的人生缺憾而耿耿于怀了！

有了缺憾就会产生追求的目标，有了目标，就如同候鸟有了目的地，即使总在飞翔，累得上气不接下气，有期望的目标，总是能够坚持下去。

如果事事追求完美，都要拼命做好，这会使我们自己陷入困境。不要让尽善尽美主义妨碍我们参加愉快的活动，而仅仅成为一个旁观者，我们可以试着将"一定做好"改成"努力去做"。

完美无瑕的美女只存在于过去的传说以及自己的梦中。但是，近年来随着电脑技术的进步，形形色色的虚拟美女开始出现在人们的眼前。虚拟美女们的相貌精致，皮肤细腻，身材绝伦——简直个个都是绝世美人。

3D 设计师是一群永远也不知道疲倦的唯美主义者，他们甚至为这群虚拟的美女举行了世界级的"选美大赛"。在意大利举行的"数字世界小姐"大赛和在伦敦举行的"超现实数字模特展"，成了虚拟美女们争奇斗艳的最佳场所。

值得玩味的是：在虚拟美女的舞台上，最受欢迎的并非那些几乎无可挑剔的美人；相反，人们对于有缺陷的美女更加情有独钟。在伦敦举行的"超现实数字模特展"上，一个叫卡娅的虚拟妹妹艳压群芳。她浓眉大眼、烈焰红唇；她一本正经、严肃有加；她嫣然一笑，露出可爱的虎牙；如果靠近一点，她脸上的雀斑清晰可见；再靠近一点，略显粗大的汗毛孔都历历在目。卡娅是"数字美女团"的十二佳丽之一，她在众多爱慕者的鲜花和邮件的包围中忙得不可开交。

卡娅是巴西艺术家阿尔塞乌·巴普提斯塔奥呕心沥血创造出的虚拟美女。巴普提斯塔奥认为卡娅是他无数作品中最成功的典范、也是新一代"数字模特"中最时髦、最有魅力的一个。虽然卡娅有许多"缺陷"，但正是这些缺陷使她有了无与伦比的真实感，造就了她的非凡魅力。

在火爆的动画大片《黑客帝国动画版》中，身手不凡的东方美女在《终极战役》中把中国古剑使得出神入化，一拳一脚真实有力。不过她和卡娅一样，脸上长着雀斑，仔细分辨，还有一些小黑痣，一双眼睛异常真实。导演安迪琼斯欣喜地宣布，他们大胆地呈现人类肌肤细微的动作和改变，获得了巨大的成功，能将人物的皮肤和汗水都逼真地加以表现，实现了创作虚拟形象上的技术突破。毫无疑问，我们眼前的虚拟美女会变得和真实世界中的美女一样，同时拥有美丽和不同的缺陷，而不再是浑身透着虚假气息的虚拟人。

虚拟美女的诞生不过短短十来年，从1996年诞生至今，看多了"数字尤物"的人们更青睐接近现实的"虚拟模特"。因为那些近乎完美的数字美女给人不真实的感觉。现在，一些执着的3D设计家们已经改变这一切，一个新的时代开始了——现实版虚拟美女们开始或长起满脸雀斑、或戴上土气的黑框眼镜、或不经意露出口中的虎牙，竞相流行"缺陷美"。

虚拟世界里的完美，在现实中并不怎么受到欢迎，其原因是看上去不真实。没有人喜欢假的东西，就像塑料花，无论做得如何完美，甚至喷上香水，也终归敌不过鲜花的魅力。那么，生活在现实生活中的人，还有什么理由去追求完美？你追求而来的"完美"，无非是努力掩饰了缺陷而已，在别人眼里是虚伪的，是令人怀疑的，是不值得信任的。

吴君如曾在电台节目中大曝金像影后周迅有口吃毛病，指出虽然周迅在镜头前演戏及唱歌口齿伶俐，但镜头后却有口吃毛病。吴君如更指周迅为怕暴露缺点，一直很怕接受访问。周迅在庆功宴回应得出乎意料的坦白，她说："我口吃，这在内地是所有人都知道的事。我反而为自己骄傲，我有这个缺点，就去克服它，去演戏和唱歌。"周迅一言既出，唯恐天下不乱的娱记们都哑口了。在一个真诚的人面前，连有"狗仔队"盛名的娱记们都失去了嘲笑她的勇气。

拿破仑身材矮小，莎士比亚是个秃头，尼采双眼凹陷，塞万提斯长着招风耳。有缺陷就有缺陷吧，犯不着整天藏着掖着。把眼睛放在你的优势上，那些小小的缺陷会让你显得更加真实与真诚。

降低标准，学会偷懒

心理学家指出，过度追求完美是一种病态心理，不利于身心健康。他们建议，完美主义者要降低标准，学会偷懒。

在几年前的法国网球公开赛上，女选手维纳斯·威廉姆斯取得17场连胜的骄人战绩。她发表胜利感言："我还不够努力。我讨厌在任何事情上犯错，不仅是球场上。"可见，威廉姆斯不论在球场上还是在生活中都追求完美，不容许自己有丝毫错误。有人说，正因为威廉姆斯为自己设定了一个非常高的标准，她才能发奋图强，斩获佳绩，追求完美是她达到目标的健康动力。

"我并不这样认为"，加拿大不列颠哥伦比亚大学心理学家保罗·休伊特说，"这些人往往忽略了完美主义者脆弱的一面，譬如沮丧、厌食和自杀。"

"完美与优秀是两回事，人们想在一些事情上表现完美，这无可厚非。"休伊特说，"但如果在生活的各个领域都要求完美，譬如家庭生活、外貌着装、个人喜好等，那就可能出现问题。"

但在很多人眼里，"完美主义者"这顶帽子并不难看，追求完美才能达到优秀。事实上，追求完美和追求优秀是两回事。

休伊特举例说明两者的区别：他的一个病人是一名大学生，总是情绪低落。他希望自己在一些课程上取得"A+"的成绩，于是，他课后努力学习，课堂上表现出色，终于如愿以偿。但当休伊特过一段时间见到他的时候，发现他更加沮丧，自杀倾向更为明显。"他对我说，'A+'只是证明他多么失败。如果他很完美，根本不需要如此努力就应该得到这样的成绩。"休伊特说。

很多完美主义者自身也不觉得追求完美是一种病态。美国加利福尼亚大学戴维斯分校的雇员援助顾问艾丽斯·普罗沃斯特近期组织了一场针对追求完美冲动的治疗活动。她说："他们对此（追求完美）深感自豪。社会对他们追求完美予以高度评价，从而坚定了他们继续追求完美的信心。"

普罗沃斯特说，她经常碰到一些具有强迫症状的病例：有人无法忍受桌子上杂乱无章，有人绝不把今天的工作留一半到明天，有人花大量时间不断返工，只为达到他自己设定的目标。这些其实已是苛求完美的病态表现。

休伊特认为，对于完美主义者的治疗，应该对症下药，寻找病源。"我更多地致力于寻找追求完美的原因——被接受、被关爱的需要，那些人际间的需要才是驱动完美主义行为的原因。"

譬如，一些完美主义者认为，如果他们表现不完美，就没有人疼爱。而事实上，真正的完美不可能实现。所以，他们永远也感受不到被爱。休伊特说，他们并不知道，爱不以成就为标准；学会接受自己和别人的缺点，不会导致平庸，而是通向美好生活的通途。

例如，不妨按时上下班，不早到、不熬夜加班，所有休息时间都用来休息。允许自己几次未能按既定计划完成工作。"然后问问自己：你受处罚了吗？生活还正常吗？你是不是更加快乐？"休伊特说，"你一定会很惊讶地发现，一切照常运转，曾经非常担心的事情其实并没有那么重要。"

敢于不如人的人是明智的人

生活中常有这样一些人，总是好为人师。每当人们谈论一个话题时，他就会接过话头说："这个嘛，我知道……"然后东拉西扯地胡吹海侃，驴唇不对马嘴仍洋洋得意。睿智的先哲曾经说过："我唯一知道的是我的无知。"

"知之为知之，不知为不知"，做人应该勇于承认自己的"不知"，坦率地向内行人请教，倒是能够留给人们极好的印象。同时自己也可以得到不少新的知识，亦不必因自欺欺人而感到内心不安。

这个道理很多人懂，但问题是对于有些人来说，道理好懂，做起来却难，光是一个"面子"问题，就会使他们羞于说"不知道"。

一位研究生曾回忆说，他曾遇到过这样一件事，由于学位论文在正式答辩前要送交专家审阅，他便把他写的有关宇宙观的哲学论文送交给一位白发斑斑的物理系教授，请他多多指教。但他没有想到的是，这位老前辈第一次约见他的时候就诚恳地对他说：

"实在对不起，你论文中所写的物理学理论我还不太懂，请你把论文留在我这里，让我先学习一下有关的知识后再给你提意见，好吗？"

他当时简直不敢相信自己的耳朵，不是因为相信老教授真的不懂，而是因为一位物理系的权威大家，敢于当着一位还没有毕业的研究生的面承认自己在物理学领域还有不懂的东西！

老教授大概看出了他内心的疑惑，爽朗地笑了起来："怎么，奇怪吗？一点都不奇怪！物理学现在的发展日新月异，新知识层出不穷，好多东西我都不了解，而我过去学过的东西现在有很多已经陈旧了，我当务之急是重新学习。"

老教授的这番话使这位研究生佩服得五体投地：这才是真正的学者风度！回想起自己经常碍于面子，在同学面前，不知道的事情也硬着头皮凭着一知半解去发挥，真是十分惭愧！

在他做论文答辩时，有一位外校的教授向他提出了一个他不懂的问题，他虽然觉得心跳加速，脸直发烧，但一看到坐在前面的那位物理系教授，顿时勇敢地说"我不知道"。他原以为在场的人会发出讥笑，但结果并没有发生这种不利的反应。他还见到那位教授满意地点了点头。答辩会一结束，老教授就把他叫到一边，详细告诉了他那个问题的来龙去脉，使他大受感动。

白发斑斑的老教授敢于向青年人承认自己"不懂"，使研究生对他更加尊敬；研究生深受教授影响，在答辩面对难题时，也承认了自己知识的不足，同样受到他人的赞赏。可见，承认"不知道"不但可在人们的心目中增加可信度，消除人际关系中的偏执和成见，开拓视野，增长知识，而且还有另外一大益处：使自己更富有想象力和创造力。

曾经有一位善辩的哲学家来到阿克沙哈市，他问道："谁是你们这地方最出名的学者？"

人们告诉他："是谢赫·纳苏伦丁·朱哈。"

哲学家找到朱哈，想为难他一番。

"请问朱哈先生，我有 40 个问题，您能否用一句话回答全？"

"可以！"

哲学家一一提出他的 40 个问题，脸上不由流露出得意的神情。

"朱哈先生，我的问题提完了，请您回答吧！"哲学家侧着耳朵等朱哈回答。

朱哈扬起下巴，答得十分干脆："不知道！"

虽然朱哈回答这位哲学家的是"不知道"，但他们两人高下已经立判。

老子在《道德经》的第三十三章有云："知人者智，自知者明。"意思是：了解别人是智慧，了解自己是圣明。人终究是人不是神，不可能处处胜人。敢于不如人，正是源于了解别人和了解自己。因此，敢于不如人的人，是明智（圣明+智慧）之人。

总是有些人，为了一时的场面，或为了一时的尽兴，明明不如人却还要硬撑着比别人"好5倍"，明明做错了还要厚着脸皮"就是好"，这种人不是无知就是无耻，终归为人们所不齿。不如人就不如人，只要我们在前行的路上就行。敢于不如人，才能知耻而后勇；敢于不如人，才能获得他人的尊重。

国外有两家大型的出租车公司竞争非常激烈。为了制胜，这两家公司的战火燃烧到了各个角落，甚至连广告上双方也痛下本钱。其中，一家出租车公司在广告上言必称自己是"第一大出租车公司"。另一家公司的广告是这样写的："我们位居第二，所以我们更加需要努力！"也许有人会有疑问：每一家企业的广告都声称自己的产品或质量如何如何优秀，净拣着好的说，为什么这家公司要"秀"自己不如人的地方？其实，这正是他们的高超之处，他们敢于承认自己的不足，正好表明了自己的真诚与勇气，很能够打动消费者的心。当然，从广告传播学的角度来说，这个标新立异的广告也颇值得玩味，在这里限于篇幅与主题的限制，不再展开论述。

一位事业有成的中年学者说自己常常觉得在很多地方不如人：在家务上，不如勤劳能干的妻子；在学习与掌握新知识上，不及很多年轻人的迅速灵敏；碰到复杂事物，又缺乏年长者的精明练达、长袖善舞；最糟的是在处理人际关系上，甚至不如一个十多岁的孩子……

这位中年学者说这些话的时候，表情很平静。其实，从另一种角度来说，敢于不如人是一种睿智的自信。只有敢于不如人，才能胜于人。

你只要知道扬长避短就行了

微风能够随意地吹散阴云，小鸟可以轻盈在蓝天的舞台上跳舞。微风能做到的，我不能做到；小鸟可以做到的，我也不能做到。刘翔和我下围棋，估计他赢的概率极小；聂卫平和我比赛110米跨栏，一定输得找不到北。但这些都无妨于他们在各自的舞台上散发夺目的光辉。每一个人都有自己的优势，各显其能才会将坏事变好，好事更好。

人之于世，各有优劣，有长处不要自傲，有短处不要自卑。八分饱的人生哲学提倡人们不必花大力气去在自己的短处上与人或与己较劲，只要学会扬长避短就行了。美国希尔顿国际饭店集团创立者、闻名遐迩的企业家唐托德·希尔顿，喜欢给别人讲述这么一个故事：

一个穷困潦倒的希腊年轻人到雅典一家银行去应聘一个守卫的工作，由于他除了自己名字之外什么都不会写，自然没有得到那份工作。失望之余，他借钱渡海去了美国。许多年后，一位希腊大企业家在华尔街的豪华办公室举行记者招待会。会上，一位记者提出要他写一本回忆录，这位企业家回答："这不可能，因为我根本不会写字。"所有在场的记者都甚为吃惊，这位企业家接着说："万事有得必有失，如果我会写字，那么我今天仍然只是一个守卫而已。"

清人顾嗣协曾作《杂诗》一首，形象而又生动地阐述了"长"与"短"的关系，我们引用如下：

骏马能历险，犁田不如牛；

坚车能载重，渡河不如舟。

舍才以避短，资高难为谋；

生材贵适用，勿复多苛求。

上面的诗用词浅白，却颇值得玩味。古人云：人无完人，金无足赤。又云：尺有所短，寸有所长。每个人都有长处，每个人都有短处呢？同样是有着长处和短处的人，为什么有的人成功了，有的人却失败了？其实，不是他们不行，而是由于他们没有找到施展自己长处的舞台。

在强者林立的动物界，慢条斯理的河马几乎不惧怕任何强悍的动物。就连陆地上的百兽之王狮子以及水中凶残之霸鳄鱼都要让河马三分。原因何在？因为躯体笨拙的河马头脑却很聪明：它善于把陆地上的来犯者引至水边，然后拖进水里淹死；它又善于把水中的来犯者拖到岸上，用脚将其踩死。它充分利用自己的长处，去攻击对方的短处，焉有不胜之理？

一个人要想做到扬长避短，面临的第一个困难是如何客观地评估自己的优势（长）与劣势（短）。事实上，做到实事求是地看待自己的长处和短处是很困难的。有时甚至将长处视为短处，将短处视为长处。

在这里提供五个简单易行的办法，供读者在寻找自己的长处时参考：

第一，经常在某一方面受到他人的夸奖，说明你在这方面比别人优秀——当然指的是真诚的称赞。

第二，在某一事件上对别人的做法不屑一顾，常常会想如果是我就会怎么怎么样做——如果确定你不是愣头青式的狂妄，则你在这方面存在一定优势。

第三，对某件事情乐此不疲，不管是否时间充裕等客观条件，总是喜欢去做，而且较少存在挫折感——说明你对它有兴趣，兴趣与长处在很多时候能够契合，因为一个人在兴趣上舍得上下功夫钻研。

第四，做起来游刃有余——因为"善于"，所以"有余"。

第五，请亲戚朋友帮自己鉴别——认识自己多少有些主观成分，认识别人会客观一些。当然，这五个方法并非绝对可靠，在八分饱的人生哲学里，本来就不存在"绝对"二字。如果你能用这五个方法综合来评估自己，离客观的答案会更加接近。

第五章
告别多愁善感与郁郁寡欢

　　多愁善感的人心细如发、敏感而又多情，往往会为了一丁点大的事，或哭或笑或闹别扭。

　　多愁善感剥夺了人快乐的权利。快乐其实是件简单的事。享受简单的快乐。享受生活。其实快乐是任何人都剥夺不了的，只在自己的内心。

烦恼多是自找的

理学家为了研究人们常常忧虑的"烦恼"问题，做了一个很有意思的实验。他让参加实验的几个人把各自未来七天内所有忧虑的"烦恼"都写下来，然后投入一个指定的"烦恼箱"里。三周后，心理学家打开这个"烦恼箱"，让所有实验者逐一核对自己写下的每项"烦恼"。结果发现，其中九成的"烦恼"并未真正发生，只有一成的烦恼发生了。由此得知，烦恼是预想的很多，出现的却很少。然后，心理学家要求实验者将记录了真正发生的"烦恼"的字条重新投入"烦恼箱"。三周之后，心理学家重新打开"烦恼箱"，让所有实验者再次逐一核对自己曾经的"烦恼"。结果发现，绝大多数曾经的"烦恼"已经不再是"烦恼"了。

心理学家从对"烦恼"的深入研究中得出了这样的结论："一般人所忧虑的'烦恼'，有40%是属于过去的，有50%是属于未来的，只有10%是属于现在的。其中92%的'烦恼'未发生过，剩下的8%则大多是可以轻易应付的。因此，烦恼多是自己找来的。这就是所谓的'烦恼不寻人，人自寻烦恼'。"

不可否认，人们在生活中，总免不了有一些苦恼烦闷的事。有些烦恼来自外界，必须正视；但大多数烦恼则源于内心，是人自寻烦恼。

课堂上一群学生向一位心理学教授请教：能不能用身边的事例对"烦恼多是自己找来的"这一结论给予具体的说明？

教授笑而不语，从房间里拿出了十多个水杯摆在茶几上。这些杯子各式各样，材料也不相同，有玻璃的，有塑料的，有瓷的，有纸的；有的杯子看起来高贵典雅，有的杯子看起来粗陋低廉……

教授说："你们要是渴了，就自己倒水喝吧。"

正值天气闷热，大家口干舌燥，便纷纷拿了自己中意的杯子倒水喝。等学生们杯子里都倒满水时，教授讲话了。他指着茶几上剩下的杯子说："大家有没有发现，你们挑选去的杯子都是比较好看、比较别致的，像这些塑料杯和纸杯，被选用的就少得多。这也是人之常情，谁都希望手里拿着的是一只好看一些的杯子。但是，现在我们需要的是水，而不是水杯。杯子的好坏，并不影响水的质量。想一想，如果我们有意无意地把心思用在选好的杯子上，用在鸡毛蒜皮的琐事上，甚至用在互相攀比上，自然就难免自寻烦恼。这就是：野花不种年年开，烦恼无根日日生。"

学生们静默了很久。之后，只听到"咕咚咕咚"的喝水声。

在漫长的人生岁月中，总会有一些不愉快，总会有一些烦心事，让人无端地烦恼。就像人吃五谷杂粮，总会有人生病一样，没有人能避开烦恼。烦恼无处不在，无时不有。如果你是市井小民，那每天的出门七件事总是或多或少的烦恼；如果你是国家领导，那你操心的就是内政外交。职位越高，烦恼越大。如果你是一国之主，每天却为了吃饭而烦恼，说出去岂不是笑谈？

既然正视了自己的烦恼，就应该坦然面对，想办法来解决。不是吗？

曾有一个笑话是这么说的：有一个高个子和一个矮个子散步，有人问，天塌下来怎么办？矮个子答，怕什么，反正有高个子顶着；问高个子，高个子答，怕什么，天塌下来不过是碗口大的疤。这是何等的豁达！

虽然这是个笑话，但仔细想一想也有它的道理。很多事情我们不要太介意，许多天大的事情当时觉得很难，过后想想不都是又不那么难了。更何况，生活中多数是些鸡毛蒜皮的事让人烦恼。不想听的事，就不要让它进入耳朵；不可避免地进入了，就要想办法不要让它进入大脑；无法阻挡地进入了，就要想方设法不要让它停留在记忆中。要学会忘记，学会清理，学会整治，这样才能抛弃烦恼，大脑才能有更多的空间容纳更多的开心事。

心理失衡怎么办

　　心理失衡的现象在现代竞争日益激烈的生活中时有发生。大凡遇到成绩不如意、高考落榜、竞聘落选与家人争吵、被人误解讥讽等等情况时，各种消极情绪就会在内心积累，从而使心理失去平衡。消极情绪占据内心的一部分，而由于惯性的作用使这部分越来越沉重、越来越狭窄；而未被占据的那部分却越来越空、越变越轻。因而心理明显分裂成两个部分，沉者压抑，轻者浮躁，使人出现暴戾、轻率、偏颇和愚蠢等等难以自抑的行为。这虽然是心理积累的能量在自然宣泄，但是它的行为却具有破坏性。

　　这时我们需要的是"心理补偿"。纵观古今中外的强者，其成功之秘诀就包括善于调节心理的失衡状态，通过心理补偿逐渐恢复平衡，直至增加建设性的心理能量。

　　有人打了一个颇为形象的比方：人好似一架天平，左边是心理补偿功能，右边是消极情绪和心理压力。你能在多大程度上加重补偿功能的砝码而达到心理平衡，你就能在多大程度上拥有了时间和精力，信心百倍地去从事那些有待你完成的任务，并有充分的乐趣去享受人生。

　　那么，应该如何去加重自己心理补偿的砝码呢？

　　首先，要有正确的自我评价。情绪是伴随着人的自我评价与需求的满足状态而变化的。所以，人要学会随时正确评价自己。有的青少年就是由于自我评价得不到肯定，某些需求得不到满足，此时未能进行必要的反思，调整自我与客观之间的距离，因而心境始终处于郁闷或怨恨状态，甚至悲观厌世，最后走上绝路。由此可见，青年人一定要学会正确估量自己，对事情的期望值不能过分高于现实值。当某些期望不能得到满足时，要善于劝慰和说服自己。不要为平淡而缺少活力的生活而感到遗憾。遗憾是生活中的"添加剂"，它为生活增添了发愤改变与追求的动力，使人不安于现状，永远有进步和发展的余地。生活中处处有遗憾，然而处处又有希望，希望安慰着遗憾，而遗憾又充实了希望。正如法国作家大仲马所说："人生是一串由无数小烦恼组成的念珠，达观的人是笑着数完这串念珠的。"没有遗憾的生活才是人生最大的遗憾。

为了能有自知之明，常常需要正确地对待他人的评价。因此，经常与别人交流思想，依靠友人的帮助，是求得心理补偿的有效手段。

其次，必须意识到你所遇到的烦恼是生活中难免的。心理补偿是建立在理智基础之上的。人都有七情六欲各种感情，遇到不痛快的事自然不会麻木不仁。没有理智的人喜欢抱屈、发牢骚，到处辩解、诉苦，好像这样就能摆脱痛苦。其实往往是白花时间，现实还是现实。明智的人勇于承认现实，既不幻想挫折和苦恼会突然消失，也不追悔当初该如何如何，而是想到不顺心的事别人也常遇到，并非是老天跟你过不去。这样你就会减少心理压力，使自己尽快平静下来，客观地对事情做个分析，总结经验教训，积极寻求解决的办法。

再次，在挫折面前要适当用点"精神胜利法"，即所谓"阿Q精神"，这有助于我们在逆境中进行心理补偿。例如，实验失败了，要想到失败乃是成功之母；若被人误解或诽谤，不妨想想"在骂声中成长"的道理。

最后，在做心理补偿时也要注意，自我宽慰不等于放任自流和为错误辩解。一个真正的达观者，往往是对自己的缺点和错误最无情的批判者，是敢于严格要求自己的进取者，是乐于向自我挑战的人。

记住雨果的话吧："笑就是阳光，它能驱逐人们脸上的冬日。"

女人莫学林黛玉

读过古典小说《红楼梦》的人都知道，林黛玉是一个多愁善感，整日郁郁寡欢，极易伤心落泪的人物。她可以因为贾宝玉一句笑话难过伤心数日，也会由缤纷落花联想到自己的身世处境而掉泪，连她说的"我从会吃饭时就吃药"这样一句描述自己身体状况的话也使人感受到她的压抑和忧愁心境。终日难得见她一露笑容。

多愁善感，可不仅仅是一个人的性格问题。心理学家指出，多愁善感其实是一种心理疾病。早在公元 2 世纪，希腊医生、解剖学家加连发现一些病人常常会陷入一种极端消沉的状态。他们感叹生命短暂、人世无常、人生孤独，就连窗前飘落的树叶也会让他们泪水涟涟。这类病人往往先于其他病人死去。于是，加连医生把这种现象写进他的著作中，并把它归类于精神疾病。

相对男人来说，女人似乎更喜欢伤春悲秋。看到春天的花儿落了，秋天的叶儿黄了，就会想起一些心事，锁紧眉头，来点伤感，好像一个易碎的娃娃，需要人小心呵护，害怕受伤。

男人是天，要知道，女人是地，天地一同呵护着大地万物，照顾着世界一切。天有天的博大，地有地的宽容，并不依附，他们之间是平等的。

你与他之间，犹如两棵树一般，一起成长，彼此有彼此的空间，却又互相关怀着，一同去接受阳光，吸取雨露，共同撑开着伞一样的枝叶，共同为世界制造氧气，给生命带来一些生气。不要把自己看成那缠着树的树藤，依附在大树的身上，吸取着树木的养分，却又不给他自由的空间，长出的叶片紧紧包着他的身体，让他不能呼吸，最终枯死。

女人，有女人的风度，有女人的德行，有女人的气魄，有女人的魅力。

打开自己的心，去吸取新鲜的空气，如大地一般的无私，像大地一般的沉静，默默付出，无私地奉献，感化的不仅仅是他，还有一家，甚至一国，不要小瞧了自己。

是否知道，自己也是一个温柔的人，在遇到脾气暴躁的他时，你能很冷静地对待，用你的温柔让他感到温暖，让他的心不再狂躁不安，不再害怕，使他渐渐平静，让心有一个依靠的港湾。

是否知道，自己是一个宽容无私的人，如大地一般，在他犯错的时候，你依然愿意接受他真诚的忏悔，愿意包容他一时糊涂的背叛，使他有回头的机会，重新正视自己的人生，让他知道自己的责任与义务，也给他一次重新来过的机会，把握好自己的人生。

是否会知道，自己也是一个开朗大方的人，在他遇到不顺的时候，不开心的时候，你也能适当地劝说，或者开个小玩笑，让他知道，遇到的问题，并不是什么大问题，放开自己，稍稍退让，有时问题也能很快化解，没有什么大不了的事。用你的乐观，给他更多的信心与勇气。

是否也知道，你是一个正直善良的人，你愿意与他一同吃苦，不计较他的金钱，不会在意享受生活，只要他勤奋上进，你依然会给他称赞，安居乐业，不让他为了享受而去做那违背道义、违背良心之事。……

你是否会知道，自己有这样的能力，能照顾好一个家，能唤醒沉睡中的他，不是喋喋不休的指责，也不会躲在一旁伤心哭泣、怨天尤人，更不会置之不理，冷淡无情。

不要多愁善感，这不是原来的你，多愁善感，于人于己都没有用处，凡事消极，喜欢往坏处想，并不能给自己带来好运。

埋怨，只会让彼此有更多的不满与怨恨。总是伤心落泪也于事无补，勇敢站起来，去面对自己遇到的挫折，知道自己也是一个勇敢的人，同样能够冲破重重的难关，不被打倒，不轻易落泪。

不要以为自己很柔弱，是否会知道，虽然自己的肩膀很小，可是，当孩子哭泣时，你也会毫不犹豫地抱起他，让他趴在你的肩上，拍着他，哄着他，让他有个依靠。

在家做着家庭主妇的时候，看似平淡无奇，无形中，已为丈夫省下了多少烦心事：为他做饭，让他一回来就有饭吃，不必饿着肚子再去泡泡面。为他洗衣拖地，收拾房间，整理物品，买菜做饭，使他有更多的时间可以好好休息，恢复体力。带好孩子，照顾好家庭，使他没有后顾之忧，可以尽心尽力地工作。他的功劳里，一定有你的一份。

夫妇有别，别的是分工不同，互相的理解与尊重，会让家庭更加幸福。

当自己有一份工作，有一份收入，可以替家减轻一些经济负担，此时，共同来承担一个家的责任，也许你做饭，他洗碗，也许你叫孩子起床吃早餐，他送孩子上学。互相配合，互相理解，家庭会变得更加温馨。

不再因为伤心掉眼泪，伤感只能让自己更加难过，更没有必要去想一些未发生的事，在那儿瞎猜，独自垂泪，于事无补，好好把握好人生，好好把握自己，也为自己创造一个幸福美满的人生。

丢掉多愁善感，重拾一份自信，照顾好这个家，你会很幸福，因为你带给家里所有的人幸福，当有这颗幸福的心时，你会一直感到幸福，因为这幸福来自你的内心。

让自己幸福起来吧……

如何做个乐天派

每个人都有七情六欲和喜怒哀乐，烦恼也是人之常情，是人人避免不了的。但是，由于每个人对待烦恼的态度不同，所以烦恼对人的影响也不同，通常人们所说的乐天派与多愁善感派就是显然的区别。乐天派的人一般很少自找烦恼，而且善于淡化烦恼，所以活得轻松，活得潇洒；而多愁善感的人喜欢自找烦恼，一旦有了烦恼，忧愁万千，牵肠挂肚，离不开，扔不掉，活得有些窝囊。

美国心理治疗专家比尔·利特尔经过研究认为：一个人若有以下心理或做法，必定会促使其自寻烦恼、无事生非：

1. 把别人的问题揽到自己身上。如果你把别人的问题揽到自己身上而自怨自艾，把某些人不喜欢你的责任也统统归因于自己，那么要不了多久，你就会烦恼成疾。

2. 做不可能实现的梦。最可怜的人是那些惯于抱有不切实际的希望的人。如果一个人把自己的目标制定得高不可攀，他就会因为不能实现目标而烦恼。

3. 盯着消极面。牢牢记住你有多少次受到不公正的待遇，或者记着有多少次别人对你说话的态度不友善。如果你把注意力集中在那些不好的、吃亏的事情上，你就会运用这种消极的思想方法来给自己制造烦恼。

4. 制造隔阂。绝不去赞扬别人，确实做到不使用任何鼓励之辞；其次，喋喋不休地批评、挑刺、埋怨、小题大做。这是制造隔阂、自寻烦恼的妙法。

5. 滚雪球式地扩大事态。当问题第一次出现时就正视它，它就很容易化为乌有。反之，如果让问题像滚雪球一样不断地扩大下去，最后滚雪球的人总是遵照一条简单的规则行事："如果错过了解决问题的时机，索性再往后拖拖。"这样，只会使问题变得更糟，必定会导致你的愤怒和苦恼埋在心底几个月甚至几年。

6. 以殉难者自居。母亲们过度地承担家务劳动，然后对自己说："没有一个人真正心疼我，对我们家来说，我不过是个仆人而已。"当父亲的也能采取同样的方法："我的骨架都累散了，谁也不把我当回事，大家都在利用我。"经常这样想，必定会使你烦恼异常，而且还能使周围的人感到讨厌，令你的感觉变得更糟。

7. "我早就知道会如此"综合症。如果你预料到有什么坏事会出现，它们多半是会兑现的。

8. 蠢人的黄金定律。把其他人都看得一钱不值。运用这条定律的关键是首先嫌弃自己，一旦贬低了自己的价值，接下来就会觉得其他人也同样浅薄，于是对他们不屑一顾，使自己变得众叛亲离。

那么，该如何才能淡化和化解烦恼呢？你可以试试以下方法：

1. 比较的观点。比如发生了重大的车祸，死伤多人，皆为不幸。未伤者受惊，轻伤者轻痛，重伤者重痛，死亡者惨痛，由前往后比，虽是不幸，但又是大幸；从后往前比，则是不幸中的大幸。在 NBA 的世界里，如果人人非要跟乔丹比较，那真的是很不现实的事情。很多人只能望其项背，所以只能以他为最高，做最真实的自己，否则，那肯定是件极度烦恼的事。

2. 时间的观点。遇到烦恼之事，倘若你主动从时间的角度来考虑一下，心中对此烦恼之事的感受程度可能就会大大减轻。受了上级的当众批评，面子很过不去，心里难以承受，不妨试想一下，三天后，一星期后甚至一个月后，谁还会把这件事当回事，何不提前享用这时间的益处呢？

3. 现实的观点。就是勇于承认现实，坦然面对现实，对任何既成事实的过失以及灾祸，不必为之过多的后悔和烦恼，也不必因此而不休地责备自己或他人，而应把思想和精力放在努力弥补过失，最大可能地减少损失方面，否则过多的后悔、不休的责备，不仅于事无补，而且还会扩大事端，增加烦恼。

4. 换位的观点。俗话说：旁观者清当局者迷，就烦恼之事来说，也是如此，置身于烦恼之中的人，往往执着一点，甚至钻"牛角尖"，千丝万缕难找头绪，甚至自己无法控制自己，此时，置于局外旁观者的劝导，往往可以起到指点迷津，淡化烦恼的作用。如果你正处于烦恼之中，你不妨做一下自己的旁观者。

除此之外，还要知足常乐。如果你对自己要求过高，总不知足，当然很难感到愉快并会增添很多烦恼。记住一句话：烦恼就像天空上的一片乌云，如果你的心中是一片晴空，那么烦恼不会对你有丝毫的影响。

用阳光心态面对生活

生活中有些人喜欢把自己置于自己设定的悲伤与烦恼中，或许这是一种与生俱来的感觉，抑或是后天环境所造成的一种心理。有些人遇到一点挫折或沉湎于自己过去的境遇和伤痛，就觉得自己是一个人的存在。全世界都被他忽略，却总以为是全世界忽略了他，给自己平添一份伤感，看似寂寞无助，实则可悲甚至可笑。

有兄弟二人，一个四岁，一个六岁。由于卧室的窗户整天都是密闭着，他们认为屋内太阴暗，看见外面灿烂的阳光，觉得十分羡慕。兄弟俩就商量说："我们可以一起把外面的阳光扫一点进来。"于是，兄弟两人拿着扫帚和畚箕，到阳台上去扫阳光。等到他们把畚箕搬到房间里的时候，里面的阳光就没有了。这样一而再再而三地扫了许多次，屋内还是一点阳光都没有。

正在厨房忙碌的妈妈看见他们奇怪的举动，问道："你们在做什么？"他们回答说："房间太暗了，我们要扫点阳光进来。"妈妈笑道："只要把窗户打开，阳光自然会进来，何必去扫呢？"

打开心扉，让阳光照进来，一切都会改变模样。

一旦你阳光的心态面对生活，不管生活多么困窘，你的内心都会洒满温暖的阳光，永远存储对生活的热望。这种温暖如阳光的心态，会使你"行到水穷处，坐看云起时"，得到了不得意，失去了不失心。

一旦你用阳光的心态面对竞争，你的内心就会拥有阳光的明媚，这有助于你积极地面对困苦，勇敢地接受挑战。这种阳光的心态，恰是你化解竞争缓解压力的最好武器。

一旦你用阳光的心态面对工作，不管任务多么繁重，你的内心总有光明涌动。这种透亮如阳光的心态，会开阔你的视野，舒展你的心胸。有了它，你可以感受"乱花渐欲迷人眼，浅草才能没马蹄"的清新；可以感受"海阔凭鱼跃，天高任鸟飞"的宽广；可以感受"采菊东篱下，悠然见南山"的淡泊；更可以感受"长风破浪会有时，直挂云帆济沧海"的壮志豪情。

那么，还等什么？快打开心扉，让阳光进来！

首先，培养自己有阳光的眼睛和阳光的心。心理学家在引导人们减压时，比较重要的一条就是想一些令自己快乐的事。每天晚上躺在床上，想一些美妙的事情，哪怕是一些美妙的设想，心情会非常好。看一些轻松的文章，写一些轻松的文字，都会令自己身心愉悦。

其次，对一些令自己不快的事情，学会放在脑后，不要一次次与他人讲述。你的每次讲述，都是在记忆中进行了又一次强调。你应该清楚，他人永远不能真正帮助你，能帮你的，只有你自己。所以，无谓的倾诉是要取消的。

最后，改掉情绪自虐的习惯。人为地渲染悲观情绪，或者拖延忧伤情绪的持续时间，是自虐心理在作怪。一个叹息不断的人，是不受周围人欢迎的。一个压抑、情绪低落的人，是被这个时代所排斥的。在快节奏的生活中，人们需要的是心灵的放松。

一段时间内抛开你的那些忧伤的文字试一试，拉开你的窗帘让阳光进屋内试一试，和朋友们讲一讲开心的笑话试一试。你会发现，快乐的旋律开始在你身边回响，这里没有忧伤的舞台。

抛掉无中生有的忧虑

有一个制作各式各样成衣的商人，因为经济不景气生意日渐低迷，商人为此终日郁郁寡欢、愁眉不展，每天晚上都睡不好觉。

细心的妻子对丈夫的郁闷看在眼里急在心上，她不忍丈夫就这样被烦恼折磨，就建议他去找心理医生看看，于是他前往医院去看心理医生。

医生见他双眼布满血丝，便问他："怎么了，是不是受失眠所苦？"成衣商人说："是呀，真叫人痛苦不堪。"心理医生开导他说："别急，这不是什么大毛病！你回去后如果睡不着就数数绵羊吧！"成衣商人道谢后离去了。

一个星期之后，他又出现在心理医生的诊室里。他双眼又红又肿，精神更加颓丧了，心理医生复诊时非常吃惊地说："你是照我的话去做的吗？"成衣商人委屈地回答说："当然是呀！还数到三万多头呢！"心理医生又问："数了这么多，难道还没有一点睡意？"成衣商人说："本来是困极了，但一想到三万多头绵羊得有多少毛呀，不剪岂不可惜？"心理医生于是说："那剪完了不就可以睡了？"成衣商人叹了口气说："但头疼的问题又来了，这三万头羊的羊毛所制成的毛衣，现在要去哪儿找买主呀？一想到这，我就又睡不着了！"

这个成衣商人无疑是现代社会中高压人群的真实写照。因为受到一些过去的影响，以至于对不可知的未来产生了极度的恐慌。不能不说，这是一群可怜的人，何必为一些没有发生的事情烦恼、忧虑呢？

有一个人以为自己得了癌症，便跑去看医生。

医生问他："你觉得哪里不舒服？"

他回答说："好像没有哪里不舒服。"

医生又问："你感觉身体哪里疼？"

他说："感觉不到疼。"

医生又问："你最近体重有没有减轻？"

他说："没有。"

"那你为什么觉得自己得了癌症？"医生忍不住这么问他。

他说："书上说癌症的初期毫无症状，我正是如此啊！"

对这种人，富兰克林·皮尔斯·亚当斯曾以失眠做比喻。他说："失眠者睡不着，因为他们担心自己会失眠，而他们之所以担心，正因为他们不想去睡觉！"

马克·吐温晚年时感叹道："我的一生太多时候在忧虑一些从未发生过的事。没有任何行为比无中生有的忧愁更愚蠢了。"

的确是这样，做人做事，想得长远一点不失为一件好事，但"杞人忧天"则不能不说有些愚蠢了。

有些事想得太远，就成了无休无止的压力，烦恼自然也就跟随而来。不要挂念太多不该挂念的事，不要把与自己暂时无关的事想得太远，这样才能心静，才能快乐。

第六章
性格内向的人需注意些什么

有人是外向的性格，有人是内向的性格。两种性格类型都各有其优点和缺点，互为补充。现在一般认为，内向人的兴趣与注意指向自身及其主观世界。除了亲密朋友之外，内向性格的人不易与他人随便接触，对一般人显得冷漠；待人含蓄、沉思、严肃、敏感；缺乏自信与行动的勇气；喜好幻想；情绪活动比较稳定；喜欢有秩序的生活。

按说，内向性格的人并非什么缺陷，只要不过度内向，知道扬长避短就行了。

过度内向不利于人的成长和发展

过度内向的人会自我封闭。他们很少或根本不去参加社交活动，除了必要的工作、学习、购物以外，大部分时间将自己关在家里，也很少与他人发生联系。如果自闭的话，往往是离群索居，耳目闭塞，日久天长就会孤陋寡闻，对周围的世界缺乏了解；过于内向还会走向极端，做出触犯法律的事情。

2008 年 7 时 30 分许，某中学发生一个惨案。这天该校一辍学学生陈某持刀冲进教室，砍死一名女生和一名男生，重伤多名学生。随后，陈某自砍两刀后跳楼身亡。记者回访现场，不少同学表示，陈某在学校几乎没有朋友，他性格孤僻内向！令人困惑的是，在这次血案之中，两位被害者却均是与陈某走得最近的人。

根据陈某同班的同学透露，2006 年，陈某进该中学时，被分配到高一（7）班，与受害学生吴某同班。进入高二年级后，各班进行文理分班，成绩较差的陈某被调整到高二（11）班体育班。

所有见过陈某的人，脑海里都会浮现两个词：内向和孤僻。一位曾经是高一（7）班的老师说，在高一的时候，陈某的性格比较内向，平时寡言少语，一放学就独自一人回家，平时几乎不与班上同学说话，常常就是低着头独来独往。

这位老师记得，有一次，陈某上课迟到，但他并没有像其他同学一样喊报告，而是不理会老师一个人埋着头独自走到座位上。有的同学感慨说："我们很少与他说话，班上同学都不太了解这样一个人，他的性格太内向了。"

可见，过度内向会使一个人走向极端，做出让人无法理解的事情。这些人总是给自己设置一道樊篱，将自己和外界隔绝开来，他们很少或根本不去参加社交活动，很少与别人发生联系。所以，我们要努力克服内向的倾向，学会把自己向交往对象开放。

只要自信一些，你就会发现和别人交往并不是一件很难的事情，甚至还会发现其中的乐趣，让自己的生活变得多姿多彩。刚刚进入别人圈子时，也许会遭遇冷遇，但只要你热情一些，大家就会慢慢地接受你。如果你不理别人，别人也没必要主动理你。

因此，内向的人请大胆地和周围的人交往，也要经常和老朋友保持联系。你要知道，别人和你一样，也希望能得到一个朋友。要多帮助人，多感谢人，这样别人才能感到你的温暖和友善，觉得你是个值得信赖的人。你更要和别人多交流，多聊天，千万不要成为一个不合群的怪癖者，这样的人是没人喜欢的。

性格内向的人不仅有交往的障碍，他们还难以应对人生的挫折，如果不克服，还可能会导致自己的失败。在挫折和失败面前，他们往往会有一种失落的心情，变得怯懦和自卑，进而怀疑自己的能力。他们十分关注别人的评价，遇事忐忑不安……其实，内向者应该相信自己，失败既有自己的因素，也有客观的因素，不能因为失败而怀疑自己，让自己失去站起来的勇气。

内向性格人有着很多的弱点，如果不去克服的话，它就会影响他的成长和发展，它还会引起怯懦、多疑等性格，所以，要告别内向，学会开朗。

不爱交往，也要提高交际能力

影响内向者成功的致命缺陷有两方面，一是交际能力不足，二是行动能力不足。因此，改变内向型性格，重点在于提升交际能力及行动能力。事实上，即使不喜欢交际，你也要有意识地提高交际能力。

生活中，内向者对交往的态度显得很消极，他们同其他人的关系很浅，只有少数几个知心朋友甚至一个都没有；他们中还有的人认为，交际太难了，与自己不太熟悉的人见面和交谈会是一件很麻烦的事情。为此，性格内向的人常表现出躲避、恐惧、拒绝或讨厌别人的消极情绪。

有一位性格内向的人说："我并不是厌世，但我确实不知道生存世上的意义。我对人对事都没有特殊的爱恋，我希望可以躲起来不必面对这个世界。我每天早上都赖在床上不肯起来，外面的世界对我来说太难应付了，每天由办公室回到家里的时候，我都有如释重负的感觉。放假的日子，我除非迫不得已，否则一定要留在家里，无论如何也不肯出去。我最怕的是人，我觉得自己什么都比不上别人，所以为了逃避与别人比较高低，我在尽可能范围之内都避免与别人接触。我很怕向别人提出问题，我怕被人骂我笨，所以工作上及生活上有许多事我都一知半解，得过且过就算了。可是我又怕别人识穿我的无知，因此我加倍谨慎，避免与人接触。虽然我躲在自己的'一人世界'里觉得很安全，但同时我也觉得孤独。我向往能多几个好朋友，我希望自己不要这么怕与人接触，我希望可以仔细地去了解自己工作及生活的环境，我希望可以真正地享受人生。"

　　小静是一名大学生，但她并不喜欢大学生活。她从小性格内向孤僻，没有伙伴。考进大学后，虽然内心深处渴望与人交往，但是却缺乏勇气和信心。她不敢与同学来往，当有同学找她说话时，会突然脸红、心慌、出汗，如果有谁在身旁突然说话，都会吓她一跳，好长时间平静不下来。不敢去食堂打饭，不敢去浴室洗澡，上课也从不抬头听老师讲课。害怕到人多的场合，从不参加任何集体活动。时时感到自己不如别人，怕面对别人的视线，无法投入正常的学习、生活中去……

　　看来，性格内向者容易出现交往障碍。在生活中，一个拒绝交往的内向者，要么被视为能力差、傲慢、冷酷、薄情和枯燥无味，要么让人感到不可理喻、莫名其妙、令人不快，甚至会被误解为危险的人。这样下去，性格弱点会给自己的生活和事业带来了不利影响。

　　社会交往能力的提高，则有助于内向者完善自己的性格，改变自己独处的困境。朋友多了，你就可以大胆地走出去，从而体会生活的快乐，同时，你将更有信心追求梦想和事业。因此，内向者即使害怕交际，也应努力提高自己的交往能力。你应尽可能与更多的人产生和谐相处，而不要把自己孤立起来。

　　内向者在培养交际能力方面，可以做如下的尝试：

　　（1）积极融入集体生活中去，使自己成为受欢迎的人。

　　（2）在交往中要持友善态度，胸怀要宽广。

　　（3）接纳他人的性格和缺点，不要过分要求别人如何。

　　（4）经常向朋友叙说你的感觉和想法，但要注意彼此相交的深浅程度，要有所保留的倾诉，以免出现尴尬局面。

　　（5）要明白真正的朋友有这样一些特点：不会贬低你来抬高自

己；会保守你的秘密；不会恶言中伤你；不会介意你的衣着如何；不会突然断交。所以，在交往中并不是什么都去接触，都让他们成为自己朋友，一定要有选择性。

（6）要有乐于变化的心态，时时准备性格上的变化。告别内向走向开朗的时候，在心理上一定会有些不适，所以，你要让自己适应这些变化。

（7）性格内向的人在遇到烦恼时，不妨假设正处在快乐逍遥的状态，久而久之，就可以养成乐天的性格。心里开朗了，你才可以大胆交往。

（9）将自己在交往中的感受写在一本"秘密日记"里，这不仅有助于观察自己的变化，还有助于学习如何表达内心感受。

（9）对自己不奢求十全十美。改变自己内向的性格，提高交往能力，并非一定要变得十分开朗、拥有一流的口才，只要自己能大胆交往就是一种进步。

（10）清楚地知道自己对交往对象所持的态度，并将自己的态度传递给对方。

虽然心理学家认为社交能力是可以训练提高的，但要真正的提高社交能力，实在不是一件容易的事，也不是一朝一夕可以做到，关键要看你有没有这个恒心。内向者请努力吧，一番努力后，你会看到一个全新的自己。

内向者要锻炼自己的口才

有一位不善言辞性格内向的秘书，因为口才的缺陷失去一个发展的机会。原来，县市公开招考科局级实职干部，他书面考试成绩是别人无法比的，再说他本人在县委办工作多年，有经验也有能力，完成有条件胜出。但谁料到，他在面试时，竟然会腿直哆嗦，讲不出话来，最后还满头直冒冷汗！

究其原因，是他平时只注意埋头写材料，不注意口才锻炼，再加上心理上压力造成的。生活中，那些口才不佳者，大都为性格内向、沉默寡言的人。他们听得多，说得少，缺乏和别人交流的勇气。

笨嘴拙舌在以往是老实、憨厚的表现，会获得大众的好感。而在当今的信息时代，内向者那种那种不愿意与他人往来，"躲进小楼成一统，管它冬夏与春秋"的态度和行为，与时代的要求越来越不协调了。

内向者要改变自己最笨，不爱说话的形象，你要大胆去说话，在生活中去磨炼自己的口才。当然，良好的口才不是一蹴而就的，需要掌握一定的方法，并不断丰富自己的知识面。下面是培养自己口才的几种方法，希望可以给你一些借鉴：

（1）对自己要有信心。

性格内向的人常常这样埋怨"我从小就内向""我不敢当众讲话""我说不好"……不！你实际上比自己想象的要强，在你身上，有尚未开发的潜能，只不过你束缚了自己，没有发掘出来。无数事实证明，每一个成功都不会过分否定自己，在他们脸上看到的只有信心。这种信念给他们以神奇的力量，使他们百折不挠。

（2）掌握语言的风格。

语言有各种风格，有大众的风格、艺术的风格、科学的风格和机关的风格。你的风格多半由生活环境决定，在面对不同的交谈对象时，你应该适当选择。和不同的人说话，要注意自己的语言方式，比如说，和老师交谈，要显示出你对老师的敬重，和好朋友交谈，一定要学会幽默一些。

（3）发挥自己的语言优势。

每个人都有自己的言语优势，有的人以思想性取胜，说话富于哲理，含义深刻；有的人以逻辑性取胜，层次分明，条理清晰；有的人以情感取胜，富于感染力，以情动人；有的人以声调取胜，抑扬顿挫，引人注意。因此，你应当了解自己的特长，发挥自己的优势。

（4）事先准备话题。

事先准备几个话题，以备"冷场"时用，这是避免尴尬的方法之一。准备话题要考虑到对方的情况，对方关心的问题，自己关心的问题，双方关心的问题等都是活跃气氛、引人入胜的讨论话题。

（5）给自己制定一个训练计划。

在开始的一个月里，你不妨先做这样几件事：每次读报，把最重要的或最有趣的消息报告给一两个人；跟三四个人谈家常；和朋友讨论一下共同感兴趣的电视节目和电影、戏剧。月底检查执行情况，看看表达能力是否有所提高。提高了，再进一步训练"独白"能力、即兴讲演能力。如果提高不理想，就要继续训练复述和随机交谈的能力。鼓足勇气去实现这个计划，你的表达能力一定会不断提高。

让内向者学会讲话，让他们锻炼良好的口才，他们就可以慢慢地变得开朗，从而告别内向的烦恼。但丁说："语言作为工具，对于我们之重要，正如骏马对骑士的重要。"因此，内向者千万别让自己再沉默了，快去锻炼自己的口才吧。

内向求职者如何脱颖而出

性格内向的人，在求职中时经常会吃亏。

一日，小张就陪室友小王参加招聘会，小张性格外向，早就找到了一份好工作，而小王性格内向，到现在工作还没着落。这时，某公司的一个文职岗位吸引了不少文科生排队投简历，小张连忙叫来小王前去应聘。

小王腼腆地递上简历后，招聘方看了看简历说："简历很简单，但缺乏特点。学中文的，肯定会写，有没有作品发表？"

小王不好意思地说："平时发表了几篇，忘记整理了……"

看小王着急的样子，招聘方也没有多问什么，只是给小王一点建议："学中文的，肯定要会写，会说。简历要做得与众不同，要针对不同的单位、岗位做不同的简历，不能千篇一律，要有针对性。初次见面，用人单位只能通过简历、作品来了解你的能力。"

小王很沮丧，在那里默默地低着头。这时，开朗的小张忙来解围，他对招聘方说："贵单位文职岗位所需要的人才，正好和小王专业对口，要是没有猜错，进去后就是写写材料，处理一些日常事务，做做宣传，他能胜任这样的工作。"

招聘方见小张这么能说，就问："你也是学中文的？"

小张说："是的，我和小王一个专业。小王比我更优秀，只是我外向一点。"

后来的结局竟是，招聘方看上了小张，打算招聘他。但小张已经找到了工作，因此婉拒了对方的要求。即便这样，对方也没有招聘小王，因为他太内向了。

在生活中，许多人很有能力、做事也踏实，但由于性格内向的原因，他们不善于表达自己的想法，以至于在面试时难以博得主考官的青睐。以下几种方法希望能帮助内向者在面试过程中能顺利过关。

一、重述重点，补强口才劣势

在面试过程中，如果遇到没有事先准备过、思考过的题目，下面有一些小技巧可以使你渡过难关：

（1）把对方的重点问题，这样可以避免答非所问的尴尬情形。

（2）肯定主考官所提的问题是个很好、有深度的问题，并向对方说明"为了能完整呈现自己的想法，希望能有时间思考一下"。

（3）思考时可以用条例式的方法，想出回答的重点，并在回答结束后，再以条例的方式重述回答的重点。

（4）准备相关的文件，在面谈时可以拿出来补充、证明。如以前做过的项目报告、企划书，除了加强说服力，还可以展现自己做事善于规划、有条理的一面。

（5）当"状况题"出现时，千万不要害怕。有很多问题其实没有正确答案，对方想知道的是你的想法和理由，以及你的思考逻辑。

（6）可以事先准备一段自我推销的说辞。当面试进入尾声，若有些优点还没有机会表达的话，可以主动向对方表示"有些事情我想多让您了解一下，不知可否给我几分钟加以说明？"然后利用争取到的时间，把自己推销出去。

二、真诚，是最大的加分

除了上面的一些建议，内向者在面试的过程中，一定要以真诚的原则，这样才能让主考官觉得你是一个脚踏实地、不骄傲，能认真做事情的人。所谓的真诚，就是知道什么、就说什么，同时也不避谈自己的缺点。

有很多求职者不敢坦诚自己的缺点，就会说"我的缺点就是优点太多、没有缺点"，这样夸大地修饰自己，显得很不真诚。如果内向求职者能坦诚说明自己的性格特点，和自己改变性格弱点的决心告诉对方，如此真诚地分析自己的一切，会让对方感觉你很实在，能给对方一个良好的印象。

三、在细节中取胜

对于经验丰富的主考官来说，你的口才再好，把自己说得再完美，对方也不会完全听你的。主考官会在细节中观察你的表现，你无意间表现出的小动作才是他们观察的重点。在这方面，内向的有优势，他们心细，很注意自己的一举一动。

举例来说，提早 5 分钟到达面试公司，可以显示做事认真的态度；面试时坐姿稍微前倾，表现出愿意倾听的特质；面试结束时，主动询问后续的流程，也能代表自己有追踪进度的好习惯。这些从行为中无意间透露出来的讯息，远胜过千言万语。

性格内向的人容易在面试中遇到挫折，但只要他们对自己充满信心，掌握一定的方法，并发挥自己的性格优势，一定有机会找到一份好工作。

优化内向性格的几点建议

无论是外向还是内向型性格，都具有各自的优点与缺点。在这里，我们将告诉内向型性格的人，如何优化自己的性格，让自己的性格更加完善。

一、要培养广泛的兴趣爱好

兴趣仿佛是一条纽带，会把有共同爱好的人连接起来，从而提高人际交往中融洽程度。广泛的兴趣会使人将整个身心投入到活动之中，从而减轻自己的孤独感，同时会使人的不良情绪在兴趣活动中得到充分的转移和宣泄。

二、多参加社交活动和集体活动

作为内向者，必须改变原有孤独、单调的生活方式，应多认识几个新朋友，尤其应多接触那些心胸开阔、性格开朗的人。通过参加集体活动，不仅可获得归属感的满足，而且还会通过潜移默化的作用，逐渐形成开朗、幽默、直爽的外向性格特征。

多接触人，多与人交往，将有利于你改变内向的性格弱点。一个足不出户，不与别人交往的人，又怎么能获得别人的友谊呢。人只有融入大集体中，才会获得朋友，才会拥有愉悦的心情，才会学得很多有用的东西。

三、与人交往，求同存异，要多一点宽容

每个人的性格不同，生活背景不同，物质基础、文化修养也不同，所以，在交往中，人与人之间难免会有意见不统一、话不投机的时候，甚至会产生矛盾。面对这些问题，与人交往时要求同存

异，多一点宽容。这样，别人才会容易接受你，愿与你交往，这对于内向型性格者完善自己的性格也是很有好处的。

四、不要太看重别人对自己的评价

内向者不爱参加集体活动，往往是因为害怕出丑，怕自己的一举一动成为别人谈论的话题，所以他们用"回避"交往的方式来保护自己的"自尊"。实际上，每一个人都会受到别人或好或坏、或褒或贬的评价，而且，多数情况下，人们喜欢评价别人的不足之处，这更让内向者害怕交往了。因此，对别人的评价自己要看得开，既不为别人的赞扬而过分欢喜，也不为别人的贬低而自卑，而应该做到"有则改之，无则加勉"，始终保持一种平和的心态，泰然处之。

五、不过分追根究底

一个内向的人心过于细，讨厌做事敷衍了事、含含糊糊，什么事情都想弄清楚。这是值得尊重的品格，应该保持，但如果为了一件小事而死死不放，而忽略了更重要的事情，这样，你的损失就大了。在弄清某一事件时，请不要一味追究到底，在与交往方面，如果过分追根究底，别人会觉得你很麻烦。在工作上，如果过于追究某人的失败、错误和责任，有时也会招致对方怨恨或故意的抵触与反击，所以，应该对此予以注意。

六、要尊重和信任他人

在交往中，只有尊重和信任他人的人，才能赢得别人的尊重和信任，成为受欢迎的人。反之，如果骄傲自大、目中无人，或对人疑心重重，是不受欢迎的。所以，内向者在交往中要尊重和信任别人，这样才有利于和谐的人际关系。

七、应发挥内在的独特风格

内向型的人，常常蕴藏着内在的独特风格。不少内向型的人具有温和、风趣、优雅、细致、高尚、纯真、虔诚，甚至神秘等特性，应注意发挥这些特性。还应认识到自己的这些内在特性是宝贵的财富。

八、要体会和观察别人的需要

由于兴趣爱好的差异，你喜欢的可能别人不喜欢，别人喜欢的你偏偏不喜欢。因此，在人际交往中，若能站到对方的位置上，设身处地替别人想想，就可以减少误会和不愉快的冲突。例如，当你发现别人嫉妒你时，你一定会很反感，但你若想想，假如别人超过了你，你是不是也会嫉妒别人？想到这些，不快之感就会烟消云散，甚至还会因此激起你的自豪感，增强自尊心与自信心。

第七章
好习惯让人受益终身

　　良好的习惯是成功的一半，好习惯让人终身受益。但是，好习惯不是与生俱来的，它的养成需要刻意练习。当好的习惯形成之后，其他一切问题都将会迎刃而解。

成也习惯，败也习惯

有一天，小孙子从幼儿园放学回家，大声叫着说："爷爷，苹果里面有一颗星星。"

爷爷说："这有什么可稀奇的？你每次吃苹果最后剩下来的核，就是苹果的心啊！"

"爷爷，我是说苹果里面有一颗小星星！"小孙子急着澄清此星非彼心。

爷爷正色地说："不要胡说！苹果里怎么会有星星呢？"

"爷爷，是真的！苹果里真的有一颗星星！"

拗不过小孙子的撒娇，爷爷终于和颜悦色地问小孙子："那你可不可以把苹果里的星星找出来给爷爷看呢？"

"好啊！"小孙子一面回答，一面把苹果横放在桌面上，拿起刀就要拦腰切下去。

爷爷看了，连忙大叫："不能这样切！"然后把苹果抢过来，重新直立在桌上，教导小孙子说："切苹果要从上往下切才对！"

从上往下切是传统的切法，这样显然不会切出星星来。现在，不妨掩卷思考一下，怎样才能切出苹果中的星星来？

其实很简单，只要把苹果横放，然后顺着中央切下去，苹果在被分成了头尾两半的同时，就会出现一个奇观：苹果中的五粒种子整齐地在这两半的中央构成了一颗星星。

正如故事中的爷爷一样，大多数人都会按照固有的习惯去生活，很少有人主动跳出习惯性思维的窠臼。

一个人的成就原本应该是由他的智慧和努力决定的，可是在很多时候，我们却不得不承认，人生之路常常是受习惯所左右和控制的。

据说亚历山大城的图书馆被烧时，只有一本看起来普普通通的书幸免于难。一个穷人一时好奇，就花了几个铜板将这本书买了下来。这本书不怎么精致，然而这个穷人却从书中发现了一个令人振奋的信息，那就是有关"点金石"的秘密。

书中记载：在黑海岸边，有一块神奇的石头。它和其他成千上万块一模一样的石头混在一起，看似一般，却有神奇的力量，能把普通的金属变成黄金。它和其他石头的唯一区别就在于：唯独这块石头是温暖的，其他普通的石头都是冷凉的。

于是，这个穷人卖掉了仅有的几件东西，准备了简单的行装，来到黑海岸边寻找这块神奇的石头。

到了之后，穷人就将他的"寻石计划"付诸行动。饿了，穷人就到附近的地方讨点东西吃；困了，穷人就睡在海岸上，醒来就一块又一块的石头挨个找。他拾一块石头，感觉一下，如果不热，就扔到了海里。他日复一日地重复这个动作，转眼间五年过去了，但他还是没有找到"点金石"。

可是，他非常确信总有一天自己会找到那块神石的。于是，他还是按部就班地继续着自己的工作，拾一块石头就扔到海里，接着再拾……

终于有一天早上，他拾起的一块石头是"热的"，可是他连想都没想就一下把石头给扔进了海里！

接下来的日子，这个可怜的穷人继续日复一日地寻找自己心目中那块神石，而且由于已经形成了把石头扔进海里的"习惯"，他甚至已经忘记自己扔石头是为了什么。

人生的道路上，习惯往往成为束缚我们的力量。很多时候，我们习惯于按照常规思维模式去思考问题的答案，习惯于用固有的思维模式去生活和工作。

其实，思考和实践才是我们发现答案的唯一方法。只有勇于创新，不断探索，才能够创造工作的机会和人生乐趣。

打破常规，跳出了习惯性的思维框框，能够做到这一点就是一种睿智。

很多时候，我们往往容易把自己局限在一个小圈子里。倘若能够换一个角度去看问题，突破固有的惯性思维，那么，离成功可能就更近了一步。

成功学大师拿破仑·希尔说："不管我们是谁，我们从事何种职业，我们都是自身习惯的受益者或受害者。"下面的故事可以为拿破仑·希尔的话做出注解。

乔治是一名出入境检查员。他的职责是在边境检查站检查那些入境车辆是否带有走私物品。

除周末外，每天傍晚时分，乔治都会看见一个工人模样的汉子，从山坡下面用自行车推着一大捆稻草向入境检查站走来。每当这时，乔治总要叫住那汉子，要他将草捆解开接受详细的检查，接着翻遍他的每个衣袋，看看能否搜出点金银珠宝之类或别的什么值钱的东西。

尽管乔治搜查得一丝不苟，但遗憾的是每次都未能如愿以偿。凭直觉，乔治料定此人准是在搞走私活动，然而却苦于查不出任何走私物品。

在退休的前一天，乔治对那汉子说："今天是我最后一班岗了。我知道你一直在携带走私物品入境，可是一直苦于没有证据。你能否告诉我你屡屡得手，究竟贩运的是什么物品？要是你告诉我，我绝对为你保住秘密，绝不食言！"

那汉子沉吟了片刻，最后拍了拍自行车。乔治至此才恍然醒悟。

美国著名教育家曼恩说："习惯就像一根缆绳。如果我们每天给它缠上一股新索，那么，要不了多久，它就会变得牢不可破。"乔治固守传统思维，也就永远猜不出那汉子居然在他的眼皮底下走私自行车。

人生的道理也是如此，因循守旧，永远也看不到成功的希望。只有打破僵化的惯性思维，大胆创新，才能够跳出习惯性思维的窠臼，迎来光芒万丈的阳光。

播种好习惯，收获大成就

在一次诺贝尔奖获得者的聚会上，一位记者向他们提出了这样的一个问题："您认为您是在哪所大学或者哪个实验室学到了最重要的东西？"

对于这个问题，一位满头白发的老学者不假思索地回答："我认为我不是在大学或者实验室学到了最重要的东西，而是在幼儿园学到了最重要的东西。"

老学者的回答令记者颇感意外。记者紧追不放地又问："那么，您在幼儿园学到的最重要的东西是什么呢？"

老学者不无自豪地回答："把自己的东西分给小伙伴；不是自己的东西不乱拿；东西要摆放整齐；饭前便后要洗手；午饭后要休息片刻；做了错事要敢于承认；多思考，勤观察。从根本上说，我要在幼儿园学到的就是这些。其实，也就是说，我养成了良好的习惯。"

对于老学者的回答，其他与会人员也都深表赞同。

可见，良好的习惯既是获得成功的基石，也是收获成功的阶梯。我们要想得到成功，就必须养成良好的习惯。

伟大的发明家爱迪生，一生共创造了 1093 项发明，堪称"前无古人，后无来者"。人们对爱迪生敬仰有加，而他本人却把这些归于自己勤于思考的习惯。

爱迪生曾说："正如肌肉可以通过锻炼得到加强一样，我们同样可以锻炼和开发我们的大脑，恰当地锻炼和开发大脑，将使我们的思维能力得到加强和提高。思维能力得到加强和提高后，又将进一步拓展大脑的容量，并使我们获得新的能力。"

　　爱迪生还说："缺乏思考习惯的人，其实错过了生活中最大的快乐。不仅如此，他也会因此无法充分发挥和展现自己的才能。"

　　爱迪生的成功得益于养成了勤于思考的良好习惯。考察每个杰出人生的辉煌人生，你不难发现他们莫不具有良好的习惯。其实，我们可以说，一个人拥有的良好习惯越多，取得成功的可能性就越大。

　　英国唯物主义哲学家、现代实验科学的始祖、科学归纳法的奠基人培根，一生成就斐然。在谈到习惯时，培根用他那充满哲理意味的话语说："习惯真是一种顽强而巨大的力量。它可以主宰人的一生。因此，我们应该通过教育培养一种良好的习惯。"

　　在沃伦·巴菲特和比尔·盖茨聚首华盛顿大学演讲时，同学们提出了一个十分有趣的问题："你们怎么会变得比上帝还要富有？"

　　沃伦·巴菲特直言不讳地说："这个问题非常简单。原因不在于智商，而在于习惯。"

　　比尔·盖茨非常赞同沃伦·巴菲特的观点："我认为沃伦关于习惯的话完全正确。"

　　这两位在不同领域达到财富顶峰的富豪道出了自己成功的诀窍：良好的习惯是收获成功的阶梯。

　　俄国著名教育家乌申斯基说："良好的习惯乃是人在神经系统中存放的道德资本。这个资本不断地增值，而人在其整个一生中就享受着它的利息。"的确，习惯是一个人独立于社会的基础，又在很大程度上决定他的工作效率和生活质量，并进而影响他一生的成功和幸福。因此，注重养成好的习惯，是人生迈向成功的第一步。

　　如果将成功比喻果实，那么习惯自然就是种子。早在公元前350年，古希腊哲学家亚里士多德就说出了这样的话："正是一些长期的好习惯加上临时的行动才构成了成功。"

很多杰出人物之所以敢扬言，即使现在一败涂地，也能很快东山再起，就是因为他们养成的某种习惯锻造了他们的性格，而性格铸就了他们的成功。

石油大王洛克菲勒就曾经说："即使你们把我身上的衣服剥得精光，一个子儿也不剩，然后把我扔在撒哈拉沙漠的中心地带，但只要有两个条件——给我一点时间，并且让一支商队从我身边经过，那么，要不了多久，我就会成为一个新的亿万富翁。"

好习惯是成功的起点，只要这种信念存在，即便是身处荒漠中也能结出成功之果。

好习惯是成功的翅膀

一位著名的大学教授多才多艺。退休后，他想把自己的小提琴演奏奉献给社会。

当有人问他为什么能把曲子拉得如此优美时，他说："我是这样来练习的。在练习曲目前，我必定先了解曲目是由几小节构成的。比如：准备练习 30 小节，一天练习 1 小节，一个月即可练习完毕，不过，我并非从头到尾依次练习，而是从最简单的 1 小节开始。第二天，再从所剩的 29 小节中挑选最简单的练习。用这种方法练完整首，不但轻松自如，而且还在练完之后找到了各个小节之间的响应关系，从整体上理解了曲目。"

从心理学的角度来看，他的练习法是相当合理的，因为人有惰性，往往会找借口逃避工作，加上碰上困难的工作，更不敢面对现实，而这位教授的方法正可满足自己的成就感，克服了惰性给自己增添了信心，每完成 1 小节，就增一份信心，这可以说是巧妙的解决办法。

"天下大事必作于细，天下难事必作于易。"从最简单的做起给了你成就感和自信心，同时也会使你工作和学习的热情逐渐高涨，注意力更加集中，能够取得好的成绩。不管是在工作中，还是在学习中，最重要的是一定要有热情，而且要能专心致志。

这个世界上留存下来的辉煌业绩和杰出成就，无一例外得益于勤奋的工作，不管是文学作品还是艺术作品，不管是诗人还是艺术家。

在 70 岁生日那天，丹尼尔·韦伯斯特谈起他成功的秘密时说："努力工作使我取得了现在的成就。在我的一生中，还从来没有哪一天不辛勤工作。"

格莱斯顿在 90 岁高龄时说："我很早就养成了勤奋工作的习惯。这种习惯本身就会给你很多回报。年轻人总觉得休息就是终止所有努力，但我发现，最好的休息是改变工作方式。如果长时间看书、思考，弄得脑子昏沉沉的，那就到阳光灿烂的室外呼吸呼吸新鲜空气、锻炼锻炼身体，让思维恢复。要知道，自然的努力是无止境的。我们睡觉的时候，心脏也不会停止跳动。一旦大自然伟大的活动有一刻停止，人就会死去。我尽量顺应自然规律生活，在工作的时候也模仿大自然的方式。我所获得的回报就是良好的睡眠、健康的消化功能、身体的各个器官保持在最好状态。相信我的话吧，这就是勤奋工作所带来的最重要的回报。"

彼得大帝作为俄国王位的继承者，也是通过难以想象的艰苦努力才得到王位的。当他看到西欧文明的成果在俄国几乎不为人知时，感到痛心疾首，下决心进行自我教育，在此基础上提高国民素质。26 岁，对其他的王子们来说，正是耽于享乐的年龄，他却开始周游列国。他的目的并不是游山玩水，而是向这些国家的优秀人才学习。在荷兰，他自愿当一位造船师的学徒；在英国，他在造纸厂、磨坊、制表厂和其他工厂工作。他不仅细心地揣摩学习，而且像普通工人一样干活、拿工资。

彼得大帝亲手铸造的铁棒，有一根保存在匹兹堡的国家珍奇博物馆，作为对亲自参加工作的这位伟大国王的纪念。每个俄国人都懂得了这样的道理：国家要永久地繁荣，无论是谁，都要像彼得大帝那样辛勤工作。

只有兢兢业业地工作，才会拥有辉煌而充实的幸福生活。浅尝辄止、安于现状、不思进取的人，是不会做出什么成绩的。一个有崇高目标、期望成就大业的人，总是不停地超越自我，拓宽思路，扩充知识，敞开生活之门，希望比周围的人走得更远。他有足够坚强的意志，激励自己做出更大的努力，争取最好的结果。

作为一个职员，你如果想迅速获得提升，就要努力工作，超越那些资历比你高的职员。如果你做起事来总是精益求精，总是让别人惊喜，上司自然会注意到你，自然会把你提拔到重要的位置上来。没有一个老板不喜欢有上进心的下属。他们也在随时观察着你的工作表现。

千万不可养成不监督不逼迫就不能好好工作的恶习。无论上司在与不在，都要忠于职守、全力以赴。要记住，辛勤的工作是在为自己的发展创造条件。你必须把经验、学识、智慧和创造力，在工作中发挥得淋漓尽致，争取达到惊人的效果。过于计较自己付出的劳动是否超过了报酬，这样的人永远不会有升迁的机会，哪怕他才华横溢。

有许多人太过于计较，太过于抱怨。他们抱怨公司老板严厉，抱怨工作时间过长，抱怨管理制度过严。有时候，这些抱怨的确能够赢得一些善良人的宽慰之词，使自己的内心压力暂时得到一定程度上的缓解。虽然口头的抱怨就其本身而言，不会直接给公司和个人带来直接的经济损失，但是，持续的抱怨会使人的思想摇摆不定，进而在工作上敷衍了事。抱怨使人思想肤浅，心胸狭窄。一个将自己头脑装满了抱怨的人，是无法容纳未来的，只会使他们与公司的理念格格不入，更使自己的发展道路越走越窄。

即使在平凡的职业中、极其低微的位置上，也往往藏着发展的机会。只要把自己的工作，做得比别人更专注、更迅速、更正确、更完美；只要调动自己全部的智力，从旧事中找出新方法来，便能引起别人的注意，从而使自己有发挥本领的机会。无论做什么工作，只要沉下心来，脚踏实地地去做，都能得到收获。

坏习惯是成功的绊脚石

在现实生活中，坏习惯很多。这些坏习惯是害群之马，是成功的绊脚石。我们常常会看到这样一些人，他们总是对自己所处的环境不满意，由此而产生了一系列苦恼。

有的人对自己目前的工作不满意，认为职位低，赚钱少，比不上别人。心里又是自卑，又是消沉，天天懒洋洋的，做什么也打不起精神来。于是工作常常出错，上司也不喜欢他，同事也觉得他没出息。这样，他就越来越孤独，越来越被单位排挤，越来越远离快乐和成功。

其实，一个人对自己目前的环境不满意，唯一的办法就是让自己战胜这个环境。就以走路来说，当你不得不走过一段险阻狭窄的路段时，唯一的办法就是打起精神，克服困难，战胜险阻，把这段路走过去，而绝不是停在途中抱怨，或索性坐在那里打盹，去听天由命。

置身不如意环境的人们，不但不应消沉停顿，反而要拿出积极乐观的精神来面对目前的环境，使时光不至白白浪费。

那些对眼前工作不满意的人，要明白每位领导或主管都喜欢提拔那些肯埋头努力、认真工作的人。假如你工作认真，升迁的机会就可能会轮到你，除非没有机会。假使你自以为大材小用，一肚子委屈牢骚，成天懒懒散散，对工作敷衍了事，那么即使有了机会，也不会轮到你头上。

奉劝置身不如意环境中的朋友，停止抱怨，直面现实，把握机会充实自己。一个肯努力上进的人，在任何环境里都用不着自卑。

换句话说，一个不肯积极进取、浪费光阴的人，本身就有一些坏习惯，别人不会因为你环境不顺而原谅你的。

不要对自己目前的东西抱怨或不满。它们可能是贫乏的、不好的，但既然没有办法可以弄到更好的，你就只好迁就你既有的一切，从中去发现出路和希望。不重视现在，就不会有可以期待的未来。

一位哲人在行将就木时，曾语重心长地告诫周围的人："坏习惯是人生的坟墓。"这话绝不是危言耸听。事实上，相对于那些良好的习惯来说，一些看似微不足道的坏习惯掩藏着可怕的危机。

实际上，坏习惯也能杀人！那些看似微不足道的恶习，足以抹杀一个人的生命。如果你不相信，我们不妨看看下面的事实。

一条宽阔的马路，车来车往，川流不息。马路中间的栏杆让人扒开了一个缺口，尽管往两侧走上 200 米各有一座过街天桥，但许多人还是图省事，从这儿穿越马路。

久而久之，大家都习惯了，甚至白发苍苍的老头老太太拉着小孩的手，也堂而皇之地走过去。

终于有一天，随着一声刺耳的刹车声，一对挽着手的情侣倒在血泊中……

一个小小的坏习惯里，往往潜藏着巨大的危险。或许开始人们还有一点警觉，但随着重复次数的增多，也就习以为常了，反而认为危险是安全的。然而，在这些坏习惯形成的过程中，危险正一步一步地逼近。

司机小李开车技术不错，已有多年驾龄，但他开车时总是小动作不断，点根烟啦，换个磁带啦，看看路边的漂亮姑娘啦，等等。有人劝他，他不仅不听，反而说："艺高人胆大，没事。"

后来，一次在公路上，他连人带车翻进了山沟。原因再平常不过：在高速急转弯的同时，他正低头拨弄夹住的磁带。

不仅在日常生活中如此，我们在职场中，每个人都有或多或少的坏习惯。这些看似无足轻重的坏习惯，虽然不像酗酒和吸毒具有那么明显的破坏性，但绝对会阻碍你取得事业的成功，甚至成为你人生道路上的绊脚石。

在一家设计公司，有位设计师总是很晚才上交自己的作品。尽管他的设计很出色，但他没有意识到，准时与作品质量具有同等的重要性。不久，这位设计师因为做事拖沓被辞退了。

在现代企业，每个人的工作往往要等到前一个人完成其分工部分后才能开始，如果你在工作中总是拖拖拉拉，你的老板和上司就不再依赖你，甚至开始怨恨你、抛弃你。

拖延和不能守时，都将成为你工作和事业上的绊脚石，任何时候都一样。不仅要学会准时，更要学会提前。就如你坐车去某地，沿途的风景很美，你忍不住下车看一看，后来虽然你还是赶到了某地，却不是准时到达。"闹钟"只是一种简单的标志和提示，真正灵活、实用的时间，掌握在每个人的心中。

实际上，坏习惯正是人生的坟墓。那些看似微不足道的恶习，足以让你与成功失之交臂。人生一世，应尽量多养成一些好习惯，杜绝一切恶劣的习惯。

摆脱习惯的影响

德国习性学家海因罗特曾在实验过程中发现一个十分有趣的现象。

刚刚破壳而出的小鹅，会本能地跟在它第一眼看到的自己的母亲后边。但是，如果第一眼看到的不是自己的母亲，而是其他活动物体，它也会自动地跟随其后。尤为重要的是，一旦这小鹅形成对某个物体的追随反应，它就不可能再对其他物体形成追随反应。用专业术语来说，这种追随反应的形成是不可逆的，而用通俗的语言来说，它只承认第一，无视第二。

这种现象被称为"印刻效应"。它不仅存在于低等动物中，而且同样存在于人类之中。大多数的心理学家和社会学家都承认，人类对最初接收的信息和最初接触的人都留有深刻的印象。他们用"首因效应"等概念来表示人类在接受信息时的这种特征。

一代魔术大师胡汀尼有一手绝活。他能在极短的时间内打开无论多么复杂的锁，从未失过手。他曾为自己定下一个富有挑战性的目标：要在60分钟之内，从任何锁中挣脱出来，条件是让他穿着特制的衣服进去，并且不能有人在旁边观看。

有一个小镇的居民，决定向胡汀尼挑战，有意给他难堪。他们特别打制了一个坚固的铁牢，配上把看上去非常复杂的锁，请胡汀尼来看看能否从这里出去。

胡汀尼接受了这个挑战。他穿上特制的衣服，走进铁牢中，牢门哐啷一声关了起来。大家遵守规则转过身去不看他工作。胡汀尼从衣服中取出自己特制的工具，开始工作。

30 分钟过去了，胡汀尼用耳朵紧贴着锁，专注地工作着；45 分钟、一个小时过去了，胡汀尼头上开始冒汗。最后，四个小时过去了，胡汀尼始终听不到期待中的锁簧弹开的声音。他筋疲力尽地将身体靠在门上坐下来，结果牢门却顺势而开。原来，牢门根本没有上锁，那把看似很厉害的锁是个样子。

小镇居民成功地捉弄了这位逃生专家。门没有上锁，自然也就无法开锁，但胡汀尼心中的"门"却上了锁。

小镇的居民故弄玄虚，捉弄了这位大师。大师的失败在于先入为主的习惯告诉他：只要是锁，就一定是锁上的。因此，在实际生活中，我们一定要抛弃成见，不要让第一个想法占据你的脑子。要知道：错觉首先来到，真相就难容身。

有很多人都习惯感性的一次就把对一个人的答案想好，很长时间都不能改变。还有的时候，我们评价一个人，仅仅凭借的是其是否对应自己的个人口味，因对方的脾气性格、生活习惯、言谈举止等不符合自己的标准，就对其做出否定的评价，或因某些习惯与自己合拍就全面肯定他。

你不妨时常想一下是不是有一些过去的习惯就在你的眼前欺骗或者伤害了你呢？我们所要做的就是摒弃以往那些不好的习惯，这说起来好像很轻松，而付诸实践却是很难的。

天津的"狗不理"包子久负盛名，在北方几乎是家喻户晓，可分店开到深圳时，却大受冷遇。商家尽管不断加大宣传力度，多方开展促销活动，始终只能热闹一阵，难以吸引众人持续钟情于它。

经营者面对尴尬的局面，深入街区调查，发现不是包子质量不好，也不是口味不好，而是深圳人对"狗不理"的名称太感冒了，心理上接受不了。经营者思之再三，忍痛摘下"狗不理"的牌子，换上"喜相逢"的匾额。真是神了，立即柳暗花明，顾客盈门，生意大有起色。

很多时候就须如此，因为地域不同，观念有异，对应办法也应该有所改变。

"狗不理"的根据地在北方。朴实的北方人视之为宝贝，自己的孩子自己爱嘛！深圳人就不同了。深圳毗邻香港，重视名头，讲究吉祥，忌讳很多。"狗不理"字面意思不雅，深圳人接受不了。聪明的经营者虽然空间视角不灵，但一经发现问题，立即请教社会，深入街区调查，并立即调整思路，是很有理智的。

可见，消费者对商品有不同的审美习惯。符合他们习惯的便会产生购买欲，反之，则再美也弃之不用。欧美国家视黄色为太阳与光明，巴勒斯坦则对黄色表示厌烦；希腊、罗马认为黄色象征吉祥，叙利亚则以黄色象征死亡。

世界就是这样，不同的国家、不同的地区就有不同的文化、观念和心理。当习惯不再习惯时，我们就应及时地改变。

和坏习惯说再见

每个人的某些恶习和不良习惯并非与生俱来的，而是后来慢慢养成的。有些坏习惯可能对我们的工作和生活并无大碍，但有些坏习惯足以让我们的工作和事业前途命运多舛。

习惯往往是一个人内在主动和外界刺激经过长期累积而成的。先是有意识地成为自己行为的一部分，形成习惯后，便变成了一种不自觉的行为模式，进而忘了它的存在。而这正是"习惯"的力量所在。更为关键的是，习惯通常是由人的一些小事和细节累积而成的。如果是好习惯，就应该保持，但若身上有了坏习惯，就应该尽量想办法去戒除。

我们的表现、感觉和反应有95%是习惯性的。钢琴家用不着"决定"去击哪个琴键；舞蹈家用不着"决定"脚往什么地方移。他们的反应是自动的，不假思索的。同样，我们的态度、情感和信念也容易变成习惯的。

我们只要费费心思做个决定，再练习或"形成"新的反应或行为，习惯就能修正、改变，甚至完全扭转。钢琴家要加以选择的话，可以有意识地决定按另一个琴键；舞蹈家可以有意识地"决定"学会一个新的舞步，而且没有什么苦恼。

所罗门国王曾说："万事皆因小事而起。你轻视它。它一定会让你吃大亏的。"

如果因为平时的马虎轻率而铸成大错，给公司造成巨大的损失，那么你以前所有的辛劳也会付之东流。所以我们应该从平时的小事开始注意，防患于未然。

老孙喜欢睡懒觉，每天早上总是起不来，上班也常常迟到。后来，他意识到这实在不是个好习惯，所以下定决心改掉它。

为了改掉恶习，他想到一个办法：每天早起半个小时出去跑步，务必坚持一个月。这样，既可以改掉睡懒觉的习惯，又锻炼了身体。

想必大家都有这样的体会，特别是在寒冷的冬天，温暖的被窝确实很吸引人。对很多人来说，早上起床前的每一分钟都是那么珍贵。

第一天，老孙在床上挣扎了半天，想到自己的决心，终于按时起来了。冒着寒风出门跑步也的确不怎么令人开心，但老吴到底坚持了下来。

第二天，情况好了一些，起床已经没那么"痛苦"了，出去跑步也不再感觉那么累。

就这样，老孙不断鞭策自己，终于坚持了一个月。

后来，提前半个小时起床，对于他已经不是任务，而成了一种习惯。如果到时间不起来，他反而感觉不舒服了。

改变坏习惯是艰难的。当我们被要求除去那些我们所熟悉的思想和感情时，我们都会本能地加以抗拒，尽管我们也承认那些习惯是有害的。

改变不可能很快实现，而是一个渐进的过程。如果我们试图在一夜之间变得成功，我们将只会再一次面临失败。一次改掉多个习惯的企图，也势必会分散我们的精力，并彻底毁掉我们改掉坏习惯的能力。

在开始试着改变习惯的时候，我们往往会觉得极其困难。我们发现，就像运动中的火车那样，我们很难开始改变习惯的步骤。但是，一旦我们成功地改掉第一个习惯，改掉坏习惯就将变得越来容易。事实上，随着一个个坏习惯被好习惯逐个取代，我们将变得越来越善于改变自己的习惯。也就是说，我们已经在开始养成"改掉坏习惯"的习惯。一旦这样的习惯养成，我们便会像一列运行着无法停止脚步的火车那样，推动我们实现自己的理想。

如果有坏习惯，不论多少，你都要想办法改正。然而，冰冻三尺，非一日之寒。要改掉已经根深蒂固的坏习惯，当然很不容易。

对待坏习惯，唯一的办法就是养成好的习惯来代替它。只要你有信心、有毅力，经过一段时间的努力，还是可以办到的。

反观那些意志薄弱、缺乏自信的人，甘愿做习惯的奴隶，从未想过通过自己的努力改变这种被动的状态。其实，人最大的敌人是自己，改掉坏习惯也是战胜自我、征服自我的过程。这是一场力量的较量，谁是最后的赢家取决于你自己。

每个人身上都有坏习惯，只不过大小不一，危害程度也不同。但很多人并没有意识到，这些坏习惯在时刻阻碍着自己走向成功。人们对自己犯下的错误茫然不知，原因就在于他们的这种坏习惯已经根深蒂固，并且自身从未发觉到它的恶劣性。

坏习惯是一种藏不住的缺点，这种通过潜意识表现出来的行为，自己看不见，而别人却能看得见，即使这种行为并不一定是自己希望的行为，但是一旦成了习惯，便身不由己，经常在不经意间铸成恶果。

培养自己的好习惯

在一家企业里，由于管理者的疏忽，员工们养成了某种"惰性"。具体表现为：纪律懒散，做事马虎。老板很快就发现了问题，并尝试改变这种状况。他是一位了解人性和懂得管理规律的管理者。他没有期望用制度让员工改变，也没有对违规的员工进行处罚，而是采用了一个更加人性和更需要耐心的"好办法"。

他召集各部门负责人和保安队长开了一个短会。在会上，他提出要大家一起用足够长的时间，养成整齐穿着工作服的好习惯。他这样做的理由是，只要保证每一位员工有一天能够做到工作服干净，穿着整齐，系上风纪扣，员工纪律懒散和做事马虎的态度就将得到彻底纠正。

提出这一方案之后，他先让各部门经理对所有下属包括保安进行说明和教育；然后，安排人力资源部找员工做模特拍一张标准着装照片，具体标识着装要领，并做成大幅"着装标准"张贴在工作区入口处；最后，安排保安部门按公司要求对每一位员工的着装进行检查。发现与标准不符的情况，确认员工所属部门，并立即联系其部门领导直接到门口领人，不得有误。

就这样，如此循环往复地持续坚持了半年多时间，员工们终于养成了良好的习惯。

培养好习惯有点像练武。在武侠小说里，大凡练武之人都讲究内外兼修，所谓外练筋骨皮，内练一口气。对于良好习惯的培养，也是一样，只有由内而外训练才能有效果。否则，如果从内心就抵触这些行为，就算勉强坚持做了，也只能徒具形式，成为花架子而已，很难真正养成习惯。

古时有位皇帝，为了表现节俭，就在崭新的龙袍上缝了一块补丁。官员们看到后纷纷效仿，一时间"补丁服"成了时尚的衣装。而私下里，无论皇帝还是官员们，照样生活糜烂、挥霍无度。这样的"好习惯"，不要也罢。

人贵在自觉，好习惯的养成也是如此。只有内在修养达到一定的境界，精神上积极向上，落实在实际行动中，才能够持久。

有些好习惯，比如每天早起、坚持锻炼、果断做事不拖延，一开始是自觉自愿的行为，重复的次数多了，自觉就变成了自然，进而才成为习惯。

换句话说，习惯是通过对行为的不断强化而形成的。习惯养成大致有两种途径：一种是依靠外部力量的正向诱导或督促而形成习惯；一种是基于主观意志努力而养成习惯。

习惯的养成，就是这样一种由内而外的过程。在内，就是要不断地学习和吸收，要有自我分辨能力。什么样的习惯是好习惯，什么样的习惯是坏习惯。对于坏习惯要避免，对好习惯要主动去培养，有意识地去做。但是，光注意内在的修养还不够，还要注意外在的锻炼。好的行为只有每天重复去做，才能真正成为习惯。一句话，就是重复，再重复。这是自我修炼，也是自我教育。

从外在的形式看，好习惯的培养带有一定的强迫性。比如每天晚上刷牙、洗脚，这都是很好的生活习惯，但有人就是懒得去做。这时候，就必须强迫自己去完成。或者靠自己的毅力，或者靠别人监督。这样，经过多次重复，这种习惯自然就养成了。也许坚持一两个月后，一到晚上，根本不用想，你就自动去刷牙、洗脚了，就跟条件反射似的。这种不用经过大脑的行为，就是习惯。就像人饿了要吃饭、困了要睡觉一样自然。

已经失败的人和已经成功的人之间，一个很重要的不同之处，在于他们不同的习惯。良好的习惯，是一切成功的钥匙。坏的习惯，是通向失败的敞开的门。因此，要遵守的第一个法则就是：要养成良好的习惯，全心全力去实行。

戴尔·卡耐基认为，最好是大声告诉自己，我要养成良好的习惯，全心全力去实行。

成功学家奥格·曼狄诺曾道出了一项培养好习惯的心理暗示，你要对你自己说：

"今天是我新生命的开始。我要脱去我的老皮，因为它早就受尽了失败的创伤。"

"今天我又一次再生，葡萄乐园是我的出生地，这里的水果大家都可以品尝。"

"今天我要在这葡萄园里，从那枝最高而结果最多的葡萄藤上，摘下智慧的葡萄。因为，这些葡萄是我这个职业里贤德的人，一代代种植下来的。"

"今天我要尝一尝这些葡萄的滋味，还要吞下每一粒成功的种子，使新生命在我心里萌芽成长。"

"失败不再是我奋斗的代价。失败像痛苦一样，不适合我的生活。过去我曾接受它，那是因为我需要痛苦。现在我拒绝它，这是因为我有了智慧和原则，指引我走出阴暗，进入富庶、幸福和远超过我梦想的康庄大道。在那里，金苹果园里的金苹果也不过是给我的一点点报酬而已。"

这种习惯有什么用呢？这里面隐藏着人类本能的秘诀。在每天重复念诵这些话的时候，它们很快就会成为精神活动的一部分。而最重要的是，它们会溜进心灵，变成奇妙的源泉，永不停止，创造幻境，并使你做出难以理解的事情。

当话语被奇妙的心灵完全吸收的时候，每天早晨，你便开始带着以前从来没有过的一种活力醒过来。你的元气将会增加，你的热忱将会升高，你迎接世界的欲望将会克服一切恐惧，你将会比你想象中的更快乐。

你一旦喜欢去做，就愿意时常去做，这是人的天性。当你时常去做的时候，它就成了你的一种习惯，你也就成为它的奴仆。因为它是一种好习惯，也就是你的意愿。

不断运用这些心理暗示，就能培养良好的习惯，消除坏习惯。

第八章
养成为人的好习惯

　　无论是做事情还是看问题，许多人都习惯于从自身出发，先要想到得到回报，很少考虑或者根本不考虑他人的需要。出现问题，埋怨他人这个不是那个不好，不从自身发现原因。这些不良习惯像一张罗网一样，紧紧地将我们束缚住，使我们"呼吸"困难，寸步难行。我们若想在社会上立足，就要养成审视自我的习惯。

赠人玫瑰，手有余香

有个人请求天使让他去观赏天堂和地狱，以便比较之后能聪明地选择他的归宿。

他先去看了魔鬼掌管的地狱。第一眼看去，他觉得十分吃惊，因为所有的人都坐在酒桌旁，桌上摆满了各种佳肴，包括肉、水果、蔬菜等。

然而，当仔细看那些人时，他竟然发现没有一张笑脸，也没有伴随盛宴的音乐或狂欢的迹象。坐在桌子旁边的人看起来沉闷，无精打采，而且都瘦得皮包骨。这个人发现那些人每人的左臂上都捆着一把叉，右臂上都捆着一把刀，刀和叉的把手有四尺长，使它们不能将食物送到使用者口中。尽管每一样食品都在他们手边，结果他们还是吃不到，一直在挨饿。

然后，他又去了天堂。情况完全一样：同样的食物、刀、叉与那些四尺长的把手，然而，天堂里的居民却都在唱歌、欢笑。

这位参观者困惑了。他不知道为什么情况相同，结果却如此不同。在地狱的人都挨饿而且可怜，可是在天堂的人吃得很好而且很快乐。最后，他终于找到了答案：地狱里每一个人都在试图喂自己，虽有一刀一叉，但四尺长的把手根本不可能使他们吃到东西；天堂上的每一个人都是喂对面的人，而且也被对面的人所喂，因为帮助了别人，结果也帮助了自己。

生活中，一些人冷漠自私，在他们固有的思维模式中，认为要帮助别人自己就要有所牺牲，所以事不关己，高高挂起。其实，别人得到的并非是你自己失去的，帮助别人就是在帮助你自己。

　　要想成为一个交际广泛的人，就要乐于帮助别人。人抬人，人帮人，做起事来才会顺利，事业才会发达。聪明人看到需要帮助的人会本能地伸出援手。当他们自己遭遇困难时，也会有人奇迹般地出现，并且会予以"相同的报答"。

　　帮助了别人，同时也就是帮助了自己。

　　在一个漆黑的夜晚，一位远行的苦行僧走到了一个荒僻的村落。在漆黑的街道上，他看见有一团晕黄的灯光从巷道的深处照射过来。

　　这时，身旁的一位村民说："孙瞎子过来了。"瞎子？苦行僧愣了。他问身旁的村民："那挑着灯笼的真是一位盲人吗？"

　　"他真的是一位盲人。"村民肯定地告诉苦行僧。

　　苦行僧百思不得其解：一个双目失明的盲人，并没有白天和黑夜的概念，挑着一盏灯笼走夜路岂不可笑吗？

　　灯笼渐渐近了，苦行僧向挑灯人问道："敢问施主真的是一位盲者吗？"

　　挑灯笼的盲人回答苦行僧说："是的，从踏进这个世界，我就一直双眼混沌。"

　　苦行僧问：　"既然你什么也看不见，那你为何挑着一盏灯笼呢？"

　　盲人说："我听说在黑夜里若没有灯光的映照，满世界的人都将和我一样是盲人，所以我就点燃了一盏灯笼。"

　　苦行僧若有所悟地说："原来您是为别人照明。"

　　但那盲人却说："不，我是为自己！"

　　"为你自己？"苦行僧又愣了。

　　盲人缓缓地对苦行僧说："你是否因为夜色漆黑而被其他行人碰撞过？"

苦行僧说："是的，就在刚才，还被两个人不留心碰撞过。"

盲人说："我就没有。虽说我是盲人，什么也看不见，但我挑了这盏灯笼，既为别人照亮了路，也让别人看到了我，这样，他们就不会因为看不见而碰撞我了。"

一盏明灯，照亮了别人，也帮助了自己，这就是聪明人乐于助人的心得。他们总是乐于为别人点亮生命的灯，所以，他们的人生道路上也能平安和灿烂。

美国南部有一个州，每年都要举办南瓜品种大赛。有一个农夫每年种的南瓜都特别好，经常获得头奖。每当他得奖之后，总是毫不吝惜地将参赛得奖的种子分给邻居。

有一位邻居很诧异地问："你能获奖实属不易。我们都看见你投入了大量的时间和精力来进行品种改良。可是，你为什么还这么慷慨地将种子分送给大家呢？你不怕我们的南瓜品种超过你的吗？"

这位农夫回答："我将种子分送给大家，是帮助大家，但同时也是帮助我自己！"

原来这位农夫居住的地方，家家户户的田地都是毗邻相连的。这位农夫将得奖的种子分送给邻居们，邻居们就能改良自己的南瓜品种，同时也就可以避免蜜蜂在传递花粉的过程中，将邻近的较差品种的花粉传给自己家的南瓜。

相反，如果这位农夫将得奖的种子自己独享，而邻居们的品种无法跟上，蜜蜂就会将那些较差品种的花粉传给这位农夫的优良品种。这位农夫势必因在防范方面大费周折而疲于奔命，很难迅速培育出更加优良的南瓜品种。

赠人玫瑰，手有余香。分享和给予，常常是一种收获。

化攀比为欣赏

让我们先来看一则寓言故事。

有一天，一个国王独自到花园里散步。使他万分诧异的是，花园里所有的花草树木都枯萎了，园中一片荒凉。

后来，国王了解到，橡树由于没有松树那么高大挺拔，因此轻生厌世死了；松树又因自己不能像葡萄那样结许多果子，也死了；葡萄哀叹自己终日匍匐在架上，不能直立，又不能像桃树那样开出美丽可爱的花朵，于是也死了；牵牛花也病倒了，因为它叹息自己没有紫丁香那样的芬芳；其余的植物也都垂头丧气，没精打采；只有十分微小的心安草在茂盛地生长。

国王问道："小小的心安草啊，别的植物全都枯萎了，为什么你这么勇敢乐观，毫不沮丧呢？"

心安草答道："国王啊，我一点也不灰心失望，因为我知道，如果国王您想要一棵橡树，或者一棵松树、一丛葡萄、一株桃树、一株牵牛花、一棵紫丁香等，您就会叫园丁把它们种上，而我知道您希望于我的就是要我安心做棵小小的心安草。"

这则寓言告诉我们，不要因为盲目地和人攀比，而忘了享受自己的生活。很多时候我们感到不满足和失落，仅仅是因为觉得别人比我们幸运。如果我们不去和别人比较，那么生活就会快乐得多。

很多人都有和人攀比的习惯，比能力、比地位、比才学，好像没有比较，就不知道自己有多重；没有比较，一切成功都是枉然一样。

在小时候，我们就常被告知，雪花是独一无二的，没有任何两朵雪花是同样的。我们的指纹、声音和 DNA 也是如此。因此，可以肯定，我们每一个人都是独一无二的个体。

然而，尽管我们知道历史上从来没有完全像自己一样的人存在过，但我们还是习惯于将自己与别人相比。我们把他们作为标准来衡量我们成功与否。我们常常在报纸上读到某人取得了伟大的成就，然后很快就发现他们的年龄超过了我们，因此，我们从中得到了一点暂时的安慰：我们也还是有可能取得同样的成功的。

但是，把自己与别人相比是毫无意义的，因为你根本不知道别人生活的目标与动力以及别人独一无二的能力。别人有别人的才干，你有你的才干。盲目的比较，或者会使你妄自尊大，或者会让你变得自卑自怨。可以这样说，盲目攀比的习惯给我们带来的坏处是多过好处的。

每个人都有各自的特点，各自的长处和短处。不断地拿自己与别人相比，这是一种糟糕的习惯，它将会对你的自我形象、自信以及你取得成功的能力产生负面影响。

现实生活中充满了竞争，每个人都有对手。这些对手可能是你的同事、你的朋友、你的敌人。采用什么样的态度去对待你的竞争对手，看起来好像是一件小事，但却决定了一个人的成败。

很多人在与对手竞争时，都陷入了一种观念上的误区，那就是把对手视为敌人，不择手段地打击对手，以达到取胜的目的。

刘明和李海是一对十分要好的朋友，在一家公司的同一部门工作。因为部门主管升迁，公司准备在部门里选拔一个新的主管。消息传开后，大家都闻风而动，希望自己入选。后来传来内部消息，老板主要在考察刘明和李海，他俩的能力都很突出，尤其是刘明，办事能力强，为人也不错。

李海得知刘明就是自己的竞争对手后，暗下决心，想着一定要把刘明挤掉。但李海也明白，如果堂堂正正地竞争，自己不是刘明的对手。于是，李海四处活动，在上司面前极尽献媚之能事，除夸大自己的能力外，还处处给老板暗示——刘明有许多缺点，不适合这份工作。在李海的阴谋活动下，刘明被挤出这次竞争。

但是，当坐到那个梦寐以求的位置上时，李海才发现自己根本就不是胜利者。很多人对李海嗤之以鼻，李海的工作无法顺利开展，而且李海每次面对刘明时都心怀愧疚。仅仅过了半年，由于工作没有成效，李海就被免职了。

在新时代的职场上，不可避免地存在竞争。适当的竞争能够促进一个人快速成长，也能促进一个人各方面不断成熟起来。这一切的关键是你对竞争对手持什么样的态度。

一个没有对手的动物，一定是死气沉沉的动物。人也一样，一个没有对手的人必定会成为一个不思进取的人。生活中，出现竞争对手不是一件坏事，因为竞争对手会让你充满活力。

有了竞争对手，不能整天盘算着如何打击对方，而应从欣赏的角度，处处学习对手，并以对手的标准来要求自己。因为，欣赏对方比打击对方更有效。

面临时下日趋激烈的竞争，与对手竞争相处时，要抱着欣赏对手，向对手学习的心态，以对手的长处来弥补自己的短处，这样就可以提高自己，并最后战胜你的竞争对手，从而走上成功之路。

尽职尽责但不要贪功

怀特多年辛苦努力地工作，终于晋升为公司的副董事长。如果一切顺利的话，他一定会成为董事长。他自己也深信董事长退位之后，他一定能升上去。他的能力、交际手腕及商场经验都没有丝毫问题，没有任何理由可以阻碍他的希望实现。

可是到了前任董事长退位的时候，怀特却被忽略了，外来的人成了新董事长。

怀特的太太艾丽斯特别执拗而且念念不忘此事。艾丽斯因失望和屈辱而备感沮丧，便把丈夫当作出气筒。

与艾丽斯完全相反，怀特却非常冷静。虽然能明显看出怀特也伤心、失望和困惑，但他仍能沉下心来应对此事。怀特原本是个性格敦厚的人，所以没有生气与激动的表现并不令人惊讶，但艾丽斯一直责备他说："你想说些什么就全部告诉那些家伙，然后辞职吧！"

怀特却无意要那么做，反而表示想要与新董事长一起工作，尽己所能地去帮助他。

实际上，要抱这种态度并不容易，但是怀特想到这样大的年纪还要转到别的公司服务，也必须多考虑，而且如果自己留在副董事长的位置上，今后也会得到公司的重用。

愤愤不平是一些人企图用所谓不公正、不公平的现象来为自己的失败辩护，使自己心理得到一些安慰。可实际上，作为对失败者的安慰，怨恨是非常不可取的办法。怨恨是精神的烈性毒药，能毒杀人的快乐，并且能使成功的力量逐渐消耗殆尽，最后形成恶性循环。

自己并没有多大本领而又非常怨恨别人的人，几乎不可能与领导、同事相处好。由此而来的同事对他的不够尊重，或者领导对他工作不当的指责，都会使他加倍地感到愤愤不平。

怨恨的结果常常使人更加郁闷、烦恼。就算怨恨的原因是真正的不公正与错误，怨恨也不是解决问题的好方法，因为它很快就会转变成一种习惯情绪。一个人如果习惯于认为自己是不公平的受害者，就会定位于受害者的角色上，并可能随时寻找外在的借口。即使对最无心的话在最不确定的情况中，他也能很轻易地看到不公平的证据。

一般情况下，习惯性的怨恨一定会带来自怜，而自怜又是最坏的情绪习惯。这个习惯一旦根深蒂固，如果离开了它，就会觉得不对劲、不自然，而必须开始去寻找新的不公正的证据。心理学家认为，这类人只有在苦恼中才会感到适应，这种怨恨和自怜的情绪习惯，会把自己一直想象成一个不快乐的可怜虫或者牺牲者。

产生怨恨的真正原因是自己的情绪反应。因此，只有自己才有力量克服它，如果你能理解并且深信：怨天尤人不是使人成功与幸福的方法，你便可以控制住这种习惯。

一个人若有怨恨之心，就不可能把自己想象成自立、自强的人。喜欢怨恨的人常把自己的命运交给别人，把自己的感受和行动交给别人支配，像乞丐一样依赖别人。如果有人给他快乐，他也会觉得怨恨，因为对方不是照他希望的方式给的；如果有人永远感激他，而且这种感激是出于欣赏他或承认他的价值，他还会觉得怨恨，因为别人欠他的这些感激的债并没有完全偿还；如果生活不如意，他更会觉得怨恨，因为他觉得生活欠他的太多。

在大多数情况下，怨恨是我们自己招来的。所以，我们还应该自己想办法，消除这种抱怨，把自己从抱怨中拯救出来。

任华和张敏两个人在一家公司工作，平时关系相处得很不错。

年终，公司搞推广策划评比。每个人都可以拿方案，优胜者有奖。任华觉得这是一个好机会。经过半个月的深入调研，加上平时对市场工作的观察思考，任华很快做出了一个非常出色的策划方案。

方案征集截止日的最后一天，张敏突然叹了一口气说："哎，任华，我还真有点紧张，心里没底啊！你帮我看看方案，提提意见。"任华连想都没想就答应了。张敏的策划很是一般，没有什么创意，任华看完后没好意思说什么。

张敏用探究的目光盯着任华，说："让我也看看你的方案吧。"任华心里一阵懊悔，可自己刚才看了人家的，现在没有理由不让别人看自己的。好在明天就要开大会了，她想改也来不及了。

第二天开会，张敏因为资历老，排在任华前面发言。张敏讲述的方案跟任华的方案简直一模一样。在讲解时，张敏对老板说："很遗憾，我现在只能讲述自己的口头方案。计算机染了病毒，文件被毁了，我会尽快整理出书面材料。"

任华目瞪口呆，没想到张敏会抢自己的功劳。任华不敢把自己的方案交上去，也不敢申诉，因为她资历浅，怕老板不相信自己。

张敏的方案获得了老板的认可，但因为方案不是她自己策划的，有些细节不清楚，在执行方案时出了漏洞，又无法及时修正，未能获得成功。后来，老板得知她是偷窃别人的方案后，就毫不犹豫地炒了她鱿鱼。

不是你的功劳，就不要去抢，不管别人是否知道，抢别人的功劳终非成功的捷径。若是抢别人的功劳，等到真相大白时，你将无脸见人，不仅被抢者会成为你的敌人，而且还会失去他人对你的尊重。

退一步海阔天空

在公共汽车上，一个红头发的男青年往地上吐了一口痰，被乘务员看到了。乘务员就对她说："同志，为了保持车内的清洁卫生，请不要随地吐痰。"那男青年听后不仅没有道歉，反而破口大骂，说出一些不堪入耳的脏话，然后又狠狠地向地上连吐三口痰。

那位乘务员是个年轻的女孩，此时气得面色涨红，眼泪在眼圈里直打转。车上的乘客议论纷纷，有为乘务员抱不平的，有帮着那个男青年起哄的，也有挤过来看热闹的。大家都关心事态如何发展。有人悄悄说："快告诉司机把车开到公安局去，免得一会儿在车上打起来。"

没想到，那位乘务员定了定神，平静地看了看那位男青年，对大伙说："没什么事，请大家回座位坐好，以免摔倒。"乘务员一面说，一面从衣袋里拿出手纸，弯腰将地上的痰迹擦掉，扔到了垃圾桶里，然后若无其事地继续卖票。看到乘务员的这个举动，大家全都愣住了。

车上鸦雀无声，那个男青年的舌头突然短了半截，脸上也不自然起来。车到站没有停稳，他就急忙跳下车。刚走了两步，他又跑了回来，对乘务员喊了一声："大姐！我服你了。"车上的人都笑了，七嘴八舌地夸奖这位乘务员不简单，真能忍，不声不响就把浑小子治服了。

这位乘务员面对辱骂，既没有争辩，也没有与之对骂，而是忍下了一时之气，主动退让一步。这种退让使她取得了道德上、人格上的胜利，同时给了那个男青年一个深刻的教训。生活中，我们要注意培养这种忍让宽容的习惯，就像人们常说的那样：忍字头上一把刀，遇事不忍把祸招，若能忍住心头急，事后方知忍字高。

韩秀英在家排行老大。幼时家境艰难，父母忙于上班养家，照顾两个弟弟、洗衣做饭等管家的事早早就落在她的头上。弟弟怕她，父母疼她。在这样的家庭环境下，她养成了能吃苦受累却不能忍气受气的个性。后来，她参了军。部队的一些要求，她虽然行动上执行了，可心中却不服气，常常牢骚满腹。

她的真正成熟、进步是从学习忍耐开始的。她当的是通信兵，搞长途话务。刚上机时，负责培训的是一位连里比较厉害的老兵。

有一次，用户要下面部队的一个分站。她拿着塞线不知往哪条线路上插，正犹豫着，那位老兵一把将她的手打下，说："你别拿着我的塞头巡逻了。"从小到大，她哪里受过这个气，当时就脑袋轰的一热，血往脸上涌，泪水在眼窝里转，真想摘下话筒跑掉，或者和老兵大吵一架。

可是一刹那间，她忍住了，想起平时领导常说三尺机台就是战场，要是跑掉不就等于在战场上开小差了吗？所以她一边忍着气抹着泪，一边认真看老兵操作。下班后，她又帮着老兵整理话单，打扫机房。这时，她的心情已经好多了；而老兵也觉得有些过火，主动过来手把手地教她。两人后来成了无话不谈的好朋友。

忍让是理智的抉择，是成熟的表现。一个人如果能养成宽容忍让的习惯，那么他就会获得别人的尊敬。

有的时候，与我们敌对的人会故意发起挑衅。如果不冷静地忍让的话，我们就会陷入窘境。

现实生活中，让人生气、令人发怒的事是随时可能发生的，但是作为一个有头脑的冷静之人，为了更好地、安宁地生活和工作，理智地处理各种不愉快，就需要培养自己忍让的习惯。如果不忍，任意地放纵自己的感情，首先伤害的就是自己。如对方是你的对手、仇人，有意气你、激你，你不忍气制怒保持头脑清醒，就容易被人牵着鼻子走，中了人家的计。

生活中难免争争吵吵、生气发牢骚。如果在一些非原则的问题上你也讲什么胜利，那么你就永远也不可能有好心情。

一般来说，发脾气是由对客观事物不满而产生的一种情绪反应，是由外在的各种刺激所引起的。发脾气并不都属于不良情绪，有耍耍小性子的，也有无理取闹、乱发脾气的。但是，发脾气既伤害自己又伤害别人，常常发无名之火是缺乏修养、气量狭小或情绪不健康的表现，应当努力克服和避免。

世界上从不发脾气的人恐怕是没有的，但不为一些琐事常发脾气是完全能做到的。生活中，有文化、有修养的人，也常常是宽宏大度，风趣幽默的人。他们很少在一些小事上大动肝火。因此，要做到不为小事而发脾气，最根本的一点就是要加强文化知识的修养，拓宽自己的心理容量。不要为区区小事而计较个人得失，要学会理解，学会谅解，学会容忍，学会控制，多检讨自己，少怪罪别人。

养成诚实守信的习惯

谎言就像气球一样，是极其脆弱的，很容易被刺破。欺骗别人是一种很危险的行为，会导致你的信用破产，会让别人不信任你。最后，你就会像喊"狼来了"的那个孩子一样，被人们所抛弃。

从前，有一位贤明而受人爱戴的国王，把国家治理得井井有条，人民安民乐业。国王的年纪逐渐大了，但膝下并无子女，这件事让国王很伤心。国王终于决定，在全国范围内挑选一个孩子收为义子，把他培养成自己的接班人。

国王选子的标准很独特。他给孩子们每人发一些花的种子，宣布谁如果能用这些种子培育出最美丽的花朵，那么谁就能成为他的义子。

孩子们领回种子后，开始了精心的培育。从早到晚，浇水、施肥、松土，谁都希望自己能够成为幸运者。有个叫阿牛的男孩，也整天精心地培育花种。但是，10 天过去了，没有发芽。半个月过去了，还是没有发芽。一个月过去了，花盆里依然只有一片黑土，更别说开花了。

苦恼的阿牛去请教母亲，母亲建议他把土换一换，但依然无效，母子俩束手无策。

国王决定的观花日期到了。无数个穿着漂亮衣裳的孩子涌上街头。他们各自捧着盛开着鲜花的花盆，用期盼的目光看着缓缓巡视的国王。国王环视着争奇斗艳的花朵与漂亮的孩子们，并没有像大家想象中的那样高兴。

忽然，国王看见了端着空花盆的阿牛。阿牛无精打采地站在那里，眼角还有泪花，国王把他叫到跟前，问他："你为什么端着空花盆呢？"

阿牛抽咽着把自己如何精心侍弄，但花种怎么也不发芽的经过说了一遍。最后，阿牛还说："这可能是报应，因为我曾在别人的花园中偷过一个苹果吃。"没想到，国王的脸上却露出了最开心的笑容。他把阿牛抱了起来，高声说："孩子，我找的就是你！"

"为什么是这样？"大家不解地问国王。

国王说："我发下的花种全部是煮过的，根本就不可能发芽开花。"

听完国王的话，捧着鲜花的孩子们都低下了头。

现代社会里，为了利益，越来越多的人习惯于弄虚作假，然而这个习惯只会毁了他们，对他们不会有任何助益。最终，他们也只能像那些捧着鲜花的孩子们，由于弄虚作假而受到嘲弄。

正直诚实的习惯，是一种宝贵的财富。一个诚实正直的人一定会赢得别人的认同。

生活中，诚实有时被看成是呆板木讷的代名词，然而不可否认的是，大多数时候，我们还是喜欢同诚实的人打交道、做朋友。所以，需要别人诚实地对待自己，自己先要以诚实对待别人。

一位中国留学生从德国某著名大学毕业后，雄心勃勃地在德国找起了工作。他本来自信十足，认为凭自己的实力，一定可以找到一份不错的工作，然而却接二连三地碰壁，每次都是把简历递上去就没了回音。

一次，他参加某大公司的面试，连和老总面谈的机会都没有，就被踢出局。他生气地大喊："你们这是种族歧视！"见状，面试的组织者连忙把他带到一个小房间，客气地说："先生，请您不要激动！您先看一下这个，就明白我们为什么不安排你面试了！"说完，递给留学生一份材料，原来是这名留学生在德国三次逃票被抓的记录。

留学生不服气地说："难道就为了逃几次票，你们就不愿意用我？"负责人严肃地回答："先生，德国的检票抽查率是万分之三，而您竟然三次被发现逃票。因此，我们不能相信你，你的信用已经破产了！"

不守信用的习惯，使这名留学生根本无法在德国立足，因为失去了信誉，他也失去了美好的前途。所以，无论在生活中还是在工作中，我们都要守信用。信用是我们成功的基石，是一笔巨大的财富。生活中，我们会发现那些受欢迎的人，常用各种不同的方式把他们的特点展现在人们面前，其中最显著的特点便是任何时候都坚持守信、遵约的美德。

在现实生活中，讲信用、守信义是立身之道，是一种高尚的情操。它既体现了对他人的尊敬，也表现了对自己的尊重。一个守信用的人，走到哪里都会受人欢迎，不守信用的人只能处处受到人们的鄙弃。守信用的习惯，确实会影响一个人的人际关系。

是否守信用对事业成败也有巨大影响，有多少人信任你，你就拥有多少次成功的机会。

初出道的摩根先生成了一家名叫"伊特纳火灾"的小保险公司的股东。因为这家公司不用马上拿出现金，只需在股东名册上签上名字就可成为股东，这正符合当时摩根先生没有现金却希望获得收益的情况。

当时，有一家在伊特纳火灾保险公司投保的客户发生了火灾。按照规定，如果完全付清赔偿金，保险公司就会破产。股东们一个个惊惶失措，纷纷要求退股。

摩根先生却认为信誉比金钱更重要。他四处筹款并卖掉了自己的住房，低价收购了所有要求退股的股份，然后将赔偿金如数付给了投保的客户。

一时间，伊特纳火灾保险公司声名鹊起，妇孺皆知。

虽然已经身无分文的摩根先生成为保险公司的所有者，但保险公司却面临破产。无奈之中他打出广告，凡是再到伊特纳火灾保险公司的客户，保险金一律加倍收取。

出乎意料的是，客户很快蜂拥而至。原来，在很多人的心目中，伊特纳火灾保险公司是最讲信誉的保险公司，这一点使它比许多有名的大保险公司更受欢迎。伊特纳火灾保险公司从此崛起。

许多年后，一位名叫摩根的人主宰了美国华尔街金融帝国。而当年的摩根先生，正是他的祖父，美国亿万富翁摩根家族的创始人。

信誉是人与人之间最为宝贵的东西，是用金钱无法衡量的。

以诚待人是成大事者的基本做人准则。青年人做人做事也要讲"诚信"二字，养成诚实守信的习惯。在事业上用这种习惯来工作，就可在竞争中取得胜利。

懒惰是一事无成的温床

不要贪图安逸，因为这只会让你变得堕落，只会让你退化。只有勤奋工作才是高尚的，它将带给你人生真正的乐趣与幸福。当你明白这一点时，请立刻改掉你身上的所有恶习，努力去找一份适合你的工作，你的境况将因此而改变。

懒惰、好逸恶劳乃是万恶之源。就像灰尘可以使铁生锈一样，懒惰会吞噬一个人的心灵，可以轻而易举地毁掉一个人。

有一个人死后，在去阎罗殿的路上，遇见一座金碧辉煌的宫殿。宫殿的主人请求他留下来居住。

这个人说："我在人世间辛辛苦苦地忙碌了一辈子。我现在只想吃，只想睡。我讨厌工作。"

宫殿的主人很高兴地说："若是这样，那么世界上再也没有比我这里更适合你居住的了。我这里有山珍海味，你想吃什么就吃什么，不会有人来阻止你；我这里有舒服的床铺，你想睡多久就睡多久，不会有人来打扰你；而且，我保证没有任何事情需要你做。"

于是，这个人就住了下来。

开始一段日子，这个人吃了睡，睡了吃，感到非常快乐。渐渐的，他觉得有点寂寞和空虚，于是他就先见宫殿主人，抱怨道："这种每天吃吃睡睡的日子过久了也没有意思。我现在是脑满肠肥了，对这种生活已经提不起一点兴趣了。你能否为我找一份工作？"

宫殿的主人毫不犹豫地答道："对不起，我们这里从来就不曾有过工作。"

又过了几个月，这个人实在忍不住了，又去见宫殿的主人：

"这种日子我实在受不了了。如果你不给我工作，我宁愿去下地狱，也不要再住在这里了。"

宫殿的主人轻蔑地笑了："你以为这里是天堂吗？这里本来就是地狱啊！"

工作久了，忙碌久了，总想休息。闲久了，安逸久了，就总想工作。太安逸的生活就如同地狱，让你懒于思想、懒于奋斗，和养猪场里的猪没有什么区别。

那些终日游手好闲、无所事事、无论做什么都舍不得花力气的人是可怜的，因为他们本来也可以成为一个非凡的成功者，也可以抵达辉煌的顶峰。只是由于懒惰的习惯，他们失去了这一切荣耀，只能庸庸碌碌地过一生。所以，你一定要努力克服懒惰的习惯，勤奋工作。勤奋是一种值得任何人尊敬的美德。无论走到哪里，它都会为你增光添彩。

贪图安逸使人堕落。懒惰的人，到头来只能是一无所获。懒惰的习惯是万恶之源、是成功的天敌。如果一个人养成了懒惰的习惯，那么他就是踏上了一条与幸福相背离的道路。

罗马人有两条伟大的箴言，那就是"勤奋"与"功绩"，这也是罗马人征服世界的秘诀。那时，任何一个从战场上胜利归来的将军都要走向田间。在罗马，最受人尊敬的工作就是农业生产。正是全体罗马人的勤奋，使这个国家逐渐变得富强。

但是，当财富和奴隶慢慢增多时，罗马人开始觉得劳动不再重要了。于是，懒散导致罪犯增多、腐败滋生，这个国家开始走向衰败，一个伟大的帝国就这样消失了。

一个人工作时所形成的习惯，不但会影响工作效率和质量，而且对其品格的形成也大有影响。有一句话这样说："检验人的品质有一种标准，那就是工作时是否能全神贯注，进入一种忘我的工作状态。"

无论你的工作地位如何平凡，如果你能像那些伟大的艺术家投入其作品一样投入你的工作，所有的疲劳和懈怠都会消失殆尽。饱满的热情可以为最普通的工作赋予伟大的意义。如果你能以高昂的热忱去做最平凡的工作，就能成为最灵巧的工人；如果以冷淡的态度去做最高尚的工作，也不过是一个平庸的工匠。

查理大学毕业后进入一家印刷公司从事销售工作，这与他最初的理想相距甚远。但是，他知道自己所追求的目标，同时也了解自己的现实处境，于是，他热情高涨，全心全意投入到新的工作中去。他将年轻人特有的热情和活力带到了公司，传递给客户。每一个和他接触的人都能感受到他的魅力。

尽管查理工作才一年时间，但是他的主动和热情已经成为公司不可或缺的组成部分。他被破格提升为销售部的领导，取得了人生阶段性的成功。

与查理同样年轻的杰斯，也在很短时间内被提拔到公司的管理层。有人问到杰斯成功的秘诀时，他说：

"我在试用期间就注意到，每天下班后其他人都回家了，而老板却常常留在办公室时工作到很晚。我希望自己能有更多时间学习一些东西，于是下班后也留在办公室里，处理一些业务方面的工作，同时给老板提供一些帮助。没有人要求我留下来，而且我的行为还遭到一些同事的非议，但是我还是坚持这样做了，因为我认为我是对的……我和老板配合得很默契，他也逐渐形成了招呼我的习惯……"

尽管相当长时间，杰斯并没有因自己积极主动的努力而获得任何报酬。但是，他学到了许多技能，并且最终赢得了老板的信任，获得了提升的机会。

　　但是，大多数人并不像查理和杰斯一样，他们总是以一种消极和被动的心态和习惯来对待工作，上班时懒懒散散，下班回家也无所事事。他们不是没有自己的追求，而是一遭遇困境就半途而废，因为他们缺乏一种精神支柱。

　　如果一个人能对"工作能免除人生辛劳"有所领悟的话，那么他也就掌握了达到成功的原理。倘若能处处以主动、热情的态度从事本职工作，那么即使是最平庸的职位，也能增加其荣誉和财富。

坦然面对批评和指责

许多年前，一位年轻小伙子在一家著名的五金公司做收银员。虽然薪水微薄，但他仍然心满意足地卖力工作，因为他希望能通过自己脚踏实地的工作，使自己步步高升。他做起事来，永远抱着学习的态度，处处小心留意，想把工作做得十分完美。他希望能够以此获得经理的赏识，提升他为推销员。谁知经理对他的印象却与自己的想象恰好相反。

有一天，他被唤进经理室，遭到了一顿训斥。经理告诉他："老实说，你这种人根本不配做生意。但你的臂力健硕无比，我劝你还是到铁厂里当一名工人去吧。我这里用不着你了。"

这一番训斥侮辱，对于那位小店员来说真如晴天霹雳。他想不到素来自以为做得不错的成绩，会得到这样的结果。一个年轻气盛的人，踏入社会不久，便遭受到这样严重的打击，换了谁也受不了。他们定会气得暴跳如雷，从此做起任何事情来，都抱着消极的态度，不肯"劳而无功"了。但那位青年并没有这样做，他虽被辞退，但仍有他自己的理想。他立志要在被击倒的地方重新爬起来，争取更大的成绩。

"是的，经理，"他说，"你当然有权将我辞退，但你无法消磨我的意志。你说我无用，当然，这也是你的自由，但这并不能减损我丝毫的能力。看着吧！迟早我要开一家公司，规模比你的大10倍。"

他并没有吹牛，他说的句句是实话。从此，他借着这次受辱的激励努力上进，几年后，果然有了惊人的成就。他就是美国鼎鼎大名的销售大王史坦雷先生。

　　假使没有这次的刺激，史坦雷先生当然也会努力奉公，力求上进的，但即使他能如愿以偿，结局也不过是成为一名五金公司的推销员而已。

　　可是，他在经理的一顿训斥后惊醒，立刻打消了他那"心满意足"的心理，有了更大的目标，这才能从一个无名的小店员，一跃而成为世界有名的"大王"。

　　从此事例中，我们可以看到有时受一次严重的打击，往往能够使我们获得莫大的益处。

　　在做伐木工人时，罗斯福有一天在培德兰同几个人砍树清理出一块空地建造房子。到晚上工作完毕的时候，工头问他们一日工作的成绩如何。他听见一个工人答道："皮尔砍了53株，我砍了49株，罗斯福咬下了17株。"罗斯福回想起他所砍的那些树真好像海狸咬下来的一样，便禁不住自笑起来。他老老实实地承认他砍的树实在是比不上他的同伴们。

　　罗斯福明白从一个粗野而讲老实话的人那里，比从一个只知一味奉承的人那里所学到的一定要多些；即使是别人的批评很鲁莽，也还是可以用来改进自己。

　　当然，从另一方面我们还应注意到，批评我们的人无论其动机是怎样的恶劣，我们都不应对人产生猜忌心理，以为人人都是自己的仇敌，这是相当危险的。无论如何，如果你的仇敌指出了一条路，打破了你的自负心，使你得到了改进和提高，那么，他无疑对你有了很大的帮助。

　　美国汽车公司总裁伍德先生，出身国会议员。仗着从前在国会演说时，常常博得听众拍手喝彩的经历，伍德便认为自己是一个能言善辩的演说高手，常以此自满自足，洋洋得意，因此便闹出了下面的一个笑话来。

有天晚上，伍德登台演说，对象是一群目不识丁的煤矿工人，而且其中多半是来自外国，对于英语茫然不懂，但因仰慕他的大名，或者被迫前来受教，所以，那天演讲台前仍旧被人群挤得水泄不通。伍德看到这种空前盛况，愈发以为自己的演说确有惊人的魔力。演讲过程中，听众时时掌声如雷，于是他愈加兴奋，将音量放大，尽量发挥他的"天才"。

演说终了下台后，伍德满面春光，洋洋得意地对他身边的一位新闻记者说："我的演说还算不错吧！他们似乎都听得入迷了。"

新闻记者冷冷地答道："可是你或许不知道，懂得英语的听众只有三五个吧。"

伍德大失所望，但仍半信半疑地说："但是他们为什么常常对我鼓掌喝彩呢！"

"你演说时没有注意到吗？"新闻记者说，"那些人的拍手喝彩，都是由一个懂得英语的工头从中领导指使的。"

第二个人上台演讲时，伍德仔细观察了台下情形，果然跟那位新闻记者所说的一样。而且那个指挥的人，显然也不太高明，遇到不应拍手的时候，也带领听众狂热地拍起手来。

后来，伍德和人谈起这事时，还说："从受到那次打击以后，我才开始对自满已久的演说术，重新抱持怀疑的态度，不敢妄自夸大了，而且更加刻苦训练演讲，不断提高演讲水平。"

每个人都要以客观的态度来衡量别人的批评，不要衡量其究竟伤害你到什么程度，或是别人批评你的动机究竟如何。要利用别人的批评来看清自己的行动，看出究竟是对还是错。

如果是自己错了，便要修正过来；如果本来是对的，也不必时刻把别人的批评放在心里而感觉不安，真正做到"有则改之，无则加勉"。听到别人批评的时候，不要养成一种感觉自己是受了羞辱的习惯。

每个人都难免有受到不公平批评的时候。其实，所受到的批评无论对错，都可以借此更好地看清楚自己。对手的批评，多半是对的。可有些人却无论自己对不对，总要设法来替自己辩护，于是渐渐养成一种总以为自己是对的观念。硬头皮的人总是那些思想简单、智力有限的人。因此，我们一定要养成坦诚接受他人批评的习惯。

做人不可太张狂

年轻的时候，富兰克林是个才华横溢的人，但同时也很骄傲轻狂。

有一天，富兰克林去拜访一位老前辈。当他昂首阔步进门的时候，头被门框狠狠地撞了一下，奇痛无比。出门迎接的前辈看着他这副样子，笑笑说："很痛吧！可是，这将是你今天来访问我的最大收获。一个人要想平安无事地活在世上，就必须时时刻刻记住低头，这也是我要教你的事情。"

富兰克林猛然醒悟，发觉自己许多社交失败的真正原因。从此，时时刻刻不忘低头成为富兰克林的生活准则之一。他改掉了骄傲张扬的毛病，决心做一个低调的人。也就是因为具有了这一美德，他得到了人们的广泛支持，在事业上取得了巨大成功，成了美国的开国元勋之一。

人们常说，小聪明的人总是喜欢表露自己的聪明，而大聪明的人则是让别人显露他们的聪明。真正的聪明人总是精明内敛，因为他们信奉低姿态生活，高境界做人，这样的人才具有真正的大智慧，也往往会取得人生的成功。

正如俗语所说："做锥子，有时候要懂得把秃的一面朝人；当金子，则要懂得适时地收敛自己的光芒。"如若不然，则就有可能白白断送自己的前途，甚至是生命。

三国时期，杨修在曹营内任主簿。他思维敏捷，甚有才名。由于为人恃才自负，屡犯曹操的忌讳。

曹操曾营建一所花园。竣工后，曹操前往观看，不置褒贬，只是提笔在门上写了一个"活"字。众人都不解其意，杨修说："'门'内添'活'字，乃'阔'字也。丞相嫌园门阔耳"。于是再筑围墙，改造完毕后又请曹操前往观看，曹操大喜，问是谁解此意，左右回答是杨修，曹操嘴上虽赞美几句，心里却很不舒服。

又有一次，塞北送来了一盒酥，曹操在盒子上写了"一盒酥"三字。正巧杨修进来，看了盒子上的字，竟不待曹操说话自取来汤匙与众人分而食之。曹操问其何故，杨修说："盒上明书一人一口酥，怎么敢违丞相的命令呢?"曹操听了，虽然面带笑容，可心里却十分厌恶。

曹操性格多疑，生怕有人暗中谋害自己，常吩咐左右说："我在梦中好杀人，凡是我睡着的时候，你们切勿靠近。"有一天，曹操昼寝帐中，落被于地。一名侍者慌忙把被子拿起给曹操盖上。这时，曹操猛然而起拔剑杀了侍者，又睡于床上。起床后，曹操故作吃惊地问："是谁杀了我的侍者?"众人如实相告，曹操痛哭，命厚葬之。在埋葬这个侍者时，杨修喟然叹道："丞相非在梦中，君乃在梦中耳!"曹操听了之后，心里愈加厌恶杨修，便想找机会除掉他。

曹操率大军攻打汉中时，与刘备在汉水一带对峙很久。由于长时间屯兵，曹操的处境进退两难。此时，恰逢厨子端来一碗鸡汤，曹操见碗中有根鸡肋，感慨万千。夏侯惇入帐内禀请夜间号令，曹操便随口说道："鸡肋! 鸡肋!"于是，人们便把这句话当作号令传了出去。行军主簿杨修立即叫随军收拾行装，准备归程。夏侯惇见了惊恐万分，把杨修叫到帐内询问详情。杨修解释道："鸡肋鸡肋，弃之可惜，食之无味。今进不能胜，唯恐人笑，在此何益? 来日魏王必班师矣。"夏侯惇听了非常佩服他说的话，营中各位将士便都打点起行装。曹操闻知，以杨修造谣惑众，扰乱军心为由，把他杀了。

杨修聪明有才智，是一个不可多得的人才，而他的死，就植根于他的聪明才智——平时恃才而傲、个性过于张扬、数次犯下曹操的大忌。杨修之死为我们在日常生活中为人处事留下了重要的启示：

（1）才不可露尽，尤其是在比自己权高位重的人面前

杨修绝顶聪明，为人爽快，才华横溢，本应该是一个人人追求的好人才，可结果却落得个死于非命。他不该犯曹操大忌，在曹操面前卖弄聪明。自古以来，很多帝王将帅都不喜欢别人胜过自己。而杨修犯的正是这禁忌，在本应是曹操出风头的地方处处出尽风头，这让曹操的聪明往哪显？这是他必死的原因之一。

（2）不要轻易点破他人心事

譬如鸡肋，曹操正苦闷于此，不知如何解脱，捅穿这层薄纸，就等于羞辱了他。这是杨修死因之二。

我们在日常工作中，经常遇到这样的问题：有一些事，人人已想到、认识到了，却无一人当众说出来。这些人并非傻子，而是都学精了。人所共欲而不言，言者就是大傻瓜。有一句老话：天妒聪明，其实人更是如此。所以，最好不要随意耍聪明，否则你可能就是那只遭枪打的出头鸟。

在我们的生活中，唯有谦虚、豁达而低调的做人方式才能使事情做起来更顺利，因此，一定要避免那种妄自尊大、自以为是的做法及趾高气扬、咄咄逼人的态度，它们只会引起他人反感的情绪，从而使自己陷入被动。

第九章
养成处世的好习惯

　　如果不懂如何处世，不要说成就什么功业，就连在社会上立足也是很困难的。戴尔·卡耐基说："在影响一个人成功的诸多因素中，人际关系的重要性要远远超过他的专业知识。"的确，良好的人际关系是一个人获得成功的必备条件。我们只有养成良好的处世习惯，才有可能成就自己的辉煌。

用赞美拉近彼此关系

科学家研究发现，人们的行为受动机的支配，而动机又随人们的心理需要而产生。人们的心理需要一旦得到满足，便会成为积极向上的原动力。因此，在与他人相处时，要注意满足他人的这种渴望，多赞美别人。

如果说批评与鼓励都是催人上进、激人发奋的手段的话，在许多情况下，适当的奖励往往能收到更好的效果。赞美是对人们精神的激励和心理的疏导，能为其展示光明的前途，调动其工作热情和树立信心。

在美国，年薪最早超过 100 万美元的管理者名叫查尔斯·斯科尔特。在被钢铁大王卡耐基任命为新组建的美国钢铁公司的第一任总裁时，他只有 38 岁。那时，美国政府还没有征收个人所得税，人们收入水平普遍较低，因此这 100 万美元的价值就不言而喻了。

为什么斯科尔特能够获得如此高的年薪呢？他是天才吗？当然不是，斯科尔特说过，对于钢铁是怎样制造的，他手下的许多人比他懂得还要多。他之所以能够拿到这么多的年薪，是因为他有和不同性格的人相处的本领。他说那只是一句话，但这句话应该刻在全世界任何一个有人住的地方。每个人都要背下来，因为它会改变我们的生活。那句话是："我认为，我那些能够使员工鼓舞起来的能力，是我拥有的最大的资产。而能够让一个人发挥出最大能力的方法，就是鼓励和赞美。"

人人都希望获得别人的赞美，没有人可以例外。

相信不少人都有这样的体会：最使你有好感的人或者你最好的

朋友，通常都是那些经常赞美你的人。他们聚精会神，目不转睛地盯着你，聆听你讲话，情绪随你讲话的内容忽喜忽忧，并会不时地赞美你的优点和成绩，让你发现自己的闪光点，让你充满自信；他们和你分享你的每一次成功抑或微不足道的进步，他们的赞美从此给你带来无尽的信心和勇气。其中的原因很简单，这些人赞美你，就是注意你，就是对你的尊重，就是对你的价值的欣赏与肯定。

由衷的赞美，是人生中最令对方温暖却最不令自己破费的礼物，它的价值是难以估计的。当你用心观察到对方的优点，并且发自真心地表达赞美时，友善的关系便在一言一语中逐渐建立、积累起来了。

虽然人人都喜欢听赞美的话，但并非任何赞美都能使对方高兴。能引起对方好感的只能是那些基于事实、发自内心的赞美。实事求是的赞美，就像一剂良药，能够愈合对方因为错误而引发的心灵创伤和悔恨，除去心头的痼疾，矫正行为中的错误，增强其改过的信心。

赞美的效果在于相机行事、适可而止，真正做到"美酒饮到微醉后，好花看到半开时"。当别人计划做一件有意义的事时，开头的赞扬能激励他下决心做出成绩，中间的赞扬有益于对方再接再厉，结尾的赞扬则可以肯定成绩，指出进一步的努力方向，从而达到"赞扬一个，激励一批"的效果。

日常生活中，人们有非常显著成绩的时候并不多见。因此，交往中应从具体的事件入手，善于发现别人哪怕是最微小的长处，并不失时机地予以赞美。赞美用语愈翔实具体，说明你对对方愈了解、对他的长处和成绩愈看重。让对方感到你的真挚、亲切和可信，彼此之间的人际距离就会越来越近。如果你只是含糊其词地赞美对方，说一些"你工作得非常出色"或者"你是一位卓越的领导"之类空泛肤浅的话语，不但会引起对方的猜度，甚至产生不必要的误解和信任危机。

所谓"患难见真情"。最需要赞美的不是那些早已功成名就的人，而是那些因被埋没而产生自卑感或身处逆境的人。他们平时很难听一声赞美的话语，一旦被人当众真诚地赞美，便有可能振作精神、大展宏图。因此，最有实效的赞美不是"锦上添花"，而是"雪中送炭"。

同在一家公司工作的小田和小沈素来不和。小田总是觉得小沈在故意刁难自己，见了自己不是冷冰冰的就是阴阳怪气的。

有一天，小田忍无可忍地对另一个同事华华说："你去告诉小沈一声，我真受不了她，请她改改她的坏脾气，否则没有人会愿意理她的。"

从那以后，小沈遇到小田时，果然是既和气又有礼，不但不再说冷冰冰的刻薄话，有时还称赞小田。小田向华华表示谢意，并惊奇地追问她是怎么说的。华华笑着跟小田说："我对她说：'有那么多人称赞你，尤其是小田，说你又聪明又大方，也温柔善良。'仅此而已。"

一句简单的赞美，就轻易地化解了两个女孩之间的矛盾，由此可见，赞美的力量是非常强大的。如果我们能注意培养自己赞美别人的习惯，那我们在社交中一定会更受欢迎。

赞美就像浇在玫瑰上的水。赞美别人并不费力，只要几秒钟，便能满足他人内心的强烈需求。注意观察你身边的每一个人，寻觅他们值得赞美的地方，然后诚恳地赞美，抱着"我要让对方高兴他曾与我交往"的态度来赞美对方，提出他感兴趣的问题，对方便会高兴曾与你交往过，从心里把你当成自己的朋友。

赞美别人，欣赏别人，尊重别人和诚恳待人的人，往往会获得别人的好的评价。赞美别人的人，都拥有健康乐观的心态，拥有一颗宽宏大量和充满爱意的心。他们之所以能赞美别人，是因为他们真切体会到了上帝赋予人类美的真正含义。他们诚恳待人，善解人意。当别人陷入困境，心情沮丧，需要帮助时，他们便会伸出温暖而真诚的友谊之手；当别人因一时闪失与疏忽做错了事时，他们会设身处地地表示谅解，这样的人，你一定会非常感激，甚至认为他们是最具有内涵和气质美的感慨油然而生。

当然，强化不能滥用，赞美也需要艺术。要充分地看到他人的长处，因人、因时、因场合地适当地赞美，不管是直率、朴实，还是含蓄、委婉，都可收到殊途同归、异曲同工之效。但那种模糊笼统甚至信口而来的赞美，往往适得其反。

从现在开始，学会赞美别人吧！把赞美当成一种习惯，不论对象是不是你认识的人，他们都值得我们给予由衷的赞美。不论对方表面上的反应是害羞、惊讶，还是感激，你的善意已经灌溉了他心中的花圃，将开出朵朵心花，美化你人生的田野。

尊重他人才好办事

一次，卡耐基到一个著名植物学家那里做客。整个晚上，那个植物学家都津津有味地给卡耐基讲各种千奇百怪的植物。而卡耐基呢？听得也津津有味，目不转睛，像个特别喜欢听故事的孩子，只是偶尔忍不住问一两句。

没想到，半夜离开时，植物学家紧握着卡耐基的手，特别高兴和满意地对他说："你是我遇到的最好的谈话专家。"

善于倾听，意味着要有足够的关心去强迫自己对别人感兴趣。如果你认为生活像剧院，自己就站在舞台上，而别人只是观众，自己正在将表演的角色发挥得淋漓尽致，而别人也都注视着自己，那么你会变得自高自大，以自我为中心，也永远学不会聆听，永远无法了解别人。

从现在开始，对别人多听多看，将他们当作世上独一无二的人对待；要以服务为目的，不可以自我为中心。要对别人关切的事表示兴趣，而不仅是关注自己。只要你真心关切别人的利益，别人会感觉出来，而与你接近。你将发现你比以往任何时候更善于与人沟通。

一天，有位年轻人来找苏格拉底，说是要向他请教演讲术。他为了表现自己，滔滔不绝地讲了许多话。待他讲完，苏格拉底说："我可以考虑收你为学生，但你要缴纳双倍的学费。"

年轻人很惊讶，问苏格拉底："为什么要加倍呢？"

苏格拉底说："我除了要教你怎样演讲外，还要再给你上一门课，就是怎样闭嘴。"

在生活中，许多人常易犯这样的毛病，一旦打开话匣子，就难以止住。其实，这样做得不偿失，因为自己的话说多了，既费精力，又给他人传递了太多的信息，也还有可能伤害他人；另外，自己无法从他人身上吸取更多的东西。尤其是推销员常犯这种划不来的错误。为了使多数人同意他们的观点，总是费尽口舌，但推销的效果却并不理想。

每个人都具有倾诉和表达的欲望。客户如果对你的产品关注，会更想通过询问了解到他弄不明白的那些问题。因此，倾听是了解客户需求的第一步。倾听客户说出他的意愿是决定采取何种推销手段的先决条件；而倾听客户的抱怨更是解决问题、重拾客户对商品信心的关键，由此可知，有时在与客户交谈时，听比说更重要一些。专心地、努力地、聚精会神地倾听，会让客户有被尊重的感觉，从而使他对你更加信任也更加愿意展开接下来的合作。

艾比霍利德早年从事房地产推销工作，后来创办了自己的房地产经纪人公司——艾比霍利德公司。该公司1993年的销售额超过12.5亿美元，在达拉斯地区有900名代理人，19家办事处。

20世纪50年代，艾比霍利德替霍·安德逊推销房子。霍·安德逊是达拉斯的建筑商，当时正在开发五月鲜花房地产工程。霍·安德所做的，是前人从未做过的事，冒险投资建造价值10万美元一套的房子，而关键的问题在于他还没有一位确定的买家。这些豪华的房子相当于现在价值70到80万美元一套的房子。在那时，没有人敢这么冒险来投资建造这么高级的房子，除非事先有人买。这项冒险如此奇特，以至于《华尔街日报》专辟一版来介绍五月鲜花房地产工程。

一天，艾比霍利德正在等一位客户，霍·安德逊停车同他打招呼。过了一会儿，一辆汽车开了进来，从车上下来一对年纪较大，有点不修边幅的夫妇。他们径直朝门口走来。当艾比霍利德与他们热情地打招呼时，瞥见霍·安德逊正摇着头对他做鬼脸，明显是在说："不要把时间浪费在他们身上。"

可艾比霍利德对任何一个客户都很讲礼貌，因而热情地接待了这对夫妇，就像对待其他潜在买家一样彬彬有礼。艾比霍利德之所以这样做是因为他坚信，一名优秀的推销员应该随时随地优化自身的形象，注意自己的言行举止，牢记自己的工作职责。他认为，客户无时不在，无时不有，千万不能以貌取人。

霍·安德逊觉得艾比霍利德是在浪费时间，因此很生气地离开了。既然房子空荡荡的，而且建筑商又走了，艾比霍利德就领他们参观了一下房子。

这对夫妇在看完第四个浴室后，丈夫对妻子感叹道："想一想，一幢房子有四个浴室！"然后转身对艾比霍尔德说："这么多年来，我们一直梦想拥有一栋有一个以上浴室的房子。"

艾比霍尔德还注意到那位妻子眼含泪水看着丈夫，而且还温柔地握着他的手。

之后，这对夫妇在参观了房子的每一角落后，最后来到卧室。丈夫彬彬有礼地要求道："让我们私下里聊几分钟好吗？"

"当然可以。"艾比霍尔德答道，然后朝厨房走去，以便让他们俩单独待在卧室里。

几分钟后，丈夫出来了，他问道："艾比霍尔德先生，你说这房子售价是 10 万美元？"

然后脸上露出一丝微笑，从上衣的口袋里掏出一个旧的大信封，数了 10 万美元现金出来，整整齐齐地堆成阶梯。

原来，丈夫是达拉斯旅店里的服务员领班之一，他们许多年来一直过着拮据的生活，就这样把小费存起来，最终得偿所愿拥有了一栋带一个浴室以上的自己的房子。

　　有很多人在社交中往往凭一己之见或对某些人第一印象不佳而轻视他们。这其实是建立融洽人际关系的大忌，对人际关系影响至深。

　　当你轻视别人的时候，你会在说话或者行动中表现出来，慢慢地别人同样会轻视你。在被你轻视的人当中，极有可能出现日后决定你命运的关键性人物。所以，尊重和善待每个你所接触到的人，就是尊重和善待我们的生命。

　　我们在与他人交往过程中，应该针对一切人，平等交往，不因对方的名声、职位、身份、地位而异。我们看重的不能只是这样外在的东西，而是一个人的内涵，他的人品，他的内在潜能。一旦与这样的人结缘，他或者可以成为人生的导师，在彷徨迷路时得到指点；或者成为你的挚友，可以共享欢乐，分担忧愁；或者在你最孤立无援时得到一臂之助。不要轻视任何人，每个人都有他的优点和特长，说不定你的弱项正是他们的强项，说不定关键时刻给你帮助最大的是你平时看来最不起眼的朋友。

凡事要留有余地

晚清红顶商人胡雪岩很清楚把事情做绝的害处。做事时，他总是习惯于给人留下余地，还曾借此帮助过把兄弟王有龄一次。

王有龄官场得意，身兼湖州府知府、乌程县知县、海运局座办三职。王有龄在四月下旬接到任官派令，身边左右人等无不劝他，速速赶在五月一日接任。之所以有这等建议，理由很简单：尽早上任，尽早搂到端午节"节敬"。

清代吏制昏暗，红包回扣、孝敬贿赂乃是公然为之，蔚为风气。风气所及，冬天有"炭敬"，夏天有"冰敬"，一年三节另外还有额外收入，称为"节敬"。浙江省本来就是江南膏腴之地，而湖州府更是膏腴中的膏腴，各种孝敬自然不在少数。

王有龄就此询问胡雪岩的意见，胡雪岩却说："银钱有用完的一天，朋友交情却是得罪了就没有救了！"他劝王有龄等到端午节之后，再走马上任。

胡雪岩之所以这样建议，是从多方面考虑的，王有龄不是湖州第一任知府，在他之前还有前任，别人在湖州府知府衙门混了那么久，就指望着端午节敬。王有龄名正言顺可以抢在头里接事，抢前任的节敬。可是，这么一来，无形中就和前任结下梁子，眼前当然没事，但保不准什么时候就会发作。要是将来在要命关键时刻发作，墙倒众人推，落井猛石下，那可就划不来了。

胡雪岩深深明白，好处不能占绝，干事情不能吃干抹净，一点后路都不留给别人。人总得替别人想想，自己没损失什么，却颇能让别人见情，何乐而不为呢！

一个人如果把事情做得太绝，就等于是断了自己的后路。人生祸福难料，风水说不定什么时候就会转到对方那里。给对手留条活路就是给自己留条后路，你又何乐而不为呢？

功与名是曾国藩毕生所执着追求的。他认为，古人称立德、立功、立言为三不朽。为保持自己来之不易的功名富贵，他又事事谨慎，处处谦卑，坚持"花未全开月未满圆"的观点。因为"月盈则亏，日中则昃"，鲜花完全开放了，便是凋落的征候。因此，他常对家人说，有福不可享尽，有势不可使尽。

"花未全开月未满圆"才是最好的时候。一个人如果想把自己的好运维持得长长久久，那就要时刻记着给别人留有余地，习惯于把事情做绝对的人，是无法取得真正的成功的。

张伯伦在担任英首相期间曾再三阻碍丘吉尔进入内阁。他们政见不和，特别是在对外政策上存在很大的分歧。后来，张伯伦在对政府的信任投票中惨败，社会舆论赞成丘吉尔领导政府。出人意料的是，丘吉尔在组建政府过程中，坚持让张伯伦担任下院领袖兼枢密院院长。

丘吉尔认识到保守党在下院占绝大多数席位，张伯伦是他们的领袖，在自己对他们进行了多年的批评和严厉的谴责之后，取张伯伦而代之，会令他们许多人感到不愉快。为了国家的最高利益，丘吉尔决定留用张伯伦，以赢得这些人的支持。

后来的事实证明，丘吉尔的决策非常英明。当张伯伦意识到自己的绥靖政策给国家带来巨大灾难时，他并没有利用自己在保守党的领袖地位刁难丘吉尔，而是以反法西斯的大局为重，竭尽全力做好自己分内之事，对丘吉尔起到了极大的配合作用。

三十年河东，三十年河西。一个人不能永远得意，很多时候你不给别人留后路，结果也断送了自己的后路。所以，做事时还是多给别人留点余地，早晚你会从这个习惯中受益。

吉拉德是纽约泰勒木材公司的推销员。一天早晨，办公室的电话响了。一位焦躁愤怒的主顾，在电话那头抱怨他们运去的一车木材，完全不符合他们要的规格。他已经下令车子停止卸货，让吉拉德立刻安排把木材搬回去。

吉拉德立刻动身，匆匆赶到主顾那里后，才知道对方的检验员很了解硬木的知识，但检验白松木却不够格，经验也不多。于是，吉拉德以一种非常友好而合作的语气请教他，双方之间剑拔弩张的情绪开始松弛消散了。后来，检验员坦白承认自己对白松木的经验不多，并不时地请教吉拉德。最后的结果是，所有卸下的木料又检验一遍后全部接受，而吉拉德也收到了一张全额支票。

吉拉德最后总结说，从这件事可以看出，运用一点小技巧，以及尽量遏止自己点出别人的错误，就可以使公司在实质上减少一大笔现金的损失，而我们所获得的良好关系，则非金钱所能衡量。

做人要心静气和，做事要多为别人着想，切忌伤害到别人的自尊。当遇到一些棘手的问题时，即使从原则上说你是对的，你也应该尊重别人的意见，不要和他们无谓争辩，更不要去刺激他们。如果事实是你错了，则应迅速而真诚地承认。有些时候，看似复杂的问题，应该像吉拉德一样，换一种思路，也许就会很圆满地解决了。

如果在事实上你是没有错的，承认自己有错也许让你有些难过，但事情往往会成功，以此来冲淡你对认了错的沮丧是值得的，况且在绝大多数时候，你最终还是要把对方的错误纠正过来，只是不是在你们发生纠纷的一开始，而是要在气氛缓和下来时，以缓和的方式委婉地说出来。

让人一步又何妨

春秋时期，郑庄公准备伐许。战前，他先在国都组织比赛，挑选先行官。众将一听露脸立功的机会来了，都跃跃欲试，准备一显身手。

第一个项目是比剑格斗。众将都使出浑身解数，只见短剑飞舞，盾牌晃动，争斗不休。经过轮番比试，选出了6个人，参加下一轮比赛。

第二个项目是比箭，取胜的6名将领各射三箭，以射中靶心者为胜。前四位，有的射中靶边，有的射中靶心。第五位上来射箭的是公孙子都。他武艺高强，年轻气盛，向来不把别人放在眼里。只见他搭弓上箭，三箭连中靶心。他昂着头，瞟了最后的那位射手一眼，退下去了。

最后那位射手是个老人，胡子花白。他叫颍考叔，曾劝郑庄公与母亲和解，很受郑庄公的看重。颍考叔上前，不慌不忙，"嗖嗖嗖"三箭射出，也连中靶心，与公孙子都射了个平手。

只剩下两个人了，郑庄公派人拉出一辆战车来，说："你们二人站在百步开外，同时来抢这部战车。谁抢到手，谁就是先行官。"公孙子都轻蔑地看了一眼对手。哪知跑了一半时，公孙子都脚下一滑，跌了个跟头。等爬起来时，颍考叔已抢车在手。公孙子都哪里肯服气，拔腿就来夺车。颍考叔一看，拉起来飞步跑去。郑庄公忙派人阻止，宣布颍考叔为先行官。公孙子都自此对颍考叔怀恨在心。

颍考叔不负郑庄公之望，在进攻许国都城时，手举大旗率先从云梯上冲上许都城头。眼见颍考叔大功告成，公孙子都嫉妒得心里发疼，竟抽出箭来，搭弓瞄准城头上的颍考叔射去，一下子把颍考叔射了个"透心凉"，从城头栽了下来。

在这个故事中，悲剧的发生也许应归罪于公孙子都嫉妒之心太强。但颍考叔的锋芒太盛、傲气争功也是一方面。作为一个已有功在身的老臣，他其实没有必要再去和年轻的将领争功了，但他总想立功求赏，结果被一记暗箭伤了性命，可悲可叹。

一个自认为有才华的人，要做到心高气傲，这样既能有效地保护自己，又能充分发挥自己的才华。要战胜盲目自大、盛气凌人的习惯，凡事不应太张狂或太咄咄逼人，并且还应当养成谦虚让人的美德。这不仅是有修养的表现，也是生存发展的策略。

18世纪，美国阿肯色州的一家银行，因为服务等各方面都做得比较好，吸引了一大批储户，投资回报率达到了37%。这个老板就以此自傲，扬言三年内要把储户再翻一番，并嘲笑其他银行没有竞争力，早晚要破产。

他的不可一世惹来了很多同行的愤怒，其中有几家就联合起来，决心将该银行搞垮。他们筹集了上百万美金资金，让人到该银行开活期存款，大约开了3000多个户头。不到一个星期，这些储户同一时间集体去提款，在该银行大厅排起长龙大阵，同时在外面又大放谣言，说该银行资金发生问题。

因此，别的储户也恐慌起来，纷纷向该银行提款，结果该银行因无法兑现只好宣告破产。

我们提倡处世要隐忍，不要一下子展现出你所有的本事，更不要因为有本事而处处表现卖弄。目空一切，不可一世，只会让人家拿你当靶子打。如果那个银行老板不是表现得太过盛气凌人，又何至于落个破产的下场。所以，我们千万不要因自己的优势或长处而自觉高人一筹或因此而看不起对手。

　　处世是一门复杂的学问，你要常常考虑一下别人的感受。不要总把你的傲然之气表现出来。盛气凌人的习惯对你的人生、你的事业显然毫无益处。

　　社会是由各式各样的人组成的，有讲道理的，也有不讲道理的；有懂事多的，也有懂事少的；有修养深的，也有修养浅的。"人无完人"，每一个人都或多或少有一些缺点。我们总不能要求别人讲话办事都符合自己的标准和要求。

　　在面对他人的缺点时，宽容与理解是必不可少的。如果你总是对别人的缺点苛刻，会引起别人的反感，甚至"以恶对仇，以厌为敌"。一个能够容忍别人缺点的人，必定是胸怀宽广，受人尊敬，而且也是拥有辉煌人生与成就的人。

　　一位非常出色的外交家感慨地说："以前，社交圈比较狭窄，只知道别人有很多缺点。现在，随着社交圈的扩大，接触了形形色色的人后，才有知心朋友告诉我，其实我自己也有类似的缺点。我希望别人能够容忍我的缺点，所以我也常常容忍别人的缺点。"

　　每个人都有缺点，可以推迟置腹地想一想，假如自己的缺点不能被别人容忍会有什么样的结果，对自己的影响有多大。这样，我们就能找到容忍别人的缺点的理由。

　　宽容是交友之道，你将因此赢得别人的尊重与友谊。反之，只会招致别人的厌恶。一个不能容忍别人缺点的人，不可能拥有真正的朋友，而他的人生也难以成功。要改变人生，就要赢得朋友的支持。所以，在面对别人的缺点时，要尽量多一份容忍与理解。

懂得变通才能适应环境

在某城镇的一条街上，住着两户人家。一家是富裕的商人，一家是鞣皮匠。

富人家的屋子非常气派，高高的屋檐，雕花的门窗，宽宽的走廊用圆圆的柱子支撑着，夏天坐在走廊上，吹着微风，特别清爽。

鞣皮匠家的房子可差远了，低低矮矮的不说，窗子小得只能进一只猫，门框低得人要低着头、弯着腰才能进去。

富人有那样的好房子，但他 10 分钟也不敢在走廊上坐，因为，他实在无法忍受鞣皮匠家里飘过来的那股难闻的气味。

鞣皮匠整天都要干活，于是，一张又一张的驴皮、马皮、猪皮、狗皮……都运到他家。他操起刀，一张一张地刮，然后用配好的料一张一张地鞣。

脏水像小河一样从鞣皮匠家的屋子里流出。无论谁走过那里都要紧紧地捂住鼻子，如果捂得不严，就会被熏得呕吐。

富人在这种臭气中过日子，真是难受死了。于是，他多次来到鞣皮匠的家里，对他说："喂，你无论如何也不能再这样干下去了。如果你不尽快搬家，我总有一天要死在这里。我这里有一个金币，你拿上它快点搬家吧！"

鞣皮匠知道，无论到哪里人们都不会欢迎他的。于是，他对富人说："老爷，我不要你的金币，不过请你放心，我已经找好了房子，要不了几天我就会搬走，请你放心好了。"

一天过去了，两天过去了。每当富人来催，鞣皮匠都是这几句话。

随着时光的流逝，鞣皮匠家的这股臭味仿佛变了，因为富人来催他搬家的次数越来越少了。

后来，鞣皮匠竟发现，富人每天坐在走廊上，又是喝酒，又是吃肉，再也不让鞣皮匠为难了。

富人的变化使鞣皮匠十分纳闷。有一天，鞣皮匠见到了富人，便问他道："老爷，现在我们这条街有什么变化吗？"

富人说："没有啊，但我觉得在这里住十分舒服。"

原来富人已经适应这种味道了。入芝兰之室，久而不闻其香；入鲍鱼之肆，久而不闻其臭。一个不知变通、没有适应能力的人是很难在社会上立足的。如果遇到令自己不满意的情况，那就要努力去改变，但如果实在改变不了的话，那就只能像这个富人一样去适应了。

在美国有一所非常著名的高等学府，它的名字几乎为全世界的知识分子所知晓，它的入学考试需要考生达到平均 90 分以上的成绩，它一门课的学费，可以相当普通家庭整月的开销，它的学生常穿着印有校名的 T 恤在街上招摇……

但是，这个学校有着严重的困扰，因为它紧邻一个治安极坏的贫民区，学校的玻璃经常被顽童打破，学生的车子总是失窃，学生在晚上被抢劫已经不是新闻了，甚至有女学生遭到被强暴的命运。

"这些人太可恶了！不配与我们这么伟大的学校为邻。"董事会议愤怒地一致通过，"把那些不上路的邻居赶走！"方法很简单——以学校雄厚的财力把贫民区的土地和房屋全部买下来，改为校园。

于是，校园变大了。但是问题不但没有解决，反而变得更严重，因为那些贫民虽然搬走，却只是向外移，隔着青青的草地，学校又与新贫民区相接。加上扩大的校园又难于管理，治安更糟了。

董事会这下可真不知怎么办了，请来当地的警官共谋对策。

"当我们与邻居相处不来时，最好的方法不是把邻人赶走，更不是将自己封闭，反而应该试着去了解、沟通，进而影响、教育他们。"警官说。

校董们相顾无言，哑然失笑。他们发现身为世界最著名学府的董事，竟然忘记了教育的功能。

他们设立了平民补习班，送研究生去贫民区调查探访，捐赠教育器材给邻近的中小学，并辅导就业，更开辟部分校园为运动场，供青少年们使用。

没有几年，这所学校的治安环境已经大大地改善，而那邻近的贫民区，也一步步地步入了小康。

置身于不好的环境，光是靠抱怨是改变不了的。要么你就去改变它，要么你就去适应它，除此之外，别无选择。处世不能死钻牛角尖，不知变通的习惯会给你的生活、工作带来极其不利的影响。怨天尤人是没有用的，对无力去改变的事，我们只能努力去适应。

处世是一门灵活机变的学问，不知变通的习惯只会限制处世的灵活性。所以，我们一定要克服这个坏习惯，改变你所能改变的，适应你不能改变的。

当遇到一些难解的问题时，要学会变通，策略得当，就会收到良好的效果，如果策略欠妥，问题就难以解决。

我们知道，种子落在土里长成树苗后，最好不要轻易移动，一动就很难成活。而人就不同了，人有脑子，遇到了问题可以灵活地处理，用这个方法不行就换一个方法，总有一个方法是对的。不要被经验束缚了头脑，要冲出习惯性思维的樊笼。执着很重要，但盲目的执着是不可取的。

科学家曾经做过一个有趣的实验：

把一些蜜蜂和苍蝇同时放进一只平放的玻璃瓶里，使瓶底对着光亮处，瓶口对着暗处。结果，那些蜜蜂拼命地朝着光亮处挣扎，最终气力衰竭而死，而乱窜的苍蝇竟都溜出细口瓶颈逃生。

只知道执着的蜜蜂走向了死亡，懂得变通的苍蝇却生存了下来。执着和变通是两种人生态度，不能单纯地说哪个好哪个不好。单纯的执着与单纯的变通，二者都是不完美的。只有二者相辅相成才能取得最后的成功，我们要学会执着与变通二者兼顾。

学会低头是一种处世智慧

小郭毕业后分配到县城工作，嫌机关太冷清，主动要求到基层工作，以便实现他的抱负——开发山里的矿产资源，造福家乡父老。

在建造家乡选矿厂时，小郭发现，用来建厂的一些钢材被领导拿去送人了。他气愤地去找领导质问："你怎么能拿公有的东西随便送人呢？"领导拍了拍小郭的肩膀，开导说："你呀，刚出校门，不懂得人情世故，搞设计不能死抠实际需求量，还必须把一些人为的损耗加进去，这是学校里学不到的知识。"

小郭恍然大悟，不再坚持自己的意见。这样，他安然渡过了自己步入社会的第一个险滩。在领导的眼里，小郭能干而又听话。几个月后，他被任命为副乡长。

小郭为改变家乡的面貌处心积虑，四处奔波。人们夸奖小郭脑子特别灵活。的确，通过几年的奔波建厂，小郭悟通了不少"人情世故"。大事不违，小事灵活处理。所以，很自然地，小郭面前的红灯少，绿灯多。他主持的那个乡，乡镇企业产值和利润年年翻番，人均收入也大大提高，乡亲们对他更是赞不绝口。

由于他突出的"政绩"，三年以后，他被相继提拔为乡长、乡党委书记。又过了两年，他被提升为主管工业的副县长。

小郭为了不"碰"头，而逐渐养成了适时低头的习惯。这样，他一方面坚持着自己的原则和初衷，另一方面走了一条圆通的道路，既实现了自己的价值又为乡亲们办了实事，这不是两全其美的事吗？

低头肯定不会那么舒服，但事到临头该低头时能低头也是处世

第九章　养成处世的好习惯 ◀◀◀

的一种策略。

适时低头是为了保存自己的力量；走更远的路，是为了把不利的环境转化为对你有利的力量。这是一种柔软，一种权衡，更是高明的处世智慧。所以，我们要战胜宁折不弯的处世习惯，在面对"矮檐"时，一定要主动地把头低下来。

"人在矮檐下，谁能不低头"，遇到矮檐，我们就要主动地把头低下来，这才是识时务的做法，否则就只能撞个头破血流，对自己毫无益处。低下头，起码有这样几个好处：你很主动地低下了头，不致成为明显的目标；不会因为头抬得太高而把矮檐撞坏。要知道，不管撞坏撞不坏，你总要受伤的，尽管你的头是"铁"的，但老祖宗早就有"伤敌一千，自损八百"的古训。不能因为脖子太酸，忍受不了而离开能够躲风避雨的"屋檐"。

离开不是不可以，但是必须考虑要去哪里。要知道，一旦离开，再想回来就不那么容易了。在"屋檐"下待久了，就有可能成为屋内的一员，甚至还有可能把屋内人赶出来，自己当主人。

学会低头，懂得低头，也是一种智慧。它可以使你求同存异、应时顺势，谦恭温良。

在处理人与人之间的矛盾时，懂得低头、适时投降，也是君子怀仁的风度；也是创造和谐社会所必备的品格。

学会低头、懂得低头和敢于低头是非常重要的。尤其是在社会竞争激烈的今天，生命的负载过重，人生的负载太沉，低一低头，可以卸去多余的沉重；面对自身的不足，低一低头，就可以赢得别人的谅解和信任，省去不必要的纠纷。

然而，现实生活中总有那么一些人不懂得低头，缺乏低头的勇气，漠视低头的行为。他们总是自命不凡，总把精明智慧放在脸上，以为别人不知道，结果不是碰壁，就是触网，对其教训颇深。

175

低头并不是自卑，也不是怯弱，而是一种智慧的体现。当你明白了低头的道理，当你从困惑中走出来时，你会发现，一次低头其实就是一次难得的境界。

有人问苏格拉底："你是天下最有学问的人，那么你说天与地之间的高度是多少？"

苏格拉底毫不迟疑地说："三尺！"

那人不以为然，说："我们每个人都有五尺高，天与地之间只有三尺，那还不把天戳个窟窿？"

苏格拉底笑着说："所以，凡是高度超过三尺的人，要长立于天地之间，就要懂得低头啊！"

哲学大师苏格拉底说的"懂得低头"寓意深远、发人深省。其实质是告诫世人："不论你的资历多深、能力多大、名望多高，在浩瀚的社会海洋中，你只是微不足道的一滴水而已。"

有些毕业生择业时想一步到位，可是在人才济济的今天，哪有这么容易的事啊？相反，有些人就很现实。虽然本身各方面条件都不错，但一开始却把目标定得很低，工作能适合自己就干，工资差不多就行。这就是"懂得低头""记住低头"的智者。

在人生的舞台上，在生活中时刻保持低姿态，把自己看轻些，把别人看重些。"懂得低头""记住低头"，把低头作为一生的准则，将来也必会大有作为的。

"是金子总会发光"，只要你能，只要你行，即使你总是"低着头"，你的上司、你的老板也迟早会发现你、重用你。

宁得罪君子，不得罪小人

老李是个大大咧咧的人，心宽体胖，在单位里人缘也还算不错。由于他颇具正义感，喜欢管闲事，又不留意自己的言行，因此得罪了不少人。

在单位里，韩某是个公认的小人，惯会溜须拍马、瞒上欺下、挑拨离间、乱传闲话。尽管大家都对他有意见，但因为知道此人极有"能量"，报复心又强，所以表面上还是和他说说笑笑、维持一般关系。但老李却不然，他可一点也不给韩某留面子。

有一次，韩某过生日，大家都去捧场喝酒，老李也去了。酒喝得多了一点，老李就开始"损"起韩某来。"你今年也就40岁吧！不老不小的过什么生日！缺钱用就说一声，你小子怎么总这样耍心机呢！"

韩某顿时气得脸色紫红。大家圆场后，便把老李送回家去，但韩某从此就恨起老李来。老李工作，韩某就搞鬼；领导有意提升老李，结果韩某找领导"聊"了两次，这事就没消息了；老李侄女进城来玩，被韩某撞见了，隔天老李有外遇的谣言就传遍了全厂……老李被折腾得头昏脑涨，逢人就说"犯小人哪！"

老李最大的错误就是不该轻易得罪小人，结果被小人整治得灰头土脸。可以说，好人是永远斗不过小人的，因为小人心狠手黑，不择手段地算计别人。然而生活中，偏偏有人习惯于充当正义斗士，轻视小人，得罪小人，这是很愚蠢的做法。从现实来看，这是没事找事、惹火烧身。

其实，现实生活中也有不少人会犯类似的错误。他们没有认识到得罪小人的危害，一副"身正不怕影子斜"的架势，结果最后还是吃了小人的亏。要知道小人之所以被称为小人，就是因为他们不走正路。你明明没事做坏事，他给你捏造几件不就完了吗？小人本事极强：造谣生事、暗中破坏、挑拨离间、落井下石……

总之，得罪了小人你就没有好日子过了，随时得提心吊胆。所以，你又何苦得罪小人呢？如果你有轻视小人的习惯，那就要马上改正，否则说不定什么时候你就会走霉运。

"宁得罪君子，别得罪小人"，"逢人只说三分话，不可全抛一片心"，"害人之心不可有，防人之心不可无"，"明枪易躲，暗箭难防"。这些都是我们的父母和师长们常常告诫我们的话，教导我们要看清社会，远离小人，保护自己。然而，可悲的是在生活中往往君子难求而小人却常有。

我们知道古人对君子的要求是很高的，君子是我们中国人评价一个人道德水平的最高标准。究竟什么样的人才称得上是君子呢？随着时代的发展虽然我们对君子的理解会有着不同的含义，但不管时代怎样变，至少我们知道"君子应该像天宇一样运行不息，即使颠沛流离，也不屈不挠；如果你是君子，接物度量要像大地一样，没有任何东西不能承载。"

君子首先应该是一个负责任的人，无论面临什么样的困难，都不忘自己肩负的责任，不逃避不推卸；君子一定不会做违背道德良知的事，所谓君子爱财，取之有道；君子还应该是一个有爱心的人，具有仁义之心；君子胸怀坦荡，有所为有所不为，做了应当做的，就不必担心结果，所以不忧；不做违背法律和道德的事情，不必担心受到惩处，所以不惧。

而小人则是和君子相反的，那么什么是小人呢？他们的言行和种种表现是怎样的呢？粗浅分析如下主要有以下特征：

　　喜欢造谣生事：有很多小人口才好，人缘也不错，长着两片薄嘴唇能说会道，在人群中很有欺骗性；有的人文章写得也不错，在生活中和网络界都有一个小圈子，他们喜欢歪曲事实，无中生有，往往恶人先告状，唯恐天下不乱。

　　喜欢奉承、见风使舵：谁得势就依附谁，谁失势就舍弃谁，他们利用别人权势来提升自己地位，他们善于交际喜欢搞小圈子。没有利用价值的人，冷落你也就是自然而然的事了，这种人用得着你了，会满脸堆笑，用不着你了会翻脸不认人，比变色龙变的都要快。

　　喜欢隔岸观火、落井下石：只要有人或跌倒或失败，他们会追上来再补一脚；看你落井了，不是扔下一根绳子而是砸下一块石头，幸灾乐祸。

　　心胸狭窄，言行不一：明明是自己心胸狭窄、言行有过错，却死不承认，昧着良心将自己装扮成正义的化身，这类人口才犀利又有人缘，很能误导大家以讹传讹，日久则众口铄金，积非成是，有时真相就此石沉大海，永远被扭曲蒙蔽了。

　　人最可悲的事情就是错把小人当知己。小人就是当你还把一个人视为无话不谈的知己的时候，在你丝毫没有防范和他称兄道弟，对他极尽崇拜的时候，就向你的背后射来了致命的一箭、悄无声息地在背后捅你一刀的人，这种人刻薄寡情，不遵循伦理道德，最大的本事就是在背后给你使坏下绊子、处处和你过不去，暗箭伤人；在现实中常用的招数就是不断地没完没了地发布着他的攻击言论，因为小人通常干不了什么大事，有的是时间和精力，所以往往让你防不胜防、难以招架。

　　我们应该怎么样对待小人呢？要远小人而近君子，人在做天在看，小人一定会因其作为而受到惩罚，所谓善有善报，恶有恶报，不是不报，时候未到，不要去得罪小人，因为你根本就不是小人的对手。

轻信他人不可取

明朝人袁了凡，年幼时丧父。母亲叫他放弃读书求取功名而改习医术，这样可以济世救人。袁了凡听从了母亲的话。

有一天，他在寺庙里碰到一位仙风道骨的老人。老人慈祥地对他说："你是做官的'命'，明年就可以科举及第，为什么不读书了？"

袁了凡把母亲叫他放弃功名，改习医术的事告诉了这位老人。他同时请教老人为什么会这样说。老人回答："我姓孔，得到了邵先生所精通的皇极数真传。我见你是有缘人，想把这皇极数传授给你。"

于是，袁了凡把孔先生请到家中，请他为自己推算一下。

这位孔先生算了一些事情，结果都十分灵验。因此，袁了凡便相信孔先生所说自己应该是有功名的，于是又去读书。

后来，袁了凡又请孔先生替他推算具体的前程。老先生说："你做童生的时候，县考得第 14 名，府考得第 71 名，提学考应当得第 9 名。"

果然，一年之后，袁了凡三次考试中所得的名次跟孔先生所推算的一模一样。

孔先生又替袁了凡推算终身的吉凶。"你应当做贡生，等到出了贡后，应被选为一知县，上任三年半后便告退。你会活到 53 岁，可惜没有子嗣。"

不久，袁了凡真如孔先生所说成了贡生，在南都讲学一年。这时，他觉得一切已经在"命"里注定，何必再努力，所以整天静坐不动，不说话也不思考，凡是文字一律不看。

一年之后，他要到国子监去读书，临行前，先到栖霞山拜会云谷禅师。

云谷禅师问道："我看你静坐了三日，却没有起过一个杂乱念头，这是什么原因？"

袁了凡回答："孔先生替我算过命了，我的命数已经定了，荣辱性命都有定数，不能改变，想也没有用，自然没有杂乱念头。"

云谷禅师笑道："平常人不能没有胡思乱想的心，因此被阴阳束缚住，也即是被所谓的命数束缚，相信命道。然而极善的人可以变苦成乐，贫贱短命变成富贵长寿。反过来，极恶的人可以变福成祸，富贵长寿变成贫贱短命。你先前的20年都被孔先生算定，没有把'数'转动过分毫，所以你是凡夫。"

云谷禅师再引经据典阐述他的观点，使袁了凡心里开始相信"命"是可以改变的。只要由内心做起，把自己不良的习惯改掉，增加福德，自然可以改"命"。

云谷禅师便教他用功改过的方法。记下每一天的功与过，让他知道每天的所作所为有什么可以改进的。

一年之后礼部科考，孔先生算他考第三，结果他考了第一。这时，袁了凡更笃信云谷禅师的话了，更加努力地改过和行善积德，努力地改正坏习惯。当袁了凡将自己的不良习惯逐渐改过后，他在53岁时没有死，孔先生虽算定他"命"中无子嗣，但他有了一个儿子。

如果袁了凡一味地相信算命先生的话，那他53岁以后的事情就没有了。所以，我们一定要改正轻信别人的习惯，如果你轻信别人的话，就会按照别人的话去做，而事实说不定恰好相反。

在处世中，即使是一个最简单的事情也得深思熟虑，人性复杂，你若轻信别人，一下子把心掏出来，那么就很可能会受伤。

郑慧是一家美容院的助理。她正在跟一个叫王雪的美容师学习。

有一天，王雪突然跟另一位美容师，也是她的好朋友吴琳吵了一架。下班后，郑慧正在打扫卫生，吴琳双眼通红地从洗手间里走出来。吴琳看见郑慧还在，竟然拉着她聊起天来，这使郑慧有种受宠若惊的感觉。

吴琳说："你在王雪手下工作得很辛苦吧！跟她认识这么多年，我还不知道她？专会欺负助理！"郑慧没敢接话。

吴琳看到郑慧拘谨的样子，就又说道："你不用害怕，这里也没外人，咱们聊聊！要不你干脆跟我得了！她能把你带成什么样！我都恨死她了！"

郑慧看着吴琳激动的样子，终于放下心来，开始向吴琳倾诉自己的怨气。可是没过几天，吴琳又与王雪和好如初，这让郑慧开始有点担忧了。

果然，王雪对郑慧的态度变得越来越差了！动不动就斥责她，给她脸色看。一天，郑慧路过洗手间，正听见王雪和别人讥讽她："死丫头！说我不好好教她，使唤她！我呸！看她那副样子，也配当美容师！你们等着瞧，一个月之内，我非把她赶走不可！"

郑慧掩面哭着跑出去了。不用一个月，第二天郑慧就辞职了。

郑慧太过于相信别人，因而给自己惹来了麻烦。她明知道吴琳与王雪是好朋友，而且自己对吴琳也并不了解，但却还是轻信了吴琳，一下子把自己的心事全都说了出来，这实在是一种愚蠢的行为。

在处世中，要戒掉轻信别人的习惯，无论说话或行为，都要有所保留。聪明的人，只说三分话，轻易不交心，这样做或许有点世故，但对于保护自我来说却很有效。

逢人只说三分话，未可全交一片心。习惯于在待人处世方面轻信别人的人，很少有不吃亏上当的。所以在这一点上，我们有必要吸取教训，改掉轻信别人的处世习惯。

多和有益的朋友交往

　　一个人的一生成功与否，与自己所交的朋友密切相关。有些人因朋友相助而获得成功，也有人因受"朋友"之害而招致失败，甚至倾家荡产，妻离子散。

　　尽管交友不易，但我们每个人还是要面对这一问题。一个人若能交上一些好朋友，即使不一定能成就大业，但也不至于需要帮忙时无处可求。

　　社会上的人可谓形形色色。每个人都有自己的品性，对待朋友的态度和原则也各不相同，有的人每天在你耳边尽吹好听之言，有的人经常给你提个醒，或者提出批评，看到你不对就"修理"你；有的人热情得如火如荼，也有的人冷漠如冰；有的人与你交友是因为你对他有利，有的人交友则完全是出于一片衷心……

　　交友的情形如此复杂，朋友好坏又很难分辨，有时当你发现自己交上了一个坏朋友时，也许已经来不及了。因此，为了避免交友中出现一些不良因素，多多参考一些他人的交往经验是很重要的。有一点也许对我们每个人都很有价值——在交朋友时，那些经常批评你的人是值得交往的。

　　与那些只说好话的朋友相比，经常给你提出批评意见的朋友似乎有点令人讨厌，因为他说的都不大中听。你向他道出一些自认得意的事，他却偏偏给你泼来一盆冷水；你热情地向他描绘自己满腹的理想计划，他却毫无不留情地指出其中的问题，有时甚至不分青红皂白地把你做人做事的缺点数落一顿。反正，你能从他嘴里经常听到一些不大顺耳之言，这种人还真有点让人讨厌。但如果你对现实社会冷静思索一番，就会发现，其实这种人大有可交的一面。如果你错过了这样的朋友，那将非常可惜。

按照现代人的处世原则，一般人都会尽量不去得罪他人，宁可说好听的话让人高兴，也不说一些属于实情却让人讨厌的真话。当然，那些好说好听之言的人不一定都是坏人，而且这也是一种交际的手段。但如果从交友的角度来看，只说好听的话，就失去了做朋友的义务。明知你有缺点而不说，还偏偏说些动听的话，这算什么朋友？如果他还进而"赞扬"你的缺点，则更是别有居心了！这种朋友就算不害你，对你也没有任何好处，你还何必浪费时间与之交往呢？

现实生活中之所以有很多人只说好话，也是因为有很多人喜欢听好话。这些人碰到光说好话的人便乐得不得了，不知是非；如果他人之言稍有不顺，就觉得别人不怀好意，心术不正，或者有意给自己难堪。如果细加思索，你就不难明白，这两种人孰好孰劣了。

因此，在这种情形之下，如果有人经常给你吹点"不顺"之风，经常提出一些意见，你首先应该觉得这种人可贵，然后你再对其所言细加分析，如果他提的逆耳之言都是事实，对你有利，那就是"忠言"。对于这种人你就应该与之诚交、深交，因为他值得一交。

励志人生必修课

为人三会
会说话　会办事　会做人

陈　瑶　编著

中国出版集团
中译出版社

图书在版编目（CIP）数据

励志人生必修课 . 为人三会：会说话　会办事　会做
人 / 陈瑶编著 . -- 北京：中译出版社，2019.6
ISBN 978-7-5001-5990-2

Ⅰ . ①励… Ⅱ . ①陈… Ⅲ . ①人生哲学—通俗读物
Ⅳ . ① B821-49

中国版本图书馆 CIP 数据核字（2019）第 119560 号

励志人生必修课

为人三会：会说话　会办事　会做人

出版发行：中译出版社
地　　址：北京市西城区车公庄大街甲 4 号物华大厦 6 层
电　　话：（010）68359376　68359303　68359101
邮　　编：100044
传　　真：（010）68357870
电子邮箱：book@ctph.com.cn
总 策 划：张高里
责任编辑：刘全银
封面设计：青蓝工作室
印　　刷：北京朝阳新艺印刷有限公司
经　　销：新华书店
规　　格：880 毫米 ×1230 毫米　1/32
印　　张：42
字　　数：770 千字
版　　次：2019 年 6 月第 1 版
印　　次：2019 年 6 月第 1 次

ISBN 978-7-5001-5990-2　　　定价：208.60 元（全 7 册）

中 译 出 版 社

前　言

在我们周围，我们经常看到一些虽然业务能力不是太突出但很会为人处世的人，他们的身边充满了欢乐，总是有那么多人愿意追随他、帮助他，似乎世界上的一切财富、地位、荣誉等与"幸福"有关的东西都是给他们预备的。而一些才能出众、特立独行的人，他们活没少干、力没少费、汗没少流，但总摆脱不了处处碰壁的窘境，饱尝英雄无用武之地的痛楚。之所以会出现这种巨大的反差，往往是缘于他们是否会说话，会办事，会做人。

人在社会上行走，说话、办事、做人的水平是其综合能力的集中体现。大凡此三样水平都高的人，在工作上站得稳，在事业上行得通，在社会上吃得开。反之，则容易陷入步履艰难的境地。

一个会说话的人，可以恰到好处地表达自己的意图，把道理表述清晰，让别人乐意接受自己、支持自己。

一个会办事的人，没有攻不破的城，也没有办不妥的事。办事没成功，往往不在于对方的不合作与不讲理，而在于自己使用的方法不对。

一个会做人的人，必定广结善缘。他们处处能得到他人的帮助，众人拾柴火焰高。而那些不会做人的人，不但没有人帮忙，还可能被他人捣乱拆台。

红尘世间，纷纷扰扰。人来人往，步履匆匆。

擦身而过中，有人一声哀叹"做人真难"，又有人几句抱怨"生活太累"。

歌中唱:"你我皆凡人,生在人世间。终日奔波苦,一刻不得闲……"它或许为我而写,为你而写,为他而写。

本书围绕说话、办事、做人抽丝剥茧、层层展开。全书尽量摒弃枯燥的理论、空洞的说教,告诉读者如何会说话、会办事、会做人,继而成为人生的赢家。

目　录

第一章
能说会道，一切尽在掌控中

　　火车跑得快，全靠车头带。再先进的列车如果没有车头的动力，也只能待在原地不动。

　　如果把人与人之间的交往比作火车的话，"说话"就是"车头"了。能说会道的人，往往能够用语言这个"动力"，牵引交往的"火车"，沿着预设的轨道平稳而又快速地到达目的地。

有效沟通从谈心开始

谈心与聊天不同。聊天的话题广泛，随聊随换，而谈心则是针对一定的心理、思想分歧而进行的。

1. 目的明确

谈心要取得成功，必须明确目的，有所准备。

明确目的主要指谈心后要达到的结果。比如两人之间有看法，互不服气，以至于影响到工作上的合作。谈心之前要明确目的，为的是让对方更多地了解自己，摒弃前嫌，携手共进。

有所准备是指在谈心前精心构思交谈用语、谈话内容及谈话进程，怎样开始，说些什么，何时结束，都进行充分准备，以免谈起话题来零乱分散，甚至言不及义，影响表达效果。

有所准备还包括预设谈话中可能出现各种情况的处理方法。有了这些准备，谈心活动就不会演变成争吵或僵持，就能根据对方的反应调整交谈方式，确保交谈目的的实现。

2. 说好"开场白"

谈心开始时见面的第一句话，是需要先构思好。这时，可以让表情来代替。一个真诚自然的微笑，表明你与对方谈心的态度是诚挚的。首先，在情感上就给对方以很大影响，然后再来上一两句寒暄话，进一步表明你的友好态度和诚意。这样的"开场白"有利于气氛的缓和，有利于谈话的继续进行。

开场白过后，应很快地切入主题，譬如消除某个误会，说明某种情况等。因为这时双方的关系只是表面的礼节性的和缓，若过多地谈论其他的内容，会引起对方的反感，同时也会暴露你的弱点。直接切入正题，让双方就一个问题展开对话，进行沟通，尽快消除分歧，澄清误会，说明情况，以便达成共识。

3. 表达诚意

谈心是要向交谈对象阐明自己的某种观点或见解，而不是加剧矛盾。因此要以诚恳之心选用中性的不带有强烈刺激性的词语，减少对方的反感和受刺激的心理效应，让这样的话语可传达出你希望冰释前嫌的诚意。

在整个谈心过程中，对个性极强、难以理喻的谈心对象，要把握其特点，除了使用能阐明观点的话语外，更要以情动人，多使用具有情感交流作用的词语来舒缓气氛，沟通心灵，理顺情绪。如有两位老同志，许多年前因工作造成分歧，相互不理睬。其中一位多次上门希望化解，但对方态度强硬，拒不接受。这次他又去了，说了这样的话："我今年55岁了，你比我大，该是58岁了吧？咱们都是过了大半辈子的人了，还有多少年好活呢？我真不希望咱们到另一个世界还是对头。"从人生无多这个老年人易动情的话入手，使对方产生情感共鸣，终于消除了多年的隔阂。

4. 注意语气、声调和节奏

谈心时，如果语气、声调和节奏运用不当，也会影响到说话的气氛以及最终结果。

谈心时，语气要和缓、委婉，不能声色俱厉，咄咄逼人。和缓委婉的语气能冲淡对方的敌对心理，能给对方一种信任感、诚实感，不至于造成双方心理上的敌对防御，不至于激化矛盾。语气往往体现在说话的表述方式上，追问、反问、否定往往使语气显得生硬、激烈，易引起对方反感；而回顾、商榷、引导、模糊等语气，往往能制造平和融洽的谈话气氛，有利于减轻双方的压力，阐明事实、表明观点。

声调在谈心的效果上有重要作用。当一个人心存怒气时，说话的声调无疑会上扬，形成一种尖刻的没有耐心的高声调。这种调子有很强的传染性，会使对方马上也像受传染一样针锋相对，厉声对厉声，尖刻对尖刻，只会使事态扩大，矛盾加深。

语言的节奏有快有慢，有缓有急。使用快节奏讲话往往会使你显得心急，情绪不稳，易激动发火，这不利于交谈对方的思考和应对，显得你没有诚意；节奏太迟太缓，显得缺乏生气，没有信心，影响谈话效果；交谈语言节奏适度，方显自然、自信、有力，易于从心理上影响对方，产生良好的心理效应。

引起对方的心理共鸣

人与人之间交往，很难在一开始就产生共鸣，往往必须先引发对方与你交谈的兴趣，经过一番深入的交流，才能让彼此更加了解。

当一个人尝试说服他人、对另一个人有所求的时候，这样的方法也同样适用。最好先避开对方的忌讳，从对方感兴趣的话题谈起，不要太早暴露自己的意图，让对方一步步地赞同你的想法。当对方跟着你的思路进行到一定程度时，便会不自觉地认同你的观点。这个说服的方法叫"心理共鸣"法。

伽利略年轻时就立下雄心壮志，要在科学研究方面有所成就，他希望得到父亲对他事业的支持和帮助。

一天，他对父亲说："父亲，我想问您一件事，是什么促成了您同母亲的婚事？"

"我看上她了。"

伽利略又问："那时您有没有想过找过别的女人？"

"没有，孩子。家里的人要我找一位富有的女士，可我只钟情你的母亲，她从前可是一位风姿绰约的姑娘。"

伽利略说："您说得一点也没错，她现在依然美丽，您不曾想过娶别的女人，因为您爱的是她。您知道，我现在也面临着同样的处境。除了科学以外，我不可能选择别的职业，因为我喜爱的正是科学。别的事情对我毫无用途也毫无吸引力！难道要我去追求财富、追求荣誉？科学是我唯一的需要，我对它的爱有如对一位美貌女子的倾慕。"

父亲说："像倾慕女子那样？你怎么会这样说呢？"

伽利略说："一点也没错。亲爱的父亲，我已经18岁了，别的学生，哪怕是最穷的学生，都已想到自己的婚事，可是我从没想过那方面的事。我不曾与人相爱，我想今后也不会。别的人都想寻求一位标致的姑娘作为终身伴侣，而我只愿与科学为伴。"

父亲始终没有说话，仔细地听着。

伽利略继续说："亲爱的父亲，为什么您不能支持我实现自己的愿望呢？我一定会成为一位杰出的学者，获得教授身份。我能够以此为生，而且比别人生活得更好。"

父亲为难地说："可我没有钱供你上学。"

"父亲，您听我说。很多穷学生都可以领取奖学金，我为什么不能争取到一份奖学金呢？您在佛罗伦萨有那么多朋友，您和他们的交情都不错，他们一定会尽力帮助您的。"

父亲被说动了："嘿，你说得有理，这是个好主意。"

伽利略抓住父亲的手，激动地说："我求求您，父亲，求您想个法子，尽力而为。我向您表示感激之情的唯一方式，就是……就是保证刻苦钻研，成为一个伟大的科学家……"

伽利略在与父亲的交谈中取得很圆满的结果，这为他日后成为一位闻名遐迩的科学家打下了一个基础。

伽利略在与父亲的交谈中采用的就是"心理共鸣"的说服方法。这种说服法一般可分为以下四个阶段：

1. 导入阶段

先顾左右而言他，引起对方的共鸣或兴趣。伽利略先请父亲回忆和母亲恋爱时的情况，引起了父亲的兴趣。

2. 转接阶段

逐渐转移话题，引入正题。伽利略巧妙地通过这句话把话题转到自己身上："我现在也面临着同样的处境……"

3. 正题阶段

提出自己的建议和想法。伽利略提出"我只愿与科学为伴"，这正是他要说服父亲的主题。

4. 结束阶段

明确向对方提出要求，达到说服的目的。为了使对方容易接受，还可以指出对方这样做的好处。伽利略正是这样做的。他说："为什么您不能帮助我实现自己的愿望呢？我一定会成为一位杰出的学者，获得教授身份。我能够以此为生，而且比别人生活得更好。"

用赞美拉近彼此的距离

说话如同射箭，射出去的箭就收不回来了。在人与人之间交谈的过程之中，一句话有可能使人对你终生心怀感激，也可能令人对你怀恨终生。下面这则寓言《一句话一辈子》很好地印证了这一点。

在茂密的深山老林里，一位樵夫救了一只小熊，老熊对樵夫感激不尽。有一天樵夫迷路了，遇见了老熊，老熊不仅留他住宿，而且还以丰盛的晚餐款待了他。第二天清晨，樵夫对老熊说："你招待得很好，但我唯一不喜欢的地方就是你身上的那股臭味。"老熊听后心里很不痛快，说："作为补偿，你用斧子砍一下我的头吧。"樵夫按要求做了。若干年后，樵夫再次遇到老熊，他问老熊："你头上的伤口好了吗？"老熊说："噢，那次头痛了一阵子，伤口愈合后我就忘了。不过那次你说过的话，让我心痛了一辈子，总也忘不了。"

这则寓言要警示世人的是这样一个哲理：在交谈之中，真正伤害人心的不是刀子，而是比刀子更厉害的东西——语言。良言一句三冬暖，恶语伤人六月寒。一句抚慰人心的话语，能够点亮一个人的心灵，甚至会影响人的一生。

1961年，当贫民窟的黑人穷孩子罗尔斯淘气地从窗台上跳下，伸着小手走向讲台时，新任校长皮尔·保罗对他说了一句话，他说："我一看你修长的小拇指就知道，将来你是纽约的州长。"当时，罗尔斯大吃一惊，因为长这么大，只有他奶奶的一句话让他振奋过一次，说他可以成为5吨重的小船的船长。这一次皮尔·保罗校长竟说自己可以成为纽约州的州长，着实出乎他的意料。他记下了这句话，并且相信了他。从那天起，纽约州长就像一面旗帜鼓舞着他。他的衣服不再沾满泥土，说话时也不再夹杂着污言秽语，他开始挺直腰杆走路。在以后的40多年间，他没有一天不按州长的身份要求自己。在罗尔斯51岁那年，他真的成了州长。由此可见美言一句的分量。

而一句不经意的恶语能令人寒彻心肺，记恨终生。正如我国春秋时期著名军事家孙子所言："赠人益言，贵比黄金；伤人之言，恶如利刃。"我们都有这样的经历。小时候，有人只讲一句话就会让我们感激得想亲他，但有时候，有人只讲一句话，就会让我们一辈子不能释怀。

要有新发现，才有好赞词。在与他人交流的过程中，尤其是与顾客交谈时，赞美固然重要，但是，千篇一律的赞美，或总是用几句固定的话、陈旧的方式，是不会达到赞美的效果的，而且容易使人生厌。由于你的话语过于平淡，而不能引起对方的情感波动，就不可能博得人心。

一个人或许在工作中没有什么特点，但玩台球却玩得很高明，或者歌唱得不错等，都可以进行赞美。因为很少有人会注意到他的这些不为人知的专长。俗话说：物以稀为贵。你的赞美内容对被赞美者来说，越是少见的，则越是可贵的。

美国一位黑人生意人，在与一位白人做生意时，那位白人竟不遵守自己的诺言，迟迟不将货款付给他，且有赖账的迹象。这位黑人于是打电话给白人，他说："先生，我爷爷也是一个生意人，他曾经告诉我，在南北战争以前，白人是很少向黑人许诺的，但一旦许下诺言，无论怎样都会兑现；因此，我一直很相信您的为人，相信您一定不会忘记自己说过的话。"通过这样一番交流，黑人竟轻而易举地拿到了全额的货款，从而免了上法庭打官司等一系列烦琐的事情及不可预知的后果。

有一位摄影师在为一位女明星拍照，女明星对着镜头有些不自然。摄影师在拍照前的十几秒钟对她说："小姐，你的耳朵真漂亮，我从来没有见过这么漂亮的耳朵。"平时女明星被人夸的地方太多了，已经习惯了。但是，此时听到居然有人赞美她的耳朵，以前连她自己都没有发现，她赶紧摸摸自己的耳朵。当她自然地把手放下时，摄影师的快门已经按下去了。摄影师在关键的时候赞美别人不注意的地方，这一招真是很厉害，面对客户更要如此。

其实，摄影师的做法，就是凭着自己的一双慧眼，抓到了别人没有注意的东西，绕开人们经常关注的焦点，得到"曲径通幽处，巧语至诚心"的最佳效果。

美国著名人际关系学大师卡耐基在一篇叫《激发人类潜在的高贵动机》的文章里写道："我们每一个人都是理想主义者，都喜欢为自己做的事找个动听的理由。因此，如果要改变别人，就要找一个能打动人心的理由。"他还说："平铺直叙地报告事实真相是不够的，必须使事实更生动，有趣而戏曲化地表现出来，才能有效地引起别人的注意。"

我们在交谈时，应该用全新的、细致的赞美去戏剧化地向沟通对象介绍事实，引起他们聆听的兴趣，那么就会出奇制胜。

赞美要讲究艺术，才能皆大欢喜，达到交流之目的。三国时期，孔明六出祁山，希望找一位主帅。张飞的儿子张苞与关公的儿子关兴争相为帅。孔明难以决定，便要他们二人各自称赞父亲的功劳，以作为标准。张苞说："我父亲大喝长坂坡，能斥退曹操的兵将；在百万大军中取上将首级，更如探囊取物。"关兴因为口吃，一直想说其父关公的事迹，但又说不出来，只有结结巴巴地说："我父亲的胡子很长。"这时关公在云端显灵，生气的大骂："小子，你父亲过五关斩六将，诛文丑，斩颜良，一世的英名，你不知道赞美，只说胡子很长。"

赞美不当，才有此笑话。所以，赞美也要得当，否则不免令人有阿谀、逢迎之感，甚至还会如上述所说，徒然遗人笑柄，反为不美！

深入了解对方

有一次，美国钢铁公司总经理卡里请来美国著名的房地产经纪人约瑟夫·戴尔，对他说："约瑟夫，我们钢铁公司的房子是租别人的，我想还是自己有座房子比较好。"卡里从自己的办公室窗户望出去，只见江中船舶来往，码头上车辆密集，一幅非常繁荣热闹的画面。卡里接着又说："我想买的房子，也必须能看到这样的景色，或是能够眺望港湾的，请你去替我物色一所条件相当的楼房吧。"

约瑟夫·戴尔费了好几个星期的时间，琢磨哪里有这样合适的房子。他又是画图纸，又是造预算，但事实上这些东西竟一点儿也派不上用处。但是最后，他仅凭着两句话和 5 分钟的沉默，就买了一座合适的房子给卡里。

自然，在许多"合适"的房子中间，第一座便是卡里及其钢铁公司隔壁相邻的那幢楼房，因为卡里所喜爱的江面景色，除了这所房子以外，再没有别的地方能更好地眺望江景了。卡里似乎很想买隔壁相邻那座更时髦的房子，并且据他说，有些同事也竭力想买那座房子。

当卡里第二次请约瑟夫去商讨买房之事时，约瑟夫劝他买下钢铁公司正在使用着的这幢旧楼房，同时还指出，隔壁相邻那座房子中所能眺望到的景色，不久便要被一座计划中的新建筑所遮蔽了，而这所旧房子还可以保全多年对江面景色的眺望。

卡里立刻对此建议表示反对，并竭力加以辩解，表示他绝对无意购买这旧房子。但约瑟夫·戴尔并不申辩，他只是认真地倾听着，脑子中飞快地在思考着，究竟卡里的意思是想要怎样呢？卡里始终坚决地反对购买那座旧房子，这正如一个律师在论证自己的辩护，然而他对那所房子的木料、建筑结构所下的批评结论，以及他反对的理由，都是些无关紧要的琐碎地方，显然可以看出，这并不是出于卡里的本意，而是出自那些主张买隔壁相邻那幢新房子的职员的意见。约瑟夫听着听着，心里也明白了八九分，他知道卡里说的并不是其真心话，其实他心里是想买的，却在他嘴上竭力反对他们已经占据着的那所旧房子。

由于约瑟夫一言不发地静静坐在那里听，没有反驳他对买这所房子的反对，卡里也就停下来不讲了。于是，他们俩都沉寂地坐着，向窗外望去，看着卡里所非常喜欢的景色。

约瑟夫后来曾对别人讲述他运用的策略："那时候，我连眼皮都不敢眨一下，非常沉静地问卡里：'先生，你初来纽约的时候，你住在哪里？'他沉默了一会儿才说：'什么意思？就住在这所房子里。'我等了一会儿，又问，'钢铁公司在哪里成立的？'他又沉默了一会儿才答道：'也在这里，就在我们此刻所坐的办公室里诞生的。'他说得很慢，我也不再说什么。就这样又过了5分钟，这时简直像过了15分钟的样子。我们都默默地坐着，大家眺望着窗外。终于，他以半带兴奋的腔调对我说：'虽然我的职员们都主张搬出这座房子，然而这是我们的发祥地啊。我们差不多可以说是在这里诞生成长的；这里实在是我们应该永远长驻下去的地方呀！'于是，在半小时之内，这件事就完全办妥了。"

这位经纪人并没有利用欺骗或华而不实的沟通术，也未曾炫耀许多精美的图表，居然就这样完成了他的工作。

原来约瑟夫·戴尔经过集中全部精力来考察卡里心中的想法，并根据考察的结果，很巧妙地刺激了卡里的隐衷，使其内心的想法完全透露出来。他就像一个点燃干柴的人，以微小的星火，触发熊熊的烈焰。

约瑟夫·戴尔的成功，完全是因为他从两次与卡里的交谈中，琢磨出他心中的真正想法。他感觉到在卡里心中，潜伏着一种他自己并不十分清晰的、尚未觉察的情绪，即一种十分矛盾的心理。那就是，卡里一方面受其职员的影响，想搬出这座老房子；而另一方面，他又非常依恋这所房子，仍旧想在这儿住下去。

卡里想在这所旧房子里住下去的理由，虽然他自己并不很清楚，但局外人却看得出，这座有着他所熟悉喜爱的江面景色的老房子，已经成为他生活的一部分，它能使他回忆起早年的创业和成功，因而充满成就感和深切的感情，这就是在他潜意识中对这所老房子依恋的所在。

卡里想搬出这所房子的理由，也同样是很明显的，在我们看来是很明白的，他感觉到他若将他的内心的想法告诉给他的职员，会使自己成为部下笑谈的后果，因此，他害怕的实际上是他的职员们的反对。

约瑟夫·戴尔之所以能做成这桩生意，就在于他能研究出卡里的需求，并使他能用一个新的方法，来解决这个矛盾。

"知己知彼，百战百胜"这句老话，是很有道理的。战争如此，在沟通过程中说服别人也必须如此。在说服对方之前，必须透彻地了解被说服对象的有关情况，以便有针对性地进行工作。

1. 了解对方的长处

一个人的长处，就是他最熟悉、最了解、最易理解的领域。如有人对部队生活熟悉，有人对农村生活比较熟悉，有人擅长于文艺，有人擅长于语言，有人擅长于交际，有人擅长于计算等。在说服人的时候，从对方的长处入手。第一，能和他谈到一起去；第二，在他所擅长的领域里，谈话起来他容易理解，便容易说服他；第三，能将他的长处作为说服他的一个有利条件，如一个伶牙俐齿、善于交际的人，在分配他作供销工作时可以说："你在这方面比别人具有难得的才能""这是发挥你潜在能力的一个最好机会"，这样谈既有理有据，又能表明领导者对他的信任，还能引起他对新工作的兴趣。

2. 了解对方的兴趣

有人喜欢绘画，有人喜欢音乐，还有人喜欢下棋、养鸟、集邮、书法、写作等，人都喜欢从事和谈起其最感兴趣的事物。从这里入手，打开他的"话匣子"，再对他进行说服，便较容易达到说服的目的。

3. 了解对方的想法

一个人坚持一种想法，绝不是偶然的，他必定有自己的理由，而且他讲的道理一般都符合国家政策、集体利益或人之常情。但这常常不是他的真实想法，他的真实想法怕说出来被人瞧不起，难于启齿。如果领导者能真正了解他的"苦衷"，就能有针对性地加以解决。

4. 了解对方的情绪

一般说，影响对方情绪的因素，一是谈话前对方因其他事情所造成的心绪仍在起作用；二是谈话当时对方的注意力正集中在哪里；三是对说服者的看法和态度。所以，说服者在开始说服之前，要设法了解对方当时的思想动态和情绪，这对说服的成败，是一个重要的环节。

了解对方是需要很多学问的。许多人不能说服别人，是因为他没有仔细研究对方的心理，没有研究用适当的表达方式，就急忙下结论，还以为"一眼看穿了别人"。这就像那些自以为医术高明的医生，对病人病情不了解就开了药方，当然没有不碰钉子的。

增强说服力的方法

一般说来，要使自己说话更有说服力，可以运用以下方法：

1. 尽量使用简单的词汇和简短的句子

最言简意赅的文章总是最好的文章，其原因就是它不仅显得铿锵有力，而且很容易理解，对于讲话和对话也可以说是同样的道理。熟练掌握这种艺术的人，说话使用的词汇和发布命令所使用的词语，都是简单、简洁、一语中的，并且很容易理解的，不会有人听不明白。

2. 说话要直截了当而且中肯

如果你想在你所说的各种事情上，都取得驾驭对方的卓越能力，一个最基本的要求就是要集中一点，不要分散注意力。

3. 要以自信的语气讲话

为了达到这个目的，你必须熟悉你讲话的内容，你对你的题目了解得越多、越深刻，你讲得就会越生动、越透彻，语气就越肯定、自信。

4. 要为对方提出最好的建议，不要为你自己提出最好的建议

如果你能做到这一点，你也就可以永远立于不败之地。

5. 不可盛气凌人，要坦率而开诚布公地回答所有问题

即使你可能是你要讲的这个专题的权威人士，你也没有任何理由可以盛气凌人地对待对方。一位著名的管理大师说："我遇到过的任何一个人，总会在某个方面比我更精通。"

6. 要有外交手腕及策略

谦和圆融是指在适当的时间和地点去处理适当的事情，又不得罪任何人的一种能力。尤其是当你对付固执的人或者棘手的问题时，你更需要谦和圆融，甚至使用外交手腕。其实做起来也很容易，就像你对待每一个女人都像对待一位夫人一样，对待每一个男人都像对待一位绅士一样。

7. 话如其人

朴实无华的语言是真挚心灵的表达，是美好情感的展现。因而，语言的朴素美来自平日的处世态度，话如其人，言为心声，平时为人处世质朴真诚，说话也就自然不会扭捏做作。古语说："堂堂君子，其行也正，其言也质"，正是说以真诚的态度为人，永远是语言朴素美的前提。语言的朴素美贵在保持个性，该怎么表达就怎么表达，或严肃，或幽默，或直率，或调侃，或委婉，只要是发自内心，保持本色。

当然，强调"语言的朴实无华"不等于反对含蓄。说话的含蓄是一种艺术。把重要的、该说的部分故意隐藏起来，或说得不显露，却又能让人家明白自己的意思，这就是所谓"只需意会，不必言传"。

8. 讲话要留有余地

有的人开口"当然"，闭口"绝对"，武断得惊人。这样，别人就无话可说了。有人说，武断是沟通的毒药，这话一点不错。谁也不愿和这样的人进行交流。

即使同一个词，修饰后也有程度的差别，如使用"一切""根本""多数""一些""凡是"等词汇，都要根据实际情况来选择，万万不能掉以轻心。把"部分"说成"一切"，把"可能"说成

"肯定"，就会使自己陷入被动，实际上是一种"虚张声势"，说了会碰钉子。

所以说，含蓄是说话的艺术，是因为它体现了说话者驾驭语言的技巧，而且也表现了对听众想象力和理解力的信任。如果说话者不相信听众丰富的想象力，把所有意思全盘托出，这种词义浅显平淡无奇的语言会使话语逊色，甚至使人生厌。

9. 远离假话，摒除大话，不说空话

我国人民历来有着赞颂说真话的美德。早在《韩非子·外诸说左上》中就有关于曾子教妻的故事，一直历久不衰。曾子把妻子开玩笑说的话付诸行动，将猪杀了，让孩子相信母亲的诺言。曾子的妻子未必是在有意欺骗孩子，曾子虽近乎愚拙，但是他坚持了一种最可贵的精神，不让妻子说假话，不对孩子说假话。

大话又称废话，与假话的性质接近。说大话在口才表达上，不但不能给你的话题增辉，反而令你的话题和观点黯然失色。墨子曾对他的学生说，话说得太多，就像池塘里的青蛙，整夜整日地叫，弄得口干舌燥，却没有人注意它；但是鸡棚里的雄鸡，只在天亮时啼叫，却可以一鸣惊人。说话何尝不是如此，与其咿咿呀呀说一大堆废话，不如简明直接，一语中的。现代人时间观念增强了，说废话空耗别人宝贵的时间，不能不说是一种极大的浪费。

大多数的孩子都喜欢吹肥皂泡，被吹出来的肥皂泡在阳光下闪耀着色彩艳丽的光泽，实为美妙。随着五彩泡泡的不断升高，接着一个接一个纷纷破碎。所以人们常把说空话喻为吹肥皂泡，真是最恰当不过了。一些充满各种动听、虚幻诱人的词句，细细咀嚼却没有任何实在的内容，是迟早会被人识破的。

10. 制止套话

说话的目的是为交流思想，传达感情。因此，总得让人家知道

你心中要表达的是什么。只要开口，不管是洋洋万言，还是三言两语，不管话题是海阔天空，还是一问一答，都应使人一听就懂，特别要避免长篇大论的讲话。

一些人惯于用一些现成的套话来代替自己的语言。三句话不离套词，颠来倒去那么几句，既没有思想性，更没有艺术性，令人听后味同嚼蜡。

敢于并善于说"不"

世界著名影星索菲娅·罗兰在自传《TCITGNT 爱情》中，引用了卓别林的一段话："你必须克服一个缺点。如果你想成为一个生活异常美满的女人，你必须学会一件事，也许是生活中最重要的一课，必须学会说'不'。""你不会说'不'，索菲娅，这是个严重缺点。我很难说出口，但我一旦学会说'不'，生活就变得好过多了。"卓别林是想告诫人们要树立一种严肃的、独立自主的生活态度。

生活中有不少人，认识不到"不"字的伟大，遇事优柔寡断，畏首畏尾，结果常使自己处于被动地位，听命于人。这些人心里都知道不要什么、不能怎样和为什么不要、为什么不可能，可就是学不会说"不"，于是简单的"不"字，只在嗓眼里打滚，怎么也跳不出来，这真是人生的一大憾事。

在说服他人时，如果不懂得说"不"，那么成功说服的概率就会大打折扣。

1. 先降低对方对你的期望

与你交谈的人，都是希望你能答应他的要求，或赞成他的观点。一般地说，对你抱有期望越高，你就越是难以拒绝。因此，在拒绝之前，倘若过分夸耀自己，就会在无意中抬高了对方的期望值，增大了拒绝的难度。如果适当地讲一讲自己的短处，就降低了对方的期望。在此基础上，抓住适当的机会多讲别人的长处，就能把对方求助目标自然地转移过去。这样不仅可以达到拒绝的目的，而且使被拒绝者得到一个更好的解决方案，由意外的成功所产生的愉快和欣慰心情，取代了原有的失望与烦恼。

2. 让对方明白自己的处境

当一个人有事求别人帮忙时，有时会只希望别人能满足自己的要求，却往往不考虑给他人带来的麻烦和风险。如果能实事求是地讲清利害关系和可能产生的不良后果，把对方也拉进来，共同承担风险，即让对方设身处地去判断，这样会使提出要求的人望而止步，放弃自己的要求。例如，有个朋友想请长假外出，来找某医生开个肝炎的病历和报告单。对此作假行为医院早已多次明令禁止，一经查实要严肃处理。于是，该医生就婉转地把他的难处讲给朋友听，最后朋友说："我一时没想那么多，经你这么一说，我也觉得这个办法不可行。"

在人际交往中，只要还有一线希望达到目的，谁也不愿意轻易地接受拒绝，究其原因是侥幸心理在起作用。俗话说："不撞南墙不回头。"在拒绝别人的要求时，将铁一样的事实摆在眼前，对方无论是怎样坚持意见的人，也不得不放弃自己的要求。

3. 态度一定要真诚，语气要尽量和缓

拒绝总是令人不快的。"委婉"的目的也无非是为了减轻双方、特别是对方的心理负担，并非玩弄"技巧"来捉弄对方。特别是上级、师长拒绝下级、晚辈的要求，不能盛气凌人，要以同情的态度，关切的口吻讲述理由，使之心服。在结束交谈时，要热情握手，热情相送，表示歉意。一次成功的拒绝，也可能为将来的重新握手、更深层次的交际播下希望的种子。

当你想拒绝对方时，可以连连发出敬语，使对方产生"可能被拒绝"的预感，形成对方对于"不"的心理准备。

交流中拒绝对方，一定要讲究策略。婉转地拒绝，对方会心服口服；如果生硬地拒绝，对方则会产生不满，甚至怀恨、仇视你。所以，一定要让对方明白，你的拒绝是出于不得已，并且感到很抱歉，很遗憾。

4. 要顾及对方的自尊，给对方留台阶

人都是有自尊心的，一个人有求于别人时，往往都带着惴惴不安的心理，如果一开始就说"不行"，势必会伤害对方的自尊心，使对方不安的心理急剧加速，失去平衡，引起强烈的反感，从而产生不良后果。因此，不宜一开口就说"不行"，应该尊重对方的愿望，先说关心、同情的话，然后再讲清实际情况，说明无法接受要求的理由。由于先说了那些让人听了产生共鸣的话，对方才能相信你所陈述的情况是真实的，相信你的拒绝是出于无奈，因而是可以理解的。

当拒绝别人时，不但要考虑到对方可能产生的反应，还要注意准确恰当地措辞。比如你拒聘某人时，如果悉数罗列他的缺点，会十分伤害他的自尊心。不妨先肯定他的优点，然后再指出缺点，说明不得不这样处置的理由，对方也许能更容易接受，甚至感激你。

5. 要明确表明态度

有的人对于要拒绝或是接受，在态度上常表现得暧昧不明，虽然想表示拒绝，却又讲不出口。而造成对方一种期待。

听别人几句甜言蜜语，就轻易地承诺下来的举动，也是因为自己态度不明确所造成的。

五种肢体语言要当心

在与人面对面交流时，对方有时为了拒绝你，可能编个谎话来搪塞。当然，当时你并不知道他在说谎，除非谎言当场被揭穿。然而这种情况很少见，大多数人是在事后才知道，而在当时你是毫无防备的。也许说谎者惯于此道，让人信以为真，但是当对方出现以下动作或手势时你就要当心了。虽然这些肢体动作有时只是个人生活习惯而已，但是当它们出现时，你还是要留意观察，因为对方很可能刚才说了谎话。

1. 掩嘴

这是一种明显的孩子气的动作，用拇指触在面颊上，将手遮住嘴的部位称作掩嘴。也许说谎者大脑潜意识中是他想忍住那些骗人的话而导致了掩嘴这一动作。也有人假装咳嗽来掩饰其捂嘴的动作。如果一个同你谈话的人常伴有掩嘴的手势，说明他也许正在说谎话。可当他讲话时，听者掩着嘴，说明也许听者觉察到你在说谎者。

2. 揉眼睛

说谎者为了防止别人看出其虚假的表情，常用这种手势掩饰自己。说谎时，男人一般用力揉眼睛。如果说了大谎，他讲话时眼睛经常会不自然地向别处看，通常会向地板上看，女人说谎时通常轻揉眼睛稍下的部位。

3. 挠脖子

说谎者讲话时常用写字的那只手的食指挠耳垂下方部位。有趣的是这种手势通常会多次使用。

4. 摸鼻子

这种手势是老练、乔装的形式。摸鼻子手势包括在鼻子下方轻揉几下，或者很快地揉一下，甚至摸鼻子也摸得特别快，几乎不容易察觉到。

有一种关于摸鼻子手势产生的解释是，当相反的想法进入脑子时，潜意识就会指令手去掩嘴。然而在掩嘴的最后时刻，为了使动作不明显表示出来，手又不知不觉地离开面部，快速摸鼻子就这样形成了。

5. 搓耳朵

这种手势暗示着听者没有听出谎言。搓耳朵的变化形式还包括拉耳朵，这种手势是小孩子双手掩耳动作在成人动作中的一种重现。搓耳的说谎者还会用手拉耳垂或将整个耳朵朝前弯曲在耳孔上，后一种手势也是听厌烦了的标志。

在错综复杂的人际关系中，这几种小动作虽然不见得就是判定谎言的直接依据，但是起码能给你一种参考。另外，也可提醒你在沟通时，若撒了善意的谎言，一定要警惕这 5 种会泄露你机密的肢体语言。

第二章
办事如何手到擒来

社会有多复杂，人心有多复杂，办事就有多复杂。办事不是赤膊上阵的对抗，而是斗智斗勇的较量。掌握一些有效的沟通策略，能够提高我们的办事能力。

正确认识自己

在正式办事之前，先掂量掂量自己实际能力有多大。如果你想请人帮忙，得先掂量一下你自己有什么优势。

低配置运行不了高版本软件。若你的道德、学问、能力不能在成就你的事业上起重大作用，那么你就成就不了自己的事业。

1. 看清自己的位置

当我国试爆第一颗原子弹时，当时任外交部部长的陈毅说道："有了原子弹，我的腰就硬了，我这个外交部部长说的话也有分量了。"

每个人在社会上的角色不同，社会分工也不同，农民种地，工人做工，教师教书，不同角色承担着不同的工作任务。现代社会正处一个动荡的转型期，社会的分工也越来越细，这就对现代人的生存本领提出了更高的要求。人不仅要能够适应多变的社会角色，还应对自身的角色有一份清醒的认识。

人微言轻，权高位重。在现代社会上人与人之间的人格虽然是平等的，但是每个人在社会中所处的地位和身份却有不同，而身份不同，其办事能力也是不相同的。现实中，我们常见到这种现象，与亲戚交谈时，一般来说，辈分高的人出面要比辈分低的容易一些；在社会上交流，求有社会地位的人出面帮忙，就比地位不高的人出面顺畅。之所以形成这样的差异，就在于每个人在社会中的身份与地位的不同。

因此，无论是进行何种沟通，我们都必须认清自己的身份、地位，看自己的能力能办多大的事，能跟什么样的人交谈，采取什么样的方法和途径才合适。只有心里有了这个谱，沟通才会更有针对性、分寸感，自然地就会减少许多不必要的麻烦与障碍，就更容易达到办事目的。

依据自己的身份地位沟通，还有更重要的一点，那就是还应有较强的灵活性，依据自己身份地位的变化，随时调整自己的沟通思想与方法，特别是在日常沟通中以职位优势取胜的人，更应注意到这点。

有些当权者在位时，被其下属众星捧月，前簇后拥。而他一旦下台或退休，离开了权力，人生状况便一落千丈。所谓"人走茶凉"，便是地位跌落后世态炎凉的形象写照。原来在位时一句话就能够圆满办到的事情，现在说破了嘴皮子，也难以办周全了。这就是地位变化给办事能力所带来的变化。这时你才会明白，原来使你能顺利办事的并不是你的能力，而是你的权力。

社会地位发生变化，你的办事能力就会发生变化。明白了这一点，你就清楚了哪些事不该应付，哪些事该应付，应应付到什么程度，应采取什么样的方法。这样你的办事能力就会明显提高。

2. 回避不适应自己性格的事

性格是指人对现实中客观事物经常的稳定的态度，以及与之相应的习惯化的行为方式。比如说，有的人小心谨慎，有的人敢拼敢闯。小心谨慎与敢拼敢闯就是两种截然不同的习惯化了的行为方式。人们根据他们这些外显出来的习惯化特征来区别这两种人的性格差别。

性格成型之后，一般来讲是很难改变的，诚实的人为人处世都很诚实，他推想别人也都诚实；诡诈的人很多时候都诡诈，他也猜测别人诡诈。因此，诚实的人去行诡诈之事肯定会弄巧成拙，诡诈之人去行诚实这事，也可能会让人难以相信。

有人认为，性格可以随人生经历而改变，是可以在后天环境中磨炼出来的。但要看到，人的性格定型之后，具有很强的稳定性。

一夜之间判若两人的情况多属半短期行为，是因为受到较大刺激突变的结果；一段时间以后，固有性格又会重现，这是因为习惯化的行为方式的缘故。性格成型稳定后，既不容易改变，对人的行为也会产生极大的支配作用。逆来顺受惯了的人，如果不经历大的波折、大的痛苦，是很难迅速转变成为一个坚决果断、敢作敢当的人的。即使由于这样那样的历史机缘，这种人当上了某单位的领导，时间一长，他多半还是会下来的，因为多年来的逆来顺受，已使他对权力没有多大的欲望，而且他也习惯了受人支配（或自己动手）的行为方式。像金庸笔下的张无忌（《倚天屠龙记》的主人公），身上就带有这种特征。他的武功智慧是超一流的，但却没有强烈的权力欲望，学成盖世神功也纯属巧遇，当上了明教教主也是因为形势所迫，到头来，他终于携了双美佳人归隐山林快活去了。

明白了这一点，就要依据自己的性格去沟通，回避不适应自己性格的事，这样才能提高自己的办事成功率。

3. 考虑人缘因素

人缘对办事是否顺畅与成功的影响很大。人缘好的人，在社会上的形象就好，社会评价也高，因而与人交流时也容易得到理解、同情、支持、信任和帮助。所以，一个人的人缘的好与坏，直接反映着这个人在社会上办事的能力和水平。所以，我们在交谈过程中，自己的人缘因素一定要考虑。

办事之前，我们应在脑海中先回想一下自己的关系网，看看他在哪个阶层上，我们与他的交情有多深，他能为自己帮多大的忙。清楚了这些，我们对办事分寸就有了把握。

在一个单位中工作，自己能不能晋升，除了工作能力和敬业精神之外，自己的人缘也有着举足轻重的作用。人缘好，受到绝大多数群众的支持，就可能容易得到晋升的机会，容易开展工作。所以，在我们的个人发展计划中，一定要考虑到自己的人缘因素，根据群众关系的好坏程度决定自己实现哪一个目标。

　　生活中也是这样，谁家都会有一两件大事情，譬如，女儿婚嫁、买房装修，而有多少人会来给自己捧场、献贺礼、帮忙，则完全取决于自己的人缘。不考虑人缘因素而盲目地行动，一是过多的准备可能会给自己带来经济上的损失，二是准备得少，又可能使自己紧张忙乱。恰当地估计自己的人缘，依人缘进行周密的计划与行动，才能使事情办得圆满。

　　所以，办事之前，一定要考虑自己的人缘因素。

知彼才能百战不殆

先掂量掂量自己，谓"知己"；再琢磨琢磨对方，谓"知彼"。在办事过程中，只有知己知彼才能百战不殆。

1. 找到关键人物

我们在办事时要做到心里有数。你想办什么事，就要去托能够帮你办成的人。这个人对你想办的事起到关键的作用，如果是领导，是说一句话可以抵得别人说十句话的人。

对这种人，我们要多做一些准备和沟通工作，让他们感动，才能完成任务。相反，如果我们先去求他的手下，可是领导不批准，我们的事情还是无法做成功。

事情内部有主要矛盾和次要矛盾。主要矛盾在事物的发展过程中起决定作用，如同打蛇要打七寸。我们与人交流，只有找准人，说对话，事情才好办。如果"有病乱求医"，不管得什么病，见了医生就求，那病可能不但医不好，还会因耽误了时间更加恶化。

要知水深浅，你要问渔夫；要知山高低，你要问樵夫。医生和护士虽然都能为你治病，让你早日康复，但医生的作用是最关键的。

有时候，我们去一个陌生的地方办事，人生地不熟，不知谁是关键人物。于是，对每个人都恭恭敬敬，哈着腰说着好话，希望他们能成全自己。这种做法也没错，但是一般不会有多大的效果。

找到了关键人物，我们就要集中火力在他身上下功夫。我们要运用交际的技巧，围绕着他展开话题，说话可要小心。找准一个人，远胜求遍所有的人。

俗话说，办事不能脚踩两只船，就是说有的人在渡河时，为了保险起见，觉得乘一只船，万一翻了呢？不如乘两只。结果，两只船一分开，他就"扑通"一声落入水中。

2. 见什么人说什么话

对方的性格、文化程度、身份、地位的不同，你说话的语气、方式以及办事的方法也应各有所异。如果不明白这一点，对什么人都是一视同仁，则可能会被对方视为无大无小，无尊无贱，尤其是对方身份地位比自己高的人，会认为你没有教养，不懂规矩，因而他不喜欢听你的话，不愿帮你的忙，或者有意为难你，这样就可能影响了自己办事的效果，使所办之事一波三折。

宋朝知益州的张咏，听说寇准当上了宰相，对其部下说："寇准奇才，惜学术不足尔。"这句话一语中的。

张咏与寇准是多年的至交，他很想找个机会劝劝老朋友多读些书。因为身为宰相，关系到天下的兴衰，理应学问更多些。

恰巧时隔不久，寇准因事来到陕西，刚刚卸任的张咏也从成都来到这里。老友相会，格外高兴，寇准设宴款待。在郊外送别临分手时，寇准问张咏："何以教准？"张咏对此早有所虑，正想趁机劝寇公多读书。可是又一琢磨，寇准已是堂堂的宰相，居一人之下，万人之上，怎么好直截了当地说他没学问呢？张咏略微沉吟了一下，慢条斯理地说了一句："《霍光传》不可不读。"当时寇准弄不明白张咏这话是什么意思，可是老友不愿就此多说一句，言讫而别。

回到相府，寇准赶紧找出《汉光·霍光传》，他从头仔细阅读，当他读到"光不学无术，谏于大理"时，恍然大悟，自言自语地说："此张公谓我矣！"（这大概就是张咏要对我说的话啊！）是啊，当年霍光任过大司马、大将军要职，地位相当于宋朝的宰相，他辅佐汉朝立有大功，但是居功自傲，不好学习，不明事理。这与寇准有某些相似之处。因此寇准读了《霍光传》，很快明白了张咏的用意，感到从中受益匪浅。

寇准是北宋著名的政治家，为人刚毅正直，思维敏捷，张咏赞许他为当世"奇才"。所谓"学术不足"，是指寇准不太注重学习，知识面不宽，这就会极大地限制寇准才能的发挥，因此，张咏要劝寇准多读书加深学问的意思既客观又中肯。然而，说得太直，对于刚刚当上宰相的寇准来说，面子上不好看，而且传出去还影响其形象。

张咏知道寇准是个聪明人，给了一句"《霍光传》不可不读"的赠言让其自悟，何等婉转曲折，而"不学无术"这个连常人都难以接受的批评，通过教读《霍光传》的委婉方式，使当朝宰相也愉快地接受了。"借它书上言，传我心中事"，张公辞令，高雅至极！

聪明人都是懂得看对方的特点来办事的，这也是自己办事能力与个人修养的体现，平常我们所说的"某某人会来事"，很大程度上就体现在"见什么人说什么话"的才智上。这样的人不只当领导的器重他，做同事的也不讨厌他，这样的人办事的成功率当然要高。

3. 投其所好

人各有其情，各有其性。有的人喜欢听奉承话，给他戴上几顶"高帽"，他就会使出浑身力气成全你；有的人则不然，你一给他戴"高帽"，反而地引起他敏感性的警惕，以为你是不怀好意；有的人刚愎自用，你要用激将法，才能使他把事办好；有的人脾气暴躁，讨厌喋喋不休的长篇说教，跟他说话办事就不宜拐弯抹角。

所以，与人沟通一定要摸清这个人的性格，依据他的性格因人而异。

掌握对方的性格，是我们与其交流的最佳突破口。投其所好，便可与其产生共鸣，拉近距离；投其所恶，便可激怒他，使其所行按我们的意愿进行。无论跟什么样的人交流，我们都应首先摸透他的性格，依据其性格"对症下药"，就很容易将事情办成。

4. 揣摩对方心理

通过对方无意中显示出来的态度、姿态，了解他的心理，有时能捕捉到比语言表露得更真实、更微妙的内心想法。

例如，对方抱着胳膊，表示在思考问题；抱着头，表明一筹莫展；低头走路、步履沉重，说明他心灰气馁；昂首挺胸，高声交谈，是自信的流露；女性一言不发，揉搓手帕，说明她心中有话，却不知从何说起；真正自信而有实力的人，反而会探身谦恭地听取别人的讲话；抖动双腿常常是内心不安、苦思对策的举动，若是轻微颤动，就可能是心情悠闲的表现。

懂得心理学的人常常通过人体的各种细小的动作，揣摩对方的心理，达到自己办事目的。

心理学家研究表明，一般初次见面时目光转移视线者，被认为具有积极性格。根据某评论家所言，能否控制对方，即决定于最初的30秒钟。换句话说，两人眼睛对望，然后先把视线转开的人会获得控制权，因为你把眼睛转开了，对方就会担心你的想法，由于开始费心思，以后他会更注意你的视线，当然也就任由你摆布了。

许多有经验的人，常通过握手来看透对方微妙的心理动态。这一奥妙在于通过掌心的潮湿情形来判断。人类在遭遇到恐惧、惊讶的事情而发生感情变化时，自律神经会与自己的意识发生作用，造成呼吸混乱，以及血压升高与脉搏加速，或是汗腺的兴奋（神经式发汗）等，这是大家都知道的。我们看比赛时，比赛进程紧张时手掌心会捏把汗，也是由此而来。所以如果你和对方握手，获知对方手心出汗，即表示其人情绪高昂。

曾有个经验丰富的警察，提议在询问犯罪嫌疑人时找理由与他轻轻握手——开始问话前就先握一次手，以后在说到核心的问题时，再度轻握一下对方的手，这时，如果原本干燥的手掌冒出了很多汗，即可大致知道真相了。

交流之前，通过察言观色把握住对方的心理，理解他的微妙变化，有助于我们把握事态的进展程度。

5. 根据对方的具体情况来改变策略

有一天，你去找你的上司交流，请他出面帮助你办某件事。平常你的上司身体健康，精力充沛，在工作上也颇得心应手，单位内的人都认为他年富力强，很有前途，可是，忽然有一天，他显露出悲伤的脸色，很可能是家中发生了问题。

他虽不说出来，一直在努力地抑制，可总会自然而然地在脸上流露出苦恼的表情。对这位上司来说，这实在是件很尴尬的事，为了不让部下知道，表面极力装得若无其事。午餐后，他用呆滞的眼神望着窗外，此时，他那迷惑惘然的脸色，已失去了朝气。你对这种微妙的脸色和表情之变化，不能不予以注意。你应尽力分析、设想，找出领导苦恼的真正原因，并对他说："科长，家里都好吗?"以假装随意问安的话，来开启他的心灵。

"唉，我太太突然病倒了，我正头痛呢!"

"什么? 你太太生病了! 现在怎么样?"

"其实需要住院，医生让她在家中疗养。她生病后，我才感到诸多不便。"

"难怪呢! 我觉得你的脸色不好，我还以为你有什么心事，原来是你太太生病了。"

"谢谢你的关心。"

他一面说着，脸上一面露着从未有过的感激的笑容，此刻可以知道你成功了。在人生最脆弱的时候去安慰他，这才是当部下的人应有的体谅和善意。上司由于悲伤，内心呈现出较脆弱的一面，我们更不应再去刺激他，而应当设法让他悲伤的心情逐渐淡化。上司的苦恼，在尚不为人知晓前，自己应主动设法了解，相信你的这份善意，上司会受感动的。自然，这以后，上司会想到你的请求，并心甘情愿地帮你办事。

视对方的情况办事，还有重要的一条是不能犯忌，如果犯了所求对象的忌讳，恐怕该成的事也难办成了。

周密策划，预则立

凡事预则立，不预则废。办事一定要周密策划，沉着应付。对方施硬，你就来软；对方转软，你要变硬；应该讲法时，对他讲法；应该说理时，和他说理；应该论情时，与他论情；应该谈利害时，向他谈利害。在办事过程中，周密策划是最强有力的武器。

1. 先礼后兵，不怕不从

交流的目的是为了达成有利的协议。因此交流前必须具有足够的力量作为后盾，才不会轻敌被擒，但也不可滥用兵力，倘若一开始就气势汹汹，对方会不甘认输而顿生斗志，即使后来终于完成交流，至少是多费了一番手脚。所以力量绝不是前锋，它只是后盾，非到不得已，不轻易使出王牌。这样，这些兵力在需要用时，将更能发挥其神威，使对方不得不从。

人际关系的运用是很重要的，这个观点在前文已经论及。总之，气氛尽可能融洽，对方必然愿意做适度的让步。莎士比亚说过"当人们满意时，就会付出高价"。所谓礼多人不怪，动之以情，往往能使交流圆满完成。

如果论情无效，则与之论理。只要你理直气壮，步步深入，对方就会因理屈词穷而折服。不过对方如果是个不明事理的人，你就该请出与他素有交情且为其所信服的人居中调停。倘若他再不买面子，只好诉诸实力的对阵。他一旦溃败下来，也无话可说了。例如美国某州在举办大学足球赛时，发现预售门票的情况很不理想，原因是当晚有一马戏团也要在当地表演，抢去了大部分的观众。于是负责交流的代表翻遍州法律，终于发现一条虽然通过但未实施的"防止动物传染壁虱强制洗涤法"。于是他满怀信心前往交流。他先以温和的态度要求对方延期表演，对方执意不肯。他就搬出王牌说："是吗？根据州法律，动物得先在水中冲刷干净了才能表演，你们的老虎和大象等，是否都如此处理了？"这一招逼得马戏团团长不得不让步。

再高大的树木也要向大风低头。只要本身拥有坚强的实力，又能以礼相待，绝对不怕对方不从。而且，由于是先"礼"后"兵"，亦无损于自己在人群中的地位，公共关系仍得以维系。

当对方已把导火线点燃，如果你再不起而应战，他还以为你懦弱无能可以欺负，就会得寸进尺，骑到你的头上去。所以，一旦有人将矛头指向你，向你宣战时，要有勇气据理力争，不必害怕正面冲突。因为你只是为保护自己的利益，不得不如此，并非好勇斗狠、惹是生非。所谓"兵来将挡，水来土掩"，乃人之常情也。

2. 顺应时势，见机行事

高尔夫球好手从来不会总是使用同一根球杆来打球，他们会按照不同场合，选择合适的球杆。同样的道理，办事也没有常规可言。不按常规出牌的奇袭战术，往往能出奇制胜，攻个对方措手不及。所以，何时该认真或冷淡、坦诚或神秘、开口反驳或保持静默、暂时让步或坚定立场、细心观察或按兵不动、给予或索取等等，都要能随机应变，把握得恰到好处。所谓讲情不通就说理，理说不通就谈法，法亦不行就论力。总之，无法吃到满汉全席时，便想办法吃海鲜；如果吃不到海鲜，至少也要得到一个改天再吃的承诺。因为即使只是一个承诺，也是对方的一种让步。

一个超音速飞机的驾驶员在飞行速度突破音障时，发现一切操作的装置都逆转过来，必须即时反向运作才能顺利飞行。如果将力量加诸与时势相反的一方，就会产生反效果，终致一场灾难。因此，办事过程中要随时注意风向，不坚持己见，随时检讨得失，修正战略，才能富有弹性。"随风转舵，见机行事"这八个字，就是使自己在交流中，争取到最高利益的诀窍，这种"没有原则，就是原则"的策略有时是办事的利器。

3. 侧面进攻，环环相扣

若想把一棵大树连根拔起，恐怕难度很大。但如果先将它的根一根一根去挖断，难度就小了很多。有时候，我们为一个问题交流时，对方坚定不移的不配合立场，有如盘根错节的一棵大树，这时我们千万不要气馁，我们可以运用迂回接近的战术，一步一步地从每一个小问题谈起，最终达到自己的愿望。

4. 委婉含蓄，诱"敌"深入

生活中，我们有时会听到有人这样评价一个人："他说话能噎死人！"这就说明说话太直接了容易使人一时难以接受，事倍功半。甚至有时我们的本意虽然是好的，但是由于说得太突然太直接了，而难以达到目的，误人误己。其实，咱们中国人对这方面还是挺注意的，比如说在我国传统的修辞方法中，就有一种"婉约"手法。求人办事说得委婉一点，含蓄一点，使对方自己领悟到那层意思，可以给双方更多地考虑空间，也容易让人接受。

央求不如婉求，劝导不如诱导。多数情况下，办事虽说是请人帮忙，却可以把它变成别人自觉自愿的行为。这样的求人，求得不露声色，浑然无迹。

美国《纽约日报》的总编辑雷特就是用这种方法求得一位贤才鼎力相助的。当时，雷特是格里莱办的《纽约论坛报》的总编辑，身边正缺少一位精明干练的助理。他的目光瞄准了那位年轻人——约翰·海，他需要约翰·海帮助自己成名，帮助自己成为这家大报的成功的出版家。但是当时约翰·海刚刚从西班牙首都马德里卸除外交官一职，正准备回到家乡伊利诺伊州从事律师业。雷特看准了约翰·海是把好手，可是他怎样才能使这位年轻有为的青年人抛弃自己的计划，而在他的报社里就职呢？

雷特于是先请他到联盟俱乐部去吃饭。饭后，他提议请约翰·海到报社里去玩玩。从许多电讯中间，他找到了一条重要消息。那时恰巧国外新闻的编辑不在，于是他对约翰·海说："请你先坐下来，能不能帮我为明天的报纸写一段关于这则消息的社论?"

约翰·海自然无法拒绝，于是提起笔来就做。社论写得很精彩，格里莱看后也倍加赞赏。于是雷特请他再帮忙顶缺一个星期，一个月，渐渐地干脆让他担任了这个职务。约翰·海就这样在不知不觉中放弃了回家乡做律师的计划，而留在纽约作新闻记者了。

雷特凭着一条策略，猎获了他物色好的人选。而约翰·海在试一试、帮朋友的动机下，毫无压力地、兴致很高地扭转了他人生航船的方向。事前，雷特一点也没有泄露出他的意思，他只是劝诱约翰·海帮他赶写一篇小社论，事情于是很圆满地实现了。

兵法三十六计中，有一计称为"诱敌深入"。既然是"诱"，就必须有一定的基础，就像钓鱼离不开诱饵一样，要引起对方对你的计划的热心参与，可以先诱导他们先尝试一下，可能的话，不妨使他们先从做一点容易的事入手。这些容易成功的事情，在他们看来，往往是一种令人兴奋的真正成功。他参与的欲望被调动起来，就是你掌握主动的时候了。

5. 知己知彼，循序渐进

"探"即试探。古代兵法有种说法叫"不打无准备之仗"。"探"的目的就是为了知彼，知道对方心里在想什么，再确定下面要说什么，要不要说。由浅入深，循序渐进，方能步步为营。此外用探寻的语气也显得比较礼貌一些。与其说："我在 10 点的时候去拜访你!"不如说："我能否在 10 点钟左右去拜访您一下，好吗?"或"明天 10 点钟您有空吗? 我能不能在那个时间去拜访您一下?"这样，原意虽然没有改变，口气却温和多了，给人的感觉是由命令的语气变成了请求的语气。谁愿意万事受人指示呢? 被人请求的感觉就好多了。语气的妙处真是无穷！

例如，李军想在他所在地的繁华地段开一家西餐店。他经过多方考察，发现在那个地段开西餐店商机无限。此时，该市的西餐业刚刚起步，机不可失，但他又苦于自己资金有限，精力有限。他有一位朋友从事餐饮业多年，资金雄厚又有经验，他便想邀那位朋友与自己合资办起这个西餐厅，可是那位朋友的事业正如日中天，不知他肯不肯分出资金和精力管理这家西餐店。于是在找他谈话的时候，李军并不急于把自己的想法告诉这位朋友，而是先尽数这块地段之好，然后再评近期西餐业之兴，而后才稍靠近正题，向朋友询问以他的经验认为在那个地段开一家西餐店如何。没想到两人不谋而合，都看中了这个商机。

李军自知火候已到，知道了朋友对这个感兴趣，接下来就引入正题谈自己想在那儿开一家西餐店，又苦于缺乏资金和经验，最后才提出合作一事。既然这位朋友也知道这是个赚钱的好机会，便很高兴地答应了。李军的目的也就达到了。

在采取这一策略时，我们要学会察言观色，趁热打铁说出所求之事，不然好火候一失，就很难再找了。

运用杠杆作用交流制胜

当人们遇到难以搬动的重物时，都会想到运用杠杆的原理，以较小的力量轻松地撬起数以倍计的庞然大物。

现代企业家们通过抵押贷款、融资等方式，以较少的资金、资产代价，获取更大的投资效益，这正是成功地利用了财务杠杆的作用。

同样的原理也可用于办事之中，如果你巧妙地运用你的长处，你所得到的利益会大得令你惊奇。

1. 掌握灵活应变的时机

丑陋的放高利贷者和商人女儿的故事，便是运用杠杆作用交流制胜的例子。

一位英国商人欠了一位放高利贷者一大笔钱，且因此生意萧条，这位可怜人发现自己无法还清他的借贷。这意味着他将破产，而且他将长期孤独地被关在地方债务人监狱。然而，高利贷者提供了另一解决方法。高利贷者建议，如果这个商人愿意把他漂亮的年轻女儿嫁给他，他就一笔勾销债务，以作交换。

这个放高利贷者既老又丑，而且声名狼藉。商人以及女儿对这建议都很吃惊。不过放高利贷者十分狡猾，他建议唯一公平解决途径是让命运做决定。他提出了以下的建议。在一个空袋子里摆入两颗鹅卵石，一颗是白的，一颗是黑的。商人的女儿必须伸手入袋取一鹅卵石。如果她选中黑鹅卵石的话，就必须嫁给他，而债就算还清了；如果她选中白鹅卵石，她可以和父亲在一起，不需嫁给他而且债务也算还清了。但是，假如她不愿意选一颗鹅卵石的话，那么就没什么可谈的了，她的父亲必须关在债务人监狱。

商人和他的女儿，不得已只好同意。放高利贷者弯下身拾取两颗鹅卵石，放入空袋。商人的女儿用眼角的余光看到这个狡猾的老头选了两颗黑鹅卵石，她明白自己的命运已经判定了。

她不得不同意，似乎没有条件可言。的确，放高利贷者的行为极不道德，但是假如她当场揭穿他的伎俩，采取强硬立场，那么他的父亲必进监牢。如果她不揭穿他，而选了一颗鹅卵石的话，她必须嫁给这位丑陋的放高利贷者。

故事中的女孩子不但人美，也很聪明，她了解自己，也了解她的对手。她知道她的对手是一位不择手段的奸诈之徒，也知道最终解决之道必须让自己扮演甜美可爱、天真烂漫的少女角色来迷惑对方。

制定对策之后，她把手伸入袋子取一鹅卵石，不过在将要判定颜色之前，她假装笨拙地取出石头，然后失手将鹅卵石掉到了路上，与路上其他的鹅卵石混在一起而无法辨别。"哦！糟糕"，女孩惊呼，继而说道："我怎么这么不小心。不过没有关系，先生，我们只要看看在你袋子里所留下的鹅卵石是什么颜色，便可知道我刚才所选的鹅卵石颜色了。"

最后，故事中的女孩成功了，因为她在知道游戏规则对她十分不利之后，能毫不畏惧地妙用游戏规则，把劣势变为优势。

要成为办事高手的一个重要途径，是运用自己的个性和自我的长处，避开自己的弱点。客观地自我评估是成功运用杠杆作用的关键。而自我评估的关键是流行于中世纪哲学家的一句警语："拥有好的人生。如何在不利、无奈的情况下尽力求得好结果，是件值得嘉许的好事。"

美国一位名叫葛林·特纳的人创立的推销术曾震惊了整个商业界。他运用他所发展的销售技巧教导其他的推销员扬长避短，相信自我，激发他们赚大钱的抱负。

特纳先生刚开始是一位挨户上门推销缝纫机的销售员。他有一项严重的障碍——即生有很明显的兔唇。很快地他便利用这个障碍，使其成为他的销售噱头的一部分。他对他的顾客说道："我注意到你在看我的兔唇，女士。哈！这只是我今早特别装上的东西，目的是让你这样漂亮的女士会注意到我。"特纳先生是位很成功的推销员。虽然他的货品不断改变，可是他的推销方法不变。他同时推销、贩卖自己和各种货品——兔唇和任何产品。

　　发挥个人之长处的另一部分是好钢要用在刀刃上，要使你的努力用到最终解决问题的关键之处，不要把努力浪费在无效的开始行动上。在交流时要精确选择有用资料，去除无用资料。办事过程就是沟通过程，堆积不相干、误导的因素，只会混淆主要问题而已，毫无益处。

2. 学会借力使力

　　柔道策略是一种办事技巧，也是杠杆原理的运用。它是运用你对手的力量来为己谋利。也就是说，面对强大的对手要获得自己所想要的结果时，不要与他硬碰硬。要像老练的斗牛士，诱使牛往你的方向冲来，不过在双方即将撞击的一刻，巧妙地闪到一边，让你的对手无法战胜你。

　　如果你与咆哮、谩骂、具攻击性的对手进行交流时，最简单的方法是运用柔道策略。这些人不管是什么原因，总是想要跟人决一雌雄。他们的谈话充满攻击性，过于坚持自己的看法，惹人不快。

　　对付这种人最不明智的做法便是和他一样用攻击性的策略。这种处理方法的结果是导致你情绪不快、血压升高，或者更糟。处理此种情况的最好方法是运用你对手的力量对待他自己。不要气恼，只要平心静气地告诉他："秦先生，我向你保证，我来这里是做生意，不是来跟你决一胜负。我想我有一些重要的事要做。我知道你也有很多生意要做。我们为什么不先达成协议，然后，如果你愿意的话，再决一胜负不迟。"

　　由于你的忍辱负重，你会让具攻击性的对手去除敌意。如果他诚心交流的话，就能平心静气地谈生意。不过，许多人相信制胜之道是采取强悍姿态使敌人畏惧。事实上攻击性行为可能只是装出来的。不过不管怎样，你的处理方法是先站稳自己立场，表现出坚定的自信心来。

3. 运用杠杆原理的底线

运用杠杆原理使自己占优势是一项强而有力的办事技巧，就像任何强大的工具一样，必须小心使用。如果你运用杠杆作用为自己取得有利位置时，千万不要滥用你的优势。相反的，你必须在适宜的气氛下实现目标，怀着友善态度达成协议，将有利于调节对手和你的态度，去进行交流。

还有另一个要注意的事。虽然每一件事都可交流，但是并不是每一次交流必有最后的解决。逼人太甚，可能会激起对方反击，记住凡事不可做得太过分。

瞄准对方弱点，一招制胜

已故的美国前总统肯尼迪在前往维也纳和苏联领导赫鲁晓夫进行高峰会谈之前，收集了对方所有的演说辞、发表过的一切谈话，甚至对方的餐饮习惯和喜爱的音乐，也在他希望了解的范围，目的是他要了解赫鲁晓夫是如何思考和处理事情的，以便会谈时能够直攻要害、一举制胜。后来，事实证明，他这种掌握对方心理的策略是十分成功的。

当我们要和他人进行交流时，也应该留心对方的弱点，再针对要害做重点式的攻击，使对方无力招架。因此，了解对手的个性是非常重要的，如果对方是一个好大喜功的人，你就多奉承、褒奖他，使之飘飘然，再相机提出要求；如果对方是一个优柔寡断、多愁善感的人，可以低姿态，使他产生怜悯之心，对你的要求断然无法拒绝；如果他是个轻诺寡信之人，就得运用速战速决的战略，一旦谈妥，立即写成书面文件，双方签字。即使事后对方觉得不妥，也无法反悔；而如果对方是一个喜欢贪小便宜的人，就让他在无关紧要之处多尝一点甜头，而在重要的关头坚守原则，不做任何让步，并反过来占他一个大便宜……办事的手段是应该这样灵活多变、因人而异的。

除了人性的弱点之外，其他的机会也是可以利用的，例如当买方得知卖方因投资过大，一时周转发生困难，急于将货物脱手以求现，这时在价格上，就可以谈出一个相当的折扣；另外，你也可以夸大对方商品本身的缺点，使卖主感到气馁，丧失原有的自信心，怀疑货品真的是瑕疵百出，只好以较低的金额成交。

总之，交流绝不能含糊其事，虽然要完成预期目标，可能会使双方都有一些轻微的"出血"，但适者生存，唯有抢先一步采取行动，才有胜算可言。不过，在态度上要婉转温和，不可盛气凌人，凡事给人留得余地，因为强弱势是相对的，并不是绝对的，就像人一样，弱者有时也会随着时间的流逝而发生转变，表现出惊人的力量来，所谓"风水轮流转"就是这个道理。所以在交流时应灵活处理，如果情况形成一面倒的局面，占优势的一方最好给对方留有余地，因为除非输方也有一些好处，否则他为了生存，很可能会不择手段，全力反扑，以拼命的方式攻击胜利者，俗话说的"狗急跳墙""穷寇莫追"就是这个道理。因此，利用对方弱点来交流，在技巧的运用上，要能不露痕迹，才能毕其功于一役。

有时，交流的双方可能是熟识的亲友，彼此之间存有情感的成分，所以，在交流中感情和理智有时是分不开的，要是一味地讲求效率，不顾人情，可能会变成众叛亲离，反而坏了交流的预定目标，形成表面获胜、实质失败的情况。如能略施小惠、兼顾情理、顺水推舟，不强行说服对方，而是与对方分享利益，使竞争合作保持良好的平衡关系，这种"怀柔"的方式，有时候反而是更显出你智慧的表现。

必要的时候，不反对对方的意见，并适度向对方让步，承认自己的缺点，感谢对方的指正，表明妥善处理的决心，也能达到最终目的。

中国台湾有一家公司决定在美国德州投资建厂，他们发现德州工人的工资很高而且相当难侍候，于是决定从台湾招募工人。工厂建好后，德州工会出面抗议，公司方面出面交流的人一边道歉，说明他们根本不知道有这种规定，并保证下次一定雇用当地的工人。结果工会的代表满意而去，而厂方也终于省下了一笔为数不小的工资。

如果交流的对手是个热心、有智慧、有理性、经验丰富且消息灵通的人，此种疏导情感的怀柔手段，必能满足双方最低的欲求，形成皆大欢喜的双赢局面；倘若对方不通情理、不可理喻，那么怀柔手段就不一定能奏效了，大可直接提出最终条件，不必浪费精力，希望对方能改变立场。例如对方贪得无厌、得寸进尺时，就不必再和他继续纠缠，可直接告诉他，你的权限只能让步到此，要是对方仍不满意，这件事也只好到此为止，如果对方真想成交，就不会要求你再做任何退让。

假如对方施展拖延战术时，则不妨告诉他，只有现在做成决定才能算数，否则你无法给他任何保证，不论这种论调是虚张声势或真有其事，至少可让对方知道你有坚定的立场，而且这种"铁定最后一天"式的最后通牒，常能迫使对手不得不采取行动，决定是否接受你的威胁。反过来说，如果握有商品的是对方，你也不能直接说出你心目中的价格，必须先以低价起头，再稍稍提高些说，"好吧，让我们彼此各让一步！"这种以不购买为威胁的方式，往往也很具神效。

至于低姿势和高姿态，何者较优，要视问题与对象而定，只要怀柔时不至卑屈，威胁时不留余怨，则会各具神妙；如有必要，还可融合二者，软硬兼施。比如交流之初，先由一人扮演黑脸，采强硬立场，做狮子大开口的要求，最后再由一位很少开口的好好先生，充当白脸，缓和剑拔弩张的紧张场面，提出和前者相比之下，算是合理的条件，使人以为，事情如果不这样是会更糟糕的，所以虽只削减一点，但对方已很满意于自己的成就，因而交流也能顺利完成。

保持理性，扭转局势

当事情几乎陷入绝境，而无法挽回的时候，你不妨用一句话来安慰和支持自己，这句话就是："竭尽全力，无怨无悔"。

也就是说，只要尽己之心，全力以赴，结果是否成功并不重要——就让命运之神去做安排吧！

1. 保持信心，精诚所至

罗先生现在是某贸易公司负责人，但是前些年，他并不是很走运。然而，罗先生正是在"竭心全力，无怨无悔"的信念支持下，成就了许多看似不可能的事。

他原是一家杂志社的记者，因该社经营不善倒闭，他便成为一名自由撰稿人。后来，他又到了某广告公司从事编辑工作；不多久，又下海一家规模颇大的贸易公司，成为人力资源部的职员。而后因为颇具才干，很得领导的赏识，便晋升为业务部经理，此后，凭着自己的努力，罗先生成了一位优秀的专业贸易人员。

但是，多才多艺的罗先生对他先前的采访、撰稿工作一直十分留恋。有一段时间他一连好几天守候在一个摄影棚里，目的只为和某影星接近，好收集一些有关明星专辑的稿件资料。

偏偏很不巧，就在罗先生准备出版某专辑的同时，该影星所属的某电影公司也想出版一本纪念特刊，里头将安插一篇有关他的专访报道。于是，某影星开始对罗先生采取拒绝的态度。

接连下了好几天雨。该影星的态度仍然坚决，罗先生忽然灵机一动，心想"或许就只有这个办法，可以打动对方的心思了"。因此，他决定冒着大雨，到该影星的摄影棚前，执着地候在他经过的道路上等着。

终于，这位影星被他的诚意感动了，改变了自己的态度，答应接受他的访问，并提供专辑的资料。

罗先生认为该影星之所以能够回心转意，主要是自己具有这样的信念：精诚所至，金石为开。打这以后，他就抱着这种信念处理任何事情，结果无论业余爱好，还是销售业务都能创下良好的成绩。

"化不可能之事为可能"，这是你身处劣势时应持有的信心。

2. 及早补救

在办事时选择适当时机非常重要。如果无法找到适当时机，或者找到时机却不知利用，那么，办事会事倍功半。也就是说，你非但要能把握时机，还要积极将其化作行动，如此才有成功的希望。

某电影公司曾发生过这样一件事：那是在某摄制组出外景时发生的，当天的拍摄地点是一个风景优美的山区小村。外景队提早两天到达拍摄电影的现场，公司特地请了某体校的武术队一起前来此处，拍摄有关这部电影的一些精彩的武打镜头。

在前一段武打动作片十分热门时，每一家电影公司都希望能请到武打技术精湛而片酬又不太高的武术队，体校的孩子们无疑很适合，况且当时体校比赛训练任务很重，如果组织不好这次武打动作的现场拍摄，以后将无法补后。但是，不该发生的事情还是发生了。就在当天晚上，大伙儿还未进餐之时，外景队队长对大家公布了一项决定："今晚，协助这次外景拍摄的东道主要招待我们的主要演员吃饭。为了让他们能早点回来，以免耽误了拍摄的进度，我决定请体校老师和我一起陪同前往。至于其他的人就在此地用餐吧！"

于是，外景队长就和老师、主要演员一起去赴宴了。然而时间已过几个钟头，一直不见他们回来。留在宿舍里的其他演员和武术队的孩子们，就开始发牢骚了："让我们跋山涉水，走了这么远的路来到这儿。这倒好！他们就知道去大吃大喝，把我们冷落在一旁！"

就在大伙怨声载道、牢骚满腹的时候，他们才酒足饭饱地回来了。抱怨之声仍然此起彼伏，甚至有怒气高涨的情势，因此激怒了外景队队长，他非常生气地喝叫一声："有完没完！讨厌死了，不想拍的人就回去好了！"

武术队的孩子们被他这么一骂，大伙全都感情用事起来，最后一致决定："回去，我们不拍了！"

其实，这不过是一个小小的误会，却因处理不当，造成了一个更大的错误，最后，竟形成了不可挽救的局面。这种情形，在生意场上也经常会发生。

以上述事件来说，检讨起来，一开始就应该好好安排、组织，找个摄制组的其他负责人，留下来陪陪这些远来的客人。但是，外景队队长没有这样做，这是第一个错误。既然说好了，吃过饭后，就要早点回来，结果超出了预定时间影响了当晚的夜景拍摄，理应真心诚意地向大家道歉了事。外景队队长非但不知理亏，还大吼大叫，对孩子们发脾气，把事情给整个弄糟了，此为第二个严重错误。

就因为这样，事情才发展至不可收拾的局面。所以，在发现自己错误时，你一定要勇于认错，不可一味地执拗、意气用事；若能及早把握时机，向对方坦诚道歉，相信必可大事化小，小事化了。

3. 做最坏的打算，全力以赴

有些人往往还未去办事之前，就认为"这事不可能吧"，"别人不肯答应吧"，诸如此类消极的想法，殊不知正是这想法妨碍了自己。

拿破仑曾说："我的字典里没有'不可能'这个词。"同样，你的字典里也要丢掉"不可能"这几个字。其实，人是很能适应环境的一种高级动物：只要肯尝试，没有一件事是绝对"不可能"的。

你是否曾无意识中，经常使用许多否定的语句？如"不可能""不行""没办法"……之类，或者在你的家人、同事之间，也有人时常采用这种说法？而凡是说"做做看""说说看""我赞成""一定能够成功""有兴趣"……这类字眼儿的人，常常是能勇往直前、积极行动的人。

如果总在办事前设置一些否定词，必将会大大降低了办事成功的可能性。

虽然只是用语不同而已，但是在你内心深处，对于所做之事的看法，已经无形中受到了影响。

必须要下定决心，在日常生活的言谈之中，尽量少说否定的字眼儿；而且，还要进一步以肯定的字眼儿来代替。若能做到这点，你自然就会具备积极行动的姿态，会大大地增加对别人的说服力。例如："卡里就只剩1000块钱了。"就应该改为："卡里还有1000块呢！"

一个人如果对成功的可能性感到怀疑，不妨先降低目标，做最坏的打算，这样就会缓冲失败时对你的打击。这是一种在不愉快状况下，保护自己面子的防卫措施。这种心理措施在日常生活中比比皆是。

例如在约会时，在等候之余往往有怀疑"他（她）是否会来"的心理准备，如此即使不能尽意，也不至于感到面子上难堪。倘若对对方赴约坚信不疑，而一旦预见落空，就会因面子上挂不住而大光其火，或心灰意冷，感叹"流水落花人归去"，甚至会不欢而散，分手各归。

《格利佛游记》有一句名言："不抱任何希望的人最有福气，因为他永远不会失望。"尽管这句名言可能含有讽喻之意，但反映了常见的心理现象，和前面所说的降低目标意义相同。我们常说的"向最好处努力，往最坏处打算"也是这个意思。

期望值越高，失望也就越大。犹如对待名胜古迹，高兴地慕名而去，结果一看不过如此，往往失望而归，所谓看景不如听景，说的就是这个意思。而在山坡峡谷，林间溪边，信步所至，随意漫游，所见一花、一木、一泉、一石，倒常常会为之惊喜，为之流连，并因之而获得意外的欢愉。两种不同心态，效果却有天壤之别。

受得了冷遇，扛得住拒绝

找人办事时受到冷遇很常见。对此，不同的人有不同的反应，或拂袖而去，或纠缠不休，或怀恨在心。这样的反应其实是不利于办事的，甚至有时会因小失大，影响办事效果。因此，了解受到冷遇的具体情况，而作不同的反应，是十分必要的。

若按遭冷遇的成因而分，无非以下三种情况：

一是自感性冷遇，即估计过高，对方未能使自己满意而感到的冷落；二是无意性冷遇，即对方考虑不同，顾此失彼，使人受冷落；三是蓄意性冷遇，即对方存心慢怠，使人难堪。

当你被冷落时，要区别情况，弄清原因，再采取适当的对策。

对于自感性冷遇，自己应反躬自省，实事求是地看待彼此关系，避免怀疑人和嫉恨人。

常常有这种情况，在准备办事之前，自以为对方会以热情接待，可是到现场却发觉，对方并没有这样做，而是很冷淡。这时，心理就容易产生一种失落感。

其实，这种冷遇是对彼此关系估计过高，抱太大希望而形成的。这种冷遇是"假"冷遇，非"真"冷遇。如遇到这种情况，应重新审视自己的期望值，使之适应彼此关系的客观水平。这样就会使自己的心理恢复平静，心安理得，除去不必要的烦恼。

吴君到多年不见面的一个老同学家去拜访，想顺便请求老同学给他帮点小忙。这位老同学如今已是商界的实力人物，每天造访他的人很多，感到很疲劳，大有应接不暇之感。因此，这天对吴君的拜访，招待之时略显怠慢。

吴君本来心想会受到老同学的热情款待，不料遇到的是他不冷不热的态度，心里顿时有一种被轻慢的感觉，认为此人太不够朋友，小坐片刻便借故离去。他愤愤然，决心再不与之交往。后来才从其他人那里了解到，这是老同学应酬太多。于是他改变了想法，并采取主动姿态与之交往，老同学虽然仍是如往常般款待他，但还真为他办了不少实事。

对于无意的冷遇，应理解和宽恕。在社交场上，有时人多，主人难免照应不周，特别是各类、各层次人员同席时，出现顾此失彼的情形是常见的。这时，照顾不到的人就会产生被冷落的感觉。

当你遇到这种情况，千万不要责怪对方，更不应拂袖而去，而应设身处地为对方着想，给予充分理解和体谅。

比如，有位司机开车送人去做客，主人热情地把坐车的迎进，却把司机给忘了。开始司机有些生气，继而一想，在这样闹哄哄的场合下，主人疏忽是难免的，并不是有意看低自己，冷落自己。这样一想气也就消了，他悄悄地把车开到街上吃了饭。

等主人突然想起司机时，他已经吃了饭，并又把车停在门外了。主人感到过意不去，一再检讨。见状，司机连说自己不习惯大场合，且胃口不好，不能喝酒。这种大度和为主人着想的体谅使主人很感动。事后，主人又专门请司机来家做客，从此两人关系不但没受影响，反而更密切了。

这种主动谅解的态度引起的震撼，会比责备强烈得多，同时还能感召对方改变态度，用实际行动纠正过失，使彼此关系得到发展。

对于蓄意性冷遇，也要具体情况具体分析，给予恰当处理。一般来说，当众给来宾冷遇是一种不礼貌行为，而有意给人冷落那就是思想意识问题了。在这种情况下，予以必要的回击，既是维护自尊的需要，也是刺激对方、批判错误的正当行为。当然，回击并不一定非得是面对面地对骂不可。理智的回敬是最理想的方法。

有这样一个例子：一天，国外某喜剧演员穿着旧衣服去参加宴会。他走进门后，没人理睬他，更没人给他安排座位。于是，他回到家里，把最好的衣服穿起来，又来到宴会上。主人马上走过来迎接他，安排了一个好位子为他摆了最好的菜。

喜剧演员把他的外套脱下来，放在餐桌上说："外衣，吃吧。"

主人感到奇怪，问："你这是为什么？"

喜剧演员答道："我在招待我的外衣吃东西。你们的这酒和菜，不是给衣服吃的吗？"

主人脸刷的红了。喜剧演员巧妙地把窘迫还给了冷落他的主人。

还有一种方式，就是对有意冷落自己的行为持满不在乎的态度，以此自我解脱。有时候，对方冷落你是为了激怒你，使你远离他，而远离又不是你的意愿和选择。这时，聪明的人会采取不在意的态度，毫不在乎地面对冷落，我行我素，以有礼对无礼，从而使对方改变态度。

此外，办事时被人拒绝是常事。一时的拒绝并不等于从此无望，如果你能正确分析对方拒绝的心理原因，根据实际情况采取不同的处理方法，就有可能使你的请求出现新的转机。退一步来说，不能立即使对方改变态度，也能给对方留下良好的心理印象，为以后的交流打下一定的基础。

从心理上分析，人家拒绝你，是有不同类型的，现将主要类型和对策列举于下：

1. 一般拒绝

这是指对方虽然当时拒绝你，但那不是经过深思熟虑后做出的决定。他们对你有一些想帮忙的愿望，但由于对你缺乏了解，尚未建立对你的良好印象，因此，疑虑重重，陷入了一个想帮又不想帮的矛盾心理状态。为尽快解脱这种矛盾的心理，对方有时就会表示暂时不帮忙。

这样的决定随意性大，改变也较容易。有效的办法是多接近他们，很自然地展现自己的"真实面目"，让对方充分和全面了解你，对方的疑虑消除了，求人也就成功了。

2. 执意的拒绝

这是指对方在拒绝前，对你有比较深入具体的了解，经过分析、对比、反复权衡利弊后做出的选择。这样的选择或是因为人家认为帮你忙不值得；或是因为你的个性、品质使对方大失所望；或是由于对方的某种固执的偏见。

要改变执意拒绝者的态度，一般情况下是不可能的。因而也不必白费力气。假如你确认对方是由于固执的偏见而拒绝答应你时，则可以用真诚的行动去感动对方，使之改变偏见。不过这需要较长的时间。

3. 隐蔽的拒绝

这是指对方拒绝你的请求是出于某种心理需要，不愿把真正的原因说出来，而用某些不真实的理由搪塞你。对方不愿说出真实心理的理由，其情况是复杂的，大致有如下几种：

一是你提出的要求太高，对方无法满足，但又羞于说出本人能力的不足。二是对方对你不放心，对你拿不准，但又不好意思说出来。三是是否对你"特殊关照"，其他决策人意见不一致，觉得没必要把"内政"告诉你。

对于这种交流对象，要尽可能弄清其拒绝的真正原因，然后再采取相应的求助方法，或解释说服，或降低自己的某些要求，或等待时机。

要分辨拒绝是属于哪种类型并不容易，需要有较强的察言观色、听话听音的能力，以及较准确的判断能力，而这些能力又需要丰富的社会交往锻炼才能获得。

不要被情绪支配

一天深夜，值勤的民警小罗接到一个报警电话。打电话的人自称他从夜总会出来后，发觉自己车里的方向盘、制动器、加速器等等都让小偷给卸去了。小罗立刻表示将尽快前往出事地点。

就在他开动巡逻车准备出发的瞬间，电话铃又响了起来，小罗只好下车再拿起电话筒。

打电话的仍是刚才那位报警的人："实在对不起，民警同志，您用不着来了。我喝多了，刚才一阵冷风吹来，我才发现自己原来是坐在车内的第二排座位上。"

这虽然是一个笑话，但是，我们不难从中悟出这样一个道理，在日常生活的为人处世中，千万不能轻易下结论。

办事是人与人之间的接触行为，常常会被感情所支配。当双方有了小摩擦时，往往会感情用事，而无法冷静思考，以至闹得很不愉快。还有一点值得注意的是，在某种不稳定的情况下，双方都会变得多疑而敏感，甚至做出意气之争。因此在办事时，一定要考虑到双方的生理与心理状况，在情绪完全稳定、状态良好的情况下，才可进行交流。

办事时可能并没有预想的那般顺利，常有横生的枝节从中阻碍，使得你的心情越加沉重。对于这一点，你应该视作"家常便饭"，学习逆来顺受。可能的话，你可以找一个倾诉的对象，将满腹的牢骚说出来，经过一番宣泄之后，心头定会轻松舒服一些。这样，心理的压力自然减轻，而你也会较冷静、理智地思考他人的观点，并检讨、修正自己的行为。

有一位爱喝酒的朋友，他经常光顾一家小酒吧，每当他来到这家酒吧推开玻璃门时，就要提高声调的说上这么一句："你们这里好肮脏啊！可为什么每次都有这么多人来啊！"

不管这家酒吧是否高朋满座，这位朋友进门时，一定要说这句话。尔后，他每在喝酒席间就把内心不痛快的事情，一桩桩说给里头的小姐听，待发泄完了，整个人就自然会平静下来。

每次看到这位朋友在这家小酒吧进出，我心里就会想：原来这个小酒吧，正是他缓和精神压力、解除心理负担的最佳场所。

为了预防或者消除精神负担，自己总要有一个能够"出气"的地方才行。尤其是经商场合中，更有这种需要。还有一位朋友，他总是选择海边来出气以化解烦闷。他说，他只要在海边坐上半天，看看海潮的起落，就能把心中的忧虑抛至九霄云外。这正说明了，每个人都有他解除自我心理负担的方法。

一个经商的生意人，老是背着沉重的精神负担，这是很不好的，不论对心理卫生或身体健康都有不良影响。因为心理上的负担，往往会引起精神障碍。然而在接洽业务的范围内，要求没有心理负担，几乎是不可能的。

假如你发现了这种情况还放任不管的话，那就有害身心健康了，这在业务交流中是得不偿失的。你必须随时注意自己的心理健康状况，不论在什么情形下，都要保持良好的心理健康状况，以积极的思考，来摆脱不必要的精神负担。

1. 打开局面需要耐心

不少人都会为某些原因对自己的公司不满，而心生辞职不干的念头。有些人，心里时时刻刻都这么想着，因此每逢遇到在办公室中发生了不愉快时，厌恶感就更为加重，而负气地说："这样的公司，干脆辞职算了！"

然而，这种事情实在是不宜妄下结论的。尤其是当你工作上出现过错，或者只是喝醉了酒，而与公司发生冲突时，更应该防止让这种不如意的情绪蔓延、扩大，而应该冷静下来适时改变自己的观念，学会将事情分成几个层面，以各种不同的角度来看。

有时候你会发现，当你很奇妙地睡了一觉，第二天清早醒来，竟把昨日自寻烦恼的心事完全抛开了，而且情绪也已平静下来了。这是因为，你已经能用很冷静客观的态度来应付一些问题了。

办事也是如此。在交流中遇到困难时，你绝不要轻率地放弃；反而要这样鼓励自己："事情终会有转机的"。

一个销售汽车的朋友，讲了这么一个故事：

在他推销汽车时，跟一位中小企业的老板谈到有关汽车的性能，无论他怎么宣传自己公司的汽车好，这位老板，总是固执地认为：只有现在他自己用的汽车才是最好的。

终于，这位老板略带不耐烦的口吻说：

"你努力推销的精神，我很欣赏，也很佩服，只是，目前我的公司还不想改用别的牌子的汽车。所以，我想你这次是白来一趟了，以后也不必再麻烦了。"

尽管如此，推销员并不灰心，仍然继续热心耐心地向这家公司推销。他心里抱着一种信念：凡是懂车（会玩车）的人，绝对不可能不欣赏我们公司的汽车。

果然不出所料，六个月后，局面完全改观。由于这位老板扩大业务规模，想要再买新车，而每次为了买进新车，都要和他所去的其他的汽车公司发生一些争执、纠纷，他感到非常不开心甚至开始心生厌恶，因此，自然想到了半年前那位态度热情的推销员。而这正给予推销员一次机会，顺利地做成了这笔生意。

这世间上许多事情都不是绝对的，而是相对的，因为人的"价值观"是会随时随地而变动的。一件看似极困难的事情，如果你能够耐心坚持成功的信念，那么你继续努力下去，必能得到应有的回报。正应了人们常说的一句话："机会永远属于具有顽强的意志和有坚定信念的人。"

2. 从不同角度多方思考

美国作家马里杰·斯比勒·尼格曾讲过这样一个故事：

有一回，一位老人对我讲："我年轻时自以为了不起。那时我正打算写本书，为了在书中加进点地方色彩，就利用假期出去采访。我要在那些穷途潦倒、懒懒散散混日子的人们当中找一个主人公，我相信在那儿可以找到这种人。一点不差，有一天，我找到了这么个地方，那儿到处都是荒凉破落的村庄、衣衫褴褛的男人和面色憔悴的女人。我忽然发现，我想象中的那种懒惰混日子的滋味也找到了。只见一个满脸胡须的老人，穿着一件褐色的工作服，坐在一把椅子上为一块马铃薯地锄草，在他的身后是一间没有油漆的小木棚。我转身回家，恨不得立刻就坐在打字机前。而当我绕过木棚在泥泞的路上拐弯时，又从另一个角度朝老人望了一眼，这时我下意识地突然停住了脚步。原来，从这一边看过去，我发现老人的椅边靠着一副残疾人的拐杖，有一条裤腿空荡荡的垂在地面上。顿时，我对自己的所谓'灵感'感到羞愧万分，那位刚才我还认为是好吃懒做混日子的人物，一下变成为一个百折不挠的英雄形象了。"

尼格说："从那以后，我再也不敢对一个只见过一面或聊上几句的人，就轻易下判断和做结论了。感谢上帝让我回头又看了一眼。"

同样，在办事过程中，当你想要求对方妥协时，对方仍坚持不表示同意，那么交流往往不是濒临破裂就是遭到重新调整的命运。一旦到了这种地步，若能像尼格一样"回头又看了一眼"，从不同的角度思考，也许你会发现，许多自己过去一直不曾留意的地方，竟是可以扭转办事局面的关键所在。

常常会有这样的情形：一桩生意的有关价格、付款条件、服务内容等方面，大致都已谈妥，彼此达成意向了，而对方却迟迟不肯签约。

这种情形，真是非常难以处理，究竟是什么原因从中作梗呢？由于没有线索可查，事情拖延已久，仍然悬而未决。也许就在你的心情苦闷的时候，一个意外传来的消息，顿时解开了你心头的疑问。

原来，与你交流的对手是因为和他的领导闹别扭，所以才迟迟不愿签下合约。像这种别人公司的"内务事"，旁人实在是很难了解的。因此，遇到这种情况，你除了要从侧面加以打听之外，还需要耐心地思考解决的方法。可能的话，直接和对方的领导去交流，但千万别撞在"枪口"上。

其实，不管办事时遇到怎样的障碍，即使问题完全出在对方的身上，在我们的能力范围之内，只要肯做还是可以圆满解决的。上述的例子交流中常会发生，这时，你就要运用多角度、多层面的思考，才能使问题迎刃而解。

如何让别人不能拒绝你

当你满怀希望地与人交流，但你提出的要求竟然当场遭到对方的拒绝，那场面是很令人难堪的。这种被拒绝而产生的尴尬，往往会使人感到心冷、失落，心理失衡，甚至出现不正常情绪，比如记恨或报复的心理，因而影响彼此之间的关系。

造成这种尴尬的原因是多方面的，有些是无法预见的，难以避免的，但有些却是可以通过自己的努力加以避免的。从办事的角度来看，避免尴尬也是办事能力的组成部分。懂得并力争避免不必要的尴尬场面的出现，是每一个办事者都应该掌握的。

首先，在办事之前，要对交流对象和自己提出的要求及可能被满足的程度有基本的估计，起码要估计三个方面情况：

一是看自己提出的要求是否超出了对方的承受能力。如果要求太高，脱离实际，对方无力满足，这样的要求最好不要提出。否则，必然会自找难堪。

二是看对方的人品和自己与之关系的性质、程度。如果对方并非好施乐善之人，即使你提出的要求并不高，对方也会加以拒绝。对于这种人最好不要提出要求，不然也会自寻尴尬。此外还要看彼此关系的深浅，有时你与人家并没有多少交情，就提出很高的要求，交浅言深，其结果碰壁的可能性就会很大。

三是看你提出的要求是否合理合法。如果所提要求违反政策规定，人家肯定是会拒绝的，最好免开尊口。

在进行求助性办事前，需要先做上述估计，然后再决定如何提出自己的要求，这样做，一般说来是可以避免很多尴尬场面出现的。

其次，要学会办事的试探技巧。人际交往的情况是很复杂的。

有时，即使你事先做了充分估计，也难免遭遇意外，或出现估计失当的情况。这样，尴尬场面仍然可能降临到你的头上。在这种情况下，如何避免出现令人难堪的局面呢？运用必要的试探方法，就成了交流临场时避免尴尬的选择了。常见的方法有：

1. 自我否定法

就是对自己所提问题拿不准，如果直截了当提出来恐怕失言，造成尴尬。这时，就可以使用既提出问题同时又自我否定的方式进行试探。这样在自我否定的意见中，就隐含了两种可能供对方选择，而对方的任何选择都不会使你感到不安和尴尬。比如，有一位年轻作者在某刊物上发表了两篇散文，可是收到相当于一篇的稿费，他想这一定是编辑部弄错了，可是又没有把握。他担心直接提出来，如果是自己弄错了，被顶回来那就太尴尬了。于是，他这样提出问题："编辑老师，我最近收到了 50 元稿费，这一期上刊登了我两篇稿子，不知是一篇还是两篇的稿费？"对方立即查了一下，抱歉地说是他们搞错了，当即给以补偿。这位作者是用了一些心思的。他把两种可能同时提出，而且是把自己的想法作为否定的意见提出。这样即使自己搞错了被对方否定，也因自己有言在先，而不会使自己难堪。

2. 投石问路法

当你有具体想法时，并不直接提出，而是先提一个与自己本意相关的问题，请对方回答，如果从其答案中自己已经得出否定性的判断，那就不要再提自己原定的要求、想法了。这样可以避免尴尬。

如有个女青年买了块布料，拿回家后才发现售货员找的钱不对，但是，又没有把握是否人家真的找错了，于是，她又回去，问道："小姐，这种布多少钱一米？"对方答后，她立即明白是自己算错了，说了句"谢谢"，满意地离开了商店。看来，这个姑娘的处理方法是明智的。

这一事例告诉我们，当自己拿不准的时候，最好不要直言相求或者否定对方，最好使用投石问路法，先摸情况，再决定下一步行动也不迟。有些人不是这样，他们处理问题易于冲动，情况没有搞清，就向人提出挑战，结果却是自己错了，使自己陷入窘境。比如，有的人买东西，自己没有算清楚就对售货员说："你少找我钱了!"等到人家一笔一笔算清楚了，证明人家没弄错时，那就尴尬极了。

3. 触类旁通法

当你想提一个要求时，还可以先提出一个属于同一类的问题，以此试探对方的态度。如果得到肯定的信息时，便可以进一步提出自己的要求；如果对方的态度是明确的否定，那就免开尊口，以免遭到拒绝尴尬。比如，有一位干部打算调离本单位，但又担心领导当场给予否定，或给领导留下坏印象，以后不好工作。于是他这样提出问题："书记，咱们单位有的青年干部想挪挪窝儿，您觉得怎么样?"书记说："人才流动我是赞成的。"他见书记态度还可以，于是进一步说道："如果这个人是我呢?""那也不拦，只要有地方去。"这样他摸到了领导的态度，不久，正式向领导提出调动的申请。用触类旁通法进行试探，其好处是可进可退，进退自如，在办事中有广泛的用途。

4. 顺便提出法

有时提出问题，并不用郑重其事的方式。因为这种方式显得过分重视，至关重要。一旦被否定，自己会感到下不来台。而如果在执行某一沟通任务过程中，利用适当时机，顺便提出自己的问题，给人的印象是并未把此事看得很重，即使不满足也没有什么感觉。比如某业务员在与某厂长谈判，一谈判告一段落时，向对方提出一个问题，说："顺便问一句，你们厂要不要人？我有个同事想到你们这里来工作。"厂长说："我们厂的效益不错，想来的人很多。可是目前我们一个人也没有进。""噢，是这样。"在对方的否定答复面前，他一点也没有感到尴尬，但是已达到了试探的目的。试想，如果一开始就以郑重其事的态度向对方提出这个问题，并遭到对方的拒绝，那现场的气氛就可想而知了。

再如，青工小赵随同厂长去拜访一位有名望的书法家，在谈完正事之后，小赵乘机说："万老，我很喜欢您的名字，如果您在百忙中能给我写一幅，那就太好了。"万老说："近来我身体不太好，以后再说吧！"很显然这是在拒绝，但是，由于是顺便提出的要求，小赵并不感到尴尬。

实际上在很多情况下，顺便提出的问题，往往是自己想达到的真正意图，但是，由于使用这种轻描淡写方式顺便一说，就使自己变得更主动一些，有退路可走，可以有效地防止因对方否定而造成的心理失衡。

5. 玩笑法

有时还可以把本来应郑重其事提出的问题用开玩笑的口气说出来，如果对方给以否定，便可把这个问题归结为开玩笑，这样既可达到试探的目的，又可在一笑之中化解尴尬，维护自己的尊严。

有一位同事到王经理家，想让已成功将儿子小强送进某知名中学的王经理帮忙把自己儿子也弄进去。他先是夸了经理的儿子，然后又"顺便"谈及自己的儿子："他呀，居然羡慕起小强，也打起了转学的主意，我说你以为我是王叔叔呀。"这种打哈哈方式，真真假假，可进可退，可以避免王经理拒绝的尴尬。

6. 非直接面谈法

发短信、发邮件、打电话提出自己的要求，与当面提出有所不同。由于彼此不见面，即使被对方所否定，其刺激性也较小，比当面被否定更易接受些。比如，有位作者写了一篇稿子，等了一段时间没有回音，于是就打电话询问结果："编辑老师，我想问问那篇稿子的处理情况……""噢，是这样，稿子已经看到了，我们认为还有些距离，很难采用……""是这样，谢谢您。"就这样他在较为平静的气氛中，接受了一个被否定的事实。

最后需要指出的是，避免出现尴尬并不是我们的最终目的，它不过是为了保护自己的自尊和面子所采取的一种策略性手段；我们不能仅仅满足于此，应更多地研究一些在被对方否定情况下，如何运用交际的技巧，扭转败局，争取办事的最后胜利。

第三章
掌握找领导办事的技巧

有一句流行的俚语说：领导说你行你就行，不行也行；领导说你不行你就不行，行也不行。这句话虽然未免以偏概全、有失偏颇，但也道尽了身为下属的无奈与郁闷。

为什么领导不知道你"不行"而说你"不行"？或者领导明明知道你"行"却偏要说你"不行"？问题的根源出在找领导办事的技巧上。

怎样获得领导支持

找领导办私事，领导往往是板起脸，一副公事公办的样子：你要办什么事儿？为什么要办这件事儿？理由充分吗？这三板斧首先砍得你晕头转向。如果你不能把这几个问题解答圆满，领导自然不会理解你、支持你、帮助你。如果他理解了你，你可能就得到了他的支持，问题可能也就迎刃而解了。相反，如果没有得到领导的理解，甚至有时他还觉得你提出的要求过分了，或者觉得你请求办的事儿有些出格了，那么，办事成功的希望就不存在了。所以，寻求理解对能否把事情办成至关重要。

那么，怎样获得领导的理解和支持呢？以下几点建议可供参考：

1. 选择好时间

要在领导有空闲的时候找他。领导忙的时候，心情容易烦躁，不但对你提出的事儿不记挂在心上，甚至还会嗔怪你不识眉眼高低。如果在领导时间宽裕的情况下去谈，领导有一定耐心听，问题可能会得到重视，因而也就更有利于把事情办好。

2. 选择好地点

找领导办事还要考虑场所和环境。有的事儿要到领导的办公室里谈，有的事儿则要到非办公场所谈；有的事儿适合私密环境，而有的事儿越是有旁人听到越有利。所以，这奥妙就在于你按所要求办的事儿的分量和利害关系选择合适的场合。

3. 采用适当的话题引出所要办的事

找领导办事要讲究话题的引入方式。有的需要直来直去、开门见山地和盘托出，有的则需要循循善诱、娓娓道来再渐入佳境，否则便会让领导感到唐突冒失、刺耳烦心。为了引出正题，可先谈些工作的事、生活的事、社会的事、家庭的事、领导关心的事、自己关心的事，为引入自己的事作为铺垫。

4. 清楚表达，情理交融

要想把事儿办好，必须首先把话说好。话要有逻辑性、条理性，让人听了有理有据，而且还要和风细雨，让人听了心旷神怡，同时还要力争把话说得生动感人，让人听了为之心动。所说"晓之以理、动之以情"，有理有情，情理交融，即使是铁石心肠的领导，也会被感动得甘愿费力出面为你办事儿。

5. 恭敬对方

人天性好面子，这就决定了人有最禁不住恭敬的特性。对领导来说也是如此，你求他帮助办事儿，恭敬他是理所当然的。你恭敬了他，他也反过来恭敬你和重视你，受到恭敬的人是很难放着对方的难题不管的。

时机要找准

请领导托办私事时，应看准时机和把握火候，最好应先向他的秘书打听一下，他的心情好不好。如果他的心情不佳，就不要找他；工作繁忙时，不要找他；如果吃饭时间已到，也不要找他；休假前和度假刚返回时，也不要找他。因为在这些时间，你同他谈与工作不相干的问题，他多半会拒绝。凡他拒绝的事你若再提起，只会增加不愉快，还会给领导留下一个难缠的印象。托领导办私事时，选好时机是很重要的。

镇农机站的李平，两口子都是普通工人，也没有什么体面的亲戚，平时倒也不觉得有什么低人一等的感受。可这段时间，两口子为儿子的升学问题愁眉苦脸。有人给他出点子，要他找站长。不爱求人的李平只好硬着头皮去找站长。站长刚处理完公事，同几个下属在聊天，李平算是逮了个好时机。

"站长，我实在是没有办法，只好来求您了。厂里许多人都给我出点子，说只有您能帮我解脱困境。"李平首先把厂里工人抬出来，给他戴高帽。

站长果然很受用，和颜悦色地问道："说吧，什么事？"

"我儿子初中毕业想进市一中，可是没有后台关系，分数够了也难进，进不了市一中，今后考大学就成问题了。站长您面子大，认识的体面人物多，站长一句话，比我去四处磕头还管用。"

"就这事？包在我身上了。"站长大包大揽地说。

"站长，真是谢谢您了。"

"嗯，这点小事谢什么吗？要真谢，就让你儿子好好读书，将来考上大学，再出国留学，哈哈哈……"

要把握好分寸

俗话说：事不关己，高高挂起。托领导办事一定要看事情是不是直接涉及自身利益，如果是，则领导无论是从对你个人还是从关心单位职工利益的角度，都会感到是一种义不容辞的责任。这样的事领导愿办，也觉得名正言顺。

比如，你爱人调动工作，你通过别的关系可能费了九牛二虎之力也难以办成，如果你托单位领导办，领导觉得你重视了他的地位，使他有了救世主的感觉，又可以作为为单位职工解决实际困难而积累其从政的资本，有时，这样的事你不找领导，领导也许还会产生你看不起他的想法呢。

但你一定要知道，这类事必须关系到你的切身利益。或你爱人的事，或孩子的事，或直系亲属的事，如果不管七大姑八大姨的事你都揽过来去托领导办，不但领导不会答应，而且还会认为你太多事，影响你在领导心目中的形象。

托领导办事还要掌握好"度"，不要鸡毛蒜皮的事也去托领导，如果事无巨细都去托，认为领导办起事比你容易，这样，领导会觉得你这人太没分寸，甚至会认为你缺乏办事能力。

比如，你家里需要买一个冰箱，如果托领导去说一下可能会便宜几百元钱，但这类的小事千万不要去托你的领导办，因为这类事显不出领导的办事能力，又贬低了自己，得不偿失。

大事与小事的区别在什么地方，要随你的单位性质和领导的层次而定，凡事有一个分寸，能否掌握好这个分寸，也是衡量一个人办事能力的标尺之一。

学会对领导说不

领导可以拒绝但不可以得罪，你要求领导给你办事，领导也有要求你办事的时候。一般说来，给领导办事是"义不容辞"的差事。因为领导是"看得起你才让你办事"，何况给领导办了事后，以后找领导办事也容易得多。但是，领导委托你做某事时，你要善加考虑，这件事自己是否能胜任？是否不违背自己的良心？然后再作决定。

如果只是为了一时的情面，即使是无法做到的事也接受下来，这种人的心似乎太软。纵使是很照顾自己的领导，他委托你办事，如果自觉实在是做不到，你就应很明确地表明态度，说："对不起！我不能接受。"这才是真正有勇气的人。否则，你就会误大事。

如果你认为这是领导拜托你的事不便拒绝，或因拒绝了领导会不悦，而接受下来，那么，此后你的处境就会很艰难。这种因畏惧领导报复而勉强答应，答应后又感到懊悔时，就太迟了。

此外，限于能力，无论如何努力都做不到的事，也应拒绝。但是这有一个前提，即是否真的做不到，应该实事求是地衡量一下，切不可因怀有恐惧心而不敢接受。经过多方考虑，提出各种方案后，是否能够有勇气来突破它？都需要考虑清楚。考虑后，认定实在无法做到，始可拒绝。

当然，拒绝更要讲究方法，采用何种方式让上司接受，这里面也是很有学问的。

我国近代著名教育学家陶行知在取得金陵大学文科第一名的成绩后，于1914年赴美留学，并在获得博士学位后于1917年回国。

归国后，陶行知在南京高等师范学校任教务主任。有一次，高师附中招考新生。国民党政府一位姓汪的高级官员的两位公子也来报考。可是，这两位公子平日只顾吃喝玩乐，从不认真读书、学习，属于不学无术的花花公子。结果，考试成绩低劣，未被录取。那位汪长官便打电话给南京高等师范学校找陶行知，要陶行知通融一下，录取他的两个小儿子入学。陶行知婉言拒绝。

第二天，汪长官派自己的秘书亲自到校找陶行知当面求情。这位秘书一见陶行知便说明来意，请陶行知在录取两位汪公子入学问题上高抬贵手。

陶行知郑重地告诉来者：

"本校招考新生，一向按成绩录取，若不按成绩，便失去了录取新生的准绳，莘莘学子将无所适从。汪先生两位令郎今年虽未考取，只要好好读书，明年还可再考嘛。"

秘书见陶行知毫无松口之意，便以利诱的口吻说道：

"陶先生年轻有为，又有留洋学历，只要陶先生在这件事上给汪先生一个面子，今后青云直上，何患无梯？眼下汪先生就会重重酬谢陶先生的。"

说罢，从皮包取出一张银票递了过来：

"这是汪先生一点小意思，希望陶先生笑纳。"

陶行知哈哈大笑，推开秘书的手，说：

"先生，我背着一首苏东坡的诗给你听听：'治学不求富，读书不求官。比如饮不醉，陶然有余欢。'请你上复汪先生，恕行知未能从命。"

秘书满脸通红，他站起来，收起银票，改用威胁的口气说：

"但愿陶先生一切顺利，万事如意，将来切莫后悔。"说罢，悻悻而去。

陶行知先生运用这种方式拒绝，体现了他不畏权贵、坚持正义的高风亮节。但是，弄得秘书恼羞成怒地悻悻而去，就容易给自己造成隐患，所以不能算一种高超的策略。那么，现代人该怎样拒绝领导才能达到自己的目的，又尽量不得罪人呢？

如何巧妙拒绝领导

当领导提出一件让你难以做到的事时，如果你直言答复做不到时，可能会让领导觉得你不给他面子。这时，你不妨说出一件与此类似的事情，让领导自觉问题的难度而自动放弃这个要求。

甘罗的爷爷是秦朝的宰相。有一天，甘罗看见爷爷在后花园走来走去，不停地唉声叹气。

"爷爷，您碰到什么难事了？"甘罗问。

"唉，孩子呀，大王不知听了谁的挑唆，硬要吃公鸡下的蛋，命令满朝文武想法去找，要是三天内找不到，大家都得受罚。"

"秦王太不讲理了。"甘罗气呼呼地说。他眼睛一眨，想了个主意，说："不过，爷爷您别急，我有办法，明天我替你上朝好了。"

第二天早上，甘罗真的替爷爷上朝了。他不慌不忙地走进宫殿，向秦王施礼。

秦王很不高兴，说："小娃娃到这里捣什么乱！你爷爷呢？"

甘罗说："大王，我爷爷今天来不了啦。他正在家生孩子呢，托我替他上朝来了。"

秦王听了哈哈大笑："你这孩子，怎么胡言乱语！男人家哪能生孩子？"

甘罗说："既然大王知道男人不能生孩子，那公鸡怎么能下蛋呢？"

甘罗的爷爷作为秦朝的宰相，遇到了不可能做到的皇帝的命令，却又找不到合适的办法拒绝。甘罗作为一个孩童，能如此得体地拒绝秦王，并让秦王不得不放弃自己的无理要求，实在是大出人们的意料。也正因为如此，秦王对甘罗才有了"孺子之智，大于其身"

的叹服。以后，秦王又封甘罗为上卿。现在我们俗传甘罗12岁为丞相，童年便取高位，不能不说正是甘罗的那次聪明的应对，才使秦王看重他的。要想巧妙地拒绝上司的任务，可以利用以下方式：

1. 造成已尽全力的错觉

当领导提出某种要求而下属又无法满足时，下属可以设法造成已尽全力的错觉，让领导自动放弃其要求，也是一种好方法。

比如，当领导提出不切实际不能满足的要求后，就可采取下列步骤，先答复："您的意见我懂了，请放心，我保证全力以赴去做。"在之后的工作汇报中，你要向领导解释自己一直在努力推进这件事，但是由于一些自己不能掌控的原因，使得事情不能顺利进行。尽管此事最后不了了之，但你也会给领导留下好感，因为你已造成"尽力而做"的假象，实际上也让领导自知理屈，下了台阶。领导也就不会再怪罪你了。

通常情况下，人们对自己提出的要求，总是念念不忘。但如果长时间得不到回音，就会认为对方不重视自己的问题，反感、不满由此而生。相反，即使下属不能满足领导的要求，只要能做出些努力的样子，对方就不会抱怨，甚至会对你心存感激，主动撤回已让你为难的要求。

2. 寻找一些托词

拒绝领导的时候尽量不要用否定对方的字眼。遇到你必须拒绝的事情，你可以寻找一些托词，如："待我考虑考虑再答复你吧！"

用这种办法，可以摆脱窘境，既可不伤害领导的感情，又可使对方知道你有难处。比毫不含糊地直接讲"不"要强得多。

拒绝领导，一定要讲究策略。婉转地拒绝，对方会心服口服；如果生硬地拒绝，对方则会产生不满，甚至怀恨、仇视你。

另外，避开实质性的问题，故意用模棱两可的语言做出具有弹性的回答，既无懈可击，又达到在要害问题上拒绝做出答复的目的。

　　以下这位著名造船家对德皇威廉二世的军舰设计书的婉转评价很值得借鉴。

　　德皇威廉二世设计了一艘军舰。他在设计书上写道："这是我积多年研究，经过长期思考和精细工作的结果。"他请一个著名的造船家对此设计做出鉴定。

　　过了几周，造船家送回其设计稿并写下了下述意见：

　　"陛下，您设计的这艘军舰是一般威力无比、坚固异常和十分美丽的军舰，称得起空前绝后。它能开出前所未有的高速度，它的武器将是世上最强的，它的桅杆将是世上最高的，它的大炮射程也将是世上最远的。您设计的舰内设备，将使从舰长到见习手的全部乘员都会感到舒适无比。您这艘辉煌的战舰，看来只有一个缺点：那就是只要它一下水，就会立刻沉入海底，如同一只铅铸的鸭子一般。"

努力化解与领导的冲突

正如"有什么也别有病",原则上我们还要讲究"和谁冲突也别和领导冲突"。然而,冲突和误解是我们工作、生活中不可避免的,下属与领导之间因工作分配、报酬等方面的原因发生冲突是常见的。那么作为一名普通的被领导的下属,当你与上级发生冲突时,该如何去做呢?

1. 学会忍耐

为了维护良好的上下级关系,和谐地和领导相处,必须学会忍耐。我国历来崇尚谦让和忍耐,但这并不意味着无原则地去委曲求全,也不是让我们去一味地忍耐,否则的话,某些领导将长期放纵下去而越发的为所欲为。我们这里只是要你适当地忍耐和节制,并正确掌握和运用这一手段。

由于上下级之间所处的社会层次不同,各自自我角色的认知以及彼此对他人角色地位的认知不一致,上下级间难免有矛盾、冲突发生。即使是和谐的上下级关系中,冲突的蛛丝马迹依然可见,只不过有的尖锐、有的缓和、有的公开、有的隐藏,存在的程度和方式有所不同罢了。所以在处理上下级之间的冲突时,要尽量忍耐,将个人与领导之间的外在冲突,转成个人心理的自我调整。例如当领导不客观地批评你时,你自然感到委屈,甚至想与上级闹翻。但你此时应该冷静下来,要以"路遥知马力,日久见人心"的常理来安慰自己,相信会有弄清事实的那一天,这样你的内心会渐渐平静下来。如若你采取极端的做法,暴跳如雷,大动干戈,其结局可想而知。

宽容、忍耐、克制的态度,可以使自己和领导在心理上都有一个缓冲的余地。一方面我们要反省自己的行为是否有不当之处；另一方面，上级也可能会反思一下自己。再者，突然而激烈的外部冲突，只会增加彼此间的反感，导致交往的裂痕，使上下级关系难以良性发展。

最后需要强调的是，我们所指的忍耐是有限度的，一味忍耐并非良策。

2. 化误解为理解

身为别人的下属是很难的，有时往往不经意之中就得罪了某位领导，而我们自己却浑然不知，等到弄明白是某位领导误解了我们的时候，已经为时晚矣。

小韩在五年前还是基层车间的一名普通员工，后来厂宣传部一个姓方的部长见小韩文笔不错，便顶着压力将小韩调进了宣传部当了宣传干事。从此，小韩对方部长的知遇之恩一直铭记在心。两年后，小韩抽到厂办当了秘书，成为厂办王主任的部下，精明的小韩很快得到了王主任的喜欢。

没过多久，小韩忽然感到方部长与他渐渐疏远了。一了解，才知现在的领导王主任和从前的领导方部长之间有私人恩怨，因而，方部长总是怀疑小韩倒向了王主任那边。

其实，引发方部长对小韩误解的"导火线"很简单。在一个雨天，小韩给王主任打伞，没给方部长打伞。这还是很久以后方部长亲口对小韩说的，而事实上小韩从后面赶上给王主任打伞时，确实没有看见方部长就在不远处淋着雨，误解就此产生了。

方部长一气之下，在许多场合都说自己看错了人，说小韩是个忘恩负义的人，谁是他的上级，他就跟谁关系好。其实小韩根本不是这样的人，他也浑然不知发生的一切。直到方部长在人前背后说的那些话传到小韩耳朵里，小韩才感到事情的严重性。

对此，小韩自有他的应对之道。

（1）路遥知马力

正所谓"路遥知马力，日久见人心"，方部长在气头上说自己是忘恩负义的人，一定是自己在某一方面做得不好，现在向方部长解释自己不是那样的人，方部长肯定听不进去，自己到底是怎样的人，还是让事实来说话，让时间来检验吧！

（2）解铃还须系铃人

方部长误解了自己，还得自己向方部长解释清楚，自己既是"系铃人"也是"解铃人"，要化干戈为玉帛，还要靠自己用心努力去做才行。

有了解决问题的原则，小韩采取了以下六个方法努力消除方部长对他的误解：

首先，极力掩盖矛盾。每当有人说起方部长和自己关系不好时，小韩总是极力否认根本没有这回事，他不想让更多的人知道方部长和自己有矛盾。小韩此举的目的是想制止事态的扩大，更利于缓和矛盾。

其次，在公开场合尤其注意尊重领导。方部长和小韩在工作中经常碰面，每次小韩都是主动和方部长打招呼，不管方部长搭理还是不理，小韩总是面带微笑。有时因工作需要和方部长同在一桌招待客人，小韩除了主动向方部长敬酒，还公开说自己是方部长一手培养起来的，自己十分感激方部长。小韩此举的目的是表白自己时刻没有忘记方部长的恩情。

第三，背地场合经常褒扬领导。小韩深知当面说别人好不如背地褒扬别人效果好。于是，小韩经常在背地里对别人说起方部长对自己的知遇之恩，自己又是如何如何感激方部长。当然，这些都是小韩的心里话。如果有人背地里说方部长的坏话，小韩知道后则尽力为方部长辩护。小韩此举的目的是想通过别人的嘴替自己表白真心，假若方部长知道了小韩背地里褒扬自己，肯定会高兴的，这样更利于误解的消除。

第四，紧急情况及时"救驾"。在平时工作中，小韩若知方部长遇到紧急情况，总是挺身而出及时前去"救驾"。如有一次节日贴标语，方部长一时找不着人，小韩知道后，主动承担了贴标语的任务。类似事情，小韩一直是积极去做。小韩此举的目的是想重新博得方部长的好感，让方部长觉得小韩没有忘记他，仍是他的部下，有利于方部长心理平衡，消除误解。

第五，找准机会解释前嫌。待方部长对自己慢慢有了好感以后，小韩利用同方部长一同出差去外地开会的机会，与方部长很好地进行了交流。方部长最终还是被小韩的诚心打动，说出了对小韩的看法以及误解小韩的原因——"雨中打伞"的事。小韩闻听，再三解释当时自己真的没看见方部长，希望方部长不要责怪他。方部长也表示不计前嫌，要和小韩的关系和好如初。小韩利用单独相处机会弄清被误解的原因，同时让方部长在特定场合里更乐意接受自己的解释。

第六，经常加强感情交流。方部长对小韩的误解烟消云散之后，小韩再不敢掉以轻心，而是趁热打铁，经常找机会与方部长进行感情交流，或向方部长讨教写作经验，或到方部长家和他下棋打牌。久而久之，方部长更加喜欢这个昔日部下了。小韩通过经常性的感情交流，增进改善了与老领导之间的友谊。

功夫不负有心人。在小韩的不懈努力下，方部长对小韩的误解彻底没有了，反倒觉得以前有些对不住小韩。从那以后，方部长逢人就夸小韩是好样的，两人的感情也与日俱增。

第四章
掌握与同事共事的技巧

在公司里共事，同事之间的互动是十分频繁的。同事友好共事、和睦相处，对一个人工作是否顺心如意、能否成功晋升有着举足轻重的作用。而这一切，很大程度上取决于这个人对办事的把握。

与同事共事的三个原则

日本人初到一个新环境，第一件事就是向周围的同事、同学作自我介绍，然后说请大家多多关照，表示了一种希望得到信任和帮助的愿望。

人们在工作中的人际关系，是一种相互依存的关系，因为大家的事业是共同的，必须依靠合作才能完成。而合作又需要气氛上的和谐一致，而情感上互不相容，气氛上别扭紧张，都不可能协调一致地工作。

在一个单位里，每个人都有着自己的个性、爱好、追求和生活方式，因环境、教养、文化水平、生活经历等区别，不可能也不必要求每个人处处都与他所处的群体合拍。但是谁都懂得，任何一项事业的成功，都不可能仅依靠一个人的力量，谁也不愿意成为群体中的破坏因素，被别人嫌弃而"孤军作战"，这就是共同点。一个有修养的、集体感强的人，是能够利用这一共同点，以自己的情绪、语言、得体的举止和善意的态度，去感染、吸引或帮助别人，使人与人之间相处得更融洽。

1. 以诚动人

同事之间每天接触、一起工作的时间较长，相互间的了解比较多也比较深，如果有事找同事交流却又掖掖藏藏，不把事情说明白，容易使同事对你产生不信任的感觉。因此，找同事交流就要先说明究竟为了什么事，坦言自己为什么要找他。这样，精诚所至，只要同事能办到的事，一般是不会回绝你的。

2. 客气礼貌

不要以为同事是天天见面的熟人，就一副大大咧咧的样子，找

82

同事交流时，说话一定要客气，而且要以征询的口气与同事探讨，请求他帮忙想办法。受到如此的尊重，同事如果觉得事情好办，自然会自告奋勇地去办。说几句客气话，省了许多麻烦事。办完事之后，一般不要用钱来表示谢意，客气几句，说声谢谢你就可以了，如果执意要拿钱来表示，容易引起反感，因为同事之间相互帮忙办点事就接受物质感谢，会给大家留下坏印象。

3. 让对方感到他是主角

人们最感兴趣的就是谈论自己的事情，对于那些与自己毫不相关的事情，多数人会觉得索然无味。而对你来说最有趣的事情，有时不但很难引起别人的共鸣，甚至还会让人觉得可笑。年轻的母亲会热情地对同事说：我的宝宝会叫"妈妈"了，她这时的心情是很高兴的。可是，旁人听了会和她一样的高兴吗？别人会认为，谁家的孩子不会叫妈妈呢？这是很正常的事情。所以，在你看来是充满了喜悦的事，别人不一定会有同感。在与人交往的时候，要多照顾对方的感觉，应努力让对方感到交往的主角是他。

与同事共事时竭力忘记你自己，不要老是嚷嚷，无休止地谈你个人的事情，你的孩子，你的生活，以及其他的事情。人人最喜欢的都是自己最感兴趣或最熟知的事情，那么，在交往上你就可以明白别人的弱点，而尽量将话题引到让他说自己的事情，这是使对方高兴的最好方法。你以充满了理解和热诚的心去听他叙述，一定会给对方留下最佳的印象，并且他会热情欢迎你，愉快接待你。

在谈论自己的事情时，和人家较真或与人争辩等，都是不明智的表现。但还有一样最不好的，就是在别人面前夸张自己，在一切不利于自己的行为中，再也没有比张扬自己更愚笨了。

如何与同事日常相处

能与同事和睦相处，在日后的办事过程中必定能做到左右逢源。与同事相处并没有太多的繁文缛节，但也不能大大咧咧地随心所欲。要知道，得到一个同事的认可，也许要用数年的时间，而失去一个同事的帮衬却用不了一天。以下是同事之间相处的法则：

1. 寒暄、招呼作用大

和同事在一起，工作上要配合默契，生活上要互相帮助，就要注意从多方面培养感情，制造和谐融洽的气氛，而同事之间的寒暄有利于制造这种气氛。比如，早上上班见面时微笑着说声"早上好"，下班时打个招呼，道声"再见"等等，这对培养和营造同事之间亲善友好的气氛是很有益处的。

另外，外出公差或工作时间要离开岗位办件急事，也最好和同事通个气，打个招呼，这样如果有人找时，同事就可告诉你的去向。如果来了急事要处理，同事也好帮助料理。寒暄、招呼看起来微不足道，但实际上它又是一个体现同事之间相互尊重、礼貌、友好的大问题。

2. 合作不能"挑肥拣瘦"

与同事们一起共同合作，切莫"挑肥拣瘦"，把脏活、累活、利少、难办的推给别人；把轻松、舒服、有利可图的工作揽下给自己；同事们拼力苦干，你却暗地里投机取巧。这样他们就会觉得你奸猾、不可靠，不愿与你合作共事。同事之间只有同心协力，不斤斤计较，协同作战，才能共谋大业，共同发展。

3. 取得佳绩不要炫耀

工作中取得了成绩，心情感到喜悦和高兴，这是人之常情，但千万不可在同事面前炫耀卖弄。过多谈论自己的成绩、功劳，就会使同事感到你有抬高和显示自己、轻视或贬低他人之嫌。因为自吹自擂者，要夸的自己都夸了，别人还有什么可说的呢？要讲的也只有对你的"反感"了。

4. 不要苛求和挑剔同事

每一个人都会有自己的缺点和不足，与自己相处的同事也是一样，工作和生活中总会出现一些过失、缺点，甚至错误，这是在所难免的。对于同事的过失和一些错误，要善于体谅和宽容。

人非圣贤，孰能无过？对于同事的过失和不足，只要不是原则问题，只要不影响大局和全局，除进行友善的帮助和提醒之外，更重要的是采取宽容和大度的态度去原谅别人，只有这样才能赢得同事的友好和精诚合作。如果采取苛刻和挑剔的态度对待同事，那么在你眼中同事的一切都不会如意。同样地，同事也不会与你同心、同德来共事。

5. 不搬弄是非

和同事相处不搬弄是非，这一点也是很重要的。比如有些人在老李的面前讲老张的不是，在老张的面前又讲老李的不是；还有的人喜欢搞道听途说，传小道消息。这样一来，同事间就会纠葛不断，风波迭起，搞得同事之间不得安宁。因此同事之间要相安共处，就不能搬弄是非，不该问的不去问，不该说的不去说。不要对一些同事论长道短，也不要对不清楚的事乱发议论，要加强品德修养。一个人应该养成在背地里多夸赞别人的好处，少讲或不讲别人的坏处的习惯。

怎样处理与同事之间的矛盾

在办公室里经常会有人因对工作问题，勃然大怒，其实这并不奇怪，说明他们对工作态度认真、情绪高昂。

如果你想在工作中面面俱到，谁也不得罪，谁都说你好，那是不现实的。因此，在工作中与其他同事产生种种冲突和意见是很常见的事，碰到一两个难以相处的同事也是很正常的。

但同事之间尽管有矛盾，仍然是可以来往的。首先，任何同事之间的意见往往都是起源于一些工作中的具体的事件，而并不涉及个人的其他方面，事情过去之后，这种冲突和矛盾可能会起因于人们的思维习惯性不同，但时间一长，也会逐渐淡忘。所以，不要因为过去的小矛盾而耿耿于怀。只要你大大方方，不把过去的冲突当一回事，对方也会以同样豁达的态度对待你。

其次，即使对方仍对你有一定的歧视，也不妨碍你与他的交往。因为在同事之间的来往中，我们所追求的不是朋友之间的那种友谊和感情，而仅仅是工作，是任务。彼此之间有矛盾没关系，只求双方在工作中能通力合作。由于工作本身涉及双方的共同利益，彼此间合作如何，事情成功与否，都与双方有关。如果对方是一个聪明人，他自然会想到这一点，这样，他也会努力与你合作。如果对方比较固执，你不妨在合作中或共事中向他点明这一点，以利于相互之间的合作。

如果你与大多数人的关系都很融洽，你可能会觉得问题不在于你这一方；你甚至发现其他人也和他们有过不愉快的经历，于是，大家对那个人的看法也会有同感，所以，你也就会了解到是那个人造成这种不融洽局面的。

当你们双方都没有花时间去进一步了解彼此，也没有创造一些机会去心平气和地阐述各自的看法，双方缺乏对彼此的信任，个人间的关系也就会不断倒退。怎样才能够改变这种局面、改善彼此的关系呢？

你不妨尝试着抛开过去的成见，更积极地对待这些人，至少要像对待其他人一样对待他们。一开始，他们也许会有戒心。你更需要有足够的耐心，因为将过去的积怨平息的确是件费功夫的事。你要坚持善待他们，一点点地改进，过了一段时间后，表面上的问题就如同阳光下的水滴一样一蒸发便消失了。

也许还有深层的问题，他们可能会感觉你曾在某些方面怠慢过他们，也许你曾经忽视了他们提出的一个建议，也许你曾在重要关头反对过他们，而他们将问题归结为是你个人的原因；还有可能你曾对他们很挑剔，而恰好他们听到了你的话，或是听闻一些人转述了你的话。那么，你该如何进行处理呢？如果任问题存在下去，将是很危险的，很可能在今后造成更恶劣的后果。最好的方法就是找他们沟通，并确认是否你不经意地做了一些事得罪了他们。当然这要在你做了大量的内部工作，且真诚希望与对方和好后，才能这样行动。

在与他们的沟通中，你可以心平气和地解释一下你的想法，比如你很看重和他们建立良好的工作关系，也许双方存在误会等等。如果你的确做了令他们生气的事，可主动地做一些自我批评，以取得对方的谅解。

或许他们会告诉你一些问题，而这些问题或许不是你心目中想的那一个问题，然而，不论他们讲什么，一定要听他们讲完。同时，为了能表示你听了而且理解了他们讲述的话，你可以用你自己的话来重述一遍那些关键内容，例如，"也就是说我放弃了那个建议，而你感觉我并没有经过仔细考虑，所以这件事使你生气。"现在你了解了症结所在，而且找到了可以重新建立良好关系的切入点，但是，良好关系的建立应该从道歉开始，你是否善于道歉呢？

　　如果同事的年龄资格比你老，你不要在事情正发生的时候与他对质，除非你肯定自己的理由十分充分。更好的交流办法是在你们双方都冷静下来后解决，即使在这种僵持的情况下，直接地挑明问题和解决问题都不太可能奏效。你可以谈一些相关的问题，当然，你可以用你的方式提出问题。如果你确实做了一些错事并遭到指责，就要重新审视那个问题并要真诚地道歉。类似"这是我的错"，这种话可能会赢得对方的好感而使对方与你关系得到改善。

怎样消除同事的排挤

如果有一天，你发现你的同事突然一改常态，不再对你友好，事事抱着不合作的态度，处处给你设难题刁难你，出你的洋相，看你的笑话，你就得当心了。这些信息向你传送了一个重要信号，同事在排挤你。

被同事排挤，必然有其原因。这些原因不外乎以下几种情况：

（1）近来连连升级，招来同事妒忌，所以群起攻之排挤你。

（2）你刚刚到这个单位上班，你有着令人羡慕的优越条件，包括高学历、有背景、相貌出众，这些都有可能让同事妒忌。

（3）决定聘你的人是公司内人人讨厌的人物，因此连你也会受牵连。

（4）你的衣着奇特、言谈过分、爱出风头，令同事望而却步。

（5）你过分讨好上级，而疏于和同事交往。

（6）你的存在或行为妨碍了同事获取利益，包括晋升、加薪等可以受惠的事。

你的情况如果是属于1、2项，这情况也很自然，所谓"不招人妒是庸才"，能招人妒忌也不是丢面子的事。其实只要你平日对人的态度和蔼亲切，同事们不难发觉你是一个老实正直的人，久而久之便会乐于和你交往。

另外，你可以培养自己的聊天能力，因为同事们的最大爱好之一就是聊天，通过聊天改变同事对你的态度。但聊天切忌东家长、西家短，谈论是非。

你的情况如果属于第3项，那便是你本人的不幸，只有等机会向同事表示，自己应聘主要是喜爱这份工作，与聘用你的人无关，与他更不是亲戚关系。只要同事了解到你不是"告密者"的身份，自然会欢迎你的。

你的情况如果是属于第4、5项，那么你便要反省一下，因为问题是出在你自己身上。

想要让同事改变看法，只有自己做出改善。平时不要乱发一些惊人的言论，要学会当听众，衣着也应适合自己的身份，既要整洁又要不招摇，过分突出的服装不会为你带来方便，如果你为了出风头而身着奇装异服招摇过市，这会令同事们把你当成敌对的目标。

如果是属于第6项，你要注意你做事的分寸。升职、加薪、条件改善，甚至领导一句口头表扬，都是同事们想获得的奖励，正当的竞争也在所难免，虽然大家非常努力地工作，但彼此心照不宣，谁不想获得奖励呢？

有些人之间或许会有不共戴天之仇，但在办公室里，这种仇恨一般不至于激化到那种地步。毕竟是同事，都在为着同一家单位工作，只要矛盾还没有发展到你死我活的地步，总是可以化解的。

中国有句老话："冤家宜解不宜结"。同在一家公司谋生，低头不见抬头见，还是少结冤家比较有利于你自己。不过，化解敌意也需要技巧。

嫉妒是人性的基本特征之一，只不过有的人会把嫉妒表现出来，有的人则把嫉妒深埋在心底。

嫉妒是无所不在的，朋友之间、同事之间、兄弟之间、夫妻之间、亲子之间，都有嫉妒的存在，而这些嫉妒一旦处理失当，就会形成足以毁灭一个人的烈火。不过，这里只谈朋友、同事之间的嫉妒。

朋友、同事之间产生的嫉妒大都是因为以下情况，例如："他的条件又不见得比我好，可是却爬到我上面去了。""他和我是同班同学，在校成绩又不如我好，可是竟然比我早发达，比我有钱！"……
换句话说，如果你升了官，受到上司的肯定或奖赏、获得某种荣誉
时，那么你就有可能被同事中的某一位（或多位）嫉妒。

女人的嫉妒会表现在行为上，说些"哼，有什么了不起"或是
"还不是靠拍马屁爬上去"之类的话，但男人的嫉妒通常埋在心里，
更有甚者则开始跟你作对，表现出不合作的态度。

因此，当你一朝得意时，你应该注意几件事：

在单位之中有无资历、条件比我好的人落在我后面？因为这些
人最有可能对你产生嫉妒，因此你应更加谦虚谨慎。

观察同事们因你的"得意"而在情绪上产生的变化，以便得知
谁有可能嫉妒。

一般来说，心里有了嫉妒的人，在言行上都会有些异常，不可
能掩饰得毫无痕迹，只要稍微用心，这种"异常"很容易发现。

而在注意这两件事的同时，你也要做这些事情：

1. 别让自己高高在上，以免招致嫉妒

不要凸显你的得意，以免刺激他人的嫉妒心，或是激起本来不
嫉妒你的人的嫉妒。你若过于得意忘形，那么你的欢欣必然换来遭
人嫉妒的苦果。

把姿态放低，对人更有礼，更客气。

2. 低调做人

千万不可有轻慢对方的态度，这样就可降低别人对你的嫉妒，
因为你的低姿态使某些人在自尊方面获得了满足。

3. 在适当的时候适当显露你无伤大雅的短处

例如不善于唱歌，字写得很差等等，好让嫉妒的人心中有"毕
竟他也不是十全十美"的心理补偿。

和心有嫉妒的人沟通，诚恳地请求他的配合，当然，也要真诚

地发现、赞扬对方有而你没有的长处，这样或多或少可消除他的嫉妒。

遭人嫉妒绝对不是好事，因此必须以低姿态来化解。而话说回来，嫉妒别人也不是好事，如果你有嫉妒之心，又无法消除，那么千万不要让它转变成破坏力量，因为这种力量伤人也会伤己，而且嫉妒也会阻碍你的进步。因此，与其嫉妒，不如迎头赶上对方，甚至超越对方。

防人之心不可无

《增广贤文》中有句名言："害人之心不可有，防人之心不可无。"用现代人的观点来看，似乎可以这样来理解，人人在其工作、谋生的圈子里都有可能遇到种种"陷阱"，而这些"陷阱"足以挫败人的工作热情。特别是在某些行业，明里拉帮结派、互帮互助，暗地里互相拆台、使绊子的现象屡见不鲜。虽然我们未必会去做设"陷阱"害人，但是如果要做赢家，就必须连别人也考虑进去，以防可能会出现的麻烦。

的确，"害人之心不可有"，因为害人会有法律和道德上的麻烦，而且也会引发对方的报复；如果你本来是"好人"，害了人反而会引起良心上的愧疚，实际上对自己的伤害更大。然而，在社会上光是不害人还不够，还得有防人之心。尤其在同事之间存在着竞争利害关系，每个人都想扩张他的欲望。而欲望受到危害的时候，"善人"也会在利害关头显示出他的"恶"。例如有人为了升迁，不惜设下圈套打击其他竞争者；有人为了生存，不惜在利害关头出卖朋友……与同事相处，你要时刻提醒自己周围有小人，明枪易躲，暗箭难防。

木秀于林，风必摧之；堆出于岸，水必湍之；行高于人，众必非之。古往今来，多少仁人智士，因其才能出众，技艺超群，行为脱俗，招来别人的嫉妒、诬陷，甚至丢了性命。周公因谤而离朝，韩信遭诽受竹刀。

在某市机关的技术科里，李云与王亮是很要好的朋友。他们原是中学同学，后来又进了同一所理工大学，他们既是同学关系又是同事关系，所以两人都很珍视这份缘分。后来，局里要在他们科室选拔一位中层领导，消息传开后，科室里的人都议论纷纷，都希望自己入选。但后来传出内部消息，领导主要在考察李云与王亮。他们俩的能力都很突出，尤其是李云，能力强，为人正派，在群众中的口碑也不错。

几天后结果下来了，令大家吃惊的是，中选的不是李云，而是王亮。大家想不通是怎么回事，但王亮心里最明白。原来，在王亮得知选拔是在他与李云之间进行时，私欲极大地膨胀起来，他暗下决心，一定要把李云挤掉。他明白，如果搞公平竞争，自己不是李云的对手，他只能靠小动作取胜。于是，他四处活动，在上级面前极尽献媚之能事，除大大夸张自己的能力外，还处处给领导一个暗示——李云有许多缺点，他不适合这份工作。王亮与李云相处多年，找出李云一些工作上的失误毫无困难，加之王亮又编造了一些似乎很有说服力的证据。在王亮的阴谋活动下，他终于把李云挤了出去。

在成为同事之前认识或者是朋友的，当成为同事之后，这种关系是最不好处的，因为相互都知根知底，很容易就会揭发对方的老底。所以处于竞争中的同事，必须时刻小心提防，特别是对知根知底的"朋友"更要防一手。正如李云的遭遇一样，他处于一种"防不胜防"的被动而尴尬的境地。其实，他没有弄明白在这种情况下，只有进攻才是最好的防守，若一味防守，成为受害羔羊的无疑就是你。

所以有许多人即使是再好的朋友，也不愿意进入同一个机关成为同事，尤其是那种潜伏着利益冲突的同事。朋友好做，只要大家合得来就行，而这个同事关系的确难处，因为其中充满了利益纠缠。做朋友时有来有往，协调得非常好。当带着朋友的关系进入同事角色之后，由于种种原因，相互的心态可能会发生巨大变化，而这种变化只能有一个结局，那就是损害了以前良好的朋友关系，而这种关系的损害，不是因为有人精神升华而产生的，却是因为对利益的争夺而形成的，这多少有些叫人寒心。所以，有许多人宁肯做一辈子与利无争的朋友，也不会去做利益丰厚的同事。

《孙子兵法·形篇》中说："善守者，藏于九地之下。"意思是说，善于防守的人，像藏于深不可测的地下一样，使敌人无形可窥。与同事交往，也要谨以安身，避免成为别人攻击的目标。有些人生性喜欢玩弄权术，对付这种人，千万别认真，否则，只会白白让自己生气，叫对方暗自得意。碰到这种人可采用一种以退为进的策略，因为这类人多数是以声势取胜，凡事"大声疾恶"，誓要将小事扩大。

同事间和平相处，团结协作固然会令人在工作中轻松愉快，但是人心隔肚皮，作为上班族，待人处世时多一个心眼是极有必要的。下面几条规则，对你在交往过程中防备"不可测"的同事有很大帮助。

1. 随便交心不可取

在现代竞争十分激烈的社会中，正人君子有之，奸佞小人有之；既有坦途，也有暗礁。在复杂的环境下，不注意说话的内容、分寸、方式和对象，往往容易招惹是非，授人以柄，甚至祸从口出。人只有踏踏实实地工作，努力适应环境，才能改造环境，顺利地走上成功之路。因此，工作中说话小心些，为人谨慎些，尽量避开生活的误区，使自己置身于进可攻、退可守的有利位置，牢牢地把握人生的主动权，无疑是有益的。况且，一个毫无城府、喋喋不休的人，会显得浅薄俗气，缺乏涵养而不受欢迎。

2. 要有防人之心

在单位中，有时同事之间为了各自的利益，往往会互相猜忌，尔虞我诈。身处这种环境，就有如深入敌后孤军作战一样，而孤军作战的最高原则就是"保护自己，消灭敌人"。

许多在工作上力争上游的同事，很注意将对手打倒，却不善于保护自己，这是不足取的。一方面要友好竞争，一方面也要在众人的竞争中保护自己，在势单力薄的情况下，要夹紧尾巴做人，千万不要露出有某种野心的样子，成为众矢之的。尽管俗话说："不招人忌是庸人。"但招人忌是蠢材。在积极做好自己本职工作的时候，最好摆出一副"只问耕耘，不问收获"的超然态度。

3. 避免金钱来往

人们通常有一个坏毛病，向人借来的钱很容易忘掉，借给别人的钱，经常记得牢牢的。因此，在钱的问题上，你必须注意五点：

（1）身边必须多带些钱。

（2）尽量避免向人借钱。

（3）借出的钱最好不要记住，借来的钱千万要记住。

（4）假如手头不方便时，不要参与分摊钱的事。

（5）养成有计划地使用钱的习惯。

4. 别与同事非议领导

不论多么值得信赖的同事，当工作之余闲聊时，切忌不要在同事面前批评领导，这无疑是授人以柄。就算听你倾诉的同事和你肝胆相照，不会做出卖你的事情，但也得小心"隔墙有耳"啊！

5. 切勿自揭底牌

在办公室内，不论你平时表现得如何亲切，有时也会无端地被人当成敌对的目标。所谓："不招人妒是庸才"，所以你也不用把这些不快之事放在心上。同事间能和平相处，自然是最好不过，但如果敌意不可避免，便要小心应付，尤其对手是公司的元老时更要留意，因为他的工作能力或许不及你，但对公司的了解，对人事之间的微妙关系，则胜出你许多。在这时最重要的是不要让他知道太多有关你的资料，包括你的背景、进修情况，与各部门主管的关系及手上工作的进度等。

你的底细让对手知道越少，他越不敢无端地与你过不去。

第五章
掌握与下属交流的技巧

　　踏入领导层的圈子，你的人际关系就更为复杂了。一个出色的领导不一定是最有才能的专家，最重要的是必须善解人意、善知人性、善测人心，能够有效而又快捷地对上对下作恰如其分的应对。要做到这一点，对其办事能力便提出了更高的要求。

如何与下属谈话

与下属交谈是领导工作与应酬中经常的事，也是任何领导必须掌握的一门办事技巧。在与下属交谈时，领导至少要做到以下 7 点：

1. 善于激发下属讲话的愿望

留给下属讲话的机会，使谈话在感情交流过程中，完成信息交流的任务。

2. 善于启发下属讲真情实话

身为领导定要克服专横的作风，代之以坦率、诚恳、求实的态度，不要以自己的好恶而显现出高兴与不高兴的态度，并且尽可能让下属了解到，自己感兴趣的是得到真实情况，而并不是奉承的假话，这样才能消除下属的顾虑和各种迎合心理。

3. 善于抓住主要问题

谈话必须突出重点，扼要紧凑，要善于阻止下属离题的言谈并加以引导。

4. 善于表达对谈话的兴趣和热情

充分利用表情、姿态、插话和感叹词等一切手段，来表达自己对下属讲话内容的兴趣和对这些谈话的热情，在这种情况下，上司的微微一笑，赞同的一个点头，充满热情的一个"好"字，都是对下属谈话最有力的鼓励。

5. 善于掌握评论的分寸

听取下属讲述时，领导一般不宜发表评论性意见，以免对下属的讲述起引导作用，若要评论，措辞要有分寸。

6. 善于克制自己，避免冲动

下属发现情况后，常会忽然批评、抱怨起某些事情，而这客观上正是在指责领导。这时你一定要头脑冷静、清醒。

7. 善于利用谈话中的停顿

下属在讲述中常常出现停顿。这种停顿有两种情况，一种是有意的。它是下属为观察一下领导对他谈话的反应、印象，以引起上司做出评论而做的，这时上司有必要给予一般性的插话，鼓励下属进一步讲下去。第二种停顿是思维停顿引起的，这时候领导应采取反问、提示方法，接通下属的思路。

另外，在业务时间进行的无主题谈话，是在无戒备的心理状态下进行的，哪怕是只言片语，有时也会得到意外的信息。

怎样面对下属的失误

下属工作出现失误，许多领导不分青红皂白就是一顿训责。这是一种极危险的做法。正确的做法应该是：

1. 主动承担责任并及时处理

主动承担责任能体现一个领导应有的气度和修养，也能得到员工们的理解和尊敬。切不可不问青红皂白，一味指责员工，一副居高临下、盛气凌人的作风。

虽说是属下惹的祸，但你硬要他自己去收拾残局。碍于职权的限制，他恐怕也不会取得什么满意的结果，很可能问题最后还要回到你这儿。倘若你亲自去处理，由于对问题不甚了解而心里没底，同样不利于问题的解决。如果你与当事的属下共同去接待来兴师问罪的顾客，不仅大大增加了解决问题的可能性，而且刚刚升职的你可能会受益匪浅。

首先，你的出现会赢得人心。在外人面前主动承揽责任，会减轻属下的思想包袱，他会感激你。同时也会赢得其他属下的人心，让人们看到你有敢于承担责任的勇气。其次，在解决问题和协调双方利益时，你的意见较具权威性，可以更好地维护部门利益。而你最能受益之处在于，通过此事你能掌握发生失误的具体原因，并联想到部门其他业务也可能出现的差错，以增强全局防微杜渐的意识。

2. 要宽容

对犯错误的人，需要严肃，也需要宽容。所谓宽容，就是按照允许犯错误并允许改正错误的原则办事，对犯错误的人采取宽恕的态度，实行从宽政策。特别是对于因大胆探索而造成失误、因经验不足而造成失败、因出现复杂的新情况而造成差错，更要宽容。如果偶有失误就严厉责骂，或把人撤掉，下属就会失去锐气，不敢再露头角，变成谨小慎微只求无过的人，对工作不敢进行任何创造，这样你所领导的集体自然也不会取得成绩。而且，如果犯过一次错误便毫不宽容，下级的更换势必频繁，领导岗位的稳定性、连续性将无法得到保证。这样做，实质上是不允许人犯错误。宽容是帮助的前提，不懂得宽容就谈不上任何帮助。但宽容不是无原则的迁就，不是宽大无边，而是在政策原则允许范围内，尽量做到宽大为怀。

3. 注意开导情绪、引导正确的方向

有的下属一旦出了差错，犯了错误，就陷入情绪低迷状态，把自己孤立起来，并从此一蹶不振。遇到这种类型，必须找下属做开导工作。要使其明白，出差错是难免的事。犯错误、失败都不可怕，可怕的是不懂得怎样对待错误。真正聪明、有作为的人，是善于从错误中学习的人。人若能从错误中真正学到知识，能力必然会有大的提升。在此基础上，你再指点他应该从哪里着手，先做些什么，后做些什么，以便尽快对失误进行补救，挽回丢失的面子，以新形象出现在众人面前。

事实证明，越是自尊心强的人，越是需要领导的引导。经过引导之后，那些人爱面子的心理就会转变为奋发图强的决心。

4. 为下属改正错误创造一个有利的环境和条件

下属犯错误后本身就有一种自卑感和压抑感，情绪低落。此时，做领导的要比平时更主动、更热情地接近他，关心、鼓励他，使他坚定改正错误的决心和信心。同时还要做他周围人的工作，让大家不仅不歧视他，而且要主动接近他，使他尽早摆脱低迷的困境。

工作上如何帮助下属

每位员工的能力都不一样，所以，给员工交代工作的方法，也须按各人能力的有所不同而区别对待。把工作委任给下属去做，是非常重要的事情，但要是员工能力不足，无法顺利完成工作，那么反而让他伤透脑筋。

所以，你应按对方的能力而委派工作，一旦发现对方的工作无法顺利进行时，就要协助他、支援他。如果工作没有顺利地完成，就认为都是下属过错，那么，事情是绝不能获得改善的。

不过，也须注意支援的方法。例如：有甲、乙、丙三个员工，把交给他们的工作目标都定为 100，这时，假定甲拥有 60、乙拥有 40、丙拥有 80 的能力。

由此可得知，甲的能力尚差 40，为了弥补这个不足的能力，当然要给他一点支援。但是，如果给他 40 的支援，那就不对了。此时，不管是给他支援或是直接做指示，都只能做到 30 的地步，要为甲留下一点发展的空间，才是正确的做法。

如果你补充了全部不足的能力，那么，甲的能力就无法得到提升。同时，更糟糕的是，甲会认为自己每当能力不够时，你就一定会竭尽全力支援他，因此将会产生依赖的心理。而倚赖心一旦产生，就是退步的开始。

简单地说，帮助下属时，要留下可以让对方发挥才能的余地。一个人要是拼命工作，其能力自然就会增长。如果你放松对他的要求，工作上大包大揽，太过于保护员工，将得到适得其反的效果。

如果继续采用这种方法，那么对乙就要帮助 50，留下 10 让他自行发挥；对丙就可以不用支援，让他自己去做就行。就这样按照工作的难易程度和对方的能力，来判断他是否能顺利地完成工作。如果懂得这种现代管理方式去管理下属工作，员工就会迅速成长起来；要是主管不了解这个方法，员工将没有成长的机会。

　　然而，如果当员工有困难时不去帮助他，员工很可能就会失败，也就无法达到完成工作的目标。因此，把工作委派给员工时，须充分观察整个事件进展的状况或潜在的障碍。同时，也应该了解支援到何种程度才最恰当，并且别忘了留下让他发挥的余地。

　　简单地说，你要和下属分担工作，而更重要的是，你要留下适当的发展空间。

化解矛盾的方法

在这个世界上，矛盾无处不有，无所不在。领导无论如何优秀，与下属都会存在或多或少、或大或小的矛盾。上司与下属有矛盾是正常的，没有矛盾反而不正常。如何化解与下属之间的矛盾？——领导的思想水平，个性品质，管理才能，领导艺术，恰恰就体现在这里。

1. 正确地认识矛盾

正确认识矛盾，除了承认矛盾存在的正常性外，还要承认你与下属的矛盾是工作上的矛盾，是"人民内部的矛盾"。

2. 把矛盾消灭在萌芽状态

上下级相交往，贵在心理相容。相互在心理上有距离，内心世界不平衡，积怨日深，便会酿成大的矛盾。若要把矛盾消灭在萌芽状态并不困难。

（1）见面先开口，主动打招呼。

（2）在合适的场合，开个适当的玩笑。

（3）根据具体情况做些解释。

（4）对方有困难时，主动提供帮助。

（5）多在一起活动，不要竭力躲避。

（6）战胜自己的"自尊"，消除别扭感。

3. 允许下属发泄怨气

领导工作有失误，或照顾不周，下属当然会感到不公平、委屈、压抑。不能容忍时，他便要发泄心中的牢骚、怨气，甚至会直接地指责、攻击、责难领导。面对这种局面，你最好这样想：

（1）他找到我，是信任、重视、寄希望于我的一种表示。

（2）他已经很痛苦、很压抑了，用权威压制对方的怒火无济于事，只会激化矛盾。

（3）我的任务是让下属心情愉快地工作，如果发泄能令其心里感到舒畅，那就令其尽情发泄一番，再与他谈。

（4）我没有好的解决方法，唯一能做的就是听其诉说。即使很难听，也要耐着性子听下去，这是一个极好的了解下属的机会。

如果你这样想，并这样做了，你的下属便会日渐平静。第二天，也许他会为自己说的过头话，或当时偏激的态度而找你道歉。

4. 善于容人

假如下属做了对不起你的事，不必计较，而且在他有困难时，你还不能坐视不管。你要：

（1）尽力排除以往感情上的障碍，自然、真诚地帮助、关怀他。

（2）不要流露出勉强的态度，这会令他感到别扭。不感激你吧，不合情理，想感激你又说不出口，这样便失掉了行动的意义。

（3）不能在帮助的同时批评下属。如果对方自尊心极强，他会拒绝你的施舍，非但不能化解矛盾，还会闹得不欢而散。

得饶人处且饶人，容人者常容于人，很快忘掉不愉快，多想他人的好处，才能团结、帮助更多的下属。他们会因此而重新认识你。

5. 不要刚愎自用

出于习惯和自尊，领导总喜欢坚持自己的意见，执行自己的意志，指挥他人按自己的意愿行事，而讨厌那些你指东他往西的下属。

当上下级出现意见分歧时，用强迫的方式要求下属绝对服从自己，双方的关系便会紧张，出现冲突。战胜自己的自负，可用如下心理调节术：

（1）转移场合，转移视线，转移话题，力求让自己平静下来。

（2）寻找多种解决问题的方法，分析利弊，令下属选择。

（3）多方征求大家的意见，加以折中。

（4）假设许多理由和借口，否定自己。

6. 发现下属的优势和潜力

身为领导，最忌把自己看成是最高明的、最神圣不可侵犯的人，而认为下属毛病多，一无是处。对下属百般挑剔，看不到其长处，是上下级关系紧张的重要原因。研究下属心理，发现他的优势，尤其是发掘他自己也没有意识到的潜能，肯定他的成绩与价值，便可消除许多矛盾。

恩威并举，双管齐下

在一个寒冷的夜晚，东北某城市的一条不是很繁华的道路上几乎已经没有车辆行驶。这时从街中心的地下管道口钻出了几位衣着不俗的干部模样的人来。路旁的一个行人十分奇怪，想上前看个究竟，一看却怔住了，他认出这些钻出来的人，竟是经常在电视上出现的市政府的领导们！

原来，为了解决供暖故障问题，地下管道内有几名工人在紧急施工，市领导特意赶来并到一线表示慰问。

这个城市的市领导把群众的冷暖和困难时刻放在心上，他们在解决供暖管线紧急故障的问题时，没有忘记不畏严寒在地下管道中施工的工人们，这让路上的行人和施工的工人们深受感动。

有人认为，作为一个领导，要做到令出必行，指挥若定，就必须保持一定的威严，在领导与指挥业务上，没有令对方与下属感到畏惧的威慑力和专业正确的决策，是不容易尽责称职的。单是有一张和蔼的脸，靠一番感人的言辞所起的推动作用，可以说非常有限。

商场如战场，《孙子兵法》中有个关于"三令五申"的典故可以拿来借鉴。

当年吴王委派孙子训练宫中嫔妃成为娘子军。起初，嫔妃们觉得好玩，视同儿戏，成日嘻嘻哈哈。孙子一再劝说，并告诫不听命即要严惩，但没有人相信。其中吴王最宠爱的两个妃子最是不听命令，拿孙子的话根本不当一回事，结果三日过去，孙子行使无情军法，当场斩掉了那两个妃子，事后宫妃们顿时肃然起敬，令出必行，军容整顿，一切井井有条。

当然，威严也不等于整日板着面孔训人。只是在工作时对待下属必须令行禁止，说一不二。发现了下属的差错，决不姑息，立即指正，限时纠正，不允许讨价还价。要让下属产生敬畏之心，才会使你威严正直，在单位、企业中指挥自如，群众心服口服。

威严始终是领导层人士的一种气质，但恩威并施才能更好地领导下属。

但作为企业的领导，要实现自己的意图，必须与属下进行沟通，而富有人情味就是沟通的一道桥梁，它可以有助于上下双方找到共同点，并在心理上强化这种共同认识，从而消除隔膜，缩小距离。因此，领导应该是恩威并举。

所谓恩，不外乎亲切的话语及优厚的待遇，尤其是话语。要记得下属的姓名，每天早上打招呼时，如果亲切地呼唤出下属的名字，再加上一个微笑，这名下属当天的工作效率一定会大大提高，他会感到，领导是记得我的，我得好好干！

有许多身居高位的人物，会记得只见过一两次面的下属名字，在电梯或单位门口遇见时，点头微笑之余，叫出下属的名字，会令下属受宠若惊。

对待下属，还要关心他们的生活，聆听他们的忧虑，他们起居饮食都要考虑周全。

所谓威，就是必须有命令与批评。一定要令行禁止。不能始终客客气气，为了维护自己平和谦虚的印象而不好意思直接批评指正其问题。必须拿出做领导的威严来，让下属知道你的判断是正确的，必须不折不扣地执行。

领导的威严还表现在对下属布置工作、交代任务上。一方面要敢于放手让下属去做，不要自己包打天下；另一方面在交代任务后，还必须要检查下属完成的情况。

将恩与威调成一杯鸡尾酒，和自己的下属碰杯，才能驾驭好下属，让他们心悦诚服，发挥他们的才能。

女性领导如何管理下属

做领导难，做一名新上任的领导更难，而做一名新上任的女性领导更是难上加难。

无论你如何能干，一定会有人妒忌你，尤其是那些年纪比你大，资历比你深的人，他们会以为做领导的应该是他而不是你！许多公司的经营决策阶层对于提升一个女性，要比提拔一位男性小心谨慎得多，原因是一位女性领导要面对的下属负面情绪远比男性大得多。很多男人对于受到同性管理觉得理所当然，但是对受制于女性领导却非常敏感；而女性下属对于同性领导的态度，又很少有人是诚心诚意的。因此，假如你是女领导，你会发觉很少有人肯心甘情愿地为你工作……这时你在管理时所采用的方式，将会对你的管理效率产生极大的影响。

女性领导要成功地开展工作，需学会把男性的刚毅与女性的温柔艺术地结合起来。你可以尝试从以下几个方面着手。

1. 保持职业形象

在一般人观念中，女性领导给人的印象是判断力不强，胆量不够，眼光短浅，心胸狭窄。要改变这一不佳形象，唯有以实际行动来表现自己的能力，女性的妩媚温柔也要适当地收敛。第一件要做的事，就是叫男朋友或丈夫不要在你上班时老打来电话，也不要到公司常来接你，以显示自己的工作责任心及起码的独立能力。

美国形象顾问格兰克说："你在办公室中的威信，五成来自别人如何看你。"也就是说，让人认为你能力不凡，与你实际拥有能力一样重要。任何有损形象的行为，如一上台就脚软，动不动就脸红，一受挫就哭，或说话像非常幼稚的小女孩，这种种必定让你只在原地踏步……

在办公室中，你是一声令下众人称臣的铁娘子，还是三言两语就委屈掉泪的芭比娃娃？如何塑造一个专业形象，让你的上司认真看待你的能力非常重要。

一名24岁的大百货公司采购员小芳说："一次，我为公司争取到一个品牌产品的代理权，在与市场部开会时，副总裁竟然亲自主持。"

原本是一个表现才干的大好机会，小芳却紧张得涨红脸，结结巴巴。"当时，我若是将精神集中在公事上，而不是对自己的脸红太在意。那一切就会很顺利，怎料我却慌慌张张，令上级失去信心。"

过后，小芳的上司就减少她与高层接触的机会，令她空有才干而无法获得高层领导的赏识。

在工作中一遇困难便泪流成河，前途往往也会大江东去，当你在上司面前因工作问题而泪眼汪汪，则会让人认为你无法面对压力。

哭泣不但令你显得软弱、自制能力差，公司也会考虑到，在面对客户时万一你又哭起来，那公司的形象也会跟着受损，于是会在关键的岗位和工作上降低对你的信任度。

所以，如果你想成功，你就必须学习控制自己的情绪，处事不惊，一个训练方法是将自己"分裂"为两个人。当你早上换了套装，准备上班时，想象你同时"换"了一个人，这人专业而冷静。多加练习，自信便能提高。

2. 照章办事，公私分明

遇到涉及公事的事，要理智对待，不违原则。要果断敢言，维护公理，主动做出明智的选择，表现出刚毅果断的决断能力，决不能唯唯诺诺，处处让步。

3. 不要伤害男人的自尊心

其实，男性自尊心非常强而且脆弱，一旦遇到女人威胁到他的存在，便会产生抗拒心理。所以必须懂得在适当的时候维护一下他们的自尊，并夸奖他们一两句。在众多人面前，最好多赞美男性同事的工作成就，尽量避免产生不必要的误会。

4. 与男上司不要太亲密

也许男上司不会讨厌你的亲密，但在旁观者眼里，你是有野心和有企图的，随之而起的流言可能会使上司对你想入非非或敬而远之。

上下级之间的确可能建立友谊，但是自己一定要把握好友谊的分寸，过多地参与老板的秘密，就不太好了。亲密的关系有一种平等化的效应，这可能扭曲老板与你之间正常的上下级工作关系。即使老板对你吐露的秘密仅仅局限于公司内部的事情，这仍会带来许多人际间的麻烦。你介入得越深，越会发现自己的行动不自由。不过，闲时也可以彼此聊聊儿女的近况。现代成功人士总乐于展示他们贤夫良父的形象。无论他38岁还是58岁，儿女总在他生命中占有至关重要的位置。

第六章
掌握与朋友办事的技巧

一个篱笆三个桩，一个好汉三个帮。人们在日常生活中会遇到许多单凭个人力量无法解决的事，朋友们可以给予你无私的帮助使你渡过人生的难关。

朋友间办事的 5 个原则

千里难寻的是朋友，朋友多了路好走。依靠朋友办事，有以下 5 个原则。

1. 信任为本

信任既包含你对友人的信任，也包括友人对你的信任。朋友之间最基本的态度就是信任。如何赢得友人的信任呢？

当别人委托你做某件事时，你应该尽力去帮别人完成，不管对方是郑重其事地嘱托，还是口头上的请求，你都应该当做自己的事情一样来处理。如果实在难以完成，应尽力完成力所能及的部分，并向对方说明不能完成的理由并表示歉意，这样你就会赢得对方的信任。

当你委托友人办事时，要充分信任对方，委托给他的事情让他以自己的方式去处理，如果对方不能完成，并诚恳地阐述了理由，就应向对方致谢之后再另想办法。

2. 理解为桥

朋友之间还需要理解，理解是朋友之间的桥梁，了解你的朋友，会使你的朋友对你推心置腹，为你两肋插刀。

春秋时期的著名政治家管仲和鲍叔牙从小就是很好的朋友。长大后鲍叔牙要管仲同他一起去做生意，管仲觉得家里穷，没有本钱，很艰难，鲍叔牙便拿出自己的钱与管仲合伙做生意，当管仲赚到的钱多得了一些时，鲍叔牙理解管仲上有老下有小、家境不宽裕的处境，丝毫不为此感到不平。后来他们都成了齐国的官员，鲍叔牙在任时间长，官职却比管仲低，别人为他不平时，他自己却很理解管仲，准备辞职以减轻管仲的压力。无怪管仲感叹地说："生我者父母，知我者鲍君也!"管仲与鲍叔牙的友情，被誉为"管鲍之交"。

君子之交，贵在相互理解。稳固的友情是建立在充分理解之上的，因此要充分理解你的朋友，不要只站在自己的角度上想问题。

3. 宽容作舟

宽容是一种博大而深邃的胸怀，是人类的最崇高美德之一。《菜根谭》中有一句话："处事让一步为高，退步即进步的根本；待人宽一分是福，利人实利己的根基。"这是很有道理的话。

这个世界上形形色色的人都有，有道德高尚的君子，也有势利卑鄙的小人，人们之间发生冲突摩擦是难免的。但是以不同的态度对待冲突摩擦，却会产生截然不同的效果。有的人心胸狭窄，小仇必报，一点小的冲突也会上升为大的矛盾。而有的人则心怀宽广，容忍为先，善于大事化小，小事化了，使人们觉得他易于接触，因而朋友众多。

另外，得理不饶人绝对够不上宽容的美德。宽容的人，就算真理在手，与朋友交流时也要把调子降低三分，在不动怒的情况下和颜悦色地说服朋友。这样，你们的友情才能够得以维持，朋友也会认为你是一个心胸豁达的人。

4. 钱财分开

有些朋友之间由于交情很好，往往财物不清，"有钱同使，有衣同穿"，刚开始时感觉不错，时间长了往往会出问题，由于两个人开销会比一个人大，往往会在这方面谁多出了钱，那方面谁多占了东西等小问题上产生矛盾，久而久之，影响感情。

俗话说，亲兄弟，明算账。朋友之间的财物尽量不要混用，友情好是一回事，财物又是另一回事，在财物使用问题上，朋友之间要保持一定的距离，各人处理各人的财物，朋友之间只讲友情，不讲钱财，这样会避免一些可能发生的摩擦与冲突。

5. 适度迁就

做人应该有原则性，但是在某些条件下，适当地迁就一下朋友也是有必要的。

有时，由于某种客观因素干扰，别人虽然心存一片好心，却帮你坏了事，对于这样的情况，不要过多责怪别人，事情既然已经如此，就不必太过纠缠。但是如果事情严重伤害了自身的利益，则不能随便迁就了，而应根据事态的后果，酌情予以合理的追究，要保护自己的合法权利。

适当的"迁就"可以使你心胸宽广，使别人对你产生敬意，也可使你远离那种朋友之间耿耿于怀的折磨。

托朋友办事的 5 个方法

有时在你的生活中或事业中遇到一些事情，仅靠你自己势单力薄无法完成，需要靠朋友来帮忙才会成功，然而应该怎样争取朋友的支持呢？

1. 承认自己的不足，恳请朋友帮助自己

承认自己的不足，会给人一种被信任的感受，有助于对方接受你的请求。

2. 以适当的解释说服朋友

解释应简单明了，如果朋友对你的意图不理解而拒绝，适当的解释很有必要。

3. 以平等的身份来请求对方的支持

托朋友办事时不要像下命令似的差遣朋友帮你办事，而应在平等的基础上询问朋友是否愿意，或是否可以帮你办某事，这样朋友有一种被尊重的感觉，自然会愿意帮你。反之，若可怜兮兮地请求朋友帮你办事，朋友即使帮你办事，你在他的印象中也要失色不少。

4. 以朋友之情打动他

人被感动之后总是容易答应一些事情，你在托朋友办事时可以采取"感情攻势"，例如手足之情、知交之情、昔日之情、同学之情、同胞之情、战友之情，都是托人办事的良好润滑剂。

5. 以自己的实力为基础

你在托朋友办事时，如果附以自己干出的实际成绩，会显得很有说服力，也很坦诚，朋友在这种情况下，就会毫不犹豫地选择帮你。

哪些人不宜结交为朋友

前几天跟人聊天，我说："你作为赌鬼，你不是戒不了赌，你是戒不了那个叫你去赌博的人。如果你把那个人戒掉，你的赌也就戒掉了。"

老人们常说："人牵了不走，鬼牵了魂跑"。如果你是人牵了不走、鬼牵了飞跑的人，那真的要注意了。你身边的朋友可能是你人生最大的障碍，甚至是你人生走下坡路的重要祸端。就拽着你的双脚，让你永远飞不起来。应该如何提纯？如何回避？哪些朋友不能交？

1. 悖人情者不敢交

亲情、爱情都是人之常情，如果一个人的行为显示出他在人之常情中的处事态度十分恶劣，那么这种人是不能交往的。这种人往往极端自私，为达目的不择手段，并惯于过河拆桥、落井下石，因此，这种人不可交。

2. 势利小人不屑交

如果某人是非常势利、见利忘义的那种小人，这种人不适合作为朋友出现在生活中。

例如张三当总经理时，一位高层职员经常到张三家里坐坐，对张三奉承一番，外带一批上好礼物；而当张三下台，李四当上总经理时，这位高级职员马上到李四家里送礼，并数落张三的不是，将李四捧为最英明的领导。

势利小人的一个通病是：在你得势时，他锦上添花，当你失势时，他落井下石。他不懂得什么是真诚，他只看重权势与利益。因此，这种人不能交往。

3. 酒肉朋友不可交

"铁哥儿们"大碗喝酒、大口吃肉时，胸脯擂得震山响。但一旦真有啥事需要他们出手相援时，他们往往唯恐避之不及。《增广贤文》说得好：有酒有肉多朋友，急难何曾见几人。因此，"动口不出力"的酒肉朋友是靠不住的。

4. 两面三刀不能交

口里喊哥哥，手里摸秤砣；当面一套，背后一套。对这样的人应该小心防范，更别说跟他交朋友了。

《红楼梦》里的王熙凤，被人称为"明里一盆火，暗里一把刀"，表面上对尤二姐客套亲切，背地里却欲置之于死地而后快。与这样两面三刀的人交往时，应多注意他周围的人对他的反映，与这样的人在短期交往中，是很难发现这种性格特征的，但接触时间长了便会清楚明白了。

这种两面派是千万不能结交为朋友的，不然他会令你尝尽苦头。

朋友间办事的4种禁区

千里难寻的是朋友，朋友多了路好走。朋友历来是人生非常重要的助力者。在找朋友办事和帮朋友办事的过程中，我们尤其要注意少犯以下几种错误。

1. 临时抱佛脚

建立"关系"最基本的原则，就是不要与朋友失去联络。不要等到有麻烦时才想到别人，"关系"就像一把刀，常磨常用才不会生锈。若是长时间不联系，你们的朋友之情可能逐渐淡化。因此，主动联系就显得十分重要。

许多人都有这样的经历，当你发生了困难，认为某人可以帮你解决，本想马上找他，但后来想一想，过去有许多时候本来应该去看他的，结果没有去，现在有求于人就去找他，会不会太唐突了？甚至因为太唐突而遭到他的拒绝？这叫"平时不烧香，临时抱佛脚"。佛即使有再大的灵性，大约也不会帮你。

2. 有求必应

我们经常会陷入自寻烦恼的思想斗争中去是因为我们跳入别人的问题中去了。某人投给你一个忧虑，而你认为你必须接住它，并做出反应。例如，你实在很忙，这时一个朋友打电话来，用一种激动的腔调说："我的妈妈简直让我发疯。我该怎么办？"你不是说："我实在很难过，但我真的不知道该提些什么建议。"而是自动地接住这个球，并尽力去解决这个问题。然后，你感到压力重重或怨恨自己完不成计划，似乎所有人都在向你提出要求。

记住，"你不必一定要去接住这个球"，这是消除你生活中压力的一个非常有效的办法。当你的朋友来电话，你可以放下这个球，意思是，你不必仅仅因为他或她在请你加入，你就必须参与进去。如果你不吞下这个诱饵，那个人可能就会打电话给别人，看看他们是否会卷进来。

这并不是说你永不接球，只是说你这样做，是出于自己的选择。这也不意味着你不关心朋友，或是说你麻木不仁或毫无用处。建起一种更静的生活观，要求我们了解自己的极限及对此过程中我们应该在哪一部分负起责任来。我们的生活中每天许多球投向我们——在工作中或来于我们的子女、朋友、邻居、销售人员甚至是陌生人。如果我们接住所有投向我们的球，我们肯定会发疯的！关键是要知道，什么时候才去接另一个球，这样我们才不会感到被拖累、怨恨，或被压垮。

如果我们在朋友面前，被迫得"非答应不可"，而实际上明知这事自己无法适应时又怎么办？

对于自己根本没有能力办到或不想办的事情，最好及时地回绝。拒绝并不是简单地说一句："那不行"，而是要讲究艺术：既拒绝了对方的不适当要求，又不致伤害对方的自尊，也不损害彼此的关系。

须知，许了的愿，就应努力做到。因一时怕对方失望，乱开"空头支票"，愚弄对方。一旦自食其言，对方一定会更加恼火。

3. 热情过度

物极必反的道理同样适用于朋友之间的交往。

杰西克婚姻上遇到麻烦，妻子离开了他，投入了情人的怀抱。杰西克像所有被抛弃的男子一样，有点丧失事智，借酒浇愁，每天一下班就缠着希尔去酒吧，希尔的妻子为此常常抱怨他。为了躲避他，希尔与妻子躲进了旅馆，他知道今晚再也见不到那张熟悉的面孔了。

希尔解释说："我和杰西克的友谊是公司所有人都知道的，我们白天在一起工作，讨论问题经常会使我们口干舌燥。杰西克是个重友情的人，最早时，我们经常下班后去外面吃晚饭，顺便谈一些轻松的话题，后来我厌倦了，开始推托回家。

"可怕的是，在我借故离开后，他追到我的家里，他不再喝酒，只是没完没了地向我介绍他的想法，并经常说：'我们是世界上最好的朋友，胜过夫妻和所有的合伙人'。我不得不点头。

"天啊！这种事竟然持续了半个月，我和妻子的忍受力像加压的玻璃瓶马上就会爆炸，于是我在家里对杰西克的谈话置之不理，可这不能阻止他的谈话，并增添了他的抱怨，他说，不管怎么样希望我不要抛弃他。

"我和妻子商量了很长时间，决定在不能去欧洲旅行之前，只好先住进旅馆，等到杰西克恢复正常再说，其实，我心里十分清楚，他根本就没有什么不正常。只是希望我们的友情胜过一切，但他从来就没有注意一下我妻子气愤的眼睛。"

也许有很多人遇到过这种情况，朋友的热情让你害怕甚至恐惧。《友谊自天而降》一书中说："朋友之间各自的家庭、工作和其他社会环境，都不尽相同。作为朋友，如果不考虑实际，以自我为中心，强求朋友经常在一块与你厮守，势必会给他带来困难。"

此外，人与人之间的差异是必然存在的，交往的次数越是频繁，这种差异就越是明显，过分的形影不离会让最要好的朋友也厌烦你，以致最终离你而去。

4. 毫无顾忌

吃朋友的饭，穿朋友的衣，吃朋友的亏。人最容易在自己最好最亲密的朋友身上吃亏。

正如安全的地方，人的思想总是最松弛一样，在与好友交往时，你可能只注意到了你们亲密的关系在不断成长，每每在一起无话不谈。对外人你可以骄傲地说："我们之间没有秘密可言。"但这一切往往会对你造成伤害。

刘璐上大学后便违背了父母的意愿，放弃了医学专业，专心于创作。值得庆幸的是，偶然的机会她遇到了知名的专栏作家潘迪，

122

她们成了知心朋友，无所不谈，潘迪悉心指教，刘璐不久便寄给了父母一张刊登自己文章的报纸。

一个人在挫折时受到的帮助是很难忘记的，更何况是朋友。刘璐与潘迪几乎合二为一了，一同参加鸡尾酒会，一同去图书馆查阅资料。刘璐把潘迪介绍给她所认识的人。

但这时潘迪面临着不为人知的困难，她已经拿不出与其名声相当的作品了，创造源泉几乎枯竭了。

当刘璐把她最新的创作计划毫无保留地讲给潘迪听时，她心里闪过了一丝光亮。她端着酒杯仔细听完，不停地点头，罪恶想法就产生了。

不久，刘璐在报纸上看到了她构思的创作，文笔清新优美，署名是"潘迪"。刘璐谈到她当时的心情时说：

"我痛苦极了，其实，如果她当时给我打一个电话，解释一下，我是能够原谅她的，但我整整面对那张报纸等了三天，也没有任何音讯。"

半年之后，刘璐在图书馆遇到了潘迪，她们互相询问了对方的生活，以免造成尴尬。然后很有礼貌地握手告别。

自那件事以后，她们两个人全都停止了创作。

好友亲密要有度，切不可自恃关系密切而无所顾忌，正如中国一句古话"见面只说三分话，未可全抛一片心"。亲密过度，就可能发生质变，好比站得越高跌得越重，过密的关系一旦破裂，裂缝就会越来越大，好友势必造成冤家仇敌。

如何请显赫的朋友帮忙

在一个人感慨"燕雀焉知鸿鹄之志"时，若遇上知心朋友，几杯下肚，总免不了发些"苟富贵，勿相忘"的慷慨之言。但事实是许多昔日的朋友显赫之后，并没有遵守自己的诺言，而是逐渐与原先那些状况并未多大改善的老朋友疏远了，甚至忘掉了老朋友，躲着老朋友。

老朋友疏远的原因很多，有可能是发达显贵的一方在人格上变得高傲，耻于与无权无势的旧交为伍了；有可能是他心情没变，因整天沉湎于繁杂的事务之中难以自拔，而无暇顾及他人；但也有可能是没有长进的一方妄自菲薄，因自卑而羞于交往。无论怎样，两者的交情是越来越淡薄了。

在这样的情况下，处在低层次的朋友如何向高层次的朋友求助，请求帮忙办事情。当然肯定是有被逼无奈非求不可的事了。因为求老朋友必然要比求陌生人要好得多，至少双方曾经有过很深的交情。再者，跟老朋友说话总比跟陌生人好开口得多，就是送礼还能找着门口呢。在这种情况下不妨采用以下四种方法。

1. 带上见面礼

因多年不见，就算是老交情，带点礼物上门，也是非常自然的，更是情感的体现。礼物不在多少，它能有把这多年没有交往的空缺一下子填补之功效。当然，礼物最好是对方旧有的嗜好，也可以是土特产，也可以是烟、酒及钱。

礼物不同，见面时的说法也不同。若是旧友的嗜好之物，就说是"特意给老兄（老弟）的，我知道你最喜欢这东西"；若是土特产，就说是"带给嫂子（弟妹）和孩子尝尝的"。至于钱或贵重的礼物最好不要送，一则对方并不缺，二则太俗，三则令自己投资太大。走进了门，便有了开口求老朋友办事的机会了。总之，得带点什么才行。

2. 唤起回忆

这是此次拜访的最重要的办事基础，因为回忆过去就唤起了对方沉睡多年的交情，这交情才是对方肯为你办事的前提。

回忆过去，闲聊往事，也有个当与不当的问题。当年朱元璋做了皇帝以后，先后有两个少时旧友来找他求官做，一个当众说了直话，引起了他出身贫贱的尴尬，结果被杀了头。

与朋友及家人闲聊过去，如果是当着他的孩子和老婆，要尽量少去提及对方让孩子老婆成为笑料的"乐事"及尴尬事，这样可能会伤害对方在家庭中的权威，引起对你的反感，而达不到办事目的。

3. 以言相激

"无事不登三宝殿"。长时间的没有来往，此次突然来访，对方便知道你有事要求于他。他若不愿帮忙，一进门就会显得非常冷淡，当你把事提出来的时候，他会现出含含糊糊的拒绝态度。这可能是在你的意料之中，这时，你就得把"死马当成活马医了"。"以言相激"不失为一种扭转对方态度、继续深入的好方法。

比如，你可以说：

"你是不是觉得，我这事给你找的麻烦太多?"

"我知道只有你能帮我，所以我才来找你的，否则，我能大老远地跑到你这里来吗?"

"我想你有能力帮我，再说这事也不是什么违背原则的事。"

"我临来之前，跟亲友都打过保票了，说这事到你这里一办就成，难道你真让我回家无脸见人?"

以言相激也必须掌握分寸，若是对方真的无能力办成此事，我们也不能太苛求人家，让人家为难，更不能说出绝情绝义的话，伤害对方。只有你了解了对方确实有"多一事不如少一事"的心态时，才可以以言相激，逼他去办。

如果他真的帮你去办事，不管办成没办成，事后，你都应该说个道谢的话，这样会显得你有情有义。

4. 以利益驱动

如果你了解到这事办成的难度较大，或者对方是一个见钱眼开的人，即使他帮你办成，也会留下一个天大的人情。这样，你不妨干脆以利益驱动。

如果你把实情道出，说这是我自己的事，事成之后，我给你多少多少好处，对方可能会碍于老朋友的面子不好接受。那么，这时你可以谎称这事是别人托你办的，事后可以怎么怎么的，这样，对方就会很坦然地接受，有时，你也可以显得不卑不亢，事后也避免留下还不完的人情债。其实，这也是当今社会很普遍的办事方法，运用这种方法办事，成功率往往很高。

第七章
感恩做人，低调处世

　　在我们身边，为什么有的人活得那么累？有的人却活得那么轻松呢？活得累的人，不一定是穷人，不一定是恶人；活得轻松的人，不一定是富人，也不一定就是好人。但是，为什么有的人就那么招人喜欢，而有的人就那么让人厌恶呢？

　　其中，有一个如何做人的问题。人要想活得不累，活得自如，活得让人喜欢，最简单不过的办法，就是学会感恩做人、低调处世。感恩做人和低调处世，可以让你与周围的人和谐相处，还能让自己厚积薄发，终有一天会破茧成蝶。

做人要懂得感恩

物欲炽热、人心浮躁，似乎不少人已经淡忘了"感恩"二字。大家都喜欢伸出双手说："给我，给我!"却不愿说："拿去，拿去!"那些要了还想要，总是不满足的人，怎么知道感恩呢？

在大山的深处，有一对相爱的年轻恋人。姑娘家境较好，小伙子是邻村十多里外的一个孤儿，家中一贫如洗。两人的恋情被姑娘的家长得知后，姑娘的母亲找到了小伙子的家，搬条凳子在他的家门口骂了三天三夜，谁也无法劝阻。乡下妇女的嘴巴，自然是什么脏话丑话都讲得出口的。有道是"贫贱夫妻百事哀"，其实贫贱的恋人又何尝有好日子过？就算你们甘于过贫贱而又平静的日子，也总有人让你们不得安宁。

小伙子无奈，只得走出深山，外出求发展。出门在外的艰辛自不必多提，多年以后，小伙子拥有了一家工厂。他一直单身，单身的原因不是经济问题，而是心里总是放不下昔日的恋人。刚出门的头几年，因为日子一直过得窘迫，不好意思回乡，也觉得没脸联系昔日的女友。后来慢慢地发达了，又因为时间的久远而心生犹豫：她嫁了吗？一定嫁人了吧？乡下的女人快到三十岁若还没嫁出去，流言成天会如刀子一样往她身上戳。而如果嫁了的话，我再联系她，岂不是扰乱她平静的生活？

小伙子这时已经年届三十了，想的事自然会长远些，做的事自然也会稳重些。应该理解他的谨慎与犹豫，这是一个理性男人正常的反应。于是，在犹豫之中，时间又过去了几年。伴随而来的是：小伙子的事业也做大了不少，工厂从小到大，资产上了百万。

三十多岁的男人——这样称他为小伙子似乎不太恰当了，终于在事业完全步入正轨后，冷静地梳理了自己的感情。他决定回一次家，给困扰在自己心头十多年的感情一个交代。

于是，在大山中的乡村小道上，男人驾驶一辆帕萨特回到了家乡。刚到姑娘家时，男人还没有停车就看到了姑娘的身影。姑娘还是那个姑娘，没有嫁；男人还是那个男人，没有娶。后来的情节的发展自然是皆大欢喜。值得一提的是，姑娘的母亲对女婿一再赔不是，男人却说："不，我理解您当时的心情，谁不希望自己的孩子找一个好的人家呢？同时，我要感谢您，是您让我有了今天，也是您为我生养了我至爱的妻子。"是啊，没有岳母，他哪会走出大山？即使走出了大山，哪会有那股子冲劲和闯劲？最重要的是，没有岳母，哪里有妻子？

说完之后，男人转身对妻子说："还有，我要感谢你，感谢你在我一贫如洗时看上我，是你的爱给了莫大的勇气与毅力。"

这是一个略带忧伤的喜剧。类似的剧情在我们生活中其实经常上演，只是有的演成了喜剧，有的演成了悲剧。其中的细微差别往往是：是否有一颗感恩的心。一个有感恩之心的人，看待问题不会偏激，想事情不会光顾自己。这样的人，谦卑平和而又优雅。

心存感恩，生活中就会少些怨气和烦恼；心存感恩，心灵就会获得宁静和安详。心存感恩地生活，就会敬畏地球上所有的生命，珍爱大自然一切的恩赐，时时感受生活中众多的"拥有"，而不是缺少。

不要以自我为中心

一头骆驼辛辛苦苦地从沙漠一边走到另一边，一只苍蝇趴在骆驼背上，一点力气不花也过来了。

苍蝇讥笑骆驼说："骆驼，谢谢你辛苦把我驮过来，我走了，再见！"

骆驼看了一眼苍蝇，"你在我身上的时候，我根本就不知道，你走了，也没必要跟我打招呼，因为你根本就没有什么重量。"

在现实生活中，也有一些"苍蝇"式的人，他们习惯以自我为中心，总把自己看得很重。他们总以为自己博学多才，满腹经纶，是干大事、创大业的料，而别人这也不行，那也不行。如此，自己一旦遭遇失败，就会牢骚满腹，感觉怀才不遇，以致心理失衡，容易变得孤立无援，停滞不前。

法国电影明星洛依德好容易才摆脱了狗仔队，将车开到修检站。一个年轻的女工接待了他。女工熟练、灵巧的双手，俊美的容貌一下子吸引了洛依德。

整个巴黎都知道洛依德，他的"粉丝"无数，走到哪里他都是目光的焦点。经常有潮水般的年轻女孩围绕在他周围，为他的出现而激动、尖叫，甚至哭泣。而如果有谁得到了他的一个签名，会幸福得要眩晕似的。可是，奇怪的是，眼前这位姑娘丝毫不表示惊异和兴奋。

"你喜欢看电影吗？"洛依德忍不住问道。

"当然喜欢，我是个影迷……"

女孩手脚麻利，很快修好了车。"您可以开走了，先生。"

洛依德却依依不舍："小姐，你可以陪我去兜兜风吗？"

"不！我还有工作。"

"可是，这同样也是你的工作，你修的车，最好亲自检查一下。"

"那么，好吧，是您开还是我开？"

"当然我开，是我邀请您来的嘛。"

车子平稳地行驶，证明车况良好。

"看来没有什么问题，请让我下车好吗？"

"怎么，你难道不想再陪一陪我了，我再问你一遍，你喜欢看电影吗？"

"我回答过了，喜欢，而且是个影迷。"

"那么，你不认识我？"

"怎么不认识，您一来我就看出您是当代影帝阿列克斯·洛依德。"

"既然如此，你为何对我如此冷淡？"

"不，您错了，我没有冷淡，而是没有像一些女孩子那样狂热。您有您的成就，我有我的工作。您来修车是我的顾客。如果您不再是明星了，再来修车，我也会一样地接待您。人与人之间不应该是这样吗？"

洛依德沉默了。在这个普通女工面前，他感到自己的浅薄与虚妄。

"小姐，谢谢！你使我意识到应该认真反省一下自己的价值，好，现在让我送你回去。"

别把自己太当回事，即便你是"整个巴黎都知道"的"洛依德"。这并非是妄自菲薄，也并非是对自己能力的否定，更非对自我的瞧不起。恰恰相反，别把自己太当回事，这是出于对自己正确客观的认识，从而让自己更好地相信自己，勇于去挑战、去追求，让生命走向一次又一次的辉煌与卓越。

古往今来，没有谁是世界的中心，也没有谁一直都是所有人注目的焦点。叱咤风云的政治家，转眼间就被人抛诸脑后；大红大紫的明星在风光之后，能被大家记住的又有几人？伟人名人尚且如此，那么，卑微如我等的一介草民，又何必有意无意地高估自己，自以为是世界的中心呢？

为人处世，不妨看轻自己，生活中就会多几分快乐。在家庭中，不妨看轻自己，不要把自己当成"一言九鼎"的家长，才能更好地与孩子沟通，与爱人和谐相处；在事业上，即使春风得意，也不妨看轻自己，不要把自己当成众人之上的"楚霸王"，这样才能结交更多志同道合的盟友，听取更多有益于事业发展的意见。

能够看低自己，是一种风度，一种修养，一种境界。能够看低自己的人，懂得自己只是芸芸众生中的一分子，不会自高自大、自命不凡；能够看低自己的人，懂得脚踏实地，从最基本的事情做起，不会好高骛远，眼高手低。能够看低自己的人，懂得只有努力奋斗，开拓进取，才能一步一个脚印地攀登人生的高峰。

别把自己看得太重，并不是无端地贬低自己，也不是消极颓废、自怨自艾、自暴自弃。而是对自己的正确把握和准确定位，是人生的一种智慧和策略。别把自己看得太重，就会拥有一个更加真实、更加丰富、更加美好的人生。

做人要低调

　　低调做人意味着你要放弃许多架子，放弃许多充大、装相、张扬和卖弄的虚荣表现，放弃许多假正经、假道学、假圣人的虚伪面孔。

　　人人都有架子，只是架子有大小、多少区分以及所针对的人或事不尽相同罢了，无论家庭、单位、社会，架子都无处不在。褒义上的架子应当是尊严、气质、性格上的完美结合，体现了真、善、美的展示；贬义的架子则是庸俗、高傲、手段的个性张扬，体现的是假、恶、丑的一面。放下架子，就是要在生活当中摒弃贬义上的架子，还人的本来面目，崇尚人间美好、和谐、真诚的传统，使我们本身具有的人格魅力一览无余，这也是处世平等、人性化的根本要求。

　　俗话说："骡马架子大了能驾辕，人架子大了不值钱。"人们还把架子戏谑为"臭架子"，可见对其厌恶之深。常听人们说"某某人没架子"，这是对一个人发自内心的褒奖。而那些有一定权势有一定地位的人，念念不忘自己的"身份"，常常放不下架子，总好摆谱，以为那样能显示自己的"身价"与"威风"，结果摆来摆去，反倒让人觉得是一种虚伪和浅薄。

　　人一旦有了架子，就好比盖楼时搭的架子，架子可以把人抬到与楼一般高，没有了架子，人就达不到那样的高度。但有了"架子"很不方便，弯不下腰，转不了身，脖子和眼睛都不灵活。"架子"看上去威风得很，其实虚弱得很。

　　赵玉平老师在《百家讲坛》曾经讲过龙永图的故事。

　　我国前外贸部副部长、博鳌亚洲论坛秘书长龙永图，曾多次谈起他在国内外两次不同的经历。这两次经历给他留下了深刻的印象，让他进一步认识到了什么叫放下架子。

一次，龙永图乘飞机去某地开会，登机前在候机室里休息。突然传来一阵十分嘈杂的声音，热闹的气氛顿时弥漫了整个候机室，吸引了众多旅客好奇的眼球。龙永图也和大家一样，不由得近前观看。这一看，再一打听，令他十分震惊：原来是某县一位县委书记要出国"考察"，属下几十号人为了向领导献殷勤，争先恐后地前来送行。

出差回来后，他和同事谈起此事，感触颇深：这就是角色意识的一种错位，错得令人生厌，令人可怕！

龙永图经常出国参加一些国际性会议。他十分讨厌讲排场，也讨厌没完没了的致辞，而最喜欢人家这样介绍自己："这是来自中国的龙永图，下面请他讲讲中国经济。"

一次，他出席一个国际性会议，地点设在意大利的一小镇，会场上既无豪华摆设，更没有设领导席、嘉宾席，大家都坐着一样的普通长凳，就像农村开会时坐的长凳一般。与会者全是国际上有头有脸的重要人物，他们按照到来的先后顺序随意就座。龙永图刚在一条长凳上坐下，随后有一老太太独自进来，向他礼貌地点了点头，然后很自然地坐在他的旁边。这时会议还没有开始，老太太与他寒暄了很长时间。

龙永图一直忘了问老太太的身份。会议结束后，他向会议组织者打听，"请问，刚才坐在我旁边的那位和蔼可亲的老太太是谁？"

会议的组织者对他的提问感到十分惊讶，反问龙永图："你真的不认识她吗？"

龙永图如实回答说："不认识。"对方这才说："她就是荷兰女王啊！"

对于这件事，龙永图感触颇深：她哪里像个女王啊？丝毫没有王者的气派和威严，简直就是一位邻家大妈！这也是角色意识的错位，但错得让人可爱可亲可敬！

成功者往往是恪守低调作风的典范。低调的人容易被人接受。低调做人不仅是一种境界、一种风范，更是一种思想、一种哲学，需要把架子完全抛弃。

从一定意义上讲，放下架子，就是自己解放自己，只有这样，才能放下包袱，轻装前进。一个人真正放下了架子，就会真正正视现实，在人生道路上就能多几分清醒，就能带来缘分、带来机遇、带来幸福。放下架子即智慧，放下架子即欢乐，放下架子即财富。

有一位中专毕业生，刚开始在一家公司应聘了一份低薪的体力工作，几个月后，老板逐渐发现其能力不俗，于是委以重任，而该中专生因为有了基层工作的积累，在高管的位子上一点架子都没有，工作开展得如鱼得水，成就非凡……在此，我们需要效仿的，除了"低就"的就业策略，更重要的是成熟、务实的心态。有些人认为放下了架子就会丢了面子，有了面子就可以端起架子。殊不知，如果真能放下架子，说不定会争得更多的面子。

将心比心，以心换心，谁也不会因为你放不下架子反而会给足你面子。所以看轻面子，放下架子，踏踏实实做事，轻轻松松做人，岂不乐哉！

低调是一种优雅的人生态度。它代表着豁达，代表着成熟和理性，它是和含蓄联系在一起的，它是一种博大的胸怀、超然洒脱的态度，也是人类个性最高的境界之一。

有本事的人不吹嘘

有些人为了赢得别人更多的关注、认同和推崇，或为了向他人推销和兜售自己，不惜哗众取宠，竭尽鼓吹和炫耀自己之能事，大谈当年如何春风得意，却矢口不提碰霉头、掉链子的困窘；大谈当年过五关、斩六将的豪壮，却从不提败走麦城的狼狈。

诚然，卖弄自己之能，吹嘘自己的风光之事和得意之事，能赚到一些艳羡，却也会招来一些妒忌、反感甚至厌恶。爱自我夸耀的人，是找不到真正的朋友的。因为他自视清高，鄙视一切，不大理会别人的意见。这种人只会吹牛，朋友们避之唯恐不及。这种人常自以为最有本领，觉得干什么都没有人比得上他，瞧不起别人，结果使自己成为孤立者。

小乌贼长大了，乌贼妈妈开始教它怎样喷"墨汁"来保护自己。

乌贼妈妈说："每只乌贼都有自己的墨囊，在遇到敌人时，可以喷发墨汁来掩护我们逃跑。"小乌贼在妈妈的指导下，果然能喷出又黑又浓的墨汁了。

自从小乌贼学会了喷墨汁的本领，就总是向它的伙伴小海蛾、小海参、小虾鱼炫耀自己。小海参说："小乌贼，喷墨汁确实是你的本领，但也不应该总是拿出来炫耀啊！你应该学一些新的本领。"小乌贼听了很不服气地说："真讨厌，用得着你来教训我。"然后它发怒了，喷出一股浓浓的墨汁，它的小伙伴们吓得东躲西藏，还把附近的海面弄得乌烟瘴气的，自己也搞不清方向了。这个时候，一条大鱼向它扑了过来，小乌贼急忙喷墨汁，但是它的墨囊里已经没有墨汁了，看着大鱼越来越近，小乌贼慌了。就在这关键时刻，小海参冲了过来喊道："小乌贼，快闪开。"就在大鱼马上要吃掉小海参的时候，小海参丢出来一串肠子。

大鱼离开后，小乌贼羞愧地说："小海参，原来你也有保护自己的方法啊！"小海参说："抛给敌人肠子是我们保护自己的本能，没什么好炫耀的，好多生物的本领都比我们强很多。"小乌贼听后惭愧地低下了头。

真正有本事的人很少向别人炫耀自己。西班牙哲学家格拉西安所著的《智慧书》上说：不要对每个人都显露同样的才智；事情需要多大的努力就只付出多大的努力。不要徒费你的知识和才德。优秀的养鹰者只养自己用得上的鹰。不要天天露才显能，否则要不了多久，人们再也不觉得你有什么稀奇处。所以你总是要留有一些绝招。假如你能经常崭露那么一点点新鲜的才华，则人们就总是会对你抱有期望，因为他们弄不清你的才华究竟有多么的深广。

有一个大学毕业生，头脑灵活、思路敏捷，看起来确实很聪明，也很能干。一次，他去一家大宾馆应聘。主持面试的客户部经理，在同小伙子谈完一般情况后，便问道："我们经常接待外宾，是需要外语的，你学过哪门儿外语，水平如何？""我学过英语，在学校总是名列前茅，有时我提出的问题，英语老师都支支吾吾地答不上来！"他不无自豪地说。经理笑了一下又问："做一个合格的招待员，还要有多方面的知识和能力，你……"经理的话还没说完，他便抢着说："我想是不成问题的，我在校各门学习成绩都不错，我的接受能力和反应能力都很快，做招待员工作绝不会比别人差。""那么说，就你的学识来说，当一名招待员是绰绰有余了？""我想，是这样。""好吧，就谈到这里，你回去等消息吧。"大学生沾沾自喜地回去等消息了，可等到的消息却是不录用。

小伙子本来想自夸一番，以便获得经理的信赖，没想到结果是抬高自己，反而给别人留下坏印象，失去了别人的信任。一个人若真正具有某种本领或才智，早晚会有施展的舞台，是会得到别人的公正赞许的，这赞美的话只有出自别人之口，才具有真正的价值。

　　滥用夸张的词语是不明智的，这种词语既悖真理，又使人对你的判断心存疑虑。说话夸大其词，等于是把赞美的词儿到处乱扔，这暴露出你知识欠缺、品位不高。夸大其辞招来好奇心，好奇心产生欲望，等后来人们发现你言过其实时，常常会因此感到他们原来的期待心受了愚弄，于是生出报复心理，将赞美者和被赞美者一股脑儿踏倒。所以，谨慎的人知道节制，与其言过其实，不如言之未足。真正的卓越非凡十分罕见，所以你不宜滥下褒词。言过其实等于是一种说谎，可能会毁坏别人原本以为你有真才实干的印象，或者甚而至于毁坏你智慧过人的名声。

　　总之，一个人在为人处世之中尽量少谈自己风光的事，实在要谈，也要看对象和场景，切勿给人造成出风头、强显自己的印象。与其炫耀自己之能，不如夸赞他人之功，把荣耀给身边的人，把风光给同行的人，也许会赢得更多称许和美誉。

　　老鹰站在那里像睡着了，老虎走路时像有病的模样，这就是他们准备狩猎前的伪装。所以一个真正具有才德的人要做到不炫耀，不显才华，这样才能很好地保护自己。

第八章
尊重别人就是尊重自己

你要面子，我也要面子。要怎样才能你有面子、我也有面子？

有句老话这样说：你敬我一尺，我敬你一丈。这句老话说明了"我敬你"与"你敬我"之间的辩证关系，说明要获得尊重，首先要懂得尊重别人。

让别人有了面子，别人自然也会投桃报李，让你也有面子。反之，大家为了面子争得个斗鸡眼似的，结局自然是满地鸡毛、一片狼藉。

死要面子活受罪

托人办事找面子，受人之托靠面子，吃喝穿戴讲面子，风花雪月看面子，左右逢源有面子，前呼后拥显面子，欲盖弥彰假面子，不好意思爱面子…

面子贴在我们脸上，像一层纸，薄薄的，但我们始终难以捅破它。常言道："死要面子活受罪"，太爱面子的人，不断给自己脸上增加面具，以至于常常为面子所累、所害。

三国时期，曹操实际上拥有皇帝之权，一切朝政大事皆由他掌管。献帝只是后宫的男主人，有时甚至连后宫也管不了。一切生杀大权都在曹操手上，只不过曹操还缺一件黄袍子罢了。这时孙权来信怂恿曹操称帝。曹操不上当，袁术却傻乎乎地在公元 197 年称帝。结果，引来各路诸侯争相讨伐，不到三年就死于亡命途中。袁术真应了曹操的话"慕虚名而处实祸"！俗话说"人活一张脸，树活一身皮"，要面子是人之常情。但是，千万不能把"要面子"与"死要面子"混为一谈。真理迈过去一步就是谬论，从"要面子"迈过去一步，变成了"死要面子"。而"死要面子"，其结果往往是"活受罪"。

留心观察我们的周围，就会发现，有很多死要面子活受罪的人。比如，一个人遇到一个朋友来借钱，自己没有财力，为了不让朋友瞧不起，从邻居那里借来钱给了那位朋友。这个人觉得拒绝别人的要求，就是无能的表现，为了维护自己的尊严宁可让自己受罪或损失，只有这样才让人觉得很了不起，虚荣心也得到了很大的满足；又如，一个刚刚发财的个体户，首先考虑的不是扩大再生产而是购买一辆奔驰或宝马之类的好车，威风八面，不然总担心谈判时别人瞧不起；还比如，我们在宴请宾客的饭桌上，为了显示对客人的尊重，不断地点菜，丰盛之至，总觉得剩下的越多就越有面子，吃得一干二净就是没有面子，以至于铺张浪费。

要面子是攀比心理的伴生物，总是怀着一种不比别人差或超过别人的心理，来显示自己的价值。其实，这种不务实际的心理焦虑，等于为自己设置障碍。人各有所长，也各有所短。以己之短，追慕他人所长，常常力所不及。如果能够摒弃这种以虚假的幻象来掩盖自己的攀比心理，就会正确地认识自我，发现自己的长处，感觉到别人也有不如自己的地方，不再为自己不如别人而苦恼。只有具备这种心态，才能自得其乐，摆脱心理焦虑的苦恼。

打肿自己的脸，红肿之处肌肉丰满，红光满面，绝对是一副大亨发达的模样，容不得别人有半点怀疑。但是，他内心深处却在火辣辣的疼痛，在别人的夸奖中独自吞咽着这实实在在的苦果。

西汉时，有个叫胡常的老儒生和儒生翟方进一起研究经书。胡常先做了官，但名誉不如翟方进好，在心里总是嫉妒翟方进的才能，和别人议论时，总是不说翟方进的好话。翟方进听说了这事，就想出了一个应付的办法。

胡常时常召集门生，讲解经书。一到这个时候，翟方进就派自己的门生到他那里去请教疑难问题，并一心一意、认认真真地做笔记。一来二去，时间长了，胡常明白了，这是翟方进在有意地推崇自己，给自己面子。想到这里，胡常心中十分不安。后来，在官员中间，他再也不去贬低而是赞扬翟方进了。

如果说翟方进以尊敬对手的方法转化了一个敌人，那么王阳明则凭给面子保护了自身。明朝正德年间，朱宸濠起兵反抗朝廷。王阳明率兵征讨，一举擒获朱宸濠，建了大功。当时受到正德皇帝宠信的江彬十分嫉妒王阳明的功绩，以为他夺走了自己大显身手的机会，于是，散布流言说："最初王阳明和总督军朱宸濠是同党。后来听说朝廷派兵征讨，才抓住朱宸濠以自我解脱。"想嫁祸并抓住王阳明，作为自己的功劳。

在这种情况下，王阳明和总督军张永商议道："如果把擒拿朱宸濠的功劳让出去，可以避免不必要的麻烦。假如坚持下去，不做妥协，那江彬等人就要狗急跳墙，做出伤天害理的勾当。"为此，他将朱宸濠交给张永，使之重新报告皇帝：朱宸濠捉住了，是总督军们的功劳。这样，江彬等人便没有话说了。

王阳明称病休养到净慈寺。有了面子的张永回到朝廷，大力称颂王阳明的忠诚和让功避祸的高尚事迹。皇帝明白了事情的始末，免除了对王阳明处罚。王阳明扯下自己的面子给别人，避免了飞来的横祸。

在给人面子时，紧紧抓住这两点，找到别人最在乎的东西并以适当的途径和方式满足对方，往往会使别人感到一种超乎寻常的满足，别人对你提供的东西满意，你也就能从中获得极大的好处，达到自己的原来目的。

19世纪法国大作家雨果曾说过："世界上最宽阔的东西是海洋，比海洋更宽阔的是天空，比天空更宽阔的是人的心灵。"我们应该像大海一样笑纳百川，像天空一样任鹰翱翔，像高山一样簇拥群峰，摒弃自大、自负和自满，毫不吝啬地对别人的才智、德操、品行送上一句由衷的赞美吧。

不要揭人之短

金无足赤，人无完人；凡人皆有其长处，亦必有其短处。对待他人的短处，不同的人则有不同的方法。有的人在与他人的谈话中，尽量多谈及对方的长处，极力避免谈及对方的短处；也有的人专好无事生非，兴波助澜，有声有色地编造别人的短处，逢人便夸大其词地谈论别人的短处；有的人虽无专说别人短处的嗜好，但平时却对此不加注意，偶尔也不小心谈到别人的短处。

每一个人都有自身无法消除的弱点，就像个子矮是天生的一样。如果我们老是把眼光盯在别人的弱点上，总是将别人的弱点当成攻击的对象，那么只会出现两种情况：一是别人不愿意再与你交往。如此一来，你的朋友会越来越少，别人都躲着你，避开你，不与你交往，直到剩下你自己孤家寡人一个。二是别人也对你进行反攻，揭露你的短处。这样势必造成互相揭短、互相嘲笑的局面，进而发展到互相仇视。如此结局，相信没有人愿意"享受"。

在我国，历史有所谓"逆鳞"之说。据说在龙的喉部下，大约直径一尺的部位上长有"逆鳞"。这是龙身上最痛的地方，如果有谁不小心触摸到这一部位，必定会被激怒的龙所杀。

事实上，无论多么高尚伟大的人，身上都有"逆鳞"存在，这就是每个人身上最不愿意被提及的痛处。一旦这个痛处被击中，必定会引起他们的剧痛与反击。所以，有一句俗语说：打人莫打脸，揭人莫揭短。打人不打脸，骂人不揭短。没有一个人愿意让别人攻击自己的短处。若不分青红皂白，一味说对方的短处，其结果往往是引发唇枪舌剑，两败俱伤。

有位文化界人士，每年都会受邀参加某单位的杂志评鉴工作，这工作虽然报酬不多，但却是一项荣誉，很多人想参加却找不到门路，也有人只参加一两次，就再也没有机会了。问他为何年年有此"殊荣"，他在退休后才终于公开秘诀。

他说，他的专业眼光并不是关键，他的职位也不是重点，他之所以能年年被邀请，是因为他很会给"面子"。他说，他在公开的评审会议上一定把握一个原则：多称赞、鼓励而少批评，但会议结束之后，他会找来杂志的编辑人员，私底下告诉他们编辑上的缺点。因此，虽然杂志有先后名次，但每个人都保住了面子。而也就因为他顾虑到了别人的面子，因此承办该项业务的人员和各杂志的编辑人员，大家都很尊敬他、喜欢他，当然也就每年找他当评审了。

在社会上行走，"面子"是一件很重要的事，为了"面子"，小则翻脸，大则会闹出人命。如果你是个只顾自己面子，却不顾别人面子的人，那么你必定会为此付出沉重的代价。

在我们与人相处时，即使知道对方的这些短处，也应当尊重他们，不能有意或无意中伤害他们。不张扬或挖苦他人的短处，不仅体现了你的品质和修养，还会使这些人对你敬重有加，从而更愿意向你倾吐生活中遇到的烦恼和困惑。

得理须让人

不知你有没有发现：人们对待自己的过错，往往不如对待别人那样苛刻。原因当然是多方面的，其中主要原因可能是我们对自己犯错误的来龙去脉了解得很清楚，因此对于自己的过错也就比较容易原谅；而对于别人的过错，因为很难了解事情的方方面面，所以比较难找到原谅的理由。

大多数人在评判自己和他人时，不自觉地用了两套标准：恕己从宽，责人从严。例如：如果我们发现了旁人说谎，我们的谴责会是何等严酷，可是哪一个人能说他自己从没说过一次谎？也许还不止一百次一千次呢！

或许是生活中有太多需要忍耐的不如意：被老板骂了，被妻子怨了，被儿子气了……这些都似乎需要无条件忍耐。有的人忍一忍，气就消了；有的人忍耐久了，心中的不平之气就如堤内的水位一样节节攀升。对于后者来说，一旦逮得一个合理的宣泄口子，心中的怒气极易如洪水决堤般汹涌而出，还美其名曰"理直气壮"。

做人要学会给他人留下台阶，这也是为自己留下一条后路。每个人的智慧、经验、价值观、生活背景都不相同，因此在与人相处时，相互间的冲突和争斗难免——不管是利益上的争斗还是非利益上的争斗。大部分人一陷身于争斗的旋涡，便不由自主地焦躁起来，一方面为了面子，一方面为了利益，因此一旦自己得了"理"便不饶人，非逼得对方鸣金收兵或竖白旗投降不可。然而"得理不饶人"虽然让你吹着胜利的号角，但这也是下次争斗的前奏，因为这对"战败"的一方而言也是一种面子和利益之争，他当然要伺机"讨要"回来。

　　最容易步入"得理不让人"误区的，是在能力、财力、势力上都明显优于对方时，也就是说你完全有本事干净利落地收拾对方。这时，你更应该偃旗息鼓、适可而止。因为，以强欺弱，并不是光彩的行为，即使你把对方赶尽杀绝了，在别人眼中你也不是个胜利者，而是一个无情无义之徒。

　　《菜根谭》中说："锄奸杜佞，要放他一条生路。若使之一无所容，譬如塞鼠穴者，一切去路都塞尽，则一切好物俱咬破矣。"所谓"狗急跳墙"，将对方紧追不舍的结果，必然招致对方不顾一切地反击，最终吃亏的还是自己。给对方留有余地，这也算是一种让步的智慧吧。

　　有一位哲人说过这么一句引人深思的话："航行中有一条公认的规则，操纵灵敏的船应该给不太灵敏的船让道。我认为，人与人之间的冲突与碰撞也应遵循这一规则。"

给人台阶下

郑国国君郑庄公，有个一母所生的弟弟叫段。因为他的母亲武姜非常喜欢段，想让段当国君，就支持段反叛，结果被郑庄公灭了，武姜被发配到边远地带。

武姜临行前，郑庄公发誓说："不及黄泉，未相见也"，不见黄泉路，不跟她见面，意思是到死都不想见母亲了。

因为这件事，百姓背后议论纷纷，郑庄公背上了"不孝"的名声。

后来，郑庄公后悔自己做得太绝了，但是"金口玉言"，说过的话，也不好反悔，所以有点进退两难。

这时，有个叫颍考叔的人，出了个主意：在地上挖个大坑，一直挖到出水，就是见到了"泉水"，这样就相当于见了"黄泉"。然后放个梯子，武姜和郑庄公顺梯子下去，在大坑里见面，就等于誓言实现。

郑庄公依计照办，母子相见，抱头大哭。郑庄公把母亲接回王宫奉养，百姓交口称赞。

这个故事有的版本说是修建了台阶下去的，所以后人把帮人保面子打破尴尬局面的事情，称为"下台阶"。

当然，给人台阶下，除了需要宽大的胸怀，还需要智慧。

19世纪，英国有位军官一再请求首相狄斯雷利加封他为男爵。可此人有些条件不能达标。

狄斯雷利无法满足他的请求，可他并没有直接说"不行，你不达标"而是用温婉的语气说："亲爱的朋友，很抱歉我不能给你男爵的封号，但我可以给你一件更好的东西。我会告诉所有的人，我曾多次请你接受男爵的封号，但都被你拒绝了。"

消息传出后，大家都称赞军官谦虚，淡泊名利，对他的礼遇和尊敬远远超过了任何一位男爵。

后来，这位军官成了狄斯雷利最忠实的伙伴和军事后盾。

可见，给尴尬者以"台阶"下，尊重其人格，给予宽容和体谅，使对方感受到你的诚挚与温暖，谁还会以怨报德而一错再错呢？

给人以台阶，是件心态与智慧并举的事情。具体来说，应做好以下几点：

第一，如果是对方或是身边人失误而造成不好下台的局面，那么"指鹿为马"是巧妙化解矛盾的方法。

第二，如果是自己失误而造成不好下台，聪明的办法是：多些调侃，少些掩饰；多些低姿态，少些趾高气扬；多些自嘲，少些自以为是。

第三，善用假设，巧避锋芒。比如，一件事情，双方都认为自己的观点正确。争执不下，你可以说一句"如果你说得正确，那我肯定错了"。相信对方也就不会再争辩了。有一次，一个男生和班主任老师争论起来，焦点是男生能不能到女生宿舍串门。班主任老师一口咬定绝对不能，学生认为可以适当串门，可是两人谁也没能说服谁。男生看到不能说服老师，又见老师似有怒意，只好结束话题："如果老师您说得正确，那我肯定错了。"班主任老师听了，沉默一会儿便不再争执了。这个假设句本来是一句废话，既没有肯定老师的观点，也没有否定自己的观点，然而却让老师偃旗息鼓。为什么呢？因为这个学生用的是假设句，他表达了放弃，老师当然会适可而止。由此可见。争执不下的时候，不妨多用假设句来表达，这也是一种互给台阶下的方式。

第四，善于利用对方的虚荣心。有一次，明朝三大才子之一解缙陪朱元璋钓鱼，整整一天一无所获。朱元璋十分懊丧，命解缙写诗记下这一天的情况。这诗可怎么写呢？解缙不愧为才子，稍加思索，信口念道："数尺纶丝入水中，金钩抛去永无踪，凡鱼不敢朝天子，万岁君王只钓龙。"朱元璋听完，龙颜大悦。

第五，承认自己的错误。人际交往中，出现矛盾很正常，伤害了别人的人，多些自我反省，勇敢承认自己的错误，向受害人诚恳道歉，便不难化解矛盾。

你伤害过谁也许早已忘记，但是，被你伤害的人却很难忘记。其实，给别人留个台阶，不伤别人的面子，也是给自己留面子。

会示弱是种智慧

在一辆拥挤的公交车上，一个彪形大汉因为有人踩了他的脚而怒气冲天，他站起身，晃动着拳头，正要砸向那个踩他脚的人。那人突然来了一句：别打我的头啊，我刚动了手术出院。大汉听了这话，顿时如断了电的机器人一样，高举的手定格在半空中，然后如泄气的皮球倒在自己的座位上。过了一会儿，大汉居然起身，要把自己的位子让给那个踩了他的脚的人。

这一幕极具戏剧性的场景，是编者亲眼所见。这令我想到了人与人之间的许多纠纷，不光只是靠讲道理或比实力来解决的。有时候，主动扯下脸面示弱也是一种极其有效的化解方式。

人都有一种争面子当强者的心态，而要当强者至少有两条途径：与人角力斗争获胜，可以满足自己的强者心态；而对于弱者的迁就与照顾，实际上也满足自己爱面子的强者心态。

人人都喜欢当强者，但强中更有强中手。一味地好强，自有强人来磨你，还不如在适当的时候示弱效果好。在强者面前示弱，可以消除他的敌对心理。谁愿意和一个明显不如自己的人计较呢？当"强"与"弱"出现明显的差距时，自认为的强者若与弱者纠缠，实在是把自己的身份与地位降低。就像一个散打高手，根本就不屑于和一个文弱书生动手——除非在忍无可忍的情况之下。

再举一个例子，如果一个不懂事的小孩骂了你，你会和他对骂吗？肯定不会，除非你也是一个小孩，或者你自愿成为一个只有小孩心胸的成年人。

除了在强者面前要学会示弱外，在弱者面前我们也应该学会示弱。在弱者面前示弱，可以令弱者保持心理平衡，减少对方的或多或少的嫉妒心理，拉近彼此的距离。在弱者面前如何示弱呢？

例如：地位高的人在地位低的人的面前不妨展示自己的奋斗过程，表明自己其实也是个平凡的人；成功者在别人面前多说自己失败的记录、现实的烦恼，给人以"成功不易""成功者并非万事大吉"的感觉；对眼下经济状况不如自己的人，可以适当诉说自己的苦衷，让对方感到"家家有本难念的经"；某些专业上有一技之长的人，最好说自己对其他领域一窍不通，袒露自己日常生活中如何闹过笑话、受过窘等；至于那些完全因客观条件或偶然机遇侥幸获得名利的人，完全可以直言不讳地承认自己是"瞎猫碰上死耗子"。

曾有一位记者去采访一位平时趾高气扬的政治家，原本打算搜集一些有关他的一些丑闻资料，作一个负面的新闻报道。他们约在一间休息室里见面。

在采访中，服务员刚将咖啡端上桌来，这位政治家就端起咖啡喝了一口，然后大声嚷道："哦！该死，好烫！"咖啡杯随之滚落在地。等服务员收拾好后，政治家又把香烟倒着放入嘴中，从过滤嘴处点火。这时记者赶忙提醒："先生，你将香烟拿倒了。"政治家听到这话之后，慌忙将香烟拿正，不料却将烟灰缸碰翻在地。政治家的整个做派，就像一个糊涂至极的老人，平时趾高气扬的政治家出了一连串洋相，使记者大感意外，不知不觉中，原来的那种挑战情绪消失了，甚至对对方怀有一种亲近感。

其实，整个出洋相的过程，都是政治家一手安排的。政治家都是深谙人性弱点的高手，他们知道如何消除一个人的敌意。当人们发现强大的假想敌也不过于此，同样有许多常人拥有的弱点时，对抗心理会不知不觉消弭，取而代之的是同情心理。人皆有恻隐之心，一旦同情某一个人，大多数人是不愿去打击他的。

适时示弱是一种高明的处世智慧。在强者面前示弱，可以消除他的敌对心理。在弱者面前示弱，可以令弱者保持心理平衡，减少对方的或多或少的嫉妒心理，拉近彼此的距离。

人不自嘲非君子

自嘲，顾名思义，就是自己嘲笑自己，拿自己开涮，让别人跟着乐。

美国一位身材肥胖的女士曾经这样自我解嘲："有一次我穿上白色的泳装在大海里游泳，结果引来了俄罗斯的轰炸机，以为发现了美国的军舰。"引得听众哈哈大笑。这种自揭其短、自废武功的话语，使得大家根本就不会认为她的胖是丑，都将注意力集中在她的风趣上。结果，肥胖不再是她的劣势，反而成为她的特点，使她在社交中游刃有余。

自嘲是一个人心境平和的表现。它能制造宽松和谐的交谈气氛，能使自己活得轻松洒脱，使人感到你的可爱和人情味，从而改变对你的看法。

李老师去上课，他刚推开虚掩着的门，门上掉下的一把扫帚正好打在他身上。面对学生的恶作剧，李教师并未火冒三丈，而是俯身捡起扫帚，轻轻拍了拍衣服，然后笑着对大家说："看来我的工作问题不少，连不会说话的扫帚也向我表示不满了。虽然这不一定是最好的表达方式，但对我敲打一下也未必不是好事。只是希望今后还是当面多提意见的好，我一定会虚心接受的。"李老师豁达大度的自嘲，既帮助自己摆脱了窘境，缓和了课堂的紧张气氛，又和谐了师生关系，为恶作剧的学生创造了一个自我教育的机会。

人的一生，是很难一帆风顺，事事顺意的。面对各种挫折和不快，自卑和唉声叹气固然无补于事，一味遮掩辩解又会适得其反，最佳的选择恐怕就是幽默的自嘲了。君不见，"光头谐星"凌峰不就是用"长得难看出名"，"使女同胞达到忍无可忍的程度"，这么几

153

句自嘲的话，而令春节联欢晚会上的观众发出会心的微笑，进而接受他、喜爱他的吗？

君子处世要有大气。所谓大气，就是豁达，就是舍得。不斤斤计较，不过分认真，多想自己的缺点和无能，舍得拿自己开涮。

威廉对公司董事长颇为反感，他在一次公司职员聚会上，突然问董事长："先生，你刚才那么得意，是不是因为当了公司董事长？"

这位董事长立刻回答说："是的，我得意是因为我当了董事长，这样就可以实现从前的梦想，和董事长夫人同床共枕。"

董事长敏捷地接过威廉取笑自己的靶子，让它对准自己，于是他获得了一片笑声，连发难的人也忍不住笑了。

自嘲不伤害任何人，因而最为安全。你可用它来活跃气氛，消除紧张；在尴尬中自找台阶，保住面子；在公共场合表现得更有人情味。总之，在社交场合中，自嘲是不可多得的灵丹妙药，别的招不灵时，不妨拿自己来开涮，至少自己骂自己是安全的，除非你指桑骂槐，一般不会讨人嫌。智者的金科玉律便是：不论你想笑别人怎样，先笑你自己。

人不自嘲非君子。能够舍得拿自己开玩笑的人，是一个自信、平和、睿智、讨人喜欢的人。

第九章
由内而外散发的真诚最吸引人

　　真诚是通向荣誉的路——19世纪时，法国小说家爱弥尔·左拉如是说。

　　所谓做人要真诚，指的是一个人的思想、品格、言行都要发自内心、自然而然地表现出来。不加修饰，由内而外散发的美，才是最吸引人的、光彩夺目的美。

　　真诚的反面是虚伪，自欺欺人。靠戴假面具过日子，虚伪矫饰的人一生都在演戏，给人留下伪侯可憎的形象，自己也会因此丧失心灵的本性，忍受心理上的折磨。只有真诚坦率的人才会不失本色，才能自然具有人格魅力。

真诚具有惊人的魔力

一个人说话诚实，做事诚实，内心真诚，就会令人信服，故真诚可以消除隔阂，化解矛盾，促进人际关系的和谐团结。古人有"精诚所至，金石为开"的格言，这是说精诚的力量可以贯穿金石，何况人心呢。至诚之心的确有巨大的精神力量。三国时，诸葛亮对孟获七擒七纵，终于使孟获心悦诚服，化解了汉族和少数民族长期积存的矛盾，便是一个有说服力的例证。

今天，我们仍然要实行真诚待人的原则。上级要以诚对待部属，父母要以诚对待子女，企业经营者要以诚对待顾客，每一个人都要以诚对待同事和朋友……以诚待人，才能得到友谊和真情，才能得到别人的信任和尊敬。人际交往如果离开诚实的原则，相互欺骗，尔诈我虞，那么，人世间便不会有真情，更不会有团结紧密的人际关系了。

真诚的低层次要求是不说谎，不欺骗对方，但在复杂的社会和人生活动中，目的和手段有时是有一定的区别的。例如医生为了减轻病人的痛苦，以利于治病救人，往往向病人隐瞒病情，编造一套善意的谎话说给病人，这样才能使病人早日康复。它表现出的并不是虚伪，而是更高、更深层的真诚。

一般地说，交际需要真诚。日本山一证券公司的创始人、大企业家小池田子曾说："做人就像做生意一样，第一要诀就是诚实。诚实就像树木的根，如果没有根，树木就别想有生命了。"这段话可以说概括了小池成功的经验。

小池出身贫寒，20 岁时就替一家机器公司当推销员。有一个时期，他推销机器非常顺利，半个月内就跟 33 位顾客做成了生意。之后，他发现他们卖的机器比别的公司生产的同样性能的机器昂贵。他想，同他订约的客户如果知道了，一定会对他的信用产生怀疑。于是深感不安的小池立即带着合同和订金，整整花了三天的时间，逐门逐户去找客户。然后老老实实向客户说明，他所卖的机器比别家的机器昂贵，为此请他们放弃合同。

这种真诚的做法使每个订户都深受感动。结果，33 人中没有一个与小池废约，反而加深了对小池的信赖和敬佩。

真诚确实具有惊人的魔力，它像磁石一般具有强大的吸引力。其后，人们就像铁片被磁石吸引似的，纷纷前来小池的店购买东西或向他订购机器，这样没多久，小池就成了一个富翁。

信赖需要真诚来维系

人能够长期忍受物质上的匮乏，却无法长期忍受精神和情感上的匮乏。每个人对他人的需要和依赖是远远超过我们每个人自己所了解和想象的程度的。没有他人提供的物质，我们无以为生；没有他人对我们精神上的慰藉，我们就会度日如年。我们每个人所渴望的关心和爱护，所希冀的理解和友谊，所需要的尊重和承认，都只有在他人那里才能得到。没有他人对自己的期待、信赖、友情与尊敬，我们就无从获得我们所需要的安全感、幸福感和成就感，我们的存在也会失去价值和意义。

人为了获得精神上的情感上的满足，就要学会与他人和谐相处，要学会调节自己与他人的关系。青少年随着年龄的增长，与外界和他人的交往也日益增加。如何形成良好的人际关系，对于青少年身心的健康发展及顺利地迈入成人社会，有着极其特殊而又重要的意义。

形成良好人际关系的一个重要条件就是信任。人的感情沟通是同质的：爱引起爱，嫉妒引起嫉妒，恨引起恨。

由于许多原因，现在很多青少年在人际交往中存在的一个问题就是对他人难以信任，总认为别人是心怀叵测，不可相信的，因此，他在与人交往中，疑虑重重，唯恐上当受骗。确实，有些居心不良的人固然是要防备的，但这毕竟是少数现象，不能因此将朋友也拒之千里。过分的狐疑、猜忌、不信任，会使人难于交友，无法形成相应的人际关系，在这种氛围中工作学习都会受到影响，个人心理压力也会很大。

在与朋友交往中，诚实是相互信赖和友好交往的基础。知心朋友和牢固的友情是通过真诚相处而获得的。只有诚实对待对方，才能赢得对方的信赖，才会使友谊长存。

英国专门研究社会关系的卡斯利博士说：大多数人选择朋友是以对方是否出于真诚而决定的。他举例说，有一个富翁为了测验别人对他是否真诚，就伪装患病而住进医院，测试的结果，令富翁感到非常沮丧。

"很多人来看我，但我看出其中许多人都是希望分割我的遗产而来探望我的。经常和我有来往的朋友大都来了，但我知道他们当中很多人不过是当作一种例行的应酬。

"有一个从前欠我许多钱的人也来了，但在来看我之前，他已把所欠的钱还给我了，所以他在病床前很自负地说：'先生，我是还清了债才来看你的。'所以我认为，这人是为了争一口气而来的。

"还有几个平素与我不和的人也来了，但我知道他们只是乐于听到我病重，所以幸灾乐祸地来看我。有一个和我素不相知的人也来了，他说久仰大名，得悉阁下有病，特来探问，谨祝早日健康。这人不外乎是为了好奇，所以就来看我了。"

照这个富翁的说法，他的测验是完全失败的。卡斯利博士就告诉他说："我们为什么要苦于测验人对自己的真诚？难道测验一下自己对别人是否真诚，岂不更可靠？"

怀疑别人的真诚，这是朋友交往的大忌，这样不仅会将自己引入沟通的误区，还会伤害对方的自尊，导致友情的危机。这位富翁就是这样一种典型。人际交往是互相的，真诚也是双方的。

真诚地对待每一个人

美国第 26 任总统西奥多·罗斯福说："成功的第一要素就是懂得搞好人际关系。"可见良好的人际关系对成功者的一生是多么的重要。

每一个成功者的背后都有一个良好的人际关系圈，他们不管遇到什么困难，都有人相助，因此也就容易成功。所以人际关系对每个人真的很重要，它的好坏直接影响每个人的工作和事业，如果谁缺乏别的帮助，就不可能达到成功的目标的。

要想自己有良好的人际关系，就必须要真心诚意地关心别人。心理学家研究表明一个人只要真心对别人感兴趣，两个月内就能比一个要别人对他感兴趣的人在两年内所交的朋友还要多。真诚就是这样成为人们最可贵的精神品质。

你如果真诚地对待自己的朋友、同事或陌生人，他们同样也会以真诚来回报你，这样不仅改善了自己的人际关系，而且也树立了自己的公众形象，从而有利于自己的成功。

你也许读过几十本有关人际交往的书，恐怕还没有找到对你来说更有意义的方法。但 19 世纪奥地利心理学家阿德勒的这句话很深刻，相信对你会有启发："对别人不真诚的人不仅一生中困难最多，对别人的伤害也最大，人类所有的失败几乎都出自这种人。"

如果你要交朋友，就要挺身而出为别人付出，并且是真心真意的这样，路才会越走越宽。所以，良好的人际关系在你做事的过程中会起到重要的作用。

西奥多·罗斯福总统一直都是个受欢迎的人，甚至于他的仆人们也都喜欢他，也正是因为这一点，罗斯福的黑人男仆詹姆斯·亚默斯，写了一本关于他的书，取名为《罗斯福，他仆人眼中的英雄》。在那本书中，亚默斯说出这个富有启发性的事件：

"有一次，我太太问总统关于一只鹑鸟的事。她从来没有见过鹑鸟，于是总统他详细地描述一番。没多久之后，我们小屋的电话铃响了。我太太拿起电话，原来是总统本人。他说，他打电话给她，是要告诉她，她窗口外面正好有一只鹑鸟，又说如果她往外看的话，可能看得到。他时常做出像这类的小事。每次他经过我们的小屋，即使他看不到我们，我们也会听到他轻声叫出：'呜，呜，呜，安妮！'或'呜，呜，呜，亚默斯！'这是他经过时一种友善的招呼。"

这样的一个人恐怕确实很难让别人不喜欢他。

罗斯福卸任后，一天到白宫去拜访，碰巧继任的威廉·塔夫脱总统和他太太不在。他真诚地向所有白宫旧识仆人打招呼，都叫得出名字来，甚至厨房的厨娘也不例外。

书中写道："当他见到厨房的欧巴桑·亚丽丝时，就问她是否还烘制玉米面包，亚丽丝回答他，她有时会为仆人烘制一些，但是楼上的人都不吃。

"'他们的口味太挑剔了'，罗斯福有些不平地说，'等我见到总统的时候，我会这样告诉他。'

"亚丽丝端来一块玉米面包给他，他一边走到办公室去，一面吃，同时在经过园丁和工人的身旁时，热情地跟他们打招呼……

"他对待每一个人，都同他以前一样。我们仍然彼此低语讨论这件事，而艾克·胡福眼中含着泪说：'这是近两年来我们唯一有过的快乐日子，我们中的任何人都不愿意把这个日子跟一张百元大钞交换。'"

完善的品格魅力，其基本点就是真诚，而真诚待人，恪守信义也是赢得人心、产生魅力的必要前提。待人心诚一点，守信一点，就能更多地获得他人的信赖、理解，能得到更多的支持、合作，由此可以获得更多的成功机遇。

我们主张知人而交，当你捧出赤诚之心时，先看看站在面前的是何许人也，不应该对不可信赖的人敞开心扉。否则，适得其反。对已经基本了解、可以信赖的朋友，应该多一点信任，少一些猜疑；多一点真诚，少一些戒备。你完全没必要对你的那些完全值得信赖的朋友真真假假，闪烁其词，含糊不清，因为这种行为实在是不明智的行为。我国著名的翻译家傅雷先生说："一个人只要真诚，总能打动人的，即使人家一时不了解，日后便会了解的。"他还说："我一生做事，总是第一坦白，第二坦白，第三还是坦白。绕圈子、躲躲闪闪，反易叫人疑心；你要手段，倒不如光明正大，实话实说，只要态度诚恳、谦卑、恭敬，无论如何人家都不会对你怎么的。"以诚待人是值得信赖的人们之间的心灵之桥，通过这座桥，人们打开了心灵的大门，并肩携手，合作共事。自己真诚实在，肯露真心，敞开心扉给人看，对方肯定会感到你信任他，从而卸除猜疑、戒备，把你作为知心朋友，乐意向你诉说一切。其实，每个人的思想深处都有封锁的一面和开放的一面，人们往往希望获得他人的理解和信任。然而，开放是定向的，即向自己信得过的人开放。以诚待人，能够获得人们的信任，发现一个开放的心灵，争取到一位用全部身心帮助自己的朋友。在人们与他人打交道的过程中，如果防备猜疑被诚信取代，往往能获得出乎意料的收获。

以诚待人要坦荡无私、光明正大。一旦发现对方有缺点和错误，特别是对他的事业关系密切的缺点和错误，要及时地指正，督促他立即改正。批评确实不大讨人喜欢，但不妨换个角度去使他理解接受，从而沟通彼此心灵，发展友情。

要想得到知己的朋友，首先得敞开自己的心怀。只有讲真话、实话、不遮掩、不吞吐，才会换的朋友的赤诚和爱戴。正如革命老前辈谢觉哉同志在一首诗中写道："行经万里身犹健，历尽千艰胆未寒。可有尘瑕须拂拭，敞开心肺给人看。"

真诚也需要艺术

舞蹈家邓肯是 19 世纪最富传奇色彩的女性，热情浪漫外加叛逆的个性，使她成为反对传统婚姻和传统舞蹈的前卫人物。她小时候更是纯真，常坦率得令人发窘。

有一年圣诞节，学校举行庆祝大会，老师一边分糖果、蛋糕，一边说着："看啊，小朋友们，圣诞老爷爷给你们带来了什么礼物？"

邓肯马上站起来，严肃地说："世界上根本没有圣诞老爷爷。"

老师虽然很生气，但还是压住心中的怒火，改口说："相信圣诞老爷爷的乖女孩才能得到糖果。"

"我才不稀罕糖果。"邓肯回答。

老师勃然大怒，处罚邓肯坐到前面的地板上。

邓肯的回答没有错，但是，真诚并不是对人有什么说什么。

人无论处在何种地位，也无论是在哪种情况下，都喜欢听好话，喜欢受到别人的赞扬。的确，做工作很辛苦，能力虽然有大有小，但毕竟是尽了自己的一分力量，当然希望自己的努力得到他人和社会的承认，这也是人之常情。

会为人处世的人，此时必然避其锋芒，即使觉得他干得不好，也不会直言相对。生性油滑、善于见风使舵的人，则会阿谀奉承，拍拍马屁。这两者还是有区别的。

那些正直的人，此时也许要实话实说，这就让人觉得太过莽直，锋芒毕露了。有锋芒也有魄力，在特定的场合显示一下自己的锋芒，是很有必要的，但是如果太过，不仅会刺伤别人，也会损伤自己。

在这里为大家介绍一些表现真诚的技巧。

——表达看法、要求或建议时，话讲得慢一些，容易给人诚实的印象。如果说话很快，则易让人产生轻浮的印象。

——有十足理由的观点或要求时，若能以轻声的口气说，就会较容易让人相信和接受。

——与人交谈的时候，上半身往前倾斜，可表现出你对交谈者和所谈的事的强烈关心。

——"随时随地听您的吩咐"这句话可使对方感觉到你的诚意。

——认真时，有认真的表情；可笑时，则尽量去笑，这样做会给人感觉良好的印象。

——与客人或朋友、同事握手，一定得比常规距离更近一些，能表示你的友好和热情。

——不论是交际或私情，工作之余，凡是和上司一起相处在开放式的情绪中，翌日早晨都应该规规矩矩地上班，而且要比上司更早开始工作。因为这种做法可让上司知道自己是个公私分明、把握原则的人，因而加强了对你的信赖感。

——恪守在谈笑间所订的诺言，可增加对方认为你是很诚实的印象。

——以手势配合讲话，比较容易把自己的热情传达给对方。

……

另外值得一提的是，在日常生活中，人们对事物的看法都属见仁见智，本无所谓对错。比如个人的衣食住行、穿衣戴帽、兴趣爱好等等。许多自认为"有话直说""想到什么说什么""直筒子脾气"的人，其实是简单地用自己的观念和习惯去衡量别人的态度与行为，一遇到不对自己胃口的事立刻就去指责别人，实际上这并不是对他人善意的真诚，只是自我不悦情绪的随意宣泄。

中国有句老话叫"不看你说的是什么，只看你是怎么说的"。同样一个意思，不同的人有不同的说法，不同的说法也就会产生不同的效果。

　　我们与人交流时，千万不要以为内心真诚便可以不拘言语，我们还要学会委婉、艺术地表达自己的想法。一句话到底应该怎么说，其实很简单，你只要设身处地从他人的角度想想。

　　俗话说："顺情话好说，耿直人难当。"

　　其实，现实生活中经常见到"说谎"的人，大人物也不例外。比如，从内心反感开会的人常说："非常高兴有机会参加这次会议……"；对相貌平平者说："你非常漂亮！"在忙得不可开交的时候，接到话不投机朋友的电话，偏偏他讲了 5 分钟还没有放下话筒的意思，于是只好来一招："对不起，我马上就要开会了！"明示对方结束话题等等。尽管是言不由衷，但于人于己都无害，别人也容易接受。

　　但是，讲善意的谎话一定要注意原则，切不可从私利出发，颠倒黑白、混淆是非，否则只能遭到别人的唾弃。

第十章
谦逊是美德的根

　　谦逊的人恪守的是一种平衡关系，也就是让周围的人在对自己的认同上达到一种心理上的平衡，并且从不让别人感到卑下和失落。非但如此，有时还能让别人感到高贵，感到比其他人强，即产生任何人都希望能获得的那种所谓优越感。

处世要谦卑

富贵如浮云。有，不要太高兴；没，也不要失望。明天，可能一切都会改变。

有一个财大气粗的建筑业大老板看见一个工人在清洁门窗，就走过去说："好好干！想当年我也当过清洁工。"那个工人笑笑："您也好好干！想当年我也是个大老板。"

人生总得几个浮沉，春风得意时要感恩与谦卑，被打倒趴到地上，也要学会不怨不怒。即使有天再被捧上宝座，依然战战兢兢。从感恩出发，从谦卑做起——卧薪尝胆的马英九的这句宣言可谓历练人生之后的精华。

美国哈佛大学人际学教授约翰·杜威曾说："人类本质中最殷切的需求是渴望被肯定。"两个人初次见面，放低姿态，及时表达谢意，说话办事的时候谦虚、谨慎、低调，处在下风的位置，这样自然能够被对方乐于接受，获得满意的结果。

对他人的帮助要知道感恩道谢。有些人凡事认为理所应当，不善于及时表达谢意，甚至骄傲自大，趾高气扬，不把别人放在眼里，没人喜欢与这样的人打交道。抱着这种态度与人交往，必然四处碰壁，让自己的人际关系一团糟，你的工作、事业，甚至爱情，都会大打折扣。

事实上，善于表达谢意，以感恩、谦卑的姿态面对身边的人和事，是一种积极的人生态度。美国著名作家罗曼·W.皮尔是"积极成像"观点的主要倡导者，他提出的"态度决定一切"，已经成为表达积极思维力量的一句口头禅，传遍了全世界。

美国当代成功学家安东尼曾说过这样的一句话："人要获得成

功，第一步就是先要存有一颗感恩的心，感激之心。"是的，会感恩的人才会赢得别人尊重、爱护与帮助。一个人也只有学会感恩，才算是学会了做人。否则，一个人要是不知好歹，甚至把人家的好心当作驴肝肺，你怎么指望他会以爱心、以负责任的态度去面对父母、家庭、同学、同事、朋友、单位和社会呢？

　　从感恩出发，从谦卑做起，学会随时表达感激，是每个人应该掌握的一种处世智慧。

　　感恩也是对爱的一种表达，感恩之中蕴藏着一份做人的谦虚和真诚，一种对他人的感谢与尊重。

满招损，谦受益

古人有"满招损，谦受益"的箴言，忠告世人要虚怀若谷，对人对事的态度不要骄狂，否则就会使自己处在四面楚歌之中，被世人讥笑和瞧不起。一句话，谦逊是获得成功和赢得人们尊重的最重要的品质之一。

尚未达到成功的人并没有什么值得特别骄傲的，因此，更应该而且必须保持谦逊。已经取得成功的人，也不该自高自大、自鸣得意和自以为是，而应该继续保持谦逊的作风，因为知识是无穷的，没有任何一种力量能够永远战胜未来。而未来才是不骄不躁的裁判，一切自以为是的骄傲情绪都会在这里被无情地判罚出局。

大发明家爱迪生有过一千多项改变人们生产和生活方式的发明，被誉为"发明大王"和"一代英雄"。但在他的晚年，由于越来越严重的骄傲情绪，使得恰恰是在他最志得意满的领域里犯了形而上学的大错误。他固执地坚决反对交流输电，一味坚持直流输电，结果导致惨败。原来以他的名字命名的公司不得不改为"通用电器公司"，而实行交流输电的西屋电器公司至今仍保留着。这真是"英雄迟暮，骄则自误"。

有些错误是在无知中产生的，还有些错误是由骄傲引发的，被胜利冲昏了头脑，评判事物的标尺就会失衡。所以，即便是取得了一定成就的人，也不应该自以为是和沾沾自喜。

不论是属于意外的幸运，还是经过长期苦斗终于取得了成功，心中充满巨大的快乐以至一时间欣喜若狂，都是可以理解的。因为，人生中还有什么比成功更值得高兴的事情呢。但是如果一个人仅仅因一次成功从此就一直这么欣喜若狂着，人人都会说他是个疯子。

从此一直就这么得意扬扬，到处显耀自夸，总是表现出一种优胜者的得意忘形和骄傲自满，人们虽然不至于说他是疯子，大概也绝不会敬佩他，而只会鄙视他。

如果自鸣得意者只是怀有一种优胜者良好的自我感觉，而且能以此感觉而不停顿的勇敢向前进击，这当然是一种美好的心理状态，在这种心理状态下他可以不断地取得新的成功。但是一般来说，不谦逊的人就很难把自己的感觉控制在这个境界里了。恰恰相反，他只是自以为已经了不起，而不知道天外有天，人外有人。

不谦逊的人大多不能正确地看待自己，并且最容易走进自己重复自己的怪圈。因为他被自己头上的那层光环迷住了双眼，有些眼花缭乱，有些飘飘然。伴随着岁月无声的流逝，自以为已经走了很远的路，有一天当他突然醒来一看，才知道自己还停留在当初的出发点上。也许直到那时候，他才会发现，同龄人和周围的世界已经物是人非，今非昔比。山上已是旌旗烂漫，他却仍然躺在山下的池塘边，顾影自怜。也许直到那时候，他才会爬起来，扔掉头上的光环，走出怪圈，不再重复自己。

当人们骄狂自得的时候，可以摸一摸自己的头顶上，是哪一层光环迷住了自己的心眼。及早把它扔掉，就会轻松许多。

几千年前的古人就告诫过我们："天行健，君子以自强不息。"

我们所感觉、所认识到的那无边无际的宇宙天体，它也是在永恒地流转不息，旋转前进。我们与万事万物一道，都存在于这个流转不息的天地之间。大凡有志之士，要修成德行、学问、事业、功名，也应效法天道，永无止息地努力、前进、创造。

自以为了不起而自鸣得意，问题就出在自己对自己错误的认识上。我们本该不断地拥抱新的自我——一个比一个更美丽动人的自我，可是我们如果自鸣得意，那就会总是舍不得放下那个旧我。

我们生活在时间的长河中，既不可能让时间凝固，更不可能让时间倒转。过去的一切都已经过去，无论多么辉煌都已经过去，对我们的生命实际上不可能构成新的意义。现在是一个不断成为过去、不断迎接未来的时刻。所以，不断地对我们的生命构成新的意义的唯有未来。未来一切的可能性都存在于我们的生命运动之中，只有放眼未来的生命才可能重放光彩。

只有面向未来才能实现对自我的超越。那位学识渊博的浮士德所大声宣称的"我永远不能满足自己"就是一句不断否定自我、不断超越自我的誓言。德国现代哲学家海德格尔的超越理论对我们也有一定的启迪价值。他在竭力张扬"亲在"，即"人生在世"，"在世界之中"的前提下，对自我的必然被超越、自我如何被超越作出了深刻的思辨。他概括了超越的三条途径——实际上是超越的三个方面，即超越世界、超越他人、超越现实。

如果我们能够把自我放在这样一个不断被反问、不断被超越的境地，我们就会迎来"一个比一个更美丽动人的自我"，使我们的生命总是呈现为一种全新的状态。这样，一切自鸣得意，骄傲自满的情绪就会烟消云散，最后就会在谦逊中找到自己的坐标。

谦逊的人事业无止境

懂得谦逊就是懂得人生无止境，事业无止境，知识无止境。知之为知之，不知为不知，知不知者，可谓知矣。海不辞水，故能成其大；山不辞石，故能成其高。有谦乃有容，有容方成其广。

人生本来就是克服了一个又一个障碍前进的，攀登事业的高峰就像跳高，如果没有一个刹那间的下蹲积聚力量，怎么能纵身上跃？人生又像一局胜负无常的棋局，我们无法奢望自己永远立于不败之地。明代洪应明的《菜根谭》说："鹤立鸡群，可谓超然无侣矣，然进而观于大海之鹏，则渺然自小；又进而求之九霄之凤，则巍乎莫及"。只有建立在谦逊谨慎、永不自满的基础之上的人生追求才是健康的、有益的，才是对自己、对社会负责任的，也一定是会有所作为、有所成功的！

晋襄公有个孙子，名叫惠伯谈，晋周是惠伯谈的儿子，晋襄公的曾孙。

这位晋周生不逢时，遇晋献公宠信骊姬，晋国公子多遭残害。晋周虽然没有争立太子的条件，更无继位的希望，也同样不能幸免。为保全性命，晋周来到周朝，跟着单襄公学习。

晋是当时的大国，晋周以晋公子身份来到周朝。但晋周自小受父亲教育，养成良好的品性，他的行为举止完全不像一个贵公子。以往晋国的公子在周朝名声都不好听，晋周却受到对人要求严厉的单襄公的称誉。

单襄公是周朝有名的大臣，学问渊博，待人宽厚而又严厉，是周天子和各国诸侯王公都很尊敬的人，晋周很高兴能跟着他，希望能跟着单襄公好好学习，以成长为有用的人才。

单襄公出外与天子王公相会，晋周总是随从在后。单襄公与王公大臣议论朝政，晋周从来都是规规矩矩地站在单襄公身后，有时，一站几个小时，晋周都从未有一丝不高兴的神色。王公大臣都夸奖晋周站有站相，立有立相，是一个少见的谦恭君子。

晋周在单襄公空闲时，经常向单襄公请教。交谈中，晋周所讲的都是仁义忠信智勇的内容，而且讲得很有分寸，处处表现出谦逊的精神。

在周朝数年，晋周言谈举止的每一个细节，都谦逊有礼，从未有不合礼数的举动发生。周朝的大臣都很夸奖他。

单襄公临终时，对他儿子说："要好好对待晋周，晋周举止谦逊有礼，今后一定会做晋国国君的。"

后来，晋国国君死后，大家都想到远在周朝的晋周，就欢迎他回来做了国君，成为历史上的晋悼公。

晋周本是一个毫无条件争当太子的王子，仅以谦逊的美德征服了国内外几乎所有有权势的人，最终却被推上了王位，可见谦逊的力量有多么巨大。

老子说，"上善善水，水利万物而不争"，"夫唯不争，故天下莫能与之争"，确非虚言。

许多人对于谦逊这项重要的特质，不以为然。事实上，谦逊是一项积极有力的特质，若加以妥善运用，可使人类在精神上、文化上或物质上不断地提升与进步。谦逊是人性中的精髓，因为谦逊，圣雄甘地使印度独立自由。

不论你的目标为何，如果你想要追求成功，谦逊都是必要的条件。在到达成功的顶峰之后，你才会发现谦逊有多么重要。只有谦逊的人才能得到智慧。聪明的人最大的特征是能够坦然地说："我错了。"

好酒也怕巷子深。对于谦逊，我们还要指明一点的是：过度的谦逊并不是一种可取的美德。在这个现实的世界，好的道德与才能，如果没有人知道，并不就是很好的回报。这不仅是在欺骗自己，也是在欺骗别人，更是对自己功绩的诋毁。俗话说："过分的谦虚等于骄傲"，就是这个道理。

谦逊的人善于自省

每个人都有他的一套做人的方法。一个人确立了自己的做人的处世观后（或许应当说，一个人以他自己一贯的做人的方法做人），一定以为自己做得十分正确，否则他便不会这样做人了。

换言之，许多被公认"不会做人"的人，心里也许还以为自己会做人。没有"自知之明"是自古以来的"人之患"，学做人必须克服此患。

人的一言一行，一举一动，都受自己的主观思想的影响，都以为自己做的一切都对。所以，关于做人的重要一课，是如何谦逊地自我反省，认识到自己的错误。

只有知错才会有改过的希望。只有不断修正自己的错误行为，才更会做人。

问题是谁都懂得"发现别人的错"，却不懂得知道自己的错（因为错与不错，由自己的主观去判断）。学做人，要先学会不断地检查自己的行为和发现自己所做的错事，然后知错就改。

反之，这样做也有应当小心的地方，如果常常"在心里自己认错"，就会形成心理压力，对自己有压抑作用，久而久之，甚至可以使自己失去信心，因此，也要避免这种心态。

若想避免这种副作用，我们应当经常在心里反躬自省一些问题。不应该问"这件事我做错了什么？"而应该问"我如何才可以将这件事做得更好？"

后面的一句话，先承认了"这事可以做得更好"，于是使自己开始思索"怎样改进"这个有益处有建设性的问题。而且自己既然可以"做得更好"，也有助于增强自信心。

应当如何找出自己的行为错失和不会做人之处？编者在此提出下列四点建议：

第一，虽然你做人很成功，办事多能得到理想中的收获，仍然可以每隔一段时期检讨一下自己的行为，并想出在哪些方面你可以做得更好。

即使你很成功，相信在心底里仍然知道"许多事我可以做得更好"。这想法（和后来想出的"做得更好"的方法）极有助于反躬自省。

第二，做一件事而得不到心目中的结果时，应先假定那是因为自己有些地方做得不对，而不是因为"难以控制的外来因素"，一味地归因于客观因素。后一种想法是不会做人者的通病（而且常常这样想的人也很难学会做人）。

第三，和别人交往而发觉别人对你反应不好时，应主动想到过错可能在自己（即使过错在别人）。别人讨厌你的时候，应当看看自己的行为有无不会做人之处，不应只怪别人有眼无珠。

第四，万一别人出言批评你，应当尝试虚心接受这些批评，然后反躬自省如何才能否进一步改进。

拒绝善意的批评和忠告不是英雄气概，而是怯于面对现实，使你失去正视错误和进步的机会。

经常用上面四种方法自我检讨，你就会更加懂得做人。

骄傲自大酿苦果

人生在世会遇到各种各样的险境，骄傲自大可能是最可怕的一种。处境卑微自然不幸，但却没有太大的危险，趴在地上的人是不会被摔死的。最可怕的情境是身处险峰而高视阔步，只谓天风爽，不见峡谷深。这正是人们骄傲时的典型情境。

其实，只要脚下的某块石头一松动，就有坠入深渊的危险，而那些不可一世的英雄却全然不觉，兀自陶醉于"一览众山小"的壮景豪情中。殊不知正是这种时候，脚下的石头是最容易松动的。

古往今来，一个"傲"字毁了多少盖世英雄！

三国时候，祢衡很有文才，在社会上很有名气，但是，他恃才傲物，除了自己，其他任何人都不放在眼里。容不得别人，别人自然也容不得他。所以，他"以傲杀身"，被杀于黄祖。

祢衡所处的时代，各类人才是很多的，但他目中无人，经常说除了孔融和杨修，"余子碌碌，莫足数也"。即使是对孔融和杨修，他也并不很尊重他们。祢衡20岁的时候，孔融已经40岁了，他却常常称他们为"大儿孔文举，小儿杨德祖"。

经过孔融的推荐，曹操见了祢衡。见礼之后，曹操并没有立即让祢衡坐下。祢衡仰天长叹："天地这样大，怎么就没有一个人！"

曹操说："我手下有几十个人，都是当今的英雄，怎么说没人？"

祢衡说："请讲。"

曹操说："荀彧、荀攸、郭嘉、程昱机深智远，就是汉高祖时候的萧何、陈平也比不了；张辽、许褚、李典、乐进勇猛无比，就是古代猛将岑彭、马武也赶不上；还有从事吕虔、满宠、先锋于禁、徐晃，又有夏侯惇这样的奇才，曹子孝这样的人间福将，怎么说没人？"

祢衡笑着说："您错了！这些人我都认识，荀彧可以让他去吊丧问疾，荀攸可以让他去看守坟墓，程昱可以让他去关门闭户，郭嘉可以让他读词念赋，张辽可以让他击鼓鸣金，许褚可以让他牧羊放马，乐进可以让他朗读诏书，李典可以让他传送书信，吕虔可以让他磨刀铸剑，满宠可以让他喝酒吃糟，于禁可以让他背土垒墙，徐晃可以让他屠猪杀狗，夏侯惇可称为'完体将军'，曹子孝可叫作'要钱太守'。其余的都是衣架、饭囊、酒桶、肉袋罢了！"

曹操很生气，说："你有什么能耐？敢如此口出狂言？"

祢衡说："天文地理，无所不通，三教九流，无所不晓；上可以让皇帝成为尧、舜，下可以跟孔子、颜回比美。怎能与凡夫俗子相提并论！"

这时，张辽在旁边，拔出剑要杀祢衡，曹操阻止了张辽。曹操不杀祢衡主要是因为祢衡名气大，曹操不愿天下人说他容不得人。后来曹操想借机羞辱祢衡，不过没有得逞。曹操虽然生气，但还是忍住没有杀祢衡，他决定把祢衡送给刘表，看看结果会怎样。就这样，曹操没有动祢衡一根毫毛，后来让人把他送到刘表那儿去了。

到了荆州，刘表对祢衡不但很客气，而且"文章言论，非衡不定"。但是，祢衡骄傲之习不改，多次奚落、怠慢刘表。刘表又出于和曹操一样的动机，把他送给了江夏太守黄祖。

到了江夏，黄祖也能"礼贤下士"，待祢衡很好。祢衡常常帮助黄祖起草文稿。有一次，黄祖曾经握住他的手说："大名士，大手笔！你真能体察我的心意，把我心里要想说的话全写出来啦！"

但是，后来在一条船上，祢衡又当众辱骂黄祖，说黄祖"就像庙宇里的神灵，尽管受大家的祭祀，可是一点儿也不灵验"。黄祖下不了台，恼怒之下，把祢衡杀了。祢衡死时才 26 岁。

曹操知道后说："迂腐的儒士只会摇唇鼓舌，自己招来杀身之祸。"

祢衡短短一生未经军国大事，是块什么样的材料很难断定。然而狂傲至此，即使他有孔明之才，也必招杀身之祸。

关羽大意失荆州，同样是历史上以傲致败最经典的一个故事。

三国时期，吴将吕蒙来见孙权，建议乘关羽和曹操合围樊城的时候，偷袭荆州。这建议正合孙权之意，立刻委以重任。

可是，吕蒙发现镇守荆州的蜀将关羽警惕性很高，荆州军马整齐，沿江又有烽火台警戒，互透军情，很难正面攻破。正在苦思偷袭之计，陆逊来访，教给吕蒙一条诈病之计。

陆逊说："关羽自恃是英雄，无人可敌。唯一惧怕的就是将军你了。将军乘此机会可假装有病，解去军职，把陆口的军事任务让给别人，又使接你职务的人大赞关羽英武，使关羽骄傲轻敌。这样，关羽就会把防这荆州的兵调去攻打樊城。假如荆州没有防备，将军只需用小股军队突袭荆州，便可以重新掌握荆州了。

后来，吕蒙果然请了病假，回到建业休息，并推荐陆逊代他守陆口。关羽得到消息知道吕蒙病重，已调离陆口，新来的陆逊又不见经传，遂有轻敌之心。他还收到陆逊送来的信函，信中盛赞关羽的智勇双全，表达了陆逊对关羽的敬仰。这封信实际是陆逊在麻痹关羽。而关羽看完信，果然放松了对陆逊的警惕。他下令把原来防备东吴的军队陆续调往樊城前线。

就在这时，曹操听司马懿之计派使来到吴国，要孙权夹击关羽。孙权早已决定要袭取荆州，所以马上复信，表示同意。这样，原来的孙刘联盟抗曹，一下子变成了曹、孙联盟破刘，形势急转直下。孙权拜吕蒙为大都督，统领江东各路兵马，袭击关羽的后方。

吕蒙到了浔阳，命士兵们穿了白色的衣服扮作商人，借故潜入烽火台，攻取了荆州。

事情到了这个地步，关羽才知道自己对东吴的防备太大意。为了重振军威，他带着日益减少的人马准备南下收复江陵。但是，在吕蒙、陆逊的分化瓦解下，他只能步步败退，最后只有困守麦城。后来，他被生擒活捉，斩首。

关羽之死，可谓千古悲歌。其一生忠义，几近完人。只因一个"傲"字，失地断头。虽然令人感叹，更为后人敲响了警钟。英雄如关羽，尚且骄傲自大不得，年轻人哪里还有骄傲的理由！

骄傲的原因是无知

　　所有骄傲的人都认为，自己有学识，有能力，或有功劳；而谦逊的人却总是说：我还差得很远。骄傲者真的有其骄傲的资本，而谦逊者真的差得很远吗？这是一个耐人寻味的问题。

　　事实上，骄傲者虽然往往有一定的学识或能力，但他骄傲的真正原因绝不是学识，而是无知。

　　楚汉相争时，项羽勇将龙且奉命率领大军，日夜兼程向东进入齐地，救援齐王田广。

　　韩信正要向高密进军，听说龙且兵到，召见曹、灌二将，嘱咐他们：要谨慎应敌。于是，命令部队后撤三里，选择险要的高地安营扎寨，按兵不动。

　　楚将龙且，以为韩信怯战，想渡河发起攻击。属下官吏向他建议按兵不动，以拖待变。

　　龙且性高气傲，目空一切，看不起韩信，还是决定主动进攻。

　　副将周兰上前进谏道："将军不可轻视韩信。那韩信辅佐汉王平定三秦，平赵降燕，今又破齐，足智多谋，还望将军三思而行。"

　　龙且大笑，不以为然，当下即派人渡水投递战书。为准备决战，韩信命军士火速赶制一万多条布口袋，当夜候用。黄昏时分，韩信召部将傅宽，授予密计："你带兵各自带上布口袋，偷偷到潍水上游，就地取泥沙装进口袋里，选择河面见窄的地方堆上沙口袋，阻挡流水。等明天交战时，楚军渡河，我军发出号炮，竖起红旗，即命兵士捞起沙口袋，放下流水，至要至要！"

　　韩信命众将今夜静养，明日见红旗竖起，立即全力出击。第二天，他又命曹参、灌婴两军留守西岸，自己率兵渡到东岸，大声挑战道："龙且快来送死！"

　　龙且本是火暴性子，他跃马出营，怒气冲冲，举刀直奔韩信，韩信急忙退进阵中，众将出阵抵挡。韩信拍马就走，众将也忙退兵，向潍水奔回。

　　龙且领头追去，周兰等随后紧跟，追近潍水，那汉兵却渡过河西去了。

　　龙且正追赶得起劲，哪管水势深浅，也就跃马西渡。周兰看见河水忽然浅了，有些怀疑，急追上去想劝住龙且。楚军两三千人刚刚渡到河中，猛然一声炮响，河水忽然上涨了好几尺，接着便汹涌澎湃，如同滚筒卷席一般。河里的楚兵站立不稳，被汹涌的大浪卷走，不久便是满河浮尸。

　　这时汉军阵中红旗竖起，曹参灌婴从两旁杀来。韩信率众将杀回来。不管龙且如何骁勇，周兰如何精细，也冲不出汉军的天罗地网。结果是龙且被斩，周兰被擒，两三千楚兵统统当了俘虏。

　　听龙且对韩信的评价，几乎完全不了解对方。所言种种，无非出身低微、忍胯下之辱一类的谰言。以此为据而战兵于韩信，岂有不败之理？

　　俄国作家列夫·托尔斯泰曾经有一个巧妙的比喻。他说：一个人对自己的评价像分母，他的实际才能像分数值，自我评价越高，实际能力就越低。这个比喻，生动地说明了一个人的自我评价与其真才实学之间的关系。

励志人生必修课

做事三好
好思路 好方法 好经验

启　文◎编著

中国出版集团

中译出版社

图书在版编目（CIP）数据

励志人生必修课 . 做事三好 : 好思路　好方法　好
经验 / 启文编著 . -- 北京 : 中译出版社 , 2019.6
ISBN 978-7-5001-5990-2

Ⅰ . ①励… Ⅱ . ①启… Ⅲ . ①人生哲学—通俗读物
Ⅳ . ① B821-49

中国版本图书馆 CIP 数据核字（2019）第 119521 号

励志人生必修课

做事三好：好思路　好方法　好经验

出版发行：中译出版社
地　　址：北京市西城区车公庄大街甲 4 号物华大厦 6 层
电　　话：（010）68359376　68359303　68359101
邮　　编：100044
传　　真：（010）68357870
电子邮箱：book@ctph.com.cn
总 策 划：张高里
责任编辑：刘全银
封面设计：青蓝工作室
印　　刷：北京朝阳新艺印刷有限公司
经　　销：新华书店
规　　格：880 毫米 ×1230 毫米　1/32
印　　张：42
字　　数：770 千字
版　　次：2019 年 6 月第 1 版
印　　次：2019 年 6 月第 1 次

ISBN 978-7-5001-5990-2　　　定价：208.60 元（全 7 册）

中 译 出 版 社

前　言

每个人都渴望成功，都希望能过上更精彩、更富有的生活，但并非每个人都能如愿。能够实现愿望的人不一定比你付出更多的汗水，但一定比你付出了更多的思考，他们有好的思路、好的方法、好的经验。好思路、好方法、好经验，是成功者超越常人，大赢大得的三件利器。

思路，是指一个人做事的思维和发展的眼光，它决定了一个人成就的大小。其实人的智商并没有太大差别，让人的成就和生活质量产生天壤之别的根本原因是思维方式的不同。人们在事业、工作、人际关系、爱情、生活等方面会遇到很多困境和难题，它们影响命运、决定成败。而如何解决这些问题，需要正确的思路。要创造幸福的生活，改变自己的命运，需要改变你自己，而改变自己则必须从改变自己的思路入手。好思路是你人生前进路上的一盏明灯，为你指明前进的方向，带给你前行的希望和努力的勇气。

方法，是保证思路得以执行的手段，是成功的保证。为了实现我们的理想和目标，我们需要找到正确的方法。但要摸索到成功的正确方法并不容易，甚至要经历很多磨难。这需要考验我们的毅力和耐力，要知道，只有经过锤炼的有毅力的人，才能够寻找和总结出成功的方法。

经验，就是从已发生的事件中获取的知识，是对前人的成功感悟和失败教训的总结，也是人生成功的阶梯。任何人只要做一点有用的事，总会得到一点报酬，这种报酬就是经验。这是最有价值的东西，也是人家抢不去的东西。这些经验是智慧的高度浓缩，是立身处世的法则，是生活求索的启迪。这些经验可以成为生活中攀登者的动力，也可以成为海上夜航者的灯塔，还可以成为人们治学报国的向导、事业成功的秘诀。就经验的来源来说，我们可以从前辈、朋友那里获得，也可以通过自身尝试获得。但无论经验来源于何处，好经验总能让我们少走很多弯路，让我们在成功的道路上事半功倍。只要我们以正确的心态面对人生的每一种经验，我们就会拥有越来越多可供奉献、可以造福社会的资本。

好思路、好方法、好经验，是一个人从平凡到卓越需要具备的条件，也是人生成功的保证。

本书全面阐释了拥有好思路、获得好方法、赢得好经验的方法和技巧，列举大量的实例，加以精到的分析，教你像成功者一样思考、行动，让你在面对繁杂的事物和困难时应对自如，快速找到解决问题的突破口，轻松踏上成功之路，赢得属于自己的美满人生。

目　录

上篇　好思路

中篇 好方法

下篇　好经验

上篇
好思路

第一章
思路决定出路，方向决定人生

人生是一个不断变化和选择、不断思考的过程。思路不同，看待世界的视角不同，对待生活的心态不同，解决问题的方法不同，由此会产生截然不同的人生。优秀者与平庸者的根本区别就在于他们是否能够主动寻找获得成功的好思路，找到人生的正确方向。优秀者能够不断思考，开拓创新，积极寻找新的思路，解决人生中的一个个难题，最终取得成功；而平庸者墨守成规，缺乏思考，最终成为人生跑道上的落伍者。如此巨大的人生反差，带给我们一个重要的启示：思路决定出路，方向决定人生。

生活是由思想造就的

生活是由思想造就的，每个人的命运完全决定于他们的思想。消极的思想将产生消极的生活，积极的思想则创造积极的生活。

成功学家戴尔·卡耐基先生说："如果我们想的都是快乐的念头，我们就会快乐；如果我们想的都是悲伤的事情，我们就会悲伤。"

生活的快乐与否，完全取决于一个人对人、事、物的看法。

成功学家卡耐基曾参加过一个广播节目，要求找出"你所学到的最重要的一课是什么"。

这很简单，卡耐基认为自己学到的最重要的一课是"思想的重要性"。只要知道你在想些什么，就知道你是怎样的一个人，因为每个人的特性都是由思想造就的。每个人的命运，很大程度上决定于他们的心理状态。每一个人必须面对的最大问题——事实上可以算是我们需要应付的唯一问题，就是如何选择正确的思想。如果我们能做到这一点，就可以解决所有的问题。曾经统治罗马帝国、本身又是伟大哲学家的马库斯·奥里亚斯，把这些总结成一句话——决定你命运的一句话："生活是由思想造就的。"

不错，如果我们想的都是快乐的事情，我们就能快乐；如果我们想的都是悲伤的事情，我们就会悲伤；如果我们想到一些可怕的事情，我们就会害怕；如果我们想的是不好的事情，我们恐怕就会担心；如果我们想的净是失败，我们就会失败；如果我们沉浸在自怜里，大家都会有意躲开我们。美国著名教育家诺曼·文生·皮尔说："你并不是你想象中的那样，而你却是你所想的。"

我们会发现，当我们改变对事物和其他人的看法时，事物和其他人对我们来说就会发生改变。要是一个人把他的思想引向光明，他就会很吃惊地发现，他的生活受到很大的影响。一个人所能得到的，正是他自己思想的直接结果。有了奋发向上的思想之后，一个人才能努力奋斗，才能有所成就。

思路突破：人生需要设计

有一句名言："你希望自己成为什么样的人，你就会成为什么样的人。"人生就是"自我"不断实现的过程，自我实现的要求产生于自我意识觉醒之后，经历了"自我意识——自我设计——自我管理——自我实现"这样一个过程。如果把自我设计看作立志，那么自我管理便是工作，而自我实现就处在自我管理的过程中和终极点上。

人在一生中会做无数次的设计，但如果最大的设计——人生设计没做好，那将是最大的失败。设计人生就是要对人生实行明确的目标管理。如果没有目标，或者目标定位不正确，你的一生必然碌碌无为，甚至是杂乱无章的。做好人生设计，必须把握两点：一是善于总结，一是善于预测。对过去进行总结和对未来进行设计并不矛盾。只有对自己的过去进行好好地回顾、梳理、反思，才能找出不足，继续发扬优势。这样，在进行人生设计时，才能扬长避短。而对未来进行预测，就是说要有前瞻性的观念和能力。缺少了前瞻性的观念和能力，人将无法很好地预见自己的未来，预见事物的动态发展变化，也就不可能根据自己的预见进行科学的人生设计。一个没有预见性的人，是不可能设计好人生、走好人生之路的。

还有一点必须记住，那就是设计好人生的前提是自知、自查。了解自己，了解环境，这是成功的前提条件。知己知彼，方能百战不殆。对自己有清楚的了解与估量，才能有的放矢地进行人生设计。在知己知彼以后，需要对自己合理定位。人不是神，有很多不足和缺陷，对自己期望过低、过高都不利于自身成长。

但设计人生不能盲从，也不能一味地服从与遵循死理。设计目标是为了实现目标，而不是为了设计而设计。设计只是一种手段，而不是我们要的结果。因此，我们需要变通的设计，因时因事因地而变化。设计也不是屈服，设计的主动权要掌握在我们自己手中——我的人生我做主，用自己手中的画笔在画布上画出美丽的图画。

要改变命运，先改变思路

　　人生就是一连串不断思考的过程，每个人的前途与
命运，完全掌握在自己手中。只要善于思考，找到正确
的思路，成功就离你不再遥远。

　　我们不是没有好的机会，而是没有好的思路。思路影响并决
定了人的精神和素质。在相同的客观条件下，由于人的思路不同，
主观能动性的发挥就不同，产生的行为也就不同。有的人因为具
备先进的思路，虽然一穷二白，却白手起家，出人头地；有的人
即使坐拥金山，但由于思路落后，导致家道中落，最后穷困终生。

　　亿万财富买不来一个好思路，而一个好思路却能让你赚到亿
万财富。为什么世界上所有的财富拥有者都能够在发现、捕捉商
机上独具慧眼、先知先觉呢？根本原因就是他们思想上不保守，
思路更新更快！

　　都说知识改变命运，事实上，真正改变人命运的是思路，仅
凭知识是改变不了命运的！很多自诩才高八斗、学富五车的人不
是一样穷困潦倒吗？

　　人的思想决定了人的言行举止，起着先导的作用。从奔月传
说到载人宇宙飞船遨游太空，说到底都是思路更新、思想进步的
结果。

　　思路超前，就能想别人之不敢想，为别人之不敢为，自然就
能够发现别人视而不见的绝佳机会，获得成功自然是水到渠成
的事。

　　市场经济的规律告诉我们：只有思路常新才有出路。成功的

喜悦从来都是属于那些思路常新、不落俗套的人们。一堆木料，将它用来做燃料，分文不值；如果将它卖掉，能够卖几十元；如果你有木匠的手艺，将它制作成家具再卖掉，能够卖好几百块；如果你有高级木匠的手艺，将它制作成高级屏风卖掉，那就能够卖几千元！

思路的更新是永无止境的。思路是创新的先导，需求是创新的动力。

有一句顺口溜：脑袋空空口袋空空，脑袋转转口袋满满。要想赚钱，就要勇于开拓，不断创新，为自身发展闯出更广阔的新天地。要问财富来自哪里，财富其实就在你的头脑里！人与人的最大差别是思想、思路，有的人长期走入赚钱的误区，一想到赚钱就想到开工厂、开店铺。这一想法不突破，就抓不住许多在他看来不可能的新机遇。

想一想，成功与失败，富有与贫穷，只不过一念之差。

要改变命运，先改变思路！

思路突破：从多维的角度思考人生

要想成功就要学会从多维的空间和一维的时间角度观察并思考人与环境的关系，善于从中认识自己，知道自己在环境里处在怎样的位置。这种多维的取向并非是要你去尝试各种职业或各种生活方式，而是要你从个性的种种要素上充分相信自己，培育自己，挖掘自己的潜力。

多维思维可以使你发散式（如阳光四射）地或辐合式（如磁铁引力）地洞悉事物的内外联系。其中自然有以时间为参照物的回顾与展望，这样无论是微观或宏观对象，都能以立体思维的方式，或精细分析，或综合体悟而获得解释和创见。当人以立体思维的视野和方式思考问题时，就能以最小的偏见或成见看问题，也能获得更多的灵感和远见。

那么，怎样有意识地训练自己多维的思考能力呢？

多维思考问题，能够帮助我们突破思维的局限，扩大思维的视角，同时拓展思维的深度。我们要将自己的个性发展定位在全息的时空背景里，自己从每件小事做起，从每一条信息中看到有价值的部分，在每一个机会里安排自己的目标，从自己的每一个念头里发现新的内容，在每一回冲动里感受自己的热情与意志，并在每一次行动中体验到自己的成长。这时我们会觉得"每一天的太阳都是新的"，世界充满了生机，我们有那么多的事要做，有那么多东西要学，可走的路四通八达，肯帮我们的人无处不在。

培养正确思考的能力

所有计划、目标和成就，都是正确思考的产物。你的思考能力，是你唯一能完全控制的东西。你可以以智慧或是愚蠢的方式运用你的思想，但无论如何运用它，它都会显现出一定的力量。

没有正确的思考，是不会克服坏习惯的。如果你不学习正确的思考，是绝对防止不了失败的。

奥里森·马登认为，一个人的工作效能与生活质量是以正确的思想方法为基础的。所以，如果你想让自己成为一名成功人士，提高自己的做事效率，就必须培养并使用正确的思想方法。

纳克博士认为能够把这个世界变成更理想的生活空间，全靠创造性的思考。

纳克博士是美国的大教育家、哲学家、心理学家、科学家和发明家，他一生在艺术和科学上有许多发明，有许多发现。纳克博士的个人经历证实，他锻炼脑力和体力的方法可以培养健康的身体并促进心智的灵活。

奥里森·马登曾带着介绍信前往纳克博士的实验室去造访他。

当奥里森·马登到达时，纳克博士的秘书对他说："很抱歉，这个时候我不能打扰纳克博士。"

奥里森·马登问："要过多久才能见到他呢？"

秘书回答："我不知道，恐怕要三小时。"

奥里森·马登继续问："请你告诉我为什么不能打扰他，好吗？"

秘书迟疑了一下，然后说："他正在静坐冥想。"

奥里森·马登忍不住笑了："那是怎么回事——静坐冥想？"

秘书笑了一下说："最好还是请纳克博士自己来解释吧！我真的不知道要多久，如果你愿意等，我们很欢迎；如果你想以后再来，我可以留意，看看能不能帮你约一个时间。"奥里森·马登决定等待。

当纳克博士终于走出实验室时，他的秘书给他们作了介绍。奥里森·马登开玩笑地把秘书说的话告诉纳克博士。在看过介绍信以后，纳克博士高兴地说："你不想看看我静坐冥想的地方，并且了解我怎么做的吗？"

于是他带着马登到了一个隔音的房间。这个房间里唯一的家具是一张简朴的桌子和一把椅子，桌子上放着几本白纸簿、几支铅笔以及一个开关电灯的按钮。

在谈话中，纳克博士说，每当他遇到困难而百思不解时，就到这个房间来，关上房门坐下，熄灭灯光，让身心进入深沉的集中状态。他就这样运用"集中注意力"的方法，要求自己的潜意识给他一个解答，不论什么都可以。有时候，灵感似乎迟迟不来；有时候似乎一下子就涌进他的脑海；更有些时候，得花上两小时那么长的时间它才出现。等到念头开始清晰起来，他立即开灯把它记下。

纳克博士曾经把别的发明家努力钻研却没有成功的发明重新加以研究，并使之日臻完美，因而获得了二百多项专利权。他的成功秘诀就在于：完善那些欠缺的部分。

纳克博士特别安排时间来集中心神思索，寻找另外一点。对于这个"另外一点"，他很清楚自己要什么，并立即采取行动，因而他获得了成功。

思路突破：注重正确的思维程序

要学会正确思考首先要学会控制自己的思想。卡耐基认为，思想是一个人唯一能完全控制的东西。因为你的思想会受到周围环境的影响，所以，你必须有一套科学有序的流程，来控制这些影响因素。为此，奥里森·马登对思维流程做出了科学的解释，将正确思维归于以下四点。

1. 发现问题

"发现问题"是整个思维过程中最困难的一部分。要知道，在你提出问题之前，你不可能知道你要寻找的是什么解决方法，更不可能解决这个问题。

2. 分析情况

一旦你找出这个问题，你就要从所处环境中发现尽可能多的线索。

在分析情况的过程中，你寻找的是具体的信息资料。你不要被一开始就找到问题的解决办法和答案所诱惑，而漏掉了别的办法。你应该强迫自己去寻找有关的信息资料，直到你觉得自己已仔细并准确地分析了这种情况之后，再做出判断。

3.寻找可行的解决方法

一旦你找出了问题，分析了情况之后，你就可以开始寻找解决问题的办法。同样，你也要避免那些看起来似乎很好的答案。

在这一步骤中创造性是很重要的。除了那些一眼就能看出的似乎有道理的解决办法之外，你还要寻找其他的办法，尤其在采纳现成的方案时要特别留心。如果别人也探讨过同样的问题，而且其解决办法听起来也适合你的情况时，就要仔细判断一下当时的情况与你的情况究竟相同在何处。

注意，不要采用那些还没有在你这种情况下检验过的解决方法。

4.科学验证

很多人到了上一步就停止了，这其实是不完整的，因而也是不科学的。

一旦解决办法找到了，你就要对其进行检验和证明，看看这些办法是否有效，是否能解决提出的问题。在检验之前你可能不知道这些办法是否正确。

在这个过程中，你所要做的就是寻找这种情况的原因，并加以解释，你要回答诸如"为什么""是什么""怎么会"之类的问题。

第二章
格局决定布局，布局决定结局

格局决定布局，布局决定结局。多大的网，就决定捉多大的鱼：一个人有多大的目标，就决定他有多大的成就；有多大的心胸，就决定他有多大的成功。既然如此，为什么不用一个大网？为什么不设定一个大的目标？为什么不有一个大的胸怀？大目标决定大格局，大格局决定大结局。

走出囚禁思维的栅栏

世界上没有两片完全相同的树叶，同样，世界上也没有两个完全相同的人。每个人自身的独特性，造成其别具一格的思维方式，每个人都可以走出一条与众不同的发展道路来。但保持个性的同时，也应追求突破创新，否则，你将陷入自身思路的"圈套"当中。

每个人都会有"自身携带的栅栏"，若能及时地从中走出来，实在是一种可贵的警悟。独一无二的创新精神，勇于进取，绝不自损、自贬，在学习生活中勇于独立思考，在日常生活中善于注入创意，在职业生活中精于自主创新，正是能够从自我囚禁的"栅栏"里走出来的鲜明标志。形成创造力自囚的"栅栏"，通常有其内在的原因，是由于思维的知觉性障碍、判断力障碍以及常规思维的惯性障碍所导致的。知觉是接受信息的通道，知觉的领域狭窄，通道自然受阻，创造力也就无从激发。这条通道要保持通畅，才能使信息流丰盈、多样，使新信息、新知识的获得成为可能，使得信息检索能力得到锻炼，不断增长其敏锐的接受能力、详略适度的筛选能力和信息精化的提炼能力，这是形成创新心态的重要前提。判断性障碍大多产生于心理偏见和观念偏离。要使判断恢复客观，首先需要矫正心理视觉，使之采取开放的态度，注意事物自身的特性而不囿于固有的见解或观念。这在新事物迅猛增殖、新知识快速增加的当今时代，尤其值得重视。

要从自囚的"栅栏"走出来，还创造力以自由，首先就要还思维状态以自由，突破常规思维。在此基础上，对日常生活保持开放的、积极的心态，对创新世界的人与事，持平视的、平等的姿态，对创造活动，持"成败皆为收获""过程才最重要"的精神状态。这样，我们将有望形成十分有利于创新生涯的心理品质，并且及时克服内在消极因素。

思路突破：破旧立新，才会变得更好

成功的人往往是一些不那么"安分守己"的人，他们绝对不会因取得一些小小的成绩而沾沾自喜，获得一点小成功就停下继续前行的脚步。因此，只有突破旧我，才能获得又一次的蜕变，人生才会呈现更好的局面。

一位雕塑家有一个十二岁的儿子。儿子要爸爸给他做几件玩具，雕塑家只是慈祥地笑笑，说："你自己不能动手试试吗？"

为了做好自己的玩具，孩子开始注意父亲的工作，常常站在工作台边观看父亲运用各种工具，然后模仿着运用于玩具制作。

父亲也从来不向他讲解什么，放任自流。

一年后，孩子初步掌握了一些制作方法，玩具造得颇像个样子。这时，父亲偶尔会指点一二。但孩子脾气倔，从来不将父亲的话当回事，我行我素，自得其乐。父亲也不生气。

又一年，孩子的技艺显著提高，可以随心所欲地摆弄出各种人和动物的形状。孩子常常将自己的"杰作"展示给别人看，引来诸多夸赞。但雕塑家总是淡淡地笑，并不在乎。

有一天，孩子存放在工作室的玩具全部不翼而飞，父亲说："昨夜可能有小偷来过。"孩子没办法，只得重新制作。

半年后，工作室再次被盗。又半年，工作室又失窃了。孩子有些怀疑是父亲在捣鬼：为什么从不见父亲为失窃而吃惊、防范呢？

一天夜晚，儿子夜里没睡着，见工作室灯亮着，便溜到窗边窥视，只见父亲背着手，在雕塑作品前踱步，观看。好一会儿，父亲仿佛做出某种决定，一转身，拾起斧子，将自己的大部分作品打得稀巴烂！接着，父亲将这些碎土块堆到一起，放上水重新混合成泥巴。孩子疑惑地站在窗外。这时，他又看见父亲走到他的那批小玩具前。父亲拿起每件玩具端详片刻，然后，将儿子所有的自制玩具扔到泥堆里搅和起来！当父亲回头的时候，儿子已站在他身后，瞪着愤怒的眼睛。父亲有些羞愧，吞吞吐吐道："我，是，哦，是因为，只有砸烂较差的，我们才能创造更好的。"

十年之后，父亲和儿子的作品多次同获国内外大奖。

父亲不愧是位雕塑家，他不但深谙雕塑艺术品的精髓，更懂得如何雕塑儿子的"灵魂"。每一个渴望成功的人都必须谨记：只有不断突破自我，超越以往，你才能开创出更美好、更辉煌的人生。

摆脱思维定式

在创新思维活动的过程中，打破常规思维的惯性，是大脑思维必不可少的一个环节。有时，只要针对问题改变一下设想，调整一下角度，解决问题的思路就会不期而至。

思维定式即常规思维的惯性，它是一种人人皆有的思维状态。当它在支配常态生活时，还似乎有某种"习惯成自然"的便利，所以它对人的思维也有好的一面。但是，当面对创新的事物时，如若仍受其约束，就会形成对创造力的障碍。

大象能用鼻子轻松地将一吨重的物体抬起来，但我们在看马戏表演时却发现，这么巨大的动物，却安静地被拴在一根小铁桩上。

因为它们自幼小无力时开始，就被沉重的铁链拴在无法动的铁桩上，当时不管它用多大的力气去拉，铁桩对幼象而言，是太沉重的东西，当然动也动不了。不久，幼象长大，力气也增加了，但只要身边有桩，它总是不敢妄动。

这就是思维定式。长大后的象，可以轻易将铁链拉断，但因幼时的经验一直留存至长大，所以它习惯地认为"绝对拉不断"，所以不再去拉扯。人类也是如此，虽被赋予称为"头脑"（无限能力）的最强大的武器，但因自以为是而不用武器，于是徒然浪费"宝物"。由此可知，不只是动物，人类也因未排除"固定观念"的偏差想法，而只能以常识性、否定性的眼光来看事物，自以为是地认为"我没有那样的才能"，终于白白浪费掉大好良机。除了这种静止地看待自己的形而上学的错误，用僵化和固定的观点认识外界的事物有时也会带来危害。比如，通常我们都知道，海水是不能饮用的，可是如果抱定了这种观念，而不去尝试一下，也可能会犯下错误。

一次，一艘远洋海轮不幸触礁，沉没在汪洋大海里，幸存下来的九位船员拼死登上一座孤岛，才得以幸存下来。

但接下来的情形更加糟糕，岛上除了石头还是石头，没有任何可以用来充饥的东西。更为要命的是，在烈日的暴晒下，每个人都口渴得冒烟，水成为了最珍贵的东西。

尽管四周都是水——海水，可谁都知道，海水又苦又涩又咸，根本不能用来解渴。现在九个人唯一的生存希望是老天爷下雨或等待其他过往船只发现他们。

但是，没有任何下雨的迹象，天际除了海水还是一望无边的海水，没有任何船只经过这个死一般寂静的岛。渐渐地，他们支撑不下去了。

八个船员相继渴死，当最后一位船员快要渴死的时候，他实在忍受不住，扑进海里，"咕咚咕咚"地喝了一肚子海水。船员喝完海水，一点儿也觉不出海水的苦涩味，相反觉得这海水非常甘甜，非常解渴。他想：也许这是自己渴死前的幻觉吧。他静静地躺在岛上，等着死神的降临。

他睡了一觉，醒来后发现自己还活着，船员非常奇怪，于是他每天靠喝这岛边的海水度日，终于等来了救援的船只。

后来人们化验这海水发现，由于有地下泉水的不断翻涌，所以，这里的海水实际上是可口的泉水。

习以为常、耳熟能详、理所当然的事物充斥着我们的生活，使我们逐渐失去了对事物的热情和新鲜感。经验成了我们判断事物的唯一标准，存在的当然变成了合理的。随着知识的积累、经验的丰富，我们变得越来越循规蹈矩，越来越老成持重，于是创造力丧失了，想象力萎缩了，思维定式已经成为人类超越自我的一大障碍。

标新立异者常常能突破自己的思维定式，反常用计，在"奇"字上下工夫，拿出出奇的经营招数，赢得出奇的效果。

亨利·兰德平日非常喜欢为女儿拍照，而每一次女儿都想立刻得到父亲为她拍摄的照片。于是有一次他就告诉女儿，照片必须全部拍完，等底片卷回，从照相机里拿下来后，再送到暗房用特殊的药品显影，而且，在副片完成之后，还要照射强光使之映在别的相纸上面，同时必须再经过药品处理，一张照片才告完成。兰德在向女儿做说明的同时，内心却问自己："等等，难道没有可能制造出'同时显影'的照相机吗？"对摄影稍有常识的人，在听了他的想法后都异口同声地说："哪儿会有可能，简直是一个异想天开的梦。"但兰德却没有因此而退缩，以此为契机，兰德不畏艰难地研制出了"拍立得相机"。这种相机的功能完全符合女儿的期望，因而，兰德企业就此诞生了。

老观念不一定对，新想法不一定错，只要突破思维定式，你也会像兰德一样成功。

思路突破：突破思维定式的三个步骤

当你陷于惯性思维中时，除不质疑让自己改变的能力外，你必须质疑一切。解决惯性思维问题的方案有三个步骤，即发现、确信、改正。

1. 发现惯性思维

你可能会在很晚的时候才发现你在进行惯性思维。当你在进行自己的创作时，也许你每天都念叨着自己的小说，每天都写作，一年后，你却发现有四百页不知所云。你必须养成习惯，经常回顾自己所做的努力，看看自己已经做了什么，以及你将要做什么，并以此来确定你仍然在沿着正确的方向前进，而不是误入歧途。

2. 承认在进行惯性思维

这一条做起来就比说出来难得多了。这需要承认你已经犯下了一个错误，但人们经常不愿意这样做。想一想你最近一次对某个问题思考得殚精竭虑的状况吧。你是否回头看看并承认了这个事实？你是否停了下来，等待情况改天出现好转？或者你是不是在不好的创意产生后，另外想出一个好的办法，试图让时间和单纯的努力得到回报？这种事情很难做到，并且具有讽刺性：你越是遵守死板规矩，那么你想阻止自己的损失、停止愚蠢做法的可能性就越小，结果你所做的一切，不过是让你在思维的牛角尖里钻得更深而已。

3. 从惯性思维中走出来

一位美国学者说，一个普通的读完大学的学生，将经受两千六百次测试、测验和考试，于是寻求"标准答案"的想法在他的思想中变得根深蒂固。对某些数学问题而言，这或许是好的，因为它们确实只有一个正确的答案。困难在于，生活中的大部分问题不是这样的。生活是模棱两可的，有很多正确的答案。如果你认为只有一个正确答案，那么当你找到一个时，你就会停止寻找。如果一个人在学校里一直受这种"唯一标准答案"的教育，那么他长大毕业后进入工作单位时，当别人告诉他说"请你发明一种新的产品"，或者"请你开拓新的市场"，他将如何应付呢？

这突然而来的"发挥创造力，搞创造性的东西"，在学校里根本没有人教过，他怎么会知道呢？他当然就只能束手无策、面红耳赤地说不出话来了。

富有创造力的人必然懂得，要变得更有创造力，一开始就得发现众多可能性。每一种可能性都有成功的希望。有些习惯和行为有助于创造力发挥作用，有些则会严重破坏创造力。寻找唯一的答案就会遇到阻力，而寻找多种可能性则会推动有创造力的行动。

摧毁专家们的旧图画

生活中有很多权威和偶像，他们会禁锢你的头脑。如果盲目地附和众议，就会丧失独立思考的习性；如果无原则地屈从他人，就会被剥夺自主行动的能力。

任何知识都是相对的，它们具有先进性，也有自己的局限性。有些人虽然知识不多，但初生牛犊不怕虎，他们思想活跃，敢于奋力拼搏，反而增加了成功的希望。权威人士常因为头脑中有了定型的见解和习惯，甚至是自己苦心研究得到的有效成果，因而紧紧抱住不放，遇到同类事项总是以习惯为标准去衡量，而不愿去思考别人的意见，哪怕是更好更有效的办法。结果，曾经先进的东西或习惯有时反而会成为创新的障碍。

将一杯冷水和一杯热水同时放入冰箱的冷冻室里，哪一杯水先结冰？很多人都会毫不犹豫地回答："当然是冷水先结冰了！"非常遗憾，错了。发现这一错误的是一个非洲中学生姆佩姆巴。

1963年的一天，坦桑尼亚的马干马中学初三学生姆佩姆巴发现，自己放在电冰箱冷冻室里的热牛奶比其他同学的冷牛奶先结冰。这令他大惑不解，他立刻跑去请教老师。老师则认为，肯定是姆佩姆巴搞错了。姆佩姆巴只好再做一次试验，结果与上次完全相同。

不久，达累斯萨拉姆大学物理系主任奥斯玻恩博士来到马干马中学。姆佩姆巴向奥斯玻恩博士提出了自己的疑问，后来奥斯玻恩博士把姆佩姆巴的发现列为大学二年级物理课外研究课题。随后，许多新闻媒体把这个非洲中学生发现的物理现象，称为"姆佩姆巴效应"。

很多人认为是正确的，并不一定就真的正确。像姆佩姆巴碰到的这个似乎是常识性的问题，我们稍不小心，便会像那位老师一样，做出自以为是的错误结论。

著名的实用主义哲学家威廉·詹姆斯，曾经谈过那些从来没有发现他们自己的人。他说一般人只发展了10%的潜在能力。"他具有各种各样的能力，却习惯性地不懂得怎么去利用。"

告诉自己：你是独一无二的，你是最棒的，做最独特、最棒的自己才是我们的选择。

洛威尔说："茫茫尘世，芸芸众生，每个人必然都会有一份适合他的工作。"

在个人成功的经验之中，保持自我的本色及以自身的创造性去赢得一个新天地，是最有意义的。

思路突破：开辟自己的成功道路

有一名酷爱文学的学生，苦心撰写了一篇小说，并请一位著名的作家指导。可是这位作家当时正好眼睛不适，于是学生便将作品读给作家听。

读完最后一个字，学生停顿下来。作家问："结束了吗？"听语气似乎意犹未尽，渴望下文。这一问，可能写得不错，学生心中暗喜，马上回答说："没有啊，下部分更精彩。"他以自己都难以置信的构思叙述下去。

又"念"了一会儿，作家又似乎难以割舍地问："结束了吗？"

小说看来写得真不错，学生心中暗想着，于是他更兴奋，更激昂，更富有创作激情。他不可遏止地一而再、再而三地接续、接续……最后，电话铃声骤然响起，打断了学生的思绪。

有人打电话找作家有急事，作家匆匆准备出门。

"那么，没读完的小说呢？"学生问。

作家回答："其实你的小说早该收笔，在我第一次询问你是否结束的时候，就应该结束，没必要画蛇添足。看来，你还没能把握情节脉络，尤其是缺少决断。决断是当作家的根本，拖泥带水，如何打动读者？"学生追悔莫及，自认性格过于受外界左右，作品难以把握，于是放弃了当作家的梦想。

多年以后，这名年轻人遇到另一位非常有名的作家，羞愧地谈及那段往事。谁知这位作家惊呼："你的反应如此迅捷，思维如此敏锐，编写故事的能力如此出众，这些正是成为作家的天赋呀！假如能正确运用，你的作品一定能脱颖而出。"

年轻人盲目迷信权威，结果白白辜负了自己的大好才华。可见，权威的意见固然有他的缘由所在，然而权威只能作为我们人生的参考，却不能取代我们对自己人生的独立思考。权威可能今天是权威，不代表永远是权威。更何况，权威有很多，你听信哪个呢？权威不代表真理！如果你多问几句，这是真的吗？如果你改变一下，这次不这样做，结果会是怎样？如果你说不，又会是怎样？不要害怕自己的决定是错的，因为权威们也不知道真正的事实到底是什么，他们也是以自己的经验做判断。相信自己的决断是正确的，你也实现了自我突破。自我突破能使你走出自己的一条路，是面对权威做出的正确选择，也是实现自我价值的出路所在。

著名物理学家杨振宁谈到科学家的胆魄时曾说："当你老了，你会变得越来越习惯于舒服……因为一旦有了新想法，马上会想到一大堆永无休止的争论。而当你年轻力壮的时候，却可以到处寻找新的观念，大胆地面对挑战。"为什么有些大人物成名之后辉煌难再？其重要原因之一恐怕就在这里。反对研制飞机的那些科学大师们就是这样。因此，我们应该不向习惯低头，敢于挑战权威。

第三章
只有想不到，没有做不到

这个世界上没有做不到的事，只有还没有想到的事。大多数人认为不可能的事，少数人却做到了，因此成功的总是少数人。想法决定做法，思路决定出路。目标越高，成功越快。只有想别人之不敢想，为别人之不敢为，才能把不可能变为可能。

不断创新，成功就会降临

一个没有创新能力的人是可悲的人，一个没有创新意识的人是缺少希望的人。一个人若想改变当前的境遇，必须不断创新。只有锐意创新，成功才会降临到你头上。

不断创新，成功才会降临到你的头上。如果你一直守成不变，那你就永远也不可能成功。

日本有一家需要高脑力劳动的公司。公司上层发现员工一个个萎靡不振，面色憔悴。经咨询多方专家后，他们采纳了一个最简单而别致的治疗方法——在公司后院中用圆滑光润的八百个小石子铺成一条石子小道。每天上午和下午分别抽出十五分钟时间，让员工脱掉鞋在石子小道上随意行走散步。起初，员工们觉得很好笑，更有许多人觉得在众人面前赤足很难为情，但时间一久，人们便发现了它的好处，原来这是极具医学原理的物理疗法，起到了一种按摩的作用。

一个年轻人看了这则故事，便开始着手进行他的生意。他请专业人士指点，选取了一种略带弹性的塑胶垫，将其截成长方形，然后带着它回到老家。老家的小河滩上全是光洁漂亮的小石子。他在石料厂将这些拣选好的小石子一分为二，一粒粒稀疏有致地粘满胶垫，干透后，他先上去反复试验感觉，反复修改了好几次后，确定了样品，然后就在家乡批量生产。后来，他又把它们分为好几个规格。产品一生产出来，他便将产品鉴定书等手续一应办齐，然后在一周之内就把能代销的商店全部上了货。将产品送到商店只完成了销售工作的一半，另一半则是要把这些产品送到顾客手里。随后的半个月内，他每天都派人去做免费推介员。商店的代销稳定后，他又开拓了一项上门服务：为大型公司在后院中铺设石子小道；为幼儿园、小学在操场边铺设石子乐园；为家庭装铺室内石子过道、石子浴室地板、石子健身阳台等。一块本不起眼的地方，一经装饰便成了一块小小的乐园。

紧接着，他将单一的石子变换为多种多样的材料，如七彩的塑料、珍贵的玉石，以满足不同人士的需要。

八百粒小石子就此铺就了一个人的成功之路。

不要担心自己没有创新能力，慧能和尚说："下下人有上上智。"创新能力与其他能力一样，是可以通过教育、训练而激发出来并在实践中不断得到提高的。它是人类共有的可开发的财富，是取之不尽、用之不竭的"能源"，并非为哪个人、哪个民族、哪个国家所专有。

因此，人人都能创新。

你现在需要做的就是不断激发自己的创新能力，多一些想法，多一些创造。那么成功迟早会来临。

思路突破：培育创新能力

培育创新能力要克服创新障碍，更要懂得方法。该如何培育创新能力呢？下面的四个步骤将给你提供帮助。

1. 全面深入地探讨创新环境

创新不是在真空中产生，而是来自艰苦的工作、学习和实践。如果你正为一项工作绞尽脑汁，想在这个具体的问题上有所建树，那么，你需要全身心地投入到这项工作中，对其关键的问题和环节做深入的了解，对这项工作进行批判的思考，通过与他人讨论来搜集各种各样的观点，思考你自己在这个领域的经验。总之，要全面深入地探讨创新环境，为创新准备"土壤"。

2. 让脑力资源处于最佳状态

在对创新环境有了全面的认识之后，就可以把你的精力投入到手头的工作上来了。要为你的工作专门腾出一些时间，这样你就能不受干扰，专注于你的工作了。当人们专注于创新这个阶段时，他们一般就完全意识不到发生在他们周围的事，也没有了时间的概念。当你的思维处于这种最理想的状态时，你就会竭尽全力地做好工作，挖掘以前尚未开发的脑力资源——一种深入的、"大脑处于最佳工作状态"的创新思路。

让脑力资源处于最佳状态，对于"思想做好准备"是很必要的，我们可以通过以下几种方式来做到让脑力资源处于最佳状态。

（1）调节。当我们进入教堂，我们就会让自己适应这里的气氛，表现出专注和认真。你可以用同样的方式来调节你在学习环境中的注意力，在选择学习环境时，要考虑到它是否有利于你专心。

（2）心理习惯。每个人都有大量的习惯性的行为，有的行为是积极的，有的则是消极的，大多数则居于两者之间。学习需要全身心地集中和投入，这意味着你要改掉影响全身心投入的坏习惯，如同时总想做好几件事，或用有限的时间去完成很重要的任务。同时，要使脑力资源处于最佳状态，还包括要养成新的心理习惯：找一个合适的地方，调配足够的时间，以及进行认真的和有创意的思考。这些新的习惯可能需要你付出更大的努力，耗费更大的心血，但是，这些行为很快就会成为你自然的和本能的一部分。

（3）冥想。大脑充斥着思想、感情、记忆、计划——所有这一切都在竞争，想引起你的注意。在你整日沉浸于来自方方面面的刺激，需要从身心上做出反应时，这种大脑"吵架"的现象更为严重。为了专注于从事创新，你需要净化和清理你的大脑。做到这一点的一个有效的方法就是做冥想练习。

3. 运用技巧促使新思维产生

创新的思考要求你的大脑松弛下来，在不同的事情之间寻找联系，从而产生不同寻常的可能性。为了把自己调整到创新的状态上来，你必须从你熟悉的思考模式，以及对某事的固定成见中摆脱出来。为了用新的观点看问题，你必须打破看问题的习惯方式。为了避免习惯的束缚，你可以用以下几种技巧来活跃你的思维。

（1）群策攻关法。群策攻关法是艾利克斯·奥斯伯恩于1963年提出的一种方法：与他人一起工作从而产生独特的思想，并创造性地解决问题。在一个典型的群策攻关期间，一般是一组人在一起工作，在一个特定的时间内提出尽可能多的思想。提出了思想和观点以后，并不对它们进行判断和评价，因为这样做会抑制思想自由流动，阻碍人们提出建议。批判的评价可推迟到后一个阶段。应鼓励人们在创造性地思考时，善于借鉴他人的观点，因为创造性的观点往往是多种思想交互作用的结果。你也可以通过运用你思想的无意识的流动，以及你大脑自然的联想力，来迸发出你自己的思想火花。

（2）创造"大脑图"。"大脑图"是一个具有多种用途的工具，它既可用来提出观点，也可用来表示不同观点之间的多种联系。你可以这样来开始你的"大脑图"：在一张纸的中间写下你主要的专题，然后记录下所有你能够与这个专题有联系的观点，并用连线把它们连起来。让你的大脑自由地运转，跟随这种建立联系的活动。你应该尽可能快地思考，不要担心次序或结构，让其自然地呈现出结构，要反映出你的大脑自然地建立联系和组织信息的方式。一旦完成了这个过程，你能够很容易地在新的信息和你不断加深理解的基础上，修改其结构或组织。

4. 留出充裕的酝酿时间

把精力专注于你的工作任务之后，创新的下一个阶段就是停止你的工作，为创新思想留出酝酿时间。虽然你的大脑已经停止了积极的活动，但是，你的大脑仍在继续运转——处理信息，使信息条理化，最终产生创新的思想和办法。这个过程就是大家都知道的"酝酿成熟"的阶段，因为它反映了创新思维的诞生过程。当你在从事你的工作时，你从事创新的大脑仍在运转着，直到豁然开朗的那一刻，酝酿成熟的思想最终会喷薄而出，出现在你大脑意识层的表面上。最常见的情况是这样的，当参加一些与某项工作完全无关的活动时，这个豁然开朗的时刻常常会来临。

换一个角度，换一片天地

　　有一位哲人曾经说过："我们的痛苦不是问题本身带来的，而是我们对这些问题的看法而产生的。"这句话很经典，它引导我们学会解脱，而解脱的最好方式是面对不同的情况，用不同的思路去多角度地分析问题。因为事物都是多面性的，视角不同，得到的结果就不同。

有这样一则故事。

人们听说有位大师花费几十年练就了移山大法，于是有人找到这位大师，央求他当众表演一下。大师在一座山的对面坐了一会儿，就起身跑到山的另一面，然后说表演完了。众人大惑不解。大师微微一笑，说道："事实上，这世上根本就没有什么移山大法，唯一能够移动山的方法就是'山不过来，我就过去'。"

有时候，人只要稍微改变一下思路，人生的前景、工作的效率就会大为改观。

当人们遇到挫折的时候，往往会这样鼓励自己："坚持就是胜利。"有时候，这会让我们陷入一种误区：一意孤行，不撞南墙不回头。因此，当我们的努力迟迟得不到结果的时候，就要学会放弃，要学会改变思路。其实细想一下，适时地放弃不也是人生的一种大智慧吗？改变一下方向又有什么难的呢？

一位中国商人在谈到卖豆子时，显示出了一种了不起的激情和智慧。

他说：如果豆子卖得动，直接赚钱好了。如果豆子滞销，分三种办法处理。

第一，将豆干沤成豆瓣，卖豆瓣。

如果豆瓣卖不动，腌了，卖豆豉。如果豆豉还卖不动，加水发酵，改卖酱油。

第二，将豆子做成豆腐，卖豆腐。

如果豆腐不小心做硬了，改卖豆腐干；如果豆腐不小心做稀了，改卖豆花；如果实在太稀了，改卖豆浆。如果豆腐卖不动，放几天，改卖臭豆腐；如果还卖不动，让它长毛彻底腐烂后，改卖腐乳。

第三，让豆子发芽，改卖豆芽。

如果豆芽还滞销，再让它长大点，改卖豆苗；如果豆苗还卖不动，再让它长大点，干脆当盆栽卖，命名为"豆蔻年华"，到城市里的各间大中小学门口摆摊和到白领公寓区开产品发布会，记住这次卖的是文化而非食品。如果还卖不动，建议拿到适当的闹市区进行一次行为艺术创作，题目是"豆蔻年华的枯萎"，记住以旁观者身份给各个报社写个报道，如成功可用豆子的代价迅速成为行为艺术家，并完成另一种意义上的资本回收，同时还可以拿点报道稿费。如果行为艺术没人看，报道的稿费也拿不到，赶紧找块地，把豆苗种下去，灌溉施肥，三个月后，收成豆子，再拿去卖。

如上所述，循环一次。经过若干次循环，即使没赚到钱，豆子的囤积相信不成问题，那时候，想卖豆子就卖豆子，想做豆腐就做豆腐！

换个思路，换个角度，变通一下，总会有新的方向和市场。一条路走到黑只会头破血流，不妨绕道而行，自己的困境也会取得突破。

思路突破：拓展思维的新视角

对于每个人来说，思维定式使头脑忽略了定式之外的事物和观念。而根据社会学、心理学和脑科学的研究成果来看，思维定式似乎是难以避免的。不过经实验证明，人类通过科学的训练还是能够从一定程度上削弱思维定式的强度的，那么，这种训练方法是什么呢？答案是，尽可能多地增加头脑中的思维视角，拓展思维的空间。

美国创造学家奥斯本是"头脑风暴法"的发明人。为了促进人们大胆进行创造性想象、提出更多的创造性设想，奥斯本提出著名的思想原则，以激励人们形成"激烈涌现、自由奔放"的创造性风格。

1.自由畅想原则

指思维不受限制，已有的知识、规则、常识等种种限定都要打破，使思维自由驰骋。破除常规，使心灵保持自由的状态，对创造性想象是至关重要的。

例如，从事机械行业的人习惯于用车床切割金属。在车床上直接切割的部件是车刀，它当然要比被切割的金属坚硬。那么，切割世界上已知最硬的东西该怎么办呢？显然无法制出更硬的车刀，于是，善于进行自由畅想的技师发明了电焊切割技术。

2.延迟评判原则

指在创造性设想阶段，避免任何打断创造性构思过程的判断和评价。日本一家企业的管理者在给下属布置任务时指出：只要是有关业务的合理性建议，一律欢迎，不管多么可笑，想说就说出来。但他强调，绝不允许批评别人的建议。虽然开始大家有些拘谨，但后来气氛越来越活跃。结果，征集到了一百多条合理性建议，企业的发展因此出现了大幅度的飞跃。

3. 数量保障质量原则

指在有限的时间内，提出一定的数量要求，会给设想的人造成心理上的适当压力，往往会减少因为评判、害怕而造成的分心，提出更多的创造性设想。在实践中，奥斯本发现，创造性设想提得越多，有价值的、独特的创造性设想也越多，创造性设想的数量与创造性设想的质量之间是有联系的。数量保障质量原则就是利用了这一规律。

4. 综合完善原则

指对于提出的大量的不完善的创造性设想，要进行综合和进一步加工完善的工作，以使创造性设想更加完善和能够实施。

奥斯本的四项原则，虽然是用于小组创造活动的，但是，这四条原则保障创造性设想过程能够顺利进行，因此，对于个人进行创造性思维的启发是巨大的。

思想超前方能"无中生有"

昨天的努力，今天的奋斗，都是为了赢得明天的辉煌。明天是未知的，是不可猜测的，但我们却可以利用超前思维预知和把握未来。综观无数成功案例，杰出人士就是靠超前思维拨开了现实的层层迷雾，突破了发展道路上的重重障碍，最终看到了胜利的曙光。

思想超前，就是未雨绸缪，以长远的眼光，对未来早做谋划。思想超前的人，能够洞悉种种隐匿未现的机遇，从而早做准备，果断出击，实现"无中生有"的目标。

要走无中生有的路，就要运用超前思维以"见人所未见""为人所未为"。套用鲁迅的名言："无路处本来就是创新的路。"要走无中生有的路，就要有魄力，有决心，有方法，搭别人的车走自己的路，或借用别人的路，行自己的车。要走无中生有的路，还要有很高的心理素质。

思想超前的人，能高瞻远瞩地看清时代的发展方向，所以能引领时代的潮流。青年时期的比尔·盖茨就是个具有超前思维的人物，下面我们来看看比尔·盖茨的成长经历。

比尔·盖茨中学毕业后如愿以偿地被哈佛大学录取。但是程序员的工作和计算机的魅力深深吸引着他，他每日和保罗一起夜以继日地工作，他们的技能和知识都有了很大的发展，看到了别人看不到的希望。

比尔·盖茨一边在哈佛大学读书，一边想着计算机领域的发展，而且把主要的心思用在了计算机上，而他的好友保罗则是一旦发现计算机在国际领域的新动向，就跑来告诉比尔·盖茨。有一次，保罗在一份杂志上见到了一台微型计算机照片，就拿着它来找比尔·盖茨。比尔·盖茨见说明中写着："世界上第一部微型计算机，可与商用型号的计算机相匹敌。"比尔·盖茨超前的思维能力使他有意识地对保罗说："看来计算机像电视机一样普及的时代就要到来了。"两个人为此兴奋不已。他们在朦胧中看到了自己的事业和梦想，这两个天才少年用他们的兴趣和天才的头脑，预见了一个庞大的新兴科技领域的出现，看到了别人看不到的希望。

比尔·盖茨和保罗在喜出望外之后，下决心大干一番。他们决定为新诞生的微型计算机编制语言，也就是系统软件。他们超前的思维已经意识到，如果没有便于应用的程序，计算机就毫无价值可言。比尔·盖茨和保罗抓住这个机会，立即进了哈佛大学的计算机中心。两个孩子昼夜奋战，一刻不停地干起来。经过连续八个星期的奋战，他们为微型计算机设计了一个取名为"登上月球"的游戏程序。在实验后，他们认为可以让这个程序工作了，于是，保罗带着这个刚刚诞生的程序，乘飞机到新墨西哥州微型计算机诞生的公司去试用。结果是，第一次实验就获得了成功。

这个时候，比尔·盖茨已经意识到，一个大好的商机已经来临了。为此，他决定离开哈佛，和保罗一起开办软件开发公司。这样，比尔·盖茨没有毕业就离开了哈佛，引起了人们的关注。

1975 年 7 月，比尔·盖茨和保罗在亚帕克基市创立微软公司。最初名字为 Mi-crosoft，不久其中间的连字符即被去掉，"微软"之名出自"微电脑软件"之意。虽然，比尔·盖茨并不认为构思一个名字就是一项成就，但是他对这个由他亲自替公司起的名称感到十分得意。他认为，"微软"之名用于一个专门开发微电脑软件的公司最合适了，何况，整个电脑软件行业目前只有唯一的一家微软公司。

他们创办公司的宗旨是，要为各种各样的微电脑开发软件。当时，比尔·盖茨还不到二十岁。

比尔·盖茨的经历只是一个特别的个案，但是他带给我们的思考却是极其深远的。他少年时期的超前思维以及前瞻性的眼光，对我们具有十分重要的启发及影响。我们也应向比尔·盖茨学习，努力培养自己的超前思维，看到别人看不到的希望，这样我们才能在未来的竞争中赢得主动，抢占先机。

思路突破："无中生有"，要不畏惧失败

创新意味着机会，同时也意味着风险。要走"无中生有"的路，要想做出无米之炊，没有点胆量、气魄是万万不能的，因此，谁要想走出前人所未走之路，谁要想成人所未成之功，谁就要不畏惧失败，要勇于承受风险。

威尔士是美国东北部哈特福德城的一位牙科医生，是西方世界医学领域对人体进行麻醉手术的最早试验者。在威尔士以前，西方医学界还没有找到麻醉人体之法，外科手术都是在极残酷的情况下进行的。

后来，在英国化学家戴维发现笑气（氧化亚氮）以后，1844年，美国化学家考尔顿考察了笑气对人体的作用，带着笑气到各地做旅行演讲，并做笑气"催眠"的示范表演。这天他来到美国东北部哈特福德城进行表演，不想在表演中发生了意外。在表演者吸入笑气之后，由于开始的兴奋作用，病人突然从半昏睡中一跃而起，神志错乱地大叫大闹着，从围栏上跳出去追逐观众。在追逐中，由于他神志错乱，动作混乱，大腿根部一下子被围栏划破了个大口子，鲜血涌泉般地流淌不止，在他走过的地上留下一道殷红的血印。围观的观众早被表演者的神经错乱所惊呆，这时又见表演者不顾伤痛向他们追来，更是惊吓不已，都惊叫着向四周奔去，表演就这样匆匆收了场。

这场表演虽结束了，但表演者在追逐观众时腿部受伤而丝毫没有疼痛的现象，却给现场的牙科医生威尔士留下了非常深刻的印象。于是他立即开始对氧化亚氮的麻醉作用进行实验研究。

1845 年 1 月，威尔士在实验成功之后，来到波士顿一家医院公开进行无痛拔牙表演。表演开始，威尔士先让病人吸入氧化亚

氮，使病人进入昏迷状态，随后便做起了拔牙手术。但不巧，由于病人吸入氧化亚氮气体不足，麻醉程度不够，威尔士的钳子夹住病人的牙齿刚刚往外一拔，便痛得那位病人"啊呀"一声大叫起来。众人见之先是一惊，随之都对威尔士投去轻蔑的眼光，指责他是个骗子，把他赶出了医院。威尔士的表演失败了，他的精神也崩溃了。他转而认为手术疼痛是"神的意志"，于是他放弃了对麻醉药物的研究。

可是他的助手摩顿与其不同，摩顿开始了自己的探索。1846年10月，摩顿在威尔士表演失败的波士顿医院当众再做麻醉手术实验。结果在众目睽睽之下，他获得了成功。

"无中生有"是需要气魄、胆识和毅力的，在"无中生有"的创新之路上，往往有失败和风险同行。成功属于能够不畏艰险、善于从失败中汲取经验并坚持到底的人。

形成创新思维的习惯

如何保持创新思维，直接关系到一个人的事业成败，因为只有创新才能激活自己全身的能量，才能更好地投入到事业中去。

邹衡教授说过："为什么有那么多人不能拯救自己，始终陷入痛苦的挣扎中呢？就是因为他们有健康的身体，却无健康的大脑，没有认真思考的能力，完全不能根据自身条件和时机寻找一条有创意的道路。创新思考是你在百般无奈时、沉思默想时意外的发现，是一种细致的观察，是一种才智的爆发！"

　　生活中，思维创新更是不可缺少的。以求职为例，职业的多样性，给每个求职者提供了可能。那种认为只有一种职业适合自己的观点，肯定是错误的，因为它本来就缺少创意，仅仅是一种不愿努力改变自身被动状态的懒惰心理而已。

　　"唯有工作改变才能创新人生。这就是说，现代人试图改变人生的方法就是把智慧用在工作的创新中，力戒一种工作适合于自己的观点。用不同的工作挑战自我，就是最大的创新！"

　　而这些，只有通过思考才能实现。想成功就要开动大脑，思考自己的未来，才会有所突破，你的人生才会多姿多彩。

　　一位教授说过："考试的时候，你们把我讲的内容全部复述出来，最多也只能得'良'，我要的是你们自己的思想。"这种学术上的包容不仅开拓了学生的思维，影响到他们的学生时代，而且对他们日后的工作思路和方法都是一个启迪、一份宝贵的思想财富。

　　如果你想成功，一定要养成思考创新的习惯，因为它是成大事的催化剂。你要不停地思考，在学习前人优秀东西的同时，要用创新思考的习惯，突破前人的束缚，突破那张网。

　　18世纪化学界流行"燃素学"。这种认为物体能燃烧是由于物体内含有燃素的错误学说，严重束缚了人们的思想。许多科学家都去积极寻找燃素，没有一个人对此表示怀疑。瑞典化学家舍勒也是热衷于寻找燃素的人，他从硝酸盐、碳酸盐的实验中，得到了一种气体，实际上就是氧气。但他却以为自己找到了燃素，命名为"火气"，并解释为火与热是火气与燃素结合的产物。舍勒如果不受燃素说的影响，当时就得到了氧气的发现权。英国人普利斯特在实验中也得到了氧气，可是也因为笃信燃素说，而把氧气说成"脱燃素的空气"，遭到了和舍勒同样的命运。

后来，普利斯特把加热氧化汞取得"脱燃素的空气"的实验告诉了拉瓦锡。拉瓦锡却未从众，他不受"燃素说"的束缚，大胆地提出怀疑，经过分析，终于获得了氧气的发现权，使化学理论进入了一个新的时期。

要善于思考，敢于否定前人，培养提出问题的能力。学习新知识，不能完全依靠老师，也不能盲目迷信书本，应勇于质疑。勇于提出问题，这是一种可贵的探索求知精神，也是创造的萌芽。由于知识的继承性，在每个人的头脑里都容易形成一个比较固定的概念世界，而当某些经验与这一概念发生冲突时，惊奇就开始产生，问题也开始出现。而人们摆脱"惊奇"和消除疑问的愿望，便构成了创新的最初冲动，因此"提出问题"是创新的重要前提。

多少年来，不知有多少人为创新而向历史发出了挑战，或许人们已经把他们的容貌淡忘了，但他们的精神，他们对历史做出的贡献却影响着一代又一代的人们。你应把创新作为自己思考的特质之一，努力成就自己的事业。

思路突破：思维创新的五个阶段

知识改变命运，创新成就未来。如果没有创新意识与创新能力，我们每个人、每个企业乃至我们的国家就不可能赢得未来竞争中的生存与发展的空间，我们将不得不处处受制于人。因此，自主创新之路，是我们每个人义不容辞的责任与义务，我们要学会创新，善于创新。我们应从身边的小事做起，一步一个脚印地做好创新的工作，完成创新的使命。

创新活动共分五个阶段。

1.最初的观念

你有一个问题要解决或有一件事要做，你想找一个更好的工作，你的房子需要重新装修一下，你想把你们公司里的废料做成有用的副产品等，这些都属于最初的观念。

2. 准备阶段

现在你要寻找一个发展这个处在萌芽状态下观念的所有可能的方法。尽可能多地收集相关资料，阅读有关书籍，记笔记，和别人交谈，提出问题。要善于接受新东西。这些都是激发我们想象力的跳板。

3. 酝酿阶段

可让你的潜意识活动起来。散散步，小睡一会儿，洗个澡，做做其他的工作或娱乐一会儿，把问题留到以后再解决。正如作家埃德娜·弗伯说过的"一个故事，要在它自己的汁液里慢慢炖上几个月甚至几年，才能成熟。"

4. 开窍阶段

这是创新过程的最高阶段。思维豁然开朗，一切东西都突然变得井井有条。达尔文一直在为写作《进化论》收集材料，直到有一天，当他坐在马车里旅行时，这些材料突然一下子融为一体了。达尔文写道："当解决问题的思想令人愉快地跳进我脑子里的时候，我的马车驶过的那个地方我至今还记得清清楚楚。"开窍是创新过程中最令人兴奋和愉快的阶段。

5. 核实阶段

不管你的见识多么高明，但开窍时得到的启示可能是根本靠不住的，这时便要发挥理智和判断的作用。你的预感或灵感都要经过逻辑推理加以验证。你要回过头来尽可能客观地看待你的设想。你要征求别人的意见，对这出色的设想加以修正，使之趋于完善；而且，经过核实，你往往会得出更新、更好的见解。

为帮助你进行创新活动，这里提供一些参考性意见。

　　首先你必须激发自己，要有一个明确的目的，一个强烈的愿望。最好的主意往往出自那些渴望成功的人。爱迪生为了能继续工作，就以拼命多赚钱来激励自己。在成了百万富翁以后，他说："任何不能卖钱的东西我都不会发明的。"

　　其次你还必须为自己制造一种紧迫感，戒除拖延的恶习。给自己规定一个期限以提出新的思想。期限规定不但要合理，而且要有鞭策性，以造成必要的压力。期限规定后要坚决贯彻执行。

第四章
脑袋决定口袋，观念决定贫富

一个人如果想让自己获得更大的利益，想让自己的口袋鼓起来，就必须意识到，在日益激烈的竞争中，精明的头脑是越来越重要了。脑袋里的智慧有多少，口袋里的钞票就有多少。所有成就大业的人之所以成功，不是因他们的能力比我们强多少，也不是因为他们比我们更努力，而是他们与我们的思维方式和做事方式不一样。观念的区别决定了命运的差别，也决定了人一生的贫富差别。

钱要用在合适的地方

居家过日子，同样的钱，会买和不会买相差很多。这里就存在一个如何花钱的问题，你希望你的资金得到最大限度的利用吗？只有在恰当的时间买到适合的物品，钱才算是花对了地方。我们要学会花钱，并把钱花在最需要的地方。

英国著名文学家罗斯金说："通常人们认为，节俭这两个字的含义应该是'省钱的方法'。其实不对，节俭应该解释为'用钱的方法'。也就是说，我们应该怎样去购置必要的家具，怎样把钱花在最恰当的用途上，怎样安排在衣、食、住、行，以及教育和娱乐等方面的花费。总而言之，我们应该把钱用得最恰当、最有效，这才是真正的节俭。"

生活中有许多时候，我们是可以花最少的钱而取得最大的效益的。做图书策划的黎先生在穿衣上很讲究，却又讲究经济实惠，据说这是在大学里跟一个日本留学生学的：花 1/3 的钱买经典名牌，多数在换季打折时买，可便宜一半；另花 1/3 的钱买时髦的大众品牌，这一部分投资可以使你紧跟形势，形象不至于沉闷；最后花 1/3 的钱在买便宜的无名服饰上，如造型别致的 T 恤、白衬衫、工装裤、运动夹克等，完全可以依照你自己的美学观点去选择。有时，从外贸小店里找来的无名运动夹克，配上名牌休闲 T 恤和长裤，那种"为我所有"的创造性的发挥，才是显示个人眼光及品位的。

像黎先生这样的人在如今的城市里并不少见，他们经历了大张旗鼓地买名牌、穿名牌的奢侈消费时代后，逐步倾向理性消费，主张在风险不大的开销上不拘一格，能省则省。其实，生活中就是这样，不一定花钱才能买到大效益，"把钱花在刀刃上"才是最好的用钱之道。

工作已经有四五年的小蓓近来忽然间发现，钱越挣越多以后自己的消费方式也发生了变化。曾一度爱赶时尚潮流的她现在消费越来越理性，不仅不再盲目追时髦、比阔绰，而且学会勤俭持家了。比如把洗衣、洗菜水攒起来冲厕所，省钱是一方面，关键是节省了紧缺的水资源。

出行方面，小蓓也曾考虑过买车，考虑到北京交通的复杂状况以及朋友都她算过账，她毅然选择坐公交车或打车的出行方式。从家到单位七公里，有一趟直达的空调公交车，再加之不用朝九晚五赶时间的工作，现在她一直坐公交上班，晚上玩得晚了就打车回家。这样每年节省下来的钱她都用在假期和父母一块出游上了。

现在人们生活都讲究品位，但小蓓更追求回归自然的生活方式。闲下来的时候她更愿意徒步逛逛后海，累了找个石凳坐坐。有时还会去爬香山喂松鼠，再给可爱的松鼠买上两块钱的花生，体会人与自然融合的惬意，比花五六千块钱办一张健身卡跑到室内呼吸别人的废气舒服得多。她越来越相信一个道理：幸福不与花钱多少成正比，最关键的是钱要花在刀刃上。

现实生活中，人们往往认为有钱就能解决一切问题，于是在生活的方方面面常常是"慷慨解囊"，一掷千金。其实，这是一种盲目的浪费行为，金钱只有用在合适的地方，才能发挥它的最大效应，盲目乱用，只能造成无谓的浪费和损失。

思路突破：把钱花在刀刃上

要想做到把钱花在刀刃上，那么对家中需添置的物品要做到心中有数，经常留意报纸的广告信息。比如：哪些商场开业酬宾，哪些商场歇业清仓，哪里在举办商品特卖会，哪些商家在搞让利、打折或促销活动等。掌握了这些商品信息，再有的放矢，会比平时购买实惠得多，如果你没有事先准备，想想你口袋中的钱，还能办那么多的事吗？

要培养节俭的习惯，但同时也要注意绕开节俭的沼泽地。

"没有投资就没有回报"，"小处节省，大处浪费"，还有许多家喻户晓的谚语都反映了错误的节约不仅无益反而有害的常识。

有些人浪费了大量的时间，用错误的方法来节省不该节省的东西。有个老板曾经制定了这样一条规矩，要他的员工不顾一切地节省包装绳，即使耗费大量的时间也在所不惜。他还要求尽量省电，而昏暗的店面让许多顾客望而止步。他不知道明亮的灯光其实是最好的广告。

你不能以心智的发展和能力的提高为代价来拼命节约，因为这些都是你事业成功的资本和达到目标的动力，所以不要因此扼杀了你的创造力和"生产力"。要想方设法提高你的能力和水平，这将帮助你最大限度地挖掘潜力，使你身体健康，感受到无比的快乐。

一个人能否拿出 10~15 元钱参加一次宴会，这本身并不是什么问题。他可能为此花掉了 15 元钱，但他也许通过与成就卓著的客人结交，获得了相当于 100 元钱的鼓舞和灵感。那样的场合常常对一个追求财富的人有巨大的刺激作用，因为他可以结交到各种经验丰富的人。在自己力所能及的情况下，对任何有助于增进知识、开阔视野的事情进行投资都是明智的消费。

如果一个人要追求最大的成功、最完美的气质和最圆满的人生，那么他就会把这种消费当作一种最恰当的投资，他就不会为错误的节约观所困惑，也不会为错误的"奢侈观念"所束缚，而是要把钱花在合适的地方。这样才能更好地理财，也才能发挥钱财的最大效应。

创新精神缔造财富

对一个企业家来说，创新是其根本动力。实现企业的不断创新，首先要求企业家本人不断地更新观念，具有前瞻性的经营意识。许多成功商人正是依靠不断的创新，才能在激烈的商业竞争中崭露头角，一往无前。

有人说知识改变命运，其实仅靠知识是难以改变命运的。一个富翁和一个穷人的收入可以相差成千上万倍，难道他们的知识也相差成千上万倍吗？何况好多自诩才高八斗、学富五车的人不照样穷困终身吗？反而有些读书不多的人却能富甲一方。要问他们的钱来自哪里，就是来源于头脑，来源于不断创新的观念。近年来，王永庆虽然已经慢慢淡出了台塑集团的决策层，但仍然影响着台塑的每一个员工。王永庆成就着台湾的经营神话，同时，在不断变化的经济环境下，他带领台塑的全体员工，以更为高远的眼光，审视着未来，寻找更大的发展空间。

早在20世纪80年代，那时候电脑还远未及今天这样普及。不过，一向对新事物情有独钟的王永庆就开始积极推动台湾企业的电脑化管理。为了改善石化产业中许多中小企业的经营管理状况，他指派资深的主管担任讲师，举办了十六小时的"管理电脑化课程"，向他们传授如何运用电脑来做好经营管理方面的工作，从而节约管理成本。

当时，由于适合企业管理的软件很少，所以许多中小企业即使购置了电脑，也没有充分地加以利用。王永庆苦口婆心地劝道："要跟上时代啊！就算是阎罗王，过去人少，他只要翻翻生死簿就行了，现在人这么多，恐怕他也要用电脑啦！"

后来，为了进一步推动电脑化管理，王永庆甚至选派人员，专门去给五家中小企业建立管理制度的电脑化作业，从建立管理制度到培训电脑人员及设计软件工程规划，进行了全程指导，可以说是不遗余力。

当时，有人对王永庆的这种做法很不理解，认为他不会"省事"，为什么不拿台塑的软件照抄呢？王永庆对这种"投机取巧"的做法不以为然，他认为，如果让这些企业照抄台塑的，只不过是让他们学到了皮毛，那就不是诚心帮助他们。除非这些厂商自身从小处一点一滴做起，否则就不能学到"管理电脑化"的精髓。

王永庆时常都能提出一些全新的观念和思路，这些观念和思路常常能引起人们的深思，并开创出一个新兴的产业。

创新对于创富具有十分重要的意义。俗话说："流水不腐，户枢不蠹。"对于创富的经营者来说必须永葆创新的青春，才能立足于商海。一旦你停止了创新，停止了进取，哪怕你是在原地踏步，其实也是在后退，因为其他的创富者仍在前进、在创新、在发展。

"创新者生，墨守成业者死"，这是一条被无数事实证明了的真理。很多经营者不懂得这个规律，稍有成就就裹足不前，坐吃老本，不再创新，不再开拓，妄求保本经营，结果不到几年，就落伍了，被时代前行的波浪淘汰了。

不只是个人命运，观念的更新也是一个国家、一个民族兴旺发达的不竭动力。思想解放、观念变革在任何时期都是经济发展的先声。

思路突破：先模仿后创新

创新往往都源自模仿，先要学习别人的成功经验，才能少走弯路。但是模仿，并不意味着生搬硬套，而是在借鉴别人优点的基础上，探索出一条适合自身的更快更好的道路。

温州人的生意是从青菜、小葱、小鸡、小鸭之中做出来的，没有模式，没有传统。像纽扣、皮鞋、服装和打火机，最初都是模仿来的。纽扣只要从外地或国外买来的衣服上拆下几颗，仔细研究一番就能够生产；皮鞋仿意大利的；服装仿法国的；打火机仿日本的。

温州有很多人散居在世界各地，当他们从国外回到家乡，穿着和用品就成了有心生意人的目标。到手以后，用一夜的时间就可将它解剖完毕，当这个人将要出国前夕，他看见跟自己使用的东西一样逼真、一样精美的仿制品已经摆在了橱窗上，这往往使他们惊叹不已。

因此，原先温州人的主导产品大多为易解剖、具有一定手工技能的东西，而像电脑、手表甚至化妆品等具有较大难度的产品，就不在模仿之列了。

温州人善于模仿，可并不是单纯的模仿，而是变通和创新。温州企业家成功的故事中自然少不了创新，他们创新的共性是创新中渗透着精巧、实用与节约。

走进苍南县温州顺发塑料厂那宽敞明亮的车间，呈现在人们面前的是一个五彩缤纷的世界。

这个中国最大的彩色塑料编织袋生产厂家，拥有固定资产两千二百万元，有三条特大型国内最先进的全自动编织袋生产线。产品获得了中国进出口商品质量体系认证中心颁发的ISO9002国际质量体系认证，国内几大饲料生产集团，均是它的客户。

这个企业发展壮大的秘诀完全得益于一个极其朴素的创意。老板蔡福集和许多的温州老板一样，也是购销员出身。建厂初期，他的产品也是普通白色塑料编织袋，市场竞争的激烈使得一条编织袋只能赚三分钱。蔡老板受其他购销员的启发萌生了生产彩色塑料编织袋的念头。因为当时该产品的一个主要用途是用做饲料的包装物，饲料的品种繁杂，猪牛羊、鸡鸭鹅所食用的饲料均源于不同的配方，区别不同饲料的方法是饲料包装物上的洋字码及汉字。如此标志让文盲、半文盲的农民很伤脑筋，且由于标志的不明显，不同的饲料不能堆放在一起，也较多地占用了库房的面积。蔡老板等人的创意是使用色彩做标志（当然并没有弃用文字），红色的装猪饲料，绿色的装鸡饲料，黄色的装鸭饲料……方便识别，方便堆放，不识字的农民可以识色，而用色彩做标志能提高识别的效率。

多么朴实的创意！若不是对农民有足够的了解，怎能有这般新奇的创意？没有这般新奇的创意，也不可能有顺发塑料厂的今天！

勇于开创自己的事业

创业是拼搏精神的体现，一个人与其庸庸碌碌过一生，倒不如轰轰烈烈干一番事业，那么创业就是最好的选择。创业是经营才干的体现，纸上谈兵算不了好汉，只有真枪实弹地干才能分辨是驴是马。创业是知识价值的体现，知识创造财富，若想完全实现知识的价值，最佳途径就是自己创业。

曾经有人说："淘金者需要梦想，发财者需要胆量。"一个人若想成为亿万富翁，创业是一条途径。

生活中，许多人都仅仅满足于当一名雇员，替别人打工，生活虽然有保障，但永远不会大富大贵。而有些人却选择做企业主或投资者，因为他们更相信自己的能力和眼光，选择做企业主和投资者更能够充分发挥自己的创造力。他们都是善于抓住机会的人，一旦有了一个很好的机会，他们就会去投资或创业。但如果你只是想当一名雇员的话，那么即使有好的机会也无法抓住。他们还具有强烈的欲望，总是希望自己能够干一番大事，这也是为什么他们会选择做企业主和投资者的原因。

惠尔特和普克德在大学毕业之后，曾有段时间饱尝了寻找工作的苦。后来他们有所领悟，转变了思维观念：与其找工作，不如自己创业，为别人提供创业机会。摆脱了受雇于人的思想束缚，他们决定干自己的事业。两人合伙凑了538美元，在加州租了一间车库，办起了公司，分别取二人姓名中的第一个字母为公司名称，这就是后来闻名于世的惠普公司。

创业之初，迎接他们的是凄风苦雨：他们苦心研制出的音响调节器推销不出去；试制出的发球出界显示器无人问津。但这并没有使两人气馁，他们依然雄心勃勃，夜以继日地研究、改进，四处奔波去推销。功夫不负有心人，他们研制的检验声音效果的振荡器开始有了几个买主，这令他们感到欣慰。第二年，他们的辛苦终于有了回报，赚了1563美元。

他们为自己赚的1563美元感到高兴，同时也深深地感受到了创业的艰辛，又从这艰辛中体验到了常人无法感受的快乐。

20世纪70年代初，普克德凭着他在商海搏击的经验，认为微电子是工业的未来。于是普克德为惠普定了决策，在"硅谷"创业，以微电子工业作为惠普的发展方向，他们在后来的业务活动开展中自始至终坚持这一发展方向。1972年，惠普研制出世界上第一台手持计算器，这一研制成果为微电脑的开发提供了条件。手持计算器成为微电脑的重要组成部分。1984年，惠普又研制出激光喷墨打印机。时至今日，惠普在电子计算机硬件技术方面仍然是首屈一指的，是全世界微电子工业最重要的电子元器件、配套设备供应商之一。

人生面临着无数次选择，离校步入社会寻找用人单位几乎是每个人就业的思维方式。你本可以自己独辟一片天地，可如果跳不出这个思维方式，就只能四处奔波找工作。

世界上的确有一批幸运儿，他们无须历经创业的磨难，轻而易举就能获得大笔财富。但是，我们也看到过这样不争的事实，财富使许多富家子弟越来越穷困。这是因为富家子弟只会守业而不善于创业，缺乏先辈的创业精神，并且常出现挥金如土的"二世祖"，或许等不到先辈过世，其万贯家财便已挥霍一空。更重要的是，不劳而获的财富，是最容易消磨一个人的意志、智慧和品质的。

因此，靠自己获取财富的首要途径，就是要勇于自己创业！

思路突破：创业前做好思想和物质准备

每年都有很多人投入创业的大潮，他们当中有的成功了，享受到了创业带来的荣誉与财富；有的失败了，失去了所有的积蓄，甚至还背上沉重的债务。商海中起起伏伏，成功与失败在不停地交替上演。因此，在你决定创业前，一定要先审视自己是否做好了充分的思想和物质准备。

作为一个雇员和一位老板，由于两者所处的位置不同，他们的责任和感受也截然不同。

如果你打算从雇员转变为老板，先问问自己能否接受其中的转变。为此你要有以下准备。

1. 安全感

在创业之初，这种感觉很少能体会到。因为这个阶段，你只是在自己预期目标的支配下努力着，但预期目标并未实现，它的实现过程需要你的付出，包括对未来事业的规划与忧虑。有一些私人企业会因为缺乏准备、缺乏资金、缺乏精力以及缺乏对生意的敏锐度而失败。私人企业就像赌博，无论赌注大小都会有输赢两种情况，只不过赌注大小和输赢大小因人而异罢了！

2. 地位

作为受雇者，如果有一辆公司的配车，人们总是把你想得比拥有一辆私人轿车的人来得重要。因为，这是一个地位的标志，表明你在公司很受重用，表明你所从事的工作已小有所成。而经营个人企业时，这种地位的取得却没有那么容易。你需要付出许多努力，在事业有一定根基后，才能得到社会的认同。而这个努力的过程无法预知有多长，它是你的机遇和努力程度共同作用的结果。

3. 财富

你可能会拥有财富。但这只是一种可能，在生意场上，有赔有赚很正常，不要认为做生意一定能赚钱，"下海"前要先了解自己的"水性"怎样。做生意发财是目的，但同样要有足够的心理准备，赔了就当交学费了。当你有了这种承受能力后再涉足商海，才是明智的决定。

4. 家庭生活

你也许认为，作为一个私企老板，你可以每天在家工作，你可以与家人在一起。但实际上，你不但不可能真正地与家人拥有很多的闲暇时间，相反，你的工作时间可能比一般受雇者更多。尤其在创业初期，许多意想不到的工作会耗费你大量时间，每天二十四小时差不多要被你用成每天工作二十五小时。

如果你能勇敢地承受以上的各项要求，接下来就应该做好创业的准备工作。

1. 选择创业的行业。最好选择自己熟悉而有能力掌握的行业。先审慎检视一下创业的时机以及自己的适合条件，对市场必须深入了解，行销计划必须具体可行。

2. 寻求志同道合、真正能共创事业、同甘共苦的合作伙伴。因为在创业过程当中，人才扮演着极为重要的角色。

3. 预测可能遇到的困难，并评估自己的实力是否足以承受得住。

4. 充裕的资金计划。如果可能，多筹措一些资金是最理想的。无可否认，如能预先妥善规划详尽的资金运用表，当然会倍增奋斗的信心以及成功的概率。

5. 做好最坏的打算。如果市场或者经营环境发生重大变化而无法按照预定计划执行时，要如何应变？如何把握东山再起的机会？

如果你确认自己做好了创业的思想和物质准备，并且确定经营个人企业是适合自身发展的，那么不要犹豫，坚定信心，立即行动起来吧！

机遇是产生金钱的"酶"

机遇与每个人的未来休戚相关，把握机遇，就能更好地把握未来。然而，机遇又像是一个美丽而性情古怪的天使，她偶尔降临在你身边，如果你稍有不慎，如果你不懂珍惜，她将翩然而去，不管你怎样扼腕叹息。

机遇是产生金钱的重要因素，任何人都会遇到，只不过有的人多一些，有的人少一些，有的人不断获取，有的人却逐渐失去。当你懂得如何打开机遇大门时，你就找到了致富的"酶"。

丹皮尔从哈佛大学毕业后，进入一家企业做财务工作，尽管赚钱很多，但丹皮尔很少有成就感，经常被沮丧的情绪笼罩着。他不喜欢枯燥、单调、乏味的财务工作，他真正的兴趣在于投资，做投资基金的经理人。

丹皮尔为了消除自己的沮丧情绪，就出去旅行。在飞机上，丹皮尔与邻座的一位先生攀谈起来，由于邻座的先生手中正拿着一本有关投资基金方面的书，双方很自然地就转向有关投资的话题。丹皮尔特别开心，总算可以痛快地谈论自己感兴趣的投资了，因此就把自己的观念以及现在的职业与理想都告诉了这位先生。这位先生静静地听着丹皮尔滔滔不绝的谈话，时间过得很快，飞机很快到达了目的地。临分手的时候，这位先生给了丹皮尔一张名片，并告诉丹皮尔，他欢迎丹皮给他打电话。这位先生从外表来看，只是一名普通的中年人，因此丹皮尔没有在意，继续自己的行程。回到家里，丹皮尔整理物品的时候，发现了那张名片，仔细一看，丹皮尔大吃一惊，飞机上邻座的先生居然是著名的投资基金经理人！自己居然与著名的投资基金经理人谈了两个小时的话，并给他留下了良好的印象。丹皮尔毫不犹豫，马上带上行李，飞到纽约。一年之后，丹皮尔成为一名投资基金经理。

如果没有在飞机上的这次机遇，丹皮尔也许还要在那家企业的财务岗位上继续待下去。机遇为丹皮尔带来了财运。

机遇往往在瞬间就决定了人生和事业的命运，抓住了机遇，就彻底改变了自己的命运、前途。每个成功者的背后都有许多条交错往复的路，而机遇就像是在每条道口旁的路标，指引着善于把握时机者踏上成功之途，而把无所用心者置于迷茫之中。

有人说："机遇是上帝的别名。"那么，机遇究竟是什么呢？其实机遇是一种有利的环境因素，让有限的资源发挥无穷的作用，借此更有效地创造利益。具体地说，机遇就是指在特定的时空下，各方面因素配合恰当，产生有利的条件。谁能最先利用这些有利条件，运用手上的人力、物力从事投资，谁就能更快、更容易地获得更大的成功，赚取更多的财富。

机遇之所以会成为社会主体成功与发展的因素，有一种理论是这样解释的：任何系统的演化一方面取决于系统内部运动，同时必然受到环境的影响和制约。系统能不能达到目的，是系统与环境相互作用的结果。同样或类似系统在不同环境中会形成截然不同的演化方向，有的达到目的，有的没有达到目的，一个特别有利于达到目的的环境对于该系统来说，就是系统优化的一个机遇。

我们要善于发现和抓住机遇。所谓"谋事在人，成事在天"，说的是事业成功取决于两方面的因素，一是主观努力，二是客观机遇。因此，一个成功企业家必须具备的重要素质就是"善于发现和抓住机遇"。机遇是产生金钱的"酶"，只要你能抓住那稍纵即逝的机遇，你就相当于抓住了金钱。

思路突破：做好准备，迎接机遇

真正成为富人的人都知道这样一个道理，那就是机遇只会降临到有准备的人身上，如果你时刻都梦想着机遇来临，不做准备，那么即使机遇来临了，你也抓不住。只有不放过任何小事，认真地做好准备工作，才能抓住机遇，利用机遇。

阿穆耳肥料工厂的厂长约翰逊之所以能由一个速记员而爬升上来，便是因为他能做非他分内的工作。他最初是在一个懒惰的秘书底下做事，那个秘书总是把事推到手下职员的身上。他觉得约翰逊是一个可以任意支使的人，有一次便叫他编一本阿穆耳先生去欧洲时用的密码电报书。那个秘书的懒惰，给了约翰逊成功的机会。

约翰逊不像一般人编电报一样，随意简单地编几张纸，而是编成一本小小的书，用打字机很清楚地打出来，然后仔细地用胶装订好。做好之后，那个秘书便交给阿穆耳先生。

"这大概不是你做的吧。"阿穆耳先生问。

"不……是……"那秘书语无伦次地回答道。

"你让他到我这里来。"

约翰逊到办公室来了，阿穆耳说："小伙子，你怎么想把我的电报做成这样子呢？

"我想这样您用起来方便些。"

过了几天之后，约翰逊便坐在前面办公室的一张写字台前；再过些时候，他便取代以前那个上司了。

正是因为时刻认真地为工作而准备，才使约翰逊获得了这样的机会。

也许在一百万个机遇中，只有少数几个能够与我们不期而遇；但只要我们肯行动，就算机遇再少我们也能抓住。

缺少机遇是软弱与迟疑者常用的借口。每个人的生命中都充满了机遇：学校中的每一堂课都是一次机遇，每次考试都是生命中的一次机遇，每笔生意往来都是一个机遇——我们有机会变得有教养，有机会变得诚实无欺，有机会结交朋友。

机会只给有准备的人。不要浪费你自己宝贵的时间去倾听那些抱怨没有机会的人。审视你自己，如果机会出现，你能否把握住？你是否已经做好了准备？认真工作的人绝不会抱怨没时间或没机遇，只有整天无所事事的人才会怨天尤人。有些人因为掌握住机遇、会利用机遇，一生受益；但也有些人随意放弃各种机遇。机遇的存在源于努力，如果一个人能认真看待自己的生活，那么财富机遇就会顺势而来。

做生意比拼的是速度

每一个商业时代，都会产生一大批富翁。他们都是在别人不明白的新事物中发现了机会，在别人不知晓的最新经济发展的态势中抢占了先机，在新旧事物的交替过程中壮大了自己。他们深刻地懂得，凡事抢先一步就能领先一步。

我们面对的世界，是一个充满变数并且竞争非常激烈的世界，速度是决定成功与失败的关键。在这个信息时代，市场反应速度决定着商人的命运，只有能够迅速应对市场者，才能够成为市场逐鹿中的佼佼者。

说起来你也许不相信，中国最大的参茸市场不在其产地东北，而是在远隔千山万水的温州苍南县灵溪镇，而且价格比东北产地还便宜。

然而，这却是事实。

人参、鹿茸、貂皮重量轻、价格高，是东北的"三件宝"。温州人向东北人购买后，在温州以低于收购价 10%~20% 卖掉。

这不是做亏本生意吗？

不，温州人才不会那么傻。他们在与东北人形成长期供销关系后，东北人往往答应一年结一次账或半年结一次账，这样，温州人就把参茸迅速卖掉，立即换成现金。在半年或一年的时间里，用这笔钱可做十到二十轮的生意，其结果不仅可以填补参茸的亏损，而且还有盈余。

正是因为温州的参茸售价低，结果全国最大的参茸市场不在东北，反而是在温州的苍南。

这其实是温州人从东北的跨省借贷，这个参茸市场其实就是一个地下资本市场，其规模在 10 亿~20 亿。有一段时间，这一市场被硬性打击过，结果当地工商业一度萧条，后来又恢复了。

温州民间这种打时间差的现金流动方式，是温州民间资本市场的基本特征。温州人比拼的是做生意的速度，即同一时间段资金周转的轮数，实质上是把现金流放大多倍。

时间对于温州人来说就是金钱。

《塔木德》指出："时间是推动世界的魔鬼。"这句话反映了犹太商人对时间的特殊认识。确实，在商场竞争中，钱可以再赚，商品可以再造，但时间是不能重复的。从这个意义上说，时间远比商品和金钱宝贵。

思路突破：先人一步，抢占先机

如今市场竞争异常激烈，市场风云瞬息万变，市场信息流的传播速度大大加快。谁能抢先一步获得信息，抢先一步做出应对，谁就能捷足先登，独占商机。因此，在这个"快者为王"的时代，速度已成为企业的基本生存保障。做生意必须突出一个"快"字，努力迅速应对市场变化，这样才能立于不败之地。

当改革开放的钟声刚刚敲响时，不甘寂寞的温州人就从"自古水路一条"的温州跋山涉水来到上海闯。以后，山海环抱的温州地区便久久流传着这样一句话："上海是个广阔的天地，温州人在那里是可以大有作为的。"温州每一个乡镇几乎都辟出了"直达上海班车"的候车站。104国道上，昼夜奔驰着大车、小车甚至拖拉机，一群群、一批批的温州人奔向上海。

1991年10月，上海浦东开发区的大部分土地还是一片希望的田野，精明的上海人正在很有耐心地等待着政策的不断出台。

在比田间机耕路强不了多少的杨高路上，两个操着上海人谁也听不懂的温州方言的中年汉子，像勘探队员一样正从最南端的杨高路到最北端的高桥张望、写写画画，这样持续了整整五天。随后，他们悄悄登上海轮回到温州。

紧接着，一次大规模的集资行为在温州龙港农民中间开始了——"根据我们在上海浦东得到的信息和现场调查，浦东开发缺少一条贯通南北的干道，杨高路的拓宽改造是势所必然的，因此，将来的杨高路必将繁华无疑，我们要抢在改造前租下一批店面房屋……"说这番话的，就是前往浦东刺探商情的陈氏两兄弟中的老二。在此以前，他曾有过在深圳深南东路抢先一步租下店面发大财的辉煌。一天早晨，陈氏两兄弟提着一个脏兮兮的蛇皮口袋——里面装有六十五万元人民币——匆匆坐上了开往上海的长途汽车。当然，他们没忘记从家乡带上一本不知什么名称的集体企业营业执照副本。因为温州人都知道，以公有制为主体的大上海，谁都害怕与个体、私营经济打交道。

尘土飞扬的杨高路上，提着蛇皮袋的陈氏两兄弟叩开了一个又一个单位的大门。令上海人诧异的是，他们所看中的都不是沿马路的门面，浦东严桥乡陈氏兄弟看中的竟是离杨高路有三十米之遥的一间仓库。

自然，有上海人窃笑这两个人不开窍。可是，陈氏兄弟心里清楚得很，根据他们掌握的信息，杨高路要么不改造，一改造必是六车道、八车道无疑。

到 1991 年 11 月底，陈氏兄弟的 65 万元投资全部落实了。尽管他们的上海合作伙伴有村办企业、市属企业、部队大院之分，但是，联营协议的主要内容是一致的：上海方以地皮为投入，温州方出资改造成活动房式店面，由温州方经营管理，收入二八分成，五年不变。

正如陈氏兄弟所预想的那样，1992 年春天，中国改革开放的总设计师邓小平同志南行视察浦东，出现在杨高路上，这时上海人才看出了点眉目。不久，耗资 8 亿多元的杨高路改造被列为上海市头号重点工程，而杨高路改造竣工之日，也就是陈氏兄弟的店铺开张之时。这时在上海人眼中，温州人的精明便明明白白地显示出来了。如梦初醒的上海人不能不心悦诚服：怪不得说温州人隔水能看见湖底有鱼，这温州人对商机的敏锐竟如此神奇、如此了得！他们所选的从前的偏僻地块，此时无不处于杨高路改造后的黄金地段，而且在杨高路拓宽后，不偏不倚恰好位于当街处，既不落后，也不抢前。

对陈氏兄弟而言，杨高路两边店铺的租金直线攀升，所改造的 109 间活动店面，以平均 8000 元一年的租金租出 98 间，还有 11 间年租金不断上涨，超过万元，甚至直逼 2 万元。温州人将活动店面转租出去，当年就将改造店铺所投的资金全部收回，还赚回了 40 余万元。

温州人的做法实在令人惊叹。在商品经济时代，能先人一步，获得的实惠便可以先人百步、千步。由此可见，对形势的发展有一定的预见性，在商业活动中才能占尽先机，而跟着潮流走的人虽然不会错，所担的风险也小得多，但所得的回报也不会很丰厚。实践证明，只有敏锐把握潮汛，走在潮流前面的人，才会成为商战中的赢家。

小生意也能做出大市场

在当今社会，发财是不少人最真实的愿望，但为什么富翁只是少数，最多的人则是终其一生也难以致富？可能很大一个原因就是这些人赚钱的心愿太迫切了，他们只想发大财，赚大钱，赚小钱的机会看不上眼。殊不知，许多大富翁都是做小生意发家致富的，只要你行动起来，小生意也可以做出大市场。

"四两拨千斤"，以小钱赚大钱是富人致富的拿手好戏。大多数富人开始时也是穷人，但他们会穷尽自己的智慧，力争摆脱贫穷的现状。以小钱赚大钱的赚钱方法，是他们常用的致富手段。

美国加利福尼亚州有一个叫安德森的青年，做家庭用品通信销售。首先，他在一流的妇女杂志刊载他的"一美元商品"广告，所登的厂商都是有名的大厂商，出售的产品都是实用的，其中大约 20% 的商品进货价格超出 1 美元，60% 的进货价格刚好是 1 美元。所以广告一刊登出来，订购单就像雪花般飞来，多得使他喘不过气来。

他并没什么资金，这种方法也不需要资金，客户汇款来，就用收来的钱去买货就行了。

当然汇款越多，他的亏损便越多，但他并不傻，寄商品给顾客时，再附带寄去20种3美元以上100美元以下的商品目录和商品图解说明，再附一张空白汇款单。

这样虽然卖1美元商品有些亏损，但是他是以小金额的商品亏损换大量顾客的"安全感"和"信用"。顾客就会在没有疑惧的心理之下向他买较昂贵的东西了。如此昂贵的商品不仅可以弥补1美元商品的亏损，而且可以获取很大的利润。

就这样，他的生意就像滚雪球一样越做越大，一年之后，他设立了一家通信销售公司。3年后，他雇用50多个员工，1974年，公司的销售额高达5000万美元。

通常，富人的成功并不是起点很高，并不是一开始就想着要做大生意，赚大钱。他们懂得，凡事要从小钱入手，一步一步进行，财富的雪球才会越滚越大。

豆浆在中国是非常普通的东西，但有个中国青年却眼光独特，靠"一杯豆浆"打天下，而成为巨富。

豆浆是许多中国人喜爱的早点，但制作麻烦，黄豆要泡，要磨，在家里制作不了。有一位名叫王旭宁的小伙子以敏锐的目光瞄准了豆浆市场，大学毕业后他放弃了安逸稳定的工作，从豆浆的生产工具入手，于1994年筹资30万创办了九阳电器公司，开始研制生产九阳豆浆机，当年实现销售2万台，年产值600万元。此后，该项目以惊人的速度发展，销量连年翻番，到1999年已实现年销量40万台，年产值1.2亿元。正是这不起眼的小小豆浆，让王旭宁创出了一片红火事业。

上述事例都说明，不论是谁，赚钱的道路总是坎坷曲折的。在市场竞争中，有些企业经营者由于受资金、设备、人才、技术等客观条件的限制，目标不可能一下子就达到。安德森的例子告诉我们：起先没本钱没关系，可以先用别人的钱建立起信誉，以获取成功。这就说明，任何想挣钱的人欲沿着笔直的路线达到自己认定的目标都是不现实的。赚钱如同做人，其道路直中有曲，曲中有直，欲走直径，但往往走入了绝境，而艰苦探索出来的道路，有时却能比直径更快到达终点。这也说明，创富确实需要在市场实战中采用迂回战术，寻找商机，以迂求直，迂回发展。

思路突破：从"小钱"开始起步

很多事情就是从一张纸、一支笔以及一个清单开始的。从零开始有各种好处，其中之一就是可以瞎想，并且如果你有恒心、毅力和足够的坚持，某些瞎想是可以实现的。

美国佛罗里达州一名十三岁的学生萨和特，他曾经替人照看婴儿以赚取零用钱。他发现家务繁重的婴儿母亲经常要紧急上街购买纸尿片，于是他灵机一动，决定创办打电话送尿片公司，只收取 15% 的服务费，便会送上纸尿片、婴儿药物或小件的玩具等东西。他最初给附近的家庭服务，很快便受到左邻右舍的欢迎，于是印了一些卡片四处发送。结果业务迅速发展，生意奇佳，而他又只能在课余时间用单车送货，于是他用每小时 6 美元的薪金雇用了一些大学生帮助他。现在他已拥有多家规模庞大的公司。

许多人一想到创富赚钱，想到的就是大项目，是高科技。其实，赚钱不在于产品的大小，而在于是否有市场，是否能满足人们的需要。尤其对于那些想创业的人来说，资金少，商业关系不多，销售网络没有建立，首先就搞需要大资金、高技术的产品，显然是非常困难的。倒不如先从一些小项目、小产品入手，既容易操作，又同样能赚钱，甚至也能赚大钱。尿布能做出与汽车同样大的产业，打火机能拥有与彩电同样大的市场，就是最好的证明。许多做大生意的公司也是先从小生意开始的。松下电器名扬世界，但它们是做电器插座起家的。因此，不要以产品小而不为，不要以利润少而不做，实际上，小产品也能做出大生意，关键看你会不会做。

义乌市是浙江中部一个小小的县级市，却有着自己的民航机场，有着浙赣线上二等大站的火车站，为什么呢？因为义乌是赫赫有名的"小商品王国"，汇集了包括饰品、花类、针棉、文化用品、工艺品、日用百货等在内的28大类、700余小类的15万余种小商品。义乌小商品市场的核心竞争力在于低价策略，同类同品牌同质量的商品，这里的批发价仅为一般商场零售价格的1/3，甚至更低。但更具竞争力的是义乌商人"做小生意赚大钱"的经营理念，这也是他们最引以为豪的生意经。

为了扩大销量，义乌人在所有环节上千方百计降低成本。说来也许没人相信，义乌小商品城批发价格好多时候比出厂价还低。为什么？因为摊主去厂家拿货时，根据拿货的多少厂家会给摊主一定比例的回扣作为奖金。义乌人却把这些回扣的奖金让利于顾客，使得回头客越来越多，市场占有率也不断扩大，并且靠良好的信誉吸引"回头客"，让"薄利"与"多销"良性互动。正是靠着这种以小做大的策略，2002年，义乌小商品市场实现交易额300亿元，连续十年雄踞全国百强集贸市场首位，被称为"华夏第一市"。

所以，不要嫌钱太小。事实上，赚小钱是赚大钱的必要步骤，因为在赚小钱的过程中，可以增加经验、见识、阅历，培养金钱意识和赚钱能力，同时积累人际关系，摸索市场规律，熟悉相关的政策法规。试想，一个连小钱也赚不到的人，如果交给他一家大商场、大公司、大工厂，他能管理得了吗？所以，要想赚大钱，不能指望一夜暴富，还是应该脚踏实地，从小钱赚起。

中篇
好方法

第一章
方法总比问题多

凡事找借口的员工，一定是单位里最不受欢迎的员工；凡事找方法的员工，一定是单位里优秀的员工！对于职场人士来说，当遇到问题和困难时，能否主动去找方法解决，而不是找借口回避责任，这一点，对他在职场中能否成功和发展具有决定性作用。

方法是解决问题的敲门砖

拿破仑希尔曾说："你对了，整个世界就对了。"当你的工作或生活出现问题的时候，换一种方法，换一种思路，事情就会豁然开朗，因为，方法是完美解决问题的敲门砖，方法对了，一切问题就能够迎刃而解。

日本的火箭研制成功后，科学家选定 A 海岛做发射基地。经过长久的准备，进入可以实际发射的阶段时，A 岛的居民却群起反对火箭在此发射。于是全体技术人员总动员，反复与岛上居民谈判、沟通，以寻求他们的理解。可是，交涉却一直陷入胶着状态，虽然最后终于说服了岛上的居民，可是前后却花费了三年的时间。

后来他们重新检讨这件事情时，发现火箭的发射基地并不是非 A 岛不可。当时只要把火箭运到别的地方，那么，三年前早就完成发射了。可是此前，却从来没有人发现这个问题。当时他们太执着于如何说服岛民，所以才连"换个地方"这么简单而容易的方法都没有想到。

在我们的工作和生活中，类似的例子屡见不鲜。销售经理也经常对业务受挫的推销员说："再多跑几家客户！"上司常对拼命工作的下属说："再努力一些！"但是这些建议都有一个漏洞。就像有人曾经问一位高尔夫球高手："我是不是要多做练习？"高尔夫球高手却回答道："不，如果你不先把挥杆要领掌握好，再多的练习也没用。"

一个人之所以成功，很多时候并不是看他是否勤奋和努力，还要看他能不能迅速地找到解决问题最简单的方法。

美国前总统罗斯福在参加总统竞选时，竞选办公室为他制作了一本宣传册，在这本册子里有罗斯福总统的相片和一些竞选信息，而且要马上将这些宣传册印刷出来。可就在要分发这些宣传册的前两天，突然传来消息说这本宣传册中的一张图片的版权出现了问题，他们无权使用，这张照片归某家照相馆所有。可是时间已经来不及了，如果这样分发下去，将意味着支付一笔巨大的版权索赔费用。

一般情况下的做法是派人去这家照相馆协调，以最低的价格买下这张照片的版权。可是竞选办公室并没有这样做，他们通知该照相馆：总统竞选办公室将在他们制作的宣传册中放一幅罗斯福总统的照片，贵照相馆的一幅照片也在备选之列。由于有好几家照相馆都在候选名单中，所以竞选办公室决定借此机会进行拍卖，出价最高的照相馆会得到这次机会。如果贵馆感兴趣的话，可以在收到信后的两天内将投标寄出，否则将丧失竞价的机会。

结果，很快竞选办公室就收到这家照相馆的竞标和支票。这本来是一个应向对方付费的问题，由于找到了合适的方法，却变为对方付费的问题！

运用正确的方法，竞选办公室不仅解决了问题，而且还把问题变成了机会。法国物理学家朗之万在总结读书的经验与教训时深有体会地说："方法得当与否往往会主宰整个读书过程，它能将你托到成功的彼岸，也能将你拉入失败的深谷。"

英国著名的美学家博克说："有了正确的方法，你就能在茫茫的书海中采撷到斑斓多姿的贝壳。否则，就会像瞎子一样在黑暗中摸索一番之后仍然空手而回。"

这些话中所包含的道理并非仅仅指读书，生活中许多时候，方法是十分重要的。面对一个难题时，我们不仅需要良好的态度和精神，需要刻苦和勤奋，而且需要掌握科学的方法。

方法比勤奋更重要

阿基米德说过："给我一个支点，我可以撬动整个地球。"这个支点就是一个恰当的工具，就是我们解决问题的主要方法。如果方法得当，即使问题再棘手，也有解决的可能。相反，如果没有合适的方法，一味勤奋做事，只会浪费精力和资源，也不会获得什么好结果。

有的人做事毫无头绪，只注重宏观的效果，缺少对微观的把握，尽管从表面看来，他们也很勤奋，几乎天天在加班的行列里都能看到他们的身影，但结果总无法令人满意。

在一家国内知名的证券公司工作的小李，毕业于国外的一所金融学院，有着令人羡慕的教育经历，人生的天平似乎早早地倾斜在他这一边，他也是公司公认的勤奋员工。但是三年过去了，他仍然只是一名普通的职员，这是为什么呢？问题就出在其工作方法上。

每一次领导布置一项任务时，小李都会以百分之百的热情投入工作，他会找到所有需要的数据进行分析，然后进行大量的统计工作。每天他都在不停地做着统计与分析，每当遇到一项复杂的数据时，他非要弄个明白不可。这种勤奋刻苦的精神是难能可贵的，可是效果如何呢？他似乎陷入了一种"分析陷阱"，不能自拔。随着时间一天天地过去，他并没有拿出一个切实可行的方案。

工作不同于学术研究，勤奋笃实的作风固然没错，但探究"为什么"远不如"什么对目前的工作有益"更重要。以错误的方法工作，直接导致了小李工作效率的低下，虽然消耗了大量精力，也花去了大把的时间，却没有取得应有的效果。

在我们身边经常有这样的情况发生：有的人工作很勤奋，每天都忙个不停，但是由于工作方法不正确，效率很低，还常常加班加点来完成工作，工作绩效平平；有的人平时很少加班，工作方法正确，能用较少的时间来完成工作，绩效相当好。对于前者，或许最初上司会因为你的刻苦努力而欣赏你，但是长期下来，由于工作效果始终不佳，你的努力几乎等于白费。这是一个重视过程但更重视结果的年代，我们不仅要勤奋，更要用合理的方法做事。两只蚂蚁的故事就说明了这个道理。

有两只蚂蚁想翻越一段墙，到墙那头寻找食物。一只蚂蚁来到墙根就毫不犹豫地向上爬去，可是当它爬到大半时，就由于劳累、疲倦而跌落下来。可是它不气馁，一次次跌下来之后，又迅速地调整一下自己，重新开始向上爬。

另一只蚂蚁观察了一下，决定绕过墙去。很快地，这只蚂蚁绕过墙找到食物，开始享受起来。第一只蚂蚁仍在不停的跌落中重新开始。

简单的故事却向我们昭示了一个深刻的道理：很多时候，方法比勤奋更重要。第一只蚂蚁毫不气馁的勇气值得我们借鉴，但是在不断努力、不断失败之后，我们是否该停下来想想，寻找一个更好解决问题的方法，这样或许远比我们拥有勤奋的态度要来得有效。失败留给我们的不仅仅是要我们继续努力，更多的是经验教训，需要我们从中获得些什么，改善些什么。没有对失败的反思，总是一次次重复失败，只能是白费力气。

事物发展的速度除了取决于勤奋、坚持、勇敢以外，更需要正确的方法。也许有了一个正确的方法，发展的速度会来得比想象的更快。

当然，我们不能否认勤奋、毅力等品质对于解决问题和成功的重要性，但是在许多时候，一个好的方法能让你事半功倍，在同等勤奋的情况下获得突出的成绩。

爱因斯坦曾经提出过一个公式：W=X+Y+Z。这里，W 代表成功，X 代表勤奋，Z 代表不浪费时间、少说废话，Y 代表方法。从这个公式中我们可以知道，正确的方法是成功的三要素之一。

如果只有勤奋刻苦的精神和脚踏实地的作风，而没有正确的方法，是不能取得成功的。成功需要的不仅仅是勤奋，也不单纯与花费的时间、精力成正比，同样需要方法。只有正确的方法才能提高解决问题的效率，才能保证成功！

发现问题才有解决之道

纵观古今中外的名人，不管是自然科学家还是社会科学家，政治家还是外交家，哲学家还是数学家，几乎都善于思考、观察、发现和提出问题，或善于在他人发现的基础上提出问题并找出解决方法而获得成功。

爱因斯坦说："发现问题，提出问题，比解决问题更重要……因为解决问题也许仅是一个数学上或实验上的技能而已，而提出新的问题，发现新的可能性，从新的角度去看旧的问题，都需要有创造性的想象力，而且标志着科学的真正进步。"

的确，解决问题的能力很重要，对于个人或是事物的发展和成功都是必不可少的。但发现问题并不比解决问题逊色，有时甚至比解决问题来得更重要。

解决问题是个人能力的综合，而发现问题是个人水平的体现。无法创造性地使用知识，无法发现问题，那是毫无用处的，这样往往很容易让我们陷入问题所带来的困境。唯一不让我们陷入问题所带来的困境中的方法，就是主动寻找问题。成功需要人们寻找解决问题的方法，但成功更需要我们有超越他人发现问题的能力。"电话之父"贝尔的成长经历就是一个很好的例子。

贝尔原是语音学教授，一天他在家修理电器时偶然发现，当电流接通或截断时，螺旋线圈会发出噪音。于是他想，是否能以电传送语音甚至发明电话？

这一设想一提出，立即遭到许多人的讥笑，说他不懂电学才会有如此奇怪的想法。贝尔的确一点也不懂电学，但他并没有放弃，而是千里迢迢前往华盛顿，向美国著名的物理学家、电学专家约瑟夫·亨利请教。亨利对他的想法给予了充分肯定，并鼓励贝尔去学习电学知识。

亨利的肯定对贝尔产生了很大的影响，他辞去了教授职务，一心扎入发明电话的试验中。他刻苦用功地学习电学知识。两年后，世界上第一部电话，由贝尔试验成功。

为何电话不是由那些懂得电学知识的专家发明的，而是由一个语音学家发明的？只因为他善于发现问题，使他比别人更快地找到了"市场的标靶"和可以奋斗的目标。而相关知识，即使一时不具备，也可以去学。

一个人具有某方面的能力是很重要的。但真正要想获得成功，他还必须具备提出问题的能力。

当然，发现问题并不等于是解决了问题，我们也并不期许所有的问题被解决时，都是完善的、完美的。问题的解决有待社会的发展、个人能力的提高。但是不可否认，有了发现才能有所认识，提出问题才可能解决问题，发现问题是解决问题的第一步，也是重要的一步。

五千多年前，我们的祖先黄帝发现了"磁石"可指南的现象，因而设计了"指南车"，并用于战争；哥白尼发现了"地心说"的谬误而提出了"日心论"的科学假设；马克思发现了"资本的剩余价值"而提出了"科学社会主义"的构想；爱因斯坦十二岁时就提出"假如我以光速追随一条光线的运动，那会看到什么现象"，这个问题最终成为他一生为之奋斗的目标，并获得巨大的成功……

　　创造奇迹的关键，在于具备一双发现的眼睛。生活需要发现的眼睛，问题需要发现的眼睛。许多伟大的发明和创造都是从不经意的发现开始，难题的解决也基于它本身的发现，或许只是一个简单的想法，一个美丽的假设。但正是因为问题的发现，它才得到了关注和认识，才有了解决的可能。

变通地运用方法解决问题

　　在善于变通地运用方法解决问题的人的世界里，不存在困难这样的字眼。再顽固的荆棘，也会被他们用变通的方法拔根而起。他们相信，凡事必有方法可以解决，而且能够解决得很完美。事实也一再证明，看似极其困难的事情，只要变通地运用方法，必定会有所突破。

　　《围炉夜话》中说："为人循矩度，而不见精神，则登场之傀儡也；做事守章程，而不知权变，则依样之葫芦也。"一个卓越的人必是善于变通地运用方法解决问题的人。当他发现一条路不通或太挤时，就会及时转换思路，改变方法，寻求一条更为通畅的路。

　　杰森是一家大公司的部门经理，他面临一个两难的境地：一方面，他非常喜欢自己的工作，而且他的位置使他的薪水只增不减。另一方面，他非常讨厌他的上司，经过多年的忍受，他发觉情况已经到了忍无可忍的地步了。

在经过慎重思考之后，他决定去猎头公司重新谋一个别的公司部门经理的职位。猎头公司告诉他，以他的条件，再找一个类似的职位并不难。

回到家中，杰森把这一切告诉了母亲。他的母亲是一个教师，那天刚刚教了学生如何重新界定问题，也就是把正在面对的问题换个角度思考。她把课上的内容讲给了杰森听，这给了杰森很大启发，一个大胆的创意即刻在他脑中浮现了。

第二天，杰森来到猎头公司，这次他是请猎头公司替他的上司找工作。不久，他的上司接到了猎头公司打来的电话，请他去别的公司高就。尽管他完全不知道这是他的下属和猎头公司共同努力的结果，但正好这位上司对自己现在的工作也厌倦了，所以没有考虑多久，他就接受了这份新工作。

这件事最美妙的地方就在于，上司接受了新的工作，结果他的位置就空出来了。杰森申请了这个位置，于是他就坐上了以前上司的位置。

一流之人善于变通，末流之人故步自封。凡能变通地运用方法解决问题的人，都是能够主动创新的人，也是最受欢迎的人。凡世间取得卓越成就之人无不深知变通之理，无不熟谙变通之术。

随着社会的发展，变通地运用方法解决问题显得越来越重要，也越来越被人们所认识。只有善于变通、勤于寻找方法的人在社会上才具有更大的价值，才是社会最需要的人。

第二章
发散性思考法

发散性思考是根据已有的信息，从不同角度、不同方向进行思考，以寻求多样性的答案。它的意义在于，找出多种可能性，思路越宽广，想到解决问题的方法越多，这样我们可以从众多的可选项中找到最佳途径。发散性思维具有流畅性，可以让你在很短的时间内理出大量的思路，对于创新有非常重要的意义。

组合发散法

组合发散法，顾名思义就是将不同的事物组合起来，从而创造出新的事物的一种思考方法。发散的方向应该是全方位的，包括正向、逆向、纵向、横向，必要时还要进行三维立体思维、多维空间思维。

你玩过拼图游戏吗？一张图被分割成很多小块儿，你需要把那些小块儿拼凑起来，组合成一张完整的画面。我们的大脑在思考一个问题的时候，也是通过逻辑思维将与思考问题相关的各种因素组合起来，运用综合我们可以进行发明创造，运用分析我们可以全面、完整地考虑一件事。

组合发散法是发散性思考法的一种，虽然强调发散，但是并不是没有原则地漫天撒网。就像玩拼图游戏一样，如果忽略事物之间的逻辑关系，就不能组合成一张完整的图。我们想到的事物必须属于一个系统，可以构成一张"图"。因此在进行组合发散的时候要考虑事物的价值，对事物进行选择。

"组合"并不是把两个事物生搬硬套地放在一起，而是按照事物之间的内在联系，把它们有机地结合起来，就像玩拼图游戏的时候，那些小块儿必须环环相扣才能展现出一张完整的画面。我们需要对组合对象进行深入研究，把握各个部分之间的联系，从中总结出规律，然后把它们综合起来。

组合发散法有两方面的意义，一方面可以帮助我们创造新事物，另一方面可以帮助我们全面地了解一件事情。

很多发明创造都运用了这种思考方法，把两种或多种事物组合起来就产生了一种新的事物。

现在市面上有各种各样的铅笔，人们使用起来非常方便。然而在最初的时候，人们是使用光秃秃的石墨写字的。石墨容易断，而且写字的人总是弄得满手黑。后来，德国纽伦堡的一位木匠把石墨和木条组合起来，形成了现代铅笔的雏形。1662 年，弗雷德里克·施泰德勒根据这个原理开办了第一家铅笔工厂，他将细石墨放入带槽的木条，然后用另一根涂了胶的木条把石墨笔芯夹在中间，再将笔杆加工成圆柱形或者棱柱形。

1858 年，美国费城有一位名叫海曼·利普曼的画家对铅笔进行了又一次改进——在铅笔顶端粘上一块小橡皮，再用金属片把小橡皮固定在铅笔上。这是对组合发散的简单运用，然而就是这样一个简单的组合，海曼·利普曼却为此申请了一项专利，后来以 55 万美元的价格卖给了一家铅笔公司。

许多事物都可以根据一定的原则组合起来：不同功能的事物组合起来就具有了多种功能，比如手机和数码相机组合起来就成了有拍照功能的手机；不同材料可以进行组合，从而获得新的材料，比如诺贝尔把容易爆炸的液体硝化甘油和硅藻土组合起来发明了固体的易于运输的炸药；不同的颜色、声音、形状和味道可以进行组合，比如几种不同的酒混合在一起，形成口味独特的鸡尾酒；不同领域、不同性能的事物之间的组合，比如台历和温度计的组合。

当我们考虑一个复杂问题的时候，常常有所遗漏，不可能面面俱到。运用组合发散法可以将问题拆分开，从各个角度详细分析之后再重新组合起来，这样我们就能得出一个客观的结论。

这种分析问题的方法适用于拥有多方意见的问题上。偏听偏信就会得出错误的结论——运用发散组合的思考方法，我们就能做出客观公正的评判。

关系发散法

要想在这个世界上从容地生存发展，就要运用关系发散法来思考问题，即从宏观的角度充分分析事物所处的复杂关系，并从中寻找相应的思路，得出客观全面的结论。人们常用"八面玲珑"来形容那些善于为人处世的人，这个词形象地体现了关系发散法的好处。

甲乙两个人为一件事发生了争执，他们来到寺院让一个德高望重的老和尚评理。甲来到老和尚面前说了自己的一番道理，老和尚听后说："你说得对。"接着，乙来到老和尚面前说了和甲的意见相反的另一番道理，老和尚听后说："你说得对。"站在一旁的小和尚说："师父，怎么两个人说得都对呢？要么甲对乙错，要么乙对甲错。"老和尚说："你说得对。"

也许你觉得老和尚的话自相矛盾，但是真的存在绝对的对与错吗？很多事并非只有一种解释。从甲与这件事的关系来看，甲说的是对的；从乙与这件事的关系来看，乙说的是对的；从小和尚与这件事的关系来看，小和尚说的也是对的。

我们所处的这个世界是一个多元的、复杂的世界，我们所做的每一件事都有利有弊，对与错、好与坏就像一股黑线和一股白线相互交织，有时甚至紧密得难以分开。我们在观察和解释事物的时候，应该避免单一和僵化的解释，那样只会导致偏执一词、钻牛角尖，看不到事情的全貌。

关系发散的另外一层意思是从另一个角度重新理解和解释事物之间的关系。很多时候我们习惯了事物之间的某种关系，于是把这种关系看作是亘古不变的，从来不试图改变。事实上，只要你愿意，完全可以对事物的关系做出另一番解释。

古时候，有一位秀才进京赶考，住进了一家客店。考试前一天他做了两个梦：在第一个梦里，他在墙上种白菜；在第二个梦里，他在下雨天戴了斗笠还打伞。

秀才觉得这两个梦似乎意味着什么，于是去找算命先生解梦。算命先生听了他的描述后连连摇头说："你还是回家吧！你想想，高墙上种菜不是白费劲吗？戴斗笠打雨伞不是多此一举吗？"秀才听后觉得有道理，没心思考试了，回到客店收拾包袱准备回家。店老板觉得非常奇怪，问："不是明天才考试吗，你怎么今天就回乡了？"秀才把解梦的事告诉了店老板，店老板听后笑了起来："我也会解梦的。我倒觉得，你这次一定要留下来。你想想，墙上种菜不是高中（种）吗？戴斗笠打伞不是说明你这次有备无患吗？"

秀才听后觉得更有道理，于是信心十足地参加了考试，结果中了探花。

在生活中，我们同样需要从不同的角度来解释两件事之间的关系。"塞翁失马，焉知非福"就是对关系发散的运用。"福兮祸之所倚，祸兮福之所伏"，丢了一匹马，并不仅仅给塞翁造成损失，有可能还会带来好处，虽然那好处没立刻显现出来，但是通过关系发散法塞翁预测到了可能的好处。

此外，关系发散法在数学题中的应用也很广泛。

在一节思维培训课上，一个小学一年级的数学教师向思维培训师请教如何教孩子们练习发散思维。思维培训师在黑板上写了一道算术题：

2+3= ?

然后，他说："这是小学一年级常见的计算题，只有唯一的答案，对就是对，错就是错。这会让孩子们养成寻找一个答案的思维习惯，导致思维的扁平化，遇到问题时缺乏寻找多种答案的意识和能力。虽然大部分数学题是一题一解的，但是我们可以运用关系发散法来改变出题的方式。"接着，他在黑板上写下了这道题：

5= ? + ?

那个数学老师一下子醒悟过来，显然学生在计算这道题的时候思维是发散的，而计算前一道题的时候思维却是封闭的。

思维培训师对等式两边的关系进行了发散处理，把已知变未知，把未知变已知，从由分求和到由和求分。有人把这种发散方法称为"分合发散"。曹冲称象的方法就是对分合发散的运用。

三国时，孙权送给曹操一头大象。曹操很高兴，问他的谋士们："谁有办法称一称它的重量？"有人说造一个巨型的秤，有人说把大象宰了切成块。这时曹冲说："我有办法。"他让众人跟他来到河边，叫人把大象牵到一条大船上，等船身稳定了，在船舷上齐水面的地方刻了一条线做标记。然后，他让人把大象牵到岸上，把岸边的石头一块一块地往船上装，船身就一点儿一点儿往下沉。等船身沉到刻的那条线时，曹冲就叫人停止装石头。接下来，大家都知道怎么办了吧？称一称船上的石头就知道大象有多重了。

在这个例子中曹冲巧妙地把大象和石头联系起来，把难于称量的大象的重量分解为容易称的石头的重量，使问题迎刃而解。与此类似的还有西汉时期的孙宝称馓子的故事。

一个农夫撞倒了卖馓子的小贩，馓子掉在地上全摔碎了。农夫愿意赔偿五十个馓子的价钱，但是小贩坚持说他有三百个馓子，二人僵持不下。这时，担任京兆尹的孙宝路过，他让人把地上的碎馓子收集起来称出重量，然后买来一个馓子称出一个馓子的重量，两数相除计算出馓子的个数。农夫和小贩都心服口服，农夫按照馓子的数目赔钱给了小贩。

这同样是对关系发散法的应用，孙宝同时考虑了整体与个体、数量与重量的关系。馓子虽然碎了，但总重量不会变，每个馓子的重量都差不多，用总重量除以单个馓子的重量，就得出了数量。

头脑风暴法

头脑风暴法是被誉为创造学之父的美国人亚历克·奥斯本提出来的，是一种激发集体智慧、提出创新设想、为一个特定问题找到解决方法的会议技巧。奥斯本曾这样表达头脑风暴的意义："让头脑卷起风暴，在智力激励中开展创造。"

美国北部常下暴雪，有一年雪下得特别大，冰雪积压在电线上导致很多电线被压断，严重影响了通讯。电讯公司想尽办法也没能解决这一问题。后来，电讯公司经理召集不同专业的技术人员举行了一次头脑风暴座谈会。

会议上，大家提出了不少奇思妙想：有人提议设计一种电线清雪机；有人提议提高电线温度使冰雪融化；有人提议使电线保持震动把积雪抖落。这些想法虽然不错，但是研究周期长，不能马上解决问题。还有人提出乘坐直升机用扫帚扫雪，这个想法虽然滑稽可笑，但是有一个工程师沿着这个思路继续思考，想到用直升机的螺旋桨将积雪扇落，他马上把这个想法提了出来。这个设想又引起其他与会者的联想，人们又想出七八条用飞机除雪的方案。

会后，专家对各种设想进行分类论证，一致认为用直升机除雪既简单又有效。现场试验之后，发现用直升机除雪真的很奏效。就这样，一个困扰电讯公司很久的难题在头脑风暴会议中得到了解决。

俗话说："三个臭皮匠，顶一个诸葛亮。"当我们面对复杂的问题时，靠一个人冥思苦想很难解决问题，在会议上大家提出的想法可以互相激励，互相补充，从而产生新创意和新方法。但是，并非所有的会议模式都能让人们打开思路、畅所欲言。奥斯本找到了一种能够实现信息刺激和信息增值的会议模式，在企业进行发明创造和合理化建议方面效果显著。他提出头脑风暴法之后，这种方法很快就在美国得到了推广，随后日本等国也相继效仿。

头脑风暴会议的意义在于集思广益，为了保证头脑风暴法发挥作用，奥斯本要求与会人员务必严格遵守四个原则。

1. 自由设想

与会者要解放思想、开拓思路，无拘无束地寻求解决问题的方案。鼓励与会者提出独特新颖的设想，因此与会者要畅所欲言，不要担心自己的想法是错误的、荒谬的、不可行的或者离经叛道的。在平常的会议中，我们力求让自己提出的建议和想法符合逻辑，因为我们总希望自己的建议得到别人的认可，而不会提出一个连自己都不能自圆其说的想法，这就放过了很多潜在的解决问题的方法。头脑风暴就是要求我们天马行空地思考，无所顾忌地表达，让那些潜藏的方案显露出来。

2. 延迟评判

不要在会上对别人提出的设想进行评论，以免妨碍与会者畅所欲言。对设想的评判要在会后由专人负责处理。在平常的会议中，大家总喜欢用批判的态度对待别人提出的一些想法，挑毛病是很容易的事，然而这种批判的态度使很多优秀的设想被扼杀在萌芽之中。比如，在美国电讯公司的会议中，当有人提出"乘坐直升机用扫帚扫雪"之后，如果有人说"这个想法太离谱了"，那么就不会有后面的"用螺旋桨除雪"的设想。

3. 追求数量

与会者要运用发散思维尽可能多地提出设想，数量越多就越有可能产生高水平的设想。

日本松下公司鼓励职工运用头脑风暴法提出改进技术、改进管理的新设想，在 1979 年一年内便产生了十七万个新设想。公司从如此多的设想中选出优秀的、建设性的设想应用在设计和管理领域，使生产经营水平不断提高。

4. 引申综合

在别人提出设想之后，受到启发产生新的设想，或者把已有的两个或多个设想综合起来产生一个更完善的设想。

人们常常把合作的好处比作 1+1>2，英国戏剧家萧伯纳就曾说过："如果你有一种思想，我也有一种思想，我们彼此交流这种思想，我们每个人将各有两种思想。"头脑风暴法并不仅仅是把各自的想法罗列出来，它还有一个激荡的过程，一个想法催生另一个想法从而得到更多更好的想法。有交流、有发展才有创新。

头脑风暴的效果显而易见，因此在世界各国受到了普遍欢迎。并且各国在不断应用中对头脑风暴法进行了创新和发展，以适应不同团体的需要。在这里我们介绍美国、德国和日本的三种典型的头脑风暴法。

1. 美国的逆向头脑风暴法

这是美国热点公司对头脑风暴法的发展，其特点是不但不禁止批判，反而重视批判，旨在通过批判使设想更完善。这种方法与美国人那种自由、开放的性格相适应。需要注意的是要防止因为批判而导致大家不愿意提出荒谬的设想。

2. 德国的默写式头脑风暴法

这是德国学者鲁尔巴赫根据德国人惯于沉思和书面表达的特点而创造的会议方法。其特点是每次会议由6个人参加，每个人在5分钟之内提出3个设想，因此这种方法又叫"635法"。主持人宣布议题之后，发给每个人一张卡片，卡片上有3个编码，编码之间有一定的空余，为的是让别人填写新的设想。在第一个5分钟内每个人在卡片上填上3个设想，然后传给下一个人。在下一个5分钟内，大家从上一个人的设想中受到启发填上3个新的设想。这样传递半个小时之后，可以产生108个设想。

3. 日本的NBS头脑风暴法

这是日本广播公司对头脑风暴法的发展，是一种事务性较强的方法。具体做法是主持人在会议召开之前公布议题，并发给与会者一些卡片，要求每个人提五条以上设想，每一条设想写在一张卡片上。会议开始后，与会人员逐一出示自己的卡片并发言。当别人发言的时候听众如果产生了新的设想，就把设想写在备用的卡片上。发言完毕之后，主持人收集卡片并按内容分类，然后在会议中讨论、评价，选出解决问题的方法。

头脑风暴法作为一种激励集体进行创新思维的方法在企业和设计性团体中得到了广泛的应用。此外，这种方法在日常生活中也很实用，比如在学校，老师可以组织头脑风暴会议，让学生们讨论如何提高学习成绩，如何丰富课外生活等问题。家庭成员也可以召开小型的头脑风暴会议讨论如何度过周末，如何使晚餐更丰盛等问题。并且，在日常生活中的训练还可以逐渐提高我们的发散思考的能力。

第三章
倒转思考法

倒转思考法又叫逆向思维法，是指从思考对象的反面或侧面寻找解决问题方案的思考方法。实际上，倒转思考法是让我们打破常规思维模式的束缚，注意并思考问题的另一个方面，从而深入挖掘事物的本质属性，这有助于开拓新的解决问题的思路。

条件倒转

条件倒转是指将思考对象的相关条件进行反方向思考，利用反方向的条件寻求解决问题的新方法。事情的存在和发展都依赖于一定的条件，条件改变之后，就会引起事物本身的变化。当我们运用条件倒转思考法的时候，就会引发对问题的全新认识，从而找到解决问题的新方法。

凡事都有利有弊，利用条件倒转思考法，我们可以把不利条件转变为有利条件。比如，狂风是一种灾害性的自然现象，把这种条件倒转之后，人们发现可以用风力发电；粪便堆积会散发出恶臭，让人们避之不及，但是把这一条件倒转之后，人们发现可以用粪便、杂草、秸秆、树叶等废弃物散发出的沼气发电。利用好事物的缺陷，往往能够化腐朽为神奇。

运用条件倒转，我们可以把困难的条件转化为发明创新的契机。业余发明家雷少云就是运用倒转的思维方式从困难的条件中寻找解决问题的方法，从而获得了很多发明创造。

雷少云在工作和生活中专门"听难声、找难事、想难题"。有一次，他听到油漆工人抱怨用直毛刷刷深圆管很难刷，而且费料。他便把这个困难的条件当作发明的机会，经过反复琢磨、不断试验，终于发明了一种圆弧形的漆刷。这种新型的漆刷松紧可调、使用方便，大大提高了油漆工人的工作效率。后来，他又加上了一种自动供漆系统，使操作更加方便。

有一次，雷少云乘坐一辆卡车去拉货。半路上卡车出了毛病，他看到司机爬到车下面去修，结果弄了一身土。他把这个难题作为一个激发点，想到如果发明一种可以灵活进退的平板车，人躺在上面修车就不会弄脏衣服了，还方便进出。于是，他发明了一种装有万向轮的修理车。这种修理车不但进出方便，而且装有升降装置、应急灯、伸缩弹簧挂，能够满足修车者的各种需要，很受司机的欢迎。后来，这种装置还应用在医院里，供卧床病人和行动不便的人使用。

在生活中，这样的难题随处可见，如果我们能够像雷少云一样仔细观察、认真分析，向困难条件提出挑战，就有机会创造出新的发明。

作用倒转

作用倒转是指对事物的作用进行逆向思考，把负面作用变为正面作用，把某一领域的作用应用到其他领域，从而得出新颖独特的解决问题的方法。

人们一直认为儿童玩具一定要设计成美丽的、可爱的造型。直到有一天，美国的一位玩具设计师发现有几个孩子在玩一只奇丑无比的昆虫，并且玩得兴高采烈。玩具设计师由此想到并不是只有美丽的东西才能做玩具，于是他专门设计"丑八怪"系列的玩具，把美的作用倒转过来了。"丑八怪"玩具上市之后，很受孩子们欢迎。

作用倒转的另一层含义是通过使事物某方面的性质发生改变，从而起到与原来的作用相反的作用。每一种事物都有各自的作用，通过改变事物的性质、特点可使事物的作用发生改变。比如，一根长竹竿可以用作船篙，短一些的竹竿可以用作拐杖，再短的竹竿可以制成笛子。

对事物的某种作用进行倒转思考可以找到不利作用的有利之处，让那些本来大家认为没用的东西发挥积极的作用。

按照正常的思路，我们总是对事物的作用进行判断，如果不能发挥积极的作用，就把这件事物"打入冷宫"，认为它毫无价值。事实上，任何事物都有它存在的价值，关键是我们能不能运用作用倒转思考法把事物的作用倒转过来，使负面的作用变为正面的作用。

有些化学试剂对玻璃的腐蚀性很强，比如氢氟酸，当氢氟酸与玻璃制品接触的时候，很快就会把玻璃腐蚀掉。因此，氢氟酸不能用玻璃容器盛放，必须放在塑料或铅制的容器中。

按照正常的思路，人们想的是尽量避免让氢氟酸和玻璃接触。但是当我们把这种作用倒转之后，就会发现其实腐蚀作用也有可取之处，比如在玻璃上钻孔，或者在玻璃上刻花。玻璃的质地很硬，只有用金刚石才能把它切割开，要想在玻璃上钻孔或刻花就更难了。而氢氟酸的腐蚀性恰恰满足了这一需要。玻璃工匠先将玻璃器皿在熔化的石蜡中浸泡一下，沾上一层蜡水。等蜡水凝固之后，用刻刀在蜡层上刻上所需的花纹，刻透蜡层，然后在纹路中涂上适量的氢氟酸。等到氢氟酸的作用发挥完毕之后，刮去蜡层就可以在玻璃上看到美丽的花纹了。

人们总是习惯于约定俗成的规则，认为事物的特定作用是不可改变的。其实，只要积极思考就会发现，有些事物的作用并不只局限于一个特定的领域。我们可以把作用倒转思维和发散思维结合起来应用。

这种作用倒转思考法可以把日常生活中各种事物的价值充分发挥出来。比如一个小金鱼缸，我们可以用来养鱼，也可以用来种花。倒转事物的作用之后，你就会发现很多废弃的"垃圾"也可以派上用场。

1974 年，纽约州政府装修了自由女神像。自由女神身上被换下来的旧铜块变成了垃圾等待处理。于是政府公开让商家投标收购，可是几个月过去了都没有人感兴趣。因为很多垃圾处理商考虑到纽约的环保分子太厉害，如果处理不当就会遭到投诉，所以不想找麻烦。

那时，有个在巴黎旅行的人在报纸上看到了这个消息。他从中看到了商机，特意飞到纽约去购买那些在别人看来是垃圾的旧铜块。他与纽约州政府签约，把那些"垃圾"都买了下来。然后，用来自自由女神像的旧铜块制造成很多小小的自由女神铜像，当作纪念品出售。

经过加工之后的铜块，自然比垃圾有价值。重要的是，铜像的原料来自自由女神像，有很好的纪念意义，这就有理由比一般的纪念品卖更高的价钱。结果，这个点子带来了足足350万美元的利润。

很多看似百害而无一利的东西经过作用倒转之后，都有可能发挥积极的作用。比如苍蝇生活在肮脏的地方，还会传播疾病，人们总是欲灭之而后快。运用作用倒转思考一下，我们想到苍蝇能在肮脏的地方生存，可见它抵抗细菌的能力很强，这会不会在医学上给我们带来某种启发呢？再比如乙硫醇是臭味极强的气体，在空气中的含量达到五百亿分之一就能被觉察出来。人们利用这个作用，把它加入无色无味的煤气中，方便人们发现煤气的泄漏。

倒转人物

所谓倒转人物，就是倒转不同人物在事件中的身份，寻找隐藏在事物背后的潜在问题和引发事件的原因。倒转人物之后，我们能够得到一些以前从来没有过的思考角度，从这些思考角度出发可以揭示出隐藏在事情背后的可能原因，使我们进入更宽广的思维空间。

在《心智漫游思考法》一书中，作者举了一个新闻事例来说明如何运用倒转人物的方法分析问题。

2006年5月，在香港有一位大叔在公交车上大声打电话，坐在他后排的青年拍了拍他的肩膀示意他小声点，没想到那位大叔随即转过身对青年大骂，言辞非常激烈。后来，青年再三向大叔道歉，才使问题得到了解决。有人把这一场景偷拍下来发布在网上，这个短片在香港引起了空前的轰动。

针对这一事件，我们运用人物倒转思考法把大叔和青年的身份倒转，看看会产生什么联想。如果青年在大声打电话，而大叔坐在他的后面会怎么样呢？我们假设大叔提醒他说话小声点，那么青年会有什么反应呢？他肯定会把声音降低而不是转头大骂。

此外，我们还可以把青年和公交车上的其他乘客倒转。设想一下青年是公交车上目击此事件的一名乘客，他会怎么样呢？他很有可能会制止事件的发生，因为他是一个"见义勇为"的人，很可能会充当调解者。一个潜在的问题出现了，为什么发生争吵的时候公交车上的其他乘客坐视不理，这是不是反映了公众普遍性的道德缺失。由此我们想到，如果加强公众的道德意识，那么就不会有人高声打电话给别人造成骚扰，更不会有在公交车上肆意骂战的事情发生了。

我们头脑里对什么身份的人应该有怎样的行为有固定的看法，倒转人物就是让我们遇到问题时不要被人物的身份束缚住。你可以随意打乱人物之间的关系，看看会发生什么。也许一些平时被忽略的问题就暴露出来了。当你作为局外人，把当事人双方的位置倒转之后，你会发现问题的根源究竟在哪里；当你把自己的身份与别人倒转之后，你会发现原来对他来说事情是另一番样子。

我们常常说要想更好地理解别人，就要学会换位思考，其实倒转人物也是一个换位思考的过程。对同一件事，立场不同的人会产生截然不同的看法。每个人想问题都是从自身利益出发，这样必然会和别人发生冲突。只有站在别人的立场上才能更好地理解别人的做法，只有深入体察别人的内心世界，才能真正做到与别人进行心灵的沟通。

当你觉得别人做错的时候，将心比心，站在别人的立场上考虑一下，你会发现别人那样做有他的道理。当你觉得有人冒犯你的时候，设身处地地为别人想想，你的心胸就会变得更加开阔，从而宽容对方。例如，某个城市的交通部门曾举行过这样的活动，让交警和司机互换位置。让那些对交警不满意的司机体验一下做交警的劳苦，让那些对司机满腹牢骚的交警体验做司机的苦处。结果，活动结束之后，交警和司机能够更好地互相体谅了。

"己所不欲，勿施于人"，设想一下如果自己处于对方的位置，你希望得到什么样的对待？如果你是老板，那么请多想想员工需要的是什么；如果你是员工，那么请多想想老板希望你怎么做。做父母的应该站在子女的角度想想子女真正需要的是什么；做子女的应该站在父母的角度考虑一下怎样做才能让父母高兴。

倒转情景

倒转情景就是要求我们在思考问题的时候，想象一下如果这个问题发生在别的情况下会怎么样，从而思考解决问题的新方法。一件事发生在不同的情景下，会有不同的结果。如果我们把思路限制在已知的情景当中，就很难有所突破。颠倒之后的情景能够让我们的思路变得开阔。

汽车只能在路上跑吗？如果把汽车开到水里会怎么样？或者给汽车加上翅膀，让它在天上飞又会如何呢？

也许倒转情景之后，事会显得很滑稽，但是这并不影响这种思考方法发挥作用。比如，汽车在水里跑，或者在天上飞，肯定会成为头条新闻。但是，我们并不把设计水陆空三栖汽车作为思考目标，而是把这个倒转情景作为一个刺激思考的契机。由此我们可以想到汽车如果开到水里，引擎就会遭到破坏，要解决这个问题可以考虑把引擎安在车顶上。这种设想是具有实际意义的，在水多的地区也许正需要这样一种把引擎安在车顶上的汽车。汽车要想在天上飞，必须要减轻重量。在陆地上的汽车是不是同样需要减轻重量呢？由此我们可以考虑把汽车设计得更加轻便、小巧。

倒转情景之后，我们就可以看到一些在正常情景中想不到的问题，从多个情景看待一个事件，从而对事件产生更加全面的认识。

比如，在前面我们提到在公交车上吵架的案例，假设事件没有发生在公交车上，而是发生在私人场所，还会引起广泛的争论吗？这是不是告诉我们，人们很关注公共场所的道德问题。或者我们想象一下事件会不会发生在其他的交通工具上，比如在火车上是不是吵架的可能性要小一些，因为火车比公交车的私人空间要大一些；在飞机上根本不会发生这样的事，因为在飞机上不允许接打电话。

倒转情景思考法还可以帮助我们进行大胆设想，这在科学创造方面大有用武之地。比如，按照正常的思路，医生只能站在病人体外进行手术操作，但是倒转情景之后我们可以设想进入人体内部进行手术操作。

1966年，好莱坞制作了一部科幻电影《神奇旅行》，片中几名美国医生为了拯救一名前苏联科学家被缩小成了几百万分之一，他们乘坐微型潜水艇驶进了科学家的体内进行血管手术。四十多年后，以色列科学家朱迪和萨马里亚学院科学家尼尔·希瓦布博士以及以色列科技协会科学家奥戴德·萨罗门共同发明了一种可以在血管中穿行的微型"潜水艇"机器人。这种机器人的直径仅一毫米，它可以被注射进病人的血管中，并在血管内穿行，为病人进行治疗。

这种微型机器人具有独特的本领，可以执行复杂的医学治疗任务。它还具有导航能力，既可以在血管中顺流前进爬行，也可以逆着血流的方向，在人体静脉或动脉中穿行。它外面还有一些"手臂"，可以在血管中旅行时抓住一些东西。有了这种微型机器人，就可以在人体最复杂的部位进行医疗手术了。这种微型机器人的发明者声称，它们可以被用来治疗癌症病人。许多不同领域的医学专家讨论过这种机器人，他们都相信它将派上大用场。

运用倒转情景思考法的时候，尽管进行大胆设想，不要因为倒转之后的情景是疯狂的、不合逻辑的，就放弃这种尝试。你尽可能地把常规的情景抛到一边去，进行随意的联想，然后在疯狂的情景中找到崭新可行的解决问题的方法。

我们不仅可以进行不同地点的情景倒转，还可以在时间跨度上发挥想象。比如我们可以设想一下，某件事发生在古代会怎么样，或者发生在未来几百年之后会怎么样。

比如栽培蔬菜这件事现在的情景是有了塑料大棚栽培、无土栽培、气雾加温栽培、磁力栽培等技术，但是有农药残留的问题，不够健康。我们倒转情景想象一下古代的蔬菜栽培，是不是可以从中得到启发，更加注重绿色、健康和营养价值呢？或者，我们设想在未来一百年之后的蔬菜栽培技术将达到一个什么水平，从太空中带回来的种子是不是可以像魔豆一般不断生长呢？

这些设想至少可以给我们一些启发，让我们的思路更加开阔。

方式倒转

方式倒转是指把处理问题的方式颠倒过来，从相反或相对的角度进行思考，寻求解决问题的新方法。

为了研制高灵敏度的电子管，需要在最大限度内提高锗的纯度。当时锗的纯度已经达到了 99.99999999%，要想达到 100% 的纯度非常困难。索尼公司为了成为行业霸主，一直致力于这项研究。江崎玲于奈博士组织了一个研究小组，投入这个科研攻关项目中。

大学刚毕业的黑田小姐是小组的成员之一，由于经验不足，她经常在做实验的时候出错，因此屡次受到江崎博士的批评。黑田开玩笑说："我才疏学浅，很难胜任提纯锗这种高难度的工作。如果让我做往锗里掺杂的事，我会干得很好。"这句话引起了江崎博士的兴趣，他由此想到如果往锗里掺入别的物质会产生什么效果呢？于是他真的让黑田小姐试着往锗里掺杂。当黑田把杂质增加到一千倍的时候，测定仪出现了异常的反应，她以为仪器出现了故障，便赶紧报告了江崎博士。江崎博士经过多次掺杂实验之后，终于发现了电晶体现象，并由此发明了震动电子技术领域的电子新元件。这种电子新元件使电子计算机缩小到原来的十分之一，运算速度提高了十几倍。由于这项发明，江崎博士获得了诺贝尔物理学奖。

在日常生活和工作中很多事都是约定俗成的，具有特定的做事方法和准则。人们习惯于按照常规的方法处理问题，比如，既然我们的目的是提纯，那么就要想办法把杂质分离出来。如果往锗里添加杂质，那不是南辕北辙吗？但是，荒谬的、不合常理的做法却产生了意想不到的效果。江崎博士正是运用了方式倒转思考法，才取得了成功。

无论是在自然界还是在人类社会，任何事物都是一个矛盾统一体。有时人们所熟悉的只是其中的一个方面，事实上，对立面也许潜藏着没有被挖掘到的宝藏。运用方式倒转思考法就可以使对立面的价值显现出来。事物起作用的方式与事物自身的性质、特点、作用有着密切的联系，使事物起作用的方式倒转过来，就有可能使事物在性质、特点、作用等方面朝着人们期望的方向改变。

人们习惯性地认为从中药中提取有效成分必须采取热提取工艺的方法。但是，当研究人员用这种方法提取抗疟中药青蒿素的时候，总是得不到期望的效果。他们想了许多办法改良热提取工艺，还是起不到任何作用。后来，中医研究院的研究员屠呦呦经过反复思考之后，提出了一个大胆设想："用热提取办法得不到有效的药物成分，很可能是因为高温水煎的过程中破坏了药效。如果改用乙醇冷浸法这种新的提取工艺，说不定可以成功。"研究人员按照屠呦呦的提议进行实验之后，真的得到了青蒿素这种具有世界意义的抗疟新药。

不同的方式会对事物产生不同的作用。如果用正常处理问题的方式不能解决问题，那么我们就要运用方式倒转思考法，考虑一下用相反的方式处理问题会发生什么。对事物起作用的方式改变之后，事物的结构就会发生相应的变化，也许让我们一筹莫展的问题就会迎刃而解。

大家都知道吸尘器的工作原理是把尘土吸到机器里面。但是，你知道吗？为了有效地把让人讨厌的尘土清除掉，人们最早想到的除尘机器是"吹尘器"，即用鼓风机把尘土吹跑。

1901年，在英国伦敦火车站举行了一场用吹尘器除尘的公开表演。但是当吹尘器启动之后，尘土到处飞扬，效果并不令人满意。一个名叫郝伯·布斯的技师看到表演之后运用方式倒转的思考法想到：既然吹的方式不行，那么用吸的方式会怎么样呢？他并没有停留在设想阶段。回家之后，他用手帕蒙住口鼻，趴在地上对灰尘猛吸，果然有些灰尘被吸到手帕上了。

他发现用吸的方法比用吹的方法更有效，于是通过努力利用真空负压原理制成了吸尘器。

我们总是对一些问题惯常的处理方式习以为常，甚至进而认为不可以改变。其实，如果把处理问题的方式倒转过来，也许能产生更有效的结果。

方式倒转思考法是一种非常有用的解决困难问题的方法。按照正常的思维逻辑来解决问题，有时会走入死胡同，无论怎么努力都不会有进步。这时如果运用倒转思考法，就可以打开另一条思路，从另外一个方向找到解决问题的方法。

过程倒转

过程倒转就是将事物发生作用的过程颠倒过来，从而找到解决问题的新方法。把事物的发展过程倒过来思考，会刺激大脑产生很多新思路，促使我们寻求多种不同的可能性。过程倒转看起来确实不可思议，因此要想掌握这种思考法还需要有挑战常规思维模式的勇气。

抗日战争时期，敌人把一个小村庄包围了，不让村里的任何人出去。有座小桥是由村子通向外界的唯一通道，有伪军在桥上把守。村里的人想把情况向外界透露，但绞尽脑汁也想不出办法。

后来，村里的一个小八路说："让我试试。"这个小八路在黄昏时悄悄来到小桥旁的芦苇地藏了起来。在夜色的掩护下，他认真地观察小桥上的动静。不一会儿，有几个人从村外走来，他注意到守桥的人呵斥道："回去！回去！村里不让进！"看到这种情况，小八路心里有了主意。他又等了一会儿，敌人开始打盹了。这时，小八路钻出了芦苇地，悄悄上了小桥，接近敌人的时候他突然转身向村里的方向走去，并且故意把脚步声弄得很大。敌人听到后，大喊："回去！村里不让进！"说着跳起来追上小八路，连打带推地把他赶出了村庄。就这样小八路顺利地把消息带到了村外，为部队打胜仗立下了汗马功劳。

既然想离开村子的人被赶回村子，想进村子的人被赶出村子，如果你想走出村子，只要假装想进入村子不就行了？小八路就是通过颠倒行走过程的办法蒙混过关的。

在《道德经》第三十六章中有这样一段话："将欲歙之，必固张之，将欲弱之，必固强之；将欲废之，必固兴之；将欲夺之，必固与之。"简单的理解就是"欲擒故纵"，因为任何事情都是一个运动发展的过程。在发展过程中充满了辩证法，张到一定程度就会歙，强大到一定程度就会变弱，兴盛到一定程度就会荒废，付出到一定程度之后必定会有回报。

《三国演义》中有很多故事体现了这种思考方法的价值。诸葛亮七擒孟获，表面上看花费了很多时间和兵力才把他降服，实际上最终的效果是使孟获心悦诚服、誓不复反，取得了更大的胜利。

观点逆向

观点逆向就是与合乎常理的观点"唱反调"。观点逆向思考法在商界的应用非常广泛，因为这种思维方法很容易带来创新，而在同质化日趋严重的商界，与众不同是取得成功的重要条件。

飞机一定要有翅膀吗？

有人用观点逆向法摘掉了飞机的翅膀，他是广东农民陈建平。他在用手推车推着重物下坡的时候，发现车子很容易失控，而如果换作在前面拉着车子走，只要人跑的速度比车子稍微快一些，就很容易使车子保持平衡并快速前进。

由此他认为，其实车子的平衡和飞机的平衡原理是类似的。那么，如果在飞机的前边加上一个螺旋桨，是不是不用翅膀也可以平稳地飞翔呢？经过不断地研究试验和多求证，他终于设计出了一种前导式无翼飞机。

飞机有翅膀是正常的、合理的，但是飞机如果没翅膀就一定不能飞吗？观点逆向就是对那些常规的观点进行反方向思考，从而得到解决问题的新方法。

诺贝尔物理学奖获得者尼尔斯·博尔曾说过："真理的反面是另一个真理。"真理的反面好像应该是谬论，但是仔细想想也未必。比如，欧几里得几何是真理，它的反面非欧几里得几何也是真理；牛顿定律是真理，它的反面量子力学和相对论也是真理；城市化是现代社会的标志是真理，它的反面非城市化也是真理。

事实上，很多常规的观点并不见得就是唯一标准，比如通常人们认为完整、对称的东西才符合美的标准，但是，残缺的、不对称的东西真的就不美吗？

当维纳斯塑像在 1820 年被一位农民发现的时候，她的双臂已经被折断，但是这丝毫不影响它被世人公认为迄今为止希腊女性雕像中最美的一尊。

这位衣衫即将脱落到地上的女神，躯体和肌肤显得轻盈美丽，身体看上去微微有些倾斜，显出正依靠着支撑物——正是这种处理手法使雕像增加了曲线美和优雅的动感美。

人们似乎永远是追求完美的。为了弥补维纳斯像断臂的遗憾，艺术家们试图让其完美无缺，打算替这座塑像接上手臂。他们续接的手臂或举或抬，或屈或展，或空或实，但是这些方案均不理想，就好像女神并不喜欢这些手臂一样。最后，他们只得放弃了追求"至善至美"的举动，保留了维纳斯的残缺……

　　在一次电视访谈节目中，上海炒股大王杨百万透露了自己的成功秘诀：当股票最高的时候我就出手，转而买房产；当房产最火爆的时候我就丢了房产去买股票。

　　运用观点逆向思考法还可以让我们全面地看待问题，不必陷入一些常规观点的束缚之中。比如，有些人高考失利就以为天塌下来了，其实运用观点逆向的思考方法就可以找到其他的出路，像参加工作或者学习一门技术。

　　习惯用观点逆向思考问题之后，人们会变得理性、客观。当我们悲观的时候，可以运用乐观的、积极的想法寻找可能存在的利益；当我们过于乐观的时候，可以运用谨慎的想法寻找潜在的危险。

　　一位拳击手在比赛之前总是做祷告。在一次比赛中，他夺得了冠军，人们纷纷向他表示祝贺。有人对他说："你是不是在比赛之前祷告自己能赢，看来你的祷告很管用啊！"拳击手严肃地说："我希望能赢，对手也希望能赢。我们不可能同时胜利，如果我们一起祷告的话，会让上帝为难。我做祷告只是希望我们在比赛中不管胜负如何，谁都不要受伤。"

　　观念逆向可以让人们跳出以自我为中心的思维模式，从而想出更加有效的解决问题的方法。

　　比如，一个正在织毛衣的妈妈总是被在地上爬来爬去的孩子弄得很烦，这时她应该怎么办呢？把孩子放到婴儿活动区，这是一般的思维逻辑。但是，如果运用观点逆向思考法，我们就可以得到这样的方法：妈妈到婴儿活动区去织毛衣，这样效果肯定会更好。与此类似的还有野生动物园的经营模式。在传统的动物园里，动物被关在笼子里，人站在外面看，所以野生动物在狭小的空间中生活失去了野性。野生动物园给人们提供了一种新的观赏方式：把人关在"笼子"里，让动物自由活动。

因果逆向

因果逆向思维是指推因及果，然后由果溯因。明白事物之间的因果关系之后，通过制造原因得到你想要的结果。

一位移民到美国的中国人与别人发生财务纠纷要打一场官司。他对律师说："我们是不是应该约法官出来吃顿饭或者给他送点礼？"律师听后连忙制止："千万不可！如果你向法官送礼，你的官司必败无疑。"那人问："为什么？"律师说："只有理亏的人才会送礼啊！你给法官送礼不正说明你知道自己有罪吗？"

几天后，律师打电话给他的当事人，说："恭喜您！我们的官司打赢了。"

那人淡淡地说："我早就知道了。"

律师感到很奇怪"您怎么可能早就知道呢？我刚从法庭里出来。"

那人说："因为我给法官送了礼。"

律师万分惊讶："您说什么？"

那人说："的确送了礼，不过我在邮寄单上写的是对方的名字。"

当事人这么做确实不道德，但是我们不得不佩服他的逆向思维能力。既然律师说送礼的人必败无疑，如果对方送了礼，自己不就赢了吗？

这种推因及果、由果溯因的思维方式在文学、艺术等领域同样非常重要，可以营造一种既出乎意料之外又在情理之中的悬念。在一则获奖的电池广告，就巧妙地运用了因果逆向的思维方法。

在广告片中，有个人拿着一部照相机在不停地拍照，闪光灯频频闪烁。突然，闪光灯不闪了，那个人试着按了几次快门都没有反应，于是他把照相机放在桌子上取出了里面的电池。按照常规的思维模式，我们会想到电池没电了该换电池了。但是，那个人做了一个出人意料的举动，他把照相机随手一扔，拿来一个新的照相机，然后装上刚才取下来的电池。再拍照的时候，闪光灯又开始不断闪动了。这时观众才明白，原来出问题的不是电池而是照相机。拍照把照相机都用坏了，电池却还有电，可见电池的电量之足。

因果逆向的另一种形式是互为因果。头脑风暴法的创立者奥斯本曾经说过："对于一个表面的结果，我们应该思考，也许它正是原因吧。而对于一个所谓的原因，我们就要考虑，也许这个原因就是结果吧。我们将因果颠倒一下会怎么样呢？这样的次序问题可能会成为创意的源泉。"法拉第发明发电机的过程就是对这种思维的应用。

1820年，有人通过实验证实了电流的磁效应：只要导线通上电流，导线附近的磁针就会发生偏转。法拉第怀着极大的兴趣来研究这种现象，他认为既然电能产生磁场，那么磁场同样也能产生电。虽然经过多次失败，但他还是坚信自己的观点。经过十年的努力，1831年，他的实验成功了。他把条形磁铁插入缠着导线的空心筒中，结果导线两端连接的电流表上的指针发生了偏转。法拉第据此提出了电磁感应定律，并发明了简易的发电装置。

因果逆向还有一层含义，即以毒攻毒。运用因果逆向思考之后，我们会发现，有时候因即是果，果即是因，致病之因就是治病之药。

有时我们所认为的事情的原因未必是唯一的原因，运用因果逆向思考法可以拓宽思维的广度，更加全面地分析事情的原因。比如，在《心之漫游思考法》一书中，有这样一个关于倒转思考的例子：

"老师沉闷的讲解令学生上课不专心。"倒转为："学生上课不专心令老师的讲解沉闷。"

倒转了我们习惯认为的原因和结果，我们的思路就变得更加开阔了。我们习惯于把教学质量不好归咎为老师讲课不够生动、没有热情，导致学生听课的时候不够专心。难道没有别的情况吗？把因果倒转之后，我们想到：学生不专心听讲反过来是不是会导致老师讲课没有热情？于是形成恶性循环。另外，学生听课的时候是不是不够热情？老师讲课的时候是不是不够专心？从这个角度着手，我们就可以更加全面地处理教学质量低这个问题。进一步深究之后，我们会发现为什么学生上课不够热情。可能是对所学内容不感兴趣，或者教学模式过于死板，限制了学生的积极性。是什么使老师讲课不够专心呢？可能是教学以外的行政事务或者个人的私事分散了他们的注意力，或者落后的教学设施让老师感到沮丧。从这些角度着手，就可以使问题得到更圆满的解决。

第四章
形象思考法

　　形象思考法是用直观形象和表象解决问题，以反映事物的形象为主要特征的思考方法。这是一种本能的思维方式。形象思维并不比抽象思维低级，形象思维在思维过程中发挥着不可或缺的作用。形象思考是引起联想、诱发想象、激发灵感的重要诱因，也是构思新理论，带来新设想的不可缺少的思考方法。

组合想象

　　组合想象是指对头脑中已经存在的形象根据需要组合成新的形象。组合的对象可以是元素和材料，也可以是技术和原理，还可以是功能和过程。组合想象的过程就是在原本没有什么联系的事物之间建立联系，组合成一种新的事物或者给原来的事物带来新的特点和功能。这种思考方法在发明创造领域的应用非常广泛。正如爱因斯坦所说："能够找出已知装备新的组合的人就是发明家。"

　　组合想象与发散思维中的组合发散有相似之处，都是对不同事物进行组合以创造出新的事物。但是二者也有区别，组合发散比较理性，侧重于在实际中探索多种可能性，尝试把不同的事物组合在一起。组合发散类似于小孩子玩的积木，把圆形、三角形、四方形的积木组合起来，这次可能组合成一个房子，下次可能组合成一列火车。

　　组合想象相对来说比较感性，侧重于在头脑中的大胆想象，组合成的对象可以是在现实中不存在的东西。比如吴承恩在《西游记》中塑造的猪八戒的形象就运用了组合想象，将猪的脑袋和人的身子组合了起来。

　　北京"东来顺"涮羊肉是非常著名的老字号火锅，至今已有九十多年的历史。"东来顺"的创始人丁德山，是一个追求完美、精益求精的人。当他的羊肉馆有了一定规模之后，他不再满足"买进原料卖出成品"这种传统的经营方式了。他设想了一整套全新的经营模式：要有自己的牧场和羊群，为"东来顺"提供优质羊肉；要有自己的加工作坊，为"东来顺"提供涮羊肉的各种调味料；要有自己的酱园，为"东来顺"提供风味独特的酱油；甚至还要有自己的铜铺，为"东来顺"生产适合涮羊肉的火锅。这种想法在那个时代是非常新颖而且大胆的。

　　经过不断努力，丁德山实现了他的设想。他买了几百亩地作为牧场，专门放养优质羊。到了卖涮羊肉的季节，"东来顺"就有了最优质的羊肉来满足顾客的需要。羊身上适合涮着吃的那部分，总共不过占一只羊的三分之一左右，剩下的就卖给羊肉铺。丁德山还开办了天义顺和永昌顺两家酱园，自己精心调制芝麻酱、辣椒油、卤虾油、黄酒、腐乳汁等各种调味料。他在特制的酱油里加入甘草和白糖，咸鲜中又略带甜味，这是"东来顺"特有的风味。后来，他干脆连大麦、大豆、小米、芝麻和蔬菜都采用自己土地上生产的。他还开办了一家"长兴铜铺"，为"东来顺"制造独特的涮羊肉火锅。这种火锅中间放炭火的炉筒比一般的火锅长而且大，因而火力特别旺，羊肉容易涮熟，这样才能保持羊肉的鲜嫩。

丁德山在 20 世纪初就办起来了农工商牧一条龙的产业，这是民族商号的骄傲，也难怪它能够享有盛名，经久不衰。即使在现在，这种把生产的各个环节组合在一起的经营模式也是有现实意义的。

丁德山的这个设想恰恰体现了组合想象的思维方法。他是涮羊肉的行家，对羊肉、调味料、火锅了如指掌，知道什么样的材料能涮出最好的羊肉。他给顾客提供了最好吃的涮羊肉，把各个环节组合在一起，都在自己的掌控之下。

想象组合比发散组合更具有随意性，因为想象可以天马行空任意组合，不用受任何已知条件的限制。组合想象是一个非常宽广的范畴，你可以把风马牛不相及的两个东西组合在一起，也许能产生奇妙的效果。比如，可以把唐装里的盘扣、对襟等传统元素与富有现代感的服装材料和裁剪方式组合起来，就会形成独特的服装样式。

人们的大脑习惯固定的思考模式，比如习惯对思考对象进行归类和分组，很难把性质不同的、相互冲突的事物放在一起。事实上，对比强烈的组合也许更能给我们带来新鲜感，甚至会诱发新颖的创意。

运用组合想象你可以从一个极其细致的点出发，扩大到无限大的范围，在没有边际的想象空间内寻求能够与它组合在一起的事物。训练组合想象的时候，你可以选定一个思考对象，然后以这个思考对象为中心发挥想象，然后尝试把你能想到的任何事物与思考对象结合起来。

国外的有些科技人员为了得到新颖的方案，采用了一种随机组合的方法。具体做法是找来一些商品目录簿，随手在上面指出两种商品，然后设想把它们组合在一起是否能成为一种值得开发的新产品。还有一种做法是把能想到的对人们有益的产品要素写在卡片上并编上号，然后随意指定其中两个或多个号码，把相应卡片上的产品要素组合起来看看能否组合成某种有实用价值的新产品。虽然这种随机组合的方式有很大的盲目性，但是对开拓思路很有帮助。

需要注意的是，无限的想象力虽然能给我们带来大胆的新颖别致的组合，但是仅靠凭空想象得来的组合未必有实际的价值。德国诗人歌德说："有想象力而没有鉴别力是世界上最可怕的事情。想象越是和理性相结合越高贵。"因此，发挥想象的同时，我们既要突破传统逻辑推理的束缚，又不能完全摆脱理性的指导。需要对思考的结果进行审核筛选，并加以完善和修改才能使其开花结果。

取代想象

取代想象也可以说是一种换位思考，即设身处地站在别人的立场上，想象别人的感受，从而寻找解决问题的方法。通过揣摩别人的处境和好恶情感，你就能更好地理解别人的想法和做法，更加全面地看待问题。

会不会经常有人提出和你相反的观点和意见？你是不是奇怪

事实明明是这样的，为什么别人和你的观点不一致？那是因为别人和你的立场不一样。如果你试着运用取代想象，就能知道别人为什么跟你的观点不一致了。

有一位盲人晚上出门的时候总是提着一个灯笼。一个好奇的路人感到迷惑不解，于是上前问道："大哥，你眼睛看不见，还打着灯笼有用吗？"盲人答道："有用啊，怎么会没用？"路人本以为盲人可能会很尴尬。没想到，这位盲人的回答对他来说如醍醐灌顶："我打灯笼不是给自己看的，而是给你们这些看得到的人看的。免得你们在黑暗中看不见我，把我撞倒了。"

从事销售行业的工作人员特别需要站在消费者的角度考虑问题，只有满足消费者的需求，才能做好自己的工作。

景德镇瓷器闻名世界，但是瓷茶杯却曾在销往西欧的时候滞销过。原来西欧人的鼻子特别高，用我国生产的茶杯喝茶的时候，还没喝到茶水，鼻子却已经沾到水了。有一家厂商发挥取代想象，设身处地为西欧人考虑之后发明了一种斜口瓷杯，很快就打开了销路。

如今是一个商品极其丰富的时代，要想让消费者满意，商品不仅要具有基本的功用，而且要有人情味，让消费者从中体会到关怀和体贴。这就要运用取代想象，设身处地地为消费者着想，考虑不同国家、不同民族、不同年龄、不同性格，甚至不同的情感需要。只有充分运用取代想象，才能研发出让顾客满意的新产品。

当今时代以瘦为美，许多女人都在忙着减肥。肥胖的女人在买衣服的时候都不愿意对售货员说"我要大号的","我要特大号的"。如果不识相的售货员向她们推荐大号或特大号的服装也会引起她们的反感。美国的一位女企业家南茜运用取代想象为肥胖的女性着想,想到了一个避免尴尬的办法。她把小号、中号、大号、特大号,分别用玛丽号、玛格丽号、伊丽莎白号和格丽丝号代替,巧妙地消除了消费者的顾虑,大大促进了服装的销售。

心胸狭隘的人把自己囚禁在"我"这个桎梏里,他们不能跳出自己的小圈子,站在别人的立场上思考问题。他们把自己和别人的界限划得很分明,这让他们无法理解别人的感触。换位思考就是让你跳出这个界限,这样你就能变得很宽容,你的世界就会变得很大。

美国哲学家、诗人爱默生有这样一件趣事。

有一天,他和儿子想把一头放养在牧场上的小牛犊赶回牛栏。他们好不容易把小牛犊赶到牛栏旁边。但是任凭爱默生在后面使劲推,他的儿子在前面用力拉,小牛犊就是死死地抵住地面,不向前迈一步。父子俩急得满头大汗,还是奈何不了它。

这时,他们家的女佣出来看到了这个情景,笑了起来。她把手靠近小牛犊的嘴,因为她刚才在厨房做饭,手上沾有盐味。小牛犊闻了闻,然后兴高采烈地舔她的手。女佣后退到牛栏里,小牛犊也甩着尾巴跟着她进去了。

取代想象不但可以让你更好地理解亲人、朋友、顾客和合作伙伴,从而营造和谐的人际关系;而且可以让你更好地对付敌人。所谓"知己知彼,百战不殆",只有站在敌人的角度想问题,才能出奇制胜。当自己处于守势的时候,只有提前考虑敌人的动向,才能充分地做好迎战的准备,当自己处于攻势的时候,只有考虑敌人的应对策略，才能更好地布置后招。

蒙哥马利将军被称为捕捉"沙漠之狐"的猎手。1942 年 8 月，他被任命为英驻中东第 8 集团军司令。在蒙哥马利的流动指挥所里，始终挂着对手隆美尔的一幅画像，他最常做的一件事就是凝视这张画像，然后用取代想象思考如果自己是隆美尔，那么下一步棋会怎么走。这也许是他屡创战绩的重要原因。

1942 年 10 月，蒙哥马利在阿拉曼防线向隆美尔的部队发起进攻，彻底扭转了英军在北非的危机。这就是著名的阿拉曼战役。站在别人的立场上思考问题，对自己的人生和事业的成功都有重要的意义。正如汽车大王福特所说："假如有什么成功秘诀的话，那就是设身处地替别人着想。"

引导想象

引导想象是指通过在头脑中具体细致地想象自己想要实现的目标，实现目标的过程，以及实现之后的喜悦心情。这种想象可以在你的头脑中留下深刻的印象，并调动全身的潜能，促使你向着目标努力。

一位女士得了一种怪病，遍访名医都没有治愈。后来，一位非常有名的医生来到女士所在的城市，她慕名前去看病。名医查明病情之后，给她开了药，并告诉她："药是从外国带回来的，专治你这种病。"女士高兴地买了药，经过几个疗程之后，真的康复了。其实，医生给她的药只是普通的维生素 C，她的病需要的只是良性的暗示和积极的想象。

医学试验表明，安慰剂能够达到真正药剂 60%~70% 的作用，当医生和病人都相信安慰剂有效时，效果更加明显。

引导想象也可以说是一种心理暗示法，当那位患病的女士拿到"从外国带回来的药"的时候，她就在自己的大脑中描绘了这样一个图景：把这些药吃完之后，我就能恢复健康了。这种暗示可以促使人们在精神和肉体上做出调整，达成愿望。

训练引导想象的思维方法可以帮助你实现目标，获得成功。在以下几种情况进行引导可以给你带来很好的效果：

1.当你接到一项艰巨任务的时候，或者面对一个难题的时候，不要退缩，不要否定自己。发挥想象，在想象中体验一下克服困难、解决难题之后的情景。这种想象能够让你调动起精神上和躯体上的所有能量，朝着你的目标努力。

2.在努力的过程中，要把目标具体化、视觉化，绘制成图或者进行具体细致的描述，然后贴在你视线的右前方。这样做的目的是让目标不断在你的意识中强化，带动潜意识帮助你实现自己的目标。

成功学大师陈安之有过这样的一次经历：他想买一辆汽车——奔驰 S320，但是当时根本买不起。于是，他把那辆汽车的图片贴在书桌前面，后来觉得这辆车有点贵，就换成了奔驰 E320。

要想实现目标必须付出行动，为了得到自己想要的汽车，陈安之努力工作，几个月之后，他的收入大增。当他挣到足够多的钱的时候，便决定去买汽车了。在购买的前一天，陈安之碰巧看到了他的几个学生，得知他们也要买汽车——奔驰 E280。陈安之觉得自己不能输给学生，临时决定买奔驰 S320。这个戏剧性的变化，竟然使他实现了最初的目标。

潜能开发专家发现人的大脑中有一个资源导向系统。一旦目标明确的时候，你的头脑就会"追踪"这个目标，带动身体的所有能量实现这个目标。

3. 当你不自信的时候，可以通过想象模拟成功，或者具体细致地回想自己有过的成功经历，还可以想象自己在性格、作风、能力等方面具有的优势。这种想象可以激发你的潜能，让你在实现目标的过程中充满激情和信心。

欧雷里拥有一支优秀的棒球队，选手们都有过卓越的比赛纪录，人们都认为这是一支最具潜力的冠军队伍。但是在一次比赛中，他们表现得很糟糕，因为之前接连输了七场比赛，所以比赛时队员的情绪非常低落。欧雷里仔细分析了情况之后，认为问题的关键不是技术问题，而是队员普遍缺乏自信，没有必胜的信心，消极的态度使他们的水平发挥受到了限制。

欧雷里听说一位著名的牧师正在附近布道演讲。很多人相信他拥有神奇的能量，当地人纷纷前去等待他赐福。欧雷里把选手们的球棒借走，并叮嘱他们在他回来之前不要离开宿舍。过了一个小时，欧雷里满面春风地回来了，告诉选手们牧师已经对球棒赐福了，每个球棒都有了无敌的威力。选手们受到了极大的鼓舞，对赢得比赛充满了信心。第二天，比赛果然打败了对方，在以后的比赛中也是所向披靡。

妙用联想

　　当你需要用联想思考解决问题的时候，第一步要尽可能广地展开联想，得到越多的联想越好？这是一个追求数量的过程；第二步是对得到的联想进行分析、筛选，从中找出最有价值的方案，这是一个追求质量的过程。

如果大风吹起来，木桶店就会赚钱。

你能想到"大风吹起来"和"木桶店赚钱"之间的联系吗？比如：

当大风吹起来的时候沙石就会满天飞舞——以致瞎子增加——琵琶师父会增多——越来越多的人以猫的毛替代琵琶弦——因而猫会减少——结果老鼠相对地增加——老鼠会咬破木桶——所以做木桶的店就会赚钱。

虽然这只是一个笑话，但是由此我们也可以看到事物之间存在着纷繁复杂的联系。联想思考法也属于想象，与前面提到的几种想象相比，联想有明确的激发点。简单地说，联想就是由一个事物想到另一个事物的思维过程，两个事物可以在概念和意义上存在很大的差异。联想思考是大脑的基本思维方式，它有三个方面的意义。

一方面是预见某一事物对另一事物的影响，比如大风对木桶店的影响。

改革开放初期，报纸上报道了这样一条消息：国务院已同意各地开设营业性舞厅。上海某家幻灯仪器厂的厂长正在为拓展市场发愁，看到这则消息之后，他展开了联想：既然政府放宽了限制，各地的舞厅肯定会像雨后春笋一样冒出来。这时肯定需要大量的舞厅灯具，如果能够抢占这部分市场，肯定能赚大钱。

于是，他马上召开了领导班子会议，说了自己的想法，大家都认为这是一个不错的主意。没多久，这个厂子就生产出旋转彩灯、声控彩灯、香雾射灯等不同类型的舞厅灯具，很快就打开了市场。

另一方面是把一个事物的特征、功能或原理应用在另一个事物之上，这有助于我们进行发明创造。

此外，还可以开阔思路，加深对事物以及事物之间联系的认识。联想思考是形象思考的一种，它可以借助一个事物解释另一个事物，使我们加深对事物的理解和认识。

前苏联心理学家哥洛万斯和斯塔林茨，发现任何两个概念或词语都可以经过四五次联想建立起联系。比如桌子和青蛙，似乎是两个风马牛不相及的概念，但可以通过联想作为媒介，使它们发生联系：桌子——木头——森林——水塘——青蛙。又如书和小麦，书——知识——精神食粮——粮食——小麦。

生活中这样的例子很多，比如自行车充气轮胎就是运用联想思考发明的。最初的自行车轮胎是实心的，在卵石路上骑车颠簸得非常厉害。有一天，外科医生邓禄普在院子里浇花的时候，感到手里的橡胶水管很有弹性，由此联想到如果发明一种充气的自行车轮胎，应该能够减轻震动。于是，他用橡胶水管制出了第一个充气轮胎。

要想自如地运用联想，首先要扩展知识的广度和深度。只有储备渊博的知识，当需要联想的时候才能从不同角度、不同领域拓展联想的视野，联想的范围越广，获得创新成果的可能性越大。因此进行联想的时候，不能只关注自己感兴趣的事物或自己熟悉的事物，还要对自己不感兴趣的东西和陌生的东西展开联想，只有这样才能带来新的发现，打开新的思路。

联想思考同样需要不断训练才能熟练掌握，因此要树立联想意识，养成联想习惯，利用一切机会寻找事物之间的联系。有目的地进行联想训练才能由此及彼地发现事物之间有价值的联系。联想训练有两个途径，一是形象联想，比如看到圆形的图案联想到太阳、苹果、气球、葡萄、西瓜、水杯、帽子等事物；二是概念联想，即由某一概念联想到新的概念，概念是事物本质属性的反映，概念之间的关系反映事物之间的关系。形象联想与概念联想之间并没有截然的界限，比如由橡胶水管联想到自行车轮胎，里面也有形象联想的成分。

相似联想

相似联想是指通过对事物之间相似的现象、原理、功能、结构、材料等特性的联想，寻找解决问题方法的思考过程。善于观察、善于思考的人很容易找到事物之间的相点。

只要你愿意寻找，就会发现很多事物之间都有相似之处。秦牧在《榕树的美髯》一文中写道："……松树使人想起志士，芭蕉使人想起美人，修竹使人想起隐者，槐树之类的大树使人想起将军。而这些老榕树呢，它们使人想起智慧、慈祥、稳重而又历经沧桑的老人。"细细琢磨一下，松树与志士之间、芭蕉与美人之间、修竹与隐者之间、槐树与将军之间、榕树与老人之间确实有相似之处。

相似联想不仅在文学创作上很有帮助，在科学研究和发明创造领域同样发挥着不可估量的作用。相似联想是一种扩展式的思维活动，每一个事物都具有多种特征，你可以围绕某一特征展开联想。

精神病学专家利伯有一次在海边度假的时候看到了涨潮，海水波涛滚滚涌向岸边，没多久又悄然退去。他知道这是月球引力的作用，每到农历初一、十五就会有大潮涨落。由此他联想每到月圆之夜，新入院的精神病人会增加，精神病院里的病人会变得情绪激动，病情加重。月球的引力会不会对病人的病情有影响呢？

为了证明这个设想，利伯进行了一系列调查研究，发现月球确实对人的生理和精神有一定的影响。人的身体也像大海一样有"潮汐"，每当月圆的时候心脏病的发病率会增加，肺病患者的咯血现象会增多，胃肠出血的病人病情也会加重，病人的死亡率会比平时上升。

利伯发现了大海潮汐与人体病变的相似之处——都在月圆之夜有强烈的变化，进而推断精神病人的病情也受月球引力的影响。

世界上很多道理都是相通的，相似联想可以让我们加深对事物的认识和了解。运用相似联想，我们可以把已知的某一领域的道理应用在我们所关注的另一领域中。

相关联想

　　相关联想又叫接近联想，指的是由对某一事物的感知和回忆引起与之相关的其他事物的联想，然后从相关之处着手找到解决问题的思考方法。

　　相关联想可以是概念上的相关引起的联想，也可以是时间和空间上的接近引起的联想。时间和空间是事物存在的基本形式，一般在时间上接近的事物，在空间上也有相关性。比如，当提到《三国演义》的时候，你马上就会联想到刘备、曹操、孙权、诸葛亮等历史人物。当我们提到金字塔的时候，你就联想到埃及、法老、尼罗河等相关事物。

　　世界上的任何事物都与周围的事物存在各种各样的关系，比如因果关系、包含关系、从属关系等。相关联想的基础就是事物之间的种种关系。

　　核能就是科学家们运用相关联想经过长期的科学实践得到的成果。1934年后，意大利物理学家费米，用中子轰击铀，发现了一系列半衰期不同的同位素。1938年下半年，一位德国化学家用中子轰击铀时，发现铀受到中子轰击后得到的主要产物是钡，其质量约为铀原子的一半。1939年初，一位瑞典物理学家阐明了铀原子核的裂变现象。

　　由于铀-235裂变后会释放出大量的能量和中子，费米由此联想到，铀的裂变有可能形成一种链式反应而自行维持下去，并可能是一个巨大的能源。1941年3月，费米用加速器加速中子照射硫致铀酰，第一次制得了千分之五克的钚-239——另一种易裂变材料。1941 年 7 月，费米在中子源的帮助下，测定了各种材料的核物理性能，研究了实现裂变链式反应并控制这种反应规模的条件。为了逃避法西斯政权的统治，费米流亡到美国。随后，他在美国芝加哥大学建造了世界上第一座石墨块反应堆，于 1942 年 12 月 2 日下午 3 点 25 分，使反应堆里的中子引起核裂变，首次实现了人类自己制造并加以控制的裂变链式反应，也表明了人类已经掌握了一种崭新的能源——核能。

费米由铀原子核裂变现象联想到如果能恰当地控制核裂变就能带来巨大的能量。核能研发过程体现了由已知到未知，由局部到整体的相关联想。

曾经，澳大利亚草原上经常有狼群出没，吃了不少牧民的羊，使牧场受到很大损失。牧民们于是向政府求救，政府为了牧民的利益派军队将狼群赶尽杀绝。没有了狼的威胁，羊群的数量不断增加，牧民们非常高兴。可是，几年之后，羊的数量开始锐减。羊群变得体弱多病，而且繁殖能力也大大下降。羊毛的质量也大不如从前。因为羊群没有了天敌，在安逸的生活中失去了活力，变得萎靡不振。再加上羊群的数量太大使草原上的草遭到破坏，羊群没有充足的食物，体质自然会下降。牧民们发现失去天敌之后，羊的繁殖基因也退化了。于是，又请求政府再引进野狼。狼群回到了大草原，给羊群带来了危险。在危险的环境中羊群又变得健康、活泼了，羊群的数量也有所增加。

狼是草原生物链中不可缺少的一个环节，狼灭绝之后，就会破坏生态平衡。狼与羊群并不仅仅是敌对关系，狼还能限制羊群的过剩繁殖，迫使羊群提高警惕，保持活力。事物之间的联系是复杂的，开始时，牧民只看到了狼对牧场的破坏作用，就要把狼赶尽杀绝，当他们看到羊失去天敌之后，羊群并不能长期地健康成长，这时才全面地认识到狼与羊群的关系。

一位善于运用相关联想的企业家同时了解到以下四件事。

四川万县食品厂积压了大批罐头食品；四川航空公司由于缺乏资金，没有属于自己的飞机；俄罗斯古比雪夫飞机制造厂生产的大批飞机滞销；俄罗斯轻工业发展缓慢，基本生活用品供不应求。

企业家发现这四件事之间有相关性，可以联系起来。他先与古比雪夫飞机制造厂进行协商，最后签订了易货贸易合同，用食品和服装等轻工业产品换购四架飞机。随后，他把飞机卖给四川航空公司，允许航空公司以运营收入支付飞机款，然后以飞机做抵押向银行申请了一笔不小的贷款。他用这笔钱分别与万县食品厂等三百多家轻工业厂家进行交易，然后把货物运往莫斯科。经过这样一番策划，这位企业家大赚了一笔，同时还搞活了食品厂、飞机制造厂、航空公司三家的市场，可谓皆大欢喜。

可见，相关联想可以让思考者从宏观上把握事物之间的相互关系，从而做出对自己有利的决策。在这个信息高速传播的社会，各种信息铺天盖地地袭击我们的眼球，也许看似两个毫无关联的信息之间会具有某种相关性。如果你能把握信息之间的关系，并利用其中有用的部分，也许就能得到新的创意。

相对联想

相对联想也叫对比联想，指的是由对某一事物的感知和回忆引发与它具有相对或相反特点事物的联想。

通过对事物的特征、属性、功能的相对或相反的情况进行联想，一方面可以获得对事物的全新认识，另一方面可以引发解决问题的新方法。

《道德经》中说："有无相生，难易相成，长短相形，高下相盈，音声相和，前后相随，恒也。"

事物的一切性质都是以相对的形式存在的。运用相对联想，你可以由"快"想到"慢"，由"大"想到"小"，由"黑"想到"白"……

相对联想应用了逆向思维，因而可能会得出荒谬的、不合常理的结论。但是，更多时候，这种思考方法可以出其不意地解决问题，让人豁然开朗。

20世纪40年代，美国纽约市中心的一家银行贷款部发生了一件奇怪的事。

一位衣着光鲜的老人提着一个大皮包来到贷款部的柜台前要求贷款，营业员对他说："先生，只要您能提供相应的担保，借多少都可以。"

老人问："我只借1美元可以吗？"

"只借1美元？"贷款部的营业员惊愕地张大了嘴巴。

营业员想这个老人并不像故意找茬或开玩笑的样子，他可能在试探我们的工作质量和服务效率吧。

营业员便装出高兴的样子说："当然，只要有担保，无论借多少都行。"

老人从大皮包中取出一大堆股票、债券等放在柜台上，说：

"我用这些做担保可以吗？"

营业员清点了一下："先生，总共200万美元，做担保足够了。请办理手续吧，年息为6%。您只要在1年内归还贷款，我们就把这些做担保的股票和证券还给您。"

手续很快办完了，老人离开之前营业员忍不住问："先生，我实在不明白，既然您拥有200万美元的财富，为什么只借1美元呢？"

老人笑了笑说："现在手续办好了，我不妨把实情告诉你。我有事要外出一年，这些票券需要找个安全的地方保管，但是请人保管或租金库的保险箱，费用都很昂贵。所以我想到以担保的形式将这些东西寄存在贵行，既安全费用又低，存1年才不过6美分。"

营业员恍然大悟。

这位精明的老人就是运用了相对联想思考法，由寄存想到了与之相反的保管形式——担保，看似荒唐，但是非常有效。

相对联想就是让我们把正反两方面的事物放在一起进行考虑，一正一反，对比鲜明，可以是属性相反、结构相反或功能相反。通过对比，可以使事物的特征更加明显，往往能引起人们的注意。比如日本一家玩具厂生产的黑色"抱娃"不受欢迎，厂长运用相对联想，想到了一个主意：把黑色"抱娃"放在模特雪白的手腕上。这样一来果然非常醒目，很快就打开了市场。

法国作家左拉的小说《陪衬人》也是对相对联想的巧妙运用。小说中描写了杜朗多先生利用对比联想在金融交易场中发财致富的故事。

杜朗多先生是个经纪人，对美学一窍不通。有一天，他居然贴出广告，声称专为小姐和夫人们开设一个"陪衬人代办所"。这些"陪衬人"实际上都是廉价招募来的相貌丑陋的女佣人，杜朗多根据各人的特点对她们进行分类，然后定价出租。他们的服务内容主要是陪伴主顾以便衬托其美貌。

不难想象，女士们为了满足虚荣心和炫耀的欲望纷纷前来租用"陪衬人"，一时间"代办所"门庭若市、生意兴隆，杜朗多很快就成了百万富翁。

虽然杜朗多不懂美学，但是他清楚美丑是相对的概念，一个长得丑的小姐，在比她更丑的人的衬托下会显得漂亮些。

用常规的方法应付非常规的问题必定会使人感到很困难，当你遇到难于解决的问题时，不妨运用相对联想，从常规思考相反的方向寻找解决的办法。

很久以前，牧场上有一位老人，他有两个儿子和一群骏马，每个儿子各有一匹心爱的马。

老人临终前留下遗嘱：让两个儿子赛马，谁赢了就由谁继承那群骏马。他规定了赛马的地点，但是比赛规则有点不同寻常——谁的马跑得慢谁就赢了。

老人去世之后，兄弟俩遵照老人的遗嘱准备赛马。二人都站在起点，谁都不想跑在前面，因而谁也不撒缰绳，两匹马从早到晚站立不动。第二天照旧如此，眼看夕阳又要下山了，这时从远方来了一位智者，看见两人呆呆地骑马站成一排，觉得奇怪，就上前询问。明白了事情的原委之后，智者笑了笑说："这很容易解决。你们换骑对方的马进行比赛不就行了？"两人觉得这个主意不错，高兴地采纳了他的建议，很快就有了比赛结果。

兄弟俩换骑对方的马之后，为了让自己的马跑得慢，就会尽量让对方的马跑得快。幸亏他们遇到了一个善用相对联想思考的聪明人，否则他们永远也比不出胜负。

相对联想的意义还体现在相对的作用过程，由甲可以得到乙，那么反过来，由乙应该也可以得到甲。比如，大家知道金刚石的成分是碳，1799 年，摩尔沃成功地把金刚石转化为石墨。有人运用相对联想提出，石墨也应该能够转化为金刚石。最终实验证明了金刚石和石墨之间可以相互转化。

相对联想对我们的思维能力具有一定的挑战性，它要求我们全面地看问题，同时把握问题的正反两方面。

要想提高相对联想的能力，首先，要丰富自己的知识，拓展思维的广度和深度；其次，要善于转换思维角度，利用思考对象的对立面实现自己的目的；此外，还要敢于突破常规的思维模式，才能找到解决问题的新方案。

飞越联想

飞越联想也叫自由联想，是指不受任何限制的联想，它要求思考者展开充分的想象，把两个或多个看似毫不相关的事物联系起来，从事物内部找到解决问题的方法。善于运用飞越联想的人就能体会到这样做的价值。比如，你能把绷带与输油管联系起来吗？

日本的一支南极探险队在基地遇到了一个难题，他们需要把基地的汽油输送到探险船上，但是输油管的长度不够。面对这个问题，大家一筹莫展。这时，队长西崛荣三郎有了主意。首先，他想到可以把长方体的冰块做成管子。在南极找到适合做管子的冰块并不难，但是如何才能穿透一个很长的冰块又不至于使它破裂呢？西崛荣三郎继续发挥联想，把医疗用的绷带缠在铁管子上，然后在绷带上浇水，等水结成冰之后，再把铁管抽出来，这样就可以做成一个冰管子了。

西崛荣三郎发挥了丰富的想象力，借助南极的冰，把绷带和输油管联系起来，解决了问题。

飞越联想就是让我们超越常规的限制，解放思维，最大限度地开发思维空间。如果你允许自己的思维进行大胆的想象，也许能发现一些别人发现不了的东西。

20世纪50年代，苏联的绘画艺术兴起，很多青年都投身于绘画事业。那时一位叫普法利的学生放弃了自己所学的地质工程专业，决定学习油画艺术。为了增加见识、开阔眼界，他经常参观各种油画展。在参观一个油画展时，他被一幅风景画深深吸引住了，画面是一片光秃秃的山峦，整个画面透出荒凉、神秘、诡谲的气氛。普法利觉得这幅画似乎隐藏了什么，他联想到画中的气氛可能与某种矿物质有关，但是沉思良久也想不出所以然来。

他想找那幅画的作者帮他解开谜团，不幸的是那位画家在不久前去世了。几经周折，他找到了画家的遗孀，从她那里借到了画家的创作日记。根据日记中的描述，他找到了那幅画反映的实际地点，那是西伯利亚的一个人迹罕至的地方。在寸草不生的山边，他发现了一个奇特的小湖，湖水发出银色的光芒。走近一看，那根本不是湖，而是一个天然水银矿，静止的"湖水"全都是水银。他恍然大悟，原来画面中荒凉神秘的气氛是由水银造成的，由于有这么多的水银，草木根本无法生长。

普法利竟然从一幅画中发现了一个水银矿，他正是结合自己的专业知识发挥了飞越联想。为什么他能够看到那幅画的与众不同之处呢？因为他有地质工程方面的专业知识。这个案例告诉我们，要想具有出色的联想能力，必须丰富自己的知识。只有具备足够多的知识，我们才能四通八达地展开自由联想。

飞越联想并不是胡猜乱想，要想让自己的"白日梦"变得有价值，就要在想象的过程中注意逻辑的必然性。著名作家凡尔纳被誉为科幻小说之父，他有着不同寻常的联想能力。在现实中还没有出现潜水艇、雷达、导弹、直升机等事物的时候，他就通过想象在自己的科幻小说中描述了这些东西。

运用飞越联想，我们可以通过一些看似与我们无关的现象，了解到与我们密切相关的事实真相。

第一次世界大战期间，德国著名的女间谍玛塔·哈里奉命接近法军最高统帅部的重要官员莫尔根，并窃取他保管的英国 19 型坦克设计图。莫尔根是一个丧偶多年的老头，玛塔很快就赢得了莫尔根的爱慕。在完成任务期限的最后一个晚上，她用安眠药使莫尔根熟睡，然后展开了行动。终于她在一幅油画后面发现了一个保险柜，可是她不知道密码。她试拨了几个号码之后，发现自己不能用这种笨方法。

莫尔根的记忆力已经衰退了，他一定会在某个地方留下记号，让自己能记起六位数的密码。玛塔开始在房间里搜索与数字有关的任何东西，最后她的目光停留在一个挂钟上。挂钟已经不走了，指针停留在 9 点 35 分 15 秒。93515，只有 5 个数字。当她要寻找别的线索的时候，脑袋里突然灵光一闪，9 点不也是 21 点吗？这样就有六位数了。213515，她兴奋地拨了这个号码。果然，保险柜打开了。她取出图纸，按时完成了任务。

创造力与想象力密不可分，超凡的想象力往往能开创出一片新的天地。飞越联想就是让我们尽可能地发挥想象，把不相关的事物联系起来，从中引发新的设想。

环球航空公司请建筑大师伊罗·萨里在纽约肯尼迪机场建造一座风格独特的建筑。伊罗·萨里构思了很长一段时间，也没想到满意的方案。有一天，他正准备吃早餐，突然看到桌子上的一个柚子。柚子的外形引起了他的兴趣，他拿起柚子左看右看，柚子的形状真的很美，做一个这样的建筑怎么样呢？想到这里，他连饭都没顾上吃，拿着柚子走进了设计室，尽情发挥想象，把他在柚子上看到的美体现在建筑上。当这座建筑竣工的时候，他赢得了广泛的赞誉。那是一座完全流体的式样，让人想到鸟的飞翔。

想象力是创造的源泉，大胆的想象和联想也许会得出一些荒唐的设想，但是从长远来看，训练想象和联想对提高思维能力是有帮助的。

下篇
好经验

第一章
低调做人，高标立事

在人的一生中，能够立自身根基的事不外乎两件：一件是做人，一件是做事。的确，做人之难，难于从躁动的情绪和欲望中稳定心态；成事之难，难于从纷乱的矛盾和利益的交织中理出头绪。而最能促进自己、发展自己和成就自己的人生之道便是"低调做人，高标立事"。做人和做事往往都是相互联系的，只有彼此相互配合，才能在人生道路上一步一步走下去。

学会弯曲是成熟的一种标志

> 人生就是行动、斗争和发展，因而不可能有什么固定不变的目标，与其让生命之箭追逐那永远逃避它的目标，不如操控它的方向，给自己设计人生的自由，给生活一种充盈的弹性。

有人活着没有任何目标，他们在世间行走，就像河中的一棵小草，他们不是行走，而是随波逐流，而有的人活着只有一个目标，他们不能忍受生命的箭发生任何偏离，最后的结果是他们射出的箭永远只是追逐着那躲避它的目标，他们做了很多事情，却依然没能在时间的沙滩上留下自己的足迹。

两个贫苦的樵夫靠上山捡柴糊口。有一天，他们在山里发现两大包棉花，两人喜出望外。棉花的价格高过柴薪数倍。将这两包棉花卖掉，可使家人一个月衣食丰足。当下，两个人各自背了一包棉花，赶路回家。

走着走着，其中一名樵夫眼尖，看到山路上有一大捆布。走近细看，竟是上等的细麻布，有十多匹。他欣喜之余，和同伴商量，一同放下肩负的棉花，改背麻布回家。

他的同伴却有不同的想法，认为自己背着棉花已走了一大段路，到了这里丢下棉花，岂不枉费自己先前的辛苦？坚持不换麻布。先前发现麻布的樵夫屡劝同伴不听，只得自己竭尽所能地背起麻布，继续前行。

又走了一段路后，背麻布的樵夫望见林中闪闪发光，待走近一看，地上竟然散落着数坛黄金，心想这下真的发财了。赶忙邀同伴放下肩头的棉花，改用挑柴的扁担来挑黄金。

同伴仍是不愿丢下棉花，并且怀疑那些黄金不是真的，劝发现黄金的樵夫不要白费力气，免得到头来一场空欢喜。

发现黄金的樵夫只好自己挑了两坛黄金和背棉花的伙伴赶路回家。走到山下时，无缘无故下了一场大雨，两人在空旷处被淋了个湿透。更不幸的是，背棉花的樵夫肩上的大包棉花吸饱了雨水，重得无法再背得动，那樵夫不得已，只能丢下一路辛苦舍不得放弃的棉花，空着手和挑黄金的同伴回家去。

没有追求的人生是乏味的，但当一个人向着他所追求的目标迈进的时候，如果将眼睛只盯在这个目标上，注定会错过生命中的美丽。

127

不能只凭一套哲学生存

有一条河流从遥远的高山上流下来，经过了很多个村庄与森林，最后它来到了一个沙漠。它想："我已经越过了重重的障碍，这次应该也可以越过这个沙漠吧！"当它决定越过这个沙漠的时候，发现河水渐渐消失在泥沙当中，它试了一次又一次，总是徒劳无功，于是它灰心了："也许这就是我的命运了，我永远也到不了传说中那个浩瀚的大海。"

它颓丧地自言自语。

这时候，四周响起了一阵低沉的声音："如果微风可以跨越沙漠，那么河流也可以。"原来这是沙漠发出的声音。

小河流很不服气地回答说："那是因为微风可以飞过沙漠，可是我却不行。"

"因为你坚持你原来的样子，所以你永远无法跨越这个沙漠。你必须让微风带着你飞过这个沙漠，到你的目的地。你只要愿意放弃你现在的样子，让自己蒸发到微风中。"沙漠用它低沉的声音这么说。

小河流从来不知道有这样的事情，"放弃我现在的样子，然后消失在微风中？不！不！"小河流无法接受这样的概念，毕竟它从未有这样的经验，叫它放弃现在的样子，那不就等于是自我毁灭了吗？"我怎么知道这是真的？"小河流这么问。

"微风可以把水气包含在它之中，然后飘过沙漠，到了适当的地点，它就把这些水气释放出来，于是就变成了雨水。然后这些雨水又会形成河流，继续前进。"沙漠很有耐心地回答。

"那我还是原来的河流吗？"小河流问。

"可以说是，也可以说不是。"沙漠回答，"不管你是一条河流还是看不见的水蒸气，你内在的本质从来没有改变。你会坚持你是一条河流，因为你从来不知道自己内在的本质。"

此时小河流的心中，隐隐约约地想起了自己在变成河流之前，似乎也是由微风带着自己，飞到内陆某座高山的半山腰，然后变成雨水落下，才变成今日的河流。于是小河流终于鼓起勇气，投入微风张开的双臂，消失在微风之中，让微风带着它，奔向它生命中的归宿。

我们的生命历程往往也像小河流一样，想要跨越生命中的障碍，达成某种程度的突破，迈向未知的领域，就需要有化水为风的智慧与勇气。生命中总是充满着无数的未知，只凭一套生存哲学，便欲强渡人生所有的关卡是不可能的，学会变通是跨越生命障碍走向成熟的重要一步。

牛顿早年是永动机的追随者。在进行了大量的实验失败之后，他很失望，但他很明智地退出了对永动机的研究，在力学研究中投入更大的精力。最终，许多永动机的研究者默默而终，而牛顿却因摆脱了无谓的研究而在其他方面脱颖而出。

保持自己的本色，坚持自己的初衷，固然是一种执着，但人生总是充满了无数的玄机，在人生的大风浪中，我们常常要学船长的样子，在狂风暴雨之下，把笨重的货物扔掉，以减轻船的重量，而这货物有时可能恰恰就是我们最初所最珍视的东西。"宁为玉碎，不为瓦全"固然可敬，可捡起我们身边的那片瓦有时也不失为一种灵活。

允许自己改变梦想

人生需要梦想，但并不是人生中梦想的每一件事最后都会回归到你身上，生命不是响应你梦想回声器，当它不再回应你时，不必非要碰个头破血流，完全可以迂回地向它靠近，而不要让生命之箭永远追逐那逃避它的目标。

一个不在一条道上走下去的人，至少能够扩展自己的生活，而且可能生活得丰富多彩，欣赏到沿途美丽的风景，可是一个宁折不弯、非要在一棵树上吊死的人，生活就可能因太有规律、太紧张、太狭窄而走进一个逼仄的空间。

弯曲，也是一种美丽，也是一种人生的境界。

永远给自己留条退路

俗话说："月盈则亏，水满则溢。"凡事留有退路，才可避免走向极端。特别是权衡进退得失的时候，更要注意适可而止，尽量做到见好就收，防患于未然，牢牢握住对日后人生的主导权。

"不给自己留退路"，这作为破釜沉舟、一往无前的精神体现是无可厚非的，而在现实生活中，往往充满了变故与无常，勇往直前固然可敬，但也可能因此被撞得头破血流，最终走到山穷水尽处。所以爱迪生就曾倡导："如果你希望成功，就以恒心为良友，以经验为参谋，以谨慎为兄弟吧！"

一个人一旦孤注一掷地丢掉属于自己所有的东西，就有可能失去一座金矿。

"狡兔三窟"，做事留有余地，给自己保留一条退路，就不至于落得一败涂地的下场。事情做尽做绝，如同话说尽说绝一样，不是伤人就会被别人伤。当事情做到尽处，力、势全部耗尽，想要改变就难了。

在杯子中留点空隙才能容纳"意外"

杯子里装满了，当然再也倒不进去。在所有的事情中都要有所保留，以便容纳一些"意外"，给自己留有后路，留下回旋的余地。

有一个人善于角力。他的技术高明，浑身的招数足有 360 种，而且每次出手都不相同。徒弟里头，他最喜欢一个长得英俊的。他把自己的本事教给他 359 样，只留下一样不肯再传。那青年本事高明，力大无比，谁也敌他不过。后来，他跑到国王面前夸口，说他之所以不愿胜过师父，只因敬他年老，又因他到底也是自己的师父，做徒弟的不能不给师父留面子。其实，自己的本领和力气绝不比师父差。

他这样傲慢无礼，国王很不高兴，派人选一处宽大的场地，把满朝达官贵人都请了来，让师徒二人比赛。

那青年走进场地，耀武扬威，好像怒象一般。仿佛他的敌人即使是一座铁山，也会被他推倒。

他的师父看他力气比自己大，便使出留下不传的最后一手，一把将他扭住。他不知怎样招架，已经被师傅举过头顶，抛在地上了。满场的人都欢呼起来。国王叫人拿了一件袍子奖给师父。对那青年斥责说："你妄想和你师父较量，可是你失败了。"

这个青年说道："国王！他胜过我并不是凭力气。他留下一手没有传，就凭这小小的一点本事，今天把我打败了。"

那师父说道："我留下这一手就是为了今天。因为圣人说过：'不要把本事全部都教给你的朋友，万一他将来变成你的敌人，你怎么能抵挡得住？'从前有个吃过徒弟亏的人所说的话，你没有听过吗？'也不知是如今人心改变，还是世上本就没有情义。我悉心向他们传授射箭技艺，最后他们却把我当作天上的飞鹄。'"

师父教徒弟，留一手，对徒弟来说，好像很不公平，但却是师父保命的一招。世上有太多的"教会徒弟饿死师父"的事发生过，这是做师父的在很多惨痛的教训基础上总结的经验。如果你是师父，要留一手；如果你是徒弟，在师父面前要永远谦虚，要知道尊师重道。

永远给自己留条退路，才不至于落得"狡兔死，走狗烹，飞鸟尽，良弓藏"的命运。

该退则退方能应对人生的变故

《史记》中记载：战国时代的范雎本是魏国人，后到秦国。因向秦昭王献远交近攻的策略，深得昭王赏识，被升为宰相。后因他所推荐的郑安平与赵国作战失败，而使他意志消沉。按秦国法律，只要被推荐人出了纰漏，推荐者也要受"连坐"处分。但昭王并没问罪范雎，这使他心情更为沉重。

秦昭王为刺激范雎再振作起来，为国效力，对范雎叹气道："现在内无良相，外无勇将，秦国的前途实在令人焦虑呀！"

可范雎心中另有所想，因而误会了秦王的意思，感到恐惧。

恰在此时，辩士蔡泽来拜访他，对他说道：

"四季的变化是周而复始的。春天完成了滋生万物的任务后就让位给夏，夏天结束养育万物的责任后就让位于秋；秋天完成成熟的任务后就让位于冬；冬把万物收藏起来又让位于春……这便是四季的循环法则。如今你的地位，在一人之下，万人之上，日子一久，恐有不测，而应让位他人，才是明哲保身之道。"

一席话启发了范雎，他立刻引退，并且推荐蔡泽继任宰相。蔡泽就职后，也为秦国的强大做出了重要贡献。但当他听到有人责难他后，他明智地舍弃了宰相宝座而做了范雎第二，保全了自己的晚节，也避免了日后的不测。

由此可见，凡是有远见的人都不会被眼前的得失所蒙蔽，在适当时机，都能主动退出舞台，为后来者提供其大展宏图的余地，更是为自己留一条全身之道。

人生变故，犹如水流；事盛则衰，物极必反。这是世事变化的基本公式。世事既然如此，做人也就应该处处把握恰当的分寸，永远给自己留下一条退路。

同别人争功会得到相反的结果

与人无争，就能亲近于人；与物无争，就能育抚万物；与名无争，名就自然到来；与利无争，利就聚集而来。祸患的到来，全是争的结果；而无争，也就无灾祸。

刘墉先生曾说："合作失败的人常拆伙，因为彼此责难。合作成功的人也常拆伙，因为各自居功。直到拆伙之后，发现势单力薄，再回头合作，那关系才变得比较稳固。"期望得到赞许和尊重，期望自己成为最闪亮的恒星，这种心理根深蒂固地存在于人的本性中，它就像一种充满野性的激励，没有这种精神刺激，人类进步就完全不可能，但也正因为这是一种非理智的激情，一旦膨胀起来，就会成为个人和团体生存的阻力。

做事三好：好思路 好方法 好经验

无争才能无祸

宋代的向敏中，在宋太宗时为名臣，在真宗时晋升为右仆射，居大任三十年，没有一个不顺从他的人，当时人们以德高望重看待他。

《宋史》记载：向敏中，天禧（真宗年号）初，任吏部尚书，为应天院奉安太祖圣容礼仪使，又晋升为左仆射，兼任门下侍郎。有一天，与翰林学士李宗谔相对入朝。真宗说："自从我即位以来，还没有任命过仆射。现在任命向敏中为右仆射。"这是非常高的官位，很多人都向他表示祝贺。徐贺说："今天听说您晋升为右仆射，士大夫们都欢慰庆贺。"向敏中仅唯唯诺诺地应付。又有人说："自从皇上即位，从来没有封过这么高的官，不是勋德隆重，功劳特殊，怎么能这样呢？"向敏中还是唯唯诺诺地应付。又有人历数前代为仆射的人，都是德高望重者。向敏中依然是唯唯诺诺，也没有说一句话。第二天上朝，皇上说："向敏中是有大耐力的官员。"

向敏中对待这样重大的任命而不动心，大小的得失，都虚受。这就做到了老子所说的"宠辱不惊"，人们三次致意恭贺，他三次唯唯诺诺应付，不发一言。可见他自持的重量，超人的镇静。正如《易经》中所说的"正固足以干事"。所以他居高官三十年，人们没有一句怨言。他能这样从政处世，对于进退荣辱，都能心情平静地虚心接受。所以他理政应事、待人接物，也就能顺从天理，顺从人情，顺从国法，没有一处不适当的。

唯有虚可以承受百实，唯有坦可以化解百怨。所以人贵在以虚修养自己，以坦荡交游涉世。

"处处绿杨堪系马，家家有路到长安。"事事斤斤计较、患得患失，事事强出头，只会让自己活得更累。当你同别人争名夺利时，你也成了别人的眼中钉、肉中刺。

当当配角又何妨

一个研究所的副所长，他负责一个课题的研究，由于行政事务繁多，他没有把全部精力放在课题的研究上。他的助手通过辛勤努力把研究成果搞了出来，这个课题得到了有关方面的认可，赢得了很大的荣誉。报纸、电视台的记者都争相采访那位副所长，他都拒绝了，并对记者们说："这项研究的成功是我助手的功劳，荣誉应该属于他。"

记者们听了，为他的诚实和美德所感动，在报道助手的同时，还特别把副所长坦荡的胸怀和言语都写了出来，使这个副所长也获得了很好的评价和荣誉。

关键时刻，甘于当配角往往被视为一种奉献精神，这种美德会给一个人镀上人性的光辉，掩盖其他方面的不足。一个处处争当主角的人，也许会给人一种朝气蓬勃、充满时代气息的感觉，但同时也会让人觉得不够成熟、虚荣轻浮。社会竞争日趋激烈，人在此若想立于不败，是要有"敢为天下先"的勇气和魄力，但同时也需要有"退一步海阔天空"的韧劲和智谋。人在竞争过程中，一方面是和事进行挑战，另一方面则是和人进行协作或挑战，做事容易，但处人就比较难，这需要我们能屈能伸，需要我们清楚何时屈何时伸。

其实生活中总有很多情况要求我们甘当配角。当你刚从事一次工作时，你要有足够的心理准备去做好配角，这是一种谦虚的态度，一种合作的态度。只有当好配角，才能从主角那边学到许

做事三好：好思路 好方法 好经验

多东西，也才能让主角尽心地传授知识。而如果你一上来就猛打猛冲，抢着干，别人就会对你存有戒心，谁都怕这种人来抢饭碗。

尤其作为一个新手，我们更要甘当配角，以求充实自己；而作为一个老手，也要乐于当配角，让新手们能有机会得到锻炼。

另外，在工作中遇到大家都能做的事，不要抢着去表现。即使你做成了，别人也不会夸奖你，而且和别人争做这样的事，容易引起矛盾。而当有些事别人做不了时，你可以勇敢地站出来说让你试试，好好地表现一下，做成了你会令所有人刮目相看。喜欢处处抛头露面的人往往容易成为众矢之的，而那种平时踏实耐劳，在关键时候一鸣惊人的人才是最具竞争力的。所以在生活中要学着做"黑马"，而不要抢做"出头鸟"。

再则，对于名利之争，少去涉及为好，以免落得个虽有能耐、但是个势利之人的骂名。因为太多的人喜欢这玩意儿，而且争这玩意儿都会惹得不干不净。能在名利问题上甘当配角，此种人必有远见，必能成大事。钱钟书先生之所以有如此高的声望，一方面是因为学识渊博，再一方面是因为他淡泊名利。用他的话来讲：一辈子姓了钱，还在乎钱吗？

关键时候要争做主角，但争主角不是凭一时的冲动，而要有充分的心理准备。首先要估计自己的能力，要对自己有充足的信心，当然这种自信不能是盲目的。此外要能处理好各种因当主角带来的复杂矛盾，也就是各种人际关系，当然还要考虑到各种不测和意外，做好担当相应责任的准备。

"木秀于林，风必摧之。"事事争强好胜并不是强者本色，藏锋露拙，韬光养晦才能在社会中为自己找到一个合适的藏身点。

被称为美国人之父的富兰克林，年轻时曾去拜访一位德高望重的老前辈。那时他年轻气盛，挺胸抬头迈着大步，一进门，他的头就狠狠地撞在了门框上，疼得他一边不住地用手揉搓，一边看着比他的身子矮去一大截的门。出来迎接他的前辈看到他这副样子，笑笑说："很痛吧！可是，这将是你今天来访问我的最大收获。一个人要想平安无事地活在世上，就必须时刻记住：该低头时就低头，这也是我要教你的。"

富兰克林把这次拜访得到的教导看成是一生最大的收获，并把它列为一生的生活准则之一。

富兰克林从这一准则中受益终生，后来，他功勋卓越，成为一代伟人，他在一次谈话中说："这一启发帮了我的大忙。"

"该低头时就低头"，并不是为了达到目的而屈尊求辱的卑贱，而是一种智慧和历经风尘洗练后的积淀。

以低姿态化解别人的嫉妒

拿破仑曾经说："有才能往往比没有才能更有危险；人们不可能避免遇到轻蔑，却更难不变成嫉妒的对象。"真正聪明的人懂得以低姿态为自己筑起一座防止嫉妒的有效堤防，不惹火上身。

古人云："木秀于林，风必摧之。"就一般中国人而言，总是愿意大家彼此差不多，你好我也好，否则就会是"枪打出头鸟"。在日常工作中，因为有特殊才能或特殊贡献而冒尖的人，往往容易成为受打击的对象。谁在哪一方面出人头地，谁就会受到人们的攻击、嘲讽、指责。

更有甚者，嫉妒心重还可能使你常生活在一种无形的压力之下，时时处处都有障碍，让你人做不好，事干不成。莎士比亚曾经说过："妒妇的长舌比疯狗的牙齿更毒。"如果我们不能有效化解别人对自己的嫉妒，很可能会在不知不觉中失去本属于自己的天空，所以必要的时候低一下头，给别人的嫉妒心留点空间，是你应该做出的让步。

当你一旦发现别人对你有嫉妒心理时，你可以采取以下几种方法化解。

1. 向对方表露自己的不幸或难言之痛

当一个人获得成功的时候，有人却可能因此感到自己是个失败者，是不幸的。这构成了嫉妒心理产生的基本条件。此时，你若向嫉妒者吐露自己往昔的不幸或目前的窘境，就会缩小双方的差距，并且让对方的注意力从嫉妒中转移出来。同时会使对方感受到你的谦虚，减弱了对方因你的成功而产生的恐惧，从而使其心理渐趋平衡。

2. 求助于嫉妒者

一方面，在那些与自己并无重大利害关系的事情上故意退让或认输，以此显示自己也有无能之处；另一方面，在对方擅长的事情上求助于他（她），以此提高对方的自信心和成就感，并让对方感到：你的成功对他（她）并不是一种威胁。

3. 赞扬嫉妒者身上的优点

你的成功使嫉妒者身上的优点和长处黯然失色，于是，一种自卑感在其内心油然而生，以至于自惭形秽。这是嫉妒心理产生并且恶性发展的又一条件。因此，你适时适度地赞扬嫉妒者身上的优点，就容易使他（她）产生心理上的平衡，感受到"人各有其能，我又何必嫉妒他人呢？"当然，你对嫉妒者的赞扬必须实事求是，态度要真诚。否则，他（她）会觉得你在幸灾乐祸地挖苦自己，结果不但达不到消除其对自己嫉妒的目的，还可能挑起新的战火。

4. 主动出击相互接近法

嫉妒常常产生于相互缺乏帮助，彼此又缺少较深感情的人中间。大凡嫉妒心强的人，社交范围很小，视野不开阔，只做"井底之蛙"，不知天外有天。只有投入到人际关系的海洋里，才能钝化自私、狭隘的嫉妒心理，增加容纳他人、理解他人的能力。因此，相互主动接近，互助协作，增进情感，就会逐渐消除嫉妒。傲慢不逊的大人物是最令人嫉妒的，试想，如果一个大人物能利用自己的优越地位来维护他下属的利益，那么他就能筑起一道防止嫉妒的有效堤坝。

5. 让嫉妒者与你分享欢乐

"独乐乐，与人乐乐，孰乐？"在取得成功和获得荣誉的时候，你不要冷落了大家，更不要居功自傲，自以为是。你可以真诚地邀请大家（其中包括嫉妒你的人）一起来分享你的欢乐和荣誉，这样有助于消除危害彼此关系的紧张空气。当然，如果嫉妒者拒绝你的善意，则不必勉强于他（她），顺其自然。

总之，"退一步海阔天空"，以低姿态化解别人对你的嫉妒，不仅是一种灵活，更是一种内涵和宽容，它可以消融人和人之间的壁垒，让你的成就在嫉妒的布景中得到映衬。能引起别人的嫉妒，说明你的才华能有效地化解这种嫉妒，证明了你的聪明和美德。

不要太自负

天地宇宙，本就辽阔无涯，然而，见识短浅的人与心胸狭隘者，不能领悟宇宙的生生之机，自以为自己所通晓的就是整个宇宙，乃至画地自限，不免会觉得天地狭小，生活范围紧围。

莎士比亚在他的戏剧中疾呼："拒绝命运，嘲笑死亡，只抱着野心，把智慧、思想、恐怖都忘却，正如你们所知，自负是人类最大的敌人。"一个过于自负的人，结果总是在自负里毁灭了自己。

有一位哲学家说过："一个人若种植信心，他会收获品德。"而一个人若种下自负的种子，他必将收获众叛亲离的果子，甚至带来不可预知的危险。如果不懂得戒骄戒躁，一味地停留在原地日益自我膨胀，最终会由于心理压力承受不住，使年轻的、本来还可有所作为的生命走向终结。正如荷兰哲学家斯宾诺莎所说："自负与自卑都表示心灵的软弱无力。"而内心的软弱往往会葬送你的一生。

画地自限只会使你困于自制的樊笼中

有个农夫在农场展览会上展览一个形同水瓶的南瓜，参观的人见了都啧啧称奇，追问是用什么方法种的。农夫解释说："当南瓜拇指般大小时，我便用水瓶罩着它，一旦它把瓶口的空间占满，便停止生长了。"

人也是这样，自我设限，就是把自己关在心中的樊笼里，就像水瓶罩住的南瓜一样，等于是放弃成长的机会，成长当然有限。

一对夫妻，他们相处存在许多问题，太太经常抱怨丈夫自私、不负责任，从来没有关心过她。

当问及丈夫"为什么你不好好跟妻子沟通"时，他回答："哦！我的本性就是这样。""没办法，我就是大男人。"

丈夫对他行为的解释，是他的自我设限，源于内心深处的"大男子主义"。这是因为过去他一直如此，其实是在说："我在这方面已经定型了。""我要继续成为长久以来的那个样子。"人生若抱持这种态度，根本就是在扼杀可能的机会，从而给自己留下永远无可改变的问题。

一个自负的人往往会标定自己是何种人——"我一向都是这样，那就是我的本性"，这种态度会加强你的惰性，阻碍你的成长。因为我们容易把"自我描述"当作自己不求改变的辩护理由，更重要的是，它帮助你固持一个荒谬的观念：如果做不好，就不要做。

丹麦哲学家齐克果说："一旦你标定了我是什么样的人，你就是否认自我。"一个人必须去遵守标签上的自我定义时，自我就不存在了。他们不去向这些借口以及其背后的自毁性想法挑战，却只是接受它们，承认自己一直是如此，终致走向自毁。

夸大自己比正视自己容易多了，描述自己比改变自己容易多了。无论什么时候你要逃避某些事，或掩饰人格上的缺陷，总可以用"我怎样怎样"来为自己辩解。事实上，这些定义用了多次以后，经由心智进入潜意识，你也开始相信自己已经做到了尽头，到那时候，你似乎定了型，以后的日子好像就是这样了。

记住，无论何时，你一旦出现那些自负的用语，马上大声纠正自己。把"那就是我"改成"那是以前的我"；把"我一向是这样"改成"我要力求改变"；把"那是我的本性"改成"我以前认为那是我的本性"。任何妨碍成长的"我怎样怎样"，均可改为"我选择怎样怎样"。

不要做一个自负的困兽，冲出自制的樊笼，做一只翱翔的飞鹰吧，那样你才能知道天有多高。

谦虚是成功者的墓志铭，自负是失败者的通行证

"自满者败，自矜者愚"，这是因为自满就会盛气凌人，就会不求上进。真正成功的人都是极力做到虚怀若谷，谦恭自守。

一个人成功的时候，还能保持清醒的头脑，而不趾高气扬，他往往会取得更大的成功。

当迪普把议长之职让出来，拥护林肯政府的时候，在一般人看来，由于他对党的贡献，不知该受到多么热烈的欢呼、称赞才好。他说："傍晚我当选为纽约州州长，一小时之后又被推选为上议院议员。不到第二天早晨，好像美国大总统的位置，便等不及让我的年纪足够后就落到我头上了。"他用这种调侃，善意地批评了别人对他的夸大赞扬。

虽然迪普那时很年轻，但是头脑却很清醒，并不因为别人对他的那种夸张的称赞而自高自大。即使在那时，他还是能保持他那种真正的伟大的特性——不因为别人的奉承而趾高气扬。

你能够承受得住突然的飞黄腾达吗？要衡量一个人是否能有所成就，就要看他能否有这种承受的能力。福特说："那些自以为做了很多事的人，便不会再有什么奋斗的决心。有许多人之所以失败，不是因为他的能力不够，而是因为他觉得自己已经非常成功了。他们努力过奋斗过，战胜过不知多少的艰难困苦、流血牺牲，凭着自己的意志和努力，使许多看起来不可能的事情都成了现实；然后他们取得了一点小小的成功，便经受不住考验了。他们懒怠起来，放松了对自己的要求，往后慢慢地下滑，最后跌倒了。在古往今来的历史上，被荣誉和奖赏冲昏头脑，而从此懈怠懒散，终至一无所成的人，真不知有多少……"

"水满则溢"，一个容器若装满了水，稍一晃动，水便溢了出来。一个人若心里装满了自己过去的所谓"丰功伟绩"，便再也容纳不了新知识、新经验和别人的忠言了。长此以往，事业或者止步不前，或者猝然受挫，故古人云："满招损，谦受益。"

众所周知，爱因斯坦是个名满天下的科学家，据说有一次他的学生问他说："老师的知识那么渊博，为何还能做到学而不厌呢？"爱因斯坦很幽默地解释道："假如把人的已知部分比作一个圆的话，圆外便是人的未知部分，所以说圆越大，其周长就越长，他所接触的未知部分就越多。现在，我这个圆比你的圆大，所以，我发现自己尚未掌握的知识自然也比你多，有如此多的未知知识需要去了解掌握，我怎么还懈怠得下来呢？"

为了启发人们谦虚处世，俄国的列夫·托尔斯泰也做了一个很有意义的比方："一个人就好像是一个分数，他的实际才能好比分子，而他对自己的估价好比分母，分母越大，则分数的值越小。"

因此，一个人不管自己有多丰富的知识，取得多大的成绩，推而广之，或是有了何等显赫的地位，都要谦虚谨慎，不能自视过高。应心胸宽广，博采众长，不断地丰富自己的知识，增强自己的本领，进而获取更大的业绩。如能这样，则于己、于人、于社会都有益处。谦虚永远是成大事者必备的一种品质，而只有弱者才会为自己的成功自鸣得意。

德国诗人歌德曾说："感到自己渺小的时候，才是巨大收获的开头。"而一旦你感到了自己的伟大，那你就准备去迎接失败吧，一个自负的人，最终只会让自己的名字像水塘上的气泡那样一闪就过去了。

第二章
事业是一生的基础，学习是终身的职业

在生活中，最能吸引人的力量，最能激发人经久不懈热情的是什么？那就是事业。而随着时间的流逝，我们在这个世界上唯一的印记就是我们曾做过什么，我们曾努力的痕迹就是我们所从事的事业。事业是我们一生的基础，它为我们提供必需的生活保障。而我们事业的发展离不开知识。人们面对的是全新的和不断变化发展的职业、家庭和社会生活，若要与之适应，人们就必须用新的知识、技能和观念来武装自己，所以我们要将学习当成终身的职业，以不断地更新知识，保持应变能力。

慎重选择自己的职业

选择一份你所喜欢的、适合你自己的、你能做成的事业是缔造美丽人生的开始，这样的事业之火才是不会熄灭的，它们会像太阳和月亮升起那样永获新生，并祝福仰望它们的人。

事业是我们在人生的深渊边上行走时最有力的栏杆，如果我们不能选对自己的栏杆，就会从深渊边上失足坠落，人要想生活得自由自在，就得选择适合自己的生活与工作环境。只有如此，我们才有信心在明天美好地活着。

做你喜欢做的，让别人说去吧

兴趣永远是人生最好的老师，如果你喜欢你所从事的工作，你工作的时间也许很长，但却丝毫不觉得这是一种折磨，反倒是种享受。

爱迪生就是一个好例子。这位未曾进过学校的送报童，后来却使美国的工业生活完全改观。爱迪生几乎每天在他的实验室里辛苦工作十八个小时，在那里吃饭、睡觉。但他丝毫不以为苦。"我一生中从未完整休息过一天，"但他宣称，"我每天乐趣无穷。"

汉姆生曾经说过："热爱他的职业，不怕长途跋涉，不怕肩负重担，好似他肩上一日没有负担，他就会感到困苦，就会感到生命没有意义。"每一个从事他所无限热爱的工作的人，都可以成功。而一个人在选择职业时，最大的悲剧则是从来没有发现自己真正想做些什么，所以那么多人在开始时野心勃勃，充满玫瑰般的美梦，但到了四十岁以后，却一事无成，痛苦沮丧，甚至精神崩溃。事实上，有很多人花在选购一件穿几年就会破掉的衣服上的心思，都远比选择一件关系将来命运的工作要多得多。他们往往不能听从自己的心声，不了解自己的兴趣，依据别人的评判做出事业的选择，结果最后一事无成。

放弃自己所喜欢的职业，轻则失去了使自己更臻完美的机会，重则危及自己的健康，让自己痛苦一生。在我们选择职业时，一定要记住："绝不要为了别人的喜爱，去选择适合别人的工作或生活目标。否则，将是你失败和不幸的开始。"

做你适合做的，量力而行

在一座小城里，住着一个年轻人，以卖炊饼为生。他白天卖炊饼，到了晚上，便吹笛子自娱自乐。因此，天天晚上，悠扬的笛声都能从他的屋里飘出来，他活得很自在，也很快乐，脸上时常挂着笑容。他的邻居是个大商人，觉得他为人老实，就借给他一万贯铜钱，叫他做大生意，不要再卖炊饼了。从此，这个卖炊饼的人便白天忙生意，晚上忙算账。只闻他屋里算盘响，再也听不到悠扬悦耳的笛声了。

他白天做生意时，心情也不好，既害怕出差错，又担心亏本。过了些日子，他实在不愿再过这种心无宁静的日子了。于是，他把钱如数还给邻居，又做起卖炊饼的小生意来，每逢晚上，他的屋里又传出了美妙的笛声。

做大生意固然能带来充足的物质享受，但却不是人人都能做，人人都适合做的。有的时候，你必须知道自己只是普通沙粒，而不是价值连城的珍珠。不要抵制不住外界的诱惑而过不适合自己的生活。每个人的人生都有自己的轨迹，挖一口真正属于自己的井，而不要望着别人桶里的水止渴，这才是理智的选择。

"一个人的一生只能做好一件事"，因此，一个人要实现人生的价值，就得珍惜有限的时间，就得选择最适合自己去做的事。不要什么都做，结果什么都做不到极致，既浪费了时间也浪费了生命，徒留悲切在心中。

无论做什么事，都要自身的基本素质许可，如果是一些特殊的职业，对一个人自身的条件要求会更高。有的职业对身体素质要求比较高，如运动员、演员、飞行员、时装模特儿等等；有的职业对智力要求比较高，如科学家、作家、商业策划人员等等；有的职业则要求所从事的人员综合素质好，如政治家、外交家、电视节目主持人、高级管理人员等等。还有一些特殊的职业，则对人的某一个方面有特别的要求，一般人难以从事这些工作，例如品酒员，则要求有独特的味觉和嗅觉，等等。

因而，光有爱好、兴趣还远远不够，还必须具备从事这项职业所需要的身体或智力条件。就像很多人都羡慕运动员、演员的风光，但是，要想使自己成为一个运动员或演员，那不是靠爱好、靠勤奋努力就能够做到的。就像"飞人"乔丹在 NBA 赛场上所向披靡，但一旦打起橄榄球就不过只是二流水平。

生活中许多人之所以不能取得成功，或者成就不大，有很大一部分原因是因为这些人不能认识自己所处的环境和自身条件，盲目地去做自己不适宜做的事，失败或成就很小乃是必然的事。

例如，许多人特别是一些年轻的朋友，由于读了一些文学作品，也多少了解一些作家的逸闻趣事，但连一定的文学素养都不具备，就要立志去做一个作家，世上哪有这样容易的事呢！甚至一些文化程度低下的人，也埋头著书立说，且不说这样的人要成为一个真正的作家实在是不可想象的，就是在报刊上发表几篇习作也不是轻而易举的事，白白浪费自己宝贵的年华。如果用这些时间和精力，去干适合自己干的事，也许早就有所成就了。做自己适合做的事，即使一时成功不了，坚持下去也必有收获，即使得不到巨大的成功，也不至于一无所获。苏格拉底曾说过："认你自己。"这是我们在选择职业时所必须要认清的事实。纵使你成不了珍珠，你也可以做最有价值的那粒沙子。

做你能够做的，发掘自己

不管是从事何种行业的人，都必须认识自己的潜能，确信自己能够干成什么，否则很可能会埋没了自己的才能。知道自己能成为什么样的人，不仅能帮助个人实现目标，更重要的是有助于真正了解自己，从而设计出合理、可行的职业生涯发展方向。在激烈竞争的时代，只有掌握个人的竞争优势，才能把握稍纵即逝的机会，发挥个人的潜能，才能实现预定的目标。

一个人如果能从事可以激发自己潜能的职业，他如果对自己的职业坚信不疑，如果不心怀贰志，那么他心里就只知道有这个职业，只承认这个职业，也只尊重这个职业。

对于一个人来说，自我埋没无疑是最让人遗憾的。爱因斯坦大学时的老师佩尔内教授有一次严肃地对他说："你在工作中不缺少热心和好意，但是缺乏能力。你为什么不学医、不学法律或哲学而要学物理呢？"幸亏爱因斯坦深知自己在理论物理学方面有足够的才能，没有听那位教授的话。否则，历史上也许会多了一位平庸的医生或律师，少了一位伟大的物理学家。

不仅仅为了薪水而工作

对真正懂得工作的人来说，工作就像是他最爱吃的巧克力，这个来自他心灵真实的隐喻，将带给他无比的快乐和热情。他将对工作乐此不疲。

如果可以选择的话，没有人会选择平庸。但是，就在成千上万的人做着同样的事情，重复着同样的故事时，有那么多的人走向了平庸。令他们平庸的是他们的工作吗？但为什么相同的工作，却有很多人用它谱出了生命中华彩的篇章？这是因为，有些人仅只为了工作而工作，他们的目标只是薪水，而一个在工作上有追求的人，却可以把"梦"做得更高些，虽然开始时是梦想，但他们对工作的追求，使得他们把梦想变成了现实。

1.75 美元与整条铁路的区别

盛夏的一天，一群人正在铁路的路基上工作。这时，一列缓缓开来的火车打断了他们的工作。火车停了下来，一节特制的并且带有空调的车厢的窗户被人打开了，一个低沉的、友好的声音："大卫，是你吗？"

大卫·安德森——这群工人的主管回答说："是我，吉姆，见到你真高兴。"于是，大卫·安德森和吉姆·墨菲——铁路的总裁，进行了愉快的交谈。在长达一个多小时的愉快交谈之后，两人热情地握手道别。

大卫·安德森的下属立刻包围了他，他们对于他是墨菲铁路总裁的朋友这一点感到非常震惊。大卫解释说，二十多年以前，他和吉姆·墨菲是在同一天开始为这条铁路工作的。

其中一个下属半认真半开玩笑地问大卫，为什么你现在仍在骄阳下工作，而吉姆·墨菲却成了总裁。大卫非常惆怅地说："23年前我为 1 小时 1.75 美元的薪水而工作，而吉姆·墨菲却是为这条铁路而工作。"

1 小时 1.75 美元的薪水是无数像大卫这样的铁路工人工作的目的，他们日复一日地为 1.75 美元工作，1.75 美元也一日复一日地回应着他们，日久天长，他们工作的回报仍然是 1.75 美元，而最初就是为整条铁路而工作的人，时间也回报给了他整条铁路。仅仅为了眼前的薪水而工作的人，他的内心永远不可能装下整个天空，燕雀安知鸿鹄之志？为了薪水而工作的人，他的一生都不得不重复着为了一点点物质利益而殚精竭虑的事，他的薪水最后仍然是刚开始那么多。

以薪水为目的，最终将失去乐趣

非洲的某个土著部落迎来了从美国来的旅游观光团，部落里的人们虽然还没有什么市场观念，可面对这样好的赚钱商机，自然也不会放过。

部落中有一位老人，他正悠闲地坐在一棵大树下面，一边乘凉，一边编织着草帽，编完的草帽他会放在身前一字排开，供游客们挑选购买。他编织的草帽造型非常别致，而且颜色的搭配也非常巧妙，可以称得上是巧夺天工了，游客们纷纷驻足购买。

这时候一位精明的商人看到了老人编织的草帽，他脑袋里立刻盘算开了，他想：这样精美的草帽如果运到美国去，我敢保证一定卖个好价钱，至少能够获得十倍的利润吧。

想到这里，他不由激动地对老人说："朋友，这种草帽多少钱一顶呀。""十块钱一顶。"老人冲他微笑了一下，继续编织着草帽，他那种闲适的神态，真的让人感觉他不是在工作，而是在享受一种美妙的心情。

"天哪，如果我买十万顶草帽回到国内去销售的话，我一定会发大财的。"商人欣喜若狂，不由得为自己的经商天才而沾沾自喜。

于是商人对老人说："假如我在你这里订做一万顶草帽的话，你每顶草帽给我优惠多少钱呀？"他本来以为老人一定会高兴万分，可没想到老人却皱着眉头说："这样的话啊，那就要一百元一顶了。"

要每顶一百元，这是他从商以来闻所未闻的事情呀。"为什么？"商人冲着老人大叫。老人讲出了他的道理："在这棵大树下没有负担地编织草帽，对我来说是种享受，可如果要我编一万顶一模一样的草帽，我就不得不夜以继日地工作，不仅疲惫劳累，还成了精神负担。难道你不该多付我些钱吗？"

连一个普通的老叟都知道把原本是一种享受的工作当成一种负担是多么痛苦的一件事，而我们很多人却不懂得这个道理。当我们为了特定的某种利益而奔走劳累时，失去的不仅是时间，更是心灵上的不自由，当工作不再是一种快乐，而是一种负担时，我们就成了薪水的奴隶，被它驾驭着不知去向。

工作也是你的巧克力吗？也许你说不是。那么工作对你来说是什么呢？是游戏？是战斗？是旅行？是煎熬？或者是别的什么？不管你的隐喻是什么，它都泄露了你现在的工作状态，你的隐喻总是在如实地反映你的内心，它是你内心的真实图景。

隐喻无所谓对错，无论你认为工作像什么，你都是对的，因为那是你真实的感受，你做到了对自己诚实无欺。当然，你心里知道有的隐喻带给你的是力量，有的隐喻却在隐蔽地扼杀着你的工作激情，让你停滞和烦躁。

像那些把工作当作自己最喜欢的巧克力的人，他得到的就是巨大的工作热忱，他真的是在享受工作的乐趣，如同享受美味。可如果有个人一想起工作就觉得像要投入一场为薪水而拼命的战斗，他的心气可能立刻就下去了，因为战斗意味着激烈、拼杀、残酷，其结果终究是一场血腥。终日守着这样隐喻的人，工作的效果和效率恐怕都要降到零了。

好在隐喻并不是一个不能改变的东西，只要我们意识到不好的隐喻带给我们的巨大的负面力量，而愿意积极地改变隐喻，从而改变我们的内心体验。

工作在一个人的体验里是美味，而在另一个人的体验里却是战斗，这或许与工作本身关系不大。因为隐喻是我们感受形象化的产物，它实际上是一个完全主观的东西，就好像我们会对同一件事情有不同的看法、观点一样。所以，改变隐喻实际上是一件很简单的事情，因为你实在不必守着你原来的隐喻不放，那不是事实，那只是你心里的真实，改变隐喻的同时，你将在瞬间借着隐喻的力量改变你的工作体验。

工作真的是一台枯燥乏味的印钞器吗？难道它不能是一场篮球比赛？它难道不能是一款网络游戏？你难道不能把工作想象成你所喜欢的那些东西吗？

对于像乔丹、麦迪、奥尼尔这些 NBA 大牌明星来说，打球就是他们的工作，而他们可绝不仅是为了这年薪动辄几千万甚至上亿的诱惑而打球，如果这样的话，我们就不可能欣赏到他们在球场上激情四射的表演了，而他们最终也会失去那份高薪。

社会不会等待你成长

没有了先"死"后"生"的成长，你的人生不会精彩，更不会成长，就像蝴蝶一样，终有一天要破茧而出，从令人厌恶的毛毛虫变成美丽的蝴蝶，更不会从谁都不愿理的丑小鸭变成美丽无比的白天鹅，这是一个过程，是生命中不得不经受的历练，也许蜕变的过程是坎坷的。但只有在这种坎坷中，你才会成长，才会懂得与社会和谐相处。

个人与社会的矛盾和对峙自有社会那天起便存在，一个人如果以对抗的姿态出现于社会中，等待他的必然是失败，无论多么强大的个体都无法改变他置身其中的社会，你所要做的便是学会成长，学会与社会和解。

少一分书生意气，多一分入世心态

学校生活和社会生活相通但又不同，正如北大法学院院长朱苏力告诫毕业生说：社会更多是一个利益交换的场所，是一个市场，是"平民政治"。评价的主要标准不是你的智力优越与否（尽管你的聪明和智慧仍然可以帮助你），而是你能否拿出别人想要的东西。这个标准不再由中心——教师确定，而是分散——由众多消费者确定的。

因此，我们的同学千万不要把自己十六年来习惯了的校园标准原封不动地带进社会，否则你就会发现"楚材晋不用"，只能像李白那样用"天生我材必有用"来安慰自己，更极端地，甚至成为一个与社会、与市场格格不入的人。

"尽管社会和市场的手是看不见的，但它讲的却都是看得见摸得着的；它不讲期货，讲也都是将之转为现货。人可以批评它短视，但它通常还是不会，而且没有义务，等待你成长和成熟。它把每个进入社会的人都当作平等的，不会考虑你刚毕业、没有经验。如果你失去了一次机会，你就失去了；不像在学校，会让你补考，或者到老师那里求个情，改个分数。"

人生不售回程票，不是所有的东西都可以重来，人裹挟于社会中，犹如置身于你不得不身陷其中的舞台，你注定要扮演某个角色，虽非心甘情愿，却也无可奈何。知道树为什么会落叶吗？知道花儿为什么凋谢来年又会开花吗？知道小草为什么每到秋天就枯黄，春天就破土而出吗？知道大雁为什么要南飞吗？知道……太多的为什么，你知道吗？也许你并不十分清楚，你要明白，通过这么多的为什么，它们学会了成长。

如何拥有成熟的心态

在社会中，如何尽快地为自己找到安身立命之处，是每个人不得不面对的选择，社会不会等待你成长，所以你要自动自发地走向成熟。做一个成熟的人，需要具备以下几种心态。

1. 居安思危的心态

在生活中，即使再安逸太平，也要有所警觉，因为随时可能大难临头。

一个人为了自己和家人的幸福，每天不辞辛劳地工作，几年之后终于有了自己的房子，而且日见孩子长大成人，其高兴是难以形容的。他也许会暂时把国家大事搁置于脑后，而只顾享受家的温馨。

当他正陶醉于自己美满的家庭生活时，国家却有了困难与危险，终于引发了战争。从此以后，为了避免敌机的轰炸，灯火受到了管制，粮食也开始配给，而且有一天突然来了召集令，把儿子带走从军，接着敌机来袭，辛苦半生建好的家，在刹那间化为灰烬。最后在满天烽火之中，总算安然逃命回乡下，但已到家破人散的地步。

如今那些残酷的战争已成过去，一切又恢复到昔日的和平，每一个人也都为自己家庭的未来幸福努力不懈。但事实上，这个世界却非我们想象中那么平静、和平，所以我们虽然日日过得安宁，但有时也不妨想想未来，以便未雨绸缪。只要我们有了这种心理，就不会失去上进心和感恩心，人生便有了新的意义。

2. 知足常乐的心态

"吉莫古于知足"。广厦千间，夜眠七尺，珍馐百味，不过一饱。对于人们来说，知道满足的人才能经常获得快乐，知足常乐的人才能免除心中日益增长的贪念。

李日知是唐朝郑州荥阳人，唐玄宗先天元年（712），他转任刑部尚书。自上任后，他屡次上书玄宗请求辞职告老还乡，后来玄宗批准了他的要求。事先他并没有与妻子商量，等获准后，他才回家吩咐佣人收拾行装启程。妻子吃惊地说："咱们根本没有什么家产，儿子们也还没个一官半职，你为什么不替他们安排一下前途，就这样急匆匆地辞职了呢？"

李日知对妻子说："我本是一个书生，能达到这个地步，已经很过分了。人心没有满足的时候，欲壑难填，如果放纵自己的欲望，贪得无厌，就没有停步的时候了。"他毅然回家过起了田园生活。开元三年（715），他安然逝去。他虽然没有带给家人荣华富贵，但却给后人留下了两袖清风的美誉。

3. 宽容待人的心态

对人们来说，宽容才会赢得声望，任何天才或幸运儿，只有和普通人一样失败、辛苦过来的人才会知道，对于那些正在努力争取改变命运的人们来说，无论出现何种错误或失败，都有值得宽容的理由。

一般说来，当一个社会形成了一种宽容的气氛时，就会变得充满生机。在这样一个竞争日益激烈的社会，最要紧的是宽容，是用善心待人，原谅人家偶然的过失，即使是犯有大错的人，也要温和规劝，给他改正的机会。如果我们的社会不培养人们宽以待人的心态，不允许人们出错，一旦出错又一味严厉追究责任，那么，这个社会的动力和美德就会丧失。

4. 换位思考的心态

有一句名言说，如果我们只会站在自己的角度看问题，那么我们永远不知道别人在想什么。这个世界上，有很多问题，站在自己的角度去思考可能永远不能了解或解决，而换个角度去思考就会有一个全新的答案。所以，当我们说话办事时，不妨选择一个好的角度。有一个好的角度，就有了成功的一半；但若选择了一个坏的角度，你就得到了失败的全部。

对于一个本质相同的问题，用两种不同的问法，会得到截然相反的答案，这就是一个世界的两面性，如果拒绝换位思考，你眼前的世界就永远是单一的。如果拒绝换位思考，你将会丧失与人们交流的乐趣，你将休想站在你的立场上说服上司改变原来的想法、做法。你休想以一个家长的身份让你的孩子不要做这个、不要做那个……你将休想说服别人做任何你想做的事，学会换位思考吧，你将获得另一半的世界。

向前辈学习经验

如果你想成为你想成为的那个人，就要不遗余力地向他学习，学习他的信念、他的策略，让他那宝贵的人生经验成为你成功路上的小石子，为你奠基。每个人都应善于找到这样一位"元老"做你事业中的教练。

"元老"有自己独特而又丰富的经历，他们有自己独特的人格魅力。他们会为自己的一生做总结，会觉得自己一生有很多经验教训值得传授，那是他经受人生挫折和享受人生快乐之后的黄昏哲学，我们学习它们，正如吉普赛人从沉入杯底的咖啡渣里读出幻想一样，我们也能读出夕阳西下的璀璨与壮美。

选择一个前辈做你的教练

世界前拳王泰森二十三岁时，他已经是连续几年的世界拳王了。有一次，他感觉到自己的潜能已达到极致，自己的肌肉爆发力已达到顶峰，自己的拳击技巧已炉火纯青了。他跟他的教练说："我已不需要教练了。"他很自信。

但遗憾的是，从那天开始，他没有了教练，也就不再是世界拳王了。他被成功带来的荣耀迷惑了。

这位教练就是那位可以向你传道授业的"元老"，他们的经验就像狂风骤雨里的明灯可以指引你少走弯路。在你的生命中，是否也曾出现过这样一个人，他可能没有直接对你传道授业，然而，他能够一眼洞察你的潜力。在你失落时，让你看到希望；在你得意时，为你敲响警钟，使你不会偏离轨道。他让你深信你一定会成功。在平时他是你学习的典范，在特别的时刻，他会助你一臂之力。他就是你生命中永不可忘怀的恩师。

研究一下任何一个伟人，就会发现在他们的生命中都出现过一个或多个元老级的贵人，他们都曾经跟一个或者多个教练当过学徒。因此，如果你想功成名就，取得蜚声卓誉，你就必须找一个"元老"做你的教练，你必须学习掌握他们所有的资源和秘密，见见他们所有的关系，学习他们所有学过的、正在学的和将要学的东西。要学习他们认识事物的方式，学会像他们那样去思考，以便取得他们取得的成果。

　　巴菲特是世界上最富有的投资商——一个超级亿万富翁。巴菲特在读大学四年级的时候读了本杰明·格雷厄姆的一本书，书名为《聪明的投资者》。对于巴菲特来说，这本书太重要了。当巴菲特得知格雷厄姆在哥伦比亚大学执教时，便打定主意要投身到他门下学习。毕业后，巴菲特果然到本杰明·格雷厄姆的投资公司应聘工作，但遭到本杰明·格雷厄姆的拒绝，但巴菲特没有放弃，他一而再、再而三地请求本杰明·格雷厄姆给他一个机会，他甚至不要工资。格雷厄姆最后点了头，但要三年之后才聘用他。巴菲特在接下来的两年时间里，跟着这位著名的作家学习。

　　25岁时，巴菲特回到了故乡——内布拉斯加州的奥马哈，在七位投资人的支持下，创建了巴菲特投资公司。巴菲特的原始投入为100美元。五年之内，巴菲特就成了百万富翁，并从此逐步成长，最终登上了历史上最著名股票投资人的宝座。

向不同行业的元老学习经验

　　周东有个同学，念大学时他就显得比别的同学懂得多，毕业十几年后见到他，他还是懂得比周东认识的人都多。

　　有一次聊天，他无意中说出他喜欢向不同行业的人吸取知识！一语惊醒梦中人，难怪他一碰到周东就一直和周东谈他的工作，而周东对他那一行却雾里看花，一知半解！

　　他告诉周东，他在念书时就有这个习惯，除了看报、看杂志，充实本专业的知识，他还会想办法和别的科系的同学聊天，所以有些科系他虽然没有进修，但多少都懂一些。此外，他也和来自不同地方、不同背景的同学聊天，所以才到大三，就已像一个在社会上做了好几年事的人一样了。

开始上班后，他更使这个习惯有计划地成为工作的一部分。他和同一单位、不同专长、不同背景的人聊天，也和不同单位的人聊天，更和非本行的外界人士聊天。

通过和广泛的人接触，他所掌握的知识越来越多。他现在是一家外资公司的经理，而他的升迁和他的"习惯"是不是有直接关系不得而知，但没有直接关系至少也有间接关系。因为对不同行业了解得多，有助于对本行的判断和思考，至少朋友多，做事也方便呀！

而最可贵的是，他所得到的都是"第一手"的经验，都是各行业元老的切身体会，这价值远非报刊杂志和书本所能比！

不要认为和你不相干的行业的人就和你的工作不相干，这些人就不值得你尊敬，各种行业都是有依存关系的，所以，打开你的心灵大门，去接纳各种不同背景、不同行业的人，而不是去排斥他们。

对"向不同行业的元老吸取知识"，应当掌握以下一些要诀。

1.要抱着"请教"的态度。谁都不敢自诩是"专家"，但有人"请教"，就会轻飘飘起来，因为被对方肯定了嘛！你用"请教"捧了他，他不"知无不言"才怪！但要记住，千万不要和对方辩论，宁可多提几个问题让他解释。辩论不会有结果，而且了解对方的行业才是你的目的，辩赢了，你还会失去可以成为朋友的人呢！

2.妥善找寻问题的切入点。你总不能开口就说"请你介绍你的行业"吧？太幼稚的问题，对方有时会不耐烦，懒得回答，让你下不了台！"切入点"如何找？方法是多看报纸杂志，广泛了解社会的脉动，例如碰到律师，你就可问他赦免死刑犯的问题。如果一时找不到，从天气问题下手准没错。

3.态度要诚恳、认真，不要给人"只是随便问问"的感觉。最好能做笔记，对方看你做笔记，不感动也难！

4.不要急于一时。太急于了解对方的行业，会让对方以为你另有所图！先交朋友，以后一次了解一点，彼此熟了，他不让你了解也没办法！

学习是终身职业

"活到老，学到老。"在知识的海洋中，你的智慧只是其中的一粒沙、一滴水，我们拥有的只是一颗饥渴的心灵，要不断地用学习来安慰它。如果故步自封，就只能成为时代的弃儿。

中国古代学者刘向曾说："少而好学，如日出之阳；壮而好学，如月中之光；老而好学，如炳烛之明。"学习是一件很幸福的事，如同拨一下木火就能使奄奄一息的火苗升腾起大火一样，一个愚笨的脑袋会因为学习而产生变化，所以我们要珍惜这种机会，把学习视作我们的终身职业。在学习的道路上，谁想停下来就会落伍。

学习是成功的征兆

在知识的山峰上登得越高，眼前展现的景色就越壮阔，而获得知识的唯一途径就是学习。

有人写道：

"你年轻聪明，壮志凌云。你不想庸庸碌碌地了此一生，而是渴望声名、财富和权力。因此你常常在我耳边抱怨：那个著名的苹果为什么不是掉在你的头上？那只藏着'老子珠'的巨贝怎么就产在巴拉旺而不是在你常去游泳的海湾？拿破仑偏能碰上约瑟芬，而英俊高大的你总没有人垂青？

"于是，我想成全你。先是照样给你掉下一个苹果，结果你把它吃了。我决定换一个方法，在你闲逛时将硕大的卡里南钻石偷偷放在你的脚边，将你绊倒，可你爬起后，怒气冲天地将它一脚踢下阴沟。最后我干脆就让你做拿破仑，不过像对待他一样，先将你抓进监狱，撤掉将军官职，赶出军队，然后将身无分文的你抛到塞纳河边。就在我催促约瑟芬驾着马车匆匆赶到河边时，远远地听到'扑通'一声，你投河自尽了。

"唉！你错过的仅仅是机会吗？

"不，绝对不是，你错过的是准备。机会从来只给有准备的人。因此，我们失去的往往不是机会，而是准备。谚语说，有缘千里来相会，无缘对面不相识。'缘'，实质就是'准备'。没有准备的人，绝对与'人'无缘，与'事'无缘。"

特别是在竞争加剧的今天，还没等到过招，胜负早已定了。就像"华山论剑"，最终是靠内功，靠武学的修为和领悟（即学习与创新）而定胜负。因此竞争早就开始，比的就是"准备"，比的是日积月累，比的是"功夫在诗外"。要击败对手，最终的办法就是比对方准备更充分，积累更多。

这种积累和准备，从广义上说，就是知识的积累和准备；从狭义上说，就是心态的准备、目标的准备和行动的准备（调整心态，明确目标，采取行动，都是求知的一部分）。爱迪生说得好：

"知识仅次于美德，它可以使人真正地、实实在在地胜过他人。"

没有上述一切的知识的准备，你不会找到什么，也不可能碰到什么。

要想成功，就必须牢记："知识就是力量。"成就大事业，一定要记住；年轻时，究竟懂得多少并不重要，只有懂得学习，才会获得足够的知识。

许多人以为，学习只是青少年时代的事情，只有学校才是学习的场所，自己已经是成年人，并且早已走向社会了，因而再没有必要进行学习。剑桥大学的一位专家指出："这种看法乍一看，似乎很有道理，但其实是不对的。在学校里自然要学习，难道走出校门就不必再学了吗？学校里学的那些东西，就已经够用了吗？"其实，学校里学的东西是十分有限的。工作中、生活中需要相当多的知识和技能，课本上都没有，老师也没有教给我们，这些东西完全要靠我们在实践中边摸索边学习。

近十年来，人类的知识大约是以每三年增加一倍的速度向上提升。知识总量在以爆炸式的速度急剧增长，老知识很快过时，知识就像产品一样频繁更新换代，使企业持续运行的期限和生命周期受到最严厉的挑战。据初步统计，世界上 IT 企业的平均寿命大约为五年，尤其是那些业务量快速增加和急功近利的企业，如果只顾及眼前的利益，不注意员工的培训学习和知识更新，就会导致整个企业机制和功能老化，成立两三年就"关门大吉"！

联想、TCL 等企业成功的经验表明：培训和学习是企业强化"内功"和发展的主要原动力。只有通过有目的、有组织、有计划地培养企业每一位员工的学习和知识更新能力，不断调整整个企业人才的知识结构，才能对付这样的挑战。

根据剑桥大学的一项调查，半数的劳工技能在 1~5 年内就会变得毫无用处，而以前这些技能的淘汰期是 7~14 年。而在工程界，毕业后所学还能派上用场的不足 1/4。

因此，学习已变成随时随地的必要选择。

流水不腐，户枢不蠹。这句古语也可以用在人的智力增长上。你只有在工作中不断学习新东西，才能保持思维的灵动，也只有这样，才能跟得上时代的步伐，不致落伍。如果我们不继续学习，我们就无法取得生活和工作需要的知识，无法使自己适应急速变化的时代，不仅不能搞好本职工作，反而有被时代淘汰的危险。

自强不息，永远学习新东西，随时求进步的精神，是一个人卓越的标志，更是一个人成功的征兆。

林语堂先生曾经说过："若非一鸣惊天下的英才，都得靠窗前灯下数十年的玩摩思索，然后才可以著述。"每个人并非天生就是奇才，他所知道的东西比起整个宇宙来，实在是少得可怜，这一切只有通过学习来弥补。

终身学习是一种生存概念

通往学识宝库的门户多得很，大学只是一个而已。

如果信息激增的现代社会仍处在学历化中，并逐渐走向极端，每一个取得高学历或名牌大学学位证书的人就等于有了一本"护照"，就意味着毕业后会有一份好工作、一份高薪水，过上舒适的生活，那么，其弊端是显而易见的。它的直接后果，就是为社会"造就"了一批现代的"功能性学者"。因此，"终身学习"已成为21 世纪的生存概念。衡量一个人价值大小的标准并不在于今天你站在什么样的位置，而是看你在向哪个方向去。终身学习能力即自学研究能力将是未来每一个人必备的生存技能。

在知识经济时代，对人的自学研究能力提出了极高的要求。

"未来的文盲将不是那些不会阅读的人，而是没有学会怎样学习的人。"这绝非危言耸听之语。"自行学习、自我教育，自己管理自己"，这是现代人汲取知识的重要渠道，也是终身教育的重要形式。

当你确立了求索事业的目标后，不能不重视自学研究能力的训练和提高。自学研究能力是生命活动的一部分，是激发和保持创新优势、提高自身思维品质、优化知识和智能结构的有效方式。自学是对学校教育和各种教育方式中师承型学习的补充和延伸。这种学习研究，自由度较大，能更好地将书本知识和社会实践结合起来，能更有效地开发自身的潜能，并将学到的知识和能力转化为实践。

对研究、攻关课题的选择，需要对某一领域进行广视角、多层次的扫描、观察、分析、综合，方能从主客观双重角度，筛选出最有价值、最有可能实现的攻关目标。

自学研究能力的核心是想象力、创造力。这是一种能改天换地、塑造全新自我的伟力。培养和训练创新的能力，要从青少年时代起步，养成质疑多思的习惯。在接受教育（包括课堂教学）时，不能只是个带着耳朵的听众，而是要开动大脑这台机器，打破常规地思考、讨论、比较、鉴别，要积极主动参与教学过程，开掘创新思路。平时，在独立治学时，也要经常问几个为什么，启发思考和探索问题的积极性。

对于社会和学校，要在教育的各个环节中努力训练创造能力及自学研究素质。要力求摒弃和减少注入式、灌输式教学方法，大力倡导启发式教育。在这方面，一些发达国家的育才经验对我们是有帮助的。有意识地自觉训练自学研究及创新能力，了解异国的教育方式，将有助于开阔思路，提高我们适应社会的能力。

第三章
生活是门艺术，需要用心经营

生活是一门艺术。艺术是感性思维的结果，所以试图用理性的思维方式去发展艺术肯定是要失败的。同样生活也应该是感性的，用理性的方式去生活也是要碰壁的。艺术的生命在于创新，那么生活的生命也在于创新。生活不能完全按规律进行，并且每个人都要顾及他人的感受，完全按规律进行的生活是一成不变的生活，没有任何的活力可言，生活需要我们用心经营。

维系家的稳定与幸福

家庭幸福是上帝给予人类的最好馈赠，所以尽你的所能维系它的稳定与幸福是命运之神交给你的义务。你要记住，衣物、房子和家具之美仅仅是用于衬托家庭之爱的装饰，即使把世界上所有华丽的东西堆积起来都比不上一个美好的家庭，因此，对自己的家庭更多地付出你的真爱，哪怕一点点，也胜过很多的家具和世界上所有的装饰师能够提供的最华丽的物品。

伏尔泰曾经说："对于亚当而言，天堂是他的家；然而对于亚当的后裔而言，家是他们的天堂。"世界上没有什么地方比自己的家更舒适，它不仅是一处位所，不仅是工作之余休息的地方，更是心灵唯一的绿洲和安憩之地。不过，理想的幸福的家庭既不遥远，也不会自天而降。它应靠亲情和爱情去维系，靠全家人齐心协力去维系。

围炉团聚胜于彼此忙碌

生活中常常有这样的情况：

一个女人是非常好的人，从结婚之日起就努力操持一个家。她会在清晨五点钟就起床，为一家老小做早饭；每天下午，她总是弯着腰刷锅洗碗，家里的每一只锅碗都没有一点污垢；晚上，她蹲着认真地擦地板，把家里的地板收拾得比别人家的床还要干净。

一个男人也是非常好的人。他不抽烟、不喝酒，工作认真踏实，每天准时上下班。他也是个负责任的父亲，经常督促孩子们做功课。

按理说，这样的好女人和好男人组成一个家庭应该是世界上幸福的了。

可是，他们却常常暗自抱怨自己的家不幸福。常常感慨"另一半"不理解自己。男人悄悄叹气，女人偷偷哭泣。

这个女人心想：也许是地板擦得不够干净，饭菜做得不够好吃。于是，她更加努力地擦地板，更加用心地做饭。可是，他们两个人还是不快乐。

直到有一天，女人正忙着擦地板，丈夫说："老婆，来陪我听一听音乐。"女人想说"我还有……事没做完呢"。可是话到嘴边突然停住了——她一下子悟到了世上所有"好女人"和"好男人"婚姻悲剧的根源。她忽然明白，丈夫要的是她本人，他只希望在婚姻中得到妻子的陪伴和分享。

　　刷锅子、擦地板难道要比陪伴自己的丈夫更重要吗？于是，她停下手上的家务事，坐到丈夫身边，陪他听音乐。令女人吃惊的是，他们开始真正地彼此需要，以前他们都只是用自己的方式爱对方，而事实上，那也许并不是对方真正需要的。

　　家的幸福更多来自于家人所给予爱的温暖，"没有什么比围炉团聚更愉快的事了"，能够在壁炉旁看到一幅其乐融融的画面是高质量家庭的最好证明。不停地操劳只能维持家的外观及形式，而最主要的，是要注重家庭里特有的充满了爱、温暖与明朗的气氛。

　　建立和巩固家庭的是爱，是心灵的相通和无私的充分发挥。简单的激情是自私的，也不会长久，相反，爱则会随着时间的流逝，日久弥深，越来越香醇。

　　夫妻之间的爱是每个家庭的基础。如果他们的爱是真切的、忠诚的，这个家庭就会是安全的、圣洁的。如果爱偏离了轨道，这个家庭就会面临悲惨和毁灭。

　　在不快乐的家庭里，存在着夫妻之间都没有感觉到的裂痕。如果他们了解几条简单的事实，灾难就可以避免。很多的对立都来源于粗鲁的态度和方式。

　　如果想要爱经得起风雨的考验，我们就必须投入自己的耐心、怜悯和自制。而最主要的则是"心灵相通"：这种心灵相通是好感和幽默的结合体。

　　那些能够使家庭快乐的东西，同样也可以把快乐带到任何地方。因为家庭成员间的关系非常亲密，同时也是人生最重要的关系。

　　如果我们把快乐作为自己的目标和权利，我们一定得不到快乐，并且可能毁了整个家庭。我们有权利追求快乐，但是，我们没有权利把这种快乐建立在他人不快乐的基础之上。

因此在家庭中，我们必须要牺牲自己自私的快乐，来换取真正有价值的快乐。如果我们去爱，去探究，我们的孩子将会把事实真相告诉我们。

因为，虽然孩子是我们的，但孩子却并非属于我们，他们拥有自己的权利。我们不应该把他们培养得与自己一模一样。

我们越是生活在一起，越应该互相体贴，并且注意自己的处事方式。我们永远也不应该忘记：每个人都有他害羞与孤独的天性，我们应该尊重，没有权利去破坏。

如果我们连家人都无法容忍，不能保持一种平和的心态，那么，我们与他人生活在一起时，也一定会发生摩擦。幸福家庭的秘密深藏于每个家庭成员的心中。他们彼此心灵相通，对孩子来说，家庭应是歇憩的场所，培养丰富人性的土壤以及明亮无比的孩子之梦的温床；对夫妻来说，家庭是双方共同经营的葡萄园；两人一同培植葡萄，一起收获。

注重家庭中的细小事务

泰戈尔曾说："屋是由墙壁与梁所组合；家是由爱与梦想所构成。"而家庭幸福的秘诀就是注重细小的事务，因为家庭生活从来不是，也不可能总是像过节一样，充满着激情和大动荡，家庭生活是由一件一件的琐事组成的。一个一个的小欣喜才汇成大欣喜。

也许有人说自己不善于处理小的困难，却擅长处理大的困难。这句话适用于大多数人，但随着时间的推移，你会发现，如果你连油盐酱醋、擦地板这样的小事都处理不好，是不能让家庭之舟顺风航行的。

妻子该有一件新大衣了，丈夫的皮鞋该擦了，如果我们不对此多加注意，这些细小的问题就会时时阻碍家庭成员之间的交流，影响我们享受家庭生活的快乐。

当真正的困难来临的时候，我们通常能够勇于面对，但是，那些小烦恼才是影响我们的元凶。它们虽小，却很烦人。它们就像小虫子，到处飞，到处咬，弄得人们心神不宁。它们阻挡我们前行的道路，占用我们的时间，使我们大部分时间都在对付它们。

如果我们能够在大量的小困难面前保持心境平和，我们就一定能承受更大的考验。

生命是否丰富多彩在更大程度上取决于小事情而不是大事情，抱有这种观点的人才是聪明的。因为，只有这些细小的事物才能描绘出生活的细节。

当面对困难时，一个人可能会表现得很出色；可是，面对小问题时，他可能会表现得很差劲。有些人在重大的事情上可能很有耐心，可是在细琐的事情上却有可能失去耐心。

奇怪的是，我们在外人面前表现得可能很周到，而在自己最爱的人面前却完全换了一个样。

当我们最亲爱的人面对困难时，我们可能会挺身而出，做出自己最大的努力，但当一切归于平静之后，我们之间的关系却又回到了原来的状态。

自古以来，花就被认为是爱的语言。它们不必花费你多少钱，在花季的时候尤其便宜，而且常常街角上就有人在贩卖。但是从一般丈夫买一束水仙花回家的情形之少来看，你或许会认为它们像兰花那样贵，像长在阿尔卑斯山高入云霄的峭壁上的薄云草那样难以买到。

大多数的男人，忽略在日常的小地方上体贴妻子。他们不知道：爱的失去，竟都是在些小地方。因此，如果你要维护家庭生活的幸福快乐，那就记住：多注意小事。

为什么要等到太太生病住院，才为她买一束花？为什么不在明天晚上就为她买一束玫瑰花？你是喜欢试验的人，那就试试看会有什么结果。在遇到灾难时表现英勇当然很好，但是在日常生活中能够打起精神，保持激情，则会更好。因此，对于家庭生活中这些细小的事务，我们是接受还是拒绝，是高兴地面对还是悲伤地面对，是表现得有风度还是表现得很差劲，就成为问题的关键所在。请注意细小的家庭事务吧。

德国诗人海涅曾经说："我宁愿用一小杯的真爱织成一个美满的家庭，不愿用几大船的家具组成一个索然无趣的家庭。"

当疲倦的时候，你需要休息，家是港湾；当失意的时候，你需要抚慰，家是母亲的纤手；当得意的时候，你需要展示，家是你的舞台。

健康是成功的资本

身心健康是人生最起码的，也是最重要的条件，更是从事任何行业的最大本钱，身心越健康，对于事业越有帮助。再说，我们生活在这个分秒必争、变幻莫测的世界，被许许多多意想不到的事件困扰，这些都需要我们强壮的身体和健全的精神，去一一处理和克服。

只要失去健康，生活就充满痛苦和压抑。没有它，快乐、智慧、知识和美德都黯然无色，并化为乌有。

世界上首屈一指的自由是什么？健康；世界上最好的天赋是什么？健康；世界上最美的东西是什么？健康。因为如果没有健康，你就不会有追求自由的权力；没有健康，智慧就不能表现出来，文化无从施展，力量不能战斗，财富变成废物，容貌也无法展现。

健康是工作的利器

有一句古话："工欲善其事，必先利其器。"没有一个理发师用迟钝的剪刀而指望生意兴隆，也没有一个木匠用迟钝的锯子和斧头而指望做工精良。

有些人有奇异的天赋，但最终只取得微小的成功，就因为他们在无意中损伤了自己的成功机器——健康，就因为他们不能供给必要的动力来启动那机器。世间有千千万万个人，就因为对身体不加注意与留心，以致"壮志未酬"，饮恨殁世！他们毁掉了自己有所作为的可能性。"出师未捷身先死"，这无疑是人世间最悲惨的事情。

人，只有在身心健康、精神舒畅的状况下，才有旺盛的进取心，才能发挥雄厚的潜能，开创美好的人生。

所以，日本小说家武者小路实笃说："健康的时候，人们会忘记肉体，专注地从事各自的工作；而当健康受到影响时，人们才感觉到肉体的痛苦。"

生理健康与心理健康是息息相关的。当我们承认精神影响肉体，而肉体也有影响精神的倾向之事实时，对二者的关系就更为了解了。经验告诉我们：当我们紧张、焦虑和沮丧的时候，会感到身体不适，同样的，在生理上有病痛时，也会使人感到精神郁闷、沮丧和焦虑。

最好、最聪明的做法就是在身体中储藏起最旺盛的生命力，储藏起最大量的体力与精力以为工作做好最充分的储备。

没有哪一件东西比我们的体力与精力更为宝贵！所以我们必须不惜任何代价，获得与拥有它们。

每个人都希望事业飞黄腾达，但却艮少有人关心自己的健康，这是件很奇怪的事。如果在你喝第一口香槟的时候，有人告诉你，这将是你今生品尝到的唯一一杯香槟，它的滋味你只能享受一次，你一定会十分细心地享用这杯酒。而你的身体也是一样，你只有这一个身体，为什么不好好地珍惜呢？也许你的人生中有很多理想，但若没有了生命，这些理想无异于空中楼阁。所以，不论什么时候，健康都是你最重要的资本，失去了这把利器，你的事业刚起步便会夭折。

有许多人不惜一切地守护着自己的财富，却不知不觉牺牲了人生的第一财富——健康。《圣经》上说："世上没有比健康更好的财富，没有比内心快乐更大的快乐。"

多数人认为，赚钱可以说是人生中最大的快乐之一，它除了能够给多数人提供主要的智力刺激和社会互动之外，还是许多经营者唯一能展露才能并获得掌声的标准。拼命赚钱除了可以带来名声之外，还可带来财富、权力及擢升。但是，如果你真的把每一分钟清醒的时间都用来赚钱，而完全忽略自己的健康，那将是得不偿失的。因为，人不是只干活而不需要吃饭、睡觉和休息的机器。

强健的心理、情绪与精神，都来自健壮的身体。假如你想功成名就，第一步，就是要考虑健康问题。因此，当你能够出人头地之前，首先需要学习的一个简单却重要的课题，就是让你自己拥有强壮的体格。因为只有身体健壮的人，才能具有精明的脑子和旺盛的精力。没有好的身体，在这个物质世界上，什么都别想实现。简单地说，身体健康是一个人获得财富的"硬件"，一个人拥有财富的基础是身体健康。通过体育锻炼和良好的饮食，才能有聪明睿智的脑子。

保护你的健康等于创造你的成功

英国作家狄更斯曾说："我们得到生命的时候带有一个不可缺少的条件——健康：我们应当勇敢地保护它，直到最后一分钟。"

人们站在生命的门槛上，如此清新、年轻、充满希望，清醒地意识到自己拥有应付一切危机的力量，知道自己是世界的主人，还有什么能比这样的状态更重要呢？一个年轻人成功的基石就在于他的力量。任何形式的虚弱都会贬低他、压抑他，使他变得不完整，这是一种残缺。无论这种虚弱是精力、活力、意志力还是体力的欠缺，即使是勤奋的习惯也无法消除它，而成功本身也不能遮盖它。

世界上最强烈和最细微敏锐的感觉，可能是感到自己有能力战胜困难的勇气和决心。而生命中勇气和决心的支撑则是健康、坚强和健壮。人并不是必须具有很大的块头和威武的外表，但应该具有旺盛的生命力和巨大的精神力量。这种东西体现在布瑞汉姆领主连续工作176个小时的狂热中，体现在拿破仑24小时不离马鞍的精神中；体现在富兰克林70岁高龄还露营野外的执着中；体现在格莱斯顿以84岁的高龄还能紧握船舵，还能每天行走数公里，到了85岁时还能砍倒大树的状态中。上述种种，成就了生命中最重要的东西，也是持续创造成功的首要因素。

充沛的体力和精力是伟大事业的先决条件，这是一条铁的法则。虚弱、没精打采、无力、犹豫不决、优柔寡断的年轻人，虽有可能过上一种令人尊敬和令人羡慕的高雅生活，但是他很难往上爬，不会成为一个领导者，也几乎不可能在任何重大事件中走在前列。

成功者之所以更看重自己的身体和健康，因为他们清醒地认识到要长期享有成功的果实，要保持旺盛的创造力皆根源于健康。旧金山全美公司的董事长约翰·贝克每天坚持晨泳和晚泳，还经常抽空去滑雪、钓鱼、越野走以及打网球；包登公司的总裁尤金·苏利文养成习惯每天走二十条街去他的办公室；联合化学公司董事长约翰·康诺尔偏爱原地慢跑，一直保持着标准体重。他们通过各式各样的方法使自己保持充沛的精力和敏锐的思维，无疑是持续创造成功的最佳典范。

在我们的一生中，最重要的两样东西，失去了才知它的宝贵——那就是青春和健康。青春的流逝是不可避免的，而我们面对健康与否时却有选择的能力，每一位在通向成功路上勇往直前的人都应当倍加珍惜、呵护上天赋予的这份宝贵礼物，因为它是成功的资本。

心事不可随便说

心事是自己的秘密，只可留给自己，千万不要随便说出口，也许它会成为别人要挟你的把柄。到最后，追悔莫及。

我们每个人在自己的内心里都有一片私人领域，在这里我们埋藏了许多心事。

很多人有一个共同的毛病：心里藏不住事儿，有一点点喜怒哀乐之事，就总想找个人谈谈，更有甚者，不分时间、对象、场合，见什么人都把心事往外吐。

其实这也没有什么不对，好的东西要与人分享，坏的东西当然不能让它沉积在心里，要说可以，但不能"随便"说，因为每个倾诉对象都是不一样的，说心里话的时候一定要有"心机"，该说则说，不该说千万别说。

之所以处理心事要这么慎重，是因为心事的倾吐会泄露一个人的脆弱面，这脆弱面会让人改变对你的印象，虽然有的人欣赏你"人性"的一面，但有的人却会因此而下意识地看不起你，最糟糕的是脆弱面被别人掌握住，会形成他日争斗时你的致命伤，这一点不一定会发生，但你必须预防。

其次，有些心事带有危险性与机密性，例如你在工作上承担的压力，你对某人的不满与批评，当你毫无顾忌地倾吐这些心事时，有可能有一天会被人拿来当成对付你的武器，你是怎么吃亏的，恐怕连自己都不知道。

那么，对好朋友应该可以说说心事吧！答案还是：不可随便说出来，你要说的心事还是要有所筛选，因为你目前的"好"朋友未必也是你未来的"好"朋友，这一点你必须了解。

即使是对家里人，也不可强把心事说出来。假如你的配偶对你心事的感受与反应并不是你能预期的，譬如说，她（他）因此对你产生误解，甚至把你的心事也说给别人听……

然而，闭紧心扉，心事"滴水不漏"也不是好事，因为这样你就会被人看作不可捉摸和亲近的人了。这样非常不利于人生的发展。

所以，真正聪明的人应该这样做：偶尔要说说无关紧要的

"心事"给你周围的人听，以降低他们对你的揣测与戒心。同时，更要对自己真正的"心事"三缄其口，这样，你才能在生活和工作中游刃有余，春风得意。

为人需要有一点城府

真正聪明的人从来不轻易让别人看出他有多大的智慧和勇气，因为他们知道，只有这样才能更好地获得别人的尊重。所以，让别人知道你，但不要让他们了解你的底细，没有人看得出你才能的极限，也就没有人对你感到失望。让别人猜测你甚至怀疑你的才能，要比完全显示自己的才能更能获得尊重。要不断地培养他人对你的期望，不要一开始就展示，甚至都不要展示你的全部所有。隐瞒你的力量和知识的诀窍是要胸有城府。

一个人即使是天才，若丝毫不懂收敛，也是很难立足的，而且会招致厄运。展露锋芒是正常的，但应认清形势，把自己的位置摆正才能做到自我保护。心无城府有时往往把自己陷入不利之地。

给隐私加把锁

时下，不少公司都在实施人性化管理，尽力打造家一样和谐亲密的工作氛围，上司可以和下属谈心，同事之间也能真诚倾诉与倾听。因为，和谐的同事关系有利于工作的顺利开展。但身处职场，竞争是无处不在的。

同事毕竟是工作伙伴，他们不可能像家人那样完全地包容你、体谅你。通常情况下，同事之间保持一种平等、礼貌的伙伴关系就可以了。而一些隐私性的东西，除埋在心里之外，最好别拿出来示众。

一定要把握好保护隐私的尺度，那么到底什么属于要保护的隐私呢？

个人信息可分为绝对隐私、非隐私、相对隐私三大类，前两种较好把握。比如，会对工作产生重大影响的家庭背景、亲人朋友关系、情感，会影响他人对你道德评价的历史记录；与传统相悖的生活方式，与上司、重要人物的私交等信息，都是需要保护的绝对隐私。说话时，最好权衡利弊，全面考虑这些信息在曝光后可能带来的影响，以免造成不必要的麻烦。

一件事在一个环境中说出来无伤大雅，但换一个环境则可能成为敏感"雷区"，这就属于"相对隐私"。分清这类隐私，要先弄清你所处的环境。该如何面对相对隐私呢？切记一点，千万不要把同事当心理医生。比如，要好的同事可能会问你："最近和你男（女）朋友的关系怎么样啊？"你可以大而化之地说"还行"。对方可能只是出于善意的关心，你最好也点到为止，不必作进一步的解释，识大体的同事也不会纠缠着问下去。

打好隐私保卫战，无论是办公室、洗手间还是走廊，只要是在公司范围内，都不要谈论私生活；不要在同事面前表现出和上司超越一般上下级的关系；即使是私下里，也不要随便对同事谈论自己的过去和隐秘思想；如果和同事已成了朋友，不要常在其他同事面前表现太过亲密，对于涉及工作的问题，要公正，有独到的见解，不拉帮结派。有些同事喜欢打听别人的隐私，对这种人要"有礼有节"，不想说时就礼貌而坚决地说"不"。千万不要把分享隐私当成打造亲密同事关系的途径。同事也是由形形色色的人组成的，都有着善良和平常的心计。我们不妨学着换位思考，站在同事的角度想一想，也许更能理解为什么有些话不该说，有些事不该让别人知道。全面地看待问题，会有助于你权衡什么该说，什么不该说。保护隐私，一来是为了让自己不受伤害，二来也是为了更好地工作。不过，也没必要草木皆兵，若对一切问题都三缄其口，很容易让人觉得你不近情理。有时，拿自己的缺点自嘲一把，或和大家一起开自己无伤大雅的玩笑，会让人觉得你有气度、够亲切。

学会应景穿衣

漂亮、得体的衣着并不仅是一种形式，它往往包含着一种能力，是自信心和创造力的完美体现。人们之所以会被它所吸引，有时并不在于它本身，而是它所蕴含的那种成功的神情。

服装和举止不能造就一个人，但当一个人被造就之后，服装和举止就会极大地改善他的外貌。在现代人倡导个性化的今天，休闲、时尚的衣着成了很多人的选择，但在穿衣上是不能以不变应万变的，应景穿衣往往要比我们想象的更重要，"你不可能仅仅因为打对了一条领带而获得某个职位，但你肯定会因戴错了领带而失去一个职位。"这句话很朴实，也很经典。

西方有句谚语："你没有第二个机会留下美好的第一印象。"每一天无论在工作或私人场合，我们总有机会接触到不少陌生人，这些人或多或少对我们的生活都会造成一些影响，因此我们留给别人的第一印象是很重要的。

所以，千万不要忽略了外表的重要性。花一点时间来照顾你的外表，让自己看起来神清气爽，精神饱满，是你对自己应有的投资。

应景穿衣是做事的通行证

有位女士，在职场打滚多年后，终于以跳槽的方式，让自己的职位和薪水在一夕之间连跳了两级。论能力与资历，她都无可挑剔，的确够资格坐这个位置、拿这份薪水。她的办事能力和人际关系，也都让新的老总十分放心。但是，她也有令人侧目的地方——早晨上班进了办公室之后，她就立刻脱下美丽高贵的高跟鞋，换上居家式的拖鞋。有时主持正式会议，面对十来位基层主管，她也忘了要换成正式的鞋子。

总经理经常进出她的办公室，有一次不小心看到她穿的拖鞋，他说："你，是不是压力太大了？"她竟然完全没有听懂，还感激地说："没有啊，我很好，谢谢总经理关心。"

事情发生在国外重要客户来访的前一天，总经理召集各部门主管开会，会议结束前，总经理特别交代："注意服装仪容，尤其不要在客人面前穿拖鞋。"

恍然大悟的她，才知道自己平常犯了多么愚蠢的错误。毕竟，办公室不是家里，如果我们的穿着像在家里那么随便，难免会破坏自己的职业形象，甚至连工作态度都被打折扣。

法国时装设计师夏奈尔曾经说过："当你穿得邋邋遢遢时，人们注意的是你的衣服，当你穿着无懈可击时，人们注意的是你。"莎士比亚也说过："外表显示人的内涵。"着装在职业生涯中尤其重要，因为别人在判断你时，不光看你的才华，还看你的衣着。

办公室不是你私人的空间，好的形象尤其重要。在办公室，着装打扮不仅可以作为协调同事关系的润滑剂，也是你升职提薪的秘密武器。着装代表着个人品位，暗示着个人的能力，也是上司或老板脸面上的一道光彩。着装是人们职业生涯的一种道具。用好这套行头，成功也就多了一份希望。

所以，我们一定要用好这张通行证，而不要因为丢失了它而与成功擦肩而过。

漂亮的服装将为你叩开所有的大门

美国商人希尔在创业之始，就意识到服饰对人际交往与成功办事的作用。他清楚地认识到，商业社会中，一般人是根据一个人的衣着来判断对方的实力的，因此，他首先去拜访裁缝。靠着往日的信用，希尔定做了三套昂贵的西服，共花了275美元，而当时他的口袋里仅有不到1美元的零钱。

然后他又买了一整套最好的衬衫、衣领、领带、吊带等，而这时他的债务已经达到了675美元。

每天早上，他都会身穿一套全新的衣服，在同一个时间、同一个街道同某位富裕的出版商"邂逅"，希尔每天都和他打招呼，并偶尔聊上一两分钟。

这种例行性会面大约进行了一星期之后，出版商开始主动与希尔搭话，并说："你看来混得相当不错。"

接着出版商便想知道希尔从事哪种行业。因为希尔身上所表现出来的这种极有成就的气质，再加上每天一套不同的新衣已引起出版商极大的好奇心，这正是希尔盼望发生的情况。

希尔于是很轻松地告诉出版商："我正在筹备一份新杂志，打算在近期内出版，杂志的名称为《希尔的黄金定律》。"

出版商说："我是从事杂志印刷及发行的。也许，我也可以帮你的忙。"

这正是希尔所等候的那一刻，而当他购买这些新衣时，他心中已想到了这一刻。

这位出版商邀请希尔到他的俱乐部，和他共进午餐，在咖啡和香烟尚未送上桌前，已"说服"了希尔答应和他签约，由他负责印刷及发行希尔的杂志。希尔甚至"答应"允许他提供资金并不收取任何利息。

发行《希尔的黄金定律》这本杂志所需要的资金至少在 3 万美元以上，而其中的每一分钱都是从漂亮衣服所创造的"幌子"上筹集来的。

衣着虽然属于外表的一部分，但它和我们的思想、我们的心理世界密切相关。当过兵的人都清楚地知道，当你穿上军装，你立刻就觉得自己是个真正的军人了。当一位女士为赴宴会而精心打扮时，她的心里也会真的感觉到一种甜蜜约会般的情调。同样的道理，一个经理打扮得像个经理时，就会觉得自己真的是个经理，因而就能表现出经理的派头来。这就是应景穿衣对于心理的暗示——如果你沮丧颓废，那么不妨试试利用你的好皮囊来振奋你的精神并建立你的自信。

如何让你的着装更精彩

1. 衣服要整齐清洁。整洁是穿衣戴帽的第一要求。如男士穿一套西装却未佩戴领带，或下穿套鞋、球鞋，衣服起皱有污迹，衣领有油垢，足以说明他是一个事业平平、不拘小节的男人。

2. 衣服要妥帖合身。美国畅销书《格调》作者保罗尖刻地指出，看一个男士的西装领口是紧贴还是松开就可判断其来自哪个阶层。他这里指的不是名牌与廉价西服的区别，而是说受过良好教育注重服饰礼仪的人会注意小节。

3. 衣服的款式要合时。这不是要人们都追求流行盲从时尚，但穿着过时的衣履会使人在一些场合尴尬，让人认为其土气。

4. 衣服要适合时令。服饰界流行讲究服饰着装的 TOP 原则，就是指穿衣戴帽要遵循"时间、地点、场合"的要求，因人、因时、因地的打扮，同时兼顾个性化特点。这也就是应景穿衣中的"景"，穿衣在适合时令的基础上还要与自己的年龄、职业、身材、肤色、性格相吻合。你可想象一下，遇见一位略见沧桑却少女装束的中年女子是何感触。

5. 衣服应与生活相谐。居家着便装；运动着运动装；上班着职业装；赴宴着深色西装，或礼服裙；睡眠着睡衣。打乱这一规律会闹出笑话。

6. 凡穿戴大衣、风衣、雨衣、帽子，入室应取下，交有关人员保管；走时，再取戴。

7. 不在人前整衣、裤、裙，脱袜，脱鞋；化妆、补妆尤应回避。

8. 参加丧礼或吊唁亡者，衣着朴素简单，男女均应着深色西服，系黑领带，穿黑色套裙、素服等。女士不化妆，不涂艳丽口红和指甲油。

9. 在隆重、盛大的场合，应按规定着装。男女均选深色为宜，举止端庄，行为大方。

10. 任何时候穿皮鞋都应打亮。男士着黑皮鞋均配深色袜子。

11. 衣服应能掩饰自身形体的缺陷。宽大的毛线衫，常可衬托出伟岸、坚实的男子身材，可若是一位身材瘦高的人在宽大的上衣下露出两条细长的腿，不免造成一种可怜兮兮的印象。身材较胖的人，春秋两季不宜穿风衣，那样往往会显得臃肿，改穿呢子大衣则会显得大方而又气派。身材较瘦的人，冬天穿棉大衣，仿佛一个衣架子，换上一件羽绒服，局面大为改观。

12. 职业场合着装要符合自己的身份：普通工作人员穿双排扣深色服装，会引起经理的反感，因为在那里，你不是主角。中灰色单排扣的西装最为合适，可以通过衬衣和领带来表达自己的个性。

不要以为不管自己穿什么衣服，人总还是那样的人，就因此而疏忽自己的穿着，因时因地的打扮固然不能使小人成为君子，但你若不这样，却很容易成为大家视觉里的"小人"。

人生三境
看得开 拿得起 放得下

启 文 ◎ 编著

中国出版集团
中译出版社

图书在版编目（CIP）数据

励志人生必修课.人生三境：看得开　拿得起　放得下/启文编著.-- 北京：中译出版社,2019.6
ISBN 978-7-5001-5990-2

Ⅰ.①励… Ⅱ.①启… Ⅲ.①人生哲学－通俗读物
Ⅳ.① B821-49

中国版本图书馆 CIP 数据核字（2019）第 119508 号

励志人生必修课

人生三境：看得开　拿得起　放得下

出版发行：中译出版社
地　　址：北京市西城区车公庄大街甲 4 号物华大厦 6 层
电　　话：（010）68359376　68359303　68359101
邮　　编：100044
传　　真：（010）68357870
电子邮箱：book@ctph.com.cn
总 策 划：张高里
责任编辑：刘全银
封面设计：青蓝工作室
印　　刷：北京朝阳新艺印刷有限公司
经　　销：新华书店
规　　格：880 毫米 ×1230 毫米　1/32
印　　张：42
字　　数：770 千字
版　　次：2019 年 6 月第 1 版
印　　次：2019 年 6 月第 1 次

ISBN 978-7-5001-5990-2　　　定价：208.60 元（全 7 册）

中 译 出 版 社

前　言

　　《菜根谭》有言："仁人心地宽舒，便福厚而庆长，事事成个宽舒气象。鄙夫念头迫促，便禄薄而泽短，事事得个迫促规模。"心量小的人，容不得，忍不得，看不开，装不下大格局。而有成就的人，往往是心量宽广、眼界开阔、能看得开的人，看那些"心包太虚，量周沙界"的古圣大德，都为人类留下了丰富而宝贵的物质财富和精神财富。看不开的人常常是"只见树木，不见森林"，目光短浅，心量狭促，遇人遇事斤斤计较，把自己局限在一个很小的框框里。这种处世心态，既轻薄了自身的能力，又贬低了自己的品格。而看得开的人有一双深邃慧眼：世界在近处，自己在远处，把渺小的自己放在博大的世界中，还有什么放不下，还有什么看不开？看得开，不是不思进取，不求上进，不是贪图安逸，得过且过。看得开的人有着"不畏浮云遮望眼，自缘身在最高层"的境界，他们常常站在智慧的高地，"淡淡地生活，静静地思考，执着地进取"。看得开是一种弹性的生活方式，一个看得开的人，在机遇面前勇于拿起，在诱惑和无奈面前懂得放下，在困厄面前静定而执着。

　　《周易》有云："天行健，君子以自强不息。"诸葛亮在《出师表》中写下"恢弘志士之气，不宜妄自菲薄"的谏言，对于我们后世之人更是一种警示：做人一定要拿得起！生命每个人只有一次，在短暂的一生当中，人一定要有所作为、拿得起，这样才能肩负起人生的责任，才能让生命之舟负重前行，从而经得起大风大浪的考验，最终驶向幸福的彼岸。拿得起，是一种担当精神，是一种生命意志的勃发：《三国演义》中，曹操青梅煮酒，以龙状人，发出"夫英雄者，胸怀大志，腹有良谋，有包藏宇宙之机，吞吐天地之志者也"的慨叹；南北朝时的著名将领宗悫少年便有"愿乘长风，破万里浪"的壮志；青年毛泽东更是有着"自信人生二百年，会当水击三千里"的豪情。

商朝国君成汤《盘铭》有言："苟日新，日日新，又日新。"不断进步、日新其德需要我们有空杯心态、归零心态，懂得放下。然而，现实中许多人放不下。放不下失败的痛楚，终日陷于消极悲观之中不能自拔，从而停滞了成长的脚步，错失了更多的机遇和风景。放不下过去的荣耀和之前的成功经验，误认为过去的荣耀能为今日的成功带来庇佑，之前的经验能够指导新的实践。殊不知过去的荣耀之花终究属于过去，它不会为今日的成长发出新芽；过去成功的经验一旦僵化，也会成为当下进步之阻碍、未来失败之原因。懂得放下，才能去除陈腐，清空杯子，不断引来清新活水。古人说："相由心生，烦恼皆自添，若为舍不得，又怎寻快乐？"拿得起是强者的胸怀，放得下则是智者的洒脱。

"看得开，拿得起，放得下"是一种豁达的为人处世之理念。每个人都是自己命运的主宰，如何做人、怎样处世的主动权都掌握在自己手中。只要勇于克服人性弱点，看得开，拿得起，放得下，我们都可以追求辉煌的人生，达到成功的彼岸。

目 录

上篇 看得开

下篇　放得下

上篇
看得开

　　快乐人生从"看得开"开始，看得开是智者的选择。世事纷繁，在得与失之间，只有看得开，才能宠辱不惊，知足常乐。看得开，才能恬淡大器，笑对人生。

第一章
看淡得失，知足者常乐

智慧的人懂得及时享乐

我们都有过这样的经历：

——亲戚送了一盒上等绿茶，舍不得喝，放了很久。却没有想到保存不当，等拿出来喝时才发现受潮发霉了，只好万般不舍地扔掉。

——朋友送了一件质地良好的风衣，却因为太喜爱而舍不得穿。等有一天愿意拿出来时，却发现自己的身材已由亭亭玉立而变得臃肿，那件风衣竟然无法再穿上了。

——朋友出差时送了一盒当地特产的糕点，舍不得吃，待下决心将它"消灭"掉时，却发现早已过了保质期。

……

同样的道理，在我们或长或短的一生中，很多东西也是不能拖延，而必须尽量即时享受的。只有宽心的人，懂得适时松手的人，才能真正体会到生命的快乐。

在条件允许的情况下，我们应该尽量享受生活，没有必要像苦行僧似的，总是一味地虐待自己。懂得享受生活的人，比一般人更能感觉到生活的乐趣和人生的幸福。

有的人喜欢贪图别人的财富，有的人明知道是自己的财富却选择了舍弃。贪图别人财富的人，必将在获得的同时付出更多的代价，而主动舍弃的人，却可能得到上苍加倍的馈赠。

保持一颗平常心，波澜不惊，生死不畏，于无声处听惊雷，超脱眼前得失，不受外在情感的纷扰，喜怒哀乐，收放自如，才能体会到"采菊东篱下，悠然见南山"的自在。

著名的钢琴大师鲁宾斯坦有一次送给朋友一盒上等雪茄，朋友表示要好好珍藏这一特别的礼物。"不，不要这样，你一定要享用它们，这种雪茄如人生一样，都是不能保存的，你要尽快享受它们。没有爱和不能享受人生，就没有快乐。"钢琴大师对朋友说。

钢琴大师的话寓含深奥的人生哲理，我们每个人都有必要读懂它，记住它，运用它。放手已有的东西，才能将新的东西握到手中。

得到未必幸福，失去未必痛苦

痛苦常常由欲望而生，追寻的时候苦于没有得到，得到的时候却又害怕将来的失去。欲望太多，又怎么能活得快乐呢？

有一只木车轮因为被砍下了一角而伤心郁闷，它下决心要寻找一块合适的木片重新使自己完整起来，于是它开始了长途跋涉。

不完整的木车轮走得很慢。一路上，阳光柔和，它认识了各种美丽的花朵，并与草叶间的小虫攀谈；当然也看到了许许多多的木片，但都不太合适。

终于有一天，车轮发现了一块大小形状都非常合适的木片，于是马上将自己修补得完好如初。可是欣喜若狂的轮子忽然发现，眼前的世界变了，自己跑得那么快，根本看不清花朵美丽的笑脸，也听不到小虫善意的鸣叫。

车轮停下来想了想，又把木片留在了路边，自个儿走了。

失去了一角，却饱览了世间的美景；得到想要的圆满，步履匆匆，却错失了怡然的心境。所以有时候失也是得，得即是失。也许当生活有所缺陷时，我们才会深刻地感悟到生活的真实，这时候，失落反而成全了完整。

从上面的故事中我们不难发现，尽善尽美未必是幸福生活的终点站，有时反而会成为快乐的终结者。得与失的界限，你又如何准确地划定呢？当你因为有所缺失而执着于追求完美时，也许会忘却头顶那一片晴朗的天空。

据说，爱斯基摩人捕猎狼的办法世代相传，非常特别，也极其有效。严冬季节，他们在锋利的刀刃上涂上一层新鲜的动物血，等血冻住后，他们再往上涂第二层血；再让血冻住，然后再涂……

就这样，刀刃很快就被冻血掩藏得严严实实了。

然后，爱斯基摩人把血包裹住的尖刀反插在地上，刀把结实地扎在地上，刀尖朝上。当狼顺着血腥味找到尖刀时，它们会兴奋地舔食刀上新鲜的冻血。融化的血液散发出强烈的气味，在血腥的刺激下，它们会越舔越快，越舔越用力，不知不觉所有的血被舔干净，锋利的刀刃就会暴露出来。

但此时，狼已经嗜血如狂，它们猛舔刀锋，在血腥味的诱惑下，根本感觉不到自己的舌头被刀锋划开的疼痛。

在北极寒冷的夜晚，狼完全不知道它舔食的其实是自己的鲜血。它只是变得更加贪婪，舌头抽动得更快，血流得也更多，直到最后精疲力竭地倒在雪地上。

生活中很多人都如故事中的狼，在欲望的旋涡中越陷越深，又像漂泊于海上不得不饮海水的人，越喝越渴。

可见，得与失的界限，你永远也无法准确定位，自认为得到的越多，可能失去的也会越多。所以，与其把生命置于贪婪的悬崖峭壁边，不如随性一些，洒脱一些，不患得患失，做到宠辱不惊，保持自己独有的理智。

坦然地面对所有，享受人生的一切。世事无绝对，得到未必幸福，失去也不一定痛苦。

失去可能是一种转机

人生就像一次旅行。在行程中，你会用心去欣赏沿途的风景，同时也会接受各种各样的考验。这个过程中，你会失去许多，但是，你同样也会收获很多，因为，失去所传递出来的并不一定都是灾难，也可能是转机。

有一位住在深山里的农民，经常感到环境艰险，难以生活，于是四处寻找致富的好方法。一天，一位从外地来的商贩给他带来了一样好东西，尽管在阳光下看去那只是一粒粒不起眼的种子。但据商贩讲，这不是一般的种子，而是一种叫作"苹果"的水果种子，只要将其种在土壤里，两年以后，就能长成一棵棵苹果树，结出数不清的果实，运到集市上，可以卖好多钱呢！

欣喜之余，农民急忙将苹果种子小心收好，但脑海里随即涌现出一个问题：既然苹果这么值钱、这么好，会不会被别人偷走呢？于是，他特意选择了一块荒僻的山野来种植这种颇为珍贵的果树。

经过近两年的辛苦耕作，浇水施肥，小小的种子终于长成了一棵棵茁壮的果树，并且结出了累累硕果。

这位农民看在眼里，喜在心中。嗯！因为缺乏种子的缘故，果树的数量还比较少，但结出的果实也肯定可以让自己过上好一点儿的生活。

他特意选了一个好日子，准备在这一天摘下成熟的苹果，挑到集市上卖个好价钱。当这一天到来时，他非常高兴，一大早便上路了。

当他气喘吁吁地爬上山顶时，心里猛然一惊。那一片红灿灿的果实，竟然被山里的飞鸟和野兽们吃了个精光，只剩下满地的果核。

想到这几年的辛苦劳作和热切期望，他不禁伤心欲绝，大哭起来。他的财富梦就这样破灭了。在随后的岁月里，他的生活仍然艰苦，只能苦苦支撑下去，一天一天地熬日子。不知不觉之间，几年的光阴如流水一般逝去。

一天，他偶然来到了这片山野。当他爬上山顶后，突然被眼前的一幕惊呆了，因为在他面前出现了一大片茂盛的苹果林，树上结满了红红的苹果。

这会是谁种的呢？在疑惑不解中，他思索了好一会儿才找到了一个出乎意料的答案。这一大片苹果林都是他自己种的。

几年前，当那些飞鸟和野兽在吃完苹果后，就将果核吐在了旁边。就这样，果核里的种子慢慢发芽生长，终于长成了一片更加茂盛的苹果林。

现在，这位农民再也不用为生活发愁了，这一大片苹果林足以让他过上幸福的生活。

从这个故事当中我们可以看出，有时候，失去是另一种获得。花草的种子失去了在泥土中的安逸生活，却获得了在阳光下发芽微笑的机会；小鸟失去了几根美丽的羽毛，经过跌打，却获得了在蓝天下凌空展翅的机会。人生总在失去与获得之间流转。没有失去，也就无所谓获得。

生活中，一扇门如果关上了，必定有另一扇窗打开。你失去了一种东西，必然会收获另一种东西。关键是，你要有乐观的心态，相信有失必有得。要舍得放弃，正确对待你的失去，因为失去可能是一种生活的福音，它预示着你的另一种获得。

有一种放弃是为了更好地得到

生活就是这样，很多时候鱼和熊掌不可兼得。这就要求我们要懂得放弃，因为有"舍"才会有"得"。美国大财团洛克菲勒家族用实际行动给我们诠释了这一智慧。

第二次世界大战的硝烟刚刚散尽时，以美、英、法为首的战胜国首脑们几经磋商，决定在美国纽约成立一个协调处理世界事务的联合国。一切准备就绪后，大家才发现，这个全球至高无上、最权威的世界性组织，竟没有自己的立足之地。

需要买一块地皮，可刚刚成立的联合国机构还身无分文。让世界各国筹资，牌子刚刚挂起，就要向世界各国搞经济摊派，负面影响太大。况且刚刚经历了战争的浩劫，各国政府都财库空虚，许多国家财政赤字居高不下，在寸土寸金的纽约筹资买下一块地皮，并不是一件容易的事情。联合国对此一筹莫展。

听到这一消息后，美国著名的家族财团洛克菲勒家族经商议，果断出资870万美元，在纽约买下一块地皮，将这块地皮无条件地赠予了这个刚刚挂牌的国际性组织——联合国。同时，洛克菲勒家族亦将毗邻的这块地皮全部买下。

对洛克菲勒家族的这一出人意料之举，美国许多大财团都吃惊不已。870万美元，对于战后经济萎靡的美国和全世界，都是一笔不小的数目，而洛克菲勒家族将它拱手赠出，并且什么条件也没有。这条消息传出后，美国许多财团主和地产商都纷纷嘲笑说："这简直是蠢人之举！"并纷纷断言："这样经营不要十年，著名的洛克菲勒家族财团，便会沦落为著名的洛克菲勒家族贫民集团！"

但出人意料的是，联合国大楼刚刚建成完工，毗邻地价便立刻飙升起来，相当于捐赠款数十倍、近百倍的巨额财富源源不断地涌进了洛克菲勒家族。这种结局，令那些曾经讥讽和嘲笑过洛克菲勒家族捐赠之举的财团和商人们目瞪口呆。

这是典型的"因舍而得"的例子。如果洛克菲勒家族没有做出"舍"的举动，勇于牺牲和放弃眼前的利益，就不可能有"得"的结果。放弃和得到永远是辩证统一的。然而，现实中许多人却执着于"得"，常常忘记了"舍"。要知道，什么都想得到的人，最终可能会为物所累，导致一无所获。生活就是如此，如果你不可能什么都得到的时候，那么就应该学会舍弃，生活有时候会迫使你放弃一些东西，不得不放走机会和恩惠。然而我们要知道，舍弃并不意味着失去，因为只有舍弃才会有另一种获得。

多求则穷，喜舍致富

阎罗殿上，判官问两个即将投胎的小鬼："人间现有两处人家可以投生，你们可以选择。一个一生都会不断地从别人那里获得东西，另一个恰恰相反，一辈子都会忙着把自己的东西送给他人，你们要怎么选择？"

小鬼甲抢先说道："我要做那个一生都从别人那里拿东西的人。"

小鬼乙说："请您让我投生为那个一生都在给予的人吧！"

最后两个小鬼都遂了心愿：甲成了乞丐，一生潦倒街头受人恩惠；乙投生富贵人家，一生享尽富贵并时刻都在接济他人。

小鬼甲可能怎么也想不通为何会是这样的结局。按照因果关系，贫穷通常与悭吝互相牵绊，宽裕一般与慈悲不离左右。所以，不知满足、意在索取的小鬼投胎后只能做乞丐，而懂得知足，愿意为他人付出的小鬼乙投胎后却一生过得洒脱。人心得不到满足，总想着追求更多更好的东西，只能沉溺于欲望的旋涡。懂得知足，不做非法的多求的人，却能"常念知足，安贫守道，唯慧是业"。

"祸莫大于不知足"，这是《道德经》中的名言。孟子也说："养心莫善于寡欲。"两者所说的是相同的道理。所谓"布衣桑饭，可乐终身"，高僧弘一法师自身的经历就很好地体现了这一点。

我的棉被面子，还是出家以前所用的；又有一把洋伞，也是1911年买的。这些东西，即使有破烂的地方，请人用针线缝缝，仍旧同新的一样了。简单可尽我形寿，受用着哩！不过，我所穿的小衫裤和罗汉草鞋一类的东西，却须五六年一换，除此以外，一切衣物，大都是在家时候或是初出家时候制的。

从前常有人送我好的衣服或别的珍贵之物，但我大半都转送别人。因为我知道我的福薄，好的东西是没有胆量受用的。又如吃东西，只生病的时候吃一些好的，除此以外，从不敢随便乱买好的东西吃。

弘一法师有一颗知足的心，他在简单朴素的生活中享受到了快乐，这是心灵的富足。现实生活中有几个人能够做到呢？

穿衣的本质目的是为了遮羞保暖，但多少人为了追求表面的虚伪华丽和所谓"名牌"一掷千金，却看不到那些衣不蔽体、瑟瑟发抖的人；吃饭的目的是为了填饱肚子，但多少人瞧不上家常的一日三餐，非要山珍海味、满汉全席不可，甚至妄杀其他动物来满足自己的口腹之欲。不知满足的人必将一点点消耗掉之前累积的福报，背负上越来越沉重的人生的债务。

比如一个人因偶然机缘在路上捡到一张百元纸钞，如果他把这当作上天的恩赐，可能会用来做一些善事；但如果他拿到这笔意外之财后希望还能有这样的运气，并开始每天都低着头走路，那么久而久之，他可能会捡到成千颗纽扣、上万根钢针，但却也因此错过了落日的绮丽、幼童的欢颜、大自然中的鸟语花香，以至于把青春都荒废在这段路上了。

"多求的结果是穷，喜舍的结果才是富。"东西多了，心为形役，生活反而没了安定；东西虽少，但自觉知足，就能感受到生命的和谐与喜乐。

想抓住的太多，能抓住的太少

俗话说，人心不足蛇吞象。永不满足的欲望一方面是人们不懈追求的原动力，成就了"人往高处走，水往低处流"的箴言；另一方面也诠释了"有了千田想万田，当了皇帝想成仙"的人性弱点。

在生活中，人们总喜欢抓点什么，房子、金钱、名利……抓得世界五彩缤纷，抓得自己精疲力竭。

唐代文学家柳宗元曾写过一篇名为《蝜蝂传》的散文，文中提到了一种善于背负东西的小虫蝜蝂，它行走时遇见东西就拾起来放在自己的背上，高昂着头往前走。它的背发涩，堆放到上面的东西掉不下来。背上的东西越来越多，越来越重，不肯停止的贪婪行为，终于使它累倒在地。

人心常常是不清净的，之所以混乱是因为物欲太盛。人生在世，很难做到一点欲望也没有，但是物欲太强，就容易沦为欲望的奴隶，一生负重前行。每个人都应学会轻载，更应学会知足常乐，因为心灵之舟载不动太多负荷。

从前，一个想发财的人得到了一张藏宝图，上面标明在密林深处有一连串的宝藏。他立即准备好了一切旅行用具，特别是他还找出了四五个大袋子用来装宝物。一切就绪后，他进入那片密林。他斩断了挡路的荆棘，蹚过了小溪，冒险冲过了沼泽地，终于找到了第一个宝藏，满屋的金币熠熠夺目。他急忙掏出袋子，把所有的金币装进了口袋。离开这一宝藏时，他看到了门上的一行字："知足常乐，适可而止。"

他笑了笑，心想：有谁会丢下这闪光的金币呢？于是，他没留下一枚金币，扛着大袋子来到了第二个宝藏，出现在眼前的是成堆的金条。他见状，兴奋得不得了，依旧把所有的金条放进了袋子。当他拿起最后一根金条时，上面刻着："放弃了下一个屋子中的宝物，你会得到更宝贵的东西。"

他看了这一行字后，更迫不及待地走进了第三个宝藏，里面有一块磐石般大小的钻石。他发红的眼睛中泛着亮光，贪婪的双手抬起了这块钻石，放入了袋子中。他发现，这块钻石下面有一扇小门，心想，下面一定有更多的东西。于是，他毫不迟疑地打开门，跳了下去。谁知，等着他的不是金银财宝，而是一片流沙。他在流沙中不停地挣扎着，可是他越挣扎陷得越深，最终与金币、金条和钻石一起长埋在流沙下了。

如果这个人能在看了警示后立刻离开，能在跳下去之前多想一想，那么他就会平安地返回，成为一个真正的富翁。永不知足是一种病态，其病因多是权力、地位、金钱之类引发的。这种病态如果发展下去，就是贪得无厌，其结局是自我爆炸、自我毁灭。如星云大师所言，世间一切我们能抓住的只是很少的一部分，又何苦为了抓住更多从而失去更多呢？

所以，生活中的我们应该明白：即使你拥有整个世界，你一天也只能吃三餐。这是人生感悟后的一种清醒，谁真正懂得它的含义，谁就能活得轻松，过得自在，白天知足常乐，夜里睡得安宁，走路感觉踏实，蓦然回首时没有遗憾！

《伊索寓言》中有这样一句话："有些人因为贪婪，想得到更多的东西，却把现在所拥有的也失掉了。"人赤条条地来到这个世界上，不可能永久地拥有什么。现代西方经济学最有影响力的经济学家凯恩斯曾经说过，从长期来看，我们都属于死亡，人生是这样短暂，即使身在陋巷，我们也应享受每一刻美好的时光。

善于取舍的智慧

懂得放弃才有快乐，背着包袱走路总是很辛苦。中国历史上，"魏晋风度"常受到称颂，在人世的生活里，有一份出世的心情，是一种不把心思凝结在一个死结上的心态。

我们在生活中，时刻都在取与舍中选择。我们又总是渴望取，渴望占有，常常忽略了舍，忽略了占有的反面：放弃。懂得了放弃的真意，也就理解了"失之东隅，收之桑榆"的含义。多一点儿中和思想，静观万物，体会与世界一样博大的诗意，就会懂得适时地放弃，这正是我们获得内心平衡和快乐的好方法。

每个人都有自己的发展道路，都要面临无数次的抉择。当机会到来时，只有那些树立远大人生目标的人，才能作出正确的取舍，把握自己的命运。树立了远大目标，面对人生的重大选择就有了明确的衡量准绳。孟子曰："舍生取义。"这是他的选择标准，也是他人生的追求目标。

唐代诗人李白曾有过"仰天大笑出门去，我辈岂是蓬蒿人"的名句，潇洒之中，透出自己建功立业的豪情壮志。凭借生花妙笔，他很快名扬天下，做了翰林学士。

但是一段时间之后，他发现自己不过是替皇上点缀升平的御用文人。这时的李白就面临一个选择，是继续安享荣华富贵，还是浪迹天涯呢？以自己的追求目标作为衡量标准，李白毅然选择了"安能摧眉折腰事权贵，使我不得开心颜"，弃官而去。

一些看似无谓的选择，其实是奠定我们一生重大抉择的基础，古人云："不积跬步，无以至千里；不积小流，无以成江海。"无论多么远大的理想，多么伟大的事业，都必须从小处做起，从平凡处做起，所以对于看似琐碎的选择，也要慎重对待，考虑选择的结果是否有益于自己树立的远大目标。

很多人觉得学习之余放松一下不会影响什么。确实，劳逸结合对学习来说是十分必要的。但是，学习任务还没有完成就去玩游戏，明天要考试今天还去郊游而不复习，这样的选择多了，就会陷入享乐的诱惑中不能自拔，进取心就会逐步丧失。最近新闻经常报道，一些中、小学生痴迷于电子游戏，由旷课发展至逃学，甚至夜不归宿，有的还陷入犯罪的深渊。他们当初面临学习还是玩游戏的选择时，也认为自己只是暂时放松一下，但几次之后，便忘记了自己的远大目标，身陷迷途。大学系统教育是我们实现自己人生目标的必要辅助手段，把游戏时间或郊游等休闲时间用在学习上，是为了实现上大学的目标，为此放弃自己的一些爱好是值得的。

在人生的关键问题上明确"舍得"

"鱼，我所欲也；熊掌，亦我所欲也，二者不可得兼，舍鱼而取熊掌也。"当我们面临选择时，必须学会放弃。放弃，并不意味着失败。像下围棋一样，小的利益虽然放弃，得到的却是更大的利益。但如果想兼得"鱼和熊掌"，恐怕连鱼也得不到了。

在人生的紧要关头，在决定前途和命运的关键时刻，我们不能犹豫不决、徘徊彷徨，而必须明于决断，敢于放弃。法国艺术家杜拉斯曾说："人之一生，不可能什么东西都能得到，总有可惜的事情，总有放弃的东西。不会放弃，就会变得极端贪婪，结果什么东西都得不到。"

人生的获得和丧失，很多都无法由我们自己来左右。有些时候，坚持未必就是好事，或许舍弃才是洒脱，是智者面对生活的明智选择。做一件自己做不到的事情，是对生命的一种浪费，所以有些时候只有学会舍弃，才能卸下人生的种种包袱，轻装上阵。

加拿大魁北克有一条南北走向的山谷。山谷没有什么特别之处，唯一能引人注意的是它的西坡长满松、柏、女贞等树，而东坡却只有雪松。这一奇异景色之谜，许多人不知所以，然而揭开这个谜的，竟是一对夫妇。

那是1993年的冬天，这对夫妇的婚姻正濒于破裂的边缘，为了找回昔日的爱情，他们打算做一次浪漫之旅，如果能找回就继续生活，否则就友好分手。他们来到这个山谷的时候，天下起了大雪。他们支起帐篷，望着满天飞舞的大雪，发现由于特殊的风向，东坡的雪总比西坡的大且密。不一会儿，雪松上就落了厚厚的一层雪。不过当雪积到一定程度，雪松那富有弹性的枝丫就会向下弯曲，直到雪从枝上滑落。这样反复地积，反复地弯，反复地落，雪松完好无损。可其他的树，却因没有这个本领，树枝被压断了。妻子发现了这一景观，对丈夫说："东坡肯定也长过杂树，只是不会弯曲才被大雪摧毁了。"少顷，俩人突然明白了什么，拥抱在一起。

生活中我们承受着来自各方面的压力，久而久之终将让我们难以承受。这时候，我们需要像雪松那样弯下身来。舍弃一些东西，不要一味地固执，才能够重新挺立，从而避免压断的结局。舍弃是为了更好地选择，更好地生活，在人生的一些关键问题上，我们要明确"舍得"，这种舍弃并不是低头或失败，而是为了更好地选择，更好地生活。

曾经有这样一个故事：

父亲给孩子带来一则消息，某一知名跨国公司正在招聘计算机网络员，录用后薪水自然是丰厚的，而且这家公司很有发展潜力，近些年新推出的产品在市场上十分走俏。孩子当然是很想应聘的。可在职校培训已近尾声了，这要真的给聘用了，一年的培训就算夭折了，连张结业证书都拿不上。孩子犹豫了。

父亲笑了，说要和孩子做个游戏。他把刚买的两个大西瓜放在孩子面前。让他先抱起一个，然后，要他再抱起另一个。孩子瞪圆了眼，一筹莫展。抱一个已经够沉的了，两个是没法抱住的。

"那你怎么把第二个抱住呢？"父亲追问。

孩子愣神了，还是想不出招来。

父亲叹了口气："哎，你不能把手上的那个放下来吗？"

孩子似乎缓过神来，说："是呀，放下一个，不就能抱上另一个了吗！"

孩子这么做了。父亲于是提醒：这两个总得放弃一个，才能获得另一个，就看你自己怎么选择了。孩子顿悟，最终选择了应聘，放弃了培训。后来，他如愿以偿地成了那家跨国公司的职员。

是啊！如果你什么都不舍得，什么都想要，那又何来心想事成、梦想成真呢？

由美国励志演讲者杰克·坎菲尔和马克·汉森合作推出的《心灵鸡汤》系列读本，这些年来被翻译成数十种语言，感动、激励了无数的人。可是谁能想到在开始写作之前，马克·汉森经营的却是建筑业呢？

原来马克在建筑业经营彻底失败，自己也破产之后，果断地选择了放弃，选择了彻底退出建筑业，并忘记有关这一行的一切知识和经历，甚至包括他的老师——著名建筑师布克敏斯特·富勒。他决定去一个截然不同的领域创业。

他很快就发现自己对公众演说有独到的领悟和热情，而这是个最容易赚钱的职业。一段时间之后，他成为一个具有感召力的一流演讲师。后来，他的著作《心灵鸡汤》和《心灵鸡汤2》先后登上《纽约时报》的畅销书排行榜，并停留数月之久。

马克放弃了建筑业，但是你不能简单地说他是个半途而废的人。要知道，在人生的关键问题上，能够明确地"舍得"才能做出更好的选择，从而获得成功。

与其悔恨过去，不如开启新生

我们常听到人们如此哀叹："要是……就好了！"这是一种明显的内疚、悔恨情绪，而我们每个人都会不时地发出这种哀叹。

悔恨不仅是对往事的关注，也是由于过去某件事产生的现时惰性。如果你由于自己过去的某种行为而到现在都无法积极生活，那便成了一种消极的悔恨了。吸取教训是一种健康有益的做法，也是我们每个人不断取得进步与发展的重要方法。悔恨则是一种不健康的心理，它会白白浪费自己目前的精力。实际上，仅靠悔恨是无法解决任何问题的。

爱默生经常以愉快的方式来结束每一天。他告诫人们："时光一去不返，每天都应尽力做完该做的事。疏忽和荒唐事在所难免，要尽快忘掉它们。明天将是新的一天，应当重新开始，振作精神，不要使过去的错误成为未来的包袱。"

要成为一个快乐的人，重要的一点是学会将过去的错误、罪恶、过失通通忘记，努力向着未来的目标前进。

印度圣雄甘地在行驶的火车上，不小心把刚买的新鞋弄掉了一只，周围的人都为他惋惜。不料甘地立即把另一只鞋从窗口扔了出去，让人大吃一惊。甘地解释道："这一只鞋无论多么昂贵，对我来说也没有用了，如果有谁捡到一双鞋，说不定还能穿呢！"

显然，甘地的行为已有了价值判断：与其抱残守缺，不如断然放弃。我们都有过失去某种重要的东西的经历，且大都在心里留下了阴影。究其原因，就是我们并没有调整心态去面对失去，没有从心理上承认失去，总是沉湎于对已经不存在的东西的怀念。事实上，与其为失去的东西懊恼，不如正视现实，换一个角度想问题：也许你失去的，正是他人应该得到的。

卡耐基先生有一次曾造访希西监狱，他对狱中的囚犯看起来竟然很快乐感到惊讶。监狱长罗兹告诉卡耐基：犯人刚入狱时都认命地服刑，尽可能快乐地生活。有一位花匠囚犯在监狱里一边种着蔬菜、花草，还一边轻哼着歌呢！他哼唱的歌词是：

> 事实已经注定，事实已沿着一定的路线前进，
> 痛苦、悲伤并不能改变既定的情势，
> 也不能删减其中任何一段情节，
> 当然，眼泪也无补于事，它无法使你创造奇迹。
> 那么，让我们停止流无用的眼泪吧！
> 既然谁也无力使时光倒转，不如抬头往前看。

令人后悔的事情，在生活中经常出现。许多事情做了后悔，不做也后悔；许多人遇到了后悔，错过了更后悔；许多话说出来后悔，不说出来也后悔……人生没有回头路，也没有后悔药。过去的已经过去，你再无法重新设计。一味地后悔，会让你错过未来的美好时光，给未来的生活增添阴影。

只要你心无挂碍，什么都看得开、放得下，何愁没有快乐的春莺在啼鸣，何愁没有快乐的泉溪在歌唱，何愁没有快乐的白云在飘荡，何愁没有快乐的鲜花在绽放！所以，放下就是快乐，不被过去所纠缠，这才是豁达的人生。

第二章
看不透是困境，看得透是生机

工作是件非做不可的乐事，而不是苦役

你要是在生活中找不到快乐，就绝不可能在其他任何地方找到它。寻找生活中的乐趣，可以将你的心思从忧虑上移开，让你的生活变得更加简单和舒适，甚至可以给你带来意外的惊喜。即使不这样，也可以把工作中的疲劳减至最少，并帮你享受自己的闲暇时光。

有位英国记者到南美的一个部落采访。这天是个集市日，当地土著人都拿着自己的物产到集市上交易。这位英国记者看见一个老太太在卖柠檬，5 美分一个。

老太太的生意显然并不好，一上午也没卖出去几个。这位记者动了恻隐之心，打算把老太太的柠檬全部买下来，以便使她能"高高兴兴地早些回家"。

当他把自己的想法告诉老太太的时候，她的话却使记者大吃一惊："都卖给你？那我下午卖什么？"

人生最大的价值，就是体会生活的乐趣。爱迪生说："在我的

一生中，从未感觉是在工作，一切都是对我的安慰……"然而，在职场中，像卖柠檬的老太太那样，对自己所从事的事业充满热情的人并不是太多，他们看不到生活的乐趣，只看到了生活中痛苦的一面。早上一醒来，头脑里想的第一件事就是：痛苦的一天又开始了……磨磨蹭蹭地挪到公司以后，无精打采地开始一天的工作，好不容易熬到下班，立刻又高兴起来，和朋友花天酒地之时总不忘诉说自己的工作有多乏味，有多无聊。如此周而复始，心情又怎会好起来呢？

工作是一个人幸福和快乐的源泉。卡尔文·库基说过："真正的快乐不是无忧无虑，不只是享受。这样的快乐是短暂的。缺少一份充满魅力的工作，你就无法领略到真正的快乐和幸福。"然而，现实中能领略到工作中的幸福和快乐的人却寥寥无几。

工作是一个人价值的体现，应该是一种幸福的差事，我们有什么理由把它当作苦役呢？有些人抱怨工作本身太枯燥，然而，问题往往不是出在工作上，而是出在我们自己身上。如果你能够积极地对待自己的工作，并努力从工作中发掘出自身的价值，你就会像上文中的老太太一样，发现工作是一件非做不可的乐事，而不是一种惹人烦恼的苦役。

有本叫作《栽种希望，培育幸福的人》的书，书中有个法国人，他独自生活在法国东南部一块荒凉的土地上。他的生活很简单：每天都出去种树。

一年又一年，他不辞辛劳，就这样一粒粒地播种、栽树。

树开始长成森林，保存住了土壤里的水分，于是其他的植物也能够生长了，鸟儿们可以在这里筑巢了，小溪可以流淌了，这里又成了适合人类居住的绿洲。

临终前，他用自己的辛勤劳作，完全改变和恢复了他生活的地区的自然环境。原来逃离那里的人，又重新搬了回来，幸福地生活在这片土地上。

这是一个关于工作的意义和快乐的故事：每天努力工作，为自己也为他人栽种希望，培植幸福。我们从事的工作可能简单而普通，但可以为我们带来无尽的快乐和价值感。

曾经在美国费城的大楼上立起第一根避雷针、有着"第二个普罗米修斯"之称的富兰克林，说过这样一句话："我读书多，骑马少，做别人的事多，做自己的事少。最终的时刻终将来临，到那时我但愿听到这样的话'他活着对大家有益'，而不是'他死时很富有'。"

活着对大家有益，这就是工作赋予我们的意义——为我们指明方向，指引我们排除生活中的种种引诱和干扰，朝着恒定的目标前进。如果我们能够明确感受到自己的工作对于他人的价值，我们就会从中发现无穷的乐趣。如果我们能够用一个良好的心境去寻找工作的意义和乐趣，那么烦恼和疲劳将会被充满激情和高效的工作所代替。

有一个叫迈克的年轻人，他在麦当劳的工作是煎汉堡。他每天都很快乐地工作，尤其在煎汉堡的时候，他更是专心致志，许多顾客对他为何如此开心感到不可思议，十分好奇，纷纷问他："煎汉堡的工作环境不好，又是件单调乏味的事，为什么你可以如此愉快地工作并充满热情呢？"

迈克自豪地回答道："在我每次煎汉堡时，我便会想到，如果点这汉堡的人可以吃到一个精心制作的汉堡，他就会很高兴。所以我要好好地煎汉堡，使吃汉堡的人能感受到我带给他们的快乐。看到顾客吃了之后十分满足，并且神情愉快地离开时，我便感到十分高兴，心中仿佛觉得又完成了一项重大的工作。因此，我把煎好汉堡当作是我每天工作的一项使命，要尽全力去做好它。"

顾客听了他的回答之后，对他能用这样的工作态度来煎汉堡，都感到非常钦佩。他们回去之后，就把这件事告诉周围的同事、朋友或亲人，一传十、十传百，很多人都喜欢来到这家麦当劳店吃他煎的汉堡，同时看看"快乐煎汉堡的人"。

顾客纷纷把他们看到的迈克认真、热情的表现，反映给公司。公司主管在收到许多顾客的反映后，去了解情况。公司有感于迈克这种热情积极的工作态度，认为值得奖励并给予栽培。没几年，他便升为分区经理了。

迈克把每做好一个汉堡并让顾客吃得开心，当作是自己的工作使命。对他而言，这是一项有意义的工作，所以他满怀信心、充满热情地去工作。

保持平常心，让工作成为快乐的源泉

忙碌是一种生活状态，但不应该成为心灵的常态。若只能从忙碌中体会到烦恼与纷扰，便很难体验到游刃有余、自由洒脱的心境。

在忙碌的世俗生活中，保持一种平常心，将忙碌的劳累与不快沉淀到心底，并用岁月将其风干成一种曾经奋斗的记忆，才是在工作中获得快乐的方法。

古时候，一位官员每天忙忙碌碌，不得清闲，时间久了，他心中生了很多烦恼，对工作也倦怠起来。苦恼无处排解，他便来到一位禅师的法堂。

禅师静静听完了此人的倾诉，将他带入自己的禅房之中，禅房的桌上放着一瓶水。

禅师微笑着说："你看这只花瓶，它已经放置在这里许久了。虽然它每天都被放在同一个位置，但是瓶中的鲜花每天都在更换，它必须以同样的状态将水分与养料供给，这是一种不动声色的静态忙碌。在这里，几乎每天都有尘埃灰烬落在花瓶里面，但它依然澄清透明。你知道这是何故吗？"

此人思索良久，仿佛要将花瓶看穿，忽然他似有所悟："我懂了，所有的灰尘都沉淀到瓶底了。"

禅师点点头："世间烦恼之事数之不尽，有些烦恼越想排解越挥之不去，那就索性淡然处之。就像瓶中的水，如果你厌恶地摇它，会使一瓶水都不得安宁，混浊一片；如果你愿意慢慢地、静静地让它们沉淀下来，用宽广的胸怀去容纳它们，这样，心灵并未因此受到污染，反而更加纯净了。"

官员恍然大悟。

保持瓶中水的静止，也是保持自己内心的安定。保持一颗平常心，和其光，同其尘，愈深邃愈安静。

职场中的人，应该养成一种如水的心态，容纳万物，也容纳自我的烦恼。水至柔而有骨，执着能穿石，以"天下之至柔，驰骋天下之至坚"；齐心合力，激浊扬清，义无反顾；灵活处世，不拘泥于形式，因时而变，因势而变，因器而变，因机而动，生机无限；清澈透明，洁身自好，纤尘不染；一视同仁，润泽万物，有容乃大，通达而广济天下，奉献而不图回报。

人生在世，若能将水的特性发挥得淋漓尽致，可谓完人，正是"上善若水，厚德载物"，才能在忙碌的工作中获得欢喜，否则，便会因为忙碌而失去发掘幸福的心情。

有个后生从家里到一座禅院去，在路上遇到了一件有趣的事，他想以此去考考禅院里的老禅者。

来到禅院后，后生与老禅者一边品茶，一边闲谈，冷不防问了一句："何为团团转？"

"皆因绳未断。"老禅者随口答道。

后生听到老禅者这样回答，顿时目瞪口呆。老禅者见状，问："什么使你这样惊讶啊？"

"不，老师父，我惊讶的是，你怎么知道的呢？"后生说，"我今天在来的路上，看到一头牛被绳子穿了鼻子，拴在树上，这头牛想离开这棵树，到草地上去吃草，谁知它转过来转过去都不得脱身。我以为师父没看见，肯定答不出来，哪知师父一下就答对了。"

老禅者微笑着说："你问的是事，我答的是理。你问的是牛被绳缚而不得解脱，我答的是心被俗务纠缠而不得超脱，一理通百事啊！"

想想我们自己，其实也是被一根无形的绳子牵着，像老牛一样围着树干团团转，总解脱不了。我们的处境又比老牛好到哪儿去呢？

为了钱，我们东西南北团团转；为了权，我们上下左右转团团；为了欲，我们上上下下奔窜；为了名，我们日日夜夜窜奔。名是绳，利是绳，欲是绳，尘世的诱惑与牵挂都是绳。人生三千烦恼丝，斩断才能自在啊！

对活在忙碌紧张、名利缠绕的现代社会的我们而言，肩上的重担，心中的压力，将我们缠绕其中，密不透风，使我们与快乐背道而驰，越走越远。

在忙碌的工作中，放下心中的烦恼，放下心中的欲望，便会得到一双跨越悬崖，朝着晴朗的快乐天空自由飞翔的翅膀！

心中有钟，才能撞出天籁

现代人生活很忙碌，理应倍感充实。但事实证明，职场中的人往往应付了事，感觉不到工作的意义在哪里，内心常常觉得空虚无聊。忙碌的工作、多样化的娱乐方式便都成了暂时的麻醉剂，麻醉时间一过，空虚感又会袭来。

所以，我们应该干一行爱一行，做一样像一样，认真对待，全身心投入，才能体悟到工作的意义。

从前一座山，山上有座庙，庙里有一个老和尚和一群小和尚。

其中的一个小和尚在寺院中担任撞钟之职。按照寺院的规定，早上和黄昏各要撞一次钟，小和尚将撞钟的时间牢牢地记在了心中，无论阴天下雨，还是狂风冷雪，他都坚持着自己的工作，钟声从未间断。但年复一年，小和尚终于厌倦了，他觉得每天撞两次钟实在是再简单不过的工作，周而复始、千篇一律实在太无聊了，心也就渐渐麻木起来，每次撞钟时，或者天马行空地任思想游离在外，或者什么也不想，就如机器一般。

一天，小和尚撞钟时，寺院的住持从旁边经过，他看到小和尚漫不经心的表情，便将他叫到了身边，语重心长地对他说："看来，你已经不能胜任撞钟这个工作了，你还是去后院砍柴挑水吧！"

小和尚既不解又委屈："师父，撞钟还需要什么特别的能力吗？难道我撞得钟声不够响亮？还是曾经耽误过时间？"

住持说："你很准时，撞得钟声也很响亮。但是你的钟声中有什么特殊之处吗？"

"需要什么特殊的东西呢？"

"你没有理解撞钟的意义。钟声不仅仅是寺里作息的信号，更为重要的是唤醒沉迷众生。因此，钟声不仅要洪亮，还要圆润、浑厚、深沉、悠远。心中无钟，即是无佛；如果不虔诚，怎能担当撞钟之职！扪心自问，你的心中有钟吗？"

小和尚低下了头，脸上露出了惭愧之色。

心中有钟，便心中有佛。撞钟亦是如此，其中蕴含着更多的深意。小和尚只是将工作当成了工作，而没有用心去体会更深层次的含义，以至于将撞钟当成了一份机械重复、不带任何感情的工作。所以，他这个"撞钟和尚"不够格。

每个人都有自己应尽的本分与职责，工作更是如此。在生活与工作中投入自己的热情，认真对待，才不会在最后如竹篮打水，一无所得。

认真是我们对生活、对人生的一种态度，一个懂得事事都认真的人，一定是一个热爱生活且懂得生活的人，他也许会是一个平凡的人，但绝对不会是一个平庸的人，他的生命将因为他的认

27

真而变得丰满而充实。他的人生没有虚度，而且在认真对待每一件事情中赋予了巨大意义。

带着怨气不如带着快乐工作

旋！旋！旋！满满的一车螺丝钉都要旋出来！对于刚做旋车工的萨姆尔来说，他似乎觉得自己的一生都要消磨在旋钉子这件琐事上了。他满腹牢骚，老想着自己干什么别的不好，偏偏一定要来这儿旋钉子呢？就算他把这一大堆的螺丝钉都旋完了——但是，过一会儿马上又会有另一车堆在原来的地方，然后，自己又得不停地旋啊！旋啊！这一切多么可怕呀！

在第二架旋车上的旋车工荷维德听了萨姆尔的埋怨，也很郁闷地叹了口气，以表同情。他和萨姆尔一样，也很讨厌这份工作。

有什么办法呢？难道去找工头说，以自己的能力，做这种简单的体力活简直就是大材小用，因此，我希望得到另外一份更好的工作？但是，可以想象得到工头听到这些话时的轻蔑神情。要么，干脆就辞职不干了，另外再去找一份工作？这可是他费了九牛二虎之力才找到的一份工作啊！萨姆尔是绝对不能轻易辞掉的。

难道就没有别的办法来改变这种讨厌的工作状态吗？办法总归会有的，关键在于你肯不肯动脑子去思考。当萨姆尔想到这一点时，他立刻想出一个很聪明的方法，可以使这种单调乏味的工作变成一件很有趣味的事——他要把它变成一种游戏。他转过头来对他的同伴说："让我们来比赛吧，荷维德。你在你的旋机上磨钉子，把外面一层粗糙的东西磨下来。然后，我再把它们旋成一定的尺寸。我们比一比，看谁做得快。过一会儿如果你磨钉子磨烦了，我们再换着做。"

荷维德同意了他的建议，于是，他们俩之间的比赛马上就开始了。这样一来，果不其然，工作起来并不像以前那么烦闷了，而且工作效率还比以前提高了。不久，工头便给他们调换了一个较好的工作岗位。

这个叫萨姆尔的年轻人就是后来鲍耳文火车制造厂的厂长。

萨姆尔并不是咬紧他的牙齿，好像受酷刑一样去从事自己所讨厌的工作，而是把工作变成了一种游戏，使自己做起来饶有趣味。后来他说："如果你不能在你所从事的工作中闯一条路出来，你就应该换一个工作试一试。"

这是一个很好的忠告，但是秘诀便在寻求的方法上，一味地抱怨是无法找到的，而是要通过一种更好的方法去做到这一点。

戴尔·卡耐基曾说过："如果一个人不能在他的工作中找出点儿'罗曼蒂克'来，这不能怪罪于工作本身，而只能归咎于做这项工作的人。"

卡耐基之所以能够取得巨大成功，主要原因就在于他既知道享受生活中的快乐，而且还能以工作为乐。

决定将来的工作是一种快乐还是一种折磨，多半取决于你对工作的态度，而不在于工作本身。如果你能将你事业的第一个基石安放在有价值的生活根基上，你就可以使工作成为一种享受。

你昨天失败过，那又有什么关系？今天新升的太阳又会给你带来一个崭新的机会，让你好好重新开始。如果你能将每天的生活视为一种去克服暂时的困难的机会，你每天得胜的机会便比前一天多。每天早晨，当你睁开双眼的时候，你便可以看到新的机会、新的得胜的可能、新的可得的奖品、新的可学的规则以及新的竞争者。

尽情地享受生活还是以生活为苦役，这一切都要看你自己的选择。

对于你所从事的工作，应当抱有一种积极乐观的态度，这样，你才可以做得更好。只有比别人做得更好，你才能脱颖而出。如果你能尽自己最大的努力去做自己的工作，不错过每一个机会，这样一直坚持不懈地努力下去，成功总会在某个地方等着你的。

在工作与生活间掌握平衡

工作和生活不是此消彼长的关系，而是一个统一体，它们相加，就是你的整个生命历程。工作和生活并不相互冲突，然而，有些人是如此沉溺在他们的工作中，以至于事业成为他们的全部，他们完全没有时间再去体会生活的乐趣。他们平时最爱说的话就是"忙，忙，忙"，其实这只是由于他们不善于处理工作与生活的关系罢了。

在快节奏的都市生活中，大多数人都会被这种单调、沉闷、乏味而又忙碌的生活模式搞得抑郁寡欢。也许每天你最渴望的事情，就是在经济收入不受影响的情况下，能为自己找到更多的时间，多享受一点儿人生的快乐。如果你真是期盼这种生活，一点儿也不奇怪。今天，有千百万人正以一种全新的视野，去思辨和确认在他们的生活中什么是最重要的。而无论他们的答案如何千差万别，为自己找到并拥有更多的时间，无疑是众人的共同心愿。

众人"日理万机"的时刻，闲者有罪。这里有一则笑话：圈内有位成功人士，颇受景仰。每隔一段时间，总有人以尊敬的口吻询问其人近况。大家不断听到他忙着做生意、忙着买进口车以及出国度假的消息。最近又有人问："他在忙些什么呢？""唉，住院了，正忙着看病呢。"可见，损害规则必将遭受惩罚。现在，健康的红灯已经亮起，亚健康人群不断"扩军"，忧郁症的阴影在城市里悄悄游动，不断有意志和体格不够坚强的人倒下。处于高度工作压力下的人都有忘记吃饭或延迟吃饭的经历，这对于身体健康是非常有害的。因为饥饿感会引起供血方面的问题，导致肠胃痛、精神紧张。因此，不要因为工作繁忙而废寝忘食。

工作是船，生活是岸。如果为了工作而寝食难安，那工作也就失去了意义。应把工作看成生活的一部分，而不应该因工作而忘记了享受生活。当我们感到在工作和家庭之间左右为难时，很难不把它们看作是争夺我们有限时间资源的敌人。为了满足其中一方面的要求，我们似乎只能牺牲另一方面。但事实上，这只是20世纪主要在西方流行的一个被曲解了的观点，其实只要能在工作与生活之间把握平衡，它们是根本不矛盾的。那么，我们该如何合理规划工作和生活呢？也许下面的建议会对你有所帮助。

（1）工作与生活的平衡是一个交易——你和自己之间就所得和所失进行的交易。平衡意味着选择和取舍，并承担相应的后果。有时候，站在老板的角度上换位思考更有利于你把握工作与生活平衡的实质。

绝大多数老板都非常愿意协调员工的工作生活的矛盾，如果你能给他出色的业绩。请注意这里强调的是要以员工优异的业绩为前提。

很多企业曾利用积分系统来处理工作与生活的平衡问题。那些有突出业绩的人可以获得"积分"，用以交换自己工作的弹性。

（2）要避免抱怨的情绪。那些公开为工作与生活的矛盾问题而斗争、动辄要求公司提供帮助的人会被当作动摇不定、摆资格、不愿意承担义务或者无能的人，因此，那些消极抱怨的人最后总免不了被边缘化的命运。

所以，在你第五次开口，要求公司减少你的出差，要求在星期四上午请假，或者希望回家去照顾小孩之前，你应该知道自己是在发表一项声明。而且不管你用什么辞令，你的请求在别人听来都似乎是"我对这里的工作并不真正感兴趣"。

（3）注意及时行动。即使最宽宏大量的老板也会认为，工作和生活的平衡是需要你自己去解决的问题。实际上，绝大多数人也知道，的确有一些策略能帮助你处理好这个问题，他们也希望你能主动学习并采用。

选择自己最为擅长的工作

世上没有绝对的强者和弱者。在夹缝中生存，逃避自然，是弱者天生的本领，只要你懂得利用自己的优势适应环境因素，遇强则弱，遇弱则强，弱肉未必强食，相反强肉也有可能被蚕食。每个人都有自己的优势所在，关键就在于你是否善于捕捉自己的优点，并懂得如何去利用。千万不可在自怨自艾、妄自菲薄的阴影里埋没了自己的优点，要相信，弱者自有自己的生存空间，更何况，谁说我们就是弱者了？

所以，今天就来认真分析一下自己的优势，看看自己对什么事最擅长、最拿手，想好了就动手去做这件事。比如你觉得自己口才好，表达能力强，那你可以尝试参加某种形式的促销活动，做个促销员，并且努力创下佳绩；又比如你觉得自己文笔好，写作能力强，那你可以尝试写一篇你自己比较擅长的类型的文章，然后寄给某个杂志社或者报刊社，然后期待自己的文字变为铅字的惊喜。诸如此类，你的优势你自己最清楚，认真分析，然后行动。

记住，善用自己被人忽视的空间，暗暗给自己鼓劲，努力地为我们的生活再创造一个"一鸣惊人"的美丽神话。

很多的成功人士都有这样的经历：从早先的工作中解脱出来，去做适合自己的事而取得了更大的成就。例如，福勒制刷公司的创办人阿尔福·雷德就是一个典型的例子。

阿尔福·雷德出身于穷苦的农场家庭，工作似乎与他无缘，两年中他虽然努力认真，却失去了三份工作。而自从接触了制刷这一行后，他才发现他是多么不喜欢以前的那几份工作，而那些工作对他又是多么的不合适。

刚开始，雷德销售刷子，就有一个感觉：他会把这个销售工作做得出色。因为他喜爱这个工作，所以他把自己所有思想集中于从事世界上最好的销售工作。雷德成了一个成功的销售员。他又立下自己的目标：创办自己的公司。这个目标十分适合他的个性。他停止了为别人销售刷子，这时候他比过去任何时候都高兴。他在晚上制造自己的刷子，第二天又把刷子卖出去。销售额开始上升时，他租了一栋旧房子，雇佣一名助手为他制造刷子，他本人则专注于销售。

这个曾经失去三份工作的人，最终成立了他自己的福勒制刷公司，并拥有几千名销售员和数百万美元的年收入。

拿破仑·希尔认为，你的工作选择如果很对自己的兴趣，那么你就很容易获得成功。因为从某种意义上来说，一个人为之投入太多兴趣的工作就是适合他自己的工作。

每一个人都应该努力根据自己的特长来设计自己，量力而行；根据自己的环境、条件、才能、素质、兴趣等，找到合适自己的事情。卡耐基认为，一个人要实现自己的价值，就应当珍惜这有限的时间，选择最适合自己的事。否则只是徒然地浪费时间。

那么，究竟什么才是最适合自己做的事呢？最适合自己去做的事，也就是：自己最感兴趣的事，自身素质能够满足要求的事，客观条件许可的事——这几种因素缺一不可，再加上恒心和毅力，才能有希望做好，有较大的把握做好。

无论做什么事，都要自身的基本素质所能胜任，如果是一些特殊的职业，对一个人的要求会更高。有的职业对身体素质要求比较高，如运动员、演员、飞行员、时装模特等；有的职业对智力要求比较高，如科学家、作家、商业策划人员、电脑专家等；有的职业则要求所从事的人员综合素质好，如政治家、外交家、电视节目主持人、高级管理人员等。还有一些特殊的职业，对人的某一个方面有特别的要求，一般人难以从事这些工作，如调酒员，则要求有独特的味觉和嗅觉等。

因而，光有爱好、兴趣还远远不够，必须具备从事这项工作所需要的身体或智力条件。就像很多人都羡慕运动员、演员的风光，但是，要想使自己成为一个运动员或演员，并不是仅靠爱好就能够做到的。因此，我们要从自身的综合条件去考虑，选择适合自己的工作并成为一个具有专长的业内高手。

做一个办公室里受欢迎的人

在办公室里，能否处理好与同事的关系，会直接影响你的工作。建立良好的人际关系，得到大家的喜爱和尊重，无疑会对自己的生存和发展有很大的帮助。而且愉快的工作氛围，可以让人忘记工作的单调和疲倦，对待工作能有一个美好的心态。这就需要你掌握好与同事相处的艺术，精通与人沟通的技巧。与同事交往中，将自己的魅力散发到恰到好处的人，一般会受到同事的欢迎，会拥有良好的人际关系。

首先，欣赏并认可你的同事。

一个团体当中有形形色色的人，有的人有快乐的天性，能够给他人带来笑声；有的人非常善解人意，与之交谈总有如沐春风的感觉；有的人则拥有渊博的知识，随意的交流总能带给他人惊喜，使听者获得更多的知识……孔子说："三人行，必有我师焉"。每个人都有属于他自己的长处。我们不可能是全才，也不可因为我们具备了某方面的才能而夜郎自大。每个同事都有值得我们肯定与学习的地方，没有一个完全一无是处的人。

人类的举止，有一条最重要的法则。这条法则就是：学会欣赏他人的优点，并认可他人的成就。如果我们遵循这条法则，我们几乎永远不会出问题。事实上，如果遵循这条法则的话，就会给我们带来无数的朋友和无限的幸福。但是一旦违反了这条法则，我们就会惹上无尽的麻烦。

林肯曾在一封信中这样说，"人人都喜欢受人称赞"。哈佛大学心理学教授威廉·詹姆斯也说过："人类天性的本质就是渴望受人重视。"他不用"希望""要求"，或是"盼望"等字眼，而是用"渴望"来形容它。这足见人们对它的重视程度。时至今日，这仍是一种亟待解决的人类需求，只有少数人懂得满足人类这种内心渴望，并借此和他人建立良好的关系。

既然我们非常想获得别人的欣赏和认可，我们为何不慷慨点，先将赞美送给周围的人们呢？

其次，让乐观和幽默使自己变得可爱。

即使你从事的工作单调、乏味或是较为艰苦，也千万不要让自己变得灰心丧气，更不要与其他同事在一起抱怨，而要保持乐观的心境，让自己变得幽默起来。因为乐观和幽默可以消除同事之间的敌意，更能营造一种和谐亲近的人际氛围，有助于你自己和他人变得轻松，从而消除了工作中的乏味和劳累，最为重要的是，在大家眼里你的形象会变得可爱，容易让人亲近。当然，幽默要注意把握分寸，分清场合，否则会招人厌烦。

再次，帮助新同事。

新同事对工作和公司环境还不熟悉，很想得到大家的指点，但是有时由于和同事不熟，不好意思向人请教。这时，如果你主动去关心、帮助他们，在他们最需要得到关心和帮助之时，伸出援助之手，往往会让他们铭记于心，打心眼里深深地感激你，并且会在今后的工作中更主动地配合和帮助你。

工作的间隙，伸个懒腰

工作的间隙，要常常伸个懒腰。伸懒腰时可使人体的胸腔器官对心、肺挤压，利于心脏的充分运动，使更多的氧气能供给各个组织器官。同时，由于上肢、上体的活动，能使更多的含氧的血液供给大脑，使人顿时感到清醒舒适。一般人都认为，伸懒腰是一种懒惰的表现，这种认识是没有科学道理的。其实伸懒腰，对身体是有很大好处的。

经常坐着工作和学习的人，长时间低头弯腰趴在桌旁，身体得不到活动。由于颈部向前弯曲，流入脑部的血液流动不畅。这样时间长了，大脑及内脏器官的活动便受到限制，使新鲜血液供不应求，产生的废物又不能及时排出，于是便产生了疲劳的现象。

伸懒腰的时候，人一般都要打个哈欠，头部向后仰，两臂往上举。这样做有不少好处。首先，由于流入头部的血液增多，会使大脑得到比较充足的营养；其次，身腰后仰时，胸腔得到扩张，心、肺、胃等器官的功能得到改善，血液更加流通，不仅营养供应充足，而且废物也能及时排除；同时，伸懒腰时的扩胸动作还能多吸进一些氧气，使体内的新陈代谢增强，能提高大脑和其他器官的工作效率，减轻疲劳的感觉。因此，每伏案学习或工作一段时间，伸伸懒腰对身体是有好处的。

所以，累了，不妨伸一下懒腰，让身体舒展一下。偷偷提醒你，即使是开会时领导讲话中也不要那么"中规中矩"，在桌底下不妨有点儿小活动，转转手腕、脚踝、动动腿，都能适度地解除疲劳。

不要拿效率来强迫自己工作

在快节奏的工作和生活中，我们往往太过于重视效率而忽略了人的价值。太多机器按钮等我们去按，生活忙乱不堪，工作效率低下且毫无乐趣可言，在效率的鞭策下每个人都像机器一样忙得一刻也停不下来，这样的生活注定毫无幸福可言。事实上，以人的价值来看，我们应该依照人性来决定生活的步调。

现代的工作场合里，步调都被调整得很快。一位西方评论家说过："效率被视为这个时代对人类文明的最伟大贡献。效率被视为一种永远追求不完的力量，人们不可能达到的极致。"的确，在大部分的工作环境中，把工作时间花在非目标导向的事情上，都会被认为没有生产效果，缺乏效率。邀请同事去吃个舒舒服服的午餐，给同事庆祝生日，或是经常在办公桌上插瓶花，似乎都是些不重要的小事，但是，如果连这些都舍弃，又和没有精神生活的机器人有何分别？

整天工作并不会有效率。效果和花费的时间并不一定成正比。强迫自己工作、工作再工作，只会耗损体力和创造力。我们需要时间暂时停下工作，而且要经常这么做。每当你放慢脚步，让自己放松静下来，就可以和内在的力量接触，获得更多能量重获活力。一旦我们能了解工作的过程比结果更令人满足，我们就更能够乐于工作了。

据国外心理学家的调查，几乎有三分之二的人以工作为中心。下班后不懂得放松，许多人以为在饭店饮酒取乐，醉生梦死便是放松。其实这不仅不能缓解心头的压力，反而把身体也累垮了。追求效率和追求完美非常相似，它们都在我们能力所能企及的范围之外，当我们将效率奉为生活的唯一标准，一旦达不到要求，就会为之生气、烦躁，这样，我们的生活就会变得复杂、痛苦，而且毫无趣味可言。

不间断地增加专业领域内的新知识

学习是一种精神，一种不断拼搏的精神，一种不断超越自我的精神。学习是一件快乐的事情。在学习之中，我们可以不断地体会到哲人的智慧和人生的美好，不断收获到生活给予我们的馈赠，那便是精神上巨大的鼓舞和喜悦。

任何一项工作，都离不开学习，离不开刻苦钻研。没有人能随心所欲地就能把工作做好，只是，可能有的人付出的努力要多一些，有的人少一些，但是，不管多与少，一分收获必定来自一滴汗水。

要做好业务工作，当然要刻苦钻研业务，这样才能创造出业绩，当然，也许你并不在业务部门，你的工作是行政、人事类的，但是，不可否认的，任何一个行业的工作都有它独有的特征，如果你不了解本行业的业务，你肯定是没法做出优秀的成绩，所以，对于任何一个人来讲，不管从事何种岗位，业务知识的钻研是必不可少的。

不要妄想在工作的时间去学习，当然，大部分的知识是在工作的过程中学到的，但那大部分是被动地学习，真正想要把工作做好，还要在业余做大量的努力。所以，下班后，不要着急回家，适当地加加班，找点相关的业务书籍，认真研究，不明白的地方，认真记录下来，明天问问有经验的同事。如果白天的工作还有不明白的地方，自己回过头来好好琢磨一番，用学到的业务知识思考一下，看看是否有新发现。也许白天的工作中一筹莫展的地方，因为现在某个知识的点拨，瞬间豁然开朗了，说不定还有什么新的发现。比如，你又找到了新的工作方法，这样思考的过程，本身就是一种学习。

当然，白天工作的时候，也是可以学习的，你也许不用每一分每一秒都在工作。那么，今天就减少或者取消和同事聊天的机会，认真学习你还不懂的东西。而且，上班的时候，同事都在，如果你有什么疑问，可以通过求教找到答案。

认真做好工作中的每一件小事

《道德经》第六十三章说："图难于其易，为大于其细。天下难事，必作于易；天下大事，必作于细。"古人云："不积跬步，无以至千里；不积小流，无以成江海。"说的就是要想成大事必须从小事做起的道理。在工作中，认真做好每一件小事，反映的是一种忠于职业、尽职尽责、一丝不苟、善始善终的职业道德和精神，其中也糅合了一种使命感和道德责任感。把每一件小事、每一个细节做到完美，这样，我们才有机会在工作中铸就自己的辉煌。

俗语说，"一滴水，可以折射整个太阳"。许多"大事"都是由微不足道的"小事"组成的。日常工作中同样如此，看似烦琐、不足挂齿的事情比比皆是，如果你对工作中的这些小事轻视怠慢，敷衍了事，到最后就会因"一着不慎"而失掉整盘棋。所以，每个员工在处理细节时，都应当引起重视。

工作中无细节，要想把每一件大事、难事做好，就必须从小事做起，付出你的热情和努力。士兵每天做的工作就是队列训练、战术操练、巡逻排查、擦拭枪械等小事；饭店服务员每天的工作就是对顾客微笑、回答顾客的提问、整理清扫房间、细心服务等小事；公司中你每天所做的事可能就是接听电话、整理文件、绘制图表之类的细碎小事。但是，我们如果能很好地完成这些小事，没准将来就可能是军队中的将领、饭店的总经理、公司的老总。反之你如果对此感到乏味、厌倦不已，始终提不起精神，或者因此敷衍应付差事，勉强应对工作，将一切都推到"英雄无用武之地"的借口上，那么你现在的位置也会岌岌可危，在小事上都不能胜任，何谈在大事上"大显身手"呢？没有做好"小事"的态度和能力，做好"大事"只会成为"无本之木，无源之水"，根本成不了气候。可以这样说，平时的每一件"小事"其实就是一个房子的地基。如果没有这些材料，想象中美丽的房子，只会是"空中楼阁"，根本无法变为"实物"。在职场中，每一个细节的积累，就是今后事业稳步上升的基础。

美国前总统罗斯福曾说过："成功的平凡人并非天才，他资质平平，但却能把平平的资质，发展成为超乎平常的事业。"

有一位老教授说起过他的经历：

在我多年来的教学实践中，发觉有许多在校时资质平凡的学生，他们的成绩大多在中等或中等偏下，没有特殊的天分，有的只是安分守己的诚实性格。这些孩子走上社会参加工作，不爱出风头，默默地奉献。他们平凡无奇，毕业分手后，老师、同学都不太记得他们的名字和长相。但毕业后几年、十几年中，他们却带着成功的事业回来看老师，而那些原本看来有美好前程的孩子，却一事无成。这是怎么回事？

我常与同事一起琢磨，认为成功与在校成绩并没有什么必然的联系，但和踏实的性格密切相关。平凡的人比较务实，比较能自律，所以许多机会落在这种人身上。平凡的人如果加上勤能补拙的特质，成功之门必定会向他们大方地敞开。

人们都想做大事，而不愿意或者不屑于做小事。事实上，随着经济的发展，专业化程度越来越高，社会分工越来越细，真正所谓的大事实在太少。比如，一台拖拉机，有五六千个零部件，要几十个工厂进行生产协作；一辆福特牌小汽车，有上万个零件，需上百家企业生产协作；一架波音747飞机，共有四百多万个零部件，涉及的企业单位更多。

因此，多数人所做的工作还只是一些具体的事、琐碎的事、单调的事，它们也许过于平淡，也许鸡毛蒜皮，但这就是工作，是成就大事不可缺少的基础。所以无论做人、做事，都要注重细节，从小事做起。一个不愿做小事的人，是不可能成功的。老子就一直告诫人们："天下难事，必作于易；天下大事，必作于细。"要想比别人更优秀，只有在每一件小事上下工夫。不会做小事的人，也做不出大事来。

第三章
淡定从容，则万物莫不自得

从容，以一朵花开的姿态

曾有人这样说过："无论对任何人而言，忙乱不堪，没有定性，就意味着心理的某种失衡、虚弱和脆弱，也就意味着无论他走到哪里，整个世界都是一团糟。"真正强大的人不会为忙乱的琐事所困扰。这样的人去任何地方，都不会遇到很大的烦恼，无论他错过了火车还是火车迟了，无论天下雨还是下雪了，无论他"不喜欢它"，还是他的旅程因为某个意想不到的问题而被耽搁，这些琐事都不会影响到他。他会一声不响地调整自己的状态，或者对不利的处境提出解决问题的办法，或者干脆不理它，转而去做别的重要事情。他们内心和谐、安宁、乐观和从容，他们虽背负很多事情，但他们能分清主次、有条不紊、从容自若地来应付。"天塌下来，还有高个子顶着。"他们什么都不怕，什么都不惧；他们能优哉游哉、从从容容、游刃有余地应对一切。

面对人生，他们选择闲看云卷云舒、花开花落的心境。以从容去选择，选择一种气度，选择一种风范。

老子说："治大国若烹小鲜。"意思是说，治理一个很大的国家，像炖一条小鱼一样简单。传说舜在位时，弹琴赋诗，从容儒雅，把天下治理得很好。现代生活的确使每个人都感到了一定程度的紧张，但古人既然治理国家都能做到那么从容不迫，我们在工作和生活中为何就不能举重若轻呢？和谐、安定、从容不迫是一种滋补剂，能全面提升我们的心态，也能滋养我们的身体。这种从容从内心而始，有效控制自己，是我们每个人都能做到的。"就好像一片没有用的沼泽地"，一个天才的作家说，"可以变成一块种满了黄金谷物的田地或一片富饶的果园，只要把池里的水抽掉，并且把那些水流引导到一条建造好的水渠中就可以了。同样，一个人他可以通过征服并引导这些思想水流，在自身体内获得平衡。于是，他拯救了自己的灵魂，使自己的心灵和生命开花结果。"

逆境，抑或突如其来的变故与危困，都是很好的试金石，能明晰地鉴定一个人素质的优劣、强弱。甚至那些养鸟的行家，在选鸟的时候，都要故意去惊吓那些鸟，绝不取那种稍受一点儿惊吓就扑扑拍翅、乱成一团的鸟。

据说古罗马有个皇帝，常派人观察那些第二天就要被送上竞技场与猛兽空手搏斗的死刑犯，看他们在等死的前一夜是怎样表现的，结果发现凄凄惶惶的犯人中居然有能呼呼大睡且面不改色的人。便偷偷在第二天早上将他释放，训练成带兵打仗的猛将。

无独有偶，据传中国也有个君王，在接见新来的臣子时，总是故意叫他们在外面等待，迟迟不予理睬，再偷偷看这些人的表现，并对那些悠然自得、毫无焦躁之容的臣子刮目相看。

一个人的胸怀、气度、风范，可以从细微之处表现出来。或许，古罗马的那位皇帝以及我国古代君王之所以对死囚或新臣委以重任，便是从他们细微的动作、情态中看到了与众不同的潜质，看到了那份处变不惊、遇事不乱的从容。

从容是一种人生境界，也是一种生存智慧，我们只要掌握了这种智慧，幸福必然会伴随你的左右。

生命的原生态：不矫揉，不做作

在纷繁复杂的社会中，我们很多人会被染成五颜六色、绚烂多彩，而自己本身的颜色早已经分不清了，以至于后来都忘记了自己当初的颜色是什么了。保持本色似乎就如同阳春白雪一样稀有，所以保持本色十分珍贵。而出演《士兵突击》中许三多一角的王宝强，现实生活中人们几乎分不清他究竟是王宝强还是许三多，因为太本色了。王宝强有着许三多一样的纯朴、一样的谦卑、一样的坚毅，他成功了。即使是在他成名之后，他依旧是那样一副灿烂的笑容，言语行动依旧纯朴自然。康洪雷对王宝强的未来这样评价："人的未来不能设计。没有人知道明天是晴天还是雨天，是刮风还是下雨。但人总要成长，谁又敢说，本色的王宝强成不了世界巨星。"

本色的王宝强能否成为国际巨星还是个未知数，但是依旧本色的张曼玉却已经成了一代影后，她的地位无人能比。如果说张曼玉的成名 20% 靠的是机遇，那么 80% 则是靠她本身特有的气质和不懈的努力。

张曼玉从小就喜欢电影，但没敢做明星梦。机缘巧合，她当上了广告模特儿，也慢慢知道这是一条通向影坛的道路。1983 年，18 岁的张曼玉报名参加了当年的港姐选美大赛，并在决赛中获得了亚军和"最上镜小姐"的荣誉。从此，人们便认识了这个容貌秀丽、活泼可爱的小姑娘，而她的职业生涯和人生理想也随之发生了根本性的转变。她就像她的名字一样，给人曼妙灵秀、温雅纯净的感觉。身材修长、笑容纯真、娇憨可爱，乌黑飘逸的长发、明亮慧黠的双眸总会给人留下深刻的印象。她的相貌在演艺圈里算不上最漂亮，但绝对算最有特点，她的美丽让人无法复制。在多年的演艺生涯里，张曼玉一直保持着清新自然的本色，也正因为如此，她成为世界影迷心中无法替代的瑰丽。同年与张曼玉一起选上的佳丽还有48人，而当时的冠军恐怕已经不为人所知了，张曼玉却是我们所不能忘记的。对张曼玉而言，如果她没有保持自己清纯自然的本色，而是随波逐流，追赶所谓的"时尚"，也不会得到命运女神的眷顾，不会成为人们正在寻找的新面孔。

也许你感叹自己没有张曼玉般的美丽容貌、修长身姿，也许你曾经抱怨自己没有出生在那个年代，否则自己也可以成为"李曼玉""王曼玉"了。可我们为什么不找找我们与张曼玉共同的特点呢？花样的年华、青春的气息、迷人的笑容、健康的身体，我们也有属于自己的最本色的东西。本色就是不矫揉造作，不过分修饰，把自己最本真的一面呈现出来。现实生活中的我们往往试图通过学习和模仿别人来改变自己，让自己变得更酷，或者更有所谓的"魅力"，但到最后却丢掉了自己。因为不管你模仿得如何逼真，终归是假的。你永远做的是别人第二，永远不会超越别人，反而丢失了自己。

每个人都是世界上独一无二的，别人完全没法复制。一个人，最重要的是要有自己的特色，清纯率真也好，朴实木讷也罢，不要盲目崇拜别人。固然，学习别人的长处，是为了弥补自己的短处，但是为了学习他人而把自己的长处丢掉，便是贻笑大方的事了。宁做自己第一，不做别人第二，保持一个真实和真诚的自己，谁能说你的"本色"不是这个时代正在寻找的"新面孔"呢?

顺境舒展身心，逆境安顿自己

何处才是一个人生命当中最不堪忍受的低谷?

假如，在我们面前摆放着一盆精美的插花，一般人都会以非常愉悦的心情来欣赏它。但是，一旦另一位插花师带来一盆更漂亮的花，我们就会发现之前的那盆花其实并不够好。世间的事，往往你认为最差的，在过去某一个时间，它也曾是最好的；而你认为最好的，可能转眼间就变成最坏的了。

对待生命中的低潮，首先要直面问题，才能解决问题；其次，对待挫折，要把危机当作转机。如此一来，每个自认为置身苦海的人，都应做正面的思考。所谓"正面思考"，并不是要求每个人都去相信人生只有阳光，没有阴暗。阴晴圆缺是必然的，但是，人人都可以做到"在阳光处尽情舒展身心，碰到阴暗时懂得安顿自己"。

圣严法师暮年，身体每况愈下，走路也不像以前那么轻快了。

一天，圣严法师在他人的搀扶下慢慢行走着，他的一位弟子施炳煌看见后紧走几步，来到圣严法师身边。

施炳煌关切地问候法师："师父，您还好吗?"

圣严法师停下来微微一笑，说道："好重哦! 脚好重，似乎快走不动了!"

一瞬间，施炳煌不由得心生感慨，神色间也有些黯然。到了禅房里，圣严法师一坐下来就对施炳煌说："施炳煌啊，你看看我们的法鼓山像不像极乐世界！"施炳煌一愣，但刹那间只觉得心中一片澄明，跟随圣严法师十多年来的感触瞬间涌上心头。

施炳煌在回忆起这件事时写道："虽然师父走路走得很累，但是他看到了一种很大很广的平静跟祥和，或许是一种法喜，似乎就是我在十几年前，看到他的那一份自在！当我听到他讲这一句话，我也从某些角度中，看到了我心中的理想。"施炳煌的回忆中，字字句句都是对圣严法师的由衷赞美。这件事之所以会给施炳煌留下如此深刻的印象，一方面是因为圣严法师直面衰老、死亡，不逃避不隐匿的态度，另一方面则是法师那一份超然豁达、心无旁骛的境界令人叹服。

其实，人们所遭遇的挫折、所犯下的错误就像蹒跚的脚步、眼角的皱纹一样，往往越遮掩就越容易暴露。生活中，当一些人深陷困境或犯错之时，常常下意识地掩饰自己的窘态，结果往往差强人意，弄巧成拙。

在禅宗中有这样一则故事：

一个和尚挑着扁担匆匆忙忙地赶路，扁担一头的筐里放着一个精致的香炉。

和尚看上去有些心急，以至于一不小心跌了一跤，香炉落地，瞬间摔得粉碎。和尚停下来，低头看看地上的香炉碎片略微停顿了一下，便若无其事地继续向前走。

旁边一个路人忍不住叫道："和尚，你的香炉摔碎了！"

"我知道。"和尚不紧不慢地回答道。

路人不解："那你怎么也不停下，只顾着赶路呢？"

和尚一笑，说："它已经碎了，我停下又能如何？"

和尚所言极是！既然破碎的香炉已无法黏合，又何必为了一堆碎片耽误前行的脚步呢？人生如潮，潮起潮落的自然规律也是每个人不可逃避的人生轨迹，任何人都有可能被浪头打翻在地，只要能爬起来，生命就会多出一份精彩。

淡看世间风光，枯荣皆有惊喜

人人都喜欢观日出，因为那是新生命的象征，也是希望的昭示，然而，却不是每个人都知道这世上生生死死的永不停息。观日落可以定心性，智者不同于常人的地方，在于他们看淡日出，而对日落情有独钟。其实日出也是无常，落日却是永恒，即生必然走向灭的归宿，能洞察生灭现象者，才是智慧人。日出固然绚烂，但其中也饱含着未脱无常的凄美。

药山禅师在庭院中打坐，身边有云岩和道吾两名弟子相伴。禅师坐禅之后，看两名弟子仍然若有所思，便指着院中的两棵老树问道："你们看这两棵老树，已经在寺中经历了上百个年头，如今，这两棵树一枯一荣，你们说，是枯的好，还是荣的好呢？"

道吾回答道："荣的好。"

云岩答道："枯的好！"

药山禅师看着他们，并未讲话，恰逢一位侍者从旁边路过，于是药山禅师便将他喊了过来，问他道："你看院中的这两棵树，是枯的好呢？还是荣的好？"

侍者回答道："枯者由他枯，荣者任他荣。"

药山禅师面露微笑，赞许地朝侍者点了点头。同一个问题有三种不同的答案："荣的好"，这表示一个人的性格热忱进取；"枯的好"，这表示清净淡泊；"枯者由他枯，荣者由他荣"，这就是顺应自然。所以有诗曰："云岩寂寂无窠臼，灿烂宗风是道吾。深信高禅知此意，闲行闲坐任荣枯。"

花草树木的枯荣与太阳的东升西落，就像昼夜的交替、四季的流转一样，是自然界里极其平常的事情，而一旦与人的个人际遇联系，便会生发出无限感慨，大多数人都会因为美好事物的逝去而感伤慨叹，但实际上大可不必如此。

枯有枯的道理，荣有荣的理由，本无好坏之分，荣枯都好，不好只是个人根据主观感受作出的评判而已。事无好坏，唯人拣择。就像是世上的我们，每一天的起卧作息皆顺其自然，饥来张口困来眠，看似平常，却正是无限风光！有一位老师带学生们登山赏雪，雪在山崖树影中交织成一幅美丽无比的画卷，所有人的都被造物的神奇所震慑。

老师站在一棵树下，恰好一滴融化的雪水滴在了他的头上，于是他向学生们提了个问题："同学们，雪融化之后，会变成什么呢？"

学生们异口同声地回答："水！"

老师非常欣慰，对同学们做了一个赞赏的手势。

这时，一个老和尚从旁边经过，他抬头看了看满山的雪色，若有所思地说："雪融化了，难道不是春天吗？"

雪化之后，变成了"春天"，一则生活中随心而至的常识，却绽放出了童话般的美丽。冬天过去，春天将至；日落之后，还有日出，我们又何必自讨纷扰？

日出有日出的精彩，日落有日落的美丽，性格热忱进取者与清净淡泊者都能找到自己的乐趣，却也都有自己的烦恼。热忱的人有时候会疲于世俗生活中的喧嚣与众多不必要的纷扰，而寡淡者也难免会觉得寂寞无聊。只有真正做到"枯者由他枯，荣者由他荣"的人，才能够宠辱不惊，笑看花开花落，静观云卷云舒。

"不以物喜，不以己悲"是我们追求的境界

生命中的许多东西都是可遇而不可求的，那些刻意强求的东西或许我们一辈子都得不到，而不曾被期待的东西往往会在我们的淡泊从容中不期而至，因为生命是偶然和必然的机缘，也是内心的自由的体现。生命放达，内心自由，首先就要拥有一颗纯净飘逸的心，随风如白云般漂泊，安闲自在，任意舒卷，随时随地，随心而安。随不是跟随，而是顺其自然，不怨怒，不过度，不强求，不悲观，不刻板，不慌乱，不忘形。不以物喜，不以己悲。

一日，长沙景岑禅师到山上去散步，回来的时候碰到了住持长老。住持问他："你今天去了哪里？"长沙禅师："我到山上去散步了。"住持追问："去哪里了？"长沙禅师："始随芳草去，又逐落花回。"长沙禅师所怀抱的心境一片和风煦日，没有狂风暴雨；禅师所体验的世界一片清风丽日，没有黑暗罪恶。并不是这世界没有狂风暴雨和黑暗罪恶，而是他的心不受外在环境影响，永远安详、稳定、慈悲、宁静、光明磊落。所以，不论他面对什么样的世界，他的心境始终自在安闲。

"人生不满百，常怀千年忧。"过多的执着造成过多的苦恼，执着于其中不能自拔的人又怎么了解禅者的自有境界呢？"始随芳草去，又逐落花回"，心境坦然，悠然无滞，眼前自然是海阔天

空，到处都会是盎然的芳草，遍地都是缤纷的落花，徜徉其中，天高云淡，鸟语花香，神奇的造物，悠然的心灵，一切如诗话般和谐动人。其中境界就如寒山诗偈中所言："一住寒山万事休，更无杂念挂心头。闲于石壁题诗句，任运还同不系舟。"

人生是一个自然规律

明代学者徐文长写过一首五律《读庄子》："庄周轻死生，旷达古无比。何为数论量，生死反大事？乃知无言者，莫得窥其际。身没名不传，此中有高士。"徐氏说庄子"轻生死"，这个"轻"字并非轻视、侮蔑之意，而是表示一种淡然的态度。这种参破生死的态度，早已经消除了对生的执着和对死的恐惧。庄子不为生死烦忧，听从生命的自然安排。道家对生死的态度可从他曾讲述的一个故事中窥见一斑。

《庄子·齐物论》中记载了"丽姬出嫁"的故事：

丽姬原本是一个民女，因为皇宫选宫女，她被选中。当时的她哭天喊地，争闹不休。但还是被选入宫中，结果后来当上了皇后，过了清闲一世。而在她回想当初被选中、在家里哭得一塌糊涂的悲惨情形时，就觉得当初是多么的荒唐、愚蠢和无知。

同样的道理，在生死问题上也是如此，因为人心怀死亡的恐惧而在临死前拼命哭泣，死了以后若真的有泉下有知一说，估计才知道临死时的哭泣与挣扎都是多余的。生死就是最根本的大问题，所以哲学家常常会思索死亡的问题。所谓"千古艰难唯一死”，如果这一点能够看透的话，人生还会有什么困难呢？老子也曾说过：“民不畏死，奈何以死惧之？”如果老百姓不怕死亡，那么你就算用死亡来吓唬他也没有用。生与死是人生旅途中的一个大转折，有着看透生死的勇气，就等于把人生中的生死问题彻底解决了。

庄子的妻子去世后，老朋友惠施来吊丧，结果看见庄子席地而坐，两腿叉开。这是一种很不合礼仪的坐法，惠施有些不满了。结果庄子竟然还“鼓盆而歌”。惠施就很生气：“你妻子给你生儿育女，与你共同生活，身老而死。你不哭就算了，还敲着盆子唱歌，真是过分。”庄子便告诉老朋友自己的想法，他认为人的生死变化，如同四季运行，春夏秋冬不断变换交替也是自然而然的事情。这是天命，既然天道如此，又何必哭泣呢？看透生死，节哀顺变，一切随遇而安，就不会在人生的旅途中为生死而饱受困扰。

一个人活在这个世界上，是顺着生命的自然之势来的；年龄大了，到了要死的时候，也是顺着自然之势去的。

生死的问题看空了，随时随地心安理得、顺其自然，自己就不会被后天的感情所扰乱了。生命活着的时候，把握现在的时间，现在就是价值，要回去的时候就回去，所以一切环境的变化、身心的变化也都没有关系，因为这些都是自然本来的变化。这个道理弄通了，就会达到“哀乐不能入”的境界，也就是喜怒哀乐都无所谓，都不入于心中。

说到安之若命，就像中国人常说“这就是命”，很多人觉得这种思想就是消极、悲观的。其实不然，南怀瑾先生用这样的例子说明：很多乡野老妪，可能一辈子没有离开过村子，整日里在田间劳作，辛苦非常。外人如果问起来："很辛苦吧。"他们可能会淡然地回答："没什么，是命。"这样的态度，比起很多所谓的大哲学家要更通达。如此才是一种达观人生。

一呼一吸间，看透自然的归宿

喜欢月圆的明亮，就要接受它有黑暗与不圆满的时候；喜欢水果的甜美，也要容许它通过苦涩成长的过程。真正幸福的人生，难以圆满。有苦有乐的人生是充实的，有成有败的人生是合理的，有得有失的人生是公平的，有生有死的人生是自然的。

一只飘摇的生命之舟，从时空的长河中缓缓驶来。舟中有一个刚刚诞生的生命，他不会说、不会笑、不会跳、不会闹，也不会思考，他只是沉睡着。远处传来一个声音："你从何处来？要到何处去？"刚诞生的小生命重复道："我从何处来？要到何处去？"生命之舟在时空的长河中默默前行。忽然，又传来一个声音："等一等！我们想与你一同旅行，请载我们同去！"随着声音传来的方向看去，只见痛苦与欢乐、爱与恨、善与恶、得与失、成功与失败、聪明与愚钝，手拉着手游向生命之舟。痛苦从左边上了船，欢乐从右边上了船；爱从左边上了船，恨从右边上了船……

待这些人生的伴侣们进到了船舱，这只飘摇的生命之舟顿时沉重了许多，舱中的气氛顿时活跃了，哭声和笑声接连从舟中传出来。忽然，又一个喊声传来："等一等，等一等，还有我们。"众人寻声望去，只见清醒与糊涂、路人与朋友双双携手游来。清醒从左边上了船，糊涂却迟迟不肯上去。路人从左边上了船，朋友也迟迟不肯上去。"喂！怎么回事？朋友！糊涂！你们快上来呀！"一个声音招呼着他们。"不！除非糊涂先上去，我才会上去！否则，生命是容不下我的！"朋友说。"不！我也不想上去，我知道我是不受欢迎的！"糊涂说。"请上船吧，糊涂！你知道你在我的一生中多么重要吗？我要得到朋友，首先要得到你，我要成就一番事业，没有你是万万不行的。"船中的生命呼唤着。于是，糊涂犹犹豫豫地上了船，朋友紧跟着也上去了。飘摇的生命之舟，在时空长河中满载着前行。

这时，后面又传来了呼唤声："等一等我，别忘了我！我一直在追随着你哪！"这是死亡的呼喊。在死亡的追赶下，生命之舟一路向前。显然它不肯为死亡停驻，不知是装作没有听见死亡的呼喊，还是不愿听见死亡的声音，但无论如何，死亡依然紧紧地跟在它的后面，寸步不离。

这只飘摇的生命之舟，必须满载着痛苦与欢乐、爱与恨、善与恶、得与失、成功与失败、聪明与愚钝、清醒与糊涂、路人与朋友……在人生的得意与失意间破浪前行。凭山临海不系舟，山水系不住生命之舟，个人的心愿意志也系不住，它有着自我的轨迹，我们只能将其尽量圆满，却不能彻底改变。若想在这茫茫旅途中获得真实的幸福，唯有认清并接受生命中必然存在的缺陷。

既然缘变无迹可寻，不如娴雅度过一生

才华横溢、名满天下的李叔同先生，也即后来的弘一法师，

其变幻多姿的一生本身就是一个传奇，从风光八面的文化名流转而皈依佛门，在风花雪月的杭州避世而居，潜心修行，从此往昔种种仿佛一刀两断。在弘一法师的心念中，浮华红尘中的李叔同已死，而清净佛界的弘一法师方生。这是处在无常中无可奈何、只有束手就擒的大多数人无法领略的境界。

弘一法师的出家动机，显然是以"看见"了无常为基础的。然而，这是否意味着大师的转现僧相是为了要逃避生离死别的痛苦而急于切断与妻儿、亲友的关系发展，以求避免所谓的情爱执着呢？

鲁迅先生在临死前写过一篇《无常》，无常就是没有定数，是对幻化人生的经典概括。

因为众生抗拒无常，所以觉得痛苦。

对于无常所引发之苦，至少有三种："爱别离""怨憎会"和"求不得"。爱恋不舍的偏偏总有尽时，讨厌排斥的偏偏一再重复，想要的要不到、不想要的无法摆脱，如此而让人受尽苦楚。

人生本无常，又何必深陷其中？生命中有太多的偶然，茫茫宇宙有太多的不确定。我们像鱼一样生活在尘网中，越挣扎越紧。回头想一想，我们要做的不是如何冲破这网罗，而是在弘一法师身上取经，怎样超脱这张无常尘网，不被它罩住。

我们面对的是同样一个因缘所生、幻化无常的世间现象，有人惶恐不已，结果意志消沉，自暴自弃；有人难以承担，故假装忽略而醉生梦死；也有人希求永远霸占而盲目扩张自己的占有控制欲，做得很累、忙碌得很辛苦，结果是无益的"苦行"（抑或"酷刑"）。有多少人能在这人人必经、人人同样面对的无常生死问题中清醒过来、超越出去？

弘一法师曾经手书门联曰："草积不除，时觉眼前生意满；庵门常掩，勿忘世上苦人多。"此句中确实有真实滋味，悠远芬芳，淡淡久存。狼藉的杂草堆何以生意怡然？关闭的庵门之内何以是无穷的慈悲？看似矛盾冲突的背后其实是绝对的和谐。

山穷水尽之际，转过头来，就此游目四顾，或许你会发现：就眼前脚下此片林地水光山色一点儿不差，何异本来日夜赶路寻求的梦里桃源？随手一摘，就将野果果腹，随地一卧，何妨就在此地安歇？快乐和幸福、安心真的需要那么费劲吗？极乐世界真的远在十万亿程之外的山长水远吗？

来到长安，长安只是脚下安然行走的土地；未到庐山，庐山却是梦寐以求的千山之外！天才艺术家达·芬奇说过："认真度过一日，使人睡得安稳；努力付出一生，使人死得安详。"菩提法师在书中介绍弘一法师为僧半生的作为："持戒谨严，淡泊无求，一双破布鞋，一条旧毛巾，一领衲衣，补丁二百多处，青白相间，褴褛不堪，还视为珍物。素食唯清水煮白菜，用盐不用油。信徒供养香菇、豆腐之类，皆被谢绝。"

不是为了要得世人的崇拜称赞，也不是为了邀得后世美名，更非内心空虚而要显异惑众以平衡濒临崩溃的"自我价值感"，弘一法师让我们看到的其实只是一个安然度日，"淡有淡的滋味，咸有咸的滋味"的快乐幸福人。

这样的人生令人羡慕，值得我们学习：淡与咸，本来就各有滋味；缘变无常，本来就是天天存在，何以会让人忧心呢？弘一法师的一生值得我们再三细细体会。

中篇
拿得起

　　成功人生从"拿得起"开始，拿得起是强者的智慧。无论做大事或小事，只有你想去做，用上全部的力量迅速采取行动，才有可能收获成功。没有拿得起，何谈放得下。

第一章
成功人生从"拿得起"开始

拿得起是强者的智慧

人与人之间，成功人物与平庸人物之间，强者与弱者之间，最大的差异就在于遇到困难时奋勇向前，拼搏进取，坚持到最后直至达到心中的目标，还是甘于平庸，畏缩不前，直到生命结束都与成功无缘。

自然界遵循着优胜劣汰、强者生存的自然法则。这个世界也永远属于强者，拿得起是强者的智慧。强者的宣言是：目标一旦确立，不在奋斗中成功，就在奋斗中死亡。只要你具备了这样的信念，你就能做成这世界上能做的任何事情。否则，不管你拥有怎样的才华，身处怎样的环境，拥有怎样的机遇，你都不能将一个两脚动物变成一个真正大写的"人"。

苦难对于强者来说是锻炼人的天堂，而对于弱者来说却是折磨人的炼狱。

有一个地方非常贫瘠，荒无人烟，这里只有一户人家。父母早亡，只剩下一对兄弟。哥哥叫强者，身体矫健，这与他常年打猎与猛兽搏斗分不开。弟弟叫弱者，面黄肌瘦，体弱多病，这与他胆小怕事、疑神疑鬼、好逸恶劳有关。

他们家门前有一条叫苦难的河，此河常年汹波恶浪，河水混浊，深不可测。而河的对岸，却十分地富庶，还有一座幸福城，那里人人丰衣足食。

弱者弟弟常常蹲在门前望着那条苦难河，战战兢兢，双手紧紧地抱着脑袋等着出去打猎的哥哥回家。有一天，强者回来看了看那弱不禁风的弟弟说："弟弟，河的对岸就是幸福城，我想尝试着渡过那条可怕的河，到对岸去。"强者充满希望地看着河的对岸。

弱者抬起头看了哥哥说："真的吗，就不用住这破房子了，不用担心野兽了，是吗？"

强者笑着说："对呀，咱们会有一座漂亮的房子，会有一辆马车。"

弱者拍手道："好哇，那咱们过河吧！"

强者说："好，咱们马上开始造一条船，现在就去砍一棵大树去。"说完强者进屋取了两把斧子，递给弱者一把。弱者刚要接过斧子，但马上缩回手，摇着头说："不行，树林里有毒蛇猛兽，我怕，我不去。"说完跑回屋里，用被子蒙住了头。

强者叹了口气，径自进了树林，找了一棵粗大的树，便砍了起来。过了一天，强者终于砍倒了大树，拖回了家。

弱者看到了强者，高兴地说："哥，咱们就要过上好日子了。"

强者也笑着说："是啊！咱们开始造船。来，帮哥哥修理一下树枝。"弱者说："好好。"拿起斧子抡了起来，砍了几下，便"哎哟，哎哟"地叫起来，扔掉斧子，喘着粗气说："不干啦！"

强者看了看弟弟无奈地说："那你到一边休息休息吧。"强者风风火火地干了起来。

弱者赶忙躲到一边，坐在地上，看着强者，当他看到飞起的木屑打在强者的脸上时，弱者脸上的肌肉不断地抽搐着，连忙闭上眼睛，双手护紧了头部，哆嗦在那里。

强者挥汗如雨，经过几天的拼搏，船终于造好了。

强者对着弱者说："弟弟，船造好了，咱们马上能过上好日子了。"

弱者那憔悴的脸上也展露出笑容，抚摸着船，激动地说："哥，咱们就要过上好日子啦。"

第二天，兄弟俩上了船，哥哥让弟弟坐稳，强者拿起了双桨划了起来。猛然间，一个浪扑了过来，船摇了一下，弱者吓得脸刷地绿了，双手死死地抓住了船舷，嘴里不住地喊："船要翻了，船要翻了，我不去了，我不去了，我要回家。"

"没事的，弟弟不要怕，坚持一下。"

弱者"哇"的一声哭了起来，嘴里叫嚷着："混蛋，你要害死我呀，混蛋，送我回岸上去，我要死了，呜呜……"便不住地呕吐起来。

强者看着弟弟这副样子，没有办法，只好把他送回岸。

弱者哆嗦地上了岸，回头对哥哥说："别去了，会死的，咱们在这儿不是生活得也很好嘛！干吗要去那儿呢？"

强者站在船上看了看对岸的幸福城，回头对弟弟说："人生难得几回搏，如果遇到困难就退缩，会一事无成的。我不想这样，如果这一次不拼一拼的话，我会后悔一辈子的。"

弱者红着脸，低着头，嗫嚅了几句。

强者又上岸给弱者准备了一些食物，足够弱者吃几个月了。然后，他登上船，回头对弟弟说："保重自己，到了幸福城，我富有了，我会造一条大船来接你的。"说完，迎着风浪走了。

经过千辛万苦，船起船落，强者终于凭着自己顽强的毅力到达了幸福城。几番拼搏，几年后，强者有了自己的家园，强者造了一艘大船，乘风破浪来到对岸，来接弱者。但是弱者吃完哥哥准备的食物后，由于胆小，不敢出门去找食物，不久就饿死了。

这就是强者与弱者的不同的命运。大千世界就是一个适者生存、强者统治的丛林，一个弱肉强食、优胜劣汰的世界。人类在永恒的奋斗拼搏中壮大，而在安逸中它只会灭亡。如果想生存得更好，想实现自己的梦想，就必须奋斗！不想奋斗就很难生存在这个充满竞争的世界里，这是残酷的客观现实！是强者就得勇敢地选择拿起，否则就只能得到被淘汰的命运！

勇谋大事而失败，强如不谋一事的安逸

生命是一连串的奇迹与不可能所组合的，未来会如何没有任何人能把握，冒险才是生命的真谛。

有一天，龙虾与寄居蟹在深海中相遇，寄居蟹看见龙虾正把自己的硬壳脱掉，只露出娇嫩的身躯。寄居蟹非常紧张地说："龙虾，你怎可以把唯一保护自己身躯的硬壳也放弃呢？难道你不怕有大鱼一口把你吃掉吗？以你现在的情况来看，连急流也会把你冲到岩石去，到时你不死才怪呢？"

龙虾气定神闲地回答："谢谢你的关心。但是你不了解，我们龙虾每次成长，都必须先脱掉旧壳，才能生长出更坚固的外壳，现在面对的危险，只是为了将来发展得更好而做出准备。"

寄居蟹细心思量一下，自己整天只找可以避居的地方，而没

有想过如何令自己成长得更强壮，整天只活在别人的护荫之下，难怪永远都限制自己的发展。

　　每个人都有一定的安全区，你想跨越自己目前的成就，请不要划地自限。勇于接受挑战，充实自我，才会发展得比想象中更好。

　　"衰老的重要标志，就是求稳怕变。所以，你想保持年轻吗？你希望自己有活力吗？你期待着清晨能在新生活的憧憬中醒来吗？有一个好办法——每天都冒一点险。"

　　在美国优山美地国家公园，有一块垂直高度超过300米的大石，几乎是笔直的岩面，寸草不生。除了中段有个很小的岩洞可以栖身过夜外，整块石头可以说是毫无立足之地。只要光顾这里，导游就会指着这块光秃秃的石头对游客说："有一位因登山而失去了双腿的登山家曾经攀上了这块石头。当时电视现场直播，万人空巷。"

　　这是怎样一种人，怎样一种精神。探险，对于当事人来说，并非寻求物质享受。正如张朝阳在珠峰脚下营地的日记所写："我开始佩服那些勇敢攀登的人们；单只是虚荣心是无法支撑他们面对如此极端而危险的挑战，在那时刻，你不会想到成功归来的鲜花与喝彩；那……还有什么？那是对人生严肃认真态度的毅然选择！那是内心勇敢乐观的无言明证！那是对人类生命力强大的终极的歌颂与赞叹！"

　　精神的力量，可以洋溢在人生的每一个角落。而这种体验也是一份生命的感动。

　　一位主管为了帮助一位长期保持稳定但一直不愿晋升且无法

突破的同事，煞费苦心却无法改变他。

有一天主管换了一种方式，问他的那位同事："倘若你的独生子小学毕业时愿意继续留在原小学，而不愿升初中，理由是：如果这样的话，他就可以一直保持名列前茅的优势，而免除不及格和落后他人的顾虑。身为人父的你，会同意吗？"他不假思索地答道："当然不行，怎么可以因为怕不及格和成绩单不好看而留级呢？上学的目的并不在成绩单，而在不断地学习与成长，考试与竞争的压力正是帮助学习与成长的最好方法。我绝对不会同意小孩留级，这样会害了小孩一辈子的。"

主管在旁边不断地点头微笑。最后话题一转，提醒他说："身教重于言传，你自己应该是勇于接受挑战、突破竞争的时候了，别再担心无法达到目标及在与同行竞争中落后。如此因噎废食将使自己如同不愿升学的小孩，无形中遭到莫大的损失。"这位同仁在猛然顿悟之后果然接受忠告，以最快速度晋升做高职级，如同脱胎换骨一样。

每个人都会担心，怕定高目标后难以达到，怕晋升高职后比赛会输给人，但是唯有接受挑战与压力才能不断地突破与成长。因为，勇谋大事而失败，强如不谋一事的安逸。

只有去拿，才可能拿得起

梦想是成功的起跑线，决心则是起跑时的枪声，行动犹如跑者全力的奔驰。没有行动，任何天花乱坠的梦想、山盟海誓的决心，都只能是天桥上的把式——光说不练。现实当中我们要成功得拿起梦想中的一切，就要先有出手去拿的行动。做任何事，只有去行动，才能知道结果。

　　发现新大陆的意大利人哥伦布还在求学的时候，偶然读到一本毕达哥拉斯的著作，知道地球是圆的，他就牢记在脑子里。经过很长时间的思索和研究后，他大胆地提出，如果地球真是圆的，他便可以经过极短的路程而到达印度了。

　　一时间，许多知识渊博的大学教授和哲学家们都耻笑他的天方夜谭：向西方行驶而到达东方的印度，岂不是痴人说梦？他们告诉他：地球不是圆的，而是平的。然后又警告道，他要是一直向西航行，他的船将驶到地球的边缘而掉下去……这不是等于自杀吗？

　　然而，哥伦布很自信，只可惜他家境贫寒，没有钱让他实现理想。他想从别人那儿得到一点钱，助他成功，却一连空等了17年。他决定不再等下去，于是启程去见皇后伊莎贝拉，沿途穷得竟以乞讨糊口。皇后赞赏他的理想，并答应赐给他船只，让他去实现自己的梦想。

　　接下来，哥伦布去找水手，水手们都怕死，没人愿意跟随他去。于是他鼓起勇气跑到海滨，找到了几位水手，先向他们哀求，接着是劝告，最后用恫吓的手段逼迫他们去。另外，他还请求皇后释放了狱中的死囚，允许他们如果冒险成功，就可以免罪恢复自由。

　　1492年8月，哥伦布率领三艘帆船，开始了一个划时代的航行。刚航行几天，就有两艘船破了，接着他们又在几百平方公里的海藻中陷入了进退两难的险境。他亲自拨开海藻，才得以继续航行。

在浩瀚无垠的大西洋中航行了六七十天，也不见大陆的踪影。水手们都失望了，他们要求返航，否则就要把哥伦布杀死。哥伦布苦口婆心，总算说服了船员。

天无绝人之路，在继续前进中，哥伦布忽然看见有一群飞鸟向西南方向飞去，他立即命令船队改变航向，紧跟这群飞鸟。因为他知道海鸟总是飞向有食物和适于它们生活的地方，所以他预料到附近可能有陆地。

果然，哥伦布很快发现了美洲新大陆。

可以想象，如果哥伦布不去行动，而是一味地等下去，必然会一生蹉跎，"空悲切，白了少年头"，美洲大陆的发现者可能改换他人了，成功的桂冠永远不会属于他了。哥伦布最终成了英雄，以新大陆的发现者名垂千古，这一切都是他勇于行动的结果。当你有了人生的梦想之后，就应该马上为之努力，当然有些时候需要必要的等待，但如果一味地等待下去，就只能空度一生了。切记：很多事，你不出手，是永远不可能成功的。

该出手时决不犹豫

《致富时代》杂志上，曾刊登过这样一个故事：

有一个自称"只要能赚钱的生意都做"的年轻人，在一次偶然的机会，听人说市民缺乏便宜的塑料袋盛垃圾。他立即就进行了市场调查，通过认真预测，认为有利可图，马上着手行动，很快把价廉物美的塑料袋推向市场。结果，靠那条别人看来一文不值的"垃圾袋"的信息，两星期内，这位小伙子就赚了 4 万块。

相反，一位智商一流、执有大学文凭的翩翩才子决心"下海"做生意。

有朋友建议他炒股票，他豪情冲天，但去办股东卡时，他又犹豫道："炒股有风险啊，等等看。"

又有朋友建议他到夜校兼职讲课，他很有兴趣，但快到上课了，他又犹豫了："讲一堂课，才 20 块钱，没有什么意思。"

他很有天分，却一直在犹豫中度过。两三年了，一直没有"下"过海，碌碌无为。

一天，这位"犹豫先生"到乡间探亲，路过一片苹果园，望见满眼都是长势苗壮的苹果树，禁不住感叹道："上帝赐予了一块多么肥沃的土地啊！"种树人一听，对他说："那你就来看看上帝怎样在这里耕耘吧。"

有些人不是没有成功立业的机遇，只因不善抓机遇，所以最终错失机遇。他们做人好像永远不能自主，非有人在旁扶持不可，即使遇到任何一点小事，也得东奔西走地去和亲友邻人商量，同时脑子里更是胡思乱想，弄得自己一刻不宁。于是愈商量、愈打不定主意，愈东猜西想、愈是糊涂，就愈弄得毫无结果，不知所终。

没有判断力的人，往往使一件事情无法开场，即使开了场，也无法进行。他们的一生，大半都消耗在没有主见的怀疑之中，即使给这种人成功的机遇，他们也永远不会达到成功的目的。

一个成功者，应该具有当机立断、把握机遇的能力。他们只要自己把事情考虑清楚，计划周密，就不再怀疑，立刻勇敢果断地行事。因此任何事情只要一到他们手里，往往能够随心所欲，大获成功。在行动前，很多人提心吊胆，犹豫不决。在这种情况下，首先要问自己："我害怕什么？为什么我总是这样犹豫不决，抓不住机会？"

在成功之路上奔跑的人，能在机遇来临之前就能识别它，在它消逝之前就果断采取行动占有它，这样，幸运之神就来到你的面前。

当机立断，将它抓获，以免转瞬即逝，或是日久生变。看来，握住机遇，眼力和勇气是不可缺少的。

机遇是一位神奇的、充满灵性的，但性格怪僻的天使。它对每一个人都是公平的，但绝不会无缘无故地降临。只有经过反复尝试，多方出击，才能寻觅到它。

在通往成功的道路上，每一次机会都会轻轻地敲你的门。不要等待机会去为你开门，因为门闩在你自己这一面。机会也不会跑过来说"你好"，它只是告诉你"站起来，向前走"。知难而退，优柔寡断，缺乏勇往直前的勇气，这便是人生最大的遗憾。

要善于发现机会。很多的机会好像蒙尘的珍珠，让人无法一眼看清它华丽珍贵的本质。踏实的人不要成为一味等待的人，要学会为机会拭去障眼的灰尘。

也要善于把握机会。没有一种机会可以让你看到未来的成败，人生的妙处也在于此。不通过拼搏得到的成功，就像一开始就知道真正凶手的悬案电影般索然无味。选择一个机会，不可否认有失败的可能。将机会和自己的能力对比，合适的紧紧抓住，不合适的学会放弃。用明智的态度对待机会，也使用明智的态度对待人生。

不要为自己找借口了，诸如认为别人有关系、有钱，当然会成功；别人成功是因为抓住了机遇，而我没有机遇，等等。

这些都是你维持现状的理由，其实根本原因是你根本没有什么目标，没有勇气，你是胆小鬼，你根本不敢迈出探索的第一步，你只知道成功不会属于你。

如果一生只求平稳，从不放开自己去追逐更高的目标，从不展翅高飞，那么人生便失去了意义。

这是一条生活准则，从你停止把握机会的那一刻起，你就开始死亡了。如果在商业中你总是毫无变化地做相同的事，那你就会破产。如果我们的行为同我们的祖先一样，那么进化过程就会停滞不前。世界会与你擦肩而过——它只为那些不断超越现状的人打开通向新世界的大门。

人对于改变，多多少少会有一种莫名的紧张和不安，即使是面临代表进步的改变也会这样，这就是害怕冒风险造成的。

但丁在《神曲》中描述这样一个细节：但丁在古罗马诗人维吉尔的引导下，游历了惨烈的九层地狱后来到炼狱，一个魂灵呼喊他，他便转过身去观望。这时导师维吉尔这样告诉他："为什么你的精神分散？为什么你的脚步放慢？人家的窃窃私语与你何干？走你的路，让人们去说吧！要像一座卓立的塔，绝不因暴风雨而倾斜。"

克服犹豫不决的方法是，先"排演"一场比你要面对的更复杂的战斗。如果手上有棘手活而自己又犹豫不决，不妨挑件更难的事先做。生活挑战你的事情，你定可以用来挑战自己。这样，你就可以自己开辟一条成功之路。成功的真谛是：对自己越苛刻，人生对你越宽容；对自己越宽容，人生对你越苛刻。

只要你认准了路，确立好人生的目标，就永不回头，"该出手时就出手"，向着目标，心无旁骛地前进，相信你一定会到达成功的彼岸。

敢输才是真英雄

每个人都希望无论何时都处在适合自己的位置，说着该说的话，做着该做的事。但不经过挫折磨炼的人是不可能达到这种境界的，人总要从自己的经历中汲取营养的。所以，做人要输得起。

输不起，是人生最大的失败。

人生就犹如战场。我们都知道，战场上的胜利不在于一城一池的得失，而在于谁是最后的胜利者。人生也是如此，成功的人不应只着眼于一两次成败，而是应该不断地朝着成功的目标迈进。当然，一两次的失败确实可能使你血本无归，甚至负债累累。

最要紧的是不应该泄气，而是应该从中吸取教训，用美国股票大亨贺希哈的话讲："不要问我能赢多少，而是问我能输得起多少。"只有输得起的人，才能不怕失败。

当然，我们不一定非要真正经历一次重大的失败，只要我们做好了认识失败的准备，"体验失败"一样能够带来刻骨铭心的教训，而那失败的起点比那些从来没有过失败经历的人要高得多。

只有惨烈地"死"过一回的人，才能获得更好的、更为成功的新生。

贺希哈17岁的时候，开始自己创造事业，他第一次赚大钱，也是第一次得到教训。那时候，他一共只有255美元。在股票的场外市场做一名投资客，不到一年，他便发了第一次财：他赚了16万8000美元。他替自己买了第一套像样的衣服，在长岛买了一幢房子。

随着第一次世界大战的结束，贺希哈以随着和平而来的大减价，顽固地买下隆雷卡瓦那钢铁公司。结果呢？他说："他们把我剥光了，只留下4000美元给我。"贺希哈最喜欢说这种话，"我犯了很多错，一个人如果说不会犯错，他就是在说谎。但是，我如果不犯错，也就没有办法学到乖。"这一次，他学到了教训，"除非你了解内情，否则，绝对不要买大减价的东西。"

1942年，他放弃证券的场外交易，从事未列入证券交易所买卖的股票生意。起先，他和别人合资经营，一年之后，他开设了自己的贺希哈证券公司。到了1928年，贺希哈做了股票投资客的经纪人，每个月可赚到25万美元的利润。

1936年是贺希哈最冒险，也是最赚钱的一年。安大略北方，早在人们淘金发财的那个年代，就成立了一家普莱史顿金矿开采公司。这家公司在一次大火灾中焚毁了全部设备，造成了资金短缺，股票跌到不值5分钱。有一个叫陶格拉斯的地质学家，知道贺希哈是个思维敏捷的人，就把这件事告诉了他。贺希哈听了以后，拿出2万5000美元做试采计划。不到几个月，黄金掘到了，仅离原来的矿坑25英尺。

普莱史顿股票开始往上爬的时候，海湾街上的大户以为这种股票一定会跌下来，所以纷纷抛出。贺希哈却不断买进，等到他买进普莱史顿大部分股票的时候，这种股票的价格已超过了两马克。

这座金矿，每年毛利达250万美元。贺希哈在他的股票继续上升的时候，把普莱史顿的股票大量卖出，自己留了50万股，这50万股等于他一个钱都没花，白捡来的。

40年代后期，他对铀发生了兴趣，结果证明了比他从前的任何一种事业更吸引他。他研究加拿大寒武纪以前的岩石情况，铀裂变痕迹，也懂得测量放射作用的盖氏计算器。1949～1954年，他在加拿大巴斯卡湖地区，买下了470平方英里蕴藏铀的土地。成为第一家私人资金开采铀矿的公司，不久，他聘请朱宾负责他的矿务技术顾问公司。

这是一个许多人探测过的地区。勘探矿藏的人和地质学家都到这块充满猎物的土地上开采过。大家都注意着盖氏计算器的结果，他们认为只有很少的铀。

1953年3月6日开始钻探。贺希哈投资了3万美元。结果，在5月间一个星期六的早晨，得到报告说，56块矿样品里，有50块含有铀。

一个人怎样才会成功，这是很难分析的。但是，在贺希哈身上，我们可以分析出一点因素，那就是他自己定的一个简单公式：输得起才赢得起，输得起才是真英雄！

借用所有的人脉去争取成功

没有一个人可以不依靠别人而独立生活，这本是一个需要互相扶持的社会，先主动伸出友谊的手，你会发现原来四周有这么多的朋友。在生命的道路上我们更需要和其他的同伴体互相扶持，一起共同成长。

星期六上午，一个小男孩在他的玩具沙箱里玩耍。沙箱里有他的一些玩具小汽车、敞篷货车、塑料水桶和一把亮闪闪的塑料铲子。在松软的沙堆上修筑公路和隧道时，他在沙箱的中部发现一块巨大的岩石。

小家伙开始挖掘岩石周围的沙子，企图把它从泥沙中弄出去。他是个很小的小男孩，而岩石却相当巨大。手脚并用，似乎没有费太大的力气，岩石便被他边推带滚地弄到了沙箱的边缘。不过，这时他才发现，他无法把岩石向上滚动、翻过沙箱边墙。

小男孩下定决心，手推、肩挤、左摇右晃，一次又一次地向岩石发起冲击，可是，每当他刚刚觉得取得了一些进展的时候，岩石便滑脱了，重新掉进沙箱。

小男孩只得哼哼直叫，拼尽力气猛推猛挤。但是，他得到的唯一回报便是岩石再次滚落回来，砸伤了他的手指。

最后，他伤心地哭了起来。这整个过程，男孩的父亲从起居室的窗户里看得一清二楚。当泪珠滚过孩子的脸旁时，父亲来到了跟前。

父亲的话温和而坚定："儿子，你为什么不用上所有的力量呢？"

垂头丧气的小男孩抽泣道："但是我已经用尽全力了，爸爸，我已经尽力了！我用尽了我所有的力量！"

"不对，儿子"，父亲亲切地纠正道，"你并没有用尽你所有的力量。你没有请求我的帮助。"

父亲弯下腰，抱起岩石，将岩石搬出了沙箱。

你解决不了的问题，要善于借助别人的力量，比如你的朋友或亲人，他们也是你的资源和力量。

晚清商人胡雪岩在晚清商场上取得辉煌的成就，靠的就是借术。

　　胡雪岩12岁那年在父亡家贫的窘境中，告别寡母，只身去杭州信和钱庄里当起了学徒。胡雪岩生得一双八面玲珑的眼睛，一看就是绝顶聪明的孩子。开始时，胡雪岩和其他伙计一样在店里站柜台，后来东家和"大伙"都觉得这个小伙计机灵，就派他出去收账。胡雪岩认真操办，从来不曾出过纰漏，深得东家赏识。

　　有年夏天，胡雪岩在一家茶店里碰到一个落魄青年，攀谈后得知他叫王有龄，是一名候补盐大使，打算北上"投供"加捐。王有龄当时境况不好且又举目无亲，穷困潦倒，每天在茶馆穷泡，消磨时光，虽然捐了官却无钱去"投供"。胡雪岩了解这些情况，心头不由一亮，眼前的王有龄绝非等闲之辈，若助他进京"投供"，日后定有出头之日，成为助己飞黄腾达的伙伴！

　　事实证明，胡雪岩的判断是对的。他后来正是靠着朋友王有龄的帮助，成为商场上呼风唤雨的人物。后来王有龄自杀身亡，于是他又将目光投向了更有价值的人物左宗棠。

　　由于有了左宗棠这个大靠山，胡雪岩衰败的生意很快有了生机，而且比以前发展更快。数十年间，左宗棠的购置弹药、筹借洋款、拨饷运粮，无一不经其手，借用其力，胡雪岩的事业亦如日中天，成就了自己红顶商人的一番伟业。

　　从胡雪岩与王有龄、左宗棠的交往实践证明，所借力的对象实力越雄厚，能够借用的力量也就越大。而他一旦选中权势如日中天的左宗棠，便不顾别人对自己的成见，运用自己的智慧轻轻松松地靠上去。有了左宗棠这棵大树，胡雪岩的成功也就势在必得了。

　　要想成就一番大事业，单靠自己一方面的力量是不够的，在力量不强大时，就要善于积极借助他方的力量，开辟一片新天地，这不仅仅是谋略，也是一种成功经验的智能产物。

负重的生命如夏花灿烂

遭遇苦难时，肩挑重担时，不妨自豪地说一句，上天负重于我，那是因为：我驮得动！让生命负重，其实就是让人在压力下得到锻炼，增长才干。就像船，没有负重的船会被大浪掀翻，就像心灵，没有思想的心灵会飘浮如云。

有两名大学生，毕业后进了某公司的同一个办公室。大学生甲出身农村，为人老实而踏实；大学生乙自幼在城市长大，为人圆滑，善搞人际关系。刚开始，两人分别干着分配给自己的那份工作，都干得很卖劲，也干得很不错。不久大学生甲发现主任竟把一些本属于乙的工作分给自己做，自己每天忙得像个陀螺转个不停，而乙却无所事事。后来听别人说乙的父亲同办公室主任关系密切。他虽心里不快，但想了想最终忍气吞声，继续干着。

但到后来，事情越来越出格，甲每天要干的事越来越多，几乎把乙的工作全做了，每天要加班到很晚，而乙却到办公室点个到就走了。甲觉得自己像一头老黄牛，背负的东西越来越沉，他终于忍无可忍，请了假回到乡下，准备辞职外出闯天下。乡下的父亲听了儿子的诉苦，反而高兴地说："真的吗？你一个人能把两个人干的事都给做下了？"

"整天累死，工资又不多拿一分，有啥可高兴的？"儿子没好气地说。

父亲没有说话，随手拿了两张纸，使劲扔出一张，那纸飘飘摇摇落在跟前，然后老父亲又从地上捡了一块石头包进另一张纸里，随手一扔就扔出很远。"孩子，你看石头沉吗？可加了石头的那张纸却扔得远。年轻人多做些事，肩上压重点儿的担子，能锻炼人，是好事！"

听了父亲的话甲大为振奋，回单位仍干着原来的工作，而且更加积极、主动。不久，他一个人干两个人的事竟也能干得得心应手。

一年之后，部门进行优化组合，甲荣升办公室主任，而乙却下岗了。

生活中人们往往容易陷入一个误区：盲目地羡慕轻松、舒适没有压力却有着高回报的工作，可是市场经济时代还有这种工作吗？也有人希望自己的一生轻松自在、愉快无忧，没有痛苦和磨难，甚至连困难也没有，可是又有谁会有这样的"幸运"呢？难道没有压力和困难的人生就是幸运的吗？

有这样一则寓言：

有两艘新造的船准备出海，一艘船上装了很多货物，另一艘船却什么也不肯装。它对装满货物的船说："老兄，你可真傻，装那么多东西压得多难受呀，你看我一身轻松，多自在啊！"

装满货物的船说："我们做船本来就是要装货的，什么也不装，那还叫船吗？"

出海的时间到了，它们都驶上了自己的行程。刚开始在海上风平浪静，那艘空船得意扬扬地行驶在前面，它一再嘲笑后面那艘船的笨重。不久，大海上起了风浪。风越刮越猛，浪越来越高。

装满货物的船因为重心很稳，仍平稳地在风浪中穿行。而那艘空船却被大浪掀翻，沉入海底。

其实人的一生要负载很多东西，比如苦难，比如沉重的生活和繁重的工作。谁也不知道自己哪天会面临哪些沉重的东西，并把这些东西扛在肩上风雨兼程地向前赶路。如果有些东西注定是我们无法逃避、必须面对的，我们不妨以一种积极的态度去面对。人生什么时候起跑都不算晚，关键是要不怕负重，更加要进取。

未曾拿起，何谈放下

蔡志忠曾说："我用 10 年的时间名满天下，赚了 1000 万。倘若重新给我选择的机会，我只用这 10 年去看看高山，听听流水，别的什么也不做。"王蒙说："我更倾向未成名前简简单单的读书生活。"一些早已体验了世间百味、经历了无数荣誉与挫折、走过了不尽弯曲与坎坷的人说出这样的话是毫不为怪的：为了成功极大付出后，终究要归于平淡。

然而，更多的人并没有成功过，却也标榜着平平淡淡才是真，这与成功人士绚烂之后回归平平淡淡的心境并无共通之处。不成功却也标榜着追求平淡，其实是无能的一种托辞。

每个人出生时，他只是一张白纸。而后漫漫岁月间，他所做的一切便是尽可能地为这张白纸增添色彩，一幕绚丽的彩画才是我们的最圆满结局。那些饱尝世上滋味的成功者早已将他的人生画卷涂抹得色彩斑斓。他归于平静的原因只是想静下心来做一些最后的修改。或许是真的有些倦了，一旦休息时，他会觉得很是惬意，于是便说出了上面的话语。但是倘若真的让时光倒转，相信蔡志忠依旧会不懈地画他的漫画，王蒙仍然会不倦地做他的文章。

将生活变得更丰富、更有意义、更有价值。体验成功的喜悦，这是每个人最基本的愿望。但是，人生道路往往是多磨难的。一两次挫败过后，我们开始害怕，我们开始放弃努力。因为可能失败而放弃，永不会遭遇挫伤。于是，我们开始为自己找寻可靠的理论基础，既然如此众多的名人已宣称"平淡为本"，那么我们就"平平淡淡才是真吧"。我们习惯了平凡，我们更习惯了庸俗的快乐。

是的，成功意味着痛苦，意味着超人的付出，意味着这样或那样的代价。但只有这样，我们才真正体验到生活的原味，才使生活中的甜愈甜，苦愈苦，涩愈涩，才真正地了解了生活。而那些看似毫无苦痛、平静的人才是最大的可怜者。

因为不甘心，所以我们必须拒绝平淡。

日本帝国大饭店虽然已有百年历史，但它仍为日本第一流饭店。帝国大饭店的前社长，在年轻的时候，从日本坐了两个月的船到英国去学习"旅馆经营"。他刚到英国时，人家叫他擦玻璃，他好生气，心想："要擦玻璃，我不会留在日本擦吗？为什么要大老远跑来学擦玻璃？"他除了不愿意，还非常沮丧。有一天，他看到一个英国人一边吹口哨一边擦玻璃，把玻璃擦得发亮。就好奇地问他："擦玻璃有什么值得高兴的？"那个英国人就回答："你看看我擦的玻璃，照亮了每一个人，而你擦的玻璃却一点都不明亮。"语毕，他恍然大悟：我们做任何事情都要热心、彻底、全心投入，这样才能做得好，做得愉快。

英国人的一句话改变了这位日本青年的一生，日后他回到日本成为帝国大饭店的社长。想想，如果当时人家叫他擦玻璃的时候，他说"我不干了"，就打包回日本，那他恐怕就没有机会当上社长了。如果你想成为一个旅馆的总经理，那么就要看你洗了几百个马桶，铺了几百张床单，被顾客骂了多少次……

所以，有了目标之后，就要付出代价，成功的人我们往往只看到他成功的表面，背后所下的苦功有谁知道？

许多人羡慕"经营之神"王永庆，可是谁知道王永庆今天的成就是多少辛劳的日子所累积？他以前在米行工作的时候，把米中的石头和脏东西拿掉，让人家吃起来感觉很舒服。而且，他很用心地去算每一家人的人口数，在顾客差不多快吃完米时，他就自动把米送去，不曾让顾客到要煮饭了，才发现没白米。不仅如此，他在送新米时，还会帮顾客把旧米先拿起来，再倒入新米，然后把旧米铺在最上面，让顾客先用掉，如此细心周到的付出，不成功那是不可能的。

新加坡旅游局曾给资政李光耀打过一份报告，大致是这样的意思：我们新加坡不如埃及，埃及有金字塔；不如中国，中国有万里长城；也不如日本，日本有闻名于世的富士山。除了一年四季直射的阳光，我们一无所有，要发展旅游业，简直是巧妇难为无米之炊。李光耀极其生气，他说："你想让上帝给我们多少东西？阳光，阳光就够了！"

是的，阳光，有阳光就足够了。命运也许其实并不公平，唯独分享的阳光，每一个人都是平等地拥有的。对于许多的人，拥有的其实也只有阳光。只是他们中有一部分人，更能接受阳光给予的伟大恩赐，更善于利用阳光的能量补充、发掘和开拓自身蕴藏着的智慧和资源，这是一种伟大的创造力和财富。

当人们感叹太阳的熠熠光辉的时候，新加坡已经成为阳光一样诱人的旅游王国。有谁能够相信，只有阳光同样可以风光无比？

世界上许多东西实际上都是如此，只有有人利用它创造了财富，人们大概才肯承认它内在的发展潜能；但未发掘过的一些东西却依旧深埋着。上帝给我们每个人提供了一样的阳光，但决不会为我们一手创造一样的财富或者代替我们改造世界。我们对上帝的依赖不应该太多，否则我们在这个世界中将失去生存的条件。

别在追求平淡中浪费时日，更不要抱怨，记住，追求平淡是无能的托词！

第二章
相信自己——以最好的状态拿起

过去并不等于未来

过去的都过去了，关键是未来。过去决定了现在，而不能决定未来，只有现在的作为及选择才能决定我们的未来。我们用发展的眼光看待自己，看待成功。目前的境况只是暂时的，漫长的人生充满着未知数。

1920 年，美国田纳西州一个小镇上，有个中国小姑娘出生了。她的妈妈只给她取了个小名，叫小芳。小芳渐渐懂事后，发现自己与其他孩子不一样：她没有爸爸。她是私生子。人们明显地歧视她，小伙伴们都不跟她玩。她不知道为什么。她虽然是无辜的，但世俗却是严酷的。我们每一个人，一生可以作出多种选择，但不能选择父母。而小芳甚至不知道自己的爸爸是谁。她跟妈妈一起生活。

上学后，歧视并未减少，老师和同学仍以那种冰冷、鄙夷的眼光看她：这是一个没有父亲的孩子，没有教养的孩子，一个不好的家庭的后代。于是，她变得越来越懦弱，开始封闭自我，逃避现实，不与人接触。

小芳最害怕的事，就是跟妈妈一起到镇上的集市。她总能感到人们在背后指指戳戳，窃窃私语：

"就是她，那个没有父亲、没有教养的孩子！"

小芳13岁那年，镇上来了一个牧师，从此她的一生便改变了。小芳听大人说，这个牧师非常好。她非常羡慕别的孩子一到礼拜天，便跟着自己的双亲，手牵手地走进教堂。她曾经多少次躲在远处，看着镇上的人们兴高采烈地从教堂里出来。她只能通过教堂庄严神圣的钟声和人们面部的神情，想象教堂里是什么样，以及人们在里面干什么。

有一天，她终于鼓起勇气，待人们进入教堂后，偷偷溜进去，躲在后排倾听——牧师正在讲：

"过去不等于未来。过去你成功了，并不代表未来还会成功；过去失败了，也不代表未来就要失败。因为过去的成功或失败，只是代表过去，未来是靠现在决定的。现在干什么，选择什么，就决定了未来是什么！失败的人不要气馁，成功的人也不要骄傲。成功和失败都不是最终结果，它只是人生过程的一个事件。因此，这个世界上不会有永恒成功的人，也没有永远失败的人。"

小芳被深深地震动了，她感到一股暖流冲击着她冷漠、孤寂的心灵。但她马上提醒自己：得马上离开，趁同学们、大人们未发现她时，赶快走。

第一次听过后，就有了第二次、第三次、第四次、第五次冒险——但每次都是偷听几句话就快速消失掉。因为她懦弱、胆小自卑，她认为自己没有资格进教堂。她和常人不一样。终于有一次，小芳听得入迷，忘记了时间，直到教堂的钟声敲响才猛然惊醒，但已经来不及了。率先离开的人们堵住了她迅速出逃的去路。她只得低头尾随人群，慢慢移动。突然，一只手搭在她的肩上，她惊惶地顺着这只手臂望上去，正是牧师。

"你是谁家的孩子？"牧师温和地问道。

这句话是她十多年来，最害怕听到的。它仿佛是一支通红的烙铁，直刺小芳的心上。

人们停止了走动，几百双惊愕的眼睛一齐注视着小芳。教堂里静得连根针掉在地上都听得见。小芳完全惊呆了，她不知所措，眼里含着泪水。这个时候，牧师脸上浮起慈祥的笑容，说："噢——知道了，我知道你是谁家的孩子——你是上帝的孩子。"然后，抚摸着小芳的头发说："这里所有的人和你一样，都是上帝的孩子！过去不等于未来——不论你过去怎么不幸，这都不重要。重要的是你对未来必须充满希望。现在就作出决定，做你想做的人。孩子，人生最重要的不是你从哪里来，而是你要到哪里去。只要你对未来保持希望，你现在就会充满力量。不论你过去怎样，那都已经过去了。只要你调整心态、明确目标，乐观积极地去行动，那么成功就是你的。"

牧师话音刚落，教堂里顿时爆出热烈的掌声——没有人说一句话，掌声就是理解，是歉意，是承认，是欢迎！整整13年了，压抑心灵的陈年冰封，被"博爱"瞬间熔化……小芳终于抑制不住，眼泪夺眶而出。

从此，小芳变了……在40岁那年，小芳荣任田纳西州州长，之后，弃政从商，成为世界500强企业之一的公司总裁，成为全球赫赫有名的成功人物。67岁时，她出版了自己的回忆录《攀越巅峰》。在书的扉页上，她写下了这句话：过去不等于未来！

过去不等于未来，一个人不管过去多么糟糕，都已成为历史，每天都有一个新的太阳，每天都有新的希望，每天都是完全与众不同的一天，所以一定要满怀热诚地相信你自己，别让别人的一句话将你击倒。不管别人怎么跟你说，不管"算命先生们"如何给你算，记住，命运在自己的手里，而不是在别人的嘴里！古往今来，凡成大业者，"奋斗"的意义就在于用其一生的努力去争取。

每个人都是独一无二的

这个世界上我们每个人都是独一无二的奇迹，都是自然界最伟大的造化，长得完全一样的人以前没有，现在没有，将来也不会有。

既然你是世上独一无二的个体，你的思考、你的内在，别人都无法模仿，那你就一定要信心十足地活出自我的风采。

当16岁的索菲亚·罗兰刚刚迈入电影业大门时，并没有引起人们的注意。相反，很多摄影师都对她提出了否定看法：鼻子太长，臀部太发达，无法把她拍得美丽动人。在众人的一致反对声中，导演不得不与索菲亚·罗兰商量弥补缺陷的办法。

一天导演把索菲亚·罗兰叫到办公室，不容分辩地对她说："我刚才同摄影师开了个会，他们说的结果全一样，那就是关于你的鼻子，你如果要在电影界做一番事业，那你的鼻子就要考虑作一番变动，还有你的臀部也该考虑削减一些。"

也许换了别人，面对这一打击，早就因此而自卑得不再上镜了，而索菲亚·罗兰却认为自己的长相是无可厚非的。她对导演说道："我当然知道我的外形跟已经成名的那些女演员很不一样。她们都相貌出众，五官端正，而我却不是这样。我的脸毛病太多，但这些毛病加在一起反而会更具魅力！如果我的鼻子上有一个肿块，我会毫不犹豫就把它除掉。但是，说我的鼻子太长，那是毫无道理的。鼻子是脸的主要部分，它使脸有特点。我喜欢我的鼻子和脸本来的样子。我的脸的确与众不同，但是我为什么非要长得和别人一样呢？至于我的臀部，不可否认，我的臀部确实有点发达，但那也是我的一部分。我为自己感到自豪，我什么也不愿改变。"

导演被她这异乎寻常的表现感染了。从这以后，他再也没有提及她的鼻子和臀部。后来，索菲亚·罗兰取得了人所共知的成就，成为了世界超级女影星。

切记：你的最可靠的指针，是接受你自己，尽你所能办到的去好好生活。

一个穷人可比一个国王活得更成功——只要他活得是真实的自己。你，不论贫富老少，都可以尝到成功的滋味——只要能澄清你的思想、心像和意愿的力量———一种成功的感觉。

世间很多优秀的大家名家，就是因为相信独一无二的自己，不惧他人的贬损，坚持不懈，才取得了巨大的成就。

哲学家苏格拉底曾被人贬为"让青年堕落的腐败者"。

贝多芬学拉小提琴时，技术并不高明，他宁可拉他自己作的曲子，也不肯做技巧上的改善，他的老师说他绝不是个当作曲家的料。

达尔文当年决定放弃行医时，遭到父亲的斥责："你放着正经事不干，整天只管打猎、捉狗捉耗子的。"另外，达尔文在自传上透露："小时候，所有的老师和长辈都认为我资质平庸，我与聪明是沾不上边的。"

爱因斯坦4岁才会说话，7岁才会认字。老师给他的评语是："反应迟钝，不合群，满脑袋不切实际的幻想。"他曾遭到退学的命运。

牛顿在小学的成绩一团糟，曾被老师和同学称为"呆子"。

罗丹的父亲曾怨叹自己有个白痴儿子，在众人眼中，他曾是个前途无"亮"的学生，艺术学院考了三次还考不进去。他的叔叔曾绝望地说："孺子不可教也。"

《战争与和平》的作者托尔斯泰读大学时因成绩太差而被劝退。老师认为他："既没读书的头脑，又缺乏学习的兴趣。"

如果这些人不相信世间有着独一无二的自己，不尽力喊出自己的声音，而是被别人的评论所左右，怎么能取得举世瞩目的成绩？

所以说，真正成功的人生，不在于成就的大小，而在于你是否努力地去实现自我，喊出属于自己的声音。

我们应该明白这样一个道理：不能表现出自我本色者注定要失败，而且失败得更快。一个人想要集他人所有的优点于一身，是最愚蠢、荒谬的行为。你无须按照他人的眼光和标准来评判甚至约束自己，你无须总是效仿他人。保持自我本色，这是最重要的一点。我们每个人都是世上独一无二的，你就是你自己。不要被他人的论断而阻滞了自己前进的步伐，世界因你而独特。

保持自己的本色

有一位女士姓李，从小就十分敏感和腼腆，身体一直很胖，脸部看起来比实际上还要胖。在她看来，穿漂亮的衣服是一件很张扬并且愚蠢的事。为此，她从来都不参加别人的聚会，也很少快活过。上学的时候，她很少和其他孩子一起到室外活动，甚至不愿意上体育课。她很害羞，觉得自己与其他人不一样，完全不讨人喜欢。

长大之后，她嫁给一个比自己年长的男人，可是她并没有多大的改变。丈夫及家人都很友善，充满了自信。这正是她所希望的那类人。她尽最大的努力使自己能和他们融为一体，可是却无法做到。他们为了使她变得开朗而做的每一件事情，都使她更加不自然。她变得异常紧张，开始回避所有的朋友，甚至紧张到怕听到门铃响。她总认为自己是一个失败者，却又害怕丈夫发现这一点。所以每一次在公开场合，她都假装十分开心，结果反而做得很不得体。李女士常常为自己的过失而后悔不已，有时候甚至觉得活下去都没有什么意义了。

是什么东西改变了这个痛苦女人的生活呢？原来不过是婆婆一句随口而出的话。

有一天，婆婆谈到自己是怎样教育孩子时，说道："无论如何，我总是要求他们保持自己的本色。""保持自己的本色"，就是这句话启发了李女士。刹那间，李女士突然发现自己之所以如此苦恼，就是因为一直试图让自己生活在别人的目光和影响下。

她说："一夜之间似乎我的人生整个儿地改变了。我开始思考如何保持自己的本色，试着总结自己的个性；我发掘自己的优点，并开始研究色彩和服饰方面的问题，按照适合自己特点的方式穿衣服；我主动地去交朋友，还参加了一个社团组织——一个很小的社团。第一次参加活动把我吓坏了。但每发一次言，都使我增加了一份勇气。尽管它花费了我很长的时间，但却给了我许多快乐，而这些快乐都是以前我想都没敢想得到的。后来，当我在教育自己的孩子时，我经常将自己从这些痛苦中学到的经验告诉他们，让他们牢记，无论如何都要保持本色。"

这其实揭示了一个简单的真理：增强自信心最好的办法，是保持你原有的个性和特质，塑造一个真我。内在的修养是最宝贵的。一个真正懂得与时代共舞的人，绝不会因场合或对象的变化，而放弃自己的内在特质，盲目地去迎合别人。你要作为你自己出现，而不是作为别的什么。我们时常发现一些人，他们总觉得自己不如别人，于是随着环境、对象的变化而不断改换自己，结果弄得面目全非。

保持一个真实的自我并不等于要抱残守缺，标新立异，甚至明明知道自己错了，或具有某种不良习惯而固执不改。保持真我，是保持自己区别于他人的独特、健康的个性。这种人是真正具有自信心的人。

那些具有个性的人，当然更具备无穷的魅力。他们无论在何种情况下，都会保持一个真实的自我，并会恰到好处地表现自己独有的一切，包括声调、手势、语言，等等。因此，充满自信地在他人面前展现一个真实的自我吧，不必为讨好他人而刻意改变自己，尽力成就真实的自我，用你的坦诚赢得他人的坦诚，以自信的步伐行进在人生的路上。

只有那些没有自信心的人，才会无原则地迎合他人。"如何保持自己的本色，这一问题像历史一样古老，"詹姆斯·季尔基博士说，"也像人生一样的普遍。"不愿意保持自己的本色，包含了许多精神、心理方面潜在的原因。安古尔·派克在儿童教育领域曾经写过数本书和数以千计的文章。他认为："没有比总想模仿其他人，或者做除自己愿望以外的其他事情的人更痛苦的了。"

这种渴望做与自己迥然相异的人的想法，在好莱坞女性中尤其流行。山姆·伍德是好莱坞最知名的导演之一。他说当他在启发一些年轻女演员时，所遭遇到的最令人头痛的问题，是如何让她们保持本色。她们都愿意做二流的凯瑟琳·赫本。"这些套路的演技，观众们已经无法容忍了，"山姆·伍德不断地对她们说，"你们更需要塑造出自己新的东西。"

美国素凡石油公司人事部主任保罗曾经与6万多个求职者面谈过，并且曾出版过一本名为《求职的6种方法》。他说："求职者最容易犯的错误就是不能保持本色，不以自己的本来面目示人。他们不能完全坦诚地对人，而是给出一些自以为你想要的回答。"可是，这种做法毫无裨益，没有人愿意聘请一个伪君子，就像没有人愿意收假钞票一样。

著名心理学家玛丽曾谈到那些从未发现自己的人。在她看来，普通人仅仅发挥了自己10%的潜能。她写道："与我们可以达到的程度相比，我们只能算是活了一半，对我们身心两方面的能力来说，我们只使用了很小一部分。也就是说，人只活在自己体内有限空间的一小部分里，人具有各种各样的能力，却不懂得如何去加以挖掘利用。"

你我都有这样的潜力，因此不该再浪费任何一秒钟。你是这个世界上一个全新的个体，以前从未有过，从开天辟地一直到今天，没有其他任何人和你完全一样，也绝不可能再有一个人完完全全和你一样。遗传学揭示了这样一个秘密，你之所以成为你，是你父亲的24个染色体和你母亲的24个染色体在一起相互作用的结果，48个染色体加在一起决定你的遗传基因。"每一个染色体里，"据研究遗传学的教授说，"可能有几十个到几百个遗传因子——在某些情况下，一个遗传因子都能改变一个人的一生。"毫无疑问，我们就是这样"既可怕又奇妙地"被创造出来的。

也许你的母亲和父亲注定相遇并且结婚，但是生下孩子正好是你的机会，也是30亿分之一。也就是即使你有30亿个兄弟姐妹，他们也可能与你完全不同。这是推测吗？不是，这是科学事实。

你应该为自己是这个世界上全新的个体而庆幸，应该充分利用自然赋予你的一切。从某种意义上说，所有的艺术都带有一些自传体性质。你只能唱自己的歌；只能画自己的画；只能做一个由自己的经验、环境和家庭所造成的你。无论好坏，都得自己创造一个属于自己的小花园；无论好坏，都得在属于你生命的交响乐中演奏自己的小乐器。

千万不要模仿他人。让我们找回自己，保持本色。

坚持自己的梦想

对你的灵魂来说，实现梦想是再重要不过的事了。

列出你生命中最重要的梦想清单，然后一步一个脚印向目标前进，永不停止，最后你会惊讶地发现你创造了奇迹。否则，你的人生必然是一个空白。所以，当你不断地努力工作时，你应时时冷静下心来好好想一想，你所努力的方法及方向是不是你生命中最想要的？将自己视为主体，时常静下心来想一想：什么才是你最想要的东西。然后，再倾尽一生的力量为最想做的事去奋斗。

你能够成为什么样的人，会有什么样的成就，就在于你构筑了什么样的梦想，因为不同的梦想产生不同的结果。

如果你有梦想，你就会天天活在奋斗之中，天天活在期望里，精神是活跃的，人也是充满活力的。人一旦有了梦想，生命便会苏醒，每件事都充满了意义。同时，你也会发现，混日子与专注于追求梦想实现的两种生活，简直是天壤之别。

梦想有一股强盛的生命力，带着它走人生的路，犹如生命有了后盾，生活有了前瞻，进退有凭有据，不会茫然，不会感到恐惧无助。如果没有梦想，生活容易疲乏，欠缺光彩，不知不觉中，成为行尸走肉，成为生命的游魂。

你是不是很佩服伟人所取得的成就？所有伟人都是追梦者，你若仔细呵护你的梦想，让它安然渡过狂风暴雨，你的梦想最终同样也会绽放在阳光下。

有一个人叫蒙提·罗伯兹，他在圣思多罗有座牧马场。他的朋友杰克常借用他宽敞的住宅举办募款活动，以便为帮助青少年的计划筹备基金。

有次活动时，蒙提·罗伯兹在致辞中提到："我让杰克借用住宅是有原因的。这故事跟一个小男孩有关。他的父亲是位马术师，他从小就必须跟着父亲东奔西跑，一个马厩接着一个马厩，一个农场接着一个农场地去训练马匹。由于经常四处奔波，男孩的求学过程并不顺利。初中时，有一次老师叫全班同学写报告，题目是'长大后的志愿'。

"那晚他洋洋洒洒写了 7 张纸，描述他的伟大志愿，那就是想拥有一座属于自己的牧马农场，并且仔细画了一张 200 亩农场的设计图，上面标有马厩、跑道等的位置，然后在这一大片农场中央，还要建造一栋占地 4000 平方英尺的巨宅。

"他花了好大心血把报告完成，第二天交给了老师。两天后他拿回了报告，第一页上打了一个又红又大的 F，旁边还写了一行字：下课后来见我。

"脑中充满幻想的他下课后带着报告去找老师：'为什么给我不及格？'

"老师回答道：'你年纪轻轻，不要老做白日梦。你没钱，没家庭背景，什么都没有。盖座农场可是个花钱的大工程；你要花钱买地、花钱买纯种马匹、花钱照顾它们。你别太好高骛远了。'他接着又说：'如果你肯重写一个比较不离谱的志愿，我会重打你的分数。'

"这男孩回家后反复思量了好几次，然后征询父亲的意见。父亲只是告诉他：'儿子，这是非常重要的决定，你必须自己拿定主意。'

"再三考虑好几天后，他决定原稿交回，一个字都不改。他告诉老师：'即使拿个不及格，我也不愿放弃梦想。'"

蒙提此时向众人表示："我提起这故事，是因为各位现在就坐在这 200 亩农场内、占地 4000 平方英尺的豪华住宅里。那份初中时写的报告我至今还留着。"他顿了一下又说，"有意思的是，两年前的夏天，那位老师带了 30 个学生来我的农场露营一星期。离开之前，他对我说：'蒙提，说来有些惭愧。你读初中时，我曾泼过你冷水。这些年来，我也对不少学生说过相同的话。幸亏你有这个毅力坚持自己的梦想。'"

追随梦想，你可能遇见从没发现过的自己，一个更坚强、美好、深刻而才华横溢的自己。一定要呵护你的梦想之火，如果你知道要往哪里走，世界会为你让出一条路。

寻梦旅途上的血与汗、笑与泪，会一点一滴，逐渐为生命添加颜色。只要有梦想，人人皆可蜕变，终有一天你会破茧而出，冲破现实局限，飞抵梦想成真的美丽新世界！

伟人之所以伟大，根源于他们有一个伟大的梦想。

伟人之所以伟大，是因为他们在实践一个伟大的梦想；

伟人之所以伟大，是因为他们成就了一个伟大的梦想；

于是有人说："人，因梦想而伟大。"

即使失意，也不可失志

人生的航船，并非一帆风顺，有风平浪静，也有大浪滔天。风平浪静时，不喜形于色，风吹浪打时，不悲观失望，我自岿然不动。只有这样，人生的大船，才能顺利地驶向成功的彼岸。

人有悲欢离合，月有阴晴圆缺。情场失意、亲人反目、工作不如意……这些事情总会不经意间困扰我们，使我们情绪跌至低谷。人生得意须尽欢，而人生失意时也不能停下脚步，也应该积极进取。条条大路通罗马，此路不通，不妨换条路试试，不妨来个情场失意工作补。处在人生的低谷，悲观、痛苦、怨天尤人都没有用，只会让自己越陷越深。越是逆境，我们越应该积极地去面对。

莎士比亚曾说："假使我们自己将自己比作泥土，那就真要成为别人践踏的东西了。"其实，别人认为你是哪一种人并不重要，重要的是你是否肯定自己；别人如何打败你，并不是重点，重点是你是否在别人打败你之前，就先输给了自己。很多人失败，通常是输给自己，而不是输给别人。因为自己如果不做自己的敌人，世界上就没有敌人。

这是一个真实的故事：

有一次，美国从事个性分析的专家罗伯特·菲利浦在办公室接待了一个因企业倒闭而负债累累的流浪者。罗伯特从头到脚打量眼前的人：茫然的眼神、沮丧的皱纹、十来天未刮的胡须以及紧张的神态。专家罗伯特想了想，说："虽然我没有办法帮助你，但如果你愿意的话，我可以介绍你去见本大楼的一个人，他可以帮助你赚回你所损失的钱，并且协助你东山再起。"

罗伯特刚说完，他立刻跳了起来，抓住罗伯特的手，说道："看在老天爷的分上，请带我去见这个人。"

罗伯特带他站在一块看来像是挂在门口的窗帘布之前。然后把窗帘布拉开，露出一面高大的镜子，他可以从镜子里看到他的全身。罗伯特指着镜子说："就是这个人。在这世界上，只有这个人能够使你东山再起，你觉得你失败了，是因为输给了外部环境或者别人了吗？不，你只是输给了自己。"

他朝着镜子走了几步，用手摸摸他长满胡须的脸孔，对着镜子里的人从头到脚打量了几分钟，然后后退几步，低下头，哭泣起来。

几天后，罗伯特在街上碰到了这个人，而他不再是一个流浪汉形象，他西装革履，步伐轻快有力，头抬得高高的，原来那种衰老、不安、紧张的姿态已经消失不见。

后来，那个人真的东山再起，成为芝加哥的富翁。

在生命旅途艰难跋涉的过程中，我们一定要坚守一个信念：可以输给别人，但不能输给自己。因为打败你的不是外部环境，而是你自己。失意不失志，生活永远充满希望，很多事情都可能重新再来，我们实在没有理由在悲伤中任时光匆匆飞逝。

无须过多考虑别人对你的看法

许多时候，我们太在意别人的感觉，因而在一片迷茫之中迷失自己。

随意地活着，你不一定很平凡，但刻意地活着，你一定会很痛苦。其实人活着的目的只有一个，那就是不辜负自己。

别人的眼光和议论，不必太在意，我们何必太在意那些属于我们生命以外的一些东西呢？我们所应牢牢把握的只是生命本身，如果我们一直活在别人的目光下，那么属于我们自己的生命还有多少呢？

有位名人曾经说过："生命短促，没有时间可以浪费，一切随心自由才是应该努力去追求的，别人如何议论和看待我，便是那么无足轻重了。"

真正能够沉淀下来的，总是有分量的；浮在水面上的，毕竟是轻小的东西。我们在属于我们自己的人生道路上昂首挺胸地一步步走过，只要认为自己做得对，做得问心无愧，不必在意别人的看法，不必去理会别人如何议论自己的是非，把信心留给自己，做生活的强者，永远向着自己追求的目标，执着地走自己的路，也就对了！

莫尼卡·狄更斯二十几岁时虽然已是有作品出版的作家，可是仍然举止笨拙，常感自卑。她有点胖，不过并不显肥，但那已足以使她觉得衣服穿在别人身上总是比较好看。她在赴宴会之前要打扮好几小时，可是一走进宴会厅就会感到自己一团糟，总觉得人人都在对她评头论足，在心里耻笑她。

有个晚上，莫尼卡忐忑不安地去赴一个不大认识的人的宴会，在门外碰见另一位年轻女士。

"你也是要进去的吗？"莫尼卡问道。

"大概是吧"，她扮了个鬼脸，"我一直在附近徘徊，想鼓起勇气进去，可是我很害怕。我总是这样子的。"

莫尼卡在灯光照映的门阶上看看她，觉得她很好看，比自己好得多。"我也害怕得很。"莫尼卡坦言，她们都笑了，不再那么紧张。她们走向前面人声嘈杂、情况不可预知的地方。莫尼卡的保护心理油然而生。

"你没事吧？"她悄悄问道。这是她生平第一次心不在自己而在另一个人身上。这对她自己也有帮助，她们开始和别人谈话，莫尼卡开始觉得自己是这群人的一员，不再是个局外人。

穿上大衣回家时，莫尼卡和她的新朋友谈起各自的感受。

"觉得怎么样？"

"我觉得比先前好。"莫尼卡说。

"我也如此，因为我们并不孤独。"

莫尼卡想：这句话说得真对！我以前觉得孤立，认为世界其余的人都自信十足。可是如今遇到了一个和我同样自卑的人，迄今为止，我因为让不安全感吞噬了，根本不会去想别的。现在我得到了另一启示：会不会有很多人看来意兴高昂，谈笑风生，但实际上心中也忐忑不安？

莫尼卡撰稿的那家本地报馆，有位编辑总有些粗鲁无礼，问他问题，他只只字答复，莫尼卡觉得他的目光永不和自己的接触。她总觉得他不喜欢自己，现在，莫尼卡怀疑会不会是他怕自己不喜欢他？

第二天去报馆时，莫尼卡深吸一口气，对那位编辑说："你好，安德森先生，见到你真高兴！"

莫尼卡微笑抬头。以前，她习惯一面把稿子丢在他桌上，一面低声说道："我想你不会喜欢它。"这一次莫尼卡改口道："我真希望你喜欢这篇稿，大家都写得不好的时候，你的工作一定非常吃力。"

"的确吃力。"那位编辑叹了口气。莫尼卡没有像往常那样匆匆离去，她坐了下来。他们互相打量，莫尼卡发现他不是个咄咄逼人的特稿编辑，而是个头发半秃、其貌不扬、头大肩窄的男人，办公桌上摆着他妻儿的照片。莫尼卡问起他们，那位编辑露出了微笑，严峻而带点悲伤的嘴变得柔和起来。莫尼卡感到他们两人都觉得自在了。

后来，莫尼卡的写作生涯因战争而中断。她去接受护士训练，再次感觉到医院里的人各个称职，唯自己不然；她觉得自己手脚笨拙，学得慢，穿上制服看来仍全无是处，引来许多病人抱怨。"她怎么会到这儿来的？"莫尼卡猜他们一定会这样想。

工作繁忙加上疲劳，使莫尼卡不再胡思乱想，也不再继续发胖。她开始感觉到与大家打成一片的喜悦，她是团队的一分子，大家需要她。她看到别人忍受痛苦，遭遇不幸，觉得他们的生命比自己的还重要。

"你做得不坏。"护士长有一天对莫尼卡说。莫尼卡暗喜：她原来在称赞我！他们认为我一切没问题。莫尼卡忽然惊觉几星期来根本没有时间为自己是否称职而发愁担忧。

不要过分关心别人的想法。你过分关心"别人的想法"时，你太小心翼翼地想取悦别人时，你对别人其实是假想的不欢迎过分敏感时，你就会有过度的否定反馈、压抑以及不良的表现。最重要的是，你对别人的看法不必太在意。

把眼光盯住别人不放，以别人的方向为方向，总难超越别人。要想有成就，你得自己开路，而你所开的路是你自己的理想、见解与方式，所以是你所独有的。

美国有一位极令人敬佩的年轻女士，她的芳名是罗莎·帕克斯。1955年的某一天，她在阿拉巴马州蒙哥马利市搭乘公车，理直气壮地不按该州法律规定让位给一位白人。她这个不服从的举动造成轩然大波，招来白人强烈的抨击。然而却也成为其他黑人效法的榜样，结果掀起了随后的民权运动，使美国人民的良知普遍觉醒，为平等、机会和正义重新界定出不分种族、信仰和性别的法律。罗莎·帕克斯当时拒绝让位，可曾想过自己会遭遇什么样的后果？她是否有什么能够改变现有社会结构的高明计划？我们不知道，然而我们相信，她对这个社会抱有更高期许的决定，促使她采取这种大胆的行动。谁能想到这个弱女子的决定，却给后人带来如此深远的影响？

追随你的热情，追随你的心灵，唱出自己的歌曲，世界因你而精彩。

真正的自信是一种睿智

有一个墨西哥女人和丈夫、孩子一起移民美国，当他们抵达德州边界艾尔巴索城的时候，她丈夫不告而别，离她而去。留下她束手无策地面对两个嗷嗷待哺的孩子。22岁的她带着不懂事的孩子，饥寒交迫。虽然口袋里只剩下几块钱，她还是毅然地买下车票前往加州。在那里，她在一家墨西哥餐馆打工，从大半夜做到早晨6点钟，收入只有区区几块钱。然而她省吃俭用，努力储蓄，希望能做属于自己的工作。

后来她要自己开一家墨西哥小吃店，专卖墨西哥肉饼。有一天，她拿着辛苦攒下来的一笔钱，跑到银行向经理申请贷款，她说："我想买下一间房子，经营墨西哥小吃。如果你肯借给我几千块钱，那么我的愿望就能够实现。"一个陌生的外国女人，没有财产抵押，没有担保人。她自己也不知能否成功。但幸运的是，银行家佩服她的胆识，决定冒险资助……15年以后，这家小吃店扩展成为全美最大的墨西哥食品批发店。她就是拉梦娜·巴努宜洛斯，曾经担任过美国财政部长。

这是一个平凡女人的自信带来的成功。自信使她白手起家寻求生路；自信给了她战胜厄运的勇气和胆量；自信也给她带来了聪明和智慧。任何人都会成功，只要你肯定自己、相信自己一定会成功，那么你将如愿以偿。

自信与胆量密切相关，自信可以产生勇气，同样，勇气也可以产生自信，而缺乏胆量或过分的自我批判就会削弱自信。

自信是成功人生的最初的驱动力，是人生的一种积极的态度和向上的激情。

同是享用一盘水果，有的人喜欢从最小最坏的吃起，把希望放在下一颗，感觉吃过的每一颗都是盘里最坏的，这盘水果就彻头彻尾成了一盘坏水果了。相反，有的人喜欢从最好最大的吃起，那么吃下去的每一颗都是盘里的最好的，美好的感觉可以维持到最后。

这是一种奇妙的非逻辑性的感觉，充满心理错觉和心理暗示。

自信与自卑，也是如此。主动与被动仅一字之差，但生命情调却如同吃这盘水果，感觉悬隔万里。

同是阴雨天气。自信的人在灵魂上打开一扇天窗，让阳光洒在心里，由内而外透射出来，神采奕奕精力充沛，温暖让你感觉得到。自卑的人却在灵魂上打了一排小孔，让阴雨渗进去，潮湿的霉气散发出来，她站在阴暗的边缘，不小心都看不出来。

同是看一个人，一个比自己优秀的人。自信的人懂得欣赏，并在欣赏的过程中充实自己，相信"我可以更好"；自卑的人萌生嫉妒，并在嫉妒的过程中不断丑化对方，让自己相信"原来我看错了"。

这个时代充斥着物欲的身影和浮躁的气息，自信在不经意间就成了一种奢侈。时下所谓的自信，多流于无知的轻率或任性的固执，或目空一切，或刚愎自用，或一意孤行。人们把目光短浅的狂妄叫作自信，却不在意其盲目。人们把阻言塞听的自负叫作自信，却不在意其狭隘。人们把掩耳盗铃的鲁莽叫作自信，却不在意其愚昧。自信仿佛成了点缀个性的奢侈之品，体现性格的装饰之物。所以，真正的自信是一种睿智，那是胸有成竹的镇静，是虚怀若谷的坦荡，是游刃有余的从容，是处乱不惊的凛然。

自信不是初生牛犊不怕虎的意气，也不是搬弄教条经验的冥顽。自信不是孤芳自赏，不是夜郎自大，也不是毫无根据的自以为是和盲目乐观。自信的魅力在于它永远闪耀着睿智之光。它是深沉而不浅表的，是一种有着智慧、勇气、毅力支撑的强大的人格力量。

真正自信者，必有深谋远虑的周详，有当机立断的魄力，有坚定不移的矢志，有雍容大度的豁达。它蕴含在果决刚毅的眉宇之间，是夸父追日，生生不息。它潜藏在宽阔博大的襟怀之中，是高瞻远瞩，胸怀全局。它浮现在力挽狂澜的气势之上，是审时度势，取舍自如。

乐观的态度、自信的人生，是充实而又富有的，是别样的财富，这种财富只有拥有了乐观自信的人才会拥有它。

成功从自信开始

为什么不多给自己一些信心呢？还是那句老话：成功从自信开始，自信是成功的基石。

故事的主人公，生长在一个普通的农户家里，小时候家里很穷，很小就跟着父亲下地种田。在田间休息的时候，他望着远处出神。父亲问他想什么？他说他将来长大了，不要种田，也不要上班，他想每天待在家里，等人给他邮钱。父亲听了，笑着说："荒唐，你别做梦了！我保证不会有人给你邮。"

后来他上学了，有一天，他从课本上知道了埃及金字塔的故事，就对父亲说："长大了我要去埃及看金字塔。"父亲生气地拍了一下他的头说："真荒唐，你别总做梦了！我保证你去不了。"

十几年后，少年长成了青年，考上了大学，毕业后做了记者，平均每年都出几本书。他每天坐在家里写作，出版社、报社给他往家邮钱，他用邮来的钱去埃及旅行。他站在金字塔下，抬头仰望，想起小时候爸爸说过的话，心里默默地对父亲说："爸爸，人生没有什么能被保证！"

他，就是散文家林清玄。那些在他父亲看来十分荒唐、不可实现的梦想，由于他强大的自信心以及努力，在十几年后都把它们变成了现实。

林清玄是一个农家子弟，他想让别人给他邮钱，想上埃及看金字塔，看起来十分好笑，连父亲都嘲笑他，但是他为了实现自己的梦想，十几年如一日，每天早晨 4 点就起来看书写作，每天坚持写 3 万字，一年就是 100 多万字，最终实现了自己的梦想，获得了成功。

吴士宏是我们耳熟能详的名人。在吴士宏走向成功的过程中，她初次去 IBM 面试那段最值得称道了。当时的她还只是个小护士，抱着个半导体学了一年半许国璋英语，就壮起胆子到 IBM 去应聘。

那是 1985 年，站在长城饭店的玻璃转门外，吴士宏足足用了 5 分钟的时间来观察别人怎么从容地步入这扇神奇的大门。两轮的笔试和一次口试，吴士宏都顺利通过了。面试进行得也很顺利。最后，主考官问她："你会不会打字？"

"会！"吴士宏条件反射般地说。

"那么你一分钟能打多少？"

"您的要求是多少？"

主考官说了一个数字，吴士宏马上承诺说可以。她环顾了四周，发现现场并没有打字机，果然考官说下次再考打字。

实际上，吴士宏从来没有摸过打字机。面试结束，她飞也似的跑了出去，找亲友借了 170 元买了一台打字机，没日没夜地敲打了一个星期，双手疲乏得连吃饭都拿不住筷子了，但她竟奇迹般地达到了考官说的那个专业水准。过好几个月她才还清了那笔债务，但公司也一直没有考她的打字功夫。

　　吴士宏的成功经历告诉我们：自信是走向成功的第一步，当你用满腔的自信去迎接考验时，就相当于打响了走向成功的第一炮！

　　有些人平时会和身边的朋友亲人可以自由地侃侃而谈，而往往遇到陌生的却很关键的场面就会变得很怯场，等于人为地为自己的成功之路设置了障碍。

　　美国一位职业指导专家认为，"21世纪人们首先应当学会的是充满自信地推荐自己的技能"。可见，在现代社会，面试过程中如何自信自如地把自己推荐给主考官是决定一生的大事。所以，每一个人都应当高度重视，记住：成功从自信开始，要想赢得一生的辉煌，就首先要满怀热诚地相信自己。

第三章
行动第一——以最有力的行动拿起

不要让创意"胎死腹中"

敢于行动的人改变了这个世界，敢于行动的人才会在 21 世纪获得成功。再好的创意若没有付诸行动，就看不到成果，便毫无价值可言。虽然行动不一定能带来令人满意的结果，但不采取行动就绝无满意的结果可言。因此，如果你有创意想取得成功，就必须先从行动开始，而且不要惧怕冒险，甚至要有一种赌性。

我国著名企业家史玉柱的成功就在于是敢于把创意大胆地付诸行动。当年在深圳开发 M-6401 桌面排版印刷系统，史玉柱的身上只剩下了 4000 元钱，他却向《计算机世界》订下了一个8400 元的广告版面，唯一要求就是先刊广告后付钱。他的期限只有 15 天，前 12 天他都分文未进，第 13 天他收到了 3 笔汇款，总共是 15820 元，两个月以后，他赚到了 10 万元。史玉柱将 10 万元又全部投入做广告，4 个月后，史玉柱成为了百万富翁。这段故事至今为人们津津乐道。

婷美集团的创建人周枫，一个卖女人内衣成功的男人，当年带人做婷美，一个 500 万元的项目，做了 2 年多，花了 440 万元还是没有做成。合作伙伴都失去了信心，要周枫把这个项目卖了。

周枫就自己把项目买了下来。从此，周枫带着23名员工，把自己的房子抵押上了，还跟几个朋友借了300万元。他把其中5万元存在账上，另外的钱，他算过，一共可以在北京打2个月的广告。从当年的11月到12月底，他告诉员工，"这回做成了咱们就成了，不成，你们把那5万块钱分了，算是你们的遣散费，我不欠你们的工资。咱们就这样了！"这些话把他的员工感动得要哭，当时人人奋勇争先，个个无比卖力，结果婷美就成功了。周枫成了亿万富翁，他的许多员工成了千万富翁、百万富翁。

在以上两个故事中，如果两个人只有创意，而没有大胆地付诸行动的话，那一切可想而知。

记住：切实执行你的创意，以便发挥它的价值，不管创意有多好，除非真正身体力行，否则，永远没有收获。

天下最可悲的一句话就是：我当时真应该那么做，但我却没有那么做。经常会听到有人说："如果我当年就开始做那笔生意，早就发财了！"一个好创意胎死腹中，真的会叫人叹息不已，永远不能忘怀。如果真的彻底施行，当然就有可能带来无限的满足。

只有行动会产生结果，比尔·盖茨认为成功就要知道成功的人都采取什么样的行动。有很多人这么说："成功开始于想法。"但是，只有这样的想法，却没有付出行动，还是不可能成功的。

你必须研究成功者每一天都在做些什么，他们到底做了哪些跟你不一样的事，假如你可以像他们一样勤于行动，那么，你一定会成功。

相形之下，很多人饱食终日，不做运动，不学习，不成长，每天在抱怨一些负面的事情，他们哪来的行动力？

要当一个成功者，必须要积极地努力，积极地奋斗。成功者从来就是行动者，并且，他们不会等到"有朝一日"再去行动，而是今天就动手去干。他们忙忙碌碌尽己所能干了一天之后，第二天又接着去干，不断地努力、失败，再努力、再失败，直至成功。

成功者一遇到问题就马上动手去解决。他们不花费时间去发愁，因为发愁不能解决任何问题，只会不断地增加忧虑、浪费时间。当成功者开始集中力量行动时，立刻就兴致勃勃、干劲十足地去寻找解决问题的办法。

失败者总是考虑他的那些"假若、如何"，所以他们在"如何"和"假若"中度过了他们的一生，最终当然是一事无成。

总是谈论自己可能已经办成什么事情的人，不是进取者，也不是成功者，而只是空谈家。实干家是这么说的："假如说我的成功是在一夜之间来临的，那么，这一夜乃是无比漫长的历程。"

不要期待坐等便能时来运转，也不要由于等不到机会而恼火和觉得委屈，要从小事做起，要用行动去争取胜利。再好的创意，不付诸行动也只能落得"胎死腹中"的下场。

抓住时机，快速作决定

有位知名哲学家，天生一股特殊的文人气质。某天，一个女子来敲他的门，她说："让我做你的妻子吧！错过我，你将再也找不到比我更爱你的女人了！"哲学家虽然也很中意她，但仍回答说："让我考虑考虑！"

事后，哲学家用一贯研究学问的精神，将结婚和不结婚的好坏所在分别列下来，发现好坏均等，真不知该如何抉择。于是，他陷入长期的苦恼之中，无论他找出什么新的理由，都只是徒增选择的困难。最后，他得出一个结论——我该答应那女人的请求。

哲学家来到女人的家中，问女人的父亲："你的女儿呢？请你告诉她，我考虑清楚了，我决定娶她为妻！"女人的父亲冷漠地回答："你来晚了10年，我女儿现在已是3个孩子的妈了！"

哲学家听了，整个人几乎崩溃，他万万没想到，向来引以为傲的哲学头脑，换来的竟是一场悔恨。尔后，哲学家抑郁成疾，临死前，只留下一段对人生的批注——如果将人生一分为二，前半段的人生哲学是"不犹豫"，后半段的人生哲学是"不后悔"。

另外还有一个广为流传的故事：

有两军交战，先头部队的指挥官，同时接到上方指示，抢攻一个荒废已久却具有战略价值的碉堡。军机刻不容缓，两军指挥官立即命令开拔，以疾行军的速度赶赴目的地。他们与碉堡的距离相同，他们的部队也都同样地疲惫，沉重的背包、沉重的武器、沉重的心情与沉重的眼皮都告诉他们：不可能以指挥官所命令的速度前进。

甲军的指挥官犹豫不决，不知如何是好，就一边按原速度行军，一边说要报告上级再作决定！

乙军的指挥官下令：冲到底！一分钟也不准休息！为了减轻负担，除了水壶及武器，其余的东西一律扔掉，甚至连干粮也不许带，如果有敢带头停下脚步的，一律视为前线抗命，就地枪决！

乙军提前到达了城堡，两军交战，甲军包括指挥官在内，全战死在碉堡的附近。汩汩的鲜血染遍他们沾满泥沙与汗水的衣服，死不瞑目地望着前方，似乎不服地问："为什么？"

答案很简单：乙军迅速作出了决定，早到了 10 分钟，先架好了机枪等着。甲军到达时，一切都晚了！

看到此，难道你还敢拖延吗？有人说不要说："不必紧张，别人不可能更下工夫！"在人生的战场上，不要觉得自己已经用上了所有的力量，更不要怨环境对你的要求过苛。而应想想，是不是自己的对手更拼命，别人的环境要求得更苛刻。否则，你在拼命之后，还是可能落得惨败，而且一败涂地！

仔细观察在这个世界中取得成功的人们，看上去他们的共同点就是：能够作出决定并坚持决定。他们并不总是能又快又轻巧地作出决定，他们的决定也不一定总是正确的，但是，通过作出决定，他们选择了一条行动的路线。成功不可能也不会凭空而至，总要依凭某种行动。因此，只有通过作出决定，我们才能掌握我们的生活和通往成功的方向。

一个是坏决定，一个是好决定。不过，要想成功，作出行动的决定是必须的。那些害怕作决定的人们，不管是害怕天会塌下来砸到他们身上，还是担心会丢掉工作，或者任何其他能找到的放弃对自己的生活的控制权的理由。你们都得记住，你们在消极地选择不作决定时，你们已经作出了选择。与其决定被动地让生活控制你，不如作出行动的决定，对生活产生影响。因此，作决定一定要快速，抓住时机。

做实干家，不做空想家

世界上有两种人：空想家和行动者。空想家们善于谈论、想象、渴望，甚至于设想去做大事情；而实干者则是去做！空想家，似乎不管怎样努力空想，都无法让自己去完成那些知道自己应该完成或是可以完成的事情。

著名作家海明威小的时候很爱空想，于是父亲给他讲了这样一个故事：

有一个人向一位思想家请教："你成为一位伟大的思想家，成功的关键是什么？"思想家告诉他："多思多想！"

这人听了思想家的话，仿佛很有收获。回家后躺在床上，望着天花板，一动不动地开始"多思多想"。

一个月后，这人的妻子跑来找思想家："求您去看看我丈夫吧，他从您这儿回去后，就像中了魔一样。"思想家跟着到那人家中一看，只见那人已变得形销骨立。他挣扎着爬起来问思想家："我每天除了吃饭，一直在思考，你看我离伟大的思想家还有多远？"

思想家问："你整天只想不做，那你思考了些什么呢？"

那人道："想的东西太多，头脑都快装不下了。"

"我看你除了脑袋上长满了头发，收获的全是垃圾。"

"垃圾？"

"只想不做的人只能生产思想垃圾。"思想家答道。

在父亲的教导下，海明威后来终其一生也总是喜欢实干而不是空谈，并且在其不朽的作品中，塑造了无数推崇实干而不尚空谈的"硬汉"形象。作为一个成功的作家，海明威有着自己的行动哲学。"没有行动，我有时感觉十分痛苦，简直痛不欲生。"海明威说。正因为如此，读他的作品，人们发现其中的主人公们从来不说"我痛苦""我失望"之类的话，而只是说"喝酒去""钓鱼吧"。

海明威之所以能写出流传后世的名著，就在于他一生行万里路，足迹踏遍了亚、非、欧、美各洲。他的文章的大部分背景都是他曾经去过的地方。在他实实在在的行动下，他取得了巨大的成功。

我们这个世界缺少实干家，而从来不缺少空想家。那些爱空想的人，总是有满腹经纶，他们是思想的巨人，却是行动的矮子；这样的人，只会为我们的世界平添混乱，自己一无所获，而不会创造任何的价值。

思想是好东西，但要紧的是付诸行动。任何事情本来就是要在行动中实现的。

播下一个行动，你将收获一个习惯；播下一个习惯，你将收获一种性格；播下一种性格，你将收获一种命运。

不要再做梦了，而是拿出你的具体行动来，在你的满屋都贴上一张张的纸，上面写着："马上行动""马上行动""马上行动"。从空想家转变为行动者的第一步至关重要："每天都尝试去做一点儿你原本不喜欢的事。"乍一看，这一建议似乎不合逻辑，不仅有点儿冒傻气，还带着点儿自虐的意味。然而，这句话却蕴含着智慧。

行动者比空想家做得成功，是因为，行动者一贯采取持久的、有目的的行动，而空想家很少去着手行动，或是刚开始行动便很快懈怠了。行动者具备有目的地改变生活的能力。他们能够完成非凡的事业，不论是开创一间自己的公司，写作一本书，竞选政府官员，还是参加马拉松比赛，以及其他事业。而与此形成鲜明对比的便是，空想家只会站到一边，仅仅是梦想过这些而已。

是什么阻碍了空想家成就事业？难道只是因为对"开始"的畏惧？或是对失败的担忧？或者，是因为空想家不够聪明，缺乏智慧，能力欠缺，还是运气不佳？而究竟又是什么使得行动者能够去实干，从而成就了令人满意的事业，而空想家却注定了一个又一个的失败？答案很简单。给予行动者动力的，同时也是阻碍空想家进步的，那都是同样一件事物：行动的习惯！

如果一个人想成功、想赚钱、想人际关系好，可是从不行动；想健康、有活力、锻炼身体，可是从不运动；知道要设目标、定计划，但从来不去做，就算设了目标、定了计划，也不曾执行过；要早起、要努力，可是就是没有行动力——就这样，一天一天抱着成功的幻想，染上失败者的恶习，虚度年华，到最后便只能以失败收场。

每一个成功者都是实干家，不是空想家；每一个赚钱的人都是实践派，而不是理论派。我们要开始决定，我们要养成马上行动的好习惯。

行动是一种习惯，是一种做事的态度，也是每一个成功者共有的特质。

宇宙有惯性定律。什么事情你一旦拖延，你就总是会拖延，但你一旦开始行动，通常就会一直做到底。所以，凡事行动就是成功的一半，第一步是最重要的一步，行动应该从第一秒开始，而不是第二秒。

只要从早上睁开眼睛那一刻开始，你就马上行动起来，一直行动下去，对每一件事都要告诉自己立刻去做，你会发现，你整天都充满着行动力的感觉，这样持续下去，你可能就养成了马上行动的好习惯了。

所以，现在看到这里，请你不要再想了，再想也没有用，去做它吧！任何事情想到就去做！放下书本，现在就做！去行动！

做行动家，不做空想家，为了养成你马上行动的好习惯，请你大声地告诉自己："凡事我要马上行动，马上行动！"连续讲 10次，立即行动！只有不断地行动，才能帮你成功。

有计划的行动事半功倍

有本杂志上刊登过这么一个故事：

有一个商人，在小镇上做了十几年的生意，到后来，他竟然失败了。当一位债主跑来向他要债的时候，这位可怜的商人正在思考他失败的原因。

商人问债主："我为什么会失败呢？难道是我对顾客不热情、不客气吗？"

债主说："也许事情并没有你想象的那么可怕，你不是还有许多资产吗？你完全可以再从头做起！"

"什么？再从头做起？"商人有些生气。

"是的，你应该把你目前经营的情况列在一张资产负债表上，好好清算一下，然后再从头做起。"债主好意劝道。

"你的意思是要我把所有的资产和负债项目详细核算一下，列出一张表格吗？是要把门面、地板、桌椅、橱柜、窗户都重新洗刷、油漆一下，重新开张吗？"商人有些纳闷。

"是的，你现在最需要的就是按你的计划去办事。"债主坚定地说道。

"事实上，这些事情我早在 15 年前就想做了，但是一直没有去做。也许你说的是对的。"商人喃喃自语道。后来，他确实按债主的主意去做了。在晚年的时候，他的生意成功了！

做事没有计划、没有条理的人，无论从事哪一行都不可能取得成绩。

比如，一群记者抢新闻，为什么其中一位能提前发表，而且早了许多？一群导演抢拍动物电影，为什么有人能提前推出，而且又快又好？

一架飞机撞山失事了！成群的记者冲向深山，大家都希望能抢先报道失事现场的新闻，其中有一位广播电台的记者拔得头筹，在电视报纸都没有任何资料的情况下，他却做了连续十几分钟的独家现场报道。

电影界突然一窝蜂地拍摄有动物参加演出的影片。虽然大家几乎是同时开拍，但是其中有一家，不但推出得早了许多，而且动物的表演也远较别人精彩。

你知道为什么那位记者能抢到头条吗？因为他到现场之前，先请司机占据了附近唯一的电话，挂到公司，假装有事通话的样子，所以当他做好现场报道的录音，跑到电话旁边，虽然已经有好几位记者等着，他却只是将录音机交给司机，就立刻通过电话对全国听众做了报道。

　　你知道那位导演为什么成功吗？因为在同一时间，他找了许多只外形一样的动物演员，并各训练一两种表演。于是当别人唯一的动物演员费尽力气，也只能演几个动作时，他的动物演员却仿佛通灵的天才一般，变出许多高难度的把戏。而且因为他采取好几组同时拍的方式，剪接起来立刻就可以将电影推出。观众只见其中的小动物，爬高下梯、开门关窗、卸花送报、装死促狭，却不知道全是不同的小动物演的。

　　上天给每个人同样的时间，只有那事半功倍的人才能有过人的成就；也只有知道计划的人，才能事半而功倍。

与其抱怨，不如行动

　　有一只乌鸦和一只喜鹊，在飞行中小憩，都停到了同一棵梧桐树上。经过一番寒暄之后，就发生了如下一段十分有意思的对话。

　　喜鹊问："乌鸦大哥，你那么辛苦地飞行，你到底要飞到哪里去呀？"

　　乌鸦愤愤不平地说："喜鹊老弟，不瞒你说，我心里真是有点不畅快。其实我真不愿意离开香山东村那个好地方，可是这个村的村民都嫌我吵得慌，因此他们大家都不喜欢我，我也没有什么别的办法，只能想法子飞到别的地方去。"

　　喜鹊说："你既然已经飞到别的地方去了，问题都解决了，那不是什么烦恼都没有了吗？"

　　乌鸦说："照例说，应该是这样。但事实并非像我们想象的那样。我换了个地方，到香山西头的西村树林里去栖息。可是，那里的村民同样嫌我的声音不好听，说我吵闹了他们。所以，我只能再飞到别的地方去。大家可以想一想，我是多么的烦心呀。"

听了乌鸦的一番抱怨，喜鹊好心地告诉乌鸦："乌鸦大哥，你别白费力气了。如果你不改变你的声音，恐怕你飞到哪里都不会受到人们的欢迎。"

抱怨是在为自己的失败找借口。也许贫困的生活像枷锁一样困扰着你，没有亲朋好友，无依无靠地生活在异乡他国。你急切地希望减轻自己身上沉重的负担。然而，仿佛陷入黑暗的深渊之中，负担是如此沉重。于是，你不停地抱怨，感叹命运对自己的不公，抱怨自己的父母、自己的老板，抱怨上苍为何如此不公，让你遭受贫困，却赐予他人富足和安逸。

停止你的抱怨吧，让烦躁的心情平静下来。你所埋怨的并不是导致你处于困境的原因，根本原因就在你自身。你抱怨的行为本身，正说明你倒霉的处境是咎由自取。

喜欢抱怨的人在世上没有立足之地，烦恼忧愁更是心灵的杀手。缺少良好的心态，如同收紧了身上锁链，将自己紧紧束缚在黑暗之中。

没有人会因为坏脾气和消极负面的心态而获得奖励和提升。仔细观察任何一个管理健全的机构，你会发现，最成功的人往往是那些积极进取、乐于助人、能适时给他人鼓励和赞美的人。身居高位之人，往往会鼓励他人像自己一样快乐和热情。但是，依然有些人无法体会这种用意，将诉苦和抱怨视为理所当然。

一句古老的格言是这样的："如果说不出别人的好话，不如什么都别说。"这句格言在现代社会更显珍贵——几乎所有机构，无论大小，吹毛求疵、流言蜚语和抱怨永不止息。

"好话不出门，坏话传千里"，在我们面前说人是非的人，也一定会在他人面前非议我们。一来一往容易滋生是非，影响公司的凝聚力。与其抱怨对公司和老板的不满，不如努力地欣赏彼此之间的可取之处，这样一来，你会发现自己的处境大有改善。

如果你不知道自己要什么，就别抱怨老板不给你机会。那些喜欢大声抱怨自己缺乏机会的人，往往是在为自己失败找借口。成功者不善于也不需要编制借口，因为他们能为自己的行为和目标负责，也能享受自己努力的成果。

人往往是在克服困难过程中产生勇气、培养坚毅和高尚的品格的。常常抱怨的人，终其一生都不会有真正的成就。

或许你正在住在一间简陋的破屋里，心中梦想着宽大而明亮的殿堂，那么，你首先应该做的是努力将这间小屋变成一个干净整洁的天堂，将你的精神充满这间小屋。

不妨想一想，你喜欢哪一种工作伙伴呢？是那些总在抱怨的人？还是那些乐于助人、有活力、值得信赖的人呢？

抱怨是无济于事的，只有通过行动才能改善你现在的处境。天上不会掉馅饼，与其抱怨，不如行动起来，命运掌握在自己手中。

凡事不能拖到明天

成功的人士都会谨记工作期限，并清晰地明白，在所有人的心目中，最理想的任务完成日期是——昨天。

这一看似荒谬的要求，是保持恒久竞争力不可或缺的因素，也是唯一不会过时的东西。一个总能在"昨天"完成工作的人，永远是成功的。其所具有的不可估量的价值，将会征服一切。

在新世纪的今天，商业环境的节奏，正在以令人炫目的速率快速运转着。大至企业，小至员工，要想立于不败之地，都必须奉行"把工作完成在昨天"的工作理念。

成功存在于"把工作完成在昨天"的速率之中，有则寓言故事说：

某段时间，因为下地狱的人锐减了，阎罗王便紧急召集群鬼，商讨如何诱人下地狱。

群鬼各抒己见。

牛头提议说："我告诉人类：'丢弃良心吧！根本就没有天堂！'"阎王考虑一会儿，摇摇头。

马面提议说："我告诉人类：'为所欲为吧！根本就没有地狱！'"阎王想了想，还是摇摇头。

过了一会儿，旁边一个小鬼说："我去对人类说：'还有明天'！"阎王终于点了头。

你可以丢弃良心，因为世上没有地狱，你可以为所欲为。但这都不足以把一个人引向死亡。也许没有几个人会想到可以把一个人引向死亡的竟然是"还有明天"。

一个连今天都放弃的人，哪有能力和资格去说"还有明天"呢？所以古人说，今日事今日毕。人要学会的不是去设想还有明天，而是要将今天抓在手掌里，将现在作为行动的起点。这样做的时候，你就真正有了明天。可惜许多人到老了才明白这一点。

今天该做的事拖到明天完成，现在该打的电话等到一两个小时后才打，这个月该完成的报表拖到下一月，这个季度该达到的进度要等到下一个季度……凡事都留待明天处理的态度就是拖延，这是一种很坏的工作习惯。每当要付出劳动时，或要作出抉择时，总会为自己找出一些借口来安慰自己，总想让自己轻松些、舒服些。习惯性的拖延者通常也是制造借口与托辞的专家。他们每当要付出劳动，或要作出抉择时，总会找出一些借口来安慰自己，总想让自己轻松些、舒服些。

不知道喜欢拖延的人哪儿来的这么多的借口：工作太无聊、太辛苦，工作环境不好，老板脑筋有问题，完成期限太紧，等等。这样的员工肯定是不努力的员工，至少，是没有良好工作态度的员工。他们找出种种借口来蒙混公司，来欺骗管理者，他们是不负责任的人。

奇怪的是，这些经常喊累的拖延者，却可以在健身房、酒吧或购物中心流连数个小时而毫无倦意。但是，看看他们上班的模样！你是否常听他们说："天啊，真希望明天不用上班。"带着这样的念头从健身房、酒吧、购物中心回来，只会感觉工作压力越来越大。

对那些做事拖延的人，别人是不可能抱以太高的期望的。拖延是行动的死敌，也是成功的死敌。拖延使我们所有的美好理想变成真正的幻想，拖延令我们丢失今天而永远生活在"明天"的等待之中，拖延的恶性循环使我们养成懒惰的习性、犹豫矛盾的心态，这样就成为一个永远只知抱怨叹息的落伍者、失败者、潦倒者。

不要为拖延找借口，是法国圣西尔军校奉行的最重要的行为准则，是军校传授给每一位新生的第一个理念。其核心是敬业、责任、服从、诚实。这一理念是提升企业凝聚力，建设企业文化的最重要的准则。它强化的是每一位学员想尽办法去迅速完成任何一项任务，而不是为拖延完成任务去寻找借口，哪怕看似合理的借口。秉承这一理念，众多著名企业建立了自己杰出的团队。

成功学创始人拿破仑·希尔说："生活如同一盘棋，你的对手是时间，假如你行动前犹豫不决，或拖延行动，你将因时间过长而痛失这盘棋，你的对手是不容许你犹豫不决的！"

比尔·盖茨说："我发现，如果我要完成一件事情，我得立刻动手去做，空谈无济于事！"这句话放之四海而皆准。

我们要学会的不是去设想无数的明天，而是要将今天抓在手掌里，将现在作为行动的起点。这样做的时候，你就真正有了明天。

切莫等到万事俱备

一天，8岁的小勇外出玩耍，发现了一只嗷嗷待哺的小麻雀。他决定带回家喂养。走到家门口，忽然想起未经妈妈允许。他便把小麻雀放在门后，进屋请求妈妈。在他的苦苦哀求下，妈妈答应了。但是，当他兴奋地跑到门后时，小麻雀已不见了，看到的是一只刚饱餐一顿的黑猫。

由此可见，"万事俱备"固然可以降低你的出错率，但致命的是，它会让你失去成功的机遇。企盼"万事俱备"后再行动，你的工作也许永远没有"开始"。世间永远没有绝对完美的事。"万事俱备"只不过是"永远不可能做到"的代名词。

所以，不管从事什么行业，当你打算做某项工作时，抓住工作的实质，当机立断，立即行动，只有这样，成功才会最大限度地垂青于你。

　　一个电视台记者在报道纽约世贸中心惨剧时，转述了一位遇难者亲友的话：在大厦倒塌前一刻，他收到在大厦内工作的至亲的电话，向他道别。

　　一瞬间，人就没了。

　　这突如其来的事故，实在叫人难以接受，但是死亡的到来不总是如此吗？朋友说他太太最希望收到他送的鲜花，但是他觉得太浪费，推说等到以后有钱了天天给她买。结果，在她突然离世后，他只能用最美的鲜花来布置灵堂。

　　似乎我们所有的生命，都用在等待方面。"等到我升职后，我就会……""等到我买房子以后……""等我把这笔生意谈成之后……""等我有了钱以后……"，我们总是这样对自己说。

　　人人都愿意牺牲现在，来换取未来。

　　许多人认为必须等到某时某事完成后再做也不迟：明天我就开始运动；明天我就会对他好一点；下星期我们就找时间出去走走；退休后，我们就要好好享受一下。然而，人的生命，是何等脆弱！早上醒来时，原本预期过的只是一个平凡无奇的日子，没想到一个意外：交通事故、脑出血、心脏病发作等等，刹那间生命的巨轮倾覆离轨，突然闯进一片黑暗之中。

　　那么，我们要如何面对生命呢？

　　我们不必等到生活完美无瑕，也不必等到一切都安定平稳，才做自己想做的事。今天，想做什么，就开始做。一个人永远也无法预料未来，所以不要延缓想过的生活，不要吝于表达心中的话，因为生死只在一瞬间。

然而，往往在事情到来之时，总是积极的想法先有，然后头脑中就会冒出"我应该先……"，这样一来，你的一只腿就陷入了"万事俱备"的泥潭。一旦陷入，结果就很难说了。你顾虑重重，不知所措，无法定夺何时开始……时间一分一秒地浪费了，你陷入失望的情绪里，最终只有以懊悔面对仍悬而未决的工作。

很多时候，你若立即进入工作的主题，会惊讶地发现，如果拿浪费在"万事俱备"上的时间和潜力处理手中的工作，往往绰绰有余。而且，许多事情你若立即动手去做，就会感到快乐、有趣，加大成功几率。一旦延迟，愚蠢地去满足"万事俱备"这一先行条件，不但辛苦加倍，还会失去应有的乐趣。

难怪有人讥讽地评判，说做事奢求"万事俱备"的人，是最容易被失败俘虏的人。从某种意义上讲，"万事俱备"还是个"窃贼"，它会窃取你宝贵的时间和机遇，让你的工作不能迅速、准确、及时地完成，从而毁掉你走入老板视线的机会。

你若希望自己能有一个"积极者"的形象，赶快鞭策自己摆脱"万事俱备"的桎梏，即刻去做手中的工作吧。只有"立即行动"，才能挟制"万事俱备"的"第三只手"，把你从"万事俱备"的陷阱中拯救出来。

立即行动，可以实现你最大的梦想！没有万事俱备的时候，如果在梦想产生时，没有立即行动，就可能因此而失去成功的机会。

别让懒惰伤害了心灵

就像灰尘可以使铁生锈一样，懒惰可以轻而易举地毁掉一个人。

懒惰者不可能成就大事，因为懒惰的人总是贪图安逸，遇到一点风险就吓破了胆，他们缺乏吃苦实干的精神，总在等着天上掉下馅饼来。懒惰会吞噬人的心灵，会毁灭人的肌体。

马歇尔·霍尔博士认为："没有什么比无所事事、空虚无聊更为有害的了。"

下面这则寓言就是一个很好的例子：

大海里有一条小巧玲珑的小鱼，长得十分精致，特别是那双美丽的大眼睛，那么明亮。可它有一个坏毛病，那就是懒惰。

海里的同类都很喜欢它，也想帮它改掉这个坏毛病。

一只螃蟹游到小鱼身边说："漂亮的小鱼，跟我到河口去走走？来个长途旅行，开阔一下视野，也锻炼锻炼身体！"

"到河口去？"漂亮的小鱼摇摇头，"那么远，太累了！我可受不了，不去。"

螃蟹失望地游走了。

一只虾游过来对小鱼说："美丽的小鱼，跟我学跳高怎么样？这对身体可有好处。"

"学跳高？"小鱼慢慢吞吞地说，"听说，跳高很累的，还是在松软的水草上躺着舒服，不去。"

虾也失望地游走了。

一条鳟鱼游过来，对小鱼说："可爱的小鱼，和我到大海去漫游吧！那里能看到很多很多新事物，还能学到很多本领。"

"那多累啊，我才不去呢！"小鱼一边打着哈欠说。

鳟鱼失望地走了。

就这样，小鱼还是每天躺在水草上休息。

时光过得好快，一转眼，螃蟹从河口回来了，它变得很健壮。虾也回来了，变得雪亮，动作敏捷。

当鳟鱼从大海旅游回来时，它已经变成了大学者。它想起童年的好朋友——漂亮的小鱼。于是去看它。

它看见的小鱼，身体单薄得像一片秋后的树叶，在水草上目光呆滞地躺着。

"怎么会这样？"鳟鱼有些同情地问。

小鱼长叹一声，说："由于我每天不动，失去了活力，变成现在这样的丑八怪了。"说着悲伤而懊悔地哭了。

鳟鱼学者说："懒惰会改变容貌，毁掉肌体！原来这是真的！"

懒惰者总是有这样那样的借口，在贪图安逸、碌碌无为中等待生命的完结。他们只相信运气、机缘、天命之类的东西，看到人家发展了，就说"人家运气好"；看到他人知识渊博、聪明机智，就说"人家有天分"；发现别人德高望重、影响广泛，说"人家有机缘"。

他们从来看不见人家在实现理想过程中付出的辛劳与汗水、经受的考验与挫折。

比尔·盖茨曾给一位年轻人写信说："你这懒惰行为，所谓没有时间，等等，都只是一种借口而已。你总是用种种漂亮的借口来为自己辩解，我看你最根本的一条就是不肯努力，不肯下工夫。你的理论就是每一个人都会把他能干的事情干好的。如果有哪一个人没有干好自己的事情，这表明他不胜任做这件事情。你没有写文章表明你不能够写，而不是你不愿意写。你没有这方面的爱好，证明你没有这方面的才干。这就是你的理论体系——多么完整的理论体系啊！如果你这个理论体系能为大众普遍接受的话，它将会产生多大的负面作用啊。"

由于他们不肯付出，因此不可能在社会生活中成为一个成功者，只能是失败者。成功只会眷顾那些勤劳的人。一旦产生懒惰的情绪，就只会整天怨天尤人、精神沮丧、无所事事。

著名哲学家罗素说："真正的幸福绝不会光顾那些精神麻木、四体不勤的人们，幸福只在勤劳和汗水中。"

懒惰会使人们精神沮丧、万念俱灰。所以你要远离可怕的懒惰，努力培养自己勤劳的习惯。因为只有劳动才能创造生活，给你带来幸福和欢乐。

下篇
放得下

　　大器人生从"放得下"开始，唯有真正的勇者方能放得下。"拿得起"诚属可贵，"放得下"则是人生的至高境界。懂得放下，舍弃该舍弃的，才能以更大的心力开拓和把握人生的幸福。

第一章
你能放下多少，幸福就有多少

幸福就在懂得放手的那一刻转身

人活在世上，不能不在乎某些东西。于是，伤害过你的人，你就用几倍的伤害给予他们重创。心理得以平衡之后，有一天你又被伤害，你又开始报复。周而复始，你终日被报复充斥，成了报复的囚徒，苍白了信仰，空虚了精神，丢掉了理想，可惜了美德，得到的只是伤害。

当我们恨我们的仇人时，就等于给了他们制胜的力量，而这种力量会让我们寝食难安、魂不守舍、心烦意乱，最终甚至导致疾病和死亡。这样看来，报复不仅让我们无法实现对别人的打击，反倒成为对自己的内心的一种摧残。紧抓住仇恨不放，幸福便将远离，世间有多少人能够明了。

古希腊神话中有一位大英雄叫海格力斯。一天，他走在坎坷不平的山路上，发现脚边有个袋子似的东西很碍脚。他踩了那东西一脚，谁知那东西不但没有被踩破，反而膨胀起来，加倍地扩大着。海格力斯恼羞成怒，操起一条碗口粗的木棒砸它，那东西竟然长大到把路堵死了。

正在这时，山中走出一位圣人，对海格力斯说："朋友，快别动它，忘了它，离它远去吧！它叫仇恨袋，你不侵犯它，它便小如当初；你侵犯它，它就会膨胀起来，挡住你的路，与你敌对到底！"

茫茫人世间，我们难免与别人产生误会、摩擦，如果不注意，在我们惊动仇恨之时，仇恨袋便会悄悄成长，你的心灵就会背上报复的重负而无法获得自由。报复会把一个好端端的人驱向疯狂的边缘，使心灵得不到片刻安宁；报复同样会驱赶幸福，使人失落永恒的幸福的滋味。

圣人说："怀着爱心吃青菜，也要比怀着怨恨吃牛肉好得多。"如果我们的仇人知道怨恨使我们精疲力竭，使我们紧张不安，使我们的外表和内心都受到伤害的时候，他们不是会拍手称快吗？我们岂能让仇人控制我们的快乐、我们的健康和我们的外表？

莎士比亚曾经说过："不要由于你的敌人而燃起一把怒火，让心中的烈焰烧伤自己。"明智如你，理应让愁怨远离。人们追求幸福，却总以为击败自己的敌人、报复自己的仇家就能够获得解脱，得到幸福。殊不知，复仇的心，正如同一把利刃，刺伤他人的同时，也刺伤了自己。

幸福的奥妙看似难以参透，幸福的本质却又是何等地清晰与单纯。放下内心所有的愁怨与不满，潇洒地转身，旋即，你便能够望见幸福。

幸福，其实就在懂得放手的那一刻转身。

幸福的榜单上，第二名同样是英雄

如果当官，一定要做最高最大的官；经商，一定要赚最快最多的钱；写书，一定要写最伟大最动人的书……那么，一个人恐怕失望要大于希望了。人生中，哪一行的第一只有一个。你奋斗了，拼搏了，做第二又何乐而不为呢？

1968年，第一个踏上月球的航天员阿姆斯特朗，因"这是我个人的一小步，却是全人类的一大步"这句话而名留青史，成为全世界人民心目中的大英雄。

然而，当时登陆月球的，除了阿姆斯特朗之外，还有他的队友奥德伦。

两人只有一步之差，结果却隔了千里之远，阿姆斯特朗以踏上外星球的第一人闻名于世，奥德伦却默默无名，知道他的人可说是寥寥无几。

在庆功宴上，当人们为这一创举感到骄傲不已时，一名记者突然问奥德伦："阿姆斯特朗先下了太空舱，成为登陆月球的第一人，你会不会觉得有些遗憾？"

众人纷纷把目光投向奥德伦，看他怎么回答。

奥德伦神情自若，微微一笑："各位，千万别忘了，回到地面时，我可是最先走出太空舱的，所以，我是别的星球来到地球的第一人。"

话音刚落，人群中响起了一阵笑声，化解了尴尬的场面，并且热烈的掌声持续了很久。

有一位思想家说过："不要为自己所没有的东西感到苦恼，能享受自己现在所拥有的人，才是最聪明的。"法国哲学家孟德斯鸠也说过："假如一个人只是希望幸福，这很容易达到。然而，我们总是希望比其他人幸福，这就是困难所在，因为一般人坚信其他人比自己幸福。"拥有幸福是一件很简单的事，但懂得珍惜幸福，却一点儿也不简单。得不到的，不一定最好。对于豁达者而言，第二名同样幸福。其实做什么事情，都不一定要分出高下，拼个你死我活。生活，需要的是一种睿智，既要拿得起，还要放得下。

也许战争中需要斗出个输赢，但是生活中完全没有必要非要与人争个高下。在与人发生争执时，要懂得放下，其实第二名也可以洒脱。

幸福在于失意时的忘却

很多人在失意的时候学会了抱怨，学会了沉沦。忘不掉别人给予的伤痛，莫过于拿别人的错误来惩罚自己。就如失恋，不是因为你不够优秀，也不是因为你倒霉，而是你在错误的时间遇到了不适合的人。分开很正常，因为你需要腾出时间和位置去给那个适合的人，但是在你沉沦的那一刻起，你的记忆里装满的都是曾经的伤，又怎能给那个新的人空间呢？所以一个塞满了旧的回忆的大脑，永远无法容纳新鲜的东西。

"爱情没有了，回忆起来甜蜜多一点还是痛苦多一点？"我们常常会遇到这样的问题，很多人觉得失去了当然是痛苦大于幸福，想起分手时刻的那些伤害和痛苦的眼泪，这些都会让人心中隐隐作痛。而有一个人却说："分手了，我记得最多的还是甜蜜，因为我忘记了那个人和那些痛苦，留在记忆里最多的还是曾经有一份很美的爱情。"的确，很多时候，我们伤心、痛苦的时候，最多的还是因为我们无法忘记那些伤痛和失意，那些记忆犹如明镜一般被我们悬挂起来，每天都在看，每时都在想，这样的话我们又怎能快乐呢？所以，在失意的时候，人当学会忘记那些不快，才能够真正地快乐，才能开启生活的新的一页。

生于尘世，每个人都不可避免地要经历苦雨凄风，面对艰难困苦，一念天堂，一念地狱。想开了就是天堂，想不开就是地狱。而忘记就是一服良药，愈合你的伤口，让你怀着新的希望上路。

人的一生，就像一趟旅行，沿途中有数不尽的坎坷泥泞，但也有看不完的春花秋月。如果我们的一颗心总是被灰暗的风尘所覆盖，干涸了心泉、暗淡了目光、失去了生机、丧失了斗志，我们的人生轨迹岂能美好？而如果我们能保持一种健康向上的心态，即使我们身处逆境、四面楚歌，也一定会有"山重水复疑无路，柳暗花明又一村"的那一天。

悲观失望者一时的呻吟与哀叹，虽然能得到短暂的同情与怜悯，但最终的结果必然是别人的鄙夷与厌烦；而乐观上进的人，经过长期的忍耐与奋斗，最终赢得的将不仅仅是鲜花与掌声，还有那饱含敬意的目光。

虽然，每个人的人生际遇不尽相同，但命运对每一个人都是公平的。因为窗外有土也有星，就看你能不能磨砺出一颗坚强的心和一双智慧的眼，透过岁月的烟尘寻觅到辉煌灿烂的星星。

在生活中，有很多的无奈要我们去面对，有很多的道路需要我们去选择。忘记一些原本不应该属于自己的，去把握和珍惜真正属于自己的东西！忘记一些烦琐，为大脑减负；忘记那些怅惘，为了轻快地歌唱；忘记一段凄美，为了轻柔地梦想。忘记，是一种伤感，但更是一种美丽。

放下抱怨才能亲吻幸福

"我的手还能活动；我的大脑还能思维；我有终生追求的理想；我有爱我和我爱着的亲人与朋友；对了，我还有一颗感恩的心……"

谁能想到这段豁达而美妙的文字，竟出自于一位在轮椅上生活了30多年的高位瘫痪的残疾人——世界科学巨匠霍金。命运之神对霍金，在常人看来是苛刻得不能再苛刻了：他口不能说，腿不能站，身不能动。可他仍感到自己很富有：一根能活动的手指，一个能思考的大脑……这些都让他感到满足，并对生活充满了感恩。因而，他的人生是充实而快乐的。

与霍金相比，许多身体健康的人对生活并不知足，遇到一点磨难，他就开始怨天尤人。这样的人没有感恩之心，快乐也就与他无缘。生活中，我们常常看到一些人才貌双全，拥有让人羡慕的家境和学历，但他们并不快乐，无论物质的给予是多么的丰厚，他们都不会感到满足和幸福。没有幸福感的人，总是容易被时间催老，淡忘生活的意义。

常有父母抱怨孩子们不听话，孩子们抱怨父母不理解她们，男朋友抱怨女朋友不够温柔，女孩子抱怨男孩子不够体贴；在工作中，也常出现领导埋怨下级工作不得力，下级埋怨上级不够理解，不能发挥自己的才能。总之，他们对工作、生活永远是抱怨，而不是感激。他们只是在意自己没有得到什么好处，却不曾想别人付出了多少。抱怨换不来幸福，相反，得到的只是更深的痛苦。其实，幸福是一种感觉，虽然有外在的因素，但更多地取决于自己的内心。

如果一个人不能够经受世界的考验，感受这个世界的美好，心胸只能容得下私利，那他就得不到幸福。父母的养育，师长的教诲，配偶的关爱，他人的服务，大自然的慷慨赐予……你从出生那天起，便沉浸在恩惠的海洋里。只有你真正明白了这些，你才会感恩大自然的福佑，感恩父母的养育，感恩社会的安定，感恩食之香甜、衣之温暖……就连对自己的敌人，也不忘感恩，因为真正促使自己成功，使自己变得机智勇敢、豁达大度的，不是顺境，而是那些常常可以置自己于死地的打击、挫折和对立面。

感恩是一种处世哲学，是生活中的大智慧。人生在世，不可能一帆风顺，种种失败、无奈都需要我们勇敢地面对，旷达地处理。当挫折、失败来临时，是一味地埋怨生活，从此变得消沉、萎靡不振，还是对生活满怀感恩，跌倒了再爬起来？英国作家萨克雷说："生活就是一面镜子，你笑，它也笑；你哭，它也哭。"

感恩不纯粹是一种心理安慰，也不是对现实的逃避，更不是阿Q的"精神胜利法"。感恩，是一种歌唱生活的方式，它来自对生活的爱与希望。懂得感恩的人不会对生活抱怨，因为只有放下抱怨才能够亲吻幸福。

放下不满，活着便是一种莫大的幸福

有位青年，厌倦了生活的平淡，感到一切只是无聊和痛苦。

为寻求刺激，青年参加了挑战极限的活动。

活动规则是：一个人待在山洞里，无光无火亦无粮，每天只供应5千克的水，时间为整整5个昼夜。

第一天，青年颇觉刺激。

第二天，饥饿、孤独、恐惧一齐袭来，四周漆黑一片，听不到任何声响。于是，他开始向往平日里的无忧无虑。他想起了乡下的老母亲不远千里地赶来，只为送一坛韭菜花酱以及小孙子的一双虎头鞋；他想起了终日相伴的妻子在寒夜里为自己掖好被子；他想起了宝贝儿子为自己端的第一杯水；他甚至想起了与他发生争执的同事曾经给自己买过的一份工作餐……渐渐地，他后悔起平日里对生活的态度来：懒懒散散，敷衍了事，冷漠虚伪，无所作为。

到了第三天，他几乎要饿昏过去。可是一想到人世间的种种美好，便坚持了下来。第四天、第五天，他仍然在饥饿、孤独、极大的恐惧中反思过去，向往未来。

他责骂自己竟然忘记了母亲的生日；他遗憾妻子分娩之时未尽照料义务；他后悔听信流言与好友分道扬镳……他这才觉出需要他努力弥补的事情竟是那么多。可是，连他自己也不知道他能不能挺过最后一关。此时，泪流满面的他发现：洞门开了。阳光照射进来，白云就在眼前，淡淡的花香，悦耳的鸟鸣——他又迎来了一个美好的人间。

青年扶着石壁蹒跚着走出山洞，脸上浮现出了一丝难得的笑容。5天以来，面对孤独与绝望，他感受到了活着的分量，一切的抱怨、一切的不满，全都化为了浓浓的感恩，感恩父母，感恩亲朋，感恩仅仅因为"活着"。5天以来，他一直用心地呢喃着一句话，那便是：活着，就是最大的幸福。

活着，就像每天呼吸的空气，不经意间，不易察觉。生活中所有的烦恼、所有的不满，就像浓稠的迷障，让你触摸不到生活的真切内涵。只有放下种种的不满，敲开自己的心扉，积极地对待生活中的每一天，你才能好好地活着，才能感受到生活的美好，才能享受到幸福的真谛。

一位名人去世了，朋友们都来参加他的追悼会。昔日前呼后拥、香车宝马的名人躺在骨灰盒里，百万家财不再属于他，宽敞的楼房也不再属于他，他所拥有的只有一个骨灰盒大小的空间，一切都化成了一把灰烬。

从名人的追悼会上回来，几乎每一个人都感慨万千。那么聪明的一个人，那么能干的一个人，每一个曾经与他斗的人最终都败下阵来，可是他斗来斗去也斗不过命。撒手人寰以后，一切都是空。

追悼对人们进行了一次洗礼。人们想：趁现在好好活着吧，活着就是幸福，什么利、权、势，轰轰烈烈了一世，最后还不是一个人孤零零地走路？

从死亡的身边经过以后，才知道活着是多么幸福。可是，明天，每个人还是要忙忙碌碌地奔波，辛苦劳累地生活。一边是死亡的震撼，一边是活着的琐碎。我们很容易被死亡所震撼，然而我们更容易被活着的琐碎所淹没。不要去在意那些繁杂的纠葛、苦痛与伤害，放下一切嘈杂的琐碎与不满，好好珍惜现在鲜活的生命吧，只有这样，才能够触摸到生活的本质，只有这样，才能找寻到最大的幸福。请相信，活着，便是莫大的幸福。

知足常乐，莫让幸福之花遭遇贪婪暴雨

冯友兰在《三松堂全集》中曾说："凡物各由其道而得其德，即是凡物皆有其自然之性。苟顺其自然之性，则幸福当下即是，不须外求。"意思是，只要我们顺着自己的本性，而不妄自攀比，不向外强求，我们获得的很多东西将使我们感受到幸福，一旦我们陷入了贪婪之中，总是和别人比较，我们是不会感到幸福的。

生活中，很多的事情让我们感觉不舒服，好像从来就不曾满足过，幸福的滋味好像只在梦里似有似无地出现过。其实，是自己贪婪的欲望在作怪，只要你静下心来，思考一下如果自己不那么贪婪，那么幸福就在身边。

从前，在蓝蓝的大海深处，矗立着一座神秘的宝山。无数色彩斑斓的珠宝钻石乱纷纷地堆在山上，每逢太阳一出，就在半空中映出许多纵横交织的彩色光环。

某年，一个出海的人偶尔经过宝山，从那里拿走一颗直径一寸的珍珠。他把珍珠小心地揣在怀里，然后兴高采烈地乘船返回。船驶出不到100里，忽然，晴朗的天空倏地阴暗下来，平静的海面掀起山丘似的波澜，只见一条狰狞恐怖的蛟龙从海水深处破浪而出，在涛峰波谷之间翻腾飞舞。

富有航海经验的船老大大惊失色，急忙停住舵把，对身上揣着珍珠的人说："哎呀，不好！这是蛟龙想要你的珠子呢！快献给它吧，不然的话，别说你的性命难保，还得连累我！"

揣着珍珠的人犹豫起来，把珍珠丢掉吧，实在舍不得；不丢掉吧，就要大难临头。思来想去，他还是决定留下珍珠。于是，他咬牙忍痛，用利刃剖开大腿的肌肉，把珍珠藏在里面。珍珠被肉紧紧裹住，光芒透不出来，蒙骗了蛟龙，蛟龙于是潜入海底，海面也随之平静下来。

那人一瘸一拐地回到家，从大腿里取出宝珠。珠子完好无损，闪闪的光芒把屋子映照得五彩缤纷。正当全家人惊喜地赞赏宝珠的时候，那人却痛苦地合上了双眼——大腿的溃烂夺去了他的生命。

这就是贪婪带来的后果，生活中，我们想要这个或那个。如果不能得到我们想要的，我们就不停地去想我们所没有的，并且有一种不满足感。

冯友兰在《我的日子还长》中，就曾形象地描述了他所获得的幸福："我的日子还长，所谓的幸福之事不好现在总结。不同的年龄段有不同的对幸福的定义，不同的场合也有不同的幸福的内容。最近可以一说的幸福是和亲戚到了绿洲家园，看到一片空地上盖着许多两层的房子；很多房子像童话里的城堡，颜色各异。那天的天气极好，所以感觉像在好莱坞的画面里，和所说的'面朝大海，春暖花开'也差不多了。我看着这些房子，感觉很幸福。之所以感觉幸福，是因为我可以给自己定一个比较遥远的目标，那就是我将来也要有这样的房子。"这就是冯友兰先生心中的幸福，是那么简单，看着漂亮的房子也能感到幸福，为自己有个将来拥有这样的房子的理想而感到幸福。可见知足常乐，简简单单的生活最能使我们获得幸福。

想抓住的太多，而得到的却又太少，如何是好？看来只有知

足常乐，幸福的花朵才能躲避贪婪的暴雨，在微风细雨的滋润中
鲜艳地绽放。

虚荣浮华，幸福却在减少

四月的洛阳城，开满了雍容华贵的牡丹，四面八方的人们纷
至沓来，只可惜，花开花落，终究摆脱不了一岁枯荣的命运。人
们的虚荣正如那一时的争艳，忘我地享受着众人的目光，过后将
是无尽的冷遇。

花开到荼靡，就会影响之后果实的生长，甚至成为无果之花。
虚荣岂不同样如此？在花开之后却没有果实作为回报。还记得中
学语文课本中的那篇《项链》吗？玛蒂尔德为了在舞会上让自我
的虚荣心得到满足，于是向富贵的朋友借了一条"价值不菲"的
项链作为装饰。她成功了，在舞会上她成为全场的焦点，大放异
彩。然而大喜之后的大悲却让她始料未及，项链在舞会结束之后
丢失了。玛蒂尔德用尽了余生的精力，只是为了偿还朋友的这条
项链。谁知命运弄人，原来这条"价值不菲"的项链居然是假的。
在弄清事实之后，玛蒂尔德也已年老沧桑。

莫泊桑用他那短小精悍的文章告诫人们虚荣心的可怕，它就
像蛀虫一样侵蚀着人们的身心。很多年轻貌美的女性，让自己的
青春败落在衣着的鲜亮之中。她们没有身心的修养，没有文化的
充实，没有灵魂的洗涤……有的只是光鲜亮丽的外表。这样的女
性在容颜渐失之后又有什么收获呢？虚荣带给自己一时的光彩，
却让自我丧失了一世的聪慧。

在一个由鸟儿建立起的王国里，每只小鸟都认为自己比其他鸟儿漂亮，它们也常常因此而争吵不休。一天，上帝由于受不了这样的吵闹，于是就宣布："我要在你们中间选出一只最美丽的作为鸟王！在此之后不得有任何一只鸟儿再为美丽而喋喋不休！"

小鸟们为了争夺王冠而修整着自己的羽毛，直到打扮得十分漂亮为止。这时候，在河边徘徊的乌鸦也想要坐上鸟王的宝座。于是它捡起了其他鸟儿落下的羽毛，插在了自己身上。等到美丽的羽毛插满了全身之后，乌鸦探着头往河里一看："天哪！我居然也变成一只美丽的小鸟啦！"

选举的日子终于来临。在诸种鸟儿之中，乌鸦显得格外引人注目。上帝问乌鸦："你是什么鸟类啊？竟然如此漂亮，我决定封你为王。"乌鸦听到这句话后兴奋不已。然而，就在这个时候，鸟们发出了异议。一只鸟发现乌鸦的身上插着自己的羽毛，于是就上前将其拔下。之后又有其他的鸟儿接连地从乌鸦身上拔下了自己的羽毛。到最后，乌鸦全身又是一片漆黑。乌鸦羞愧无比，匆忙地躲进树丛中去了。

本来想要炫耀自我，结果却失了身份。乌鸦在无趣之中现了原形，最终成了整个鸟王国的笑柄。就像乌鸦身上的彩色羽毛一样，虚荣一旦被暴露，丢失的不仅是外表，而且是自我的尊严。莎士比亚说："爱好虚荣的人，用一件富丽的外衣遮掩着一件丑陋的内衣。"这不正是乌鸦的所作所为吗？

与其为了虚荣而追求浮华的东西，还不如潜下心来充实自我的心灵。伟大的寓言家伊索就说过："向往虚构的利益，往往会丧失现在的幸福。"在期望不可能的尽善尽美的同时，人们反而会失去本可得到的美好的东西。花开是美丽的，但是过于盛艳很可能就会一无所有。生活中的我们当然也不能为了博得他人一时的赞美而丢失了精神中最可贵的真挚，不能让虚荣占了上风。

只要有一颗清净的心，即能获取幸福

1918年8月19日，才子李叔同离别妻子，悄然遁入空门，法号"弘一"。读过弘一大师传记的人，大概都不会忘记他是以怎样珍惜和满足的神情面对盘中餐的：那不过是最普通的萝卜和白菜，他用筷子小心地夹起放在嘴里，似在享用山珍海味。正像他的好友、现代学者夏丏尊先生所说："在他，什么都好，旧毛巾好、草鞋好、走路好、萝卜好、白菜好、草席好……"

"惜衣惜食，非为惜财缘惜福；爱人爱物，到了方知爱自己。"以惜福的心态度过生命中的每一天，怎能不生知足、安详、欢愉、幸福之感呢？

有一场举世瞩目的赛事，台球世界冠军已走到卫冕的门口。他只要把最后那个8号黑球打进洞，凯歌就能奏响。就在这时，不知从什么地方飞来一只苍蝇。苍蝇第一次落在他握杆的手臂上。有些痒，冠军停下来。苍蝇飞走了，这回竟飞落在了冠军紧锁的眉头上。冠军只好不情愿地停下来，烦躁地打那只苍蝇。苍蝇又轻捷地脱逃了。冠军做了一次深呼吸再次准备击球。天啊！他发现那只苍蝇又回来了，像个幽灵似的落在了8号黑球上。冠军怒不可遏，拿起球杆对着苍蝇捅去。苍蝇受到惊吓飞走了，可球杆触动了黑球，黑球没有进洞。按照比赛规则，该对手击球了。对手抓住机会死里逃生，一口气把自己该打的球全打进了。

卫冕失败，冠军恨死了那只苍蝇。在大众的喧哗中，冠军不堪重负，不久就自己结束了生命。临终时他还对那只苍蝇耿耿于怀。

一只苍蝇和一个冠军的命运联系在一起，是偶然的。倘若冠军能制怒并静待那只苍蝇飞走的话，结局也许就不一样了。

一个心智成熟的人，必定能控制自己的情绪与行为。这样的人才能享受到幸福。倘若一个人不能征服自己，就可能错失幸福。虽然幸福没有统一的答案，也没有固定的模式，但是它需要一种捕获的心境。幸福的内涵无限丰富，只要你善于捕捉，用心灵去发现，哪怕是一条温暖的短信问候，一句关爱的叮咛，一缕初夏的凉风，一幕日常生活琐碎的片段……你都能从中感受到幸福，因为你拥有一颗懂得享受幸福的心。

淡泊以明志，宁静而致远。简简单单地生活，简简单单地去发觉点滴间存在的小小幸福。幸福就像山坡上静吐芬芳的野花，没有围墙，也不需要门票，只要有一颗清净的心和一双未被遮住的眼睛，就能看到。

学会知足，幸福需要自己来成全

某天，老板把你叫到办公室，给你发了个价值不菲的红包，并且对你说，因为这段时间你的工作成绩突出，公司决定专门给你一人发奖金。老板同时再三叮嘱：这是给你一个人的，千万不要对别人说啊。拿着沉甸甸的红包，一种成就感和幸福感油然而生。可很快你就发现，老板不仅给其他人也发了红包，而且有些人的红包比你的还大，于是拿到红包的幸福感还来不及回味，便很快转而陷入一种失落和痛苦中。

你的生活中是否也发生过类似的事情？其实，一个人幸福不幸福，不仅取决于个体获得的满足感，还取决于和他人的比较。通过比较，既得的满足感和初始的欲望就会发生变化。比如你初始的欲望是想将草房盖成瓦房，按说当你将草房换成瓦房时，应该感到幸福，但这时你却发现邻居正在盖楼房，于是刚刚涌起的幸福感便随之消失，你想盖起比邻居更高的楼房。欲望膨胀，来源于和他人的比较，是人不幸福的根源。放不下内心的欲念，幸福从何而来？

《巴尔的摩哲人》的编辑亨利·路易斯·曼肯曾说过，"财富就是你比你妻子的妹夫多挣 100 美元。"行为经济学家说，我们越来越富，但并没有觉得更幸福，部分原因是，我们老是拿自己与那些物质条件更好的人比。电话发明以前，人们不用电话照样可以生活得很快乐，但现在如果没有电话，你和别人沟通的范围就会受限，所以没有电话的人就想拥有一部自己的电话。在过去，没有车照样可以出行，但现在，你不得不挤公共汽车，不得不为买火车票而焦头烂额。再从教育上看，若在过去，不上学也不是不能生活，但现在每个人都在尽最大的努力上更好的学校，为的就是获得比别人更好的社会通行证和更强的生存能力。

社会的发展，让我们的欲望不断疯长，也让人们的内心充满了焦虑。现代社会整体发展了，即使是贫困的人，也比古代一般的富有者生活优越。有人曾做过比较，说现在一般家庭都用上抽水马桶了，而无人匹敌的古罗马帝国国王当时只能蹲石板砌成的茅坑。可尽管如此，现代人还是端起碗来吃肉，放下筷子骂娘。

对此，我们不禁要思忖：幸福到底是什么？或许，它不是丰饶的财富，不是便捷安逸的生活，不是物质上的丰足，而仅仅是内心的安适和满足。

澳大利亚幸福协会的创始人夏普说过："如果你想幸福，有一件非常简单的事你能做，那就是与那些不如你的，比你更穷、房子更小、车子更破的人相比。可问题是，许多人总是做相反的事，他们老在与比他们强的人比，这样会产生出很大的挫折感，觉得自己不幸福。"

科内尔大学的教授罗伯特·弗兰克说："当被问到你是愿意自己挣 11 万美元，其他人挣 20 万美元，还是愿意你自己挣 10 万美元而别人只挣 8.5 万美元呢？大部分的美国人选择后者，他们宁愿自己少挣，别人不要超过他，也不愿意自己多挣别人也多挣。"

生活中很多人常以"比上不足，比下有余"而自慰。比上，我们会感到痛苦；比下，我们会感到幸福。而我们下面的人，则因和我们比上而痛苦。从这个意义上说，一个人的幸福，建立在他人的痛苦之上；而一个人的痛苦，则屈居在他人的幸福之下。

从古到今，多少哲人用心思索过幸福的真谛，描绘幸福的奇幻绚丽，如果幸福的本质即是"比较"，那么人类该有多么可悲。人生在世，往往易被外物所牵引，古人告诉我们应当"不以物喜，不以己悲"，然而真正达此境界的又有几人？

我们总是放不下对利益的追逐，放不下对欲望的渴求，通过比较，我们或者寻求安慰，或者自惭形秽，殊不知，幸福需要自己来成全，学会感恩、知足，才能寻找到真正的幸福。

第二章
涤荡心灵，放下负累

愈放下愈快乐

人生在世有太多的东西放不下。有了功名，就对功名放不下；有了金钱，就对金钱放不下；有了爱情，就对爱情放不下；有了事业，就对事业放不下……这些重担和压力，让很多人感到生活很沉重。

佛教《金刚经》有句话叫"无所住而生其心"，"无所住"就是空，不要执着就是要忘掉一切不合理的成见，低落的情绪和对善恶、爱憎的执着，才能"生其心"，这里的"心"，就是清心，就是彻见本性，即清净无染的本性。因此，放下世间的一切俗念，人便能得以解脱，得以享受到心灵的自由和愉悦。

很多事情已经无法挽回，再去惋惜悔恨也于事无补，与其在痛苦中挣扎浪费时间，还不如重整心情开始新生活。

佛家说"要眠即眠，要坐即坐"，倘使你总是"吃饭时不肯吃饭，百种需索；睡眠时不肯睡，千般计较"，这样放不下，你又怎会快乐呢？

放下是一种快乐。只要你心无牵挂，什么都看得开、放得下，才能看到春莺在啼鸣，泉溪在歌唱，白云在飘荡，鲜花在绽放，这就是快乐。

生命历程往往也像河流一样，想要跨越生命中的障碍，达到某种程度的突破，有时必须放下"执着"。

三伏天，禅院的草地枯黄了一大片。

"快撒点草籽吧！好难看哪！"小和尚说，"等天凉了……"

师父挥挥手说："随时！"

中秋，师父买了一包草籽，叫小和尚去播种。秋风起，草籽边撒边飘。

"不好了！好多种子都被吹跑了。"小和尚喊。

"没关系，吹走的多半是空的，撒下去也发不了芽。"师父说，"随性！"

撒完种子，跟着就飞来几只小鸟啄食。"要命了！种子都被鸟吃了！"小和尚急得跳脚。

"没关系！种子多，吃不完！"师父说，"随遇！"

半夜一阵骤雨，小和尚早晨冲进禅房："师父！这下真完了！好多草籽被雨水冲走了！"

"冲到哪儿，就在哪儿发芽，"师父说，"随缘！"

一个星期过去了，原本光秃秃的地面，居然长出许多青翠的草苗，一些原来没播种的角落，也泛出了绿意。小和尚高兴得直拍手。师父点点头说："随喜！"

随不是随便，是顺其自然，不躁进、不过度、不强求，不执着于任何心念，把一切都放开，拈花微笑间，心如明镜，物来则应，物去则灭。这样心灵才能达到真正的和谐和快乐。

心灵的自主和快乐是生活的磐石，它是思考醒悟的结晶。人生中本来就有许多的忧愁烦恼，如果自己一直惴惴于心，就会将自己累垮。只有善于把强加于身的负担放下来，才能找到真正的快乐，从而真正做到"宠辱不惊，闲看庭前花开花落；去留无意，漫随天外云卷云舒"。

放下缠绕在心头的烦恼事

伴你一生的是心情，它是你唯一不能被剥夺的财富，它是由人格、修养修炼而成的情感。烦恼忧愁，开心快乐，都可以伴随生命的全部过程。生命是个过程，直面生命是一种态度，善待了生命，就是善待了自己。简单的感情，简单的快乐，放下烦恼，拥有快乐！

人生在世，每一个人都会从自己的哭声中来，在别人的哭声中离去。在物质丰富的今天，对于生活在五光十色之中的现代人而言，我们常常为欲望而感受人生之累，为欲望而感受人生之短暂。也许我们懂得烦恼来自我们自身，来自我们自己的人生欲望。人生短暂，容不得我们常与烦恼纠缠，不能让烦恼伴随着自己去迎接崭新的太阳。

在平凡的生活中，不经意的来来往往，我们要对什么事都感觉新鲜，对生活的乐趣，有心情的时候，我们可以写些不为了发表而写的文字，叙述一下自己的心情；想念的时候，可以和朋友通通电话，说说生活中的趣事；也可以上网和网友聊聊天、听听音乐；有时间可以看山神静，也可以观海心阔。我们就以一种普通人的目光看待世界，不为昨天的失意而懊悔，不为今天的失落而烦恼，不为明朝的未卜而惴惴，淡泊名利，志远高洁，朴实无华，一点点随意的心性，知足常乐，随遇而安，凡事顺其自然。

我们要喜欢这种恬然宁静的心境，享受这种简单而平静的平淡生活。

生活在这纷扰喧嚣的世界，有时真的需要有自己独处的空间，可以放飞自己的心灵，什么都可以想，什么都可以不想。一人独处，静美随之而来，清灵随之而来，温馨随之而来；一人独处的时候，贫穷也富有，寂寞也温柔。

可以漫步到江边，伫立在无声的空旷中，感受一份清灵。让心灵远离尘嚣纷乱的世界，默默地体验花香，聆听鸟鸣。欣赏自然带给我们的乐趣，静静地沉浸在自己的遐想中，不要谁来做伴，只有自己，而在这时我们是最真实的。抬头仰望天边云卷云舒，让心儿随着自己无边的思绪飘飞。此时，这个世界属于我们，我们也拥有了整个世界。

可以捧一品香茗，在氤氲的缭绕中慵懒地翻阅一本好书。让自己在这份难得的宁静中，去书中品味关于生活、关于情感的文字。此刻，孤独成为一个空灵的竹箫，悄悄地流淌着轻柔的曲调。可以被书中的人物打动，静静地流泪。这时的我们已卸掉了生活的面具，返璞归真，不带任何伪饰的成分；抑或是微笑，这笑也是甜甜的，是久蓄于心的一份无法表达的秘密。可以播放轻缓的温柔的小夜曲，静静地赖在床上，什么都不想，只让自己沉浸在难得营造出的氛围里。让身心此刻回归本真，默默地享受音乐带给我们心灵的栖息。让音乐来诠释我们对浪漫的渴求。

无论生活多么繁重，我们都应在尘世的喧嚣中，找到这份不可多得的静谧，在疲惫中给自己心灵一点小憩，让自己属于自己，让自己解剖自己，让自己鼓励自己，让自己做回自己……

卸下抱怨的心灵枷锁

一位老人，每天都要坐在路边的椅子上，向开车经过镇上的人打招呼。有一天，他的孙女在他身旁，陪他聊天。这时有一位游客模样的陌生人在路边四处打听，看样子想找个地方住下来。

陌生人从老人身边走过，问道："请问大爷，住在这座城镇还不错吧？"老人慢慢转过来回答："你原来住的城镇怎么样？"游客说："在我原来住的地方，人人都很喜欢批评别人，邻里之间常说闲话，总之那地方很不好住。我真高兴能够离开，那不是个令人愉快的地方。"摇椅上的老人对陌生人说："那我得告诉你，其实这里也差不多。"过了一会儿，一辆载着一家人的大车在老人旁边的加油站停下来加油。车子慢慢开进加油站，停在老先生和他孙女坐的地方。

这时，一位先生从车上走下来，向老人说道："住在这市镇不错吧？"老人没有回答，又问道："你原来住的地方怎样？"那位先生看着老人说："我原来住的城镇每个人都很亲切，人人都愿帮助邻居。无论去哪里，总会有人跟你打招呼，说谢谢。我真舍不得离开。"老人看着这位先生，脸上露出和蔼的微笑："其实这里也差不多。"

车子开动了，那位先生向老人说了声谢谢，驱车离开。等到那家人走远，孙女抬头问老人："爷爷，为什么你告诉第一个人这里很可怕，却告诉第二个人这里很好呢？"

老人慈祥地看着孙女说："人们在评述一件事情的时候，很难

149

做到公正。因为即使是陈述事实，也往往加入了自己的态度。第一个人一直在抱怨，他的心中充满了挑剔和不满，可是第二个人却懂得感恩，他能够看到人们的可爱和善良。我正是根据两个人不同的心理给出的答案啊！"

不管你搬到哪里，你都会带着自己的态度，由此可见，完全公正的事实是不存在的。抱怨与非抱怨的语言可能一模一样，但却很容易分辨出来，因为其中隐含的能量是不同的。如果你心中长期存有不满，说出来的话必然会带着抱怨的情绪。如果你希望某人或当前的情势有所转变，这就是抱怨。如果你希望一切有别于现状，这就是抱怨。当你说完某句话觉得心有不妥时，那八成就是在抱怨了。

其实，眼前的不顺心，不会成为你一辈子的障碍。所以，即使面临困境，也不要因为不满或者悲观而抱怨，坚持一下，总会等到晴天。生命，是顺境与逆境的轮回。只要我们在逆境中也能坚持自己，再苦也能笑一笑，再委屈的事情也能用博大的胸怀容纳，那么，人生就没有不能接受的事实。

当我们处于所谓的逆境，从内心抗拒着所处的现实时，不妨想一想在路上奔跑的车辆，不论经历着怎样的颠簸和曲折，它们都快乐地一路向前。在曲折的人生旅途上，只要我们内心充满了阳光，用乐观的心打量这个世界，我们就会发现，原来不是生活不美好，而是我们一直在抱怨中扭曲了自己。我们会学会感恩，学会与人分享，学会在残缺中品味快乐，在逆境中感受幸福。

多疑如迷雾，隔开了心与心的信任

生活过得越来越富足了，人们却忘记了当初同行的日子，开始变得多疑起来。多疑的人怀疑着一切，他们整日心神不宁，像是自己在和自己做困兽之斗，疲惫的永远是自己。如果你不想让多年来同行的伙伴远离，那么请你听听这样一个故事：

古代有两个弟兄，他们从小一起拜师学武术，当他们学成以后，师父就让他们两个去参军报国杀敌。在去参军的路上，两个人遇到一帮来势汹汹的土匪，土匪将他们两个包围在一个洼地，情急之下，这两个人将背紧紧靠在一起，用利剑一次一次地阻挡土匪的进攻，最后杀出重围。在以后的战斗中，两个人始终背靠着背地战斗在一起。

有一次，两人去执行军务——到敌方属地刺探军情，不幸被敌兵发现，敌国的重兵，将他们围在中间，却没有致他们于死地，目的是想从他们的口中得到一些重要的情报，结果两个人宁死不屈，奋力抵抗，两个人都受了很重的伤，但他们始终竭力拼杀，坚持着为背后的人阻挡刀剑。在他们快要坚持不住的时候，救兵终于赶到，两个人才得以幸存下来。

年过花甲后，两位老人返回故里。村子里经常有很多年轻人来问他们，他们是如何在战场上将敌人一次又一次击退的。两位老人经常先会心一笑，然后将衣服脱下来，给这些年轻人看，他们发现两位老人的胸前全是伤疤，但他们的后背居然没有任何伤痕。一位老人解释道：战斗中我们彼此信任对方，只管应付前面的敌人，将后背托付给对方，因为后面有我最信任的人保护我。

聪明的你听完这个故事，一定会明白怎样做路才会越走越宽。两个兄弟因背后有最信任的人，才于拼杀之中逃脱，所以，请放下你的多疑吧。背靠背地并肩作战，不只是一种智慧的作战方式，更是一种人生的态度，一种敢于信任他人的勇气，一种难得的平和的心态。

有时候，我们缺的不是才学，也不是机遇，而是一颗信任别人的心。多疑有时看似很安全，在一定程度上它可以拒绝来自外界的危险，但是也拒绝了来自身边的安全。大鹏展翅时不会多疑天空，鲲鱼遨游时也不会多疑海洋，而我们要想淹没在鲜花和掌声里，也不应多疑身边的羽翼。

不单是争取鲜花和掌声时，我们应该放下多疑的防卫层，其实，在面对生活中的各种事情时，我们都不应该多疑。领导和属下之间不能多疑，否则将是一损共损；朋友之间不需要多疑，因为交出去的是真心，收回来的不会是假意；恋人和夫妻之间不能存在多疑，因为同床异梦带不来家的和睦、情的长久。

多疑是人与人之间的迷雾，隔开了心与心的交流与信任。在生活的琐碎里，它让人心生惶惑与不安，而在关键的时候，它就成了指向自己的利器。人生在世，功名利禄的输赢不过是一种人生挂饰的博取，但内心的安然，不是那些外在的挂饰所能填补的。放下你多疑的防卫层吧，以一种悦人利己的信任获得人生的内心安宁。

卸掉防御的铠甲，打开自闭的心灵

想着那走过的路，你总觉得有太多悲伤无法躲藏，看着生活的纷乱不堪，你决定把曾经的美好撕去，把自己裹藏起来。从此，心灵穿上防御的铠甲，开始孤独地行走。可是，你还是没有找到那欢乐的往昔。朋友，世事不是一个定格的照片，不会永远地停留在原地，你为何不打开自闭的心灵，重新寻找拥抱的欢喜？来听这样一个故事吧，心门在一瞬间关上，也可能在顿悟后打开。

许多天以来，小和尚总是默默发呆，不见往日的活泼。一天，老和尚带着小和尚走出寺院，来到一处山坡。这里小草青青，溪水潺潺，时不时传来悦耳的鸟声。

老和尚选好一处，随后心平气和地坐在草地上打坐，并未说一句话。小和尚不明白师父的意思，径自坐在旁边，偶尔偷窥师父。

直到夜晚降临，老和尚方开口问道："现在景色如何？"

小和尚答道："天黑黑的，没有景色。"

老和尚说道："不，我们周围还有绿草、鲜花、溪水、清风，一切都还在。"

小和尚顿悟，明白了师父的苦心，许多天笼罩在心头的阴霾一扫而空。

黑色的夜幕就像人们给自己的心灵穿上的铠甲，当黑夜降临时，我们无法看清事物，也无法看清自己；只有等到黎明到来，才能见到清风、绿草、小溪……也只有卸掉防御的铠甲，打开自闭的心灵，才不会无视原本存在的美好，才能重新感知那份温暖。

别蜷缩在一个人的角落，如果你已经习惯了一个人的孤单，你也一定能习惯一群人的狂欢。每个人都打开自闭的心灵，让晴空成为心里的风景；别再站在地铁里，唱着寂寞的歌，一张车票，穿梭了整个城市，也没有找到心的去处。

人生风风雨雨，只有卸掉防御的铠甲，才能不被它所累倒，才能换一种心情解读人生。试想，如果陶潜没有为自己的心灵打开一扇窗，卸掉尘世的铠甲，哪有"归去来兮"的欣喜雀跃？如果李易安没有为自己的心灵打开一扇窗，卸掉悲伤的铠甲，哪有"落日熔金"的豪迈篇章？如果柳永没有为自己的心灵打开一扇窗，卸掉忧思的铠甲，哪有"奉旨填词柳三变"的美名远扬，还结识那么多的知己？人生的新生，就在于卸掉这些心灵的铠甲，才幻化出绮丽。

朋友，卸掉防御的铠甲吧，不要为太多的繁杂疲惫了自己的心灵，迷失了方向，禁锢了自己的双脚。人生的每一步，都不可能代表永远，昨日再多的伤害和泪水，必将磨砺出未来日子的甘甜。昨日不可留，今日亦不可虚掷，只要你不甘于现状的灰暗，只要你的内心也渴望着新的春天，那么请试着打开自闭的心灵吧，你会发现外面早已是晴空无限，万物生香。

走出不平衡的心理误区

在现实生活中，很多人的内心世界或多或少都有一些不平衡。

某人升了官，某人赚了钱，某人买了车，某人买了别墅……你觉得自己原本比他们强，却不如他们风光体面！只要一对比，就会产生不平衡的心理，而这种不平衡的心理又驱使你去追求一种新的平衡，如此反复，身心就会处于一种失控的状态中。一个人如果连自己的心态都控制不了，那他的人生也必将摇摆不定，其结果自然是与失败为伍。

传说，上天在造物之初，本想让猫与虎一道做万兽之王的，但上天在作出最后决定之前，想先考察考察猫和虎的才能。

于是，上天放出了几只老鼠。虎全力以赴，很快干脆利落地将老鼠捉住吃掉了。猫却认为这是大材小用，上天太小看自己了，心中不平，于是很不用心，捉住了老鼠再放开，逗玩了半天才把老鼠吃掉。

考察的结果使上天认为猫太无能和不称职，不可做百兽之王，于是就让它身躯变小，专捉老鼠。而虎能全力以赴，做事认真，可派去统治山林，做百兽之王。

无论你是多么优秀的人才，在刚开始的时候，都只能从最简单的事情做起。切忌因为心理不平衡而怠慢手里的工作，也不必因为暂时的挫折而烦恼，而是要心态平和，要继续努力，这样，幸运女神才会有可能把成功的桂冠戴在你头上。

费希特年轻时，曾去拜访大名鼎鼎的哲学大师康德，想向他讨教。不料，康德对他很冷漠，并拒绝了他。

费希特失去了一次机会，但他并没有因此而受到影响，他不灰心丧气，也不怨天尤人，而是从自己身上寻找原因。他心想，自己没有成果，两手空空，大哲学家当然怕打搅，自己为什么不先拿出一些成果来呢？

于是，费希特埋头苦学，完成了一篇《天启的批判》的论文，呈献给康德，并附上一封信，信中说：

"我是为了拜见自己最崇拜的大哲学家而来的。但仔细一想，对本身是否有这种资格都未审慎考虑，感到万分抱歉！虽然我也可以索求其他名人的信函介绍，但我决心毛遂自荐，这篇论文就是我自己的介绍信。"

康德细读了费希特的论文后，不禁拍案叫绝。他为其才华和独特的求学方式所震动，便决定"录取"费希特，亲笔写了一封热情洋溢的回信，邀请费希特来一起探讨哲理。

由此，费希特获得了成功的机会，后来成为德国著名的教育家和哲学家。

可见，懂得平衡自己心态的人，其烦恼总比别人少，而收获总比别人多。

生活中，不平衡使得一部分人的心理自始至终处于一种极度不安的焦虑、矛盾、嫉恨之中，使他们牢骚满腹，不思进取。因此，我们必须走出不平衡的心理误区。要走出不平衡的心理误区，首先就要学会优势比较。比如，受挫后有时很难找到倾诉的对象，便需要自己设法平衡心理。优势比较法要求你去想那些比自己受挫更大、困难更多、处境更差的人，通过挫折程度比较，将自己的失控情绪逐步转化为平心静气。另外，少抱怨他人，多反省自己，就能慢慢调节好自己的心态。在遭遇挫折时，要先检讨自己哪里做得不对，找到原因后再改正，切忌一开始就怨天尤人；否则，心理不平衡只会给你带来更多的麻烦。

退隐心灵，保持精神世界的宁静

我们向往过陶渊明式"采菊东篱下，悠然见南山"的田园生活，向往过金庸小说中令狐冲式的笑傲江湖或归隐山林的超然世外。可你要知道，不管是乡村茅屋、山林海滨，我们始终逃不过自然和宇宙赋予自身的一切。如果你的心灵不宁静，那么即使生活在桃花源中也不会真正感受到宁静的滋味。与其千辛万苦求之于外，不如回过头来反观自己的心灵，只有在这里，你才能得到真正的宁静和更少的苦恼。

正所谓"人之初，性本善"，其实每个人的本性都没有差别，人一生下来本就具有纯真的心念，只不过被后天的环境所烦扰，变得处处紧张、事事计较，或因一时糊涂一步踏错，步步皆错。人存活在世上，保持一颗原有的"初心"，去掉心灵的遮蔽，以本色天性面世，不要为世俗制造善恶美丑的标准，不费尽心机，不被那些无谓的人情、规矩所约束，能哭能笑、能苦能乐、泰然自在、怡然自得、真实自然，才能避免将本性迷失。

崛多禅师游历到太原定襄县历村，看见神秀大师的弟子结草为庵，独自坐禅。

禅师问："你在干什么呢？"

僧人回答："探寻清静。"

禅师问："你是什么人？清静又为何物呢？"

僧人起立礼拜，问："这话是什么意思？请你指点。"

禅师问："何不探寻自己的内心，何不让自己的内心清静？否则，让谁来给你清静呢？"僧人听后，当即领悟了其中的禅理：一个人无论处于什么地位，过哪种生活，只要他内心清净、安谧就可以过得幸福。

北大著名"未名湖畔三雅士"之一的张中行，青年时代有着强烈的求知欲望，他无休止地探寻：生命有意义吗？如何生存才是合理的？什么是"存在"？"存在"是顺从意志的必然，还是顺应天运的必然？张先生最后求证的结论就是保持心灵的宁静，即使有人批评他，他也只是沉默，他说："其一，这类过去的事，在心里转转无妨，翻来覆去地去说就没有意思了。其二，我没有兴趣，也不愿意为爱听张家长李家短的闲人供应茶余饭后的谈资。其三，最重要的，是人生实不易，不如意事十常八九，老了，余年无几，幸而尚有一点点忆昔的力量，还是想想那十之一二为是。"他的这种省悟是超然的，像李叔同坐禅时的冥想，也似丰子恺那样远离尘海时的冷观，同时又如闻一多、朱自清那样直面人生。

一天，释尊禅师在寂静的树林中坐禅。突然，从远方传来了一对男女的争吵声。

过了一会儿，一名女子慌忙地从树林中跑了过来，她跑得太专注了，从释尊禅师面前过去，居然一点也没有发现禅师。之后又出来一名男子，他走到释尊禅师面前，非常生气地问道："你有没有看见一个女子经过这里？"

禅师问道："有什么事吗？为什么你这么生气呢？"

男子目光凶狠地说："这个女人偷了我的钱，我是不会放过她的！"

释尊禅师问道："找逃走的女人与找自己，哪一个更重要？"

青年男子没有想到禅师会这样问，站在那里，愣住了。

"找逃走的女人与找自己，哪一个更重要？"释尊禅师再问。

青年男子眼睛里流露出惊喜的神色，他在一瞬间醒悟了！青年低下头，脸上的怒气早已消失了，重新洋溢着平静的神色。

没错，与其跟一个追不回来的人生气，不如让自己的内心恢复宁静来得实际。一个人可以不依赖于外在的帮助也不要别人给的安宁。这样，一个人就必然笔直地站立，而不是让别人扶直。

所以，每个人的心灵都像整个宇宙一样，具备某种自足性，只要你动用自己的精力去关照自身，心灵就能够自行得到净化。

不论遇到什么烦扰之事，记住退入你自身的小小疆域，尤其不要使你分心或紧张，然后保持心灵的自由，冷静地看待周围的事物。在你手边你容易碰到并注意的事物，让它们存在吧，我们的烦恼仅来自内心的歧见，如果内心的烦扰消退了，那么心境自然变得宁静了。

天真，人生如若初相见

一个人，在尘世间走得久了，心灵无可避免地会沾染上尘埃，使原来洁净的心灵受到污染和蒙蔽。这个时候，我们要维系一份童真，保持一份天真，不要让自己的心沾满灰尘，不要让自己被世俗所污染，找不到最初的自己。

小晗属于最早的一批独生子女，所以从小很受父母宠爱。不过小晗的家教很严格，父母没有让她过分地任性骄横，但她一直觉得自己不会长大，她喜欢那种做孩子的感觉。

在小晗家里还能看到很多可爱的东西，比如喝水用的奶瓶、"小翠"鸭子的茶具什么的，她用的护肤品也都是婴儿用品，动画片的碟片有厚厚一叠，还有一书柜的卡通书，那是她读高中的时候积攒的，现在依然视若珍宝。

有了女儿之后的小晗不仅没有"收敛"，反而多了一个玩伴，让她兴奋不已。但是小晗平时上班的时候还是很注意的，尽量收起童心和幼稚的装束，认真工作。小晗目前在一家广告公司做平面设计，工作起来十分干练，充满幻想的创意也让她颇受老板的赏识，她认为这应该归功于自己的童心。

明朝李贽说："夫童心者，真心也；若以童心为不可，是以真心为不可也。夫童心者，绝假纯真，最初一念之本心也。若夫失却童心，便失却真心；失却真心，便失却真。"童心不能失去，这是做一个真性情人的需要，也是做一个健康、快乐、长寿之人的需要；对女孩来说，童心更不能失去，这是女孩享受宠爱、享受快乐、享受红颜永驻的青春的需要！

莫让失落的童心搁置，在这个纷繁复杂的世界中，请把你那颗心深深地根植在童趣的沃土里。这时，你的肩膀不会再如此沉重，你会拥有最开心的笑容！大多数人并不会保持童心，相反，他们会在无形之中给自己增加压力，在繁忙的生活中给自己制造一堆心灵垃圾。心理学家曾说过："人是最会制造垃圾污染自己的动物之一。"的确，清洁工每天早上都要清理人们制造的成堆的垃圾，这些有形的垃圾容易清理，而人们内心诸如烦恼、欲望、忧愁、痛苦等无形的垃圾却不那么容易清理了。因为，这些真正的垃圾常被人们忽视，或者，出于种种的担心与阻碍不愿去扫。譬如，太忙、太累；或者担心扫完之后，必须面对一个未知的开始，而你又不确定哪些是你想要的，万一现在丢掉的将来想要时却又捡不回来，怎么办？

我们在生活中，真的没必要让自己那么累。其实，仔细想一想，我们这么努力，为的是什么？无非就是快乐，就是幸福。所有，人生有必要给自己留一份纯真，它就好像是生活的调味剂，缓解了枯燥的苦味，在不知不觉中渗出一种甘甜。

一个人思虑太多，就会失去做人的快乐

有一个年轻的主妇向自己的朋友抱怨自己的工作如此"单调乏味"。她举例说，她刚刚铺好床，床马上就被弄乱了；刚刚洗好碗碟，碗碟马上就被用脏了；刚刚擦净了地板，地板马上就被弄得乱七八糟。她说："你刚刚把这些事做好，马上就会被人弄得像是未曾做过一样。"她进一步抱怨道："再这样下去，我简直要发疯！"

年轻主妇的朋友是一位相当聪明的人，他不动声色地说："这真是令人扫兴。有没有妇女喜欢家务劳动？"

她说："啊，有的，我想是有的。"

这位朋友又问："她们在家务劳动中有没有发现什么使得她们感到有趣、保持热情的东西呢？"

主妇思考了片刻回答道："也许在于她们的态度。她们似乎并不认为她们的工作是负担，而看见了超越日常工作的什么东西。"

两千多年前，古希腊政治家伯里克利曾经给人类说过一句忠言："请注意啊！先生们，我们太多地纠缠于一些小事了！"这句话，对今天的人们来说仍然值得品味和借鉴。对于一般人来说，生活就是由无数的小事组合而成的，甚至对那些大人物来说也是如此。每个人的生活中，小事都是无处不在、无时不有的，如果你过多地拘泥和计较小事，那么人生就根本没有什么乐趣可言了，触目所及的必然都是矛盾和冲突。

想一想，你挤公共汽车时，有人不小心踩了你的脚；或者你去买菜时，有人无意间弄脏了你的裙子；有时走在路上，说不定从道旁楼上落下一个纸团，打在你头上……此时此刻，如果你不是大事化小、小事化了，而是口出污言秽语，大发雷霆之怒，说不定会惹出什么祸事来。

我们的生活，正是由许许多多琐碎的小事所构成，如果对每一个细节都过于计较，过于执着，那么人生只能有无尽的烦恼。正如故事中的年轻主妇，铺床的时候想到床马上就会被弄乱，洗碗碟的时候想到碗碟马上就会被用脏，擦地板的时候想到地板马上就会被弄得乱七八糟。正所谓世间本无事，庸人自扰之。思虑太多，就会失去做人的快乐。如果年轻主妇能够以更为开阔的心胸和乐观的心态来看待生活中的这些琐事，看到其中所寄托的对家人的爱，看到从混乱中寻找秩序的本身，看到其中所蕴含的人生真谛，那么试问，她是否还会认为这一切仅仅是毫无意义、令人扫兴的琐事？

思虑太多，快乐也就不复存在。忧郁而又自我的俄罗斯男人，总是希望自己成为"一个痛苦的哲学家"，而自己所心爱的女人成为"一头快乐的猪"，在这充满戏谑意味的话语间，同样蕴含着人生的真谛。正如同古代诗人喜欢把头发比喻成三千烦恼丝，思虑过多，只能是徒增烦恼，恰恰如同三千青丝，剪不断，理还乱。反之，如果你能够以开阔的心胸、平和的心态坦然面对人生中的各种遭际，自然能够拥有柳暗花明又一村的美丽心情。

"撑着不死"与"好好活着"的一线之隔

庄子对"屈服"的解释，跟现代人有大不同。在普通人看来，屈服是不得不低头的意思，然而庄子却从欲望的角度解释："屈服者，其嗌言若哇。其嗜欲深者，其天机浅。"生活在世上的人，大多都会觉得很委屈，因为心里始终有股烦恼压抑其中，无法倾吐，导致"其嗜欲深者，其天机浅"。南怀瑾先生解释说，物质文明越发达，人在世间的知识越多、本事越大，欲望就越大，也越来越违反自然，离"道"（即天机）就越来越远了。

人生总是如此，不如意事可以排队跟在身后，能对别人啰唆的也没几件。找不到倾吐的地方，当然懊恼万分。然而，愉悦是一世，痛苦也是一生，何必为了现实中的种种影响安然自在的心境呢？世事没有一帆风顺，硬撑不死与好好活着，表面看来没什么区别，其实质却截然迥异。

大热天，禅院里的花被晒萎了。"天哪，快浇点水吧！"小和尚喊着，接着去提了桶水来。"别急！"老和尚说："现在太阳大，一冷一热，非死不可，等晚一点再浇。"

傍晚，那盆花已经成了"霉干菜"。小和尚见状，咕咕哝哝地说："一定已经干死了，怎么浇也活不了了。"

"浇吧！"老和尚指示。水浇下去，没多久，已经垂下去的花，居然全站了起来，而且生机盎然。

"天哪！"小和尚喊，"它们可真厉害，憋在那儿，撑着不死。"

老和尚纠正："不是撑着不死，是好好活着。"

"这有什么不同呢？"小和尚低着头，十分不解。

"当然不同。"老和尚拍拍小和尚，"我问你，我今年八十多了，我是撑着不死，还是好好活着？"

晚课完了，老和尚把小和尚叫到面前问："怎么样？想通了吗？"

"没有。"小和尚低着头。

老和尚肃穆地说："一天到晚怕死的人，是撑着不死；每天都向前看的人，是好好活着。得一天寿命，就要好好过一天。那些活着的时候天天为了怕死而拜佛烧香，希望死后能成佛的，绝对成不了佛。"说到此，老和尚笑笑，"他今生能好好过，都没好好过，老天何必给他死后更好的生活？"

生命无常，世事也无常，得过且过虽然不对，但有时也是一种境界，因为这样的人活得自在潇洒，总比每天心惊胆战强上百倍。回过头再来看，人生应当选择撑着不死还是好好活着呢？南先生淡笑而言：生活已经摊开在你面前，是屈服地背道而行，还是坦然地积极行事，生活会告诉你不同的答案。

有一位高僧和一位老道，互比道行高低。相约各自入定以后，彼此追寻对方的心究竟隐藏在何处。和尚无论把心安放在花心中、树梢上、山之巅、水之涯，都被道士的心于刹那之间追踪而至。他忽悟因为自己的心有所执着，故被找到，于是便想："我现在自己也不知道心在何处。"也就是进入无我之乡、忘我之境，于是道士的心就追寻不到他的心了。

超然忘我，放下得失之心，不苦苦执着于自己的失与得、喜与悲，便不会活得那么"屈服"了。南先生说，人的一生之中只有三件事，一件是"自己的事"，一件是"别人的事"，一件是"老天爷的事"。今天做什么，今天吃什么，开不开心，要不要助人，皆由自己决定；别人有了难题，他人故意刁难，对你的好心施以恶言，别人主导的事与自己无关；天气如何，狂风暴雨，山石崩塌，是人力所不能及的事，只能是"谋事在人，成事在天"，过于烦恼，也是于事无补。人活得"屈服"，离道越来越远，只是因为人总是忘了自己的事，爱管别人的事，担心老天的事。

由此可见，要轻松自在很简单：打理好"自己的事"，不去管别人的事就可以了。这就像做一个好人一样，其实相当容易，拥有幸福人生也很简单，生活就不会太累。这看似有点不问世事、不负责任，实则对自己负责，就已经是对与你有关的人负责了。

生活是一件艺术品，每个人都有自己认为最美的一笔，每个人也都有认为不尽如人意的一笔，关键在于你怎样看待，有烦恼的人生才是最真实的，同样，认真对待纷扰的人生才是最舒坦的。情绪是可以调适的，只要你操纵好情绪的转换器，随时提醒自己、鼓励自己，你就能让自己常常有好情绪。当你心情烦躁的时候，可以散散步，把不满的情绪发泄在散步上，尽量使心境平和，在平和的心境下，情绪就会慢慢缓和而轻松。

心静如禅定，是佛教追求的境界。可以把心尘一点点擦去，浮躁便会一点点消失。方寸不乱，生活的大局也就不乱，打理好自己的事，应该不会大难了吧。

第三章
心里真放下，人生方自在

放下过往，才是开始处

有人说，世上从来没有命定的不幸，只有死不放手的执着。所以，不要总是羡慕他人的自在与洒脱。他们获得幸福的原因也很简单：不执着于缘。懂得放下，就可以开始新的人生，也易得逍遥，快乐无穷。

南怀瑾心中对那些逍遥的人很倾慕，认为这些人真正能够做到"放下"二字。做了好事马上要丢掉，这是智慧；相反，有痛苦的事情，也是要丢掉。所以得意忘形与失意忘形都是没有修养的，都是不妥的；换句话说，便是心有所住，不能解脱。一个人受得了寂寞，受得了平淡，这才是大英雄本色。无论怎样得意也是那个样子，失意也是那个样子，到没有衣服穿，饿肚子仍是那个样子，这是最高的修养，就像孟子说的"富贵不能淫，贫贱不能移，威武不能屈"。不过，达到这种境界太难。

真正的人生该如何过呢？南先生认为重点在"随"字。时空的脚步永远是不断地追随回转，无休无止。子在川上曰：逝者如斯夫。河水能够冲走泥沙与污浊，时间能够抹去人类的一切活动痕迹，世间没有永恒不变的东西，也没有绝对的真理和绝对完美的事物，人所能做到的就是"随"，顺时顺应，随性而走。

庄子临终前，弟子们已经准备厚葬自己的老师。庄子知道后笑了笑，说："我死了以后，大地就是我的棺椁，日月就是我的连璧，星辰就是我的珠宝玉器，天地万物都是我的陪葬品，我的葬具难道还不够丰厚？你们还能再增加点什么呢？"学生们哭笑不得地说："老师呀！若要如此，只怕乌鸦、老鹰会把老师吃掉啊！"庄子说："扔在野地里，你们怕飞禽吃了我，那埋在地下就不怕蚂蚁吃了我吗？把我从飞禽嘴里抢走送给蚂蚁，你们可真是有些偏心啊！"

一位思想深邃而敏锐的哲人，一位影响千年的大师，就这样以一种浪漫达观的态度和无所畏惧的心情，从容地走向了死亡，走向了在一般人看来令人万般惶恐的无限的虚无。其实这就是生命。

在20世纪，一位美国的旅行者去拜访著名的波兰籍经师赫菲茨。他惊讶地发现，经师住的只是一个放满了书的简单房间，唯一的家具就是一张桌子和一把椅子。

"大师，你的家具在哪里？"旅行者问。

"你的呢？"赫菲茨回问。

"我的？我只是在这里做客，我只是路过呀！"旅行者说。

"我也一样！"经师轻轻地说。

既然人生不过是路过，便用心享受旅途中的风景吧。每个人的一生都像一场旅行，你虽有目的地，却不必去在乎它，因为你的人生不只拥有目的地而已，你还有沿途的风景和看风景的心情，如果完全忽略了一路的风情，人生将会变得多么单调和无趣，活着还怎么称得上是一种享受呢？

每一道风景从眼前经过，每段缘分与自己重逢再离别，你仔细回味一番，充分享受个中的滋味，不必耿耿于得失，在痛苦时想想快乐，快乐时忆苦楚，始终保持心情的平和，生命才会充满温暖柔和的色彩。等到缘分过了，风景没了，等待你的还有另一波风光和快乐，之前的一切便可放下，享受眼前此刻。开始的背后是放下，为什么人们悟不到呢？

时间公平地对待每一个瞬间，但人在生命的旅程中却不能停滞不前，总沉湎于过去。只有不停地向前走，才能摆脱重重阻碍，得见白云处处、春风习习的旅行终点。

一念放下，万般自在

一位哲人曾说："每个人都有错，但只有愚者才会执迷不悟。"事实的确如此，生活中有两种爱抱怨的人，一种是爱抱怨别人的人，另外一种人则是喜欢抱怨自己的人。前者容易清醒，后者则经常执迷不悟，一旦认为自己错了，就消沉，不再振作，让抱怨在心里生出"毒瘤"，并任由这颗"毒瘤"毁掉自己的一生。

在南美洲，有两个人因为偷羊而被官府抓获，官府要将他们刺字、发配。家人不想就此见不到自己的亲人，于是筹了钱款来赎他们，结果这两个人都被赎了回来，可是烙在前额的两个英文字母ST却再也不能去掉。ST是"偷羊贼"（sheep thief）的缩写，这种刑罚在现在的人们看来有些不人道，但在当时却被认为是惩罚犯罪的最佳手段，因为烙在前额上的字母永远都去不掉，所以人们要想不遭受这种羞辱，不到万不得已就不会以身试法。

可是这两个偷羊人却因为一时贪心，犯下了偷盗之罪，所以就不得不带着那两个代表着耻辱标记的字母，继续在人们面前生活和工作。这对于任何一个有羞耻之心的人来说，都是一种难堪，也是一种考验。

当时，在这两个偷羊人之中的一位，每天从镜子中看到自己前额上的烙印，都觉得这实在是一种奇耻大辱。他简直不能想象自己无时无处不带着这种耻辱去面对异样的目光。他成天都不敢出门，最后终于连家里人看自己的眼神他也忍受不了，于是他移居到了另一个国家，希望到一个从来没有人认识自己的地方去开始新的生活。

可是，当他来到了这个陌生的国家后，每逢碰到不认识的人时，对方仍旧会奇怪地问他这两个字母究竟是什么意思，他的心情始终不能平静，每天都感觉痛苦不堪，终于抑郁而终。死后，有好心人按照他的遗愿将他埋在了一处荒山野岭之中。那个地方只有他的一座孤坟，也许从此以后他才算免去了心头的羞辱，因为那个地方几乎没有人去。

与前面那个偷羊人不一样的是，他的那个伙伴虽然也深知自己以后的处境，而且他同样对自己过去犯下的罪行感到羞愧，可是他并没有像前面的那位一样远走他乡，而是在人们异样的目光下和一些人明里暗里的嘲讽中留了下来。他心想：虽然我无法逃避偷过羊的事实，但我仍旧要留在这里，赢回我曾经亲手葬送的声誉，赢回众人对我的尊敬。

从此以后，他靠自己的双手辛勤地劳动，用自己的劳动果实来孝顺父母、养育家人，而且每当邻居有困难的时候，他都会义不容辞地主动帮助。一年一年过去，他又重新建立起正直的名誉。

邻居们每逢有困难时，首先想到的就是他这个大好人，在邻居的介绍下他还娶了一位温柔美丽的妻子，并且生下了一个聪明可爱的孩子。

时间一晃而过，他的孩子也已经长大成人，而他则成了一位白发苍苍的老人。

有一天，有个陌生人看到这位老年人头上有两个字母，就问当地人，这究竟是什么意思。那个当地人说："他的额上有两个字母，已经是多年以前的事了，我也忘了这件事的细节，不过我想那两个字母是'善良的人'（saint）的缩写吧。"

第一个偷羊人之所以一辈子闷闷不乐，最后郁郁而终，是因为他放不下对自己的抱怨，所以面对自己已经犯下的错误，选择了逃避。而第二个偷羊人能够放下抱怨，理智地面对曾经犯下的错，并努力改正，这是一种明智的选择，因为逃避不能改变任何事情，而只会使自己的心灵受到更大的伤害。

可见，不抱怨自己，也是我们需要学习的一课。没有人是圣人，所以，没有人能够一辈子不犯错误，犯了错误不可怕，可怕的是不改正，同时还抱怨自己。因此，宽容别人的同时，也要学会宽容自己，不一味抱怨自己，这样，忧愁就会离你越来越远，而快乐则会离你越来越近。

记住：一念放下，万般自在！

心中梁木一根，放下就是舵和桨

我们常说，苦海无边，回头是岸。事实上，回头未必是岸，所以人要自救。有一种说法，人会身处苦海，是因为心中横亘着一根梁木，只要将这根梁木放下，就能做生命之舟的船桨，带我们离开苦海，驶向无忧的彼岸。

彼岸人人想去，难的，是放下。弘一法师出家时，离别了两位妻子，这万缕柔情一头牵曳着两位幽怨女子的苦心，一头牵曳着无上光明的法心，怎么斩、怎么断？可是法师毅然放下了，一去不回头。这是万缘放下自逍遥的洒脱。

放不下，是因为没看破。佛法在分析人生的基础上更是看破人生。看破人生实际上是对于人生价值的肯定，因为我们只有透过醉生梦死的虚幻人生，看破功名利禄是过眼烟云，把人生的恶习一点一点克服掉，才能够显示出人生的价值。不看破这虚幻、迷惑的人生，我们人生的价值是永远不会显现出来的。看得破就能"放下"，"放下"了也就看破了，也就不再执着于小我，这样就能步入离苦得乐的解脱之道。

抚州石巩寺的慧藏禅师，出家前是个猎人，他最讨厌见到和尚。

有一天他追赶一只猎物时，被马祖道一拦住。这位讨厌和尚的猎人，见有个和尚干扰他打猎，就抡起胳膊，要与马祖动武。

马祖问他："你是什么人？"

猎人说："我是打猎的人。"

马祖问："那，你会射箭吗？"

猎人说："当然会。"

马祖问："你一箭能射几个？"

猎人说："我一箭能射一个。"

马祖哈哈大笑："你实在不懂射法。"

猎人很生气："那么，和尚你可懂得射法？"

马祖回答："我当然懂得射法。"

猎人问："你一箭又能射得几个？"

马祖回答："我一箭能射一群。"

猎人叫道："彼此都是生命，你怎么会忍心射杀一群？猎人虽以杀生为本，但杀取有道，这叫不失本心。"

马祖语含机锋地问："哦，看来你也懂一箭一群的真义，可怎么不去照一箭一群的法则去射呢？"

猎人说："我知道和尚一箭一群的意思，可要让我自己去射，真不知道如何下手！"

马祖高兴地说："呵！呵！你这汉子旷劫以来的无明烦恼，今日算是断除了。"于是，猎人便扔掉弓箭，出家拜马祖为师。

杀生的猎人，转眼间就成了济度众生的和尚。所以说，放下，不在明天，不在后天，就在此刻。

有人想放弃什么不适合自己的东西，总是犹犹豫豫，一次一次下决心，一次一次要改过，却总没能成功。本来可救度你的梁木，总横亘在心中，没有成为桨的机会，可笑，可叹，又可怜。

心里放下，方为真放下

俗话说，做人要"提得起，放得下"，这6个字说起来容易，做起来却很难。有的人是能提起，却放不下；有的人则是既提不起，又放不下。其实，只有我们放下时，才能真正把握。

赵州从谂是一位禅锋非常锐利的禅师，学者凡有所问，他的回答经常不从正面说明，而要让人从另一方面去体会。

有一次，一个弟子前来拜访他，因为没有准备供养他的礼品，就歉意地说道："我空手而来！"

赵州禅师望着弟子说道："既是空手而来，那就请放下来吧！"

弟子不解他的意思，反问道："禅师！我没有带礼品来，你要我放下什么呢？"

赵州禅师立即回答道："那么，你就带着回去好了。"

弟子更是不解，说道："我什么都没有，带什么回去呢？"

赵州禅师道："你就带那个什么都没有的东西回去好了。"

弟子不解赵州禅师的禅机，满腹狐疑，不禁自语道："没有的东西怎么好带呢？"

赵州禅师这才指示道："你不缺少的东西，那就是你没有的东西；你没有的东西，那就是你不缺少的东西！"

弟子仍然不解，无可奈何地问道："禅师！就请您明白告诉我吧！"

赵州禅师无奈地说道："和你饶舌多言，可惜你没有佛性，但你并不缺佛性。你既不肯放下，也不肯提起，是没有佛性呢，还是不缺少佛性呢？"

是啊！你缺少的东西，确实是你实实在在拥有的东西。你呢？看不见自己的本真，无故寻愁觅恨，怨来怨去、不知足，追求一些怎么也追求不到的东西。就像那个骑着骡子数骡怎么数都少一头的人，原来他忽略了自己骑的那一头啊！

让我们一起来学会"放得下"，以此来增强我们的心理弹性，享受"放得下"的人生愉悦。敢于放下，果断放下，心里真正地放下，放下的一刹那，你会感到天地原来如此广阔，你会发现你的脚步是如此轻盈平稳，你的心房是如此安稳温馨。

放下吧，让浮躁的心归于恬淡！

功名利禄过眼忘，荣辱毁誉不上心

俗话说："天下熙熙，皆为利来；天下攘攘，皆为利往。"贪腐者们追求的那些东西其实不外乎身体的安适、丰盛的食品、漂亮的服饰、绚丽的色彩和动听的乐声，到头来终究是一场空而已。

有位弟子对默仙禅师说："我的妻子贪婪而且吝啬，对于做好事情行善，连一点儿钱财也不舍得，你能慈悲到我家里来，向我太太开示，行些善事吗？"

默仙禅师是个痛快人，听完弟子的话，非常爽快地就答应下来。

当默仙禅师到达那位弟子的家里时，弟子的妻子出来迎接，可是却连一杯水都舍不得端出来给禅师喝。于是，禅师握着一个拳头说："夫人，你看我的手天天都是这样，你觉得怎么样呢？"

弟子的夫人说："如果手天天这个样子，这是有毛病，畸形啊！"

默仙禅师说："对，这样子是畸形。"

接着，默仙禅师把手伸展开成了一个手掌，并问："假如天天这个样子呢？"

弟子夫人说："这样子也是畸形啊！"

默仙禅师趁机立即说："夫人，不错，这都是畸形，钱只知贪取，不知道布施，是畸形；钱只知道花用，不知道储蓄，也是畸形。钱要流通，要能进能出，要量入而出。"

握着拳头，你只能得到掌中的世界，伸开手掌，你能得到整个天空。握着拳头暗示过于吝啬，张开手掌则暗示过于慷慨，弟子的夫人在默仙禅师的开悟之下，对做人处事和经济观念、用财之道，豁然领悟了。

有的人过于贪财，有的人过分施舍，这都不是禅的应有之处。吝啬、贪婪的人应该知道喜舍结缘是积功累德的原因，因为不播种就不会有收成。布施的人应该在不自苦、不自恼的情形下去做。否则，就是很不纯粹的施舍了。

一个人是否追求名利，往往取决于一个人的荣辱观。有人以出身显赫作为自己的荣辱，公侯伯爵，讲究某某"世家"、某某"后裔"；有的人则以钱财多寡为标准，所谓"财大气粗"，"有钱能使鬼推磨"，"金钱是阳光，照到哪里哪里亮"，以及"死生无命，荣辱在钱"，"有啥别有病，没啥别没钱"，等等，这些俗话正揭示了以钱财划分荣辱的现状。

以家世、钱财来划分荣辱毁誉的人，尽管具体标准不同，但其着眼点、思想方法并无二致。他们都是从纯客观、外在的条件出发，并把这些看成是永恒不变的财富，而忽视了主观的、内在的、可变的因素，导致了极端、片面的形而上学错误，结果吃亏的是自己。持这种荣辱观的人，往往会拼命地追逐名利，最终导致这些身居要职的人总是铤而走险，走向贪污、腐败的道路。攫取这种不义之财，必然会遭受一定的报应。

一切功名利禄都不过是过眼烟云，得而失之、失而复得等情况都是经常发生的。要意识到一切都可能因时空转换而发生变化，就能够把功名利禄看淡、看轻、看开些，做到"荣辱毁誉不上心"。

随遇而安，尽心就是完美

人生百年，能够完全顺着自己的想法而来的事情不多，所以古人说"不如意之事十有八九"，我们一生中不可能永远都是一帆风顺。有些挫折、失败等不是个人力量所能左右的，而在这些不如意的事情已经发生后，唯一能使我们的心灵保持平静的方法就是保持一颗平常心，不急不躁、不对人发难，让自己"随遇而安"。正如林清玄所说，快乐活在当下，尽心就是完美。

一天，一位中年人从农村搭公家运东西的车子回城里，车到中途，忽然抛锚。那时正是夏天，午后的天气闷热难当。在烈日炎炎的公路上无法前进，真是让人着急。可是，他一看当时的情形，就知道急也没有用处，反正得慢慢等车子修好才可以走。于是，他问了问司机，知道要三四个小时才可以修好，就独自步行到附近的一条河里游泳去了。河边清静凉爽，风景宜人，在河水中畅游之后，暑气全消。等他游泳兴尽回来，车子已修好待发，趁着黄昏晚风，直驶城里。

经过这件事情后，他逢人便说："真是一次愉快的旅行！"随遇而安的妙处由此可见一斑。

假如换了别人，在这种情形之下，可能只好站在烈日之下，一面抱怨，一面着急，而那辆车也不会提早一分钟修好，那次行程也一定是一次最痛苦、最烦恼的。

在突然遭遇危难之时，随遇而安也能让人拥有一份平静的期待，这更胜过绝望的呼喊。

一条航行在南太平洋上的船，突然遭遇飓风。风如利刃，把船体劈得伤痕累累。飓风过后，船的功能差不多已损毁，它只能如一艘小艇般在茫茫无际的海洋中游荡。

船上的人在等了几天后见还没有救援的船来，开始变得慌乱、焦躁了，他们谩骂，他们哭喊，他们到处扔自己的东西，好像死亡即将来临。

这时，有一人对他们说，他近日拥有了一项特异功能：可以半年不吃任何东西而活着。所以他希望船员和乘客们把东西和写下的遗嘱交给他，他会带给他们的亲人。

这样的话，居然没有人怀疑。所有的人都把希望寄托在那人身上，而他们因为没有了后顾之忧，变得冷静下来了，彼此倾诉着心事。

船终于被另一条船发现，船上的人员得救了，因为最终那份随遇而安的冷静，他们避免了因疯狂而自我毁灭。

陶渊明说：俯仰终宇宙，不乐复何如？一个睿智之人是不会抱着忧虑而愁眉不展的。就像古人说的那样：世上本无事，庸人自扰之。无论生活在什么环境下，聪明豁达之人都会用乐观平和的心态面对生活。

对于随遇而安，林清玄是这样说的：在人生里，我们只能随遇而安，来什么，品味什么，有时候是没有能力选择的。学会随遇而安，你能够轻松地挫败生活中许多看似不可战胜的困难。如果你不幸被生活中的黑暗偷袭，那就把它当作一次疾病好了。这，是面对生活最为强硬的方式。而这，也是现实生活中很多人所缺乏的。

每个人的能力各不相同，因此不是每个人都有反抗命运的能力。如果无力反抗，那么，就安然地接受命运的安排，放松心情，快乐地度过每一天。这种随遇而安的生活态度是获得幸福的关键。

时时勤拂拭，越过人性三重门

人在不同阶段有不同的关隘，孔子说，人生最难过的是君子三戒：少年戒之在色，男女之间如果有过分的贪欲，很容易毁伤身体；壮年戒之在斗，这个斗不只是指打架，而指一切意气之争，如事业上的竞争，处处想打击别人，以求自己成事立业，这种心理是中年人的毛病；老年人戒之在得，年龄不到可能无法体会。曾经有许多人，年轻时仗义疏财，到了年老反而斤斤计较，钱放不下，事业更放不下，在对待很多事情上都是如此。

青年时代，最具吸引力的是异性，最令人神往的是爱情，最难以节制的是情欲。饮食男女，原本无可厚非，但一旦过分便会贻误终生。

到了壮年，名誉、地位、权力、财富，都拥有了一部分，但又不是可以无限开采的资源，进退、得失、上下、去留，现实残酷地摆在每个人的面前。于是，争中有斗，斗中有争，争斗之中，有人用尽了心计，阴的、阳的、明的、暗的、文的、武的，君子的、小人的，三十六计、七十二招数……无所不用其极。斗争中的人生又何谈恬淡的乐趣？

及至老年，一切皆已定局，再发展已无能为力。这时，一个"得"字，害人匪浅。在乎已得，对待事业，就会无所用心、意志衰退、贪图享受、得过且过；对待官职，就会恋恋不舍、把玩不已，不肯让位。在乎未得，就会脸红心跳、孤注一掷、猛捞一把、贪得无厌。"59岁"现象，发人深省。

三戒如同人生三个关隘，闯过去，便是踏平坎坷成大道；闯不过，便是拿了一张不合格的人生答卷，轻则半生虚度，重则一生荒废，甚至坠入万劫不复的深渊。

有一座泥像立在路边，历经风吹雨打，它多么想找个地方避避风雨，然而它无法动弹，也无法呼喊，它太羡慕人类了，它觉得做一个人，可以无忧无虑、自由自在地到处奔跑。它决定抓住一切机会，向人类呼救。

有一天，智者圣约翰路过此地，泥像向圣约翰发出呼救。"智者，请让我变成人吧！"圣约翰看了看泥像，微微笑了笑，然后衣袖一挥，泥像立刻变成了一个活生生的青年。"你要想变成人可以，但是你必须先跟我试走一下人生之路，假如你受不了人生的痛苦，我马上可以把你还原。"智者圣约翰说。

于是，青年跟智者圣约翰来到一个悬崖边。"现在，请你从此岩走向彼岩吧！"圣约翰长袖一拂，已经将青年推上了铁索桥。青年战战兢兢，踩着一个个大小不同的链环的边缘前行，然而一不小心，一下子跌进了一个链环之中，顿时，两腿悬空，胸部被链环卡得紧紧的，几乎透不过气来。

"啊！好痛苦呀！快救命呀！"青年挥动双臂大声呼救。"请君自救吧。在这条路上，能够救你的，只有你自己。"圣约翰在前方微笑着说。青年扭动身躯，奋力挣扎，好不容易才从这痛苦之环中挣扎出来。"你是什么链环，为何卡得我如此痛苦？"青年愤然道。"我是名利之环。"脚下铁链答道。

青年继续朝前走。忽然，隐约间，一个绝色美女朝青年嫣然一笑，然后飘然而去，不见踪影。青年稍一走神，脚下又一滑，又跌入一个环中，被链环死死卡住。可是四周一片寂静，没有一个人回应，没有一个人来救他。这时，圣约翰再次在前方出现，他微笑着缓缓道："在这条路上，没有人可以救你，只有你自己自救。"青年拼尽力气，总算从这个环中挣扎了出来，然而他已累得精疲力竭，便坐在两个链环间小憩。"刚才这是个什么痛苦之环呢？"青年想。"我是美色链环。"脚下的链环答道。

经过一阵休息之后，青年顿觉神清气爽，心中充满幸福愉快的感觉，他为自己终于从链环中挣扎出来而庆幸。青年继续向前走，然而没想到他又接连掉进了欲望的链环、嫉妒的链环……待他从这一个个痛苦之中挣扎出来，已经完全疲惫不堪了。抬头望望，前面还有漫长的一段路，他再也没有勇气走下去。

"智者！我不想再走了，你还是带我回原来的地方吧！"青年呼唤着。智者圣约翰出现了，他长袖一挥，青年便回到了路边。"人生虽然有许多痛苦，但也有战胜痛苦之后的欢乐和轻松，你难道真愿意放弃人生吗？""人生之路痛苦太多，欢乐和愉快太短暂、太少了，我决定放弃做人，还原为泥像。"青年毫不犹豫地说。智者圣约翰长袖一挥，青年又还原为一尊泥像。"我从此再也不受人世的痛苦了。"泥像想。然而不久，一场大雨袭来，泥像被冲成一堆烂泥。

人的一生需要迈过的门槛很多，稍不留神我们就会栽在其中一道坎上。不过对于绝大多数人，或许最重要的则是迈过金钱、权力与美色三道坎，就像孔子所说的"人生三戒"一样。

其实，无论你处于什么阶段，这"三戒"的内容，都应当牢记在心，"时时勤拂拭，莫使惹尘埃"。以"礼"约束，用理性的缰绳去约束情感和欲望的野马，达到中和调适，便能顺利走过人生的几个关口。

生死如来去，重来去自在

面对生命，圣贤之辈没有觉得活很痛快，也没有认为死很痛苦，生死已不存在于心中。"生者寄也，死者归也。"活着是寄宿，死了是回家。明白了生死交替的道理，就懂得了生死。生命如同夜荷花，开放收拢，不过如此。

下面是一则关于庄子和骷髅的寓言故事：

庄子到楚国去，途中见到一个骷髅，枯骨突现原形。庄子用马鞭从侧旁敲了敲，于是问道："先生是贪求生命、失却真理因而成了这样呢，抑或你遇上了亡国的大事，遭受到刀斧的砍杀，因而成了这样？抑或有了不好的行为，担心给父母、妻子儿女留下耻辱、羞愧而死？抑或你遭受寒冷与饥饿的灾祸而成了这样？抑或你享尽天年而死去成了这样？"

庄子说罢，拿过骷髅，当作枕头而睡去。

到了半夜，骷髅给庄子显梦说："你先前谈话的情况真像一个善于辩论的人。看你所说的那些话，全属于活人的拘累，人死了就没有上述的忧患了。你愿意听听人死后的有关情况和道理吗？"

庄子说："好。"

骷髅说："人一旦死了，在上没有国君的统治，在下没有官吏的管辖；也没有四季的操劳，从容安逸地把天地的长久看作是时令的流逝，即使南面为王的快乐，也不可能超过。"

庄子不相信，说："我让主管生命的神来恢复你的形体，为你重新长出骨肉肌肤，返回到你的父母、妻子儿女、左右邻里和朋友故交中去，你希望这样做吗？"

骷髅皱眉蹙额，深感忧虑地说："我怎么能抛弃南面称王的快乐而再次经历人世的劳苦呢？"

相传佛教禅宗六祖慧能禅师弥留之际，众弟子痛哭，依依不舍，大家都将他视为再生父母。六祖气若游丝地说："你们不用伤心难过，我另有去处。"

"另有去处"四个字，发人深省。慧能把死当作了一段新的旅程，不但豁达、开朗，而且使生命在时间、空间的价值得以继续延伸，远胜过有些人虽然活着，却只有华美装饰的躯壳而无真我的风采！

禅宗有关超越生死的看法，很值得今天还看不透人生、想不通生活或对死亡心存畏惧的人参考借鉴。禅宗重来去自在，生死也有如来去。参透这一玄机，我们就不必天天再为生老病死而恐惧不安，或对于家庭亲朋甚至世间的虚华富贵有所舍不得，至少可以活得开心一点、快乐一些。

有生必有死，有得必有失，生死是人生必经的旅程，不要把死看作是个终结，也可以同慧能一样，走向"另一个去处"。

一沙一世界，一叶一菩提，生命的收与放，本质都是一样的。面对生死，悠然自得，便是真正懂得了生命。正如丘吉尔谈及死亡，他说："酒吧关门的时候我就离开。"

看透死亡，就会达到一种全新的人生高度，站在这个高度上俯瞰生命中的所有悲喜成败、烦恼纠葛，人心中会自然生出一种"会当凌绝顶，一览众山小"的感觉。凭借这种胸怀和气魄，做事又怎么会不成功呢？

励志人生必修课

情绪三控
不计较　不发火　不较真

启　文◎编著

中国出版集团
中译出版社

图书在版编目（CIP）数据

励志人生必修课．情绪三控：不计较　不发火　不较
真／启文编著 . -- 北京：中译出版社，2019.6
　ISBN 978-7-5001-5990-2

　Ⅰ．①励… Ⅱ．①启… Ⅲ．①人生哲学－通俗读物
Ⅳ．① B821-49

　中国版本图书馆 CIP 数据核字（2019）第 119522 号

励志人生必修课

情绪三控：不计较　不发火　不较真

出版发行：中译出版社
地　　址：北京市西城区车公庄大街甲 4 号物华大厦 6 层
电　　话：（010）68359376　68359303　68359101
邮　　编：100044
传　　真：（010）68357870
电子邮箱：book@ctph.com.cn
总 策 划：张高里
责任编辑：刘全银
封面设计：青蓝工作室
印　　刷：北京朝阳新艺印刷有限公司
经　　销：新华书店
规　　格：880 毫米 ×1230 毫米　1/32
印　　张：42
字　　数：770 千字
版　　次：2019 年 6 月第 1 版
印　　次：2019 年 6 月第 1 次

ISBN 978-7-5001-5990-2　　　　定价：208.60 元（全 7 册）

前　言

　　有得有失的人生是公平的，有成有败的人生是合理的，有苦有乐的人生是充实的。一个人的快乐，不是因为他拥有的多，而是因为他计较的少，以一种超然解脱的心性看待身边发生的事情。

　　人生有顺境也有逆境，情绪有开心也有愤怒，喜怒哀乐始终伴随着人生的成长。在人成长的过程中，一个人拥有快乐，不是因为他一帆风顺，而是因为他生性淡薄，内心强大，能够以平和愉快的心情对待成长过程中的挫折。

　　人生一世，究竟有什么是我们必须要认真面对的？做人固然不能玩世不恭，游戏人生，但也不能太较真，认死理。一个不较真的人，可以获得更加宽广的格局，能够发现更加绚丽的舞台，拥有更多的快乐。

　　本书从"不计较""不发火"以及"不较真"这三个方面着手，通过精彩生动故事告诉每一个读者在日常生活中怎么样才能做一个心中包容整个世界、心胸宽广的人；怎么样做一个宁静致远、淡泊名利、真正拥有快乐的人；怎么样做一个明媚灿烂、内心强大，拥有平和愉快心情的人。进而让我们在未来人生的成长道路上处事变得更加淡然，眼界变得更加开阔，胸怀变得更加海纳百川，格局变得更加宽阔广大，谱写人生的辉煌。

目　　录

1

第一章
难得糊涂，一较真你就错了

　　有位智者说，如果大街上有人骂他，他连头都不会回，因为他根本不想知道骂他的人是谁。人生如此短暂和宝贵，要做的事情太多，何必为这种令人不愉快的事情浪费时间呢？

用糊涂消融无谓的烦恼

吕蒙正在宋太宗、宋真宗时三次任宰相。他为人处世有一个特点：不喜欢把人家的过失记在心里。他刚任宰相不久，上朝时，有一个官员在帘子后面指着他对别人说："这个无名小子也配当宰相吗?"吕蒙正假装没有听见，就走了过去。

有些官员为吕蒙正感到愤愤不平，要求查问这个人的名字和担任什么官职，吕蒙正急忙阻止了他们。

退朝以后，有个官员的心情还是平静不下来，后悔当时没有及时查问清楚。吕蒙正却对他说：如果一旦知道了他的姓名，那么我可能一辈子都忘不掉。还不如不去计较，不去查问他，这对我有什么损失呢?

当时的人听了，都佩服他气量恢宏。

清朝画家郑板桥有一方闲章，曰"难得糊涂"，这四个字一经刻出，便立刻成了很多人津津乐道的座右铭。仿佛有许多人生的玄机一下子从这四个字里折射出了哲学的辉光。

在我们身边，无论同事、邻里之间，甚至萍水相逢，不免会产生些摩擦，引起些烦恼，如若斤斤计较，患得患失，往往越想越气，这样很不利于身心健康。如做到遇事糊涂些，自然烦恼会少得多。

人生在世，智总觉短、计总觉穷，纷纷扰扰、热热闹闹在眼前，又有几人能看清? 常言道：不如意事总八九，可与人言无二三。天地间，立人处事，总有许多盘盘曲曲、枝枝节节，即便胸中有万丈光芒，托出来也不过就是那丁点儿亮。于是，俯仰之间，总觉得被拘着、束着、挤着、磨着，好比那郑板桥，硬着头皮做清官、好官，却屡屡遭贬、被逐，无奈掷印辞官，弹掉几两乌纱，自抓一身搔痒，自讨几分糊涂下酒，于是，身心俱轻。正是：行到水穷处，坐起看云时。此一糊涂，人生境界顿开，先前舍不下的成了笔底烟云；先前弄不懂的成了淋漓墨迹。因此，你不得不承认糊涂是一种智慧，犹似雾里看花、水中望月，径取朦胧揩眼，而心成闲云。

有一则外国寓言说，在科罗拉多州长山的山坡上，竖着一棵大树的残躯，它已有 400 多年历史。在它漫长的生命里，被闪电击中过 14 次，无数的狂风暴雨袭击过它，它都岿然不动。最后，一小队甲虫却使它倒在了地上。这个森林巨人，岁月不曾使它枯萎，闪电不曾将它击倒，狂风暴雨不曾使它屈服，可是，却在一些可以用手指轻轻捏死的小甲虫持续不断的攻击下，终于倒了下来。

这则寓言告诉我们，人们要提防小事的攻击，要竭力减少无谓的烦恼，要"糊涂"，否则，小烦恼有时候是足以让一个人毁灭的。我们活在世上只有短短的几十年，不要浪费许多无法补回的时间，去为那些很快就会被所有人忘了的小事烦恼。生命太短促了，在这一类问题上糊涂一些吧，不要再为小事垂头丧气。

"难得糊涂"是一剂良药，直切人生命脉。按方服药，即可贯通人生境界。所谓一通则百通，不但除去了心中的滞障，还可临风吟唱、拈花微笑、衣袂飘香。

随方就圆方能纵横四海

东晋的元老重臣王导，晚年耽于声色，不理政事，手下人怨声四起，说他老迈无用，而王导自言自语道："人言我愦愦，后人当思此愦愦。"意思是说，现在社会上的人说我昏愦无能，然而后代人将会因我现在的昏愦无能而感激我。此话怎讲？

原来五胡乱世之后，大批北方人移居到南方，既给南方带来了先进的生产技术，也带来了秩序上的混乱，东晋立国之初，政局极为混乱，皇帝被权臣走马灯似的换下，王导曾被皇帝戏邀共登龙床，幸好他聪明，赶快谢绝。

那时，权臣之间互相倾轧，士族与庶族之间互不通婚，互不往来，士族子子孙孙享受高官厚禄，庶族世代居下，两个阶层矛盾极深。北方人南下，势必要侵扰南方人的利益，形成南北之争，加之北方胡人时来侵扰，民心甚为不安。这一切对王导来说，简直就是剪不断，理还乱，甚至是越理越乱。因为只要他偏袒任何一方，都可能引起双方大的争斗，从而影响到政局的稳定。只见他稳坐本位，无为而治，做和事佬。争斗的双方势力此消彼长后，政局也就稳定下来了。他死后，东晋的生产恢复起来，有了一定的中兴气象。难怪后代史家都评论此人是个聪明官。

为了保存实力，达到向上升的目的，有时不得不装聋作哑。

孙子说："混混沌沌形圆，而不可败也。"

人际交往中也存在着"形"的问题，运用"形圆"的心术，关键要懂得"形"的作用，外圆而内方。圆，是为了减少阻力，是方法，是立世之本，是实质。

船体，为什么不是方形而总是圆弧形的呢？那是为了减少阻力，

4

更快地驶向彼岸。人生也像大海，交际中处处有风险，时时有阻力。我们是与所有的阻力较量，拼个你死我活，还是积极地排除万难，去争取最后的胜利？

生活是这样告诉我们的：事事计较、处处摩擦者，哪怕壮志凌云，聪明绝顶，如果不懂"形圆"，缺乏驾驭感情的意志，往往会碰得焦头烂额，一败涂地。

威名赫赫的蜀国名将关羽，就是一个典型的例子。

若说关羽的武功盖世超群，没有人会质疑。"温酒斩华雄""过五关斩六将""单刀赴会"等，都是他的英雄写照。但他最终却败在一个被其视为"孺子"的吴国将领之手。究其原因，是他不懂心术，不懂"形圆"。他虽有万夫不当之勇，但为人心胸狭窄，不识大体。除了刘备、张飞等极个别的铁哥们儿之外，其他人都不放在眼里。他一开始就排斥诸葛亮，是刘备把他说服；继而排斥黄忠；后来又和部下糜芳、傅士仁不和。他最大的错误是和自己国家的盟友东吴闹翻，破坏了蜀国"北拒曹操，东和孙权"的基本国策。在与东吴的多次外交斗争中，凭着一身虎胆、好马快刀，从不把东吴人包括孙权放在眼里，不但公开提出荆州应为蜀国所有，还对孙权等人进行人格污辱，称其子为"犬子"，使吴蜀关系不断激化，最后，东吴一个偷袭，使关羽地失人亡。

《菜根谭》中说："建功立业者，多虚圆之士。"意思是建大功立大业的人，大多都是能谦虚圆活的人。

北宋名相富弼年轻时，曾遇到过这样一件事，有人告诉他："某某骂你。"富弼说："恐怕是骂别人吧。"这人又说："叫着你的名字骂的，怎么是骂别人呢？"富弼说："恐怕是骂与我同名字的人吧。"

后来，那位骂他的人，听到此事后，自己惭愧得不得了。明明被人骂却认为与自己毫无关系，并使对手自动"投降"，这可以说是"形圆"之极致了。富弼后来能当上宰相，恐怕与他这种高超的"形圆"处世艺术很有关系。但富弼又绝不是那种是非不分、明哲保身的人，他出使契丹时，不畏威逼，拒绝割地的要求。在任枢密副使时，与范仲淹等大臣极力主张改革朝政，因此遭谤，一度被摘去了"乌纱帽"。

在现实生活中，每个人都会面临许多人际间的矛盾，如何处理呢？富弼为我们树立了一个很好的榜样，就是做人既要外形"圆活"，心胸豁达，与人为善；又要内心"方正"，坚持原则，维护自己的独立人格。

虚己处世，别好处占尽

虚——天地之大，以无为心；圣人虽大，以虚为主。有道是虚己待人就能接受人，虚己接物就能容纳万物，虚己用世就能圆融于世。只有先虚己，才能承受百实，化解百怨。虚己是处世求存的良策之一，人能虚己无我，就能与人无争、与物无争，而不争反能亲近于人抚育万物。如水润万物，不争而全得，不争之争，方为上策。

虚而不实、不争，才不致受外物迷惑引诱，才能坚守内心的真我，保持本色的风格。虚己能随时培养自己的机息，处处保留回旋的余地，任凭纷争无限，皆可全身而存。

"虚"能不骄，接受万事万物的挑战，从中领受有益的养分以滋养自身，充盈自我。虚怀若谷，就是不自负，不自满，不粘不滞，不武断，学习他人之长，反省自己之短，如此则他人才会乐意助你，也就是说成功已不远矣。

老子说："道是看不见的虚体，宽虚无物，但它的作用却无穷无尽，不可估量。它是那样深沉，好像是万物的主宰。它磨掉了自己的锐气，不露锋芒，解脱了纷乱烦扰，隐蔽了自身的光芒，把自己混同于尘俗。它是那样深沉而无形无象，好像存在，又好像不存在。"老子又说："圣人治理天下，是使人们头脑简单、淳朴、填满他们的肚腹，削弱他们的意志，增强他们的健康体魄。尽力使心灵的虚寂达到极点，使生活清静、坚守不变。使万物都一齐蓬勃生长，从而考察它往复的道理。"这些都说明了静虚的大作用。从道家的观念看来，他们处世，贵在"以虚无为根本，以柔弱为实用。随着时间的推移，因顺万物的变化"。

虚，就能容纳万事万物，无就能生长，就能变化；柔就不刚而能圆融，弱就不争胜而可持守。随同时间的推移，能不断地变化而自省，顺应万物，和谐相宜。虚己待人就能接受他人，虚己接物就能容纳万物，虚己用世就能转阖于世，虚己用天下就能包容天下。

虚己的能量，大的方面足以容纳世界，小的方面也能保全自身。虚戒极、戒盈，极而能虚就不会倾斜，盈而能虚就不会外溢。

身处高位而倚仗权势，足以引来杀身之祸，胡惟庸、石亨就是这样。有士才而不谦虚，足以引来杀身之祸，卢柟、徐渭就是这样。积财而不散，足以招杀身之祸，沈季、徐百万就是这样。恃才妄为，足以招杀身之祸，林章、陆成秀就是这样。异端横议，足以招杀身之祸，李贽、达观就是这样。反之，就能免除祸殃。这些人的后果都是不能虚己造成的。

鲲鹏歇息六个月后，振翅高飞，能扶摇直上九万里。做官不懂息机，不扑则蹶。所以说知足不会受辱，知止没有危险。贵极征贱，贱极征贵，凡事都是如此。到了最极端而不可再增加，势必反轻。居在局内的人，应经常保留回旋的余地。伸缩进退自如，就是处世的好方法。

能够虚己的人，自然能随时培养自己的机息，处处保留回旋的余地，不仅能全身，而且还可以培养自己的度量。

虚己处世，千万求功不可占尽，求名不可享尽，求利不可得尽，求事不可做尽。如果自己感觉到处处不如人，便要处处谦下揖让；自己感觉到处处不自足，便要处处恬退无争。

历史记载，东汉时期建初元年（公元76年），肃宗即位，尊立马后为太后，准备对几位舅舅封爵位，太后不答应。第二年夏季遇大旱灾，很多人都说是不封外戚的原因。太后下诏谕说："凡是涉及这件事的人，都是想献媚于我，以便得到福禄。从前王氏五侯，同时受封，黄雾四起，也没有听说有及时雨来回应。先帝慎防舅氏，不准在重要的位置，怎么能以我马氏来对比阴氏呢？"太后始终坚决

8

不同意。

肃宗反复看诏书，很是悲叹，便再请求太后。太后回道："我曾经观察过富贵的人家，禄位重叠，好比结实的树木，它的根必然受到伤害。而且人之所以希望封侯，是想上求祭祀，下求温饱。现在祭祀则受四方的珍品，饮食就受到皇府中的赏赐，这还不满足吗？还想得到封侯吗？"

这不仅使马后能居高思倾，居安思危，处己以虚，持而不盈，而且还能使各位舅氏处于"虚而不满"之中，以避免后来的嫉妒与倾败的远见。在这段话中，还能看到她公正无私、识大体的胸怀。

才在于内，用在于外；贤在于内，做在于外；有在于内，无在于外。这就是以虚为大实，以无为大有，以不用为大用的道理。人们取实，我独取虚；人们取有，我独取无；人们都争上，我独争下；人们都争有用，我独争无用。这是道家处世的妙理。争取的是小得、小有、小用，不争的才是大得、大有、大用。

所以庄子说："山上的树木长大了，自然用来做燃料；肉桂能食，所以遭到砍伐；胶漆有益，所以受到割取；人们都知道有用的作用，而不知道无用的作用。"所以我们不要以精神去寻求利益，不要以才能去寻求事业，不要以私去害公，不要以自己去连累他人，不要以学问去穷究知识，不要以死劳累生。

河蚌因珍珠珍贵、稀少而受伤害，狐狸因皮毛珍贵而被猎取。有弘泄之心的人，应该隐藏起意愿而不刻意彰显，把有形隐藏到无形之中，把自有隐藏到虚无之中，做到如古人所说"大直若屈，大巧若拙，大辩若讷"的境界，才能体会到虚己的妙用。

虚己处世，千万求功不可尽占，争名不可尽享，求利不可尽得，求事不可尽做。

不必较真，大事化小

孟子认为，君子之所以异于常人，便是在于其能时时自我反省。即使受到他人的不合理的对待，也必定先躬省自身，自问是否做到仁的境界？是否欠缺礼？否则别人为何如此对待自己呢？等到自我反省的结果合乎仁也合乎礼了，而对方强横的态度却仍然未改，那么，君子又必须反问自己：我一定还有不够真诚的地方，再反省的结果是自己没有不够真诚的地方，而对方强横的态度依然故我，君子这时才感慨地说："他不过是个荒诞的人罢了。这种人和禽兽又有何差别呢？对于禽兽根本不需要斤斤计较。"

每个人都生活在社会中，有人的地方自然会有矛盾。有了分歧不知怎么办，很多人就喜欢争吵，非论个是非曲直不可。其实这种做法很不明智，吵架又伤和气又伤感情，很不值。不如大事化小，小事化了。俗话说家和万事兴，推而广之，人和也万事兴。人际交往中切不可太认死理，装装糊涂于己于人都有利。

事实上，按照一般常情，任何人都不会把过去的记忆像流水一般地抛掉。就某些方面来讲，人们有时会有执念很深的事件，甚至会终生不忘，当然，这仍然属于正常之举。谁都知道，怨恨会随时随地有所回报，所以，为了避免招致别人的怨愤或者少得罪人，一个人行事需小心翼翼。《老子》中就曾提出了"报怨以德"的思想，孔子也曾提出类似的观点来教育弟子，其含义均是教人处事时心胸要豁达，以君子般的坦然姿态应付一切。

《庄子》中对如何不与别人发生冲突也做过阐述。有一次，有一个人去拜访老子。到了老子家中，看到室内凌乱不堪，心中感到很吃惊，于是，他大声咒骂了一通扬长而去。翌日，又回来向老子道歉。老子淡然地说："你好像很在意智者的概念，其实对我来讲，这是毫无意义的。所以，如果昨天你说我是马的话我也会承认的。因为别人既然这么认为，一定有他的根据，假如我顶撞回去，他一定会骂得更厉害。这就是我从来不去反驳别人的缘故。"

从这则故事中可以得到如下启示：在现实生活中，当双方发生矛盾或冲突时，对于别人的批评，除了虚心接受之外，还要不必在意。人与人之间发生矛盾的时候太多了，因此，一定要心胸豁达，有涵养，不要为了不值得的小事去得罪别人。而且生活中常有一些人喜欢论人短长，在背后说三道四，如果听到有人这样谈论自己，完全不必理睬这种人。按自己的方式生活，又何必在意别人说些什么呢？

做人固然不能玩世不恭，游戏人生，但也不能太较真，认死理。"水至清则无鱼，人至察则无徒"，太较真，就会对什么都看不惯，连一个朋友都容不下，把自己同社会隔绝开。镜子很平，但在高倍放大镜下，就成了凹凸不平的山峦；肉眼看很干净的东西，拿到显微镜下，满目都是细菌。试想，如果我们"戴"着放大镜、显微镜生活，恐怕连饭都不敢吃了。再用放大镜去看别人的毛病，恐怕许多人都会被看成罪不可恕、无可救药的了。

人非圣贤，孰能无过。与人相处就要互相谅解，经常以"不计较"自勉，求大同存小异，能容人，你就会有许多朋友，且左右逢源，诸事遂愿；相反，过分挑剔，"明察秋毫"，眼里不容半粒沙子，什么鸡毛蒜皮的小事都要论个是非曲直，容不得人，人家也会躲你远远的，最后，你只能关起门来当"孤家寡人"，成为使人避之唯恐不及的异己之徒。古今中外，凡是能成大事的人都具有一种优秀的品质，就是能容人所不能容，忍人所不能忍，善于求大同，存小异，团结大多数人。他们具有宽广的胸怀，豁达而不拘小节；从大处着眼而不会鼠目寸光；从不斤斤计较，纠缠于非原则的琐事，所以他们才能成大事、立大业，使自己成为不平凡的人。

但是，如果要求一个人真正做到不较真、能容人，也不是简单的事，首先需要有良好的修养、善解人意的思维方法，并且需要经常从对方的角度设身处地地考虑和处理问题，多一些体谅和理解，就会多一些宽容，多一些和谐，多一些友谊。比如，有些人一旦做了官，便容不得下属出半点毛病，动辄横眉立目，发怒斥责，属下畏之如虎，时间久了，必积怨成仇。许多工作并不是你一人所能包揽的，何必因一点点毛病便与人怄气呢？可如若调换一下位置，站在挨训人的立场，也许就会了解这种急躁情绪之弊端了。

有位同事总抱怨他们家附近小店卖酱油的售货员态度不好，像谁欠了她巨款似的。后来同事的妻子打听到了女售货员的身世，她因丈夫有外遇离了婚，老母瘫痪在床，上小学的女儿患哮喘病，每月只能开四五百元工资，一家人住在一间 15 平方米的平房。难怪她一天到晚愁眉不展。这位同事从此再不计较她的态度了，甚至还建议大家都帮她一把，为她做些力所能及的事。

在公共场所遇到不顺心的事，实在不值得生气。有时素不相识的人冒犯你，想必是另有原因，不知哪些烦心事使他此时情绪恶劣，行为失控，正巧让你赶上了，只要不是恶语伤人、侮辱人格，我们就应宽大为怀、不以为然，或以柔克刚、晓之以理。总之，没有必要与这位原本与你无仇无怨的人瞪着眼睛较劲。假如较起真来，大动肝火、枪对枪、刀对刀地干起来，再酿出个什么严重后果来，那就太划不来了。与萍水相逢的陌路人较真，实在不是聪明人做的事。另外，从某种意义上说，对方的触犯是发泄和转嫁他心中的痛苦，虽说我们没有义务分摊他的痛苦，但确实可以用你的宽容去帮助他，使你无形之中做了件善事。这样一想，也就会容忍他了。

人生有许多事不能太认真，太较劲。特别是错综复杂的人际关系。太认真，不是扯着胳臂，就是动了筋骨，越搞越复杂，越搅越乱。顺其自然，装一次糊涂，不丧失原则和人格；或为了公众、为了长远，哪怕暂时忍一忍，受点委屈也值得，心中有"数"（树），就不是荒山。

学会健忘，自得其乐

很多人为记忆而活着。记忆就像一本独特的书，内容越翻越多，而且描述越来越清晰，越读就会越沉迷。但是，也有很多人是为健忘而活着的，过去的一切事情对他来说都是过眼烟云，不计较过去，不眷恋历史，不归还旧账，只顾眼前。

健忘人生未尝不是一种幸福。因为人生并不像期望的那样充满诗情画意，那么快乐自在。人生中有许多苦痛和悲哀、令人厌恶和心碎的东西，如果把这些东西都储存在记忆之中的话，人生必定越来越沉重，越来越悲观。实际上的情景也正是这样。当一个人回忆往事的时候就会发现，在人的一生中，美好快乐的体验往往只是瞬间，占据很小的一部分，而大部分时间则伴随着失望、忧郁和不满足。

人生既然如此，健忘有什么不好呢？它能够使我们忘掉幽怨，忘掉伤心事，减轻我们的心理重负，净化我们的思想意识；可以把我们从记忆的苦海中解脱出来，忘记我们的罪孽和悔恨，利利索索地做人和享受生活。

那么，我们在生活中要学会忘记什么呢？一要忘记仇恨。一个人如果在头脑中种下仇恨的种子，梦里总是想着怎么报仇，那他的一生可能都不会得到安宁。二要忘记忧愁。多愁善感的人，他的心情长期处于压抑之中而得不到释放。愁伤心，忧伤肺，忧愁的结果必然多疾病。《红楼梦》里的林黛玉不就是如此吗？在我们的生活中，忧愁并不能解决任何问题。三要忘记悲伤。生离死别，的确让人伤心。黑发人送白发人，固然伤心；白发人送黑发人，更叫人肝肠欲断。一个人如果长时间地沉浸在悲伤之中，对于身体健康是有很大影响的。与忧愁一样，悲伤也不能解决任何问题，只是给自己、给他人徒添烦恼。逝者长已矣，存者且偷生。理智的做法是应当学会忘记悲伤，尽快走出悲伤，为了他人，也为了自己。

　　"人生不满百，常怀千岁忧"，有何快乐可言？生活中有些事是需要忘记的。在生活中会"健忘"的人才活得潇洒自如。当然，在生活中真的健忘，丢三落四，绝非乐事。我们说学会"健忘"，是说该忘记时不妨"忘记"一下，该糊涂时不妨"糊涂"一下。

家长里短更不要斤斤计较

清官难断家务事。在家里更不要较真，否则你就愚不可及。家人之间哪有什么原则、立场的大是大非问题，都是一家人，何以要用"异己分子"的眼光看问题，分出个对和错来，又有什么意思呢？

人在单位、在社会上充当着各种各样的角色，恪尽职守的公务员、精明体面的职员、商人，还有教师、工人……一回到家里，脱去西装革履，也就是脱掉了你所扮演的这一角色的"行头"，即社会对这一角色的规范和要求，还原了你的本来面目，使你可以轻松愉悦地享受天伦之乐。假若你在家里还跟在社会上一样认真、一样循规蹈矩，每说一句话、做一件事还要考虑对错、妥否，顾忌影响、后果，掂量再三，那不仅可笑，也太累了。

我们的头脑一定要清楚，在家里你就是丈夫、是妻子、是父母。所以，处理家庭琐事要采取"糊涂"政策，安抚为主，大事化小，小事化了，不妨和和稀泥，当个笑口常开的和事佬。

唐代宗时，郭子仪在扫平"安史之乱"中战功显赫，成为复兴唐室的元勋。因此，唐代宗十分敬重他，并且将女儿升平公主嫁给郭子仪的儿子郭暧为妻。这小两口都自恃有强大的背景，互相不服软，因此免不了口角。

有一天，小两口因为一点小事拌起嘴来，郭暧看见妻子摆出一副盛气凌人的样子，根本不把他这个丈夫放在眼里，就愤懑不平地说："你有什么了不起的，就仗着你老子是皇上！实话告诉你吧，你爸爸的江山是我父亲打败了安禄山才保全的，我父亲因为瞧不起皇帝的宝座，所以才没当这个皇帝。"在封建社会，皇帝唯我独尊，任何人想当皇帝，就可能遭遇满门抄斩的大祸。升平公主听到郭暧敢出此狂言，感到一下子找到了出气的机会和把柄，立刻奔回宫中，向唐代宗汇报了丈夫刚才这番图谋造反的话。她满以为，父皇会因此重惩郭暧，替她出口气。

唐代宗听完女儿的汇报，不动声色地说："你是个孩子，有许多事你还不懂得。你丈夫说的都是实情。天下是你公公郭子仪保全下来了，如果你公公想当皇帝，早就当上了，天下也早就不是咱李家所有了。"并且对女儿劝慰一番，叫女儿不要抓住丈夫的一句话，乱扣"谋反"的大帽子，小两口要和和气气地过日子。在父皇的耐心劝解下，公主消了气，主动回到郭家。

这件事很快被郭子仪知道了，可把他吓坏了。他觉得，小两口打架不要紧，儿子口出狂言，迹近谋反，这着实叫他恼火万分。郭子仪即刻令人把郭暧捆绑起来，并迅速到宫中见皇上，要求皇上严惩。可是，唐代宗却和颜悦色，一点也没有怪罪的意思，还劝慰说："小两口吵嘴，话说得过分点，咱们当老人的不要认真了。不是有句俗话叫'不痴不聋，不为家翁'吗，儿女们在闺房里讲的话，怎好当起真来？咱们做老人的听了，装作没听见就行了。"听到老亲家这番合情入理的话，郭子仪的心就像一块石头落了地，顿时感到轻松，眼见得一场大祸化作了芥蒂小事。

虽然如此，但是为了教训郭暧，回到家后，郭子仪将儿子重打了几十杖。

小两口关起门来吵嘴，在气头上，可能什么激烈的言辞都会冒出来。如果句句较真，就将家无宁日。唐代宗用"老人应当装聋作哑"来对待小夫妻吵嘴，不因女婿讲了一句近似谋反的话而无限上纲，化灾祸为欢乐，使小两口重归于好。有些事情，你非要硬去较真，就会愈加麻烦，相反你若装痴作聋，来他个"难得糊涂""无为而治"，也许会有满意的结果。

当然，在家庭生活中，不能一味地糊涂，该明白的时候，也要明白，像丈夫对妻子的关心，如果在一些小事、小的细节上表现出来，妻子会感到温暖、满足，比如，妻子下班回到家，丈夫帮她递上一双拖鞋，或者说一句"辛苦啦"都会使妻子感到心里暖烘烘的。有人说过这样一句话："大多数的男人，忽略在日常的小地方上表示体贴。他们不知道，爱的失去，都在小小的地方。"所以，在维护夫妻感情的事情上，无论大事还是小事都不应糊涂。

再有，"小事糊涂"绝非事事糊涂，处处糊涂。若在大是大非面前不分青红皂白，不讲原则，那就真成了糊涂虫了。比如，若一方道德败坏，作风腐败，或者违法犯罪，就不要一味迁就，该拿起法律的武器依法维护自身权利的时候，坚决不能手软。

总之，"小事糊涂"既有益健康，又有益家庭和睦。在夫妻之间糊涂一点，大度一点就会使夫妻关系更和谐。糊涂的女人是幸福的女人，同样，糊涂的男人也是幸福的男人。

第二章
不生气，气出病来无人替

生气是魔鬼。人在气头上，什么话都能说出来，什么事都能做出来，不仅很失态，还会失格。

一个人若是经常生气，不仅没有涵养，更是难成大器。因为一个没有忍耐力、遇事抓狂的人，其内心是无比脆弱的，几乎不堪一击，又何以成大事呢？金庸老先生说：不生气，就赢了。遇事，谁稳到最后，不露声色，谁就是最后的赢家；谁大发雷霆、失去理智，谁就会未战而输。

他人气我我不气

人生难免遇到不如意的事情。许多人遇到不如意的事常常会生气：生怨气、生闷气、生闲气、生怒气。殊不知，生气，不但无助于解决问题，反而会伤害感情、弄僵关系，使本来不如意的事更加不如意，犹如雪上加霜。更严重的是，生气极有害于身心健康，简直是自己"摧残"自己。

德国学者康德说："生气，是拿别人的错误惩罚自己。"古希腊学者伊索说："人需要平和，不要过度地生气，因为从愤怒中常会产生出对于易怒的人的重大灾祸来。"俄国作家托尔斯泰说："愤怒使别人遭殃，但受害最大的却是自己。"清末文人阎景铭先生写过一首颇为幽默风趣的《不气歌》：

他人气我我不气，我本无心他来气。

倘若生气中他计，气出病来无人替。

请来医生将病治，反说气病治非易。

气之为害太可惧，诚恐因气将命废。

我今尝过气中味，不气不气真不气！

美国生理学家爱尔马为研究生气对人体健康的影响，进行了一个很简单的实验：把一支玻璃试管插在有水的容器里，然后收集人们在不同情绪状态下的"气水"，结果发现：即使是同一个人，当他心平气和时，所呼出的气变成水后，澄清透明，一无杂色；悲痛时的"气水"有白色沉淀；悔恨时有淡绿色沉淀，生气时则有紫色沉淀。

爱尔马把人生气时的"气水"注射在大白鼠身上，不料只过了几分钟，大白鼠就死了。这位专家进而分析：如果一个人生气10分钟，其所耗费的精力，不亚于参加一次 3000 米的赛跑；人生气时，体内会合成一些有毒性的分泌物。

经常生气的人无法保持心理平衡，自然难以健康长寿，活活气死者也并不罕见。另一位美国心理学家斯通博士的实验研究表明：如果一个人遇上高兴的事，其后两天内，他的免疫能力会明显增强；如果一个人遇到了生气的事，其免疫能力则会明显降低。

生气既然不利于建立和谐的人际关系，也极有害于自己的身心健康，那么，我们就应当学会控制自己，尽量做到不生气，万一碰上生气的事，要提高心理承受能力。自己给自己"消气"。要学会息怒，要"提醒"和"警告"自己："万万不可生气""这事不值得生气""生气是自己惩罚自己"，使情绪得到缓冲，心理得到放松。

把生气消灭在萌芽状态。要认识到容易生气是自己很大的不足和弱点，千万不可认为生气是"正直""坦率"的表现，甚至是值得炫耀的"豪放"。那样就会放纵自己，真有生不完的气，害人害己，遗患无穷。

愚者斗气，智者斗志

斗气会使人的眼界变小，忘了气之外还有更重要的事、更广大的天地。与人对抗，千万不可轻易被激怒，你一怒，就会头脑发热，失去理智，使事情变得不可收拾。

在现实生活中，我们几乎时时可以碰到斗气的情形。

一对青年男女意见不合而吵架，两人都很生气，可是谁也不想先开口道歉，这便是斗气。

某甲得罪了某乙，某乙回头羞辱某甲，某甲感到自己失去了颜面，便与某乙结下了仇恨的种子，结果总是伺机报复、明争暗斗，这也是斗气。

人是一种高级动物，可是人和其他动物的不同点之一便是：人会斗气，其他动物虽然也会相斗，但不会斗气。斗气是人类很自然的反应，可是斗气只能带给人一时的激情与满足，本身并没有什么好的结果，甚至可以说，斗气的破坏性大于建设性。原因如下：

斗气会使你应追求的目标变得模糊。例如夫妻斗气会妨碍家庭幸福；两人斗气，会荒废事业；两个公司斗气，会互相毁灭；两个国家为斗气而发生战争，会导致民不聊生。为斗气而投入大量的时间、精力和金钱，智者不为。

"气"是一种空虚和漂浮的东西，因此也是不能长久的。

有些人的失败就是因为自己故意斗气，只有上了年纪时，他们才了解斗气的荒谬可笑。"志"却是一种稳定、实在、充满力量的东西，因此"志"与"气"相对，"气"绝无胜算之机。须知，一条线，你不能把它变短，你只有画一条比它更长的线，此谓"斗志"

"斗智"。一个问题，你不能快速地解决，那么你可以放弃与对手硬拼。

一位搏击高手参加锦标赛，自以为稳操胜券，一定可以夺得冠军。出乎意料的是，在最后的决赛中，他遇到一个实力相当的对手，双方竭尽全力出招攻击。当对方打到了中途，搏击高手意识到，自己竟然找不到对方招式中的破绽，而对方的攻击却往往能够突破自己防守中的漏洞，有选择地打中自己。

比赛的结果可想而知，搏击高手惨败在对方手下，也失去了冠军的奖杯。

他愤愤不平地找到自己的师父，一招一式地将对方和他搏击的过程，再次演练给师父看，并请求师父帮他找出对方招式中的破绽。他决心根据这些破绽，苦练出足以攻克对方的新招，决心在下次比赛时，打倒对方，夺回冠军的奖杯。

师父笑而不语，在地上画了一道线，要他在不能擦掉这道线的情况下，设法让这条线变短。

搏击高手百思不得其解，怎么会有像师父所说的办法，能使地上的线变短呢？最后，他无可奈何地放弃了思考，转向师父请教。

师父在原先那道线的旁边，又画了一道更长的线。两者相比较，原先的那道线，看来变短了许多。

师父开口道："夺得冠军的关键，不仅仅在于如何攻击对方的弱点，正如地上的长短线一样，如果你不能在要求的情况下使这条线变短，你就要懂得放弃在这条线上做文章，寻找另一条更长的线。那就是只有你自己变得更强，对方就如原先的那道线一样，也就在相比之下变得较短了。如何使自己更强，才是你需要苦练的根本。"

徒弟恍然大悟。

师父笑道：搏击要用脑，要学会选择，攻击其弱点，同时要懂得放弃，不跟对方硬拼，以己之强攻彼之弱，你就是冠军。

　　"魔高一尺，道高一丈。"学会选择攻击对手的薄弱环节，学会斗智，正如故事中的那位搏击高手，欲找出对方的破绽，给予致命的一击，用最直接、最锐利的技术或技巧，快速解决问题。

　　另一条路是斗志。懂得放弃，不跟对方硬拼，全面增强自身实力，画出一条更长的线。就是故事中那位师父所提供的方法，更注重在人格、知识、智慧、实力上使自己加倍地成长，变得更加成熟、更加强大，以己之强攻彼之弱，许多问题便迎刃而解。

如何改掉坏脾气

一提到"脾气"，许多人都会认为是"脾"之"气"，是与生俱来无法改变的。因此，那些脾气不好的人，大抵是一贯如此，自始至终无任何改变。脾气不好的人，最容易冲动。

从前，有个脾气极坏的男孩，到处树敌，人人见到他都唯恐避之不及。男孩也为自己的脾气而苦恼，但他就是控制不住自己。

一天，父亲给了他一包钉子，要求他每发一次脾气，都必须用铁锤在他家后院的栅栏上钉一个钉子。

第一天，小男孩一共在栅栏上钉了 37 个钉子。过了一段时间，由于学会了控制自己的愤怒情绪，小男孩每天在栅栏上钉钉子的数目逐渐减少了。他发现控制自己的脾气比往栅栏上钉钉子更容易，小男孩变得不爱发脾气了。

他把自己的转变告诉了父亲。父亲建议说："如果你能坚持一整天不发脾气，就从栅栏上拔掉一个钉子。"经过一段时间，小男孩终于把栅栏上的所有钉子都拔掉了。

父亲拉着他的手来到栅栏边，对小男孩说："儿子，你做得很好。可是，现在你看一看，那些钉子在栅栏上留下了小孔，它们不会消失，栅栏再也不是原来的样子了。当你向别人发脾气之后，你的那些伤人的话就像这些钉子一样，会在别人的心中留下伤痕。你这样就好比用刀子刺向某人的身体，然后再拔出来。无论你说多少次对不起，那伤口都会永远存在。其实，口头对人造成的伤害与伤害人的肉体没什么两样。"

还有一个故事也颇能说明我们的观点。

有位脾气暴躁的弟子向大师请教："我的脾气一向不好，不知您有没有办法帮我改善?"

大师说："好，现在你就把'脾气'取出来给我看看，我检查一下就能帮你改掉。"

弟子说："我身上没有一个叫'脾气'的东西啊。"

大师说："那你就对我发发脾气吧。"

弟子说："不行啊! 现在我发不起来。"

"是啊!"大师微笑说，"你现在没办法生气，可见你暴躁的个性不是天生的，既然不是天生的，哪有改不掉的道理呢?"

如果你觉得情绪失控，怒火上升，试着延缓 10 秒钟或数到 10 之后再以你一贯的方式爆发，因为，最初的 10 秒钟往往是最关键的，一旦过了，怒火常常可消弭一半以上。

下一次，试着延缓 1 分钟，之后，不断加长这个时间，1 天、10 天，甚至 1 个月才生一次气。一旦我们能延缓发怒，也就学会了控制。自我控制能力是一种内在的心理功能，使人能够自觉地进行自我调节，积极地支配自身，使行为理性化。

记住，虽然把气发出来比闷在肚子里好，但根本没有气才是上上策。不把生气视为理所当然，内心就会有动机去消除它。其具体方法如下：

方法一：降低标准法。经常发脾气可能和你对人对事要求过高过苛刻有关，也可能和你喜欢以自我为中心、心胸狭窄不够宽容有关。因此，通过认真反省，改变自己的思维方式和处事习惯，降低要求别人的尺度，学会理解、宽容和忍让，是改掉坏脾气的根本途径。

方法二：体化转移法。怒气上来时，要克制自己不要对别人发作，同时通过使劲咬牙、握拳、击掌心等动作，使情绪转由动作宣泄出来。

方法三：逃离现场法。发火多由特定的情景引起，因此当怒气上来时，培养自己养成条件反射般立即离开现场的习惯，暂时回避一下，待冷静下来再处理事情。

方法四：精神胜利法。一说到精神胜利法，大家可能自然而然地想到阿Q，并不屑为之。但偶尔精神胜利一下也未尝不可。相传某禅师偕弟子外出化缘，途中遇一恶人左右刁难，百般辱骂，禅师不搭理，该人竟穷追数里不肯罢休。禅师面无愠色，和弟子谈笑自如。恶人无奈，只得退后罢休。事后，弟子不解，问禅师："师傅你遭此不公平为何不生气，不反击？"师傅答道："若你路遇野狗朝你狂吠，你会放下身段与之对吠吗？弄不好惹它咬了你，难道你也去咬它？"禅师面对挑衅与侮辱的态度难道不是一种大智慧吗？

自制，才能制人

有一次，小江和办公大楼的管理员发生了一场误会，这场误会导致了他们彼此憎恨，甚至演变成激烈的敌对态势。这位管理员为了显示他对小江的不满，在一次整栋大楼只剩小江一个人时，他就立即把整栋大楼的电闸关掉。这种情况发生了几次，小江决定进行反击。

一个周末的下午，机会来了。小江刚在桌前坐下，电灯灭了。小江跳了起来，奔到楼下锅炉房。管理员正若无其事地边吹口哨边铲煤添煤。小江恼羞成怒，以异常难听的话辱骂对方，而出人意料的是，管理员却站直身体，转过头来，面带微笑，以一种充满镇静与自制力的柔和声调说道："呀，你今天晚上有点儿激动吧？"

完全可以想象小江是一种什么感觉，面前的这个人是一位文盲，有这样那样的缺点，但他却在这场战斗中打败了小江这样一位高层管理人员。况且这场战斗的场合以及武器都是小江挑选的。

小江非常沮丧，他恨这位管理员恨得咬牙切齿，但是没用。回到办公室后，他好好反省了一下，觉得唯一的办法就是向那个人道歉。

小江又回到锅炉房，轮到那位管理员吃惊了："你有什么事？"

小江说："我来向你道歉，不管怎么说，我不该开口骂你。"

这话显然起了作用，那位管理员不好意思起来："不用向我道歉，刚才并没人听见你讲的话，况且我这么做，只是泄泄私愤，对你这个人我并无恶感。"

你听，他居然说出对小江并无恶感这样的话来。小江非常感动，两人就那么站着，居然还聊了一个多小时。

　　从那以后，两人成了好朋友。小江也从此下定决心，以后不管发生什么事，绝不再失去自制。因为一旦失去自制，另一个人——不管是一名目不识丁的管理员还是一名知识渊博的人——都能轻易将他打败。

　　这件事告诉我们：一个人必须先控制住自己，才能控制别人。

　　自制不仅仅是人的一种美德，在一个人成就事业的过程中，自制也可助其一臂之力。

　　有所得必有所失，这是定律。因此说，要想取得并非是唾手可得的成功，就必须付出努力，自制可以说是努力的同义语。

　　自制，就要克服欲望，人有七情六欲，此乃人之常情。古语有："食色美味，高屋亮堂，凡人即所想得，但得之有度，远景之事，不可操之过急，欲速则不达也，故必要控制自己。否则，举自身全力，力竭精衰，事不能成，耗费枉然。又有些奢华之事，如着华衣，娱耳目，实乃人生之琐事，但又非凡人所能自克，沉溺其中而不能自拔，就不是力竭精衰的小事了，人必然会颓废不振，空耗一生。"

　　人最难战胜的是自己。换句话说，一个人成功的最大障碍不是来自外界，而是自身，除了力所不能及的事情做不好之外，自身能做的事不做或做不好，那就是自身的问题，是自制力的问题。

　　一个成功的人，他是在大家都做情理上不能做的事，他自制而不去做；大家都不做情理上应做的事，而他强制自己去做。做与不做，克制与强制，这就是成功与否的因素。

控制情绪三原则

控制自己的情绪和行为，是一个人有教养和成熟的表现。可是在生活和工作中，常常会有这样的人，他们总是为一点小事而发脾气、大动干戈，闹得鸡犬不宁，既破坏了和谐的工作环境，也破坏了人际关系。心理学家认为，冲动是一种行为缺陷，它是指由外界刺激引起，突然爆发，缺乏理智而带有盲目性，对后果缺乏清醒认识的行为。

有关研究发现，冲动是靠激情推动的，带有强烈的情感色彩，其行为缺乏意识的能动调节作用，因而常表现为感情用事、鲁莽行事，既不对行为的目的做清醒的思考，也不对实施行为的可能性做实事求是的分析，更不对行为的不良后果做理性的评估和认识，而是一厢情愿、忘乎所以，其结果往往是追悔莫及，甚至铸成大错、遗憾终生。

增强自制力，可以使我们有更多的机会获得成功的体验，使自己更加理智，遇事更为冷静，从而进入良性循环，使自我得到健康积极的发展。

有了较强的自制力，可以使人具有良好的人格魅力，增强自己的亲和力，更容易得到别人的认同，拥有更多的朋友和知己，使自己的交际范围更为广泛，在与朋友的交往中学习别人的优点，吸取别人的教训，进一步完善自我。

自制力可以使我们激励自我，从而提高学习效率；也可以使自己战胜弱点和消极情绪，从而实现自己的理想。怎样培养和增强自制力呢？从理论上讲可以从以下几个方面进行。

1. 认识自我，了解自我，深入自己的内心

人最大的敌人不是别人，而是自己。只有正确认识自我，在取得成绩时，才能保持平常的心态，不会因此而骄傲自满，对自己的能力进行过高的估计；只有正确认识自我，在遇到挫折和失败时，才不会被其击倒，一如既往地为着自己既定的目标而努力，不会对自己进行过低的评价。任何人都不可能一帆风顺地就成功了，也没有任何事情是不需要付出努力就能完成的。当我们遇到挫折时，当我们因为各种原因而后退时，我们就必须重新认识自我，只有在正确认识自我的基础上，我们才能重新找回自己的航行坐标，朝胜利的方向前进。

我们随便找几个人问他了解不了解自己，得到的回答一般说来都是肯定的。很多时候，人们总是认为自己对自己最为了解，其实，你真的了解自己吗？不，其实很多人根本不了解自己，根本不能正确地认识自己。

很多时候，我们总认为自己是对的，但当事情有了结果之后，我们才发现自己的错误，我们常常以为自己完全了解自己，其实我们是被自己蒙蔽了，或者说我们自己不愿意去正确地认识自己，我们情愿被自己的表象所麻痹。

怎样才算是认识自己了呢？认识自我，就是对自己的性格、特点、长处、短处、理想、生存目的、价值观、兴趣、爱好、憎恶、心理状态、身体状态、生活规律、家庭背景、社会地位、交际圈、朋友圈、现在处于人生的高峰还是低谷、长期或短期目标是什么、最想做的事是什么、自己的苦恼是什么、自己能做什么、自己不能做成什么等方面做出正确全面的综合评估。

2. 学会控制自己的思想，而不是任由思想支配

人的具体活动，都是由思想进行先导，每个行为都受着思想的控制，有的是无意的，有的是有意的。但是，思想是构建在肢体之

上的, 它必须起源于我们的身体。在思想控制活动之前, 我们就一定要先主动积极地对其进行正确地引导, 或者控制, 修正其中的错误, 发出正确的行动指令。这样, 我们的行为才会减少冲动因素, 使我们的情绪更为稳定, 能更为理性地看待问题。

要想控制思想, 让其受我们自身的驾驭, 就要知道自己想做什么, 能做什么, 不能做什么。当明确了这些之后, 我们在思想上就可以为自己的行为定下一个准则, 利用这个准则来指导自己该做什么, 不该做什么。

要想掌控自己的思想不是件容易的事情, 在活动进行的过程中, 我们原先为自己定下的准则会时不时地受到各种因素的影响, 使得我们所坚持的准则开始动摇甚至坍塌, 所以, 在活动进行的过程中, 我们要时常检讨自己的行为, 思考自己的得失, 减少冲动、激进的心理, 这样才能重新夺回思想的控制权, 使自己的行为更为理性。

3. 树立远大的目标

一个有远大目标的人, 不会理睬身边的嘈杂而专注前行。勾践因为有复国雪耻的目标, 因此不会因为夫差的羞辱而冲动。

因为有了努力的方向, 所以不会盲目行动; 因为身负重任, 所以心无旁骛地前行。有了自己最想完成的目标, 我们的思想和行为或多或少都会受其影响, 在一定程度上可以矫正我们的思想和行为, 将会对自制力的增强起到积极的作用。

自制的人生更自由

没有自由，人如同笼里的鸟，即使是黄金做的笼子，也断无快乐幸福可言。但在追求自由的路人，别忘了"自制"这个词。没有自制，必受他制。自由源于自制。

例如，每个人都有享受美食的自由，可是当这种自由因为无限的扩张而失去控制时，自由就会被肥胖以及由此带来的一系列疾病所束缚，节食和减肥就是在享受这种自由后不得不付出的代价。

控制自己不是一件容易的事情，因为我们每个人心中永远存在着理智与情感的斗争。

自我控制、自我约束也就是要一个人按理智判断行事，克服追求一时情感满足的本能愿望。一个真正具有自我约束能力的人，即使在情绪非常激动时，也是能够做到这一点的。

自我约束表现为一种自我控制的感情。自由并非来自"做自己高兴做的事"，或者采取一种不顾一切的态度。如果任凭感情支配自己的行动，那便使自己成了感情的奴隶。一个人，没有比被自己的感情所奴役而更不自由的了。

无法自制的人难以取得卓越的成就。所有的自由背后都有严格的自制作保证，人一旦无法控制自己的情绪、惰性、时间、金钱……那他将不得不为这短暂的自由付出长远的、备受束缚的代价。

无法自制定被他制。如果不希望成为被他人判处约束的"无期徒刑"或"死刑"，你就得好好管住自己。

从小事做起，养成自制习惯

如果你今天早上计划做某件事，但因昨晚休息得太晚而困倦，你是否会义无反顾地披衣下床？

如果你要远行，但身体乏力，你是否要停止远行的计划？

如果你正在做的一件事遇到了极大的、难以克服的困难，你是继续做呢，还是停下来等等看？

对诸如此类的问题，若在纸面上回答，答案一目了然；若放在现实中，自己去拷问自己，恐怕你也就不会回答得这么利索了。眼见的事实是，有那么多的人在生活、工作中遇到了难题，都被打趴下了。他们不是不会简单地回答这些问题，而是缺乏自制力，难以控制自己。

要拥有非凡的自制力，并非看几本书，发几个誓就能立刻见效。九尺之台，起于垒土。通过一件又一件的小事来提升自制力，是一个切实可行的方法。

1976 年，曾连续二十年保持美国首富地位的"石油大王"、象征石油财富和权力的保罗·盖蒂去世，留下巨额遗产，按照他的遗嘱，将 20 多亿美元遗产中的 13 亿美元交"保罗·盖蒂基金会"。

保罗·盖蒂曾不止一次地对他的子女们说：一个人能否掌握自己的命运，完全依赖于自我控制力。如果一个人能够控制自己，他就不必总是按喜欢的方式做事，他就可以按需要的方式做事。这正是人生成功的要点。

保罗·盖蒂是一个富家子弟，年轻时不爱读书爱旅行。有一次，他开着车在法国的乡村疾驰，直到夜深了，天下起大雨，他才在一个小城镇找了一家旅馆住下来。

　　他倒在床上准备睡觉时，忽然想抽一支烟。取出烟盒，不料里面却是空的。由于没有烟，他就更想抽烟了。他索性从床上爬起来，在衣服里、旅行包里仔细搜寻，希望能找到一支不小心遗漏的烟。但他什么也没有找到。

　　他决定出去买烟。但这个小城镇的商店早就关门了。他唯一能买到烟的地方是远在几公里之外的火车站。当他穿上雨鞋、披上雨衣，准备出门时，心里忽然冒出一个念头："难道我疯了吗？居然想在半夜三更，离开舒适的被窝，冒着倾盆大雨，走好几公里路，目的只是为了抽一支烟，真是太荒唐了！"

　　他站在门口，默默思考着这个近乎失去理智的举动。他想，如果自己如此缺少自制力，能干什么大事？

　　他决定不去买烟，重新换上睡衣，躺回被窝里。

　　这天晚上，他睡得特别香甜。早上醒来时，他浑身轻松，心情很愉快。因为他彻底摆脱了一个坏习惯的控制。从这天开始，他再也没有抽过烟。

　　对于保罗·盖蒂来说，戒烟的真正意义不在于戒烟本身，而在于戒烟成功后对自己意志与自制力的磨炼与提升。因此，对于本节前面所提的点滴小事，若能有所警醒，惯性作一些斗争并最终取胜，对于自制力的得升会有莫大的帮助。

第三章
能屈能伸，忍中自有真善美

　　一个成熟的人，其标志之一就是学会"忍"、能够"忍"。在智者眼里，忍显示的是一种胸怀，是内心宽广、不求私欲的表现。忍显示的是一种信心，是强者相信自己的表现。

　　忍中自有真善美。有多大的事情是你所不能忍受的呢？生活中的矛盾，大多都是鸡毛蒜皮的小事，忍一忍就过去了。人要像根弹簧一样，能屈能伸。否则，一味地硬挺，你自己累，身边的人也累。而适当地放低一下自己，也许你和别人的过节就过去了。

百行之本，忍之为上

你不妨回想一下，过去了的多少口角、争斗与矛盾本来是可以避免的呢？与陌生人的不小心的碰撞，妻子（丈夫）一句不经意的责怪……进而引起纷争，并将战火升级。诸如此类的生活琐事，不胜枚举。其实这些小事，只要稍稍忍耐一下，便会烟消云散，天地清明。

古人说得好："忍一时之气，免百日之忧。得忍且忍，得戒且戒；小忍不戒，小事成大。一切诸烦恼，皆从不忍生。"而在生活中，忍是医治磨难的良方。因为生活中的琐碎小事太多，一不小心就会招惹是非。遇事糊涂一点，忍一时风平浪静，让三分海阔天空。忍一时既是脱离被动局面的对策，同时也是一种意志、毅力的磨炼。

在古希腊神话中，有一个叫海格力斯的大力士。一天，海格力斯在山路上发现脚边有个袋子似的东西很碍脚，海格力斯踩了那东西一脚，谁知那东西不但没被踩破，反而膨胀了起来，加倍地扩大着。海格力斯恼羞成怒，操起一条碗口粗的木棒砸它，那东西竟然长大到把路给堵死了。正在这时，山中走出一位圣人，对海格力斯说："朋友，快别动它，忘了它，离开它远去吧！它叫仇恨袋，你不犯它，它小如当初，你侵犯它，它就会膨胀起来，挡住你的路，与你敌对到底。"

其实，生活中我们也经常步入海格力斯式的陷阱。遇到矛盾时，不少人不愿意吃亏，步步紧逼，据理力争，死要面子，认为忍让就是没有面子失了尊严，最终只能使得矛盾不断的升级，不断的激化。其实忍让并不是不要尊严，而是成熟、冷静、理智，心胸豁达的表现，一时退让可以换来别人的感激和尊重，避免矛盾的加深，岂不更好。社会就像一张网，错综复杂，我们难免与别人有误会或摩擦，要学会尊重你不喜欢的人，要宽容地去漠视仇恨，那样才会多一些和谐。

我国古代先贤历来推崇处世要"忍让"。孔子曾告诫子路说："齿刚则折，舌柔则存，柔必胜刚，弱必胜强。好斗必伤，好勇必亡。百行之本，忍之为上。"荀子说："志忍私，然后能公；行忍性情，然后能修。"苏东坡也说过："匹夫见辱，拔剑而起，挺身而斗，此不足为勇也。天下有大勇者，卒然临之而不惊，无故加之而不怒，此其所挟者甚大，而其志甚远也。"

唐代著名的诗僧寒山曾问好友拾得："今有人侮我笑我、藐视我、毁我伤我、嫌我恨我、诡谲欺我，则奈何？"拾得回答说："但忍受之、依他、让他、敬他、避他、苦苦耐他、不要理他。且过几年，你再看他。"

到了元代，吴亮和许名奎分别以"忍"为主题，写作了《忍经》和《劝忍百箴》，以规劝世人提高"忍"的能力。那种遇事少谋，猝然而行，稍有不顺，就乖戾动怒的人，难免会祸及自身。

忍，是一种等待，为图大业等待时机成熟，忍之有道。这种忍，不是性格软弱，忍气吞声、含泪度日之举，而是高明人的一种谋略，是为人处世的上上之策。

让对手先通过

记得这是一位外国学者的话，意思是说：会生活的人，并不一味地争强好胜，在必要的时候，宁肯后退一步，做出必要的自我牺牲。

汉朝清河人胡常和汝南人翟方进在一起研究经书。胡常先做了官，但名誉不如翟方进好，在心里总是嫉妒翟方进的才能，和别人议论时，总是不说翟方进的好话。翟方进听说了这事，就想出了一个应付的办法。

胡常时常召集门生，讲解经书。一到这个时候，翟方进就派自己的门生到他那里去请教疑难问题，并一心一意、认认真真地做笔记。一来二去，时间长了，胡常明白了，这是翟方进在有意地推崇自己，为此，心中十分不安。后来，在同僚中间，他再也不去贬低翟方进而是赞扬他了。

如果说翟方进以退让之术，转化了一个敌人，那么王阳明则依此保护了自身。明朝正德年间，朱宸濠起兵反抗朝廷。王阳明率兵征讨，一举擒获朱宸濠，建了大功。当时受到正德皇帝宠信的江彬十分嫉妒王阳明的功绩，以为他夺走了自己大显身手的机会，于是，散布流言说："最初王阳明和朱宸濠是同党。后来听说朝廷派兵征讨，才抓住朱宸濠以自我解脱。"想嫁祸并抓住王阳明，作为自己的功劳。

在这种情况下，王阳明和张永商议道："如果退让一步，把擒拿朱宸濠的功劳让出去，可以避免不必要的麻烦。假如坚持下去，不做妥协，那江彬等人就要狗急跳墙，做出伤天害理的勾当。"为此，他将朱宸濠交给张永，使之重新报告皇帝：朱宸濠捉住了，是总督军们的功劳。这样，江彬等人便没有话说了。

王阳明称病休养到净慈寺。张永回到朝廷，大力称颂王阳明的忠诚和让功避祸的高尚事迹。皇帝明白了事情的始末，免除了对王阳明的处罚。王阳明以退让之术，避免了飞来的横祸。

以退让求得生存和发展，其中蕴含了深刻的哲理。《菜根谭》中指出："径路窄处，留一步与人行；滋味浓时，减三分让人尝。此是涉世一极安乐法。"这句话旨在说明谦让的美德。在道路狭窄之处，应该停下来让别人先行一步。只要心中经常有这种想法，那么人生就会快乐安详。

表面上让点步看上去有点糊涂，但结果是获得的比失去的多。这是一种圆熟的、以退为进的做法。《菜根谭》中说："人情反复，世路崎岖。行去不远，须知退一步之法；行得去远，务知三分之功。"今日的朋友，也许将成为明日的仇敌；而今天的对手，也可能成为明天的朋友。世事一如崎岖道路，困难重重，因此走不过的地方不妨退一步，让对方先过，就是宽阔的道路也要给别人三分便利。这样做，既是为他人着想，又能为自己留条后路。

一条小路若大家争先恐后就显得越发狭窄，谁也过不去；若是让别人先行一步，那么自己也许会有较宽的道路可以轻松地通过。两相比较之下，为什么不选择利于自己的做法呢？更积极的做法是："处世让一步为高，退步即进步；待人宽一分是福，利人实利己。"

忍是一种有韧性的战斗

谁不想功成名就？谁不想轰轰烈烈干一番惊天动地的大事业？可是这世界上能干事的人不少，成大业的却不多，究其原因，方方面面，主客观因素都有。比如要有良好的社会背景，有千载难逢的机遇，也要有智商、有文化、有修养等等。其中，"忍"也是成就大业的必备心理素质。日本前首相竹下登，在他的整个政治生涯中，无时无刻不得益于他的忍耐精神。竹下登在谈到他的经验时说，"忍耐和沉默"是他在协助老师佐藤荣作首相时所学到的政治风度。

孔子曰："小不忍，则乱大谋"。也就是说想成大业、干大事，就得忍住那些小欲望，或一时一事的干扰。说白了，就是"放长线钓大鱼"。纵观历史，凡成就大事者莫不负重前行，忍字当头。今人要想做一番事业，实现自己的人生理想，也必须学会忍耐。要忍得住一时的寂寞，耐得住一时之不公。具备了极大的忍耐力，方能战胜自我，勇往直前，达到成功的彼岸。

据《史记·淮阴侯列传》记载，韩信年轻时"从人寄食"，也就是说他没有固定的工作与收入，以至于吃饭都只能到人家家里去混饭吃、蹭饭吃；所以"人多厌之者"，即当地的人都很讨厌他。想想也是，韩信作为一个血气方刚的大男人，整天挎把剑，啥也干不了，到处混饭吃，难免会招来轻蔑与侮辱。

在韩信经常去混饭的人家中，最常去的是南昌亭长家（亭长的职位介于当今的乡长与村主任之间）。韩信因为经常去南昌亭长家里混饭吃，亭长的老婆心里开始不乐意了。然而怎么样才能将韩信这个无业游民拒之门外呢？女人自然有女人的办法，这个亭长老婆半夜爬起来做饭，天亮之前全家人就把饭一扫而光。韩信早上起床，空着肚子来亭长家吃饭，一看饭已经吃完了，当然明白了人家的意思。韩信一赌气，就和南昌亭长绝交了。

在当地，大家都瞧不起韩信。有一天，淮阴市面上一个地痞看韩信不顺眼，就挑衅韩信：韩信你过来，你这个家伙，个子是长得蛮高的，平时还带把剑走来走去的，我看啊，你是个胆小鬼！地痞这么一说，呼啦啦就围上来一大群人看热闹。

地痞一见人气正足，就想趁这个机会出出风头，于是进一步挑衅：韩信你不是有剑吗？你不是不怕死吗？你要不怕死，你就拿你的剑来刺我啊！你敢给我一剑吗？不敢吧？那你就从我两腿之间爬过去。

这一下子将韩信逼入了一个面临两难选择的境地：杀？还是爬？无论哪一个选择，韩信都会受伤。韩信是怎么选择的呢？司马迁用三个字来描写："孰视之"，也就是盯着对方看。看了一阵子，韩信把头一低，就从这个地痞的胯下爬过去了。惹得围观的众人哄堂大笑。

正是这个人皆可辱的韩信，后来帮助刘邦成就了一番伟业，也成就了自己的功名。

相信司马迁在写到韩信遭受胯下之辱时，一定是思绪难平。因为司马迁也同样受过"胯下之辱"，而且，他受到的侮辱比韩信的还要沉重。他遭到宫刑——这更是一个男人难以承受的奇耻大辱，但司马迁还是忍下来了。他坚强地活着，因为他要完成《史记》这部伟大的著作。

韩信能忍，作为韩信的老大，刘邦也同样能忍。苏轼在《留侯论》中云："观夫高祖之所以胜，而项籍之所以败者，在能忍与不能忍之间而已矣。"让我们来看汉高祖刘邦是如何"忍"的。

公元前203年，韩信降服了齐国，拥兵数十万，而此时刘邦正被项羽军紧紧围困在荥阳。这时早已重兵在手的韩信派使前来，要求汉王刘邦封他为"假王"，以镇抚齐国。刘邦大怒说："我在这儿被围困，日夜盼着你来帮助我，你却想自立为王！"张良、陈平暗中踩刘邦的脚，凑近他的耳朵说："目前汉军处境不利，怎么能禁止韩信称王呢？不如趁机立他为王，安抚善待他，让他镇守齐国。不然可能发生变乱。"

汉王刘邦醒悟，立马故意装糊涂骂道："大丈夫平定了诸侯，就该做个真王，何必做个假王呢？"于是就派遣张良前去宣布韩信为齐王，征调他的军队攻打项羽军。刘邦忍住怒气，立韩信为齐王，征调韩信的部队，很快就扭转了汉军的不利地位，同时也安抚住了拥兵数十万的韩信。假如他不忍，把韩信大骂一通，不封韩信为齐王，这样不但可能失掉韩信，而且可能给自己带来祸殃。

在一个强手如林的世界里，忍是一种韧性的战斗，是一种糊涂的做人策略，是战胜人生危难和险恶的有力武器。凡能忍者，必定志向远大。凡志向远大者，必定能够识大体、顾大局。而忍就是识大体、顾大局的表现。纵观历史，能成非常之事的人都懂得忍的意义。因此，清人金兰生在《格言联璧·存养》中说："必能忍人不能忍之触忤，斯能为人不能为之事功。"这句话最早出自明代薛瑄《薛子道论·下篇》。意思是一定能够忍受得住一般人所不能忍受的冒犯，才能够做得出一般人所不能做出的功业。说明人必须学会克制自己的感情，不为非礼行为而失去理智，这样才能够一心一意，干出一番事业来。

一忍解百愁

愤怒是一种激烈情绪的表现。狡猾的人会利用愤怒操纵别人的情绪，适时激怒别人，以达到自己的目的。因为人的血压升高，智商一定下降。

在法庭辩论中，我们经常可以看到高明的律师故意去激怒对方，以便打乱对方的思路，让对方说出一些对己不利的话。现在从政的詹姆斯曾经是律师，他做律师时有一件法宝：激怒对方。他在法庭上如果碰上言简意赅的对方证人，或碰上思路严谨的辩护人，就马上设法激怒人家。一旦对方上当，很容易说出一些本来不应该说的话，露出破绽。总之，对方一发脾气，阵脚便乱了。詹姆斯在回忆他的律师生涯时，骄傲地笑道："我最喜欢看到他们大发脾气。他们一发脾气，就松了劲，乱了阵脚，使自己陷入绝境。"

在生活与工作中，我们也会遇到被别人故意激怒的情况。小江有一次跟随厂长与外商谈判，因为厂长的一个疏忽而没有取得预期的谈判效果。回来后，厂长陷入了深深的自责之中。小江和同去的其他人员，也一直为谈判失败的原因保密。但架不住同事小张屡次当着大家的面一个劲地嘲笑小江"无能"。小江忍无可忍，终于将谈判失败的原因一一细数，表明是因为厂长的疏忽而非自己"无能"。虽然没有当着厂长说这一番话，但可想而知，这话很快就传到了厂长的耳朵里了。结果，原本很有可能升为科长的小江，在竞争中败给了小张。是小张在故意要阴谋吗？我们完全有理由这样怀疑。我们假设小江当时糊涂一点，装作没有听见小张的挑衅，或者再糊涂一点，干脆就默认是自己的"无能"，结果又会如何呢？

我们再看明代作家冯梦龙在《智囊》中记录的一则佚事——

长州大户尤翁，他开了三个典当铺。年底某一天，忽听门外一片喧闹声，出门一看，是位邻居。站柜台的伙计上前对尤翁说："他将衣服押了钱，今天空手来取，我不给他他就破口大骂，有这样不讲理的吗？"

邻居仍气势汹汹，破口大骂。尤翁像没有听见咒骂一样，和气地对邻居说："这点小事，值得这样吗？"说完命店员找出典物，共有衣物蚊帐四五件。

尤翁指着棉袄说："这件御寒衣服不能少。"又指着棉袍说："这件给你拜年用，其他东西现在不急用，可以留在这儿。"

邻居拿到两件衣服，无话可说，立刻离去。

我们知道，生意人是在商言商，一般是不会讲什么情面的，像尤翁这样的商人，为什么就那么糊涂了呢？

尤翁告诉伙计说："凡极度无理挑衅的人，一定有所倚仗。如果在小事上不忍耐，那么很容易惹上大的灾祸。"

果然，当天夜里，邻居竟死在一个仇家家里。原来邻居负债多，已经服下毒药，知道尤家富贵，想敲笔钱给家人日后用，结果没有找到一个由头，就火速赶到另外一家，和对方大吵后死在那里。

尤翁当然不是诸葛亮，事先也不会清楚明晰地料到后果。但他善于忍让、甘于糊涂的性格，能帮他过滤掉不少灾难。

在生活中，我们难免会碰到一些蛮不讲理的人，甚至是心存恶意的人，遭到他们的欺侮和辱骂。每当遇到这样的事，常让人觉得忍无可忍。可是，你想过有时别人正是想利用你的"忍无可忍"吗？你不忍说不定正中别人下怀，中了别人的圈套。

忍字头上一把刀，遇事不忍祸必招。如能忍住心中气，过后方知忍字高。

成大事者不纠结

人们无论做什么，都喜欢要一个理由。发飙大抵有发飙的理由，忍的理由又在何处？

忍的理由可以有很多，如我们前面说到的保护自己，等等，但还有一个重要的理由：你不屑计较。也许很多人会对这个理由感到困惑：别人都骑到我头上拉屎撒尿了，我怎么能够做到不屑呀。

是的，即便别人骑到你头上拉屎撒尿，你也可以不屑。苏轼在《留侯论》中云："匹夫见辱，拔剑而起，挺身而斗，此之不足为勇者。天下有大勇者，猝然临之而不惊，无故加之而不怒，此其所挟者甚大，而其志甚远也。"他这段话的大意是：庸人受到一些侮辱就会冲动得与对方争斗，甚至敢于搏命，其实这根本就称不上勇敢；天下有一种真正勇敢的人，遇到突发的情形毫不惊慌，无缘无故侵犯他也不动怒——他们为什么能够这样呢？因为他胸怀大志，目标高远啊。

胸怀大志、目光高远者往往不拘小节，不会为眼前一些小事情而冲动盲动，以至于打乱成大事的节奏、分散成大事的精力。打个比方，一个怀揣利刃矢志屠龙的勇士，决不会理会行进途中恶狗的吠叫，他没有时间也懒得花精力去搭理与反击。

生于战国末年的张良本来名叫姬良，他是韩国的名门之后，其祖父和父亲相继为韩相国，侍奉过五代君王。在公元前 230 年，韩首当其冲遭秦灭。从贵胄公子沦落为亡国之奴，20 岁出头的姬良一度压不住他对秦王的怒火，冲动地想学荆轲刺杀秦王。在公元前 218 年，他孤注一掷地发动了行刺，结果事情未成反而险些让自己丧命。侥幸逃脱后，姬良改姓名为张良，于躲避秦王通缉中幸遇圯上老人。

圯上老人刻意侮辱张良，让张良明白自己身上的使命是灭暴秦而非杀秦王。一个身负重大使命的人，看事物的眼光骤然开阔，心胸也不再狭窄。后来，张良以他坚毅的忍耐力、冷静的思考能力，辅助刘邦灭秦诛楚建汉，建立了一番伟大的功业。

因为身负重任，所以懒得搭理小的纷扰。和他们身上的"负重"相比，讥笑、侮辱算不了什么。也许，成语"忍辱负重"应该这样说更符合逻辑——"负重忍辱"——因为"负重"，所以"忍辱"。在你感觉忍无可忍的时候，想一想，你有一个宏大的志向吗？

如果有，又何必为了一些小事而冲动？因此，要提高自己的忍让指数，说白了就是：我不和你们一般见识，这些小事我懒得计较，我还有更要紧的大事要去做。人的眼光与思想到了这个层次，对于绝大多数"忍无可忍"的事件就会糊涂了、超脱了。

不要强求绝对的公平

人之所以难以忍受，是觉得自己遭受了不公平的待遇，自己应该反抗。

我对你那么好，你却这样对待我！

我没有那样做过，你也不能那样。

我和他干得一样多，为什么工资要少一大截？

上次吃饭是我买的单，这次还要我买？

谁会愿意承受不公平呢？但人世间纷纷扰扰，又岂是"公平"二字能概括与规范得了的？渴求公平是人的一种正常心理。但我们要明白，这个世界从来就没有绝对的公平。无论是自然界还是人类，都是没有绝对公平存在的。鸟吃虫子，对虫子来说不公平；虫子吃树叶，对于树来说是不公平的……只要环顾一下大自然，我们就会发现，很多事物是很难用公平来衡量的。如果要要求一切公平，那么大自然立刻就会失去生机勃勃。

而生活中，生不公平，有人生于富贵人家，有人生于白屋寒门；死不公平，有人幼年夭折，有人寿比南山。佛家的解释是前世注定今生，今生注定来世。但今生的我并不能决定前世的善恶，却要让我今生来承受前世的因缘，这公平吗？今生的我虽然可以决定来世的"我"，但来世的"我"和"他"又有什么区别？——这同样不见得怎么公平。生与死都不公平，你凭什么去要求处于生死之间的人生旅程中事事公平？

古罗马政治家、哲学家塞涅卡曾说："生活是不公平的，而所谓的公平，则是把一切看得到的不公平掩埋起来。"把"一切看得到的不公平掩埋起来"，其实就是一种大智慧的糊涂。既然不公平绝对存在，那就不去计较，用平和之心待之。

领导在下班时对你说，小张，今天你加班。可是昨天你才加了班，同事都休息，怎么今天又是自己？不公平吧？嗨，计较什么公平不公平，糊涂一点，加班就加班吧，什么都别说了。也许，你接连加两天班后也会让别人接连加班呢。也许，是领导看中你的能力给你锻炼的机会；也许，是领导忘记了你刚加班……也许，没有也许。别想那么多，糊涂，还是糊涂些好。

你还需要明白的是：公平需要放在一个较长的时间系统里去看。唐僧师徒经历了九九八十一难才取回真经，如果只经历了八八六十四难，付出是付出了，但依然是没有回报的。社会总体上是公平的，但我们不可能任何时候、地点，任何事情都强求绝对公平。山有高有低，水有深有浅。这个世界不存在绝对的公平。如果我们事事要求公平，必然会钻入牛角尖中。爱默生说"一味愚蠢地强求始终公平，是心胸狭隘者的弊病之一。"

最后总结一下笔者对于"不公平"的观点：一，世界上没有绝对的公平；二，放在一个较长的时间系统里去看，世界相对更公平。如果你真正明白了这些，今后再遇到所谓的"不公平"时，就能做到心平气和地面对了。

第四章
心性淡泊，随缘处世

　　人生在世，宛若浮萍，淡泊与随缘是豁达的一种表现形式。名利是身外之物，面对名利，我们要做到处之泰然，不惊不喜；失之淡然，不悲不怒。顺其自然，不奢望、不强求、不忘形。拥有豁达的胸怀，便能拥有洒脱的人生。

掬明月在手，照一生心境

富贵功名、荣枯得失，人间惊见白头；风花雪月、诗酒琴书，世外喜逢青眼。只语片言轻轻一点，人间世外，繁华枯零，尽置于眼前，功名利禄得失恩怨斤斤计较没完，转瞬已经生命无多，还不如淡然一些，轻掬一捧明月在手，清亮自己这一生的心境。

如何看待荣辱？什么样的人生观自然会有什么样的荣辱观，荣辱观是人生观的重要体现。有人以出身显赫作为自己的荣辱，公侯伯子男，讲究某某"世家"，某某"后裔"。在商品经济社会里，荣辱则以钱财多寡为标准。所谓"财大气粗""有钱能使鬼推磨""有钱任性，没钱认命"等等俗话，正是揭示了以钱财划分荣辱的标准。现实生活中人们的荣辱观确实在金钱诱惑下发生了变异、动摇、失落。还有一种是"以貌取人"，把一个人的容貌长相、穿着作为划分荣辱的标准。

以家世、钱财、容貌来划分荣辱毁誉的人，尽管具体标准不同，但其着眼点，思想方法都是一致的。他们都是以纯客观的外在条件出发，并把这些看成是永恒不变的财富，而忽视了主观的、内在的、可变的因素，导致了极端的、片面的错误，结果吃亏的是自己。

在荣辱问题上，能做到"宠辱不惊、去留无意"，这才叫潇洒自如、顺其自然。一个人凭自己的努力实干，靠自己的聪明才智获得荣誉、奖赏、爱戴、夸耀时，仍然应该保持清醒的头脑，有自知之明，切莫受宠若惊，飘飘然，自觉豪光万道，所谓"给点亮光就觉得灿烂"。

宠辱不惊，当如阮籍所云"布衣可终身，宠禄岂可赖"。一切都不过是过眼烟云，荣誉已成为过去，不值得夸耀，更不足以留恋。

有一种人，也肯于辛勤耕耘，但却经不住玫瑰花的诱惑，有了点荣誉、地位就沾沾自喜、飘飘欲仙，甚至以此为资本，争这要那，不能自持。更有些人"一人得道，鸡犬升天"，居官自傲，横行乡里，他活着就是为了不让别人过得好。这些人是被名誉地位冲昏了头脑，忘乎所以了。

日本有一个白隐禅师，他的故事在世界各地广为流传。故事讲的是：有一对夫妇，在住处的附近开了一家食品店，家里有一个漂亮的女儿。无意间，夫妇俩发现女儿的肚子无缘无故地大起来。女儿做了这种见不得人的事，使得她的父母异常震怒。在父母的一再逼问下，她终于吞吞吐吐地说出"白隐"两个字。

她的父母怒不可遏地去找白隐理论，但这位大师对此不置可否，只若无其事地答道："就是这样吗？"孩子生下来就被送给白隐。此时，他虽已名誉扫地，但他并不以为然，只是非常细心地照顾这孩子——他向邻居乞求婴儿所需的奶水和其他用品，虽不免横遭白眼，冷嘲热讽，但他总是能处之泰然，仿佛他是受托抚育别人的孩子一样。

事隔一年之后，这位未婚的妈妈，终于不忍心再欺瞒下去了。她老老实实地向父母吐露真情：孩子的生父是在鱼市工作的一名青年。她的父母立即将她带到白隐那里，向他道歉，请求他的原谅，并将孩子带回。白隐仍然是淡然如水，他只是在交回孩子的时候，轻声说道："就是这样吗？"仿佛不曾有什么事发生过；即使有，也只像微风吹过耳畔，霎时即逝。

白隐为了给邻居的女儿以生存的机会和空间，代人受过，牺牲了为自己洗刷清白的机会，虽然受到人们的冷嘲热讽，但是他始终处之泰然，"就是这样吗？"这平平淡淡的一句话，就是对"宠辱不惊"最好的解释，反映了白隐的修养之高、道德之美。

人生无坦途，在漫长的道路上，谁都难免要遇上厄运和不幸。

人类科学史上的巨人爱因斯坦，在报考瑞士联邦工艺学校时，竟因三科不及格落榜，被人耻笑为"低能儿"。小泽征尔这位被誉为"东方卡拉扬"的日本著名指挥家，在初出茅庐的一次指挥演出中，曾被中途"轰"下场来，紧接着又被解聘。为什么厄运没有摧垮他们？因为在他们眼里始终把荣辱看作是人生的轨迹，是人生的一种磨炼，假如他们对当时的厄运和耻笑，不能泰然处之，也许就没有日后绚丽多彩的人生。

19世纪中叶美国有个叫菲尔德的实业家，他率领工程人员，要用海底电缆把欧美两个大陆连接起来。为此，他成为美国当时最受尊敬的人，被誉为"两个世界的统一者"。在举行盛大的接通典礼上，刚被接通的电缆传送信号突然中断，人们的欢呼声立刻变为愤怒的狂涛，都骂他是"骗子""白痴"。可是菲尔德对于这些毁誉只是淡淡地一笑，不做解释，只管埋头苦干，经过多年的努力，最终通过海底电缆架起了欧美大陆之桥，在庆典会上，他没上贵宾台，只远远地站在人群中观看。

菲尔德不仅是"两个世界的统一者"，而且是一个理性的战胜者，当他遭遇到常人难以忍受的厄运时，通过自我心理调节，做出正确的抉择，从而在实际行为上显示出强烈的意志力和自持力，这就是一种理性的自我完善。

世上有许多事情的确是难以预料的，成功伴着失败，失败伴着成功，人本来就是失败与成功的统一体。人的一生，有如簇簇繁花，既有火红耀眼之时，也有暗淡萧条之日，面对成功或荣誉，要像菲尔德那样，不要狂喜，也不要盛气凌人，而是要把功名利禄看轻些，看淡些；面对挫折或失败，要像爱因斯坦、小泽征尔那样，不要忧悲，也不要自暴自弃，而是要把厄运、羞辱看远些，看开些。这样就不会像《儒林外史》里的范进，中了举惹出祸端。范进一心想中举出名，可是几次考试都名落孙山，他饱受各种冷眼，连岳父也看不起他，他发奋学习，后来终于中了举人，然而由于狂喜过度，一口痰上不来，倒地而昏，变成了疯子。

　　人既要能经受住成功的喜悦，也要有战胜失败的勇气，成功了要时时记住，世上的任何一样成功和荣誉，都依赖周围的其他因素，绝非你一个人的功劳。失败了不要一蹶不振，只要奋斗了，拼搏了，就可以问心无愧地对自己说："天空没有留下我的痕迹，但我已飞过。"这样就会赢得一个广阔的心灵空间，得而不喜，失而不忧，才能在人生的旅途中把握自我，超越自己。

知足常乐，人到无求品自高

杭州西子湖畔虎跑寺内一个不很起眼的地方，有一副对联："事能知足心常惬，人到无求品自高。"这是已故弘一法师李叔同先生的遗墨。凡是了解李叔同先生的人都知道，无论从家境、才学、阅历上看，还是拿爱国之情、志向之取、进取心来比，李叔同先生都不会亚于当时或现代的大多数人。然而恰恰是这位自豪"魂魄化成精卫鸟，血花溅作红心草"的热血男儿，认认真真地写下了这样一副对联留诸后世，这便使人不得不冷静下来认真想一想这副对联的深刻内涵。

中国人的知足表现，从生活的任何状况中都能发现值得为之快乐的东西，就仿佛儿童在海滩拾贝，无论捡到什么都是欣喜的，哪怕一无所获，也不会失望，因为能够自由自在地在大海边游玩这本身就是一种不是人人都能享受到的快乐。我们经常可以看到许多生活艰苦的中国人却笑口常开，而且一般的情况常常越是艰苦越是感到知足。这种生活态度常常教外国人看了莫名其妙，很容易误以为是中国人的惰性。

其实，中国人的知足，也是一种处世的艺术，它小半出于无奈，大半则根源于精神世界的充实丰富以及应付人生世事的自如圆熟。中国人懂得，知足或不知足，都不是生活的主要目的；人生的目的当是寻求生活的快乐，当一个人无法改变现有生活时，他除了接受以外，还能有更明智的选择吗？中国人有着此种想法，所以在顺境里固然能优哉游哉，即使在逆境中也能够安之若素。人生常常是无奈的，有时候会被迫置身于极不情愿的生活境遇里，甚至会落到万念俱灰的地步，但是一旦他想到自己好歹还拥有一个可爱的人生，便又可知足地微笑起来。"留得五湖明月在，不怕无处下金钩"，"留得青山在，不怕无柴烧"等格言讲的就是这个道理。

孔子游泰山，遇到一位不知何许人者，鹿裘带索，鼓琴而歌，孔子见而问："先生何乐也？"对曰："天生万物，人为贵，吾得为人，一乐也；男女有别，男为尊，吾得为男，二乐也；人生有不见日月、不免襁褓者，吾行年七十矣，三乐也；贫者士之常，死者人之终，居常以待终，何不乐也？"

知足是中国人在深刻理解生活本质之后的明智选择。人的欲望是永无止境的，俗话说："猛兽易伏，人心难降；骆壑易填，人心难满。"但生活所能提供的欲望的满足却总是有限的。因此在人的现实生活中，"足"是相对的、暂时的，而"不足"则是绝对的、永恒的。假如一个人处处以"足"为目标不懈追求，那么他所得到的将是永远的不足；如果一个人以"不足"为生活的事实而予以理解和接纳，那么他对生活的感受反倒处处是足的。中国人的处世艺术正是表现在足与不足的调和平衡之中。知"不足"，所以知足；不知"不足"，所以不知足；知"不足"，可以知足；不知足，便总是"不足"。由此可见，知足就是一个人自觉协调人心欲望与实现条件两者关系的过程。用什么来协调？用"知足"来协调。足不足是物性的，而知不知则是人性的。以人性驾驭物性，便是知足；以物性牵制人性，就是不知足。足不足在物，非人力所能勉强；知不知在我，非多少所能左右。

不知足是本然的、合情的，仿佛骑手信马由缰，毫不费力。相反知足是自觉的、顽强的、坚毅的和难能可贵的。当你步行在街道上看到一辆辆擦身而过的漂亮轿车时，当你身居斗室望着窗外一幢幢摩天大楼时，因羡慕、嫉妒而起的不知足，无须吹灰之力便不招而至了。而要摆脱这些情绪的纠缠，今晚依然知足地卧床酣睡，明早照样知足地挤车上班，却是很不容易的。可见，不知足者根本没有资格嘲笑不凡的知足者。在嘲笑别人之余，倒是应该想一想自己为物所役的浅薄、空虚和浮躁。正如程子所说："人为外物所动者，只是浅。"

知足者当然不是无所希冀、无所追求。谁不爱吃山珍海味，谁不喜欢汽车洋房，但现实终归是现实。眼热解决不了问题，伤感也无济于事，在万般无奈之时，唯一可以保持的是这份知足的快乐。在中国布教并居住了长达五十年之久的美国传教士斯密斯倒是很了解中国人的知足艺术，他在《中国人的特性》一书中说："所谓'知足'，当然并不是指人人安于现状，不图上进。就个人而论，若有好日子过而此种日子可因努力而得，自然谁也不会推开。"知足是相对的，即使是知足者也会有许多不足的时候。我们不必担心知足会使人懒惰、消极，因为人心不足永远是铁一样的事实。如果说知足者常乐，那么在生活中就没有一个真正常乐的人，可见完全知足的人是没有的，就像没有完全不知足的人一样。

"知足"说时容易做时难。因为知足难，所以中国人的知足常乐才称得上是一种艺术。足与不足，都是比较的结果。一谈到比较，中国人几乎人人都知道一句话："比上不足，比下有余。"生活可以有四种"比较"的方法，"比上"与"比下"是其中的两种，"比己"，即自己跟自己比是一种，还有一种就是"不比之比"，不跟任何东西比较，也算是一种"比较"。这四种"比较"相应地产生四种知足的境界，下面我们就来分而述之。

"比上"自然是不足，这似乎不必多言，因为我们大家都可能尝过这种苦涩的滋味。"比下"当然有余，这是人们一般常用的知足艺术，很简单，但在生活中运用起来却几乎是百试百灵的。从前有一个人不小心丢失了一双新买的金缕鞋，为此他闷在家里茶不思、饭不想地难过了好几天。

这天他强打精神到街上闲逛，无意中看到一个只有一条腿的人，正拄着拐杖兴高采烈地与人聊天。蓦然之间，他幡然醒悟：失去一条腿的人尚能如此快活，我丢失了一双鞋又算得了什么呢？

他想到这里，顿觉心胸爽朗，淤积数天的不快霎时烟消云散。生活是公平的，它毫不吝惜地把大大小小的幸福赐给众人，但也从来不让其中的任何人独占鳌头，免得他过于狂妄；生活也毫不留情地把各种各样的灾难带给人们，却极少把其中的任何人推到绝境，这就是中国人常常爱说的"天无绝人之路"。一个人不管遭受何种痛苦境遇，比上不足，比下也还有余，只要知足，就有快乐——当人失意的时候，都会这样想的。

"比下"虽然比"比上"更能知足常乐，但是与"比上"一样，"比下"终归要与别人相比，与人相比，总有点受制于人的感觉，而且常常免不了"人比人，气死人"。为了避免这种情形出现，做人最好不要拿自己与别人相比，不管是比上还是比下。如果一定要比，倒不如自己与自己比。怎么比呢？

随便遇到什么事，只要倒过来看就可以了。

从前，一位老婆婆有两个儿子，大儿子是卖伞的，小儿子是卖鞋的。每当下雨的时候，老婆婆便很伤心，因为小儿子的布鞋会因下雨而缺少主顾；但天晴的时候，老婆婆还是很难过，因为大儿子的雨伞会因天晴而卖不出去。

老婆婆就是这样晴也伤心，雨也难过，直到有一天一位行者对老婆婆说："你把这件事情倒过来想想不行吗？雨天的时候，你大儿子必然生意兴隆；天晴的时候，你小儿子肯定顾客盈门，这样一来，不管天晴下雨，你都可以快乐了。"

生活有时候需要换个角度来看待，譬如当你的酒只剩下半瓶的时候，别老是抱怨："只剩下半瓶了！"而应该想想："还有半瓶呢！"有一句禅诗叫作"千江有水千江月，万里无云万里天"，任何事都可以从它本身发现知足快乐的源泉，问题是你从什么角度去看。

知足虽然常常通过比较而生，但凡是通过比较而生的知足都不是最高境界的知足。所谓最高境界的知足，从传统的角度看来，乃是一种源于内在精神的充实完满，是一个人精神世界的沛然自足，大智若愚的先哲老子称此为"知足之足"，并教诲后人说："知足之足常足矣！"当一个人拿到一串葡萄，如果他从大到小一颗一颗吃下去，往往会越吃越不知足；如果他从小到大一颗颗吃下去，便会越吃越知足；但一个"知足之足"的人吃葡萄，根本就不会想到葡萄的大小，这样的知足才是真正的知足。

不刻意做人，不精心处世

你是否常常会觉得做人辛苦、处世艰难？其实，这些辛苦与艰难，大多是来自于你个人。人本是人，根本就不必刻意去做人；世本是世，也无须精心去处世——这是糊涂人生提倡的宗旨。

宋代禅宗大师青原行思认为参禅有三重境界：参禅之初，看山是山，看水是水；禅有悟时，看山不是山，看水不是水；禅中彻悟，看山仍然是山，看水仍然是水。人之一生，其实也经历着参禅的三重境界。

第一重：看山是山，看水是水。涉世之初，人们都单纯得很，就像小孩般天真。人家告诉他这是山，他就认识了山；告诉他这是水，他就认识了水。凡看到的、听到的，以为都是真的。这时候的人是快乐的。

但快乐很快就消失了。因为他发现了世界的不确定性以及虚伪性。相信爱情，爱情会欺骗我们；相信真理，真理会蒙蔽我们。不是所有的真心都会换回真情，不是所有的付出都有回报。红尘之中有太多的诱惑，在虚伪的面具后隐藏着太多的潜规则，看到的并不一定是真实的，一切如雾里看花，似真似幻，似真还假，山不是山，水不是水，很容易地我们在现实里迷失了方向，随之而来的是迷惑、彷徨、痛苦与挣扎。人到了这个时候看山也感慨，看水也叹息，借古讽今，指桑骂槐。这时的山自然不再是单纯的山，水自然不再是单纯的水。

不少人在人生的第二重境界里走完一生的旅程。他们追求一生，劳碌一生，心高气傲一生，最后要么没有达到自己的理想，要么达到理想后发现那并不是自己想象中的美好。但少数人悟到了人生第三重境界：看山是山，看水是水。他们在人生的历练中，对世事、对自己的追求有了一个清晰的认识，认识到"世事一场大梦，人生几度秋凉"，知道自己追求的是什么，要放弃的是什么。人这个时候便会专心致志做自己应该做的事情，不与旁人有任何计较。任你红尘滚滚，我自清风明月。面对芜杂世俗之事，一笑了之，这个时候的人看山又是山，看水又是水了。

从看山是山，到看山不是山，再到看山是山，人生的轨迹画了一个圈，似乎又回到了起点。糊涂了是吗？糊涂就好，糊涂了就快到第三重境界了。

得失两便，处之淡然

"我很累"和"烦着呢，别惹我"之类的口头语在当今社会广泛流行，这一现象引起了许多社会学家与心理学家的困惑：为什么社会在不断进步，而人的负荷却更重，精神越发空虚，思想异常浮躁？

科技的迅速进步，使我们尝到了物质文明的甜头：先进的交通工具、通信工具、娱乐工具……然而物质文明的一个缺点就是造成人与自然的日益分离，人类以牺牲自然为代价，其结果便是陷于世俗的泥淖而无法自拔，追逐于外在的礼法与物欲而不知什么是真正的美。金钱的诱惑、权力的纷争、宦海的沉浮让人殚精竭虑。是非、成败、得失让人或喜、或悲、或惊、或诧、或忧、或惧，一旦所欲难以实现，一旦所想难以成功，一旦希望落空成了幻影，就会失落、失意乃至失志。而那些实现了梦想的呢，又很难真正满足，他们如同一只没有脚的小鸟永远只能飞翔，在劳累中飞向生命的终点。

失落是一种心理失衡，失意是一种心理倾斜，失志则是一种心理失败。而劳累表面上是体力的疲惫，实则发自内心。身心俱疲却找不到一个停靠的港湾，是一件多么无奈与绝望的事情！

出家人讲究四大皆空，超凡脱俗，自然不必计较人生宠辱。而生活在滚滚红尘之中的你我，谁也逃离不开宠辱。在宠辱问题上，若能做到顺其自然，那才叫洒脱。一个人，当你凭着自己的努力实干，凭自己的聪明才智获得了应得的荣誉或爱戴时，应该保持清醒的头脑，切莫受宠若惊，飘飘然，自觉霞光万道，"给点光亮就觉灿烂"。如三国时魏国诗人阮籍所云"布衣可终身，宠禄岂可赖"。一个人的宠辱感很大程度上是来自于别人对自己的一种评价，而生命不应该是活给别人看的。生命可以是一朵花，静静地开，又悄悄地落，有阳光、土壤和水分就按照自己的方式生长。生命可以是一朵飘逸的云，或卷或舒，在风雨中变幻着自己的姿态。

老子的《道德经》中说："宠辱若惊，贵大患若身。何谓宠辱若惊？宠为下，得之若惊，失之若惊，是谓宠辱若惊。何谓贵大患若身？吾所以有大患者，为吾有身，及吾无身，吾有何患？"大意是："对于尊崇或污辱都感到心情激动，重视大的忧患就像重视自身一样。为什么说受到尊崇和污辱都让人内心感到不安呢？因为被尊崇的人处在低下的地位，得到尊崇感到激动，失去尊崇也感到惊恐，这就叫作宠辱若惊。什么叫作重视大的忧患就像重视自身一样？我之所以有大的忧患，是因为我有这个身体；等到我没有这个身体时，我哪里还有什么祸患！"

在晚明陈继儒的《小窗幽记》里有一句这样的话：宠辱不惊，闲看庭前花开花落；去留无意，漫观天上云卷云舒。一个人要是能够做到"宠辱不惊，去留无意"的境界，那么就没有事物能绊住他的脚、拴住他的心。唐朝的女皇武则天，死后立一块无字碑。她开天辟地、以女流之辈坐南朝北，一手杀亲子、诛功臣，一手不拘一格用人才、尽心尽力治国家。荣辱相伴相生，莫一而衷。既然如此，何必学他人为自己立下洋洋洒洒的功德碑？不如糊涂一点，千秋功过，留与后人评说。一字不着，尽得风流。

天空没有飞鸟的痕迹，但我已飞过！

如孩童般快乐

时间在我们渴望长大中似乎过得很慢，而在我们长大后的回首中又太快。假如有人问人生何时最快乐，恐怕绝大多数人都会说童年。记忆深处的童年里，捉迷藏、放风筝、跳格子、踢毽子、扔沙包、跳橡皮筋、过家家、堆沙堡……五彩斑斓，绚烂夺目，充满了欢笑和阳光，但当我们长大以后，心中逐渐有了理想，有了诱惑，开始忙忙碌碌的时候，心事也就多了起来。

相比大人来说，儿童可以说是最懂得享受人生的专家了。有一天，年轻的妈妈问 9 岁的女儿："孩子，你快乐吗？"

"我很快乐，妈妈。"女儿回答。

"我看你天天都很快乐"

"对，我经常都是快乐的。"

"是什么使你感觉那么好呢？"妈妈追问。

"我也不知道为什么，我只觉得很高兴、很快乐。"

"一定是有什么事物才使你高兴的吧？"妈妈锲而不舍继续问。

"嗯……让我想想……"女儿想了一会儿，说："我的伙伴们使我高兴，我喜欢他们。学校使我高兴，我喜欢上学，我喜欢我的老师。我爱爷爷奶奶，我也爱爸爸和妈妈，因为爸妈在我生病时关心我，爸妈是爱我的，而且对我很亲切。"

这便是一个 9 岁的小女孩幸福的原因。在她的回答中，一切都已齐备了——和她玩耍的朋友（这是她的伙伴）、学校（这是她读书的地方）、爷爷奶奶和父母（这是她以爱为中心的家庭生活圈）。这是具有极单纯形态的幸福，而人们所谓的生活幸福亦莫不与这些因素息息相关。

　　有人曾问一群儿童"最幸福的是什么?"结果男孩子的回答是："自由飞翔的大雁；清澈的湖水；因船身前行而分拨开来的水流；跑得飞快的列车；吊起重物的工程起重机；小狗的眼睛……"而女孩子的回答是："倒映在河上的街灯；从树叶间隙能够看得到红色的屋顶；烟囱中冉冉升起的炊烟；红色的天鹅绒；从云间透出光亮的月儿……"

　　看，童心是如此纯净、如此容易得到满足！我们也曾经那样快乐与幸福，只是岁月砂轮的磨砺，使我们失去了天真烂漫的本性，失去了那份无邪的童心，或许这就是我们不快乐、不幸福的重要原因。

　　我们还能够找回失去的童心吗？答案是能的。找回童心，也不是多么复杂的事情。古人云"童子者，人之初也；童心者，心之初也。夫心之初岂可失也！"我们若能鄙尘弃俗，息虑忘机，回归本心，便就是找回了童真、童趣与童心。这样，我们就会形神合一，专气致柔，纯洁无邪，通达自守，并且使我们内心与外在充满喜悦而自足！

过简单生活

你是否经常有"很累"的感觉？你是否想过究竟是什么让我们如此劳累与疲惫？

如果仅仅只是劳累与疲惫还不算最糟糕，最糟糕的是：我们甚至还对今后的日子产生恐惧甚至绝望。每天"鸡血"满满，永远像一个战士般冲杀，唯恐落在人后，社会达尔文主义是现代人信奉的原则，被无限放大到生活中。欲望的都市里到处都充斥着痛苦的灵魂，在许多昏暗的酒吧里唱着空虚寂寞；有人在放纵，有人在毁灭。生活越来越繁复，而心情越来越烦闷；人与人走得越来越近，而心灵却隔得越来越远；楼越来越高，人情味越来越薄；娱乐越来越多，快乐越来越少……

我的一个朋友最近花了将近 1 万元买了一把按摩椅。在此之前，他还买过一台高科技的跑步机。不过，他告诉我：这些东西，他一年里难得用上几回。

究竟什么才能使我们生活充实、内心丰富？不是昂贵的按摩椅，不是高科技的跑步机，而是我们体会生活快乐的能力。这种能力随处可得，根本不用花钱。繁复纷乱的生活使人厌烦、疲惫，像荆棘一样挤压着心灵，使得人不安、紧张、焦虑、倦怠甚至绝望，是很不符合心理卫生的。而简朴的生活，减少了心灵的许多负累，使心灵更单纯，内心有更多的空间。一位西方哲学家发出了这样的警告："没有什么科技的发展可以带来永久的快乐。比科技发展重要的心灵拓展，却总是被忽略。"

在生活变得越来越复杂，超出你的想象和理解的时候，是否怀念过从前不名一文但依然快乐的时光？没有移动互联网也没有其他的便利，穿的衣服也好，家具也好，都是家人按照最古老最朴素的方式制造，时光很慢，让人心安。在一个偏远、宁静的小村庄，那里的人对于一朵鲜花的赞赏，比一件名贵的珠宝要多。一次夕阳下的散步，比参加一场盛大的晚宴更有价值。他们宁可在一棵歪脖子老树下打牌下棋，也不愿去参加一场奖金丰厚的棋牌竞技。他们重视的是简单生活中的快乐，不会远离阳光、新鲜空气与笑声……感谢简单，他们因此而拥有幸福与快乐。

那些简单生活的日子似乎一去不返了，但真的就没有其他可能了吗？

当人在物质上的要求减少时，精神上的收获会增加。爱默生曾说："快乐本身并非依财富而来，而是在于情绪的表现。"当我们腾出心灵的空间，从各个角度去体验人生，当我们开始了解到自以为必需的东西其实很多是可以不要的时候，就可以发现：我们现在拥有的东西足够快乐了。

简单的生活，并不是消极、懒惰，也不是修道士、苦行僧的生活，而是为了活得似一个人，活得轻松畅快、自由自主，活出亲情、有人情味、更健康、更有意义的生活。

简单生活是最容易过的，过复杂的生活，或者想过更复杂的生活才真正艰难。生活中没有非接不可的电话，生命中没有非要不可的东西。在世俗的社会里，只有你自己的生活简单了，你才会成为自己的主人。那些脖子上多了一条项链、衣服上多了一枚胸针、头上多了一顶帽子的人，以及有着多余表情、多余语言、多余朋友、多余头衔的人，深究一下，便会发现，他们都是在完美和荣誉的借口下展现一种累赘，这种人可能终其一生都走不进自己人生的大门。另一些人用大量的时间，贴近自然、领悟内心，只让生命之舟承载所必需的东西。这类人看似贫穷，然而这种与自然规律和谐一致的贫穷，谁说不是一种富有呢？

第五章
以和为贵，化敌为友

我们的生活与工作中其实并没有真正的敌人。如果你感觉有的话，只是因为你处世的功夫还不够高。那些不计较的人，往往能与难相处的各种人结成朋友。这样，不但可以提高自己的声誉，博得心胸宽广的美名；更重要的是，他积累了别人难以得到的人脉资源，为自己事业的发展开拓了无限宽广的道路。

"邀千百人之欢，不如释一人之怨；希千百事之荣，不如免一事之丑。"（《菜根谭》）这句话告诉我们，与其邀请许多人一起来狂欢，不如与一个怀恨你的人冰释前嫌（或原谅一个你怀恨已久的人）；企图通过多做好事来博取荣耀和虚名，不如尽量避免做一件错事而是自己出丑！人，往往会因为宽容而慈悲。一个善于放下计较和仇恨的人，才能真正让心灵获得解脱。世界上只有一种人能够做到永远没有敌人，就是懂得宽容别人的人。一个懂得宽容别人，懂得对别人的过错释怀的人，也会因为自己的生活中不再充满仇恨而得到心灵的释放。

关怀性格孤僻者

有这样一种人，他们感情内向，整日把自己禁锢在郁郁寡欢、焦躁烦恼的樊笼里，他们心境阴沉，缺乏生活乐趣。这种人，我们称之为"性格孤僻的人"。

心理学认为，性格是一个人表现在对现实的稳定态度、以及相应的习惯、行为、方式上的个性心理特征。一棵参天大树，不可能有两片完全相同的树叶；芸芸众生中，也不可能有两个性格完全相同的人。每个人的性格，都是他的全部生活史的缩影。因此，我们要同性格孤僻的人进行成功的交往，重要的是必须了解其所以孤僻的原因，以便采用合适的措施。

不管性情孤僻者的孤僻根源于什么，我们与之相处，都应给予其温暖和体贴，让他们通过友谊体验人间的温暖和生活的乐趣。因此，在学习、工作和生活的细节上，我们要多为他们做一些实实在在的事，尤其是当他们遇到自身难以克服的困难时，更应主动地站出来，帮忙解决。实践说明，只有友谊的温暖，才能消融他们心中的冰霜。

性格孤僻的人，一般不爱说话。有时候尽管他们对某一事情特别关心，也不愿主动开口。但是不通过谈话，是难以交流思想感情的。因此，我们与之相处交谈时，既要主动，还要善于选择话题。一般说，只要话的内容触到他们的兴奋点，他们是会开口的。

性格孤僻的人，往往喜欢抓住谈话中的某些细微环节，进行联想，胡乱猜疑。别人一句非常普通的话，有时也会引起他们的不高兴，并久久铭刻于心，以至产生很深的心理隔阂。对这种隔阂，他们又不直接表露，而是以一种微妙的形式做出反应，使当事人难以察觉。因此，我们与之交谈时，要特别留神，措辞、选句都要细加斟酌，不可疏忽大意。

在与性情孤僻的人有了初步的交往后，我们就应多引导他们读些有关书籍，帮助他们树立正确的世界观、人生观、社会观，并在此基础上建立正确的友谊观、爱情观、婚姻观和家庭观，逐步改善和谐的人际关系。经验表明，只有这样，才能使交往真正深入下去。

我们应该引导他们多参加一些团体活动，促使他们从孤独的小圈子中解脱出来，投入社会和集体的怀抱，变得开朗起来。在活动内容的形式上，应考虑他们的特点，选择一些轻松愉快的主题。比如：听听轻音乐、唱唱卡拉OK；看看喜剧、体育比赛；游览名胜古迹等。

孤僻的性格，并非一朝一夕形成的，有的人已经形成生活方式，很难改变。同他们打交道，有时难免会遭到冷遇，甚至不愉快。所以，必须具有足够的耐心，当他的心锁逐渐被你启开后，你们的友谊就将与日俱增，成为你人脉关系网中难得的挚友。

"士君子不能济物者，遇人痴迷处，出一言提醒之，遇人急难处，出一言解救之，亦是无量功德矣。"（《菜根谭》）这句话告诉我们，遇到别人犯糊涂的地方，说一句话提醒他；遇到别人有难处的时候，说一句话帮助他。这都是做了很大的好事。

直面心高气盛者

在人际交往中，有些人自恃自己的地位、学识、年龄等优势，而表现出一种盛气凌人的傲气，或者极端地蔑视他人，或者大肆地攻击他人、有时甚至还肆意地侮辱他人。这种人的行为势必给他人带来不愉快，或者严重地影响他人的情绪，甚至会破坏集体的团结，因此，必须予以制止而不能任其恶性地发展。

那么，怎样对付这种充满傲气的人呢？

1. 巧设难点抑其傲气

一些人自恃知识广博，阅历丰富，因而目空一切，瞧不起别人，表现出一股不可一世的姿态。对付这种傲气者只要巧妙地设置一个难题，就可打击其傲气。这是因为不管其知识多么广博，阅历多么丰富，然而在这个大千世界里毕竟是沧海一粟，而其一旦发现自己也存在着知识缺陷，其傲气自然就会烟飞云散了。

在一次国际会议期间，一位西方外交官非常傲慢地对某国一位代表提出了一个问题："阁下在西方逗留了一段时间，不知是否对西方有了一点开明的认识。"显然，这位外交官是在以傲慢的态度嘲笑该国代表。该国代表淡然一笑回答道："我是在西方接受教育的，40年前我在巴黎受过高等教育，我对西方的了解可能比你少不了多少。现在请问你对东方了解多少？"面对这个代表的提问，那位外交官茫然不知所措，满脸窘态，其傲气顷刻荡然无存了。

显然，该国代表所提出的问题，是那位自以为知识丰富而浑身充满傲气的外交官无法回答的。因为他不了解东方的情况，因此不但没有显示出自己知识的渊博，反而暴露了自己的无知，此刻他还有什么傲气可言呢？无疑，巧设难题可有效地抑制傲气者，但是应注意所设置的难题一定要是抓住对方的弱点，使他无法回答，因为只有这样，才能暴露对方的无知或者缺陷，从而挫其傲气。如果设置的问题并没有切中对方的弱项，这样不但不会挫其傲气，相反的更会助长其傲气，而使自己处于更难堪的境地。

2. 抓住痛处挫其傲气

1959年，美国副总统尼克松赴苏联，主持美国展览会。在尼克松赴苏之前不久，美国国会通过了一项关于被奴役国家的决议。苏联领导人赫鲁晓夫对此极端不满。因此，当尼克松与他会晤时，他极端傲慢无礼，表现出一种从未有过的傲气，十分愤慨而又极端蔑视地对尼克松说："我很不了解你们国会为何在这么一次重要的国事访问前夕，通过这种决议。这使我想起了俄国农民'不要在马厩里吃饭'的谚语，你们这个决议臭得像刚拉下来的马粪，没有比这马粪更臭的东西了。"对这些傲慢无礼的言辞，尼克松毫不客气地回敬道："我想主席先生大概错了，比马粪还臭的东西是有的，那就是猪粪！"赫鲁晓夫听后，傲气大挫，不由得脸上泛起了一阵羞涩的红晕。原来他年轻时当过猪倌，毫无疑义曾闻过猪粪的气味，因此机智的尼克松立刻抓住赫鲁晓夫这一痛处，使赫鲁晓夫自讨没趣，他的傲气自然也就烟消云散了。

我们运用这种方法时，一定要抓准傲气者的痛处，而且傲气者的这种痛处必须是客观存在，而又是有相当一部分人知道的。只有这样，才能动摇其傲气的根基，而使其反思自己的行为，从而收敛自己的傲气。

3. 抓住弱点攻其傲气

英国驻日公使巴克斯是个傲气十足的人，他在同日本外务大臣寺岛宗常和陆军大臣西乡南州打交道时，常常表现出对他们不屑一顾的神态，并且还不时地嘲讽寺岛宗常和西乡南州。但是每当他碰到棘手的事情时，他总喜欢说一句话："等我和法国公使交谈之后再回答吧。"寺岛宗常和西乡南州商量决定抓住这句话攻击一下巴克斯，使其改变这种傲气十足的行为。一天，西乡南州故意问巴克斯："我想冒昧地问你一件事，英国到底是不是法国的属国呢？"

巴克斯听后又挺起胸膛傲慢无礼地回答说："你这种说法太荒唐了。如果你是日本陆军大臣的话，那么完全应该知道英国不是法国的属国，英国是世界最伟大的立宪君主国！"

西乡南州冷静地说："我以前也曾认为英国是个伟大的独立国，现在我却不这样认为了。"

巴克斯愤怒地质问道："为什么？"

西乡南州从容地微笑着说："其实也没有什么特别的事，只是因为每当我们代表政府和你谈论到国际上的问题时，你总是说等你和法国公使讨论后再回答。如果英国是个独立国的话，那么为什么要看法国的脸色行事呢？这么看来，英国不是法国的附属国又是什么呢？"

傲气十足的巴克斯被西乡南州这一番话问得哑口无言，从此后他们互相讨论问题时，巴克斯再也不敢傲气十足了。

毫无疑问，任何人都难免有自己的弱点，而傲气者一般都未曾发现自己的弱点。而一旦别人抓住其弱点攻击其傲气，使其看到自己的弱点，就会瓦解其傲慢的气势。

4. 不予理睬刹其傲气

一些有傲气的人，别人越理睬他，他的傲气就越足。因而对这种傲气者采取不予理睬的态度，有意冷落他，使其孤立，这样就可削弱甚至打掉其傲气。某单位调来了一名技术员。这位中年人有着过硬的技术，因此十分瞧不起别人。他经常不是教训这个人，就是批评那个人，弄得大家都不愉快。于是大家对他采取不予理睬的态度，有些人见他来了转身就走。久而久之，他自觉无趣，于是改变了自己的态度，主动与大家接近，探讨技术问题，从此人家再也看不到他身上的傲气了，也就又恢复了与他的止常交往。

为什么采取这种方法能使傲气者改弦易辙呢?

这是因为傲气者大都是为了在众人面前显示自己高人一等的价值，而大家都不理睬他，这样使他不但没有显示自己的价值机会，反而使自己处于孤独无援的境地，因而在这种环境的迫使下，他也不得不反省自己不受欢迎的原因，也就不得不改弦更张了。

我们采取上述方法对付傲气者，其目的是为了找到他的病源之后，使其改变影响人脉资源的不正常因素，促使其与他人正常交往，因此在运用这些方法时，一定要抱着与人为善的态度，切不可嘲讽、讥笑，甚至侮辱他人的人格，否则就会与我们"化'敌'为友，为我所用"的目的背道而驰了。

"常言硬弓弦先断，每见钢刀口易伤。惹祸皆因闲开口，招灾多为坏心肠。是非不必争你我，彼此何须论短长。"(《醒世歌》)这句话告诉我们，在世间，从来都是硬弓的弦先断，每每见到锋利钢刀的刀口容易损伤。惹祸都是因为语言不当造成的，过患大多是心狠手辣、心地不善招致的。没必要整天争论我是你非，彼此又何必辩论我长你短呢?所以我们应该经常保持柔和的态度，心平气和地处理问题，这样任何事情都容易成办。

迁就脾气暴躁者

在工作单位里，在家中，常见有人发脾气。动辄发怒并不是正确与威严，恰好相反，发怒意味着恐吓，强迫别人屈服、让步、听话、认输和俯首帖耳。发怒使其他感情都降到次要地位，将事情闹僵。发怒可以像突然爆发的火山，也可以如缓慢上涨的潮水，无论何种形式，发怒的目的是为了威胁和恐吓，对付它的秘诀就是不要怕。

记住：当某人对你发怒时，并不一定意味着他把你当成了死对头，问题很可能来自他的自制力差或对你误解。这时你不要针锋相对、反唇相讥。你不妨姿态高一些。

做一次深呼吸，保持镇定的情绪，你一定要有自制力和自信心，给自己寻找一个平静点。

当发脾气的人挥舞双臂声嘶力竭时，而你背着双手不动声色；他紧绷着脸，流露出嘲弄的神色时，而你应坦然自若，显示出大将的风度；他情绪激动、谩骂不绝时，你应努力使自己心平气和、稳如泰山。

总之，任何情况下都不要发笑，要是你认为自己的人身安全已受到威胁，就一走了之。

如果某人生气是工作上某种原因或一些具体情况造成的，并没有直接牵涉到你，那就上前去说一些宽慰对方的话。

获得诺贝尔化学奖的荷兰科学家范特霍夫，在提出关于碳原子新理论之后，遭到德国有机化学家柯尔比的强烈反对。范特霍夫当众表示："柯尔比老先生的宏论，从头到尾并没有推翻我研究出来的铁一般的事实。"柯尔比听到此话，怒气冲天，不远千里赶到荷兰找范特霍夫辩论。当柯尔比怒气冲冲地踏进范特霍夫的办公室时，范特霍夫热情地接待了他，冷静而谦逊地阐述自己的观点，结果使柯尔比很快消除了误解。两位科学家从此"化敌为友"，欣然携手合作。

"居不必无恶邻，会不必无损友，唯在自持者两得之。"（《小窗幽记》）这句话告诉我们，居住的地方并不一定非得没有恶邻，聚会之时也不一定非得没有坏的朋友，能够把握自我的人，可以从恶邻和坏朋友中汲取有益的方面充实自己。其实，无论是恶邻或是损友，换一个角度来看，无非是考验我们的涵养和定力。如果有一个坏邻居或品德不好的朋友，正可以考验自己的修为和定力，以自己的言行去感化对方。再说寸有所长，尺有所短，好和坏也不是绝对的，恶邻和损友毕竟不是敌人，他们身上也许会有一些闪光之处可以供你借鉴呢。因此，即使生活在污浊的环境中，一样可以保持自己清白的本性，有外界不好的环境来警醒，人才会做事更加小心谨慎。

感化贪小便宜者

不管是谁，都喜欢和那些豪爽热情、开朗大方的人往来，而不太愿意同喜欢贪小便宜的人打交道。然而，如果不善于与他们相处，他们则有可能成为你成长和发展的阻力。

社会心理学告诉我们，一个人的行为与动机并非是一对一的，它们之间存在着错综复杂的关系，即同一动机可以产生不同的行为表现；同样，同一行为亦可能由不同动机所引起。"贪小便宜"是人们生活中的一种行为表现，并不一定是浑身沾满铜臭的利己思想的反映；即使是利己主义者，亦并不一定就是不可救药者，况且各人表现的程度不尽相同。

一般说来，贪小便宜者有两种：一种是受生活习惯所影响；另一种是受生活观念所支配。因此，与不同心理状态的贪小便宜者相处，就应持不同的态度，用不同的钥匙去打开他们的"心锁"。

一些人贪小便宜的毛病是受社会环境（尤其是家庭环境）的影响，而形成的一种生活习惯。这种人往往缺乏远大的理想，胸无点墨，自尊要求低，得过且过，不求上进。这种人，一般心地不坏，而且性格外向，毫无隐讳，容易深入了解。同这种贪小便宜者打交道，要注意正面批评，引导他们在学习上和工作上下功夫，以提高其理想层次。理想层次提高了，自尊的要求就会随之增长，贪小便宜的毛病便会相应地得到克服。对这类人贪小便宜的毛病，切不可姑息，对他们的姑息，只会加重这种不良生活习惯。另外，也不可对他们进行讽刺挖苦，因为讽刺挖苦会影响其提高自尊的需求。

还有一种贪小便宜的人，他们的行为是受一定意识形态支配的，其贪小便宜的行为反映着其生活观念。这种人，往往具有比较特殊的生活阅历，在生活中受过磨难，人生观上常常表现为以"自我"为中心。

同这类贪小便宜者打交道，采取一般化的说教方法是无法解决其观念形态的问题的，应真诚地与之相处，用自己博大胸怀去影响和感化他们。在工作、学习、生活中，真诚地、无微不至地去帮助他们，使他们在自己的行动中得到感化。比如，一起外出时，热情地拉着他，坐车、吃饭、看电影、逛公园时可主动花钱，而对他从不表现出一点儿不满和鄙视。平时，可有意地讲一些他所钦佩的人的宽宏大度，不计个人得失的事例，使他逐渐意识到自己的不足。

不管源于哪一种心理状态，贪小便宜的习惯冰冻三尺，非一日之寒，要求他们一下改掉并不现实，只能从一些小事入手，潜移默化地帮助他们，而且允许出现反复。如果一个人去帮助犹嫌力量不足，可动员几个要好的朋友来共同帮助他们。当贪小便宜者真正理解你的一颗真诚的心后，他是会永远感激你的，由此所建立起来的友谊，也一定是纯洁的、牢固的。

"念头宽厚的，如春风煦育，万物遭之而生；念头忌刻的，如朔雷阴凝，万物遭之而死。"（《菜根谭》））这句话告诉我们，一个胸襟宽广忠厚的人，就像和煦的春风，吹拂万物，能给万物带来勃勃生机；一个胸襟狭隘刻薄的人，就像严冬的冰雪寒凝大地，能给万物带来杀气。"良言一句三冬暖，恶语伤人六月寒"，不仅说话如此，为人处世的胸怀、性格也应这样，温暖的春风人人欢迎，寒冷的冰雪人人讨厌。一个心胸狭隘的人，任何人都不愿意接近他，反之一个气度恢宏的人，任何人见了都愿意接近他。

慎对两面三刀者

在你的朋友或同事中，免不了会有这样的人物：他当面奉承你，转过身去却嗤之以鼻；他对你心怀不满，但当面总是笑脸，背后到处搬弄是非……这类人，有着两张面孔，有着双重人格。这种人是你和美人生中的拦路虎。

我们都期待着自己具有纯洁畅通的人际关系，而你一旦发现自己的同事、伙伴中有一些诸如圆滑、世故、两面三刀之类的人，又不可能立即撕破脸与之断交，这时该如何办呢？

两面三刀的人都是一些善于保护自己的人。他们大多对自己看得比周围的人要重得多，所以在交往过程中给自己穿上了一层重重的盔甲。其实，善于保护自己并不是什么过错，问题是不能把交往对象全都当成了防范对象、算计对象，他们所采用的自我保护手段又违背了真诚友善、坦诚相见的道德规范，就会使自我保护变成了损害正常交往关系的行为。

我们可以厌恶这种行为，但不必厌恶行为者本人。具体来说，我们在反对不正派行为的时候，不要去伤害他们的自尊心，不要损害他们如此小心翼翼地保护着的那个"自己"。比方说，当他为了赢得喝彩声，才对你奉上掌声时，你不妨先冷静下来，真诚地向他申明，在需要得到人家的支持这一点上，你们是一致的，但是，要想真正获得别人的支持和赞美，还要靠自己的真才实学和自己的辛勤劳动。在他为了寻求"庇护"才围着你打转时，你也应该帮助他认清自己的力量，鼓励他培养独立自主的人格，坚定地走自己的路，切不可简单地拒绝他。简单拒绝只会伤害对方的自尊心，加速你"触礁"的进程。鼓励他的自尊心，帮助他建立起独立的人格，帮助

80

他完成真正的自我保护。当你满足了他的要求，你也会得到他的真诚回应。

许多人面对这种现象，会产生一种被利用感。这种感受的出现，主要是那些非常善于保护自己的人，确实想利用与人交往关系来达到自己的某种目的。甚至可以说，有的人之所以选择你作为交往对象，就因为你的某种特点符合他的某种需求。一旦发现自己处于被利用的地位，该怎么办呢？

在人际交往关系中，我们不能容忍自私自利的行为，更不能丧失原则、以损害大多数人的利益为代价，来满足交往群体中个别成员的私欲。但是，平心而论，在人们的相互关系中，都会有权利与义务的统一，都会有各自向对方所抱有的希望和要求。剔除了那些非原则的、损害他人利益的成分，抹去了那些具有强烈私欲的色彩，交往当中也应当相互有所满足，这就需要谨慎地划出一条基本的原则界限来，并且尽可能地做出自己的奉献。比如，一个人想得到赞扬，想得到别人的尊重，这是自尊心、荣誉感的表现，如果我们帮助朋友放弃通过私人关系的途径去获取的企图，而鼓励他通过自己的努力去谋求，那就不能视为一桩坏事。相反，在他努力地靠自己的力量去追求目标的时候，就应当提供足够的支持。一个人的物质上的需求是正当的，如果我们帮助他摆脱依赖他人的动机，并为他提出符合原则的实事求是的建议，那当然也是合情合理的。总之，划出一条原则界限，抛开利用与被利用的关系，你也就不会产生被利用的感觉了。而简单地回绝朋友的请求，只会把关系搞得更加复杂化。

一个人具有对不正派行为的厌恶感，是一种高尚可贵的情感，需要小心地加以保护。如果没有这种情感，便可能在熟人面前、在朋友面前、在老客户面前失去自己的原则立场和坚持操守的原则，而容易被利用。在当前市场经济的大潮中，人际交往要格外谨慎，如果面对不正派的行为，不觉得厌恶，久闻不知其臭，更有可能与其同流合污。听到别人几声奉承就感到飘飘然，无原则地为人办事，更会产生一种自我满足感，结果，还可能从被利用的地位上慢慢滋生出利用别人的欲望，使利用与被利用的关系发展为相互利用的关系。

"好丑心太明，则物不契；贤愚心太明，则人不是。士君子须是内精明而外浑厚，使好丑两得其平，贤愚共受其益，才是生成的德量。"（《菜根谭》）这句话告诉我们，分别美丑的心太过明确，则无法与事物相契合；分别贤愚的心太过清楚，则无法与人相亲近。内心应该明白人事的善处与缺失，处事却要仁厚相待，使美丑两方都能得到平等，贤愚都能受到益处，这才是上天生育我们的德意和心量。美和丑本身并没有什么分别，也没有一定的标准，关键要看各人自己的喜好而定。《老子》中说："天下皆知美之为美，斯恶矣；皆知善之为善，斯不善矣。"意思是说天下的人都知道美的东西是美的，丑就产生了；天下的人都知道善的东西是善的，恶就产生了。也就是说善恶与美丑原本都是相对的，本来都是正常的，没有什么丑的和美的区别。只是我们人类有了分别的念头，有了贪婪的欲望，有了爱美厌恶的心理，所以才会有选择和烦恼。所以，还是应该把好丑心放得淡一些。倘若是只接受那些贤明的人，而摒弃所谓愚蠢的人，岂不是使贤者愈贤而愚者愈愚吗？普天之下，又能有几个人能够成为他人眼中的圣贤智者呢？智者千虑，必有一失；愚者千虑，必有一得。就是要说明不要有贤愚的分别，过分地尚贤弃愚，肯定要与大多数人疏远，从而变成孤家寡人一个了。

摆脱搬弄是非者

搬弄是非的人，以背后说人坏话、挑拨离间为能事。与这种人相处，的确不容易，非掌握一些诀窍不可。

一是坦荡。人生在世，全然不被人议论，是不可能的。背后议论，就其内容而言，有些符合事实，有些是不符合事实的；就其动机而言，有善意的，也有恶意的。但不管怎样，都应坦荡置之，不要因听到好议论而忘乎所以，觉得自己一下子高大起来，也不要因听到一些难听的议论而怒发冲冠，耿耿于怀，或痛心疾首、惶惶不可终日。否则，就会失去心理平衡，做出蠢事，而中了搬弄是非者的奸计。

20 世纪 80 年代有一部风靡全国的电视连续剧《新星》，相信许多人都还记得。其中的县委书记李向南，坚持改革，捅了马蜂窝，流言蜚语顷刻向他袭来，说他乱搞男女关系，生活作风腐败，一夜之间，闹得满城风雨。面对这种别有用心的造谣中伤，李向南坦然处之。"生活作风上，我没有做过任何不道德的事"，这是他的自我审度；"他们爱怎么说就怎么说去吧！"他对议论的正确态度；"任凭风浪起，稳坐钓鱼台""该抓的工作我照样抓，该办的事情我照样办"，这是他对议论的回敬。

二是正直。背后议论别人，是一种不道德的行为，不能迁就，必须正直地站出来，帮助议论者改正不良习惯。帮助搬弄是非者改正恶习，行之有效的办法，是尊重对方，以朋友式的态度进行善意的规劝；同时，巧妙地引导对方获得正确的认识人的方法。比如，当对方谈论他人时，可以先顺着对方的话音，谈谈这个人确实存在的缺点，然后再淡他的大量长处，从而形成一个正确的结论。

如果对方搬弄是非的恶习已成为性格特征，那就干脆不加理睬，"走自己的路，让别人去说吧！"千万不可一听到搬弄是非的话，就立即去找那人对质。这样会使大家都感到很难堪，也解决不了根本问题。更不要一时性急，去找那人"算账"，万一打起来那就更难堪了。这样也会使大家把你和他等同起来，看成没修养的人。

记住：君子坦荡荡，小人长戚戚。智者是为自己的目标而活着，只有愚者才会被周围的是非议论所左右。

"君子严如介石而畏其难亲，鲜不以明珠为怪物而起按剑之心；小人滑如脂膏而喜其易合，鲜不以毒螫为甘饴而纵染指之欲。"《菜根谭》这句话告诉我们，君子威严如碑石，如果因此对君子敬而远之，就很难不把明珠当作怪物，只想拔剑清除它；小人狡猾如油脂，如果因此喜欢与小人交往，就很难不将毒螫当作甘饴，只想食之以纵欲。人们常说："亲君子，远小人。"可是在现实中，人们更多时候选择的却是"亲小人，远君子"。生活中，正人君子总是自带威严，而且他们坚持自己的原则，很难让人接近，所以不好与他们相处；君子又喜欢讲真话，不会恭维他人，所以经常不讨人喜欢。而小人好像和谁都合得来，更容易和人亲近，再加上小人擅长说甜言蜜语哄骗别人，人们又有虚荣心，所以大家都无形中亲近了小人。虽说"忠言逆耳"，但是能够做到"闻过则喜"的圣人毕竟不多，相对于批评，人们更希望听到的是认同和赞扬。所以，小人往往要比君子受欢迎得多。正如那句话所说："人们愿意接受穿着真实衣服的谎言，却不愿接受赤裸裸的真实。"所以与人相处，不要一味地只看表面，笑脸相迎未必代表着肝胆相照。擦亮眼睛，找一位君子做知己，你的人生会充实很多，清澈很多。

拥抱有仇于你者

与人交往，总会有磕磕碰碰，总会遇到使自己不愉快的人。发泄一通固然痛快，但却会因此获罪于人，无意中为自己树立了敌人。要想拥有"人和"的氛围，有些时候，应该像西方格言所说的那样"拥抱你的'仇人'"一样大度。

有一部电影描述了一个这样的故事：

美国西部拓荒时期，一位牧场的主人因为全家大小被土匪枪杀，因而变卖牧场，从此浪迹天涯寻机复仇。

家破人亡的深仇大恨谁都想报，可是当这牧场主人花了几十年的时间找到凶手时，才发现那位凶手已年老体衰、重病缠身，躺在床上毫无抵抗能力，他用虚弱的声音请求牧场主人给他致命的一枪，牧场主人把枪举起，又颓然放下。

牧场主人沮丧地走出破烂的小木屋，在夕阳照着的大草原中沉思，他喃喃自语："我放弃了一切追求，虚度几十年寒暑，如今找到了仇人，我也老了，报仇又有什么意义呢……

电影的故事是人编写的，但编剧者根据的也是现实生活，因此这虽然是电影故事，但提供给人们深刻的反省，而这反省也就是我们强调的"有仇不报是君子"的道理。

首先来看看一个人要"报仇"所需的投资。

精神的投资——每天计划"报仇"这件事，要花费很多精神，想到恨之切齿处，精神情绪的剧烈波动，更有可能影响到身体的健康。

财力的投资——有人为了"报仇"而耽误了一辈子的事业，大有"玉石俱焚"的味道，就算不放下一辈子的事业，也要花费不少的精力、财力做部署的工作。

时间的投资——有些"仇恨"不是说报就能报,三年、五年、八年、十年、甚至二十年、四十年都有可能报不成,就算报成了吧,自己也年华老去了。

由于"报仇"一事投资颇大,而且还不一定报得成,而不管报得成或报不成,只要想着"报仇",你不只心动而且行动,那么自己都要元气大伤,因此我们还是主张"有仇不报"。

一个成熟的人、有智慧的人知道轻重,知道什么东西对他有意义、有价值,"报仇"这件事虽然可消"心头之恨",但"心头之恨"消了,也有可能失去了自己,所以"君子"有仇不报。

人和动物有些方面是不同的,动物的所有行为都依其本性而发,属于自然的反应;但人不同,经过思考,人可以依当时需要,做出各种不同的行为选择,例如——学会"爱"你的仇人。

拥抱你的仇人,这是件很难做到的事,因为绝大部分人看到仇人都会有灭之而后快的冲动,或环境不允许或没有能力消灭对方,至少也会保持一种冷淡的态度,或说说让对方不舒服的嘲讽话,可见要拥抱仇人是多么难。

就因为难,所以人的成就才有高有低,有大有小,也就是说,能当众拥抱仇人的人,他的成就往往比睚眦必报的人高大。

此话怎讲?

能拥抱自己的仇人的人是站在主动的地位,采取主动的人是"制人而不受制于人",你采取主动,不只迷惑了对方,使对方搞不清你对他的态度,也迷惑了第三者,搞不清楚你和对方到底是敌是友,甚至都有误认你们已"化敌为友"。

可是,是敌是友,只有你心里才明白,但你的主动,却使对方处于"接招""应战"的被动态势。如果对方不能也拥抱你,那么他将得到一个"没有器量"的评语,一经比较,二人的分量立即有轻重。

所以当众拥抱你的仇人，除了可在某种程度之内降低对方对你的敌意，也可避免恶化你对对方的敌意。换句话说，为敌为友之间，留下了一条灰色地带，免得敌意鲜明，反而阻挡了自己的去路与退路。地球是圆的，山不转水转，天涯无处不相逢。

此外，你这样的行为，也将使对方失去再对你攻击的立场，若他不理你的拥抱而依旧攻击你，那么他会招致他人的谴责。

而最重要的是，拥抱你的仇人这个行为一旦做了出来，久了会成为习惯，让你和人相处时，能容天下人、天下物，出入无碍，进退自如，这种不计较的处世方法正是成就大事业的本钱。

所以，竞技场上比赛开始前，二人都要握手敬礼或拥抱，比赛后也一样再来一次，这是最常见的当众拥抱你的仇人——竞争对手。

拥抱你的仇人这是不计较中最难做到的。但如果你连仇人都可以拥抱，还有什么不可放下，还有什么人不能拥抱？

拥有这种气量的人，他本身就已经具有了很大的能量。铸剑为犁，化敌为友，如果通不过这一关，我们始终进不了不计较的人生境界。

第六章
"舍得"之中有真味

　　人之所以舍不得，归根到底是没有信心掌控未来，因此拼命地想要抓住今天，享有今天，全不顾及明天。你舍不得今天，如何能有明天？你舍不得付出，如何有收获？你舍不得失去，如何有得到？《卧虎藏龙》里李慕白有一句很经典的台词："当你紧握双手，里面什么也没有；当你打开双手，世界就在你手中。"

将欲取，必先予

佛家对于"舍得"，有一番别致的理解，有舍才有得。蛇在蜕皮中长大，金是在沙砾中淘出。"舍得"既是一种大自然的规则；也是一种处世与做人的规则。舍与得就如水与火、天与地、阴与阳一样，是既对立又统一的矛盾体，相生相克，相辅相成，存于天地，存于人生，存于心间，存于微妙的细节，囊括了万物运行的所有机理。万事万物均在舍得之中，达到和谐，达到统一。

是的，"舍"中有"得""得"中有"舍"。明白了"舍"与"得"之间的辩证关系，我们会糊涂起来：到底什么是"舍"、什么是"得"呢？——很难说清楚是吗？那么就糊涂一点吧。在糊涂当中，该失去的失去，不懊悔、不痛苦；在糊涂当中，该放下的放下，不勉强、不拖沓。

一个人如果想得到更大的功名，你必须舍得安逸和享受；如果想得到更多的金钱，就必须舍得付出艰辛和疲劳；想得到婚姻的美满，就必须舍得自己迁就和忍让……什么都有成本，无非是得到了自己想要的，失去了为此所必须付出的。这便是"舍"与"得"的辩证关系。

人生在世，随着年岁渐长，背上的包袱越发沉重。权势、地位、金钱……各种重负已经压弯了我们的腰，我们却舍不得丢下任何一个。不可否认，作为一个凡夫俗子，我们有着很多的欲望。这没什么不好，欲望本来就是人的本性，也是推动社会进步的一种原动力。但是，欲望又是一头难以驾驭的猛兽，它常常使我们对人生的舍与得难以把握，不是不及，便是过之，于是便产生了太多的悲剧。因此，我们只要真正把握了舍与得的机理和尺度，便等于把握了人生的钥匙、成功的门环。要知道，百年的人生，也不过就是一舍一得的重复。

舍得，便是人人为我、我为人人的人生境界。舍得还是一种时空的转换，精神和物质的交流，人情和礼节的传达，是物质世界的"流通"。懂得了"舍"与"得"之间的关系，再面对"舍"时，我们糊涂了，不会再那么患得患失。因为"舍"是"得"的前提。舍得可以体现在金钱上、名利上，也可以体现在情感上、友谊上，以及日常生活中微不足道的待人接物的小事上。其"舍得"之智慧，与儒家所说的"礼尚往来"也有异曲同工之妙，但它比礼尚往来却又高了一个层次，作为"舍"的一方，有时在其"舍"之初可能不希求回报的，而"得"是其施舍之后的自然合理的反馈，却未必是施舍者之所企盼的。譬如，父母对子女的抚养之感情；老师对学生的传道授业解惑之辛劳。

佛家总喜欢说"舍得"。是的，有"舍"才有"得"。一只壁虎遇上了危险，会毅然舍去尾巴以换取生命。连壁虎都懂得"舍得"，人为什么那么执着，那么放不下、舍不得呢？

要想活出精彩，就要懂得轻装上阵，就要懂得舍得。舍得是一种智慧，也是一种境界，懂得舍得的人往往会有大收获。

舍得是一种大智慧，是东方禅意中的超然状态与处世之道。成功永远是属于少数人的舍得之后的犒赏。大舍大得，透射出智者豁达的气度。古往今来，得大成而永载史册者莫不深谙此道。

因为珍惜，所以放手

有些东西，其实是我们想留也留不住的。比如爱情，它来得有时候会很快，走得有时候也会很快。在网上，看到一篇发人深省的文章——女人说："很想离开他，但每次都舍不得。"

两个人在一起的日子久了，要分手也不是一下就可以分得开的。明明下定决心跟他分手，分开之后，却又舍不得，两个人就复合了。复合了一段时间，还是受不了他，这一次，真的下定决心要分手了。分开之后，又舍不得。一个月之后，两个人又再次走在一起。

女人悲观地说："难道就这样过一辈子？"

请相信我，终于有一次，你会舍得。

舍不得他，是因为舍不得过去。和他一起曾经有过很快乐的日子，虽然现在比不上从前，但是他曾经那么好。怎舍得他？

离开之后又回去，因为舍不得从前。每一次吵架之后，都用从前那段快乐的日子来原谅他。在回忆里，他是好的，那就算了吧。

无法忍受他，这一次真的要离开他了。可是，因为舍不得从前，于是又再给他一次机会。每次对他有什么不满，就用从前最快乐的那段日子来宽恕他。在回忆里，他是曾经拿过一百分的。

然而，快乐的回忆也有用完的一天。有一天，你不得不承认那些美好的日子已经永远过去了，不能再用来原谅他。这个时候，你会舍得。

有道是："爱到尽头，覆水难收。"当爱远走，无论它是发生在自己或者对方身上，舍得都是唯一的出路。如果因为无法放弃曾经有过的美好，无法放下曾经拥有的执着而舍不得。除非是殚精竭虑、心灰意冷、彻底绝望，心中已经不再有灿烂的火花，甚至连那些燃烧过后的灰烬也没有了一点温度。这种时候，想不淡漠都难。从此对你形同陌路，对你的一切也不再有任何的回应。没有余恨，没有深情，更没有心思和气力再做哪怕多一点的纠缠，所有剩下的，都只是无谓。有一天当发现对于过去的一切你都不再在乎，它们对你都变得无所谓的时候，这段爱肯定也就消失了。这样何苦呢？

　　如果你真的珍惜那份感情，不如舍得放手。这样还保留了那份美好的情感不至于遍体鳞伤。舍得的本意，是珍惜；放手的真义，是爱惜。爱情是如此，其他的又何尝不是这样呢？

　　休别鱼多处，莫恋浅滩头，去时终需去，再三留不住。如果你真的在乎，就糊涂一点，舍得一些。

放下是为了拿起

人的一生，是由一连串的选择组成。除了你的出生，所有的结果都源于你过去的选择。你选择了 A 大学，就意味着你放弃了 B 大学；你选择了李小姐做妻子，就意味着你放弃了王女士……面临多种选择，我们常常觉得难以做出抉择。而难以抉择的原因，究其根本是"舍不得"。这也想要那也想要，取舍乱人心扉。

14 世纪法国经院哲学家布利丹曾经讲过一个哲学故事：

有一头毛驴站在两堆数量、质量和与它的距离完全相等的干草之间。它虽然享有充分的选择自由，但由于两堆干草价值绝对相等，客观上无法分辨优劣，也就无法分清究竟选择哪一堆好，于是它始终站在原地不能举步，结果只好活活饿死。

这个关于选择的困惑后来被人们称之为"布利丹毛驴的困惑"。布利丹毛驴的困惑和悲剧也常折磨着人类，特别是一些缺乏社会阅历的初涉人世者。其实我们每一个人都遇到过布利丹毛驴所面对的情形，在两捆难以辨别优劣或各有千秋的干草之间做不出选择。而选择之难，难在"舍不得"。因此，与其说一个人不知道如何选择，不如说他不知道如何舍弃。而一个人选择得当，其实也就是舍弃适宜而已。

人生苦短，要想获得越多，就得舍弃越多。那些什么都不舍弃的人，是不可能获得他们想要的东西的，其结果必然是对自身生命最大的舍弃，让自己的一生永远处于碌碌无为之中。

有位记者曾经采访过一位事业上颇为成功的女士，请教她成功的秘诀，她的回答是——舍得。她用她的亲身经历对此做了最具体生动的诠释，为了获得事业成功，她舍弃了很多很多：优裕的城市生活、舒适的工作环境、数不清的假日……

　　有时，当提议大家一起聚会或集体旅游时，我们常常会听到朋友类似的抱怨：唉，有时间时没钱，有钱时又没有时间。其实，人生是不存在一种很完美的状态的，你只能在目前的情况与条件下做出你自己的决定。选择不能拖欠，当你想着等待更好的条件时，也许你已经错过了选择的机会。

　　该放弃时一定要放弃，不放下你手中的东西，你又怎么会拿起另外的东西呢?

　　天道咎盈，造物主不会让一个人把所有的好事都占全。鱼与熊掌不可兼得，有所得必有所失。从这个意义上说，任何获得都是以舍弃为代价的。人生苦短，要想获得更多，自然就必须舍弃更多。不懂得舍弃的人往往不幸。曾听朋友说起过他们单位的一个女人的故事，其人年逾不惑仍待字闺中。不是她不想结婚，也不是她条件不好，错过幸福的原因恰恰在于她想获得太多的幸福。或者说，她什么也不肯舍弃：对于平平者她不屑一顾；有才无貌者她也看不上眼；等到才貌双全了，自己地位低微又使个人的自尊心受到极大的刺痛……

　　有没有她理想中的白马王子呢? 也许有，但我猜想，那一定是在天上而不在人间。

　　每一次默默地舍弃，舍弃某个心仪已久却无缘分的朋友，舍弃某种投入却无收获的事，舍弃某种心灵的期望，舍弃某种思想，这时就会生出一种伤感，然而这种伤感并不妨碍我们去重新开始，在新的时空内将音乐重听一遍，将故事再说一遍。

生命如舟不要超载

生命如舟，载不动太多的物欲和虚荣。要想使之在到达理想的彼岸前不在中途搁浅或沉没，就只能轻载，只取需要的东西，把那些可放下的东西果断地放掉。而所谓的豁达，常常只不过是明白自己能正确地处理去留和取舍的问题。

在印度热带丛林里，人们用一种奇特的狩猎方式捕捉猴子：在一个固定的小木盒子里面装上猴子爱吃的坚果，盒上开个小口，刚好够猴子的前爪伸进去。猴子总是喜欢满满地抓住一把坚果，这样爪子就抽不出来了。人们常常用这种方式捉到猴子，因为猴子有一种习性：不肯放下已经到手的东西。

我们一定会嘲笑猴子很蠢！松开爪子不就溜之大吉了吗？但想想我们自己，看看一些身边的人，也许你会发现：其实，人也会犯同猴子一样的错误。

因为放不下到手的名利、职务、待遇，有的人整天东奔西跑，荒废了工作也在所不惜；因为放不下诱人的钱财，有的人成天费尽心机，利用各种机会想捞一把，结果却是作茧自缚；因为放不下对权利的占有欲，有的人热衷于溜须拍马、行贿受贿，不怕丢掉人格的尊严，一旦事件败露，后悔莫及……

假如你的脑袋像一个塞满食物的冰箱，你应当盘算什么东西应该丢出去，否则，永远不可能有新的东西放进来。不丢出去，有些东西反而还会在里面慢慢变坏；有些东西，丢了可惜，但放一辈子，也吃不了。所谓的"舍得观"，大概就是如何为自己的"冰箱"决定内容物的去留问题吧！

生活中，每个人都应该学会盘算，学会放弃。盘算之际，有挣扎有犹豫。没有人能够为你决定什么该舍，什么该留。所谓的豁达，也不过是明白自己能正确地处理去留和取舍的问题。丢掉一个丢掉了之后并不会对你产生多大影响的东西，你会对自己说，你可以做得比现在更好，还怕找不到更好的？

在工作与生活中，我们每个人时刻都在取与舍中选择，我们又总是渴望着取，渴望着占有，常常忽略了舍，忽略了占有的反面：放弃。

懂得了放弃的真意，也就理解了"失之东隅，收之桑榆"的妙谛。多一点糊涂的思想，静观万物，体会像宇宙一样博大的胸襟，我们自然会懂得适时地有所放弃，这正是我们获得内心平衡，获得快乐的秘方。

其实，会得到什么、失去什么，我们心里都很清楚，只是觉得每样东西都有它的好处，权衡利弊，哪样都舍不得放手。现实生活中并没有在同一情形下势均力敌的东西。它们总会有差别，因此，你应该选择那个对长远利益更重要的东西。有些东西，你以为这次放弃了，就不再会出现，可当你真的放弃了，你会发现它在日后仍然不断出现，和当初它来到你身边时没有任何不同。所以那些你在不经意间失去的并不重要的东西，完全可以重新争取回来。

佛家总喜欢说"舍得"。是的，有"舍"才有"得"。一只壁虎遇上了危险，会毅然舍去尾巴以换取生命。连壁虎都懂得"舍得"，人为什么那么执着，那么放不下、舍不得？

快乐很简单，只要放下

有一个聪明的年轻人，很想成为一名书法家。他一心练习书法，临摹了很多大家的帖。但许多年过去了，他的书法依然不怎么出众。他为此很苦恼，就去向一个大师求教。大师对他说："我们登山吧，到山顶你就知道该如何做了。"

山路迢迢，一路有许多美丽的小石头。大师只要一见到中意的石子，就让年轻人装进袋子里背着。很快，年轻人就吃不消了，就说："大师，再背，别说到山顶了，恐怕连动也不能动了。"他气喘吁吁地望着大师。

"是呀，这该怎么办呢？"大师微微一笑，"放下，放下，不放下，背着石头怎么能登上山峰呢？"

年轻人一愣，忽觉心中一亮，向大师道了谢走了。原来，他临了帖后，始终被那些帖所约束，不能放下那些规则形成自己的风格。后来，他不再拘泥于前人的书法，取其长弃其短，果然书法大有长进。

事业也好生活也好，都需要适时放下。学会放下才能卸下人生的种种包袱，轻装上阵，安然地等待生活的转机，度过风风雨雨；懂得放下，才拥有一分成熟，才会活得更加充实、坦然和轻松。放下是顾全大局的果断和胆识。人生如戏，每个人都是自己生命唯一的导演，只有学会放下的人才能彻悟人生，笑看人生，拥有海阔天空的人生境界。

有一个富翁什么都有，唯独没有快乐。有一天，他决定去寻找快乐。为此，他背着许多金银财宝，四处去寻找快乐。

可是富翁走过了千山万水，也没有找到他想要的快乐。正当他沮丧地坐在山路旁，一个农夫背着一大捆柴草从山上走下来，富翁拦住这位农夫问："你知道快乐在哪里吗？"

农夫放下沉甸甸的柴草，长嘘了一口气，揩了揩脸上的汗水，回答："快乐也很简单，放下就是快乐呀！"

富翁一时没有反应过来，就坐在山路边想啊想。想了很久，才醒悟：自己在家时这也舍不得那也舍不得放下，出门后背负那么重的珠宝，既累又老怕别人暗害，整日忧心忡忡，快乐从何而来？于是富翁将珠宝、钱财接济穷人，回家后专做善事，慈悲为怀。这样既滋润了他的心灵，也让他尝到了快乐的滋味。

时下，人们成天被名缰利锁缠身，何有快乐？成天陷入你争我夺的境地，快乐从何而言？成天心事重重，阴霾不开，快乐又在哪里？成天小肚鸡肠，心胸如豆，无法开豁，快乐又何处去寻？

天使之所以能够飞翔，是因为他们有着轻盈的人生态度。放下是一个开心果，是一粒解烦丹，是一道欢喜禅。只要你心无挂碍，什么都看得开、放得下，何愁没有快乐的春莺在啼鸣，何愁没有快乐的泉溪在歌唱，何愁没有快乐的白云在飘荡，何愁没有快乐的鲜花在绽放！

减省几分，便超脱几分

在人的心中，每个人都在不断地累积东西。这些东西包括你的名誉、地位、财富、亲情、人际、健康、知识，等等。另外，当然也包括了烦恼、郁闷、挫折、沮丧、压力，等等。这些东西，有的早该丢弃而未丢弃，有的则是早该储存而未储存。

不妨问自己一个问题：我是不是每天忙忙碌碌，把自己弄得疲惫不堪，以至于总是没能好好静下来，替自己的心灵做清扫？

对那些会拖累自己的东西，必须立刻放弃——这是心灵大扫除的意义，就好像是生意人的"盘点库存"。你总要了解仓库里还有什么，某些货物如果不能好期销售出去，最后很可能会因积压过多拖垮你的生意。很多人都喜欢房子清扫过后焕然一新的感觉。你在擦拭掉门窗上的尘埃与地面上的污垢，让一切整理井然之后，整个人就好像突然得到一种释放。这是一种"成就感"，虽然它很小，但能给人带来愉悦。

在人生诸多关口上，人们几乎随时随地都得做"清扫"。念书、出国、就业、结婚、离婚、生子、换工作、退休……每一次的转折，都迫使我们不得不"丢掉旧的你，接纳新的你"，把自己重新"打扫一遍"。

不过，有时候某些因素也会阻碍人们放手进行"扫除"。譬如，太忙、太累；或者担心扫完之后，必须面对一个未知的开始，而你又不能确定哪些是你想要的。的确，心灵清扫原本就是一种挣扎与奋斗的过程。不过，你可以告诉自己：每一次的清扫，并不表示这就是最后一次。而且，没有人规定你必须一次全部扫干净。你可以每次扫一点，但你至少必须立刻丢弃那些会拖累你的东西。

人生不需要太多的行李。减省几分，便超脱几分。我们的心灵毕竟无法做到"菩提本无树，明镜亦非台"的佛家最高境界，但我们可以做到"时时勤拂拭，毋使染尘埃"！

风物长宜放眼量

有一道脑筋急转弯的问题是："世界上最难吃的是什么？"其答案似乎出人意料，却又在情理之中——"亏"。

人难做，亏难吃。不舍得吃亏应该说是人之常情，但必须舍得吃亏是世间真理。人与人之间，总是存在着一些利益的交集。在这个交集里，利益大家都有份。若一个人处处不肯吃亏，难免会侵害别人的利益，于是便起争斗，遭怨恨。一个处处只想沾光、舍不得吃亏的人，其处境一定是四面楚歌，这样的人最终会是占小便宜吃更大亏。

郑板桥说："为人处，即是为己处。"意思是，替别人打算，就是为自己打算。这与今天所谓"我为人人，人人为我"是同样的道理。如果大家都能有吃亏的精神，那么这个世界岂不美好得多？还会有那么多的战争、杀戮、坑蒙拐骗以及种种罪恶和不道德行为吗？

这样看来，吃亏就不仅是个人的福分，而是人类的福分了。当然，这并不是说，人立身行事，或在一切商业、政治、外交中，都要讲究舍得吃亏。吃亏只是人生的一个谋略，是"抛了芝麻捡西瓜"的方法或手段。

在中国传统思想中，有"吃亏是福"一说。这是哲人们所总结出来的一种人生观——它包含了愚笨者的智慧、柔弱者的力量，领略了人生的豁达和由吃亏忍让而带来的安详与宁静。与这个貌似消极的哲学相比，一切所谓积极的哲学都会显得幼稚与不够稳重，以及不够超脱与圆滑。

"吃亏是福"的信奉者，同时也一定是一个"和平主义"的信仰者。林语堂在《生活的艺术》中对所谓"和平主义者"这样写道："中国和平主义的根源，就是能忍耐暂时的失败，静待时机，相信在万物的体系中，在大自然动力和反动力的规律运行之上，没有一个人能永远占着便宜，也没有一个人永远做'傻子'。"

小杨是某广告公司的文案，头脑灵活，文笔很好，但更可贵的是他的工作态度。那时公司正在进行一宗大型广告制作，每个人都很忙，但老板并没有增加人手的打算，于是公司的人有时也被派到其他部门帮忙，但整个公司只有小杨接受老板的指派，其他的人都是去一两次就抗议了。

小杨说："吃亏就是占便宜嘛!"

事实上也看不出他有什么便宜好占，因为他有时像个杂工一样。

两年过后，小杨离开了那家广告公司。

原来他是在"吃亏"的时候，反而把广告公司的各个运作流程的工作都摸熟了，出去后自己成立了一家广告公司，他真的是占了"便宜"啊!

所以建议你，用"吃亏就是占便宜"的糊涂态度来做人，保证你受益无穷。

做人比做事难。因此，善于做人的人常常领导着善于做事的人。如果一个人在做人时抱持"吃亏就是占便宜"的心态，那么做人会活泛很多。因为人都喜欢占人便宜，你吃一点亏，让人占一点便宜，那么你就不会得罪人，人人当你是好朋友!何况拿人手短吃人嘴软，今天占你一点便宜，心里多少也会过意不去，只好在恰当时候回报你，这就是你"吃亏"之后所占到的"便宜"!

任何事情都是在不断的盈亏消长之中，风物长宜放眼量。着眼于某一时、某一点上是吃亏的，可是长远的看起来，其实可能是福气。

第七章
破除执念，拥抱糊涂

　　当心灵被各种欲望、执着所塞满，人就很容易走入偏激的死胡同。古人云：心空乃大，无欲则刚。佛家则认为，人要成佛，首先得"破执"。简单地说，破执也就是破除心中的执念。《金刚经》中有云，"应无所住而生其心。"这句话的意译是：执念是一个人的内心最顽固的枷锁。不计较、不发火、不较真，就能让心的力量释放出来，自由地发挥它的作用。

停止争论，用智慧给争论休战

本杰明·富兰克林说过："如果你总是争辩、反驳、也许偶尔能获胜，但那是空洞的胜利，因为你永远得不到对方的好感。"

争论的结果一般来说只会是两败俱伤。很多时候，人们争论无非就是要让别人相信自己的观点，可别人相信了你的观点，你占了上风，又能怎么样呢？事实就是事实，即便是对方错了，也没必要立刻改正，或许某天、某句话、某件事，会让对方猛然认识到：原来是我错了。争论后，让对方认同自己的观点，对方即使口服，但心里也不会服气。争论只会增加对方对我们的反感，使彼此的关系疏远，因此要停止争论，因为越占上风越孤单。

不要觉得为小事争论没什么，有时，如果双方都不懂得适可而止，矛盾就会越来越大，到了无法驾驭自己怒火的地步，便可能做出不理智的事情。

在法国发生了这样一件事：阿兰·马尔蒂是法国西南小城塔布的一名警察。一天晚上下班后，他身着便装来到市中心的一间烟草店门前。他准备到店里买包香烟，然后再回家。这时，店门外一个叫埃里克的流浪汉向他讨烟抽。马尔蒂说他身上没烟了，正要进商店买烟。埃里克看马尔蒂还算是一个脾气温和的人，以为待会儿他买了烟后会给自己一支。

当马尔蒂买烟出来时，喝了不少酒的流浪汉就硬缠着他要烟。马尔蒂认为他喝多了，就不给他，于是两人发生了争执。随着互相谩骂和嘲讽的升级，两人的情绪逐渐激动。马尔蒂掏出了警官证和手铐，说："如果你不放老实点，我就给你一些颜色看。"埃里克反唇相讥："你这个混蛋警察，看你能把我怎么样？不就是和你要一支烟吗，小气鬼!"后来，二人扭打成一团。

旁边的人赶紧把他们分开，劝他们不要为一支香烟而发那么大火。马尔蒂不服气地说:"我凭什么给你烟，你个酒鬼。"流浪汉也不示弱:"你以为就你有吗，现在你送我我都不要。"

流浪汉骂骂咧咧地向一条小路走去，他边走边喊:"臭警察，有本事你来抓我呀!"马尔蒂心想:你还骂我，难道你骂的还不够吗?流浪汉的骂声让马尔蒂失去了理智，他拔出枪，朝埃里克连开四枪。埃里克倒在了血泊中……法庭以"故意杀人罪"对马尔蒂做出判决，他将服刑 30 年。

一支香烟，引起一场不必要的争论，最后两败俱伤。因此说，不要觉得小争论不会伤害到谁。事无绝对，对方想占个上风，自己就停止和他争论。要知道，智者懂得以退为进，懂得争吵只会让结果越来越坏。停止争论，才是智慧的休战符。

很多人发生争吵，可以说大都是类似一支香烟这样的小事。归根结底，是人们无法控制好自己的情绪。然而，人和动物的本质区别就是人有理智，那么，为什么不学学理智地控制自己的情绪呢?得理不让人向来不受人待见，何况是无理搅三分?但无论你有理还是没理，争吵永远无法解决本质问题，而你越占上风，别人越觉得你盛气凌人，不愿再接近你，你就越被孤立，越孤单。

在一次宴会上，卡尔学到了一个极有价值的教训。卡尔去参加一个宴会，宴席中，坐在他右边的一位先生为了活跃气氛，讲了一段幽默笑话，并引用了一句话。那位先生说这句话出自《圣经》。卡尔知道他错了，他非常清楚正确的出处，没有一点疑问。

为了表现自己，卡尔就告诉那位先生，那句话不是出自《圣经》。那人立刻反唇相讥:"什么?出自莎士比亚?不可能，绝对不可能!那句话就是出自《圣经》。"那位先生坐在右边，卡尔的老朋友弗兰克·格蒙在他左边，他研究莎士比亚的著作已经多年了。

于是，他们俩都同意向格蒙请教。格蒙听了，在桌下踢了卡尔一下，然后说："卡尔，这位先生没说错，这句话是出自《圣经》。"

回去的路上，卡尔对格蒙说："弗兰克，你明明知道那句话出自莎士比亚而不是《圣经》。""是的，我当然知道。"他回答，"《哈姆雷特》第五幕第二场。可是亲爱的卡尔，我们是宴会上的客人，为什么一定要证明他错了呢？那样会使他喜欢你吗？为什么不给他留点面子？他并没问你的意见啊！他不需要你的意见，为什么要跟他争论？我们应该永远避免跟人家发生正面冲突。"

那个教训对卡尔的影响非常深刻，因为卡尔性格率直。小时候和家人，在很多事情上都争论不休。进入大学，卡尔又选修逻辑学和辩论术，也经常参加辩论赛。从那次之后，卡尔听过、看过、参加过、也批评过多次的争论。这所有的一切，使他得到一个结论：天底下只有一种能在争论中获胜的方式，那就是停止争论。

通过争论，你不可能完全胜利。因为如果争论的结果是你输了，当然你就输了。问题是，即使你赢了对方，其实你依然是输。为什么这么说呢？因为你的胜利是以打败对方，让对方自己承认错误结束。因此，就算争论中你赢了，你可以得意扬扬，但你伤了对方的自尊，会让他惭愧。他会怨恨你的胜利，因此也就不会和你成为朋友。正如我们前面所说，几乎所有的争论，都会使参加的双方更加坚持自己的观点，而不管在表面上是否占了上风。而事实上，在争论中没有赢家。

在生活中，争论不能够完全避免，但要懂得适可而止，特别是那些毫无意义的争论，对争论双方都有害无益。也许你能说会道，伶牙俐齿，交际口才出众，但最好还是要避免继续争论下去，及时停止争论。

少事是福，多心为祸

对一个人来说，最大的幸福绝对不是荣华富贵，而是平安无事、不招惹任何祸端。祸端的来源，有些是具有不可抗力的，人们无法预知亦无法规避。不过这种类型的祸端毕竟不多，人生中的祸端绝大部分是来源于自身。

俗话说：少事是福，多心为祸。很多是非，就是因为一个人多心、多事而引起的。朋友的妻子小敏最近和婆婆闹翻了，起因是为了50块钱。

小敏放在桌子上的50元钱不见了，问丈夫拿了没有，丈夫说没有。然后大家就找啊找，还是没有找到。从农村专程赶来帮助小夫妻带孩子的婆婆这下慌神了，婆婆本来就没有拿，但她怕儿媳怀疑自己拿了。

婆婆越是怕被怀疑，心里越是发慌，越发慌，就越觉得儿媳在怀疑自己。婆婆心理压力大，就趁没人的时候给老伴打电话诉苦。

老伴听了，这还得了？立即打电话给儿子，将儿子一顿训斥：你妈妈年龄那么大，大老远地跑去帮你们带小孩，容易吗？请个保姆还要付工资，她不要工资尽心尽责地帮你们，你们还怀疑她要你们的50元钱？你不知道你妈妈是什么样的人吗？

一大摞话砸得儿子晕头转向。儿子回家，自然要给妻子说道说道。妻子也不服啊：我没有怀疑啊。

没有怀疑？婆婆不干了：你某天某天说了什么话、做了什么事，就是对我不满……余下的就不用再多讲了，惯常的家庭矛盾就是这样开启帷幕的。

后来，婆婆一生气回了老家，离开了疼爱有加的小孙子。儿子儿媳没办法，只得雇保姆来照看孩子。整个儿弄得两败俱伤。

其实，很多的家庭矛盾就是因为这样一些琐碎事情引起的，公说公有理，婆说婆有理。但我们的确分辨不出来谁有理。像前述例子中，似乎谁也没错。要说错的话，他们又都有错。儿媳错在不见钱了，可以装糊涂——不就50块钱吗？或许是自己记错了或者掉在某个角落一时没找到。即使要追究，也应该考虑到避开婆婆，单独问自己的丈夫。所以，儿媳错在多事。而婆婆错在多心，本来就没有拿，也没有人怀疑你，你何必自己老觉得不自在呢？不如糊涂一点，爱咋咋地。此外，儿子和公公的一些做法，也都有值得商榷的余地。

人与人的交往免不了会产生矛盾。有了矛盾，平心静气地坐下来交换意见予以解决，固然是上策。但有时事情并非那么简单，因此倒不如糊涂一点的好。糊涂可给人们带来许多好处：

一则，可以免去生活中不必要的烦恼。在我们身边，无论同事、邻居，甚至萍水相逢的人，都不免会产生些摩擦，引起些气恼，如若斤斤计较，患得患失，往往越想越气，这样不但于事无补，于身体也无益。如做到遇事糊涂些，自然烦恼就少得多。我们活在世上只有短短的几十年，却为那些很快就会被人们遗忘了的小事烦恼，实在是不值得的。

二则，糊涂可以使我们集中精力干事业。一个人的精力是有限的，如果一味在个人待遇、名利、地位上兜圈了，或把精力白白地花在钩心斗角、玩弄权术上，就不利于工作、学习和事业的发展。世上有所建树者，都有糊涂功。清代"扬州八怪"之一郑板桥自命糊涂，并以"难得糊涂"自勉，其诗画造诣在他的"糊涂"当中达到一个极高的水平。

三则，糊涂有利于消除隔阂，以图长远。《庄子》中有句话说得好："人生天地之间如白驹之过隙，忽然而亡。"人生苦短，又何必为区区小事而耿耿于怀呢？即使是"大事"，别人有愧于你之处，糊涂些，反而感动人，从而改变人。

四则，遇事糊涂也可算是一种心理防御机制，可以避免外界的打击对本人造成心理上的创伤。郑板桥曾书写"吃亏是福"的条幅。其中有云："满者损之机，亏者盈之渐。损于己所彼，外得人情之平，内得我心之安。既平且安，福即在是矣！"正基于此念，才使得郑板桥在罢官后，骑着毛驴离开官署去扬州卖画。

淡泊明志，宁静致远

心里有了太多的欲望，就会徒生烦恼。很多人根本就不知道满足，埋怨自己没有生在富贵之家，抱怨子孙们不能个个如龙似凤……

有个可怜的人死后进入天堂，上帝召见了他。这个人对着上帝哭诉了自己在人间的种种苦难，仁慈的上帝决定在这个人下一次投胎时，让他过上一种美好的生活。于是上帝问他："告诉我你下次投胎的愿望，我将尽量满足你。"

他回答："我希望我很有钱，很有才华，长得英俊潇洒，能获得最高的学位，当上高官成为有名望的人，别墅香车不能少，当然还要有一个美丽贤惠的娇妻和一双聪明伶俐的儿女……"

他的话还没有说完，就被上帝打断了。上帝正色地说："老兄，世界上如果有这么美好的事情，我还不如把我的位子让给你，由你安排我投胎去那里算了！"

——瞧，看来上帝过的也不是那么如意的生活，他更无法给人一个事事如意的人生。

知足与不知足是一个量化的过程。我们不可能把知足一直停留在某一个水平线上，也不可能把不知足固定在某一个需要上。不同的年代，不同的环境，不同的阶层，不同的年龄，不同的生活经历，知足与不知足总会相互转化。穷苦的青年人还是不要知足的好，唯有这样，生活才会改观；一夜暴富的大款们，对于知识的追求多一些也许可以提升生活质量。但知足的农民从不强迫自己当总统，安分守己的乡村教师会把按时领取薪水当作一种最大的慰藉。

知足使人感到平静、安详、达观、超脱；不知足使人骚动、搏击、进取、奋斗。知足智在知不可行而不行，不知足慧在可行而必行之。若知不可行而勉为其难，势必劳而无功，若知可行而不行，这就是堕落和懈怠。这两者之间实际是一个"度"的问题。度就是分寸，是智慧，更是水平，只有在合适温度的条件下，树木才能够发芽，而不至于把钢材炼成生铁。《渔夫和金鱼》中的那个老太婆是不懂得知足的最大失败者，她错就错在没有把握好知足这个"度"。

在知足与不知足两者之间，人应更多地倾向于知足。因为它会使我们心地坦然。无所取，无所需，同时还不会有太多的思想负荷。在知足的心态下，一切都会变得合理、正常且坦然，在这种境遇之下，我们还会有什么不切合实际的欲望与要求呢？

学会知足，我们才能用一种超然的心态去面对眼前的一切，不以物喜，不以己悲，不做世间功利的奴隶，也不为凡尘中各种搅扰、牵累、烦恼所左右，使自己的人生不断得以升华；学会知足，我们才能在当今社会愈演愈烈的物欲和令人眼花缭乱、目迷神惑的世相百态面前神凝气静，能够做到坚守自己的精神家园，执着地追求自己的人生目标；学会知足，就能够使我们的生活多一些光亮，多一份感觉，不必为过去的得失而感到后悔，也不会为现在的失意而烦恼。从而摆脱虚荣，宠辱不惊，心境达到看山心静，看湖心宽，看树心朴，看星心明……

知足是一种极高的境界。知足的人总能够做到微笑地面对眼前的生活，在知足的人眼里，世界上没有解决不了的问题，没有趟不过去的河，没有跨不过去的坎，他们会为自己寻找一条合适的前行之路，而绝不会庸人自扰。知足的人，是快乐轻松的人。

知足是一种大度。大"肚"能容下天下纷繁的事，在知足者的眼里，一切过分的纷争和索取都显得多余。在他们的天平上，没有比知足更容易求得心理平衡了。

知足是一种宽容。对他人宽容，对社会宽容，对自己宽容，做到这些就能够得到一个相对宽松的生存环境，这实在是一件值得庆

111

贺的事情。知足常乐，说的就是这个道理。

知足最可贵的地方是能够战胜自我，善待他人，善待自己。唯有知足者才能够正视现实、善于拼搏、善于总结教训、善于学习他人、谦虚谨慎、不卑不亢，才会在社会坐标上找到自己的位置，实现自己人生中的真正价值，从而使自己的人生充满激情，希望常在。

淡泊明志，宁静致远。终日为了贪欲而处心积虑，不仅丧失做人的乐趣，还会丧失别人对你的好感。

不忧虑的活法

一个阿拉伯人为了完成赶骆驼运货的任务，一路上愁眉苦脸。骆驼问他："你又为什么事情而不开心呢？"

阿拉伯人回答："我在想，如果跋山涉水，你将难以胜任这些旅程啊。"

骆驼问他："你为什么要担心我呢？难道我不是号称'沙漠之舟'的骆驼吗？难道是通过沙漠的坦途被封闭了吗？"

"人无远虑，必有近忧"。在我们的文化传统中，好像特别赞扬和鼓励那种"杞人式"的忧虑，大至忧国忧民，小至衣食住行，几乎让每个人的内心都被忧虑撑得满满的。事实上，忧虑一点也不能使事物圆满，它反而会使人无法更有效地处理现在的一切，因为忧虑可以说是非理性的，而所忧虑的人和事又多半是无法控制与把握的。

你固然可以永无止境地忧虑，可以忧虑战争、失业、生病等，可是忧虑并不能为你带来和平、工作或者健康。你毕竟不是一个超人，无法控制万事万物。而且，那些你常常所担忧的灾难真的一旦发生时，并不见得像你想象的那么可怕与不可思议。

曾经有位高级职员身患绝症，虽然幸运地治愈了，但他从此担心被免职，担心失去自己的地位和一切待遇。他的体重开始下降，经常失眠，饮食无味，他杞人忧天般地觉得，他有责任去担忧可能发生的不测。

提心吊胆了好几个月之后，他真的接到了免职通知，严重的失落感使他一下子消瘦许多。可是在三个月后，上司根据他的健康状况又任命他到某学府担任高职，待遇比原先更好，这给了他极大的满足感，遂以更积极的态度来面对新工作。他因此了解到，原先的一切忧虑显得是那样的多余，他的地位非但没有下滑，自己的精神也没有崩溃，脑子里原来担忧的一幅悲惨景象，结果是以喜剧收场。这位高级职员从这件事中直接学到了忧虑无用也无益，从此便采取不忧虑的方式来面对生活了。

走在这没有谁能替自己走的人世之中，别人的目光像风雨一样倾泻在你身上。你慌慌张张地为迎接来自不同方向的风雨而穿好了雨衣，忙忙碌碌地为迎接着一场场洗礼，然后含着委屈的泪说：看！我和别人已相差无几。这该是怎样的失落啊，只为了某种迎合却把自己蜕变成可怜人。

穿行于世俗的沟壑以及拥挤的夹缝中，每每都以这种不情愿的举动赢得了几分可怜的赞许，而恰恰忘记了真实，忘记了自身的那些美丽。

累啊，真累！那么为何不心怀一种淡泊，再看人世的时候只把它当成风景呢？

那么，为何不给心一个空闲，过得轻松恬淡些，在生活的夹缝中，在心里抹去不快的阴影，然后放逐苦涩。

其实，把人生的一切看得淡泊一点，视名利为流水，视羞耻为过客，你便会觉得人世间实在是没什么可值得让人忧虑的！当你能够做到这一点时，你会发现自己的忧虑是多么的可笑，因为它并不能帮助你改变任何个人意志所能触及的任何事。当然，也不要把忧虑和未雨绸缪相混淆。如果你是在做出应对各种危机可能发生的预案，那么现在的各项活动均有助于未来，这不是忧虑。筹划与忧虑的最大区别在于，前者是主动的、理性的，而后者则是被动的、非理性的。

常怀平常之心

刻骨的恨常常是因为铭心的爱而来，这就是我们常说"爱之深、恨之切"。伤害我们的，永远是我们最在乎最在意的人和物。因为只有他们（它们），才能够在我们心里掀起巨大的波涛。

有一位骁勇善战的将军，历经了上百次的血战才平息了战事。铁马金戈的倥偬岁月已经远去，赋闲在家的将军因为无聊，便用玩古瓷来消磨时间。

在将军收藏的众多古瓷中，他最喜欢的是一个青花瓷碗，他几乎每一天都要把这个瓷碗放在手里把玩把玩。有一天，将军在把玩这个瓷碗时，一不小心瓷碗溜了手。幸亏将军身手还在，及时反手把瓷碗敏捷地接住。不过，将军也因自己的疏忽而吓出了一身冷汗。

因为有了这一次教训，将军刻意地减少了把玩那件瓷碗的次数与时间，并且在每次把玩时更加小心翼翼。然而，第二次危险又在不久之后降临了。这一次，瓷碗幸运地落在将军的布鞋上再滚到地下而得以保全。

自从青花瓷碗两次险些遭了厄运后，将军就更加小心对待它了。他大多数时间里只是放在案头看一看，很少拿到手里把玩。而在那偶尔地把玩当中，将军奇怪地发现：只要自己一拿起青花瓷碗，心里就会打鼓，手就会颤抖。

将军心里有了疑惑：我身经百战，从来没有过一丝畏惧与颤抖，为何现在为了一件瓷器变成这样呢？

将军想了很久，终于明白是自己太在乎这件瓷器了。他当初横刀立马，早已将生死置之度外了，因此从来没有产生过恐惧。而今天，一件小小的瓷器仅仅是因为自己太在乎，就在他心里掀起了巨浪，以至于手都不听使唤。

太想穿好针的手会忍不住颤抖、太想踢进球的脚会忍不住颤抖、太想面试中胜出的嘴会颤抖……因为很想得到，所以很快失去——这样的例子在我们生活中还少吗？

美国有一个著名的杂技演员叫华伦达，他最拿手的杂技是高空走钢索。华伦达走在高空钢索上，用"如履平地"来形容丝毫不夸张。然而，正是这样一个技艺高超的杂技演员，在一次重大的表演中不幸失足身亡。他的妻子事后说："我知道这次一定要出事，因为他上场前总是不停地说，这次太重要了，不能失败，绝不能失败；他把很多精力用在避免掉下来上，而不是用在走钢索，而以前每次成功的表演，他只想着走钢索这件事本身，而不去管这件事可能带来的一切。"

那次观看表演的都是美国的知名人物，演出成功不仅会奠定华伦达在杂技界的地位，还会给他的表演团带来滚滚财源。而正是表演的重大意义，使华伦达的心不再平和、行动不再稳健。是太多的私心杂念，影响了他能力的发挥，最终导致悲剧的发生。

不要有那么多的想法可以吗？糊涂一点，就像平常一样，怀平常之心。当然，这说来容易做来很难。人不能脱离现实而存在，纯粹地杜绝欲望的人也是不存在的。要做到的话，只有努力减少贪念，努力增加自制。

春有百花秋有月，夏有凉风冬有雪，若无闲事挂心头，便是人间好时节。看似糊涂的平常心，从来都不平庸。

做人不可太执着

在网上看到一个有意思的帖子：

如果你家附近有一家餐厅，东西又贵又难吃，桌上还爬着蟑螂，你会因为它很近很方便，就一而再、再而三地光顾吗？

你一定会说：这是什么烂问题，谁那么笨，花钱买罪受？

可同样的情况换个场合，自己或许就做类似的蠢事。不少男女都曾经抱怨过他们的情人或配偶品性不端，三心二意，不负责任。明知在一起没什么好的结果，怨恨已经比爱还多，但却"不知道为什么"还是要和他搅和下去，分不了手。说穿了，只是为了不甘，为了习惯，这不也和光顾餐厅一样？

——做人，为什么要过于执着？

佛家认为，人要成佛，首先得"破执"。简单地说，破执也就是破除心中的执着。《金刚经》中有云，"应无所住而生其心。"这句话的意译是：执着是一个人的内心最顽固的枷锁。放下执着，少些计较，就能让心的力量释放出来，自由地发挥它的作用。

身在社会，身不由己，但我们终日忙忙碌碌、疲惫的心灵确实需要宁静的放松，尽管忙碌使我们充实而又愉快，如果我们不懂得洒脱，实际上是在给自己加重负担，让心灵终日劳役的我们哪里懂得洒脱是生命赏赐我们的礼物呢？一味追求而忘记给自己一个洒脱的机会，我们又岂能负载更多世俗的担子。洒脱，那是在痛苦之后的一种平静，那是在苦涩中品味出的一丝甜蜜。拥有你，我们将拥有与天地一样包容世间一切的广阔襟怀。

有时确立一个目标，或目标过于明晰，反而会成为一种心理负担和精神累赘，从而加重了我们前进的脚步，束缚了我们翱翔的羽翼，相反，这时候没有了目标，或将目标删除，学会洒脱，一身轻松的我们反而会走得更远。

洒脱，是一份难得的心境，只有解读洒脱，豪放的诗仙李白在《将进酒》中才有"天生我材必有用，千金散尽还复来"的自励；只有酝酿洒脱，才有"挥一挥衣袖，不带走一片云彩"的飘扬；也只有拥有洒脱，才有"面朝大海，春暖花开"的情怀。

洒脱，就像一江流水迂回辗转，依然奔向大海，即使面临绝境，也要飞落成瀑布；就像一山松柏立根于巨岩之中，依然刺破青天，风愈大就愈要奏响生命的最强音。有的人对他人说法不屑一顾，他们往往具有相当独立的价值观，不拒于荣辱，不惧于生死，不耻于躬耕，不悲于饥寒，不谋于权术，他们的生活之法，也许简单普通，但魅力无穷，不要为无所谓的尘世而计较成败得失，使自己光守着一颗烦闷的心；也别再为现实和理想的差距，而让自己思索着沉闷的主题；更不要为人生的坎坷、岁月的蹉跎而一蹶不振。

也许只有洒脱，才能像荡漾的春风，让我们无时无刻不在感受着天地间的勃勃生机；也许只有洒脱，才像"汩汩"喷涌的青春之泉，为我们的身躯注入无穷无尽的生命活力。

不要对自己求全责备

现实生活中，有不少人追求完美无缺，对自己过于求全。只要出现一个小毛病小过失，他们就会自我责备。即便是很多年前的事，他们也会深深地印在脑海里，一想起就会让自己不愉快。

其实，追求完美本身无可非议，但是，自责和自贬都是相当痛苦的，它意味着一个人每时每刻都要和自己为敌，不断地自我批驳。当处于这种内心冲突时，他就会把很多精力放在自我斗争上，更会因为害怕犯错而缩手缩脚。

唐太宗要求封德彝推荐有德行的人才，很长时间不见他推举一人。唐太宗就责问封德彝。封德彝回答说："不是我没有尽到责任，如今实在是很难发现特别有能力的人才呀！"唐太宗说："君子用人如同使用器物那样，是使用各自的长处。古代能治理国家繁荣富强的君主，岂是借用了上几代的人才吗？问题在于我们没有发现人才的本领，怎么可以冤枉当今整整一代人呢？"唐太宗与封德彝的对话告诉我们：世界上不是没有人才，而是往往缺少发现人才的眼睛。正所谓："世有伯乐，然后有千里马。千里马常有，而伯乐不常有。"

凡人都会犯错误，关键是要学会原谅自己，不要纠缠以往的过错，不要为之深深地自责，以至于不能自拔。敢于承认错误并原谅自己是很难做到的，最不可宽恕的是"知道错了，还要推卸责任"，这与原谅自己完全是两回事。

芸芸众生，各有所长，各有所短。争强好胜会失去一定限度，往往受身外之物所累，失去做人的乐趣。只有承认自己某方面的不足，才能扬长避短，才能不因嫉妒之火吞灭心灵之光。宽容地对待自己，就是心平气和地工作、生活。这种心境是充实自己的良好状态。自己有了过失不必灰心丧气，一蹶不振，应该宽容和接纳自己，并努力从中吸取教训，引以为戒，取人之长，补己之短，重新扬起生命的风帆。

在一生中，你会犯很多次错误。如果对每件事都深深地自责，你一辈子都会背着一大袋的罪恶感过活，怎么能奢望自己走多远？犯错对任何人而言，都不是一件愉快的事情。一个人遭受打击的时候，难免会格外消沉。静下心来仔细想想，生活中的许多事情并不是我们的能力不强，恰恰是因为我们的愿望不切实际。我们要相信自己具有做种种事情的才能。

当然，相信自己的能力，并不是强求自己去做一些力所不能及的事情。事实上，世间任何事情都有一个属于自己的限度。超过了这个限度的话，就有好多事情都可能是极其荒谬的。我们应时常肯定自己，尽力发展我们能够发展的东西。只要尽心尽力，只要积极地朝着更高的目标迈进，我们的心中就会保存一分悠然自得，从而也不会再跟自己过不去，责备、怨恨自己了。

我们总喜欢跟自己过不去：事情完美就高兴；事情不合心意，痛苦就层出不穷。我们永远不可能事事都做到完美。不管经历了怎样沉重的打击，蒙受了怎样的委屈，遭遇了怎样的挫折，我们都不要去思、去想、去抱怨与绝望。找个理由原谅自己，让自己的精神得到解脱，从容地走自己所选择的路，做自己喜欢做的事。人很容易产生愧疚的心理。有的人因为愧疚，反而心生力量，振作起来，重新开始；有的人由愧疚而滑向自怨自艾的泥潭，懊丧不已，以至于自暴自弃。人不应该一直愧疚，不站起来，就会一直趴下去。偶尔做错了一件事，不要总和自己过不去，要懂得原谅自己。

人生是一个艰难求索的过程，也许求索的过程大同小异，但结果却各有不同：有人求索了如愿以偿，显示了成绩，达到了目标；有人求索了却一无所得；还有一种是没有求索也就没有什么成功可言的人，这一种人应该视为例外。人生是重视结果的。没有人注重求索的过程，历来都是以成败论英雄。人生不可能一帆风顺。失败和成功同在。成功的结果只有一种，失败的结果有好多种。如果你觉得自己很失败，就给自己的失败找个理由吧，不要说这是逃避现实，不要说这是消极处世。给自己的失败找个理由，以释放自己的压抑和自责，让自己过得轻松一点点。人生的道路上，还会有好多的失败。给自己找个失败的理由，不能都活在失败的阴影中，前面的道路还长着，总得振作精神走完自己的人生之路。消除对自己求全责备的心理，可以从以下几个方面做起。

（1）学会为错误找到多方面的原因

不要习惯性地认为事情出了差错，就一定是自己的问题，不要轻易地把所有问题归到自己身上。

（2）容许自己犯错误，容许自己把事情做得不那么完美

每个人都有自己不擅长的地方，给自己一个时间去学习。把生命看作一个过程，和自己比较而不和别人比较。今天比昨天进步一点，明天比今天进步一点，那就是成功的。哪怕暂时还不够好，哪怕自己和别人比还差得很远，都没有关系，因为学习是需要时间的。

（3）学会把做错了的事情与自己的价值分开

告诉自己："这件事情我做得不够好，但我的动机是好的，而且我也努力了，只是最后没有达到最好效果，这因为我们是普通人，而不是圣人，更不是神。"

第八章
低姿态方为高境界

　　一个人若能保持低姿态，才高不自诩，位高不自傲，看透而不说透，知根却不亮底，一副不计较、不生气、不较真的样子，就可以避开无谓的纷争。在显赫时不会招人嫉妒，卑贱时不会遭人贬损，能更好地保全自己、发展自己、成就自己。

甘处众人之所恶

在秦始皇陵兵马俑博物馆，有一尊被称为"镇馆之宝"的跪射俑。这尊跪射俑是保存最完整的、唯一一尊未经人工修复的秦俑。秦兵马俑坑至今已经出土清理各种陶俑1000多尊，除跪射俑外，其他皆有不同程度的损坏，需要人工修复。

为什么这尊跪射俑能保存得如此完整？原来，这得益于它的低姿态。首先，跪射俑身高只有1.2米，而普通立姿兵马俑的身高都在1.8至1.97米之间。天塌下来有高个子顶着。其次，跪射俑作蹲跪姿，右膝、右足、左足三个支点呈等腰三角形支撑着上体，重心在下，增强了稳定性，与两足站立的立姿俑相比，不容易倾倒、破碎。因此，在经历了两千多年的岁月风霜后，它依然能完整地呈现在我们面前。

由跪射俑的低姿态想到我们的处世之道。世间万事万物皆起之于低. 成之于低. 低是高的发端与缘起，高是低的嬗变与演绎。

地不畏其低，方能聚水成海，人不畏其低，方能孚众成王。我国古代哲学家老子曾经在谈到"上善若水，水善利万物而不争"时，进一步阐述了自己的观点"处众人之所恶，故几于道"所谓"处众人之所恶"，指的是身处大家都不喜欢居的位置。究竟什么位置大家都不喜欢？——低位。也就是说，做人要低调，要谦逊。老子认为：一个人若能做到这一点，就差不多参透了处世之道——"几于道"。

古罗马大哲学家西刘斯曾说过："想要达到最高处，必须从最低处开始。"这是一个相当不错的建议。把自己的位置放得低一些，脚踏实地，站稳脚跟，然后一步步登攀，到达顶峰才更有把握。正如一位哲人所言，很多高贵的品质都是由低就的行为达成的。要想高成，须得低就。

"看低自己，抬高别人"是人应该恪守的一种平衡关系，它能使周围的人在对自己的认同上达到一种心理上的平衡，不会让别人感到卑下和失落。非但如此，有时还能让别人感到高贵，感到比其他人强，即产生任何人都希望能获得的所谓优越感。这种似乎在贬低自己的"愚蠢"行为，其实得到的更多，如他人的尊重与关照。

懂得看低自己的人就是懂得人生无止境，事业无止境，知识无止境。海不辞水，故能成其大；山不辞石，故能成其高。古人云："鹤立鸡群，可谓超然无侣矣，然进而观于大海之鹏，则渺然自小；又进而求之九霄之凤，则巍乎莫及。"只有建立在谦逊谨慎、低调做人的基础之上的人生追求才是健康的、有益的，才是对自己、对社会负责任的，也一定是会有所作为、有所成功的。

有的人看上去很平凡，甚至还给人"窝囊"不中用的弱者感觉，但这样的人也不能小看。有时候，越是这样的人，越是在胸中隐藏着远大的志向，而这种外表的"无能"正是其心高气不傲、富有忍耐力和成大事讲策略的表现。这种人往往能伸能屈、能上能下，具有普通人所没有的远见卓识和深厚城府。

三国时的刘备一生有"三低"最为著名，也正是这"三低"成就了他的蜀汉王国。

第一低是桃园结义。与他在桃园结拜的人，一个是酒贩屠户张飞；另一个是在逃的杀人犯关羽。而他，刘备，皇亲国戚，后被皇上认为皇叔，然而他肯与张飞、关羽结为异姓兄弟。他这一"低"，就将五虎上将张翼德、儒将武圣关云长——两条浩瀚的大河引向他。刘备的事业，由这两条大河开始汇成汪洋。

第二低是三顾茅庐。刘备为一个未出茅庐的后生小子前后三次登门拜见。不论身份地位，只论年龄，刘备差不多可以称得上是长辈，可这长辈却连吃两碗那晚辈精心调制的闭门羹却毫无怨言，一点都不觉得丢脸。这一低，便又有一条更宽阔的河流汇入了他的事业汪洋，也求得了一张宏伟的建国蓝图，一位千古名相。

第三低是礼遇张松。益州张松本来是想把西川地图献给曹操，可曹操自从破了马超之后，志得意满，骄人慢士，数日不见张松，见面就要问罪。后又向他耀武扬威，引起众人讥笑，还差点将其处死。而刘备却派赵云、关云长迎候于境外，自己亲迎于境内，宴饮三日，泪别长亭，甚至要为他牵马相送。张松深受感动，终于把本打算送给曹操的西川地图献给了刘备。刘备这一低，就成就了蜀汉王国。

一个人，不管你是否已取得成功，其实都应该讲求谨慎谦和，礼贤下士，更不能得意忘形狂态尽露。心气决定着你的行动，行动影响着你的事业，学会低调做人，才能成为最终的强者。

在古代，聪明的将军即使可以一举把敌人击溃，但是只要听说御驾要亲征，就常常按兵不动，一定等着皇帝来，再打着皇帝的旗号把敌人消灭。

这按兵不动，可能会贻误战机，让敌人缓口气，因而造成很大的损失。那么，为什么不一鼓作气把敌人消灭呢？

此外，御驾亲征，劳师动众，要消耗多少钱财？何不免掉皇帝的麻烦，这样不更好吗？

如果你这么想，那就错了，错得可能有一天莫名其妙地被贬了职，甚至掉了脑袋。

你想一想，皇帝御驾亲征是为什么？他不是"亲征"，而是亲自来"拿功"啊！

所以就算皇帝只是袖手旁观，由你打败敌人，你也得说都是皇帝的"天威"震慑了顽敌。这样看低自己、抬高别人，你才能不被猜忌、免遭暗算，才能最终成为真正的强者。因此说，只有那些懂得有胜不骄、有功不傲的人才是真正会生活、会做事的人。表面上看他们似乎是弱者，可他们却会因此而成为强者，成为前途平坦、笑到最后的人。

放下自己的身段

飓风扫荡过的原野一片狼藉，连高大伟岸的橡树也被拦腰折断。然而芦苇却顽强地活了过来，在微风中跳起了轻快的舞蹈。飓风以横扫一切的气势，将高大伟岸的橡树折断，却没有伤害到纤细如指、柔弱如柳的芦苇，究竟是什么原因？原来，芦苇在飓风来临时，将自己的身子一再放低、放低……几乎与地面平行，使飓风加在自己身上的力量减少到最低，因而得以保全自己。而像树，仗着自己有坚实的腰板，不肯放下自己的身段，最终免不了被飓风吹折。

一次，一位气宇轩昂的年轻人，昂首挺胸，迈着大步去拜访一位德高望重的老前辈，不料，一进门，他的头就狠狠地撞在了门框上，疼得他一边不住地用手揉搓，一边生气地看着比他的身子矮一截的门。恰巧，这时那位前辈出来迎接他，见之，笑笑说："很疼吗？可是，这将是你今天来访问我的最大收获。"年轻人不解，疑惑地望着他。"一个人要想平安无事地生活在世上，就必须时刻记住：该低头时就低头。这也是我要教你的事情。"老人平静地对年轻人说。

这位年轻人，据说就是被称为美国之父的富兰克林。富兰克林把这次拜访得到的教导看成是一生中最大的收获，并把它作为人生的生活准则去遵守，因此受益终生。后来，他成为功勋卓越的一代伟人。

人在屋檐下，不得不低头。这是古之金玉良言。你誓不低头，结果撞了脑门。生气吧，愤怒吧，难道你还掀了屋顶不成——掀了之后你去哪里容身？

人生要历经千门万坎，洞开的大门并不完全适合我们的躯体，有时甚至还有人为的障碍。若一味地趾高气扬，到头来，不但被拒之门外，而且还会被撞得头破血流。学会低头，该低头时就低头，巧妙地穿过人生荆棘，它既是人生进步的一种策略和智慧，也是立身处世不可缺少的风度和修养。

低调是一种优雅的人生态度。它代表着豁达，代表着成熟和理性，它是和含蓄联系在一起的，它是一种博大的胸怀、超然洒脱的态度，也是人类个性最高的境界之一。

圣者无名，大者无形

美丽的花草最容易招人采摘，而一朵不显眼的平凡花草，反而更能够保全自己。低调做人者首先给人的感觉就是"貌不惊人"。当然，所谓的"貌"不完全是指外貌，严格地说是"看上去"的意思，既包括一个人的相貌穿着，也包括了行为举止。这种人给人的感觉是内敛而不张扬、柔和而不粗暴，不显山露水，也不锋芒毕露。这种做人的低姿态，能够减少别人的反感与嫉妒之心。

不过，在这个个性张扬的时代，更多的人（特别是年轻人）遇事喜张扬，遇人好显摆，更要命的是抬高自己时还一本正经的样子，不见丝毫的羞涩。我们经常看到一些人，有十分的才能，就要十二分地表现出来。生怕别人不知道，还要十三分地说出来。他们往往有着充沛的精力，很高的热情以及一定的能力。他们说起话来咄咄逼人，做起事来不留余地。

一个热衷于逞能的人，即使是碰上自己没有把握的事情，也容易因为过高地估计自己的能力，或顾忌面子问题而勉为其难去做。其结果不用多说，十有八九会把事情搞砸。若是给自己做事，事情搞砸了的苦酒由自己品尝；若是替人打工，同事们不仅不会在你危难时候伸出援手，甚至有可能落井下石——因为你的逞能导致你的人际关系不可能和谐。木秀于林，风必摧之；堆出于岸，流必湍之；行高于人，众必非之。热衷于逞能的人终究是成不了气候的。

圣者无名，大者无形。真正的高手是不会轻易露出本事的。我们不妨来看一个古代的高手是如何做"不显眼的花草"的。

唐朝有个皇子叫李忱，这个生于帝王之家的洪福并没有给李忱带来多少安逸——因为他是唐宪宗（唐朝第十一位皇帝，不计武则天）的第十三子，前面还排着十二位觊觎龙椅的哥哥。我们都知道，历代皇家的太子之争从来都是不择手段、刀光剑影、血肉横飞的，唐朝开国年间的"玄武门之变"中，李世民诛杀太子李建成和齐王李元吉就是一个明显的例子。所以，从某种意义上说，生于皇家是一种幸运更是一种不幸。

李忱这个立于危墙之下的皇子，自幼笨拙木讷、糊涂迷糊，在皇子当中非常不起眼。长大后，李忱更是沉默寡言，形似智障者。这种形象的他与九五之尊相差太远，所以在一次又一次权力倾轧的刀光剑影中安然无恙。

命运在李忱36岁那一年来了一个华丽的转身。会昌六年（846年），唐朝的第十五位皇帝唐武宗因为食方士炼的所谓仙丹而暴毙。国不可一日无主，谁来继任皇帝呢？当时，朝廷里宦官的势力很强，这些宦官为了能够继续独揽朝政、享受荣华富贵，首先想到的就是找一个容易控制的人上台。他们斟酌来斟酌去，发现有点不起眼的李忱是最好的人选。于是，身为三朝皇叔的李忱被迎回皇宫，黄袍加身。

居心不良的宦官们的算盘打得很好。但他们显然低估了李忱的能耐。李忱登基后，将专权的宦官们一一清除，并励精治国，使暮气沉沉的晚唐呈现出"中兴"的局面，以至于被后人称之为"小太宗"。

韬光养晦不只是一种生存策略，也是一种发展策略。一个甘愿处于次要位置的人，一个谦卑的人，更能赢得大家的尊重和爱戴。你看，这个李忱不仅在"不起眼"中躲过了天大的灾祸，还在"不起眼"中拣了一个天大的馅饼。如此看来，人还是不起眼一点好。你要是天生丽质、太起眼的话，就装装糊涂吧。

装糊涂，看似愚笨，实则聪明。人立身处世，不矜功自夸，可以很好地保护自己。即所谓"藏巧守拙，用晦如明"。不过，人人都想表现聪明，装糊涂似乎是很难的。这需要有装傻的胸怀风度。《菜根谭》说："鹰立如睡，虎行似病。"也就是说老鹰站在那里像睡着了，老虎走路时像有病的模样，这就是它们准备猎物吃人前的手段。所以一个真正具有才德的人要做到不炫耀，不显才华，这样才能很好地保护自己。

装糊涂之初或许需要一定的表演才能，但坚持一段时间后，也就习惯成自然了。那么是不是在装糊涂中就真的变痴傻了呢？不是，就像我们前面说的李忱一样，外表糊涂，内心永远清醒。

性有巧拙，可以伏藏

枯叶蝶是大自然神奇造化之物，当它停在树枝上时，褐色的身体就像二片枯叶那般，令以昆虫为食的鸟类和爬行动物很难发觉。除了枯叶蝶外，自然界中还有很多动物都进化出这种神奇的伪装术。我们把这种伪装术叫"拟态"和"保护色"。前者重在模仿周边环境的形状，后者重在模仿周边环境的颜色。这两种手段，经常被一些弱小的动物同时运用，以保证自己在无力与天敌抗衡时还能延续生命、种族。

在人的世界里，也有"拟态"和"保护色"的行为。如果你熟悉便衣刑警的话，就知道他们外出办案时，是如何通过各种手段让自己融入周围的角色中，让人根本就感觉不出这人有警察的特质。

你也许不是便衣警察，何况生活中也不需要你挖空心思摸线索。但向枯叶蝶学习与周围环境协调的本事，还是有必要的。例如：初到一个新单位，应尽量入乡随俗，快速适应这个单位的企业文化，随着这个单位的脉搏呼吸。这是寻找"保护色"，避免自己成为与周围环境格格不入的鲜明目标，否则会造成别人对你的排挤；如果你特立独行，自以为是，那么你的苦日子必定跟着你。当你的颜色和周围环境取得协调后，你也已成为这个环境中的一分子，而达到"拟态"的效果。到了这个地步，起码的生存环境就已经营造完成，不至于发生什么大的问题了。

有些人在家被抢，是因为房子装潢得太漂亮了，让人一看就以为是有钱人家；有人半夜遇劫，是因为戴着名贵首饰。这都是他们不知"拟态"和"保护色"作用的缘故。相形之下，那些出门穿着随便，行事低调的大富翁，其危险系数就小多了。

老鹰站在那里像睡着了，老虎走路时像有病的模样，这就是它们准备猎物吃人前的手段。所以一个真正具有才德的人要做到不炫耀，不显才华，这样才能很好地保护自己。《阴符经》中说："性有巧拙，可以伏藏。"意思是告诉我们，善于伏藏是制胜的关键。弱者需要伏藏以保身，强者也需要伏藏来保持自己的锐气。

故意露出自己短处

嫉妒是人性的弱点之一，只不过有的人会把嫉妒表现出来，有的人则把嫉妒深埋在心底。嫉妒是无所不在的，朋友之间、同事之间、兄弟之间、夫妻之间、父子之间，都有嫉妒存在。而这些嫉妒情绪一旦处理失当，就会形成足以毁灭一个人的烈火，特别是发生在朋友、同事间的嫉妒情绪，对工作和交往更会造成麻烦。

朋友、同事之间嫉妒的产生有多种情况。例如："他的条件不见得比我好，可是却爬到我上面去了。""他和我是同班同学，在校成绩又不比我好，可是竟然比我发达，比我有钱!"在工作中，如果你升了官、受到上司的肯定或奖赏、获得某种荣誉，那么你就有可能被别人嫉妒。女人的嫉妒会表现在行为上，说些"哼，有什么了不起"或是"还不是靠拍马屁爬上去的"之类的话。但男人的嫉妒通常藏在心里，有的藏在心里就算了，有的则明里暗里跟你作对，表现出不合作的态度。

因此，当你一朝得意时，应该想到并注意到的问题是：同单位之中有无比我资历深、条件比我好的人落在我后面？因为这些人最有可能对你产生嫉妒。

观察同事们对你的"得意"在情绪上产生的变化，可以得知谁有可能在嫉妒。一般来说，心里有了嫉妒的人，在言行上都会有些异常，不可能掩饰得毫无痕迹，只要稍微用心，这种"异常"就很容易发现。

而在注意这两件事的同时，你应该尽快在心态及言行方面做如下调整：不要凸显你的得意，以免刺激他人，徒增他人的嫉妒情绪，或是激起其他更多人的嫉妒，你若洋洋得意，那么你的欢欣必然换来苦果。

把姿态放低，对人更有礼、更客气，千万不可有倨傲侮慢的态度，这样就可在一定程度上降低别人对你的嫉妒，因为你的低姿态使某些人在自尊方面获得了满足。

在适当的时候适当地显露你无伤大雅的短处，例如不善于唱歌、外文很差等，以便让嫉妒者的心中有"毕竟他也不是十全十美"的幸灾乐祸的满足。

和所有嫉妒你的人沟通，诚恳地请求他的帮助和配合，当然，也要指出并赞扬对方有而你没有的长处，这样或多或少可消弭他对你的嫉妒。

遭人嫉妒绝对不是好事，因此必须以低姿态来化解，这种低姿态其实是一种非常高明的处世技巧。

用低姿态化解敌意

　　当你受到攻击时，你会怎样反应呢？激烈对抗？避开锋芒？适度还击？一走了之？通常，你可能会因为理直气壮而强烈回击。你的这种行为有时是合适的，有时则未必。这是因为，强烈回击有时有好的结果，有时却会出现坏的结果。

　　人活在世上，总是处在各种各样的矛盾之中。因为原则和利益，以及其他各种很偶然的原因，可能会经常受到不友善甚至敌意的对抗和算计，如果一个人对此太介意，他便有可能在人群中一分钟也过不下去；如果一个人对此时时处处还击，他便有可能一年四季都在进行战斗。这其实是不必要的，也是不合算和不明智的。因此，人没有必要和对手采取一致的方式或站在对等的层次上进行还击，而应采取低调策略化解矛盾和敌意。这样，既显得你大度，又减少了自己不必要的时间支出、精力支出和其他可能的损失。在人生中，让自己保持一个豁达、开朗、轻松的心态，不是更好吗！

　　物理学定律表明，作用力有多大，反作用力也就有多大。对抗也是如此，你有多么激烈，对方也会有多么激烈。

　　低调对待敌意，不激烈还击，不和对方顶牛，这不但可以避免"敌意"的升级，而且还能为自己留下回旋的余地。你和对方顶牛，激烈还击，对方又会更强劲地回应，斗争便会白热化，甚至达到你死我活的地步。这样，有限的敌意无限化了，小的灾祸变大了，尤其对于非原则、非利益的矛盾，这种结果就太没有必要了。

　　低调对待敌意，并不是胆小怕事、逃跑和不顾己方的原则和尊严，而是要避免把自己卷入更大的灾祸中。只要对方的攻击对自己不能造成根本性的致命的损害，就没有必要做过激反应。只要对方的攻击可以被控制在一定的范围以内，就可以低调对待它们，不把它们当作大不了的事情。通常单方面的不对抗和放弃对抗，会让对方失去战斗对象和对立面，这也能从根本上消解对方的斗争意志，让他们的攻击之矛找不到能戳的地方，这也会降服对方，这比真刀真枪地和他们对着干，更具有智慧性的快感。

再说，世界上的事情都是有前因后果的，敌意并不会完全没有原因，我们也要虚心待人，努力发现产生敌意的原因，以从根本上消解它，把敌意消灭在它的起点或根本不让它产生。这样，我们就能生活得平安而愉快。

低调做人，不仅可以保护自己、融入人群，与人和谐相处，也可以让人暗蓄力量、悄然潜行，在不显山不露水中成就事业。

逞强不如示弱

在一辆拥挤的公交车上，一个彪形大汉因为有人踩了他的脚而怒气冲天，他站起身，晃动着拳头，正要砸向那个踩他脚的人。那人突然来了一句：别打我的头啊，我刚动了手术才出院。大汉听了这话，顿时如断了电的机器人一样，高举的手定格在半空中，然后如泄气的皮球倒在自己的座位上。过了一会儿，大汉居然起身，要把自己的位子让给那个踩了他脚的人。

这极具戏剧性的一幕，是笔者亲眼所见。它令我想到了人与人之间的许多纠纷，不光只是靠讲道理或比实力来解决的。有时候，主动示弱也是一种极其有效的化解方式。人都有一种争当强者的心态，而要当强者至少有两条途径：与人角力斗争获胜，可以满足自己的强者心态；而对于弱者的迁就与照顾，实际上也能满足自己的强者心态。

人人都喜欢当强者，但强中更有强中手。一味地好强，自有强人来磨你，还不如在适当的时候示弱效果好。在强者面前示弱，可以消除他的敌对心理。谁愿意和一个明显不如自己的人计较呢？当"强"与"弱"出现明显的差距时，自认为的强者若与弱者纠缠，实在是把自己的身份与地位降低。就像一个散打高手，根本就不屑于和一个文弱书生动手——除非在忍无可忍的情况之下。再举一个例子，如果一个不懂事的小孩骂了你，你会和他对骂吗？肯定不会，除非你也是一个小孩，或者你自愿成为一个只有小孩心胸的成年人。

除了在强者面前要学会示弱外，在弱者面前我们也应该学会示弱。在弱者面前示弱，可以令弱者保持心理平衡，减少对方或多或少的嫉妒心理，拉近彼此的距离。在弱者面前如何示弱呢？

例如：地位高的人在地位低的人面前不妨展示自己的奋斗过程，

表明自己其实也是个平凡的人；成功者在别人面前多说自己失败的记录、现实的烦恼，给人以"成功不易""成功者并非万事大吉"的感觉；对眼下经济状况不如自己的人，可以适当诉说自己的苦衷，让对方感到"家家有本难念的经"；某些专业上有一技之长的人，最好宣布自己对其他领域一窍不通，袒露自己日常生活中如何闹过笑话、受过窘等；至于那些完全因客观条件或偶然机遇侥幸获得名利的人，完全可以直言不讳地承认自己是"瞎猫碰上死耗子"。

曾有一位记者去采访一位政治家，原本打算搜集一些有关他的丑闻资料，做一个负面的新闻报道。他们约在一间休息室里见面。在采访中，服务员刚将咖啡端上桌来，这位政治家就端起咖啡喝了一口，然后大声嚷道："哦！该死，好烫！"咖啡杯随之滚落在地。等服务员收拾好后，政治家又把香烟倒着放入嘴中，从过滤嘴处点火。这时记者赶忙提醒："先生，你将香烟拿倒了。"政治家听到这话之后，慌忙将香烟拿正．不料却将烟灰缸碰翻在地。政治家的整个做派，就像一个糊涂之极的老人，平时趾高气扬的政治家出了一连串洋相，使记者大感意外，不知不觉中，原来的那种挑战情绪消失了，甚至对对方怀有一种亲近感。

其实，整个出洋相的过程，都是政治家一手安排的。政治家都是深谙人性弱点的高手，他们知道如何消除一个人的敌意。当人们发现强大的假想敌也不过如此，同样有许多常人拥有的弱点时，对抗心理会不知不觉消失，取而代之的是同情心理。人皆有恻隐之心，一旦同情某一个人，大多数人是不愿去打击他的。

人人都喜欢当强者．但强中更有强中手。一味地好强，自有强人来磨你，还不如在适当的时候示弱效果好。在强者面前示弱，可以消除他的敌对心理。除了在强者面前要学会示弱外，在弱者面前我们也应该学会示弱。在弱者面前示弱，可以令弱者保持心理平衡，减少对方或多或少的嫉妒心理，拉近彼此的距离。

第九章
难得"糊涂"的生活哲学

　　装装糊涂,既是处世的聪明,又是处世的勇气。很多人一事无成,痛苦烦恼,就是自认为自己聪明,缺乏"装装糊涂"的勇气。糊涂者并非整天浑浑噩噩、无所作为的庸者,而是疏朗豁达、自由无羁的高士。怀有糊涂的胸怀,便有了闲云野鹤般的优游。糊涂是一种不斤斤计较、吹毛求疵的大度;糊涂是一种超脱物外、不累尘世的高洁。千万不要小觑了糊涂,它会让你少受许多人生的争斗,享受到内心自由的洒脱生活。

水至清者常无鱼

一个人如果拥有敏锐的洞察力，能准确地、全面地了解一个人，的确是一笔财富。假如能针对不同的人，采取不同的交涉方法，那么这笔财富算是用在点子上。但倘若因为洞察了他人的缺点，对他人横挑鼻子竖挑眼，那么这笔财富将是一个祸害。

《大戴礼记·子张问人官》中有云："水至清则无鱼，人至察则无徒"。水太清，鱼就存不住身，对人要求太苛刻，就没有人能当他的朋友。

每个人都有缺点，甚至有一些见不得人的阴暗角落。因为我们都是凡人，都有人性的弱点。每一个人的心里都有阴暗面，在每一颗灵魂下面都藏着委琐的东西。在与人交往时，我们要懂得糊涂之术。交友的糊涂之术，简单来说有以下几个要点。

其一为不责小过。不要责难别人的轻微的过错。人不可能无过，不是原则问题不妨大而化之。"攻人之恶毋太严，要思其堪受。"意思是批评朋友不可太严厉，一定要考虑到对方能否承受。在现实中，有的人责备朋友的过失唯恐不全，抓住别人的缺点便当把柄，处理起来不讲方法，只图泄一时之愤。几个朋友同室而居，其中一个常常不打扫卫生，常常不提水，另一个朋友就常常在别人面前说那人的坏处，牢骚满腹。久而久之，传入那人的耳朵中，室内的气氛越变越坏，两人开始冷战，使得同寝室的人都不得安宁。这就是因小失大。

其二是不揭隐私。隐私是长在一个人的心上的，你一揭就会让别人心口出血。不要随便揭发他人生活中的隐私。揭发他人的隐私，是没有修养的行为。人都有自己不愿为人所知的东西，总爱探求别人的隐私，关心别人的秘密，不仅庸俗，而且让人讨厌，这种行为本身就是对朋友人格的不尊重，也可能给别人惹来意外的灾祸。假如朋友告诉你他心之所思，你更该为其保密，他既然这么相信你，那么你一定要学会珍惜这份友情，对于朋友的秘密，三缄其口并非难事，就像朋友的东西寄放在你那儿，你不可以将它视为你的，想用就用。想一想，你自己一定也有隐私，"己所不欲，勿施于人"。

其三为不念旧恶。不要对朋友过去的错误耿耿于怀。人际间的矛盾，总会因时因地而转移，事过境迁，总把心思放在过去的恩怨上，并不是明智之举。记仇的朋友是可怕的，他说不定会在什么时候，记起你对他犯下的错误，也说不定在什么时候，他会报复你一下，以求得心理上的平衡。所以，与朋友交往，学会忘记在一起的不快和口角之争，下次见面还是好朋友。还有，就是对于朋友生活、工作中的习惯，要给予尊重。如果说，在朋友做人中所出现的失误，你尚可以埋怨一二，但是，对于他的个人习惯，你再挑三拣四就不是可原谅的了。每个人都有不同的特点，不可能与你相同，尊重朋友的习惯是最起码的要求。

《菜根谭》中说："地至秽者多生物，水至清者常无鱼，故君子当存含垢纳污之量，不可持好洁独行之操。"一片堆满腐草和粪便的土地，才能长出许多茂盛的植物，一条清澈见底的小河，常常不会有鱼来繁殖。君子应该有容忍世俗的气度，以及宽恕他人的雅量，绝对不可自命清高，不与任何人来往而陷于孤独。

施恩切忌图报

朋友之间，本来就无所谓恩惠，不过是互相帮助、你来我往、取长补短而已。但有些时候，朋友处于难关，需要你拔刀相助而你也做到了。事后，你最好是尽快忘了自己对朋友的所谓"帮助"与"恩惠"。

我们经常在影视作品或生活中看到这一幕——某个人气呼呼地控诉："我当初真是瞎了眼了，在你艰难的时候那么铁了心帮你，今天你不仅不记得我的好，还要……"这样的话，似乎很煽情，很解气。

其实，仔细分析，或许正是"我"牢记着对别人的好，才在交往里无意间扮演了"恩人"的角色；而正是这份不对等的关系，最容易导致友谊出问题。

打个比方，怀有"恩人"心态的人，可能会在无意中以一种"恩人""救星"的姿态说话、办事。毫无疑问，在这种心态下，难免有居高临下的做派。

所以，我们说"施恩宜忘"，付出不要有回报的预期。但很多时候是，你忘了别人不一定会忘，绝大多数人还是恪守"滴水之恩，当涌泉相报"的古训的。别人要报答你怎么办？接受！

也许你读到这里开始纳闷了。不是说"施恩宜忘"吗，不是说不要有回报的预期吗？怎么又冒出接受对方回报这一档子事情来了，岂不是很庸俗？

是的，施恩本来就是不要图回报的。但对方的回报既然来了，你不妨庸俗一回，接受一把。因为只有你接受了，对方的心中才会平衡，才能将你们之间的关系从"恩人"与"受惠者"的频道，重新调整回"朋友"的频道。

当然，你接受的回报要基本合理，不要超过当年的给予或超过对方能力范围。

总之，对朋友付出后要不图回报，但回报真的来了也不要过于推辞。前者是一种糊涂，一种健忘的糊涂。后者也是一种糊涂，一种朋友之间情感的糊涂。这两种糊涂你只要运用得当，一定会让你的人际关系更加顺畅润滑。

以德报怨最高明

知恩不报非君子，对别人给予的恩惠要努力报答。对别人给予的伤害，是否也要努力"报答"呢？是"有仇不报非君子"吗？

在对待报恩与报仇上，普遍的看法是"以其人之道还治其人之身"。也就是说，你怎样对待我，我就以同样的方式回敬你，公平、合理，两不相欠。而具体到报仇上，可以概括为："人不犯我，我不犯人；人若犯我，我必犯人！"干净利落，不留余地。

上面所说的对待"报仇"的态度，即使放在天平上经过精密的衡量，也是"公平"的。你打我一拳，我给你一腿，两相抵消。但生活中真的有那么多"仇"和"怨"值得你去"回报"吗？

有人会回答：值得，为什么不值得呢？他给我造成了伤害，让我倍受煎熬，我也要让他尝尝痛苦的滋味，这叫报应！这下好了，原本是一个人痛苦，现在是两个人痛苦了，报复者心里确实平衡了很多。但你应该听过"仇人相见，分外眼红"这句俗话，你们之间的梁子结得更大了，恐怕以后还会互相斗法。

冤冤相报何时了！生活中很少有什么不共戴天的大仇非报不可，真的到了"大仇"的份上，会有法律来制裁他，至少也有道德的力量来惩罚他。一般的怨恨与梁子，还是以德报怨更好。子曰："为政以德，譬如北辰，居其所而众星共之。"可见"德"的力量之大。

相传战国时魏国有一位名叫宋就的大夫，曾一度为魏国边县之令，与楚国相邻。魏楚两国的交界处都种有瓜，魏国的人辛勤浇灌，瓜藤长得很好。楚国人懒惰，不常浇灌，瓜藤长得不好。楚国的县令为此责备楚亭之人，楚人因此对于魏人产生怨恨，于是在一个晚上将魏国这边的瓜藤拔了很多，致使结的瓜都干死了。

这当然瞒不过魏人。魏人怒火中烧，商议在某个晚上也去拔掉楚国人的瓜藤。事前，魏人去向宋就请示，宋就回答说："为什么要这样呢？仇怨，是灾祸的根由。因为别人恨己，就报复别人，这太偏执啦！要我说，你们应该每天晚上去浇灌楚亭的瓜，不要让楚人知道。"

魏人按照宋就的方法做了。不久，楚人就发现自己这边的瓜一天比一天长得好，他们觉得很奇怪，于是偷偷观察。结果发现居然是魏人在为自己浇瓜。楚人非常感动与惭愧，就将这事的来龙去脉一一汇报给楚国边县之令，后来这事一直传到楚王耳中。楚王知道这是魏人暗中相让楚国，觉得魏人很重信义，遂主动和魏国交好。

我们常说：种瓜得瓜，种豆得豆。魏人种瓜没有得到瓜，楚人没种瓜、毁了人家的瓜却得到了瓜。但魏人又何尝没有收获？他们的收获比瓜还要贵重无数倍啊！这就是"以德报怨"的回报。我们不妨设想一下，魏人当初要是没有听宋就"以德报怨"的建议而"以牙还牙"，结果又会是如何呢？——无非是在冤冤相报的无休止中两败俱伤。

以德报怨听起来似乎很难，要有极大宽容之心的人才能够做到。其实，从生活小事开始做起也没有多难。张三老喜欢在背后诋毁你，你糊涂一点当作没听见，或者再糊涂一点，在背后极力地夸赞他，这很难吗？我就不相信张三在你的夸赞下还好意思一个劲儿地诋毁你。站在他人的角度，在你的"以德报怨"和张三的"以怨报德"之中，还不能分辨出是非曲直？只会更加轻蔑张三而尊敬你。

从小事开始"以德报怨"，不仅锻炼了你的容人之量，还有一个非常重要的好处就是：在小事的"以德报怨"里，你能够于无形之中化解将来可能出现的更大的"怨"与"仇"。想一想，你整天夸奖诋毁你的张三，他和你的矛盾还能激化、升级吗？

以德报怨如果是真诚的、发自肺腑的，当然也是最容易感动人的，纵然铁石心肠也难以无动于衷。

再让三分又何妨

或许是生活中我们承受了太多的负荷：被老板骂了，被妻子怨了，被儿子气了……这些似乎都需要无条件忍耐。有的人忍一忍，气就消了；有的人忍耐久了，心中的不平之气就如堤内的水位一样节节攀升。对于后者来说，一旦逮住一个合理的宣泄口子，心中的怒气极易如洪水决堤般汹涌而出，还美其名曰："理直气壮。"

李四踩了张三的脚，连对不起都没说一句就扬长而去。你说气愤不气愤？追上去，找他理论！张三理直气壮地拦住李四："你有没有教养啊？踩了我的脚连气也不吭一声就走。"李四一听，有些理亏，忙说了声对不起。其实，李四之所以没有及时道歉，是因为正专心地想着一件重要的事，没有注意到自己踩了别人的脚。可张三还不依不饶，认为自己有理，一定要对方把自己被踩脏了的皮鞋擦干净。结果两人由斗嘴，上升到打架，谁也没落个好。

有那个必要吗？我们发现：多数人看自己的过错，往往不如看别人那样苛刻。原因当然是多方面的，其中主要原因是我们对自己犯错误的来龙去脉了解得很清楚，因此对于自己的过错也就比较容易原谅；而对于别人的过错，因为很难了解事情的方方面面，所以比较难找到原谅的理由。因此，大多数人在评判自己和他人时不自觉地用了两套标准。例如：如果我们发现了旁人说谎，我们的谴责会是何等严酷，可是哪一个人能说他自己从没说过一次谎？也许还很多次呢！做人要学会给他人留有余地，这也是为自己留下一条后路。每个人的智慧、经验、价值观、生活背景都不相同，因此在与人相处时，相互间的冲突和争斗在所难免——不管是利益上的争斗还是非利益上的争斗。

大部分人一陷入争斗的漩涡，便不由自主地焦躁起来，一方面为了面子，一方面为了利益，因此一旦自己得了"理"便不饶人，非逼得对方鸣金收兵或竖白旗投降不可。然而"得理不饶人"虽然让你吹着胜利的号角，但这也是下次争斗的前奏，因为这对"战败"的一方而言也是一种面子和利益之争，他当然要伺机"讨要"回来。

最容易步入"得理不让人"误区的，是在能力、财力、势力上都明显优于对方时，你更应该偃旗息鼓、适可而止。因为，以强欺弱，并不是光彩的行为，即使你把对方赶尽杀绝了，在别人眼中你也不是个胜利者，而是一个无情无义之人。

《菜根谭》中说："锄奸杜佞，要放他一条生路。若使之一无所容，譬如塞鼠穴者，一切去路都塞尽，则一切好物俱咬破矣。"所谓"狗急跳墙"，将对方紧追不舍的结果，必然招致对方不顾一切地反击，最终吃亏的还是自己。

有一位哲人说过这么一句引人深思的话："航行中有一条公认的规则，操纵灵敏的船应该给不太灵敏的船让道。我认为，人与人之间的冲突与碰撞也应遵循这一规则。"如果你读懂了这句话，心里一定会亮堂无比，再碰上与人发生纠葛之事，也能做到糊涂处之了。

家长里短莫较真

柴米盐油酱醋茶，锅碗瓢盆菜刀叉……家庭里的事情真是琐碎得让人无聊。光无聊不要紧，无聊之中千万不要较真儿。一家人之间很少有什么原则、立场的大是大非问题。都是一家人，非要用"显微镜"的眼光看问题，分出个对和错来，又有什么意义呢？

有些女人，喜欢把家里布置得干净整洁亮堂。这本来是一个很好的优点，但若是过度了就恐怕会让人难以忍受。比如我的某个朋友的妻子，因为过于爱惜家，不准孩子邀小朋友来家里玩，因为这样容易把家里漂亮的家具弄坏，把家里精巧的摆设搞乱。也不准丈夫在家里抽烟，就是阳台上也不行，因为烟味会渗透进窗帘。一切用品，报纸杂志，用后必须归回原位。这种近乎神经质的规范，我不知道有几个人能够感到快乐。

似乎女人爱美和贪便宜是天性，大多数女人在美丽的衣裳、小物件或便宜的商品面前，是禁不住诱惑的。直到钱包瘪了，才有点后悔，但在下一次又忘记了。作为男人，就不要过分地去指责。

人人都有一些小缺点。我同学的老婆据说经常会给家里买回一些并不需要的东西。我同学告诉我，他老婆有段时间就喜欢往家里带花瓶。理由总是充分：漂亮呀，便宜呀，在宜家要100多元我这个只花了50元……并不考虑家里已经没有合适的地方摆置了。同学是学工科的，理性思维很强，觉得很难理解老婆的"荒唐"做法。于是，时间一长，两人之间就有了摩擦和矛盾。

夫妻关系是家庭里最重要的关系。有人说："恋爱时要睁大双眼找对方的毛病，结婚后则要睁一只眼、闭一只眼。"现实中的男男女女却恰恰相反，热恋时男人的脚臭是有男人味，抽烟是有风度；女人打扮得花枝招展是妩媚，说说笑笑是开朗活泼。反正一切的不足在恋人的眼中都成了爱的符号，正应了所谓"情人眼里出西施"。等到两个人踏上红地毯，过起了日子，渐渐地，在妻子眼中，男人的脚臭成了不讲卫生，抽烟成了既有损健康又影响家庭开支的坏毛病；在丈夫眼中，她左一件衣服右一件衣服成了浪费，活泼开朗也成了河东狮吼。于是，男人和女人都不断感叹：同一个人，这差别怎么就这么大呢？

生活是现实的，爱情是存在的，这点是不容置疑的，但勺子总会碰锅沿的，两个人在一起磕磕绊绊时，是较不得真的。"清官难断家务事"的话自古有之，如果非得弄个清清楚楚，最后只能是公说公有理、婆说婆有理的两败俱伤。

再说最让年轻女人头疼的婆媳关系，哪一起纠纷涉及了大事？无非都是些诸如儿媳多开了几盏灯（浪费电）、老公背后给了婆婆一点钱之类的小事。到最后，婆媳反目者有之，家庭离散的有之。为了什么呢？几盏灯？一点钱？

还有孩子。都说孩子是自家的好。怎么个好法？上各种培训班啊、3岁会背诵50首唐诗、4岁将《蓝色多瑙河》的钢琴曲弹得行云流水、5岁能与外国人进行日常对话……

至于培养和教育品行，则要求得更严了：一二三四五，条条框框多着呢。一条违背，严惩不贷。这在干什么呢？培养圣人？圣人是这样培养的吗？依我看，还是苏东坡在他儿子满周岁时写的《洗儿诗》说得好："人家养子爱聪明，我为聪明误一生。但愿生儿鲁且愚，无灾无病到公卿。"

拉拉杂杂地说了家里一些琐琐碎碎的事情，无非是规劝大家在家里要糊涂一些，要"睁一只眼，闭一只眼"。

　　糊涂是一种高层次的珍惜与爱。看身边那些打了一辈子、斗了一辈子的人仍然还得待在一个屋檐下，在三两个人的世界里，谁赢了谁，都是个输。与其纠缠不清，不如难得糊涂，大事化小，小事化了，和稀泥，你快乐所以我快乐。

以德报怨，赢得人心

老子在《道德经》中云："是以圣人去甚、去奢、去泰。"大意是：因此圣人要去掉极端的、奢侈的、过分的东西。老子看问题总是那么深刻、那么透彻：越是雄心勃勃、耀武扬威欲取天下者，越是得不到天下。只有以德服人、以德报怨者，才能够得人心，进而得天下。

楚庄王有一次设晚宴招待群臣，忽然蜡烛燃尽熄灭了，竟然有一位色胆包天的大臣趁暗中混乱，拉扯劝酒的王妃衣袖，结果被王妃扯掉了帽缨。楚庄王听了王妃的申诉，并没有想追查那拉王妃衣袖的人，而且为了给这个人台阶下，他让群臣趁蜡烛尚未点燃，肇事者身份不明之时，全部摘去帽缨，从而保全了这位大臣。此种宽厚，怎能不叫当事者感激涕零？

后来在楚国进攻郑国的战役中，有一位战将表现甚为勇猛，楚庄王感到奇怪，因为自己对这名大臣并非十分宠爱，他怎么会这样为自己卖命呢？后来经询问才知，此人就是那位被扯去帽缨者。他十分感激当初楚庄王不追究他调戏王妃之事，为了报恩，所以奋不顾身地杀敌，为国效劳，以此为回报。

看来，宽厚是最能赢得人心的，楚庄王"以德报怨"，那位战将又"以德报德"的故事，千百年来被传为佳话，也使得楚庄王名传千古，人人称颂。

在现代社会中，"以德报怨"仍然发挥着巨大的、不可替代的作用。李·邓纳姆成功地在犯罪猖獗的哈莱姆黑人住宅区经营起了麦当劳，"以德报怨"的做事方式起到了关键性的作用。

李·邓纳姆经营的是纽约老城区的第一家由麦当劳授权的快餐

店。当李·邓纳姆决定放弃稳定的警官职业，在犯罪猖獗的哈莱姆黑人住宅区投资麦当劳店的时候，朋友们都说他疯了。

拥有一家餐馆一直是李·邓纳姆的梦想，他先在几家餐馆工作，包括纽约著名的"华道尔夫"饭店。李·邓纳姆非常想开自己的餐馆，为此他还特意报名参加了商业管理学习班，每天晚上去上课。

后来，他成功地应聘了警官职位。当警官的 15 年中，他一直继续学习商业管理。"我省下了做警官挣来的每一分钱，"他回忆说，"十年来，我没花过一毛钱去看电影、度假、看球赛，除了工作就是学习，我一直在为实现拥有自己的生意这个终生梦想而努力着。"

到了李·邓纳姆拥有 4.2 万美元存款的时候，他认为已经是实现自己梦想的时候了。麦当劳快餐决定给他一个授权，同时附加了一个条件：李·邓纳姆必须在老城区开店，这算是老城区的第一家麦当劳快餐店。麦当劳其实是想验证他们这种快餐餐馆是否在老城区也能取得很好的收益，而李·邓纳姆看上去则好像是开这样一家快餐官的最佳人选。

为了得到授权，李·邓纳姆投入了自己的全部积蓄，另外还借了 10.5 万美元。但他知道，所有那些年他为之努力和奉献的一切就在于此了，他相信自己多年来的准备工作，包括梦想、计划、学习和积蓄都不会付之东流。

接下来，李·邓纳姆开办了在美国老城区的第一家麦当劳快餐店。开始的几个月简直是灾难连连：流氓斗殴、枪战和其他的暴力事件频频在他的饭馆发生，好多次都将他的顾客全都吓跑了。不仅如此，在饭馆内部，雇员们偷食物和现金，他的保险箱经常被撬。而更糟糕的是，他无法从麦当劳总部得到任何的帮助，因为麦当劳总部的代表非常害怕到贫民窟来协调工作。李·邓纳姆别无办法，只有靠自己了。

怎么办？虽然李·邓纳姆的商品、利润甚至他人信任都曾被人夺去过，但李的梦想却没有人能夺走。因为，他为此付出和等待得太多了！终于，李·邓纳姆想出了一个策略：对那些不务正业的捣乱者实行"以德报怨"的策略！

李·邓纳姆同社区的那些小流氓们进行了开诚布公的交谈，他激励他们重新开始生活。然后他做了有些人认为简直是不可思议的事：他雇用那些小流氓，让他们在自己的餐厅中工作。他加强管理，对出纳员进行突击检查来避免偷窃，这也算得上是恩威并重吧。他每周一次向雇员们讲授为顾客服务和管理方面的知识，鼓励他们发展个人的职业目标。

李·邓纳姆又赞助社区成立了运动队并设立了奖学金，使在街道上流浪、闲逛的孩子们走进了社区中心和学校。他的做法看似很愚蠢，但回报很快就加倍而来。李·邓纳姆没有白白付出，在他的努力下，店内几乎不再发生流氓闹事的事件，顾客也越来越多了，纽约老城区的快餐店成了麦当劳在世界范围内利润最高的连锁店，每年利润高达150万美元！这不能不说是个奇迹。几个月前还不愿跨进贫民窟半步的公司代表，现在簇拥在李·邓纳姆的麦当劳店门前，他们好奇而急切地想知道他是怎样做的。李·邓纳姆的回答既简单又深刻："为顾客、雇员和社区服务。"

慢慢地，李·邓纳姆的快餐店发展壮大起来，每天能卖掉数百万份快餐。

可以说，李·邓纳姆的成功是建立在"以德报怨"的基础上的。没有他当初对那些闹事者的收容以及对所在社区的贡献，他的麦当劳店根本就开不下去，更别说发展壮大，取得今天的辉煌成就了。

以上几个事例让我们明白了一个恒久不变的真理：从古至今，凡是胸襟宽大者、有大家风范者，往往能够对人"以德报怨"。这样做，从眼前来看，似乎有"忍气吞声"的嫌疑。不过，从长久的利益来看，这样做的好处就太大了。能够"以德报怨"的人，才能够得人之心，才能够成大事、得天下。

"一念之善，吉神随之；一念之恶，厉鬼随之。知此可以役使鬼神。"（《小窗幽记》）这句话告诉我们，心中有一个善的念头，可以获得降福的吉神呵护，而心中有一个恶的念头，就会招来为祸作灾的恶鬼，明白这一点便可以差使鬼神了。心中充满恨意的人，心已在地狱；心中充满善意的人，由于善意带来的欢喜，便如同身在天堂。了解了行善与行恶的道理，那么就不用担心厉鬼害人而总能使吉神附己，那还有什么鬼神不能驱使呢？

第十章
修身养性，境随心转

我们生活的世界，总会有不如意。但是，你改变不了外界，也不能改变自己吗？

心情的好与坏，很多时候只是一种选择：你选择戴上乐观的眼镜，你所看到的世界就会宽阔亮堂；反之，你若选择戴上悲观的眼镜，你的世界将是黑暗逼仄。

心情最重要，别的死不了

不知道你是不是也觉得，最近比较烦、比较烦、比较烦呢，就像周华健那首歌所唱的一样。而且只要一早开始不太顺心的话，往往接下来一天就毁了。

为什么会如此呢？这是因为，负面情绪是有累加效果。

也就是说，每多一个小挫折，就会让我们的抗压功力多打一个折扣。因为当我们遭遇不顺心，而心情跟着烦躁起来时，身体内与压力相关的激素也会随之异常分泌，因此会影响到接下来的挫折忍受度，就好像温度直线上升的热水，越烧越接近沸腾点。

这也就说明了为何一大早出了些状况后，原本可能要到"烦人指数"十分的事才会惹急我们，但这下只要再出现个"烦人指数"三分的状况，我们就会轰然一声，开始发飙，而无辜的旁人就倒霉啦！

正因情绪有如煮开水的累加效果，所以在生活中我们必须审慎处理每一个压力状况，以免"小不'爽'，则乱大谋"。

而改变这种状况的有效做法，则是在负面情绪一开始加热时，就能主动地意识到"有状况了"，然后告诉自己，得快快关火，以免越烧越旺，一发不可收拾。

事实上，当你能够觉察到出现这种状况时，就已经关掉一半的火力了，接下来情绪自然不易失控。

为了避免让烦躁的情绪像煮开水那样越煮越热，防患未然的工作就显得特别重要。

不妨准备一些调整情绪的口头禅，在自己情绪快要沸腾时，赶快把这些自制的情绪口诀拿出来提醒自己。跟你分享我自己的情绪口诀："心情最重要，别的死不了。"

"心情最重要，别的死不了。"如果今天碰到了奇怪的人，或发生了令人不快的事，就赶紧在心里暗念这句口诀，重复几次之后，烦躁不安的情绪就能得到缓解。此外，研究也发现，重复想着同一念头，会让意念集中，而减少焦虑不安。

我们的生活离不开情绪，它是我们对外面世界正常的心理反应，我们要做的是不能让我们成为情绪的奴隶，不能让那些消极的心境左右我们的生活。

只有重视情绪、平衡情绪，清除情绪划痕，学会控制情绪，生活中经常保持正面的情绪，不仅生活质量会提升，人的容貌也会变得年轻漂亮。心情愉快会改变一个人的青春容貌，使人容光焕发、神采奕奕，正所谓"人逢喜事精神爽"，说的就是这个道理。

人不可能永远处在好情绪之中，人生中既然有挫折、有烦恼，就会有消极的情绪。情绪伴随着我们的一生你不驾驭它，它就作弄你。一个心理成熟的人，不是没有消极情绪的人，而是善于调节和控制自己情绪的人。

调整好心态，当我们遇见事情的时候，多站在对方的角度想一下这个问题，如果是自己，会怎么办，如果还是想不通的话，最好的就是进行自我的调节，世界如此美好，我要学会欣赏，来告诉自己，调整自己的心态。

有时候想想，快乐是一天，不快乐也是一天，而生活质量却大不相同，何不以平和的心态对待发生的一切，把心情调整到最佳状态，以快乐的心情度过每一天呢？

给自己一个真诚的微笑

人与人之间需要微笑。给爱人一个微笑，胜过千言万语，可以抚平你们情感的裂痕，让遗失的爱再次回归。给孩子一个微笑，能使那颗因考试不好、害怕挨打而惴惴不安的心放下来，成为激励他学习的号角。给心存芥蒂的人一个微笑，"相视一笑泯恩仇"，可以使你们化干戈为玉帛。给陌生人一个微笑，使他那颗孤独的心不再寂寞，让他感到温暖……

有兄弟两个人，相依为命。弟弟是一个痴呆症患者，每次见到哥哥，总会给他一个微笑。尽管哥哥不知道这微笑的含义，但这微笑每次都使他莫名地感动。作为回报，哥哥也总是送弟弟一个微笑。

我们自己也需要微笑。当我们愁容满面时，不妨给自己一个微笑，让我们的心情变得晴朗，精神变得愉快。在我们痛苦不堪时，也给自己一个微笑，让悲伤在微笑中宣泄、消失。"笑一笑十年少，愁一愁白了头。"人生苦短，何必为难自己？不妨对自己笑一笑，给糟糕的心情一个释放的理由，给愁苦的心灵一个开怀的机会。

人生需要微笑。无论是痛苦、喜悦、高兴、忧伤，我们都要始终面带微笑。失意时笑一笑，得意时笑一笑，成功时笑一笑，失败时也笑一笑。笑看云舒云卷，笑看花开花落。无论何时，我们都要微笑着面对人生，笑出自信，笑出旷达，笑出洒脱……

微笑是一剂医治心灵伤痛的良药；微笑是一缕抚慰心灵隔阂的煦风；微笑是一场孕育希望的春雨……

请不要吝惜自己的微笑，给别人，也给自己。给别人一个微笑，让他在你的微笑中受到感染和启发，得到鼓舞和希望。给自己一个微笑，让自己在微笑中更加自信、更加坚强。

微笑是特效护肤露，把它抹在脸上，我们将愈加美丽；微笑是心底的一脉灵泉，使我们的内心丰盈而深情。微笑，于朋友，是心灵的默契；于陌生人，是距离的缩短。

微笑着的人并非没有痛苦，只不过善于把痛苦锤炼成诗行；微笑着的人并非没有眼泪，只不过善于把眼泪作为心灵的灯盏，照耀着前行的路。微笑是一种风度，是具有热情和友善、具有接纳和体贴、具有宽容和豁达、具有乐观和轻松的风度。

微笑是强者对人生最完美的诠释。微笑是从从容容的人生态度。我们微笑着面对生活，生活也一定微笑着面对着我们。喧嚣尘世，受约束的是生命，不受约束的是心情。只要心是晴朗的，人生就没有雨天。生命，有时只需要一个真诚的微笑。

给生命一个真诚的微笑，用你对自我的虔诚和笃信，用你对他人的挚爱和尊重。摆脱一切来自外界的纠缠和来自内心的牵绊，挥别生活中的窒闷，纯纯地笑，忘情地笑，透溢出人格的亮色，一展生命中灿烂的光泽。

给生命一个真诚的微笑，无论你在成功的顶峰还是失败的谷底，无论你为爱兴奋还是为恨伤怀，无论你为过错而痛悔，还是为忽略而失落……用生命之初那最本质的宽容和坦荡，给心灵安个休憩的小家，一切的悲愁都加以诗情和智慧去涂抹，那么你的眼前将风光无限，天高海阔。

爱微笑，也就爱了你自己；懂得了微笑，也就懂得了生活。给生命一个真诚的微笑，我们便拥有了人生中无可比拟的美丽和洒脱。

愤怒的身后是冲动

愤怒是快乐的反面，它也是一种典型的坏情绪。毋庸置疑，很多时候我们的冲动是在愤怒的支配下发生的。人有七情六欲，愤怒是客观存在的，但是如果任其发展，不懂节制，把握不住维系它的绳索，也会酿成悲剧。

我们生活的这个时代，的确是个"暴躁"的时代。尽管没有具体的统计资料，但只要看看周围的人们为了一件小事而争吵，在买东西时因一句话而互相叫骂。更糟的是，这种过分的怒气甚至导致凶杀案的发生。现今类似的犯罪案例多得令人咋舌。争吵打架应该说是社会生活中的常见现象，但今天的这种现象却比以往更多且广泛。归咎原因大概是人们因逼仄的世界将彼此包围得透不过气来，每个人都缺乏安全感，但又对此在一定程度上感到无能为力，并开始怀疑是否有人能解决这些问题。于是，人们就气愤起来。在这种坏情绪中，怒气就常常自然而然地爆发了。

此外，由于现代化工业的日益发展，高节奏的工作频率使人们相互之间的接触与交流日益减少。生活不再是明朗透彻，而是令人感到茫然而无所适从。新思想、新观念给人们的行为模式带来种种变化，不论是道德的或是政治的，让人们一下子难以全盘消化及接受。另一个问题是：用来指导人们约束自己伦理的机构，如家庭、学校、社会等，也失去了昔日权威的地位，相反的，在许多家庭里，电视成了青年人行为准则的导师，他们从电视、网络等播出的恐怖、暴力影片中得到了一种荒谬而危险的观念，以为解决问题的唯一办法就是愤怒相向。

我们应该尽力抵制这种倾向，教导自己如何去处理问题，如何耐心地把话讲完，如何控制自己的冲动。如果我们为人父母，那我们在教导孩子们自由地表现自己的同时，也一定要进行责任感的养成。千万不能让坏情绪走向悲剧。

第一步，愤怒是人们正常的心理情绪，在某种场合和某些时候，适当地把它表露出来是有好处的。不然的话，愤怒郁积在心里就会导致心理失调。我们要控制的是过度的愤怒，因为它是有害的。人生来就有一种对外来干扰进行野性反应的本能，如果你阻碍一个两岁孩子的行为，他就会抓你、咬你。当然，成人的忍耐力也是有限的。比如，一个个性比较沉稳的人，但有一次由于航班的延误，致使他和他的家人分隔两地，在候机大厅里，他对管理人员大发脾气。由于他的强硬态度，问题多少得到了一些解决。这使我想起，有时候当你有理的时候，适时地发脾气倒是蛮有效的。

哪一类人最容易发怒呢？答案是青少年。因为他们思想还没有完全成熟，他们还不知道自己的归属，所以容易发怒。

面对这些令人心烦意乱及怒气冲天的琐事，我们怎样才能控制自己的愤怒呢？以妥善的办法来解决问题可以避免愤怒和难堪的产生。许多人由于没有将自己的生活安排周全而遇到了麻烦。例如，你在去火车站搭乘火车时，至少应给自己预留一个小时的缓冲时间，而不是在最后几分钟内气喘吁吁地跑进候车大厅。这样，你就不会在半路上因塞车而大发脾气，这是你控制自己发怒的第一步。

第二步，你应该知道，有时候自己对问题的反应是不恰当的，这时，你就要采取其他方式去控制局势。我们要在大动肝火中抑制住自己，然后以做其他事情的方法来转移注意力，使自己的心理恢复平衡，为郁积的愤怒寻找恰当的宣泄途径，这是非常重要的。例如散步或打网球就是消愁解闷的好办法，运动时，原来许多使你头痛的问题，都会暂时抛之脑后。

这些途径同时适宜于那些较长久的关系，诸如婚姻等。如果你是天生稳重的人，并且在你引起争吵后不让对方难堪，那么继续保持你的沉默是很有效的。从长远的观点来看，如果夫妻之间能加强相互之间的对话和共同解决问题的沟通管道，那是很有益处的。最好能事先设计好解决意见分歧的方式，而不要在事端发生时失去控制，造成彼此的隔阂。用同样的方法也可以避免家长与子女之间的纠纷。

同时，在家庭之外，我们亦可采取相关的措施来减少因过度愤怒而导致的冲动。除了前面介绍的以外，最有效的方法之一，就是每个人都不要把生活中追求的目标定得过高。我们不应该保持这样的观念：拼命做，你就会爬到顶点。新的观念应该是：你尽最大的努力工作，也不一定就能实现你所追求的最高目标，更何况我们的一切还受到各种现实条件和机制的制约。只有当自己的生命走到尽头，回过头来总结自己的一生时，自己不会因虚度年华而悔恨，不因碌碌无为而痛悔，只要你做了自己应做的一切，尽了自己应尽的那份绵薄之力，你的一生就是非常有意义且快乐而充实的。那种认为一定要做出一番轰轰烈烈大事业才算不枉此生的想法，是不正确的。依我的浅见，社会精神道德水准不再是、相对地也永远不会是一个不断扩展的社会了，我们应该调整对现实的价值观念——承认一切善良朴实、努力工作的妇女和百万富翁及领袖人物一样，都是生活中成功的佼佼者。

看到那么多使社会骚动不安、不合理的事情，任谁都会感到愤怒。但是，心中总是充满这样的情绪也有问题。随着愤怒的念头增加，变成负面的情绪输入潜意识中，那么这个人就难免冲动。

我们常说愤怒永远是弱者的象征，是因为弱者不懂得控制自己的情绪，他们按照自己的本能行事，他们不去了解愤怒背后的自己。愤怒只是是我们内心诠释与表达。当我们了解了这个事实，我们就不会因为对方的愤怒而格外的生气，而是通过愤怒更好认识对方，认识自己，彼此求同存异。要知道每个人都是独一无二的，就是因为每个人在乎的东西都不同，所以我们通过愤怒会看到人与人的不同，更通过愤怒了解人心与人性。

转化愤怒的力量

　　美国汽车大王亨利·福特曾经提到，自己之所以能有如此的成就，完全得益于一件小事。

　　在他还是一个修车工人的时候，有一次刚领了薪水，他兴致勃勃地到一家高级餐厅吃饭。却不料，年轻的亨利·福特在餐厅里呆坐了差不多15分钟，居然没有一个服务生过来招呼他。

　　最后，还是餐厅中的一个服务生看到亨利·福特独自一人坐了那么久，才勉强走到桌边，问他是不是需要点菜。

　　亨利·福特连忙点头说是，只见服务生不耐烦地将菜单粗鲁地丢到他的桌上。亨利·福特刚打开菜单，看了几行，就听见服务生用轻蔑的语气说道："菜单不用看得太详细，你只需要看右边的部分（意指价格低）就行了，左边的部分（意指价格高），你就不必费神去看了！"

　　亨利·福特惊愕地抬起头来，目光正好迎着服务生脸上满是不屑的表情，当时亨利·福特非常生气。恼怒之余，便不由自主地想点最贵的大餐；但转念又想起口袋中那一点点微薄的薪水，不得已咬了咬牙，只点了一个汉堡。

　　服务生从鼻孔中"哼"了一声，傲慢地收回亨利·福特手中的菜单。虽然没有再说话，但脸上的表情却很清楚地告诉亨利·福特："我就知道，你这穷小子，也只不过吃得起汉堡罢了！"在服务生离去之后，亨利·福特并没有因为花钱受气而继续恼恨不休。他反倒冷静下来，仔细思考：为什么自己总是只能点自己吃得起的食物，而不能点自己真正想吃的大餐。

　　亨利·福特当下立志，要成为社会中顶尖的人物。

从此之后，他努力地朝梦想前进，由一个平凡的修车工人，逐步成为叱咤风云的汽车大王。

人在愤怒当中，极易失去理智而做出冲动的傻事。福特的做法为我们树立了一个学习的榜样。其实，不光愤怒可以化为动力，嫉妒也可以化为动力。如果你嫉妒某人的才能与地位，不妨"见贤思齐"，这是具有正面意义的一种引导。

跳出抑郁的枷锁

抑郁如蚕茧，而作茧自缚的还是我们自己。

一代巨星张国荣在 2003 年愚人节夜的自杀事件，让许多年轻的朋友至今扼腕叹息。关于张国荣自杀的原因众说纷纭，但有一个不容置疑的原因，就是张国荣在 1987 年的自传中写的："记得早几年的我，每逢遇上一班朋友聊天叙旧，他们都会问我为什么不开心。脸上总见不到欢颜。我想自己可能患上忧郁症，至于病源则是对自己不满，对别人不满，对世界更加不满。"这是一个典型的抑郁症患者的告白。其中的抑郁心结竟然一结就是 20 年，结局则是不堪忍受折磨而断然撒手人间。

抑郁症竟能致人非命，这已不是什么危言。调查结果显示，患了抑郁症若不及时进行治疗就可造成自杀，抑郁症患者有一半以上曾有自杀的想法，其中有 20% 最终以自杀结束生命。在人生的旅途中，抑郁袭来是不可避免的，可以避免的是抑郁症，但患上抑郁症的人大多数却"身在病中不知病"，只有 25% 的患者知道身患此病。世界卫生组织的最新资料显示，到了 2020 年，抑郁症将成为仅次于癌症的人类第二大杀手。

这也从另一个角度告诉人们，如果不加以重视，抑郁症的最终结果很可能就是自杀。

忧郁情绪是人在失意时出现的不高兴反应。现代生活节奏的加快、压力的增大、环境的恶化、自然灾害及交通事故的频发、下岗失业的威胁，这些都是人们经常面对的精神刺激，这说明失意几乎不可避免，忧郁情绪随时都会发生。短时间轻度忧郁会使人的内脏神经和内分泌功能发生一定程度的紊乱，造成人体生理损害；长期的忧郁情绪会使人体免疫功能总是处于低下水平，会诱发许多躯体疾病，如心脏病、高血压、偏头疼、胃溃疡、糖尿病等，最严重的是患癌症的可能性明显增加。忧郁情绪也使这些疾病的治疗难度加大，病死率增加。

当人们遇到精神压力、生活挫折、痛苦的境遇或生老病死等情况，理所当然地会产生忧郁情绪。但抑郁症则是一种病理性的忧郁障碍，它和正常人的情绪是不同的。正常人的情绪忧郁是以一定客观事物为背景的，即"事出有因"的；而病理情绪忧郁障碍通常无缘无故地产生，缺乏客观精神应激的条件。或者虽有不良因素，但是"小题大做"，不足以真正解释病理性忧郁征象。一般人情绪变化有一定的时限性，通常是短期性的，通过自我调适、充分发挥自我心理防卫功能，即可重新保持心理平稳。而病理性忧郁症状常持续存在，甚至不经治疗难以自行缓解，症状还会逐渐加重恶化。心理医学规定一般忧郁不应超过两周，如果超过一个月，甚至数月或半年以上，则肯定是病理性忧郁症状。前者忧郁程度较轻，后者忧郁程度严重，并且会影响患者的工作、学习和生活，使之无法适应社会，影响其社会功能的发挥，更有甚者可出现自杀行为。抑郁症可以反复发作，每次发作的基本症状大致相似，有既往史可查。

抑郁症首先产生于一定的心理情结，这些解不开的心结最终导致抑郁症愈来愈重，比如张国荣就是这样。患抑郁症的人，盘绕他们心灵的往往是这些念头——无论我表现得如何善良美好，我确实是坏的、恶的、无价值的、一无是处的、为自己和别人所不容的；我害怕其他人，我恨他们，妒忌他们；生活是可怕的，而死亡却更糟；过去我碰上的都是坏事，将来降临到我头上的也只有坏事；我不能原谅任何人，而最不能原谅的还是我自己……

其实，生活中焦虑、抑郁、迷惘……充满了人们日常生活及学习工作中的每一个空间，委屈、烦恼、嫉妒也时常伴随左右。要想走出抑郁的包围，面对正面的人生，就必须先给自己制定出现实可行的目标，以及逐渐建立自信心，让阳光充满你快乐的人生。

如果你能做那些自然而来的事情，而你对这些事情又有天然的才能，你就能很容易找到令你满意的地方。而当你违反了自我意志，你可能要经受心理或情绪上的挫折。其实，这是对自己有过高期望的心理在作祟，同时，也因自己缺乏信心而更加不安，并造成表现更不理想。相反的，只要我们能平心静气地顺其自然，抑郁就会消失。

当你感到心神不宁，精神抑郁时，不妨让心灵小憩，松弛一下。

淋浴或浸浴除了可缓和紧张的情绪外，还有消除疲劳之功效。把浴室的灯光调暗一点，然后在温热的水里浸上一二十分钟，静静地感受疲倦的身体被温水抚慰。在闭目养神之余，若播放一曲轻音乐，点燃一支有香味的蜡烛，更可加强轻松的情调。浸泡完后，用一条大软毛巾把自己包裹起来，然后躺在床上，垫高双腿休息。不论是古典音乐、民族音乐，还是流行音乐，都有助于缓解抑郁的情绪。

如果你会弹钢琴、吉他或其他乐器，不妨以此来对付心绪不宁。你不需正襟危坐地练习，随便弹奏即可，也不用太注意拍子和音准。

运动被列为最有效的松弛方法之一。你用不着从事爬山等剧烈运动，只需躺在运动垫上，花10分钟做做伸展运动，让四肢有舒展的机会。

你一定会有久未联系的亲人、朋友，不妨给他（她）写一封信，不仅可吐露、发泄一下自己的感受，同时也能让对方在收信时惊喜一番。把信寄出后，你一定能体验到那美妙的感觉。

种花栽草不仅提供给你呼吸新鲜空气的机会，也能有效地松弛紧张的心情。如没有多余的精力，仅给花草浇水也能收到松弛身心之效果。假如没有草地花园，可在室内养殖小盆花卉。

　　阅读书报可说是最简单、消费最低的轻松消遣方式，不仅有助于和缓抑郁情绪，还可使人增加知识和乐趣。

　　如果被一个问题烦扰了一整天，仍然没有显著的进展，最好不要去想它，暂时不作任何决定，让这个问题在睡眠中自然地解决。

第十一章
感恩人生，幸福常伴

  感恩，是一种对恩惠心存感激的表示，是每一位不忘他人恩情的人萦绕心间的情感。

  学会感恩，是为了擦亮蒙尘的心灵而不致麻木。学会感恩，是为了将无以为报的点滴付出永铭于心。

真诚地欣赏别人

在一个春天暖洋洋的中午，女儿和爸爸在郊区公园散步。在那儿，女儿看见一个很滑稽的老太太。天气那么暖和，她却紧裹着一件厚厚的羊绒大衣，脖子上围着一条毛皮围巾，仿佛天上正下着鹅毛大雪。女儿轻轻地拽了一下爸爸的胳膊说："爸爸，您看那位老太太的样子多可笑呀。"

爸爸的表情显得特别的严肃，沉默了一会儿说："孩子，我突然发现你缺少一种本领，你不会欣赏别人。这证明你在与别人的交往中少了一份真诚和友善。"

女儿觉得爸爸有些小题大做了，就很不服气地问："您难道不觉得那位老太太的样子很可笑吗？"

爸爸说："和你相反，我很欣赏那位老太太。"女儿听了以后惊讶极了。

爸爸接着说："那位老太太穿着大衣，围着围巾，也许是生病初愈，身体还不太舒服。但你看她的表情，她注视着树枝上一朵清香、漂亮的丁香花，表情是那么的生动。你不认为很可爱吗？她渴望春天，喜欢美好的大自然。我觉得那位老太太令人感动。"

这时，女儿仔细地看了一下，那位老太太确实像爸爸说的那样，眼睛中闪动着某种渴望，荡漾在她脸上的笑容掩饰不住她内心的喜悦。

爸爸领着女儿走到那位老太太面前，微笑着说："夫人，您欣赏春天时的神情真的令人感动，您使这春天变得更美好了！"

那位老太太似乎很激动："谢谢，谢谢您！先生。"她说着，便从提包里取出一小袋甜饼递给了女儿，并说："你真漂亮……"

事后，爸爸对女儿说："一定要学会真诚地欣赏别人，因为每个人都有值得我们欣赏的优点。当你这样做了，你就会获得很多的朋友。"

其实，欣赏绝不只是表面上的简单地赞美别人，更是一种能够折射出一个人美好心灵的积极的思维方式。只有拥有春天般美丽心灵的人，才会真正领悟到春天的美丽。心中有阳光，眼前才会亮。纯洁的思想，可使微小的行动变得高贵。

学会欣赏别人，就会养成一种积极的思维方式，它可以使你受用一生。

人生需要用一颗善感的心灵去欣赏，而不要只用一双忙碌的眼睛去观看。因为人生中如果缺乏欣赏，就缺少了应有的乐趣。

欣赏别人的豁达真诚，从而陶冶自己的情操；欣赏别人的博学多才，从而营养自己的智慧；欣赏别人精湛的作品，从而提升自己的艺术水准……

一个失去欣赏之情的人是可悲的，因为他的心灵已经十分衰老。培根说："欣赏者心中有朝霞、露珠和常年盛开的花朵，漠视者冰结心城、四海枯竭、丛山荒芜。"

欣赏能使人产生一种轻松、愉快和满足感，人的心灵也会在不知不觉中得到净化与调适。欣赏还能开阔人的视野，充实生活并增添生活情趣。从现代医学的角度来看，人的精神状态与肌体健康有着十分密切的联系。作为一种审美活动，欣赏往往能够促使人进入一种积极乐观的精神状态。这对于身心健康，自然是大有益处的。

学会欣赏别人，是一种人格修养，一种气质提升，有助于自己逐渐走向完美。欣赏他人并不难做到，这要求我们去发掘生活和工作周围的人，想想他们的好处和优点，并毫不吝啬地称赞他们，从而在人与人之间形成良性互动，使我们的社会和工作环境更温馨可爱。

　　每人都各有所长，随时发现别人的进步，随时为别人的成绩喝彩，这对于一个人的生存能力、合作能力、发展能力的提高，都具有重要意义。

常怀感恩之心

李开复在《写给中国学生的一封信》中谈到，他曾面试过一位求职者。这个求职者在技术和管理方面都相当出色。但是，面谈之后，这个求职者表示，如果被录取，可以把在原来公司工作时的一项发明带过来。后来，他又解释说是在下班之后做的，他的老板并不知道。

李开复认为，不论这个求职者的能力和工作水平怎样，都不能录用他，原因是他缺乏最基本的处世准则和最起码的职业道德——"诚实"和"讲信用"。

李开复还谈道，在美国，中国学生的勤奋和优秀是出了名的，曾经一度是美国各名校最欢迎的留学生群体。而最近，却有一些学校和教授声称，他们再也不想招收中国学生了。理由很简单，某些中国学生拿着读博士的奖学金到了美国，可是，一旦找到工作机会，他们就会马上申请离开学校，将自己曾经承诺要完成的学位和研究抛在一边。

其实，不论求职者的表现还是少数留学生的表现，表面上看似缺乏诚信，骨子里是缺乏感恩之心。对于那个求职者来说，他能把在以前公司研究的成果带到新应聘的公司来，这是缺乏对以前公司的感恩之心。想想看，公司为自己提供了工作机会、挣钱机会，自己最起码的应该对得起自己的工资。而留学生拿到奖学金，却因为新的工作机会就离开学校，这也是缺乏对自己学校的感恩之情。

在人的一生之中，其他人的恩情很难超越父母的恩情。父母恩重如山。若是父母老了，子女就嫌弃他们，这样的人对待父母尚且如此，对待朋友更不用说了。一旦朋友不能提供给他利益时，他也

177

可能像对待父母一样，弃朋友而去。一个人如果对父母都不好，那他对别人不可能真的好。

有一个商人，打算找一个合伙人。听说有一个人特别会做生意，他就慕名前去拜访。两个人一拍即合，很快把条件都谈妥了。合伙人很高兴，就请这个商人到自己家里吃饭。席间，两个人推杯换盏，吃得高兴，谈得开心。

聊着聊着，商人就问道："你的父母可都健在呀？你没跟他们一起住吗？"

合伙人说道："父母年老，体弱多病，所以没有让他们跟你一起吃饭。"

商人就让合伙人请出他的父母来。两位老人哆嗦地来到饭厅后，合伙人对父母一点也不恭敬，还训斥着父母。

商人一见，放下酒杯，站起来说道："我想我得取消我们之间的合作了。像你这种人，对等父母尚且如此，对待合作伙伴又能好到哪儿去！"说完，商人头也不回地走了。

任何人都期望与一个懂得感恩的人交往。这样，在交往中没有风险，而且这样的人也值得托付责任。一个讲孝心、懂感恩的人，虽然未必有能力获得成功，但是一个成功的人，一定具备这种品质。一个没有感恩之心的人，是很难在社会上立住脚的，也是得不到社会认可的。

所有快乐的人都心怀感恩，不知感恩的人不会快乐。你期望越多，感恩之心就越少。在期望获得满足的一刹那，我们必须想到那绝不是必然的事。既然如此，感恩之心会增加我们的愉悦。

人们常说："滴水之恩，当涌泉相报。"感恩是我们民族的优良传统，也是一个正直的人的起码品德。作为中华儿女，我们也应当继承和发扬。常怀一颗感恩之心，世界就会更加美好。

一个常怀感恩之心的人，心地是坦荡的，胸怀是宽阔的，会自觉自愿地帮助别人，以助人为乐。那些不会感恩的人，血是凉的，心是冷的，带给社会的只能是冷漠和残酷。这样的人如果多了，社会就会变成冷酷而毫无希望的沙漠。

感恩之心是一颗美好的种子。人生不光要懂得收藏，还要懂得适时地播种，因为它们能给人们带来爱和希望。

关爱世界上的人和物

有一个鲁思的男孩子，虽然年纪不大，却凭借爱心创造了一个又一个奇迹。

鲁思出生于一个普通家庭。6 岁时，他已经是一年级的学生了。当时，老师讲非洲的生活情况：孩子们没有玩具，没有足够的食物和药品，很多人甚至喝不上洁净的水，成千上万的人因为喝了受污染的水而死去。我们的每一分钱都可以帮助他们：1 分钱可以买一支铅笔，60 分钱够一个孩子两个月的医药开销，2 元钱能买一条毯子，70 元钱就可以帮他们挖一口井……

6 岁的小鲁思深受震惊，幼小的心灵被爱心激发起了不可思议的力量，他想为非洲孩子捐献一口井。当他把这个想法告诉妈妈时，妈妈并没有直接给他这笔钱，但也没有把他的想法当成小孩子头脑发热时的冲动，只是让他在所承担的正常家务之外自己挣钱。

从此以后，小鲁思就开始在家里挣钱了。哥哥和弟弟出去玩，他吸了两小时地毯挣了两块钱；全家去看电影，他留在家里擦玻璃赚到第二个两块钱；帮爷爷捡松果；帮邻居捡暴风雪后的树枝……

小鲁思坚持了两个月，终于攒够了 70 元钱，交给了相关的国际组织。然而，人们告诉他：70 元钱只够买一个水泵，挖一口井要2000 元。听到这个消息后，小鲁思虽然有些失望，但是并没有放弃，继续挣钱，为了凑足 2000 元。一年以后，通过家人和朋友的帮助，他终于筹集了足够的钱，在乌干达的安格鲁小学附近捐助了一口水井。

人们以为小鲁思的愿望终于达成，他也可以歇一口气了，然而，鲁思并没有就此停止，因为有更多的人喝不上干净的水。攒钱买一台钻井机，以便更快地挖更多的水井，让每一个非洲人都能喝上洁净的水，成了鲁思的梦想。他决定坚持下去。

受到鲁思的影响，千百人加入鲁思的活动，并成立了"鲁思的井"基金会，筹款已达75万元，为非洲8个国家建造了30口井。这个普通的男孩，也被评选为"北美洲十大少年英雄"，影响着越来越多的人去关爱和帮助他人。

爱，具有不可思议的力量，能使我们的生命得到升华，提升我们的生命意义和人生价值。爱是人类能够进步的基础，也是我们与他人交往的桥梁，更是衡量一个人是否成熟的依据。我们必须体验他人的感受，要有"人饥己饥"的敏感，它能使你对情谊二字产生真正的机会，也是人与人之间"四海一家"的感情联系。

我们和我们周围的人，不管是你的邻居，你的同事，你的朋友，甚至是你的敌人，能一起生活在这个星球上，而且还处于同一个时代，的确也是一种缘分，一种幸福。

我们和路旁的小树、小草，花园里盛开的花朵，树荫里快乐地鸣叫着的小鸟，树林里快活地跳跃的小鹿，能在一起生活在同一片蓝天下，也是一种缘分，一种幸福。

我们的确没有理由不爱我们的这个世界，哪怕这个世界仍然有这样那样让你我不满意的地方，有战争，有犯罪，有污染，只因为她是我们的世界。

善待当下，幸福终生

一个西欧的年轻人，在假期去华盛顿观光。他到达华盛顿后，在旅馆登记时，却意外发现他在那儿的账早有人预付了。这使他高兴到了极点。可是，当他准备就寝时，他发现钱包不见了。钱包里装有护照和现金。他跑到楼下的旅馆柜台，向经理说明了情况。

"我们会尽一切努力帮助你的。"经理安慰他说。

第二天早晨，钱包仍不知下落。他衣袋里只有不到两元的零钱。现在，他孑然一身，飘零异邦，怎么办呢？打电报给芝加哥的朋友，告诉他们所发生的事吗？到警察总局坐等消息吗？

突然间，他对自己说："不！我不愿做任何无意义的事情！我要参观华盛顿。我可能再不会到这儿来了。我在这个伟大国家的首都里只能待上宝贵的一天。毕竟，我还有去芝加哥的机票，还有许多时间解决现款和护照问题。如果我现在不去参观华盛顿，我就不会再有这样的机会了。"

于是，他步行出发了。他看到了白宫和国会大厦，参观了一些恢宏的博物馆，爬上了华盛顿纪念碑的顶端。虽然不能到华盛顿郊区以及计划中的其他地方去，但凡是他到过的地方，他都看得很仔细，心里很兴奋。

在他回国的一星期后，华盛顿警察局帮他找回钱包，物归原主。

后来，他回忆起这段美国的旅程，总是很开心。他觉得，他没有因为钱包被偷而沮丧，失去一天的美好时光。

假如你能够明白只有今天才是真实的，彻悟昨天、今天和明天的关系，你就不会沉浸于痛苦中不能自拔了，你就会把握好今天，把昨天看成是今天的经验、借鉴，明天是今天努力的收获，这样，你的人生就充满着鲜花，你就会愉快地度过每一个今天。

你不应生活在昨天或明天的世界中，而应生活在今天的世界中。你应该知道今世为何世，今日为何日。人们的许多精力，常常耗费在追怀过去与幻想未来中。一个人生活于现实，应该充分利用现实，不应枉费心神追忆过去，追悔过去所犯的错误，不要瞻前顾后，这样，才会使你的事业走向成功。

不要让自己过分沉浸于预期或幻想的未来生活中，过分的幻想会使你忽视今天，会使正在今天的生活变得枯燥乏味。预期、幻想虽然可以刺激你向往未来，刺激你更努力做事，但是，过分的幻想会让你失去今天的乐趣，破坏你享受现在的能力。

励志人生必修课

修心三不
不抱怨 不生气 不失控

启　文◎编著

中国出版集团
中译出版社

图书在版编目（CIP）数据

励志人生必修课 . 修心三不：不抱怨　不生气　不失
控 / 启文编著 . -- 北京：中译出版社 , 2019.6
ISBN 978-7-5001-5990-2

Ⅰ . ①励… Ⅱ . ①启… Ⅲ . ①人生哲学—通俗读物
Ⅳ . ① B821-49

中国版本图书馆 CIP 数据核字（2019）第 119535 号

励志人生必修课

修心三不：不抱怨　不生气　不失控

出版发行：中译出版社
地　　址：北京市西城区车公庄大街甲 4 号物华大厦 6 层
电　　话：（010）68359376　68359303　68359101
邮　　编：100044
传　　真：（010）68357870
电子邮箱：book@ctph.com.cn
总 策 划：张高里
责任编辑：刘全银
封面设计：青蓝工作室
印　　刷：北京朝阳新艺印刷有限公司
经　　销：新华书店
规　　格：880 毫米 × 1230 毫米　1/32
印　　张：42
字　　数：770 千字
版　　次：2019 年 6 月第 1 版
印　　次：2019 年 6 月第 1 次

ISBN 978-7-5001-5990-2　　　定价：208.60 元（全 7 册）

中 译 出 版 社

前　言

　　"一个人最大的对手就是自己"，这是每一个真正掌控自己的强者公认的一句话。战胜自己，并不是一件简单的事情！尤其在面对个人负面情绪发作的时候，绝大多数人都会在这一瞬间忽略掉自己最大的对手。虽然他们会在事后进行反省，但是却不得不承认，在负面情绪发作的那一瞬间自己是一个失败者。

　　说到情绪，我们每个人都逃不了干系。情绪的发展和变化是我们每一个人因人因时因地因事而产生的。情绪在制约人，也在成就人，还在损害人，不同的情绪有着不同的生活。积极的情绪能够让你这一天都神采焕发，身心保持愉悦健康，整个人充满了生机活力；消极的情绪则会使你心情灰暗，身心疲惫，甚至会导致身心疾病的发生。

　　毫无疑问，任何一个人要想真正成为能够掌控自己情绪的强者，都必须要战胜自身负面的情绪。每当负面情绪出现的时候，及时地进行疏导与掌控，将负面情绪转化为正面情绪。从而让自己在日常生活中掌控好自己的情绪，努力拥有积极情绪，使情绪获得应有的表达和展示。

　　本书从"不抱怨""不生气"以及"不失控"这三个方面进行论述，通过精彩生动的故事告诉每一个读者在日常生活中该如何正确掌控自己的情绪，及时发现负面情绪并进行疏导与利用，从而变成对自己有用的正面情绪，从而更加从容地掌握自己的命运，在人生的康庄大道上一帆风顺。

目　　录

第一章
世界不会因为抱怨而改变

平庸的人总是抱怨自己不懂的东西。

——拉罗什富科（法国古典作家）

只有把抱怨环境的心情，化为上进的力量，才是成功的保证。

——罗曼·罗兰（法国思想家、文学家）

成功字典没有"抱怨"

在日常生活中，我们经常会碰到以下的场景：

"我的工作真是无聊透顶！"

"天天加班，都快累死了。"

"每天面对重复的工作，我简直要疯了！"

"我们的老板就喜欢拍马屁的人。"

几个同事凑在一起牢骚满腹，抱怨公司苛刻的规章制度，抱怨领导的魔鬼管理，抱怨干不完的工作，抱怨受不完的委屈……

当抱怨成了习惯，一个人的情绪就会变得非常糟糕，看什么都不顺眼，同事认为他难相处，上司认为他爱发牢骚，是个"刺儿头"。如此下去，升职、加薪的机会永远不会光顾他。

一个人成功与否，并非天生注定，也不是他人能操纵得了的。实际上，命运是由我们自己创造的，它就掌握在我们每个人的手中。工作中处处蕴含着机遇，只有那些心怀珍惜的人才能看得到。机会到处都有，关键是你能不能抓住。

许多人对那些有所成就的人羡慕不已："为什么好机会都让别人碰上了，我为什么就没有那样好的运气呢？"有的人还抱怨："要是我有这样的机会，我早功成名就了。"人一生尽管有很多的机遇，然而，真正能抓住机遇的人并不多。抓住时机的人成就了事业，而失去机会的人则哀叹自己的"时运不济"。

徐海伟和李亚菲是大学同学，从学校毕业后，俩人分别进了两家规模都不算太大的公司。由于各自的单位距离很远，直到毕业后的第五年，他们才再度相逢。见了面，两个人自然聊起了分别后的工作经历。

谈起自己的工作，徐海伟的语气有些失落："时运不济啊！本来单位就不景气，加上专业又不对口，干活儿也提不起一点儿兴趣，实在是没有什么意思。干了不到半年，我就换了一家，还是没多大意思。我现在的单位已经是第七家了。哦，老同学，你发展得如何呀？"

李亚菲淡淡地说："你也知道，我的单位也不是太大，说实话，一开始，我也不太喜欢这份工作。不过，我觉得，既然能找到这份工作，就要好好珍惜，力争把它干好。上班期间呢，就好好干好自己的活儿；下了班，就给自己充充电，补补业务知识。工作起来反而是越来越有劲了。半年后，由于我干得还不错，领导就把我提为部门主管了。现在，我们公司已经是一家大型集团公司了，我是我们集团分公司的经理。"

听了李亚菲的经历，徐海伟的心中有些惭愧，他现在明白了：原来，所有的问题并不是工作本身的问题，而是自己对待工作的态度上有问题。有的人工作态度浮漂，对工作好像蜻蜓点水，很少能专注于工作，因此，干什么工作都长久不了，也做不出多大的成就。

看看我们周围那些只知抱怨而不认真工作的人吧，他们从不懂得珍惜自己的工作机会。他们更不懂得，即使薪水微薄，也可以充分利用工作的机会提升自己的能力，加重自己被赏识的砝码。他们只是在日复一日的抱怨中徒增年岁，工作能力没有得到提高，也就没有被赏识的资本。更可悲的是，他们没有意识到竞争是残酷的，他们只知抱怨而不努力工作，已经被排在了即将被解雇者名单的前面。

有一天，佛陀坐在金莲座上，开示弟子们道：

"世间有四种马：第一种良马，主人为它配上马鞍，驾上辔头，它能够日行千里，快速如流星。尤其可贵的是当主人一抬起手中的鞭子，它一见到鞭影，便能够知道主人的心意，迅速缓慢，前进后退，都能够揣度得恰到好处，不差毫厘，这是能够明察秋毫、洞察先机的第一等良驹。

"第二种好马，当主人的鞭子打下来的时候，它看到鞭影不能马上警觉，但是等鞭子打到了马尾的毛端，它也能领受到主人的意思，奔跃飞腾，这是反应灵敏、矫健善走的好马。

"第三种庸马，不管主人几度扬起皮鞭，见到鞭影，它不但迟钝毫无反应，甚至皮鞭如寸点地挥打在皮毛上，它都无动于衷。等到主人动了怒气，鞭棍交加打在结实的肉躯上，它才能有所察觉，顺着主人的命令奔跑，这是后知后觉的平凡庸马。

"第四种驽马，主人扬起鞭子，它视若无睹；鞭棍抽打在皮肉上，它也毫无知觉；等主人盛怒了，双腿夹紧马鞍两侧的铁锥，霎时痛刺骨髓，皮肉溃烂，它才如梦初醒，放足狂奔，这是愚劣不知、冥顽不化的驽马。"

这个故事出自《别泽杂阿含经》。庸马和驽马是职场中许多平庸员工的生存写照。他们总是抱怨老板对他们太苛刻，工资太低，抱怨公司没有为他们提供更好的舞台，给他们以施展才华的机会。

职场中，数不清的庸马和驽马正在拼命地为自己的失败寻找借口，造成了职场人生的萎靡与默然。相比之下，"良马"式员工从不会寻找理由为自己的行为开脱，更不会去抱怨自己的处境与外在的人与事。他们任何时候都坚守着自己的信念，让自己朝着卓越奋进！

所以，做个不抱怨的人，成功将会离你越来越近。

抱怨只会让事情更糟糕

有些人似乎天生就爱抱怨，抱怨公司、抱怨老板、抱怨同事、抱怨工资、抱怨客户、抱怨压力、抱怨批评、抱怨薪水太低付出太多、抱怨考核制度不公平、抱怨管理混乱、抱怨领导独断专横、抱怨没有一个好老爸、抱怨没嫁个好老公、抱怨自己家的孩子没有别人家的聪明……好像世界上就只有他是最不幸最倒霉的人，没有什么是他不抱怨的，似乎不抱怨他就没法过日子。

可是抱怨有用吗？抱怨能解决问题吗？抱怨能使你摆脱现状吗？抱怨能使你的工作、学业、生意越来越好吗？抱怨能使你快乐起来吗？

什么都不能！抱怨不能解决任何问题，抱怨没有任何用处，抱怨只会让你自己越来越不快乐，只会让你的生活越来越不如意、你的意志越来越消沉、你的工作越来越差、你的生活越来越糟糕……

有一个三口之家，家里穷得什么都没有，儿子瘦得皮包骨，爸爸妈妈只好带着孩子来到街口乞讨。可过去了一整天都毫无收获，小男孩饿得快晕倒了。爸爸妈妈非常着急，虔诚地祈求上帝救救他们的儿子。

于是，上帝派遣使者来到人间。使者对三个人说："我可以帮助你们每人实现一个愿望。"这一家人听了将信将疑。先是孩子的妈妈迫不及待地对使者说："我要你为我们变出一车的面包，我要让我的儿子吃得饱饱的。"

刚说完，眼前就真的出现了一车子的面包。孩子的爸爸先是非常惊奇，转而又特别生气。不断抱怨妻子没头脑，浪费这么好的机会只换来一车廉价的面包。当使者问他有什么愿望时，他很愤怒地说："我不要这些廉价的面包，请你将这个笨女人变成一头蠢猪。"

刚说完，面包神奇地消失了，孩子的妈妈也真的变成了一头猪。这可把孩子吓坏了，他边看着眼前的"猪"伤心哭泣，边对使者说："求求您，我不要猪，我要妈妈。"

孩子的话音刚落，妈妈就真的变了回来。使者很无奈地说："我已经给了你们希望，但就因为抱怨，你们把机会全都浪费了。"说完使者不见了。一家三口又回到了使者出现前的状态，没有面包没有猪，孩子饿得直哭。

这是一个童话故事，这个故事告诉我们抱怨不仅不能解决问题，还会把机会白白浪费。一般人都认为"抱怨"只是一种发泄的方式，我们谁能够发誓自己从来没有抱怨过？但如果抱怨的内容不断地重复，那就说明是自己有问题，而且不肯面对问题，只是企图用抱怨来代替正视问题。

女孩小丹带着自己精心制作的作品到一家知名的广告公司面试。小丹抽的面试号是最后一个，等待的过程漫长而紧张，为缓解疲劳，小丹向广告公司的接待人员要了一杯温水。而接待人员在给小丹送水时不小心将杯子打翻了，水全都洒到了那张作品上。

作品变得皱皱巴巴，原本鲜明的线条也变得模糊了。小丹一下子愣住了。该怎么办，这可是面试时要用到的作品，没有作品她怎么向考官解释她的创意和构思呢？小丹知道现在抱怨接待人员没有用，埋怨自己的运气不好更没用。

稍微冷静了一下，她赶紧向接待人员借来了纸和笔。在有限的时间里，她专心地用一张白纸将自己创作的作品简单地再描画了一遍，用另一张白纸将原作品被淋湿的事情大概地叙述了一下。接下来发生的故事就是，小丹从众多的面试者中脱颖而出，被公司录用了。主考官后来跟她说："广告注重创意和变通，你的作品虽然简单但却体现了这点。"

小丹在一次同学会上谈起了这件事，她感慨道："与其抱怨，还不如暂时抛弃那些烦心的事，多想想怎样才能更好、更快地解决问题，这比光在那儿牢骚满腹强上千百倍。"是的，即便退一万步说，如果抱怨能解除自己心中那股怨气，那么适当地抱怨是可以的；但如果怨气出了仍无法解决问题，或无法移除心中那颗石头，那还真是不划算！

其实，更多时候，抱怨不但不能缓解所面临的窘境，反而使原有的烦恼加倍、长久地出现在抱怨者的脑海里。如果有谁主观上想抱怨，生活中的一切都可以成为其抱怨的对象；如果不愿抱怨，换一个角度想问题，就会发现，通过努力，就能改变现状，并获得成功和幸福的体验。因为事情总有两个方面，关键在于你怎么看了。

如果我们的情绪像一间屋子，那么，抱怨就像蟑螂和蚂蚁一样。如果你清扫的方式不对，它们就会出现在每一个你不想看到的地方。若你再不加以阻止，它们还会用一种近乎细菌繁殖的速度扩散。终有一天，你会觉得没看到几只蟑螂和蚂蚁，反倒有点怪怪的。

无论如何，抱怨只会带来负面效应。越抱怨，就会发现值得抱怨的事情越来越多。越多时间抱怨，越少时间改良。一肚子怨气的人，总是散发着一种天怒人怨的气质，会让你觉得跟他相处时，老是有一块黑压压的云遮住你心情的大好晴天；离开他，心情才会"艳阳高照"。

想想你已经拥有的一切

世间有许多东西我们都想拥有，但拥有了，却又不懂得珍惜，只能让它白白逝去。也只有失去了，才会懂得去珍惜，但一切都晚了。对于"拥有"这个词，我觉得我们拥有的东西中，最重要的还是亲人、健康、快乐。其他什么没了都不重要，重要的是你还有关心你的人，还有自己健康的身体与快乐。

智者不为自己没有的悲伤而活，却为自己拥有的欢喜而活。当一切逝去时，不要悲伤、忧虑，想想看，其实你已经拥有了许多。快乐、健康、自我，难道这些还不能让你满足吗？

1928 年，纽约股市崩盘，美国一家大公司的老板忧心忡忡地回到家里。

"你怎么了，亲爱的？"妻子笑容可掬地问道。

"完了！完了！我被法院宣告破产了，家里所有的财产明天就要被法院查封了。"他说完便伤心地低头饮泣。

妻子这时柔声问道："你的身体也被查封了吗？"

"没有！"他不解地抬起头来。

"那么，你的妻子也被查封了吗？"

"没有！"他拭去了眼角的泪，无助地望了妻子一眼。

"那孩子们呢？"

"他们还小，跟这档子事根本无关呀！"

"既然如此，那么怎么能说家里所有的财产都要被查封呢？你还有一个支持你的妻子以及一群有希望的孩子，而且你有丰富的经验，还拥有上天赐予的健康的身体和灵活的头脑。至于丢掉的财富，就当是过去白忙一场算了！以后还可以再赚回来的，不是吗？"

三年后，他的公司再次被《财富》杂志评选五大企业之一。这一切成就源自他妻子的几句话给他带来的启示。

在你感到沮丧的时候，请列出一张详细的生命资产表——

　　你有没有完好的双手双脚？有没有一个会思考的大脑和健康的身体？有没有亲人、朋友、伴侣、孩子？有没有某方面的知识和特长……

把注意力放在你所拥有的，而不是没有的或是失去的部分，你将会发现，原来自己已经够幸福了！

我们很少去想我们所拥有的，反而经常想到我们所没有的。除了那些我们尚未得到的之外，已经拥有的一切，统统变得微不足道，毫不重要了。就因为我们总是关注那些自己没有的，于是，我们变得很不快乐，心心念念地想着、盼着，完全忘记已经拥有的一切有多丰富。

直到有一天，我们失去了原本拥有而视为当然的那些东西之后，我们才恍然大悟，那有多么宝贵。譬如健康，譬如家庭，譬如平安，譬如自由……好好检视一下现在所拥有的，你会赫然发现，自己原来是这般的富有。

当我沮丧的时候，总喜欢想想这段话：我心里难过，因为我没有鞋子，后来我在街上走着，遇见一个没有脚的人。每当我心里为某些不如意而难过时，便想想那些比我们不幸的人，沮丧感立即会减轻许多。在人生许多时候，不管我们遭受何种痛苦，只要把注意力转移到另一个人的痛苦或喜悦之上时，我们本身的痛苦必然会减轻。在医院里，我们常看到相互安慰，彼此鼓励的病人，一个自己走路都不稳当的人，却有能力去扶持另一个人，只因那个人比他更虚弱。当我们在照顾病人的时候，常常分外坚强，因为，我们知道自己被需要。

人的快乐与不快乐，全在于懂得珍惜还是不知感激。懂得珍惜的人，觉得自己拥有好多，好幸福。不知感激的，却老认为自己有的不够多，老看见别人碗里的青菜豆腐，看不见自己碗里的大鱼大肉。我们何不从现在起，就在此刻给自己一点儿时间，好好检视一下自己所拥有的，或许会惊讶地发现，自己原来是这么的富有。世界上最快乐、最幸福的人，是那些懂得惜福的人。

曾听一位名人说过他小时候母亲一直告诫他："不要去想没拿到的东西，多想想自己手里所拥有的。"

在人生道路上，与其费时、费力去想那些自己没有的，不如好好掌握你已经拥有的。别只顾着想要更多，结果连原来有的也失去了。更何况，"有""无""多""少"和"贫""富"，本无一定标准，全在于我们的主观认定，世界上有捧着金饭碗的穷人，天天为财务烦心，但也有孑然一身，空无一物的富人。之所以说他们为富人，不是因为他们拥有丰富的物质财富，而是因为他们对自己的生活感到满足。只要你自己觉得满足，你就是世界上最富有的人。

攀比滋生嫉妒和怨气

代代硕士毕业后很顺利地进入了一家事业单位，不久就与本单位的同事结了婚，小夫妻过着比上不足比下有余的生活，让人羡慕不已。

可是，一天逛街的时候，代代看见了读硕时的同学果果。在学校的时候，两人算是很要好的朋友，而且各方面条件都不相上下，毕业之后就渐渐失去了联系。这次，她看到果果已不再是从前的果果了，开着一辆宝马，派头十足。

本来自我感觉良好的代代，心里突然感觉酸酸的。接下来，她又碰到了果果。在购物中心，代代看到她正在试穿一件价格不菲的貂皮大衣。对代代来说，这种衣服是可望而不可即的。"给我包起来吧，试过的衣服，我都要了！"果果的洒脱更是刺痛了代代的心。随后，果果邀请代代到自己家中玩，但代代没有去，她觉得自己在果果面前，有一种灰溜溜的感觉。

回家后，代代越想越不是滋味。本来大家都在同一起跑线上，现在却有天壤之别，心中的那份失落就别提了。之后，代代无意中得知果果以前被一个已婚的台湾富商包养过，后来被富商的妻子知道了，两个女人还大打出手，她与富商就此也结束了关系。

怪不得她现在这么阔气，大概还是用以前富商给的包养费吧！代代越想越得意，还在同学之中四处散播。一时间，关于果果的流言蜚语在同学们之中传开了。代代听到这些流言的时候，心里才得到了些许平衡。

或许你也有这样的感觉，别人的成功，别人的幸福，别人的春风得意，让你突然感觉到很失落。即使你表面比较平静，但内心同样是波涛汹涌，感觉有一种无形的东西被摧毁了。

这就是嫉妒之心，也就是所谓的攀比现象。爱攀比，比胜了，似乎能证明自己有多么与众不同。爱与别人比较的人实际是一种缺乏自信的表现，总是利用与别人攀比获得自信。有些人往往为了面子，贪图虚荣，追求虚幻的东西。别人有的东西我一定要有，别人敢消费的新东西，我也敢消费。人在物质上有了攀比之后，就会给自己带来不必要的精神和经济负担。许多人都有攀比心理，一般来说女人的攀比心理更严重。

有一位妻子，特别喜欢和别人比较，有一次对丈夫说："隔壁小高是你的同事，他们有的我们一定要有，绝不能输给他们。你知道，他们最近买什么了？"

丈夫回答："他们最近贷款买了一辆车。"

妻子说："那我们也要买一辆。"

丈夫又说："他最近在外还合伙承包了一家饭店。"

妻子说："明天把存款里的钱全取出来，我们也要开一家。"

丈夫接着又告诉妻子："小高他最近……最近……算了，我不想说了。"

妻子立马变脸，说道："为什么不说？怕比不过人家吗？"

丈夫顿感无奈，于是马上小声地跟妻子说："小高他最近换了一个年轻漂亮的太太。"

这时，妻子没有话说了。

这位妻子是可笑的，什么都要和人家攀比，直到最后，听说人家把太太也换了，也就不再攀比了。生活中，很多人都习惯了和别人做比较，但事实上，每个人都有自己的长处，也都有自己的短处。人和人之间其实没有太大的可比性，盲目地和人家攀比，只会给自己增加一些无谓的烦恼。

　　如果你也是一个爱攀比的人，一个试图攀比的人，那么停下你的脚步吧！别让虚荣阻碍了你享受生活的权利。攀比虽然让你的虚荣心得到了暂时的满足，可为了这满足你却付出了多大的代价：想方设法、不择手段、焦头烂额、心神交瘁，更大的代价是你忘了生活中还有比攀比更重要的事情。

　　跳出"与别人比较"的模式，自己和自己比。每个人的生活方式不一样，应该根据自己的实际情况，踏踏实实地过好自己的生活。跳出"与别人比较"的模式，而成为与"自己比较"的独立的自我。人和人的差异是巨大的，时尚杂志里艳光四射的模特和成功的比尔·盖茨常人自是无法比拟，没法儿跟他们较劲，但总能跟自己比吧，只要今天的自己比昨天的自己好，或者不比昨天的自己差就好了。

　　想想攀比最后给你带来了什么。与别人攀来比去，你最后除了虚荣的满足和失望之外，还剩下什么？有没有意义？是徒增烦恼还是有所收获？这种毫无意义的攀比，为什么还滋生在你的脑海里，为什么还不快点摆脱掉？

　　看到别人的腾达，但不攀比、不嫉妒，送上自己的祝福和羡慕，只是不断地鼓励自己，努力地改善自己的生活状态，但绝不强求自己。没有贪婪之心，拥有一点点就很知足了，这种平静的、自然的、真实的、健康的、积极向上的生活，才是真正的生活。

　　无尽的攀比给自己带来的只是或嫉妒，或怨气，或烦恼，或痛苦，为何要让这些消极情绪来吞噬自己的生活呢？尽快地从攀比的牢笼里走出来吧，给自己一个快乐、知足的生活态度。

赢得起，也要输得起

人生难免失败，做一个人不仅要能赢得起，同时也应输得起。因为胜败实乃兵家常事，也是人生常事。能以客观、平常心去看待这种胜负，不那么计较成败，便可在糊涂时，拥有良好的心情。才不至于在胜利时冲昏头脑，在失败时，耿耿于怀，一蹶不振。

在一次残酷的长跑角逐中，参赛的有几十个人，他们都是从各路高手中选拔出来的。

然而最后得奖的名额只有 3 个人，所以竞争格外激烈。

一个选手以一步之差落在了后面，成为第四名。

他受到的责难远比那些成绩更差的选手多。

"真是功亏一篑，跑成这个样子，跟倒数第一有什么区别？"

这就是众人的看法。

这个选手若无其事地说："虽然没有得奖，但是在所有没得到名次的选手中，我名列第一！"

谁说跑第四名跟跑倒数第一没有什么区别！在竞争中，自信的态度，远比名次和奖品更为珍贵。赢得起，也输得起的人，才能够取得大的成就。

如果你不能将输赢看淡，而是格外认真地去计较这一切。结果很有可能会事与愿违。

周谷城先生有一次在接受记者采访时，记者问他："您的养生之道是什么？"他回答说："说了别人不信，我的养生之道就是'不养生'三个字。我从来不考虑养生不养生的，饮食睡眠活动一切听其自然。"他讲得太好了，对比那些吃补药吃出毛病来的，练功练得走火入魔的……他的话很清楚地说明了糊涂做人的深意。

1996 年英国举行的欧洲杯足球锦标赛半决赛，竞争双方分别是德国队和英格兰队。英格兰队状态极佳，又是在家门口比赛，志在必得。德国队当时也处在高峰时期。90 分钟内两队踢了个平局，加时又是平局，最后只得点球大战决胜负。英格兰队极兴奋，每踢进一个点球球员就表露出兴奋若狂不可一世的架势，而德国队显得很冷静，踢进一个点球也基本上无甚反应。后来，英格兰队输了。一位中国足球评论员说："英格兰队太想赢了，所以反而输了。"

18 世纪英国查斯特·菲尔德勋爵说："一个富足的个性，在生活中能够笑看输赢得失。他们深信自然和自己的潜能足以实现任何梦想，认为一个成功者周围倒下千百个失败者是不成功的，真正有效的成功者，只在自己的成功中追求卓越，而不把成功建立在别人的失败上。"有首禅诗写道："尽日寻春不见春，芒鞋踏遍陇头云。归来笑拈梅花嗅，春在枝头已十分。"当我们拼命在物质世界中寻求快乐的时候，往往忽略了我们的内心世界——自己的精神家园，而当我们真正静下心来，重新审视自己的时候，却会发现，真正的快乐只来自自己内心的安详。

人生无论成败，都没有什么值得牢记于心的。糊涂一点儿，尽快忘记那些过去的不快记忆，才会少一些压力，以后的路才能走得更顺畅。

每个人都不必总乞求阳光明媚，暖风习习，要知道，随时都会狂风大作，乱石横飞，无论是哪块石头砸了你，你都应有迎接厄运的气度和胸怀，在打击和挫折面前做个坚强的勇者，跌倒了再重新爬起来，将自己重新整理，以勇者的姿态迎接命运的挑战。

人生苦短，由此我们不难联想到，云南大理白族的三道茶，就是一苦二甜三淡，它象征了人生的三重境界。苦尽才能甜来，随之才有散淡潇洒的人生，才会不屈服于挫折的压力，开创大业，迎来人生的辉煌。

用发自内心的感恩代替抱怨

俗话说："希望越大失望越大。"当人的期望值越高，而现实却迥然不同，心理落差太大时，人们难免会怨气冲天。

按照惯例，许多公司都会在春节前发放年终奖金。因此，春节来到之前的这个星期，老刘异常兴奋。他想起自己这一年早来晚归、兢兢业业地为公司工作，连妻子和女儿都照顾不上，心里盘算着奖金肯定少不了。有了这笔钱自己就可以给家中购置很多春节礼物了，于是，老刘每天都是早早就来到公司。

终于，星期三，老板把装着奖金的红纸包发给每一位员工。当老刘打开时，简直不能相信自己的眼睛：只有五百块钱？他简直不敢相信自己的眼睛："这够塞牙缝吗？"一瞬间，失望、不平和愤怒一起涌向他的心头。"太不公平了，老板太抠门了！"当下，老刘就有了辞职的念头。

在职场中，有些员工总是喜欢抱怨，抱怨工作压力大、不被公司重视、上司很苛刻、公司存在很多问题等。而抱怨自己的薪水低是最普遍的问题。但是抱怨能解决问题吗？抱怨能感动老板发慈悲多发薪水吗？恐怕这种情况发生的概率很小。如果你对目前的薪水大肆抱怨，不满就会表现在工作中，对工作不认真、不负责，失去工作动力，结果工作做不好，薪水上涨当然是不可能的。所以越是抱怨，你的薪水越是难有上涨的机会。

其实，要改变自己爱抱怨的弱点，有一个秘方就是感恩。

职场中，那些对老板、对同事、对工作充满怨气的员工缘于没有一颗感恩的心。他们没有认识到是老板给他们工作的环境和机会，没有感受到是同事给予他们工作上的支持和协作，没有体会到是工作提供给他们成长的空间和生存的土壤，反而把自己黄金般宝贵的光阴，浪费在一大堆无用的指责埋怨上，这是人生最悲哀的事情。当他们怀着消极的心态、着眼于企业的不足时，会感到心情郁闷、精神不振、没有心思和精力努力工作。

英国作家萨克雷曾说过："生活就是一面镜子，你笑，它也笑；你哭，它也哭。"此时，你不妨换个角度来考虑问题，想一下，企业给了你什么好处和利益？企业有什么值得称道的？

在激烈的市场竞争中，一家企业能够在竞争激烈的市场中占有一席之地，就说明它有相当的优势，能够为员工提供生存发展的机会。对此，作为企业的员工应抱着感激之心，感激你从企业得到的一切，感激企业给了你赖以生存的工作和发展的平台，一定的社会地位等。这些，都是生活幸福、安定的基础。因此，不要抱怨这些不足，而要看到长处，包容短处。因此，停止抱怨，心怀感恩，把精力都用在工作上、用在想尽办法解决问题上，企业不愁发展不了，你也会有更好的明天。

总之，感恩是一种生活态度，一种处世哲学，一种智慧品德。感恩，不仅仅是感激别人的恩德，更是一种生活的态度。感恩不纯粹是一种心理安慰，也不是对现实的逃避，感恩是一种歌唱生活的方式，它来自对生活的爱与希望。因此，无论生活还是生命，都需要感恩。

也许你会说，我想不到有什么值得感恩的，生活欺骗了我，成功抛弃了我。那么，下面这个童话故事会让我们明白许多感恩的道理。

一位残疾人来到天堂，找到了上帝。抱怨上帝没有给他健全的四肢。于是，上帝给残疾人介绍了一位朋友，这个人刚刚死去不久，刚升入天堂。他对残疾人说："珍惜吧！至少你还活着。"

一位官场失意的中年人来到天堂找上帝，抱怨上帝没有给他高官厚禄。上帝就把那位残疾人介绍给他，残疾人对他说："珍惜吧！至少你四肢健全。"

一位年轻人来到天堂，质问上帝为什么自己总是得不到别人的重视。上帝就把那位官场失意的中年人介绍给他，他对年轻人说："珍惜吧！至少你还年轻。"

这些人忽然感到自己身上竟然有这么多异于他人的优点，值得他人羡慕，于是不再抱怨，很感激自己的父母了。

人生一世，不可能孤立存在，在生存的环境中，我们的每一步成长，每一次的成功都是在亲情、友情的烘托下取得的。我们有什么理由不感恩呢？

拥有一颗"感恩"的心，就会善于发现事物的美好，感受平凡中的美丽：注意并记住生活中美好的事情，你就会有很多正面情绪，让你感到生活幸福，并对生活充满感激和希望，并且这些正面情绪开始深入你的潜意识生根发芽。

感恩是对人生的一种态度，更是对自己的态度。常想着他人的恩惠，忽略种种的不快，珍惜身边点点滴滴的爱，是对别人的尊重，更是对自己的尊重。在你学会感恩的同时，你已经爱上了这个世界。当你心存感恩的时候，就会发现生活之美。在顺境中感恩，在逆境中依旧心存喜乐。如果在我们的心中培植一种感恩的思想，则可以沉淀许多的浮躁、不安，消融许多的不满与不幸。

拥有一颗感恩的心，能让你的生命变得无比珍贵，更能让你的精神变得无比崇高！常怀感恩之心，会让我们珍惜所有的一切，会让我们的生活充满阳光和快乐。学会感恩，我们会永远工作和生活在幸福之中。

停止抱怨，做好自己的工作

在职场中，如果你总是抱怨，那么梦想就会离你越来越远。可是，无论在哪个单位，无论是什么职位，总是能听到一些抱怨的声音：

——这份工作太没意义了，在这儿工作简直是在浪费青春！

——老板也太抠了，工资那么点，还没白天没黑夜的加班，简直把我们当驴使！

——在这儿学不到一点儿东西，再待下去的话，自己也会变成个一无所知的智力障碍者。

——办公室人际关系太复杂了，大家表面看起来和和气气的，可是背地里却勾心斗角，说对方的坏话，这种气氛真让人压抑。

——这家公司前途渺茫，看来没什么发展空间了。

……

抱怨工作的乏味，抱怨上司的严厉，抱怨老板没人情味儿……发泄一通自然能解一时之气，但是自己目前的状况始终没有改变，面临的问题也始终没有得到解决。

每个人都希望自己能有一份高薪水、离家近、干活儿少，最好能经常旅游且人际关系很简单的工作。有很多人总是羡慕 Google 公司的职员，因为 Google 公司的职员享受的待遇和福利堪称一流。

比如：高额的薪水；一流的办公环境；和气的上司；一日三餐都有五星级厨师随时待命，而且完全免费；零食包括巧克力、酸奶、水果随用随取；还可以带着自己心爱的宠物上班；如果累了可以做免费的按摩；每天有百分二十的时间做自己想做的事情……这样的工作环境每个人都向往。但是，Google 不是慈善机构，免费享受那些待遇的前提是能为公司创造出巨大的商业利润，或者是德才兼备的人员。你不妨扪心自问：如果你去 Google 上班，你觉得你能胜任吗？如果你总是抱怨，无论在什么公司，都不会有好的发展。不仅得不到发展，而且还会让很多机会溜走。

国华是从一所名牌大学毕业的，工作能力超强。但是，他最近却休息在家，每个月只拿几百块的失业补助，他才 35 岁啊，为什么就不去上班工作了？

原来，国华以前在一外企工作，刚开始，领导很器重他，上班没多久，就提拔他当了部门主管，两年后，又提拔他为副经理。国华虽然工作能力超强，但是他有个毛病，那就是爱抱怨牢骚。对于国华的这点儿毛病，领导认为他会慢慢地改掉的。可是，自从当了副经理之后，国华不仅没有改掉这个毛病，还变本加厉，甚至当着领导的面无休止地抱怨。领导越来越看不惯他了，认为一个总喜欢抱怨的人是不适合在公司发展的，慢慢地，就冷落他了，先是撤了他的副经理职位，随后又撤了他的主管职位。这种情况下，国华的抱怨更多了，不但自己消极怠工，还影响别人做事，最后，领导劝他先回家休息休息，实际上等于是让他辞职了。

如果国华能改掉这种发牢骚的毛病，凭借他的能力，找一个好工作是不成问题的。之后的国华也陆续去了几家单位上班，刚开始，领导也是很赏识和重视他，可是，他的缺点始终改不了，结果同样是遭到了冷落，他受不了冷落，一气之下就又不干了。

……

如果想在自己的工作岗位上有所作为，那就踏踏实实地工作，因为那些在事业上有所建树的人们从不抱怨公司，而是认真干好自己的本职工作，最终通过努力和业绩来证明自己的价值。

罗宁毕业之后，先在一家小文化公司做打字员。虽然只是一个小打字员，罗宁却并没有因为不起眼的工作岗位而抱怨，而是暗自下决心："既然要当打字员，那就一定要把打字员的工作做好。"当然，这是她一向的做事态度。

有一次，老总给了她一份手写稿，要得很急，要她第二天交上来，五十多页啊，而且手写稿字迹潦草，很难辨清。面对如此让人头疼的工作，罗宁没有抱怨，加了一晚上的班终于赶出来了，而且工作做得相当细致，有些字辨别不出，她都用颜色标注了一下，老总看后相当满意。之后，老总对罗宁的印象加深了。

由于谦虚、勤奋、好学，在很短的时间内，罗宁便得到了提升，先后担任了编辑部主任、公司总经理等职位。

无论何时何地，无论从事什么工作，罗宁总是坚持"做好本职工作"这一原则，努力提高自己的能力。对于问题，她总能一眼找出症结所在。最后，她被大公司高薪聘走。

既然选择了这项工作，那就要努力把它做好。但是很多人对于自己的工作总是不屑一顾，充满了抱怨，而且总是叹息自己怀才不遇，或者抱怨得不到应有的待遇。其实，只要认真努力地把自己的本职工作做好，你会发现你的世界变得豁然开朗。

那些经常抱怨自己工作的人，应该懂得：

一味地抱怨并不能解决任何问题。只是抱怨发牢骚，那你的工作就可以跳过去不用做了吗？当然这是不可能的，因为不管你的心情如何，你的工作迟早还得由你来完成，既然这样，那为什么还要抱怨，让大家的心里都不舒服？想一想，有那些发牢骚的工夫，还不如启动智慧的大脑去想想办法，分析一下事情为什么会这样？怎样才能如愿以偿？……

经常抱怨的人没人缘。如果你总是抱怨、发牢骚，相信你的同事也不愿意和你一起共事，因为面对一个絮絮叨叨、满腹牢骚的人对任何人来说都是一种痛苦。而且，太多的抱怨不仅无法解决问题，而且更加证明你的无能，只有无能的人才只知道抱怨，把一切不顺归咎于种种客观因素。如果对上司交付的工作也总是推来推去、嘟嘟囔囔，他也许会认为你心里对工作很不满意，不足以托付重任，这样的一个大好机会也就溜之大吉了。

抱怨会伤人。相信任何人都不愿意听满腹牢骚的人抱怨，即使是你的兄弟姐妹，面对你的抱怨也是敬而远之，更何况是你的同事呢？很多人都会介意你的态度，大家都不愿意对你的冷言冷语一再宽容，因为每个人都愿意听一些积极向上、美好的东西，那些尖酸刻薄的话语只会伤到人。

想一想吧，任何的抱怨都是无济于事的，而且还会伤到别人，既然都已经做了，就心甘情愿些吧，如果只是一味地抱怨，还会使你的功劳被埋没，何苦呢？

无论你的理想是什么，也无论你的人生目标有多高，但你需要做的就是把眼前的工作做好，然后才有资格考虑其他的。当然，对于眼前比较琐碎的工作，你不要眼高手低、好高骛远，甚至不肯在基层工作中投入精力，这不仅仅是对工作的不负责任，也是对自己将来发展的不负责任。因为任何人的成功都是由小到大积累起来的，任何人都不可能一步登天，只有循序渐进地积累实力，从最平凡、最基础的工作做起，才能最终实现职业梦想。

第二章
当不公平从天而降

一味愚蠢地强求始终公平，是心胸狭隘者的弊病之一。

——爱默生（美国思想家、文学家）

生活是不公平的，你要去适应它。

——比尔·盖茨（美国企业家）

并没有绝对的公平

为什么晋升的是他而不是我？为什么我对你这样好你却要那样对待我？为什么为什么为什么……"这不公平!"——不少人在承受不公平待遇的时候，都会怒气冲冲。在强烈怒气的支配下，人最容易失去理智而冲动，做出一些连自己也会后悔的出格事情来。

谁会愿意承受不公平呢？但人世间的纷纷扰扰，又岂是"公平"二字能规范得了的？生不公平，有人生于富贵人家，有人生于白屋寒门；死不公平，有人英年早逝，有人寿比南山。生与死都不公平，我们又拿什么来要求处于生死之间的人生旅程中事事公平？

看了上面的话，也许有人很沮丧：难道人世间就没有了公平吗？不是的，人世间不仅有公平而且在绝大多数情况下是公平的。正是因为有了公平的存在，我们才能看到不公平；也正因为公平存在于大多数情况之中，不公平才会如此刺眼。

值得注意的是，公平需要放在一个较长的时间系统里去看。社会是公平的，但我们不可能任何时候、任何地点、任何事情都强求绝对的公平。山有高有低，水有深有浅。这个世界，不存在绝对的公平。如果我们事事要求公平，必然会陷入愤怒与过激之中。爱默生说："一味愚蠢地强求始终公平，是心胸狭隘者的弊病之一。"

付出一定会有回报吗？

有道是"一分耕耘一分收获"，或云"世间自有公道，付出总有回报"，但是真正的现实生活中是这样的吗？

不是每一朵花儿，都能有结出饱满的果实；不是每一份付出，都有回报。或许更多的时候，我们的付出没有什么回报，一切付出终于只是"付之东流"。当你总是用真诚去关心、了解别人时，收到的却是冷漠；当你做什么都总是为别人着想时，别人却认为这是理所当然的事……

付出没有回报的原因有很多。原因之一是你的付出投错了地方，就像你想要在死海中钓一尾虹鳟鱼一样，怎样的努力也白搭，因为你根本就将力气用错了地方。你不改变策略，你的付出就注定会打水漂。世界万物的运动都是有规律的。人们不管做什么事情，都要尊重客观世界的规律，遵循客观世界的规律。凡是违背客观世界规律的事，不管付出多少，最后的结局必然是失败，而且付出越多失败越惨。

此外，就算你将努力与付出用对了地方，也不见得一定有回报。三月播种四月插田，农民年年忙碌在田间地头，但一场突如其来的暴雨就足以让他们颗粒无收，甚至于无家可归，还提什么回报啊！

不是所有的春华都会有秋实，不是全部的付出都有回报。不要再执着于"付出总有回报"之中，否则一旦付出之后没有回报，便会心有不平，大发牢骚，怨天尤人，诅咒老天不公。人在这种心态与情绪之中，最容易走极端。

然而，尽管付出不一定有回报，但这绝不能成为我们懒惰颓废的借口，因为不付出就一定没有回报。有则笑话是这样的：一个人整天拜着菩萨，请求菩萨保佑他的彩票中大奖。可是他拜了很多次菩萨，愿望还是没有实现。这个人终于气愤地质问菩萨为什么不保佑自己。菩萨说："我也想帮你一回，但你也得先买彩票，我才能让你中奖啊！"透着几分荒唐的笑话，其实也说明了一个道理：不付出就一定没有回报！

既然付出不一定有回报，而不付出一定没有回报。我们当然只有选择付出了。只是，在付出没有得到回报的时候，不要过于生气，要冷静地想一想原因。事实上，我们的付出没有回报很多时候是一个表象，有些回报是无形的。爱迪生发明灯丝时付出了 N 次还没有回报，但爱迪生认为他有回报——他知道了 N 种材料不适合制作灯丝。果然，他在第 N+1 次实验时成功了。

如果你对于付出与回报之间的关系能够清楚了解，那么在付出很多依然没有得到自己想要的东西时，也就不会有那么多的不平，也就不会轻易滋生出冲动。

以平和心对待不公

我们生活在一个社会群体之中，一个社会必须有合理的法律、规则与道德标准等来相互约束，以维持一个良好的社会秩序。在我们的生活中，大家都习惯于时时处处去寻求一种公道与正义，一旦感到失去了公正，他们就会愤怒、忧虑或者失望，并因此而产生报复与反击的冲动。

人们常说"世间自有公道在"，但现实的结果是，寻求绝对的公道就像寻求长生不老一样。我们周围的世界——不管是自然界还是人类——本身不可能是一个完全公平的世界。鸟吃虫子，这对于虫子来说是不公正的；蜘蛛吃苍蝇，对于苍蝇来说也是不公正的；美洲狮吃小狼，狼吃獾，獾吃老鼠，老鼠吃蟑螂……

只要环顾一下大自然，就不难看出，世界上很多现实是无法用公道衡量的。倘若人们强求世上任何事物都得公平合理，那么所有生物连一天都无法生存——鸟儿就不能吃虫子，虫子就不能吃树叶，世界就得照顾到万物各自的利益。所以，我们寻求的完全公道只不过是一种海市蜃楼罢了。整个世界以及世界上的每个人都会遇到各种各样的不公道。面对这些不公道，你可以高兴，可以怨恨，可以消极视之……但那些不公道现象依然会永远存在下去。

这里，我们提出的并不是什么大儒哲学，而是对客观世界的一种真实描述。绝对的公道是一个脱离现实的概念，当人们追求自己的幸福时尤其如此。许多人会问：难道生活中就不存在任何正义感了吗？他们常常会说：

"这是不公平的。"

"如果我不能这样做，你也没有权利这样做。"

"我会这样对待你吗?"

……

人们渴求公道，但一旦他没有得到公道时就会表现出一种不愉快。讲求正义、寻求公道，这本身并不是一种误区性的行为，但如果你一味地追求正义和公道，未能如愿便消极处世，这就构成了一个误区——一种自我挫败性行为。当然，这一误区并不是指寻求公道的行为本身，而是指由于不公道的现实存在而使自己产生的一种惰性。

不公道现象的存在是必然的，当你无法改变这一现实时，你可以努力改变自己，不让自己因此而陷入一种惰性，并可以用自己的智慧进行积极的斗争。首先争取从精神上不为这种现象所压垮，然后努力在现实中消除这种现象。

在我们的生活与工作中，经常会听到有人如此发泄："这简直太不公平了!"——这是一种比较常见、但又十分消极的抱怨。当你感到某件事不太公平时，必然会把自己同另一个人或另一群人进行比较。你可能会想:

"既然他们能做，我也能做。"

"你比我得到的多，这就不公平。"

"我没有那样做，你为什么可以那样做?"

……

渴求公正的心理可能会体现在你与他人的关系中，妨碍你与他人的积极交往。不难看出，你是在根据别人的行为来衡量自己的得失。如果这样，支配你情感的就是别人，而不是你自己了。如果你未能做别人所做的事情，并因此而烦恼，你就是在让别人摆布你。每当你把自己同别人进行比较时，你就是在玩"不公平"的游戏，这样你采取的就是着眼于他人的外界控制型思维方法。

强求公正是一种注重外部环境的表现，也是一种避而不管自己生活的办法。你可以确定自己的切实目标，着手为实现这一目标采取具体行动，不必顾忌不公平的现象，也无须考虑其他人的行为和思想。事实上，人与人之间总会存在一定的差异。别人的境遇如果比你好，那你无论怎样抱怨也不会改变自己的境遇。你应该避免总是提及别人，不要总是拿望远镜瞄准别人。有些人工作不多，报酬却很高；有些人能力不如你强，却得到晋升。然而，只要你将注意力放在自己身上，不去同别人比来比去，你就不会因周围的不平等现象而烦恼。各种误区性的行为都有一个相同的心理根源——他们把别人的行为看得更加重要。如果你总是说"他能做，我也可以做"，那你就是在根据别人的标准生活，你永远不可能开创自己的生活。

在现实生活中，我们可以明显地看到一些"渴求平等"的行为。你只要稍加观察，就会发现自己和别人身上存在许多这种行为的缩影。下面是一些较为常见的例子：

抱怨别人与你干得一样多，但工资却拿得比你多。

认为那些著名歌星的收入太高，这实在不公平，并因此感到恼火。

认为别人做了违法乱纪的事时总是可以逍遥法外，而你却一次也溜不掉，因此感到十分不平。

总是说："我会这样对待你吗？"其实就是希望别人都同你一模一样。

总要报答别人的友善行为。你要是请我吃饭，我也应该回请你，或者至少送你一瓶酒。人们常常认为这样做才是懂礼貌、有教养。然而，这实际上仅仅是保持公平对待的一种做法。

在爱人对你表示亲热之后，总要回吻，要不就是说"我也爱你"，而不会自己选择表达感情的时间、方式和场所。这说明在你看来，接受了别人的亲吻或"我爱你"而没有相应的表示，就是不公平的。

即使自己不愿意，也会出于义务去做对方想要的回应，因为没有一点儿合作精神太不近情理。这样，你就不是根据自己在具体情况下的意愿，而是根据公平对等的原则而生活。

对任何事情都要求前后一致，始终如一。爱默生曾说过这样一句话："……一味愚蠢地要求始终如一，是心胸狭隘者的弊病之一。"倘若你坚持始终如一地以"正确"方式做事，就很可能属于心胸狭隘的一类人。

在争论时，非要辩出个明确的结论：胜利的一方就是正确的，失败的一方则应承认错误。

以"不公平"的论据来达到自己的目的。"你昨晚出去了，今晚让我等在家里就太不公平了。"要是对方不接受你的意见，就愤愤不平。

做自己本不愿意做的事情（如带孩子上街玩、周末去父母那儿或给邻居帮忙），因为你担心不这样做会对孩子、父母或邻居太不公平了。其实，不要将一切问题都归罪于不公平的现象。应该客观地考虑一下你为什么不能根据自己的情况做出适当的决定。

认为"如果他能这样做，我也可以这样做"，用别人的行为来为自己辩解。你可能用这种误区性理由解释自己的作弊、偷窃、欺诈、迟到等不符合你的价值观念的行为。例如，在公路上开车时，一辆车把你挤到了路边，你也要去挤他一下；一个开慢车的人在前面挡了你的路，你也要赶上去挡他一下；迎面来车开着大灯晃了你的眼，你也要打开自己的大灯。实际上，你是因为别人违反了你的公正观念，而拿自己的性命赌气。这就是在孩子们中间经常出现的"他打了我，所以我要打他"的做法，而孩子们则是在多次见到父母的类似行为之后才学会这样做的。

每每收到礼品，都要回赠对方一件价值相当的东西，甚至加倍报答。坚持在各方面与别人保持对等，而不考虑自己的具体情况。"事物毕竟应该是公平对待的。"

上面就是我们在"公正"之路上可以见到的一些具体情形。在这里，你同身边的人都多少会受到一些震动，因为你们头脑中有一种完全不现实的概念：一切都必须是公平合理的。

别踢"仇恨袋"

一位妇人同邻居发生了纠纷，邻居为了报复她，趁黑夜偷偷地放了一个花圈在她家的门前。

第二天清晨，当妇人打开房门的时候，她震惊了。她并不是感到气愤，而是感到仇恨的可怕。是啊，多么可怕的仇恨，它竟然衍生出如此恶毒的诅咒！竟然想置人于死地而后快！妇人在深思之后，决定用宽恕去化解仇恨。

于是，她拿着家里种的一盆漂亮的花，也是趁黑夜放在了邻居家的门口。清晨邻居打开房门，一缕清香扑面而来，妇人正站在自家门前向她善意地微笑着，邻居也笑了。

一场纠纷就这样烟消云散了，她们和好如初。

冤冤相报何时了？宽容他人，除了不让他人的过错来折磨自己外，还处处显示着你的淳朴、你的坚实、你的大度、你的风采。那么，你将永远拥有好心情。只有宽容才能治愈不愉快的创伤，只有宽容才能消除一些人为的紧张。学会宽容，意味着你不会再心存芥蒂，从而拥有一份流畅、一份潇洒。

在生活中我们难免与人发生摩擦和矛盾，其实这些并不可怕，可怕的是我们常常不愿去化解它，而是让摩擦和矛盾越积越深，甚至不惜彼此伤害，使事情发展到不可收拾的地步。

用宽容的心去体谅他人，把微笑真诚地写在脸上，其实也是在善待自己。当我们以平实真挚、清灵空洁的心去宽待别人时，心与心之间便架起了相互沟通的桥梁，这样我们也会获得宽待，获得快乐。

古希腊神话中有一位大英雄叫海格里斯。一天他走在坎坷不平的山路上，发现脚边有个袋子似的东西很碍脚，海格里斯踩了那东西一脚，谁知那东西不但没被踩破，反而膨胀起来，加倍地扩大着。海格里斯恼羞成怒，操起一根碗口粗的木棒砸它，那东西竟然长大到把路都堵死了。正在这时，山中走出一位圣人对海格里斯说："朋友，快别动它，忘了它，离开它远去吧！它叫仇恨袋，你不犯它，它变小如当初；你侵犯它，它就会膨胀起来，挡住你的路，与你敌对到底！"

人在社会上行走，难免与别人产生摩擦、误会甚至仇恨，但别忘了在自己的仇恨袋里装满宽容，那样你就会少一分阻碍，多一分成功的机遇。否则，你将会永远被挡在通往成功的道路上，直至被打倒。

《百喻经》中有一则故事：

有一个人心中总是很不快乐，因为他非常仇恨另外一个人，所以每天都以嗔怒的心，想尽办法欲置对方于死地。

为了一解心头之恨，他向巫师请教："大师，怎样才能化解我的心头之恨？如果画符念咒可以损害仇恨的人，我愿意不惜一切代价学会它！"

巫师告诉他："这个咒语会很灵，你想要伤害什么人，念着它你就可以伤到他；但是在伤害别人之前，首先伤到的是你自己。你还愿意学吗？"

尽管巫师这么说，一腔仇恨的他还是十分乐意，他说："只要对方能受尽折磨，不管我受到什么报应都没有关系，大不了大家同归于尽！"

为了伤害别人，不惜先伤害自己，这是怎样的愚蠢？然而现实生活中，这样的仇恨天天在上演，随处可见这种"此恨绵绵无绝期"的自缚心结。仇恨就像债务一样，你恨别人时，就等于自己欠下了一笔债；如果心里的仇恨越来越多，活在这世上的你就永远不会再有快乐的一天。

"冤家宜解不宜结。"只有发自内心的慈悲，才能彻底解除冤结，这是脱离仇恨炼狱最有效的方法。

作家摩罗在《把敌人变成人》一文中曾转述了1944年苏联妇女们对待德国战俘的场景。

这些妇女中的每一个人都是战争的受害者，或者是父亲，或者是丈夫，或者是兄弟，或者是儿子在战争中被德军杀害了。

战争结束后押送德国战俘时，苏联士兵和警察们竭尽全力阻挡着她们，生怕她们控制不住自己的冲动，找这些战俘报仇。然而，当一个老妇人把一块黑面包不好意思地塞到一个疲惫不堪的、两条腿勉强支撑得住的俘虏的衣袋里时，整个气氛改变了，妇女们从四面八方一齐拥向俘虏，把面包、香烟等各种东西塞给这些战俘……

叙述这个故事的叶夫图申科说了一句令人深思的话："这些人已经不是敌人了，这些人已经是人了……"

这句话道出了人类面对苦难时所能表现出来的最善良、最伟大的生命关怀与慈悲，这些已经让人们远远超越了仇恨的炼狱。

如果一个人心中时时怀着仇恨，这仇恨就会像海格里斯遇到的仇恨袋一样，一次次地放大，一次次地膨胀，总有一天它会隐藏你内心的澄明，搅乱你步履的稳健。

退一步海阔天空

记得这是一位外国学者的话，意思是说：会生活的人，并不一味地争强好胜，在必要的时候，宁肯后退一步，做出必要的自我牺牲。

历史上有许多这样的例证。

清河人胡常和汝南人翟方进在一起研究经书。胡常先做了官，但名誉不如翟方进好，在心里总是嫉妒翟方进的才能，和别人议论时，总是不说翟方进的好话。翟方进听说了这事，就想出了一个应付的办法。

胡常时常召集门生，讲解经书。一到这个时候，翟方进就派自己的门生到他那里去请教疑难问题，并一心一意、认认真真地做笔记。一来二去，时间长了，胡常明白了，这是翟方进在有意地推崇自己，为此，心中十分不安。后来，在官僚中间，他再也不去贬低翟方进而是赞扬了。

明朝正德年间，朱宸濠起兵反抗朝廷。王阳明率兵征讨，一举擒获朱宸濠，建了大功。当时受到正德皇帝宠信的江彬十分嫉妒王阳明的功绩，以为他夺走了自己大显身手的机会，于是，散布流言说："最初王阳明和朱宸濠是同党。后来听说朝廷派兵征讨，才抓住朱宸濠以自我解脱。"想嫁祸并抓住王阳明，作为自己的功劳。

在这种情况下，王阳明和张永商议道："如果退让一步，把擒拿朱宸濠的功劳让出去，可以避免不必要的麻烦。假如坚持下去，不做妥协，那江彬等人就要狗急跳墙，做出伤天害理的勾当。"为此，他将朱宸濠交给张永，使之重新报告皇帝：朱宸濠捉住了，是总督军们的功劳。这样，江彬等人便没有话说了。

王阳明称病休养到净慈寺。张永回到朝廷，大力称颂王阳明的忠诚和让功避祸的高尚事迹。皇帝明白了事情的始末，免除了对王阳明的处罚。王阳明以退让之术，避免了飞来的横祸。

如果说翟方进以退让之术，转化了一个敌人，那么王阳明则依此保护了自身。

以退让求得生存和发展，这里蕴含了深刻的哲理。

老子曾说过："道常无为而无不为，侯王若能守之，万物将自化。"意思是说，"道"永远是顺其自然不妄为，侯王如果能守住这样的"道"，万物就将自生自长。"为"代表"有"，"不为"代表"无"，只有顺应自然不妄为才能化无为有，万物和谐。

为了论证这个道理，老子进行了哲学的思辨：许多辐条集中到车毂，有了毂中间的空洞，才有车的作用；揉捏陶泥作器皿，有了器皿中间的空虚，才有器皿的作用；开凿门窗造房屋，有了门窗中间的空隙，才有房屋的作用。所以，"有"所给人的便利，完全靠着"无"起作用。

就是说，"无"比"有"更加重要。不仅客观世界的情况如此，人的行为也是如此。人的"无为"比"有为"更有用，更能给人带来益处。一味地争强好胜，刀兵相见，横征暴敛，"有为"过盛，最终只能落得个身败名裂的下场。

当然，老子贬"有为"扬"无为"的做法，并非完全正确。就社会生活而言，积极奋斗、努力争取、勇敢拼搏、坚持不懈的行为，其价值和意义，无疑是值得肯定的。但应该看到，人生的路并不是一条笔直的大道，面对复杂多变的形势，人们不仅需要慷慨陈词，而且需要沉默不语；既需要穷追猛打，也需要退步自守；既应该争，也应该让，如此等等。一句话，"有为"是必要的，"无为"

也是必要的。就此而言，老子的无为思想，具有极其重要的意义。

然而，在人生的旅途中，应该什么时候"有为"，什么时候"无为"呢？"无为"和"有为"的选择取决于主客或敌我双方的力量对比。当主体力量明显占优势，居高临下，以一当十，采取行动以后，可以取得显著的效果时，应该"有为"。而当主体处在劣势的位置上，稍一动作，就可能被对方"吃掉"，或者陷于更加被动的境地，那么，便应该以退为进，坚守"无为"方是。"无为"只是一种权宜之计、人生手段，待时机成熟，成功条件已到，便可由无为转为有为，由守转为攻，这就是中国古人所说的屈伸之术。

为此，我们提醒那些想建功立业的人，在人生大道的某一个点上，只有退几步，方能大踏步前进！

不能无限度地忍让

做人要"忍"，然而忍耐过分也并不可取。过分地忍，会给我们带来许多的不幸、麻烦、痛苦，甚至是耻辱；过分地忍，已经使不少老实人的骨骼中缺少了"钙"的成分，忍到了不能再忍的程度；过分地忍，也使我们缺乏活力，缺乏向前闯的勇气；过分地忍，还是造成冲动的一个原因……

具体来说，过分地忍会产生什么样的结果呢？

第一，如果一个人只会过分地忍、一味地忍，那么他就会变成一个缺乏个性的人。人需要自己的个性，需要自己的风格，只有这样才能使自己的人生丰富多彩。对于那些忍到了极端的人来说，只是为忍而忍，将忍看作是一种目的，而不是一种手段。因此，只是逆来顺受，只会压抑自己，自己想说的话不能说，自己想干的事不能干，处处受到干涉和阻止，一点儿都不能发展自己。这样的忍，是以牺牲自己的独立人格和主体意识为代价的，因此，他们只能整天窝窝囊囊、无所作为地活着。这类人因为过于忍耐，其自我萎缩，缺乏鲜明的个性。

第二，如果一个人只会过分地忍、一味地忍，那么，他们就很容易变成守旧、毫无进取心的庸人。唐代学者刘禹锡诗曰："流水淘沙不暂停，前波未灭后波生。"人生只有不断地进取才能获得成功。如果人以忍作为进取的一种手段和智谋，还是可取的。然而，有些人的忍，并不是为实现正义而做的一时妥协，并不是为实现自己远大的目标而做的暂时的撤退，只是对传统的习惯势力、落后势力的无限制地妥协和退让。这是懦弱的表现，因而胆小如鼠，俯首帖耳于恶势力之下。有时明明是正义站在他这一边，然而他还是一个劲儿地往后缩，变得越来越胆小怕事、守旧，越来越缺少斗争勇气，越来越缺乏进取精神。

第三，如果一个人只会过分地忍、一味地忍，那么这种老实过头的结果就会让人变得越来越带有奴性，越来越自卑。有的人为什么只会忍？就是缺乏自信。太自卑，对他人就只能无条件地顺从、服从。如果这种忍的时间一长，变成习惯之后，就会很快地转换成一种奴性，印刻在他的行为之中，时时事事都得依靠他人，变得离开他人就无法生存似的，甚至连他本人都不知道自己为什么要在世上生活下去。由于自我的极度萎缩，这种人越来越能忍，倘若离开了他人，倘若别人不弄出点儿事来让自己忍，甚至会感到世界末日将要来临一般。他会越来越缺乏独立性，会越来越看不到自己的长处，越来越自卑。

第四，如果一个人只会过分地忍、一味地忍，那么，对个人来说也只会带来矛盾和痛苦。过分的忍，实际上是人对社会的一种消极适应方式，是将个人在人生中遇到的所有矛盾、问题都由自己默默地承受。这种人不会宣泄，不会通过其他方式去化解矛盾，只会一个人在夹缝中生活，只会一个人躲在角落里偷偷地掉泪。结果呢，矛盾越积越多，越积越深，也就越来越痛苦，既害了自己，又误了别人。世界上本来有很多矛盾是属于"一点即破"的，然而一到了那些能忍、会忍的人身上，就听任矛盾积累起来。于是，本来不复杂的，变成了相当复杂的；本来很容易解决的，就变得很难办了。这类人，因为凡事过分地忍，其感情世界往往是最痛苦的，而且往往依靠个人的力量无法摆脱。

第五，一个过分忍让的人，极可能转变成一个极端冲动的人。这话乍听上去似乎有点儿讲不通，但世间的许多事物都是如此。太阴则阳，太阳则阴。一个过分忍让的人，心中的怨愤与怒气长年累积，犹如流水在拦河坝里受阻而水位益高，高到一定程度，一旦内心的理智之堤不堪承受，就会让怨愤和怒气一泄而出。我们经常在新闻中看到一些这样的案例：一个长年忍气吞声、逆来顺受的人，居然拍案而起，操刀杀了欺侮自己的人。这种血淋淋的案例让人不胜唏嘘。试想，如果该人不是太过忍让，会招来他人一而再、再而三的得寸进尺的欺侮吗？如果他懂得适度反击，会累积那么多的怒火直至崩溃吗？

的确，如果忍让浓浓地烙上了保守、落后、安命不争、平庸、易满足、缺乏进取心、衰老退化、奴性、软弱、过于自卑等痕迹时，那么，这样的忍耐就变了味，一定叫人憋气，叫人难受，叫人窝囊，叫人痛苦……为何？因为这种忍耐太缺乏时代精神，太缺乏人的进取精神，太缺乏人的主体意识，太缺乏人的骨气，太缺乏人的生存意义和价值了。

前面我们强调了做人要忍，现在又说不要过分地忍，那么它们之间的尺度到底如何把握呢？我们不妨先看两则小故事。

一位作家刚完成一本书，正陶醉在人们的赞美声中，另一个作家对他有些嫉妒，跑去对他说："我很喜欢你这本书，是谁替你写的？"作家回敬道："我很高兴你喜欢，是谁替你读的？"

你不仁，休怪我不义；你损我的面子，我也让你下不来台。对于尖酸刻薄、嘴上无德的人，我们不妨以其人之道，还至其人之身。

有一个常以愚弄他人而自得的人，名叫汤姆。这天早晨，他正在门口吃着面包，忽然看见杰克逊大爷骑着毛驴哼呀哼呀地走了过来，于是他就喊道："喂，吃块面包吧！"

大爷连忙从驴背上跳下来，说："谢谢您的好意。我已经吃过早饭了。"

汤姆一本正经地说："我没问你呀，我问的是毛驴。"说完，得意地一笑。

大爷以礼相待，却反遭一顿侮辱，是可忍孰不可忍？他非常气愤，可是难以责骂这个无赖。那样无赖会说："我和毛驴说话，谁叫你插嘴来着？"

经这么一想，大爷猛然地转过身子，照准毛驴脸上"啪，啪"就是两巴掌，骂道："出门时我问你城里有没有朋友，你斩钉截铁地说没有，没有朋友为什么人家会请你吃面包呢？"

"叭，叭"，对准驴屁股，又是两鞭，说："看你以后还敢不敢胡说？"

说完，翻身上驴，扬长而去。

大爷的反击力相当强。既然你以你和毛驴说话的假设来侮辱我，我就姑且承认你的假设，借教训毛驴，来嘲弄你自己建立的和毛驴的"朋友"关系，就这样给了这无赖一顿教训。

反击无理取闹的行为，不宜锋芒太露。有时，旁敲侧击，指桑骂槐，反而更见力量。这使对方无辫子可抓，只得打掉了门牙往肚子里吞，在心中暗暗叫苦。

如何面对职场上的不公平

我们常常会看到这样一些现象：没有能力的人身居高位，有能力的人怀才不遇；做事做得少或者不做事的人，拿的工资要比做事做得多的人还要高；同样的一件事情，你做好了，老板不但不表扬，还要对你鸡蛋里面挑骨头，而另外一个人把事情做砸了，还得到老板的夸赞和鼓励……诸如此类的事情，我们看了就生气，会理直气壮地说："这简直太不公平了！"

公平，这是一个很让我们受伤的词语，因为我们每个人都会觉得自己在受着不公平的待遇。事实上，这个世界上没有绝对的公平，你越想寻求百分百的公平，你就越会觉得别人对自己不公平。

美国心理学家亚当斯提出一个"公平理论"，认为职工的工作动机不仅受自己所得的绝对报酬的影响，而且还受相对报酬的影响，人们会自觉或不自觉地把自己付出的劳动与所得报酬同他人相比较，如果觉得不合理，就会产生不公平感，导致心理不平衡。

还没有进入职场之前，还在校园里"做梦"的时候，我们以为这个世界一切都是公平的。不是吗？我们可以大胆地驳斥学校里的一些不合理的规章制度，如果老师有什么不对的地方我们可以直接提出来，根本不用害怕什么。在别人眼里，你是"有个性"和"有气魄"的人。但是，进入职场之后，"人人平等"变成了下级和上级之间不可逾越的界限，"言论自由"变成了没有任何借口。如果你动不动就对公司的制度提出质疑，或者动不动就和老板理论，到头来往往是搬起石头砸自己的脚。

　　小玫原以为外企公司的人个个精明强干。谁知，自己在公司里工作了一段时间，才发现不过如此：前台秘书整天忙着搞时装秀；销售部的小张天天晚来早走，3个月了也没见他拿回一个单子；还有统计员小燕，简直就是多余，每天的工作只是统计员工的午餐成本。小玫惊叹：没想到进入了电子时代，竟还有如此的闲云野鹤！

　　那天，她去后勤部找王姐领文具，小张陪着小燕也来领。恰巧就剩下最后一个文件夹，小玫笑着抢过说："先来先得。"小燕可不高兴了，说："你刚来，哪有那么多的文件要放？"小玫不服气："你有？每天做一张报表就啥也不干了，你又有什么文件？"一听这话，小燕立即拉长了脸，王姐连忙打圆场，从小玫怀里抢过文件夹，递给了小燕。

　　小玫气哼哼地回到座位上，小张端着一杯茶悠闲地走进来："怎么了，有什么不服气的？我要是告诉你，小燕她舅舅每年给咱们公司500万的生意，你……"然后，打着呵欠走了。

　　下午，王姐给小玫送来一个新的文件夹，一个劲儿地向小玫道歉，她说她得罪不起小燕，那是老总眼里的红人；也不敢得罪小张，因为他有广泛的社会关系，不少部门都得请他帮忙呢，况且人家每年都能拿回一两个大单。

　　老板不是傻瓜，绝不会平白无故地让人白领工资，那些看似游手好闲的平庸同事，说不定担当着"救火队员"的光荣任务，关键时刻，老板还需要他们往前冲呢。所以，千万别和他们过不去。

　　对于职场上种种不公平的现象，不管你喜不喜欢，都是必须接受的现实，而且最好主动地去适应这种现实。追求公平是人类的一种理想，但正因为它是一种理想而不是现实，所以作为职场新人，你除了适应别无选择。不管你在学校成绩多么优秀，才华多么横溢，当你离开学校进入职场之后，你与其他的人并没有什么两样，只是一个普通的新人而已。

一味追求公平往往不会有好结果，有时候，你所知道的表象，不一定能成为你申诉的证据或理由，对此你不必愤愤不平，等你深入了解公司的运作文化，慢慢熟悉老板的行事风格后，也就能够见惯不怪了。

怎么避免上司为难自己

在工作中，由于某些原因而得罪了自己的上司是常见的事。有些上司往往会由此而在某些事情上给下属"小鞋穿"，这无疑是一种挺难受的事情。在这种情况下，我们该采取一种什么样的态度呢？如果盲目与上司大吵大闹一番，虽然会出一时之气，但可能会对你的未来发展埋下隐患。如果忍气吞声，别人就会不把你当一回事儿。因此，必须采取积极的方式应对。

首先应弄清楚上司的做法是否真是在给你"小鞋穿"。有时，由于自己对上司有意见，便总是把上司对自己的某些态度和做法往这方面想，从而采取措施和不明智的举动。实际上，很多时候，你认为上司对你怀有恶意只是一种错觉。

接下来应找出上司这样做的理由。有时上司的确是在给你"穿小鞋"，但是，他的做法往往是有理有据的，是无可指责的。在这种情况下，你很可能找不出什么理由与其争吵。即使你去闹，他也完全可以用冠冕堂皇的话来打发你，甚至以无理取闹来批评你。所以，在这种情况下，不如干脆忍着。

如果你的确有证据表明上司给你"小鞋穿"，而且，他的做法也表现得十分明显，在这种情况下，你可以与其理论一番。你不妨先私下找他谈一回，表明自己的态度和想法，希望其能够有所调整、改正，并充分地诉诸自己的理由。

如果你上述的努力均不奏效，不要气馁，看有没有调换到别的工作岗位的机会。如果没有，就只有搜集证据，越级申诉了。你在做这一切时，切记不要意气用事，要有一说一，有二说二，有理有据。

爱情和婚姻不能用公平衡量

一位年轻貌美的少妇曾向人们诉说自己五年不愉快的婚姻生活。她的丈夫是保险公司的职员，因为一句话惹她生气，她便大发雷霆地说道："你怎么可以这样说，我可是从来没有向你说过这样的话。"当他们提到孩子时，这位少妇说："那不公平，我从不在吵架时提到孩子。""你整天不在家，我却得和孩子看家。"……她在婚姻生活中处处要公平，难怪她的日子过得不愉快，整天都让公平与不公平的问题搅扰自己，却从不反省自己，或者没法改变这种不切实际的要求。如果她对此多加考虑的话，相信她的婚姻生活会大大改观。

还有一位夫人，她的丈夫有了外遇，使她感到万分伤心，并且弄不明白为什么会这样？她不断地问自己："我到底有什么错儿？我哪一点儿配不上他？"她认为丈夫对她不忠实在是太不公平。终于，她也效仿自己的丈夫有了外遇，并且认为这种报复手段可谓公平。但是，同愿望相反，她的精神痛苦并未减轻。

在婚姻生活中，要求公平是把注意力放在外界，是不肯对自己生活负责的态度，采取这个态度会妨碍你的选择。你应该决定自己的选择，不要顾忌别人。与其抱怨对方，不如积极地纠正自己的观点，把注意力由配偶转向自身，舍去"他能那么做，我为什么不能跟他一样"的愚蠢想法，看看你自己怎样做，才可能使自己的婚姻生活更幸福。

其实，无论爱情还是婚姻，都别计较什么公平不公平。

"为什么是我？"一位得知自己身患癌症的病人对大师哭诉，"我的事业才正要起步，孩子又还小，为什么会在此时得这种病？"

大师说："生命中似乎没有任何人、任何时候适合发生任何不幸，不是吗？"

"但是，她还那么年轻，而且人又那么善良，怎么会这样？"一旁陪她来的朋友不平地说。

"雨落在好人身上，也落在坏人身上。"大师说，"有些好人甚至比坏人淋更多的雨。"

"为什么？"

"因为坏人偷走了好人的伞。"大师答道。

没错，人生本来就不公平。

如果世界上每件事都公平，为什么有些人从小就智商超群，有些人却有智力障碍？为什么有人生下来就是王子，有些人却生在难民营？

如果世界上每件事都要公平，鸟儿不能吃虫，老鹰也不能吃鸟，那么生命将如何延续下去？

第三章
接受那些你所不能改变的

　　人作为万物之灵，其中有一项重要的本领：改变你所不能接受的。但与此同时，还需要一件法宝：接受你所不能改变的。这绝非文字游戏，而是两句非常具有哲理的睿智之语。

　　哲学家叔本华提醒世人说："一种适当的认命，是人生旅程中最重要的准备。"

躲不开就试着接受它

罗君上班时，遇上一场突如其来的雨，被雨淋湿了衣服。出门时明明是晴朗的天，怎么就下雨了呢?！罗君进了办公室时，恨恨地诅咒"鬼天气"。

刚诅咒完天气，电话就响了。接起电话，是老客户张先生的声音。张先生向他咨询某些产品的问题。因为心情不好，罗君随便应付了几句就挂了电话。

几天之后，罗君得知他的老客户张先生在其他公司购买了一批产品。仔细回想，才发现是自己淋雨的那天怠慢了客户。罗君因此而心情沮丧，下班回到家里，因一点儿琐事把妻子斥责了一顿，弄得她哭哭啼啼地回娘家。不料，半路上妻子被车撞了，断了三根肋骨进了医院。

一场雨，使我遭受了这么大的损失！都怪那个鬼天气！不知道那个鬼天气还会给我带来什么糟糕事情！——罗君风风火火地跑在去医院的路上，这样自言自语。

要我说，这些事情都与那场雨没有关系。罗君不改变这种思维模式，那场"雨后综合征"还会纠缠上他。

下雨就下雨，哪里的天空不下雨——天要下雨，人是没有多大办法的。只是，不要让雨淋湿了灵魂就行了。因为一件不称心的事，就傻傻地让它影响着情绪，再在这种负面情绪的支配之下，做出一系列的蠢事，进而使糟糕扩大，导致情绪更糟糕……如此循环，真是傻得可以！

比尔在一家汽车公司上班。很不幸，一次机器故障导致他的右眼被击伤，抢救后还是没有保住，医生摘除了他的右眼球。

比尔原本是一个十分乐观的人，但现在却成了一个沉默寡言的人。他害怕上街，因为总有那么多人看他的眼睛。

他的休假一次次被延长，妻子苔丝负担起了家庭的所有开支，而且她在晚上又兼了一个职，她很在乎这个家，她爱着自己的丈夫，想让全家过得和以前一样。苔丝认为丈夫心中的阴影总会消除的，那只是时间问题。

但糟糕的是，比尔另一只眼睛的视力也受到了影响。比尔在一个阳光灿烂的早晨，问妻子谁在院子里踢球时，苔丝惊讶地看着丈夫和正在踢球的儿子。在以前，儿子即使在更远的地方，他也能看到。

苔丝什么也没有说，只是走近丈夫，轻轻抱住他的头。

比尔说：　"亲爱的，我知道以后会发生什么，我已经意识到了。"

苔丝的泪就流下来了。

其实，苔丝早就知道这种后果，只是她怕丈夫受不了打击要求医生不要告诉他。

比尔知道自己要失明后，反而镇静多了，连苔丝自己也感到奇怪。

苔丝知道比尔能见到光明的日子已经不多了，她想为丈夫留下点什么。她每天把自己和儿子打扮得漂漂亮亮的，还经常去美容院，在比尔面前，无论她心里多么悲伤，她总是努力微笑。

几个月后，比尔说："苔丝，我发现你新买的套裙变旧了!"

苔丝说："是吗?"

她奔到一个他看不到的角落，低声哭了。她那件套裙的颜色在太阳底下绚丽夺目。

苔丝想，还能为丈夫留下什么呢？

第二天，家里来了一个油漆匠，苔丝想把家具和墙壁粉刷一遍，让比尔的心中永远是一个新家。

油漆匠工作很认真，一边干活还一边吹着口哨。干了一个星期，终于把所有的家具和墙壁刷好了，他也知道了比尔的情况。

油漆匠对比尔说："对不起，我干得很慢。"

比尔说："你天天那么开心，我也为此感到高兴。"

算工钱的时候，油漆匠少算了 100 美元。

苔丝和比尔说："你少算了工钱。"

油漆匠说："我已经多拿了，一个等待失明的人还那么平静，你告诉了我什么叫勇气。"

但比尔却坚持要多给油漆匠 100 美元，比尔说："我也知道了，原来残疾人也可以自食其力，生活得很快乐。"

油漆匠只有一只手。

奥里森·马登在他所著的《高贵的个性》一书中这样说："我们需要承担一种责任，那就是总是保持快乐的心态，没有其他责任比这更为重要了——保持快乐的心态，我们就为世界带来了很大的利益，而这些利益我们自己甚至还不知道。"

痛苦境遇是人格的养料

李哲垂头丧气地走进一座庙里，向大师倾诉他一生不幸的遭遇："我经历无数的失败，早年求学时，没有一次考试能够顺利过关；踏入社会，经营许多生意，皆是以负债收场；然后四处求职碰壁，就算有一份工作，也是没能做多久，就被老板开除；现在，连自己的老婆也忍受不了我，要求跟我离婚……"

大师问："那么，你现在想怎么样呢？"

李哲万念俱灰地回答："我此刻只想一死了之。"

大师："你有没有小孩？"

李哲："有呀，那又怎么样？"

大师笑了笑："还记得你是怎么教你的小孩走路的吗？从他第一次双手离开地面，颤颤巍巍地站起身来，是不是所有家人都会为他喝彩，为他鼓掌？"李哲似有所悟："嗯，是的——"大师继续道："然后孩子很快又跌倒了，你是不是轻轻扶起他，告诉他'没关系，再试试看，你会走得很好的！'"

李哲的语气坚定了些："对，我会帮他。"

大师："孩子走路跌跌撞撞的，经过无数次的练习，还是走得不稳。你会不会失去耐心，告诉他，最后再给你三次机会，如果再学不会走路，以后终生都不准再给我走路了，干脆我买个电动椅给你。"

李哲："不会，我会再帮助他、鼓励他，因为我相信，孩子一定能学会走路的！"

大师："那就对了，你才跌倒过几次，就想坐轮椅了？"

　　李哲抗议道："可是，小孩子有人协助他，提携他，而我……"

　　大师："真正能帮助你、鼓励你的人是谁，此刻你还不知道吗？"

　　李哲想了想，朝大师重重地点了点头，昂首阔步地走了。

　　大部分人都忽略了这一点，山谷的最低点正是山的起点，许多跌落山谷的人之所以走不出来，正因为他们花太多时间自艾自怜，而忘了留点儿精力走出去。

　　对于人生，可以确定的是，每个人都曾遇到过令人难以应付、甚至感觉无从下手的困境，有些人会利用人生的困境使自己成长，也有些人会在困境中潦倒一生。决定两者之间的差异是他们不同的看待人生的方式。

　　有一句意大利谚语："即使水果成熟前，味道也是苦的。"苦涩的感觉是人们成长与内心挣扎必然的一部分，我们可能常常这样自语："为什么是我呢？我已经够努力了，但命运总是与我作对，这太不公平了。"有谁没有过这种感觉呢？然而，如果你任由自己陷于怨恨与绝望，你就永远无法在人格上成熟起来，成长亦无从发生。痛苦的境遇就像是撒落在自我田野上的肥料一样，可以促进自我的成长。田野中的禾苗，就是因为施肥而能够更茁壮地生长。

　　我们的人性并非一开始就发展得很完全。相反的，它是经过日常生活的竞争和挑战之后才日臻完善的，就像一块铁在铁匠的炉火中经过千锤百炼才能成形。

　　困境如火，烧过的草原，倔强的小草在来年春天会在灰烬中重生，并且因灰烬的滋养而更加茂盛。

没有什么大不了的

失恋了，有人会说"没有什么比现在更糟糕的了"；被炒鱿鱼了，有人会说"没有什么比现在更糟糕的了"；甚至不慎丢失了一部手机，也会有人说"没有什么比现在更糟糕的了"。事实真的是这样吗？

你现在不妨仔细想想，从小至今从你的口里或心里说过多少次"没有什么比现在更糟糕"？——儿童时失手打碎了邻居家的花瓶，少年时考试未及格，年轻时和初恋分手……这些类似的事情，在当时你的眼里也许都是一件件糟糕透顶的事。你为此焦虑、悲伤，甚至痛不欲生。时过境迁，你还会认为那些事情"糟糕透顶"吗？

5岁那年的一天，我到一间无人住的破庙里去玩。当我爬到高高的窗台掏鸟窝时，竟发现鸟窝中盘着一条吐着红信子的蛇。我吓得从窗台上掉了下来，将手臂摔断，还失去了左手的一根小指。

我当时吓呆了，以为这一辈子就这样完了。但是后来身体痊愈，也就再没为这事儿烦恼。现在，我几乎意识不到左手只有四根手指。

几年前，我在广州遇到一个开电梯的工人，他在事故中失去了左臂。我问他是否感到不便，他说："只有在缝针的时候才感觉到。"

别以为我们只有在年少时才会把"芝麻大"的事儿当成天大的事情。成年人也经常会自我夸大失败和失望，以为那些事都非常要紧，以至于每次都好像到了生死的关头。然而，许多年过去后，回头一看，我们自己也会忍不住笑自己，为什么当初竟把小事看得那么重要呢？时间是治疗挫折感的方式之一，只有学会积极地面对困境，才能避免漫长而痛苦的恢复过程，并且能使这个过程变成一段享受的时光。

在一个寺庙里，每天总会有几个前来向禅师诉苦的人。他们不是怨叹自己时运不济，就是抱怨某人怎么对不起他们。有位弟子便好奇地问禅师："为什么这些人会有那么多问题呢？"

"因为他们没什么大问题。"为了进一步释疑，禅师讲了一个故事——

有只狗坐在门廊前不断呻吟，经过的路人就问门廊里的人，这只狗是怎么回事，为什么会这样呢？

"因为它压在自己脚趾上了。"那人回答。

"哦，那么它为什么不站起来呢？"路人再问。

"因为它还不觉得太痛。"

禅师接着说："一个人会有那么多抱怨，是因为他还有时间抱怨；一个人为小事烦恼，是因为他没有更大的烦恼。试想，一个连饭都没得吃的人，会去为了上哪家餐厅而烦恼吗？"

"噢，"弟子心领神会地说，"原来如此，有那么多问题的人，竟是因为他们还没什么大问题。"

当我们遭遇难题的时候，我们常会将它过分扩大，并将所有的精力和焦点都放在这个障碍上。想想看，我们的境遇真的有这么糟吗？我们只有在不是最糟时，才会有时间去抱怨诉苦，不是吗？就算事情已经糟糕透顶，那表示情况只要努力去改变，就会变得更好，那又有什么好自艾自怜的呢？

允许别人记住你的失败

一天，里奥教授来到在比利时首都布鲁塞尔南郊的滑铁卢镇，参观名叫狮子丘的名胜。狮子丘是为纪念 1815 年战役而建的，英国威灵顿公爵指挥英国、荷兰、比利时、普鲁士联军，击败了拿破仑率领的法国军队，彻底终结了拿破仑的政治生涯。此后拿破仑被放逐到比第一次流放地更遥远的南大西洋上的圣赫勒拿岛，并在那岛上郁郁而终。

狮子丘旁边有个纪念馆，馆内绘有此次战役拿破仑惨败的环形壁画，作者是法国画家路易·杜墨兰。

里奥问同游的法国朋友瓦尼克："你在这地方是不是多少有些不自在？"

他耸耸肩反问："为什么？"

里奥说："这杜墨兰也怪，这么投入地画本国英雄失败的情景，他就没一点儿心理障碍？"

瓦尼克说："人们应该而且必须能够接受失败的事实。在巴黎蜡像馆，有拿破仑被囚圣赫勒拿岛的场面，看着比这个更惊心动魄，回巴黎我带你去欣赏。"

说着他们进入纪念品商店，只见到处是拿破仑的形象，有一种圆币形的铜制裁纸刀，那圆币一面是拿破仑戎装侧面像，还铸出他的名字。

瓦尼克建议里奥买些拿破仑像的裁纸刀，回去送朋友。里奥说："在这地方应该买有威灵顿像的裁纸刀。"可是他找了半天竟没有。

在巴黎，关于拿破仑的文物很多，在有着镏金圆拱顶的伤残军人荣耀院里，拿破仑的大理石棺尤其令人过目难忘。一面铸着拿破仑像一面铸着巴黎铁塔等标志性建筑的圆币形铜制裁纸刀，大批量生产出来，陈列在几乎每一家旅游纪念品商店和摊铺上，销售很火。书店里有无数关于拿破仑的旧书新著，而关于拿破仑的电影戏剧，累计下来数字更是惊人，其中不乏从批评嘲讽的角度来表现他的。后来瓦尼克果然带里奥去了蜡像馆，放逐中的拿破仑面对小窗外的茫茫大海，一脸的绝望，塑像者刻意用英雄末路的惨相来刺激参观者的神经。

英国的评论协会和伦敦大学文学院邀里奥去讲文学课，他去购买从巴黎穿过海底隧道直达伦敦的高速火车票，这才知道伦敦的那个终点站特意取名为滑铁卢站。这条隧道快线既是法、英两国合造，怎么到头来那么别有用心地给英国一头的车站取那个名字？而更不可思议的是，法国人怎么到头来竟容忍了这一命名？里奥请教瓦尼克，瓦尼克心平气和地说："那有什么关系？失败过就是失败过，要容许人家总在提醒你曾经失败过。"

是啊，当失败成为不可更改的历史，我们还有什么理由将其背负在身上不肯放下，让失败来一再压迫自己？

美国南北战争期间，南联邦军事天才李将军英勇善战，屡建奇功，是南方人的宠星。那场战争最后以南方失败而告终，然而投降后的李将军却赢得了更多美国人的爱戴。

李将军生于南方的弗吉尼亚州，他内心里并不拥护南联盟的黑奴制度，在致一位朋友的信中写道："尽管人们很少认识到黑奴制度在政治、道德上是邪恶的，但我认为它的存在将给白人带来比黑人更多的灾难。"为什么他辞去在美军中的显赫职务而去为短命的南方奴隶主而战呢？理由是：他属于弗吉尼亚，当外乡人去入侵他的故土时，他必须毫不迟疑地去保卫她。也许人们很难对此表示赞同，但很少有人忍心责备他的"愚忠"。

战争结束了，在阿波马格斯，李将军代表南联邦签字投降的仪式完毕后，将军心如铅灌，无言地离开了。战火蹂躏的南方，满目疮痍，身有残疾的妻子和两个女儿等着将军去供养。身为一个杰出的军事天才，南方却再无部队可指挥。

将军回了家，他穿着战场上磨破了的戎装，人和战马泥迹斑斑。他避开公共场合成千上万爱戴他的人群，默默接受了华盛顿学院院长的职务。当时的华盛顿学院鲜为人知，除了 2000 美元联邦拨款外，只有 146 名学生每人 75 美元的学费可指望。处在绝境中的学院因李将军的到来而开始有了起色。月薪 125 美元的李将军，在他的破房子里制定着新的战略。他改进传统呆板的教学方式，加进化学、物理等自然科学类课程，甚至还设了新闻课，这在当时是创举，比后来教育家终于想到设新闻课提前了 40 年。

李将军没把一分钟、一份力用于沮丧。他把南方人从羞辱中拉了出来，又投入了复兴家园的努力。许多不服气的南方兵要进山打游击和北方佬作对，向将军讨计。他说："回家去，小子们，把毁灭的家园建起来。"他曾告诉惊奇不解的人们："将军的使命不单在于把年轻人送上战场作战，更重要的是去教会他们如何实现人生的价值。"

不能流泪，就微笑

"将盐撒在伤口上只会让你愈加疼痛。"一位心理专家对一个因失恋而痛苦的年轻人说。

"但，我就是忘不了啊！"

"如果伤害已经发生，最好把它放下，就不会在痛苦的伤口上加上任何东西。"

如果伤害已经造成，那就别再揭了。你若老是自己去揭，不仅不利于康复，还有造成严重感染的可能。

谁会在自己的伤口上撒盐呢？记忆也许会存在，但伤痛却可以忘怀。就像身上的疤痕一样，虽然在刚受伤的时候会流血和痛楚万分，但是当伤口痊愈后，伤痛就会消失，而疤痕反而让人更加坚强。

有位妇人因为孩子意外身故而痛不欲生，终日以泪洗面，亲友怎么安慰她、劝她都无动于衷。

有一天，妇人睡着时做了一个梦，梦见她到了天堂，在那里，所有的小孩都像天使一样，手持点燃的蜡烛行进着，但她看见行列中有一位小女孩持的是没有烛火的蜡烛。

于是她跑向这位小女孩，当她接近一看，发现那竟是她的女儿。她问她："亲爱的！怎么只有你的蜡烛是熄灭的呢？"

她说："妈妈，他们把我手中的蜡烛点燃，但你的眼泪却一再地将它浇灭。"

当我们失去珍爱的人时，都会感到心痛，这是人之常情。但是生者的悲痛往往使死者留恋不舍，反而给死者带来更多的痛苦，为什么不让他们带着祝福、安心平静地离去？

其实，每个人的生命都是独立的个体，都有自己的路要走。既然我们从来就不曾拥有过别人，那么在他们离去之时，我们也就不算是失去了。

对人的道理如此，对物的道理又何尝不是？想开些、放下来，这是一种人类勇敢而又高贵的品质。

在美国艾奥瓦州的一座山丘上，有一间特殊的房子。这间房子完全密封，除了建筑用材是钢和玻璃外，其他材料和室内用品都是纯天然物质，绝对不含任何现代化工材料。就是住在里面的人需要的氧气，也不是通过空气直接获得，而是依靠人工过滤后灌注进去。总之，人住进去之后，就与外界完全隔离，除非通过电话或网络与外界联系。

也许读者会以为这间房子是供科学家做试验用的，但实际上，这间房子是给人居住的，给一个特殊的人居住。住在这间房子里的主人叫辛蒂。1985 年，辛蒂还在医科大学念书，有一次，她到山上散步，碰到一些蚜虫。她拿起杀虫剂喷杀，这时，她突然感觉到一阵痉挛，原以为那只是暂时的症状，谁料到自己的后半生从此变为一场噩梦。

原来，这种杀虫剂内所含的某种化学物质，使辛蒂的免疫系统遭到破坏。从此，她对香水、洗发水以及日常生活中接触的一切化学物质一律过敏，连空气中的微弱含量也可能使她的支气管发炎。这种"多重化学物质过敏症"是一种奇怪的慢性病，到目前为止仍无药可医。

在患病后，辛蒂一直流口水，尿液变成绿色，有毒的汗水刺激背部形成了一块块疤痕。与任何一种日用品的接触，都可能引发她心悸和四肢抽搐，辛蒂所承受的痛简直是令人难以想象的。1989 年，她的丈夫吉姆用钢和玻璃为她盖了一所"无毒"房间，一个足以逃避所有威胁的"世外桃源"。辛蒂所有吃的、喝的都得经过选择与处理，她平时只能喝蒸馏水，食物中不能含有任何非天然的化学成分。

多年来，辛蒂没有见到过一棵花草，听不见一声鸟鸣与泉水声，感觉不到阳光、流水和风的快慰。她躲在没有任何饰物的小屋子里，饱尝孤独之苦。更可怕的是，无论怎样难受，她都不能哭泣，因为她的眼泪跟汗液一样也是有毒的物质。

在最初进入房间与世隔绝的一段时间里，辛蒂每天都沉浸在痛苦之中，想哭却不敢哭。随着时间的推移，她渐渐改变了生活的态度，她说："在这寂静的世界里，我感到很充实。因为我不能流泪，所以我选择了微笑。"

为了让自己充实起来，辛蒂投入了为自己，同时更为所有化学污染物的牺牲者争取权益的工作之中。辛蒂生病后的第二年就创立了"环境接触研究网"，以便为那些致力于此类病症研究的人士提供一个窗口。1994年辛蒂又与另一组织合作，创建了"化学物质伤害资讯网"以免人们受到化学品的危害。目前这一资讯网已有5000多名来自32个国家的会员，不仅发行了刊物，还得到美国上议院、欧盟及联合国的大力支持。

当巨大的灾难从天而降，人固然可以努力闪挪腾移以规避。就算规避不了，也可以选择直面相对，奋起抗争。如果抗争不了，我们就承受它。而要是承受不了，就哭泣流泪。可是啊，如果上天告诉你：你连流泪也不行；那么你的选择又将是怎样？

——绝望、放弃是吗？不，你可以像辛蒂一样：不能流泪，那就微笑！

最坏不过是从头再来

在大山深处的一个村寨里，住着一位以砍柴为生的樵夫。樵夫的房子很破败，为了拥有一所亮堂的房子，樵夫每天早起晚归。五年之后，他终于盖了一所比较满意的房子。

有一天，这个樵夫从集市上卖柴回家，发现自己的房子火光冲天。他的房子失火了，左邻右舍正在帮忙救火。但火借风势，越烧越旺，最后，大家终于无能为力，放弃了救火。

大火终于将樵夫的新房子化为灰烬。在袅袅的余烟中，樵夫手里拿了一根棍子，在废墟中仔细翻寻。围观的邻居以为他在找什么值钱物件，好奇地在一旁注视着他的举动。过了半晌，樵夫终于兴奋地叫着："找到了！找到了！"

邻人纷纷向前一探究竟，只见樵夫手里捧着的是一把没有木把的斧头。樵夫大声地说："只要有这柄斧头，我就可以再建一个家。"

当一切已经化为灰烬，只要你的梦想还在，激情还在，斗志还在，又有什么值得过度悲伤与气馁的呢？与其终日痛哭悔恨，不如放眼未来，从头再来。我们每个人都不会真正地输得精光。在无情的大火吞噬了我们的一切时，别忘了我们还有一把斧头。再退一步说，即使没有斧头，我们不是还有自己吗？

只要人在，我们可以从头再来！曾国藩率领湘军出征初期，屡战屡败，在岳州（湖南岳阳）一役，水师几乎被太平军全歼。但他偏不信邪、不服输、不气馁，虽屡战屡败，仍屡败屡战。后来的结果，相信我们大家都知道，曾国藩取得了胜利。在42岁那年，曾国藩被封为一等毅勇侯，可谓达到人生的巅峰。

在年轻人今后的道路上，失败、挫折是一定会存在的。当你被击倒在地时，请告诉自己：成功的人不是没有被击倒过，只不过是他们站起的次数比倒下的次数多一次。

心若在，梦就在，天地之间还有真爱；

看成败，人生豪迈，只不过是从头再来！

第四章
不生气，你就赢了

生气是拿别人的错误惩罚自己。

——康德（德国哲学家、作家）

在你生气的时候，如果你要讲话，先从一数到十；假如你非常愤怒，那就先数到一百，然后再讲话。

——杰斐逊（美国政治家、思想家）

及时平息自己的怒气

人生难免遇到不如意的事情。许多人遇到不如意的事时常常会生气：生怨气、生闷气、生闲气、生怒气。殊不知，生气不但不利于问题的解决，反而会伤害感情，弄僵关系，使本来不如意的事更加不如意，犹如雪上加霜。更严重的是，生气极有害于身心健康，简直是自己"摧残"自己。

德国哲学家康德说："生气，是拿别人的错误惩罚自己。"古希腊学者伊索说："人需要平和，不要过度地生气，因为愤怒中常会产生出对于易怒的人的重大灾祸来。"俄国作家托尔斯泰说："愤怒使别人遭殃，但受害最大的却是自己。"清末文人阎敬铭先生写过一首《不气歌》，颇为幽默风趣：

他人气我我不气，我本无心他来气。
倘若生气中他计，气出病来无人替。
请来医生将病治，反说气病治非易。
气之危害大可惧，诚恐因气将命废。
我今尝过气中味，不气不气真不气！

美国生理学家爱尔马为研究生气对人健康的影响进行了一个很简单的实验：把一支玻璃试管插在有水的容器里，然后收集人们在不同情绪状态下冷凝的"气水"，结果发现：即使是同一个人，当他心平气和时，所呼出的气变成水后，澄清透明，一无杂色；悲痛时的"气水"有白色沉淀物；悔恨时有淡绿色沉淀物，生气时则有淡紫色沉淀物。

爱尔马把人生气时的"气水"注射在小白鼠身上，不料只过了几分钟，小白鼠就死了。这位专家进而分析：如果一个人生气10分钟，其所耗费的精力，不亚于参加一次3000米的赛跑；人生气时，体内会合成一些有毒性的分泌物。经常生气的人无法保持心理平衡，自然难以健康长寿，活活气死人的现象也并不罕见。另一位美国心理学家斯通博士，经过实验研究表明：如果一个人遇上高兴的事，其后两天内，他的免疫能力会明显增强；如果一个人遇到了生气的事，其免疫功能则会明显降低。

生气既然不利于建立和谐的人际关系，也极有害于自己的身心健康，那么，我们就应当学会控制自己，尽量做到不生气，万一碰上生气的事，要提高心理承受能力，自己给自己"消气"。要学会息怒，要"提醒"和"警告"自己"万万不可生气""这事不值得生气""生气是自己惩罚自己"，使情绪得到缓冲，心理得到放松。

应把生气消灭在萌芽状态。要认识到容易生气是自己很大的不足和弱点，千万不可认为生气是"正直""坦率"的表现，甚至是值得炫耀的"豪放"。那样就会放纵自己，真有生不完的气，害人害己，遗患无穷。

最后，我们再附上《莫生气》及《莫恼歌》两则，请读者朋友熟读默记，定能对平和身性有潜移默化之功效。

莫生气

人生就像一场戏，因为有缘才相聚。
相扶到老不容易，是否更该去珍惜。
为了小事发脾气，回头想想又何必。
别人生气我不气，气出病来无人替。

我若气死谁如意？况且伤神又费力。

邻居亲朋不要比，儿孙琐事由他去。

吃苦享乐在一起，神仙羡慕好伴侣。

莫恼歌

莫要恼，莫要恼，烦恼之人容易老。

世间万事怎能全，可叹痴人愁不了。

任你富贵与王侯，年年处处理荒草。

放着快活不会享，何苦自己寻烦恼。

莫要恼，莫要恼，明月阴晴尚难保。

双亲膝下俱承欢，一家大小都和好。

粗布衣，菜饭饱，这个快活哪里讨？

富贵荣华眼前花，何苦自己讨烦恼。

心情最重要，别的死不了

已故作家金庸先生说：不生气，就赢了。遇事，谁稳到最后、不露声色，谁就是最后的赢家；谁大发雷霆、失去理智，谁就会未战而输。

生气，无论是生自己的气还是生别人的气，都是于事无补、毫无意义的。生气并不能解决任何问题，还会影响心情和判断力，让事情更加恶化。

前两天跟一个朋友吃饭，他一开口，负面情绪就扑面而来。

他说："真是被气死了！那天一早开车出门，眼看着别人都是绿灯，就只有我是一路长红，走到哪儿红灯就跟到哪儿，真是够倒霉的！"

他继续说："中午出去买自助餐，结果大排长龙，好不容易快轮到我了，这时居然有个人冒出来插队，公理何在？于是我站出来，跟他干了一架。"

他还没说完："晚上跟朋友吃饭，吃完后要拿停车券去盖免费章，结果服务员说我们少消费了四十元，因此不能盖章，气得我当场敲桌子大骂。"

他说了半天还没说完。

"晚上回到家，一进门太太就唠叨，小孩又哭又叫，连在家也不能清静。好不容易挨到睡觉时间，终于可以结束这令人难耐的一天，没想到人躺床上了，床头柜的灯却熄不灭，我这下可是受够了，一把抓起拖鞋，往灯泡那儿重重甩去，这才结束了抓狂的一天。"

听起来的确够惨！

不知道你是不是也觉得，最近比较烦、比较烦、比较烦呢，就像周华健那首歌的心情一般。而且只要一早开始不太顺心的话，往往接下来一天就毁了。为什么会如此呢？

这是因为，负面情绪是有累加效果的。

也就是说，每多一个小挫折，就会让我们的抗压功力多打一个折扣。因为当我们遭遇不顺心的事，心情也跟着烦躁起来时，身体内与压力相关的激素也会随之异常分泌，因此会影响到接下来的挫折忍受度，就好像温度直线上升的热水，越烧越接近沸腾点。

这也就说明了为何一大早出了些状况后，原本可能要到"烦人指数"十分的事才会惹毛我们，但这时只要再出现个"烦人指数"三分的状况，我们就会轰然一声，开始发疯，而无辜的旁人就倒霉啦！

正因情绪有如煮开水的累加效果，所以在生活中我们必须审慎处理每一个压力状况，以免"小不爽，则乱大谋"。

而改变这种状况的有效做法，则是在负面心情一开始加热时，就能主动地意识到"有状况了"，然后告诉自己，得快快关火，以免越烧越旺，一发不可收拾。

事实上，当你能够觉察到这种状况时，就已经关掉一半的火力了，接下来心情自然不易失控。

为了避免让烦躁的情绪像煮开水那样越煮越热，防患未来的工作就显得特别重要。

不妨准备一些调整心情的口头禅，在自己情绪快要沸腾时，赶快把这些自制的心情口诀拿出来复诵，以提醒自己：生活中还有其他更重要的事情，千万别一时给气昏了头，做出丧心病狂的傻事。

跟你分享我自己的心情口诀："心情最重要，别的死不了。"

"心情最重要，别的死不了。"如果今天碰到了有些怪怪的人，或发生了令人不耐烦的事，就赶紧在心里暗念这句口诀，重复几次之后，烦躁不安的情绪就能得到缓解了。

口诀真的这么好用吗？

没错，念口诀一方面可以让自己分心，不再钻牛角尖；一方面也能提醒自己，要赶快从这些情绪中走出来。

此外，研究也发现，重复想着同一念头，会让意念集中而减少焦虑不安。

何必自己找气受

我们生活中有这样一群人，明明什么事都没有发生，却很容易生气。动不动就发脾气，让人很莫名其妙，你是不是那样的人呢？

也许你经常感到愤怒，也许你对周围的每一个人都有些无奈，有时你的愤怒就像一场海啸，但你不知道为什么会有这种感觉，你不知道为什么这么紧张。那这种无法解释的愤怒是从何而来的？

一般来说，有如下几类人容易无事生非、庸人自扰。

满腹牢骚型：这样的人无论大事小事，都放在嘴巴里说了又说，抱怨了又抱怨，批评了又批评，小题大做，没完没了。无论对待事情还是对待别人，从来没有鼓励和赞扬的态度，其烦恼自然根深蒂固。

消极处世型：这种类型的人，对于好的东西他们总是记不住，不好的东西却一辈子也忘不了。他们总是陷在负面情绪里拔不出来，想着自己受了多少委屈，吃了多少亏，谁对自己不友好，这样的人其实就是跟自己过不去，完全是在自寻烦恼。

不甘不愿型：这种类型的人，他们为别人付出了很多，如果得不到回应，就会又气愤又烦恼。比如，妻子在家里承担了很多家务劳动，可是老公和孩子没有任何表示，妻子就很不平："你们都那么自私，没有一个人心疼我，都把我当作老妈子看待！"长此以往，你说，她能不烦恼吗？

无论你是谁，平民也好，富豪也好，大多很难有"人生只是一个过程，有得必有失"这种高境界的认识，因为人毕竟都是现实的、平凡的，很少有不食人间烟火的世外高人，即使不自寻烦恼，烦恼也会找上你。正因为这样，我们才更要学会化解和淡化烦恼。

首先，敢于接受现实。对于已经发生的、令你不开心的事情，要敢于接受，不要总是耿耿于怀，更不要责备自己和他人。聪明人的做法是把精力放在弥补损失和吸取教训上，及时制止烦恼的无限扩大化。

其次，要善于比较。比如发生一起车祸，有安然无恙的，有受伤的，有死亡的。伤者若是与无恙者相比，自是不幸，但若与死者相比，却是大幸。在金钱世界里，若是人人与比尔·盖茨相比，那真是烦恼无尽，苦海无边。因此，人要做最真实的自己，定切合实际的目标。

再次，要知足常乐。人的能力是有限的，如果总是对自己高标准严要求，难免活得太累。很多东西要适可而止，很多时候要懂得感恩，才能把人生过得相对美满。

最后，相信时间是最好的解药。遇到烦恼，不要总是铭刻在心。试想一下，若某人不小心当街出丑，众目睽睽，尴尬万分，心中无以承受。那么，到了明天、后天，一周后，一月后，还有人记得这件事吗？所以，时间是最好的解药，遇事笑笑就好，自有时间替你解围。

凡事往好处想

有这样一个家长与孩子互动的游戏——"凡事往好处想"。

妈妈问："今天上学时，你发现口袋里的十元钱不见了，请往好处想……"

孩子回答："还好不见的不是一百元……"

父亲回答："捡到的人一定很高兴……"

妈妈问："今天上学后开始下起大雨，请往好处想……"

孩子回答："还好舅舅家住的近，可以帮我送伞……"

妈妈问："很用功的准备期中考试，结果成绩非常的不理想，请往好处想……"

孩子回答："还好不是期末考试……"

这个游戏很有趣，凡事往好处想，整个心情就变得不一样了。记得有个故事，一个女孩遗失了一只心爱的手表，一直闷闷不乐，茶不思、饭不想，甚至因此而生病了。神父来探病时问她："如果有一天你不小心掉了十万元钱，你会不会再大意遗失另外二十万呢！"女孩回答："当然不会。"神父又说："那你为何要让自己在掉了一只手表之后，又丢掉了两个礼拜的快乐！甚至还赔上了两个礼拜的健康呢！"女孩如大梦初醒，跳下床来，说："对！我拒绝继续损失下去，从现在开始我要想办法，再赚回一只手表。"人生嘛，本来就是有输有赢，更是有挑战性的，输了又何妨。只要真真切切地为自己而活，这才叫作真正的生命。有些人就是因为不肯接受事实重新开始，以致越输越多，终至不可收拾。

凡事往好处想——

我们不会怨天尤人；

我们不会心情郁闷；

我们不会一蹶不振；

我们不会苦无出路；

我们不会离乐得苦；

我们会有无限希望；

我们有重新站起来的力量。

这真的是一个很好的观念，这个游戏或许大家真可以用在生活中，道理不在懂不懂，只在做不做，改变就从此刻开始！

人的心情是最重要的，想多了不好的事，就会真的不好。

别人是自己心的反映。如果你担心他对你不利，真的会对你不利。如果你想到对方是小偷，你的面相出来一个扭曲的怀疑的样子，然后对方看见了，敏感了，关系不好了，所以——不要老想别人对你不利。

我们在平凡的生活中总在梦想"明天会更好"，我们在面临困境时会安慰自己"船到桥头自然直"，我们在鼓励他人时会说"凡事要往好处想"。

凡事都向好的方面着想，是一种积极进取的人生态度。在市场经济竞争日益激烈的形势下，每个人都面临挑战，但更多的是机遇。向好的方面着想，就是弱化挑战、放大机遇，以饱满的精神迎接机遇、把握机遇。只有这样，成功的概率才会增大。

《鲁滨逊漂流记》里面的主人公鲁滨逊·克鲁索，被海浪带到一个荒无人烟的小岛上，度过了漫长的二十六年。

鲁滨逊被送到小岛上的第一天，他列出了两份清单，一份列出自己的不幸以及面对的困难，另一份是列出自己的幸运以及拥有的东西。他在第一份清单上写了"流落荒岛，摆脱困境已属无望"。第二份清单上写：船上人员，除了我以外全部葬身海底。鲁滨逊利用一切，改变了自己的命运，利用枪、陷阱捕捉猎物，自己搭建房子，这些奇迹般的生活让鲁滨逊不至于饿死，这些生活的起因都是那两份清单。

大家也可以像鲁滨逊一样，在日常生活中，面对问题时，可以先列两份清单，写一写自己所拥有，是否命运真的如此不公；再仔细琢磨一下，面对的问题是否有解决的方法，如果有多种，就选自己认为最合适的方法去做。

凡事向好的方面着想并不是盲目乐观，而是科学地对待困难和挑战，从挫折和挑战中寻找人生突围的缺口和良机。仔细审视我们周围普通人的生活和成长、成功经历，不难发现，许多人的生活印证了这一事实：只要踏踏实实生活，正视现实、不甘沉沦、努力向前，任何困难都会被战胜，任何逆境都会过去！

化生气为争气

俗话说："人争一口气，佛争一炷香。"每个人都希望受人重视、受人尊重、受人欢迎，但有时又难免被人嘲弄、被人侮辱、被人排挤。生活在给了我们快乐的同时，也给了我们伤痛的体验。而这就是生活，这就是我们需要面对的人生。生气不如争气，斗气不如斗志。智者只斗志不斗气，或者是不与人斗，只跟自己斗。

"人生不如意事十之八九。"当你在为梦想而努力时，也许会遇到困难。如果你斤斤计较，不能坦然面对，或抱怨，或生气，最终受伤害的可能还是自己。

要争气，就要有坚决为自己争一口气的毅力和气概。与其总生别人的气，不如学会自己争一口气。起点低，就要"高"给自己看看；事不顺，就要"顺"给自己看看。

有一位不出名的青年画家，住在一间小房子里，以给别人画人像谋生。

一天，一个有钱人看到他的画非常精致，很喜欢，于是就请青年画家帮自己画一幅像，双方约好酬劳是一万元。一个星期后，青年画家将像画好了，有钱人依约前来拿画。此时有钱人心里有了企图，他看那位画家年轻又未成名，于是不肯按照原先的约定给付酬金。有钱人心中打着如意算盘："画中的人是我，这幅画如果我不买，那么绝没有人会买。我又何必花那么多钱来买呢?"于是有钱人赖账，他说最多只能花三千元来买这幅画。

青年画家没想到有钱人会这么说，这是他第一次碰到这种事，心里不免有些慌，费了许多口舌，向有钱人讲道理，希望这个有钱人能遵守约定，做个有信用的人。"我只能花三千元买这幅画，你别再啰嗦了，"有钱人认为自己稳占上风，"最后，我问你一句，三千元，卖不卖？"青年画家知道有钱人的意图，心中愤愤不平，他以坚定的语气说："不卖。我宁可不卖这幅画，也不愿受你的欺诈。今天你失信毁约，我将来一定要你付出20倍的代价。""笑话，20倍，是20万元耶！我才不会笨得花20万元去买这幅画。"

"那么，你等着瞧好了。"青年画家对有钱人说道。经过这一事件的打击，画家离开了那个伤心地，去别处重新拜师学艺，日夜苦练。功夫不负苦心人，十几年后，他终于闯出了属于自己的一片天地，成为一位知名的画家。而那个有钱人呢？离开画室后的第二天就把画家的画和话忘记了。直到有一天，他的好几位朋友不约而同地来告诉他："有一件事好奇怪哦！这些天我们去参观一位成名画家的画展，其中有一幅画不二价，画中的人物跟你长得一模一样，标示价格20万元。好笑的是，这幅画的标题竟然是——贼。"有钱人一听仿佛被人当头打了一棒，想到了十几年前的画家。他一想到那幅画的标题竟然是"贼"，就感觉对自己的伤害太大了，他立刻连夜赶去找青年画家，向他道歉，并且花了20万元买回了那幅画。青年画家凭着一股不服输的志气，让有钱人低了头。这个年轻人就是毕加索。

由于毕加索经常在心里告诫自己，绝不能被别人瞧不起，因此他决定为自己争口气，他凭借自己的志气去挫对方的锐气，从而为自己赢得了尊严。

一个人不应该埋怨这个世界太势利，他应该埋怨自己没有志气。年轻人尤其渴望得到别人的尊重，但在别人尊重你以前，不妨先想一下，别人凭什么要尊重你？从这个意义上来说，一个人不受尊重，是因为他不那么值得别人尊重。鲜花和掌声只是他梦想中的荣耀，轻视和白眼却是他此时应该享有的待遇。想通了这个问题，人就比较容易变得心平气和起来，说不定还会因此而鼓起奋斗的勇气。

刚刚步入社会，我们的起点也许很低，也许正在做一份不起眼的工作，地位低，收入少，被人看轻，不受尊重。但是，重要的并不在于我们现在的地位是多么卑微，不在于我们手头的工作是多么微不足道，只要不甘心平淡，只要不想局限于这狭小的圈子，只要渴望着有朝一日突破这一现状，那么，我们终有扬眉吐气的那一天。

人生必须渡过逆流才能走向更高的层次，最重要的是要永远看得起自己。这个世界并不是掌握在那些嘲笑者的手中，而恰恰掌握在能够经受得住嘲笑与批评，并不断往前走的人们的手中。不管你出身贵贱，学问高低，相貌美丑，只要你心中藏着一股气，一股不会泄的志气，你就能飞上天，成为一颗耀眼的明星。

什么叫作"志气"？美国"成人教育之父"卡耐基说："朝着一定的目标走去是'志'，一鼓作气中途不停止是'气'，两者结合起来就是志气。一切事业的成败都取决于此。"李白说："仰天大笑出门去，我辈岂是蓬蒿人。"宋朝学者刘炎说："君子志于泽天下，小人志于荣其身。"

总之，人活一口气。有了这一口气，许多看似无法解决的难题，往往会在你挺直的脊梁面前迎刃而解；没了这一口气，一点儿磕碰也会让你摔个大跟头，生存的路也会越走越窄。

别以为自己很重要

在现实生活中，有些人习惯以自我为中心，总把自己看得太重，而偏偏又把别人看得太轻。总以为自己博学多才，满腹经纶，一心想干大事，创大业；总以为别人这也不行，那也不行，唯独自己最行。一旦失败，就会牢骚满腹，觉得自己怀才不遇。自认怀才不遇的人，往往看不到别人的优秀；愤世嫉俗的人，往往看不到世界的精彩。把自己看得太重的人，心理容易失衡，个性往往脆弱却盛气凌人，容易变得孤立无援，停滞不前。

把自己看得太重的人，常常使人生表现得难以理智：总以为自己了不起，不是凡间俗胎，恰似神仙降临，高高在上，盛气凌人；总以为自己是个能工巧匠，别人不行，唯有自己最行；总以为自己工作成绩最大，记功评奖应该放到自己头上，稍不遂意，骂爹骂娘……

把自己看得太重的人，容易使自己心理失衡，个性脆弱，意志薄弱；容易使自己独断骄横，跋扈傲慢，停滞不前。

看轻自己，是一种风度，是一种境界，是一种修养。把自己看轻，它需要淡泊的志向，旷达的胸怀，冷静的思索。

善于把自己看轻的人，总把自己看成普通的人，处处尊重别人；总觉得群众是最好的老师，自己始终是个小学生；即使自己贡献最大，也不居功自傲；处处委曲求全，为人谦虚和谐。

把自己看轻，绝非一般人所能做到。它是光明磊落的心灵折射，它是无私心灵的反映，它是正直、坦诚心灵的流露。

把自己看轻，绝不是去鄙视自己，绝不是去压抑自己，绝不是去埋没自己，绝不是要你去说违心的话，绝不是要你去做违心的事，绝不是要你去理不愿理的烦恼。相反，它能使你更加清醒地认识自己，对待自己，不以物喜，不以己悲。

把自己看轻，它并不是自卑，也不是怯弱，它是清醒中的一种经营。也不是鄙视自己，压抑自己，埋怨自己，也不要你去说违心话，做违心事。相反，看轻自己能使你更加清醒地认识自己。

20世纪美国著名小说家和剧作家，布思·塔金顿在一次参加红十字会举办的艺术家作品展览会时，一个小女孩让布思·塔金顿给她签名，布思·塔金顿欣然接受了。他想，自己这么有名。但当小女孩看到他签的名字不是自己崇拜的明星的时候，小女孩当场就把布思·塔金顿的留言和名字擦得一干二净。布思·塔金顿当时很受打击，那一刻，他所有的自负和骄傲瞬间化为泡影。从此以后，他开始时时刻刻地告诫自己：无论自己多么出色，都别太把自己当回事！

名人尚且如此，何况我们这些平凡之辈。或许，你所听到的那些夸赞你的话语，只不过是这场游戏中需要的一句台词而已。等游戏结束，你应该马上清醒，摆正自己。我们应该知道，我们只不过是在扮演生活中的一个角色罢了。曲终人散后，卸下所有的妆，你会发现剩下的只有满身的疲倦，所有的掌声、鲜花、微笑都只不过是游戏中必备的道具。

为人处世，不妨看轻自己，这样生活中就会多几分快乐。

在生活中，我们要学会看清自己：在家庭中，不妨看轻自己，不要把自己当成"一言九鼎"的家长，这样才能更好地与孩子沟通，与爱人和谐相处；在事业上，即使春风得意，也不妨看轻自己，不要把自己当成众人之上的"楚霸王"，这样才能结交更多志同道合的盟友，听取更多有益于事业发展的意见；在朋友圈子里，不妨看轻自己，这样才能结识到推心置腹的哥们儿，让自己时刻保持清醒的头脑。总之，把自己看轻，才能成为天使，飞越坎坎坷坷，拥有和谐的人生！

现实生活中，有人把自己看重的地方很多，而把自己看轻的地方很少；看重自己的东西很多，而看轻自己的东西很少。

我们是不是太在意自己的感觉？譬如，你走路时不小心摔了一跤，惹得旁人哈哈大笑。当时你一定觉得很尴尬，认为全天下的人都在看着你。但是，如果你试着站在别人的角度考虑一下，就会发现，其实，这事不过是他们生活中的一个插曲而已，有时甚至连插曲都算不上，他们哈哈一笑，一回头也就把这事给忘了。

在匆匆走过的人生路途中，我们不过是路人眼中的一道风景，对于第一次的参与、第一次的失败，完全可以一笑置之，不必过多地纠缠于失落情绪之中，你的哭泣只会提醒别人重新注意到你曾经的失败。你笑了，别人也就忘记了。

有句话说："20岁时，我们总想改变别人对我们的看法；40岁时，我们顾虑别人对我们的想法；60岁时，我们才发现，别人根本就没有想到我们。"这并非消极，而是一种人生哲学——不妨学会看轻你自己，轻装上阵，没有负担地踏上漫漫征程，你的人生路途或许会更通坦。

有这样一个流传很广的故事。一个自以为很有才华的人，一直得不到重用，为此，他愁肠百结，异常苦闷。有一天，他去质问上帝："命运为什么对我如此不公？"上帝听了沉默不语，只是捡起一颗不起眼的小石子，并把它扔到乱石堆中。上帝说："你去找回我刚才扔掉的那个石子。"结果，这个人翻遍了乱石堆，却无功而返。这时候，上帝又取下了自己手上的那枚戒指，然后以同样的方式扔到了乱石堆中。结果，这一次他很快便找到他要的东西那枚金光闪闪的戒指。上帝虽然没有再说什么，但是他却一下便醒悟了：当自己还只不过是一颗石子而不是块金光闪闪的金子时，就永远不要抱怨命运对自己不公平。

有许多人都有和这位年轻人一样的心理，觉得自己是这个单位、这个部门里最重要的人物，这里缺了自己就不行，就好像地球离开他就不转动了一样。因为自己很重要，所以其他人必须以他为中心，围绕着他。但其实，不是这么回事，地球离了谁都照常转动不误。

要正视社会现实，社会上的每个人都有其欲望与需求，也都有其权利与义务，这就难免会出现矛盾，不可能人人如愿。这就要求人人正视客观现实，学会礼尚往来，在必要时做出点让步。当然应该承认自我的权利与欲望的满足，但也不能只顾自己，忽视他人的存在。如果人人心目中都只有自我，那么，事实上人人都不会有好日子过的。

从自我的圈子中跳出来，多设身处地地替其他人想想。以求理解他人。并学会尊重、关心、帮助他人，这样才可获得别人的回报，从中也可体验人生的价值与幸福。

加强自我修养，充分认识到自我中心意识的不现实性、不合理性及危害性。学会控制自我的欲望与言行。把自我利益的满足置身于合情合理、不损害他人的可行的基础之上。做到把关心分点给他人，把公心留点给自己。

人生永远都有希望

诗人、作家歌德说："人的一生中最重要的就是要树立远大的目标，并且以足够的才能和坚强的忍耐力来实现它。"

我们几乎随处都能见到这样的人，他们一生都做着简单而又平常的事，他们似乎也因此就满足了，事实上他们完全有能力做一些更复杂的事，但他们不相信自己能胜任。

假如人类没有创造世界和改进自身条件的雄心壮志，世界将会处在多么混沌的状态啊！

和为了实现雄心壮志而进行的持续努力相比，没有什么东西可以如此坚定人们的意志。它引导人们的思想进入更高的境界，把更加美好的事物带进人们的生命。

有什么比追寻生命价值更高尚的理想吗？在不同的文明下，人们的理想也不同。一个人或一个国家的理想与其现实条件和未来发展潜力是息息相关的。

每个人身上都有最优秀而独特的地方，这份优秀只属于你自己。而一个人成功与否，取决于他能否发现自己的优势，并全力将它发挥出来。只有了解自身的优势，最大限度地发挥自身的专长，才能让你登上人生的绚丽舞台。

我们要通过正确地评价自己来发现自己的长处，肯定自己的能力。自我评价的方向和内容与人自身有很大的关系，只看自己的缺点就好像千百遍地听人说："你这不行，你那不行，不准干这，不准干那……"但从来不知道自己哪儿行、不知道要干什么，这种情景是非常令人绝望的。然而，如果自我评价的方向是正面的、自我肯定的，能够准确发现自己有长处有优势，不仅会由此产生积极的情感体验，同时将更有可能发展出好的行为，产生良好的结果。

因此，让我们大声地告诉自己："我能行！"

永远相信自己，无论你拥有怎样的雄心壮志，都要集中精力为之努力，而不要左顾右盼、意志不坚。不要给自己留畏缩的退路，一心一意为了理想而奋斗。只有集中精力才能获得自己想要的成功。

在人的一生当中，总会遇到各种困难与挫折，在这种情况下，要勇敢地对自己说声"我能行"。

每个人都渴望成功，但是在成功路上总会充满荆棘，如果你放弃，那么你永远不会成功；如果你不断地坚持，告诉自己能行，总有一天你会得到成功。

美国作家卡耐基说："要想成功，必须具备的条件是：以欲望提升自己，以毅力磨平高山，以及相信自己一定会成功。"永远相信自己，假如你真的能做到，那么你离成功已经不远了。

假若你的动力足够大，那么与之匹配的能力也将随之而至。在你面前如果有十分有吸引力的奖品在激励着你，那么，你一定可以变得更加敏捷，更加细致而勤奋，更加机智而思虑周全，而且会有更加稳健清晰的头脑，你也一定会获得更好的判断力和预见力。

每个人都有巨大的潜能，只是有的人潜能已苏醒，有的人潜能却还在沉睡中。任何成功者都不是天生的，成功的关键在于开发出了无穷无尽的潜能。只要你能持有积极的心态去开发自我的潜能，就会有用不完的能量，你的能力就会越用越强，你离成功也就会近在咫尺了。反之，假如你抱着消极的心态，不去开发自己的潜能，任它沉睡，那你就只能自叹命运不公了。

曾有一个农夫在高山之巅的鹰巢里捉到一只小鹰，他把小鹰带回家中，养在鸡笼里面。这只小鹰与鸡一起啄食、嬉闹和休息，它认为自己也是一只鸡。这只鹰渐渐长大了，羽翼也丰满了，主人想把它训练成猎鹰，可是，因终日与鸡混在一起，它已变得与鸡完全一样了，根本没有飞的能力了。农夫试了各种各样的办法，都毫无效果，最后把它带到了山顶上，一把将它扔了下去。这只鹰，像一块石头似的，直掉下去，慌乱之中它拼命地扑打着翅膀，就这样，它终于飞了起来。

或许你会说："我已懂你的意思了。但是，它本来就是鹰，不是鸡，它才能够飞翔。而我，或许原本就是一个平凡的人，我从来没有期望过自己能做出什么了不起的事情来。"这正是问题的所在——你从来没有期望过自己做出什么了不起的事来，你只把自己钉在自我期望的范围内。

事实上，开启成功之门的钥匙，必须由你自己亲自来锻造，而这正是释放你的潜能、唤醒你的潜能的过程。

歇斯底里，面目可憎

我曾经在王府井看见一位穿着得体优雅的女人对身边的男人像狮子般咆哮，甚至厮打起来，却不顾路人频频的回眸。那一刻，我对眼前这个穿着雅致女人的好感一下子全无，是什么事让她变得如此疯狂？让她变得如此歇斯底里、如此不可理喻？

实际上这些事在我们身边经常发生，甚至偶尔会出现在自己的生活里。因为不值得的一件小事，有的人就会变得情绪失控，虽然不会过分得像王府井那个女人当街厮打起来，但也会对自己的亲人无理取闹，暴躁、愤怒、憋闷等不良情绪诸如大脑短路失控了，不听指挥地像决堤的江水滔滔而来，虽然事后懊悔不已，但当时就是控制不住自己。

其实，生气是最无力的情绪，常常会使人失去理智，当然，最后肯定是后悔不已。给别人造成的伤害就如同在墙上钉钉子，钉一个就留下一个钉印，再去抹平这些印痕恐怕很难，不管你如何去弥补，伤痕依旧不会被磨平。有的人认为，心里有气就必须得发出来，否则会"憋闷坏了"，实际上，不良情绪会导致各种各样的身心病症，如心脑血管疾病、癌症等都与长期的消极情绪的影响有关。

控制不好自己的情绪，既伤了自己，又伤了别人，可以说是两败俱伤，只有愚蠢的人才会做这种愚蠢的事来。一个聪明的人不会被自己的情绪所左右，即使遇到不开心的事，他们也会用自己的方式来解决，而不是歇斯底里地咆哮起来，因为这样总是有失一个人的风度。

很多人都懂得这个道理，却总是做不到，一遇到不顺心的事就急躁易怒，容易冲动。有些人爱发脾气，缺乏涵养，与虚荣心过重有密切联系。像有的人只知爱惜自己的"脸面"，有时明知是自己不对，为了维护"脸面"以满足虚荣心，仍不惜伤害别人的感情，故意宣泄不满，一味指责对方，表现出一副唯我独尊的样子，事后又常为得罪朋友和失去友情而后悔。

人际交往中，出现意见分歧，发生点小摩擦是常有的事，所以，不宜将对对方的不满情绪和烦恼长期积压在心里，可以心平气和地与对方交换意见，自己有错误主动承认，对方有不足之处可以耐心指出，以求相互谅解，这不是什么"栽脸面"的事。而随意发脾气，任意发泄自己不满的人，表现了这个人缺乏涵养、易暴躁，恰恰是一种自我贬低的愚蠢举动，这才真正是丢了自己的"脸面"。

应该及时改变自己爱发脾气、性情暴躁这个坏毛病，使自己不再是别人眼中的"火药桶"。一旦发现体内的火山有爆发的倾向，就应立即制止或者把它发泄掉，但必须在不伤害自己和他人的前提下进行。当然，生活里不乏这一类型的人，他们性格急躁，希望在最短的时间里，得到最好的结果，这是急功近利的思想在作怪。任何人在愿望没有如期实现时，都会产生焦躁情绪。由于自控能力不同，造成的结果也不同。我们看到的那些最终实现目标的人，都是善于控制情绪的人。但歇斯底里也许与人的性格有关，不是说改就能改的，遇到让自己懊恼的事情的时候，只能一点点的克服和说服自己。

美国芝加哥的一家大百货公司在前台设立了咨询处，其中的一项主要任务就是受理顾客提出的问题和抱怨。每天，都有许多女士排着长长的队伍，争着向柜台后的那位小姐诉说她们所遭遇的困难以及这家公司不对的地方。

在这些投诉的妇女中，有的十分愤怒且蛮不讲理，有的甚至讲很难听的话，柜台后的这位年轻小姐，每次接待这些愤怒的妇女，均未表现出任何憎恶。她脸上总是带着微笑，指导这些妇女们前往相应的部门，她的态度优雅而镇静。

站在她身后的是另一位年轻女郎，她在一些纸条上写下一些字，然后把纸条交给站在她前面的那位年轻小姐。这些纸条很简要地记下妇女们抱怨的内容，但省略了这些妇女原有的尖酸刻薄的话语。

原来，站在柜台后面微笑聆听顾客抱怨的这位年轻小姐是位聋人，她的助手通过纸条把所有必要的事实告诉她。

这家百货公司的经理之所以挑选一名耳聋的女郎担任公司中最艰难而又最重要的一项工作，主要原因是再也找不到能够面对别人的抱怨甚至是咆哮仍能镇定自若、面带微笑的人了。

柜台后面那位年轻小姐脸上亲切的微笑，对这些愤怒的妇女们产生了良好的影响。她们来到她面前时，个个像是咆哮的野狼，但当她们离开时，个个却又像是温顺的绵羊。

事实上，她们之中的某些人离开时，脸上甚至露出了羞怯的神情，因为这位年轻小姐的好脾气已使她们对自己的行为感到惭愧。

站在柜台前，面对客户的埋怨和咆哮，仍能平和对待的人实属不多。也许你能勉强工作一天、两天，但长期下去，如果不是一个聋人，或者在心里不能把自己当成一个聋人的话，干这份工作只会自找麻烦。

在别人的咆哮面前做一个聋人，使你不至于失去对情绪的控制力，像一个没有罗盘的水手，每次遇到激情澎湃的风暴，都会改变心情的方向，让你疲惫不堪。

世上没有绝境，只有绝望

生活是一种态度。每一个人都会有不同的经历，每一个人都会经历挫折和不幸，每一个人也都有获得幸福的机会。生活是现实的，不以人的意志为转移，你可以活得很积极，也可以很悲观。同样是生活，有人整天愁眉不展，唉声叹气，有人却过得精彩无限，有滋有味。你可以决定自己的命运，只要你肯审视自己的态度。培根曾说过："人若云：我不知，我不能，此事难。当答之曰：学，为，试。"

"世间本来没有路，走的人多了就成了路"，想一想，连路都可以硬走出来，那么面对人为的环境和处境，我们有什么理由绝望呢！

很多时候我们绝望与否，重要的不是处于顺境或逆境，而是取决于对待顺境或逆境的态度和方法。有的人无论顺境、逆境都能进步，而有的人却是任何时候都在堕落。

其实，世上是有绝望的处境的，问题是在你的看法如何。如果你冷静下来想办法，尝试走另一条路的话，你的成功概率可能会有百分之九十的。如果你急躁不安，绝望了，不敢去面对和挑战，那你的成功概率只有百分之十。所以，这世上只有对处境绝望的人，而没有绝望的处境。我知道，成功从来只会青睐勇敢的智者，不喜欢亲近那些遇到点点困难就绝望而退缩的胆小鬼。在人生的道路上，没有一个人是没有遇到过困难与挫折的，简单来说，没有困难的人生不是完整的人生。因此，我们不如用微笑来挑战困难吧！

张海迪这个名字大家都应该听说过吧！张海迪谈到了死亡时，如果自己撰写自己的墓志铭，她会写些什么呢？海迪说，她会这么写：这里躺着一个不屈的海迪，一个美丽的海迪。快乐是很难的，我们常常为了短暂的快乐，愁苦经年，张海迪更难。张海迪看上去很快乐，哪怕是在最痛的时候，她也能露出一副灿烂的笑脸。但张海迪说，她从来没有一件让她真正快乐的事。

张海迪现在的身份是作家，但写作是痛苦的，她得了大面积的褥疮，骨头都露出来了，但她还在写。她又做过几次手术，手术是痛苦的，她的鼻癌是在没有麻醉的情况下实施手术的，她清晰地感觉到刀把自己的鼻腔打开，针从自己皮肤穿过。第一次听说自己得了癌症，她甚至感到欣喜——终于可以解脱了。张海迪说：我最大的快乐是死亡。但是，她却活了下来。她是一位多病的残疾人，天天被病魔折磨着，但她并没有绝望，并没有想不开而去自尽。她努力为国家做出贡献，在医院躺着的时候，还在写作，为什么她能这样？哦！因为她对于她的处境和生活并没有绝望，她清楚地知道这个世界上没有绝望的处境。

当然，有乐观开朗的人，也有对生活失去信心、绝望的人，报纸上总有人想不开而跳楼的新闻。人生是一次漫长的旅行，有平坦的大道，也有崎岖的小路，有灿烂的鲜花，也有密布的荆棘。生命的丰厚奖赏远在旅途的终点，我们应该在压力下奋起，在逆境中突破，在拼搏中享受成功的喜悦！生活永远是充满希望的。因为世上没有绝望的处境，只有对处境绝望的人。

总而言之，这个世界上，没有爬不上的山，没有过不了的河，再大的困难总有解决的方法。用冷静和乐观的心来面对困难，总能找到一个让你坚持不懈的理由。每一个人的命运都没有绝望的处境，只要你勇敢去面对、挑战它，成功往往就在绝境的拐弯处。

第五章
给负面情绪压力锅减压

幸福=正面情绪-负面情绪

——杨澜（著名主持人）

成功的秘诀就在于懂得怎样控制痛苦与快乐这股力量，而不为这股力量所反制。如果你能做到这点，就能掌握住自己的人生，反之，你的人生就无法掌握。

——安东尼·罗宾斯（美国演说家）

如何转移自己的注意力

很多人都有过这种体验：当身体的某个部位疼痛时，我们越是将注意力聚集在疼痛部位，这种疼痛感会越强；而当我们将注意力移开，或与人聊天，或下棋，或读书，这种疼痛感就会减弱许多。

人的情绪之所以坏，绝大多数情况下是有原因的，比如升迁受挫、失恋等。如果我们不将自己的注意力从这些引人不快的事件中转移出来，就容易在坏情绪中徘徊、深陷。

当你因不愉快的事而情绪不佳时，不妨试试转移自己的注意力。

1. 积极参加社会性的交往活动，培养社交兴趣

人是社会的一员，必须生活在社会群体之中，一个人要逐渐学会理解和关心别人，一旦主动关爱别人的能力提高了，就会感到生活在充满爱的世界里。如果一个人有许多知心朋友，就可以取得更多的社会支持；更重要的是可以充分地感受到社会的安全感、信任感和激励感，从而增强生活、学习和工作的信心和力量，最大限度地减少心理的紧张和危机感。

一个离群索居、孤芳自赏、生活在社会群体之外的人，是不可能获得心理健康的。随着独门独户家庭的增多，使得家庭与社会的交流日渐减少，因此走出家庭，扩大社会交往显得更有实际意义。

如在工作中，管理者在处理事情时可以多找下属征求意见，同事之间也可互相讨论，集思广益，最终拿出一个有效可行的方案。这个方案因为已纳入所有工作者的智慧，每个人都会感受到自己存在的价值，因而可减少不必要的失落。

2. 多找朋友倾诉，以疏泄郁闷情绪

在日常生活和工作中，我们难免会遇到令人不愉快和烦闷的事情，如果找个好友诉诉苦，那么压抑的心境就可能得到缓解，失去平衡的心理亦可得以恢复正常，并且能得到来自朋友的情感支持和理解，可获得新的思考，增强战胜困难的信心。

还可以通过郊游、爬山、游泳或在无人处高声叫喊、痛骂等办法消除不良情绪，或者去听听歌、跳跳舞，在引吭高歌和轻快旋转的舞步中忘却一切烦恼。

3. 重视家庭生活，营造一个温馨和谐的家

家庭可以说是整个生活的基础，温暖和谐的家是家庭成员快乐的源泉、事业成功的保证。孩子在幸福和睦的家庭中成长，有利于其人格的发展。

如果夫妻不和、经常吵架，将会极大地破坏家庭气氛，影响夫妻的感情及各自的心理健康，而且也会使孩子幼小的心灵受到伤害。可以说，不和谐的家庭经常制造心灵的不安与污染，对孩子的教育很不利。

理想的健康家庭模式，应该是所有成员都能轻松表达意见，相互讨论和协商，共同处理问题，相互供给情感上的支持，团结一致应付困难。每个人都应注重建立和维持一个和谐健全的家庭。社会可以说是个大家庭，一个人如果能很好地适应家庭中的人际关系，也就可以很好地在社会中生存。

适当宣泄自己的情绪

有幅漫画，一位总经理模样的人正在训斥一名职员，职员无奈，便转而训斥他的下属，下属挺生气，回家后居然莫名其妙地把气撒在妻子身上，妻子气极，便把受到的委屈一股脑儿地发泄在儿子身上，打了儿子一个耳光，儿子恼怒之际，居然飞起一脚踢向小狗，小狗疼得乱窜，发疯似的冲出门乱咬，结果正好咬着从这儿路过的总经理！

这虽然是一个虚构的情节，但需要我们注意的是，这里的职员训斥下属，下属训斥妻子，妻子打了儿子，儿子踢了小狗，便是人们常说的所谓的"发泄"。

怒气是千万不能长期积压的，从心理学角度来讲，适度宣泄能够减轻或消除心理或精神上的疲劳，把怒气发泄出来比让它积郁在心里要好得多，这样做能够使你变得更加轻松愉快。

当水壶中的水沸腾时，蒸汽会由壶盖的孔不断冒出。压力锅盖上也有一个小孔，在气压达到一定程度时，蒸汽也由此孔泄出。泡茶的小茶壶盖上也有个小孔，热气亦由此排出。如果没有孔的话，热气就无法散出，里面的压力就会累积，水就会不断地由壶内向外溢出，而压力锅则有爆炸的可能。总而言之，热气与压力都必须能适度的发散才可以。

这个原理其实与人的情绪一样。人的不良情绪一旦累积压抑得太久，一旦爆发，其后果可能是无法挽回的遗憾。人的不少冲动，正是由于不良情绪的累积太多，结果因为一件小事，一点就着。因此，学会给自己的情绪减压是减少冲动的办法之一。

那种故意压制自己情绪的人是非常危险的。他们不会发牢骚，总是面带微笑。对人和善，为他人着想，工作认真，经常为帮助他人而留下来加班。当别人问他体力是否可以时，他总是以笑脸回答"不用担心"。这其实是非常危险的，这种人就像热水壶盖上没有孔一样，不爆发则已，一爆发则"惊天动地"。

如果你认为自己的压力在不断累积，那就试着将不满、牢骚发泄出来吧。给自己的不良情绪找个孔，让身心更健康，让行为更理智。

适度的情绪发泄就像夏天的暴风雨一样，能够净化周围的空气，倾吐胸中的抑郁和苦衷；能缓解紧张情绪，降低冲动的可能性。发泄的方法很多，可以通过各种对话、民主生活会等发表意见，也可找知己谈心，或找心理医生咨询，或通过写文章、写信来表达情感。如不能奏效，干脆痛哭一场，哭是宣泄情绪的一个好方法。孩子遇到了伤心事，常常一哭了事。成年人，特别是男子，多以"男儿有泪不轻弹"自居，强忍悲痛而不流出眼泪。据有关资料表明，这种悲而不哭的情绪同男子患冠心病、胃溃疡、癌症的比例比女子的高有一定的关系。因为悲伤与恐惧等消极情绪会使体内某种有害激素含量过高而危害健康，而眼泪能帮助排泄一部分对健康有害的化学物质。

和被动的"发泄"不同，人如果有怨气，可以通过某种手段去解压，这就是将自己不良的情绪"宣泄"出来。如何"宣泄"，可谓是一门学问。这里介绍一些适度"宣泄"的方法，你不妨一试：

在生某人某事气之后，可利用你手中的笔，把这件事的发展经过全部记下来，尽情地一"书"而就，或者写一封言辞尖锐的书信，将对方痛骂一顿。然而你必须要记住，"信"可随意书写，但不可以寄发出去。美国第16任总统林肯就经常用此种方法来宣泄心中的怒气，他在外边受了别人的气，回到家里之后就写一封痛骂对方的信。家人在第二天要为他寄发这封"信"时，他却不让寄出去，其原因是："写信时，我已经出了气，又何必把它寄出去，从而惹是生非呢！"

还可以采取痛哭的方式宣泄。心理学家已经指出：痛哭也是一种自我心理的救护措施，能使不良情绪得以宣泄和分流，痛哭之后心情自然会比原来畅快许多。

利用"道具"宣泄也是一个有效的办法。这里所说的"道具"，指的是能够被用来排泄心中怒气之物。日本有一家大公司的总裁，很会让职员尽情地"发泄"，他定做了一个与他身材同样大小的橡胶塑像，让对自己有意见的职员可以对这个形态逼真的塑像尽情拳打脚踢，等"宣泄"够了，职员也消了气，恢复了心理平衡。生活中我们也可以借鉴此种方法，然而要切记的是不可随意而发，要掌握好时间、场合和对象，否则将成为不正当的方法。

另外，体育锻炼能增加人对外界的适应力与抵抗力，在运动的过程中，心理会逐步地得到调节，在不知不觉中慢慢就疏导了内心的不愉快。

21条实用的减压法则

对于每个人来说，压力是避免不了的，但情绪和态度是可以改变的。在各种压力中，情绪压力的"杀伤力"最大。情绪压力除了会导致各种疾病产生外，还是造成人思维短路的祸首之一。

下面介绍国外心理专家提出的消除情绪压力的方法。

1. 当你感到有情绪压力时，邀几个亲朋好友去聚餐一次，或去观赏一部电影。

2. 寻找最近自己在生活中处理成功的一件小事，给自己奖励，买一件礼物送给自己。

3. 分析压力产生的原因，找出排除它的方法。

4. 找一个自己信任的人，开怀倾谈一次。

5. 将情绪压力演变的结果，在心里预想一下达到这一结果的全过程，做好充分的心理准备。

6. 如果是欲望或动机过高，每周要有一天用完全不同的兴趣点（例如打高尔夫球、画画、下棋、种花）来调节。

7. 自我的能力和精力不要极端地消耗，有时要懂得保存体力，否则只不过是背负一个"苦干家"的名声。

8. 要懂得创造性的休息方法，休息的种类、方式要丰富多样，不要单调。

9. 如压力已造成身体的不适（如心脏作痛、大量出汗、不眠、肠胃消化功能下降等），要认真对待，及早进行健康检查。

10. 在休闲时，进行体育活动，但一次活动的时间不宜过长，运动不要过猛，做到细水长流。

11. 将家庭生活、工作、社会交往等方面遭到压力的原因用一张小纸条写出，然后对每个压力想出三个不同的点子来对付它，可以与友人和信赖的人商量。

12. 写"压力自传"。把自己所遭遇的压力，用日记、自传体的方式记录下来，自己保存，供以后参考。

13. 对自己要求不要过高，记住一首赞美诗中的七个字："只要一步就够好。"

14. 不要将所有重担和责任背负在自己一个人身上，要信赖他人，做到责任分担，学会同他人合作。

15. 勇于决断。错误的决断比不决断或犹豫不决要好。决断错误可以修正，不决断或犹豫不决会导致压力的产生，有损身心健康。

16. 不要为小事垂头丧气，不拘泥于琐碎之事。对琐碎之事过分担心，往往会被压力压垮。要有全局着眼、大处着手的气魄。

17. 要防止过于孤独，设法结识一些新朋友，认识一些新鲜事物，以保持精神上的平衡。

18. 有时候要自我吹嘘、自我陶醉、自我赞美一番，保持良好的自我感觉才能振奋精神。

19. 要有充分的睡眠时间，损失的睡眠时间要补足。

20. 不过分拘泥于成功。失败是成功之母，有意义、有经验的失败要比"简单的成功"获益更大。

21. 运用幽默、微笑来调节情绪，用自我催眠和深呼吸等方法来放松身心。任何时候都不要失去自信心。

要给自己心理补偿

心理失衡的现象在现代竞争日益激烈的生活中时有发生。大凡遇到成绩不如意、高考落榜、竞聘落选、与家人争吵、被人误解讥讽等情况时，各种消极情绪就会在内心积累，从而使心理失去平衡。消极情绪占据内心的一部分，而由于惯性的作用使其越来越沉重、越来越狭窄；而未被占据的那部分却越来越空、越变越轻。因而心理明显分裂成两个部分，沉者压抑，轻者浮躁，使人出现暴戾、轻率、偏颇和愚蠢等难以自抑的冲动行为。这虽然是心理积累的能量在自然宣泄，但是它的行为却具有破坏性。

这时我们需要的是"心理补偿"。纵观古今中外的强者，其成功之秘诀就包括善于调节心理的失衡状态，通过心理补偿逐渐恢复平衡，直至增加建设性的心理能量。

有人打了一个颇为形象的比方：人好似一架天平，左边是心理补偿功能，右边是消极情绪和心理压力。你能在多大程度上加重补偿功能的砝码而达到心理平衡，你就能在多大程度上拥有了时间和精力，信心百倍地去处理那些有待你完成的任务，并有充分的乐趣去享受人生。

那么，应该如何去加重自己心理补偿的砝码呢？

首先，要有正确的自我评价。情绪是伴随着人的自我评价与需求的满足状态而变化的。所以，人要学会随时正确评价自己。有的青少年就是由于自我评价得不到肯定，某些需求得不到满足，此时未能进行必要的反思，调整自我与客观之间的距离，因而心境始终处于郁闷或怨恨状态，甚至悲观厌世，最后走上绝路。由此可见，青年人一定要学会正确估量自己，对事情的期望值不能过分高于现实值。当某些期望不能得到满足时，要善于劝慰和说服自己。生活中处处有遗憾，然而处处又有希望，希望安慰着遗憾，而遗憾又充实了希望。遗憾是生活中的"添加剂"，它为生活增添了发奋改变与追求的动力，使人不安于现状，永远有进步和发展的余地。正如法国作家大仲马所说："人生是一串由无数小烦恼组成的念珠，达观的人是笑着数完这串念珠的。"没有遗憾的生活才是人生最大的遗憾。

为了能有自知之明，人需要正确地对待他人的评价。因此，经常与别人交流思想，依靠友人的帮助，是求得心理补偿的有效手段。

其次，必须意识到你所遇到的烦恼是生活中难免的。心理补偿是建立在理智基础之上的。人都有七情六欲及各种感情，遇到不痛快的事自然不会麻木不仁。没有理智的人喜欢抱屈、发牢骚，到处辩解、诉苦，好像这样就能摆脱痛苦。其实往往是白费时间，现实还是现实。明智的人勇于承认现实，既不幻想挫折和苦恼会突然消失，也不追悔当初该如何如何，而是想到不顺心的事别人也常遇到，并非是老天跟你过不去。这样你就会减少心理压力，使自己尽快平静下来，客观地对事情做个分析，总结经验教训，积极寻求解决的办法。

再次，在挫折面前要适当用点"精神胜利法"，即所谓"阿 Q 精神"，这有助于我们在逆境中进行心理补偿。例如，实验失败了，要想到失败乃是成功之母；若被人误解或诽谤，不妨想想"在骂声中成长"的道理。

最后，在做心理补偿时也要注意，自我宽慰不等于放任自流和为错误辩解。一个真正的达观者，往往是对自己的缺点和错误最无情的批判者，是敢于严格要求自己的进取者，是乐于向自我挑战的人。

　　记住雨果的话吧："笑就是阳光，它能驱逐人们脸上的冬日。"

如何面对诬蔑和诋毁

身处社会之中，偶尔莫名其妙地挨两巴掌是难免的事，但是，挨了巴掌之后，要怎么反应，就是一门你我都需要学习的学问了。

明代人屠隆在《婆罗馆清言》中说过一段睿智话，意思是："一个人要实现自己的理想，要找到真理，纵然历经千难万险，也不要后退。奋斗的过程中，要用坚强的意志来支撑自己，忍受一切可能遇到的屈辱，只要坚持下去，就能取得成功。艰难羞辱不但损害不了你人格的完整，还会使人们真正了解你人格的伟大。重要的是，在遭遇苦难侮辱时，把这一切都抛诸脑后，得一分清爽的心情。"

屠隆的话告诫我们，当面临恶意诋毁时，你的态度应该是置之不理。

有些人对那些无中生有的诬蔑表现得异常激愤，反唇相讥甚至大打出手，其实那都是没有必要的。如果换一种角度来看，那些遭人诋毁的人反倒应觉得庆幸，因为正是你极具重要性，别人才会去关注、去议论、去诬蔑。所以不要理会这些无聊的人，事实自会让流言不攻自破。

美国曾有一位年轻人，出身寒微，依靠自己的努力，在30岁时当上了全美有名的芝加哥大学的校长。这时各种攻击落到他的头上。有人对他的父亲说："看到报纸对你儿子的批评了吗？真令人震惊。"他父亲说："我看见了，真是尖酸刻薄。但请记住，没有人会踢一只死狗的。"

美国著名教育家卡耐基很赞赏这句话，他说：不错，而且越是具有重要性的"狗"，人们踢起来越感到心满意足。所以，当别人踢你、恶意地诋毁你时，那是因为他们想借此来提高自己的重要性。当你遭到诋毁时，通常意味着你已经获得成功，并且深受别人注意。

诋毁、诬蔑与攻击通常是变相的恭维，因为没有人会踢一只死狗。只有挂满果实的树才会招来石块，也是这个道理。

美国独立运动的奠基者、美国第一任总统华盛顿，也曾被人骂为"伪善者""骗子""比杀人凶手稍微好一点儿的人"。对于这些诬蔑，华盛顿毫不在意，事实证明他是美国历史上最具影响力的人物。

一个人若想坚持真理，想比别人做得更好一些时，遭到某些人的恶意攻击是不可避免的。对这一点，我们要有足够的思想准备，我们不能避免这种攻击，但我们能避免这种攻击干扰我们的心态。

一次法国作家小仲马的一个朋友对他说："我在外面听到许多不利于你父亲大仲马的传言。"

小仲马摆出一副无所谓的样子回答："这种事情不必去管它。我的父亲很伟大，就像是一条波涛汹涌的大江。你想想看，如果有人对着江水小便，那根本无伤大雅，不是吗?"

听到别人的流言蜚语，再三客观地分析、判断之后，只要认为自己的做法合理。站得住脚，那么大可以坚持到底，不必理会。

美国前总统罗斯福的夫人艾丽诺曾受到许多批评，但她都能够泰然处之。她说："避免别人攻讦的唯一方法就是，你得像一只有价值的精美的瓷器，有风度地静立在架子上。"

只有自己能解放自己

你感到经常受到压制，被人欺负吗？人们是怎样对待你的？你是不是觉得三番五次地被人利用和欺负？你是否觉得别人总占你的便宜或不尊重你的人格？人们在订计划的时候是否不征求你的意见？你是否发现自己常常在扮演违心的角色，你想改变这种处境吗？

美国大律师韦恩·戴尔指出："我在诉讼人和朋友们那儿最常听到的就是这些问题。他们从各种各样的角度感到自己是受害者，我的反应总是同样的，'是你自己教给别人这样对待你的'。"

中年妇女盖伊尔来找韦恩，因为她感到自己受到专横的丈夫冷酷无情地控制。她抱怨自己对丈夫的辱骂和操纵逆来顺受，她的三个孩子也没有一个对她表示尊重，她已经是走投无路了，感觉自己随时都会崩溃。她甚至时常有杀了丈夫或自杀的念头，而且这种念头日益强烈。火山正处于爆发的前夕。

盖伊尔对韦恩讲述了自己的身世。韦恩听到的是一个从小就容忍别人欺负的人的典型例子。从她性格形成的时期开始，直到结婚为止，她的行为一直受到她的极端霸道的父亲地监视。没想到她的丈夫"碰巧"也和她的父亲非常相像，因此婚姻又一次把她推入陷阱。

韦恩对盖伊尔指出，是她自己无意之中教会人们这样对待她的，这根本不是别人的过错。她那么多年来一直是忍气吞声，在一点一滴地往火药桶中装填火药，最终会自己害了自己。她的任务应当是从自己身上而不是从周围环境来寻找解决问题的方法。盖伊尔的新态度就是设法向她的丈夫及孩子们表明：她不再受人摆布了。

她丈夫最拿手的一个伎俩就是向她发脾气，对她表示嫌弃，特别是当孩子们或者其他的成年人在场的时候。过去她不愿意当众大吵一场，因此对丈夫的挑衅总是毫无办法。现在，她要完成的第一个任务，就是理直气壮地和丈夫抗争，然后拂袖而去，当孩子们对她表现出不尊重的时候，她坚决地要求他们对长辈要有礼貌。

在采取这种有效的态度几个月之后，盖伊尔高兴地向韦恩汇报：她的家庭对她的态度发生了很大的变化。盖伊尔通过切身经历了解到，的的确确是自己教会别人怎样对待自己的。

盖伊尔还懂得了，自己解放自己的关键，是用行动而不是用语言去教育人。这就证明，你表明决心的行动胜过千百万句深思熟虑的言辞。

韦恩指出："许多人以为斩钉截铁地说话意味着令人不快或蓄意冒犯，其实不然。它意味着大胆而自信地表明你的权利，或者声明你不容侵害的立场。"

下面是一些策略，盖伊尔式的人可以运用这些策略来告诉别人如何尊重自己。

1. 尽可能多地用行动而不是用言辞做出反应

如果在家里有什么人逃避自己的责任，而你通常的反应就是抱怨几句然后自己去做，下一次就要用行动来表示。如果应当是你的儿子去倒垃圾而他经常忘记，就提醒他一次。如果他置之不理，就给他一个期限。如果他无视这一期限，那么你就不动声色地把垃圾倒在他的床头。一次这样的教训，要比千言万语更能让他明白你所说的"职责"是什么意思。

2. 拒绝去做你最厌恶的、也未必是你的职责的事

两个星期不为别人收拾办公桌看看会发生什么情况。一般来

说，办公室里一切杂事都由你干，仅仅是说明，你已经向别人表明你会毫无怨言地干这些活儿。

3. 斩钉截铁地说话

要做到即使在可能会显得有些唐突的场所，也能毫无拘束地与他人沟通，果断地说出自己的真实感受和想法，对蛮横无理的人以牙还牙，你必须在一段时期内克服你的胆怯心理。你必须心甘情愿地迈出这第一步，记住：千里之行始于足下。

4. 不再说那些招引别人欺负你的话

"我是无所谓的""我可能没什么能耐"或者"我从来不懂那些法律方面的事"，诸如此类的推托之辞就像是为其他人利用你的弱点开了许可证。当服务员合计你的账单时，如果你告诉他你对计算一窍不通，那你就是暗示他，你不会挑出什么"错儿"的。

5. 对盛气凌人者以牙还牙，冷静地指明他们的行为

当你碰到吹毛求疵的、好插嘴的、强词夺理的、夸夸其谈的、令人厌烦的以及其他类型的欺人者，冷静地指明他们的行为。记住，以牙还牙不是冲动性质的疯狂反击，而是有理有节的冷静对抗。你可以用诸如此类的话声明："你刚刚打断了我的话"，或者"你埋怨的事永远也变不了"。这种策略是非常有效的教育方式，它告诉人们，他们的举止是不合情理的。你表现得越冷静，对那些试探你的人越是直言不讳，你处于软弱可欺的地位上的时间就越少。

6. 告诉人们，你有权利支配自己的时间去做自己愿意干的事

从繁忙的工作中或是热烈的场合中脱身休息一下是理所当然的，把你支配自己休息和娱乐的时间视为是无可非议的，这是不容他人侵犯的正当权益。

7. 敢于说"不！"

摒弃那种支支吾吾的态度，它容易给人造成对你的误解。和隐瞒自己真实感受绕圈子的话相比，人们更尊重那种毫不含糊的回绝。同时，你也会更加尊重你自己。

8. 胸怀坦荡

不要为人所动，并因此对自己所采取的果断态度感到内疚。如果有人对你做出受了委屈的表情，向你说好话，许给你好处或是表示生气时，你不要感到不好受。

一般来说，你过去已经教会他人怎样欺负你，对这样的人这种做法你是不大知道该如何反应的。在这种时候，你要站稳脚跟。

记住：是你教会人们怎样对待你的。如果你把这一条当作指导你生活的原则的话，你就能够自己解放自己，不会因为一再地逆来顺受直至火山爆发，毁灭一切。

第六章
不满意昨天，就把握今日

不要老叹息过去，它是不再回来的；要明智地改善现在。要以不忧不惧的坚决意志投入扑朔迷离的未来。

——朗费罗（美国诗人）

人们不必为过去的错误而羞惭，换言之，即不必为今天比昨天聪明而羞惭。

——斯威夫特（英国文学家）

掌握永恒，不如控制现在

公元 79 年 8 月的一天，古罗马帝国最繁荣的城市之一庞贝城因维苏威火山爆发而在 18 小时之后消失。2000 年后，人们在重新发掘这座古城的时候，在一只银制饮杯上发现刻着这样一句话："尽情享受生活吧，明天是捉摸不定的。"

一个人活着，昨天已经成为历史，成为过去，只有通过回忆来感悟；明天尚是未来，只能通过憧憬来表达希望；而今天则是我们实实在在正在接受阳光沐浴和星辰照耀的时刻，是最容易被我们把握的时刻，是我们真真切切拥有的时刻，是决定我们事业成败关键的时刻，是我们创造幸福生活的时刻，是我们不断耕耘不断收获的时刻，是人生最有意义的时刻。因此，一个人，只有活在今天，才是找到了实实在在的真我，才能体验人生的意义，实现人生的价值。

任何一个人，在眼前的一瞬间，都站在两个永恒的交会点上——永远逝去的过去和无穷无尽的未来的交点上。我们不可能生活在两个永恒之中，即使是一秒钟也不可以，那样会毁掉我们的身心。既然如此，就让我们为生活在这一刻而感到满足吧。

昨天不过是一场梦，明天只是一个幻影，今天才是生命的源泉，才是最值得我们珍视的唯一时间。生活在今天，能让昨天变成快乐的梦，明天变成有希望的幻影。让我们把过去和未来隔断，生活在完全独立的今天吧！

生命是不可能倒转的。早在两千多年前的孔子，面对大河，说了一句："逝者如斯夫，不舍昼夜！"就发出了生命一去不可返的无奈感叹。我们为什么不趁自己活在今天的时候，好好享受今天，好好奖励自己一番呢?

　　一个人如果不能很好地把握现在，就不可能创造光辉灿烂的未来，所以，对任何人来说，现在才是最重要的，没有了现在就没有过去和未来。把握现在就等于把握了未来，在没有经历太多的人世沧桑，没有遭遇太多的坎坷时，很多人会感觉自己只是芸芸众生中一个普通的存在。我们会羡慕他人的出色与成功，追求更好的生活，放弃原有安稳幸福。当曾经的理想希望，曾经的豪情壮志，都似那河流中礁石的棱角，经历岁月的冲刷变得不再锋利而愈加平滑时，当自己不再有能力追求时，或许连原有的安逸都失去了。

　　所有值得怀念的或是不值得怀念的日子，就这么像流水一样一天天地过去。尽管不似平平淡淡一杯白开水，却也未曾有过轰轰烈烈。然而，总有一些不被料到的安排一次次地改变了我们，朋友的不信任，考试的不理想，父母的迁怒，工作没成果，都在一点一点地浪费掉，好多的"现在"从我们指尖悄悄滑落，成为无可奈何的"过去"。我们之所以还这么平凡甚至平庸，我们之所以还这么郁闷甚至困苦，是因为我们没有很好的把握"现在"。

　　先哲无意间在古罗马城的废墟发现了一尊"双面神"神像。于是问："请问尊神，你为什么一个头，两副面孔呢?"

　　双面神回答："因为这样才能一面察看过去，以记取教训；一面瞻望未来，以给人憧憬。"

　　"可是，你为何不注视最有意义的现在?"先哲问。

　　"现在?"双面神茫然。

　　先哲说："过去是现在的逝去，未来是现在的延续，你既然无视现在，即使对过去了若指掌，对未来洞察先机，又有什么意义呢?"

　　双面神听了，突然号啕大哭起来。原来他就是没有把握住"现在"，罗马城才被敌人攻陷，他因此被视为敝屣，被人们丢弃在废墟中。

"现在"是最重要的，"现在"是存在的本质。我们只能拥有转瞬即逝的现在。有人总是回忆过去或把希望寄托在未来，而不重视现在最应该做什么。一切都从现在做起，把握住现在才是人生成功的关键。

把握现在，是很多成功者用双脚开辟出来的真理，是许多失败者用心血凝聚的教训。把握现在，就是不必为无可挽回的过去而懊丧，也不必为了遥不可及的未来而想入非非。过去无论自己怎么辉煌怎么灿烂，也已像流星一样滑进无边的黑暗之中。未来是不可预测的，并且是以今天为起点的，所以我们能够切切实实地把握的只有现在，把握现在就等于踏上了成功的征程，也等于为未来奠定了基础。

其实无论做什么事情，只要从现在开始就无所谓太早或太迟，从一个行动开始，只要坚持下去必定会有收获。就像播下什么样的种子就会收获什么样的果实一样。只要我们从现在开始播下一个行动，把过去的收获和未来的憧憬连接起来，就会得到一生的充实！

在现实面前绝不做逃兵

直面现实，关注目前才是最重要的。那些不敢面对现实、在现实面前做逃兵的人，过的将是一辈子平庸的生活。

自从福鼎·克多隆有记忆起，文字就一直是他的克星。小时候上学，他总觉得书上的字母东跳西跳，永远也捉不到字母的读音。那时没人知道这叫阅读困难症。事实上，福鼎的左脑无法像正常人一样将文字之类的符号有次序地排列。

可怜的福鼎，他不敢开口告诉自己的老师自己面临多么大的难题。一年年熬过小学，又凭着在篮球场上的神勇表现进入了中学、大学。大学里，他还是对阅读怕得要命。为了混文凭，他到处打听哪一门课最容易通过。每堂课后，他一定立刻将在课堂上画的涂鸦给撕掉，免得有人跟他借笔记。

28 岁那年，他贷款 2500 美元买了第二栋房子，加以装修后出租。后来，他的房子越买越多，生意愈做愈大，经过几年的经营，他已跻身百万富翁的行列。但没人注意到这位百万富翁总是去拉门把上写着"推"的门；而在进入公厕前，他一定会迟疑片刻，看有男士进出的门是哪一个。1982 年经济不景气，他的生意一落千丈，每天都有人要对他提出诉讼或是没收抵押物。他唯恐会被提去证人席，接受法官的质询："福鼎·克多隆，你真的不识字吗？"

再这样逃避下去，福鼎的精神就要崩溃了。他要对自己、对所有人摊牌了。1986 年的秋季，48 岁的福鼎做了两个破天荒的决定。首先他拿自己的房子做贷款抵押，然后，他鼓起勇气走进市立图书馆，告诉成人教育班的负责人："我想学识字。"教育班安排了一位

65 岁的女士当福鼎的指导老师。她一个一个字母地耐心教导他，14个月后，他公司的营运状况开始好转，而他的识字能力也大有进步。

他后来在圣地亚哥的某个场合里公开自己曾经是文盲的事实。这项告白跌破了与会的 200 名商界人士的眼镜。为了贡献自己的一份心力，他加入了圣地亚哥识字推广委员会，开始到全国各地发表演说。"不识字是一种心灵上的残障。"他大声疾呼，"指责他人只是徒然浪费时间，我们应该积极教导有阅读障碍的朋友。"

福鼎现在一拿到书本或杂志，或是见到路标，便会大声朗读——只要妻子不嫌他吵。他甚至觉得读书的声音可以比歌声更美妙。有一天他突然灵光一现，兴冲冲地到储存室翻出一个沾满灰尘的盒子，里面有一叠用丝带绑着的信笺——没错，经过 25 年，他终于能看懂妻子当年写的情书了！

福鼎应该当之无愧地被称为"强者"。尽管有过彷徨和逃避，他还是鼓起勇气直面自己所处的环境。而弱者却总是逃避问题，想尽一切办法把自己封闭起来。其实，一味地逃避问题只会让问题变得越来越糟糕，以至于最后会真的无法控制。

不要逃避问题，不要低估问题，当然也不要低估你解决问题的能力。遇到问题很正常，就像千千万万的人也会遇到问题一样。首先你要对问题真正了解，这样你才谈得上发挥自己的潜力来解决。而要了解问题，就不能逃避。

回避现实往往导致对未来的理想化。你可能会觉得，在今后生活中的某一时刻，由于一个奇迹般的转变，你将万事如意，获得幸福。一旦你完成某一特别业绩——如毕业、结婚、生孩子或晋升，生活将会真正开始。然而，当那一时刻真的到来时，却十分令人失望。它永远没有你所想象的那么美好。因为在回避现实的消极心态的阴影下，生活依然如故。

　　事实上，我们每天的进步都是明日梦想的阶梯。承担起每天的责任，认真地过好每一天，我们的梦想才有意义。梦想对于人类的全体成员，都是一个可以触及的事物。不同的是，积极心态者用今日的行动把梦想变成目标，而悲观消极的人则把梦想当作逃脱责任的托词。

　　除了空想未来，怀旧也是对现实的一种逃避。说明我们对自己没有信心，兀自停留在想象中的美好之中。我们不敢正视现实，不敢担当责任，害怕竞争，恐惧失败。我们总是习惯性地用逃避来应付每一个问题，从来不考虑直接负责任的方式。

　　成功的人总是能够看到今日的责任和明天的希望，从不把过多的精力消耗在怀念过去"美好时光"的事情上，也不会去追悔过去的错误失败，或者幻想将来的种种舒适与自由。道理很简单——在这个时光空间中，你所唯一拥有和把握的，只有"此时此刻"。

今天是此生最好的一天

从清晨睁开眼的时候起，我们就要学着对自己说："今天是最好的一天！"要用全身心的爱迎接今天。不管昨天发生了什么事，都已成为过去，无法改变。不必为昨日遗憾，带着昨天的烦恼生活，只会让自己负重前行。纠正犯过的错误，积累奔向明天的力量，努力的今天，才是改变的关键。要告诫自己"不要让昨天的烦恼影响到今天的好心情，一切从现在开始吧！用最美的心情来迎接最值得珍惜的今天"。

只为今天，我要很快乐。假如林肯所说的"大部分的人只要下定决心都能很快乐"这句话是对的，那么快乐是来自内心，而不是依存于外在的。

只为今天，我要让自己适应一切，而不去尝试让一切来适应我的欲望。我要以这种态度接受我的家庭、我的事业和我的运气。

只为今天，我要爱护我的身体。我要多多运动，善加照顾、珍惜我的身体，使它能成为我争取成功的基础。

只为今天，我要加强我的思想。我要学一些有用的东西，我不要做一个胡思乱想的人。我要看一些需要思考及集中精力才能看的书。

只为今天，我要用三件事来锻炼我的体魄：我要为别人做一件好事，但不要让人家知道；我还要做两件平常并不想做的事……这就像威廉·詹姆斯所建议的，只是为了锻炼。

只为今天，我要做个让人喜欢的人，要修饰外表：衣着要得体，说话轻声，举止优雅，丝毫不在乎别人的毁誉。对任何事情都不挑毛病，也不会看不起别人或教训别人。

只为今天，我要试着考虑怎么度过今天，而不是把我一生的问题一次解决。因为，我虽然能连续 12 个小时做同一件事，但若要我长久下去，是不可能的。

只为今天，我要订出一个计划。我要写下每个小时该做些什么事，也许我不会完全照着做，但还是要仔细拟订这个计划，这样至少可以免除两个缺点——过分仓促和犹豫不决。

只为今天，我要让自己安静半个小时，轻松一下。在这半个小时里，我要想到我的生命充满希望。

只为今天，我要心中毫无恐惧。尤其是我不要惧怕快乐，我要去欣赏美的一切，去爱，去相信我爱的那些人也会爱我。

漫漫人生路，有谁能说自己是踏着一路鲜花，一路阳光走过来的？又有谁能够放言自己以后不会再遭到挫折和打击，我们没有看到成功的背后往往布满了荆棘和激流险滩！如果因为一时的受挫就轻易地退出"战场"，半途而废，到头来懊悔的只能是你自己；如果总是因为害怕失败而丢掉前行的勇气，就永远不会追求到心中的梦想，正如歌中所唱的，阳光它总是在风雨之后……

对于受挫于起点，失意于前段的黯然情结，命运会赐予它一件最妙的补偿，那就是从哪里跌倒，就从哪里爬起来，使他带着现实的态度，以现实的稳健步伐走下去，去履行自己的人生，去实现自身的价值。生命的好处，也正是在这个时候才像春天吐芽一般，一点一点地显露出来。人生的魅力，在于时时可以从痛苦的阴冷角落里启程，走向花明晴光的远途，走向没有遗憾的未来。即使千帆过尽，还有满载希冀的第 1001 艘船，只要心中的梦歌不灭，就不会被孤独地抛在岸边。不论在哪里，蒙受失败，都有机会从容整理行装，然后再欣然启程，这就是幸福的根蒂，也是你我永生的财富。

滴水足以穿石。您每一天的努力，即使只是一个小动作，持之以恒，都将是明日成功的基础。所有的努力，所有一点一滴的耕耘，在时光的沙漏里滴逝后，萃取而出的成果将是掷地有声、众人艳羡的"成功之果"。我是自然界最伟大的奇迹。

我不是随意来到这个世界上的。我生来应为高山，而非草芥。从今往后，我要竭尽全力成为群峰之巅，将我的潜能发挥到最大限度。我要吸取前人的经验，了解自己以及手中的货物，这样才能成倍地增加销量。我要字斟句酌，反复推敲推销时用的语言，因为这是成就事业的关键。我绝不忘记，许多成功的沟通，其实只有一套说辞，却能使他们无往不利。人生之光荣，不在永不失败，而在能屡仆屡起。对每次跌倒而立刻站起来、每次坠地反像皮球一样跳得更高的人，是无所谓失败的。人生是一条没有尽头的路，不要留恋逝去的梦，把命运掌握在自己手中，艰难前行的人生途中，就会充满希望和成功！

生命的奖赏远在旅途终点，而非起点附近。我不知道要走多少步才能达到目标，踏上第一千步的时候，仍然可能遭到失败。但成功就藏在拐角后面，除非拐了弯，我永远不知道还有多远。再前进一步，如果没有用，就再向前一点。事实上，每次进步一点点并不太难。从今往后，我承认每天的奋斗就像对参天大树的一次砍击，头几刀可能了无痕迹。每一击看似微不足道，然而，累积起来，巨树终会倒下。这恰如我今天的努力。

不计较过去的是非成败

计较过去，只会增加无数难挨的长夜。既然一切都过去了，就要放过去过去，放自己过去。收嗔怨，不纠缠，不计较，只为把每一个夜晚轻轻翻到黎明。强大的人，朝着有亮光的方向走。更强大的人，自己生成光亮。人的一生由无数的片段组成，而这些片段可以是连续的，也可以是风马牛毫无关联的。说人生是连续的片段，无非是人的一生平平淡淡、无波无澜，周而复始地过着循环往复的日子；说人生是不相干的片段，因为人生的每一次经历都属于过去，在下一秒我们可以重新开始，可以忘掉过去的不幸、忘掉过去不如意的自己。

在雨果不朽的名著《悲惨世界》里，主人公冉·阿让本是一个勤劳、正直、善良的人，但穷困潦倒，度日艰难。为了不让家人挨饿，迫于无奈，他偷了一个面包，被当场抓获，判定为"贼"，锒铛入狱。

出狱后，他到处找不到工作，饱受世俗的冷落与耻笑。从此他真的成了一个贼，顺手牵羊，偷鸡摸狗。警察一直都在追踪他，想方设法要拿到他犯罪的证据，把他再次送进监狱，他却一次又一次逃脱了。

在一个风雪交加的夜晚，他饥寒交迫，昏倒在路上，被一个好心的神父救起。神父把他带回教堂，但他却在神父睡着后，把神父房间里的所有银器席卷一空。因为他已认定自己是坏人，就应干坏事。不料，在逃跑途中，被警察逮个正着，这次可谓人赃俱获。

当警察押着冉·阿让到教堂，让神父辨认失窃物品时，冉·阿让绝望地想："完了，这一辈子只能在监狱里度过了！"谁知神父却温和地对警察说："这些银器是我送给他的。他走得太急，还有一件更名贵的银烛台忘了拿，我这就去取来!"

冉·阿让的心灵受到了巨大的震撼。警察走后，神父对冉·阿让说："过去的就让它过去，重新开始吧!"

从此，冉·阿让洗心革面，重新做人。他搬到一个新地方，努力工作，积极上进。后来，他成功了，毕生都在救济穷人，做了大量对社会有益的事情。

冉·阿让正是由于摆脱了过去的束缚，才能重新开始生活、重新定位自己。

人们也常说，"好汉不提当年勇"，同样，当年的辉煌仅能代表我们的过去，而不代表现在。面对过去的辉煌也好、失意也罢，太放在心上就会成为一种负担，容易让人形成一种思维定式，结果往往令曾经辉煌过的人不思进取，而那些曾经失败过的人依然沉沦、堕落。然而这种状态并非是一成不变的。

有一天，有位大学教授特地向日本明治时代著名禅师南隐问禅，南隐只是以茶相待，却不说禅。

他将茶水注入这位来客的杯子，直到杯满，还是继续注入。这位教授眼睁睁地望着茶水不停地溢出杯外，再也不能沉默下去了，终于说道："已经溢出来了，不要再倒了!"

"你就像这只杯子一样。"南隐答道，"里面装满了你自己的看法和想法。你不先把你自己的杯子空掉，叫我如何对你说禅呢?"

人生就是如此，只有把自己"茶杯中的水"倒掉，才能让人生倒入新的"茶水"。

生命的过程如同一次旅行，如果把每一个阶段的成败得失全都扛在肩上，今后的路只能越走越窄，直至死角末路。忘掉过去，才能重新启航!

把每一天都做得最好

"人生就是该人一日中所想的事情的呈现"，稍微再深入思考这句话的意思，就会悟到这是相当正确的。

该人一日中所想的事情是指一日 24 小时的思考状态，也就是从早上起床去公司上班，到结束工作、回家上床睡觉为止全部的心理状态。因此这段时间，不论你想到了什么，怎样行动，对你的心灵都大有影响。

更具体些的是对总是爱抱怨的人应提出下列的问题：

"是不是光会抱怨和说别人的坏话呢?"

"是不是光看见别人的缺点呢?"

"是不是对有钱的朋友嫉妒憎恨呢?"

"是不是对公司有不平或不满呢?"

"是不是一直憎恨合不来的上司呢?"

"是不是下意识地希望同事遭遇失败不幸呢?"

这样问过他们后，大部分的人都会点头："好像有道理!"

所谓的积极思考并不是只有一时性的正面思考，因为人生是由许多个一天组成的，在某种意义上，一天就是一生的缩影。过好每一天的人，其实就已过好了一生!

人生中，每一天都应该是进步的。

人生不可能一步到位，不要想一下子实现理想，先试着在短时间内从比较容易达到并符合个人能力的愿望开始。但有一点是必须特别注意的，那就是完成这个理想后，不要老是想着"只要这样子就好了!"而应朝更高一级的目标继续前进。

有人在实现了符合个人当时能力的愿望后就此满足,不再保持更高远的目标。有了这样的想法,迟早有一天会陷入后悔的窘境中。怎么说呢?因为光想着维持现状,不知不觉地,热情就消失得无影无踪,失去积极的斗志。

人生要维持现状是不可能的,充满幸福的人生是在经常积极前进的过程中才能品味的。

在一家大公司宣传部当科长的 T 先生,自孩提时代就热爱绘画,抱着成为画家或设计师的梦想。然而在 10 岁时,父亲生意失败,负债累累,他不得不在中学毕业后打工赚钱。

进了公司三年后,他的命运出现转机。当时在工厂有一个关于安全活动的提案在征召人才,T 先生运用他所擅长的绘画能力去应征,结果脱颖而出折桂而归。而隔年机会又一次来临,T 先生的公司决定展开大型销售宣传活动,以销售员身份奔波于大电器行的他,用绘画才能制作漫画、附插图的户外广告宣传、附插图的电器用品说明书大为成功,并得到销售冠军的佳绩。

销售员必须每日提出报表,通常只要写出销售状况和实际成绩就行,但 T 先生不只如此,他特意买了照相机,拍下户外广告、传单和装饰得热闹非凡的店面照片,和报表一起送出。诸如此类一连串的工作情形,给人事部留下深刻印象:"那个叫 T 的公司职员是个挺有趣的家伙呢!虽没什么学历但擅长出点子,干脆把他挖到宣传部来。"终于,他被挖到宣传部,成功地做到自己一直以来心仪已久的宣传设计工作。

由此可知,努力是会在某日突然得到结果的东西。

让我们用一个每天能发生快乐而富建设性思想的计划来为我们的快乐而奋斗吧!如果我们能够照着做,我们就能消除大部分的负面情绪。

生活在一个完全独立的今天

在谈到成功秘诀时，威廉·奥斯勒博士说要生活在"一个完全独立的今天"里。

威廉奥斯勒博士对那些耶鲁的学生说："你们每一个人的机制都要比那条大海轮精美得多，而且要走的航程也遥远得多。我想奉劝诸位：你们也应该学会控制自己的一切。只有活在一个'完全独立的今天'中，才能在航行中确保安全。在驾驶舱中，你会发现那些大隔舱都各有用处。按下一个按钮，注意观察你生活中的每一个侧面，用铁门把过去隔断——隔断那些已经逝去的昨天；按下另一个按组，用铁门把未来也隔断——隔断那些尚未诞生的明天。然后你就保险了——你拥有所有的今天……切断过去。埋葬已经逝去的过去，切断那些会把智力障碍者引上死亡之路的昨天……明天的重担加上昨天的重担，必将成为今天的最大障碍。要把未来像过去那样紧紧地关在门外……未来就在于今天……从来不存在明天，人类得到拯救的日子就在现在。精力的浪费、精神的苦闷，都会紧紧伴随一个为未来担忧的人……那么，把船前船后的船舱都隔断吧。准备养成一个良好的习惯。生活在'完全独立的今天'里。"集中所有的智慧，所有的热诚，把今天的工作做得尽善尽美，这就是你迎接未来的最好方法。

当你在悔恨昨天和担忧明天的时候，"此时"已经悄悄地从你身边溜过了。所以请起身，狠狠地跺跺脚，抖落掉粘连在你身上任何阻碍你前进的想法和包袱，让自己轻装上阵吧，别忘了，要做好自己，不必去在乎别人的眼光和评价。

人生就是一串由无数的小烦恼和小挫折串成的念珠，豁达的人在数念珠时总是带着笑容。面对不如意的时候，拿一杯葡萄酒对着太阳看看，前途总是玫瑰色的，没有比这更可爱的了。生命太短了，不要因为小事而烦恼。

郁闷，也就是一个人忧郁寡欢的一种消极情绪表现。一个人长期忧郁寡欢可能导致悲观失望，情绪低落，缺少乐趣，缺乏活力，有的甚至会整日里自责自咎，严重的会产生轻生的念头。

每个心智健全的人都可能烦恼，而且是各式各样的意想不到的烦恼。在人生漫长的旅途中，还会遇到工作、学习和生活各个领域的形形色色的烦恼。正常的人不会无缘无故地烦恼，所以，当你觉得郁闷又袭击你时，问问自己："我为什么郁郁寡欢呢？"

每个人的一生都不是一帆风顺的，"天有不测风云，人有旦夕祸福"。有时生活中的挫折，工作上的不如意会让一个人烦恼不堪，尤其是当这个人很少经历失败时，一个小小的挫折也会让他情绪低落，顿生忧虑烦恼，宛如乌云见阳光。

对生活、工作的厌倦，也是一个人易忧郁的原因。当人们无法从"工作单调乏味，生活一成不变，每天都是前一天的重复而产生忧郁的心理"中解除出来时，烦恼就产生了，并不断膨胀，以至占据整个内心。

一些缺少目标的人也易产生烦恼。生活方向发生改变，生活重心失去了平衡，找不到自己的位置，于是在失望的黑暗中迷失了方向，内心只留下了伤痛与烦闷。

还有一些烦恼是自找的，人们总是因为今天的不完整而为明天忧虑，寻找不必要的烦恼。如果一个人忙碌地做一件事，他是不会感到烦恼的，也可以说他没有时间去顾及烦恼。

忧愁、烦闷可以使一些有才华的人沦为失败者，它们摧残意志不坚强者的志向，削弱他们还没有完全成熟的自信心。因此，可以说忧虑的心理是一个极为有害的心理腐蚀剂。

烦恼的最佳"解毒剂"就是运动。若发现自己有了解不开的烦恼，就让运动来把它挥散出去。这些活动可以是跑步，可以是打球，也可以到野外散散心，欣赏欣赏奇美绝妙的大自然。总之，适当的锻炼活动能使我们精神振奋，忘记悲伤，恢复信心。

另外，我们不要回避可能使人烦恼的事情，正视烦恼并平心静气地去考虑，积极努力地去解决。对所能预料的事，做好思想准备，以饱满的热情和充分的信心去迎接它。

如果做不成一个事事看得开的智者，却想让不如意不会找到自己头上，那么，就多结交一些情绪开朗的朋友，尝试做一个乐观的现实主义者，做一个坚强的人，当不如意找到你时也能坦然面对，把它打倒。

今天的磨难是明天的财富

成功永远只是少数人的事，因为只有少数人才有克服困难的能力。人是环境的动物，但无论环境如何，始终认为自己一定能成功的人最后一定会成功。这与要想破茧成蝶，就要经历许许多多的磨难是一个道理。

许展堂被称为"80 年代冒起的新星，90 年代举足轻重的生意人"和"香港新一代富豪中的佼佼者"。然而他被人们所关注，不过是近几年的事。1993 年的春天，第八届全国政协会议召开，他被任命为全国政协常委的高层职务，这使他在人们眼中又增添了一些传奇色彩。

许展堂出身于富豪之家，生活衣食无忧。但是在他 13 岁时，情况突变。父亲的生意失败，没过多久又染上了肺痨去世，小展堂的生活从蜜罐掉进了苦海。当时他刚读完小学，只好被迫放弃读书，提前进入社会谋生。提起没有机会读书，他至今还心存遗憾。

年少的许展堂不得不涉足社会，面对人生。他曾从事过多种低微的职业，他卖过云吞面，也曾为商店翻新旧招牌，被安排打更等。这段光阴，是他一生中最为艰难的时间。

生活的艰辛，没有消磨他的意志，反而激发了他的斗志。他不甘心久居人下，白天辛苦地工作，晚上则去上夜校进修，学英语，阅读大量的历史书籍和名人传记，从中汲取伟人们的思想精华。

他坚信自己会成功。他凭借着自己的努力奋斗，渡过了一个又一个难关，抓住有利时机，拼搏奋斗，终于成了同辈中的佼佼者。他在困难面前所表现出的坚定信念，对我们每个人都是有益的启示。

在通往成功的路上，一个绝境就是一次挑战。如果你不是被吓倒，而是奋力一搏，也许这些挑战就会成为你成功的阶梯，也许你会因此而创造超越自我的奇迹。

张海迪5岁时因患脊髓病导致高位截瘫，自第二胸椎以下全部失去知觉，但她凭借着顽强的毅力自学英、日、德语和世界语，她还自学各种医学知识，为群众治病。她在遇到困难时，也从没有想过要逃避。因为她知道，她没有放弃生命的权利。坚强使她成为人们心目中的楷模，她也因此成了一个奇迹。

她没有把一切的不顺归之于命运。在命运的挑战面前，张海迪没有沮丧和沉沦，没有为自己身体的残缺而感到自卑。她以顽强的毅力与疾病作斗争，经受住了生活的严峻考验，生活的磨难使她对人生充满信心。

俗话说得好，没有过不去的坎。凭着这种信念可以激发自己的勇气，加强意志，完成工作，或是作为情绪低落时的一种自我安慰。如果能够这么想，相信你的心里不仅会好过一点儿，而且会恢复信心。

大部分的人都喜欢听他人谈成功的经验，而忘了问他们经受的困难。有的人在听过别人的成功之后，都会自叹不如。如果没有面对困难的勇气，就会使你失去信心，失去行动的勇气，结果只能一事无成。

在困难面前，我们要有必胜的信心，不要因为自己缺乏成功的信心而不敢面对困难。大凡成功者，他们现在的成功都是奠基于过去的生活的磨炼，而且目前的成功是他们感到骄傲的，所以对自己经历的困难更津津乐道，以此让别人了解他的努力。向充满信心的成功者请教失败的经验，同时也要知道他们以何种方法来克服失败。在和他们交谈之后，你会发觉：他们现在成功了，是因为他们面对生活的磨难，从不退缩。

绝处逢生后，我们就会知道困难没什么大不了。

我们应该相信，风浪后面将是平静的海洋，坎坷后面将是平坦的大道。有时成功与失败的区别仅仅是：成功者走了一百步，失败者走了九十九步，成功只比失败多走了一步而已。

成功和失败都不是一夜造成的，而是面对困难逐步积累的结果。因此，我们必须对人生道路上的曲折和困难有充分的认识和思想准备。由于人们的世界观不同、认识水平的不同以及所处的客观环境的不同，形成了各自独特的人生之路。但是不管人们的生活道路有何不同，有一点却是共同的：绝对笔直而又平坦的人生路是不存在的。因为，事物的发展是螺旋式或波浪式的发展过程，所以，人生道路的延伸也是直线和曲线的辩证统一。你在遇到困难和身处逆境时，不要茫然不知所措、灰心丧气，也不应因一时的挫折而轻言放弃。

成功不是将来才有的，而是从决定去做的那一刻起，持续累积而成。就像如果你曾经不是一只蛹，怎么能渴望会成为一只蝶？如果你希望成功，就要以恒心为良友，以经验为参谋，以谨慎为参谋，以希望为哨兵。对自己面临的一切困难，好好经营它们，终将会达到质的升华！

第七章
可怕的不是人生失意，而是心灵失控

没有理智的支配，任何事物都不会持久。

　　　　　　　　——昆图斯·恩纽斯（罗马诗歌之父）

让我们首先遵循理智吧，它是可靠的向导。

　　　　　　　　　　　　——法朗士（法国作家）

别和魔鬼做交易

冲动是人和魔鬼做一笔非常不划算的交易。在交易前，魔鬼告诉你：如果你购买了"冲动"，你就可以做你想做的任何事情，你可以通过冲动，使自己的情绪得到痛快淋漓的发泄。人听到这里，顿时呼吸急促、血压升高，迫不及待地签下契约。冲动过后，魔鬼会再次找上门来——它绝不会爽约。它会高举着契约，契约上面写满了你购买"冲动"所必须支付的成本。这个成本的清单很长，重要的条款如下：

1. 身心健康

生理学家认为：人的心与人的身组成了生命的整体，二者之间是相互调节与被调节、作用与被作用的关系。心情也就是情绪，它的好坏会影响身体的健康。心理医学家认为：对人不信任、心胸狭隘、情绪急躁、爱发脾气，对人的身心健康危害极大。人在冲动、发怒时，会引起精神的过度紧张，造成心脏、胃肠以及内分泌系统功能的失常，时间长了，必然要引起多种疾病，对身心健康大为不利。如麻疹病，多发于大起大落的波动中，偏头疼多数偏爱固执好斗或爱嫉妒的小心眼，癌症、高血压等更不用讲了。我们在各种影视片中，经常看到这样的镜头，某某主人公因受意外刺激，心脏病发作，当场晕倒，立即被送到医院急救。日常生活中也有一些人，由于好冲动、易发怒，最后导致神经衰弱，吃不好饭、睡不好觉，危害了身体健康。

2. 人际关系

情绪容易冲动的人往往脾气比较暴躁，与其他人交往时容易发生矛盾。而引起矛盾的诱因多数是因为一些小事，话不投机半句多，轻者发生争吵，重者拳头相向。试想，一个集体里有那么一两个人经常与周围的人发生摩擦，势必影响一个单位的团结。大家在一个集体里共同生活，都希望有一个和睦相处的环境，更希望得到周围人的尊敬和理解。而个别情绪容易冲动的人往往认为以声压人，以拳服人，就能建立自己的威望。其实刚好相反，如果你情绪容易冲动，动不动就跟周围的人过不去，别人要么联合起来打败你，要么不约而同对你敬而远之。长此以往，不仅得不到周围人的尊敬和理解，而且也会失去真正的朋友，失去友谊，以致感到孤独和寂寞。

这种对于人际关系的伤害，在家庭里则体现于对家人的伤害，造成家庭的不和睦、不和谐。

3. 个人前途

一个人行事冲动，给人的感觉是不稳重、不成熟。领导叫你招待客户，你却因为和客户之间的一点儿小摩擦而和客户大干一场，久而久之，谁还敢交给你重要的职务，交给你重要的工作？美国学者巴达拉克的著作《沉静领导》，认为新时代的领袖气质的共同特点是：内向、低调、坚忍、平和。归纳起来，沉静领导具有三大品格特征。第一，克制。他们坚持原则，但拒绝用英雄式的强硬态度来无所顾忌地达到目的，而总是选择自我克制。他们宁愿花更多的时间去了解真相，然后再耐心解决问题，而不是莽撞或者逃避。他们不是激进的，相反，他们通常选择谨慎，在权衡各方利益、深思熟虑之后，得出一个带有妥协印记的务实方案。第二，谦逊。他们认为自己的成功就像沙滩上的足迹一样，既不伟大，也不持久。他们在成功时，总是将镜子转向窗外，归功于身外，甚至是运气；而当他们受挫时，则总是将镜子对准自己，检讨自己做错了什么……他们并不追求伟大的构想和无上的光荣，同时也不会因为缺少光荣而放弃努力，因而能够承受挫折。这一点又直接引出了第三点。第三，执着。有学者指出："执着与勇敢的区别在于，前者是理性的坚持，而后者是感性的冲动。"他们的执着并非完全来自理想，相反他们能够客观地将私心与公心有机地结合，从而爆发更强烈、更持久的韧劲儿。

到这里，很多读者会发现：沉静领导之道，与我们传统的东方哲学——例如内敛、中庸、大智若愚等，不是很相近吗？文化是共通的，冲动在哪里都不会受到赞赏与奖赏。

4. 触犯刑律

在所有导致严重后果的冲动中，对社会、对自己危害最大的莫如"激情杀人"。在百度中以"激情杀人"为关键字搜索文章，约有 4340000 篇相关条目。有因为情人要求分手而动手的，有雇员因为受到侮辱而操刀的，有因为言辞冲突而挥铁棍的……这样的例子真是数不胜数，在下一节我们会着重谈这个话题。

冲动常与骄傲相伴

人不可无傲骨，但不可有傲气。傲骨在内，决不轻易展现；傲气在外，处处尽显锋芒。傲气表现在一个人的骄傲自大上，总以为"老子天下第一"，不把别人放在眼里，不将困难放在心上。在这种狂妄心态的支配下，人不冲动才怪。

西晋末年，秦王苻坚率90万大军大举进攻东晋。这支号称百万的大军绵延千里、水陆并进。苻坚骄傲地宣称："以吾之众旅，投鞭于江，足断其流。""投鞭断流"的典故即是来源于此。按理说，以百万之众对付数万东晋兵士，在冷兵器时代，根本就是老鹰抓小鸡的游戏。苻坚因为在这场游戏中扮演的是"老鹰"的角色，所以在与"小鸡"东晋的战争中根本就不讲章法、不听劝告，率性而为，却不料被东晋的几万人马打得落花流水，被歼与逃散的士兵竟高达70多万！

经此一役，苻坚统一南北的美梦彻底破灭。不仅如此，元气大伤的苻坚政权也随之解体，苻坚不久后死于乱军之中，前秦随之灭亡。苻坚这个亏，吃得可谓不小，不仅失去了大军，还丢了性命，亡了国。

骄傲是一种恶习，它依赖的是一种资本，付出的是一种代价。越是骄傲的人，付出的代价越会沉重。一个人如果太骄傲了，就会藐视一切权威，藐视一切规则，变得妄自尊大，谁都瞧不起，谁都不放在自己的眼中，就会"不承认世界上有比他更强、更高的人，不承认客观实际，目空一切"，慢慢地整个世界变得似乎只有他一个人存在似的，严重脱离实际，最后，只能是孤家寡人。

一个人如果太骄傲了，他就会陷入一种莫名其妙的自我陶醉之中，一个不切实际的骄傲自大的陷阱之中，无论他人对他有多大的意见，有多少的说法和评价，这类人的"自我感觉"都永远是良好的，他永远生活在听不进批评的自我满足之中。西方近代哲学史重要的理性主义者斯宾诺莎说过："骄傲自大的人喜欢依附他的人或谄媚他的人，而厌恶高尚的人。……而结果这些人愚弄他，迎合他那软弱的心灵，把他由一个愚人弄成一个狂人。"

一个人如果太骄傲自大了，他就会失去对自我的客观的评价，越到后来，就越感觉自己了不起，感觉对方什么都不好，自觉不自觉地轻视了自己的竞争对手，从而在竞争中一败涂地。希腊有位叫希尔泰的学者说过这样的话："傲慢始终与相当数量的愚蠢结伴而行。傲慢总是在即将破灭之时，及时出现。傲慢一现，谋事必败。"骄傲自大是灭亡的先导。《左传》说："骄而不亡者，未之有也。"《孝经》说："居上而骄则亡。"太狂妄了，必然会造成一个人想当然去做事，结果就会自食其果。老舍曾经说过："骄傲自满是我们的一个可怕的陷阱；而且，这个陷阱是我们自己亲手挖掘的。"

骄傲的反义词是谦虚。谦虚是每个社会人必备的品格，具有这种品格的人，在待人接物时能温和有礼、平易近人、尊重他人，善于倾听他人的意见和建议，能虚心求教，取长补短。对待自己有自知之明，在成绩面前不居功自傲；在缺点和错误面前不文过饰非，能主动采取措施进行改正。

不论你从事何种职业，担任什么职务，只有谦虚谨慎，才能保持不断进取的精神，才能增长更多的知识才干。因为谦虚谨慎的品格能够帮助你看到自己的差距。永不自满，不断前进可以使人冷静地倾听他人的意见和批评，谨慎从事。否则，骄傲自大，满足现状，停步不前，主观武断，轻者使工作受到损失，重者会使事业半途而废。

　　具有谦虚谨慎品格的人不喜欢装模作样、摆架子、盛气凌人，而能够虚心地学习。

偏激之人容易失控

一个人有主见，有头脑，不随人俯仰，不与世沉浮，这无疑是值得称道的好品质。但是，这还要以不固执己见，不偏激执拗为前提。偏激与执拗往往如影随形。人一偏激，就有可能失控。而执拗却正好为失控打通了关节，谁也无法劝解与阻止他的失控。

性格和情绪上的偏激，是做人处世的一个不可小觑的缺陷。三国时期，那位汉寿亭侯关羽，过五关，斩六将，单刀赴会，水淹七军，是何等英雄气概。可是他致命的弱点就是偏激执拗。当他受刘备重托留守荆州时，诸葛亮再三叮嘱他要"北据曹操，南和孙权"，可是，当吴主孙权派人来见关羽，为儿子求婚时，关羽一听大怒，喝道："吾虎女安肯嫁犬子乎！"总是看自己"一朵花"，看人家"豆腐渣"，说话办事不顾大局，不计后果，导致了吴蜀联盟的破裂。本来嘛，人家来求婚，同意不同意在你，怎能出口伤人、以自己的个人好恶和偏激情绪对待关系全局的大事呢。假若关羽少一点儿偏激，不意气用事，那么，吴蜀联盟大约不会遭到破坏，荆州的归属可能也会是另外一种局面。

孙权派陆逊镇守陆口，关羽竟当着陆逊的使者讥讽道："孙权见识短浅，焉用孺子为将。"将青年才俊陆逊贬个一文不值。关羽不但看不起对手与盟友，还不把同僚放在眼里。名将马超来降，刘备封其为平西将军，远在荆州的关羽大为不满，特地给诸葛亮去信，责问说："马超能比得上谁？"老将黄忠被封为后将军，关羽又当众宣称："大丈夫终不与老兵同列！"他目空一切，气量狭小，盛气凌人。其他的人就更不在他眼里，一些受过他蔑视侮辱的将领对他既怕又恨，以致当他陷入绝境时，众叛亲离，无人救援，败走麦城，人头落地。

现实生活中，凡不能正确地对待别人的人，就一定不能正确地对待自己。见到别人做出成绩，出了名，就认为那有什么了不起，甚至千方百计诋毁贬损别人；见到别人不如自己，又冷嘲热讽，借压低别人来抬高自己。处处要求别人尊重自己，而自己却不去尊重别人。在处理重大问题上，意气用事，我行我素，主观武断。像这样的人，干事业、搞工作，成事不足，败事有余，在社会上恐怕也很难与别人和睦相处。

偏激执拗的人看问题总是戴着有色眼镜，以偏概全，固执己见，钻牛角尖，对人家善意的规劝和平等商讨一概不听不理。偏激的人怨天尤人，牢骚太盛，成天抱怨生不逢时，怀才不遇，只问别人给他提供了什么，不问他为别人贡献了什么。偏激的人缺少朋友，人们交朋友喜欢"同声相应，意气相投"，都喜欢结交饱学而又谦和的人。总是以为自己比对方高明，开口就梗着脖子和人家抬杠，明明无理也要搅三分的主儿，谁愿和他打交道？

性格的偏激与行事的执拗源于知识上的极端贫乏，见识上的孤陋寡闻，社交上的自我封闭意识，思维上的主观唯心主义等。对此，只有对症下药，丰富自己的知识，增长自己的阅历，多参加有益的社交活动，同时，还要掌握正确的思想观点和思想方法，才能有效地克服这种"一叶障目，不见泰山"的偏激心理。

得理不可紧咬不放

不知你有没有发现：人们看自己的过错，往往不如看别人那样苛刻。原因当然是多方面的，其中主要原因可能是我们对自己犯错误的来龙去脉了解得很清楚，因此对于自己的过错也就比较容易原谅；而对于别人的过错，因为很难了解事情的方方面面，所以比较难找到原谅的理由。

大多数人在评判自己和他人时，不自觉地用了两套标准。例如：如果我们发现了旁人说谎，我们的谴责会是何等严酷，可是哪一个人能说他自己从没说过一次谎？也许还不止一百次一千次呢！

或许是生活中有太多需要忍耐的不如意：被老板骂了，被妻子怨了，被儿子气了……这些都似乎需要无条件忍耐。有的人忍一忍，气就消了；有的人忍耐久了，心中的不平之气就如堤内的水位一样节节攀升。对于后者来说，一旦逮到一个合理的宣泄口子，心中的怒气极易如洪水决堤般汹涌而出，还美其名曰："理直气壮。"

做人要学会给他人留下台阶，这也是为自己留下一条后路。每个人的智慧、经验、价值观、生活背景都不相同，因此在与人相处时，相互间的冲突和争斗难免——不管是利益上的争斗还是非利益上的争斗。

大部分人一陷身于争斗的旋涡，便不由自主地焦躁起来，一方面为了面子，一方面为了利益，因此一旦自己得了"理"便不饶人，非逼得对方鸣金收兵或竖白旗投降不可。然而"得理不饶人"虽然让你吹着胜利的号角，但这也是下次争斗的前奏，因为这对"战败"的一方而言也是一种面子和利益之争，他当然要伺机"讨要"回来。

最容易步入"得理不饶人"误区的是在能力、财力、势力上都明显优于对方的人，也就是说你完全有本事干净利落地收拾对方。这时，你更应该偃旗息鼓、适可而止。因为，以强欺弱，并不是光彩的行为，即使你把对方赶尽杀绝了，在别人眼中你也不是个胜利者，而是一个无情无义之徒。

《菜根谭》中说："锄奸杜佞，要放他一条生路。若使之一无所容，譬如塞鼠穴者，一切去路都塞尽，则一切好物俱咬破矣。"所谓"狗急跳墙"，将对方紧追不舍的结果，必然招致对方不顾一切地反击，最终吃亏的还是自己，这也算是一种让步的智慧吧。

有一位哲人说过这么一句引人深思的话："航行中有一条公认的规则，操纵灵敏的船应该给不太灵敏的船让道。我认为，人与人之间的冲突与碰撞也应遵循这一规则。"

你是否容易失控冲动？

在本章结尾处，我们选取了来自我国台湾的一份心理测试题，以帮助各位更深入地了解自己是否属于冲动型性格的人。

《维纳斯心理测试》是一份杂志，由维纳斯于 2005 年 4 月创办于大陆。维纳斯目前的忠实读者已超 2000 万，遍布中国大陆、台湾、香港、澳门、新加坡、马来西亚等国家和地区。据维纳斯的热心读者统计，目前网络上流传的心理测试，约有 1/3 是维纳斯的作品。以下资料即来源于《维纳斯心理测试》。

测验开始：请从第一题开始回答，选出你较喜欢的选项，再依指示前往下一题继续回答。

Q1. 你是否喜欢游泳？

不喜欢，其实我有一点儿怕水。→Q2

喜欢，游泳是唯一让全身都能动到的运动。→Q3

Q2. 如果你必须找人问路，你会选择谁？

同性或是老一辈的人。→Q4

不会特定，或是找长相好的异性来问路。→Q5

Q3. 如果你正要出门，碰巧遇到大风雨，你会怎样？

还是出门，难得老天爷掉眼泪。→Q4

算了，干脆等雨停了再出去好了。→Q7

Q4. 夏天天气实在太热了，这时一瓶清凉的饮料出现在你面前，你会怎样？

当然是一口气把它喝完、喝干。→Q8

还是慢慢喝，总有喝完的一天。→Q6

Q5. 如果不小心，让你遇到一场血淋淋的车祸，你会怎样？

会有点儿不舒服，可是还是会继续看。→Q6

会感觉恶心，转头就走，不会看下去。→Q7

Q6. 如果经济能力许可，你会选择怎样的穿着？

会买好一点儿的衣服，但不会刻意追求名牌。→Q9

应该会买名牌，那毕竟质感好且较有保障。→Q10

Q7. 你是否有常常忘记钥匙放在哪儿或忘了拿的习惯？

有，而且次数还不少。→Q9

几乎很少，平时多会特别留意。→Q11

Q8. 你是否曾经为了偶像出现恋情而难过不已？

心真的很痛，没想到他竟然就这么被"抢"走了。→Q9

还好，一开始就知道彼此不可能，影响应该不会太大。→Q10

Q9. 你自己本身是否有美术天分呢？

没有，不是美术白痴就不错了。→A 型

有，虽然没受过训练，但总觉得有那样一份灵感。→Q10

Q10. 你看电视时，是否很容易就跟着入戏？

是啊，明知道是假的却还是哭得稀里哗啦的。→C 型

还好，要感动我的戏剧其实并不多。→Q11

Q11. 独自一个人住，你在家里会穿什么样的衣服？

反正没人知道，什么样的衣服都无所谓。→B 型

不会太随便，还是会维持一下形象。→D 型

诊断分析：

A 型：很小心的人

你是一个很小心的人，事事谨慎的你在做决定的时候会细细评估，结果就是因为想得太多了，连该做的事都没去做。你冲动指数不高，受人影响的指数却不低，所以极有可能会在旁人怂恿下做出

意想不到的事。

B 型：外冷内热的人

你是一个外冷内热的人，当你与不认识的人相识之初，会让人有一种严肃感，一旦认为对方可以信任，你甚至会将家中私事告诉对方，小心，这种"熟悉就会让你变得冲动"的血液可能会让你受骗上当。

C 型：活泼开朗的阳光型人物

你是一个活泼开朗的阳光型人物，拥有着乐于助人的个性，由于你常常会在不知不觉中将一些不该说的话脱口而出，久而久之，朋友们会认为你蛮冲动的。其实你并非有意伤害别人，建议你还是守口如瓶比较好。

D 型：很善于思考的人

你是一个很善于思考的人，你的言行举止都是经过思考的，即使有人想要陷害你也很难。你的冲动指数非常低，是个值得信赖的朋友。只不过，防御心强的你看起来朋友虽然很多，却比较缺少谈心的对象。

第八章
真正的自由来自自制

每一种享乐，如无节制，都可破坏它本身的目的。

——马尔萨斯（英国人口学家）

一分克制，就是十分力量

如果我们将冲动比作一匹脱缰撒野的烈马，那么自制力就是能够有效制服这匹烈马的缰绳。所谓自制力，书面的定义是指一个人在意志行动中善于控制自己的情绪，约束自己的言行。而通俗地说，自制力指的就是自我控制的能力。

一个人自制力的高低，主要体现在两个方面：一方面能够在日常生活与工作中克服不利于自己的恐惧、犹豫、懒惰等；另一方面应善于在实际行动中抑制冲动行为。这两个方面相辅相成。也就是说，一个能够克服不利于自己的恐惧、犹豫、懒惰等，相对来说也更善于在实际行动中抑制自己的冲动行为。

自制力对人走向成功起着十分重要的作用。自古代百科全书式科学家亚里士多德，到近代的哲学家们都注意到："美好的人生建立在自我控制的基础上。"自制力是实现自我价值的重要元素，是人生转折和飞跃的保险绳。有了较强的自制力，我们在前进的道路上便不会迷失方向，便不会被各种外物所诱惑，不会因为其他事情而影响了自己的判断。

自制的人生更自由

没有自由，人如同笼里的鸟，即使是黄金做的笼子，也断无快乐幸福可言。但在追求自由的路人，别忘了"自制"这个词。没有自制，必受他制。自由来自自制。

例如：每个人都有享受美食的自由，可是当这种自由因为无限的扩张而失去控制时，自由就会被肥胖以及由此带来的一系列疾病所束缚，节食和减肥就是在享受这种自由后不得不付出的代价。

抽烟、喝酒也一样。当做不到自制地享受这些自由时，那无疑是在作茧自缚，并有可能从此被剥夺享受这些自由的权利。

更极端的是，一些不知自制或不能自制的人，见色起心或见财生念，一时冲动做出违背刑律的荒唐事，将自己送入囹圄，彻底告别自由。

控制自己不是一件容易的事情，因为我们每个人心中永远存在着理智与情感的斗争。自我控制、自我约束也就是要一个人按理智判断行事，克服追求一时情感满足的本能愿望。一个真正具有自我约束能力的人，即使在情绪非常激动时，也是能够做到这一点的。

自我约束表现为一种自我控制的感情。自由并非来自"做自己高兴做的事"，或者采取一种不顾一切地态度。如果任凭感情支配自己的行动，那便使自己成了感情的奴隶。一个人，没有比被自己的感情所奴役更不自由的了。

无法自制的人难以取得卓越的成就。所有的自由背后都有严格的自制作保证，人一旦无法控制自己的情绪、惰性、时间、金钱……那他将不得不为这短暂的自由付出长远的、备受束缚的代价。

无法自制定被他制。如果不希望被他人判处约束的"无期徒刑"或"死刑"，你就得好好管住自己。

先自制再制人

有一次，小江和办公大楼的管理员发生了一场误会，这场误会导致了他们两人之间彼此憎恨，甚至演变成激烈的敌对态势。这位管理员为了显示他对小江的不满，在一次整栋大楼只剩小江一个人时，立即把整栋大楼的电闸关掉。这种情况发生了几次，小江决定进行反击。

一个周末的下午，机会来了。小江刚在桌前坐下，电灯灭了。小江跳了起来，奔到楼下锅炉房。管理员正若无其事地边吹口哨边铲煤添煤。小江恼羞成怒，以异常难听的话辱骂对方，而出人意料的是，管理员却站直身体，转过头来，脸上露出开朗的微笑，他以一种充满镇静与自制力的柔和声调说道："呀，你今天晚上有点儿激动吧？"

完全可以想象小江是一种什么感觉，面前的这个人是一位文盲，有这样那样的缺点，但他却在这场战斗中打败了小江这样一位高层管理人员。况且这场战斗的场合以及武器都是小江挑选的。

小江非常沮丧，他恨这位管理员恨得咬牙切齿，但是没用。回到办公室后，他好好反省了一下，觉得唯一的办法就是向那个人道歉。

小江又回到锅炉房，轮到那位管理员吃惊了："你有什么事？"

小江说："我来向你道歉，不管怎么说，我不该开口骂你。"

这话显然起了作用，那位管理员不好意思起来："不用向我道歉，刚才并没人听见你讲的话，况且我这么做，只是泄泄私愤，对你这个人我并无恶感。"

　　你听，他居然说出对小江并无恶感这样的话来。小江非常感动，两人就那么站着，居然还聊了一个多小时。

　　从那以后，两人成了好朋友。小江也从此下定决心，以后不管发生什么事，绝不再失去自制。因为一旦失去自制，另一个人——不管是一名目不识丁的管理员还是一名知识渊博的人——都能轻易将他打败。

　　这件事告诉我们：一个人必须先控制住自己，才能控制别人。

　　自制不仅仅是人的一种美德，在一个人成就事业的过程中，自制也可助其一臂之力。

　　有所得必有所失，这是定律。因此，要想取得并非是唾手可得的成功，就必须付出努力，自制可以说是努力的同义语。

　　自制，就要克服欲望，人有七情六欲，此乃人之常情。食色美味，高屋亮堂，每个人都想得到，但是要得之有度，不能操之过急，一味追逐。否则沉溺其中，不能自拔，不仅会导致力竭精衰，还有可能会使人颓废不振，空耗一生。

　　人最难战胜的是自己。换句话说，一个人成功的最大障碍不是来自外界，而是自身，除了力所不能及的事情做不好之外，自身能做的事不做或做不好，那就是自身的问题，是自制力的问题。

　　一个成功的人，他是在大家都做情理上不能做的事时，他自制而不去做；大家都不做情理上应做的事，而他强制自己去做。做与不做，克制与强制，这就是取得成功的因素。

理智者，理性智慧

"理智"的"理"是理性，是逻辑化的主见；"智"是智慧，是机智行事的方法。《现代汉语词典》对于"理智"词条的解释为：辨别是非、利害关系以及控制自己行为的能力。一个理智的人，有主见，又有方法，做事说话知进退、懂轻重、明缓急。

人的七情六欲最难控制，种种冲动皆源于此。所谓七情，指的是喜、怒、哀、惧、爱、恶、欲；所谓"六欲"，指的是对异性的色欲、形貌欲、姿态欲、言语声音欲、细滑欲、人相欲（后来有人把此概括为见欲、听欲、香欲、味欲、触欲、意欲）。佛家认为：人世间的种种痛苦，皆来自七情六欲，因此主张灭绝情欲。灭绝情欲对于凡夫俗子来说是很困难的，何况有情欲也并非坏事，人类的发展与历史进步的动力，在很大程度上就是源于人的情欲。因此，有情欲也并非坏事，有情欲的人才有情商。只是，人的情欲不可放纵，不能让情欲牵着自己走，而要用理智的绳索牵着情欲走。

一个理智的人，中了巨额大奖也不会醉生梦死、花天酒地。一个有理智的人，即使面对百般羞辱也能保持冷静，而不会一触即跳或走极端，使自己在愤怒中迷失方向。乐不可极，乐极生悲；欲不可纵，纵欲成灾。一个人失去了理智，就得准备接受打击和惩罚。因为理智不允许做的事，都是在寻常状态下不应该做或不能够做的事。

理智不但是一种明智，更是一种胸怀，没有胸怀的人，总是缺少理智。而一个没有胸怀和缺少理智的人则难成大器。"所取者远，则必有所待；所就者大，则必有所忍。"古往今来，大抵如此。

理智还是一种权衡。权衡轻重缓急，扬长避短，可让自己走向成功。而一个好冲动的人，却较少考虑自身条件，凭着一时的冲动去行动，到头来一事无成，枉费了许多精力和时间。

遗憾的是，人的理智有时是很脆弱的，甚至不堪一击。特别是在面对强烈感情的时候。吴三桂冲冠一怒为红颜，合"情"却不合"理"。正是这种行事的不理智，造就了吴三桂悲剧的一生。我们或许做不到"诸葛一生唯谨慎"，却应努力做到"吕端大事不糊涂"。

1965 年 9 月 7 日，世界台球冠军争夺赛在美国纽约举行。路易斯·福克斯的得分一路遥遥领先，只要再得几分便可稳拿冠军了，就在这个时候，他发现一只苍蝇落在主球上，他挥手将苍蝇赶走了。可是，当他俯身击球的时候，那只苍蝇又飞回到主球上来了，他在观众的笑声中再一次起身驱赶苍蝇。这只讨厌的苍蝇破坏了他的情绪，而更为糟糕的是，苍蝇好像是有意跟他作对似的，他一回到球台，它就又飞回到主球上来，引得周围的观众哈哈大笑。路易斯·福克斯的情绪恶劣到了极点，他终于失去了理智，愤怒地用球杆去击打苍蝇，球杆碰动了主球，裁判判他击球，他因此失去了一轮机会。之后，路易斯·福克斯方寸大乱，连连失分，而他的对手约翰·迪瑞则愈战愈勇，超过了他，最后夺走了冠军。第二天早上，人们在河里发现了路易斯·福克斯的尸体，他投河自杀了！

一只小小的苍蝇，竟然击倒了所向无敌的世界冠军！路易斯·福克斯夺冠不成反被夺命，其中的教训可谓深刻。

控制情绪 3 原则

控制自己的情绪和行为，是一个人有教养和成熟的表现。可是在生活和工作中，常常会有这样的人，他们总是为一点儿小事而大动干戈、发脾气，闹得鸡犬不宁，既破坏了和谐的工作环境，也破坏了同志间的团结。心理学家认为，冲动是一种行为缺陷，它是指由外界刺激引起，突然爆发，缺乏理智而带有盲目性，对后果缺乏清醒认识的行为。

有关研究发现，冲动是靠激情推动的，带有强烈的情感色彩，其行为缺乏意识的能动调节作用，因而常表现为感情用事、鲁莽行事，既不对行为的目的做清醒的思考，也不对实施行为的可能性作实事求是的分析，更不对行为的不良后果做理性的评估和认识，而是一厢情愿、忘乎所以，其结果往往是追悔莫及，甚至铸成大错、遗憾终生。

增强自制力，可以使我们有更多的机会获得成功的体验，使自己更加理智，遇事更为冷静，从而进入良性循环，使自我得到健康积极的发展。

有了较强的自制力，可以使人具有良好的人格魅力，增强自己的亲和力，更容易得到别人的认同，拥有更多的朋友和知己，使自己的交际范围更为广泛，在与朋友的交往中学习别人的优点，吸取别人的教训，进一步完善自我。

自制力可以使我们激励自我，从而提高学习效率；也可以使自己战胜弱点和消极情绪，从而实现自己的理想。怎样培养和增强自己的自制力呢？从理论上讲可以从以下几个方面进行。

1. 认识自我，了解自我，深入自己的内心

人最大的敌人不是别人，而是自己。只有认识自我，在取得成绩时，才能保持平常的心态，不会因此而骄傲自满，丧失自我，对自己的能力进行过高的估计；只有认识自我，在遇到挫折和失败时，才不会被其击倒，一如既往地为着自己既定的目标而努力，不会对自己进行过低的评价。任何人都不可能一帆风顺地就成功了，也没有任何事情是不需要付出任何一点儿努力就能完成的。当我们遇到挫折时，当我们因为各种原因而后退时，我们就必须重新认识自我，只有在正确认识自我的基础上，我们才能重新找回自己的航行坐标，朝胜利方向前进。

我们随便找几个人问他了解不了解自己，得到的回答一般说来都是肯定的。很多时候，人们总是认为自己对自己最为了解，其实，你真的了解了自己吗？不，其实很多人根本不了解自己，根本不能正确地认识自己。

很多时候，我们总认为自己是对的，但当事情有了结果之后，我们才发现自己的错误，我们常常以为自己完全了解自己，其实我们是被自己蒙蔽了，或者说我们自己不愿意去正确地认识自己，我们情愿被自己的表象所麻痹。

怎样才算是认识自己了呢？认识自我，就是对自己的性格、特点、长处、短处、理想、生存目的、价值观、兴趣、爱好、憎恶、心理状态、身体状态、生活规律、家庭背景、社会地位、交际圈、朋友圈、现在处于人生的高峰还是低谷、长期或短期目标是什么、最想做的事是什么、自己的苦恼是什么、自己能够做什么、自己不能做成什么等方面做出正确全面的综合评估。

2. 学会控制自己的思想，而不是任由思想支配

人的具体活动，都是由思想进行先导，每个行为都受着思想的控制，有的是无意的，有的是有意的。但是，思想是构建在肢体之上的，它必须起源于我们的身体。在思想控制活动之前，我们一定要先主动积极地对其进行正确的引导，或者控制，修正其中的错误，发出正确的行动指令。这样，我们的行为才会减少冲动因素，我们的情绪更为稳定，能更为理性地看待问题。

要想控制思想，让其受我们自身的驾驭，就要知道自己想做什么，能做什么，不能做什么。当明确了这些之后，我们在思想上就可以为自己的行为定下一个准则，利用这个准则来指导自己该做什么，不该做什么。

要想掌控自己的思想不是件容易的事情，在活动进行的过程中，我们原先为自己定下的准则会时不时地受到各种因素的影响，使得我们所坚持的准则开始动摇甚至坍塌，所以，在活动进行的过程中，我们要时常检讨自己的行为，思考自己的得失，减少冲动、激进的心理，这样才能重新夺回思想的控制权，使自己的行为更为理性。

3. 树立远大的目标

一个有远大目标的人，能不太理会身边的嘈杂而专注前行；一个想去麦加朝圣的行者，不会轻易在路途中听别人的话而改变路线，也不会轻易因别人的挑衅而拔刀相向。勾践因为有复国雪耻的目标，因此不会因为夫差的羞辱而冲动。

因为有了努力的方向，所以不会盲目行动；因为身负重任，所以心无旁骛前行。有了自己最想完成的目标，我们的思想和行为或多或少都会受其影响，在一定程度上可以矫正我们的思想和行为，对我们自制力的增强将会起到积极的作用。

从小事培养自制力

如果你今天早上计划做某件事，但因昨晚休息得太晚而困倦，你是否会义无反顾地披衣下床？

如果你要远行，但身体乏力，你是否要停止远行的计划？

如果你正在做的一件事遇到了极大的、难以克服的困难，你是继续做呢，还是停下来等等看？

对诸如此类的问题，若在纸面上回答，答案一目了然，但若放在现实中，自己去拷问自己，恐怕也就不会回答得这么利索了。眼见的事实是，有那么多的人在生活、工作中遇到了难题，都被打趴下了。他们不是不会简单地回答这些问题，而是缺乏自制力，难以控制自己。

要拥有非凡的自制力，并非看几本书，发几个誓就能立刻见效。九尺之台，起于垒土。通过一件又一件的小事来锻炼自己的自制力，是提升自己自制力的一个切实可行的方法。

1976 年，曾连续二十年保持美国首富地位的"石油大王"，象征石油财富和权力的保罗·盖蒂去世，留下巨额遗产，按照他的遗嘱，将 20 多亿的遗产中的 13 亿美元交"保罗·盖蒂基金会"。

保罗·盖蒂曾不止一次地对他的子女们说：一个人能否掌握自己的命运，完全依赖于自我控制力。如果一个人能够控制自己，他就不必总是按喜欢的方式做事，他就可以按需要的方式做事。这正是人生成功的要点。

保罗·盖蒂是一个富家子弟，年轻时不爱读书爱浪荡。有一次，他开着车在法国的乡村疾驰，直到夜深了，天下起大雨，他才在一个小城镇找一家旅馆住下来。

他倒在床上准备睡觉时，忽然想抽一支烟。取出烟盒，不料里面却是空的。由于没有烟，他就更想抽烟了。他索性从床上爬起来，在衣服里、旅行包里仔细搜寻，希望能找到一支不小心遗漏的烟。但他什么也没有找到。

他决定出去买烟。在这个小城镇，居民没有过夜生活的习惯，商店早就关门了。他唯一能买到烟的地方是远在几公里之外的火车站。当他穿上雨鞋、披上雨衣，准备出门时，心里忽然冒出一个念头："难道我疯了吗？居然想在半夜三更，离开舒适的被窝，冒着倾盆大雨，走好几公里路，目的只是为了抽一支烟，真是太荒唐了！"

他站在门口，默默思考着这个近乎失去理智的举动。他想，如果自己如此缺少自制力，能干什么大事？

他决定不去买烟，重新换上睡衣，躺回被窝里。

这天晚上，他睡得特别香甜。早上醒来时，他浑身轻松，心情很愉快。因为他彻底摆脱了一个坏习惯的控制。从这天开始，他再也没有抽过烟。

对于保罗·盖蒂来说，戒烟的真正意义不在于戒烟本身，而在于戒烟成功后对自己意志与自制力的磨炼与提升。因此，对于本节前面所提的点滴小事，若能有所警醒，和惰性、惯性作一些斗争并最终取胜，对于自己自制力的提升会有莫大的帮助。

装傻，傻人自有傻人福

人们常说：傻人有傻命。为什么呢？因为人们一般懒得和傻人计较——和傻人计较的话自己岂不也成了傻人？也不屑和傻人争夺什么——赢了傻人也不是一件什么光彩的事情。相反，为了显示自己比傻人要高明，人们往往乐意关照傻人。因此，傻人也就有了傻命。

美国第九届总统威廉·亨利·哈里逊出生在一个小镇上，他儿时是一个很文静又怕羞的老实人，以至于人们都把他看成傻瓜，常喜欢捉弄他。他们经常把一枚五分硬币和一枚一角的硬币扔在他的面前，让他任意捡一个，威廉总是捡那个五分的，于是大家都嘲笑他。

有一天一位可怜他的好心人问他："难道你不知道一角要比五分值钱吗？"

"当然知道，"威廉慢条斯理地说，"不过，如果我捡了那个一角的，恐怕他们就再没有兴趣扔钱给我了。"

你说他傻吗？

《红楼梦》中的主要人物之一薛宝钗，其待人接物极有讲究。元春省亲与众人共叙同乐之时，制一灯谜，令宝玉及众裙钗粉黛们去猜。黛玉、湘云一干人等一猜就中，眉宇之间甚为不屑，而宝钗对这"并无甚新奇""一见就猜着"的谜语，却"口中少不得称赞，只说难猜，故意寻思"。有专家们一语破"的"：此谓之"装愚守拙"，因其颇合贾府当权者"女子无才便是德"之训，实为"好风凭借力，送我上青云"之高招。这女子，实在是一等一的装傻高手。

　　真正的聪明人在适当的时候会装装傻。明朝时，况钟从郎中一职转任苏州知府。新官上任，况钟并没有急着烧所谓的三把火。他假装对政务一窍不通，凡事问这问那，瞻前顾后。府里的小吏手里拿着公文，围在况钟身边请他批示，况钟佯装不知所措，低声询问小吏如何批示为好，并一切听从下属们的意见行事。这样一来，一些官吏乐得手舞足蹈，都说碰上了一个傻上司。过了三天，况钟召集知府全部官员开会。会上，况钟一改往日愚笨懦弱之态，大声责骂几个官吏：某某事可行，你却阻止我；某某事不可行，你又怂恿我。骂过之后，况钟命左右将几个奸佞官吏捆绑起来一顿狠揍，之后将他们逐出府门。

　　"装傻"看似愚笨，实则聪明。人立身处事，不矜功自夸，可以很好地保护自己。即所谓"藏巧守拙，用晦如明"。

　　"愚不可及"这句话已经成为生活中的常用语，用来形容一个人傻到了无以复加的程度。但要是查一下出处，此话最早还出于孔子之口，原先并不带贬义，反而是一种赞扬："子曰：'宁武子，邦有道则知，邦无道则愚。其知可及也，其愚不可及也。'"（《论语·公冶长》）

　　宁武子是春秋时代卫国有名的大夫，姓宁，名俞，武是他的谥号。宁武子经历了卫国两代的变动，由卫文公到卫成公，两个朝代国家局势完全不同，他却安然做了两朝元老。卫文公时，国家安定，政治清平，他把自己的才智能力全都发挥了出来，是个智者。到卫成公时，政治黑暗，社会动乱，情况险恶，他仍然在朝做官，却表现得十分愚蠢鲁钝，好像什么都不懂。但就在这愚笨外表的掩饰下，他还为国家做了不少事情。所以，孔子对他评价很高，说他那种聪明的表现别人还做得到，而他在乱世中为人处世的那种包藏心机的愚笨表现，则是别人所学不来的。其实，人们真正学不到的是宁武子的那种不惜装傻以利国利民的情操。

在我们的周围，总有些人喜欢处处表现自己。爱表现自己固然没有错，但在一些场合却是一个缺失，会把某些关系搞糟，会把某些事情搞坏。比如，你的领导在场的场合里，一旦遇有困难或问题需要解决，只要不是领导点名让你谈看法、拿意见，一般来说，你切不可唐突发言满怀自信地谈你的看法，并提出处理意见。因为很多情况下，领导需要维护自己的面子、需要体现出自己的高明，所以，你最好装傻，多分析问题，而把解决问题的点子，让给领导，其结果是：问题解决了，也体现了领导的高明。那么，久而久之，你的领导一定喜欢和你一起共事，也会渐渐地欣赏你。反之，遇事总显得你比领导高明，那么领导的面子往那里放？若是让领导觉得你挡光，他还会把你放在前台吗？

装傻是一种大智慧、大谋略。懂得装聋作哑的人，要少惹多少是非啊。

大智若愚在生活当中的表现是不处处显示自己的聪明，做人低调，从来不向人夸耀自己抬高自己，做人原则是厚积薄发，宁静致远，注重自身修为、层次和素质的提高，对于很多事情持大度开放的态度，有着海纳百川的心态，从来没有太多的抱怨，能够真心实意地踏实做事，对于很多事情要求不高，只求自己能够不断得到积累。

难得糊涂，受益无穷

"难得糊涂"出自清代画家郑板桥，原文书法怪异而大气，后加小字注为："聪明难，糊涂难，由聪明而转入糊涂更难。放一着，退一步，当下心，安非图，后来福报也。"

"难得糊涂"这四字箴言通俗易懂，因而广为流传，至今成为许多人处世待人的原则和方法。

但是，往往看起来越是简单易行的东西做起来就越难，"难得糊涂"就是如此。多少年来，许多人都以"难得糊涂"作为处世做人的箴言，但真正领悟出其中真意的人却是少之又少。因为"难得糊涂"并非努力就能做到的，努力做到的糊涂也有，但它看起来更像是装糊涂而非"难得糊涂"。

"难得糊涂"是对小恩小怨的不执着、不计较，是性存忠厚，是对弱小者的体恤宽容，是一种良好的道德修养。纵观世人，多对人斤斤计较，对别人的缺点用放大镜来看，连毛孔粗细都瞧得真真切切、明明白白，而对于自己，却是稀里糊涂，从不曾拿个照妖镜来照照自己又是何方神圣，这是人性的弱点。若世人都能换个视角，对自己多检点，对别人"难得糊涂"，从此天下太平矣！当然，这种"难得糊涂"是用在善良弱小或是亲朋好友的小毛病、小缺点或是内部矛盾上，在大是大非面前是绝不可"难得糊涂"的，这也是一个做人的准则问题。

难得糊涂，人才会清醒，才会清静，才会有大气度，才会有宽容之心。可见，难得糊涂不是真糊涂，而是不糊涂。

一个人在处世、生活中学会难得糊涂，会在很多方面受益无穷：

第一，避免矛盾和纷争。生活中的许多小事，如果我们采取难得糊涂的态度，睁一只眼闭一只眼，很容易小事化了。而如果你一点儿都不糊涂，一是一，二是二，矛盾、纷争、甚至流血牺牲都有可能发生。生活中有很多精明的人总是喜欢揪别人的辫子，抓别人的缺点，以为这样做可以显示自己比他人高明。实际上，这种语言、行为上的丝毫不糊涂，却是造成两个人关系疏远、分道扬镳甚至成为仇敌的根本原因。

第二，可以使自己心态平和。与人交往、处世的关键是要使人心情愉快，而心态平和是心情愉快的前提，难得糊涂就可以使一个人心态平和。如果你是一个牙尖嘴利、眼尖手快的人，你必然会发现一些别人注意不到的东西，如果你一笑置之，不加追究，不久你就会忘掉这些东西；而一旦你觉得自己无法不站出来、非要给他人一个昭示的话，既弄得他人满心不快活，恐怕连你自己的心也难以平静下来。

一个老和尚和一个小和尚来到河边，一个年轻姑娘正犹豫着如何过河，看到和尚们来了，便求和尚帮助。老和尚念了一声"善哉"，便抱着姑娘过了河，姑娘千恩万谢地走了。走了相当长一段路，小和尚突然问："出家人，不近女色，师父你犯戒了。"老和尚哈哈大笑道："我早就放下了，怎么你还抱着？"小和尚惭愧地面红耳赤。

很多人在处世时就像这个不懂真谛的小和尚，总不自觉地使自己的心态处于不平和之中。

第三，与己方便。人常说："给人方便，与己方便。"难得糊涂无非就是给人方便，给人方便，人就会对你也方便。两个过于精明的人就像两只正在酣斗的公鸡一样，非要分出个你胜我负来，这于双方的身心是没有什么益处的。

糊涂如一挑纸灯笼，明白是其中燃烧的灯火。灯亮着，灯笼也亮着，便好照路；灯熄了，它也就如同深夜一般漆黑。灯笼之所以需要用纸罩在四周，只是因为灯火虽然明亮但过于孱弱，还容易灼伤他人与自己，因此需要适当地用纸隔离，这样既保护了灯火也保护了自己和别人。明白也需要糊涂来隔离。给明白穿上糊涂的外套，既需要处世的智慧，又需要处世的勇气。很多人一事无成，痛苦烦恼，就是自认为自己明白，缺乏"装糊涂"的明白与勇气。

其实糊涂者哪里是真的糊涂，他们只是因为看清了、看透了，明白与清醒到了极致，在俗人的眼里才成了糊涂而已。

如何改掉坏脾气

一提到"脾气"，许多人都会认为是"脾"之"气"，是与生俱来无法改变的。因此，那些脾气不好的人，大抵是一贯如此，直至老死仍无任何改变。脾气不好的人，最容易冲动。

从前，有个脾气极坏的男孩，到处树敌，人人见到他都唯恐避之不及。男孩也为自己的脾气而苦恼，但他就是控制不住自己。

一天，父亲给了他一包钉子，要求他每发一次脾气，都必须用铁锤在他家后院的栅栏上钉一个钉子。

第一天，小男孩一共在栅栏上钉了 37 个钉子。过了一段时间，由于学会了控制自己的愤怒，小男孩每天在栅栏上钉钉子的数目逐渐减少了。他发现控制自己的脾气比往栅栏上钉钉子更容易，小男孩变得不爱发脾气了。

他把自己的转变告诉了父亲。父亲建议说："如果你能坚持一整天不发脾气，就从栅栏上拔掉一个钉子。"经过一段时间，小男孩终于把栅栏上的所有钉子都拔掉了。

父亲拉着他的手来到栅栏边，对小男孩说："儿子，你做得很好。可是，现在你看一看，那些钉子在栅栏上留下了小孔，它们不会消失，栅栏再也不是原来的样子了。当你向别人发脾气之后，你的那些伤人的话就像这些钉子一样，会在别人的心中留下伤痕。你这样就好比用刀子刺向某人的身体，然后再拔出来。无论你说多少次对不起，那伤口都会永远存在。其实，口头对人造成的伤害与伤害人们的肉体没什么两样。"

还有一个故事也颇能说明我们的观点。

　　有位脾气暴躁的弟子向大师请教，"我的脾气一向不好，不知您有没有办法帮我改善？"

　　大师说："好，现在你就把'脾气'取出来给我看看，我检查一下就能帮你改掉。"

　　弟子说："我身上没有一个叫'脾气'的东西啊。"

　　大师说："那你就对我发发脾气吧。"

　　弟子说："不行啊！现在我发不起来。"

　　"是啊！"大师微笑说，"你现在没办法生气，可见你暴躁的个性不是天生的，既然不是天生的，哪有改不掉的道理呢？"

　　如果你觉得情绪失控，怒火上升，试着延缓10秒钟或数到10，之后再以你一贯的方式爆发，因为，最初的10秒钟往往是最关键的，一旦过了，怒火常常可消弭一半以上。

　　下一次，试着延缓1分钟，之后，不断加长这个时间，1天、10天，甚至1个月才生一次气。一旦我们能延缓发怒，也就学会了控制。自我控制能力是一个人的内在本质。

　　记住，虽然把气发出来比闷在肚子里好，但根本没有气才是上上策。不把生气视为理所当然，内心就会有动机去消除它。其具体方法如下：

　　办法一：降低标准法。经常发脾气可能和你对人对事要求过高过苛刻有关，也可能和你喜欢以自我为中心、心胸狭窄不善宽容有关。因此，通过认真反省，改变自己的思维方式和处事习惯，降低要求别人的尺度，学会理解和宽容忍让，是改掉坏脾气的根本途径。

　　办法二：体化转移法。怒气上来时，要克制自己不要对别人发作，同时通过使劲咬牙、握拳、击掌心等动作，使情绪转由动作宣泄出来。

　　办法三：离开现场法。发火多由特定的情景引起，因此当怒气上来时，培养自己养成条件反射般立即离开现场的习惯，暂时回避一下，待冷静下来再处理事情。

办法四：精神胜利法。一说到精神胜利法，大家可能自然而然地想到阿Q，并不屑为之。但偶尔精神胜利一下也未尝不可。相传某禅师偕弟子外出化缘，途中遇一恶人左右刁难，百般辱骂，禅师不搭理，该人竟穷追数里不肯罢休。禅师面无恼色，和弟子谈笑自如。恶人无奈，只得退后罢休。事后，弟子不解，问禅师："师傅你遭此不公平为何不生气，不反击？"师傅答道："若你路遇野狗朝你狂吠，你会放下身段与之对吠吗？弄不好惹它咬了你，难道你也去咬它？"禅师面对挑衅与侮辱的态度难道不是一种大智吗？

第九章
放下包袱做人

天下之乐无穷，而以适意为悦。

——苏辙（北宋文学家）

得之不喜，失之安悲？

——葛洪（东晋道教学者）

将得失看淡

人生的生气、抱怨、失控，十有八九与"得失"二字攸关。

为了得到那概率近似乎零的 500 万大奖，有银行职员累计挪用公款数千万打了水漂；为了抢回失去的恋人，有人不惜以身试法血刃情敌。他们内心只有一个声音："我要得到。"或者是："我舍不得。"

而实际上，生活当中的"得"与"失"都是相对而言的，每个人都必须辩证地去看待这个问题。"塞翁失马，焉知非福?"——这是令我们耳朵起了茧子的老话了，却仍有很多人看不透、舍不得。

曾经有这么一个发生在法国的偏僻小镇上的故事。

小镇上有一眼特别灵验的泉水，常有神奇的迹象出现，能够医治好很多种疾病。

有一天，一个失去了一条腿的退伍军人拄着拐杖，一跛一跛地走过镇上的马路。小镇上有人用同情的口吻说："可怜的家伙，难道他来这里是要向上帝祈求再有一条腿吗?"

这话被退伍军人听到了。他转过身对那些人说："我并非是要向上帝祈求有一条新腿，而是要他帮助我，让我在失去一条腿后，知道如何去面对眼前的生活。"

得到固然是令人感到欣喜的，然而一旦失去也并不可怕。为所得到的感恩，也接纳失去的事实。能够做到正确的取舍，知道自己真正想要的是什么，并获取它，那才是完美的事情。当人们失败的时候，可能会有一件令人意想不到的收获出现。芳心虽然容易憔悴，然而灵魂却仍然坚强。

俗话说得好：有得必有失，有失必有得，不得不失，不失不得。有时，你可能为一时的不如意而恨天怨地，可是，在你失去的同时，记得转过头来，看看你同时得到了些什么。上天的分派必然是公平公正的，在你失掉财富、权力、爱情等的同时，你也得到了人生的感悟，明白了生命的真正意义，你能说，这不是一种收获吗？

与此相反，你青春得意，拥有财富、权势、爱情、事业、前途……一直一帆风顺，你自己也扬眉吐气，自以为是王者风范时，你同样失去了些什么？你目中容不下别人，就不会有朋友；高高在上，就不会有同伴；有钱且有势，爱情就可能是苍白的……在如此的情况下，你能说你是幸福的吗？你能说你拥有了全世界？

在人生的路上就是这样的，需要我们看重的应该是人的德行修养和德才培养，而并不是一时一事的得与失。要做到："不以物喜，不以己悲。"千万不要把得失建立在情感取向上。那么，怎样才能及时地调整好心态，正确地看待得失，重新鼓起向前奋进的勇气呢？这里面隐藏着一个不断修正人生追求目标的问题。

首先，就是要能够辩证地去看待得失。保持几分心理平衡，其最重要的一点就是要用辩证的思维方式，正确地看待人生的得与失。其次，要提高自身认识以求平衡。不断地调整失衡心态，通过对"付出"与"回报"的价值比较，来寻求一种恬淡的心理平衡。最后，是要对追求目标做一个正确而又必然的修正。一个人带着梦想走到这个世界上，所追求的必然是多元化的，如果因某些原定目标过高，而一时难以达到时，就应当审视一下自己的个人能力、人生机遇等条件，适时地去修正一下自己人生的追求目标。

老子有云："祸兮，福之所倚，福兮，祸之所伏。"轻易就得到不一定就是好事，然而失去了也不一定就是坏事，我们要正确地看待个人的得失，不患得患失，才能真正有所得。我们不应该为表面的得到而沾沾自喜，认识人，认识事物，都应该要认识到它的根本，得也应该得到真的东西，千万不要为虚假的东西所迷惑。失去固然可惜，但是也要看一看失去的是什么，如果是由于自身的缺点、问题所造成的，那么，这样的失又有什么可值得惋惜的呢？

人世间的一切并不是我们所能够掌控的，生命也是一样，所以，得与失本身不重要。生活在这个世上，几乎没有人能从生下来到走完一生，都在衣食无忧和万事如意中度过。每个人都必然要面对生命历程中不断出现的困难。这些困难就是我们所说的"得"与"失"。既然谁也免不了有得有失，那么我们就需要有一个面对得失时的心态。

因此，得意忘形、骄奢淫逸、惊恐万状、惶恐沮丧之类的处世态度，是那些心理状态不成熟人的专利；而当我们做到了"不以物喜，不以己悲，宠辱不惊，临危不惧，胸有成竹，心如止水"，又怎会轻易生气、抱怨或失控？

把名利看穿

洪应明在《菜根谭》中这样说："能忍受吃粗茶淡饭的人，他们的操守多半都像冰一样清纯，玉一样洁白；而讲究穿华美衣服的人，他们多半都甘愿露出卑躬屈膝的奴才面孔。因为一个人的志气要在清心寡欲的状态下才能表现出来，而一个人的节操都是在贪图物质享受中丧失殆尽。"

商业社会，要真正做到完全脱离物质而一味追求人格高尚纯洁确实很难。但只要有了人格追求，起码可以活得轻松潇洒些，不为物质所累，更不会为一次晋级、一次涨薪而闹得不可开交。既不会因此而心中闷闷不乐，郁郁寡欢；也不会为功名利禄而趋炎附势，出卖灵魂，丧失人格。现实生活中，每个人都可能有一两次这样的经验和体会，当你放弃利益，保住人格时，那种欣喜愉悦是发自肺腑的，淋漓尽致的。一个坦坦荡荡、人格纯洁的人，他的心是宁静安逸的，而蝇营狗苟的小人，其心境永远是风雨飘摇的。

大凡贪图物质享受的人，他们的物质生活往往容易陷于糜烂，而精神生活却空虚不堪，同时也不会有高尚的品德，因此他们为了能得到更高层次的享受，就不惜用任何手段去钻营名利，甚至于摆出一副卑躬屈膝的态度也在所不惜。为人处世，如果不本着"君子爱财，取之有道"的原则而过分追求生活享受，不但会做出损人利己的举动，还会触犯刑律惹出滔天大祸。

世界给予人们的种种诱惑，会使人有许多欲望和野心。这些欲望和野心往往使人执迷不悟，一心只想夺取和获得，从而产生许多牵挂、忧虑、顾忌，心中负荷很重。一些先哲为了给世人排解烦恼和痛苦，提出了各种各样的忠告，大意是讲人要获得真正的人生，就要大彻大悟，无欲望，无念头，化万念为无念，不被名利牵着鼻子走，这样才能放松自己的身心，永远快乐。可是这种高层次的境界，不但没有被人们所接受，反而被说成是心灰意冷，不求上进。有的人还就这个问题大发感慨："什么无欲无求，全是那些文人吃饱了没事干，撑得慌；什么欲望和念头都不要了，那么人到世上来干什么？饭也不要吃了，觉也别睡了，学习、工作和结婚生子都没有必要了，还不如死了算啦！"这种感慨实际上是没有真正领悟到先哲们大彻大悟的精髓，只是望文生义，是一种狭隘的心态。

法国作家大仲马有一句名言："人的脑袋是一座最坏的监狱。"落后的传统的思想观念、生活方式和旧的思维方式，一旦在一个人的头脑里形成，就很难摆脱而形成思维障碍。

应该说名利并不完全是坏东西，那也是人们的正常欲望，每个人都想生活得更舒适、更轻松，所以，对名利的追求是可以理解的，完全用不着遮遮掩掩，羞羞答答。

这种正常的欲望引导得好，个人的自制力和秉性较高，还能激发人们的创造热情，激励人们奋发向上，积极作出贡献，从而推动整个社会的进步。假如一个人对一切都满足了，对任何新鲜美好的事物都无动于衷，什么事也激发不起他的热情，更不用提为之行动了。如果人人都处于一种无欲无求的境地，一天到晚什么事也不做，那么社会就会停滞不前，陷入瘫痪状态。但一个人名利思想过重，利欲熏心，为了名利不择手段，甚至损害他人的利益，名利就会反过来束缚自己，使人动弹不得，心境浮躁，成了地道的囚徒或奴隶。

这里所说的淡泊名利，并不是什么都不干了，连吃饭睡觉都免了，而是强调在做事时的一种心态。要正确看待名利带给人的影响和了解自己内心真正的愿望，无论是从政、经商，或者是搞学问、艺术，都要把眼前的每一件事情做好，做得漂漂亮亮，有益于人民，有益于社会。把眼光放到整个社会利益的角度上，从狭隘的自我享受中解脱出来。

静守心灵家园

有一位永秀法师，醉心于吹笛，不管白天黑夜，他只知吹笛子，虽然极其贫困，但他从不向人乞求帮助。

他有一个很富有的朋友叫赖清。赖清知道他的穷困后，就派人传话说："为什么不对我说呢？你处于如此困境，我会帮助你的。"

永秀听了，回复传话的人说："这真叫人感到惶恐，有件事我一直想开口，因生活困顿，心里有忌惮，没敢冒昧地提出来。既然赖清这样说，我马上就找他当面请求。"

赖清听了回话后心想：他到底会开口恳请什么事呢？如果要些钱财倒也没什么，但若提出让人难堪的要求就讨厌了。

日落时分，永秀来到了赖清住处。

赖清请他进来，坐定后问永秀：

"有什么事要我帮忙吗？"

"前些日子里有些事想请求你帮助，都忍着没敢开口；先前听到你的话，才斗胆前来。"

赖清听到这儿，心想：这下你总该挑明真相了吧。但令他意想不到的是，永秀竟说："你在筑紫有大片领地，我能不能向你请求要一枝长在筑紫的汉竹，我好用它做一支笛子？我是多么渴望得到这种笛子啊！因为家境贫寒，就只能在心里日日企盼。"

"这太简单了，我马上派人砍来给你就是了，你就不想再求点儿别的什么了？你的生活很艰难吧？生活上有什么困难也可以说呀。"

永秀说道："太感谢了，但这类事不敢烦劳你。朝夕食物，我自会解决。"

就这样，永秀吹笛的技艺日益精湛，成为一代吹笛名手。

人生之中，有各色繁华、诱惑。有人汲汲求取，为之终日奔波；有人却顺其自然，静守自己的心灵家园。

我们的冲动，常常会反复振荡浮躁、得意、狂喜、傲慢、迷茫、不安、沮丧、焦虑、恐惧甚至绝望的液体而结成的结晶，想是因为当我们还是一张白纸时，被灌输了狭隘的价值观和急功近利的思想导向。

古今中外，真正的大师、智者，都是那些以平常心之缰绳牢牢地驾驭名利、得失心这匹烈马的人。正所谓"像一个凡人那样活着，像一个诗人那样体味，像一个哲人那样思考"。

平淡之中，自有真味。一个顺其自然、远离浮躁之人，不会让得失焰、名利火来灼伤自己。

随遇而安的心态

在很久以前，有一个寺院，里面住着一老一小两位和尚。

有一天老和尚给小和尚一些花种，让他种在自己的院子里，小和尚拿着花种正往院子里走去，突然被门槛绊了一下，摔了一跤。手中的花种洒了满地。这时方丈在屋中说道"随遇"。小和尚看到花种洒了，连忙要去扫。等他把扫帚拿来正要扫的时候，突然天空中刮起了一阵大风，把散在地上的花种吹得满院都是，方丈这个时候又说了一句"随缘"。

小和尚一看这下可怎么办呢？师傅交代的事情，因为自己不小心给耽搁了，连忙努力地去扫院子里的花种，这时天上下起了瓢泼大雨，小和尚连忙跑回了屋内，哭着说，因为自己的不小心把花种全洒了，然而老方丈微笑着说道"随安"。冬去春来，一天清晨，小和尚突然发现院子里开满了各种各样的鲜花，他蹦蹦跳跳地去告诉师傅，老方丈这时说道"随喜"。

实际上对于随遇、随缘、随安、随喜这四个随，可以说就是人一生中的缩影，在遇到不同的事情，不同的情况的时候，我们最需要具备的心态就是"随遇而安"的心态。

随遇而安，看起来似乎有点儿消极，然而却实在是非常客观的。比如你参军来到了连队，你"志当存高远"地瞄着将军，但肯定是要从班长、排长干起，再慢慢进步。在你担任连长时，纵然有了将军的素质和才干，但在战役之中，将军发布命令进攻，你也只能冲锋陷阵，哪怕你认为应该撤退。那是因为第一没有人听你的，第二你自己也要服从你面前的将军。

在"非典"流行的那段时间里，有很多社区都被封闭隔离起来，这让许多人不得不停止忙碌，放慢速度。看似强制的封闭，却让有些人品尝到了生活的乐趣——当不得不从所谓的事业中抽身时，由于闲暇，由于心灵的放松，人们可以按自己喜欢的方式来安排自己的生活，随遇而安，享受生活之中难得的自由时刻，也就体味着符合自然本性的温馨。

我们应当建立起一种"随遇而安"的生活哲学，理性地体会人与人之间的自然需求，顺其自然地享受快乐的生活。这样，我们也能容许自身的内心有一个安宁而平静的港湾，来停泊暂避暴风雨的生命之舟。

现实生活中，人们通常情况下都为名所驱，为利所役，为情所困，活得非常的苦、非常的累，那么也就更难保持住平淡谦和的心境了！因此，树立起达观思想、乐观生活的随遇而安观念非常有必要。随遇而安并不等同于传统意义上的知足常乐，它包含了更为博大精深的哲学意义，是人与自然、社会和谐共处的切入点，更确切一点来说，随遇而安是一种泰山崩于前而色不变的大气魄，是以不变应万变之人生中的大智慧，是顺应天地人合之境界的大谋略。

儒释道三家文化在我国源远流长，对国人的影响更是无与伦比。佛家讲究因果报应，儒家主张中庸处世，道家则强调清静无为，这三者看似风马牛不相及，但如果细细品味，就会感觉到三家的教义中无不隐含着随遇而安的观点。

有其因必有其果，有其果必有其因。冥冥之中，轮回之间，众生无我，苦乐随缘，既然一切事物都有其既定的数目，那么随遇而安难道不是最明智的选择吗？

北宋哲学家程颐对中庸处世的解释为：不偏之谓中，不易之谓庸。儒家的处世有出世、入世之分，用一句话概括起来就是：达则兼济天下，穷则独善其身。对于个人价值则是捆绑于社会这样一个大环境之中，中庸之道与随遇而安观念不谋而合。

对于道家处世，始终坚持修身养性，与世无争，致力于玄学的研究，自然就摆脱了世俗之羁绊，自然而然地选择了随遇而安的处世哲学。

具体到大千世界之中的漫漫人生，如果我们没有一点儿防腐拒变的能力，没有视金钱如粪土的卓识，那么又何必去痴迷于职位的升迁、金钱的积累呢？只要我们履行公民应尽的义务，恪守公民应遵守的道德规范，遇事不骄不馁，以平常心处之，真正做到"世事洞明莫玩世，人情练达应助人"，即使我们身微言轻，无力施展济世泽民的宏图，那么也就自然能够做到问心无愧，随遇而安了！

曾经的先哲告诫我们："富贵不能淫，贫贱不能移。"别让利欲蒙蔽我们的美好心灵，也别让声色迷惑我们的明眸，当我们处在患得患失的时候，就想一想卢梭的那句名言吧：人来到这个世上是自由的，却无所不在枷锁之中。也许，在这转念间，我们的生活自然就会因此而步入一片坦途，顿时能够悟出随遇而安的妙处。

一个随遇而安的人，有什么能扰乱他的心智，让他抓狂，让他冲动？

遇事不要太在意

　　一个将军百战成名，九死一生。战事平息之后，他闲时爱上养金鱼。一天早晨，他发现自己最喜欢的金鱼死了。他非常懊恼，冲动地将鱼缸砸了，还把身边的下人痛骂个遍。冲动过后，他冷静一想：为什么自己在沙场上能够坦然地面对生死，而今天却为了小小的一尾金鱼大发雷霆？想了一会儿，他终于明白了其中的道理：原来自己太在乎这尾金鱼了。因为太在乎，所以被它操纵了。

　　有一对年轻的夫妇，在吃饭闲谈的时候，妻子一不小心冒出一句不太顺耳的话来。不料，丈夫死死抓住这句话深入分析，于是心中不快，便与妻子争吵起来，直至最后掀翻了饭桌，拂袖而去。

　　在平时的生活中，有些人总是把小事情看得过于重要。一个个优秀学子会为自己一次偶然的考试失利而失声痛哭；大人会因为孩子不经意间冒出一句从外面学来的脏话而声色俱厉……其实，对这些小事我们本来不必太过烦恼。一切只是因为我们自己太在意。

　　这些来自平常的小事，在我们的生活中并不少见，很多事情通常是人为地给自己心灵加压造成的。比如太在意领导的一句批评，太在意孩子的一句无心之语，太在意爱人的一次赌气，细细想来，当然是以小失大，得不偿失的。我们不得不说，他们实在有点儿小心眼，太在意身边那些琐事了。其实，许多人的冲动，并非是由多大的事情引起的，而只是对身边的一些琐事过分在意、计较和"较真"。

　　比如，有一些人对周围所发生的一切相当敏感，而且还经常曲解和夸大外来的各种信息，对别人所说的每句话都要细细地琢磨，对自己的得失耿耿于怀，而对于别人的过错更是加倍抱怨。这种人其实是在用一种狭隘、幼稚的认知方式，为自己营造着心灵监狱，可谓是十足的自寻烦恼。他们不仅使自己活得非常的累，同时也使周围的人活得很无奈。

台湾的一位老人陈椿曾有一句话说得极其微妙："同样是一件事，想通了是天堂，如果想不通就是地狱。既然活着，就要活好。"有些事是否会引来麻烦与烦恼，完全取决于每个人如何看待与处理它们。正所谓事在人为，认识不同，结果也就自然会大相径庭。所以美国的心理学家藏维·伯恩斯提出了消除烦恼的"认可疗法"：就是通过改变人们对于事物的认识方式和反应方式，从而避免烦恼与疾病。所有的这一切都需要我们首先要学会不在意，学会换一种思维方式来面对眼前所发生的一切。

所谓的不在意，就是别总拿什么事都当回事，对于很小的事情千万不要去钻牛角尖，别太要面子，别事事"较真"、小心眼；别把那些微不足道的鸡毛蒜皮的小事全都放在心上；别过于看重名与利的得失；别为一丁点儿的小事情而着急上火，惊天动地似的大喊大叫，以至因小失大，后悔莫及；别那么多疑敏感，总是曲解别人的意思；别夸大事实，制造假想敌；别把与你爱人说话的异性都打入"第三者"之列而暗暗仇视之；同时我们也不要像林黛玉那样见花落泪、听曲伤心、多愁善感，总是一副顾影自怜的样子。要知道，人活着有些时候真的需要一点点傻。

一个遇事不在意的人，是超越自我的人，也是活得潇洒的人。因为没有了琐事的羁绊，也就会使身心获得解放。

不在意，也是为自己设置了一道心理保护防线。不要去主动地制造一些烦恼的信息来进行自我刺激，即使在面对一些真正的负面信息、不愉快的事情的时候，也要努力地做到处之泰然，置若罔闻，不屑一顾，真正地做到"身稳如山岳，心静似止水。任凭风浪起，稳坐钓鱼台"的境界。

这不仅是自我保护的一种巧妙的方法，同时也是一种坚守目标、排除干扰的良策。

当然"不在意"最终所体现的是一种人格上的修养，是一种极其高贵的人格修养，同时也是一种人生的大智慧。那些凡事都与人计较、锱铢必争的人，自以为很聪明，其实是以小聪明干大蠢事，占小便宜，争大烦恼。而不在意，乃是不争之争，无为之为，大智若愚，其乐无穷！

然而，不在意并不等于逃避人类社会现实，不是麻木不仁，也不是看破红尘后的精神颓废与消极遁世，不是对什么都冷若冰霜、无动于衷的加缪笔下的"局外人"。而是一种在奔往人生大目标路途中所采取的一种洒脱、豁达、飘逸的生活策略。人生当中所出现的事实在太多，但却不事事能烦心。透视烦事，忘却不幸，藐视挫折。凡事记起，重何以堪？我们一定要记住，睁开两眼历历在目，闭上双眸空无一物。要做到提得起放得下！如果能做到如此，你就自然会拥有一个幸福美好的人生。

每个人都希望自己的每一天都能够过得开开心心、顺顺利利，可是既然是生活，就总会有那么一些小波澜、小浪花。在种种情况下，斤斤计较会让自己的日子阴暗乏味，豁达胸襟却能让每天的生活充满阳光。

找个装"多余"的兜

人的一生会拥有无数的东西，亲情、爱情、友情……当我们承载得太多时，不妨找一个装"多余"的衣兜，把那些暂时无法承载的装进去，让自己轻松地继续前行。

丈夫过而立之年的生日那天，她精心为他做了一顿饭。一顿饭对别人来说也许算不了什么，但对于很久不曾下厨房的她来说，看着自己花费整整一个下午的宝贵时间精心做出来的"作品"，连自己都感动了。

烛光下，守着自己的杰作，想象着他回来时的兴奋表情。

六点钟的时候，他回来了，只看了一眼她为他精心策划的"作品"，露出了一丝疲惫的微笑，就忙着接电话去了。她甜蜜的感觉立时大打折扣，整个晚上的心情就像昏暗的烛光，再也亮不起来了。

心情不好的时候，她总是上街购物。第二天是周日，她把丈夫扔在家，自己和女友逛街去了。

她们挽着手臂，不放过任何一家时装店。她买了好多衣服，可她的朋友一样也没买。朋友想买一条带兜的裙子。可是她们从头逛到尾也没找到合适的。

她有些不解地问："为什么一定要带兜的裙子呢，那个小兜兜什么也放不下呀。"

"但是可以放手啊！你不觉得有些时候手是多余的吗？"朋友一边说一边把放在衣兜里的手拿出来又放进去，重复着给她看。

生命中很重要的可以擎起很多重量的手现在竟成了多余的！还有一些时候，我们也感觉到了自己的手多余。当我们站在众人面前讲话，或者在路旁遇到熟人寒暄，或者和心爱的人依偎漫步，我们真的感觉到有一只手是多余的，无处安放。于是，小时候用来装糖果、玩具的衣兜现在用来放手了。

就在这一瞬间她突然明白：原来我们一直以为很重要的东西在有些时候也会显得微不足道，甚至感到多余！就如同多余的手一样，只有你自己知道是多余的，而这样的多余其实也是人生的一个部分，因为你无法预料它何时为珍贵，何时为多余，只要你能够找一个地方安放，你就能自我安慰、自我鼓励。

人生不能没有凝重，也不会总是轻松，但如果没有看起来暂时是多余的，便构不成完整的人生。

就像爱，还有由爱带来的快乐和痛苦，幸福和悲伤。

爱固然很重要，但是不应该重要到可以毫无缘由地让别人来全部承受，这样的承受会让人感觉到爱是如此沉重。快乐与痛苦，幸福与悲伤，都是你自己的，你的心境、你的感受、你的想象不可能完整地与人分享，能够分享的也只是其中的一部分，多出来的部分你要找一个心灵的衣兜，暂时安放、收藏。这是对他人的善待，也是对自己的善待。

清洁自己的心灵

家乡有年前大扫除的风俗，在将平时的物件逐一清理时，我们常常惊讶自己在过去短短几年内，竟然积累了那么多的东西？

人心又何尝不是如此！在人的心中，每个人不都是在不断地累积东西？这些东西包括你的名誉、地位、财富、亲情、人际、健康、知识等。当然也包括了烦恼、郁闷、挫折、沮丧、压力等。这些东西，有的早该丢弃而未丢弃，有的则是早该储存而未储存。心灵如舟，载不动太多的东西。否则，舟覆了，人迷失了，做出一些不该做的事。

不妨问自己一个问题：我是不是每天忙忙碌碌，把自己弄得疲惫不堪，以至于总是没能好好静下来，替自己的心灵做清扫？

对那些会拖累自己的东西，必须立刻放弃——这是心灵大扫除的意义，就好像是生意人的"盘点库存"。你总要了解仓库里还有什么，某些货物如果不能限期销售出去，最后很可能会因积压过多拖垮你的生意。

很多人都喜欢房子清扫过后焕然一新的感觉。你在擦拭掉门窗上的尘埃与地面上的污垢，让一切整理井然之后，整个人就好像突然得到一种释放。这是一种"成就感"，虽然它很小，但能给人带来愉悦。

在人生诸多关口上，人们几乎随时随地都得做"清扫"。念书、出国、就业、结婚、离婚、生子、换工作、退休……每一次转折，都迫使我们不得不"丢掉旧的你，接纳新的你"，把自己重新"打扫一遍"。

不过，有时候某些因素也会阻碍人们放手进行"扫除"，譬如太忙、太累，或者担心扫完之后，必须面对一个未知的开始，而你又不能确定哪些是你想要的。万一现在丢掉的，将来需要时捡不回来又该怎么办？

的确，心灵清扫原本就是一种挣扎与奋斗的过程。不过，你可以告诉自己：每一次清扫，并不表示这就是最后一次，而且，没有人规定你必须一次全部扫干净，你可以每次扫一点儿，但你至少必须立刻丢弃那些会拖累你的东西。

我们的心灵毕竟无法做到"菩提本无树，明镜亦非台"的佛家最高境界，但我们可以做到"时时勤拂拭，毋使染尘埃"！